国家出版基金资助项目
现代数学中的著名定理纵横谈丛书
丛书主编　王梓坤

KOLMOGOROV TYPE COMPARISON THEOREM
—FUNCTION APPROXIMATION THEORY(II)

Kolmogorov 型比较定理
——函数逼近论（下）

孙永生　房艮孙　著

哈爾濱工業大學出版社
HARBIN INSTITUTE OF TECHNOLOGY PRESS

内 容 简 介

本书分为上下册，共十章，上册六章，下册四章. 前四章是实变函数逼近论的经典问题的基础知识，其中特别注意用近代泛函分析的观点和方法统贯材料. 后六章是本书的重点所在，系统地介绍了逼近论在现代发展中出现的两个新方向——宽度论和最优恢复论.

本书可供高等学校基础数学、计算数学专业的高年级大学生以及函数论方向的研究生作教材或参考书，亦可供有关研究人员参考.

图书在版编目(CIP)数据

Kolmogorov 型比较定理：函数逼近论. 下/孙永生，房艮孙著. —哈尔滨：哈尔滨工业大学出版社，2021.1

(现代数学中的著名定理纵横谈丛书)

ISBN 978-7-5603-7963-0

Ⅰ. ①K… Ⅱ. ①孙… ②房… Ⅲ. ①函数逼近论-高等学校-教材 Ⅳ. ①O174.41

中国版本图书馆 CIP 数据核字(2019)第 015176 号

策划编辑　刘培杰　张永芹
责任编辑　张永芹　李　烨
封面设计　孙茵艾
出版发行　哈尔滨工业大学出版社
社　　址　哈尔滨市南岗区复华四道街 10 号　邮编 150006
传　　真　0451-86414749
网　　址　http://hitpress.hit.edu.cn
印　　刷　哈尔滨市石桥印务有限公司
开　　本　787mm×960mm　1/16　印张 46.25　字数 510 千字
版　　次　2021 年 1 月第 1 版　2021 年 1 月第 1 次印刷
书　　号　ISBN 978-7-5603-7963-0
定　　价　98.00 元

⊙代序

读书的乐趣

你最喜爱什么——书籍.

你经常去哪里——书店.

你最大的乐趣是什么——读书.

这是友人提出的问题和我的回答.真的,我这一辈子算是和书籍,特别是好书结下了不解之缘.有人说,读书要费那么大的劲,又发不了财,读它做什么?我却至今不悔,不仅不悔,反而情趣越来越浓.想当年,我也曾爱打球,也曾爱下棋,对操琴也有兴趣,还登台伴奏过.但后来却都一一断交,“终身不复鼓琴”.那原因便是怕花费时间,玩物丧志,误了我的大事——求学.这当然过激了一些.剩下来唯有读书一事,自幼至今,无日少废,谓之书痴也可,谓之书橱也可,管它呢,人各有志,不可相强.我的一生大志,便是教书,而当教师,不多读书是不行的.

读好书是一种乐趣,一种情操;一种向全世界古往今来的伟人和名人求教的方法，一种和他们展开讨论的方式；一封出席各种活动、体验各种生活、结识各种人物的邀请信；一张迈进科学宫殿和未知世界的入场券；一股改造自己、丰富自己的强大力量．书籍是全人类有史以来共同创造的财富，是永不枯竭的智慧的源泉．失意时读书，可以使人重整旗鼓；得意时读书，可以使人头脑清醒；疑难时读书，可以得到解答或启示；年轻人读书，可明奋进之道；年老人读书，能知健神之理．浩浩乎！洋洋乎！如临大海，或波涛汹涌，或清风微拂，取之不尽，用之不竭．吾于读书，无疑义矣，三日不读，则头脑麻木，心摇摇无主．

潜能需要激发

我和书籍结缘，开始于一次非常偶然的机会．大概是八九岁吧，家里穷得揭不开锅，我每天从早到晚都要去田园里帮工．一天，偶然从旧木柜阴湿的角落里，找到一本蜡光纸的小书，自然很破了．屋内光线暗淡，又是黄昏时分，只好拿到大门外去看．封面已经脱落，扉页上写的是《薛仁贵征东》．管它呢，且往下看．第一回的标题已忘记，只是那首开卷诗不知为什么至今仍记忆犹新：

日出遥遥一点红，飘飘四海影无踪．

三岁孩童千两价，保主跨海去征东．

第一句指山东，二、三两句分别点出薛仁贵（雪、人贵）．那时识字很少，半看半猜，居然引起了我极大的兴趣，同时也教我认识了许多生字．这是我有生以来独立看的第一本书．尝到甜头以后，我便千方百计去找书，向小朋友借，到亲友家找，居然断断续续看了《薛丁山征西》《彭公案》《二度梅》等，樊梨花便成了我心中的女英雄.我真入迷了.从此,放牛也罢,车水也罢,我总要带一本书,还练出了边走田间小路边读书的本领,读得津津有味,不知人间别有他事.

当我们安静下来回想往事时,往往会发现一些偶然的小事却影响了自己的一生.如果不是找到那本《薛仁贵征东》,我的好学心也许激发不起来.我这一生,也许会走另一条路.人的潜能,好比一座汽油库,星星之火,可以使它雷声隆隆、光照天地;但若少了这粒火星,它便会成为一潭死水,永归沉寂.

抄,总抄得起

好不容易上了中学,做完功课还有点时间,便常光顾图书馆.好书借了实在舍不得还,但买不到也买不起,便下决心动手抄书.抄,总抄得起.我抄过林语堂写的《高级英文法》,抄过英文的《英文典大全》,还抄过《孙子兵法》,这本书实在爱得狠了,竟一口气抄了两份.人们虽知抄书之苦,未知抄书之益,抄完毫末俱见,一览无余,胜读十遍.

始于精于一,返于精于博

关于康有为的教学法,他的弟子梁启超说:"康先生之教,专标专精、涉猎二条,无专精则不能成,无涉猎则不能通也."可见康有为强烈要求学生把专精和广博(即"涉猎")相结合.

在先后次序上,我认为要从精于一开始.首先应集中精力学好专业,并在专业的科研中做出成绩,然后逐步扩大领域,力求多方面的精.年轻时,我曾精读杜布(J. L. Doob)的《随机过程论》,哈尔莫斯(P. R. Halmos)的《测度论》等世界数学名著,使我终身受益.简言之,即"始于精于一,返于精于博".正如中国革命一样,必须先有一块根据地,站稳后再开创几块,最后连成一片.

丰富我文采,澡雪我精神

辛苦了一周,人相当疲劳了,每到星期六,我便到旧书店走走,这已成为生活中的一部分,多年如此.一次,偶然看到一套《纲鉴易知录》,编者之一便是选编《古文观止》的吴楚材.这部书提纲挈领地讲中国历史,上自盘古氏,直到明末,记事简明,文字古雅,又富于故事性,便把这部书从头到尾读了一遍.从此启发了我读史书的兴趣.

我爱读中国的古典小说,例如《三国演义》和《东周列国志》.我常对人说,这两部书简直是世界上政治阴谋诡计大全.即以近年来极时髦的人质问题(伊朗人质、劫机人质等),这些书中早就有了,秦始皇的父亲便是受害者,堪称“人质之父”.

《庄子》超尘绝俗,不屑于名利.其中“秋水”“解牛”诸篇,诚绝唱也.《论语》束身严谨,勇于面世,“己所不欲,勿施于人”,有长者之风.司马迁的《报任少卿书》,读之我心两伤,既伤少卿,又伤司马;我不知道少卿是否收到这封信,希望有人做点研究.我也爱读鲁迅的杂文,果戈理、梅里美的小说.我非常敬重文天祥、秋瑾的人品,常记他们的诗句:“人生自古谁无死,留取丹心照汗青”“休言女子非英物,夜夜龙泉壁上鸣”.唐诗、宋词、《西厢记》《牡丹亭》,丰富我文采,澡雪我精神,其中精粹,实是人间神品.

读了邓拓的《燕山夜话》,既叹服其广博,也使我动了写《科学发现纵横谈》的心.不料这本小册子竟给我招来了上千封鼓励信.以后人们便写出了许许多多的“纵横谈”.

从学生时代起,我就喜读方法论方面的论著.我想,做什么事情都要讲究方法,追求效率、效果和效益,方法好能事半而功倍.我很留心一些著名科学家、文学家写的心得体会和经验.我曾惊讶为什么巴尔扎克在51年短短的一生中能写出上百本书,并从他的传记中去寻找答案.文史哲和科学的海洋无边无际,先哲们的明智之光沐浴着人们的心灵,我衷心感谢他们的恩惠.

读书的另一面

以上我谈了读书的好处,现在要回过头来说说事情的另一面.

读书要选择.世上有各种各样的书:有的不值一看,有的只值看20分钟,有的可看5年,有的可保存一辈子,有的将永远不朽.即使是不朽的超级名著,由于我们的精力与时间有限,也必须加以选择.决不要看坏书,对一般书,要学会速读.

读书要多思考.应该想想,作者说得对吗?完全吗?适合今天的情况吗?从书本中迅速获得效果的好办法是有的放矢地读书,带着问题去读,或偏重某一方面去读.这时我们的思维处于主动寻找的地位,就像猎人追找猎物一样主动,很快就能找到答案,或者发现书中的问题.

有的书浏览即止,有的要读出声来,有的要心头记住,有的要笔头记录.对重要的专业书或名著,要勤做笔记,“不动笔墨不读书”.动脑加动手,手脑并用,既可加深理解,又可避忘备查,特别是自己的灵感,更要及时抓住.清代章学诚在《文史通义》中说:“札记之功必不可少,如不札记,则无穷妙绪如雨珠落大海矣.”

许多大事业、大作品,都是长期积累和短期突击相结合的产物.涓涓不息,将成江河;无此涓涓,何来江河?

爱好读书是许多伟人的共同特性,不仅学者专家如此,一些大政治家、大军事家也如此.曹操、康熙、拿破仑、毛泽东都是手不释卷,嗜书如命的人.他们的巨大成就与毕生刻苦自学密切相关.

王梓坤

前言

本书是根据作者在北京师范大学数学系给历届函数论专业的研究生讲课的讲稿整理而成的.前四章简要介绍了实变逼近论的基础知识,包括Chebyshev逼近的基础理论知识和线性卷积算子逼近的某些内容.这一部分材料基本上是逼近论从19世纪末到20世纪50年代末的成果,其中有一部分内容已经成为经典,在很多已出版的逼近论的著作中都能找到.本书对这部分材料的处理的想法提出以下两点:第一,我们力求运用泛函分析的观点和方法,在赋范线性空间的框架之内对Chebyshev逼近的古典材料给出统一处置,特别突出了对偶定理的作用.第二,我们综合介绍了一些最佳逼近的经典课题(主要是三角多项式逼近和代数多项式逼近),研究了近些年来的发展状况,特别介绍了我国逼近论工作者在这一领域内取得的一些成果.

后六章是本书的重点，其内容是介绍逼近论在现代发展中出现的两个方向——宽度论和最优恢复论.

逼近论中宽度问题的研究肇端于 A. N. Kolmogorov 发表于 1936 年的开创性工作. 但是在这以后直到 20 世纪 50 年代末，这一问题的研究基本上处于停滞状态. 从 1959 年开始，V. M. Tikhomirov 发表了一系列关于宽度问题的论文，促使这一方面的研究活跃了起来，逐渐形成了逼近论中的一个新的研究方向. 近些年来这一方向的研究已经积累了十分丰硕的成果，我们可以列举以下几个方面：第一，在相当广泛的抽象空间内建立了系统的点集宽度理论. 第二，完成了对一些重要函数类的宽度的定量估计，包括一些细致而深刻的精确常数估计. 第三，对一批重要函数类的宽度找出了极子空间并构造了最佳的逼近工具，特别值得指出的是揭示了样条子空间和样条插值在解决这类问题中的突出作用. 第四，建立了宽度理论和一些别的数学分支理论之间的联系. 比如，A. N. Kolmogorov，K. I. Babenko，Jerome，Schumaker，Ismagilov 等人的工作阐明了 Hilbert 空间内点集宽度问题和线性自伴算子的本征值和本征向量问题的联系；Pietsch，Triebel 的工作揭示了宽度理论和 Banach 空间内算子插值理论的联系；V. M. Tikhomirov 的工作揭示了 Sobolev 类的宽度问题和非线性微分算子本征值问题的联系；以及 Micchelli，Traub 等人所阐明的宽度问题和计算复杂度问题的联系，等等.

促使宽度问题的研究趋于活跃的一个重要背景是数值分析和应用数学的需要. 数学物理问题的近似求解是应用数学和数值分析的重要组成部分. 当代科学

技术的发展是许多数学物理问题的源泉.数学物理问题一般以各种提法的算子方程的求解问题出现,而算子是抽象空间内无穷维点集间的映射.这类问题作为计算数学的研究对象,其第一步是对问题的离散化处置.离散化处置的一个基本环节在于对算子的定义域和值域的离散化,即先把它们分解成一些紧集的并,然后用一定类型的有限维紧集去近似地代替无限维(紧)集.这种一定类型的有限维点集一般并不唯一,而构成一个集族,若需在集族之内加以选择,以得到"最优的"离散化方案,就引导出这样或那样意义下的宽度概念.粗略地讲,点集宽度是点集在一定意义下"最优的"离散化的一个数量特征,集族的选择不同,赋予"最优性"不同的具体含义,就可促使建立各种不同意义的点集宽度概念.宽度概念并不仅仅限于函数逼近论中提出来的几种.拓扑学中有 P. S. Alexandrov 的 A 宽度,数值逼近中的网格宽度等,都有重要的实际意义.宽度问题研究的理论成果可以为数学物理问题的近似求解选择"最优的"求解方案提供理论分析基础.近年来,越来越多的数值分析学者对宽度理论感兴趣.苏联著名的函数论和数值分析专家,科学院院士 K. I. Babenko 教授在 1985 年的"Успехи Математических Наук"上发表长篇综述文章,从逼近论和数值分析广泛结合的角度出发,论述了宽度、度量熵概念对数值分析的意义,并且提出了一系列值得研究的课题.苏联在 1986 年出版了 K. I. Babenko 的著作《数值分析基础》一书,其中把宽度和熵列为数值分析理论基础的重要概念而给以相当详细的介绍.这是很值得注意的.

20 世纪 70 年代国际上一些逼近论和数值分析的

学者提出了最优恢复理论(最优算法论),其要旨在于根据一类对象的一定信息构造算法以实现对该类对象的“最有效”的逼近.推出这一理论的实际背景是:在快速电子计算机的使用中,计算的问题的信息量要求大、精度要求高、速度要求快和机器本身在计算速度、存储量等条件的限制之间存在着矛盾,对矛盾着的诸多因素的综合处理促使提出计算复杂性问题的研究,它属于计算机科学.相应地,在数学上促使提出研究一类新型的极值问题,这就要求在根据一定信息构造的一类近似计算方案(算法)中寻求最优方案(最优算法).这类问题在数值分析和应用数学中有着广泛的背景.数值积分、插值、函数逼近、算子方程的近似求解等方向在它们的长期发展中为最优恢复概念的形成提供了条件.我们可以提出对最优恢复的形成和发展产生了重要影响的早期的工作.Sard,Nikolsky在20世纪50年代初关于最优数值积分公式方面的工作,Golumb,Weinberg在1959年关于最优逼近方面的工作,Tikhonov,Ivanov,Morozov等从20世纪60年代开始的关于非适定算子方程的最优调整的系列工作,Smolyak,Bakhvalov关于线性泛函的线性最优算法的工作,等等.1977年Micchelli和Rivlin发表了《最优恢复综述》的长篇论文,1980年出版了Traub和Wozniakowski的专著*General Theory of Optimal Algorithm*一书,推动了这一方向的形成和发展.这一方向提出的极值问题一般相当艰深,它们的解决需要综合运用现代数学的各种工具和技巧.以最优求积问题为例,可微函数类W_p^1上最优求积公式在一般提法下的存在性、唯一性和构造问题,构造问题就是一个非常复杂的问题.要解决这个问题,除了使用传统的经典分析工具以外，还必须用到非线性泛函和拓扑学理论等一些深刻的现代数学工具方能奏效.

综上所述，可以看出宽度论和最优恢复论是逼近论中既有理论意义，又有实际背景和应用前景的两个重要方向. 出版一本以介绍这两个方向为主要内容的逼近论的书籍不是多余的. 本书就是为了适应这一目的而做的一种尝试.

本书的第五章至第八章介绍了宽度理论. 第五章是通论，在赋范线性空间的框架下叙述 Kolmogorov 宽度、Gelfand 宽度和线性宽度的基本理论. 第六章介绍 $\mathscr{L}$—样条的极值性质. 这里主要介绍了 Landau-Kolmogorov不等式的一种扩充形式及其与逼近问题的联系. 这一方向的基本结果是苏联学派做的，已经系统地总结在 Н. П. Корнейчук 的两本专著《逼近论的极值问题》《带限制的逼近》中了. 我们的工作是把这些基本结果扩充到由任意实系数的常微分算子 $P_n(D)=D^n+\sum_{i=1}^{n} a_j D^{n-j}$ 确定的函数类上. 这一扩充显示了由 $P_n(D)$ 确定的可微函数类上的一些极值问题的解和 $\mathscr{L}$—样条的深刻联系. 这一扩充的意义，通过 Chahkiev 和房艮孙的工作得到了明确. 第七章介绍以广义 Bernoulli 函数为卷积核的周期卷积类上的宽度估计的精确结果，包括常义下的宽度和单边逼近意义下的宽度估计问题. 这部分内容是孙永生、黄达人和房艮孙共同工作的结果的总结，它扩充了苏联学派和 A. Pinkus 等外国学者的结果. 这一扩充的意义在于沟通了周期可微函数类和以 CVD 核或 B—核构成的周期卷积类之间的极值问题的联系. 第八章主要介绍 Micchelli 和 Pinkus 所建立的全正核(非周期的)的宽度理论. 本书

第九章和第十章介绍了最优恢复理论.第九章是通论,系统地介绍了在赋范线性空间内的最优恢复的基本概念和一般性结果.第十章主要介绍了一个具体的研究方向——最优求积公式问题.这里不仅介绍了有关这一问题的结果,还结合了结果的陈述扼要地介绍了非线性泛函和拓扑学等近代数学工具的应用.

由于本书内容涉及的方面比较广泛,不可能做到自给自足,有些相关的问题只好请读者参考以下几本专著:

1. A. Pinkus, n-Widths in Approximation Theory, Springer-Verlag, 1985.

2. 考涅楚克,逼近论的极值问题,孙永生译,上海科技出版社,1982.

3. Н. П. Корнейчук 等, Аппроксимация с ограничениями, Киев, 1982.

为了便于读者查阅,我们在每一章最后都写了一节"注和参考资料".

本书分上、下两册出版.上册共六章,孙永生著;下册共四章,孙永生、房艮孙合著.限于作者的水平,加以仓促成书,疏漏和不当之处在所难免,希望国内专家和读者给予指正.

作者谨识

⊙目录

第七章 某些周期卷积类的宽度估计

给定 r 阶实系数线性微分算子

$$P_r(D)=D^r+\sum_{j=1}^{r}a_jD^{r-j}=\prod_{s=1}^{k}(D^2-2\alpha_sD+\alpha_s^2+\beta_s^2)\prod_{j=1}^{r-2k}(D-\lambda_j) \qquad (7.1)$$

其中 $k\geqslant 0,\alpha_s,\lambda_j\in\mathbf{R},\beta_s>0$. 置

$$\beta=\max_{1\leqslant s\leqslant k}\beta_s,\Lambda=4\cdot 3^{k-1}\cdot\beta \qquad (7.2)$$

如特征多项式 $P_r(\lambda)$ 仅有实零点,则 $\beta=0$. 规定 $\Lambda=0$.

和第六章一样,本章继续考虑由 $P_r(D)$ 确定的 2π 周期函数类

$$\mathscr{K}_q(P_r)=\{f\in\widetilde{L}_{q,2\pi}^{(r)}\mid\|P_r(D)f(\cdot)\|_q\leqslant 1\}$$

的 $n-K$ 宽度：$n-G$ 宽度及线性宽度在 L^p 尺度下的精确估计问题，这里 $\widetilde{L}_{q,2\pi}^{(r)}$ 表示 $f^{(r-1)}$ 绝对连续，$f^{(r)}$ 在 L_q 尺度下可积的 2π 周期函数全体. 特别当 $P_r(D)=D^r$ 时，$\mathscr{K}_q(D^r)\equiv\widetilde{W}_q^r$ 即是以 2π 为周期的 Sobolev 类. 当 $q=1$ 时，记 $\widetilde{L}_{2\pi}^{(r)}=\widetilde{L}_{1,2\pi}^{(r)}$.

我们知道 $\widetilde{W}_q^r$ 是一个以 Bernoulli 函数为卷积核的周期卷积类(见第四章，例 4.1.1). $\widetilde{W}_q^r$ 宽度的估计已经经历了相当长时期的研究，得到了非常完美的结果([1]～[3]). 当 $P_r(D)$ 是一般的常系数线性微分算子时，$\mathscr{K}_q(P_r)$ 是一个以广义 Bernoulli 函数为核的周期卷积类，其定义已在第六章内给出. 关于 $\mathscr{K}_q(P_r)$ 的宽度的研究是近年来开始的. 首先，1983 年苏联学者 V. T. Shevalting[7] 就 $P_r(D)$ 的特征根具有共轭复根的情形进行了研究. 应用广义差分和 $\mathscr{L}-$ 样条的理论对充分大的 n 求得了 $\mathscr{K}_q(P_r)$ 当 $q=+\infty$ 时在 C 空间内的奇维数宽度的精确估计

$$d_{2n-1}[\mathscr{K}_\infty(P_r);C]=\|\Phi_{r,n}\|_C \qquad (7.3)$$

随之出现了孙永生和黄达人[20,30,31]，房艮孙[22,23] 以及 I. N. Volodina[25]，S. I. Novikov[26] 的工作. 建立了基本上和 Sobolev 类 $\widetilde{W}_q^r$ 上的精确结果平行的结果. 本章介绍这一部分结果. 这里采用与 V. T. Shevaltine[7] 不同的方法，更简洁地求出了量 $d_n[\mathscr{K}_q(P_r);L_p]$($q=+\infty$，$p=1,2,+\infty$；$q=+\infty$，$1\leqslant p\leqslant+\infty$，$\beta$ 充分小；以及 $p=q=1$)，当 n 充分大时的精确估计并给出了极

子空间的构造. 另外，本章还将介绍由上凸连续模 $\omega(t)$ 所确定的函数类

$$\mathcal{K}H^{\omega}(P_r)=\{f(t)\in\widetilde{C}_{2\pi}^{r};\omega(P_r(D)f;t)\leqslant\omega(t)\} \tag{7.4}$$

在 C 空间内 $n-K$ 宽度的估计问题，给出一个强渐近估计式

$$\lim_{n\to+\infty}\frac{d_n[\mathcal{K}H^{\omega}(P_r);C]}{d_n[\widetilde{W}^rH^{\omega};C]}=1$$

这里 $\widetilde{W}^rH^{\omega}=\mathcal{K}H^{\omega}(D^r)$ 就是由 S. M. Nikolshy 首先引入的，并在逼近论中得到充分研究的函数类.

除了 Sobolev 类，在逼近论中受到充分重视的另一类周期卷积函数是以 CVD 函数为核的卷积类，其典型的例子是在 N. I. Achiezer[4] 中引入的解析函数类 A_q^h(见第四章，例 4.1.4). 有许多工作([4]，[5]，[34]～[37])研究了这个函数类的宽度精确估计. 长期以来，对 $\widetilde{W}_q^r$ 及 A_q^h 上极值问题的研究是互相独立地进行的. M. A. Chahkiev[6] 指出了二者之间的联系. 他在[6]内引入了满足 RA_q 条件的核，其实质是考虑一切广义 Bernoulli 函数的集合的 L_q 范闭包. 房艮孙[32] 刻画了这一闭包，指出了它和周期的 Polya 密度以及 CVD 函数类的关系. 本章将介绍这些结果，以及利用这些得到的结果在宽度估计方面得到新的精确结果.

§1 线性插值算子和 $\mathcal{K}_q(P_r)$ 以 $\mathscr{L}$—样条的最佳逼近

(一) 线性插值算子

引理 7.1.1[8] 设 $u(t)$ 是以 2π 为周期的实值可积函数,则实系数的常微分方程 $P_r(D)f(t)=u(t)$ 有 2π 周期解的充分必要条件是

$$\int_0^{2\pi} u(t)v(t)\mathrm{d}t=0$$

其中 $v(t)$ 是共轭微分方程 $P_r^*(D)v(t)=0$ 的任意 2π 周期解.

由 $P_r(D)$ 确定的广义 Bernoulli 多项式(见式(6.2))

$$G_r(t)=\frac{1}{2\pi}\sum_{\nu=-\infty}^{+\infty}{}'\frac{\mathrm{e}^{\mathrm{i}\nu t}}{P_r(\mathrm{i}\nu)},\mathrm{i}=\sqrt{-1}$$

注意到引理 7.1.1 可以得到(见[9],P. 50,以及定义 6.1.3)

$$\mathcal{K}_q(P_r)=\begin{cases}\{f=c+G_r*u \mid c\in\mathbf{R},\|u\|_q\leqslant 1,\\ \quad\int_0^{2\pi}u(t)\mathrm{d}t=0,\text{若 } P_r(0)=0\}\\ \{f=G_r*u \mid \|u\|_q\leqslant 1,\text{若 } P_r(0)\neq 0\}\end{cases}$$

$$\mathcal{K}H^{\omega}(P_r)=\begin{cases}\{f=c+G_r*u \mid c\in\mathbf{R},\omega(u,t)\leqslant\omega(t),\\ \quad\int_0^{2\pi}u(t)\mathrm{d}t=0,\text{若 } P_r(0)=0\}\\ \{f=G_r*u \mid \omega(u,t)\leqslant\omega(t),\text{若 } P_r(0)\neq 0\}\end{cases}$$

定义 7.1.1 设以 2π 为周期的函数 $s(t)\in\widetilde{C}_{2\pi}^{r-2}$,

且

$$P_r(D)s(t)\equiv 0,t\in\left(\frac{(j-1)\pi}{n},\frac{j\pi}{n}\right),j=1,\cdots,2n$$

则 $s(t)$ 称为以 $\left\{(j-1)\frac{\pi}{n}\right\}(j=1,\cdots,2n)$ 为节点组的由 $P_r(D)$ 确定的 $\mathscr{L}-$ 样条，并将其全体记为 $S_{r-1,2n}(P_r)$，其中 $\widetilde{C}_{2\pi}^{-1}$ 表示以 2π 为周期的有界函数类，其仅有的间断点含于 $\left\{(j-1)\frac{\pi}{n}\right\}(j=1,\cdots,2n)$ 内且均为第一类间断.

命题 7.1.1　设 $n=1,2,\cdots$，则

$$S_{r-1,2n}(P_r)=\begin{cases}\{f=c_\sigma+\sum_{j=1}^{2n}c_jG_r\left(\cdot-\frac{(j-1)\pi}{n}\right),\sum_{j=1}^{2n}c_j=0,\\ \quad c_\sigma,c_j\in\mathbf{R},j=1,\cdots,2n,\text{若 }P_r(0)=0\}\\ \{f=\sum_{j=1}^{2n}c_jG_r\left(\cdot-\frac{(j-1)\pi}{n}\right),c_j\in\mathbf{R},\\ \quad j=1,\cdots,2n,\text{若 }P_r(0)\neq 0\}\end{cases}$$

证　充分性是显然的，只需证必要性. 首先考虑 $P_r(D)$ 的特征多项式有实根的情况. 记 $\lambda_j=\mu$，特别当 $P_r(0)=0$ 时取 $\mu=0$，这里 λ_j 是 $P_r(\lambda)$ 的某一实零点. 令

$$P_r(D)=P_{r-1}(D)(D-\mu)$$

则对于一切 $f\in\widetilde{L}_{q,2\pi}^{(r-1)}$，有

$$f(x)=c_\sigma+\int_0^{2\pi}G_{r-1}(x-t)P_{r-1}(D)f(t)\mathrm{d}t \qquad (7.5)$$

成立，其中当 $P_{r-1}(0)=0$ 时，$c_\sigma=\int_0^{2\pi}f(t)\mathrm{d}t$，当 $P_{r-1}(0)\neq 0$ 时，$c_\sigma=0$，有

$$G_{r-1}(t)=\frac{1}{2\pi}\sum_{\nu=-\infty}^{+\infty}{}' \frac{e^{i\nu t}}{P_{r-1}(i\nu)}, i=\sqrt{-1} \quad (7.6)$$

$G_{r-1}(t)$ 是由算子 $P_{r-1}(D)$ 确定的广义 Bernoulli 多项式，$\sum'$ 表示 $P_{r-1}(0)=0$ 时，求和号中不包含 $\nu=0$ 的项.

任取 $s(t)\in S_{r-1,2n}(P_r)$，则

$$P_{r-1}(D)s(t)=b_j e^{\mu t}, t\in\left(\frac{(j-1)\pi}{n},\frac{j\pi}{n}\right) \quad (7.7)$$

其中 $b_j(j=1,\cdots,2n)$ 为实数. 根据式(7.5)及(7.7)得

$$s(t)=c_\sigma+\frac{1}{2\pi}\sum_{\nu=-\infty}^{+\infty}{}' \frac{e^{i\nu t}}{P_r(i\nu)}\sum_{j=1}^{2n} b_j(a_{j-1,\nu}-a_{j,\nu})$$

$$a_{j,\nu}=e^{\frac{j\pi(\mu-i\nu)}{n}}, j=1,\cdots,2n$$

令

$$c_1=b_1-b_{2m}e^{2\pi\mu}$$

$$c_{j+1}=(b_{j+1}-b_j)e^{\frac{j\pi\mu}{n}}, j=1,\cdots,2n-1$$

显然 $c_j(j=1,\cdots,2n)$ 为实数且当 $\mu=0$ 时，$\sum_{j=1}^{2n} c_j=0$，于是

$$s(t)=c_\sigma+\frac{1}{2\pi}\sum_{j=1}^{2n} c_j \sum_{\nu=-\infty}^{+\infty}{}' \frac{e^{i\nu(t-\frac{j\pi}{n})}}{P_r(i\nu)}$$

$$=c_\sigma+\sum_{j=1}^{2n} c_j G_r\left(t-\frac{j\pi}{n}\right)$$

再考虑特征多项式 $P_r(\lambda)$ 没有实根的情况. 取定实数 $\mu\neq 0$，任取 $s(t)\in S_{r-1,2n}(P_r)$，令

$$s_1(t)=\int_0^{2\pi} G_1(t-\tau)s(\tau)d\tau$$

$$G_1(t)=\frac{1}{2\pi}\sum_{\nu=-\infty}^{+\infty} \frac{e^{i\nu t}}{(i\nu-\mu)}, i=\sqrt{-1}$$

则 $s_1(t)\in S_{r,2n}((D-\mu)P_r(D))$，由前面的证明知

$$s_1(t)=\sum_{j=1}^{2n}c_jG_{r+1}\left(t-\frac{j\pi}{n}\right)$$

其中 $G_{r+1}(t)$ 是由算子 $(D-\mu)P_r(D)$ 确定的广义 Bernoulli 多项式. 考虑到 $(D-\mu)G_{r+1}(t)=G_r(t)$，即得

$$s(t)=(D-\mu)s_1(t)=\sum_{j=1}^{2n}c_jG_r\left(t-\frac{j\pi}{n}\right)$$

评注 7.1.1　当 $P_r(D)=D^r$ 时，$S_{r-1,2n}(P_r)$ 就是以 $x=\left\{0,\frac{\pi}{n},\cdots,\frac{(2n-1)\pi}{n}\right\}$ 为单节点的 2π 周期的 $r-1$ 次多项式样条子空间 $\widetilde{S}_{r-1}(x)$（见第十章，§0).

命题 7.1.2　设 $n=1,2,\cdots$，则①

$$\dim S_{r-1,2n}(P_r)=2n$$

证　(i) 设 $P_r(0)\neq 0$，根据命题 7.1.1，只需证 $\left\{G_r\left(t-\frac{(j-1)\pi}{n}\right)\right\}(j=1,\cdots,2n)$ 线性无关，令

$$g(t)=\sum_{j=1}^{2n}a_jG_r\left(t-\frac{(j-1)\pi}{n}\right)\equiv 0$$

则 $g(t)$ 的 Fourier 级数是

$$g(t)=\sum_{\nu=-\infty}^{+\infty}\frac{a_1+a_2\mathrm{e}^{\frac{\mathrm{i}\nu\pi}{n}}+\cdots+a_{2n}\mathrm{e}^{\frac{\mathrm{i}\nu(2n-1)\pi}{n}}}{P_r(\nu\mathrm{i})}\mathrm{e}^{\mathrm{i}\nu t}$$

因为 $g(t)\equiv 0$，且 $G_r(t)$ 在 $(0,2\pi)$ 上绝对连续，所以

$$\sum_{j=1}^{2n}a_j\mathrm{e}^{\mathrm{i}\nu(j-1)\pi}=0,\nu=0,\pm 1,\pm 2,\cdots$$

特别取 $\nu=0,1,\cdots,2n-1$，即得 $2n$ 阶的关于 $\{a_j\}(j=1,\cdots,2n)$ 的线性方程组

---

①　这里用到了 $P_r(\mathrm{i}\nu)\neq 0(\nu=\pm 1,\pm 2,\cdots)$ 这一假定. 如果 $P_r(\lambda)$ 有纯虚根，那么命题 7.1.2 对 $n>2\beta$ 成立. 见[7].

$$\sum_{j=1}^{2n} a_j \mathrm{e}^{\mathrm{i}\nu(j-1)\pi} = 0, \nu = 0, 1, \cdots, 2n-1 \qquad (7.8)$$

此线性方程组的系数行列式

$$\Delta = \prod_{0 \leqslant s < l \leqslant 2n-1} (\mathrm{e}^{\frac{\mathrm{i}s\pi}{n}} - \mathrm{e}^{\frac{\mathrm{i}l\pi}{n}}) \neq 0$$

因此 $a_j = 0(j=1,\cdots,2n)$,故 $\left\{ G_r\left(t - \frac{j\pi}{n}\right) \right\}$ $(j = 0,\cdots, 2n-1)$ 线性无关.

(ii) $P_r(0) = 0$,不妨设 $P_r(\lambda) \neq \lambda^r$(这种情况见[1]),令 $P_r(\lambda) = P_{r-j}(\lambda) P_j(\lambda)$,$P_j(0) \neq 0$,$j \geqslant 1$. 设

$$s(t) = a_0 + \sum_{j=1}^{2n} a_j G_r\left(t - (j-1)\frac{\pi}{n}\right) \equiv 0 \quad (7.9)$$

考虑到 $\sum_{j=1}^{2n} a_j = 0$,立即得

$$P_{r-j}(D) s(t) = \sum_{j=1}^{2n} a_j G_j\left(t - (j-1)\frac{\pi}{n}\right) \equiv 0$$

其中 $G_j(t)$ 是由算子 $P_j(D)$ 确定的广义 Bernoulli 多项式

$$G_j(t) = \frac{1}{2\pi} \sum_{\nu=-\infty}^{+\infty} \frac{\mathrm{e}^{\mathrm{i}\nu t}}{P_j(\mathrm{i}\nu)}, \mathrm{i} = \sqrt{-1}$$

根据(i)所证即得 $a_j = 0(j=1,\cdots,2n)$,再由式(7.9)得 $a_0 = 0$. 因此函数系 $\left\{1, G_r\left(t - \frac{j\pi}{n}\right) - G_r(t), j = 1,\cdots, 2n-1\right\}$ 线性无关.

设 $\Phi_{r,n}(t)$ 是由算子 $P_r(D)$ 定义的 $\mathcal{K}_q(P_r)$ 上的标准函数(见式(6.9)),即

$$\Phi_{r,n}(t) = \int_0^{2\pi} G_r(t-\tau) \operatorname{sgn} \sin n\tau \, \mathrm{d}\tau$$

引理 7.1.2 设 $n > \Lambda$, $h(t) \in \widetilde{L}^{(r)}_{\infty,2\pi}$, $s(t) \in$

$S_{r-1,2n}(P_r)$，令 $u(t)=h(t)-s(t)$,$\delta(t)=u(t)-\Phi_{r,n}(t)$,$\delta(t)$ 在 $[0,2\pi]$ 内有 l 个不同零点 $0\leqslant t_1<\cdots<t_{l-1}<t_l<2\pi$，且满足条件 $\max\limits_{1\leqslant j\leqslant l}\{|t_j-t_{j+1}|\}\leqslant\frac{\pi}{n}$,其中 $t_{l+1}=t_1+2\pi$,如果以下两个条件之一成立:(i)$h(t)\equiv 0$,(ii)$|P_r(D)u(t)|<1$,则 $l\leqslant 2n$.

证 如果不是这样，则 $l\geqslant 2n+1$. 首先考虑 $P_r(D)$ 至少有一对共轭复根的情况.令

$$P_r(D)=P_{r-2}(D)P_2(D)$$

$$P_2(D)=D^2-2\alpha D+\alpha^2+\beta^2$$

根据广义 Rolle 定理(定理 6.1.2),$P_{r-2}(D)\delta(t)$ 在 $[0,2\pi]$ 内至少有 $2n+1$ 个不同的零点.因为 $P_r(D)\cdot\Phi_{r,n}(t)=\operatorname{sgn}\sin nt$,所以当条件(i)或(ii)成立时对一切 $[0,2\pi)\setminus\left\{(j-1)\frac{\pi}{n}\right\}(j=1,\cdots,2n)$ 中 $h^{(r)}(t)$ 存在的点成立

$$\operatorname{sgn}P_r(D)\delta(t)=-\operatorname{sgn}\sin nt \qquad (7.10)$$

即式(7.10)几乎处处成立.因此

$$\operatorname{sgn}P_r(D)\delta(t)=(-1)^j,t\in\left((j-1)\frac{\pi}{n},j\frac{\pi}{n}\right)$$
$$j=1,\cdots,2n \qquad (7.11)$$

几乎处处成立.令 $g(t)=P_{r-2}(D)\delta(t)$,则 $g(t)$ 有以下性质:

1. $g'(t)$ 在 $\left((j-1)\frac{\pi}{n},j\frac{\pi}{n}\right)$ 上绝对连续.

2. $g(t)\in\widetilde{C}_{2\pi}$,且在 $[0,2\pi)$ 上至少有 $2n+1$ 个不同的零点.

3. 若 $h^{(r)}(t_0)$ 存在,$t_0\in\left((j-1)\frac{\pi}{n},j\frac{\pi}{n}\right)$,则

$$\operatorname{sgn} P_2(D)g(t_0)=(-1)^j$$

分两种情况进行讨论:

(1)$g(t)$ 在$[0,2\pi)$ 上至少有 $2n+2$ 个不同的零点,此时以下三种情况至少有一种发生.

① 存在 $j_0\in\{1,\cdots,2n\}$,使得 $g(t)$ 在 $\Delta_{j_0}=:\left[(j_0-1)\frac{\pi}{n},j_0\frac{\pi}{n}\right)$ 上至少有三个零点.

此时根据引理 6.1.3,$P_2(D)g(t)$ 在 Δ_{j_0} 上至少有一个变号点,与式(7.11)矛盾.

② 存在两个相邻的区间 $\Delta_{j_0}=:[(j_0-1)\frac{\pi}{n},j_0\frac{\pi}{n})$,$\Delta_{j_0+1}=:[j_0\frac{\pi}{n},(j_0+1)\frac{\pi}{n})$,使得 $g(t)$ 在其中的每一个上至少有两个不同的零点.

此时首先注意到成立恒等式

$$\begin{aligned}&\mathrm{e}^{-\alpha(t-t_0)}\sin\beta(t-t_0)P_2(D)g(t)\\&=D(\sin^2\beta(t-t_0))D\left(\frac{\mathrm{e}^{-\alpha(t-t_0)}}{\sin\beta(t-t_0)}g(t)\right)\end{aligned}\tag{7.12}$$

其中 t_0 是参数.记

$$\varphi_1(t)=\mathrm{e}^{-\alpha(t-t_0)}\sin\beta(t-t_0),\varphi_2(t)=\sin^2\beta(t-t_0)$$

$$\varphi_3(t)=\frac{\mathrm{e}^{-\alpha(t-t_0)}}{\sin\beta(t-t_0)}$$

则式(7.12)可写成

$$\varphi_1(t)P_2(D)g(t)=D(\varphi_2(t))D(\varphi_3(t)g(t))\tag{7.13}$$

当 $n>2\beta$ 时,适当选择 t_0,可以使得 $\varphi_1(t)$,$\varphi_2(t)$ 及 $\varphi_3(t)$ 在$\left((j-1)\frac{\pi}{n},(j+1)\frac{\pi}{n}\right)$同时为恒正.

下面首先证明在每一个半闭区间 $\Delta_j=\Big[(j-1)\cdot$

$\frac{\pi}{n}, j\frac{\pi}{n}\Big)(j=1,\cdots,2n)$ 上 $(g(t)\varphi_3(t))'$ 至多有一个零点，否则 $\varphi_2(t)(g(t)\varphi_3(t))'$ 在 $\left((j-1)\frac{\pi}{n}, j\frac{\pi}{n}\right)$ 上至少有两个不同的零点，因而根据式(7.13)，$P_2(D)g(t)$ 在 $\left((j-1)\frac{\pi}{n}, j\frac{\pi}{n}\right)$ 上至少有一个变号点，即 $P_r(D)\delta(t)$ 在 $\left((j-1)\frac{\pi}{n}, j\frac{\pi}{n}\right)$ 上至少有一个变号点，这和式(7.11)矛盾.

因为 $\varphi_3(t)$ 在 $\left[(j_0-1)\frac{\pi}{n}, j_0\frac{\pi}{n}\right)$ 上恒正，所以根据 Rolle 定理可知 $(g(t)\varphi_3(t))'$ 在 $\left((j_0-1)\frac{\pi}{n}, (j_0+1)\frac{\pi}{n}\right)$ 上有三个变号点. 由前面所证知 $(g(t)\varphi_3(t))'$ 在 $\left((j_0-1)\frac{\pi}{n}, j_0\frac{\pi}{n}\right)$ 及 $\left(j_0\frac{\pi}{n}, (j_0+1)\frac{\pi}{n}\right)$ 上各有一个变号点且 $j_0\frac{\pi}{n}$ 是 $(g(t)\varphi_3(t))'$ 的变号点. 将这三个变号点记为 $t_1<t_2<t_3$，令 $t_0=(j_0-1)\frac{\pi}{n}$，$t_4=(j_0+1)\frac{\pi}{n}$. 不失一般性，设

$$\operatorname{sgn}(\varphi_3(t)g(t))'=(-1)^j$$
$$t\in(t_{j-1}, t_j), j=1,2,3,4$$

在 $\left((j_0-1)\frac{\pi}{n}, (j_0+1)\frac{\pi}{n}\right)$ 上几乎处处成立. 因为 $\varphi_2(t)$ 在 $\left[(j_0-1)\frac{\pi}{n}, (j_0+1)\frac{\pi}{n}\right)$ 上恒正，所以

$$\operatorname{sgn}(\varphi_2(t)(\varphi_3(t)g(t))')=(-1)^j$$

$$t \in (t_{j-1}, t_j), j = 1,2,3,4 \tag{7.14}$$

在$\left((j_0-1)\dfrac{\pi}{n}, (j_0+1)\dfrac{\pi}{n}\right)$上几乎处处成立.

根据式(7.11),$P_2(D)g(t)$ 在$\left((j_0-1)\dfrac{\pi}{n}, j_0\dfrac{\pi}{n}\right)$上不变号,所以由式(7.13)及(7.14)得

$$\operatorname{sgn}(\varphi_1(t)P_2(D)g(t)) = \begin{cases} +1, \text{对 a. e. 的 } t \in \left((j_0-1)\dfrac{\pi}{n}, j_0\dfrac{\pi}{n}\right) \\ +1, \text{对 a. e. 的 } t \in \left(j_0\dfrac{\pi}{n}, (j_0+1)\dfrac{\pi}{n}\right) \end{cases}$$

因为 $\varphi_1(t)$ 在$\left[(j_0-1)\dfrac{\pi}{n}, (j_0+1)\dfrac{\pi}{n}\right)$上恒正,所以

$$\operatorname{sgn}(P_2(D)g(t)) = \begin{cases} +1, \text{对 a. e. 的 } t \in \left((j_0-1)\dfrac{\pi}{n}, j_0\dfrac{\pi}{n}\right) \\ +1, \text{对 a. e. 的 } t \in \left(j_0\dfrac{\pi}{n}, (j_0+1)\dfrac{\pi}{n}\right) \end{cases} \tag{7.15}$$

式(7.15)和式(7.11)矛盾.

③ 设 $g(t)$ 在两个不相邻的区间

$$\left[(j-1)\frac{\pi}{n}, j\frac{\pi}{n}\right), \left[(j+k)\frac{\pi}{n}, (j+k+1)\frac{\pi}{n}\right) \quad (k \geqslant 1)$$

上各有两个零点且 $g(t)$ 在

$$\left((j+s-1)\frac{\pi}{n}, (j+s)\frac{\pi}{n}\right) (s = 1, \cdots, k)$$

上各有一个零点.

如果 k 为奇(偶)数,由式(7.11)知,$P_2(D)g(t)$ 在$\left((j-1)\dfrac{\pi}{n}, j\dfrac{\pi}{n}\right)$ 及 $\left((j+k)\dfrac{\pi}{n}, (j+k+1)\dfrac{\pi}{n}\right)$ 上

具有相同(相反)的符号.另一方面,通过和情况②类似的论证证得 $P_2(D)g(t)$ 在 $\left((j-1)\frac{\pi}{n},j\frac{\pi}{n}\right)$ 及 $\left((j+k)\frac{\pi}{n},(j+k+1)\frac{\pi}{n}\right)$ 上具有相反(相同)的符号,矛盾.

(1) 设 $g(t)$ 在 $[0,2\pi)$ 中恰有 $2n+1$ 个不同零点,由周期性知必定存在 $\tau\in[0,2\pi)$ 使得 $g(\tau)=g'(\tau)=0$. 不妨设 $\tau\in\left[(j_0-1)\frac{\pi}{n},j_0\frac{\pi}{n}\right)$, $1\leqslant j_0\leqslant 2n$. 因为 $g(t)$ 有 $2n+1$ 个不同零点,因而必定存在 i_0, $1\leqslant i_0\leqslant 2n$, 使得 $g(t)$ 在 $\left[(i_0-1)\frac{\pi}{n},i_0\frac{\pi}{n}\right)$ 上有两个不同零点.

① 若 $i_0=j_0$, 则根据引理 6.1.3 的注 3 知道 $P_2(D)g(t)$ 在 $\left((j_0-1)\frac{\pi}{n},j_0\frac{\pi}{n}\right)$ 上至少有一个变号点,这和式(7.11)矛盾.

② 若 $i_0\neq j_0$, 则用和(1)中①及②类似的讨论可以推出,矛盾.

至此已经证得引理7.1.1,当特征多项式 $P_r(\lambda)$ 至少有一对共轭复根时成立.下证当 $P_r(\lambda)$ 仅有实根时也成立.事实上,令

$$P_r(D)=P_{r-1}(D)(D-\lambda),\lambda\in\mathbf{R}$$

则由广义 Rolle 定理(见附注 6.1.1)知对一切 $n=1,2,\cdots$, $P_{r-1}(D)\delta(t)$ 在 $[0,2\pi)$ 上至少有 $2n+1$ 个变号点.另一方面,因为

$$\operatorname{sgn} P_r(D)\delta(t)=(-1)^j,t\in\left((j-1)\frac{\pi}{n},j\frac{\pi}{n}\right)$$
$$j=1,\cdots,2n \tag{7.16}$$

所以由恒等式

$$e^{-\lambda t}(D-\lambda)P_{r-1}(D)\delta(t)=D(e^{-\lambda t}P_{r-1}(D)\delta(t))$$

知 $e^{-\lambda t}P_{r-1}(D)\delta(t)$ 在 $\left((j-1)\frac{\pi}{n},j\frac{\pi}{n}\right)$ 上严格单调，从而 $P_{r-1}(D)\delta(t)$ 在 $\left((j-1)\frac{\pi}{n},j\frac{\pi}{n}\right)$ 上严格单调，且由式(7.16)，知 $P_{r-1}(D)\delta(t)$ 在 $\left((j-1)\frac{\pi}{n},j\frac{\pi}{n}\right)$ 及 $\left(j\frac{\pi}{n},(j+1)\frac{\pi}{n}\right)(j=1,\cdots,2n)$ 上单调方向相反，所以 $P_{r-1}(D)\delta(t)$ 在 $\left((j-1)\frac{\pi}{n},j\frac{\pi}{n}\right)(j=1,\cdots,2n)$ 至多有一个变号点，且如果 $P_{r-1}(D)\delta(t)$ 在 $j\frac{\pi}{n}$ 处变号，则必有 $P_{r-1}(D)\delta(t)$ 在 $\left((j-1)\frac{\pi}{n},j\frac{\pi}{n}\right)$ 或 $\left(j\frac{\pi}{n},(j+1)\frac{\pi}{n}\right)$ 上不变号. 因此 $P_{r-1}(D)\delta(t)$ 在一个周期内至多有 $2n$ 个变号点，矛盾.

定理 7.1.1 设 $n>\Lambda,\alpha+\frac{j-1}{n}\pi(j=1,\cdots,2n)$ 是 $\Phi_{r,n}(t)$ 在$[0,2\pi)$ 内的 $2n$ 个等距分布的零点，则对任何有界函数 $f(t)$，存在唯一的 $Q_{2n}(f,t)\in S_{r-1,2n}(P_r)$，使得

$$Q_{2n}\left(f,\alpha+\frac{(j-1)\pi}{n}\right)=f\left(\alpha+\frac{(j-1)\pi}{n}\right),j=1,\cdots,2n$$

证 根据命题 7.1.1，命题 7.1.2 及线性代数知只需证明齐次方程

$$c_\sigma+\sum_{j=1}^{2n}c_jG_r\left(\alpha+\frac{(i-1)\pi}{n}-\frac{(j-1)\pi}{n}\right)=0$$
$$i=1,\cdots,2n \tag{7.17}$$

只有零解. 其中 $P_r(0)=0$ 时, $\sum_{j=1}^{2n} c_j = 0$.

当 $P_r(0)=0$ 时,由式(7.17)对 i 求和,得

$$c_\sigma + \sum_{i=1}^{2n}\sum_{j=1}^{2n} c_j G_r\left(\alpha + \frac{(i+j-2)\pi}{n}\right) = 0$$

因为 $G_r(t)$ 以 2π 为周期,且 $\sum_{j=1}^{2n} c_j = 0$,所以

$$\sum_{i=1}^{2n}\sum_{j=1}^{2n} c_j G_r\left(\alpha + \frac{(i+j-2)\pi}{n}\right) = 0$$

因此 $c_\sigma = 0$. 设

$$s(t) = \sum_{j=1}^{2n} c_j G_r\left(t - \frac{(j-1)\pi}{n}\right)$$

首先证明 $s(t) \equiv 0$,否则,存在 $z_0 \in [0,2\pi)$,使得 $s(z_0) \neq 0$,因此存在 α,使得 $\alpha s(z_0) = \Phi_{r,n}(z_0)$,令

$$\delta(t) = \Phi_{r,n}(t) - \alpha s(t)$$

则

$$\delta\left(\alpha + \frac{(j-1)\pi}{n}\right) = \delta(z_0) = 0, j = 1, \cdots, 2n$$

因此 $\delta(t)$ 在一个周期内至少有 $2n+1$ 个不同零点,且 $\delta(t)$ 的任意两个相邻零点相距不大于 $\frac{\pi}{n}$,这和引理 7.1.2 矛盾. 所得矛盾表明 $s(t) \equiv 0$,再根据命题 7.1.2,立即推知 $c_j = 0, j = 1, \cdots, 2n$,即方程组(7.17)只有零解.

定理 7.1.2 设 $n > \Lambda$,则对任意给定的 $f \in \mathscr{K}_\infty(P_r)$ 及一切 $t \in [0,2\pi)$,成立

$$|f(t) - Q_{2n}(f,t)| \leqslant |\Phi_{r,n}(t)| \tag{7.18}$$

证 若式(7.18)不成立,则存在 $t^* \in [0,2\pi)$,使得

$$|f(t^*)-Q_{2n}(f,t^*)|>|\Phi_{r,n}(t^*)|$$

令 $u(t)=f(t)-Q_{2n}(f,t)$,则存在 λ,$0<|\lambda|<1$,使得 $\lambda u(t^*)=\Phi_{r,n}(t^*)$. 令

$$\delta(t)=\lambda u(t)-\Phi_{r,n}(t)$$

则 $\delta\left(\alpha+\frac{(j-1)\pi}{n}\right)=\delta(t^*)=0,j=1,\cdots,2n$,且

$$|P_r(D)\lambda u(t)|=|\lambda||P_r(D)f(t)|<1$$

这和引理 7.1.2 矛盾.

推论 7.1.1 设 $n>\Lambda,1\leqslant p\leqslant+\infty$,则

$$\sup_{f\in\mathscr{K}_\infty(P_r)}\|f(\cdot)-Q_{2n}f(\cdot)\|_p=\|\Phi_{r,n}(\cdot)\|_p$$

(二)$\mathscr{K}_q(P_r)$ 以 $\mathscr{L}$— 样条在 L 尺度下的最佳逼近

设 $\mu>r$,令

$$P_\mu(D)=\prod_{s=1}^{l}(D^2-2\alpha D+\alpha_s^2+\beta_s^2)\prod_{j=1}^{\mu-2l}(D-\lambda_j)$$

$$l\geqslant k,\mu-2l\geqslant r-2k$$

其中 $\alpha_s,\lambda_j\in\mathbf{R},\beta_s>0,P_\mu(D)$ 的特征多项式 $P_\mu(\lambda)$ 能被 $P_r(\lambda)$ 整除. 置

$$\overline{\beta}=\max_{1\leqslant s\leqslant l}\beta_s,\overline{\Lambda}=4\cdot 3^{l-1}\tag{7.19}$$

以 $P_r^*(D)$,$P_\mu^*(D)$ 表示 $P_r(D)$ 及 $P_\mu(D)$ 的共轭算子,以 $\hat{P}_r^*(D)$ 表示由定义 6.2.1 确定的 $P_r^*(D)$ 关于 $P_\mu^*(D)$ 的余子算子,即 $\hat{P}_r^*(D)P_r^*(D)=P_\mu^*(D)$.

设 $S_{\mu-1,2n}(P_\mu)$ 表示按定义 7.1.1 由算子 $P_\mu(D)$ 确定的 $2n$ 维的 $\mathscr{L}$— 样条子空间.

引理 7.1.3 设 $P_\mu(0)=0,f\in\widetilde{L}_{2\pi}^\mu,f(0)=0$,则

$$P_\mu^*(D)f\perp S_{\mu-1,2n}(P_\mu)$$

$$\Leftrightarrow f\left(\frac{(j-1)\pi}{n}\right)=0,j=1,\cdots,2n$$

其中 $g \perp S_{\mu-1,2n}(P_\mu)$ 表示对一切 $s(t) \in S_{\mu-1,2n}(P_\mu)$，有

$$\int_0^{2\pi} s(t)g(t)\mathrm{d}t = 0$$

证　因 $P_\mu(0)=0$，故可设 $P_\mu(D)=DP_{\mu-1}(D)$. 因为

$$P_{\mu-1}(D)G_\mu(t) = \frac{1}{2\pi}(\pi - t)$$

所以由命题 7.1.1 知对一切 $s(t) \in S_{\mu-1,2n}(P_\mu)$ 有

$$P_{\mu-1}(D)s(t) = c_j, t \in \left(\frac{(j-1)\pi}{n}, \frac{j\pi}{n}\right), j = 1, \cdots, 2n \tag{7.20}$$

$c_j \in \mathbf{R}(j = 1, 2, \cdots, 2n)$，根据分部积分知 $P_\mu^*(D)f \perp S_{\mu-1,2n}(P_\mu)$ 等价于

$$\int_0^{2\pi} P_{\mu-1}(D)s(t)f'(t)\mathrm{d}t = 0$$

对一切 $s(t) \in S_{\mu-1,2n}(P_\mu)$ 成立. 根据式(7.20)，以上条件等价于

$$\int_{\frac{j\pi}{n}}^{(j+1)\frac{\pi}{n}} f'(t)\mathrm{d}t = 0, j = 0, 1, \cdots, 2n-1$$

考虑到 $f(0)=0$，即得所证.

引理 7.1.4　设 $P_\mu(0)=0, \frac{1}{p}+\frac{1}{p'}=1, \frac{1}{q}+\frac{1}{q'}=1$，且

$$E_1(f)_q \stackrel{\mathrm{df}}{=} \inf_{c \in \mathbf{R}} \| f(\cdot) - c \|_q$$

(i) 若 $P_r(0)=0$，则

$$\begin{aligned} &E(\mathscr{K}_q(P_r), S_{\mu-1,2n}(P_\mu))_p \\ &= \sup\Big\{ E_1(\hat{P}_r^*(D)g)_{q'} \mid g \in \mathscr{K}_{p'}(P_\mu^*), \\ &\quad g\left(\frac{(j-1)\pi}{n}\right) = 0, j = 1, \cdots, 2n \Big\} \end{aligned}$$

(ii) 若 $P_r(0)\neq 0$，则

$$E(\mathcal{K}_q(P_r),S_{\mu-1,2n}(P_\mu))_p$$
$$=\sup\left\{\|\hat{P}_r^*(D)g\|_{q'}\mid g\in\mathcal{K}_{p'}(P_\mu^*),\right.$$
$$\left.g\left(\frac{(j-1)\pi}{n}\right)=0,j=1,\cdots,2n\right\}$$

证 只证(i)，(ii) 的证明是类似的. 根据最佳逼近对偶定理，有

$$E(\mathcal{K}_q(P_r),S_{\mu-1,2n}(P_\mu))_p$$
$$=\sup\left\{\int_0^{2\pi}f(t)\varphi(t)\mathrm{d}t\mid\|\varphi\|_{p'}\leqslant 1,\right.$$
$$\left.\varphi\perp S_{\mu-1,2n}(P_\mu);f\in\mathcal{K}_q(P_r)\right\}$$

因为 $P_\mu(0)=0$，所以 $S_{\mu-1,2n}(P_\mu)\supset\mathbf{R}$，于是 $\varphi\perp\mathbf{R}$. 设 $P_\mu^*(D)g=\varphi$，$g(0)=0$，则 $g\in\mathcal{K}_{p'}(P_\mu^*)$，且 $P_\mu^*(D)g\perp S_{\mu-1,2n}(P_\mu)$，特别有 $P_\mu^*(D)g\perp\mathbf{R}$，所以根据引理 7.1.3 知 $g\left(\frac{(j-1)\pi}{n}\right)=0,j=1,\cdots,2n$，于是经过分部积分得

$$E(\mathcal{K}_q(P_r),S_{\mu-1,2n}(P_\mu))_p$$
$$=\sup\left\{\int_0^{2\pi}f(t)P_\mu^*(D)g(t)\mathrm{d}t\mid g\in\mathcal{K}_{p'}(P_\mu^*),\right.$$
$$\left.g\left(\frac{(j-1)\pi}{n}\right)=0,j=1,\cdots,2n;f\in\mathcal{K}_q(P_r)\right\}$$
$$=\sup\left\{\int_0^{2\pi}P_r(D)f(t)\hat{P}_r^*(D)g(t)\mathrm{d}t\mid g\in\mathcal{K}_{p'}(P_\mu^*),\right.$$
$$\left.g\left(\frac{(j-1)\pi}{n}\right)=0,j=1,\cdots,2n;f\in\mathcal{K}_q(P_r)\right\}$$
$$=\sup\left\{E_1(\hat{P}_r^*(D)g)_{q'}\mid g\in\mathcal{K}_{p'}(P_\mu^*),\right.$$
$$\left.g\left(\frac{(j-1)\pi}{n}\right)=0,j=1,\cdots,2n\right\}$$

引理 7.1.5　设 $g\in\mathcal{K}_\infty(P_\mu^*(D)),g\left(\frac{(j-1)\pi}{n}\right)=0,j=1,\cdots,2n$，$\left\{\beta+\frac{(j-1)\pi}{n}\right\}(j=1,\cdots,2n)$ 是 $\Phi_{\mu,n}^*(t)$ 在$[0,2\pi)$内的 $2n$ 个等距分布的零点. $f(t)=g(t-\beta)$，则当 $n>\overline{\Lambda}$ 时有：

(i) $|f(t)|\leqslant|\Phi_{\mu,n}^*(t)|,t\in[0,2\pi)$.

(ii) $\|g(\cdot)\|_p\leqslant\|\Phi_{\mu,n}(\cdot)\|_p,1\leqslant p\leqslant+\infty$.

其中 $\Phi_{\mu,n}^*$ 是 $\mathcal{K}_\infty(P_\mu^*)$ 上的标准函数.

证　因为 $f\left(\beta+\frac{(j-1)\pi}{n}\right)=g\left(\frac{(j-1)\pi}{n}\right)=0$，$j=1,\cdots,2n$，根据定理 7.1.1，$f(t)$ 在 $S_{\mu-1,2n}(P_\mu^*)$ 中唯一的插值样条 $Q_{2n}^*(f,t)\equiv0$. 再由定理 7.1.2 得

$$|f(t)|=|f(t)-Q_{2n}^*(g,t)|\leqslant|\Phi_{\mu,n}^*(t)|$$

引理 7.1.6　设 $P_\mu(0)=0,\frac{1}{q}+\frac{1}{q'}=1$，则当 $n>\overline{\Lambda}$ 时

$$E(\mathcal{K}_q(P_r),S_{\mu-1,2n}(P_\mu))_1\geqslant\|\Phi_{r,n}\|_{q'}$$

证　不妨设 $P_r(0)=0$，根据引理 7.1.4 得

$$\begin{aligned}
&E(\mathcal{K}_q(P_r),S_{\mu-1,2n}(P_\mu))_1\\
&=\sup\left\{E_1(\hat{P}_r^*(D)g)_{q'}\mid g\in\mathcal{K}_\infty(P_\mu^*),\right.\\
&\qquad\left.g\left(\frac{(j-1)\pi}{n}\right)=0,j=1,\cdots,2n\right\}\\
&\geqslant E_1(\hat{P}_r^*(D)\Phi_{\mu,n}^*(-\beta))_{q'}\\
&=E_1(\Phi_{r,n}^*)_{q'}=\|\Phi_{r,n}^*\|_{q'}=\|\Phi_{r,n}\|_{q'}
\end{aligned}$$

定理 7.1.3　设 $P_\mu(0)=0,\hat{P}_r(0)=0,1\leqslant q\leqslant+\infty,\frac{1}{q}+\frac{1}{q'}=1$，则当 $n>\Lambda$ 时有

$$E(\mathcal{K}_q(P_r),S_{\mu-1,2n}(P_\mu))_1=\|\Phi_{r,n}\|_{q'}$$

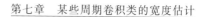

证 不妨设 $P_r(0)=0$，根据引理 7.1.4，引理 7.1.5，定理 6.2.8，得

$$
\begin{aligned}
&E(\mathscr{K}_q(P_r),S_{\mu-1,2n}(P_\mu))_1\\
&=\sup\left\{E_1(\hat{P}_r^*(D)g)_{q'}\mid g\in\mathscr{K}_\infty(P_\mu^*),\right.\\
&\left.\quad g\left(\frac{(j-1)\pi}{n}\right)=0,j=1,\cdots,2n\right\}\\
&\leqslant\|P_r^*(D)\Phi_{\mu,n}^*\|_{q'}=\|\Phi_{r,n}^*\|_{q'}=\|\Phi_{r,n}\|_{q'}
\end{aligned}
$$

再由引理 7.1.6，即得所求.

(三) 线性插值对偶定理

首先注意到 $\Phi_{r,n}(t)=-\Phi_{r,n}^*(-t)$，所以若 $\alpha\in\left[0,\frac{\pi}{n}\right)$，$\left\{\alpha+(j-1)\frac{\pi}{n}\right\}(j=1,\cdots,2n)$ 是 $\Phi_{r,n}(t)$ 在 $[0,2\pi)$ 中的 $2n$ 个零点，则 $\left\{-\alpha+j\frac{\pi}{n}\right\}(j=1,\cdots,2n)$ 是 $\Phi_{r,n}^*(t)$ 在 $[0,2\pi)$ 中的 $2n$ 个零点. 根据定理 7.1.1，当 $n>\Lambda$ 时，对一切以 2π 为周期的有界函数 $g(t)$，存在唯一的 $Q_{2n}^*\in S_{r-1,2n}(P_r^*)$，使得

$$
Q_{2n}^*\left(g,-\alpha+\frac{j\pi}{n}\right)=g\left(-\alpha+\frac{j\pi}{n}\right),j=1,\cdots,2n
$$

记

$$
G_r\begin{pmatrix}t_1&\cdots&t_m\\\tau_1&\cdots&\tau_m\end{pmatrix}
=\begin{vmatrix}G_r(t_1-\tau_1)&G_r(t_1-\tau_2)&\cdots&G_r(t_1-\tau_m)\\\vdots&\vdots&&\vdots\\G_r(t_m-\tau_1)&G_r(t_m-\tau_2)&\cdots&G_r(t_m-\tau_m)\end{vmatrix}
$$

引理 7.1.7 设 $P_r(0)=0,n>\Lambda,g\in\widetilde{L}_{2\pi}^{(r)}$，则

$$
\int_0^{2\pi}(f(t)-Q_{2n}(f,t))P_r^*(D)g(t-\alpha)\mathrm{d}t
$$

$$=(-1)^r\int_0^{2\pi}(g(t)-Q_{2n}^*(g,t))P_r(D)f(t+\alpha)\mathrm{d}t$$

$$(7.21)$$

其中 $P_r^*(D)=(-1)^rP_r(-D)$.

证 设 $P_r(D)=DP_{r-1}(D),P_r^*(D)=DP_{r-1}^*(D)$，则有

$$\int_0^{2\pi}(f(t)-Q_{2n}(f,t))P_r^*(D)g(t-\alpha)\mathrm{d}t$$

$$=-\int_0^{2\pi}(f'(t)-Q_{2n}'(f,t))(P_{r-1}^*(D)g(t-\alpha)-$$

$$P_{r-1}^*(D)Q_{2n}^*(g,t-\alpha))\mathrm{d}t \qquad (7.22)$$

$$\int_0^{2\pi}(g(t)-Q_{2n}^*(g,t))P_r(D)f(t+\alpha)\mathrm{d}t$$

$$=-\int_0^{2\pi}(g'(t)-Q_{2n}^{*\prime}(g,t))(P_{r-1}(D)f(t+\alpha)-$$

$$P_{r-1}(D)Q_{2n}(f,t+\alpha))\mathrm{d}t \qquad (7.23)$$

事实上，设

$$P_{r-1}^*(D)Q_{2n}^*(g,t)=c_j$$

$$t\in\left[\frac{(j-1)\pi}{n},\frac{j\pi}{n}\right),j=1,\cdots,2n$$

则

$$\int_0^{2\pi}(f'(t)-Q_{2n}'(f,t))P_{r-1}^*(D)Q_{2n}^*(g,t-\alpha)\mathrm{d}t$$

$$=\sum_{j=0}^{2n-1}c_j\int_{\frac{j\pi}{n}}^{\frac{(j+1)\pi}{n}}(f'(t+\alpha)-Q_{2n}'(f,t+\alpha))\mathrm{d}t=0$$

所以经过分部积分得

$$\int_0^{2\pi}(f(t)-Q_{2n}(f,t))P_r^*(D)g(t-\alpha)\mathrm{d}t$$

$$=-\int_0^{2\pi}(f'(t)-Q_{2n}'(f,t))P_{r-1}^*(D)g(t-\alpha)\mathrm{d}t$$

$$=-\int_0^{2\pi}(f'(t)-Q_{2n}'(f,t))(P_{r-1}^*(D)g(t-\alpha)-$$

$$P_{r-1}^*(D)Q_{2n}(g,t-\alpha))\mathrm{d}t$$

式(7.22)得证,同理可证式(7.23).利用式(7.22)和式(7.23)经过分部积分即得式(7.21).

定理 7.1.4 设 $n > \Lambda$,有:

(i) 若 $P_r(0)=0$,则

$$\sup\{E_1(f-Q_{2n}(f))_p \mid f \in \mathscr{K}_q(P_r)\}$$
$$=\sup\{E_1(g-Q_{2n}^*(g))_{q'} \mid g \in \mathscr{K}_{p'}(P_r^*)\}$$

(ii) 若 $P_r(0) \neq 0$,则

$$\sup\{\|f-Q_{2n}(f)\|_p \mid f \in \mathscr{K}_q(P_r)\}$$
$$=\sup\{\|g-Q_{2n}^*(g)\|_{q'} \mid g \in \mathscr{K}_{p'}(P_r^*)\}$$

证 (i) 若 $P_r(0)=0$,则根据引理 7.1.7 得

$$\sup\{E_1(f-Q_{2n}(f))_p \mid f \in \mathscr{K}_q(P_r)\}$$
$$=\sup_{f\in\mathscr{K}_q(P_r)}\sup\left\{\int_0^{2\pi}(f(t)-Q_{2n}(f,t))\cdot \varphi(t)\mathrm{d}t \mid \|\varphi\|_{p'}\leqslant 1,\varphi\perp\mathbf{R}\right\}$$
$$=\sup_{g\in\mathscr{K}_{p'}(P_r^*)}\sup\left\{\int_0^{2\pi}(f(t)-Q_{2n}(f,t))\cdot P_r^*(D)g(t-\alpha)\mathrm{d}t \mid f\in\mathscr{K}_q(P_r)\right\}$$
$$=\sup_{g\in\mathscr{K}_{p'}(P_r^*)}\sup\left\{\int_0^{2\pi}(g(t)-Q_{2n}^*(g,t))\cdot P_r(D)f(t+\alpha)\mathrm{d}t \mid P_r(D)f\perp\mathbf{R}, \|P_r(D)f\|_q\leqslant 1\right\}$$
$$=\sup\{E_1(g-Q_{2n}^*(g))_{q'} \mid g \in \mathscr{K}_{p'}(P_r^*)\}$$

(ii) 若 $P_r(0)\neq 0$,则根据定理 7.1.1 得

$$G_r\begin{pmatrix}\alpha & \alpha+\dfrac{\pi}{n} & \cdots & \alpha+(2n-1)\dfrac{\pi}{n}\\ 0 & \dfrac{\pi}{n} & \cdots & (2n-1)\dfrac{\pi}{n}\end{pmatrix}\neq 0$$

设 $f(t)=\int_0^{2\pi}G_r(t-\tau)h(\tau)\mathrm{d}\tau$,则

$$|f(t)-Q_{2n}(f,t)|=\left|\int_0^{2\pi}K(t,\tau)h(\tau)\mathrm{d}\tau\right|$$

其中

$$K(t,\tau)=\frac{G_r\begin{pmatrix}t & \alpha & \alpha+\frac{\pi}{n} & \cdots & \alpha+(2n-1)\frac{\pi}{n}\\ \tau & 0 & \frac{\pi}{n} & \cdots & (2n-1)\frac{\pi}{n}\end{pmatrix}}{G_r\begin{pmatrix}\alpha & \alpha+\frac{\pi}{n} & \cdots & \alpha+(2n-1)\frac{\pi}{n}\\ 0 & \frac{\pi}{n} & \cdots & (2n-1)\frac{\pi}{n}\end{pmatrix}}$$

所以

$$\begin{aligned}&\sup\{\|f-Q_{2n}(f)\|_p\mid f\in\mathcal{K}_q(P_r)\}\\ =&\sup\left\{\left\|\int_0^{2\pi}K(t,\tau)h(\tau)\mathrm{d}\tau\right\|_p\ \Big|\ \|h\|_q\leqslant 1\right\}\\ =&\sup_{\|h\|_{q'}\leqslant 1}\sup\left\{\int_0^{2\pi}\int_0^{2\pi}K(t,\tau)\varphi(t)\mathrm{d}t\,h(\tau)\mathrm{d}\tau\ \Big|\right.\\ &\left.\|\varphi\|_{p'}\leqslant 1\right\}\\ =&\sup\left\{\left\|\int_0^{2\pi}K(t,\tau)\varphi(t)\mathrm{d}t\right\|_{q'}\ \Big|\ \|\varphi\|_{p'}\leqslant 1\right\}\\ =&\sup\{\|g-Q_{2n}^*(g)\|_{q'}\mid g\in\mathcal{K}_{p'}(P_r^*)\}\end{aligned}$$

定理 7.1.5　当 $n>\Lambda$ 时,有

$$\begin{aligned}&\sup\{\|f-Q_{2n}(f)\|_1\mid f\in\mathcal{K}_q(P_r)\}\\ =&\|\Phi_{r,n}^*\|_{q'}=\|\Phi_{r,n}\|_{q'}\end{aligned}$$

证　若 $P_r(0)\neq 0$,则根据定理 7.1.2 和定理 7.1.4 得

$$\begin{aligned}&\sup\{\|f-Q_{2n}(f)\|_1\mid f\in\mathcal{K}_q(P_r)\}\\ =&\sup\{\|g-Q_{2n}^*(g)\|\mid g\in\mathcal{K}_\infty(P_r^*)\}\end{aligned}$$

$$\leqslant \| \Phi_{r,n}^{*} \|_{q'} = \| \Phi_{r,n} \|_{q'} \tag{7.24}$$

因为 $\Phi_{r,n}^{*}(t) \in \mathscr{K}_{\infty}(P_r^{*})$ 且 $\Phi_{r,n}^{*}(t)$ 在 $S_{r-1,2n}(P_r^{*})$ 中唯一的插值样条 $Q^{*}(\Phi_{r,n}^{*},t) \equiv 0$,所以式(7.24)中事实上有等号成立.

若 $P_r(0)=0$,则考虑比 $\mathscr{K}_q(P_r)$ 更广的函数类

$$\mathscr{K}_q^{*}(P_r) = \{f = c + G_r * \varphi \mid \|\varphi\|_q \leqslant 1, c \in \mathbf{R}\}$$

易知此时有

$$\sup\{\|f - Q_{2n}(f)\|_1 \mid f \in \mathscr{K}_q^{*}(P_r)\}$$
$$= \sup\{\|g - Q_{2n}^{*}(g)\|_{q'} \mid g \in \mathscr{K}_{\infty}^{*}(P_r^{*})\}$$

根据定理 7.1.2 的证明过程有

$$|g(t) - Q_{2n}^{*}(g,t)| \leqslant |\Phi_{r,n}^{*}(t)|, \forall t \in [0,2\pi)$$

成立.因此

$$\sup\{\|f - Q_{2n}(f)\|_1 \mid f \in \mathscr{K}_q^{*}(P_r)\}$$
$$= \|\Phi_{r,n}^{*}\|_{q'} = \|\Phi_{r,n}\|_{q'}$$

因为 $\mathscr{K}_q^{*}(P_r) \supset \mathscr{K}_q(P_r)$,所以

$$\sup\{\|f - Q_{2n}(f)\|_1 \mid f \in \mathscr{K}_q(P_r)\} = \|\Phi_{r,n}\|_{q'}$$

§2 $\mathscr{K}_q(P_r)$ 在 L^p 尺度下的宽度估计及其极子空间

(一)$\mathscr{L}$—完全样条类上的最小范数问题

置

$$\Xi_{2m}^{0} = \{\xi \in \mathbf{R}^{2m} \mid 0 \leqslant \xi_1 < \cdots < \xi_{2m} < 2\pi\}$$

将 Ξ_{2m}^{0} 中的向量以 2π 为周期延拓.对应于每一个 $\xi \in \Xi_{2m}^{0}$,定义一个以 2π 为周期的阶梯函数

$$h_\xi(x)=\begin{cases}(-1)^{j-1},\xi_j<x<\xi_{j+1} & j=1,\cdots,2m\\ 0,x=\xi_j\end{cases}$$

其中 $\xi_{2m+1}=\xi_1+2\pi$. 记

$$\Gamma_{2m}=\{h_\xi(x)\mid \xi\in \Xi_{2m}^0\} \tag{7.25}$$

$$\mathscr{P}_{r,2m}(P_r)=\begin{cases}\left\{f_\xi=c_\sigma+G_r*h_\xi\mid h_\xi\in\Gamma_{2m},c_\sigma\in\mathbf{R},\right.\\ \qquad\left.\int_0^{2\pi}h_\xi(t)\mathrm{d}t=0,\text{若 }P_r(0)=0\right\}\\ \{f_\xi=G_r*h_\xi\mid h_\xi\in\Gamma_{2m},\text{若 }P_r(0)\neq 0\}\end{cases}$$

$\mathscr{P}_{2m,r}(P_r)$ 中的函数称为具有 $2m$ 个自由节点的 $\mathscr{L}$—完全样条. 考虑闭集 $\bigcup\limits_{m\leqslant n}\mathscr{P}_{r,2m}(P_r)$ 上的最小范数问题

$$e_{2n}(\mathscr{P},L^p)=\inf\{\|f_\xi\|_p\mid f_\xi\in\mathscr{P}_{r,2m}(P_r),m\leqslant n\}$$
$$1\leqslant p\leqslant+\infty,n=1,2,3,\cdots \tag{7.26}$$

根据 Bolzano-Weierstrass 定理容易证明极小问题(7.26)有解. 下面的定理给出了极函数的信息.

定理 7.2.1 若 $P_r(\lambda)$ 仅有实根, $1\leqslant p\leqslant+\infty$, $n=1,2,\cdots$, 则

$$e_{2n}(\mathscr{P},L^p)=\|\Phi_{r,n}\|_p \tag{7.27}$$

证 设 $f_{\xi^*}(t)$ 是极小问题(7.27)的解. 令

$$P_r(\lambda)=\lambda^\sigma\prod_{i=1}^{r-\sigma}(\lambda-\lambda_j)$$

$\sigma\geqslant 0$ 为整数, $\lambda_j\in\mathbf{R},\lambda_j\neq 0(j=1,\cdots,r-\sigma)$. 设

$$f_{\xi^*}(t)=c_\sigma^*+\int_0^{2\pi}G_r(t-\tau)h_{\xi^*}(\tau)\mathrm{d}\tau$$
$$=c_\sigma^*+\sum_{j=1}^{2m}(-1)^{j+1}\int_{\xi_j^*}^{\xi_{j+1}^*}G_r(t-\tau)\mathrm{d}\tau$$

其中 $\sigma=0$ 时, $c_\sigma^*=0$; $\sigma>0$ 时, $c_\sigma^*\in\mathbf{R}$. 首先考虑 $1<p<+\infty$ 的情况, 考虑变分问题: 令

$$\Phi(c_\sigma,\xi_1,\cdots,\xi_{2m})$$
$$=\frac{1}{p}\int_0^{2\pi}\left|c_\sigma+\sum_{j=1}^{2m}(-1)^{j+1}\int_{\xi_j^*}^{\xi_{j+1}^*}G_r(t-\tau)\mathrm{d}\tau\right|^p\mathrm{d}t$$

则有$\frac{\partial\Phi}{\partial\xi_j^*}=0(j=1,\cdots,2m)$;如 $\sigma>0$,则还有$\frac{\partial\Phi}{\partial c_\sigma}=0$,即

$$(-1)^{j+2}\int_0^{2\pi}|f_{\xi^*}(t)|^{p-1}\operatorname{sgn}f_{\xi^*}(t)G_r(t-\xi_j^*)\mathrm{d}t=0$$
$$j=1,\cdots,2m$$
$$\int_0^{2\pi}|f_{\xi^*}(t)|^{p-1}\operatorname{sgn}f_{\xi^*}(t)\mathrm{d}t=0,\sigma>0 \tag{7.28}$$

其中 $\xi_{2m+1}^*=\xi_1^*+2\pi$,令

$$g(t)=\int_0^{2\pi}|f_{\xi^*}(\tau)|^{p-1}\operatorname{sgn}f_{\xi^*}(\tau)G_r(\tau-t)\mathrm{d}t$$

则 $g(\xi_j^*)=0,j=1,\cdots,2m$. 首先指出 $g(t)$ 在$[\xi_1^*,\xi_1^*+2\pi)$ 上恰以 $\xi_1^*,\cdots,\xi_{2m}^*$ 为单零点. 否则,$g(t)$ 在$[\xi_1^*,\xi_1^*+2\pi)$ 内至少有 $2m+2$ 个零点(重零点计算重数). 因为

$$P_1^*(D)g(t)=(-1)^r|f_{\xi^*}(t)|^{p-1}\operatorname{sgn}f_{\xi^*}(t) \tag{7.29}$$

其中 $P_r^*(D)=(-1)^rP_r(-D)$ 为 $P_r(D)$ 的共轭算子. 根据广义 Rolle 定理 $P_r^*(D)g(t)$ 在$[0,2\pi)$ 内至少有 $2m+2$ 个变号点. 因此根据式(7.29),$f_{\xi^*}(t)$ 在$[0,2\pi)$ 内至少有 $2m+2$ 个变号点,从而 $P_r(D)f_{\xi^*}(t)$ 在$[0,2\pi)$ 内至少有 $2m+2$ 个变号点,但另一方面

$$P_r(D)f_{\xi^*}(t)=h_{\xi^*}(t),\xi^*=(\xi_1^*,\cdots,\xi_{2m}^*)$$

根据 $h_{\xi^*}(t)$ 的定义,$h_{\xi^*}(t)$ 在$[0,2\pi)$ 内至多有 $2m$ 个变号点,矛盾. 所得矛盾表明 $g(t)$ 在$[\xi_1^*,\xi_1^*+2\pi)$ 内

仅以$\{\xi_j^*\}(j=1,\cdots,2m)$为单零点，所以

$$\operatorname{sgn} g(t)=\alpha(-1)^{j+1},\xi_j^*<t<\xi_{j+1}^*$$
$$j=1,\cdots,2m,\alpha\in\{-1,1\} \tag{7.30}$$

记$\Delta_j=[\xi_j^*,\xi_{j+1}^*)$，$|\Delta_j|=|\xi_{j+1}^*-\xi_j^*|$，$j=1,\cdots,2m$，则

$$|\Delta_j|=\frac{\pi}{m},j=1,\cdots,2m \tag{7.31}$$

下证式(7.31)。若式(7.31)不成立，令

$$\delta=\min\{|\Delta_j|,1\leqslant j\leqslant 2m\}$$
$$h(t)=g(t)+g(t+\delta) \tag{7.32}$$

则

$$\alpha(-1)^{j+1}h(\xi_j^*)\geqslant 0,j=1,\cdots,2n,\alpha\in\{-1,1\} \tag{7.33}$$

且$h(\xi_k^*)=0$当且仅当$\xi_{k+1}^*-\xi_k^*=\delta$成立。分两种情况讨论：

(A)$h(t)$在每一个区间(ξ_k^*,ξ_{k+1}^*)上都不恒等于零。此时根据式(7.33)及

$$(D+\lambda_{r-\sigma})h(t)=\mathrm{e}^{-\lambda_{r-\sigma}t}\frac{\mathrm{d}}{\mathrm{d}t}(\mathrm{e}^{\lambda_{r-\sigma}t}h(t))$$

推得存在$\tau_j\in(\xi_j^*,\xi_{j+1}^*)(j=1,\cdots,2m)$使得$(D+\lambda_{r-\sigma})h(\tau_j)\neq 0$，并且$\operatorname{sgn}(D+\lambda_{r-\sigma})h(\tau_j)=\alpha(-1)^{j+1}$，$j=1,\cdots,2m$。因此$(D+\lambda_{r-\sigma})h(t)$在一个周期内的变号点的个数$S^-((D+\lambda)h)\geqslant 2m$。根据广义 Rolle 定理，$S^-(P_r^*(D)h)\geqslant 2m$。置

$$H(t)=f_{\xi^*}(t)+f_{\xi^*}(t+\delta)$$

因为

$$\begin{aligned}&P_r^*(D)h(t)\\&=(-1)^r\{|f_{\xi^*}(t+\delta)|^{p-1}\operatorname{sgn} f_{\xi^*}(t+\delta)+\\&\quad|f_{\xi^*}(t)|^{p-1}|\operatorname{sgn} f_{\xi^*}(t)\}\end{aligned}$$

所以 $S^-(P_r^*(D)h)=S^-(H)$，$S^-(H)\geqslant 2m$，从而

$$S^-(P_{r-1}(D)H)\geqslant 2m$$

其中

$$\begin{aligned}&P_{r-1}(D)H(t)\\&=D^\sigma(D-\lambda_1)\cdots(D-\lambda_{r-\sigma-1})H(t)\overset{\mathrm{df}}{=}H_1(t)\end{aligned}$$

但是另一方面，$P_r(D)H(t)=h_{\xi^*}(t)+h_{\xi^*}(t+\delta)$ 是阶梯函数，当 $t\in(\xi_j^*,\xi_{j+1}^*)(j=1,\cdots,2m)$ 时，有 $(-1)^{j+1}P_r(D)H(t)\geqslant 0$，并且当 $\xi_{j+1}^*-\xi_j^*=\delta$ 时，对一切 $t\in(\xi_j^*,\xi_{j+1}^*)$，$P_r(D)H(t)\equiv 0$. 若 $\xi_{j+1}^*-\xi_j^*>\delta$，则 $P_r(D)H(t)\not\equiv 0$. 因为

$$\begin{aligned}(D-\lambda_{r-\sigma})H_1(t)&=\mathrm{e}^{-\lambda_{r-\sigma}t}\frac{\mathrm{d}}{\mathrm{d}t}(\mathrm{e}^{\lambda_{r-\sigma}t}H_1(t))\\&=h_{\xi^*}(t)+h_{\xi^*}(t+\delta)\end{aligned}$$

所以 $\mathrm{e}^{\lambda_{r-\sigma}t}H_1(t)$ 在(ξ_j^*,ξ_{j+1}^*) 上单调变化，且单调方向依 j 交错变化而在每一个长度为 δ 的区间上 $\mathrm{e}^{\lambda_{r-\sigma}t}H_1(t)$ 为常数，注意到在$[\xi_1^*,\xi_1^*+2\pi)$ 上至少存在一个长度为 δ 的区间，且 $\mathrm{e}^{\lambda_{r-\sigma}t}H_1(t)$ 在$[0,2\pi)$ 上连续，所以 $S^-(\mathrm{e}^{\lambda_{r-\sigma}t}H_1(t))\leqslant 2m-2$，因此 $S^-(H_1)\leqslant 2m-2$，即 $S^-(P_{r-1}(D)H(t))\leqslant 2m-2$，矛盾.

(B) 设 $h(t)$ 在某个区间(ξ_j^*,ξ_{j+1}^*) 上恒等于零. 为了叙述方便，首先引入定义：

区间 $D=[\xi_j^*,\xi_{j+q}^*](q\geqslant 2)$ 称为是奇异区间，如果：

(i) 包含在 D 内的每一个 Δ_j，$|\Delta_j|=\delta$，$|\Delta_{j-1}|$，$|\Delta_{j+q+1}|>\delta$.

(ii) 至少有一个 $\Delta_j\subset D$，使得 $h(t)$ 在 Δ_j 上恒为零.(以下规定 $\xi_{2m+k}^*=\xi_k^*+2\pi$)

奇异区间有以下性质：

(a_1) 奇异区间存在.

因为若 $h(t)$ 在 Δ_j 上恒为零，则由 $h(\xi_j^*)=h(\xi_{j+1}^*)=0$，得 $\xi_{j+1}^*-\xi_j^*=\xi_{j+2}^*-\xi_{j+1}^*=\delta$，所以 Δ_j,Δ_{j+1} 必包含在某一个奇异区间内.

(b_1) 任意两个奇异区间互不相交.

(c_1) 任意两个相邻的奇异区间之间至少有两个 Δ_j,Δ_{j+1}.

事实上，在任一长度等于 δ 的区间上，$P_r(D)\cdot H(t)\equiv 0$，所以在奇异区间 D 上 $e^{\lambda_{r-\sigma}t}H_1(t)$ 为常数. 设 $\overline{\Delta}_j\subset D$，$h(t)$ 在 $\overline{\Delta}_j$ 上恒等于零，则

$$P_r^*(D)h(t)=(-1)^r\{|f_{\xi^*}(t)|^{p-1}\operatorname{sgn} f_{\xi^*}(t)+|f_{\xi^*}(t+\delta)|^{p-1}\operatorname{sgn} f_{\xi^*}(t)\}\equiv 0$$

$$t\in\Delta_j$$

因此

$$H(t)\equiv 0,t\in\overline{\Delta}_j$$

从而 $P_{r-1}(D)H(t)\equiv 0$ 在 $\overline{\Delta}_j$ 上成立，因此 $H_1(t)\equiv 0$ 在 D 上成立. 若某两个奇异区间只有一个 Δ_j，则得

$$H_1(\xi_j^*)=H_1(\xi_{j+1}^*)=0,\xi_{j+1}^*-\xi_j^*>\delta$$

但是 $H_1(t)$ 在 (ξ_j^*,ξ_{j+1}^*) 上是单调的，且 $H_1(t)$ 在 Δ_j 上不恒等于零，所以 $H_1(\xi_j^*)\neq H_1(\xi_{j+1}^*)$，矛盾.

因此由 (c_1) 还推知，若一个周期内只有一个奇异区间，则其中含有的小区间个数不多于 $2m-2$ 个.

现在 $h(t)$ 在某个区间 $\Delta_j=[\xi_j^*,\xi_{j+1}^*)$ 上恒为零，从而存在奇异区间

$$D=[\xi_k^*,\xi_{k+q}^*],q\geqslant 2$$

分两种情况讨论：

(a_2) 当 D 是一个周期区间内唯一的奇异区间时，此时在 $[\xi_{k+q}^*,\xi_{k+q+1}^*]$ 及其他不在 D 内的任意一个小区

间上$h(t)$不恒为零,因而在这样的小区间Δ_j上存在τ_j满足

$$(D+\lambda_{r-\sigma})h(\tau_j)=\alpha(-1)^{j+1},\alpha\in\{-1,1\}$$

再分两种情况考虑:

(i) 若q为偶数,则$(D+\lambda_{r-\sigma})h(t)$在选定的$2m-q+1$个点上有$2m-q$次变号.由 Rolle 定理知

$$\begin{aligned}S^-(H_1)&\geqslant S^-(H)=S^-(P_r^*(D)h)\\&\geqslant S^-((D+\lambda_{r-\sigma})h)\geqslant 2m-q\end{aligned}$$

但另一方面,$H_1(t)$在D上恒等于零,在$[\xi_{k-1}^*,\xi_k^*]$及$[\xi_{k+q}^*,\xi_{k+q+1}^*]$上单调,考虑到$q$是偶数,所以$H_1(t)$在$\Delta_{k-1},\Delta_{k+q}$上单调变化方向相反,因而$H_1(t)$在$(\xi_{k-1}^*,\xi_{k+q+1}^*)$上不变号,而在其余的小区间上$H_1(t)$至多有一次变号,因为$H_1(t)$连续,所以$H_1(\xi_{k-1}^*)\neq 0$,$H_1(\xi_{k+q+1}^*)\neq 0$,即$\xi_{k-1}^*,\xi_{k+q+1}^*$不是$H_1(t)$的变号点,所以

$$S^-(H_1(t))\leqslant 2m-q-2$$

矛盾.

(ii) 若q是奇数,则$(D+\lambda_{r-\sigma})h(t)$在$\tau_k$处共有$2m-q$次变号,因为$H_1(t)$在$(\xi_{k-1}^*,\xi_k^*)$,$(\xi_{k+q}^*,\xi_{k+q+1}^*)$上单调方向相同,所以$H_1(t)$在$(\xi_{k-1}^*,\xi_{k+q+1}^*)$上恰有一次变号,因此

$$\begin{aligned}S^-(H_1)&\geqslant S^-(H)=S^-(P_r^*(D)h)\\&\geqslant S^-((D+\lambda_{r-\sigma})h)\geqslant 2m-q+1\end{aligned}$$

另一方面,因为$H_1(t)$在D上恒为零,所以

$$S^-(H_1)\leqslant 2m-q-1$$

矛盾.

(b_2) 假定一个周期内有$\mu\geqslant 2$个奇异区间,对每一个奇异区间重复前面的论证得

$$S^{-}(H_1) \leqslant S^{-}((D+\lambda_{r-\sigma})h) - 2\mu$$

另一方面，由 Rolle 定理可推得

$$S^{-}(H_1) \geqslant S^{-}((D+\lambda_{r-\sigma})h)$$

矛盾.

至此已经证明了式(7.31)成立，所以

$$e_{2n}(\mathscr{P}, L^p) = \| c_\sigma^* + \Phi_{r,m}(\cdot) \|_p$$

并且 c_σ^* 在任何情况下都是零，事实上 $\sigma=0$ 时，不待证. $\sigma>0$ 时，根据式(7.28)有

$$\int_0^{2\pi} | \Phi_{r,m}(t) + c_\sigma^* |^{p-1} \operatorname{sgn}(\Phi_{r,n}(t) + c_\sigma^*) \mathrm{d}t = 0$$

上式说明 c_σ^* 是 $\Phi_{r,m}(t)$ 在 L_p 尺度下的最佳逼近常数，当 $1<p<+\infty$ 时，此常数是唯一的. 由于

$$\int_0^{2\pi} | \Phi_{r,m}(t) |^{p-1} \operatorname{sgn} \Phi_{r,n}(t) \mathrm{d}t = 0$$

因此 $c_\sigma^* = 0$.

最后还需证 $m=n$，设 $m<n$. 任取 $\xi^* \in (\xi_1^*, \xi_1^* + 2\pi)$，使得 $\xi^* \neq \xi_j^*$，$\varepsilon>0$ 是一充分小的正数可使得 $(\xi^*-\varepsilon, \xi^*+\varepsilon) \subset [\xi_j^*, \xi_{j+1}^*]$ 对某个 j 成立，则

$$\xi(\varepsilon) \overset{\text{df}}{=\!=} (\xi_1^*, \cdots, \xi_j^*, \xi^*-\varepsilon, \xi^*+ \varepsilon, \xi_{j+1}^*, \cdots, \xi_{2m}^*) \in \Xi_{2m+2}^0, 2m+2 \leqslant 2n$$

所以 $h_{\xi(\varepsilon)} \in \Gamma_{2n}$. 记

$$\phi(\varepsilon) = \| G_r * h_{\xi(\varepsilon)} \|_p$$

当 $\varepsilon=0$ 时，有 $\phi(0) = e_{2n}(\mathscr{P}, L^p)$，而且

$$\lim_{\varepsilon \to 0} \varepsilon^{-1}[\phi(\varepsilon) - \phi(0)] = 0 \tag{7.34}$$

式(7.34)给出

$$\int_0^{2\pi} | \Phi_{r,n}(\cdot) |^{p-1} \operatorname{sgn} \Phi_{r,n}(\cdot) G_r(\cdot - \xi^*) \mathrm{d}(\cdot) = 0$$

即 $g(t) \equiv 0$，这是不可能的，因此 $m=n$. 当 $1<p<$

$+\infty$ 时定理得证. 令 $p\to 1, p\to+\infty$ 即得定理的全部结论.

评注 7.2.1 此定理的证明主要得力于一阶微分算子 $D-\lambda_j$ 的广义Rolle定理可以在大范围内应用. 当 $P_r(\lambda)$ 有复根时,广义 Rolle 定理不再是大范围的. 故不能用它来证式(7.27). 但若 $\beta=\max\limits_{1\leqslant s\leqslant k}\beta_s$ 适当小,比如 $\beta<\dfrac{1}{2}$,当$\dfrac{\pi}{\beta}>2\pi$ 时广义 Rolle 定理可以在一个周期范围内使用(见定理 6.1.2),故有:

定理 7.2.1′ 设特征多项式 $P_r(\lambda)$ 的复根虚部的最大值 $\beta<\dfrac{1}{2}$,则对一切 $n=1,2,\cdots,1\leqslant p\leqslant+\infty$,有

$$e_{2n}(\mathscr{P},L^p)=\|\Phi_{r,n}\|_p$$

下面的定理对一般情况给出了部分结果.

定理 7.2.2 若 $P_r(\lambda)$ 有复根,则当 $n>\Lambda(p)$,$p=1,2,+\infty$ 时,有

$$e_{2n}(\mathscr{P},L^p)=\|\Phi_{r,n}\|_p \tag{7.35}$$

其中

$$\Lambda(1)=\Lambda(\infty)=4\cdot 3^{k-1}\beta,\Lambda(2)=4\cdot 3^{2k-1}\beta$$

证 对 $p=1,2$,用卷积变换的方法.

(i) 当 $p=1$ 时,对一切 $f_\xi\in\mathscr{P}_{r,2m}(P_r)$,$m\leqslant n$,令

$$u(t)=\int_0^{2\pi}f(t+\tau)P_r(D)f_\xi(\tau)\mathrm{d}\tau$$

特别记

$$\tilde{u}(t)=\int_0^{2\pi}\Phi_{r,n}(t+\tau)P_r(D)\Phi_{r,n}(\tau)\mathrm{d}\tau$$

$$=\int_0^{2\pi}\Phi_{r,n}(t+\tau)\operatorname{sgn}\sin n\tau\,\mathrm{d}\tau$$

则 $u(t)$,$\tilde{u}(t)$ 有以下性质:

(a) 对一切 $f_\xi \in \mathscr{P}_{r,2m}(P_r)$，$m \leqslant n$，有

$$|u(t)| \leqslant \|f_\xi\|_1, \forall t \in [0,2\pi) \qquad (7.36)$$

事实上，当 $f_\xi \in \mathscr{P}_{r,2m}(P_r)$ 时，$P_r(D)f(t) = h_\xi$，$\xi \in \varXi_{2m}^0$，故

$$|u(t)| \leqslant \int_0^{2\pi} |f_\xi(t+\tau)| |P_r(D)f_\xi(\tau)| d\tau$$
$$\leqslant \int_0^{2\pi} |f_\xi(t+\tau)| d\tau = \|f_\xi\|_1$$

对一切 $t \in [0,2\pi)$ 成立.

(b) $\tilde{u}(t)$ 在 $[0,2\pi)$ 的 $2n$ 个等距点上交错取得极值 $\pm \|\Phi_{r,n}\|_1$.

因为根据引理 6.1.8，$\Phi_{r,n}\left(t+\dfrac{\pi}{n}\right) = -\Phi_{r,n}(t)$，且存在 $\alpha_0 \in \left[0,\dfrac{\pi}{n}\right)$，使得 $\operatorname{sgn} \Phi_{r,n}(t) = \pm \operatorname{sgn} \sin n(t-\alpha_0)$，所以

$$\tilde{u}(\alpha_0) = \int_0^{2\pi} \Phi_{r,n}(\alpha_0+\tau) \operatorname{sgn} \sin n\tau \, d\tau$$
$$= \pm \int_0^{2\pi} |\Phi_{r,n}(\alpha_0+\tau)| d\tau = \pm \|\Phi_{r,n}\|_1$$

因此 $\tilde{u}(t)$ 在 $\left\{\alpha_0 + \dfrac{(j-1)\pi}{n}\right\}$ $(j=1,\cdots,2n)$ 上交错达到 $\pm \|\Phi_{r,n}\|_1$.

(c) 对一切 $f_\xi \in \mathscr{P}_{r,2m}(P_r)$，$m \leqslant n$，有 $P_r(D) \cdot u(0) = 2\pi$. 事实上

$$P_r(D)u(t) = \int_0^{2\pi} h_\xi(t+\tau)h_\xi(\tau) d\tau$$

所以

$$P_r(D)u(0) = \int_0^{2\pi} h_\xi(\tau)h_\xi(\tau) d\tau = 2\pi$$

(d) $$DP_r(D)\Phi_{r,n}(t) = -4n \operatorname{sgn} \sin nt \qquad (7.37)$$

事实上

$$P_r(D)\tilde{u}(t)=\int_0^{2\pi}\operatorname{sgn}\ \sin n(t+\tau)\operatorname{sgn}\ \sin n\tau\,\mathrm{d}\tau$$

$$=\sum_{j=1}^{2n}(-1)^{j+1}\int_{t+(j-1)\frac{\pi}{n}}^{t+j\frac{\pi}{n}}\operatorname{sgn}\ \sin n\tau\,\mathrm{d}\tau$$

$$=2n(-1)^{i+1}\left(\frac{2i-1}{n}-2t\right)$$

$$t\in\left(\frac{(i-1)\pi}{n},\frac{i\pi}{n}\right),i=1,\cdots,2n \qquad (7.38)$$

在式(7.38)中对 t 求导,即得式(7.37).

(e) 对一切 $f_\xi\in\mathscr{P}_{r,2m}(P_r)$,$m\leqslant n$,有

$$|\ DP_r(D)u(t)\ |\leqslant 4n$$

事实上,任取 $f_\xi\in\mathscr{P}_{r,2m}$,则 $P_r(D)f_\xi(t)$ 是一阶梯函数 $h_\xi(t)$,有

$$P_r(D)u(t)=\int_0^{2\pi}h_\xi(t+\tau)h_\xi(\tau)\mathrm{d}\tau$$

此函数是以 2π 为周期的折线函数,其导数是以 2π 为周期的阶梯函数. 设 $F(\tau)$ 是满足 $F(0)=F(2\pi)$,$F'(\tau)=P_r(D)f_\xi(\tau)=h_\xi(\tau)$ 的绝对连续函数,则

$$\int_0^{2\pi}h_\xi(t+\tau)h_\xi(\tau)\mathrm{d}\tau=\int_0^{2\pi}h_\xi(t+\tau)\mathrm{d}F(\tau)$$

$$=h_\xi(t+\tau)F(\tau)\ |_{\tau=0}^{\tau=2\pi}-\int_0^{2\pi}F(\tau)\mathrm{d}h_\xi(t+\tau)$$

$$=-\int_0^{2\pi}F(\tau)\mathrm{d}h_\xi(t+\tau)$$

设 $\xi=(\xi_1,\cdots,\xi_{2m})$,$0\leqslant\xi_1<\cdots<\xi_{2m}<2\pi$ 是 $h_\xi(t)$ 在 $[0,2\pi)$ 内的间断点,则

$$P_r(D)u(t)=-2\left\{\sum_{j=1}^{2m}(-1)^{j+1}F(\xi_j-t)\right\}$$

因此

$$DP_r(D)u(t)=-2\left\{\sum_{j=1}^{2m}(-1)^j h_\xi(\xi_j-t)\right\}$$

除有限个间断点外处处成立. 因为 $|h_\xi(t)|\leqslant 1, m\leqslant n$,所以

$$|DP_r(D)u(t)|\leqslant 4n$$

下面证 $p=1, n>\Lambda(1)$ 时,式(7.35) 成立. 否则,存在 $f_{\xi^*}\in\mathscr{P}_{r,2m}, m\leqslant n$,使得 $\|f_{\xi^*}\|<\|\Phi_{r,n}\|_1$. 令

$$u_*(t)=\int_0^{2\pi}f_{\xi^*}(t+\tau)P_r(D)f_{\xi^*}(\tau)\mathrm{d}\tau$$

则由(a) 知 $|u_*(t)|\leqslant\|f_{\xi^*}\|_1<\|\Phi_{r,n}\|_1$,考虑

$$\Delta(t)=\tilde{u}(t)-u_*(t)$$

则由(b) 知 $\Delta(t)$ 在$[0,2\pi)$ 内的 $2n$ 个点上交错变号且 $\Delta(t)$ 的任意两个相邻零点不大于 $2n/n$,所以当 $n>\Lambda(1)$ 时,$\Delta(t)$ 的任意两个相邻零点小于 $(2\cdot 3^{k-1}\beta)^{-1}\pi$,因此根据定理 6.1.2,$P_r(D)\Delta(t)$ 在一个周期上至少有 $2n$ 个变号点. 但是另一方面

$$DP_r(D)\Delta(t)=-4n\operatorname{sgn}\sin nt-DP_r(D)u_*(t) \tag{7.39}$$

由(e) 知 $|DP_r(D)\Delta(t)|\leqslant 4n$,所以由式(7.39) 及(e) 知 $DP_r(D)\Delta(t)$ 和 $-\operatorname{sgn}\sin nt$ 同号,于是 $P_r(D)\Delta(t)$ 在每一个区间 $\left[(j-1)\frac{\pi}{n}, j\frac{\pi}{n}\right)$ 内单调,但由(c) 知 $P_r(D)\Delta(0)=0$,从而 $P_r(D)\Delta(t)$ 在一个周期内至多有 $2n-2$ 个变号点,矛盾. 当 $p=1$ 时,式(7.35) 得证.

(ii) 当 $p=2$ 时,此时对一切 $f_\xi\in\mathscr{P}_{r,2m}(P_r), m\leqslant n$,令

$$u(t)=\int_0^{2\pi}f_\xi(t+\tau)f_\xi(\tau)\mathrm{d}\tau$$

$$\tilde{u}(t)=\int_0^{2\pi}\Phi_{r,n}(t+\tau)\Phi_{r,n}(\tau)\mathrm{d}\tau$$

则 $u(t)$,$\widetilde{u}(t)$ 有以下性质:

(a) $|u(t)|\leqslant\|f_\xi\|_2^2$.

(b) $\widetilde{u}(t)$ 在$[0,2\pi)$ 的 $2n$ 个等距点上交错取得极值 $\pm\|\Phi_{r,n}\|_2^2$.

(c) $P_r^*(D)P_r(D)u(0)=(-1)^r 2\pi$.

(d) $DP_r^*(D)P_r(D)\widetilde{u}(t)=(-1)^{r+1}4n\operatorname{sgn}\sin nt$.

(e) $|DP_r^*(D)P_r(D)u(t)|\leqslant 4n$.

事实上(b)(d)(e) 的证明和(i) 中(b)(d)(e) 的证明是类似的. 下面证(a)(c). 由 Schwarz 不等式

$$
\begin{aligned}
|u(t)| &\leqslant\int_0^{2\pi}|f_\xi(t+\tau)||f_\xi(\tau)|\mathrm{d}\tau\\
&\leqslant\|f_\xi(t+\cdot)\|_2\cdot\|f_\xi(\cdot)\|_2\\
&=\|f_\xi\|_2^2
\end{aligned}
$$

因此(a) 得证. 因为

$$
\begin{aligned}
P_r(D)u(t) &=\int_0^{2\pi}P_r(D)f_\xi(t+\tau)f_\xi(\tau)\mathrm{d}\tau\\
&=\int_0^{2\pi}f(\tau-t)P_r(D)f(\tau)\mathrm{d}\tau
\end{aligned}
$$

$$
\begin{aligned}
P_r^*(D)P_r(D)u(t) &=P_r^*(D)\int_0^{2\pi}f(\tau-t)P_r(D)f(\tau)\mathrm{d}\tau\\
&=(-1)^r\int_0^{2\pi}h_\xi(\tau-t)h_\xi(\tau)\mathrm{d}\tau
\end{aligned}
$$

置 $t=0$,即得(c).

下面证式(7.35) 对 $p=2$ 成立. 否则,有 $f_{\xi^*}\in\mathscr{P}_{r,2m}(P_r)$,$m\leqslant n$,使得 $\|f_{\xi^*}\|_2^2<\|\Phi_{r,n}\|_2^2$. 置

$$
u_*(t)=\int_0^{2\pi}f_{\xi^*}(t+\tau)f(\tau)\mathrm{d}\tau
$$

则由(a) 知 $|u_*(t)|\leqslant\|f_{\xi^*}\|_2^2<\|\Phi_{r,n}\|_2^2$,令

$$
\Delta(t)=\widetilde{u}(t)-u_*(t)
$$

则由(b)知$\Delta(t)$在一个周期内至少有$2n$个变号点，当$n>\Lambda(2)$时，根据定理6.1.2，$P_r^*(D)P_r(D)\Delta(t)$在一个周期内至少有$2n$个变号点. 但另一方面，由(d)及(e)知$DP_r^*(D)P_r(D)\Delta(t)$在$[0,2\pi)$内和$(-1)^{r+1}\cdot\text{sgn}\sin nt$同号且$P_r^*(D)P_r(D)\Delta(0)=0$，由周期性知$P_r^*(D)P_r(D)\Delta(2\pi)=0$，因此$P_r^*(D)P_r(D)\Delta(t)$在$\left(\frac{(2n-1)}{\frac{\pi}{n}},2\pi\right)$上无变号点，故$P_r^*(D)P_r(D)\Delta(t)$在$[0,2\pi)$内至多有$2n-2$个变号点，矛盾. 当$p=2$时，式(7.35)得证.

(iii) $p=+\infty$.

由于周期函数的范数平移不变，不妨设$\xi_1=0$. 此时$h_\xi(t)$在(ξ_1,ξ_2)内等于1. 因此$\text{sgn}\sin nt-h_\xi(t)$在$[0,2\pi)$内至多有$2n-2$个变号点.

若式(7.35)不成立，则存在$f_{\xi^*}\in\mathscr{P}_{r,2m}(P_r)$，$m\leqslant n$，使得$\|f_{\xi^*}\|_\infty<\|\Phi_{r,n}\|_\infty$. 设

$$f_{\xi^*}(t)=c_\sigma+G_r*h_{\xi^*}(t)$$
$$V(t)=\text{sgn}\sin nt-h_{\xi^*}(t)$$

则$V(t)$为阶梯函数，作$h_\xi(t)$的微小扰动$\overline{h}(t)$，使其同时满足以下两条：

(a) $\overline{h}_\varepsilon(t)$是以$2\pi$为周期的阶梯函数，它是在$V(t)$恒等于零的小区间内将$h_{\xi^*}(t)$向上或向下平移$\pm\varepsilon$ $(0<\varepsilon<1)$而得. 具体地说，设$V(t)$在$[0,2\pi)$内的间断点为$\{x_1<\cdots<x_q\}(2\leqslant q\leqslant 4n)$. 设$V(t)$在某个$(x_i,x_{i+1})$上恒等于零，则$V(t)$在$(x_{i-1},x_i)$及$(x_{i+1},x_{i+2})$上不为零. 不妨设$\text{sgn}\sin nt$在$(x_i,x_{i+1})$上为1，如果$V(t)$在$(x_{i-1},x_i)$及$(x_{i+1},x_{i+2})$上均取正值(负

值),则令 $\overline{h}_\varepsilon(t)$ 在 (x_i, x_{i+1}) 上为 $1-\varepsilon>0(1+\varepsilon>0)$,从而 $V(t)$ 在 (x_i, x_{i+1}) 上取正值 $\varepsilon>0$(负值 $-\varepsilon<0$);如果 $V(t)$ 在 (x_{i-1}, x_i) 及 (x_{i+1}, x_{i+2}) 上符号相反,不妨设 $\overline{h}_\varepsilon(t)$ 在 (x_i, x_{i+1}) 取值 $1+\varepsilon>0$. 当 $t\in[0, 2\pi)\backslash(x_i, x_{i+1})$ 时,令 $\overline{h}_\varepsilon(t)=h_{\xi^*}(t)$,再将 $\overline{h}_\varepsilon(t)$ 以 2π 为周期延拓,仍记其为 $\overline{h}_\varepsilon(t)$. 不难证明 $\operatorname{sgn}\sin nt-\overline{h}_\varepsilon(t)$ 在 $[0,2\pi]$ 内至多有 $2n-2$ 个变号点且 $\operatorname{sgn}\sin nt-\overline{h}_\varepsilon(t)$ 在 $[0,2\pi)$ 内的任意一个小区间上不恒等于零.

(b) 令 $\overline{f}_\varepsilon(t)=c_\sigma+G_r*\overline{h}_\varepsilon(t)$,由卷积变换的连续性及 $\|f_{\xi^*}\|_\infty<\|\Phi_{r,n}\|_\infty$ 知,只要取 ε 充分小就有

$$\|\overline{f}_\varepsilon\|_\infty<\|\Phi_{r,n}\|_\infty$$

设 $\Delta(t)=\Phi_{r,n}(t)-\overline{f}_\varepsilon(t)$,因为 $\Phi_{r,n}(t)$ 在 $[0,2\pi)$ 内的 $2n$ 个点上交错达到 $\pm\|\Phi_{r,n}\|_\infty$,因此 $\Delta(t)$ 在 $[0, 2\pi)$ 内至少有 $2n$ 个零点,所以当 $n>\Lambda(+\infty)$ 时,根据定理 6.1.2,$P_r(D)\Delta(t)=\operatorname{sgn}\sin nt-\overline{h}(t)$ 在 $[0,2\pi)$ 内至少有 $2n$ 个变号点,矛盾. 所得矛盾表明式(7.35)当 $p=+\infty$ 时成立.

(二) 宽度和极子空间

定理 7.2.3 设 $q=1,+\infty, n>\Lambda$,则

$$\begin{aligned}&d_{2n-1}[\mathscr{K}_q(P_r),L^q]=d_{2n}[\mathscr{K}_q(P_r),L^q]\\&=d'_{2n-1}[\mathscr{K}_q(P_r),L^q]=d'_{2n}[\mathscr{K}_q(P_r),L^q]\\&=d^{2n-1}[\mathscr{K}_q(P_r),L^q]=d^{2n}[\mathscr{K}_q(P_r),L^q]\\&=\|\Phi_{r,n}\|_\infty\end{aligned}\tag{7.40}$$

(i) T_{2n-1} 是 $d_{2n-1}[\mathscr{K}_q(P_r),L^q]$,$d_{2n}[\mathscr{K}_q(P_r),L^q]$,$d'_{2n-1}[\mathscr{K}_q(P_r),L^q]$ 及 $d'_{2n}[\mathscr{K}_q(P_r),L_q]$ 的极子空间.

(ii) $T_{2n-1}^{\perp}=\{f\in\widetilde{L}_{q,2\pi}^{r}\mid f\perp T_{2n-1}\}$ 是 $d^{2n-1}[\mathcal{K}_q(P_r),L^q]$ 及 $d^{2n}[\mathcal{K}_q(P_r),L^q]$ 的极子空间.

证　根据定理 6.1.4 得

$$d_{2n}[\mathcal{K}_q(P_r),L^q]\leqslant d_{2n-1}[\mathcal{K}_q(P_r),L^q]$$
$$\leqslant E_n(\mathcal{K}_q(P_r))_q=\|\Phi_{r,n}\|_\infty$$
$$d^{2n}[\mathcal{K}_q(P_r),L^q]\leqslant d^{2n-1}[\mathcal{K}_q(P_r),L^q]$$
$$\leqslant \sup\{\|f\|_q\mid f\in\mathcal{K}_q(P_r),f\perp T_{2n-1}\}$$
$$=\|\Phi_{r,n}\|_\infty$$

根据定理4.2,3, $\mathcal{K}_q(P_r)$ 以 T_{2n-1} 在 $L_q(q=1,+\infty)$ 尺度下的最佳逼近可以用线性方法实现. 因此

$$d'_{2n}[\mathcal{K}_q(P_r),L^q]\leqslant d'_{2n-1}[\mathcal{K}_q(P_r),L^q]$$
$$\leqslant E_n(\mathcal{K}_q(P_r))_q=\|\Phi_{r,n}\|_\infty$$

式(7.40)的上方估计得证. 下证式(7.41)的下方估计,根据定理 5.8.5,定理5.8.7 及定理 7.2.2 得

$$d'_{2n}[\mathcal{K}_\infty(P_r),L^\infty]\geqslant d_{2n}[\mathcal{K}_\infty(P_r),L^\infty]$$
$$\geqslant e_{2n}(\mathcal{P},L^\infty)=\|\Phi_{r,n}\|_\infty$$
$$d'_{2n}[\mathcal{K}_1(P_r),L]\geqslant d_{2n}[\mathcal{K}_1(P_r),L]\geqslant e_{2n}^{*}(\mathcal{P},L^\infty)$$
$$\overset{\text{df}}{=}\inf\{\|f_\xi\|_\infty\mid f_\xi\in \mathcal{P}_{r,2m}(P_r^{*}(D)),m\leqslant n\}$$
$$=\|\Phi_{r,n}^{*}\|_\infty=\|\Phi_{r,n}\|_\infty$$

根据定理 5.8.6,定理 5.8.8 及定理 7.2.2 得

$$d^{2n}[\mathcal{K}_\infty(P_r),L^\infty]\geqslant e_{2n}(\mathcal{P},L^\infty)=\|\Phi_{r,n}\|_\infty$$
$$d^{2n}[\mathcal{K}_1(P_r),L]\geqslant e_{2n}^{*}(\mathcal{P},L)=\|\Phi_{r,n}^{*}\|_\infty=\|\Phi_{r,n}\|_\infty$$

定理7.2.4　设 $q=1,2,+\infty,n>\Lambda(q)$;或 $P_r(\lambda)$ 仅有实根, $1\leqslant q\leqslant+\infty,n=1,2,3,\cdots$,则有

$$d_{2n}[\mathcal{K}_\infty(P_r),L^q]=d'_{2n}[\mathcal{K}_\infty(P_r),L^q]=\|\Phi_{r,n}\|_q \tag{7.41}$$

$S_{r-1,2n}(P_r)$ 是其 $2n$ 维的极子空间.

证 由定理 7.1.2 得式(7.41)的上方估计

$$
\begin{aligned}
d_{2n}[\mathcal{K}_\infty(P_r),L^q] &\leqslant d'_{2n}[\mathcal{K}_\infty(P_r),L^q] \\
&\leqslant \sup\{\|f(\cdot)-Q_{2n}(f,\cdot)\|_q \mid \\
&\quad f\in\mathcal{K}_\infty(P_r)\} \\
&=\|\Phi_{r,n}\|_q
\end{aligned}
$$

另一方面,根据定理 5.8.5(见定理 5.8.8 后面的附注),定理 7.2.1 及定理 7.2.2 得式(7.41)的下方估计

$$
d'_{2n}[\mathcal{K}_\infty(P_r),L^q]\geqslant d_{2n}[\mathcal{K}_\infty(P_r),L_q]
$$
$$
\geqslant e_{2n}(\mathcal{P},L^q)=\|\Phi_{r,n}\|_q
$$

定理 7.2.5 (i) 设 $q=1,2,+\infty,n>\Lambda(q)$;或 $P_r(\lambda)$ 仅有实根,$1\leqslant q\leqslant+\infty,n=1,2,3,\cdots$,则

$$
d_{2n-1}[\mathcal{K}_q(P_r),L]=d_{2n}[\mathcal{K}_q(P_r),L]
$$
$$
=d'_{2n}[\mathcal{K}_q(P_r),L]=\|\Phi_{r,n}\|_{q'},\frac{1}{q}+\frac{1}{q'}=1 \tag{7.42}
$$

T_{2n-1} 是 $d_{2n-1}[\mathcal{K}_q(P_r),L]$ 及 $d_{2n}[\mathcal{K}_q(P_r),L]$ 的 $2n-1$ 维及 $2n$ 维的极子空间,$S_{r-1,2n}(P_r)$ 是 $d'_{2n}[\mathcal{K}_q(P_r),L]$ 及 $d_{2n}[\mathcal{K}_q(P_r),L]$ 的 $2n$ 维极子空间.

(ii) 当 $P_\mu(0)=0,\hat{P}_r(0)=0;q=1,2,\cdots,+\infty$, $n>\max\{\Lambda(q),4\cdot 3^{l-1}\bar{\beta}\}$ 或 $1\leqslant q\leqslant+\infty,P_r(\lambda)$ 仅有实根,$n>4\cdot 3^{l-1}\bar{\beta}$ 时,$S_{\mu-1,2n}(P_\mu)$ 是 $d_{2n}[\mathcal{K}_q(P_r),L]$ 的 $2n$ 维极子空间.

证 根据定理 6.2.11,可知 $d_{2n}[\mathcal{K}_q(P_r),L]$, $d_{2n-1}[\mathcal{K}_q(P_r),L]$ 的上方估计

$$
d_{2n}[\mathcal{K}_q(P_r),L]\leqslant d_{2n-1}[\mathcal{K}_q(P_r),L]
$$
$$
\leqslant E_n(\mathcal{K}_q(P_r))_1=\|\Phi_{r,n}\|_{q'}
$$

根据定理 7.1.5 得 $d'_{2n}[\mathcal{K}_q(P_r),L]$ 的上方估计

$$d'_{2n}[\mathscr{K}_q(P_r),L]$$
$$\leqslant \sup\{\|f(\cdot)-Q_{2n}^*(f,\cdot)\|_1 \mid f\in\mathscr{K}_q(P_r)\}$$
$$\leqslant \|\Phi_{r,n}\|_{q'}$$

另一方面,根据定理 5.8.7,定理 7.2.1 及定理 7.2.2 得

$$d'_{2n-1}[\mathscr{K}_q(P_r),L]\geqslant d_{2n-1}[\mathscr{K}_q(P_r),L]$$
$$\geqslant e_{2n}^*(\mathscr{P},L^{q'})\overset{\text{df}}{=\!=}\inf\{\|f_\xi\|_{q'}\mid f_\xi\in \mathscr{P}_{r,2m}(P_r^*(D)),m\leqslant n\}$$
$$=\|\Phi_{r,n}^*\|_{q'}=\|\Phi_{r,n}\|_{q'}$$

根据定理 7.1.3 立即知定理 7.2.4 的(ii) 成立.

定理7.2.6　设$q=1,2,+\infty,n>\Lambda(q)$;或$P_r(\lambda)$仅有实根,$1\leqslant q\leqslant+\infty,n=1,2,3,\cdots$,则

(i)$$d^{2n-1}[\mathscr{K}_\infty(P_r),L^q]=d^{2n}[\mathscr{K}_\infty(P_r),L^q]=\|\Phi_{r,n}\|_q \tag{7.43}$$

(ii)$$d^{2n}[\mathscr{K}_q(P_r),L]=\|\Phi_{r,n}\|_{q'},\frac{1}{q}+\frac{1}{q'}=1 \tag{7.44}$$

(iii)$T_{2n-1}^{\perp}=\{f\in\widetilde{L}_{q,2\pi}^r,f\perp T_{2n-1}\}$ 是 $d^{2n-1}\cdot[\mathscr{K}_\infty(P_r),L^q],d^{2n}[\mathscr{K}_\infty(P_r),L^q]$ 的 $2n$ 余维极子空间.

证　根据定理 6.2.11 得式(7.43) 的上方估计

$$d^{2n}[\mathscr{K}_\infty(P_r),L^q]\leqslant d^{2n-1}[\mathscr{K}_\infty(P_r),L^q]$$
$$\leqslant\sup\{\|f\|_q\mid f\in\mathscr{K}_\infty(P_r),f\perp T_{2n-1}\}$$
$$\leqslant\|\Phi_{r,n}\|_q$$

根据定理 5.8.6,定理 7.2.1 及定理 7.2.2 得式(7.43) 的下方估计

$$d^{2n-1}[\mathscr{K}_\infty(P_r),L^q]\geqslant d^{2n}[\mathscr{K}_\infty(P_r),L^q]$$
$$\geqslant e_{2n}(\mathscr{P},L^q)=\|\Phi_{r,n}\|_q$$

式(7.43) 得证.

根据定理 5.1.5,定理 7.1.5 得式(7.44) 的上方估计

$$d^{2n}[\mathscr{K}_q(P_r),L] \leqslant d'_{2n}[\mathscr{K}_q(P_r),L] \leqslant \|\Phi_{r,n}\|_{q'}$$

根据定理 5.8.8,定理 7.1.1 及定理 7.1.2 得式(7.44) 的下方估计

$$d^{2n}[\mathscr{K}_q(P_r),L] \geqslant e_{2n}^*(\mathscr{P},L^{q'}) = \|\Phi_{r,n}^*\|_{q'} = \|\Phi_{r,n}\|_{q'}$$

式(7.44) 得证.

评注 7.2.2 猜想式(7.35) 当 n 充分大时对一切 $1 \leqslant p \leqslant +\infty$ 成立,现仅对 $p=1,2,+\infty$ 得到证实.

评注 7.2.3 定理 7.2.4 ~ 定理 7.2.6 中 $P_r(\lambda)$ 仅有实根的条件可以放宽为 $P_r(\lambda)$ 的共轭复根虚部的最大值 $\beta < \frac{1}{2}$,此时定理 7.2.4 ~ 定理 7.2.6 仍然成立.

§3 $\mathscr{K}H^\omega(P_r)$ 在 C 空间内宽度的强渐近估计

(一)$d_n(\mathscr{K}H^\omega(P_r),C)$ 的下方估计

给定自然数 n,设 $\Psi_{0,n}(t)$ 是以 $\frac{2\pi}{n}$ 为周期的有界函数,它在 $\left[0,\frac{2\pi}{n}\right)$ 内非负,单调非减且

$$\Psi_{0,n}(t) = -\Psi_{0,n}(-t) = \Psi_{0,n}\left(\frac{\pi}{n}-t\right) = -\Psi_{0,n}\left(\frac{\pi}{n}+t\right) \tag{7.45}$$

置

$$\Delta_j=\left[(j-1)\frac{\pi}{n},j\frac{\pi}{n}\right),j=1,\cdots,2n$$

$$\Psi_j(t)=\begin{cases}|\Psi_{0,n}(t)|,t\in\Delta_j\\0,t\in[0,2\pi)\setminus\Delta_j\end{cases}$$

将 $\Psi_j(t)$ 以 2π 为周期延拓. 显然 $\{\Psi_1(t),\cdots,\Psi_{2n}(t)\}$ 线性无关. 记

$$\overline{S}_{2n}(\Psi)=\left\{\sum_{j=1}^{2n}c_j\Psi_j(t)\mid c_j\in\mathbf{R},j=1,\cdots,2n\right\}$$

$$\overline{S}_{2n}^0(\Psi)=\left\{\sum_{j=1}^{2n}c_j\Psi_j(t)\mid c_j\in\mathbf{R},j=1,\cdots,2n,\sum_{j=1}^{2n}c_j=0\right\}$$

置

$$S_{r,2n}(\Psi,P_r)=\begin{cases}\left\{f(x)=c_\sigma+\int_0^{2\pi}G_r(x-t)\varphi(t)\mathrm{d}t\mid c_\sigma\in\mathbf{R},\ \varphi(t)\in\overline{S}_{2n}^0(\Psi),\text{若 }P_r(0)=0\right\}\\\left\{f(x)=\int_0^{2\pi}G_r(x-t)\varphi(t)\mathrm{d}t\mid\varphi(t)\in\overline{S}_{2n}(\Psi),\ \text{若 }P_r(0)\neq0\right\}\end{cases}$$

命题 7.3.1　$S_{r,2n}(\Psi,P_r)$ 是 $2n$ 维向量空间.

定义 7.3.1　$S_{r,2n}(\Psi,P_r)$ 称为由 $P_r(D)$ 确定的 2π 周期的 Ψ—样条子空间

$$\Psi_{r,n}(x)=\int_0^{2\pi}G_r(x-t)\Psi_{0,n}(t)\mathrm{d}t\qquad(7.46)$$

称为 $S_{r,2n}(\Psi,P_r)$ 上的标准函数.

评注 7.3.1　若 $\Psi_j(t)$ 为常数 $c\neq0$，$P_r(D)=D^r$，

则 $S_{r,2n}(\Psi,P_r)$ 就是以 $\left\{(j-1)\frac{\pi}{n}\right\}$ $(j=1,\cdots,2n)$ 为单节点的 2π 周期的 r 次多项式样条子空间 $\widetilde{S}_r(x)$,其中 $x=\left\{0,\frac{\pi}{n},\cdots,(2n-1)\frac{\pi}{n}\right\}$.(见第十章,§0)

评注 7.3.2 给定上凸连续模 $\omega(t)$,设 $f_{0,n}(\omega,t)$ 是以$\frac{2\pi}{n}$为周期的奇函数

$$f_{0,n}(\omega,t)=\begin{cases}\frac{1}{2}\omega(2t),0\leqslant t\leqslant\frac{\pi}{2n}\\ \frac{1}{2}\omega\left(\frac{2\pi}{n}-2t\right),\frac{\pi}{2n}\leqslant t\leqslant\frac{\pi}{n}\end{cases}\tag{7.47}$$

取 $f_{0,n}(\omega,t)$ 作为由式(7.45)确定的 $\Psi_{0,n}(t)$,则相应的 2π 周期的样条子空间记为 $S_{r,2n}(\omega,P_r)$,而将相应的标准函数记为 $F_{r,n}(\omega,t)\overset{\text{df}}{=\!=}F_{r,n}(t)$. 特别当 $\omega(t)=t$ 时,$F_{r,n}(t)$ 就是由式(6.9)定义的广义 Euler 样条 $\Phi_{r+1,n}(t)$.

命题 7.3.2 $\Psi_{r,n}(t)$ 具有以下性质:

(1)$\Psi_{r,n}\left(t+\frac{\pi}{n}\right)=-\Psi_{r,n}(t)$.

(2)$P_r(D)\Psi_{r,n}(t)\overset{\text{a.e.}}{=\!=\!=}\Psi_{0,n}(t)$.

(3)若 $n>2\beta$,则 $\Psi_{r,n}(t)$ 在 $\left[0,\frac{\pi}{n}\right)$ 上有唯一的零点和极值点;$\Psi_{r,n}(t)$ 在$[0,2\pi)$内恰有 $2n$ 个等距分布的零点和极值点.

证 由 $\Psi_{r,n}(t)$ 定义及式(7.46)得(1). 由引理 6.1.1 即得(2). 由(1)(2)及定理 6.1.2 即得(3).

当 $n>2\beta$ 时,将 $\Psi_{r,n}(t)$ 在$[0,2\pi)$内 $2n$ 个等距分

布的极值点记为$\{\alpha+(k-1)\frac{\pi}{n}\}$ $(k=1,\cdots,2n)$，其中$\alpha\in\left[0,\frac{\pi}{n}\right)$. 置

$$t_k=\alpha+(k-1)\frac{\pi}{n},k=1,\cdots,2n \tag{7.48}$$

易见有

$$\Psi_{r,n}(t_k)=\sigma(-1)^k\|\Psi_{r,n}\|_\infty,\sigma\in\{-1,1\}$$

引理 7.3.1 设$n>\Lambda,f\in S_{r,2n}(\Psi,P_r)$，若

$$\max_{1\leqslant k\leqslant 2n}|f(t_k)|\leqslant\|\Psi_{r,n}\|_\infty$$

则$|c_j|\leqslant 1,j=1,\cdots,2n$，其中$c_1,\cdots,c_{2n}$是$P_r(D)\cdot f(t)=\sum_{j=1}^{2n}c_j\Psi_j(t)$的系数.

证 若命题不真，则有$f\in S_{r,2n}(\Psi,P_r)$，对$n>\Lambda$，有$|f(t_k)|\leqslant|\Psi_{r,n}(t_k)|,k=1,\cdots,2n$成立，且$\max|c_j|=\lambda>1$. 固定系数$c_j$中有$|c_\nu|=\lambda$，不妨设$c_\nu=(-1)^{\nu-1}\lambda$，令$f_*(t)=\lambda^{-1}f(t)$，则

$$\max_{1\leqslant j\leqslant 2n}|f_*(t_k)|<|\Psi_{r,n}(t_k)|,k=1,\cdots,2n \tag{7.49}$$

$$P_r(D)f_*(t)=\sum_{j=1}^{2n}c_j^*\Psi_j(t)$$

$$c_j^*=\lambda^{-1}c_j,|c_j^*|\leqslant 1,j=1,\cdots,2n,c_\nu^*=(-1)^{\nu-1} \tag{7.50}$$

令

$$\begin{aligned}v(t)&=P_r(D)[\Psi_{r,n}(t)-f_*(t)]\\&=\sum_{j=1}^{2n}[(-1)^{j-1}-c_j^*]\Psi_j(t)\end{aligned} \tag{7.51}$$

根据式(7.50)，当$t\in\left[(\nu-1)\frac{\pi}{n},\nu\frac{\pi}{n}\right)$时$v(t)\equiv 0$，

所以 $v(t)$ 在$[0,2\pi)$ 内至多有 $2n-2$ 个变号点. 根据式(7.49) 和式(7.51), $v(t)$ 在$[0,2\pi)$ 上不恒等于零, 因此必存在某个 $i, i\in\{1,\cdots,2n\}$, 使得 $v(t)$ 在 Δ_i 上恒等于零而在 Δ_{i-1} 或 Δ_{i+1} 上不恒等于零. 不妨设 $v(t)$ 在 Δ_{i-1} 上不恒等于零. 令

$$\overline{f}_\varepsilon(t)=(\lambda\pm\varepsilon)^{-1}f(t)$$

$$\delta(t)=\Psi_{r,n}(t)-\overline{f}_\varepsilon(t)$$

选择适当的 $\varepsilon>0$ 使得 $\lambda\pm\varepsilon>1$ 及其固定的正负号而使得 $\delta(t)$ 同时满足:

(i) $P_r(D)\delta(t)$ 在 $\left[(i-1)\dfrac{\pi}{n},(i+1)\dfrac{\pi}{n}\right)$ 上没有变号点.

(ii) $P_r(D)\delta(t)$ 在$[0,2\pi)$ 内的任意子区间上不恒等于零.

易知这是办得到的. 根据(i) 知 $P_r(D)\delta(t)$ 在$[0,2\pi)$ 内至多有 $2n-2$ 个变号点, 另一方面, 因为 $\lambda\pm\varepsilon>1$, $|\Psi_{r,n}(t_k)|>0$, 所以

$$\max_{1\leqslant k\leqslant 2n}|\overline{f}_\varepsilon(t_k)|<|\Psi_{r,n}(t_k)|, k=1,\cdots,2n$$

又因为 $\Psi_{r,n}\left(t+\dfrac{\pi}{n}\right)=-\Psi_{r,n}\left(t+\dfrac{\pi}{n}\right)$, 所以 $\delta(t)$ 在$[0,2\pi)$ 内至少有 $2n$ 个单零点, 并且当 $n>\Lambda$ 时, $\delta(t)$ 的任意两个相邻单零点相距小于$(2\cdot 3^{k-1}\beta)^{-1}\pi$, 因此根据定理 6.1.2, $P_r(D)\delta(t)$ 在$[0,2\pi)$ 内至少有 $2n$ 个变号点, 矛盾.

推论 7.3.1 设 $n>\Lambda$, $f\in S_{r,2n}(\Psi,P_r)$, $f(t_k)=0$, $k=1,\cdots,2n$, 则 $f(t)\equiv 0$, 其中$\{t_k\}$ $(k=1,\cdots,2n)$ 由式(7.48) 定义.

证 因为 $f\in S_{r,2n}(\Psi,P_r)$, $S_{r,2n}(\Psi,P_r)$ 为向量

空间，所以对一切 $\lambda \in \mathbf{R}, \lambda f \in S_{r,2n}(\Psi, P_r)$ 并且 $\lambda f(t_k) = 0 (k = 1, \cdots, 2n)$，假设 $P_r(D) f(t) = \sum_{j=1}^{2n} c_j \Psi_j(t)$，根据引理 7.3.1，得

$$|\lambda c_j| \leqslant 1, j = 1, \cdots, 2n$$

由 λ 的任意性立即得 $c_j = 0, j = 1, \cdots, 2n$. 因此 $f(t) = c_\sigma$，再由 $f(t_k) = 0$ 知 $f(t) \equiv 0$.

下面引入 $S_{r,2n}(\Psi, P_r)$ 的 γ 平移

$$S_{r,2n}^{\gamma}(\Psi, P_r) = \{f_\gamma \mid f_\gamma(t) = f(t-\gamma), \\ f \in S_{r,2n}(\Psi, P_r)\}$$

约定 $S_{r,2n}^{0}(\Psi, P_r) = S_{r,2n}(\Psi, P_r)$，设

$$t_k^{\gamma} = t_k + \gamma, k = 1, \cdots, 2n \tag{7.52}$$

令 $\eta_\gamma : S_{r,2n}^{\gamma}(\Psi, P_r) \to \mathbf{R}^{2n}$，有

$$g \mapsto \eta_\gamma(g) = (g(t_1^{\gamma}), \cdots, g(t_{2n}^{\gamma}))$$

置

$$Q_{r,2n}^{\gamma}(\Psi, P_r) = \{\eta_\gamma(g) \mid g \in S_{r,2n}^{\gamma}(\Psi, P_r)\}$$

易知，实际上 $Q_{r,2n}^{\gamma}(\Psi, P_r)$ 和 γ 无关.

推论 7.3.2　设 $n > \Lambda$，则 $Q_{r,2n}(\Psi, P_r) \stackrel{\mathrm{df}}{=} Q_{r,2n}^{0}(\Psi, P_r)$ 是 $2n$ 维向量空间.

证　根据命题 7.3.1，$S_{r,2n}(\Psi, P_r)$ 是 $2n$ 维的向量空间. 设

$$S_{r,2n}(\Psi, P_r) = \operatorname{span}\{f_1, \cdots, f_{2n}\}$$

令 $\eta_0(f_i) = (f_i(t_1), \cdots, f_i(t_{2n})), i = 1, \cdots, 2n$，则

$$Q_{r,2n}(\Psi, P_r) = \operatorname{span}\{\eta_0(f_1), \cdots, \eta_0(f_{2n})\}$$

证 $\eta_0(f_1), \cdots, \eta_0(f_{2n})$ 线性无关，否则存在 $(\lambda_1, \cdots, \lambda_{2n}) \neq (0, \cdots, 0)$，使得 $\sum_{i=1}^{2n} \lambda_i \eta_0(f_i) = 0$，此即

$$\sum_{i=1}^{2n}\lambda_i f_i(t_k)=0, k=1,\cdots,2n$$

$g(t)\overset{\text{df}}{=\!=}\sum_{i=1}^{2n}\lambda_i f_i(t)\in S_{r,2n}(\Psi,P_r)$ 满足推论 7.3.1 的条件,因此 $g(t)\equiv 0$,故 $\lambda_j=0, j=1,\cdots,2n$,矛盾.

推论 7.3.3 任取 $(\eta_1,\cdots,\eta_{2n})\in \mathbf{R}^{2n}$,则存在唯一的 $f\in S_{r,2n}(P_r,\Psi)$ 使得 $f(t_k)=\eta_k, k=1,\cdots,2n$,其中 t_k 为 $\Psi_{r,2n}(t)$ 的极值点.

证 根据推论 7.3.2,$Q_{r,2n}(\Psi,P_r)$ 为 $2n$ 维的向量空间,所以 $Q_{r,2n}(\Psi,P_r)\to \mathbf{R}^{2n}$ 的映射为满单射.

推论 7.3.4 设 $\Psi_{0,n}(t)=\operatorname{sgn}\sin nt, n>\Lambda$,若 $f\in S^{\gamma}_{r,2n}(\Psi,P_r)$ 满足条件

$$\max_{1\leqslant k\leqslant 2n}|f(t^{\gamma}_k)|\leqslant \|\Phi_{r,n}\|_{\infty}$$

则 $f\in \mathscr{K}_{\infty}(P_r)$,其中 $t^{\gamma}_k(\gamma=1,\cdots,2n)$ 由式(7.52)定义.

证 若 $f\in \mathscr{K}_{\infty}(P_r)$,则 $f(t-\gamma)\in \mathscr{K}_{\infty}(P_r)$,因此不妨设 $\gamma=0$. 于是根据引理 7.3.1 立即可得 $|P_r(D)f(t)|\leqslant 1$,故 $f\in \mathscr{K}_{\infty}(P_r)$.

推论 7.3.5 设 $n>\Lambda, f\in S^{\gamma}_{r,2n}(\omega,P_r)$ 满足条件

$$\max_{1\leqslant \gamma\leqslant 2n}|f(t^{\gamma}_k)|\leqslant \|\Psi_{r,n}\|_{\infty}$$

则 $f\in \mathscr{K}H^{\omega}(P_r)$,其中 $t^{\gamma}_k(\gamma=1,\cdots,2n)$ 由式(7.52)定义.

证 由于 $\mathscr{K}H^{\omega}(P_r)$ 对平移不变,不妨认为 $\gamma=0$. 根据引理 7.3.1,表示式

$$P_r(D)f(t)=\sum_{j=1}^{2n}c_j\Psi_j(t)$$

中的 $|c_j|\leqslant 1(j=1,\cdots,2n)$,在目前情况下

$$\Psi_j(t)=\begin{cases}|f_{0,n}(t)|, t\in \Delta_j\\ 0, t\in[0,2\pi)\setminus\Delta_j\end{cases}$$

为证 $f\in\mathscr{K}H^{\omega}(P_r)$，只需证 $P_r(D)f\in H^{\omega}$，其中

$$H^{\omega}\overset{\mathrm{df}}{=}\{f\in\widetilde{C}_{2\pi}\mid|f(t')-f(t'')|\leqslant\omega(t),\\ \forall t',t''\in[0,2\pi)\}$$

若 t',t'' 在同一个 Δ_j 内，因为 $f_{0,n}(t)\in H^{\omega}$，所以

$$|P_r(D)f(t')-P_r(D)f(t'')|\\ \leqslant|c_j||f_{0,n}(t')-f_{0,n}(t'')|\leqslant\omega(|t'-t''|)$$

若 t',t'' 属于不同的 Δ_j，由于 $|P_r(D)f(t)|\leqslant|f_{0,n}(t)|$，考虑到 $\omega(t)$ 为上凸连续模，所以

$$|P_r(D)f(t')-P_r(D)f(t'')|\\ \leqslant|f_{0,n}(t')-f_{0,n}(t'')|\leqslant\omega(|t'-t''|)$$

引理 7.3.2　任意给定 $\widetilde{C}_{2\pi}$ 中的 $2n$ 维线性子空间 F_{2n}，记 $x_k^{\alpha}=(k-1)\dfrac{\pi}{n}+\alpha(k=1,\cdots,2n)$，设 ξ_{α} 是 $F_{2n}\to\mathbf{R}^{2n}$ 的映射

$$f\mapsto\xi_{\alpha}(f)=(f(x_1^{\alpha}),\cdots,f(x_{2n}^{\alpha}))$$

令

$$N_{\alpha}\overset{\mathrm{df}}{=}N(\alpha,F_{2n})=:\{\xi_{\alpha}(f)\mid f\in F_{2n}\}\tag{7.53}$$

则存在 $\alpha_0\in\left[0,\dfrac{\pi}{n}\right)$ 使得 $\dim N(\alpha_0)\leqslant 2n-1$.

证　若 $\dim N(0)\leqslant 2n-1$，则取 $\alpha_0=0$，因此不妨设 $N(0)$ 是 $2n$ 维的. 此时 $e_1=(1,0,\cdots,0),\cdots,e_{2n}=(0,\cdots,0,1)\in N(0)$，因此存在 $g_i\in F_{2n}$ 使得 $e_i=\xi_0(g_i)(i=1,\cdots,2n)$，即

$$g_i(x_k^0)=\delta_{ik},i,k=1,\cdots,2n$$

因此 $g_1,\cdots,g_{2n}$ 线性无关，于是 $F_{2n}=\mathrm{span}\{g_1,\cdots,g_{2n}\}$，所以任取 $f\in F_{2n}$，存在$(\lambda_1,\cdots,\lambda_{2n})\in\mathbf{R}^{2n}$，使得 $f=\sum\limits_{i=1}^{2n}\lambda_i g_i$，因此得

$$\xi_\alpha(f)=\sum_{i=1}^{2n}\lambda_i(\xi_\alpha g_i)$$

$$N(\alpha)=\operatorname{span}\{\xi_\alpha(g_1),\cdots,\xi_\alpha(g_{2n})\}$$

若能证得存在 $\alpha_0\in\left[0,\frac{\pi}{n}\right)$ 使得 $\{\xi_{\alpha_0}(g_i)\}$ $(i=1,\cdots,2n)$ 线性相关,即可得 $\dim N(\alpha_0)\leqslant 2n-1$. 为此令

$$D(\alpha)=\det(g_i(x_k^\alpha)),\ i,k=1,\cdots,2n$$

则 $D(0)=1>0$,且经计算得 $D\left(\frac{\pi}{n}\right)=(-1)^{2n-1}<0$,因此存在 $\alpha_0\in\left(0,\frac{\pi}{n}\right)$ 使得 $D(\alpha_0)=0$.

引理 7.3.3 设 $n>\Lambda$, F_{2n} 是 $\widetilde{C}_{2\pi}$ 中任意给定的 $2n$ 维子空间,则存在 γ_0 使得

$$E(\mathscr{K}H^\omega(P_r)\cap S_{r,2n}^{\nu_0}(\omega,P_r),F_{2n})_c\geqslant\|F_{r,n}(\cdot)\|_c \tag{7.54}$$

$$E(\mathscr{K}_\infty(P_r)\cap S_{r,2n}^{\gamma_0}(\Psi,P_r),F_{2n})_c\geqslant\|\Phi_{r,n}(\cdot)\|_c \tag{7.55}$$

其中式(7.55)中的 $\Psi(t)=\operatorname{sgn}\sin nt$,此时 $S_{r,2n}^{\gamma_0}(\Psi(t),P_r)$ 即是以 $\left\{\nu_0+(j-1)\frac{\pi}{n}\right\}$ $(j=1,\cdots,2n)$ 为单结点的由算子 $P_r(D)$ 确定的 $\mathscr{L}$—样条子空间.

证 任意给定 $F_{2n}\subset\widetilde{C}_{2\pi}$,根据引理 7.3.2,存在 $\alpha_0\in\left[0,\frac{\pi}{n}\right)$ 使得 $\dim N(\alpha_0)\leqslant 2n-1$. 选择 γ_0,使得数组 $\{x_k^{\alpha_0}\}$ $(k=1,\cdots,2n)$ 与数组 $\{t_k^{\gamma_0}\}$ $(k=1,\cdots,2n)$ 重合,即 $t_k^{\gamma_0}=x_k^{\alpha_0}$ $(k=1,\cdots,2n)$. 因为 $\dim Q_{r,2n}^{\gamma_0}(\Psi,P_r)=2n$,所以 $N(\alpha_0)\subsetneqq Q_{r,2n}^{\gamma_0}(\Psi,P_r)$,给 $Q_{r,2n}^{\gamma_0}(\Psi,P_r)$ 赋范. 设

$$f \in S_{r,2n}^{\gamma_0}(\Psi, P_r)$$

$$\| \eta_{\gamma_0}(f) \|_{Q_{r,2n}} = \max_{1 \leqslant k \leqslant 2n} | f(t_k^{\gamma_0}) |$$

根据有限维空间单位球的 Riesz 引理[1]，在 $Q_{r,2n}^{\gamma_0}(\Psi, P_r)$ 内存在 $\eta = (\eta_1, \cdots, \eta_{2n})$ 使得：

(i) $\| \eta \|_{Q_{r,2n}} = \| F_{r,n}(\omega) \|_c$.

(ii) $\min\limits_{\xi \in N(\alpha_0)} \| \eta - \xi \|_{Q_{r,2n}} = \| F_{r,n}(\omega) \|_c$.

根据定义，存在 $f_* \in S_{r,2n}^{\gamma_0}(\Psi, P_r)$ 使得 $\eta = \eta_{\gamma_0}(f_*)$，同时任取 $\xi \in N(\alpha_0)$，存在 $g \in F_{2n}$，使得 $\xi = \xi_{\alpha_0}(g)$. (i) 表明

$$\max_{1 \leqslant k \leqslant 2n} | f_*(t_k^{\gamma_0}) | = \| F_{r,n}(\omega) \|_\infty \tag{7.56}$$

因此根据推论 7.3.5，$f_* \in \mathscr{K}H^\omega(P_r)$. 因为

$$\| \eta - \xi \|_{Q_{r,2n}} = \| \eta_{\gamma_0}(f_*) - \xi_{\alpha_0}(g) \|_{Q_{r,2n}}$$
$$= \max_{1 \leqslant k \leqslant 2n} | f_*(t_k^{\gamma_0}) - g(t_k^{\gamma_0}) | \leqslant \| f_* - g \|_c$$

所以

$$\min_{\xi \in N(\alpha_0)} \| \eta - \xi \|_{Q_{r,2n}} \leqslant \min_{g \in F_{2n}} \| f_* - g \|_c$$

因此(ii) 表明

$$\min_{g \in F_{2n}} \| f_* - g \| \geqslant \| F_{r,n}(\omega) \|_c$$

式(7.54) 得证. 同理可证式(7.55).

由引理 7.3.3 直接得到：

定理 7.3.1　设 $n > \Lambda$，则

$$d_{2n}[\mathscr{K}H^\omega(P_r), C] \geqslant \| F_{r,n}(\omega) \|_c \tag{7.57}$$

$$d_{2n}[\mathscr{K}_\infty(P_r), C] \geqslant \| \Phi_{r,n} \|_c \tag{7.58}$$

定理 7.3.2　设 $n > \Lambda$，则：

(i) $d_{2n-1}[\mathscr{K}_\infty(P_r), C] = d_{2n}[\mathscr{K}_\infty(P_r), C] = \| \Phi_{r,n} \|_c$.

(ii) T_{2n-1} 是 $d_{2n}[\mathscr{K}_\infty(P_r), C]$ 及 $d_{2n-1}[\mathscr{K}_\infty(P_r), C]$ 的 $2n-1$ 维极子空间.

证　根据定理 6.1.4 及式(7.58) 即得.

评注 7.3.3 我们在定理 7.3.1 中用不同于定理 7.2.1 的方法得到了 $d_{2n}[\mathscr{K}_\infty(P_r),C]$ 的下方估计,这在证明中没有用到 Borsuk 对极定理及与其有关的球宽度定理.

(二)$d_n(\mathscr{K}H^\omega(P_r),C)$ 的强渐近估计

不等式(7.57)的下方估计是否精确,这一问题尚未解决,解决问题的关键在于在函数类 $\mathscr{K}_V(P_r)$ 上建立 Σ 重排比较定理,其中 $\mathscr{K}_V(P_r)$ 表示 $P_r(D)f(t)$ 为有界变差函数且全变差 $\bigvee_0^{2n}(P_r(D)f)\leqslant 1$ 的 2π 周期函数 $f(t)$ 的全体.

本段的目的是想指出,不使用重排及 Σ 重排的方法,可以得到一个 $d_n[\mathscr{K}H^\omega(P_r),C]$ 的强渐近的估计式.

定义 7.3.2 若存在一个 n 维子空间序列 $\{X_n^*\}$,使得

$$\lim_{n\to+\infty} d_n\{\mathfrak{M},X\}=\lim_{n\to+\infty}\sup_{f\in\mathfrak{M}}\inf_{g\in X_n^*}\|f-g\|_X$$

则称 X_n^* 是 $d_n[\mathfrak{M},X]$ 的 n 维强渐近的极子空间.

引理 7.3.4 设 $g\in\widetilde{L}_{q,2\pi}^r$,$g\perp\mathbf{R}$,则存在与 g 无关的常数 c_1,c_2 使得

$$c_2\|g^{(r)}\|_q\leqslant\|P_r(D)g\|_q\leqslant c_1\|g^{(r)}\|_q$$
$$1\leqslant q\leqslant+\infty$$

证 设 $g\in\widetilde{L}_{2\pi,q}^r$,则 $g(t)=\int_0^{2\pi}B_r(t-\tau)g^{(r)}(\tau)\mathrm{d}\tau$,其中

$$B_r(t)=\frac{1}{\pi}\sum_{k=1}^{+\infty}\frac{\cos\left(k\pi-\frac{1}{2}\pi r\right)}{k^r}$$

于是 $g^{(j)}(t)=\int_0^{2\pi}B_{r-j}(t-\tau)g^{(r)}(\tau)\mathrm{d}\tau, j=1,\cdots,r-1.$ 因此

$$\| g^{(j)}(\cdot)\|_q \leqslant \| B_{r-j}(\cdot)\|_1 \cdot \| g^{(r)}\|_q$$
$$j=0,1,\cdots,r-1$$

令 $P_r(D)=D^r+\sum_{j=0}^{r-1}a_jD^j, a_j\in\mathbf{R}(j=1,\cdots,r-1)$，则存在一个和 g 无关的常数 $c_1>0$，使得

$$\| P_r(D)g(\cdot)\|_q \leqslant c_1 \| g^{(r)}(\cdot)\|_q$$

因为 $\widetilde{L}^r_{g,2\pi}$ 的和常数正交的子空间在以 $\| g^{(r)}\|_q$ 以及 $\| P_r(D)g\|_q$ 赋范时均是 Banach 空间，因此根据 Banach 逆算子定理[15]，存在一个和 g 无关的常数 $c_2>0$，使得

$$\| g^{(r)}(\cdot)\|_q \leqslant c_2 \| P_r(D)g(\cdot)\|_q$$

定理 7.3.3　设 $n>\Lambda$，则：

$$\text{(i)}\,d_n[\mathscr{K}H^\omega(P_r),C]=d_n[\widetilde{W^rH^\omega},C](1+O(n^{-1}))$$
$$=\| f_{r,[\frac{n}{2}]}\|_c(1+O(n^{-1}))$$

(ii) T_{2n-1} 是 $d_{2n-1}[\mathscr{K}H^\omega(P_r),C]$ 及 $d_{2n}[\mathscr{K}H^\omega(P_r),C]$ 的强渐近极子空间.

其中 $f_{r,n}(t)$ 是 $f_{0,n}(t)$ 的 r 次周期积分且周期平均值为零，$f_{0,n}(t)$ 由式(7.47)定义.

证　记

$$F_\omega(g)\overset{\mathrm{df}}{=}\sup_{f\in H^\omega}\int_0^{2\pi}f(\tau)g(\tau)\mathrm{d}\tau$$

根据最佳逼近对偶定理，经过分部积分得

$$E_n(\mathscr{K}H^\omega(P_r))_c=\sup\{F_\omega(g)\mid g\in\mathscr{K}_1(P_r^*,T_{2n-1})\}$$

$$E_n(\widetilde{W^rH^\omega})_c=\sup\{F_\omega(g)\mid g\in\widetilde{W}^r_1(T_{2n-1})\}$$

其中

$$\mathcal{K}_1(P_r^*, T_{2n-1}) \stackrel{\text{df}}{=} \{g \mid g \in \mathcal{K}_1(P_r^*), g \perp T_{2n-1}\}$$

$$\begin{aligned}\widetilde{W}_1^r(T_{2n-1}) &\stackrel{\text{df}}{=} \{g \mid g \in \widetilde{W}_1^r, g \perp T_{2n-1}\} \\ &= \{g \mid g \in \mathcal{K}_1(D^r), g \perp T_{2n-1}\}\end{aligned}$$

记

$$\eta_n = \sup\{\|P_r^*(D)g - g^{(r)}\|_1 \mid g \in \mathcal{K}_1(P_r^*, T_{2n-1})\}$$

于是，若 $g \in \mathcal{K}_1(P_r^*, T_{2n-1})$，则 $g \in (1+\eta_n) \cdot \widetilde{W}'_1(T_{2n-1})$. 根据引理 7.3.4,存在与 g 无关的常数 c_1, c_2,使得

$$c_2 \|g^{(r)}\|_1 \leqslant \|P_r^*(D)g\|_1 \leqslant c_1 \|g^{(r)}\|_1$$

故若 $g \in \mathcal{K}_1(P_r^*)$,则 $g \in c_2^{-1}\widetilde{W}_1^r$,所以 $\|g^{(r)}\|_1 \leqslant c_2^{-1}$,因此根据定理 4.2.4 得

$$\begin{aligned}&\sup\{\|g\|_1 \mid g \in \mathcal{K}(P_r^*, T_{2n-1})\} \\ &\leqslant c_2^{-1}\sup\{\|\varphi\|_1 \mid \varphi \in \widetilde{W}_1^r(T_{2n-1})\} \\ &= c_2^{-1}\|\varphi_{r,n}\|_c = O(n^{-r})\end{aligned} \tag{7.59}$$

其中 $\varphi_{r,n}(t)$ 是以 2π 为周期的 r 次 Euler 样条

$$\varphi_{r,n}(t) = \int_0^{2\pi} B_r(t-\tau)\operatorname{sgn}\sin n\tau\,\mathrm{d}\tau$$

$$B_r(t) = \frac{1}{2\pi}\sum_{\nu=-\infty}^{+\infty}{}' \frac{\mathrm{e}^{\mathrm{i}\nu t}}{(\mathrm{i}\nu)^r}, \mathrm{i} = \sqrt{-1}$$

任取 $g \in \mathcal{K}_1(P_r^*, T_{2n-1})$,根据 Stein 不等式(见定理 6.2.7),存在和 g 无关的常数 c,使得

$$\|g^{(k)}\|_1 \leqslant c\|g\|_1^{1-\frac{k}{r}} \cdot \|g^{(r)}\|_1^{\frac{k}{r}}, k = 1, \cdots, r-1 \tag{7.60}$$

因此根据式(7.59) 及(7.60) 得

$$\|P_r^*(D)g - g^{(r)}\|_1 \leqslant c\sum_{k-1}^{r-1}\|g^{(k)}\|_1$$

$$\leqslant c\sum_{k=1}^{r-1}\|g\|_1^{1-\frac{k}{r}}\|g^{(r)}\|_1^{\frac{k}{r}}$$

$$\leqslant c\sum_{k=1}^{r-1}\|g\|_1^{1-\frac{k}{r}}=O(n^{-1})$$

即

$$\eta_n\leqslant O(n^{-1})$$

根据定理 5.6.4 得

$$d_{2n}[\widetilde{W^rH^\omega},C]=d_{2n-1}[\widetilde{W^rH^\omega},C]$$

$$=E_n(\widetilde{W^rH^\omega})_c=\|f_{r,n}\|_c$$

所以

$$\frac{d_{2n}[\mathcal{K}H^\omega(P_r),C]}{d_{2n}[\widetilde{W^rH^\omega},C]}\leqslant\frac{d_{2n-1}[\mathcal{K}H^\omega(P_r),C]}{d_{2n-1}[\widetilde{W^rH^\omega},C]}$$

$$\leqslant\frac{E_n(\mathcal{K}H^\omega(P_r))_c}{E_n(\widetilde{W^rH^\omega})_c}$$

$$=\frac{\sup\{F_\omega(g)\mid g\in\mathcal{K}_1(P_r^*,T_{2n-1})\}}{\sup\{F_\omega(g)\mid g\in\widetilde{W}_1^r(T_{2n-1})\}}$$

$$\leqslant 1+\eta_n$$

$$=1+O(n^{-1})\tag{7.61}$$

另一方面,根据定理 7.3.1,当 $n>\Lambda$ 时

$$d_{2n-1}[\mathcal{K}H^\omega(P_r),C]\geqslant d_{2n}[\mathcal{K}H^\omega(P_r),C]$$

$$\geqslant\|F_{r,n}\|_c\tag{7.62}$$

从而为证得定理,只需证

$$\|f_{r,n}\|_c\leqslant\|F_{r,n}\|_c(1+O(n^{-1}))\tag{7.63}$$

以下证明(7.63).根据最佳逼近对偶定理

$$\|F_{r,n}\|_c=\sup\left\{\int_0^{2\pi}g(t)f_{n,0}(t)\mathrm{d}t\mid g\in\mathcal{K}_1(P_r^*,T_{2n-1})\right\}\tag{7.64}$$

$$\|f_{r,n}\|_c=\sup\left\{\int_0^{2\pi}g(t)f_{n,0}(t)\mathrm{d}t \mid g\in\widetilde{W}_1^r(T_{2n-1})\right\} \tag{7.65}$$

令

$$\overline{\eta}_n=\sup\{\|P_r^*(D)-g^{(r)}\|_1 \mid g\in\widetilde{W}_1^r(T_{2n-1})\} \tag{7.66}$$

如果 $g\in\widetilde{W}_1^r(T_{2n-1})$,那么 $g\in(1+\overline{\eta}_n)\mathscr{K}_1(P_r,T_{2n-1})$. 因为对任给的 $g\in\widetilde{W}_1^r(T_{2n-1})$,根据定理 4.2.4 得

$$\|g\|_1\leqslant\|\varphi_{r,n}\|_1=O\left(\frac{1}{n^r}\right) \tag{7.67}$$

所以根据 Stein 不等式(6.48) 得

$$\begin{aligned}&\sup\{\|P_r^*(D)g-g^{(r)}\|_1 \mid g\in W_1^r(T_{n-1})\}\\ \leqslant{}& c\sum_{k=0}^{r-1}\|g\|_1^{1-\frac{k}{r}}\|g^{(r)}\|_1^{\frac{k}{r}}\\ \leqslant{}& c\sum_{j=0}^{r-1}\|g\|_1^{1-\frac{k}{r}}=O(n^{-1})\end{aligned} \tag{7.68}$$

因此 $\overline{\eta}_n=O(n^{-1})$,故

$$\begin{aligned}&\frac{\|f_{r,n}\|_c}{\|F_{r,n}\|_c}\\ ={}&\frac{\sup\left\{\int_0^{2\pi}g(t)f_{n,0}(t)\mathrm{d}t \mid g\in\widetilde{W}_1^r(T_{2n-1})\right\}}{\sup\left\{\int_0^{2\pi}g(t)f_{n,0}(t)\mathrm{d}t \mid g\in\mathscr{K}_1(P_r,T_{2n-1})\right\}}\\ \leqslant{}&\frac{\sup\left\{\int_0^{2\pi}g(t)f_{n,0}(t)\mathrm{d}t \mid g\in(1+\overline{\eta}_n)\mathscr{K}_1(P_r,T_{2n-1})\right\}}{\sup\left\{\int_0^{2\pi}g(t)f_{n,0}(t)\mathrm{d}t \mid g\in\mathscr{K}_1(P_r,T_{2n-1})\right\}}\\ ={}&1+\overline{\eta}_n=1+O(n^{-1})\end{aligned} \tag{7.69}$$

式(7.63) 得证.

我们在定理 7.1.3 的证明过程中实际上也解决了

$E_n(\mathscr{K}H^\omega(P_r))_c$ 的强渐近估计问题，即有：

定理 7.3.4

$$\lim_{n\to+\infty}\frac{E_n(\mathscr{K}H^\omega(P_r))_c}{E_n(\widetilde{W^rH^\omega})_c}=1 \tag{7.70}$$

评注 7.3.4　当 $P_r(D)$ 为自共轭算子时，文献[28]解决了当 $n>\Lambda$ 时 $\mathscr{K}H^\omega(P_r)$ 在 L 尺度下以三角多项式及 $\mathscr{L}$—样条子空间 $S_{r,2n}(P_{r+1})$ 最佳逼近的精确估计.

定理 7.3.5[28]　设 $P_r(D)$ 为自共轭算子，则当 $n>\Lambda$ 时，有：

(i) $E_n(\mathscr{K}H^\omega(P_r))_1=\|F_{r,n}\|_1$ (7.71)

(ii) $E(\mathscr{K}H^\omega(P_r),S_{r,2n}(P_{r+1}))_1=\|F_{r,n}\|_1$ (7.72)

其中 $P_{r+1}(D)=DP_r(D)$，$S_{r,2n}(P_{r+1})$ 由定义 7.1.1 确定.

评注 7.3.5　由式(7.71)立即有

$$d_{2n}[\mathscr{K}H^\omega(P_r),L]\leqslant d_{2n-1}[\mathscr{K}H^\omega(P_r),L]\leqslant\|F_{r,n}\|_1 \tag{7.73}$$

但估计式(7.7.3)是否精确尚不清楚. 这里的关键仍然是在 $\mathscr{K}_V(P_r)$ 上建立在 L 尺度下的 Σ 重排比较定理.

评注 7.3.6　设 $A=D^r+\sum\limits_{k-1}^{r-1}a_k(t)D^k$，$a_k(t)\in C^k_{[0,2\pi]}$ 为变系数的常微分算子. 令 $L^r_{q[0,2\pi]}$ 表示定义在 $[0,2\pi]$ 上 $f^{(r-1)}(t)$ 绝对连续，$f^{(r)}(t)\in L_{q[0,2\pi]}$ 的可微函数 $f(t)$ 的全体. 记

$$W^r_q(A)=\{f(t)\in L^r_{q[0,2\pi]}\mid\|Af\|_{q[0,2\pi]}\leqslant 1\} \tag{7.74}$$

特别当 $A=D^r$ 时，记 $W^r_q(A)=W^r_q$，Ю. И. Маковоз[10]

证得：

定理 7.3.6 对一切 $q,s,1\leqslant q,s\leqslant+\infty$,有：

$$\text{(i)}\ \lim_{n\to+\infty}\frac{d_n[W_q^r(A),L^s]}{d_n(W_q^r,L^r]}=1 \tag{7.75}$$

$$\text{(ii)}\ \lim_{n\to+\infty}\frac{d^n[W_q^r(A),L^s]}{d^n[W_q^r,L^s]}=1 \tag{7.76}$$

定理 7.3.6 包括了许多学者(C. A. Micchelli, A. Pinkus, C. K. Chui, P. W. Smith 等) 以前的工作(见[10]的附注).

§4 $\mathscr{K}_\infty(P_r)$ 及 $\mathscr{K}_1(P_r)$ 在 L 尺度下单边宽度的精确估计

本节介绍带限制逼近的意义下宽度估计的一些精确结果.

定义 7.4.1 设 $\mathfrak{M}\subset\widetilde{L}^p$ 为一函数集, $M_n\subset\widetilde{L}^p$ 是一 n 维线性子空间. 任取 $x(t)\in\mathfrak{M}$,称下面的量

$$E^+(x,M_n)_p\overset{\text{df}}{=}\inf\{\|x-u\|_p\mid\forall u\in M_n,u(t)\geqslant x(t)\}$$

为 $x(t)$ 在尺度 L^p 下由 M_n 的上方最佳逼近. 仿此,称

$$E^-(x,M_n)_p\overset{\text{df}}{=}\inf\{\|x-u\|_p\mid\forall u\in M_n,u(t)\leqslant x(t)\}$$

为 $x(t)$ 在尺度 L^p 下由 M_n 的下方最佳逼近.

记号

$$E^\pm(\mathfrak{M};M_n)_p\overset{\text{df}}{=}\sup_{x\in\mathfrak{M}}E^\pm(x,M_n)_p$$

表示类 $\mathfrak{M}$ 在 L^p 尺度下由 M_n 的上方(取正号) 和下方

(取负号)逼近.

当 M_n 取遍 L^p 空间内一切 n 维线性空间时,则导致研究量

$$d_n^{\pm}[\mathfrak{M},L^p] \overset{\mathrm{df}}{=} \inf_{M_n} E^{\pm}(\mathfrak{M},M_n)_p \qquad (7.77)$$

若存在 M_n^* 达到式(7.77)中的下确界,则 M_n^* 称为单边宽度 $d_n^{\pm}[\mathfrak{M},L^p]$ 的极子空间.

对单边逼近的研究远不如对通常的最佳逼近的研究来得充分,因而对单边宽度的精确估计所知就更少.根据第六章的结果可以得到 $\mathscr{K}_q(P_r)$ 在 L 尺度下单边宽度的上方估计,而试图用 Borsuk 定理(如第五章对 Kolmogorov 宽度估计所作的那样)给出单边宽度 $d_n^{\pm}[\mathscr{K}_q(P_r),L)$ 下方估计的想法没有获得成功.看来,这里需要更深刻、细致地研究所给函数类的拓扑性质.参考资料[11]通过构造特殊映射并计算其拓扑度,证得了下面的引理 7.4.1($d_{2n}^{\pm}[\widetilde{W}_{\infty}^1,L]$ 的下方估计),再利用半范等价定理(见第六章,§4)求得了 $d_n^{\pm}[\widetilde{W}_{\infty}^r,L]$ 的精确估计.本节将利用第六章给出的半范不等式及引理 7.4.1 给出当 $P_r(D)$ 为自共轭微分算子时,$d_n^{+}[\mathscr{K}_{\infty}(P_r),L]$,$d_n^{+}[\mathscr{K}_1(P_r),L]$ 的精确估计及极子空间的构造.本节一、二两段中的微分算子除特殊声明外,均假定是仅有实根的自共轭的微分算子,即

$$P_r(D) \overset{\mathrm{df}}{=} P_{2l+\sigma}(D) = D^{\sigma}\prod_{j=1}^{l}(t^2 - t_j^2) \quad (7.78)$$

其中

$$r = 2l+\sigma, l \geqslant 0, t_j > 0$$

显然当 $l=0$ 时,$\mathscr{K}_q(P_{2l+\sigma}) = \widetilde{W}_q^{\sigma}$.

(一) $d_n^+[\mathscr{K}_\infty(P_{2l+\sigma}),L]$ 的精确估计

记

$$\Phi_{2\rho+\sigma,\lambda}(t)=\frac{2}{\pi\mathrm{i}}\sum_{\nu=-\infty}^{+\infty}{}' \frac{\mathrm{e}^{\mathrm{i}(2\nu+1)\lambda t}}{(2\nu+1)P_{2l+\sigma}((2\nu+1)\lambda_i)}$$

$$=\begin{cases}\dfrac{4}{\pi\lambda^\sigma}(-1)^{\frac{\sigma+1}{2}}\displaystyle\sum_{\nu=0}^{+\infty}\frac{\cos(2\nu+1)\lambda t}{(2\nu+1)^\sigma q_{2l}(\mathrm{i}\lambda\nu)},\sigma=1,3,5,\cdots\\ \dfrac{4}{\pi\lambda^\sigma}(-1)^{\frac{\sigma}{2}}\displaystyle\sum_{\nu=0}^{+\infty}\frac{\sin(2\nu+1)\lambda t}{(2\nu+1)^\sigma q_{2l}(\mathrm{i}\lambda\nu)},\sigma=2,4,6,\cdots\end{cases}$$

其中 $q_{2l}(t)=\prod_{j=1}^{\sigma}(t^2-t_j^2)$,令

$$\Gamma_{2l+\sigma}(\lambda)=\|\Phi_{2l+\sigma,\lambda}(\cdot)\|_\infty \tag{7.79}$$

设 $P_{2j+\mu}(D)$ 为 $P_{2l+\sigma}(D)$ 的子算子,即 $P_{2j+\mu}(D)$ 形如式(7.78),且 $0\leqslant j\leqslant l,0\leqslant\mu\leqslant\sigma$. 置

$$\Gamma_{2l+\sigma,2j+\mu}(\lambda)=\|P_{2j+\mu}(D)\Phi_{2l+\sigma,\lambda}(\cdot)\|_\infty \tag{7.80}$$

若 $P_{2j+\mu}(D)$ 为 $P_{2l+\sigma}(D)$ 的子算子,则

$$\Gamma_{2l+\sigma,2j+\mu}(\lambda)=\Gamma_{2(l-j)+\sigma-\mu}(\lambda) \tag{7.81}$$

约定 $\Gamma_{2l+\sigma,0}(\mu)\overset{\mathrm{df}}{=\!=}\Gamma_{2l+\sigma}(\lambda)$.

引理 7.4.1[11] 设 $n=1,2,3,\cdots$,则

$$d_{2n-1}^+[\widetilde{W}_\infty^1,L]=d_{2n}^+[\widetilde{W}_\infty^1,L]=\frac{2\pi\mathscr{K}_1}{n}$$

$$=\frac{\pi^2}{n}=2\pi\Gamma_1(n)$$

其中 $\mathscr{K}_1=\dfrac{\pi}{2}$ 为 Favard 常数,$\Gamma_1(n)$ 由微分算子 D 通过式(7.79)定义.

设 $\Psi(t)$ 是以 2π 为周期的可积函数,令

$$\hat{c}_0(\Psi)=\int_0^{2\pi}\Psi(t)\mathrm{d}t,1\leqslant q\leqslant+\infty$$

$$\Psi * u(t)=\int_0^{2\pi}\Psi(t-\tau)u(\tau)\mathrm{d}\tau$$

$$\mathcal{K}_q(\Psi)=\begin{cases}\{f=c+\Psi*u \mid c\in\mathbf{R},\|u\|_q\leqslant 1,u\perp\mathbf{R},\\ \qquad 若\ \hat{c}_0(\Psi)=0\}\\ \{f=\Psi*u \mid \|u\|_q\leqslant 1,若\ \hat{c}_0(\Psi)\neq 0\}\end{cases} \tag{7.82}$$

引理 7.4.2　设 $\hat{c}_0(\Psi)=0,n=1,2,\cdots$，则

$$E_n^+(\mathcal{K}_\infty(\Psi))_1\leqslant 2\pi E_n(\Psi)_1$$

证　设 $t_{n-1}(\Psi,t)$ 是 $\Psi(t)$ 在 L 尺度下的 $n-1$ 阶最佳逼近三角多项式，设 $f\in\mathcal{K}_\infty(\Psi)$，$f=c+\Psi*u$，令

$$t_{n-1}(f,t)=c+t_{n-1}(\Psi)*u(t)$$

因为 $u\perp\mathbf{R}$，所以

$$\int_0^{2\pi}(f(t)-t_{n-1}(f,t))\mathrm{d}t=0$$

因此

$$\begin{aligned}&\|f-t_{n-1}(f)\|_\infty\\ =&\|(\Psi-t_{n-1}(\Psi))*u\|_\infty\\ \leqslant&\|\Psi-t_{n-1}(\Psi)\|_1\|u\|_\infty\leqslant E_n(\Psi)_1\end{aligned}$$

于是对任何 $f\in\mathcal{K}_\infty(\Psi)$，令 $t_{n-1}^+(f,t)=E_n(\Psi)_1+t_{n-1}(f,t)$，则 $t_{n-1}^+(f,t)\geqslant f(t)$ 对一切 $t\in[0,2\pi]$ 成立，从而

$$\begin{aligned}&E_n^+(f)_1\\ \leqslant&\|t_{n-1}^+(f)-f\|_1\\ =&\int_0^{2\pi}(E_n(\Psi)_1+t_{n-1}(f,t)-f(t))\mathrm{d}t\\ =&2\pi E_n(\Psi)_1\end{aligned}$$

定理 7.4.1　给定算子 $P_{2l+\sigma}(D)$，$\sigma\geqslant 1$，$n=1,2,\cdots$，则：

(i) $d_{2n-1}^{+}[\mathscr{K}_\infty(P_{2l+\sigma}),L]=d_{2n}^{+}[\mathscr{K}_\infty(P_{2l+\sigma}),L]$

$$=2\pi\Gamma_{2l+\sigma}(n) \qquad (7.83)$$

其中 $\Gamma_{2l+\sigma}(n)$ 由式(7.79)定义.

(ii) T_{2n-1} 是实现上述宽度的极子空间.

证 首先给出式(7.83)的下方估计.它的基本思路已见于第六章定理 6.4.6 后面的"把等价定理用于可微函数类的 $n-K$ 宽度的下方估计"一段内.我们有

$$d_{2n-1}^{+}[\mathscr{K}_\infty(P_{2l+\sigma}),L]\geqslant d_{2n}^{+}[\mathscr{K}_\infty(P_{2l+\sigma}),L]$$
$$\geqslant 2\pi\Gamma_{2l+\sigma}(n) \qquad (7.84)$$

事实上,因为 $\mathscr{K}_\infty(P_{2l+\sigma})$ 类中包含了常数类,所以式(7.77)中的下确界只要对 $\widetilde{L}_{2\pi}$ 中包含了常数类的 $2n$ 维子空间来取.对这样的子空间 M_{2n},考虑 $\widetilde{L}_{2n}$ 上的半范

$$\Psi(f)=E^{+}(f,M_{2n})_1$$

根据定理 6.4.3 得

$$E^{+}(\widetilde{W}_\infty^1,M_{2n})_1\leqslant\Gamma_{2l+\sigma,2l+\sigma-1}(\lambda)E^{+}(\widetilde{W}_\infty^0,M_{2n}) \qquad (7.85)$$

其中 λ 取得使

$$\Gamma_{2l+\sigma}(\lambda)=\frac{E^{+}(\mathscr{K}_\infty(P_{2l+\sigma}),M_{2n})_1}{E^{+}(\widetilde{W}_\infty^0,M_{2n})_1} \qquad (7.86)$$

$$\widetilde{W}_\infty^0\overset{\text{df}}{=}\left\{f\in\widetilde{L}_{\infty,2\pi}\ \middle|\ \|f\|_\infty\leqslant 1,\int_0^{2\pi}f(t)\mathrm{d}t=0\right\} \qquad (7.87)$$

根据式(7.87),对任一 $f\in\widetilde{W}_\infty^0$,有 $\|f\|_\infty\leqslant 1$,所以 $E^{+}(f,M_{2n})_1\leqslant 2\pi$,即

$$E^{+}(\widetilde{W}_\infty^0,M_{2n})_1\leqslant 2\pi \qquad (7.88)$$

根据定理 6.4.2 的证明过程,当 $u>0$ 时,

$\frac{1}{u}\Gamma_{2l+\sigma,2l+\sigma-1}(\lambda(u))$ 是 u 的单调减函数，所以由式(7.85)和(7.88)得

$$\begin{aligned}&E^{+}(\widetilde{W}_{\infty}^{1},M_{2n})_{1}\\ &\leqslant \Gamma_{2l+\sigma,2l+\sigma-1}\left(\lambda\left(\frac{E^{+}(\mathscr{K}_{\infty}(P_{2l+\sigma}),M_{2n})_{1}}{E^{+}(\widetilde{W}_{\infty}^{0},M_{2n})_{1}}\right)\right)E^{+}(\widetilde{W}_{\infty}^{0},M_{2n})_{1}\\ &\leqslant \Gamma_{2l+\sigma,2l+\sigma-1}\left(\lambda\left(\frac{E^{+}(\mathscr{K}_{\infty}(P_{2l+\sigma}),M_{2n})_{1}}{2\pi}\right)\right)\cdot 2\pi\\ &=\Gamma_{1}\left(\lambda\left(\frac{E^{+}(\mathscr{K}_{\infty}(P_{2l+\sigma}),M_{2n})_{1}}{2\pi}\right)\right)\cdot 2\pi \qquad (7.89)\end{aligned}$$

根据引理 7.4.1 得

$$E^{+}(\widetilde{W}_{\infty}^{1},M_{2n})_{1}\geqslant 2\pi\Gamma_{1}(n)$$

因此由式(7.89)得

$$\Gamma_{1}(n)\leqslant \Gamma_{1}\left(\lambda\left(\frac{E^{+}(\mathscr{K}_{\infty}(P_{2l+\sigma}),M_{2n})}{2\pi}\right)\right)$$

根据引理 6.4.2，$\Gamma_{1}(\lambda)$ 关于 λ 严格单调下降，故

$$\lambda\left(\frac{E^{+}(\mathscr{K}_{\infty}(P_{2l+\sigma}),M_{2n})}{2\pi}\right)\leqslant n$$

再根据式(7.85)关于 $\lambda(u)$ 的定义及引理 6.4.2，$\Gamma_{2l+\sigma}(\lambda)$ 是 λ 的严格单调减函数，得

$$\frac{E^{+}(\mathscr{K}_{\infty}(P_{2l+\sigma}),M_{2n})}{2\pi}\geqslant \Gamma_{2l+\sigma}(n)$$

由 $M_{2n}\subset \widetilde{L}_{2\pi}$ 的任意性，即得式(7.84).

另一方面，根据卷积类以 T_{2n-1} 上方逼近的一般结果 —— 引理 7.4.2 得

$$E_{n}^{+}(\mathscr{K}_{\infty}(P_{2l+\sigma}))_{1}\leqslant 2\pi E_{n}(G_{2l+\sigma})_{1}$$

而根据第六章的式(6.15)得

$$E_{n}(G_{2l+\sigma})_{1}=\|\Phi_{2l+\sigma,n}\|_{\infty}=\Gamma_{2l+\sigma}(n)$$

所以

$$E^{+}(\mathcal{K}_{\infty}(P_{2l+\sigma}))_1 \leqslant 2\pi\Gamma_{2l+\sigma}(n) \qquad (7.90)$$

根据式(7.84)和(7.90)即得式(7.83)且同时得知 T_{2n-1} 是一极子空间.

例 7.4.1 取 $l=0,\sigma=r$,则 $\mathcal{K}_{\infty}(P_{2\rho+\sigma})=\widetilde{W}_{\infty}^{r}$,而且此时

$$\Gamma_r(n)=\|\Phi_{r,n}\|_{\infty}=\frac{\mathcal{K}_r}{n^r}$$

故得:

推论 7.4.1 设 $n=1,2,\cdots,r=1,2,3,\cdots$,则

$$d_{2n-1}^{+}[\widetilde{W}_{\infty}^{r},L]=d_{2n}^{+}[\widetilde{W}_{\infty}^{r},L]=\frac{2\pi\mathcal{K}_r}{n^r}$$

其中 $\mathcal{K}_r$ 是 Favard 常数.

(二) $d_n^{+}[\mathcal{K}_1(P_{2l+\sigma}),L]$ 的精确估计

置

$$\widetilde{G}_{2l+\sigma}(t)=2\pi G_{2l+\sigma}(t)=2(-1)^l\sum_{\nu=1}^{+\infty}\frac{\cos\left(\nu t-\frac{1}{2}\sigma\pi\right)}{\nu^{\sigma}\prod_{j=1}^{l}(\nu^2+t_j^2)}$$

$$\widetilde{G}_{2l+\sigma}(t,\lambda)=2(-1)^l\sum_{\nu=1}^{+\infty}\frac{\cos\left(\lambda\nu t-\frac{1}{2}\sigma\pi\right)}{\lambda^{\sigma}\nu^{\sigma}\prod_{j=1}^{l}(\lambda^2\nu^2+t_j^2)}$$

$$H_{2l+\sigma}^{+}(\lambda)=\max_t \widetilde{G}_{2l+\sigma}(t,\lambda)$$

$$H_{2l+\sigma}^{-}(t,\lambda)=-\min_t G_{2l+\sigma}(t,\lambda)$$

$$H_{2l+\sigma}^{+}(\lambda)=\frac{1}{2}(H_{2l+\sigma}^{+}(\lambda)+H_{2l+\sigma}^{-}(\lambda)) \quad (7.91)$$

定理 7.4.2 给定算子 $P_{2l+\sigma}(D),\sigma\geqslant 2,n=1,2,\cdots$,则

(i) $d_{2n-1}^{+}[\mathscr{K}_1(P_{2l+\sigma}),L]=d_{2n}^{+}[\mathscr{K}_1(P_{2l+\sigma}),L]$

$$=H_{2l+\sigma}(n) \tag{7.92}$$

其中 $H_{2l+\sigma}(n)$ 由式(7.91)定义.

(ii) T_{2n-1} 是实现上述单边宽度的极子空间.

证　首先仍按前定理证明思路来证明

$$d_{2n}^{+}[\mathscr{K}_1(P_{2l+\sigma}),L]\geqslant H_{2l+\sigma}(n) \tag{7.93}$$

为证式(7.93)只需对 $\widetilde{L}_{2\pi}$ 中包含常数类的任意一个 $2n$ 维子空间 M_{2n},证明

$$E_{2n}^{+}(\mathscr{K}_1(P_{2l+\sigma}),M_{2n})_1\geqslant H_{2l+\sigma}(n) \tag{7.94}$$

考虑 $\widetilde{L}_{2\pi}$ 的半范

$$\Psi(f)\overset{\text{df}}{=\!=}E^{+}(f,M_{2n})_1$$

根据定理 6.4.10 得

$$E(\widetilde{W}_{\infty}^{1},M_{2n})_1\leqslant E_1(\widetilde{G}_1(\cdot))_1\cdot H_{2l+\sigma}\left(\lambda\left(\frac{E^{+}(\mathscr{K}_1(P_{2l+\sigma}),M_{2n})_1}{E^{+}(\widetilde{W}_{\infty}^{0,-},M_{2n})_1}\right)\right)\cdot E^{+}(\widetilde{W}_{\infty}^{0,-},M_{2n})_1 \tag{7.95}$$

其中 λ 取得使

$$H_{2l+\sigma}\left(\lambda\left(\frac{E^{+}(\mathscr{K}_1(P_{2l+\sigma}),M_{2n})_1}{E^{+}(\widetilde{W}_{\infty}^{0,-},M_{2n})_1}\right)\right)=\frac{E^{+}(\mathscr{K}_1(P_{2l+\sigma}),M_{2n})_1}{E^{+}(W_{\infty}^{0,-},M_{2n})_1} \tag{7.96}$$

$$\widetilde{W}_{\infty}^{0,-}\overset{\text{df}}{=\!=}\{f\in\widetilde{L}_{\infty,2\pi}\mid\|f\|_{\infty}\leqslant 1,\ f(t)\leqslant 0,\forall t\in[0,2\pi)\} \tag{7.97}$$

根据引理 7.4.1 得

$$E^{+}(\widetilde{W}_{\infty}^{1},M_{2n})\geqslant\frac{\pi^2}{n} \tag{7.98}$$

根据式(7.97)得

$$E^{+}(\widetilde{W}_{\infty}^{0,-},M_{2n})_{1}\leqslant 1 \tag{7.99}$$

而由直接计算得

$$E^{+}(\widetilde{G}_{1}(\cdot))_{1}=\int_{0}^{2\pi}|\pi-t|\,\mathrm{d}t=\pi^{2} \tag{7.100}$$

把式(7.98)～(7.100)代入式(7.95)并用证明式(7.84)的方法证得

$$\lambda(E^{+}(\mathscr{K}_{1}(P_{2l+\sigma}),M_{2n})_{1})\leqslant n \tag{7.101}$$

其中$\lambda(u)$满足方程$H_{2l+\sigma}(\lambda(u))=u$. 根据引理 6.4.6, $H_{2l+\sigma}(\lambda)$为λ的严格单调减函数,所以

$$E^{+}(\mathscr{K}_{1}(P_{2l+\sigma}),M_{2n})_{1}\geqslant H_{2l+\sigma}(n)$$

式(7.94)得证.

另一方面,根据定理 6.1.10 得

$$E_{n}^{+}(\mathscr{K}_{1}(P_{2l+\sigma}),M_{2n})_{1}\leqslant H_{2l+\sigma}(n) \tag{7.102}$$

从而

$$d_{2n}^{+}[\mathscr{K}_{1}(P_{2l+\sigma}),L]\leqslant d_{2n-1}^{+}[\mathscr{K}_{1}(P_{2l+\sigma}),L]\leqslant E_{n}(\mathscr{K}_{1}(P_{2l+\sigma}))_{1}\leqslant H_{2l+\sigma} \tag{7.103}$$

结合式(7.93)和(7.103)即得定理 7.4.2.

推论 7.4.2 设$r=2,3,\cdots,n=1,2,\cdots$,则

$$d_{2n-1}^{+}[\widetilde{W}_{1}^{r},L]=d_{2n}^{+}[\widetilde{W}_{1}^{r},L]=E_{1}(\widetilde{B}_{r})_{\infty}$$

其中

$$\widetilde{B}_{r}(t)=2\sum_{\nu=1}^{\infty}\frac{\cos(\nu t-\frac{1}{2}r\pi)}{\nu^{r}}$$

(三)作为单边宽度极子空间的 $\mathscr{L}$— 样条空间

引理 7.4.3[2](单边逼近对偶定理) 设M_{n}为$\widetilde{L}^{p}$中任意包含常数的子空间,$f\in\widetilde{L}^{p}$,则

$$E^+(f,M_n)_p=\sup\left\{\int_0^{2\pi}f(t)\varphi(t)\mathrm{d}t \mid \varphi\perp M_n,\right.$$

$$\left.\|\varphi_-\|_{p'}\leqslant 1\right\}$$

其中 $\varphi_-(t)=\max\{-\varphi(t),0\}$.

引理 7.4.4　设 $P_r(D)$,$P_\mu(D)$ 是实系数的线性微分算子,$P_r(D)$ 是 $P_\mu(D)$ 的子算子,$P_\mu(0)=0$,$1\leqslant p,q\leqslant+\infty$,$\frac{1}{p}+\frac{1}{p'}=1$,$\frac{1}{q}+\frac{1}{q'}=1$.

(i) 若 $P_r(0)=0$,则

$$E^+(\mathcal{K}_q(P_r),S_{\mu-1,2n}(P_\mu))_p$$

$$=\sup\left\{E_1(\hat{P}_r^*(D)f)_{q'} \mid f\in\mathcal{K}_{p'}^-(P_\mu^*),\right.$$

$$\left.f\left(\frac{(j-1)\pi}{n}\right)=0,j=1,\cdots,2n\right\}$$

(ii) 若 $P_r(0)\neq 0$,则

$$E^+(\mathcal{K}_q(P_r),S_{\mu-1,2n}(P_\mu))_p$$

$$=\sup\left\{\|\hat{P}_r^*(D)f\|_{q'} \mid f\in\mathcal{K}_{p'}^-(P_\mu^*),\right.$$

$$\left.f\left(\frac{(j-1)\pi}{n}\right)=0,j=1,\cdots,2n\right\}$$

其中 $\hat{P}_r^*(D)$ 是 $P_r^*(D)$ 关于 $P_\mu^*(D)$ 的余子算子,$P_\mu^*(D)\overset{\text{df}}{=\!=}(-1)^\mu P_\mu(-D)$,则

$$\mathcal{K}_q(P_\mu)=\begin{cases}\{f=c+G_\mu*\varphi \mid c\in\mathbf{R},\|\varphi_-\|_q\leqslant 1,\\ \quad\varphi\perp\mathbf{R},\text{若 }P_\mu(0)=0\}\\ \{f=G_\mu*\varphi,\|\varphi_-\|_q\leqslant 1,\text{若 }P_\mu(0)\neq 0\}\end{cases}\tag{7.104}$$

证　不妨只证(i),设 $g\in\mathcal{K}_q(P_r)$,根据引理7.4.3得

$$E^{+}(g,S_{\mu-1,2n}(P_{\mu}))_{p}$$
$$=\sup\left\{\int_{0}^{2\pi}g(t)\varphi(t)\mathrm{d}t\mid\|\varphi_{-}\|_{p'}\leqslant 1,\varphi\perp S_{\mu-1,2n}(P_{\mu})\right\}$$
$$(7.105)$$

令 $P_{\mu}^{*}(D)f(t)=\varphi(t)$,则 $f\in\mathcal{K}_{p'}^{-}(P_{\mu}^{*})$,因为 $P_{\mu}(0)=0$,所以 $S_{\mu-1,2n}(P_{\mu})$ 包含了常数类,因此不妨设 $f(0)=0$,于是根据式(7.105),引理 7.1.2 并经过分部积分得

$$E^{+}(g,S_{\mu-1,2n}(P_{\mu}))_{p}$$
$$=\sup\left\{\int_{0}^{2\pi}g(t)P_{\mu}^{*}(D)f(t)\mathrm{d}t\mid f\in\mathcal{K}_{p}^{-}(P_{\mu}^{*}),\right.$$
$$\left.f(0)=0,P_{\mu}^{*}(D)f\perp S_{\mu-1,2n}(P_{\mu})\right\}$$
$$=\sup\left\{\int_{0}^{2\pi}g(t)P_{\mu}^{*}(D)f(t)\mathrm{d}t,f\in\mathcal{K}_{p'}^{-}(P_{\mu}^{*}),\right.$$
$$\left.f\left(\frac{(j-1)\pi}{n}\right)=0,j=1,\cdots,2n\right\}$$
$$=\sup\left\{\int_{0}^{2\pi}P_{r}(D)g(t)\hat{P}_{r}^{*}(D)f(t)\mathrm{d}t,f\in\mathcal{K}_{p}^{-}(P_{\mu}^{*})\right.$$
$$\left.f\left(\frac{(j-1)\pi}{n}\right)=0,j=1,\cdots,2n\right\}$$

因为 $P_{r}(0)=0$,所以 $P_{r}(D)g(t)\perp\mathbf{R}$,于是

$$E^{+}(\mathcal{K}_{q}(P_{r}),S_{\mu-1,2n}(P_{\mu}))_{p}$$
$$=\sup_{g\in\mathcal{K}_{q}(P_{r})}\sup\left\{\int_{0}^{2\pi}P_{r}(D)g(t)\hat{P}_{r}^{*}(D)f(t)\mathrm{d}t\mid\right.$$
$$\left.f\in\mathcal{K}_{p}^{-}(P_{\mu}^{*}),f\left(\frac{(j-1)\pi}{n}\right)=0,j=1,\cdots,2n\right\}$$
$$=\sup\left\{E_{1}(\hat{P}_{r}^{*}(D)f(\cdot))_{q'}\mid f\in\mathcal{K}_{p}^{-}(P_{\mu}^{*})\right.$$
$$\left.f\left(\frac{(j-1)\pi}{n}\right)=0,j=1,\cdots,2n\right\}$$

引理 7.4.5 设 $P_{r}(0)=0,f\in\mathcal{K}_{\infty}(P_{r})$,

$f\left((j-1)\frac{\pi}{n}\right)=0, j=1,\cdots,2n, n>\Lambda$,函数

$$\alpha_n(t)=\widetilde{G}_r(t+\beta,n)+\gamma$$

以$\left\{(j-1)\frac{\pi}{n}\right\}(j=1,\cdots,2n)$为零点,则在每一个点$t\in[0,2\pi)$上

$$\alpha_n(t+\frac{\pi}{n})\leqslant f(t)\leqslant\alpha_n(t)$$

或

$$\alpha_n(t)\leqslant f(t)\leqslant\alpha_n(t+\frac{\pi}{n})$$

至少有一个成立,其中

$$\widetilde{G}_r(t)=2\pi G_r(t)=\sum_{\nu=-\infty}^{+\infty}{}'\frac{e^{i\nu t}}{P_r(i\nu)}, i=\sqrt{-1}$$

证　因为$\alpha_n(t)$在$[0,2\pi)$上恰以$\left\{\frac{(j-1)\pi}{n}\right\}(j=1,\cdots,2n)$为零点,如果引理不成立,为了确定起见,不妨设存在$t_*\in(0,2\pi)$使得$f(t_*)>\alpha_n(t_*)>0$,于是存在$\rho\in(0,1)$,使得

$$\Delta(t)=\alpha_n(t)-\rho f(t)$$

在一个周期上至少有$2n+1$个不同的零点. 令$P_r(D)=DP_{r-1}(D)$, 根据广义 Rolle 定理,$P_{r-1}(D)\Delta(t)$在一个周期上至少有$2n+1$个变号点;但是另一方面,$P_{r-1}(D)\Delta(t)$在$\left(-\beta,-\beta+j\frac{\pi}{n}\right), j=1,\cdots,2n$上是斜率为$-1$的直线,而$P_{r-1}(D)\rho f(t)$在$[0,2\pi)$上大于$-\rho$大于$-1$,所以$P_{r-1}(D)\Delta(t)$在一个周期上至多有$2n$个变号点. 所得的矛盾证明了引理.

引理 7.4.6　设$P_r(0)=0, n>\Lambda$,则

$$E^+(\mathcal{K}_1(P_r), S_{r-1,2n}(P_r))_1\leqslant H_r(n)\quad(7.106)$$

证 根据引理 7.4.3 得

$$E^{+}(\mathcal{K}_1(P_r), S_{r-1,2n}(P_r))_1$$
$$= \sup\left\{E_1(f)_\infty \mid f \in \mathcal{K}_\infty^{-}(P_r^*),\right.$$
$$\left. f\left(\frac{(j-1)\pi}{n}\right)=0, j=1,\cdots,2n\right\}$$

注意到

$$\max_t \widetilde{G}_r^*(t,n) = H_r^{+,*}(n)$$
$$-\min_t \widetilde{G}_r^*(t,n) = H_r^{-,*}(n)$$

根据引理7.4.5,当 $f \in \mathcal{K}_1^{-}(P_r^*)$, $f\left(\frac{(j-1)\pi}{n}\right)=0, j=1,\cdots,2n$ 时

$$E_1(f)_\infty = \frac{1}{2}[\max_t f(t) - \inf_t f(t)]$$
$$\leqslant \frac{1}{2}(H_r^{+,*}(n) + H_r^{-,*}(n))$$
$$= H_r^*(n) = H_r(n)$$

所以

$$E^{+}(\mathcal{K}_1(P_r), S_{r-1,2n}(P_r))_1 \leqslant H_r(n)$$

引理 7.4.7 设 $P_\mu(0)=0$,则矩形求积公式

$$\int_0^{2\pi} f(t)\mathrm{d}t = \frac{2\pi}{n}\sum_{j=1}^{n} f\left(\frac{2j\pi}{n}+\alpha\right) + R_n(f)$$

在 $S_{\mu-1,2n}(P_\mu)$ 上精确,其中 α 是函数

$$\Phi_{\mu-1,n}(t) = \int_0^{2\pi} G_{\mu-1}(t-\tau)\operatorname{sgn}\sin n\tau\,\mathrm{d}\tau$$

的零点,$P_\mu(D) = DP_{\mu-1}(D)$.

证 任取 $f \in S_{\mu-1,2n}(P_\mu)$,令

$$\varphi_n(f,t) = \frac{1}{n}\sum_{j=1}^{n} f\left(t+\frac{2j\pi}{n}\right)$$

则 $\varphi_n(f,t)$ 是 $S_{\mu-1,2n}(P_\mu)$ 中以 $\frac{2\pi}{n}$ 为周期的函数，且

$$P_{\mu-1}(D)\varphi_n(f,t)=c_j$$

$$t\in\left(\frac{(j-1)\pi}{n},\frac{j\pi}{n}\right),j=1,\cdots,2n$$

因为 $\sum_{j=1}^{2n}c_j=0$ 且 $P_{\mu-1}(D)\varphi_n(f,t)$ 以 $\frac{2\pi}{n}$ 为周期，所以

$$c_j=(-1)^{j+1}c,j=1,\cdots,2n,c\in\mathbf{R}$$

因而 $P_{\mu-1}(D)\varphi_n(t)=c\operatorname{sgn}\sin nt$，于是

$$\varphi_n(f,t)=c\Phi_{\mu-1,n}(t)+\gamma$$

其中 $\gamma=\varphi_n(f,\alpha)$. 因此

$$\int_0^{2\pi}f(t)\mathrm{d}t=\int_0^{2\pi}\varphi_n(f,t)\mathrm{d}t=c\int_0^{2\pi}\Phi_{n,r-1}(t)\mathrm{d}t+2\pi\gamma$$

$$=2\pi\varphi_n(f,\alpha)=\frac{2\pi}{n}\sum_{j=1}^{n}f\left(\alpha+\frac{2j\pi}{n}\right)$$

引理 7.4.8[2]　设 $p_k\geqslant 0(k=1,\cdots,n)$，求积公式

$$\int_0^{2\pi}u(t)\mathrm{d}t=\sum_{k=1}^{m}p_k\mu(t_k)+R_n(f)$$

在 n 维空间 $M_n\subset\widetilde{C}_{2\pi}$ 上是精确的，则对任意 $f\in\widetilde{C}_{2\pi}$，不等式

$$E^+(f,M_n)_1\geqslant\sum_{k=1}^{m}p_nf(t_k)-\int_0^{2\pi}f(t)\mathrm{d}t$$

成立.

引理 7.4.9　设 $P_\mu(0)=0,\frac{1}{q}+\frac{1}{q'}=1$，有：

(i) 若 $P_r(0)=0$，则

$$E^+(\mathscr{K}_q(P_r),S_{\mu-1,2n}(P_\mu))_1\geqslant E_1(\widetilde{G}_{r,n})_{q'}$$

(ii) 若 $P_r(0)\neq 0$，则

$$E^+(\mathscr{K}_q(P_r),S_{\mu-1,2n}(P_\mu))_1\geqslant\|\widetilde{G}_{r,n}\|_q$$

其中

$$\widetilde{G}_{r,n}(t)=\begin{cases}\dfrac{2\pi}{n}\displaystyle\sum_{j=1}^{n}G_r\left(t+\dfrac{2j\pi}{n}\right), & \text{若 } P_r(0)=0\\ \dfrac{2\pi}{n}\displaystyle\sum_{j=1}^{n}G_r\left(t+\dfrac{2j\pi}{n}\right)-\dfrac{1}{P_r(0)}, & \text{若 } P_r(0)\neq 0\end{cases} \tag{7.107}$$

证　如 $P_r(0)=0$,根据引理 7.4.7 和引理 7.4.8 得

$$\begin{aligned}&E^+(\mathcal{K}_q(P_r),S_{\mu-1,2n}(P_\mu))_1\\ \geqslant&\sup\left\{\left|\int_0^{2\pi}f(t)\mathrm{d}t-\frac{2\pi}{n}\sum_{j=1}^{n}f\left(\alpha+\frac{2j\pi}{n}\right)\right|\ \Big|\ f\in\mathcal{K}_q(P_r)\right\}\\ =&\sup\left\{\int_0^{2\pi}\left[\frac{2\pi}{n}\sum_{j=1}^{n}B_r\left(\frac{2j\pi}{n}+\alpha-t\right)\right]\cdot u(t)\mathrm{d}t\ \Big|\ \|u\|_q\leqslant 1,u\perp\mathbf{R}\right\}\\ =&\sup\left\{\int_0^{2\pi}\widetilde{G}_{r,n}(-t)u(t)\mathrm{d}t\ \Big|\ \|u\|_q\leqslant 1,u\perp\mathbf{R}\right\}\\ =&E_1(\widetilde{G}_{r,n}(-\cdot))_{q'}=E_1(\widetilde{G}_{r,n})_{q'}\end{aligned}$$

如果 $P_r(0)\neq 0$,根据引理 7.4.7 和引理 7.4.8 得

$$\begin{aligned}&E^+(\mathcal{K}_q(P_r),S_{\mu-1,2n}(P_\mu))_1\\ \geqslant&\sup\left\{\left|\int_0^{2\pi}f(t)\mathrm{d}t-\frac{2\pi}{n}\sum_{j=1}^{n}f\left(\alpha+\frac{2j\pi}{n}\right)\right|\ \Big|\ f\in\mathcal{K}_q(P_r)\right\}\\ =&\sup\left\{\int_0^{2\pi}\left[\frac{2\pi}{n}\sum_{j=1}^{n}B_r\left(\frac{2j\pi}{n}+\alpha-t\right)-\frac{1}{P_r(0)}\right]u(t)\mathrm{d}t\ \Big|\ \|u\|_q\leqslant 1\right\}\end{aligned}$$

$$= \sup\left\{\int_0^{2\pi} \widetilde{G}_{r,n}(-t)u(t)\mathrm{d}t \mid \|u\|_q \leqslant 1\right\}$$

$$= \|\widetilde{G}_{r,n}(-\cdot)\|_{q'} = \|\widetilde{G}_{r,n}\|_{q'}$$

定理 7.4.3　设 $P_r(t)$，$P_\mu(t)$ 仅有实根，$P_r(D)$ 是 $P_\mu(D)$ 的子算子，$P_r(0)=0$，$\hat{P}_r(0)=0$（即 $P_\mu(t)=tP_r(t)P_s(t)$，其中 $P_s(t)$ 是 s 次的仅有实根的代数多项式，$s=0$ 时，认为 $P_s(t)=1$），$1\leqslant q\leqslant+\infty$，$\frac{1}{q}+\frac{1}{q'}=1$，则

$$E^+(\mathscr{K}_q(P_r), S_{\mu-1,2n}(P_\mu))_1 = E_1(\widetilde{G}_{r,n})_{q'} \tag{7.108}$$

特别有

$$E^+(\mathscr{K}_\infty(P_r), S_{\mu-1,2n}(P_\mu))_1 = 2\pi\Gamma_r(n) \tag{7.109}$$

$$E^+(\mathscr{K}_1(P_r), S_{\mu-1,2n}(P_\mu))_1 = H_r(n) \tag{7.110}$$

证　根据引理 7.4.4 得

$$E^+(\mathscr{K}_q(P_r), S_{\mu-1,2n}(P_\mu))_1$$

$$= \sup\left\{E_1(\hat{P}_r^*(D)f)_{q'} \mid f \in \mathscr{K}_\infty^-(P_\mu^*),\ f\left(\frac{(j-1)\pi}{n}\right)=0, j=1,\cdots,2n\right\}$$

根据引理 7.4.6，当 $f \in \mathscr{K}_\infty^-(P_\mu^*)$，$f\left(\frac{j\pi}{n}\right)=0$，$j=0,1,\cdots,2n$ 时

$$E_1(f)_\infty \leqslant H_\mu^*(n)$$

成立．因此根据定理 6.3.4 的推论 6 及第六章 §3 第四段的附注得

$$E_1(\hat{P}_r^*(D)f)_{q'} \leqslant E_1(\widetilde{G}_{r,n}^*)_{q'} = E_1(\widetilde{G}_{r,n})_{q'}$$

式(7.108)的上方估计得证；再根据引理 7.4.9，即得

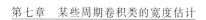

式(7.108)的下方估计,式(7.108)得证. 因为

$$E_1(\widetilde{G}_{r,n})_1 = 2\pi E_n(G_r)_1$$

所以根据定理 6.1.4 得

$$E_n(G_r) = \| \Phi_{r,n} \|_\infty = \Gamma_r(n)$$

于是 $E_1(\widetilde{G}_{r,n})_1 = 2\pi\Gamma_r(n)$,式(7.109)得证. 因为

$$\begin{aligned} E_1(G_{r,n})_\infty &= \frac{1}{2}\{\max_t \widetilde{G}_{r,n}(t) - \min_t \widetilde{G}_{r,n}(t)\} \\ &= \frac{1}{2}\{\max_t \widetilde{G}_r(t,n) - \min_t \widetilde{G}_r(t,n)\} \\ &= \frac{1}{2}\{H_r^+(n) + H_r^-(n)\} = H_r(n) \end{aligned}$$

式(7.110)得证.

推论 7.4.3 设 $P_{2l+\sigma}(D)$ 是形如式(7.78)的仅有实根的自共轭型子算子,若 $\sigma \geqslant 2$,则 $S_{2l+\sigma-1,2n}(P_{2l+\sigma})$ 是 $d_{2n}^+[\mathscr{K}_1(P_{2l+\sigma}),L]$ 的极子空间.

推论 7.4.4 设 $P_\mu(\lambda)$ 仅有实根,$P_{2l+\sigma}(D)$ 是 $P_\mu(D)$ 的自共轭型子算子且 $\hat{P}_{2l+\sigma}(0)=0$(即 $P_\mu(t) = tP_{2l+\sigma}(t)P_s(t)$)有:

(i) 若 $\sigma \geqslant 2$,则 $S_{\mu-1,2n}(P_\mu)$ 是 $d_{2n}^+[\mathscr{K}_1(P_{2l+\sigma}),L]$ 的极子空间.

(ii) 若 $\sigma \geqslant 1$,则 $S_{\mu-1,2n}(P_\mu)$ 是 $d_{2n}^+[\mathscr{K}_\infty(P_{2l+\sigma}),L]$ 的极子空间.

证 根据推论 7.4.1、推论 7.4.2 和定理 7.4.3 即证.

评注 7.4.1 设 $P_\mu(t)$ 是实系数的 μ 次代数多项式,$\bar{\beta}$ 是 $P_\mu(t)$ 的 ρ 对共轭复根虚部的最大值,即

$$\bar{\Lambda} =: 4 \cdot 3^{\rho-1}\bar{\beta}$$

当 $\lambda > \bar{\Lambda}$ 时,在 $\mathscr{K}_\infty(P_\mu)$ 上建立了单边型的

Kolmogorov 比较定理,此时标准函数为

$$\widetilde{G}_\mu(t,\lambda)=\sum_{\substack{\nu=-\infty\\ \nu\neq 0}}^{+\infty}\frac{e^{i\nu\lambda t}}{P_\mu(i\nu\lambda)}$$

进而[33] 在 $\mathscr{K}_\infty(P_\mu)$ 上建立了单边型重排和 Σ 重排比较定理,从而去掉了定理 7.4.3 中 $P_r(0)=0$ 和 $P_\mu(t)$ 仅有实根的限制,其中

$$P_\mu(t)=tP_r(t)P_s(t)$$

此处 $P_s(t)$ 是 $s(s\geqslant 0)$ 次实系数代数多项式,$s=0$ 时规定 $P_s(t)=1$. 资料[33] 证得:

定理 7.4.4[33]　设 $r\geqslant 2,1\leqslant q\leqslant+\infty,\frac{1}{q}+\frac{1}{q'}=1,n>\overline{\Lambda}$,则:

(i) $E_n^+(\mathscr{K}_q(P_r))_1=E_1(\widetilde{G}_{r,n})_{q'}$,若 $P_r(0)=0$.

(ii) $E_n^+(\mathscr{K}_q(P_r))_1=\|G_{r,n}\|_{q'}$,若 $P_r(0)\neq 0$.

定理 7.4.5[33]　设 $r\geqslant 2,1\leqslant q\leqslant+\infty,\frac{1}{q}+\frac{1}{q'}=1,n>\overline{\Lambda}$,则:

(i) $E^+(\mathscr{K}_q(P_r),S_{\mu-1,2n}(P_\mu))_1=E_1(\widetilde{G}_{r,n})_{q'}$,若 $P_r(0)=0$.

(ii) $E^+(\mathscr{K}_q(P_r),S_{\mu-1,2n}(P_\mu))_1=\|\widetilde{G}_{r,n}\|_{q'}$,若 $P_r(0)\neq 0$,其中 $\widetilde{G}_{r,n}(t)$ 由式(7.107)定义,$S_{\mu-1,2n}(P_\mu)$ 由定义 7.1.1 通过算子 $P_\mu(D)$ 定义. 若 $P_\mu(t)$ 仅有实根,则取 $\overline{\Lambda}=0$.

§5　PF 密度、$\mathscr{L}$—样条的极限及有关的极值问题

在逼近论的极值问题中,有两个重要的卷积类—

直受到重视,一个是 Sobolev 类 $\widetilde{W}_q^r$,它可以表示为以 Bernoulli 函数为核的周期卷积类(和 $\mathbf{R}$ 的和),前面讨论的具有广义 Bernoulli 核的周期卷积类 $\mathcal{K}_q(P_r)$ 及资料[12]中所讨论的具有 B 条件核的周期卷积类(和 $\mathbf{R}$ 的和)都是上面 Sobolev 类的进一步扩充;另一个是以周期减少变号函数(CDV)为核的卷积类,它的一个典型例子是由 Ahieszer 引入的解析函数类 $A_q^h(0<h<+\infty,1\leqslant q\leqslant+\infty)$,它表示在带形区域$\{t+\mathrm{i}\eta,|\eta|<h\}$上 2π 周期的解析函数 $f(t)$ 的全体,对每一个固定的 $|\eta|<h$,$f(t)$ 的实部满足条件 $\|\mathrm{Re}\, f(\cdot+\mathrm{i}\eta)\|_q\leqslant 1$(见例 4.1.4). 根据资料[4]当 $1<q\leqslant+\infty$ 时

$$f(t)=\int_0^{2\pi}\Psi^h(t-\tau)u(\tau)\mathrm{d}\tau,\ \|u\|_q\leqslant 1$$

当 $q=1$ 时

$$f(t)=\int_0^{2\pi}\Psi^h(t-\tau)\mathrm{d}u(\tau),\ \bigvee_0^{2\pi}(u)\leqslant 1$$

其中 $u(\tau)$ 是$[0,2\pi)$上的有界变差函数

$$\begin{aligned}\Psi^h(t)&=\frac{1}{2\pi}\sum_{k=-\infty}^{+\infty}\frac{\mathrm{e}^{\mathrm{i}kt}}{\mathrm{ch}\ kh}\\&=\frac{1}{2\pi}+\frac{1}{\pi}\sum_{\nu=1}^{+\infty}\frac{\cos\nu t}{\mathrm{ch}\ \nu h},h>0\end{aligned}\qquad(7.111)$$

对 $\widetilde{W}_q^r,A_q^h$ 的研究由来已久,至今仍在继续,值得注意的是对 $\widetilde{W}_q^r,A_q^h$ 的研究一直是完全独立地进行的,人们自然关心这两个函数类的关系. 本节将研究这一问题.

M. A. Chahkiev[6] 引入了一族具有 RA_q 核的新的卷积类,所谓 RA_q 条件由以下定义给出:

定义 7.5.1　若存在一列仅有实根的多项式 $P_r(t)$[①] 其相应的广义 Bernoulli 多项式满足条件

$$\| \Psi(\cdot) - G_r(\cdot) \|_{q[0,2\pi]} \to 0, r \to +\infty$$

则说 $\Psi \in \mathrm{RA}_q$，其中

$$G_r(t) = \frac{1}{2\pi} \sum_{\nu=-\infty}^{+\infty}{}' \frac{\mathrm{e}^{\mathrm{i}\nu t}}{P_r(\mathrm{i}\nu)}, \mathrm{i} = \sqrt{-1}$$

Chahkiev 给出了满足 RA_c 条件的三个例子，其中之一便是 $\Psi^h(t)$，从而以 $\mathscr{K}_q(P_r)$ 建立了 $\widetilde{W}_r^q$ 和 A_q^h 的联系.

本节将对 RA_c 条件做比较完整的刻画，所得结果建立了 $\widetilde{W}_q^r$ 和以 CVD 为核的卷积类的联系，同时将给出具有 $\mathrm{RA}_{q'}$ 核 $\left(\frac{1}{q} + \frac{1}{q'} = 1\right)$ 的卷积类上涉及宽度、单边宽度及最优求积的某些定理.

(一) Polya 频率(PF) 密度与 RA_c 条件

定义 7.5.2　若 $\int_{-\infty}^{+\infty} \Lambda(t)\mathrm{d}t = 1$ 且 $\Lambda(t-\tau)$ 在 $(-\infty, +\infty)$ 上全正，即对一切 $-\infty < t_1 < \cdots < t_n < +\infty, -\infty < \tau_1 < \cdots < \tau_n < +\infty, n = 1, 2, \cdots$，若

$$\det(\Lambda(t_i - \tau_j)) \geqslant 0, i, j = 1, \cdots, n \quad (7.112)$$

成立，则称 $\Lambda(t)$ 为 PF 密度. 特别地，若还有 $\Lambda(t) = \Lambda(-t)$，则称 $\Lambda(t)$ 为对称的 PF 密度.

本段中 s 均表示复数 $s = \eta + \mathrm{i}\tau, \eta, \tau \in \mathbf{R}, \mathrm{i} = \sqrt{-1}$.

定义 7.5.3　$\mathscr{E}$ 表示一切阶数不大于 2 的整函数

① 这里不要求 $P_r(t)$ 的首项系数为 1.

$$E(s)=\mathrm{e}^{-\gamma s^2+\delta s}\prod_{i=1}^{+\infty}(1+a_i s)\mathrm{e}^{-a_i s} \qquad (7.113)$$

的全体,其中 $\gamma \geqslant 0,\delta,a_i$ 为实数,$\sum_{i=1}^{+\infty}a_i^2<+\infty$. 置

$$\mathscr{E}^*=\left\{E(s)\in\mathscr{E}\mid 0<\gamma+\sum_{i=1}^{+\infty}a_i<+\infty\right\}$$

例 7.5.1 函数 $\mathrm{e}^{-s^2},\frac{\sin \pi s}{\pi s},\frac{1}{\cos \pi s},\frac{1}{\Gamma(1-s)}$ 均属于函数类 $\mathscr{E}^*$. $\mathscr{E}$ 中的函数对乘积是封闭的,即 $\mathscr{E}$ 中任意两个函数的乘积仍然属于 $\mathscr{E}$.

引理 7.5.1[13] 若 $E(s)$ 是一个仅有实零点的多项式序列 $\{E_r(s)\}$ 在某个圆 $|s|<A(A>0)$ 中的一致极限,$E_r(0)=1,r=1,2,\cdots$,则 $E(s)\in\mathscr{E}$. 反之,对每一个 $E(s)\in\mathscr{E}$ 都存在一个仅有实零点的多项式序列 $\{E_r(s)\}$,使得在任何有界域内,序列 $\{E_r(s)\}$ 一致收敛到 $E(s)$.

引理 7.5.2[13] $E(s)\in\mathscr{E}^*$ 当且仅当 $E(s)$ 是一个 PF 密度 $\Lambda(u)$ 的 Laplace 变换的倒数,即

$$\frac{1}{E(s)}=\int_{-\infty}^{+\infty}\mathrm{e}^{-st}\Lambda(t)\mathrm{d}t,\max_{a_i>0}\left(-\frac{1}{a_i}\right)<\eta$$

$$<\min_{a_i<0}\left(-\frac{1}{a_i}\right),s=\eta+\mathrm{i}\tau$$

其中 $E(s)$ 形如式(7.113),且约定若一切 $a_i<0$,则 $\max\limits_{a_i>0}\left(-\frac{1}{a_i}\right)=-\infty$;若一切 $a_i>0$,则 $\min\limits_{a_i<0}\left(-\frac{1}{a_i}\right)=+\infty$.

当 $\gamma>0$ 或至少有两个 a_i 非零时,有逆变换

$$\Lambda(t)=\frac{1}{2\pi\mathrm{i}}\int_{-\mathrm{i}\infty}^{+\mathrm{i}\infty}\frac{\mathrm{e}^{st}}{E(s)}\mathrm{d}s,-\infty<t<+\infty \qquad (7.114)$$

定义 7.5.4　设 $E(s) \in \mathscr{E}^*$，$\Lambda(t)$ 由式(7.114)定义，则称 $\Lambda(t)$ 为相应于整函数 $E(s)$ 的核函数. 若 $E(s) = e^{\delta s}\prod_{k=1}^{N}(1 + a_k s)$，则称 $E(s)$ 是 N 次的，记作 $\deg(\Lambda) = N$，否则记 $\deg(\Lambda) = +\infty$.

引理 7.5.3[14]　设 $\Lambda(t)$ 为 PF 密度.

(i) 若 $\deg(\Lambda) = N < +\infty$，则 $\Lambda(t) \in C^{N-2}$；若 $\deg(\Lambda) = +\infty$，则 $\Lambda(t) \in C^{\infty}$.

(ii) 若 $\deg(\Lambda) = N(2 \leqslant N < +\infty)$，则 $G^{(j)}(t)$ 恰有 j 次变号，$j = 0, 1, \cdots, N-1$. 且当 $j = 1, \cdots, N-3$ 时，$G^{(j)}(t)$ 的变号点是其单零点.

(iii) $\Lambda(t) = o(e^{-k|t|})$，$t \to \pm\infty$，其中 $k > 0$ 为某个和 $\Lambda(t)$ 有关的正数.

引理 7.5.4[14]　设 $E_r \in \mathscr{E}^*$，$\Lambda_r(t)$ 为相应的核函数，若 $E_r(s)$ 在每一个圆 $|s| < A(A > 0)$ 内一致收敛到 $E(s)$，设 $\Lambda(t)$ 表示其相应的核函数，则

$$\lim_{r \to +\infty} \| \Lambda_r^{(j)}(\cdot) - \Lambda^{(j)}(\cdot) \|_{c(-\infty, +\infty)} = 0$$

$$j = 0, 1, \cdots, \deg(\Lambda) - 2$$

引理 7.5.5　设 $\deg(\Lambda) \geqslant 3$，则在引理 7.5.4 的条件下

$$\lim_{r \to +\infty} \| \Lambda_r^{(j)}(\cdot) - \Lambda^{(j)}(\cdot) \|_{L(-\infty, +\infty)} = 0$$

$$j = 0, 1, \cdots, \deg(\Lambda) - 3 \tag{7.115}$$

成立.

证　根据引理 7.5.2，$\Lambda_r(t)$，$\Lambda(t)$ 均为 PF 密度，所以 $\int_{-\infty}^{+\infty} \Lambda_r(t)\mathrm{d}t = \int_{-\infty}^{+\infty} \Lambda(t)\mathrm{d}t = 1$ 且 $\Lambda_r(t)$，$\Lambda(t)$ 非负，因此

$$\| \Lambda_r(\cdot) \|_{L(-\infty, +\infty)} = \| \Lambda(\cdot) \|_{L(-\infty, +\infty)} = 1$$

根据引理 7.5.4 得

$$\lim_{r\to+\infty}\|\Lambda_r(\cdot)-\Lambda(\cdot)\|_{c(-\infty,+\infty)}=0 \quad (7.116)$$

根据式(7.116)立即可以推出在$(-\infty,+\infty)$的任何测度有限的可测子集$\mathscr{B}$上,均有

$$\lim_{r\to+\infty}\int_{\mathscr{B}}|\Lambda(t)-\Lambda_r(t)|\,\mathrm{d}t=0$$

因此根据泛函分析[15]知,$\{\Lambda_r(t)\}$在$L(-\infty,+\infty)$尺度下强收敛到$\Lambda(t)$,即

$$\lim_{r\to+\infty}\|\Lambda_r(\cdot)-\Lambda(\cdot)\|_{L(-\infty,+\infty)}=0$$

再证(7.115)当$j=1$时成立.根据引理 7.5.3,$\Lambda'(t)$及$\Lambda'_r(t)$在$(-\infty,+\infty)$上分别有唯一的零点α及α_r.根据引理 7.5.4 得

$$\lim_{r\to+\infty}\|\Lambda'_r(\cdot)-\Lambda'(\cdot)\|_{c(-\infty,+\infty)}=0 \quad (7.117)$$

特别有$\lim\limits_{r\to+\infty}\alpha_r=\alpha$,因此根据式(7.117)立即知道对$(-\infty,\alpha)$中的任何测度有界的可测子集$\mathscr{B}_1$,有

$$\lim_{r\to+\infty}\int_{\mathscr{B}_1}|\Lambda'_r(t)-\Lambda'(t)|\,\mathrm{d}t=0$$

成立,且$\int_{-\infty}^{\sigma}\Lambda'(t)\mathrm{d}t=\Lambda(\alpha)$,得

$$\lim_{r\to+\infty}\int_{-\infty}^{\alpha_r}\Lambda'_r(t)\mathrm{d}t=\lim_{r\to+\infty}\Lambda_r(\alpha_r)=\Lambda(\alpha)$$

考虑到$\Lambda_r(t)$,$\Lambda(t)$分别在$(-\infty,\alpha_r)$及$(-\infty,\alpha)$上保号,因此

$$\begin{aligned}&\lim_{r\to+\infty}\|\Lambda'_r(\cdot)\|_{L(-\infty,\alpha)}\\&=\|\Lambda'(\cdot)\|_{L(-\infty,\alpha)}=\Lambda(\alpha)<+\infty\end{aligned}$$

于是根据泛函分析[15],知道$\{\Lambda_r(t)\}$在$L(-\infty,\alpha)$尺度下强收敛到$\Lambda'(t)$.同理可证$\{\Lambda_r(t)\}$在$L(\alpha,+\infty)$尺度下强收敛到$\Lambda'(t)$.因此

$$\lim_{r\to+\infty}\|\Lambda'_r(\cdot)-\Lambda'(\cdot)\|_{L(-\infty,+\infty)}=0$$

类似可证式(7.115)当 $j=2,\cdots,\deg(\Lambda)-3$ 成立.

设 $\Lambda(t)$ 为 PF 密度,考虑 $\Lambda(t)$ 的 Poisson 和

$$\Phi(t)=\sum_{k=-\infty}^{+\infty}\Lambda(t-2k\pi) \tag{7.118}$$

根据引理 7.5.3,当 $|t|\to+\infty$ 时,$\Lambda(t)$ 以指数型的速度收敛于零,所以级数(7.118)绝对收敛. 显然,$\Phi(t)$ 以 2π 为周期.

定理 7.5.1 设 $\Phi(t)$ 是 PF 密度的 Poisson 和,则 $\Phi(t)\in \mathrm{RA}_c$.

证 $\frac{1}{E(s)}$ 表示 $\Lambda(t)$ 的 Laplace 变换,即

$$\frac{1}{E(s)}=\int_{-\infty}^{+\infty}\mathrm{e}^{-st}\Lambda(t)\mathrm{d}t \tag{7.119}$$

上述积分在 $\max\limits_{a_i>0}\left(-\frac{1}{a_i}\right)<\eta<\min\limits_{a_j<0}\left(-\frac{1}{a_i}\right)$ 内收敛,其中 η 为 s 的实部. 根据引理 7.5.2,$E(s)\in\mathscr{E}^*$. 根据式(7.119)得

$$\frac{1}{E(\mathrm{i}k)}=\int_{-\infty}^{+\infty}\mathrm{e}^{-\mathrm{i}kt}\Lambda(t)=\int_{0}^{2\pi}\mathrm{e}^{-\mathrm{i}kt}\Phi(t)\mathrm{d}t$$

所以

$$\Phi(t)=\frac{1}{2\pi}\sum_{k=-\infty}^{+\infty}\frac{\mathrm{e}^{\mathrm{i}kt}}{E(\mathrm{i}k)},\mathrm{i}=\sqrt{-1} \tag{7.120}$$

若 $\deg(\Lambda)=N<+\infty$,则 $\Phi(t)$ 本身就是广义的 Bernoulli 多项式(或其平移),定理不待证. 若 $\deg(\Lambda)=+\infty$,则根据引理 7.5.1 存在一列仅有实根的 r 次多项式序列 $\{P_r(s)\}$ 满足条件 $P_r(0)=1$,使得它在一切圆 $|s|<A(0<A<+\infty)$ 内一致逼近 $E(s)$,设 $\Lambda_r(t)$ 为 $P_r(s)$ 相应的核函数,即

$$\Lambda_r(t)=\frac{1}{2\pi \mathrm{i}}\int_{-\mathrm{i}\infty}^{+\mathrm{i}\infty}\frac{\mathrm{e}^{st}}{P_r(s)}\mathrm{d}s,-\infty<t<+\infty$$

令

$$\Phi_r(t)=\sum_{k=-\infty}^{+\infty}\Lambda_r(t-2k\pi)$$

则 $\Phi_r(t)$ 为仅有实根的 r 次多项式 $P_r(t)$ 相应的广义 Bernoulli 多项式. 因为

$$P_r(s)=\frac{1}{2\pi}\int_{-\infty}^{+\infty}\mathrm{e}^{-st}\Lambda_r(t)\mathrm{d}t$$

上述积分在包含虚轴的某一开域内收敛,所以

$$\Phi_r(t)=\frac{1}{2\pi}\sum_{k=-\infty}^{+\infty}\frac{\mathrm{e}^{\mathrm{i}kt}}{P_r(\mathrm{i}k)},\mathrm{i}=\sqrt{-1}$$

根据引理 7.5.5 得

$$\lim_{r\to+\infty}\|\Lambda_r^{(j)}(\cdot)-\Lambda^{(j)}(\cdot)\|_{L(+\infty,-\infty)}=0,j=0,1$$

从而

$$\begin{aligned}&\|\Phi_r(\cdot)-\Phi(\cdot)\|_1\\&=\int_0^{2\pi}\left|\sum_{k=-\infty}^{+\infty}(\Lambda_r(t-2k\pi)-\Lambda(t-2k\pi))\right|\mathrm{d}t\\&\leqslant\int_{-\infty}^{+\infty}|\Lambda_r(\cdot)-\Lambda(\cdot)|\,\mathrm{d}t\to0,r\to+\infty\end{aligned}$$

即 $\Phi\in \mathrm{RA}_1$. 所以存在 $\{\Phi_r(t)\}$ 的子序列(仍记为 $\{\Phi_r(t)\}$)使得 $\Phi_r(t)\xrightarrow{\text{a. e.}}\Phi(t)(r\to+\infty)$,取 $t_0\in[0,2\pi)$,使得 $\Phi_r(t_0)\to\Phi(t_0)$. 因为 $\Phi_r(t)\in\widetilde{C}_{2\pi}^{r-2}$,$\Phi(t)\in\widetilde{C}_{2\pi}^{\infty}$,所以对一切 $x\in[0,2\pi)$,有

$$\begin{aligned}|\Phi_r(x)-\Phi(x)|&\leqslant\left|\int_{t_0}^{x}\Phi'_r(t)-\Phi'(t)\right|\mathrm{d}t+\\&\quad|\Phi_r(t_0)-\Phi(t_0)|\\&\leqslant\|\Phi'_r(\cdot)-\Phi'(\cdot)\|_1+\\&\quad|\Phi_r(t_0)-\Phi(t_0)|\end{aligned}$$

$$\leqslant \| \Lambda'_r(\cdot) - \Lambda'(\cdot) \|_{L(-\infty,+\infty)} + | \Phi_r(t_0) - \Phi(t_0) | \to 0, r \to +\infty$$

一致地成立,所以 $\Phi \in \mathrm{RA}_c$.

定理 7.5.2　设 $\sigma \geqslant 1$ 为整数,$\Phi^{-\sigma}(t)$ 为定理 7.5.1 中定义的函数 $\Phi(t)$ 的 σ 次周期积分,且周期平均值为零(即 $\Phi^{-\sigma}(t)$ 以 2π 为周期,且其 σ 次导数为 $\Phi(t) - \frac{1}{2\pi}\int_0^{2\pi}\Phi(t)\mathrm{d}t$, $\int_0^{2\pi}\Phi^{-\sigma}(t)\mathrm{d}t = 0$),则 $\Phi^{-\sigma}(t) \in \mathrm{RA}_c$.

证　不妨设 $\deg(\Lambda) = +\infty$,$\Phi(t)$ 为 $\Lambda(t)$ 的 Poisson 和(见式(7.118)).若

$$\Phi(t) = \frac{1}{2\pi}\sum_{k=-\infty}^{+\infty}\frac{\mathrm{e}^{\mathrm{i}kt}}{E(\mathrm{i}k)}, \mathrm{i} = \sqrt{-1}$$

则 $\Phi^{-\sigma}(t)$ 的 Fourier 级数为

$$\Phi^{-\sigma}(t) = \frac{1}{2\pi}\sum_{\substack{k=-\infty \\ k\neq 0}}^{+\infty}\frac{\mathrm{e}^{\mathrm{i}kt}}{(\mathrm{i}k)^\sigma E(\mathrm{i}k)}, \mathrm{i} = \sqrt{-1}$$

设 $\Phi_r(t)$ 为定理 7.5.1 中满足条件

$$\| \Phi(\cdot) - \Phi_r(\cdot) \|_c \to 0, r \to +\infty \quad (7.121)$$

的 r 次的广义 Bernoulli 多项式.令

$$\Phi_r^{-\sigma}(t) = \Phi_r * D_\sigma(t) \quad (7.122)$$

则显然 $\Phi_r^{-\sigma}(t)$ 为 $r+\sigma$ 次的广义 Bernoulli 多项式,且其相应的 $r+\sigma$ 次代数多项式仅有实根,根据式(7.121)和(7.122)就有

$$\| \Phi^{-\sigma}(\cdot) - \Phi_r^{-\sigma}(\cdot) \|_c$$
$$\leqslant \| \Phi_r(\cdot) - \Phi_r(\cdot) \|_c \cdot \| D_\sigma(\cdot) \|_1 \to 0, r \to +\infty$$

定理 7.5.2 得证.

定理 7.5.3　若 $\Psi(t) \in \mathrm{RA}_c$,且 $\int_0^{2\pi}\Psi(t)\mathrm{d}t \neq 0$,

则 $\Psi(t)$ 为周期减少变号核,即对一切分段连续的 2π 周期函数 $h(t)$,$S_c^-(h)\leqslant 2n,n=1,2,\cdots$,有

$$S_c^-(\Psi*h)\leqslant S_c^-(h) \tag{7.123}$$

其中 $S_c^-(h)$ 表示 $h(t)$ 在一个周期内变号点的个数.

证 此时 $\Psi(t)$ 是仅有实根,且 $P_r(0)\neq 0$ 的 r 次代数多项式 $P_r(t)$ 的广义 Bernoulli 多项式 $G_r(t)$ 或 $\{G_r\}$ 在一致范数下的极限.若 $\Psi(t)$ 为不带零根,且仅有实根的多项式的广义 Bernoulli 多项式,则式(7.122)可以由广义 Rolle 定理推出,一般情况可以由极限过程推出.

定理 7.5.4 若 $\Psi(t)\in \mathrm{RA}_c$,$\int_0^{2\pi}\Psi(t)\mathrm{d}t=0$,$\varphi(t)$ 为分段连续函数,且 $\int_0^{2\pi}\varphi(t)\mathrm{d}t=0$,$a\in\mathbf{R}$,则

$$S_c^-(a+\Psi*\varphi)\leqslant S_c^-(\varphi)$$

证 此时 $\Psi(t)$ 是仅有实根,且 $P_r(0)=0$ 的 r 次代数多项式 $P_r(t)$ 的广义 Bernoulli 多项式 $G_r(t)$,或 $\{G_r\}$ 在一致范数下的极限,和定理 7.5.3 证明类似可知定理成立.

评注 7.5.1 根据定理 7.5.1 和定理 7.5.2 知分析中许多重要的函数满足 RA_c 条件.

例 7.5.2 由 Ahiezer[4] 引入的 2π 周期的解析函数类 A_q^h 的核函数 $\Psi^h(t)$(见式(7.11))满足 RA_c 条件

事实上,考虑到 $\mathrm{ch}\ s=\cos is$,且由

$$\mathrm{ch}\ s=\prod_{i=-\infty}^{+\infty}\left(1+\frac{2hs}{(2k+1)\pi}\right)$$

知 $\mathrm{ch}\ s\in\mathscr{E}^*$,因此根据式(7.120)得

$$\Psi^h(t)=\frac{1}{2\pi}\sum_{k=-\infty}^{+\infty}\frac{\mathrm{e}^{\mathrm{i}kt}}{\mathrm{ch}\ kh}=\frac{1}{2\pi}\sum_{k=-\infty}^{+\infty}\frac{\mathrm{e}^{\mathrm{i}kt}}{\cos(\mathrm{i}kh)},h>0$$

所以根据定理 7.5.1，$\Psi^h(t) \in \mathrm{RA}_c$.

例 7.5.3 因为$\frac{hs}{\sin hs} = \frac{ihs}{\mathrm{sh}\, ihs}$，且

$$\frac{\sin hs}{hs} = \prod_{k=1}^{+\infty}\left(1 - \left(\frac{(hs)}{\pi k}\right)^2\right), h > 0$$

所以 $\sin hs/hs \in \mathscr{E}^*$，因此根据定理 7.5.1 及式(7.120) 得

$$V^h(t) \stackrel{\mathrm{df}}{=\!=} \frac{1}{2\pi}\sum_{k=-\infty}^{+\infty} \frac{kh\,\mathrm{e}^{ikt}}{\mathrm{sh}\, kh} \in \mathrm{RA}_c \qquad (7.124)$$

而由定理 7.5.2 知

$$\Phi^{h,-\sigma}(t) \stackrel{\mathrm{df}}{=\!=} \frac{1}{2\pi \mathrm{i}}\sum_{\substack{k=-\infty \\ k\neq 0}}^{+\infty} \frac{\mathrm{e}^{ikt}}{(\mathrm{i}k)^{\sigma-1}\mathrm{sh}\, kh}$$

$$\mathrm{i} = \sqrt{-1}, \sigma = 1, 2, \cdots \qquad (7.125)$$

满足 RA_c 条件，其中 $h > 0$.

例 7.5.4 因为 $\mathrm{e}^{-\varepsilon s^2} \in \mathscr{E}^*(\varepsilon > 0)$，故由定理 7.5.1 知和热传导方程有关的函数

$$T^{\varepsilon}(t) \stackrel{\mathrm{df}}{=\!=} \frac{1}{2\pi}\sum_{k=-\infty}^{+\infty} \frac{\mathrm{e}^{ikt}}{\mathrm{e}^{\varepsilon k^2}} = \frac{1}{2\pi}\sum_{k=-\infty}^{+\infty} \frac{\mathrm{e}^{ikt}}{\mathrm{e}^{-\varepsilon(\mathrm{i}k)^2}} \in \mathrm{RA}_c$$

(二)$\mathscr{K}_q(\Psi)$ 在 L 尺度下的单边逼近和单边宽度

设 $\mathscr{K}_q(\Psi)$ 是由式(7.82) 定义的周期卷积类.

定理 7.5.5 设 $\Psi \in \mathrm{RA}_{q'}$，$1 \leqslant q \leqslant +\infty$，$\frac{1}{q} + \frac{1}{q'} = 1$，$n = 1, 2, \cdots$，则：

(i) 若 $\hat{c}_0(\Psi) = \int_0^{2\pi} \Psi(t)\mathrm{d}t = 0$，则 $E_n^+(\mathscr{K}_q(\Psi))_1 = E_1(\Psi_n)_{q'}$.

(ii) 若 $\hat{c}_0(\Psi)=\int_0^{2\pi}\Psi(t)\mathrm{d}t\neq 0$,则 $E_n^+(\mathscr{K}_q(\Psi))_1=\|\Psi_n\|_{q'}$.

其中

$$\Psi_n(t)=\frac{2\pi}{n}\sum_{j=1}^{n}\Psi\left(t+\frac{2j\pi}{n}\right)-\hat{c}_0(\Psi) \quad (7.126)$$

证 不妨只证(ii). 取一列仅有实根的多项式 $P_r(t)$,使其相应的广义 Bernoulli 多项式满足条件

$$\|G_r(\cdot)-\Psi(\cdot)\|_q\to 0, r\to+\infty \quad (7.127)$$

根据式(7.127),有 $\frac{1}{P_r(0)}\to\hat{c}_0(\Psi)$;$\|\widetilde{G}_{r,n}(\cdot)-\Psi_n(\cdot)\|_{q'}\to 0(r\to+\infty)$,其中 $\widetilde{G}_{r,n}(t)$ 由式(7.107)定义. 任取 $f\in\mathscr{K}_q(\Psi)$,设 $f=\Psi*u$,$\|u\|_q\leqslant 1$,令 $f_r=G_r*u$. 根据参考资料[2],$f_r(t)$ 以 T_{2n-1} 的最佳上方逼近存在,设其为

$$t_{n-1}(f_r,t)=a_{0r}+\sum_{k=1}^{n-1}(a_{kr}\cos kt+b_{kr}\sin kt)$$

根据定理 7.4.4 得

$$E_n^+(f_r)_1\leqslant\|\widetilde{G}_{r,n}\|_{q'}$$

从而

$$\begin{aligned}\|t_{n-1}(f_r,\cdot)\|_1&\leqslant\|f_r\|_1+E_n^+(f_r)_1\\&\leqslant 2\pi\|f_r\|_\infty+E_n^+(f)\\&\leqslant 2\pi\|G_r\|_{q'}\|u\|_q+\|\widetilde{G}_{r,n}\|_{q'}\end{aligned} \quad (7.128)$$

根据式(7.127)及(7.128)知存在一个和 r 无关的常数 c,使得

$$\|t_{r-1}(f,\cdot)\|_1\leqslant c$$

因为$\{1,\cos t,\sin t,\cdots,\cos(n-1)t,\sin(n-1)t\}$ 线性

无关，所以 $\{t_{n-1}(f_r,t)\}$ 的系数关于 r 一致有界（见[12]），不妨设

$$a_{kr} \to a_k^*,k=0,1,\cdots,n-1$$
$$a_{kr} \to b_k^*,k=1,2,\cdots,n-1$$

令

$$t_{n-1}(f,t)=a_0^*+\sum_{k=0}^{n-1}(a_k^*\cos kt+b_k^*\sin kt)$$

则有

$$\begin{aligned}&\|f_r(\cdot)-f(\cdot)\|_\infty\\ \leqslant&\|G_r(\cdot)-\Psi(\cdot)\|_{q'}\|u(\cdot)\|_q\to 0,r\to+\infty\end{aligned} \tag{7.129}$$

$$\begin{aligned}&\|f(\cdot)-t_{n-1}(f,\cdot)\|_1\\ \leqslant&\|f(\cdot)-f_r(\cdot)\|_1+\|f_r(\cdot)-t_{n-1}(f_r,\cdot)\|_1+\\ &\|t_{n-1}(f_r,\cdot)-t_{n-1}(f,\cdot)\|_1\end{aligned} \tag{7.130}$$

在式(7.130)中令 $r\to+\infty$ 得

$$\|f-t_{n-1}(f)\|_1\leqslant\|\Psi_n\|_{q'}$$

因为对每一个固定的 $t\in[0,2\pi)$，有 $t_{n-1}(f_r,t)\geqslant f_r(t)$，因而令 $r\to+\infty$ 就有 $t_{n-1}(f,t)\geqslant f(t)$，从而得

$$E_n^+(f)_1\leqslant\|\Psi_n\|_{q'},E_n^+(\mathcal{K}_q(\Psi))_1\leqslant\|\Psi_n\|_{q'} \tag{7.131}$$

另一方面，$\widetilde{G}_{r,n}(t)$ 的 Steklov 函数 $G_{r,n,h}(t)\in\mathcal{K}_\infty(P_r)$，其中

$$\widetilde{G}_{r,n,h}(t)=\frac{1}{h}\int_{-\frac{h}{2}}^{\frac{h}{2}}\widetilde{G}_{r,n}(t+\tau)\mathrm{d}\tau,h>0$$

所以有 $u_h(t)$，$\widetilde{G}_{r,n,h}(t)=\widetilde{G}_r*u_h,u_h(t)\geqslant-1$，其中

$$\widetilde{G}_r(t)=\begin{cases}2\pi G_r(t),\text{若 } P_r(0)=0\\ 2\pi G_r(t)-\dfrac{1}{P_r(0)},\text{若 } P_r(0)\neq 0\end{cases}$$

令 $\Psi_{n,h}^{*}(t)=\int_{0}^{2\pi}\Psi(t-\tau)u_{h}(\tau)\mathrm{d}\tau$，则 $\Psi_{n,h}^{*}(t)\in\mathscr{K}_{\infty}^{-}(\Psi^{*})$，其中 $\mathscr{K}_{\infty}^{-}(\Psi^{*})=\mathscr{K}_{\infty}^{-}(\Psi(-\cdot))$，有

$$\mathscr{K}_{\infty}^{-}(\Psi)=\begin{cases}\{f=\Psi*u\mid u(t)\geqslant-1,\\ \qquad\hat{c}_{0}(\Psi)=\int_{0}^{2\pi}\Psi(t)\mathrm{d}t\neq0\}\\ \{f=c+\Psi*u\mid u(t)\geqslant-1,\\ \qquad c\in\mathbf{R},u\perp\mathbf{R},\hat{c}_{0}(\Psi)=0\}\end{cases}$$

由 $\widetilde{G}_{r,n,h}(t)\perp T_{2n-1}$ 及 $\Psi\in\mathrm{RA}_{q}$ 推得 $\Psi_{n,h}^{*}\perp T_{2n-1}$，故得

$$\begin{aligned}&\sup\{\|g\|_{q'}\mid g\in\mathscr{K}_{\infty}^{-}(\Psi^{*}),g\perp T_{n-1}\}\\ \geqslant&\|\Psi_{n,h}^{*}\|_{q'}\\ =&\lim_{r\to+\infty}\|\widetilde{G}_{r,n,h}(-\cdot)\|_{q'}\\ =&\|\Psi_{n,h}(-\cdot)\|_{q'}\end{aligned}\tag{7.132}$$

其中

$$\Psi_{n,h}(t)=\frac{1}{h}\int_{-\frac{h}{2}}^{\frac{h}{2}}\Psi(t+x)\mathrm{d}x$$

在式(7.132)中令 $h\to0^{+}$ 就得

$$\begin{aligned}&\sup\{\|g\|_{q'}\mid g\in\mathscr{K}_{\infty}^{-}(\Psi^{*}),g\perp T_{2n-1}\}\\ \geqslant&\|\Psi_{n}(-\cdot)\|_{q'}=\|\Psi_{n}(\cdot)\|_{q'}\end{aligned}$$

根据最佳单边逼近对偶定理(引理 7.4.3)，考虑到 $\hat{c}_{0}(\Psi)\neq0$，就得

$$\begin{aligned}E_{n}^{+}(\mathscr{K}_{q}(\Psi))_{1}=&\sup\{\|g\|_{q'}\mid g\in\mathscr{K}_{\infty}^{-}(\Psi^{*}),g\perp T_{2n-1}\}\\ \geqslant&\|\Psi_{n}\|_{q'}\end{aligned}\tag{7.133}$$

结合式(7.132)及(7.133)即得所证.

设 $c,c_{j}\in\mathbf{R}(j=1,\cdots,2n)$，令

$$S_{2n}(\Psi)=\begin{cases}\left\{s(t)=c+\sum_{j=1}^{2n}c_j\Psi\left(t-\frac{2j\pi}{n}\right)\mid \right.\\ \left.\qquad\sum_{j=1}^{2n}c_j=0,\text{若 }\hat{c}_0(\Psi)=0\right\}\\ \left\{s(t)=\sum_{j=1}^{2n}c_j\Psi\left(t-\frac{2j\pi}{n}\right)\mid \text{若 }\hat{c}_0(\Psi)\neq 0\right\}\end{cases}\tag{7.134}$$

设 $\varphi_j(t)$ 为 2π 周期函数,在$[0,2\pi)$ 上如下定义

$$\varphi_j(t)=\begin{cases}1,t\in\left[\frac{(j-1)\pi}{n},\frac{j\pi}{n}\right)\\ 0,t\in[0,2\pi)\setminus\left[\frac{(j-1)\pi}{n},\frac{j\pi}{n}\right),j=1,\cdots,2n\end{cases}\tag{7.135}$$

定义 2π 周期的 Ψ 样条子空间

$$S_{0,2n}(\Psi)=\left\{s=c_0+\Psi*\varphi\mid\varphi=\sum_{j=1}^{2n}c_j\varphi_j,\right.$$
$$\left.\sum_{j=1}^{2n}c_j=0,c_j\in\mathbf{R},j=0,1,\cdots,2n\right\}\tag{7.136}$$

定理7.5.6　设$\Psi\in \mathrm{RA}_{q'}$,$1\leqslant q\leqslant+\infty$,$\frac{1}{q}+\frac{1}{q'}=1$,$n=1,2,\cdots$,$\Psi(t)$ 是非退化的,即$\dim S_{0,2n}(\Psi)=2n$,则:

(i)$E^+(\mathscr{K}_q(\Psi),S_{0,2n}(\Psi))_1=E_1(\Psi_n)_{q'}$,若$\hat{c}_0(\Psi)=0$　(7.137)

(ii)$E^+(\mathscr{K}_q(\Psi),S_{0,2n}(\Psi))_1=\|\Psi_n\|_{q'}$,若$\hat{c}_0(\Psi)\neq0$　(7.138)

证　不妨只证(i),用证明定理 7.5.5 的框架,考虑到 $\dim S_{0,2n}(\Psi)=2n$,即可证得(i) 的上方估计,为了求得(i) 的下方估计,首先证明存在 $\alpha\in[0,2\pi)$,使

得求积公式

$$\int_0^{2\pi} f(t)\mathrm{d}t=\frac{2\pi}{n}\sum_{j=1}^{n} f\left(\alpha+\frac{2j\pi}{n}\right)+R_n(f)$$

在 $S_{0,n}(\Psi)$ 上精确. 事实上,任取一列仅有实根的多项式,使其相应的广义 Bernoulli 多项式 $G_r(t)$ 满足条件

$$\| G_r(\cdot)-G(\cdot) \|_{q'} \to 0, r\to+\infty$$

设 $\alpha_r\in\left[0,\frac{\pi}{n}\right)$ 是 $\Phi_{r,n}(t)$ 的零点,不妨设 $\alpha_r\to\alpha(r\to+\infty)$. 任取 $s\in S_{0,2n}(\Psi)$,因为 $\hat{c}_0(\Psi)=0$,所以 $s(t)$ 形如

$$s(t)=c+\Psi*\varphi,\varphi=\sum_{j=1}^{2n} c_j\varphi_j$$

其中 $\varphi_j(j=1,\cdots,2n)$ 由式(7.135)定义,令 $s_r(t)=c+B_r*\varphi$,则 $s_r\in S_{r,2n}(P_{r+1})$,其中 $P_{r+1}(D)=DP_r(D)$,$S_{r,2n}(P_{r+1})$ 由算子 $P_{r+1}(D)$ 通过定义 7.1.1 给出. 因此根据引理 7.4.7,矩形求积公式

$$\int_0^{2\pi} f(t)\mathrm{d}t=\frac{2\pi}{n}\sum_{j=1}^{n} f\left(\frac{2j\pi}{n}+\alpha_r\right)+R_{n,r}(f)$$

在 $S_{r,2n}(P_{r+1})$ 上精确,于是

$$\begin{aligned}
&\left|\int_0^{2\pi} s(t)\mathrm{d}t-\frac{2\pi}{n}\sum_{j=1}^{n} s\left(\alpha+\frac{2j\pi}{n}\right)\right|\\
\leqslant&\int_0^{2\pi} |s(t)-s_r(t)|\mathrm{d}t+\\
&\left|\int_0^{2\pi} s_r(t)\mathrm{d}t-\frac{2\pi}{n}\sum_{j=1}^{n} s_r\left(\alpha_r+\frac{2j\pi}{n}\right)\right|+\\
&\frac{2\pi}{n}\sum_{j=1}^{n}\left|s_r\left(\alpha_r+\frac{2j\pi}{n}\right)-s_r\left(\alpha+\frac{2j\pi}{n}\right)\right|+\\
&\frac{2\pi}{n}\sum_{j=1}^{n}\left|s_r\left(\alpha+\frac{2j\pi}{n}\right)-s\left(\alpha+\frac{2j\pi}{n}\right)\right|\to 0,\\
&r\to+\infty
\end{aligned}$$

即求积公式

$$\int_0^{2\pi} f(t)\,\mathrm{d}t = \frac{2\pi}{n}\sum_{j=1}^{n} f\left(\alpha + \frac{2j\pi}{n}\right) + R_n(f)$$

在 $S_{0,2n}(\Psi)$ 上精确. 考虑到 $\hat{c}_0(\Psi)=0$,根据引理 7.4.8 及最佳逼近对偶定理(定理 2.2.1) 即得

$$\begin{aligned} E^+(\mathscr{K}_q(\Psi), s_{2n}(\Psi))_1 &\geqslant \sup\{R_n(f) \mid f \in \mathscr{K}_q(\Psi)\} \\ &= \sup\left\{\int_0^{2\pi} \frac{2\pi}{n}\sum_{j=1}^{n} \Psi\left(\frac{2j\pi}{n} + \alpha - t\right) u(t)\,\mathrm{d}t \;\middle|\; \|u\|_q \leqslant 1,\ u \perp \mathbf{R}\right\} = E_1(\Psi_n)_{q'} \end{aligned}$$

式(7.137) 的下方估计得证.

定义 7.5.5 若 $\dim S_{2n}(\Psi)=2n$,则说 $\Psi(t)$ 是非退化的,其中 $S_{2n}(\Psi)$ 由式(7.134) 定义.

命题 7.5.1 设 $\Phi(t)$ 是 PF 密度 $\Lambda(t)$ 的 Poisson 和,则 $\Phi(t)$ 是非退化的.

证 因为 $\Lambda(t)$ 为 PF 密度,所以根据引理 7.5.2,存在 $E(s) \in \mathscr{E}^*$,使得

$$\Lambda(t) = \frac{1}{2\pi \mathrm{i}}\int_{-\mathrm{i}\infty}^{+\mathrm{i}\infty} \frac{\mathrm{e}^{\mathrm{i}st}}{E(s)}\mathrm{d}s, \quad -\infty < t < +\infty$$

因此根据式(7.119) 和(7.120) 得

$$\Phi(t) = \frac{1}{2\pi}\sum_{\nu=-\infty}^{+\infty} \frac{\mathrm{e}^{\mathrm{i}\nu t}}{E(\mathrm{i}\nu)}, \mathrm{i}=\sqrt{-1}$$

因为 $E(0)=1$ 且 $E(s)$ 仅有实根,所以 $\Phi(t)$ 的一切 Fourier 系数均不为零,因此用证明命题 7.1.2 的方法即可以证得 $\left\{\Phi\left(t-\frac{2j\pi}{n}\right)\right\}$ $(j=1,\cdots,2n)$ 线性无关.

命题 7.5.2 设 $\Phi(t)$ 如命题 7.5.1,$\Phi^{-\sigma}(t)$ 是 $\Phi(t)$ 的 σ 次周期积分且周期平均值为零,则 $\Phi^{-\sigma}(t)$ 是

非退化的.

证 事实上，此时 $\{1\}\cup\left\{\Phi^{-\sigma}\left(t-\frac{2j\pi}{n}\right)-\Phi^{-\sigma}(t)\right\}$ $(j=1,\cdots,2n-1)$ 线性无关. 这一事实的证明只需根据命题 7.5.1 并按证明命题 7.1.2 中 $P_r(0)=0$ 的情况那样处理即可.

评注 7.5.2 由命题 7.5.1,命题 7.5.2 即知

$$\dim S_{0,n}(\Phi)=\dim S_{0,2n}(\Phi^{-\sigma})=2n$$

其中 $\Phi(t)$,$\Phi^{-\sigma}(t)$ 由命题 7.5.1 和命题 7.5.2 定义, $S_{0,2n}(\Phi)$,$S_{0,2n}(\Phi^{-\sigma})$ 由核 Φ,$\Phi^{-\sigma}$ 通过式(7.136) 定义.

注意到若 $\Psi\in \mathrm{RA}_c$,则 $\Psi\in \mathrm{RA}_q(1\leqslant q\leqslant+\infty)$. 记

$$\Phi^{h,-1}(t)\overset{\mathrm{df}}{=\!=}\Phi^h(t),B_q^h\overset{\mathrm{df}}{=\!=}\mathscr{K}_q(\Phi^h),h>0$$

其中 $\Phi^{h,-1}(t)\in \mathrm{RA}_c$ 由式(7.125) 定义,B_q^h 即为由 M. A. Chakhiev[6] 引入的周期卷积类. 根据命题 7.5.1 和命题 7.5.2,$\Psi^h(t)$,$\Phi^h(t)$ 是非退化的,因此

$$\dim S_{0,2n}(\Psi^h)=\dim S_{0,2n}(\Phi^h)=2n$$

于是根据定理 7.5.5 和定理 7.5.6 立即得到:

定理 7.5.7 设 $1\leqslant q\leqslant+\infty,\frac{1}{q}+\frac{1}{q'}=1,n=1,2,\cdots$,则:

(i) $E_n^+(A_q^h)_1=E_n^-(A_q^h)_1=\|\Psi_n^h\|_{q'}$.

(ii) $E_n^+(B_q^h)_1=E_n^-(B_q^h)_1=E_1(\Phi_n^h)_{q'}$.

(iii) $E^+(A_q^h,S_{0,2n}(\Psi^h))_1=E^-(A_q^h,S_{0,2n}(\Psi^h))_1=\|\Psi_n^h\|_{q'}$.

(iv) $E^+(B_q^h,S_{0,2n}(\Phi^h))_1=E^-(B_q^h,S_{0,2n}(\Phi^h))_1=E_1(\Phi_n^h)_{q'}$.

特别有:

$$(\text{v})E_n^+(A_1^h)_1=E_n^-(A_1^h)_1=\sum_{\nu=1}^{+\infty}\frac{2}{\operatorname{ch} n\nu h} \quad (7.139)$$

$$(\text{vi})E_n^+(A_2^h)_1=E_n^-(A_2^h)_1=2\sqrt{\pi}\left(\sum_{\nu=1}^{+\infty}\frac{1}{\operatorname{ch}^2 n\nu h}\right)^{\frac{1}{2}} \quad (7.140)$$

$$(\text{vii})E_n^+(A_\infty^h)=E_n^-(A_\infty^h)_1=8\sum_{\nu=1}^{+\infty}\frac{(-1)^{\nu+1}}{(2\nu-1)\operatorname{ch} n(2\nu-1)h} \quad (7.141)$$

$$(\text{viii})E_n^+(B_1^h)_1=E_n^-(B_1^h)_1=2\max_t\sum_{\nu=1}^{+\infty}\frac{\sin n\nu t}{\operatorname{sh} n\nu h} \quad (7.142)$$

$$(\text{ix})E_n^+(B_2^h)_1=E_n^-(B_2^h)_1=2\sqrt{\pi}\left(\sum_{\nu=1}^{+\infty}\frac{1}{\operatorname{sh}^2 n\nu h}\right)^{\frac{1}{2}} \quad (7.143)$$

$$(\text{x})\qquad E_n^+(B_\infty^h)_1=E_n^-(B_\infty^h)_1=8\sum_{\nu=1}^{+\infty}\frac{1}{(2\nu-1)\operatorname{sh} n(2\nu-1)h} \quad (7.144)$$

证　因为 A_q^h, B_q^h 是均衡集，所以

$$E_n^+(A_q^h)_1=E^-(A_q^h)_1$$

$$E^+(A_q^h,S_{0,2n}(\Phi^h))_1=E^-(B_q^h,S_{0,2n}(\Phi^h))_1$$

$$E_n^+(B_q^h)_1=E_n^-(B_q^h)_1$$

$$E^+(B_q^h,S_{0,2n}(\Phi_h))_1=E^-(B_q^h,S_{0,2n}(\Phi^h))_1$$

$$1\leqslant q\leqslant+\infty$$

再由定理 7.5.5 和定理 7.5.6 立即得到本定理.

评 注　7.5.3　A. A. Ligun, V. G. Doronin[2] 将 $E_n^\pm(A_1^h)_1$ 的精确估计归结为对核函数 $\Psi^h(t)$ 的在 L 尺度下以 T_{2n-1} 的最佳单边逼近，从而求得了 $E_n^\pm(A_1^h)_1$ 的

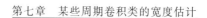

精确估计. 而 $E_n^{\pm}(A_q^h)_1(1<q\leqslant+\infty)$ 的精确估计本质上需要在

$$A_\infty^{h,-}\overset{\mathrm{df}}{=}\{f=\Psi^h*u \mid u(t)\geqslant-1\} \quad (7.145)$$

上建立单边型的 Kolmogorov 比较定理和重排比较定理. 然而直接在 $A_\infty^{h,-}$ 上建立单边型比较定理的想法没有获得成功. 这里是利用已经在 $\mathscr{K}_q(P_r)$ 上建立的结果由极限过程解决这一问题的.

定理 7.5.8 当 $\Psi(t)$ 能被形如式(7.78)的 r 次代数多项式 $P_r(t)=P_{2l+\sigma}(t)=t^\sigma\prod_{j=1}^{l}(t^2-t_j^2)(t_j>0,\sigma\geqslant 1,r=2l+\sigma)$ 在 L 尺度下逼近时,特别是当 $\Psi(t)$ 为奇函数,且 $\Psi\in\mathrm{RA}_1$ 时,对 $n=1,2,\cdots$,有:

(i) $d_{2n-1}^{+}(\mathscr{K}_\infty(\Psi),L)=d_{2n}^{+}(\mathscr{K}_\infty(\Psi),L)=E_1(\Psi_n)_1$.

(ii) T_{2n-1} 是其 $2n$ 维极子空间,如果 $\dim S_{0,2n}(\Psi)=2n$,则 $S_{0,2n}(\Psi)$ 是其 $2n$ 维极子空间.

证 根据定理 7.5.6 和定理 7.5.7,只需证

$$d_{2n}^{+}[\mathscr{K}_\infty(\Psi),L]\geqslant E_1(\Psi_n)_1 \quad (7.146)$$

取一列满足定理条件的 $P_r(t)$,使其相应的广义 Bernoulli 多项式满足条件 $\|G_r(\cdot)-\Psi(\cdot)\|_1\to 0$. 因为 $\sigma\geqslant 1$,所以 $\int_0^{2\pi}G_{2l+\sigma}(t)\mathrm{d}t=0$,于是 $\int_0^{2\pi}\Psi(t)\mathrm{d}t=0$,即 $\hat{c}_0(\Psi)=0$,因而 $\mathscr{K}_\infty(\Psi)\supset\mathbf{R}$. 所以为证式(7.146),只需对任何包含 $\mathbf{R}$ 的 $2n$ 维子空间 $M_{2n}\subset\widetilde{L}_{2\pi}$,证明

$$E^{+}(\mathscr{K}_\infty(\Psi),M_{2n})_1\geqslant E_1(\Psi_n)_1 \quad (7.147)$$

根据定理 7.4.1 有

$$E^{+}(\mathscr{K}_\infty(P_r),M_{2n})\geqslant E_1(\widetilde{G}_{r,n})_1 \quad (7.148)$$

根据式(7.148),任取一序列 $\varepsilon_r\downarrow 0$,存在一个函数列 $f_r(t)\in\mathscr{K}_\infty(P_r)$,使得

$$E^{+}(\widetilde{W}_{\infty}^{0,-},M_{2n})_1 \leqslant 1 \qquad (7.99)$$

而由直接计算得

$$E^{+}(\widetilde{G}_1(\cdot))_1 = \int_0^{2\pi} |\pi - t| \mathrm{d}t = \pi^2 \qquad (7.100)$$

把式(7.98)～(7.100)代入式(7.95)并用证明式(7.84)的方法证得

$$\lambda(E^{+}(\mathscr{K}_1(P_{2l+\sigma}),M_{2n})_1) \leqslant n \qquad (7.101)$$

其中$\lambda(u)$满足方程$H_{2l+\sigma}(\lambda(u))=u$. 根据引理6.4.6, $H_{2l+\sigma}(\lambda)$为λ的严格单调减函数,所以

$$E^{+}(\mathscr{K}_1(P_{2l+\sigma}),M_{2n})_1 \geqslant H_{2l+\sigma}(n)$$

式(7.94)得证.

另一方面,根据定理6.1.10得

$$E_n^{+}(\mathscr{K}_1(P_{2l+\sigma}),M_{2n})_1 \leqslant H_{2l+\sigma}(n) \qquad (7.102)$$

从而

$$\begin{aligned} d_{2n}^{+}[\mathscr{K}_1(P_{2l+\sigma}),L] &\leqslant d_{2n-1}^{+}[\mathscr{K}_1(P_{2l+\sigma}),L] \\ &\leqslant E_n(\mathscr{K}_1(P_{2l+\sigma}))_1 \leqslant H_{2l+\sigma} \end{aligned} \qquad (7.103)$$

结合式(7.93)和(7.103)即得定理7.4.2.

推论 7.4.2 设$r=2,3,\cdots,n=1,2,\cdots$,则

$$d_{2n-1}^{+}[\widetilde{W}_1^r,L] = d_{2n}^{+}[\widetilde{W}_1^r,L] = E_1(\widetilde{B}_r)_{\infty}$$

其中

$$\widetilde{B}_r(t) = 2\sum_{\nu=1}^{\infty} \frac{\cos(\nu t - \frac{1}{2}r\pi)}{\nu^r}$$

(三)作为单边宽度极子空间的$\mathscr{L}$—样条空间

引理 7.4.3[2](单边逼近对偶定理) 设M_n为$\widetilde{L}^p$中任意包含常数的子空间,$f \in \widetilde{L}^p$,则

Kolmogorov 比较定理,此时标准函数为

$$\widetilde{G}_{\mu}(t,\lambda)=\sum_{\substack{\nu=-\infty\\ \nu\neq 0}}^{+\infty}\frac{e^{i\nu\lambda t}}{P_{\mu}(i\nu\lambda)}$$

进而[33]在 $\mathscr{K}_{\infty}(P_{\mu})$ 上建立了单边型重排和 Σ 重排比较定理,从而去掉了定理 7.4.3 中 $P_r(0)=0$ 和 $P_{\mu}(t)$ 仅有实根的限制,其中

$$P_{\mu}(t)=tP_r(t)P_s(t)$$

此处 $P_s(t)$ 是 $s(s\geqslant 0)$ 次实系数代数多项式,$s=0$ 时规定 $P_s(t)=1$. 资料[33]证得:

定理 7.4.4[33]　设 $r\geqslant 2, 1\leqslant q\leqslant+\infty, \frac{1}{q}+\frac{1}{q'}=1, n>\overline{\Lambda}$,则:

(i) $E_n^{+}(\mathscr{K}_q(P_r))_1=E_1(\widetilde{G}_{r,n})_{q'}$,若 $P_r(0)=0$.

(ii) $E_n^{+}(\mathscr{K}_q(P_r))_1=\|G_{r,n}\|_{q'}$,若 $P_r(0)\neq 0$.

定理 7.4.5[33]　设 $r\geqslant 2, 1\leqslant q\leqslant+\infty, \frac{1}{q}+\frac{1}{q'}=1, n>\overline{\Lambda}$,则:

(i) $E^{+}(\mathscr{K}_q(P_r),S_{\mu-1,2n}(P_{\mu}))_1=E_1(\widetilde{G}_{r,n})_{q'}$,若 $P_r(0)=0$.

(ii) $E^{+}(\mathscr{K}_q(P_r),S_{\mu-1,2n}(P_{\mu}))_1=\|\widetilde{G}_{r,n}\|_{q'}$,若 $P_r(0)\neq 0$,其中 $\widetilde{G}_{r,n}(t)$ 由式(7.107)定义,$S_{\mu-1,2n}(P_{\mu})$ 由定义 7.1.1 通过算子 $P_{\mu}(D)$ 定义. 若 $P_{\mu}(t)$ 仅有实根,则取 $\overline{\Lambda}=0$.

§5　PF 密度、$\mathscr{L}$一样条的极限及有关的极值问题

在逼近论的极值问题中,有两个重要的卷积类一

M. Тихомиров[5], Н. П. Корнейлук[3], A. Pinkus[12] 的专著及 А. П. Буслаев 和 В. М. Тихомиров 的论文[20]. 当 $P_r(\lambda)=\prod_{j=1}^{n}(\lambda-\lambda_j)$, $\lambda_j\in\mathbf{R}$ 时, C. K. Chui 和 P. W. Smith[24] 得到 $d_n[\mathscr{K}_\infty(P_r), L_\infty]$($n$ 充分大时) 的精确估计. 孙永生、黄达人[21] 证明了定理 7.2.1 及定理 7.2.3～定理 7.2.6 中当 $P_r(\lambda)$ 仅有实根的情况. 黄达人[31] 证明了定理 7.2.3 当 $P_r(\lambda)$ 仅有实根且 $P_r(D)$ 自共轭的情况, 房艮孙[22,23] 证明了定理 7.2.2 及定理 7.2.3～定理 7.2.6. I. N. Volodina[25] 与房艮孙[22] 独立地求得了当 $P_r(\lambda)$ 有共轭复根时, $\mathscr{K}_\infty(P_r)$ 在 L_∞ 内偶数维 K 宽度的精确估计. 并用不同于 В. Т. Шевалдин[7] 的方法确定了 $\mathscr{K}_\infty(P_r)$ 在 L_∞ 内奇数维 K 宽度的精确估计. С. И. Новиков[26] 与房艮孙独立地证明了定理 7.2.2, 得到了 $d_{2n}(\mathscr{K}_\infty(P_r), L^p)$, $d'_{2n}(\mathscr{K}_\infty(P_r), L^p)$ $(p=1,2)$ 的精确估计, 定理 7.2.1 和定理 7.2.2 的证明思想分别来自于 А. А. Женсыкбаев[27] 及 Ю. И. Маковоз[19].

§3 的结果是房艮孙[22,28] 做的, 有关 $d_n[\widetilde{W}^r H^\omega, L^s]$ 精确估计的进展情况见第五章的资料和注. 定理 7.3.1 的证明思想来自于 В. И. Рубан(见专著[1] 的注记), 他证明了定理 7.3.1 当 $P_r(D)=D^r$ 的情况. 引理 7.3.2 是 В. М. Тихомиров[20] 做的.

§4 的结果是孙永生、黄达人[29,30] 做的. 有关单边宽度的精确估计所知还很少. В. И. Рубан[11] 利用拓扑度为工具并用半范不等式的等价定理求得了 $d_n^+[\widetilde{W}_\infty^r, L]$ 的精确估计. 孙永生、黄达人[29] 求得了 $d_n^+[\widetilde{W}_1, L]$ 的精确估计. А. А. Лигун 和 В. Г. Доронин(见[2]) 证明了

$$E_n^+[\widetilde{W}_q^r]_1 = E_1(\widetilde{B}_{r,n})_{q'}, \frac{1}{q}+\frac{1}{q'}=1$$

其中

$$\widetilde{B}_{r,n}(t)=\frac{2\pi}{n}\sum_{j=1}^{n}B_r\left(t+\frac{2j\pi}{n}\right)$$

$$B_r(t)=\frac{1}{\pi}\sum_{k=1}^{+\infty}\frac{\cos\left(kt-\frac{1}{2}\pi r\right)}{k^r}$$

猜想应该有

$$d_{2n-1}^+[\widetilde{W}_q^r,L]=d_{2n}^+[\widetilde{W}_q^r,L]=E_1(\widetilde{B}_{r,n})_{q'}$$

成立. 根据 B. И. Рубан[11],孙永生、黄达人[29] 的论文,这一猜想对 $q=+\infty$ 及 $q=1$ 已经证实,一般情况尚未解决.

在 §5 中,M. A. Чахкиев[6] 引入了 RA_q 条件,并给出了满足 RA_c 条件的三个例子 $\Psi^h(t)$,$\Phi^h(t)$ 及 $T^\varepsilon(t)$,房艮孙[32] 指出了 RA_c 条件与 PF 密度及周期减少变号(CVD) 核及满足 B 性质(见[12])的核之间的关系,证明了定理 7.5.1～定理 7.5.4. 房艮孙[33] 得到了定理 7.5.5 ～ 定理 7.5.15. 定理 7.5.16 由 B. M. Тихомиров[5],W. Forst[34],孙永生[35—37] 及 A. Pinkus[12] 得到.

$S_{2n,r}(\Psi^h)(r=0,1,\cdots)$ 是 $d_{2n}[A_q^h,L](1\leqslant q\leqslant+\infty)$ 的极子空间这一结果是新的. 定理 7.5.17 和定理7.5.18 是 M. A. Чахкиев[6] 做出的.

这里应当提一下所谓满足 B 性质的核. 这一概念出自 A. Pinkus(见[12]).

定义 7.6.1 $G(x)$ 是 2π 周期的(实)连续函数. 若对每一 $m\geqslant 1$,任取 m 个点 $y_1<\cdots<y_m<y_1+2\pi$,线性集

$$X_m=\operatorname{span}\{b+\sum_{j=1}^{m}b_jG(x-y_j)\mid\sum_{j=1}^{m}b_j=0,b\in\mathbf{R}\}$$

是 m 维的，且当 m 为奇数时 X_m 是弱 Chebyshev 系（WT），则称 $G(x)$ 满足 B 性质.

参考资料[12] 的第 4 章，§6 对这类核做了详细的讨论，满足 B 性质的一个典型核是 Bernoulli 函数. 唐旭辉[43] 证明，当 $P_r(\lambda)=\lambda^r+\sum_{j=1}^{r}a_j\lambda^{r-j}=0(a_j\in\mathbf{R})$ 只有实零点时，与其对应的广义 Bernoulli 函数

$$G_r(x)=\frac{1}{2\pi}\sum_{\nu=-\infty}^{+\infty}{}' \frac{e^{i\nu x}}{P_r(i\nu)}$$

满足 B 性质. 本章中在 $\mathcal{K}_q(P_r)$ 类上建立的一系列关于宽度的精确结果和关于极子空间构造的结果都能扩充到以满足 B 性质的函数为核的周期卷积类上. 详见[12]. 如果 $P_r(x)=0$ 有共轭复根，与其对应的 $G_r(x)$ 在什么条件下具有 B 性质的问题尚未讨论过. 所以本章内一系列结果是有其独立意义的，不能被[12] 所包含，最后应当提及的是 В. Ф. Бабенко 在[38] 中引入了非对称逼近的概念. 设 $\|f\|_{q(\alpha,\beta)}$ 是非对称半范，即

$$\|f\|_{q(\alpha,\beta)}=\|\alpha f_{+}+\beta f_{-}\|_q$$

$$\alpha>0,\beta>0,1\leqslant q\leqslant+\infty$$

其中 $f_{\pm}(t)=\max\{0,\pm f(t)\}$. 设 H 为 L^q 中的子空间，$f\in L^q$，令

$$E(f,H)_{q(\alpha,\beta)}=\inf_{u\in H}\|f-u\|_{q(\alpha,\beta)}$$

则 $E(f,H)_{q(\alpha,\beta)}$ 称为函数 f 以子空间 H 在 L^q 尺度下的(α,β)（非对称）逼近. 显然若 $\alpha=\beta=1$，则 $E(f,H)_{q(1,1)}$ 即为函数 f 以 H 在 L_q 尺度下的常义最佳逼近.

В. Ф. Бабенко[38] 指出，若 $f\in L^q$，H 为 L^q 中有限维子空间，$1\leqslant q<+\infty$，则

$$\begin{cases}\lim\limits_{\alpha\to+\infty} E(f,H)_{q(\alpha,1)}=E^{+}(f,H)_q\\ \lim\limits_{\beta\to+\infty} E(f,H)_{q(1,\beta)}=E^{-}(f,H)_q\end{cases}$$

因此非对称的(α,β)逼近建立了最佳逼近及最佳单边逼近的联系.设函数类$\mathfrak{M}\subset L_q$,令

$$E(\mathfrak{M},H)_{q(\alpha,\beta)}=\sup\{E(f,H)_{q(\alpha,\beta)}\mid f\in\mathfrak{M}\}$$

В. Ф. Бабенко 在[38]~[41]中解决了$E(\widetilde{W}_q^r,T_{n-1})_{1(\alpha,\beta)}$及$E(\widetilde{W}_q^r,S_{2n,\mu}(D^r))_{1(\alpha,\beta)}$的精确估计,并求得了非对称多项式完全样条类$\mathscr{P}_{2m(\alpha,\beta)}(D^r)$,$m\leqslant n$上最小$L_q(1\leqslant q\leqslant+\infty)$范数问题的解,其中$\mu\geqslant r$,$u$为正整数.

$$\mathscr{P}_{2m(\alpha,\beta)}(D^r)\overset{\text{df}}{=}\{f\in\widetilde{L}_{\infty,2\pi}^{(r)}\mid|\alpha f_+^{(r)}(\cdot)+\beta f^{(r)}(\cdot)|\equiv 1$$

且$f(t)$在一个周期内恰有$2m$次变号$\}$.

参考资料

[1] Н. П. Корнейчук, Экстремалвные Задачи Теории приближения, М. Наука, 1976.

[2] Н. П. Корнейчук, А. А. Лигун, В. Г. Доронин, Аппроксимация с ограничениями, Киев, Наукова Думка, 1982.

[3] Н. П. Корнейчук, Сплайны в теории приближения, М. Наука, 1984.

[4] Н. И. Ахиезер, Лекции по Теории Аппроксимации, М. Наука, 1965.

[5] В. М. Тихомиров, Некоторые Вопросы теории приближений, М. Издат МГУ, 1976.

[6] М. А. Чахкиев, Линейные Днфференциальные операторы с вещественным спектром и оптимальные квадратурные формулы, Изв. АН. СССР, Сер. матем. ,48(1984),1078-1109.
[7] В. Т. Щевалцин, $\mathscr{L}$-сплайны и поперечники, Матем. заметки,33(1983),735-744.
[8] В. А. Якубович,В. М. Старжинский, Линейные дифференцнальные уравнения с периодическими коэффициентами и их приложения, М. Наука. 1972.
[9] И. К. Даугавет, Введение в теорию приближения функций Л:ЛГУ,1977.
[10] U. I. Makovoz, On n-widths of certain functional classes defined by linear differential operator, Proceedings of the Amer. Math. Society,89(1983),109-112.
[11] В. И. Рубан, Поперечники множеств в пространствах периодических функций, ДАН СССР, 225(1980),34-45.
[12] A. Pinkus. , N-widths in Approximation Theory Berlin, Heidberg, New York, Springer-Verlag,1985.
[13] S. Karlin, Total Positivity, Vol. 1 Stanford University Press, Stanford, California,1968.
[14] I. I Hirschman and D. V. Widder, The Convolution Transform, Princeton University Press, Princeton, N. J. 1955.
[15] K. Yosida, Functional Analysis, Springer-Verlag,1978.
[16] М. Г. Крейн, К теории наилучшего приближе-

ния периодических функций. ДАН СССР 38 (1938),245-249.

[17] А. А. Женсыкбаев, Приближение дндференцируемых периодических функций сплайнами по равномерному разбнению, Мат. Заметки, 13 (1973),807-816.

[18] Н. П. Корнейчук, А. А. Лнгун, О приближении класса классом иэкстремальных подпространствах пространства L_1 Anal. Math., 7 (1981), 107-119.

[19] Ю. И. Маковоз, об одном приеме оценки снизу поперечников множеекств в Банаховых пространствах, Матем. сборник,87(1972),136-142.

[20] В. М. Тихомиров, Найлучшие методы приближения и интерполирования дифференцируемых функций в пространстве $C_{[-1,1]}$, Матем. Сборник,80(1969),209-304.

[21] Sun Yongsheng, Huang Daren, On n-width of generalized Bernoulli kernel, JATA 1(1985), 83-92.

[22] 房艮孙,广义 Bernoulli 核的宽度和线性插值算子,科学通报,30(1985)807-809.

[23] 房艮孙,广义周期样条类的极值问题和广义 Bernoulli 核的宽度,数学年刊,8A(1987),57-87.

[24] C. K. Chui, P. W. Smith, Some nonlinear spline approximation problems related ot N-widths, J. Approximation theory,13(1975),421-430.

[25] I. N. Volodina, Exact value of widths of a certain class of solutions of linear differential equations, Aal. Math. 11(1985),85-92.

[26] С. И. Новиков, Поперечиники одного класса периодических функций, опеределяемого дифференциальным оператором, Мат. заметки, 47 (1987), 194-206.

[27] А. А. Женсыкбаев, Наилучшая квадратурная формула дяа некоторых классов периодических дифференцируемых функций, Изв. АН. СССР, Сер. матем, 41(1977), 1110-1124.

[28] Fang Gensun, Asymptotis estimation of n-width of periodic differentiable function class $\mathfrak{M}H_c^{\omega}$ and related extremal problem, Northeastern Math. J. 2(1986), 17-32.

[29] Sun Yongsheng, Huang Daren, On one-sided approximation of class $\Omega_{\rho}^{2r+\sigma}$ of smooth functions, JATA, 1(1984), 19-35.

[30] 黄达人,孙永生,光滑函数类 $\Omega_{\rho}^{2r+\sigma}$ 的上方逼近,东北数学,1(1985),172-182.

[31] 黄达人,关于 $d_n(\Omega_p^r, L^1)$ 的极子空间,数学学报,29(1986),94-102.

[32] 房艮孙,PF 密度,Чахкиев 条件及有关的几个极值问题.科学通报,33(1988),404-408.

[33] 房艮孙,某些周期卷积类的宽度和单边宽度的精确估计,中国科学,A 辑,1988,5:477-488.

[34] W. Forst, Über die Breite von klassen holomorpher periodicher Funktionen, Jour. A. T., 19 (1977)325-331.

[35] 孙永生,某些函数类的宽度对偶定理,中国科学,A 辑,1982,3:215-225.

[36] Sun Yongsheng, On n-width of a class of periodic analytlc functions in L_1 metric, Chin.

Ann. of Math. 2B(1981),53-58.

[37] Sun Yongsheng, A remark on Kolmogorov's comparison theorem, Chin. Ann. of Math, 7 (B)(1986),463-467.

[38] В. Ф. Бабенко, Несимметричные приблчжения В пространствах суммируемых функций Укр. МЖ 34:4(1982)409-416.

[39] В. Ф. Бабенко, Несимметричные экстремалвные задачи теории приближений, Докл. АН СССР 269(3)(1983)521-524.

[40] В. Ф. Бабенко, Неравенства для перестановок дифференцируемых периодических функций, Докл. АН СССР 272(5)(1983)1038-1041.

[41] В. Ф. Бабенко, Approximations, widths, and optimal quadrature formulae for classes of periodic functions with rearrangement invariant set of derivatives, Anal. Math., 13(1987)281-306.

[42] А. П. Буслаев, В. М. Тихомиров, Некоторые вопросы нелинейного анализа и теория приближения, Докл, АН СССР, 283(1)(1985), 13-18.

[43] 唐旭辉,周期自对偶全正卷积类的宽度,北京师范大学数学系硕士学位论文,1985.

第八章 全正核的宽度问题

本章内容包括三部分:(1) 介绍全正矩阵和全正函数;(2) 介绍全正完全样条函数类,讨论在这一函数类上的一些极值问题;(3) 讨论由全正核确定的函数类的 N 宽度估计问题.

§1 全正性

(一) 全正矩阵

在本节内用大写字母 $\boldsymbol{A},\boldsymbol{B},\cdots$ 表示实矩阵.一个 $n\times m$ 的矩阵 $\boldsymbol{A}$ 记作(a_{ij}) $(1\leqslant i\leqslant n,1\leqslant j\leqslant m)$. 任取 $1\leqslant i_1<\cdots<i_k\leqslant n,1\leqslant j_1<\cdots<j_k\leqslant$

m,记

$$\boldsymbol{A}\begin{pmatrix} i_1 & \cdots & i_k \\ j_1 & \cdots & j_k \end{pmatrix} \stackrel{\text{df}}{=} \begin{vmatrix} a_{i_1 j_1} & \cdots & a_{i_1 j_k} \\ \vdots & & \vdots \\ a_{i_k j_1} & \cdots & a_{i_k j_k} \end{vmatrix}$$

$$\boldsymbol{A}\begin{pmatrix} i_1 & \cdots & i_s & \cdots & i_k \\ j_1 & \cdots & \cdots & \cdots & j_{k-1} \end{pmatrix}$$

$$\stackrel{\text{df}}{=} \boldsymbol{A}\begin{pmatrix} i_1 & \cdots & i_{s-1} & i_{s+1} & \cdots & i_k \\ j_1 & \cdots & j_{s-1} & j_s & \cdots & j_{k-1} \end{pmatrix}$$

$\boldsymbol{A}$ 的第 j 列向量记作 $\boldsymbol{a}^j \stackrel{\text{df}}{=} (a_{1_j}, \cdots, a_{n_j})^{\mathrm{T}}$.

定义 8.1.1 给定 $\boldsymbol{A} = (a_{ij})$, $1 \leqslant i \leqslant n$, $1 \leqslant j \leqslant m$.

(1) 若对某 $k \in \mathbf{Z}^+$ 存在 $\sigma_k = 1$ 或 -1,使得对一切 $1 \leqslant i_1 < \cdots < i_k \leqslant n$, $1 \leqslant j_1 < \cdots < j_k \leqslant m$ 有

$$\sigma_k \boldsymbol{A}\begin{pmatrix} i_1 & \cdots & i_k \\ j_1 & \cdots & j_k \end{pmatrix} \geqslant 0 \tag{8.1}$$

则称 $\boldsymbol{A}$ 为 k 阶符号相容,记作 SC_k. 若总成立

$$\sigma_k \boldsymbol{A}\begin{pmatrix} i_1 & \cdots & i_k \\ j_1 & \cdots & j_k \end{pmatrix} > 0 \tag{8.1$'$}$$

则称 $\boldsymbol{A}$ 为 k 阶严格符号相容,记作 SSC_k.

(2) 给定 $r \in \mathbf{Z}_+$. 若对每一 k, $1 \leqslant k \leqslant r$, 有 $\boldsymbol{A} \in SC_k(SSC_k)$, 则称 $\boldsymbol{A}$ 为 r 阶保号(严格保号), 记作 $SR_r(SSR_r)$.

(3) 若 $\boldsymbol{A}$ 是 r 阶保号(严格保号),且 $\sigma_1 = \cdots = \sigma_r = 1$,则称 $\boldsymbol{A}$ 为 r 阶全正(严格全正),记作 $TP_r(STP_r)$.

命题 8.1.1 设 $\boldsymbol{A}, \boldsymbol{B}, \boldsymbol{C}$ 各为 $n \times m$, $n \times l$, $l \times m$ 矩阵, $\boldsymbol{A} = \boldsymbol{B} \cdot \boldsymbol{C}$. 若 $\boldsymbol{B}, \boldsymbol{C} \in TP_r(STP_r)$, 则 $\boldsymbol{A} \in TP_r(STP_r)$.

证　由 Cauchy-Binet 公式

$$A\begin{pmatrix} i_1 & \cdots & i_k \\ j_1 & \cdots & j_k \end{pmatrix}=\sum_{1\leqslant\alpha_1<\cdots<\alpha_k\leqslant l} B\begin{pmatrix} i_1 & \cdots & i_k \\ \alpha_1 & \cdots & \alpha_k \end{pmatrix}\cdot C\begin{pmatrix} \alpha_1 & \cdots & \alpha_k \\ j_1 & \cdots & j_k \end{pmatrix} \tag{8.2}$$

立得.

下面是几个全正矩阵的例.

例 8.1.1　给定 $0<a_1<\cdots<a_n,\alpha_1<\cdots<\alpha_n$，则 $\boldsymbol{A}=(a_i^{\alpha_j})\in STP_n(i,j=1,\cdots,n)$.

证　事实上，可证：若 $(c_1,\cdots,c_n)\neq(0,\cdots,0)$，则 $f(x)=\sum_{j=1}^{n}c_jx^{\alpha_j}$ 至多有 $n-1$ 个正根. $n=1$ 时不待证. 假定当 $k<n$ 时此式成立，而对 $k=n$ 不成立，则对某一组系数 $(c_1,\cdots,c_n)\neq(0,\cdots,0)$ $f(x)$ 有 n 个正根，根据 Rolle 定理

$$f_1(x)=(x^{-\alpha_1}f(x))'=\sum_{j=2}^{n}(\alpha_j-\alpha_1)c_jx^{\alpha_j-\alpha_1-1}$$

至少有 $n-1$ 个正根，这与归纳假定矛盾. 由此知道 $a_1,\cdots,a_n$ 不能都是 $f(x)$ 的根，那么线性方程组 $\sum_{j=1}^{n}c_ja_k^{\alpha_j}=0(k=1,\cdots,n)$ 只有平凡解 $c_1=\cdots=c_n=0$，由此得 $\det(a_i^{\alpha_j})\neq0$，由此可以断定 $\boldsymbol{A}$ 是 n 阶严格全正. 这是因为当 $\alpha_j=j-1$ 时，$\det(a_i^{j-1})$ 是 Vander Monde 行列式，有 $\det(a_i^{j-1})>0$. 由此可以推出：对任取的 $\alpha_1<\cdots<\alpha_n$ 也有 $\det(a_i^{\alpha_j})>0$. 假定不是这样，置

$$\varphi(\alpha_1,\cdots,\alpha_n)=\det(a_i^{\alpha_j}) \tag{8.3}$$

$\alpha_1<\cdots<\alpha_n$，$\varphi(\alpha_1,\cdots,\alpha_n)$ 是连续函数，有 $\alpha'_1<\cdots<$

$\alpha'_n, \alpha''_1 < \cdots < \alpha''_n$ 使 $\varphi(\alpha'_1, \cdots, \alpha'_n) < 0, \varphi(\alpha''_1, \cdots, \alpha''_n) > 0$,则存在 $\lambda \in (0,1)$ 使得对

$$\alpha_1 = \lambda\alpha'_1 + (1-\lambda)\alpha''_1, \cdots, \alpha_n = \lambda\alpha'_n + (1-\lambda)\alpha''_n$$

有 $\varphi(\alpha_1, \cdots, \alpha_n) = 0$,这不可能.

例 8.1.2 矩阵 $\boldsymbol{F}(\sigma) = (\mathrm{e}^{-\sigma(\alpha_i - \beta_j)^2}), i, j = 1, \cdots, n$,当 $\sigma > 0$,且 $\alpha_1 < \cdots < \alpha_n, \beta_1 < \cdots < \beta_n$ 时属于 STP_n.

证 有

$$\det(\mathrm{e}^{-\sigma(\alpha_i - \beta_j)^2}) = \mathrm{e}^{-\sigma(\alpha_1^2 + \cdots + \alpha_n^2 + \beta_1^2 + \cdots + \beta_n^2)} \cdot \det(\mathrm{e}^{2\sigma\alpha_i\beta_j})$$

在前例中以 $a_i = \mathrm{e}^{2\sigma\alpha_i}$ 即得.

特例 $\alpha_i = i, \beta_j = j$ 时给出

$$\boldsymbol{F}(\sigma) = (\mathrm{e}^{-\sigma(i-j)^2}) \tag{8.4}$$

此时有

$$\lim_{\sigma \to +\infty} \boldsymbol{F}(\sigma) = \boldsymbol{I}_n = \begin{pmatrix} 1 & & 0 \\ & \ddots & \\ 0 & & 1 \end{pmatrix} \tag{8.5}$$

$\boldsymbol{I}_n$ 是 n 阶单位矩阵.

例 8.1.3 设 $0 < x_1 < \cdots < x_n, 0 < y_1 < \cdots < y_n$,则

$$\boldsymbol{A} = ((x_i + y_j)^{-1}) \in STP_n, i, j = 1, \cdots, n$$

证 利用下面恒等式

$$\det((x_i + y_j)^{-1}) = \prod_{i<j}(x_i - y_j) \cdot \prod_{i<j}(y_i - y_j) \cdot \prod_{i,j=1}^{n}(x_i + y_j)^{-1} > 0, \quad i, j = 1, \cdots, n \tag{8.6}$$

即得.

例 8.1.4 设 $\varphi_1 < \cdots < \varphi_n, \psi_1 < \cdots < \psi_n$,则

$$\boldsymbol{A} = \left(\frac{1}{\operatorname{ch}(\varphi_i - \psi_j)}\right) \in STP_n, i, j = 1, \cdots, n$$

证　置 $x_i = e^{2\varphi_i}, y_j = e^{2\psi_j}$，则

$$\boldsymbol{A} = \left(\frac{2\sqrt{x_i}\cdot\sqrt{y_j}}{x_i + y_j}\right), i,j = 1,\cdots,n$$

再用上式(8.6)即得.

命题 8.1.2　设 $n\times m$ 矩阵 $\boldsymbol{A}\in ST_r$，$\mathrm{rank}(\boldsymbol{A})\geqslant r$，则存在 r 阶严格全正矩阵 $\boldsymbol{A}_\sigma \to \boldsymbol{A}(\sigma\to+\infty)$.

证　以 $\boldsymbol{F}_\sigma^{(n)}, \boldsymbol{F}_\sigma^{(m)}$ 各表示由式(8.4)给出的 $n\times n$，$m\times m$ 矩阵. 置

$$\boldsymbol{A}_\sigma = \boldsymbol{F}_\sigma^{(n)}\cdot\boldsymbol{A}\cdot\boldsymbol{F}_\sigma^{(m)}$$

显然有

$$\lim_{\sigma\to\infty}\boldsymbol{A}_\sigma = \boldsymbol{A}$$

设 $p\leqslant r$，则

$$\boldsymbol{A}_\sigma\begin{pmatrix} i_1 & \cdots & i_p \\ j_1 & \cdots & j_p\end{pmatrix} = \sum \boldsymbol{F}_\sigma^{(n)}\begin{pmatrix} i_1 & \cdots & i_p \\ \alpha_1 & \cdots & \alpha_p\end{pmatrix}\cdot \boldsymbol{A}\begin{pmatrix} \alpha_1 & \cdots & \alpha_p \\ \beta_1 & \cdots & \beta_p\end{pmatrix}\boldsymbol{F}_\sigma^{(m)}\begin{pmatrix} \beta_1 & \cdots & \beta_p \\ j_1 & \cdots & j_p\end{pmatrix}$$

此处和式展布于一切 $1\leqslant\alpha_1<\cdots<\alpha_p\leqslant n, 1\leqslant\beta_1<\cdots<\beta_p\leqslant m$. 由于 $\boldsymbol{A}\begin{pmatrix} \alpha_1 & \cdots & \alpha_p \\ \beta_1 & \cdots & \beta_p\end{pmatrix}\geqslant 0$，其中至少有一个非零，故有 $\boldsymbol{A}_\sigma\begin{pmatrix} i_1 & \cdots & i_p \\ j_1 & \cdots & j_p\end{pmatrix} > 0$，即 $\boldsymbol{A}_\sigma\in STP_r$.

(二) 全正矩阵的减少变号性质

定义 8.1.2　设 $\boldsymbol{X} = (x_1,\cdots,x_l)$ 是非 0 实向量.

(1) 从 $x_1,\cdots,x_l$ 中去掉等于零的数，余下的诸数依原次序排列的变号个数称为 $\boldsymbol{X}$ 的强变号数，记作 $S^-(\boldsymbol{X})$. 当 $\boldsymbol{X}$ 是零向量时，规定 $S^-(\boldsymbol{X}) = -1$.

(2) 把 $x_1,\cdots,x_l$ 中等于零的数的位置任以 1 或 -1 填充,所得数列的变号个数的最大值称为 $\boldsymbol{X}$ 的弱变号数,记作 $S^+(\boldsymbol{X})$.

例 8.1.5 $\boldsymbol{X}=(-1,0,1,-1,0,-1)$,$S^-(\boldsymbol{X})=2$,$S^+(\boldsymbol{X})=4$.

命题 8.1.3 对任给的实向量 $\boldsymbol{X}=(x_1,\cdots,x_l)$,成立着:

(1)$S^-(\boldsymbol{X})\leqslant S^+(\boldsymbol{X})$,其中等号成立,当且仅当下列两个条件同时满足:

(a)$x_1\cdot x_l\neq 0$.

(b) 若对某个 i,$1<i<l$ 有 $x_i=0$,则必有 $x_{i-1}\cdot x_{i+1}<0$.

(2) 若在$\{x_1,\cdots,x_l\}$内有 k 个为零,$0\leqslant k\leqslant l$,则 $S^-(\boldsymbol{X})\leqslant l-k-1$,$S^+(\boldsymbol{X})\geqslant k$.

(3)$S^+(x_1,-x_2,\cdots,(-1)^{l-1}x_l)+S^-(x_1,\cdots,x_l)\geqslant l-1$.当所有 $x_i\neq 0$ 时有等号成立.

下面给出全正矩阵的一条重要性质,即称为减少变号性质(Variation-diminishing Property).

定理 8.1.1 设 $N\times M$ 矩阵 $\boldsymbol{A}\in STP_{n+1}$,则任取 $\boldsymbol{X}=(x_1,\cdots,x_M)\neq 0$,有 $S^-(\boldsymbol{X})\leqslant n$,必成立:

(1)$S^+(\boldsymbol{AX})\leqslant S^-(\boldsymbol{X})$.

(2) 若 $S^+(\boldsymbol{AX})=S^-(\boldsymbol{X})$,则 $\boldsymbol{AX}$ 的第一(第末)分量与 $\boldsymbol{X}$ 的第一(第末)非零分量同号.如果 $\boldsymbol{AX}$ 的第一分量为零,其符号按确定 $S^+(\boldsymbol{AX})$ 时第一分量位置应填的符号算.

定理的证明分成以下几个步骤.

引理 8.1.1 已知 $n\times m$ 矩阵 $\boldsymbol{A}\in STP_m(m<n)$,$\boldsymbol{X}=(x_1,\cdots,x_m)\neq 0$,$\boldsymbol{Y}=\boldsymbol{AX}$,则 $S^+(\boldsymbol{Y})\leqslant m-1$.

证　假定有 $\boldsymbol{X}=(x_1,\cdots,x_m)\neq 0$，$S^+(\boldsymbol{AX})\geqslant m$. 记 $\boldsymbol{Y}=\boldsymbol{AX}=(y_1,\cdots,y_n)$. 由于 $S^+(\boldsymbol{Y})\geqslant m$，在 $\boldsymbol{Y}$ 的分量中存在 $m+1$ 个 $y_{i_1},\cdots,y_{i_{m+1}}$，$i_1<\cdots<i_{m+1}$ 满足 $\varepsilon(-1)^{\nu}y_{i_\nu}\geqslant 0$，$\varepsilon=\pm 1$. y_{i_ν} 不能都等于零. 因若有

$$\begin{cases} y_{i_1}=a_{i_1 1}x_1+\cdots+a_{i_1 m}x_m=0 \\ \quad\vdots \\ y_{i_m}=a_{i_m 1}x_1+\cdots+a_{i_m m}x_m=0 \end{cases}$$

则由 $(x_1,\cdots,x_m)\neq 0$，得 $\boldsymbol{A}\begin{pmatrix} i_1 & \cdots & i_m \\ 1 & \cdots & m \end{pmatrix}=0$，这与假定 $\boldsymbol{A}\in STP_m$ 矛盾. 所以 $(y_{i_1},\cdots,y_{i_m},y_{i_{m+1}})\neq 0$，那么，一方面有

$$\begin{vmatrix} a_{i_1 1} & \cdots & a_{i_1 m} & y_{i_1} \\ a_{i_2 1} & \cdots & a_{i_2 m} & y_{i_2} \\ \vdots & & \vdots & \vdots \\ a_{i_{m+1},1} & \cdots & a_{i_{m+1},m} & y_{i_{m+1}} \end{vmatrix}=0$$

另一方面，依最后一列展开此行列式得

$$\sum_{\nu=1}^{m+1}(-1)^{m+1+\nu}y_{i_\nu}\boldsymbol{A}\begin{pmatrix} i_1 & \cdots & \hat{i}_\nu & \cdots & i_{m+1} \\ 1 & \cdots & \cdots & \cdots & m \end{pmatrix}\neq 0$$

得到矛盾.

引理 8.1.2　已知 $n\times m$ 矩阵 $\boldsymbol{A}\in STP_m(m<n)$，$\boldsymbol{X}=(x_1,\cdots,x_m)\neq 0$，$\boldsymbol{Y}=\boldsymbol{AX}$. 若 $S^-(\boldsymbol{X})=S^-(\boldsymbol{AX})$，则 $\boldsymbol{AX}$ 的第一非零分量与 $\boldsymbol{X}$ 的第一非零分量同号.

证　(a) 若 $S^-(\boldsymbol{X})=S^-(\boldsymbol{AX})=m-1$，则此时 $\boldsymbol{X}$ 的 m 个分量都不为零，特别有 $x_1\neq 0$. 此时存在 $1\leqslant i_1<\cdots<i_m\leqslant n$，使 $(\boldsymbol{AX})_{i_\nu}\cdot(\boldsymbol{AX})_{i_{\nu+1}}<0$. 不妨设 $(\boldsymbol{AX})_{i_1}$ 为 $\boldsymbol{Y}$ 的第一非零分量，这里

$$y_{i_\nu}=a_{i_\nu 1}x_1+\cdots+a_{i_\nu m}x_m,\nu=1,\cdots,m$$

解出 x_1 得到

$$x_1=\begin{vmatrix} y_{i_1} & y_{i_1 2} & \cdots & a_{i_1 m} \\ \vdots & \vdots & & \vdots \\ y_{i_m} & a_{i_m 2} & \cdots & a_{i_m m}\end{vmatrix}\cdot\left(\mathbf{A}\begin{pmatrix} i_1 & \cdots & i_m \\ 1 & \cdots & m\end{pmatrix}\right)^{-1}$$

$$=\left\{\sum_{\nu=1}^{m}(-1)^{\nu+1}y_{i_\nu}\cdot\mathbf{A}\begin{pmatrix} i_1 & \cdots & \hat{i}_\nu & \cdots & i_m \\ 2 & \cdots & \cdots & \cdots & m\end{pmatrix}\right\}\cdot$$

$$\left(\mathbf{A}\begin{pmatrix} i_1 & \cdots & i_m \\ 1 & \cdots & m\end{pmatrix}\right)^{-1}$$

由此看 x_1 与 y_{i_1} 同号.

(b) 设 $S^-(\mathbf{AX})=S^-(\mathbf{X})=p<m-1$,把 $\mathbf{X}=(x_1,\cdots,x_m)$ 分成 $p+1$ 段

$$x_1,\cdots,x_{\nu_1};x_{\nu_1+1},\cdots,x_{\nu_2};\cdots,x_{\nu_p+1},\cdots,x_m$$

其中,$\nu_0=0$,$\nu_{p+1}=m$,使得 x 的分量凡落于同一段内的,则保持不变号,且每一段中有一项非零;又任意相邻的两段反号.置

$$\boldsymbol{v}^{(k)}=\sum_{j=\nu_{k-1}+1}^{\nu_k}|x_j|\boldsymbol{a}^j,k=1,\cdots,p+1$$

$\boldsymbol{v}^{(k)}$ 是 $\boldsymbol{a}^{\nu_{k-1}+1},\cdots,\boldsymbol{a}^{\nu_k}$ 的线性组合.此时

$$\mathbf{Y}=\mathbf{AX}=\sum_{j=1}^{m}x_j\boldsymbol{a}^j=\sigma\sum_{k=1}^{p+1}(-1)^{k+1}\boldsymbol{v}^{(k)},\ |\sigma|=1$$

以 $\boldsymbol{v}^{(1)},\cdots,\boldsymbol{v}^{(p+1)}$ 为列向量的 $n\times(p+1)$ 矩阵记作 $\mathbf{V}$,则当 $l\leqslant p+1$ 时

$$\mathbf{V}\begin{pmatrix} i_1 & \cdots & i_l \\ 1 & \cdots & l\end{pmatrix}$$

$$= \begin{vmatrix} \sum_{j=1}^{\nu_1} |x_j| a_{i_1 j} & \cdots & \sum_{j=\nu_{l-1}+1}^{\nu_l} |x_j| a_{i_1 j} \\ \vdots & & \vdots \\ \sum_{j=1}^{\nu_1} |x_j| a_{i_l j} & \cdots & \sum_{j=\nu_{l-1}+1}^{\nu_l} |x_j| a_{i_l j} \end{vmatrix} > 0$$

所以 $\boldsymbol{V} \in STP_{p+1}$，由于

$$\boldsymbol{AX} = \boldsymbol{V\xi}, \boldsymbol{\xi} = \underbrace{(1, -1, \cdots, (-1)^p)}_{p+1}, S^-(\xi) = p$$

对 $\boldsymbol{V}$ 应用(a)的结论，由

$$S^-(\boldsymbol{V}\xi) = S^-(\boldsymbol{AX}) = p = S^{-1}(\boldsymbol{\xi})$$

知 $\boldsymbol{V}(\boldsymbol{\xi})$ 的第一非零分量与 $\sigma\boldsymbol{\xi}$ 的第一分量同号. 但易见 σ 是第一段 $\{x_1, \cdots, x_{\nu_1}\}$ 的符号. 引理证完.

引理 8.1.3　已知 $N \times M$ 矩阵

$$\boldsymbol{A} \in STP_{n+1}$$

$$\boldsymbol{X} = (x_1, \cdots, x_M) \neq 0, S^-(\boldsymbol{X}) \leqslant n$$

则当 $S^-(\boldsymbol{X}) = S^-(\boldsymbol{AX})$ 时，$\boldsymbol{AX}$ 的第一非零分量与 $\boldsymbol{X}$ 的第一非零分量同号.

证　假定 $S^-(\boldsymbol{X}) = S^-(\boldsymbol{AX}) = p, p \leqslant n$，把 $\boldsymbol{X} = (x_1, \cdots, x_M)$ 分成 $p+1$ 段

$$x_1, \cdots, x_{\nu_1}; \cdots; \cdots, x_{\nu_{p+1}}, \cdots, x_{\nu_{p+1}} \cdot \nu_{p+1} = M$$

不妨设其第 i 段内各数的符号(除等于零的以外)是 $(-1)^i$，其中至少有一项非零. 置 $\boldsymbol{v}^{(k)} = \sum_{j=\nu_{k-1}+1}^{\nu^k} |x_j| \boldsymbol{a}^j$，$\boldsymbol{\xi} = (\xi_1, \cdots, \xi_{p+1}), \xi_j = (-1)^{j+1}, j = 1, \cdots, p+1$，则 $\boldsymbol{AX} = \boldsymbol{V\xi}$，$\boldsymbol{V}$ 是以 $\boldsymbol{v}^{(k)}$ 做列向量的 $N \times (p+1)$ 矩阵. $p+1 < N, \boldsymbol{V} \in STP_{p+1}$. 对 $\boldsymbol{V\xi}$ 应用引理 8.1.2，由 $S^-(\boldsymbol{V\xi}) = S^-(\xi)$ 知 $\boldsymbol{V\xi}$ 的第一非零分量与 $\boldsymbol{\xi}$ 的第一

分量同号,即 $\boldsymbol{AX}$ 的第一非零分量与 $\boldsymbol{X}$ 的第一非零分量同号.

定理 8.1.1 的证明 (1) 设 $S^-(\boldsymbol{X})=p(\leqslant n)$. 若 $N\leqslant p+1$,由于 $\boldsymbol{AX}=\boldsymbol{Y}$ 是 N 维向量

$$S^+(\boldsymbol{AX})\leqslant N-1\leqslant p=S^-(\boldsymbol{X})$$

是显然的,若 $N>p+1$,仍采用引理 8.1.2 和引理 8.1.3 的方法,把 $\boldsymbol{X}=(x_1,\cdots,x_M)$ 分成 $p+1$ 段,置 $\boldsymbol{v}^{(k)}=\sum_{j=\nu_{k-1}+1}^{\nu_k}|x_j|\boldsymbol{a}^j,k=1,\cdots,p+1$,以 $\{\boldsymbol{v}^{(k)}\}$ 为列向量的 $\boldsymbol{N}\times(p+1)$ 矩阵 $\boldsymbol{V}\in STP_{p+1}$. 置 $\boldsymbol{\xi}=(\xi_1,\cdots,\xi_{p+1})$, $\xi_j=(-1)^{j+1}$,则由 $\boldsymbol{AX}=\boldsymbol{V\xi}$, $S^+(\boldsymbol{AX})=S^+(\boldsymbol{V\xi})\leqslant p=S^-(\boldsymbol{X})$. 定理 8.1.1 的(1) 得证.

(2) 设

$$S^+(\boldsymbol{AX})=S^-(\boldsymbol{X})=p\leqslant n$$

此时,有 $1\leqslant j_1<\cdots<j_{p+1}\leqslant M,1\leqslant i_1<\cdots<i_{p+1}\leqslant N$ 使下列事实分别成立.

$$x_{j_\mu}\cdot x_{j_{\mu+1}}<0,\mu=1,\cdots,p$$

且 $x_i=0,i<j_1$ 时有

$$y_{i_\nu}\cdot y_{i_{\nu+1}}\leqslant 0,\nu=1,\cdots,p$$

选择充分小的 $\varepsilon_{i_\nu}(\nu=1,\cdots,p+1)$,记 $\boldsymbol{\varepsilon}_1=(\varepsilon_{i_1},\cdots,\varepsilon_{i_{p+1}})$,使得

$$\begin{aligned}&S^-(y_{i_1}+\varepsilon_{i_1},\cdots,y_{i_{p+1}}+\varepsilon_{i_{p+1}})\\=&S^+(y_{i_1}+\varepsilon_{i_1},\cdots,y_{i_{p+1}}+\varepsilon_{i_{p+1}})=p\end{aligned}$$

记 $\widetilde{\boldsymbol{A}}=\boldsymbol{A}\begin{pmatrix}i_1&\cdots&i_{p+1}\\j_1&\cdots&j_{p+1}\end{pmatrix}$. 由 $\widetilde{\boldsymbol{A}}\boldsymbol{\eta}_1=\boldsymbol{\varepsilon}_1$ 解出 $\boldsymbol{\eta}_1=(\eta_{j_1},\cdots,\eta_{j_{p+1}})^{\mathrm{T}}$ 之后,再取一 M 维向量

$$\boldsymbol{\eta}=(0,\cdots,0,\eta_{j_1},0,\cdots,0,\eta_{j_2},0,\cdots,\eta_{j_{p+1}},0,\cdots,0)$$

由于 ε_{i_ν} 任意小,$\eta_{j_1},\cdots,\eta_{j_{p+1}}$ 可任意小. 所以对充分小的 ε_{i_ν} 可以有

$$S^-(\boldsymbol{X}+\boldsymbol{\eta})=S^-(\boldsymbol{X})=p$$

令 $\boldsymbol{\varepsilon}=\boldsymbol{A\eta}$，则见

$$(\boldsymbol{\varepsilon})_{i_\nu}=\varepsilon_{i_\nu},\nu=1,\cdots,p+1$$

于是有：当 ε_{i_ν} 充分小时

$$\begin{aligned}p=S^-(\boldsymbol{X})&=S^-(\boldsymbol{X}+\boldsymbol{\eta})\geqslant S^+(\boldsymbol{A}(\boldsymbol{X}+\boldsymbol{\eta}))\\&\geqslant S^-(\boldsymbol{A}(\boldsymbol{X}+\boldsymbol{\eta}))=S^-(\boldsymbol{AX}+\boldsymbol{\varepsilon})\\&\geqslant S^-(y_{i_1}+\varepsilon_{i_1},\cdots,y_{i_{p+1}}+\varepsilon_{i_{p+1}})=p\end{aligned}$$

由此得

$$\begin{aligned}S^+(\boldsymbol{AX})=S^-(\boldsymbol{X})=S^+(\boldsymbol{AX}+\boldsymbol{\varepsilon})=S^-(\boldsymbol{AX}+\boldsymbol{\varepsilon})\\=S^-(\boldsymbol{X}+\boldsymbol{\eta})=p\end{aligned}$$

上面的等式对充分小的 ε_{i_ν} 成立. 由引理 8.1.3，$\boldsymbol{AX}+\boldsymbol{\varepsilon}=\boldsymbol{A}(\boldsymbol{X}+\boldsymbol{\eta})$ 的第一非零分量与 $\boldsymbol{X}+\boldsymbol{\eta}$ 的第一非零分量同号，亦即与 $\boldsymbol{X}$ 的第一非零分量同号. 由于

$$S^+(y_{i_1}+\varepsilon_{i_1},\cdots,y_{i_{p+1}}+\varepsilon_{i_{p+1}})=S^+(y_{i_1},\cdots,y_{i_{p+1}})=p$$

$$S^+(\boldsymbol{AX})=S^+(\boldsymbol{AX}+\boldsymbol{\varepsilon})=p$$

这里的

$$\boldsymbol{AX}=(y_1,\cdots,y_{i_1-1},y_{i_1},\cdots,y_{i_2},\cdots,y_{i_{p+1}},\cdots)$$

$$\begin{aligned}\boldsymbol{AX}+\boldsymbol{\varepsilon}=(&y_1+\varepsilon_1,\cdots,y_{i_1}+\varepsilon_{i_1},\cdots,\\&y_{i_2}+\varepsilon_{i_2},\cdots,y_{i_{p+1}}+\varepsilon_{i_{p+1}}\cdots)\end{aligned}$$

若$(\boldsymbol{AX})_1=y_1\neq 0$，则此时$(\boldsymbol{AX})_1$ 与$(\boldsymbol{AX}+\boldsymbol{\varepsilon})_1=y_1+\varepsilon_1$ 同号，从而即与 $\boldsymbol{X}$ 的第一非零分量同号. 若$(\boldsymbol{AX})_1=0$，则由 $S^+(\boldsymbol{AX}+\boldsymbol{\varepsilon})=S^-(\boldsymbol{AX}+\boldsymbol{\varepsilon})$，根据命题8.1.3(1)的(a)，$(\boldsymbol{AX}+\boldsymbol{\varepsilon})_1\cdot(\boldsymbol{AX}+\boldsymbol{\varepsilon})_N\neq 0$. 所以 x_{j_1} 与$(\boldsymbol{AX}+\boldsymbol{\varepsilon})_1$ 同号. 再由

$$S^+(\boldsymbol{AX})=S^+(\boldsymbol{AX}+\boldsymbol{\varepsilon})=p$$

可知$(\boldsymbol{AX}+\boldsymbol{\varepsilon})_1$ 的符号就是为了达到 $S^+(\boldsymbol{AX})$ 在 $\boldsymbol{AX}$ 的第一分量位置应填的符号.

注记 8.1.1[1]　定理 8.1.1 的条件 $\boldsymbol{A}\in STP_{n+1}$，

若减弱为 $\boldsymbol{A}\in TP_{n+1}$,则相应结论减弱为:

(1)$S^{-}(\boldsymbol{AX})\leqslant S^{-}(\boldsymbol{X})$.

(2)当 $S^{-}(\boldsymbol{AX})=S^{-}(\boldsymbol{X})$ 时,$\boldsymbol{AX}$ 的第一(第末)非零分量与 $\boldsymbol{X}$ 的第一(非零)分量同号.

注记 8.1.2 矩阵的减少变号性质与其保号性质之间存在着互逆的关系.对二者的详尽讨论亦见参考资料[1].

(三)全正核

定义 8.1.3 设 X,Y 是实轴上的子区间,$x\in X$,$y\in Y$,$K(x,y)$ 是 $X\times Y\to\mathbf{R}$ 的二元函数.取

$$\{x_1<\cdots<x_m\}\subset X,\{y_1<\cdots<y_m\}\subset Y$$

(1)称行列式

$$K\begin{pmatrix}x_1 & \cdots & x_m\\ y_1 & \cdots & y_m\end{pmatrix}\overset{\text{df}}{=}\begin{vmatrix}K(x_1,y_1) & \cdots & K(x_1,y_m)\\ \vdots & & \vdots\\ K(x_m,y_1) & \cdots & K(x_m,y_m)\end{vmatrix}$$

为 K 的 m 阶 Fredholm 子式.

(2)若对 $k\in\mathbf{Z}_+$ 有 $\sigma_k=1$ 或 -1,使对任取的 $\{x_1<x_2<\cdots<x_k\}\subset X,\{y_1<\cdots<y_k\}\subset Y$,有

$$\sigma_k K\begin{pmatrix}x_1 & \cdots & x_k\\ y_1 & \cdots & y_k\end{pmatrix}\geqslant 0$$

则称 $K(x,y)$ 在 $X\times Y$ 上 k 阶符号相容,记作 $K\in SC_k$.若总有

$$\sigma_k K\begin{pmatrix}x_1 & \cdots & x_k\\ y_1 & \cdots & y_k\end{pmatrix}>0$$

则称 $K(x,y)$ 在 $X\times Y$ 上 k 阶严格符号相容.记作 $K\in SSC_k$.

(3)给定 $r\in\mathbf{Z}_+$.若对每一 k,$1\leqslant k\leqslant r$,$K\in$

$SC_k(SSC_k)$,则称 K 在 $X\times Y$ 上 r 阶保号(严格保号),记作 $K\in SR_r(SSR_r)$.

(4) 若 $K\in SR_r(SSR_r)$,且 $\sigma_1=\cdots=\sigma_r=1$,则称 $K(x,y)$ 在 $X\times Y$ 上 r 阶全正(严格全正),记作 $K\in TP_r(STP_r)$.

与矩阵完全类似,这里有:

命题 8.1.4(基本复合公式)　设 X,Y,Z 是实轴上的区间,$K(x,y)$,$L(y,z)$ 各为 $X\times Y\to\mathbf{R}$,$Y\times Z\to\mathbf{R}$ 的有界 Borel 可测函数,且对任一$(x,z)\in X\times Z$,积分

$$M(x,z)=\int_Y K(x,y)L(y,z)\mathrm{d}y$$

有限存在,同时 $M(x,z)$ 亦为有界 B 可测,则对任取的 $\{x_1<\cdots<x_n\}\subset X$,$\{z_1<\cdots<z_n\}\subset Z$,有

$$M\begin{pmatrix}x_1 & \cdots & x_m\\ z_1 & \cdots & z_m\end{pmatrix}=\overbrace{\int\cdots\int}^{m}_{\{y_1<\cdots<y_m\}}K\begin{pmatrix}x_1 & \cdots & x_m\\ y_1 & \cdots & y_m\end{pmatrix}\cdot L\begin{pmatrix}y_1 & \cdots & y_m\\ z_1 & \cdots & z_m\end{pmatrix}\mathrm{d}y_1\cdots\mathrm{d}y_m \quad (8.7)$$

成立.

证　以 π 表示$(1,2,\cdots,m)$的一个置换,则

$$M(x_1,z_{\pi(1)})\cdot M(x_2,z_{\pi(2)})\cdot\cdots\cdot M(x_m,z_{\pi(m)})$$
$$=\underbrace{\int\cdots\int}_{\substack{Y\times\cdots\times Y\\ m}}K(x_1,y_1)\cdots K(x_m,y_m)L(y_1,z_{\pi(1)})\cdots L(y_m,z_{\pi(m)})\mathrm{d}y_1\cdots\mathrm{d}y_m$$

由行列式定义,对一切置换 π 求和,得

$$M\begin{pmatrix}x_1 & \cdots & x_m\\ z_1 & \cdots & z_m\end{pmatrix}=\underbrace{\int\cdots\int}_{\substack{Y\times\cdots\times Y\\ m}}K(x_1,y_1)\cdots K(x_m,y_m)\cdot$$

$$L\begin{pmatrix} y_1 & \cdots & y_m \\ z_1 & \cdots & z_m \end{pmatrix} \mathrm{d}y_1 \cdots \mathrm{d}y_m$$

记 $\Delta_\pi = \{(y_1, \cdots, y_m) \in \underbrace{Y \times \cdots \times Y}_{m} \mid y_{\pi(1)} < \cdots < y_{\pi(m)}\}$,则见

$$\underbrace{Y \times \cdots \times Y}_{m} = (\bigcup_{\pi} \Delta_\pi) \cup \Delta_0, \mu(\Delta_0) = 0$$

其中 μ 是 m 维点集的 Lebesgue 测度. 所以

$$\underbrace{\int \cdots \int}_{\substack{Y \times \cdots \times Y \\ m}} K(x_1, y_1) \cdots K(x_m, y_m) \cdot$$

$$L\begin{pmatrix} y_1 & \cdots & y_m \\ z_1 & \cdots & z_m \end{pmatrix} \mathrm{d}y_1 \cdots \mathrm{d}y_m$$

$$= \sum_{\pi} \int \cdots \int_{\Delta_\pi} K(x_1, y_1) \cdots K(x_m, y_m) \cdot$$

$$L\begin{pmatrix} y_1 & \cdots & y_m \\ z_1 & \cdots & z_m \end{pmatrix} \mathrm{d}y_1 \cdots \mathrm{d}y_m$$

若对 Δ_π 作变量代换 $y_{\pi(i)} \to y_i$,则该变换的 Jacobian 等于 $(-1)^{|\pi|}$, $|\pi|$ 表示由 π 复原到自然顺序 $\{1,2,\cdots, m\}$ 的代换数. 于是得

$$M\begin{pmatrix} x_1 & \cdots & x_m \\ z_1 & \cdots & z_m \end{pmatrix}$$

$$= \int \cdots \int_{y_1 < \cdots < y_m} \sum_{\pi} (-1)^{|\pi|} \cdot$$

$$K(x_1, y_{\pi^{-1}(1)}) \cdots K(x_m, y_{\pi^{-1}(m)}) \cdot$$

$$L\begin{pmatrix} y_1 & \cdots & y_m \\ z_1 & \cdots & z_m \end{pmatrix} \mathrm{d}y_1 \cdots \mathrm{d}y_m$$

$$= \int \cdots \int_{y_1 < \cdots y_m} K\begin{pmatrix} x_1 & \cdots & x_m \\ y_1 & \cdots & y_m \end{pmatrix} \cdot$$

$$L\begin{pmatrix} y_1 & \cdots & y_m \\ z_1 & \cdots & z_m \end{pmatrix} \mathrm{d}y_1 \cdots \mathrm{d}y_m$$

下面是几个全正核的例.

例 8.1.6　$K(x,y)=\mathrm{e}^{xy}$, $-\infty<x,y<+\infty$. 任取

$$x_1<\cdots<x_m, y_1<\cdots<y_m$$

置 $a_j=\mathrm{e}^{x_j}$, 则有 $0<a_1<\cdots<a_m$, $K\begin{pmatrix} x_1 & \cdots & x_m \\ y_1 & \cdots & y_m \end{pmatrix}=\det(a_i^{y_j})$, $i,j=1,\cdots,m$. 根据例 8.1.1, $\det(a_i^{y_j})>0$, 所以 $K\in STP_r$, $r=1,2,3,\cdots$. 这种情形记作 $K\in STP_\infty$.

例 8.1.7　若 $K(x,y)\in TP_r$, $\varphi(x)(x\in X)$, $\psi(y)(y\in Y)$ 都是正值的, 则 $\varphi(x)\psi(y)K(x,y)\in TP_r$.

特例　若 $\sigma>0$, $-\infty<x,y<+\infty$, 则

$$E_\sigma(x,y)=\exp\left(-\frac{(x-y)^2}{2\sigma^2}\right)\in STP_\infty \quad (8.8)$$

此函数以 Gauss 核著称.

例 8.1.8　$X=Y=\mathbf{R}$. $K_0(x,y)=1$, $x\geqslant y$ 时, $K_0(x,y)=0$, $x<y$ 时, $K_0(x,y)\in TP$. 事实上, 对任取的 $x_1<\cdots<x_m$, $y_1<\cdots<y_m$, 行列式

$$K\begin{pmatrix} x_1 & \cdots & x_m \\ y_1 & \cdots & y_m \end{pmatrix}=\begin{vmatrix} K(x_1,y_1) & \cdots & K(x_1,y_m) \\ \vdots & & \vdots \\ K(x_m,y_1) & \cdots & K(x_m,y_m) \end{vmatrix}$$

当 $y_1\leqslant x_1<y_2\leqslant x_2<\cdots<y_m\leqslant x_m$ 时等于 1, 否则为零. 事实上, 如果 $x_1<y_1$, 那么 $K_0(x_1,y_1)=\cdots=K_0(x_1,y_m)=0$, 故 $K\begin{pmatrix} x_1 & \cdots & x_m \\ y_1 & \cdots & y_m \end{pmatrix}=0$, 所以为了使

$K\begin{pmatrix}x_1 & \cdots & x_m\\ y_1 & \cdots & y_m\end{pmatrix}\neq 0, y_1\leqslant x_1$ 是必要的. 其次, 如果有 $y_1 < y_2 \leqslant x_1$, 则由于 $K_0(x_j,y_1)=K_0(x_j,y_2), j=1,\cdots,m$, 所以 $K\begin{pmatrix}x_1 & \cdots & x_m\\ y_1 & \cdots & y_m\end{pmatrix}=0$, 那么只需考虑 $y_1\leqslant x_1 < y_2$, 此时行列式的第一行 $K(x_1,y_1)=1$, 其余元都是零, 从而得

$$K\begin{pmatrix}x_1 & \cdots & x_m\\ y_1 & \cdots & y_m\end{pmatrix}=K\begin{pmatrix}x_2 & \cdots & x_m\\ y_2 & \cdots & y_m\end{pmatrix}$$

对 $K\begin{pmatrix}x_2 & \cdots & x_m\\ y_2 & \cdots & y_m\end{pmatrix}$ 重复上面的论证, 得所欲求.

今任取 $y_1<\cdots<y_m$, 置 $u_j(x)=K_0(x,y_j)$, 则见 $\{u_1(x),\cdots,u_m(x)\}$ 线性独立. 在包含 $\{y_1,\cdots,y_m\}$ 的任一区间 $[a,b]$ 内是 WT(弱 Chebyshev) 组. $K_0(x,y)$ 是一系列 TP 核的第一个.

例 8.1.9 $m\geqslant 0$ 为一整数. $X=Y=\mathbf{R}$, 有

$$K_m(x,y)=(x-y)_+^m \tag{8.9}$$

$K_m(x,y)\in TP$.

证 首先注意, 对 $\beta\geqslant 0$, 定义一函数

$$g_0(x)=\begin{cases}e^{-\beta x}, x\geqslant 0\\ 0, x<0\end{cases} \tag{8.10}$$

则由 $g_0(x-y)=e^{-\beta x}\cdot e^{\beta y}K_0(x,y)$, 根据例 8.1.7 知 $g_0(x-y)\in TP$. 置

$$g_m(x)=\begin{cases}\dfrac{x^m e^{-\beta x}}{m!}, x\geqslant 0\\ 0, x<0\end{cases} \tag{8.11}$$

$x\geqslant 0$ 时有

$$g_m(x)=\int_{-\infty}^{+\infty} g_0(x-z)g_{m-1}(z)\mathrm{d}z$$

从而,对 $x \geqslant y$ 有

$$g_m(x-y)=\int_{-\infty}^{+\infty} g_0(x-z)g_{m-1}(z-y)\mathrm{d}z \tag{8.12}$$

对 $x<y$ 有

$$g_m(x-y)=0$$

但因 $x<y$ 时有

$$\int_{-\infty}^{+\infty} g_0(x-z)g_{m-1}(z-y)\mathrm{d}z=\int_{-\infty}^{x} g_{m-1}(z-y)\mathrm{d}z=0$$

所以式(8.12)普遍成立.利用基本复合公式和数学归纳法即可得到

$$g_m(x-y)\in TP,m=1,2,3,\cdots$$

$\beta=0$ 给出 $K_m(x,y)\in TP$.

任取 $y_1<\cdots<y_m$,置 $u_j(x)=(x-y_j)_+^n$,$\{u_j(x)\}$ 线性独立.$\{u_1(x),\cdots,u_m(x)\}$ 在包含 $\{y_1,\cdots,y_m\}$ 的任一区间 $[a,b]$ 上是 WT 组.

现在进一步证明:

定理 8.1.2　设有整数 $m\geqslant 0$ 及 $-1<y_1<\cdots<y_r<1$,则 $\{1,x,\cdots,x^m,(x-y_1)_+^m,\cdots,(x-y_r)_+^m\}$ 线性无关,是 $[-1,1]$ 上的 WT 组.

证　线性无关性是平凡的.由前面的结果知 $(x-y)_+^m\in TP$,故对任取的 $-1\leqslant x_0<x_1<\cdots<x_{m+r}\leqslant 1$,$u_i(y)=(x_i-y)_+^m$ $(i=0,1,\cdots,m+r)$ 是 $[-1,1]$ 上的 WT 组.又因 $(x-y)_+^m\in C^{m-1}$,若取 $y_0=y_1=\cdots=y_m=-1$,$y_{m+j}=y_j$,$j=1,\cdots,r$,则(见[2],第 7~8 页)

$$(-1)^{\frac{m(m-1)}{\lambda}}\prod_{j=0}^{m-1}(m-j)^{m-j}\times$$

$$\begin{vmatrix} (x_0+1)^m(x_0+1)^{m-1} & \cdots & 1 & \cdots & (x_0-y_1)_+^m & \cdots & (x_0-y_r)_+^m \\ (x_1+1)^m(x_1+1)^{m-1} & \cdots & 1 & \cdots & (x_1-y_1)_+^m & \cdots & (x_1-y_r)_+^m \\ \vdots & & & & & & \vdots \\ (x_{m+r}+1)^m(x_{m+r}+1)^{m-1} & \cdots & 1 & \cdots & (x_{m+r}-y_1)_+^m & \cdots & (x_{m+r}-y_r)_+^m \end{vmatrix}\geqslant 0$$

最后的行列式经过若干次初等变换得到下列结果

$$\begin{vmatrix} 1 & x_0 & \cdots & x_0^m & (x_0-y_1)_+^m & \cdots & (x_0-y_r)_+^m \\ 1 & x_1 & \cdots & x_1^m & (x_1-y_1)_+^m & \cdots & (x_1-y_r)_+^m \\ \vdots & \vdots & & \vdots & \vdots & & \vdots \\ 1 & x_{m+r} & \cdots & x_{m+r}^m & (x_{m+r}-y_1)_+^m & \cdots & (x_{m+r}-y_r)_+^m \end{vmatrix} \geqslant 0$$

这就证明了$\{1,x,\cdots,x^m,(x-y_1)_m^+,\cdots,(x-y_r)_+^m\}$是 WT 组.

例 8.1.10 TP 核借助 STP 核的逼近.

设 $K(x,y)\in C,-\infty<x,y<+\infty$,且对任一 y 有 $|K(x,y)|\leqslant C(y)\mathrm{e}^{\alpha|x|}(\alpha>0)$. 置

$$K_\sigma(x,y)=\frac{1}{2\pi\sigma}\int_{-\infty}^{+\infty}\exp\left(-\frac{(x-u)^2}{2\sigma^2}\right)K(u,y)\mathrm{d}u$$

则在每一点(x,y)上有

$$\lim_{\sigma\to 0+}K_\sigma(x,y)=K(x,y)$$

假定 $K(x,y)\in TP_r$,且对每一 $m\leqslant r$,任给 $x_1<\cdots<x_m$,有 $y_1<\cdots<y_m$ 使 $K\begin{pmatrix} x_1 & \cdots & x_m \\ y_1 & \cdots & y_m \end{pmatrix}>0$,换句话说,对任取的一组 $x_1<\cdots<x_m,m\leqslant r$,$\{K(x_1,y),\cdots,K(x_m,y)\}$ 线性独立,则 $K_\sigma(x,y)\in STP_r$.

(四) 全正核的减少变号性质

和全正矩阵一样,全正核也有减少变号性.

设 $K(x,y)\in C_{[a,b]\times[a,b]}$,$f:[a,b]\to\mathbf{R}$ 是分段连续,有界. 定义一积分算子 K

$$g(x)=(Kf)(x)=\int_a^b K(x,y)f(y)\mathrm{d}y \tag{8.13}$$

定义 8.1.4 已知 $X\subset\mathbf{R}$,$F:X\to\mathbf{R}$ 的实函数. F 的强变号

$$S^{-}(F) \overset{\text{df}}{=\!=} \sup S^{-}(F(x_1),\cdots,F(x_m))$$

上确界对一切$\{x_1<\cdots<x_m\}\subset X, m=1,2,3,\cdots$. 取相应的可定义 $S^{+}(F)$. $F\equiv 0$ 时规定 $S^{-}(F)=-1$.

定义 8.1.5　已知 $X\subset \mathbf{R}$ 是 B 可测集, $F:X\to\mathbf{R}$ 是 B 可测函数. 若存在 $n+1$ 个 B 可测集 $B_1,\cdots,B_{n+1}\subset X$ 使

(1) $B_1<B_2<\cdots<B_{n+1}$, 即 $\forall x\in B_i, y\in B_{i+1}, i=1,\cdots,n; x<y$.

(2) $\text{mes}(X\setminus \bigcup_{j=1}^{n+1} B_j)=0$.

(3) F 在每一 B_i 上不变号, 且存在 $B_i^{*}\subset B_i$, 有 $\text{mes}(B_i^{*})>0$, F 在 B_i^{*} 上不为零, $F(x)$ 在 B_i^{*} 上的符号表示为 $\text{sgn } F(B_i)$.

(4) $\text{sgn } F(B_i)\cdot \text{sgn } F(B_{i+1})<0, i=1,\cdots,n$. 则称 F 在 X 上有 n 个变号, 记作 $S(F)=n$. 当 $F\equiv 0$ 时, 规定 $S(F)=-1$.

下面定理刻画了 TP 核的减少变号性.

定理 8.1.3　设 $K(x,y)\in C_{[a,b]\times[a,b]}$, $K\in STP_r(r\geqslant 2)$, $f\not\equiv 0$, $S(f)=n\leqslant r-1$, 则

$$S^{+}(Kf)\leqslant S(f) \tag{8.14}$$

若 $S^{+}(Kf)=S(f)$, 则 f 与 g 呈现相同的变号规律, 即:

(1) 对 g 有 $[a,b]=\bigcup_{j=1}^{n+1} A_j$, $A_1<\cdots<A_{n+1}$, g 在 A_j 上不变号, 且

$$\text{sgn } g(A_i)\cdot \text{sgn } g(A_{i+1})<0$$

(2) 对 f 有 $[a,b]=\bigcup_{j=0}^{n+1} B_j$, $B_1<\cdots<B_{n+1}$, $\text{mes}(B_0)=0$, 在每一 B_i 上 f 不变号, 且有 $B_i^{*}\subset B_i$,

$\operatorname{mes}(B_i^*)>0$,$f$ 在 B_i^* 上非零,有

$$\operatorname{sgn} f(B_i)\cdot\operatorname{sgn} f(B_{i+1})<0$$

(3)$\operatorname{sgn} g(A_1)\cdot\operatorname{sgn} f(B_1)>0$.

证 由假定 $S(f)=n$,可知满足(2)的子集组 $B_1<\cdots<B_{n+1}$ 存在.置

$$\omega_i(\gamma)=\begin{cases}1, y\in B_i\\ 0, y\in[a,b]\backslash B_i\end{cases}, i=1,\cdots,n+1$$

并置

$$\begin{aligned}\Phi(x,i)&=\int_{B_i}K(x,y)\mid f(y)\mid \mathrm{d}y\\ &=\int_a^b K(x,y)\omega_i(y)\mid f(y)\mid \mathrm{d}y\end{aligned}$$

利用基本复合公式(变元 i 是离散的,只在 $1,\cdots,n+1$ 内取值),任取

$$\{x_1,\cdots,x_p\}\subset[a,b], x_i<x_{i+1}, p\leqslant n+1$$

得

$$\begin{aligned}&\Phi\begin{pmatrix}x_1 & \cdots & x_p\\ i_1 & \cdots & i_p\end{pmatrix}\\ &=\int\cdots\int_{y_1<\cdots<y_p} K\begin{pmatrix}x_1 & \cdots & x_p\\ y_1 & \cdots & y_p\end{pmatrix}\omega\begin{pmatrix}y_1 & \cdots & y_p\\ i_1 & \cdots & i_p\end{pmatrix}\cdot\\ &\qquad\mid f(y_1)\mid\cdots\mid f(y_p)\mid \mathrm{d}y_1\cdots\mathrm{d}y_p\end{aligned}$$

其中,$\{i_1<\cdots<i_p\}\subset\{1,\cdots,n+1\}$,由于点$(y_1,\cdots,y_p)$的坐标内如果有一个 $y_i\;\overline{\in}\bigcup_{s=1}^{p}B_{i_s}$ 就有 $\omega\begin{pmatrix}y_1 & \cdots & y_p\\ i_1 & \cdots & i_p\end{pmatrix}=0$,故为使 $\omega\begin{pmatrix}y_1 & \cdots & y_p\\ i_1 & \cdots & i_p\end{pmatrix}\neq 0$,$y_j\in\bigcup_{s=1}^{p}B_{i_s}(j=1,\cdots,p)$ 是必要的,但这仅仅是必要条件,因为如果有 $y_{j_1},y_{j_2}(j_1\neq j_2)$ 属于某个 B_{i_s},会有

$\omega\begin{pmatrix} y_1 & \cdots & y_p \\ i_1 & \cdots & i_p \end{pmatrix}=0$. 由此可见 $\omega\begin{pmatrix} y_1 & \cdots & y_p \\ i_1 & \cdots & i_p \end{pmatrix}\neq 0$,当且仅当 $y_j \in B_{i_j}(j=1,\cdots,p)$, 而这时有 $\omega\begin{pmatrix} y_1 & \cdots & y_p \\ i_1 & \cdots & i_p \end{pmatrix}=1$,所以

$$\Phi\begin{pmatrix} x_1 & \cdots & x_p \\ i_1 & \cdots & i_p \end{pmatrix}$$
$$=\int_{B_{i_p}}\cdots\int_{B_{i_1}} K\begin{pmatrix} x_1 & \cdots & x_p \\ y_1 & \cdots & y_p \end{pmatrix} | f(y_1) | \cdots$$
$$| f(y_p) | \mathrm{d}y_1\cdots\mathrm{d}y_p > 0$$

即 $\Phi(x,i) \in STP_{n+1}$. 今由

$$g(x)=\int_a^b K(x,y)f(y)\mathrm{d}y$$
$$=\sum_{i=1}^{n+1}\int_{B_i} K(x,y)f(y)\mathrm{d}y$$
$$=(\operatorname{sgn} f(B_1))\sum_{i=1}^{n+1}(-1)^{i+1}\Phi(x,i)$$

置 $\sigma=\operatorname{sgn} f(B_1)$. 任取 $\{x_1<\cdots<x_p\}\subset[a,b]$. 当 $p\leqslant n+1$ 时

$$S^+(g(x_1),\cdots,g(x_p))\leqslant n=s(f)$$

是当然的,设 $p>n+1$,则由

$$\begin{pmatrix} g(x_1) \\ \vdots \\ g(x_p) \end{pmatrix}=\begin{pmatrix} \Phi(x_1,1) & \cdots & \Phi(x_1,n+1) \\ \Phi(x_2,1) & \cdots & \Phi(x_2,n+1) \\ \vdots & & \vdots \\ \Phi(x_p,1) & \cdots & \Phi(x_p,n+1) \end{pmatrix}\begin{pmatrix} \sigma \\ \vdots \\ \sigma(-1)^n \end{pmatrix}$$

应用定理 8.1.1 得

$$S^+(g(x_1),\cdots,g(x_p))\leqslant n=S(f)$$

所以

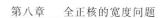

$$S^{+}(g)=\sup_{x_1<\cdots<x_p} S^{+}(g(x_1),\cdots,g(x_p))\leqslant n=S(f)$$

若 $S^{+}(Kf)=S(f)$,应用定理 8.1.1 的后半部分结果,可以推出本定理后半部分结论. 细节从略.

注记 8.1.3 下面是定理 8.1.3 的弱形式.

定理 8.1.3′ 设 $K\in TP_r(r\geqslant 2)$,则 $S(f)\leqslant r-1\Rightarrow S^{-}(Kf)\leqslant S(f)$. 当 $S^{-}(Kf)=S(f)\leqslant r-1$ 时,Kf 与 f 有相同的符号排列.

注记 8.1.4 我们只对 $X=Y=[a,b]$ 这一特殊情形叙述了 TP 核的减少变号性. 当 X,Y 是 B 可测集,K 是 $X\times Y\to\mathbf{R}$ 的 B 可测函数,测度 $\mathrm{d}\mu$ 任意 σ 有限时,定理 8.1.3 照样成立. 详见 S. Karlin 的[1].

§2 全正完全样条类上的最小范数问题

全正完全样条是多项式完全样条的推广.

多项式完全样条

设 $m\geqslant 1$,$S(x)\in C^{m-1}[a,b]$ 如果具有以下性质:

(1) 存在 n 个点 x_i,$a<x_1<\cdots<x_n<b$,在每一小区间 $[a,x_1],[x_1,x_2],\cdots,[x_n,b]$ 上 $S(x)$ 是次数小于或等于 m 的代数多项式.

(2) $S^{(m)}(x)=\sigma(-1)^i$,当 $x_{i-1}<x<x_i$ 时 $(i=1,\cdots,n+1)$,$x_0=a$,$x_{n+1}=b$,$\sigma=1$ 或 -1,则称 $S(x)$ 是以 $\{x_1,\cdots,x_n\}$ 为结点的 m 次的多项式完全样条.

注意

$$S^{(m)}(x)=\pm\left\{1+2\sum_{i=1}^{n}(-1)^i(x-x_i)_+^0\right\},x\neq x_i$$

$$S(x)=\sum_{\nu=0}^{m-1}c_\nu(x-a)^\nu+\alpha\left\{x^m+2\sum_{i=1}^{n}(-1)^i(x-x_i)_+^m\right\}$$

其中 $\alpha=\pm\dfrac{1}{m!}$.

完全样条在许多极值问题中起着十分重要的作用. 本节介绍 A. L. Brown[4] 的广义全正完全样条.

(一) 某些预备事项

记号 8.2.1　给定

$$K(x,y)\in C_{[0,1]\times[0,1]}$$

$$k_1(x),\cdots,k_r(x),g_1(x),\cdots,g_s(x)\in C_{[0,1]}$$

记

$$\boldsymbol{K}=\{K;k_1,\cdots,k_r;g_1,\cdots,g_s\}$$

$r=0$ 时, $\{k_1,\cdots,k_r\}$ 是空集, $\boldsymbol{K}=\{K;\varnothing;g_1,\cdots,g_s\}$, $s=0$ 时仿此.

记 $K^{\mathrm{T}}(x,y)=K(y,x)$ 为 K 的转置.

$\boldsymbol{K}'=\{K^{\mathrm{T}};g_1,\cdots,g_s;k_1,\cdots,k_r\}$ 称为 K 的转置系.

记号 8.2.2　设 $r,s\geqslant 0,m,n\geqslant 0$ 满足关系式 $r+m=s+n$. $\{\xi_1,\cdots,\xi_n\},\{\tau_1,\cdots,\tau_m\}\subset[0,1]$. 且

$$K\begin{pmatrix}1 & \cdots & s & \xi_1 & \cdots & \xi_n\\ 1 & \cdots & r & \tau_1 & \cdots & \tau_m\end{pmatrix}$$

$$=\begin{vmatrix}0 & \cdots & 0 & g_1(\tau_1) & \cdots & g_1(\tau_m)\\ \vdots & & \vdots & \vdots & & \vdots\\ 0 & \cdots & 0 & g_s(\tau_1) & \cdots & g_s(\tau_m)\\ k_1(\xi_1) & \cdots & k_r(\xi_1) & K(\xi_1\tau_1) & \cdots & K(\xi_1\tau_m)\\ \vdots & & \vdots & \vdots & & \vdots\\ k_1(\xi_n) & \cdots & k_r(\xi_n) & K(\xi_n,\tau_1) & \cdots & K(\xi_n,\tau_m)\end{vmatrix}\tag{8.15}$$

若 $s=0,\{g_1,\cdots,g_s\}=\varnothing,r+m=n$,行列式(8.15)记作 $K\begin{pmatrix}\xi_1 & \cdots & \xi_r & \xi_{r+1} & \cdots & \xi_n \\ 1 & \cdots & r & \tau_1 & \cdots & \tau_m\end{pmatrix}$. 若 $r=0$,则 $\{k_1,\cdots,k_r\}=\varnothing$,仿此,式(8.15)记作

$$K\begin{pmatrix}1 & \cdots & s & \xi_1 & \cdots & \xi_n \\ \tau_1 & \cdots & \tau_s & \tau_{s+1} & \cdots & \tau_m\end{pmatrix}$$

记号 8.2.3 设 $n\geqslant 0$. 置

$$\Lambda_n=\{\xi\mid \xi=(\xi_1,\cdots,\xi_n)\in\mathbf{R}^n,\ 0=\xi_0<\xi_1<\cdots<\xi_n<1\}$$

$\forall\xi\in\Lambda_m$,置

$$h_\xi(x)=\begin{cases}(-1)^i,\xi_i<x<\xi_{i+1},i=0,\cdots,m\\ 0,x=\xi_i\end{cases}$$

$$\Gamma_n=\{h_\xi(x)\mid \xi\in\Lambda_m,m\leqslant n\}$$

记号 8.2.4

$$Q_r=\operatorname{span}\{k_1,\cdots,k_r\},N_s=\operatorname{span}\{g_1,\cdots,g_s\}$$

$$\mathscr{P}_n^{(r,-s)}=\{P=k+Kh_\xi\mid k\in Q_r,\ h_\xi\perp N_s,\xi\in\Lambda_m,m\leqslant n\}$$

此处

$$h_\xi\perp N_s\Leftrightarrow\int_0^1 h_\xi(x)g_j(x)\mathrm{d}x=0,j=1,\cdots,s$$

$$(Kh_\xi)(\cdot)=\int_0^1 K(\cdot,y)h_\xi(y)\mathrm{d}y$$

当 $s=0$ 时,把 $\mathscr{P}_n^{(r,0)}$ 简记作 $\mathscr{P}_n^r$;$r=0$ 时,$\mathscr{P}^{(0,-s)}$ 简记作 $\mathscr{P}_n^{-s}$.

基本假定 假定 $\mathbf{K}$ 满足以下条件:

(Ⅰ)任取一组非负整数(m,n)并满足 $r+m=s+n$,$\forall\xi\in\Lambda_n,\tau\in\Lambda_m$ 有

$$K\begin{pmatrix}1 & \cdots & s & \xi_1 & \cdots & \xi_n \\ 1 & \cdots & r & \tau_1 & \cdots & \tau_m\end{pmatrix}\geqslant 0$$

（Ⅱ）对每一 $m \geqslant 1$，任取 $\tau \in \Lambda_m$，$\{k_1(\cdot),\cdots,k_r(\cdot),K(\cdot,\tau_1),\cdots,K(\cdot,\tau_m)\}$ 在$[0,1]$上线性独立.

（Ⅲ）对每一 $n \geqslant 1$，任取 $\xi \in \Lambda_n$，$\{g_1(\cdot),\cdots,g_s(\cdot),K(\xi_1,\cdot),\cdots,K(\xi_n,\cdot)\}$ 在$[0,1]$上线性独立.

（Ⅳ）$\{k_1,\cdots,k_r\}$，$\{g_1,\cdots,g_s\}$ 各是 $(0,1)$ 上的 Chebyshev 系.

定义 8.2.1　称 $\mathscr{P}_n^{(r,-s)}$ 是(具有自由结点 ξ，结点个数小于或等于 n) 的广义全正完全样条类.

命题 8.2.1　$\boldsymbol{K}$ 满足(Ⅰ)(Ⅱ)(Ⅳ)$\Rightarrow \forall \tau \in \Lambda_m$，$\exists \xi \in \Lambda_n$ 使

$$K\begin{pmatrix}1 & \cdots & s & \xi_1 & \cdots & \xi_n \\ 1 & \cdots & r & \tau_1 & \cdots & \tau_m\end{pmatrix} > 0$$

下面建立 $\mathscr{P}_n^{(r,-s)}$ 类内函数的零点和变号的基本定理，它是后面一系列进一步结果的基础. 为此，我们需要用到全正理论中的一个基本方法：利用基本复合公式和 Gauss 核把一个全正核光滑化和严格全正化，以及利用严格全正核来逼近全正核.

记号 8.2.5　给定 $\boldsymbol{K}$ 以及 $G(x,y) \in C_{[0,1]\times[0,1]}$，$f(x) \in C_{[0,1]}$，则

$$(\boldsymbol{K}\cdot G)(x,y) \overset{\text{df}}{=\!=} \int_0^1 K(x,u)G(u,y)\,\mathrm{d}u$$

$$(f\cdot\boldsymbol{K})(x) \overset{\text{df}}{=\!=} (K^{\mathrm{T}}f)(x) = \int_0^1 K(y,x)f(y)\,\mathrm{d}y$$

$$\boldsymbol{K}\cdot G \overset{\text{df}}{=\!=} \{K\cdot G(x,y),k_1,\cdots,k_r;g_1\cdot G,\cdots,g_s\cdot G\}$$

$$G\cdot\boldsymbol{K} = \{G\cdot K,G\cdot k_1,\cdots,G\cdot k_r;g_1,\cdots,g_s\}$$

命题 8.2.2　(拓广的基本复合公式)

任给 $\boldsymbol{K}$ 以及 $G(x,y) \in C_{[0,1]\times[0,1]}$，成立着

$$(\boldsymbol{K}\cdot G) = \begin{pmatrix}1 & \cdots & s & \xi_1 & \cdots & \xi_n \\ 1 & \cdots & r & \tau_1 & \cdots & \tau_m\end{pmatrix}$$

$$= \int_{\zeta_1 < \cdots < \zeta_m} \cdots \int K \begin{pmatrix} 1 & \cdots & s & \xi_1 & \cdots & \xi_n \\ 1 & \cdots & r & \zeta_1 & \cdots & \zeta_m \end{pmatrix} \times$$

$$G \begin{pmatrix} \zeta_1 & \cdots & \zeta_m \\ \tau_1 & \cdots & \tau_m \end{pmatrix} d\zeta_1 \cdots d\zeta_m \qquad (8.16)$$

$$(G \cdot \boldsymbol{K}) = \begin{pmatrix} 1 & \cdots & s & \xi_1 & \cdots & \xi_n \\ 1 & \cdots & r & \tau_1 & \cdots & \tau_m \end{pmatrix}$$

$$= \int_{\zeta_1 < \cdots < \zeta_n} \cdots \int G \begin{pmatrix} \xi_1 & \cdots & \xi_n \\ \zeta_1 & \cdots & \zeta_n \end{pmatrix} \times$$

$$K \begin{pmatrix} 1 & \cdots & s & \zeta_1 & \cdots & \zeta_n \\ 1 & \cdots & r & \tau_1 & \cdots & \tau_m \end{pmatrix} d\zeta_1 \cdots d\zeta_n$$

$$(8.16')$$

证 当 $r=0$ 时,恒等式(8.16)可以从§1的基本复合公式直接推出. $r>0$ 时,式(8.16)的证明分三步完成.(1)把 $K\begin{pmatrix} 1 & \cdots & s & \xi_1 & \cdots & \xi_n \\ 1 & \cdots & r & \tau_1 & \cdots & \tau_m \end{pmatrix}$ 依其前 r 列作 Laplace 展开.(2)和式和积分换序.(3)对每一项应用基本求积公式(相当于 $r=0$)最后得到的和式便是式(8.16)左端行列式依其前 r 列的 Laplace 展开. 式(8.16)证完. 式(8.16′)与(8.16)互为转置. 故式(8.16′)也成立.

为了把 $\boldsymbol{K}$ 严格全正化,要利用有限区间上的 Gauss 核.

记号 8.2.6 对 $\eta>0$ 置

$$G_\eta(x,y) = \frac{1}{\sqrt{2\pi}\,\eta} \exp\left(-\frac{(x-y)^2}{2\eta^2}\right), 0 \leqslant x, y \leqslant 1$$

$$K^{(\eta)} \stackrel{\mathrm{df}}{=} G_\eta \cdot (K \cdot G_\eta)$$

$$= \int_0^1 \int_0^1 G_\eta(x,\sigma) K(\sigma,\tau) G_\eta(\tau,y) d\tau d\sigma$$

对 $f \in C_{[0,1]}$ 记

$$f^{(\eta)} \overset{\mathrm{df}}{=\!=} G_\eta \cdot (f \cdot G_\eta) = \int_0^1 \int_0^1 G_\eta(x, y) f(\tau) G_\eta(\tau, y) \mathrm{d}\tau \mathrm{d}y$$

又记

$$\boldsymbol{K}^{(\eta)} \overset{\mathrm{df}}{=\!=} G_\eta \cdot (\boldsymbol{K} \cdot G_\eta) = \{K^{(\eta)}; G_\eta \cdot k_1, \cdots, G_\eta \cdot k_r; G_\eta^{\mathrm{T}} \cdot g_1, \cdots, G_\eta^{\mathrm{T}} \cdot g_s\}$$

熟知：$G_\eta \in STP$，且对 $x \in (0,1)$ 有

$$\lim_{\eta \to 0+} \int_0^1 G_\eta(x, y) \mathrm{d}y = 1$$

而对 $x = 0, 1$ 有

$$\lim_{\eta \to 0+} \int_0^1 G_\eta(x, y) \mathrm{d}y = \frac{1}{2}$$

命题 8.2.3

(1) $\eta_0 > 0$，则

$$\lim_{\eta \to \eta_0} \| G_\eta(x, y) - G_{\eta_0}(x, y) \|_c = 0$$

(2) 若 $f \in C_{[0,1]}$，则

$$\| G_\eta \cdot f \|_c \leqslant \| f \|_c$$

$$\lim_{\eta \to 0+} (G_\eta \cdot f)(x) = f(x), \forall x \in (0,1)$$

对任一闭区间 $I \subset (0,1)$ 有

$$\lim_{\eta \to 0+} \| G_\eta \cdot f - f \|_{c(I)} = 0$$

对 $x = 0, 1$ 有

$$\lim_{\eta \to 0+} (G_\eta \cdot f)(x) = \frac{1}{2} f(x)$$

(3) 若 $f \in C_{[0,1]}$，则任取 $\varepsilon > 0$ 有 $\eta_0 > 0$，使对每一 $\eta \in (0, \eta_0)$ 有

$$\min(f(x), 0) - \varepsilon \leqslant (G_\eta \cdot f)(x) \leqslant \max\{f(x), 0\} + \varepsilon$$

在 $[0,1]$ 上处处成立.

(4) 若 $K(x,y)\in C_{[0,1]\times[0,1]}$,则对任取的闭区间 $I\subset(0,1)$ 有

$$\| K\cdot G_\eta - K\|_{c[0,1\times I)} \to 0,\eta\to 0+$$

$$\| K^{(\eta)} - K\|_{c(I\times I)} \to 0,\eta\to 0+$$

(5) 若 $\boldsymbol{K}$ 满足(Ⅰ)(Ⅱ)(Ⅳ),则对每一 $\eta>0$,$\boldsymbol{K}^{(\eta)}$ 满足严格的(Ⅰ):即

$$K^{(\eta)}\begin{pmatrix}1\cdots s & \xi_1\cdots\xi_n\\ 1\cdots r & \tau_1\cdots\tau_m\end{pmatrix}>0 \tag{8.17}$$

证 (1)～(4)可利用以 G_η 为核的奇异积分的性质推出.根据 G_η 的严格全正性,利用拓广的基本复合公式,以及命题 8.2.1 即得(5).

下面进而讨论 $\mathscr{P}_n^{(r,-s)}$ 类中函数的零点和变号性.

引理 8.2.1 设 $\boldsymbol{K}$ 满足(Ⅰ)(Ⅱ)(Ⅳ),$\tau\in\Lambda_m$,$0\leqslant\xi_1<\cdots<\xi_{n+1}\leqslant 1$,$n+s=m+r$,$i^*\in\{1,\cdots,n+1\}$,则存在函数

$$\varphi(\cdot)=\sum_{i=1}^{s}\alpha_i g_i(\cdot)+\sum_{j=1}^{n+1}\beta_j K(\xi_j,\cdot)$$

满足

(1)$(\alpha_1,\cdots,\alpha_s,\beta_1,\cdots,\beta_{n+1})\neq(0,\cdots,0)$.

(2)$\sum_{j=1}^{n+1}\beta_j k_i(\xi_j)=0,i=1,\cdots,r$.

(3)$(-1)^m\varphi(x)h_\tau(x)\geqslant 0$.

(4)$(-1)^{r+s+m+i^*+1}\beta_{i^*}\geqslant 0$.

证 先设 $0<\xi_1,\xi_{n+1}<1$.任取 $\eta>0$,由下式定义

$$\varphi_\eta(t)$$

$$=\lambda K^{(\eta)}\begin{pmatrix}1 & \cdots & s & \xi_1 & \cdots & \xi_m & \xi_{n+1}\\ 1 & \cdots & r & \tau_1 & \cdots & \tau_m & t\end{pmatrix}$$

$$=\lambda\begin{vmatrix} 0 & \cdots & 0 & G_\eta^T\cdot g_1(\tau_1) & \cdots & G_\eta^T\cdot g_1(\tau_m) & G_\eta^T\cdot g_1(t)\\ \vdots & & \vdots & \vdots & & \vdots & \vdots\\ 0 & \cdots & 0 & G_\eta^T\cdot g_s(\tau_1) & \cdots & G_\eta^T\cdot g_s(\tau_m) & G_\eta^T\cdot g_s(t)\\ G_\eta k_1(\xi_1) & \cdots & G_\eta k_r(\xi_1) & K^{(\eta)}(\xi_1,\tau_1) & \cdots & K^{(\eta)}(\xi_1,\tau_m) & K^{(\eta)}(\xi_1,t)\\ \vdots & & \vdots & \vdots & & \vdots & \vdots\\ G_\eta k_1(\xi_{n+1}) & \cdots & G_\eta k_r(\xi_{n+1}) & K^{(\eta)}(\xi_{n+1},\tau_1) & \cdots & K^{(\eta)}(\xi_{n+1},\tau_m) & K^{(\eta)}(\xi_{n+1},t) \end{vmatrix}$$

$$=\sum_{i=1}^{s}\alpha_i(\eta)G_\eta^T\cdot g_i(t)+\sum_{j=1}^{n+1}\beta_i(\eta)K^{(\eta)}(\xi_j,t)$$

乘数 λ 选择得使

$$\max\{|\alpha_1(\eta)|,\cdots,|\alpha_s(\eta)|,$$
$$|\beta_1(\eta)|,\cdots,|\beta_{n+1}(\eta)|\}=1$$

根据命题 8.2.3 的(5)，$\boldsymbol{K}^{(\eta)}$ 满足严格的条件(Ⅰ)，所以只要 $\lambda\neq 0$，$\varphi_\eta(t)\not\equiv 0$. 所以 $\lambda=\lambda(\eta)$ 作如上选择是可能的. 把行列式的最后一列用其第 $j(j=1,\cdots,r)$ 列代替，再依最后一列展开，即得

$$\sum_{j=1}^{n+1}\beta_j(\eta)(G_\eta\cdot k_i)(\xi_j)=0,i=1,\cdots,r$$

至于 $\varphi_\eta(t)$ 的变号，由于 $\boldsymbol{K}^{(\eta)}$ 满足严格的条件(Ⅰ)，便可看出有

$$(-1)^m\varphi_\eta(t)h_\tau(t)\geqslant 0$$

最后

$$\beta_{i^*}(\eta)=(-1)^{r+s+i^*+m+1}\cdot$$
$$\lambda K^{(\eta)}\begin{pmatrix}1 & \cdots & s & \xi_1 & \cdots & \hat{\xi}_{i^*} & \cdots & \xi_{n+1}\\ 1 & \cdots & r & \tau_1 & \cdots & \tau_i & \cdots & \tau_m\end{pmatrix}$$

但是有

$$K^{(\eta)}\begin{pmatrix}1 & \cdots & s & \xi_1 & \cdots & \hat{\xi}_{i^*} & \cdots & \xi_{n+1}\\ 1 & \cdots & r & \tau_1 & \cdots & \tau_i & \cdots & \tau_m\end{pmatrix}>0$$

所以有

$$(-1)^{r+s+i^*+m+1}\beta_{i^*}(\eta)>0$$

现在应用 Bolzano-Weierstrass 引理，存在 $\eta>0$

的收敛到零的子集 η'（有序变量），使得

$$\lim_{\eta' \to 0}(\alpha_1(\eta'),\cdots,\alpha_s(\eta'),\beta_1(\eta'),\cdots,\beta_{n+1}(\eta'))$$
$$=(\alpha_1,\cdots,\alpha_s,\beta_1,\cdots,\beta_{n+1}) \in \mathbf{R}^{s+n+1}$$

从而 $\forall t \in (0,1)$，有

$$\lim_{\eta' \to 0+} \varphi_{\eta'}(t) = \varphi(t) \overset{\mathrm{df}}{=\!=} \sum_{i=1}^{s} \alpha_i g_i(t) + \sum_{j=1}^{n+1} \beta_j K(\xi_j,t)$$

对 ρ 成立着

$$\sum_{j=1}^{n+1} \beta_j k_i(\xi_j) = \lim_{\eta' \to 0+} \sum_{j=1}^{n+1} \beta_j(\eta')(G_{\eta'} \cdot k_i)(\xi_j) = 0$$

此即（2），对 $\forall t \in [0,1]$，有

$$(-1)^m \varphi(t) h_\tau(t) = \lim_{\eta' \to 0+} (-1)^m \varphi_{\eta'}(t) \cdot h_\tau(t) \geqslant 0$$

此即（3）.（由于 $\varphi(t)$ 在 0,1 连续，所以上式包括端点）

最后，由

$$\beta_{i^*} = \lim_{\eta' \to 0+} \beta_{i^*}(\eta')$$

便得

$$(-1)^{r+s+i^*+m+1} \beta_{i^*} \geqslant 0$$

此即（4）.

如果 $\xi_1 = 0$ 或 $\xi_{n+1} = 1$，不妨取 $0 < \xi_1 < \xi'_1$，$\xi_{n+1} < \xi'_{n+1} < 1$，分别用 ξ'_1，ξ'_{n+1} 代替 ξ_1，ξ_{n+1}，对 $\{\xi'_1,\xi_2,\cdots,\xi_n,\xi'_{n+1}\}$ 得出结论，之后再令 $\xi'_1 \to 0(\xi'_{n+1} \to 1$，若有必要)，得所欲求.

注记 此引理并未断言 $\varphi(t) \not\equiv 0$. 由证明过程看出，如果 $(\xi_1,\cdots,\xi_{n+1}) \in \Lambda_{n+1}$，即 $0 < \xi_1,\xi_{n+1} < 1$，那么可以保证 $\varphi(t) \not\equiv 0$. 若 K 也满足条件（Ⅲ），而且条件（Ⅲ）扩充到含有区间 $[0,1]$ 的右端点 1 在内的分点系上（即 $0 < \xi_1 < \cdots < \xi_{n+1} \leqslant 1$），则亦有 $\varphi(t) \not\equiv 0$.

定理 8.2.1 设 K 满足（Ⅰ）（Ⅱ）（Ⅲ）（Ⅳ），$\tau \in \Lambda_m$，$k_0 \in Q_r$，$f \in L[0,1]$，$f^{-1}(0)$ 是零测度集，

$f(x)h_\tau(x) \geqslant 0$,且$\int_0^1 f(x)g_i(x)\mathrm{d}x = 0(i=1,\cdots,s)$.若函数

$$u(x) = k_0(x) + \int_0^1 K(x,y)f(y)\mathrm{d}y + \sum_{j=1}^{m} c_j K(x,\tau_j)$$

的系数满足$\sum_{j=1}^{m} c_j g_i(\tau_j) = 0(i=1,\cdots,s)$,则

(1)$u(x)$在$(0,1)$内至多有$n=r+m-s$个不同零点.

(2)若$u(x)$在$(0,1)$内恰有n个零点$0<\xi_1<\cdots<\xi_n<1$,则ξ_i是$u(x)$的变号点,而且

$$(-1)^{r+s}u(x)h_\xi(x) \geqslant 0 \tag{8.18}$$

证　由于N_s是Haar子空间,$f \perp N_s \Rightarrow m \geqslant s$.(见第二章,Chebyshev系的零化结点系及有关的定理.)假定$u(x)$在$(0,1)$内有n个零点$0<\xi_1<\cdots<\xi_n<1$,任取$\xi_* \in (0,1)\backslash\{\xi_1,\cdots,\xi_n\}$,有一号码$i^* \in \{1,\cdots,n+1\}$,使$\xi_* \in (\xi_{i^*-1},\xi_{i^*})(\xi_{n+1}=1)$.由引理8.2.1,存在函数

$$\varphi(\cdot) = g_0(\cdot) + \sum_{s\in S}\beta_s K(s,\cdot)$$

此处$S=\{\xi_1,\cdots,\xi_n,\xi_*\}$,$g_0 \in N_s$,$\sum_{s\in S}\beta_s k_j(s)=0$,$j=1,\cdots,r$,而且

$$(-1)^m \varphi(x)h_\tau(x) \geqslant 0$$

条件(Ⅲ)保证$\varphi \not\equiv 0$.由于$u(\xi_j)=0(j=1,\cdots,n)$,我们有

$$(-1)^m \beta_{\xi_*} u(\xi_*) = (-1)^m \sum_{s\in S}\beta_s u(s)$$

$$= (-1)^m \sum_{j=1}^{n}\beta_j\{k_0(\xi_j) + \int_0^1 K(\xi_j,y)f(y)\mathrm{d}y +$$

$$\sum_{i=1}^{m} c_i K(\xi_j,\tau_i)\Big\} + (-1)^m \beta_{\xi_*}\Big\{k_0(\xi_*) + \int_0^1 K(\xi_*,y) f(y)\mathrm{d}y + \sum_{i=1}^{m} c_i K(\xi_*,\tau_i)\Big\}$$

$$= (-1)^m \int_0^1 \varphi(y) f(y)\mathrm{d}y + (-1)^m \sum_{i=1}^{m} c_i \sum_{s\in S} \beta_s K(s,\tau_i)$$

$$= (-1)^m \int_0^1 \varphi(y) f(y)\mathrm{d}y > 0$$

因为

$$\sum_{i=1}^{m} c_i \sum_{s\in S} \beta_s K(s,\tau_i) = \sum_{i=1}^{m} c_i \Big\{g_0(\tau_i) + \sum_{s\in S} \beta_s K(s,\tau_i)\Big\} = \sum_{i=1}^{m} c_i \varphi(\tau_i) = 0$$

由此知 $u(\xi_*) \neq 0$,即 $u(x)$ 在$(0,1)$内没有更多的零点. 又$\beta_{\xi_*} \neq 0$,根据引理8.2.1,存在$\eta > 0$的一个有序子集η'使$\beta_{\xi_*}(\eta') \to \beta_{\xi_*}$,但是

$$\operatorname{sgn} \beta_{\xi_*}(\eta) = (-1)^{r+s+i_*+m+1}$$

所以有

$$(-1)^m (-1)^{r+s+i_*+m+1} u(\xi_*) = (-1)^{r+s+i_*+1} u(\xi_*) > 0$$

即当$\xi_* \in (\xi_{i_*-1},\xi_{i_*})$时,有

$$\operatorname{sgn} u(\xi_*) = (-1)^{r+s+i_*-1}$$

由此得$(-1)^{r+s} u(x) h_\xi(x) \geqslant 0$.

注记 注意引理8.2.1中的$\{\xi_1,\cdots,\xi_{n+1}\}$可以有$\xi_1=0$,$\xi_{n+1}=1$. 如果条件(Ⅲ)扩充到$\xi$包含$[0,1]$的右端点1,那么定理8.2.1中的$\xi_*$可以取到1. 此时$\xi_*=1$给出$u(1)\neq 0$.(引理8.2.1保证$\varphi(\cdot)\neq 0$)后面将

要用到这一事实.

下面给出定理 8.2.1 的一些重要的特殊情形.

首先,$\{g_1,\cdots,g_s\}=\varnothing$ 时,$\boldsymbol{K}=\{K;k_1,\cdots,k_r;\varnothing\}$,$\boldsymbol{K}'=\{K^{\mathrm{T}};\varnothing;k_1,\cdots,k_r\}$. 对于 $\boldsymbol{K}$ 基本条件化归为:

条件 8.2.1

(1) $\forall m$ 及 $0<x_1<\cdots<x_{r+m}<1$,$0<y_1<\cdots<y_m<1$ 有

$$K\begin{pmatrix}x_1 & \cdots & x_r & x_{r+1} & \cdots & x_{r+m}\\ 1 & \cdots & r & y_1 & \cdots & y_m\end{pmatrix}\geqslant 0$$

(2) $\forall m$ 及 $0<y_1<\cdots<y_m<1$,$\{k_1(x),\cdots,k_r(x),K(x,y_1),\cdots,K(x,y_m)\}$ 在 $[0,1]$ 上线性无关.

(3) $\forall m$ 及 $0<x_1<\cdots<x_m<1$,$\{K(x_1,y),\cdots,K(x_m,y)\}$ 在 $[0,1]$ 上线性无关.

(4) $k_1(x),\cdots,k_r(x)$ 是 $(0,1)$ 上的 Chebyshev 系.

条件(1)(2)的含义是:$\{k_1(x),\cdots,k_r(x),K(x,y_1),\cdots,K(x,y_m)\}$ 是 $[0,1]$ 上的 WT 组.

当 $r=0$ 时,$\{k_1,\cdots,k_r\}=\varnothing$. 条件(4)失效. 条件(1)说明 $K\in TP$. 条件(2)(3)称为 $K(x,y)$ 的非蜕化条件.

当 $\{g_1,\cdots,g_s\}=\varnothing$,$\boldsymbol{K}$ 满足条件 8.2.1 时,定理 8.2.1 的特殊形式是:

定理 8.2.1′　若 $\boldsymbol{K}=\{K;k_1,\cdots,k_r;\varnothing\}$ 满足条件 8.2.1,$n\geqslant r$,$(a_1,\cdots,a_n)\in\mathbf{R}^n$,$0=\tau_0<\tau_1<\cdots<\tau_{n-r}<\tau_{n+1-r}=1$. $f\in L[0,1]$,$f^{-1}(0)$ 是零测度集,且 $f(x)h_\tau(x)\geqslant 0$,则

$$P(x)=\sum_{j=1}^{r}a_jk_j(x)+\int_0^1K(x,y)f(y)\mathrm{d}y+\sum_{j=r+1}^{n}a_jK(x,\tau_{j-r})$$

在(0,1)内至多有 n 个零点.若 $P(x)$ 在(0,1)内恰好有 n 个零点 $0<\xi_1<\cdots<\xi_n<1$,则 ξ_i 是 $P(x)$ 的变号点,且

$$(-1)^r P(x)h_\xi(x)\geqslant 0 \tag{8.19}$$

如果条件 8.2.1 的(3)扩充到右端点 1 可以包括在内的点组上,即 $0<x_1<\cdots<x_m\leqslant 1$,那么当 $P(x)$ 在(0,1)内有 n 个零点时,$P(1)\neq 0$.

推论 1 设 $k(x)\in Q_r,\tau\in\Lambda_m$ 有

$$P(x)=k(x)+\int_0^1 K(x,y)h_\tau(y)\mathrm{d}y$$

则:

(1)$P(x)$ 在(0,1)内至多有 $r+m$ 个零点.

(2)若 $P(x)$ 在(0,1)内恰有 $r+m$ 个零点 $0<\xi_1<\cdots<\xi_{r+m}<1$,则

$$(-1)^r P(x)h_\xi(x)\geqslant 0 \tag{8.20}$$

(3)若条件 8.2.1 的(3)扩充到一切包括区间右端点 1 在内的点组 $0<x_1<\cdots<x_m\leqslant 1$,则 $P(1)\neq 0$,若 $P(x)$ 在(0,1)内已经有 $n=r+m$ 个零点的话.

推论 2 设 $K(x,y)\in TP$,且对 $\forall m$ 及 $0<x_1<\cdots<x_m<1,0<y_1<\cdots<y_m<1$,有 $\{K(x,y_1),\cdots,K(x,y_m)\},\{K(x_1,y),\cdots,K(x_m,y)\}$ 线性独立.$\tau_m\in\Lambda_m$,则:

(1)$(Kh_\tau)(x)$ 在(0,1)内至多有 m 个零点.

(2)若 $(Kh_\tau)(x)$ 在(0,1)内恰有 m 个零点 $0<\xi_1<\cdots<\xi_m<1$,则

$$(Kh_\tau)(x)\cdot h_\xi(x)\geqslant 0 \tag{8.21}$$

现在考虑 $\boldsymbol{K}=\{K;k_1,\cdots,k_r;\varnothing\}$ 的转置 $\boldsymbol{K}'$.若 $\boldsymbol{K}$ 满足条件 8.2.1,则 $\boldsymbol{K}'$ 满足(Ⅰ)~(Ⅳ).为了明白起

见，验证如下：

（Ⅰ）任取 $m,n,r+n=m(s=0)$，以及

$$0<\xi_1<\cdots<\xi_n<1,0<\tau_1<\cdots<\tau_m<1$$

有

$$K'\begin{pmatrix}1 & \cdots & r & \xi_1 & \cdots & \xi_n\\ \tau_1 & \cdots & \tau_r & \tau_{r+1} & \cdots & \tau_{r+n}\end{pmatrix}$$

$$=\begin{vmatrix}k_1(\tau_1) & \cdots & k_1(\tau_m)\\ \vdots & & \vdots\\ k_r(\tau_1) & \cdots & k_r(\tau_m)\\ K^{\mathrm T}(\xi_1,\tau_1) & \cdots & K^{\mathrm T}(\xi_1,\tau_m)\\ \vdots & & \vdots\\ K^{\mathrm T}(\xi_n,\tau_1) & \cdots & K^{\mathrm T}(\xi_n,\tau_m)\end{vmatrix}$$

$$=K\begin{pmatrix}\tau_1 & \cdots & \tau_r & \tau_{r+1} & \cdots & \tau_m\\ 1 & \cdots & r & \xi_1 & \cdots & \xi_n\end{pmatrix}\geqslant 0$$

（Ⅱ）$\forall m$ 及 $\tau\in\Lambda_m$，$\{K^{\mathrm T}(\boldsymbol{x},\tau_1),\cdots,K^{\mathrm T}(\boldsymbol{x},\tau_m)\}=\{K(\tau_1,x),\cdots,K(\tau_m,x)\}$ 线性独立.

（Ⅲ）$\forall n$ 及 $\xi\in\Lambda_n$，$\{k_1,\cdots,k_r,K^{\mathrm T}(\xi_1,\cdot),\cdots,K^{\mathrm T}(\xi_n,\cdot)\}=\{k_1(\cdot),\cdots,k_r(\cdot),K(\cdot,\xi_1),\cdots,K(\cdot,\xi_n)\}$ 线性独立.

（Ⅳ）不待言.

由此，根据定理 8.2.1 得：

定理 8.2.1″　若 $\boldsymbol{K}=\{K;k_1,\cdots,k_r;\varnothing\}$ 满足条件 8.2.1. $\tau=(\tau_1,\cdots,\tau_n)\in\Lambda_n$，$f(y)\in L[0,1]$，$f(y)h_\tau(y)\geqslant 0$，$f^{-1}(0)$ 是零测度集. 且有

$$\int_0^1 f(x)k_j(x)\mathrm{d}x=0$$

又 $(C_1,\cdots,C_n)\in\mathbf{R}^n$ 满足 $\sum\limits_{j=1}^{n}C_jk_i(\tau_j)=0(i=1,\cdots,r)$，

则

$$u(x)=\int_0^1 K(y,x)f(y)\mathrm{d}y+\sum_{j=1}^{n}C_jK(\tau_j,x)$$

(1) 在(0,1)内至多有$n-r$个零点.(必有$n\geqslant r$.)

(2) 若 $u(x)$ 在(0,1) 内恰有 $n-r$ 零点 $0<\xi_1<\cdots<\xi_{n-r}<1$,则

$$(-1)^r u(x)h_\xi(x)\geqslant 0 \tag{8.22}$$

当$h_\tau(x)$满足定理8.2.1″中$f(x)$的条件时,可以给出一个和定理8.2.1′推论1类似的推论.

下面给出定理8.2.1的一条推论.

定理 8.2.1 的推论

假定 $\mathbf{K}$ 满足(Ⅰ)(Ⅱ)(Ⅲ)(Ⅳ).若有

$$P_0(x)=k_0(x)+\int_0^1 K(x,y)h_{\tau_0}(y)\mathrm{d}y$$

其中$k_0\in Q_r,\tau^0=(\tau_1^0,\cdots,\tau_m^0)\in\Lambda_m,h_{\tau^0}\perp N_s,P_0(x)$的零点为$0<\xi_1^0<\cdots<\xi_n^0<1,n=m+r-s$,则

$$K\begin{pmatrix}1 & \cdots & s & \xi_1^0 & \cdots & \xi_n^0\\ 1 & \cdots & r & \tau_1^0 & \cdots & \tau_m^0\end{pmatrix}\neq 0 \tag{8.23}$$

证 假定

$$K\begin{pmatrix}1 & \cdots & s & \xi_1^0 & \cdots & \xi_n^0\\ 1 & \cdots & r & \tau_1^0 & \cdots & \tau_m^0\end{pmatrix}=0$$

则存在$(\alpha_1,\cdots,\alpha_r,\beta_1,\cdots,\beta_m)\neq 0$满足下列线性方程组

$$\sum_{j=1}^{m}\beta_j g_i(\tau_j^0)=0,j=1,\cdots,s$$

$$\sum_{j=1}^{r}\alpha_j k_j(\xi_i^0)+\sum_{j=1}^{m}\beta_j K(\xi_i^0,\tau_j^0)=0,i=1,\cdots,n$$

但因$\sum_{j=1}^{r}\alpha_j k_j(\cdot)+\sum_{j=1}^{m}\beta_j K(\cdot,\tau_j^0)\not\equiv 0$.(基本假定之

(Ⅱ))故存在 $\xi_* \neq \xi_i^0 (i=1,\cdots,n)$ 使

$$\sum_{j=1}^{r}\alpha_j k_j(\xi_*)+\sum_{j=1}^{m}\beta_j K(\xi_*,\tau_j^0)\neq 0$$

那么,有一 λ 使

$$P_0(\xi_*)+\lambda\Big(\sum_{j=1}^{r}\alpha_j k_j(\xi_*)+\sum_{j=1}^{m}\beta_j K(\xi_*,\tau_j^0)\Big)=0$$

这样一来,函数

$$P_0(\cdot)+\lambda\Big(\sum_{j=1}^{r}\alpha_j k_j(\cdot)+\sum_{j=1}^{m}\beta_j K(\cdot,\tau_j^0)\Big)$$

在 $(0,1)$ 内有 $n+1$ 个零点,这和定理 8.2.1 矛盾.

下面是两个特殊情形:

情形 1　$\boldsymbol{K}=\{K;k_1,\cdots,k_r;\varnothing\}$ 满足条件 8.2.1. $s=0,n=m+r$,则

$$K\begin{pmatrix}\xi_1^0 & \cdots & \xi_r^0 & \xi_{r+1}^0 & \cdots & \xi_n^0\\ 1 & \cdots & r & \tau_1^0 & \cdots & \tau_m^0\end{pmatrix}>0 \quad (8.24)$$

情形 2　$\boldsymbol{K}'=\{K^{\mathrm{T}};\varnothing;k_1,\cdots,k_r\}$. $\tau^0\in\Lambda_{r+m},h_{\tau_0}\perp Q_r,\xi^0\in\Lambda_m,P_0(x)=(K^{\mathrm{T}}\cdot h_{\tau^0})(x)$ 在 ξ_i^0 为零,则

$$K\begin{pmatrix}\tau_1^0 & \cdots & \tau_r^0 & \tau_{r+1}^0 & \cdots & \tau_{r+m}^0\\ 1 & \cdots & r & \xi_1^0 & \cdots & \xi_m^0\end{pmatrix}>0 \quad (8.25)$$

(二)$\mathscr{P}_n^{(r,-s)}$ 类上最小范数问题的极函数的变分条件

给定$\boldsymbol{K}=\{K;k_1,\cdots,k_r;g_1,\cdots,g_s\}$. 其中$K(x,y)\in C_{[0,1]\times[0,1]},k_1,\cdots,k_r,g_1,\cdots,g_s\in C_{[0,1]}$. $\{g_1,\cdots,g_s\}$ 是 $(0,1)$ 上的 Chebyshev 系. 考虑极值问题

$$e_n(\boldsymbol{K};q)\overset{\mathrm{df}}{=\!=}\inf_{p\in\mathscr{P}_n^{(r,s)}}\|P\|_q=\inf\{\|k+Kh_\tau\|_q \mid \forall k\in Q_r,h_\tau\in\Gamma_n,h_\tau\perp N_s\},1\leqslant q\leqslant\infty \quad (8.26)$$

由于$\{g_1,\cdots,g_s\}$是 Chebyshev 系. 若有$\tau\in\Lambda_n$,使$h_\tau\perp N_s$,则必$n\geqslant s$. 反之,由 Hobby-Rice 定理,当$n\geqslant s$时,集$\{\tau\in\Lambda_m,m\leqslant n\mid h_\tau\perp N_s\}\neq\varnothing$,所以上面极值问题当$n\geqslant s$时有意义. 又映射$\tau\rightarrow Kh_\tau\in L^q_{[0,1]}$在$\Lambda_m(m\leqslant n)$上连续,于是,存在$P_0=k_0+Kh_{\tau^0}\in\mathscr{P}_n^{(r,-s)}$,其中$k_0\in Q_r,\tau^0\in\Lambda_p(p\leqslant n),h_{\tau^0}\perp N_s$,有

$$\|P_0\|_q=e_n(\mathbf{K};q)\tag{8.27}$$

下面给出极函数P_0的必要条件,称为变分条件. 注意对于$\tau=(\tau_1,\cdots,\tau_n)\in\Lambda_n,(Kh_\tau)(x)$可以写成

$$\begin{aligned}&\int_0^1K(x,y)h_\tau(y)\mathrm{d}y\\=&\sum_{i=1}^n2(-1)^{i-1}\int_0^{\tau_i}K(x,y)\mathrm{d}y+(-1)^n\int_0^1K(x,y)\mathrm{d}y\end{aligned}$$

记$\tau^0=(\tau_1^0,\cdots,\tau_p^0)$. 对$\tau^0$作如下处置:

情形 1 当$p\leqslant n-2$时,取一点$\tau_{p+1}^0\in(\tau_p^0,1)$. 取参数$u_{p+1}$使

$$(-1)^pu_{p+1}\leqslant 0$$

情形 2 当$p=n-1$时,取$\tau_{p+1}^0=1,(-1)^pu_{p+1}\leqslant 0$.

情形 3 当$p=n$时,取$\tau_{p+1}^0=1,u_{n+1}=0$.

置

$$\begin{aligned}\mathbf{V}=\Big\{&v(\cdot)=k(\cdot)+\sum_{j=1}^{p+1}u_jK(\cdot,\tau_j^0)\mid\forall k\in Q_r,\\&(u_1,\cdots,u_{p+1})\in\mathbf{R}^{p+1},\sum_{j=1}^{p+1}u_jg_i(\tau_j^0)=0,\\&i=1,\cdots,s\Big\}\end{aligned}$$

定理 8.2.2

若P_0是问题(8.26)的极函数,则

$$\|P_0+v\|_q\geqslant\|P_0\|_q,\forall v\in\mathbf{V}\tag{8.28}$$

证　用反证法.若式(8.28)不成立,则存在

$$\bar{v}(\cdot)=\bar{k}+\sum_{j=1}^{p+1}2(-1)^{j-1}\bar{u}_jK(\cdot,\tau_j^0)\in \mathbf{V}$$

(由定义 $\bar{u}_{p+1}\leqslant 0$,且若 $p=n$,则 $\bar{u}_{p+1}=0$).使得

$$\|P_0+\bar{v}\|_q=\|P_0\|_q-\delta_0<\|P_0\|_q$$

$$0<\delta_0<\|P_0\|_q$$

当 $s=0$ 时,$\{g_1,\cdots,g_s\}=\varnothing$,证明比较简单.下面把证明分成几个步骤.

(1) 一些预备事项.

为了论证的方便,把 $K(x,y),g_1(y),\cdots,g_s(y)$ 的定义域延拓到 $y>1$ 如下

$$K(x,y)=K(x,1),x\in[0,1],y>1$$

$$g_i(y)=g_i(1),y>1,i=1,\cdots,s$$

看 $\bar{v}$ 的表示式内系数 $\bar{u}_{p+1}$.如果 $\bar{u}_{p+1}=0$,那么置 $\nu=p,\bar{\tau}_0=\tau^0=(\tau_1^0,\cdots,\tau_p^0)$;如果 $\bar{u}_{p+1}\neq 0$,那么置 $\nu=p+1$ 以及 $\bar{\tau}_0=(\tau_1^0,\cdots,\tau_p^0,\tau_{p+1}^0)$.注意这时必为 $p\leqslant n-1$,而 $\tau_{p+1}^0<1$ 或 $\tau_{p+1}^0=1(p=n-1$ 时).对如此确定的 ν,在欧氏空间 $\mathbf{R}^\nu$ 内取一开集

$$W=\{(\tau_1,\cdots,\tau_\nu)\in\mathbf{R}^\nu\mid 0<\tau_1<\cdots<\tau_\nu\}$$

W 是 $\bar{\tau}^0$ 的开邻域.

定义两个映射,即

$$\Theta:W\to\mathbf{R}^s$$

对每一 $\tau=(\tau_1,\cdots,\tau_\nu)\in W$,有

$$\Theta(\tau)_i=\sum_{j=1}^{\nu}2(-1)^{j-1}\int_0^{\tau_j}g_i(y)\mathrm{d}y+$$

$$\varepsilon_\nu\cdot 2(-1)^{p+1}\int_0^{\tau_{p+1}^0}g_i(y)\mathrm{d}y+$$

$$(-1)^{p+2}\int_0^1 g_i(y)\mathrm{d}y, i=1,\cdots,s$$

$(\Theta(\tau))_i$ 表示向量 $\Theta(\tau)$ 的第 i 分量)其中 $\varepsilon_\nu=1$(当 $\nu=p+1$ 时),$\varepsilon_\nu=0$($\nu=p$ 时)时

$$\Phi: Q_r\times W\to L^q_{[0,1]}$$

对每一组 $(k,\tau)\in Q_r\times W$,有

$$\Phi(k,\tau)(x)=k(x)+\sum_{j=1}^{\nu}2(-1)^{j-1}\int_0^{\tau_j}K(x,y)\mathrm{d}y+$$
$$\varepsilon_\nu\cdot 2(-1)^{p+1}\int_0^{\tau^0_{p+1}}K(x,y)\mathrm{d}y+$$
$$(-1)^{p+2}\int_0^1 K(x,y)\mathrm{d}y$$

(ε_ν 的定义如下.)

容易看出,当取 $\tau=\bar{\tau}^0$,$k=k_0$ 时有

$$\begin{cases}\Theta(\bar{\tau}^0)=0\\ \Phi(k_0,\bar{\tau}^0)=P_0\end{cases}\tag{8.29}$$

还容易看出:

(i) 当 $\nu=p+1$ 时:

如 $p\leqslant n-2$,任一 $\tau\in W\subset\mathbf{R}^{p+1}$,只要 τ 的最末分量 $\tau_{p+1}<\tau^0_{p+1}$,就有

$$\tau'\overset{\text{df}}{=}(\tau_1,\cdots,\tau_p,\tau_{p+1},\tau^0_{p+1})\in\Lambda_{p+2}, p+2\leqslant n$$

如 $p=n-1$(此时 $\tau^0_{p+1}=1$),任一 $\tau\in W\subset\mathbf{R}^n$,只要 $\tau_\nu=\tau_{p+1}<1$,也有

$$\tau'\overset{\text{df}}{=}(\tau_1,\cdots,\tau_p,\tau_{p+1})\in\Lambda_{p+1}=\Lambda_n$$

(ii) 当 $\nu=p$ 时,任一 $\tau\in W$,只要 $\tau_\nu=\tau_p<1$ 就有

$$\tau'\overset{\text{df}}{=}(\tau_1,\cdots,\tau_p)\in\Lambda_p, p\leqslant n$$

在以上两种情形下,对适当取的 $\tau\in W$,$\Theta(\tau)_i$($i=$

$1,\cdots,s)$，$\Phi(k,\tau)$ 都可以表示为

$$\Theta(\tau)_i=\int_0^1 g_i(y)h_{\tau'}(y)\mathrm{d}y, i=1,\cdots,s$$

$$\Phi(k,\tau)=k+Kh_{\tau'}$$

其中 $h_{\tau'}\in\Gamma_n$.

(2) 当 $s=0$ 时.

计算映射 Φ 在 $(k_0,\bar{\tau}^0)$ 的 Frecher 导数

$$\Phi'(k_0,\bar{\tau}^0)(k,u)=k(\cdot)+\sum_{j=1}^{\nu}2(-1)^{j-1}u_jK(\cdot,\tau_j^0) \tag{8.30}$$

$(\Phi'(k_0,\bar{\tau}^0):Q_r\times R^\nu\to L^q_{[0,1]}$ 的线性有界算子.)

$$\bar{v}=\Phi'(k_0,\bar{\tau}^0)(\bar{k},\bar{u}) \tag{8.31}$$

$$\bar{k}\in Q_r,\bar{u}=(\bar{u}_1,\cdots,\bar{u}_\nu)$$

而且对任意小的 $\varepsilon>0$，有

$$\begin{aligned}&\|\Phi(k_0+\varepsilon\bar{k},\bar{\tau}^0+\varepsilon\bar{u})-\Phi(k_0,\bar{\tau}^0)-\\&\varepsilon\Phi'(k_0,\bar{\tau}^0)(\bar{k},\bar{u})\|_q\\&=\varepsilon\cdot o(1)\cdot(\|\bar{k}\|+\|\bar{u}\|),o(1)\to 0,\varepsilon\to 0+\end{aligned} \tag{8.32}$$

亦即

$$\begin{aligned}&\|\Phi(k_0+\varepsilon\bar{k},\bar{\tau}^0+\varepsilon\bar{u})-(P_0+\varepsilon\bar{v})\|_q\\&=o(1)\cdot\varepsilon(\|\bar{k}\|+\|\bar{u}\|)\end{aligned}$$

由此可得：对充分小的 $\varepsilon>0$ 有

$$\|\Phi(k_0+\varepsilon\bar{k},\bar{\tau}^0+\varepsilon\bar{u})\|_q<\|P_0\|_q \tag{8.33}$$

事实上，当 $t>0$ 时函数 $\dfrac{\|P_0+t\bar{v}\|_q-\|P_0\|_q}{t}$ 单调上升，那么，对 $\varepsilon\in(0,1)$ 有

$$\begin{aligned}\frac{\|P_0+\varepsilon\bar{v}\|_q-\|P_0\|_q}{\varepsilon}&\leqslant\|P_0+\bar{v}\|_q-\|P_0\|_q\\&=-\delta_0\end{aligned}$$

所以有

$$\| P_0 + \varepsilon \bar{v} \|_q \leqslant \| P_0 \|_q - \varepsilon \delta_0 \tag{8.34}$$

式(8.34)和式(8.32)比较一下即得式(8.33).

由于 $s=0$,类 $\mathscr{P}_n^{(r,-s)} = \mathscr{P}_n^r$. 当 $\nu = p+1$ 时,$\bar{u}_{p+1} \neq 0$. $\bar{u}_{p+1} < 0 \Rightarrow (\varepsilon \bar{u})_{p+1} = \varepsilon(\bar{u})_{p+1} < 0$. 那么对充分小的 $\varepsilon > 0$ 必有

$$\bar{\tau}^0 + \varepsilon \bar{u} = \{0 < \tau_1^0 + \varepsilon \bar{u}_1 < \cdots < \tau_{p+1}^0 + \varepsilon \bar{u}_{p+1} < 1\}$$

而当 $\nu = p$ 时,$\bar{\tau}^0 = \tau^0 = \{0 < \tau_1^0 < \cdots < \tau_p^0 < 1\}$,对充分小的 $\varepsilon > 0$ 总有

$$\bar{\tau}^0 + \varepsilon \bar{u} = \{0 < \tau_1^0 + \varepsilon \bar{u}_1 < \cdots < \tau_p^0 + \varepsilon \bar{u}_p < 1\}$$

这说明:$s=0$ 时对充分小的 $\varepsilon > 0$ 总有

$$\Phi(k_0 + \varepsilon \bar{k}, \bar{\tau}^0 + \varepsilon \bar{u}) = (k_0 + \varepsilon \bar{k}) + K h_{\tau'}$$

此处 $h_{\tau'} \in \Gamma_n$. 得到矛盾.

$s=0$ 的情形比较简单,因为这时 $h_{\tau'}$ 不受 $h_{\tau'} \perp N_s$ 条件的限制,只要 $\varepsilon > 0$ 充分小,$\bar{\tau}^0$ 的一个摄动 $\bar{\tau}^0 + \varepsilon \bar{u}$ 给出的 $h_{\tau'}$ 都可以使用,但 $s > 0$ 就不行了. 我们在下一步中处理它.

(3) 当 $s > 0$ 时.

首先指出,算子 $\Theta(\tau)$ 在 $\tau = \bar{\tau}^0$ 的 Frechet 导数是

$$\Theta'(\bar{\tau}^0)\begin{pmatrix} u_1 \\ u_2 \\ \vdots \\ u_\nu \end{pmatrix} = \begin{pmatrix} \sum_{j=1}^{\nu} 2(-1)^{j-1} u_j g_1(\bar{\tau}_j^0) \\ \vdots \\ \sum_{j=1}^{\nu} 2(-1)^{j-1} u_j g_s(\bar{\tau}_j^0) \end{pmatrix} \tag{8.35}$$

$\Theta'(\bar{\tau}^0)$ 是 $\mathbf{R}^\nu \to \mathbf{R}^s$ 的线性有界算子,其矩阵为 $2((-1)^{j-1} g_i(\bar{\tau}_j^0))$ $(i=1,\cdots,s; j=1,\cdots,\nu)$. 由于 $\{g_1,\cdots,g_s\}$ 是(0,1)上的 Chebyshev 系,所以矩阵的

秩是 s. 而

$$\ker \Theta'(\bar{\tau}^0)=\{u=(u_1,\cdots,u_\nu)\mid \Theta'(\bar{\tau}^0)u=0\}$$

是 $\mathbf{R}^\nu$ 的 $\nu-s$ 维线性子空间.

今证:存在 $\bar{\tau}^0$ 的某邻域 W^0 和一个映射 Ψ

$$\begin{cases}\Psi: W^0 \cap \{\bar{\tau}^0+\ker \Theta'(\bar{\tau}^0)\}\to \Theta^{-1}(0) & (8.36)\\ \Psi(\bar{\tau}^0)=\bar{\tau}^0 & (8.37)\\ \Psi'(\bar{\tau}^0)u=u,\ \forall\, u\in \ker \Theta'(\bar{\tau}^0) & (8.38)\end{cases}$$

事实上,若考虑方程组 $\Theta(\tau)=0$ 亦即

$$\begin{cases}\Theta_1(\tau_1,\cdots,\tau_{\nu-s},\tau_{\nu-s+1},\cdots,\tau_\nu)=0\\ \qquad\vdots\\ \Theta_s(\tau_1,\cdots,\tau_{\nu-s},\tau_{\nu-s+1},\cdots,\tau_\nu)=0\end{cases}$$

当 $\tau=\bar{\tau}^0$ 时 $\Theta(\bar{\tau}^0)=0$,而且 $\left(\dfrac{\partial(\Theta_1,\cdots,\Theta_s)}{\partial(\tau_{\nu-s+1},\cdots,\tau_\nu)}\right)_{\bar{\tau}_0}\neq 0$.

所以根据隐函数定理,在 $(\bar{\tau}_1^0,\cdots,\bar{\tau}_{\nu-s}^0)$ 的某个邻域 $W_0^{(\nu-s)}$ 内有函数

$$\varphi^{\nu-s+1}(\tau_1,\cdots,\tau_{\nu-s}),\cdots,\varphi^\nu(\tau_1,\cdots,\tau_{\nu-s})$$

连续可微,满足

$$\varphi^{\nu-s+1}(\bar{\tau}_1^0,\cdots,\bar{\tau}_{\nu-s}^0)=\bar{\tau}_{\nu-s+1}^0,\cdots,\varphi^\nu(\bar{\tau}_1^0,\cdots,\bar{\tau}_{\nu-s}^0)=\bar{\tau}_\nu^0$$

以及

$$\begin{cases}\Theta_1(\tau'_1,\cdots,\tau'_{\nu-s},\varphi^{\nu-s+1}(\tau'_1,\cdots,\tau'_{\nu-s}),\cdots,\\ \quad\varphi^\nu(\tau'_1,\cdots,\tau'_{\nu-s}))=0\\ \qquad\qquad\vdots\\ \Theta_s(\tau'_1,\cdots,\tau'_{\nu-s},\varphi^{\nu-s+1}(\tau'_1,\cdots,\tau'_{\nu-s}),\cdots,\\ \quad\varphi^\nu(\tau'_1,\cdots,\tau'_{\nu-s}))=0\end{cases}\tag{8.38'}$$

对每一点 $(\tau'_1,\cdots,\tau'_{\nu-s})\in W_0^{(\nu-s)}$ 成立. 利用 $(\tau'_1,\cdots,\tau'_{\nu-s},\varphi^{\nu-s+1},\cdots,\varphi^\nu)$ 构作 $\Psi(\Psi_1,\cdots,\Psi_\nu)$ 如下. 对每一点 $(\tau'_1,\cdots,\tau'_{\nu-s})\in W_0^{(\nu-s)}$,置 $u'_j=\tau'_j-\bar{\tau}_j^0,j=1,\cdots,$

$\nu-s$. $u'=(u'_1,\cdots,u'_{\nu-s},u'_{\nu-s+1},\cdots,u'_\nu)$ 的 $\nu-s+1,\cdots,\nu$ 分量利用条件 $\Theta'(\bar{\tau}^0)u'=0$ 确定. 它们是唯一确定的,那么 $u'\in\ker\Theta'(\bar{\tau}_0)$. 之后置

$$\Psi_j(\tau'_1,\cdots,\tau'_\nu)=\tau'_j,j=1,\cdots,\nu-s,\tau'_i=\bar{\tau}_i^0+u'_i$$

$$\Psi_j(\tau'_1,\cdots,\tau'_\nu)=\varphi^j(\tau'_1,\cdots,\tau'_{\nu-s}),j=\nu-s+1,\cdots,\nu$$

则见 $(\tau'_1,\cdots,\tau'_\nu)\in W_0\cap(\bar{\tau}^0+\ker\Theta'(\bar{\tau}^0))$,且

$$\Theta(\Psi_1,\cdots,\Psi_\nu)=0$$

W_0 是 $\bar{\tau}^0$ 的某个邻域.

显然有 $\Psi(\bar{\tau}^0)=\bar{\tau}^0$. 剩下的问题是验证式(8.38). 为此,我们写出 $\Psi(\bar{\tau}^0)$ 的 Jacobian 矩阵如下

$$\Psi'(\bar{\tau}^0)=\begin{pmatrix} 1 & 0 & \cdots & 0 & 0 & \cdots & 0 \\ 0 & 1 & & \vdots & & \cdots & 0 \\ \vdots & \vdots & & 0 & & \cdots & 0 \\ 0 & 0 & \cdots & 1 & 0 & \cdots & 0 \\ \left(\frac{\partial\varphi^{\nu-s+1}}{\partial\tau'_1}\right)_0 & \left(\frac{\partial\varphi^{\nu-s+1}}{\partial\tau'_2}\right)_0 & \cdots & \left(\frac{\partial\varphi^{\nu-s+1}}{\partial\tau'_{\nu-s}}\right)_0 & 0 & \cdots & 0 \\ \vdots & \vdots & & \vdots & \vdots & & \vdots \\ \left(\frac{\partial\varphi^{\nu}}{\partial\tau'_1}\right)_0 & \left(\frac{\partial\varphi^{\nu}}{\partial\tau'_2}\right)_0 & \cdots & \left(\frac{\partial\varphi^{\nu}}{\partial\tau'_{\nu-s}}\right)_0 & 0 & \cdots & 0 \end{pmatrix}$$

由此,对任取的 $u\in\ker\Theta'(\bar{\tau}^0)$,得到

$$\Psi'(\bar{\tau}^0)u\Big(u_1,\cdots,u_{\nu-s},u_1\left(\frac{\partial\varphi^{\nu-s+1}}{\partial\tau'_1}\right)_0+\cdots+ u_{\nu-s}\left(\frac{\partial\varphi^{\nu-s+1}}{\partial\tau'_{\nu-s}}\right)_0,u_1\left(\frac{\partial\varphi^{\nu-s+2}}{\partial\tau'_1}\right)_0+\cdots+ u_{\nu-s}\left(\frac{\partial\varphi^{\nu-s+2}}{\partial\tau'_{\nu-s}}\right)_0,\cdots,u_1\left(\frac{\partial\varphi^{\nu}}{\partial\tau'_1}\right)_0+\cdots+u_{\nu-s}\left(\frac{\partial\varphi^{\nu}}{\partial\tau'_{\nu-s}}\right)_0\Big)$$

所以,为验证式(8.38),必须且只需证明,$\forall u\in$ ket $\Theta'(\bar{\tau}^0)$,有

$$\begin{cases} u_1\left(\dfrac{\partial \varphi^{\nu-s+1}}{\partial \tau'_1}\right)_0 + \cdots + u_{\nu-s}\left(\dfrac{\partial \varphi^{\nu-s+1}}{\partial \tau'_{\nu-s}}\right)_0 = u_{\nu-s+1} \\ \quad\vdots \\ u_1\left(\dfrac{\partial \varphi^{\nu}}{\partial \tau'_1}\right)_0 + \cdots + u_{\nu-s}\left(\dfrac{\partial \varphi^{\nu}}{\partial \tau'_{\nu-s}}\right)_0 = u_{\nu} \end{cases} \tag{8.39}$$

把式(8.38′)微分,注意到

$$\frac{\partial \Theta_i}{\partial \tau_j} = 2(-1)^{j-1} g_i(\tau_j), i=1,\cdots,s; j=1,\cdots,\nu$$

给出 $\nu-s$ 组线性方程组

$$\left\{\left(\frac{\partial \Theta_i}{\partial \tau'_1}\right)_0 + \left(\frac{\partial \Theta_i}{\partial \tau'_{\nu-s+1}}\right)_0 \frac{\partial \varphi^{\nu-s+1}}{\partial \tau'_1} + \cdots + \left(\frac{\partial \Theta_i}{\partial \tau'_\nu}\right)_0 \frac{\partial \varphi^{\nu}}{\partial \tau'_1} = 0\right\}$$

$$\vdots$$

$$\left\{\left(\frac{\partial \Theta_i}{\partial \tau'_{\nu-s}}\right)_0 + \left(\frac{\partial \Theta_i}{\partial \tau'_{\nu-s+1}}\right)_0 \frac{\partial \varphi^{\nu-s+1}}{\partial \tau'_{\nu-s}} + \cdots + \left(\frac{\partial \Theta_i}{\partial \tau'_{\nu-s}}\right)_0 \frac{\partial \varphi^{\nu}}{\partial \tau'_{\nu-s}} = 0\right\}, i=1,\cdots,s$$

把这 $\nu-s$ 组线性方程组解出,求得

$$\left(\frac{\partial \varphi^{\nu-s+1}}{\partial \tau'_1},\cdots,\frac{\partial \varphi^{\nu}}{\partial \tau'_1}\right),\cdots,\left(\frac{\partial \varphi^{\nu-s+1}}{\partial \tau'_{\nu-s}},\cdots,\frac{\partial \varphi^{\nu}}{\partial \tau'_{\nu-s}}\right)$$

把它们代入式(8.39)的左端,然后利用上关系式 $\Theta'(\bar{\tau}^0)u=0$ 即

$$\sum_{j=1}^{\nu}(-1)^{j-1}u_j g_i(\bar{\tau}_j^0)=0, i=1,\cdots,s$$

把得到的式子加以简化即得式(8.39).

映射 Ψ Frechet 可微

$$\begin{aligned} &\|\Psi(\bar{\tau}^0+\varepsilon\bar{u})-\Psi(\bar{\tau}^0)-\Psi'(\bar{\tau}^0)(\varepsilon\bar{u})\| \\ =&\|\Psi(\bar{\tau}^0+\varepsilon\bar{u})-\bar{\tau}^0-\varepsilon\bar{u}\| \\ =&o(1)\cdot\varepsilon\cdot\|\bar{u}\|, \varepsilon\to 0+ \end{aligned} \tag{8.40}$$

容易验证

$$(\| \Phi(k_0 + \varepsilon \bar{k}, \Psi(\bar{\tau}^0 + \varepsilon \bar{u})) - \Phi(k_0 + \varepsilon \bar{k}, \bar{\tau}^0 + \varepsilon \bar{u}) \|)_q = o(1) \cdot \varepsilon \cdot \| \bar{u} \|$$

所以

$$(\| \Phi(k_0 + \varepsilon \bar{k}, \Psi(\bar{\tau}^0 + \varepsilon \bar{u})) - P_0 - \varepsilon \bar{u} \|)_q = o(1) \cdot \varepsilon \cdot (\| \bar{k} \| + \| \bar{u} \|)$$

从而对充分小的 $\varepsilon > 0$ 有

$$\| \Phi(k_0 + \varepsilon \bar{k}, \Psi(\bar{\tau}^0 + \varepsilon \bar{u})) \|_q < \| P_0 \|_q \tag{8.41}$$

但由式(8.40)知,当 $\nu = p + 1$ 时,$\bar{u}_{p+1} < 0$. 此时,若 $\varepsilon > 0$ 充分小,向量 $\Psi(\bar{\tau}^0 + \varepsilon \bar{u}) - \bar{\tau}^0$ 的第 $p+1$ 分量应该和 $\bar{u}_{p+1}$ 同号,即为负. 所以此时的向量 $\Psi(\bar{\tau}^0 + \varepsilon \bar{u})$ 是某个 $\tau' \in \Lambda_{p'}, p' \leqslant n$. 从而函数 $\Phi(k_0 + \varepsilon \bar{k}, \Psi(\bar{\tau}^0 + \varepsilon \bar{u})) = (k_0 + \varepsilon \bar{k}) + Kh_{\tau'}, h_{\tau'} \perp N_s$. 如果 $\nu = p$, 那么 $\bar{u}_{p+1} = 0$,这时的 $\bar{\tau}^0 = (\tau_1^0, \cdots, \tau_p^0) \in \Lambda_p$,只要 $\varepsilon > 0$ 充分小,$\Psi(\bar{\tau}^0 + \varepsilon \bar{u})$ 的第 p 分量小于 1 是没有问题的. 总之,都有

$$\Phi(k_0 + \varepsilon \bar{k}, \Psi(\bar{\tau}^0 + \varepsilon \bar{u})) \in \mathscr{P}_n^{(r,-s)}$$

得到矛盾.

这条定理中的核 $K(x, y)$ 除了连续性外,没有要求更多的条件,所以是很广泛的.

(三) 极函数的特征

现在给出极值问题(8.26)的极函数的特征. 我们就 $\boldsymbol{K} = \{K; k_1, \cdots, k_r; \varnothing\}$ 及其转置分别对 $1 \leqslant q < +\infty$ 及 $q = +\infty$ 两种情形给出特征定理.

定理 8.2.3 给定 $\boldsymbol{K} = \{K; k_1, \cdots, k_r\}$,设它满足条件 8.2.1 的(1)(2)(4) 和扩充的(3). $1 \leqslant q < +\infty$.

$m,r\geqslant 0$.则对每一 m 存在 $\tau^*\in\Lambda_m,k^*\in Q_r$ 使

$$P^*_{\tau,m,q}\overset{\mathrm{df}}{=}k^*+Kh^*_\tau$$

(简记作 P^*_τ)给出

$$e_m(\mathbf{K};q)=\|P^*_\tau\|_q$$

P^*_τ 具有下列性质:

(1)$P^*_\tau(\cdot)$ 在(0,1)内恰有 $m+r$ 零个点 $0<\xi^*_1<\cdots<\xi^*_{m+r}<1$,而且

$$\operatorname{sgn}P^*_\tau=(-1)^r h_{\xi^*},\xi^*=(\xi^*_1,\cdots,\xi^*_n),n=m+r$$

(2)置

$$g(x)=|P^*_\tau(x)|^{q-1}\operatorname{sgn}P^*_\tau(x)\qquad(8.42)$$

则

$$\operatorname{sgn}(K^{\mathrm{T}}g)(\cdot)=h_{\tau^*}(\cdot)\qquad(8.43)$$

(3) $$\int_0^1 g(x)k_j(x)\mathrm{d}x=0,j=1,\cdots,r\qquad(8.44)$$

证　记 $\overline{K}(t,x)=\int_0^t K(x,y)\mathrm{d}y,0\leqslant t\leqslant 1$.对向量 $\boldsymbol{t}=(t_1,\cdots,t_p)\in\Lambda_p$,易见有

$$(Kh_i)(x)=\sum_{i=1}^{p}(-1)^i\{\overline{K}(t_{i+1},x)-\overline{K}(t_i,x)\}$$

记

$$P(x;a_1,\cdots,a_r,t_1,\cdots,t_p)=\sum_{i=1}^{r}a_ik_i(x)+(Kh_i)(x)$$

那么

$$\|P^*_\tau\|_q=\min\{\|P(\cdot;a_1,\cdots,a_r,t_1,\cdots,t_p)\|_q\mid \forall a_i\in\mathbf{R},0\leqslant t_1\leqslant\cdots\leqslant t_p\leqslant 1,p\leqslant m\}$$

写着

$$F(a_1,\cdots,a_r,t_1,\cdots,t_p)=\|P(\cdot,a_1,\cdots,a_r,t_1,\cdots,t_p)\|_q^q$$

$$P^*_\tau(x)=\sum_{i=1}^{r}a^*_ik_i(x)+\int_0^1 K(x,y)h_{\tau^*}(y)\mathrm{d}y$$

$$\tau^*=(\tau_1^*,\cdots,\tau_p^*)\in\Lambda_p,p\leqslant m$$

则

$$\left(\frac{\partial F}{\partial a_i}\right)_{a_i=a_i^*}=\int_0^1 |\ P_\tau^*(x)\ |^{q-1}\operatorname{sgn} P_\tau^*(x)\cdot h_i(x)\mathrm{d}x=0,i=1,\cdots,r$$

$$\begin{aligned}\left(\frac{\partial F}{\partial t_j}\right)_{t_j=J_j^*}&=\left\{\int_0^1 |\ P_\tau^*(x)\ |^{q-1}\operatorname{sgn} P_\tau^*(x)\cdot\right.\\&\qquad\left[(-1)^{j-1}\frac{\partial}{\partial t_j}\overline{K}(t_j,x)+\right.\\&\qquad\left.\left.(-1)^{j+1}\frac{\partial}{\partial t_j}\overline{K}(t_j,x)\right]\mathrm{d}x\right\}_{t_j=\tau_j^*}\\&=2(-1)^j\int_0^1 |\ P_\tau^*(x)\ |^{q-1}\cdot\\&\qquad\operatorname{sgn} P_\tau^*(x)K(x,\tau_j^*)\mathrm{d}x\\&=0,j=1,\cdots,p\end{aligned}$$

设 $P_\tau^*(x)$ 在 $(0,1)$ 内的变号点为 $0<\xi_1^*<\cdots<\xi_l^*<1$,则由定理 8.2.1′,$l\leqslant r+p$,又由定理 8.2.1″,$p\leqslant l-r$,故 $l=p+r$. 由定理 8.2.1′,得

$$\operatorname{sgn} P_\tau^*(x)=(-1)^r h_{\xi^*}(x)$$

剩下的事是证 $p=m$. 假定 $p<m$,任取 $\varepsilon\in(0,1)$. 置 $\tau(\varepsilon)=\{0<\tau_1^*<\cdots<\tau_p^*<1-\varepsilon<1\}$,我们有

$$\begin{aligned}\|\ P_\tau^*\ \|_q^q&\leqslant F(a_1^*,\cdots,a_r^*,\tau_1^*,\cdots,\tau_p^*,1-\varepsilon)\\&=\int_0^1\left|\sum_{j=1}^r a_j^*k_j(x)+\int_0^1 K(x,y)h_{\tau^*}(y)\mathrm{d}y-\right.\\&\qquad(-1)^p\int_{1-\varepsilon}^1 K(x,y)\mathrm{d}y+\\&\qquad\left.(-1)^{p+1}\int_{1-\varepsilon}^1 K(x,y)\mathrm{d}y\right|^q\mathrm{d}x\end{aligned}$$

$$=\int_0^1 \Big| k^*(x)+(Kh_{\tau^*})(x)-$$

$$2(-1)^p\int_{1-\varepsilon}^1 K(x,y)\mathrm{d}y\Big|^q \mathrm{d}x$$

记

$$P_{\tau(\varepsilon)}(x) \overset{\mathrm{df}}{=\!=} P_\tau^*(x)-2(-1)^p\int_{1-\varepsilon}^1 K(x,y)\mathrm{d}y$$

此函数在(0,1)内零点数目不大于 $p+r+1$. 假定存在 ε 的子列 $\varepsilon_1>\varepsilon_2>\cdots>\varepsilon_s>\cdots>0,\varepsilon_s\to 0$,使每一 $P_{\tau(\varepsilon_s)}$ 在(0,1)内恰有 $p+r$ 个零点,记

$$\operatorname{sgn} P_{\tau(\varepsilon_s)}=(-1)^r h_{\xi(\varepsilon_s)}$$

此处 $\xi(\varepsilon_s)=\{0<\xi_1(\varepsilon_s)<\cdots<\xi_{r+p}(\varepsilon_s)<1\}$,当 $s\to+\infty$ 时 $\xi_i(\varepsilon_s)\to\xi_i^*(i=1,\cdots,p+r)$.

(i) 当 $q\geqslant 2$ 时,有

$$\|P_\tau^*\|_q^q$$

$$\geqslant \|P_{\tau(\varepsilon_s)}\|_q^q+2(-1)^p\cdot$$

$$q\int_0^1 |P_{\tau(\varepsilon_s)}|^{q-1}\cdot \operatorname{sgn} P_{\tau(\varepsilon_s)}\cdot$$

$$\int_{1-\varepsilon_s}^1 K(x,y)\mathrm{d}y\mathrm{d}x+c\int_0^1\Big|2\int_{1-\varepsilon_s}^1 K(x,y)\mathrm{d}y\Big|^q\mathrm{d}x$$

其中 $c>0$ 是一个和 q 有关的常数. 由于

$$\int_0^1 |P_{\tau(\varepsilon_s)}(x)|^{q-1}\operatorname{sgn} P_{\tau(\varepsilon_s)}(x)\int_{1-\varepsilon_s}^1 K(x,y)\mathrm{d}y\mathrm{d}x$$

$$=\int_{1-\varepsilon_s}^1\left(\int_0^1 K(x,y)\,|P_{\tau(\varepsilon_s)}(x)|^{q-1}\operatorname{sgn} P_{\tau(\varepsilon_s)}(x)\mathrm{d}x\right)\mathrm{d}y$$

当 $s\to+\infty$ 时

$$\int_0^1 K(x,y)\,|P_{\tau(\varepsilon_s)}(x)|^{q-1}\operatorname{sgn} P_{\tau(\varepsilon_s)}(x)\mathrm{d}x\to$$

$$(-1)^r\int_0^1 K(x,y)\,|P_\tau^*(x)|^{q-1}h_{\xi^*}(x)\mathrm{d}x$$

而后者在$(\tau_p^*,1)$内的符号为$(-1)^{r+p}$,所以当 s 充分大

时,函数

$$\int_0^1 K(x,y) \mid P_{\tau(\varepsilon_s)}(x) \mid^{q-1} \operatorname{sgn} P_{\tau(\varepsilon_s)}(x) \mathrm{d}x$$

在$(1-\varepsilon_s,1) \subset (\tau_p^*,1)$ 内有符号

$$(-1)^{2r+p} = (-1)^p$$

故此时有

$$2q(-1)^p \int_{1-\varepsilon_s}^1 \left(\int_0^1 K(x,y) \mid P_{\tau(\varepsilon_s)}(x) \mid^{q-1} \operatorname{sgn} P_{\tau(\varepsilon_s)}(x) \mathrm{d}x \right) \mathrm{d}y > 0$$

从而对充分大的 s 有

$$\| P_\tau^* \|_q^q > \| P_{\tau(\varepsilon_s)} \|_q^q$$

得到矛盾.

(ii) 当 $1 < q < 2$ 时,利用不等式

$$\begin{aligned} \| P_\tau^* \|_q^q \geqslant & \| P_{\tau(\varepsilon_s)} \|_q^q + \\ & 2q(-1)^p \int_0^1 \mid P_{\tau(\varepsilon_s)}(x) \mid^{q-1} \cdot \\ & \operatorname{sgn} P_{\tau(\varepsilon_s)}(x) \int_{1-\varepsilon_s}^1 K(x,y) \mathrm{d}y \mathrm{d}x + \\ & c_1 \int_{e_1} \mid 2 \int_{1-\varepsilon_s}^1 K(x,y) \mathrm{d}y \mid^q \mathrm{d}x + \\ & c_2 \int_{e_2} \mid 2 \int_{1-\varepsilon_s}^1 K(x,y) \mathrm{d}y \mid^2 \cdot \mid P_{\tau(\varepsilon_s)}(x) \mid^{q-2} \mathrm{d}x \end{aligned}$$

此处:$c_1 > 0, c_2 > 0$ 是两个仅与 q 有关的常数

$$e_1 = e_1(\varepsilon_s) \xlongequal{\text{df}} \left\{ x \mid 0 \leqslant x \leqslant 1, \left| 2 \int_{1-\varepsilon_s}^1 K(x,y) \mathrm{d}y \right| \geqslant \mid P_{\tau(\varepsilon_s)}(x) \mid \right\}$$

$$e_2 = [0,1] \setminus e_1$$

仿(1) 可得,对充分大的 s 有

$$\| P_\tau^* \|_q^q > \| P_{\tau(\varepsilon_s)} \|_q^q$$

(iii) 当 $q=1$ 时，仿照同样想法亦可推出矛盾.

由此证得：任给 $\varepsilon>0$，充分小时，$P_{\tau(\varepsilon)}(x)$ 在 $(0,1)$ 内总有 $p+r+1$ 个零点. 注意 $P_{\tau(\varepsilon)}(1)\neq 0$. 其符号为 $(-1)^r\cdot(-1)^{p+\nu+1}=(-1)^{p+1}$. 由

$$P_{\tau(\varepsilon)}(1)=P_\tau^*(1)-2(-1)^p\int_{1-\varepsilon}^1 K(1,y)\mathrm{d}y$$

令 $\varepsilon\to 0$ 得

$$\begin{aligned}&(-1)^{p+1}P_{\tau(\varepsilon)}(1)+(-1)^pP_\tau^*(1)\\&=2\int_{1-\varepsilon}^1 K(1,y)\mathrm{d}y\to 0\end{aligned}$$

但 $(-1)^pP_\tau^*(1)>0$. 得到矛盾. 所以 $p=m$.

注记　如果 $\boldsymbol{K}$ 的条件 8.2.1(3) 不扩充到右端点，那么该定理的 p 可能小于 m. 但总有 $p\geqslant m-1$. 这一结论仍可仿照上面的方法来证. 任取一点 τ_0 使 $0<\tau_0<\tau_1^*<\cdots<\tau_p^*<1$. 取 $\varepsilon>0$ 充分小，使得 $0<\tau_0-\varepsilon<\tau_0+\varepsilon<\tau_1^*<\cdots<\tau_p^*<1$. 考虑函数 $F(a_1^*,\cdots,a_r^*,\tau_0-\varepsilon,\tau_0+\varepsilon,\tau_1^*,\cdots,\tau_p^*)$. 假定 $p<m-1$ 用前面方法推出矛盾.

定理 8.2.3 的证明没有使用定理 8.2.2 的变分条件，是比较初等的. 见于 C. A. Micchelli 与 A. Pinkus 的[6]，下面处理 $\boldsymbol{K}$ 的转置 $\boldsymbol{K}'$ 的极值问题. 极函数的刻画主要需依靠应用变分条件.

仍设 $\boldsymbol{K}$ 满足条件 8.2.1，$\boldsymbol{K}'=\{K^{\mathrm{T}};\varnothing;k_1,\cdots,k_r\}$. $1\leqslant q<+\infty$，$n\geqslant r$. 转置系 $\boldsymbol{K}'$ 的极小范数问题是确定

$$e_n(\boldsymbol{K}';q)\overset{\mathrm{df}}{=\!=}\min\{\|K^{\mathrm{T}}h_\eta\|_q\mid h_\eta\in\Gamma_n,h_n\perp Q_r\}$$

极函数存在，设为 $K^{\mathrm{T}}h_{\eta^*}$，$\eta^*\in\Lambda_{m^*}$，$m^*\leqslant n$，而且 $h_{\eta^*}\perp Q_r$.

定理 8.2.3′　已知 $\boldsymbol{K}$ 满足条件 8.2.1，$1\leqslant q<$

$+\infty, n \geqslant r$,则

(1)$K^{\mathrm{T}} h_{\eta^*}(x)$ 在$(0,1)$内恰有 m^*-r 个零点 $0<\zeta_1^*<\cdots<\zeta_{m^*-r}^*<1$. 记 $\zeta^*=(\zeta_1^*,\cdots,\zeta_{m-r}^*)$,则有

$$\operatorname{sgn}(K^{\mathrm{T}} h_{\eta^*})=(-1)^r h_{\zeta^*}$$

(2)$\int_0^1 |(K^{\mathrm{T}} \cdot h_{\eta^*})(x)|^{q-1} \operatorname{sgn}(K^{\mathrm{T}} h_{\eta^*}(x)) \cdot K(\eta_j^*, x) \mathrm{d} x=0, j=1, \cdots, m^*$ 且

$$\operatorname{sgn} \int_0^1 |(K^{\mathrm{T}} h_{\eta^*})(x)|^{q-1} \cdot \operatorname{sgn}(K^{\mathrm{T}} \cdot h_{\eta^*})(x) \cdot K(y, x) \mathrm{d} x=h_{\eta^*}(y)$$

(3)$n-1 \leqslant m^* \leqslant n$.

证 置 $P_0(x)=\int_0^1 K(y, x) h_{\eta^*}(y) \mathrm{d} y$. 设 P_0 在$(0,1)$内的零点个数为 σ,由定理 8.2.1″,$\sigma \leqslant m^*-r$. 由于 P_0 是极函数,仿照前一定理的证法可得

$$\int_0^1 |P_0(x)|^{q-1} \operatorname{sgn} P_0(x) K(\eta_j^*, x) \mathrm{d} x=0$$

$$j=1, \cdots, m^*$$

由此,根据定理 8.2.1′,有 $m^* \leqslant \sigma+r$. 故得 $\sigma=m^*-r$. 再一次根据定理8.2.1″ 即得

$$\operatorname{sgn}(K^{\mathrm{T}} h_{\eta^*})(x)=(-1)^r h_{\zeta^*}(x)$$

然后,对$\int_0^1 |P_0(x)|^{q-1} \operatorname{sgn} P_0(x) K(y, x) \mathrm{d} x$ 应用定理 8.2.1′ 即得

$$\operatorname{sgn} \int_0^1 |P_0(x)|^{q-1} \operatorname{sgn} P_0(x) K(y, x) \mathrm{d} x=h_{\eta^*}(y)$$

定理的断语(1)(2) 得证.

下面证(3),假定 $m^* \leqslant n-2$. 记 $\varepsilon=(-1)^r$. 上面已证得 $\varepsilon P_0(x) h_{\tau^*}(x) \geqslant 0$. 注意 $P_0 \neq 0$. 置

$$\varphi(x)=\varepsilon\frac{|P_0(x)|^{q-1}}{\|P_0\|^q}\operatorname{sgn}P_0(x)$$

$\varphi(x)h_{\tau^*}(x)\geqslant 0$,且 $\varphi^{-1}(0)$ 是零测度集,考虑由

$$\Phi(f)=\int_0^1\varepsilon\varphi(x)f(x)\mathrm{d}x$$

确定的线性有界泛函 $\Phi\in(L^q)^*$,$\|\Phi\|=1$,且 $\Phi(P_0)=\|P_0\|$.它是球 $B(0,\|P_0\|)$ 在点 P_0 的支撑泛函,由于当 $1<q<+\infty$ 时,空间 L^q 的单位球光滑,$q=1$ 时,P_0 是 $\overline{B}(0,\|P_0\|)$ 的光滑点,因 $\varphi^{-1}(0)$ 是零测度集,在光滑点上,$B(0,\|P_0\|)$ 有唯一支撑泛函.考虑集合

$$V=\left\{\sum_{j=1}^{m^*+1}u_jK^{\mathrm{T}}(\cdot,\eta_j^*)\mid(u_1,\cdots,u_{m^*+1})\in\mathbf{R}^{m^*+1}\text{ 满足 }\sum_{j=1}^{m^*+1}u_jk_i(\eta_j^*)=0,i=1,\cdots,r\right\}$$

其中 $\eta_{m^*+1}^*$ 是在 $(\eta_{m^*}^*,1)$ 内任意取定的一点,参数 u_{m^*+1} 尚需满足

$$(-1)^{m^*}u_{m^*+1}\leqslant 0$$

V 是凸集.由定理 8.2.2,$\forall v\in V$ 有

$$\|P_0+v\|_q\geqslant\|P_0\|_q$$

那么

$$B(0,\|P_0\|_q)\cap\{P_0+V\}=\varnothing$$

所以 Φ 分离开球 $B(0,\|P_0\|)$ 和凸集 P_0+V,那么 $\forall v\in V$ 有

$$\Phi(P_0+v)\geqslant\|P_0\|_q$$

所以从 $\Phi(P_0+v)=\Phi(P_0)+\Phi(v)=\|P_0\|_q+\Phi(v)\Rightarrow\Phi(v)\geqslant 0,\forall v\in V$,这表明:任取满足条件

$$\sum_{j=1}^{m^*+1}u_jk_i(\eta_j^*)=0,(-1)^{m^*}u_{m^*+1}\leqslant 0,i=1,\cdots,r$$

的一组数$(u_1,\cdots,u_{m^*},u_{m^*+1})$都有

$$\Phi\left(\sum_{j=1}^{m^*+1}u_jK^{\mathrm{T}}(\cdot,\eta_j^*)\right)=\sum_{j=1}^{m^*+1}u_j\Phi(K^{\mathrm{T}}(\cdot,\eta_j^*))\geqslant 0$$

由于

$$\Phi(K^{\mathrm{T}}(\cdot,\eta_j^*))=\varepsilon\int_0^1\varphi(x)K(\eta_j^*,x)\mathrm{d}x=0$$

$$j=1,\cdots,m^*$$

得

$$(-1)^r u_{m^*+1}\int_0^1\varphi(x)K(\eta_{m^*+1}^*,x)\mathrm{d}x\geqslant 0$$

亦即

$$(-1)^{m^*}\int_0^1|P_0(x)|^{q-1}\operatorname{sgn}P_0(x)K(y,x)\mathrm{d}x\leqslant 0$$

对每一 $y\in(\eta_{m^*}^*,1)$ 成立,但前已证得

$$(-1)^{m^*}\int_0^1(P_0(x)|^{q-1}\operatorname{sgn}P_0(x)K(y,x)\mathrm{d}x\geqslant 0$$

在 $y\in(\eta_{m^*}^*,1)$ 时成立,所以得

$$\int_0^1(P_0(x)|^{q-1}\operatorname{sgn}P_0(x)K(y,x)\mathrm{d}x=0$$

在 $\eta_{m^*}^*\leqslant y\leqslant 1$ 时成立,得到矛盾.

注记　若 $\boldsymbol{K}$ 满足条件 8.2.1,则定理 8.2.3′ 不能保证有 $m^*=n$. 若 $\boldsymbol{K}$ 满足条件 8.2.1 的扩充的(2)(即扩充到包括 $0<y_1<\cdots<y_m\leqslant 1$,那么转置系 $\boldsymbol{K}'$ 条件(Ⅲ)扩充到右端点),则可证明 $m^*=n$.

下面讨论 $q=+\infty$ 的情形,下面引理先对满足较强条件的 $\boldsymbol{K}$ 给出所要的结果.

引理 8.2.1　设 $m\geqslant 0$. 对每一整数 ν,$0\leqslant\nu\leqslant m+1$,任取点 y 组 $0<y_1<\cdots<y_\nu<1$,$\{k_1(x),\cdots,k_r(x),K(x,y_1),\cdots,K(x,y_\nu)\}$在$(0,1)$上是Chebyshev系,则极值问题

$$e_m(\mathbf{K};L^{\infty})=\min_{P_\xi\in\mathscr{P}_m^r}\|P_\xi\|_c \tag{8.45}$$

的极函数 $P_\xi^*=k^*+Kh_{\xi^*}$ 具有以下性质：

(1) $\xi^*=(\xi_1^*,\cdots,\xi_m^*)\in\Lambda_m$.

(2) $P_\xi^*(x)$ 在 $(0,1)$ 内恰有 $r+m$ 个变号点.

(3) 在 $[0,1]$ 内存在 $r+m+1$ 个点有 $0\leqslant Z_1^*<\cdots<Z_{r+m+1}^*\leqslant 1$ 使

$$P_\xi^*(Z_j^*)=\sigma(-1)^{i-1}\|P_\xi^*\|_c$$

$$j=1,\cdots,m+r+1,\ |\sigma|=1$$

(为方便起见，称点系 Z_j^* 为 P_ξ^* 的 Chebyshev 交错.)

证　记

$$V'=\{k+\sum_{j=1}^{p}u_jK(\cdot,\xi_j^*)\mid k\in Q_r,(u_1,\cdots,u_p)\in\mathbf{R}^p\}$$

p 是 ξ^* 内所含数的个数. V' 是一 $p+r$ 维的 Haar 子空间. 由定理 8.2.2，任取 $v\in V'$ 有

$$\|P_\xi^*+v\|_c\geqslant\|P_\xi^*\|_c$$

即 $0\in V'$ 是 P_ξ^* 在 V' 内的最佳一致逼近元，所以 P_ξ^* 在 $[0,1]$ 内存在着包含 $p+r+1$ 个点的 Chebyshev 交错：$0\leqslant Z_1^*<\cdots<Z_{p+r+1}^*\leqslant 1$，于是 P_ξ^* 在 $(0,1)$ 内至少有 $p+r$ 个变号点. 根据定理 8.2.1′，P_ξ^* 的变号点恰有 $p+r$ 个，且若记 $Z^{**}=(Z_1^{**},\cdots,Z_{r+p}^{**})\in\Lambda_{r+p}$ 为 P_ξ^* 的变号点集，则

$$\operatorname{sgn} P_\xi^*(x)=(-1)^r h_{z^{**}}(x)$$

假定 $p<m$. 置

$$\varphi(x)=(-1)^{p+1}\cdot\mathbf{K}\begin{pmatrix}Z_1^{**} & \cdots & Z_r^{**} & Z_{r+1}^{**} & \cdots & Z_{r+p}^{**} & x\\ 1 & \cdots & r & \xi_1^* & \cdots & \xi_p^* & \xi_{p+1}^*\end{pmatrix}$$

ξ_{p+1}^* 当 $p \leqslant m-2$ 时满足 $\xi_p^* < \xi_{p+1}^* < 1$;当 $p=m-1$ 时 $\xi_{p+1}^*=1$. $\varphi(x)$ 可表示为

$$\varphi(x)=\sum_{j=1}^{r} a_j k_j(x)+\sum_{j=1}^{p+1} u_j K(x,\xi_j^*)$$

其中

$$u_{p+1}=(-1)^{p+1}\boldsymbol{K}\begin{pmatrix} Z_1^{**} & \cdots & Z_r^{**} & Z_{r+1}^{**} & \cdots & Z_{r+p}^{**} \\ 1 & \cdots & r & \xi_1^* & \cdots & \xi_p^* \end{pmatrix}$$

$$(-1)^p u_{p+1}=-\boldsymbol{K}\begin{pmatrix} Z_1^{**} & \cdots & Z_r^{**} & Z_{r+1}^{**} & \cdots & Z_{r+p}^{**} \\ 1 & \cdots & r & \xi_1^* & \cdots & \xi_p^* \end{pmatrix} \leqslant 0$$

所以 $\varphi \in V$. φ 在 $(0,1)$ 内的零点只有 $Z_1^{**},\cdots,Z_{r+p}^{**}$,而且在这些点上变号,所以

$$(-1)^{r+1}\varphi(x)h_{z^{**}}(x) \geqslant 0$$

利用 Chebyshev 一致逼近的标准论证手法可以证得:对充分小的 $\varepsilon>0$ 有

$$\| P_\xi^*(x)+\varepsilon\varphi(x) \|_c > \| P_\xi^*(x) \|_c$$

这与定理 8.2.2 矛盾.

下面去掉引理中对 $\boldsymbol{K}$ 附加的苛刻条件而给出所要的结果.

定理 8.2.4

已知 $\boldsymbol{K}=\{K;k_1,\cdots,k_r;\varnothing\}$ 满足条件 8.2.1,则对每一 $m\geqslant 0$,存在 $k^* \in Q_r$, $\xi^*=(\xi_1^*,\cdots,\xi_p^*)\in \Lambda_p$, $p\leqslant m$, $P_\xi^*=k^*+Kh_{\xi^*}$ 满足:

(1) $e_m(\boldsymbol{K};L^\infty)=\| P_\xi^* \|_c$.

(2) 在 $[0,1]$ 内有点 $0\leqslant \widetilde{Z}_1^* < \cdots < \widetilde{Z}_{r+m+1}^* \leqslant 1$ 使

$$P_\xi^*(\widetilde{Z}_j^*)=\sigma(-1)^j \| P_\xi^* \|_c$$

$$j=1,\cdots,m+r+1,\ |\sigma|=1$$

(3) $P_\xi^*(x)$ 在 $(0,1)$ 内恰有 $m+r$ 个变号点.

证　任取 $\eta > 0$. 固定 m. ν 是 $0 \leqslant \nu \leqslant m+1$ 的整数，则任取点 y 组

$$0 < y_1 < \cdots < y_\nu < 1$$

$$\{(G_\eta k_1)(x), \cdots, (G_\eta k_r)(x), K^{(\eta)}(x, y_1), \cdots, K^{(\eta)}(x, y_\nu)\}$$

是(0,1) 上的 Chebyshev 系. 记

$$e_m(\mathbf{K}^{(\eta)}; L^\infty) \overset{\text{df}}{=\!=} \min_{h_\xi \in \Gamma_m} \| k^{(\eta)} + K^{(\eta)} h_\xi \|_c \quad (8.46)$$

此处 $k^{(\eta)} \in Q_r^{(\eta)}$，而

$$Q_r^{(\eta)} = sp\{G_\eta \cdot k_1, \cdots, G_\eta \cdot k_r\} \qquad (8.47)$$

极函数记作 P_η，有

$$P_\eta = k_\eta + K^{(\eta)} h_{\xi(\eta)} = \sum_{j=1}^{r} a_j(\eta)(G_\eta \cdot k_j) + K^{(\eta)} h_{\xi(\eta)}$$

存在 η 的一个序列 $\{\eta_s\}$，$\eta_s \downarrow 0+$ 使有：

(1) $\varliminf_{\eta \to 0+} e_m(\mathbf{K}^{(\eta)}; L^\infty) = \lim_{s \to +\infty} \| P_{\eta_s} \|_c$.

(2) $\lim_{s \to +\infty} (a_1(\eta_s), \cdots, a_r(\eta_s)) = (a_1^0, \cdots, a_r^0) \in \mathbf{R}^r$.

(3) $\lim_{s \to +\infty} \xi(\eta_s) = \xi^0 \in \Lambda_p$，$p \leqslant m$，$p$ 是一个不超过 m 的非负整数，在不同的地方可有不同的数值.

置

$$P_0(x) = \sum_{j=1}^{r} a_j^0 k_j(x) + (K h_{\xi^0})(x)$$

记

$$k^0(x) = \sum_{j=1}^{r} a_j^0 k_j(x)$$

我们说 P_0 是实现 $e_m(\mathbf{K}; L^\infty)$ 的一极函数.

假定 $\overline{P} = \overline{k} + K h_{\bar{\xi}}$ 是实现 $e_m(\mathbf{K}; L^\infty)$ 的一极函数，此处 $\overline{k} \in Q_r$，$\bar{\xi} \in \Lambda_p (p \leqslant m)$，则由

$$\begin{aligned} e_m(\mathbf{K}^{(\eta)}; L^\infty) &\leqslant \| G_\eta \cdot \overline{k} + K^{(\eta)} \cdot h_{\bar{\xi}} \|_c \\ &\leqslant \| \overline{k} + (K \cdot G_\eta) h_{\bar{\xi}} \|_c \to \| \overline{k} + K h_{\bar{\xi}} \|_c \end{aligned}$$

得到

$$e_m(\mathbf{K};L^\infty)\leqslant \|P_0\|_c=\underline{\lim}_{\eta\to 0+} e_m(\mathbf{K}^{(\eta)};L^\infty)$$
$$\leqslant \overline{\lim_{\eta\to 0+}}\, e_m(\mathbf{K}^{(\eta)};L^\infty)\leqslant e_m(\mathbf{K};L^\infty)$$

所以得

$$\|P_0\|_c=e_m(\mathbf{K};L^\infty)$$

最后证:$P_0(x)$ 的 Chebyshev 交错含有 $r+m+1$ 个点.假定不然,$P_0(x)$ 的任一 Chebyshev 交错所含点数均不超过 $r+m$. 如果 $P_0(x)$ 不在 0,1 达到 $\pm\|P_0\|_c$,它的任一 Chebyshev 交错不包含 0,1. 取一充分小的 $\delta>0$ 可以使

$$\max_{[0,\delta]\cup[1-\delta,1]}|P_0(x)|<\|P_0\|_c$$

由 $\|(G_{\eta s}\cdot P_0)(x)-P_0(x)\|_{[\delta,1-\delta]}\to 0(s\to\infty)$ 得

$$\|P_{\eta s}(x)-P_0(x)\|_{[\delta,1-\delta]}\to 0,s\to+\infty$$

我们注意,对充分大的 s,在$[0,\delta]\cup[1-\delta,1]$内总有

$$\|P_{\eta s}(x)\|_c>\|P_{\eta s}(x)\|_{[0,\delta]\cup[1-\delta,1]}$$

不然的话,存在 s 的一个子集 s' 使得

$$\|P_{\eta s'}(x)\|_c\leqslant\|P_{\eta s'}(x)\|_{[0,\delta]\cup[1-\delta,1]}$$

不妨碍一般性,可以认为对一切充分大的 s',存在 $x_{s'}\in[0,\delta]$ 使 $|P_{\eta s'}(x_{s'})|=\|P_{\eta s'}\|_c$. 由此,以及 $\|P_{\eta s'}\|_c\to\|P_0\|_c(s'\to+\infty)$ 推出 $P_0(x)$ 在$[0,\delta]$内达到 $\pm\|P_0\|_c$,得到矛盾,所以对一切充分大的 s,$P_{\eta s}(x)$ 只能在$[\delta,1-\delta]$内达到$\pm\|P_{\eta s}\|_c$. 这样一来,它的任一 Chebyshev 交错所含点数小于或等于 $r+m$. 这与引理矛盾.

若 0 或 1 是 $P_0(x)$ 达到 $\pm\|P_0\|_c$ 的点,而且该点必须包括到 $P_0(x)$ 的任一 Chebyshev 交错之内,此时在 0(或 1) 和 $P_0(x)$ 的最小零点(最大零点)Z_1 之间

$P_0(x)$ 与 $P_0(0)(P_0(1))$ 同号，而且 $|P_0(x)|<|P_0(0)|=\|P_0\|_c$ 在 $0<x\leqslant Z_1$ 内成立.（或有 $|P_0(x)|<|P_0(1)|)=\|P_0\|_c$ 在 $Z_1\leqslant x<1$ 内成立.）这时，可以取一充分小的 $\delta>0$，在 $[\delta,1-\delta]$ 内仍然根据 $\|P_{\eta^s}(x)-P_0(x)\|_{[\delta,1-\delta]}\to 0(s\to+\infty)$ 便推出矛盾.

注记　由定理 8.2.1′ 得知：

(1) $P_\xi^*(x)$ 在 $(0,1)$ 内恰有 $r+m$ 个变号点.

(2) $P_\xi^*(x)$ 的结点个数 $p=m$.

完全仿照上面方法可证：

定理 8.2.4′　设 $\boldsymbol{K}$ 满足条件 8.2.1，$n\geqslant r$，$q=+\infty$. 存在 $\eta^*\in\Lambda_n$ 使

(1) $\|K^{\mathrm{T}}h_{\eta^*}\|_c\leqslant\|K^{\mathrm{T}}h_\eta\|_c$，$\forall h_\eta\in\Gamma_n$，$h_\eta\perp Q_r$.

(2) 在 $[0,1]$ 内存在 $n-r+1$ 个点 $0\leqslant\xi_1<\cdots<\xi_{n-r+1}\leqslant 1$ 满足

$$(K^{\mathrm{T}}h_{\eta^*})(\xi_j)=\sigma(-1)^j\|K^{\mathrm{T}}h_{\eta^*}\|_c$$
$$j=1,\cdots,n-r+1,\ |\sigma|=1$$

(3) $(K^{\mathrm{T}}h_{\eta^*})(x)$ 在 $(0,1)$ 内恰有 $n-r$ 个零点 $0<\zeta_1^*<\cdots<\zeta_{n-r}^*<1$，而且

$$\operatorname{sgn}(K^{\mathrm{T}}h_{\eta^*})(x)=(-1)^r h_{\zeta^*}(x)$$

下面是 Vallee-Poussin 型定理.

定理 8.2.5　已知 $\boldsymbol{K}=\{K;k_1,\cdots,k_r;\varnothing\}$ 满足条件 8.2.1，且 $f\in\mathscr{P}_m$. 若存在 $m+r+1$ 个点 $0\leqslant Z_1<\cdots<Z_{m+r+1}\leqslant 1$ 使 $f(Z_i)f(Z_{i+1})<0$，则

$$\min_{1\leqslant i\leqslant m+r+1}\{|f(Z_i)|\}\leqslant e_m(\boldsymbol{K};L^\infty)\qquad(8.48)$$

证　假定

$$\min_{1\leqslant i\leqslant m+r+1}\{|f(Z_i)|\}>e_m(\boldsymbol{K};L^\infty)$$

由定理 8.2.4,存在极函数 $P_{\xi}^{*}=k^{*}+Kh_{\xi^{*}}$,$\xi^{*}\in\Lambda_m$,满足定理 8.2.4 的全部结论中的要求,从而

$$|f(Z_i)|>|P_{\xi}^{*}(Z_i)|,i=1,\cdots,m+r+1$$

取一充分小的 $\delta>0$,使

$$|f(Z_i)|>(1+\delta)|P_{\xi}^{*}(Z_i)|,i=1,\cdots,m+r+1$$

由此得

$$(f(Z_j)\pm(1+\delta)P_{\xi}^{*}(Z_j))\cdot$$
$$(f(Z_j+1)\pm(1+\delta)P_{\xi}^{*}(Z_{j+1}))<0$$
$$i=1,\cdots,r+m \tag{8.49}$$

即 $f(x)\pm(1+\delta)P_{\xi}^{*}(x)$ 有 $r+m$ 个变号点.假定

$$f(x)=k(x)+(Kh_{\tau})(x),h_{\tau}\in\Lambda_m$$

则

$$f(x)\pm(1+\delta)P_{\xi}^{*}(x)=(k(x)\pm(1+\delta)k^{*}(x))+\int_0^1K(x,y)[h_{\tau}(y)\pm(1+\delta)h_{\xi^{*}}(y)]\mathrm{d}y$$

由于 $k\pm(1+\delta)k^{*}\in Q_r$,$h_{\tau}\pm(1+\delta)h_{\xi^{*}}\in L_{[0,1]}$,而且 $(h_{\tau}\pm(1+\delta)h_{\xi^{*}})^{-1}(0)$ 是 0 测度集,并有

$$\sigma\operatorname{sgn}(h_{\tau}(x)\pm(1+\delta)h_{\xi^{*}}(x))=\operatorname{sgn}h_{\tau'}(x)$$

对某个 $\tau'\in\Lambda_p$,$p\leqslant m$. 此处 σ 取 $+1$ 或 -1,视 $\pm(1+\delta)$ 取"+"号或"-"号而定,$p=m$,但这样就导致矛盾.因为一方面,根据定理 8.2.1′,对充分小的 δ,$\operatorname{sgn}(f(x)\pm(1+\delta)P_{\xi}^{*}(x))$ 与 σ 有关(其变号规律随 σ 的改变而改变符号);另一方面,直接从式(8.49) 看出 $\operatorname{sgn}(f(x)\pm(1+\delta)P_{*}(x))$ 与 σ 无关,得到矛盾.

用同样方法可证:

定理 8.2.6 设 $\boldsymbol{K}=\{K;k_1,\cdots,k_r;\varnothing\}$ 满足条件 8.2.1. $P_{\xi}^{*}=k^{*}+Kh_{\xi^{*}}$ 是 $e_m(\boldsymbol{K};L^{\infty})$ 的极函数,$\xi^{*}\in$

$\Lambda_m, k^* \in Q_r$. $0 \leqslant Z_1 < \cdots < Z_{m+r+1} \leqslant 1$ 为 P_ξ^* 一组 Chebyshev 交错点，$\forall \tau \in \Lambda_m$，$(a_1, \cdots, a_{r+m}) \in \mathbf{R}^{r+m}$，则

(1) 对

$$P(x) = \sum_{j=1}^{r} a_j k_j(x) + \int_0^1 K(x, y) h_\tau(y) \mathrm{d}y + \sum_{j=r+1}^{r+m} a_j K(\boldsymbol{x}, \tau_{j-r})$$

总成立

$$\| P_\xi^* \|_c \leqslant \max\{ | P(Z_i) |, i = 1, \cdots, m + r + 1\} \tag{8.50}$$

(2) 若 $\| q(x) \|_c \leqslant \| P_\xi^* \|_c$，则

$$| a_{j+r+1} | \leqslant 1, j = 0, \cdots, m \tag{8.51}$$

其中

$$q(x) = \sum_{j=1}^{r} a_j k_j(x) + \sum_{j=0}^{m} a_{j+r+1} \int_{\tau_j}^{\tau_{j+1}} K(x, y) \mathrm{d}y$$

与定理 8.2.5，定理 8.2.6 平行的结果对 $\boldsymbol{K}'$ 也能建立.

§3　$\mathscr{K}_{r,\infty}$ 类的宽度估计

本节设 $\boldsymbol{K} = \{K; k_1, \cdots, k_r; \varnothing\}$ 满足条件 8.2.1，其中条件(3) 是扩充的，$Q_r = \mathrm{span}\{k_1, \cdots, k_r\}$. 引入函数类

$$\mathscr{K}_{r,\infty} = \{k + Kh \mid \forall k \in Q_r, \| h \|_\infty \leqslant 1\} \tag{8.52}$$

本节给出 $d_n[\mathscr{K}_{r,\infty}; L^q]$，$d^n[\mathscr{K}_{r,\infty}; L^q]$ 以及 $d'_n[\mathscr{K}_{r,\infty};$

L^q] 的精确估计，作为特例，最后给出 Sobolev 类 $W_\infty^r[0,1]$ 的宽度计算，众所周知，$W_\infty^r[0,1](r\geqslant 1)$ 是由 $Q_r=\text{span}\{1,x,\cdots,x^{r-1}\}$ 和 $K(x,y)=\dfrac{1}{r!}(x-y)_+^{r-1}$ $(0\leqslant x,y\leqslant 1)$ 确定的. 在解决这一问题中，$e_m(\boldsymbol{K};L^q)$ 的极函数起着关键作用.

(一)$d_n[\mathscr{K}_{r,\infty};L^q]$，$d'_n[\mathscr{K}_{r,\infty};L^q]$ 的精确估计

设 $P_\xi^*=P_{\xi,m,q}^*$ 是 $e_m(\boldsymbol{K};L^q)$ 的极函数，$\xi^*=\{\xi_1^*,\cdots,\xi_m^*\}\in\Lambda_m$ 为其结点，$0<z_1^*<\cdots<z_{m+r}^*<1$ 为其点 0(变号点)，根据式(8.24) 有

$$K\begin{pmatrix} z_1^* & \cdots & z_r^* & z_{r+1}^* & \cdots & z_n^* \\ 1 & \cdots & r & \xi_1^* & \cdots & \xi_m^* \end{pmatrix}>0 \quad (8.53)$$

记

$$X_{m+r}^0 \overset{\text{df}}{=} \text{span}\{k_1(x),\cdots,k_r(x), K(x,\xi_1^*),\cdots,K(x,\xi_m^*)\}$$

引理 8.3.1 存在 $C[0,1]\to X_{m+r}^0$ 的线性插值算子 S：$\forall f\in C[0,1]$ 有

$$(Sf)(z_j^*)=f(z_j^*),j=1,\cdots,n$$
$$n=m+r$$

证 事实上，任给 n 个实数$(\alpha_1,\cdots,\alpha_n)$存在唯一的一组数$(c_1,\cdots,c_n)$ 满足线性方程组

$$\sum_{j=1}^{r}c_jk_i(z_i^*)+\sum_{k=1}^{m}c_{r+k}K(z_i^*,\xi_k^*)=\alpha_i$$
$$i=1,\cdots,n$$

因为线性方程组的系数行列式(8.53) 非零，故插值算子 S 存在.

引理 8.3.2 $\forall f\in\mathscr{K}_{r,\infty}$，$S(f)$ 与 f 有以下关系

式成立

$$f(x)-S(f)(x)$$

$$=\int_0^1 \frac{K\begin{pmatrix} z_1^* & \cdots & z_r^* & z_{r+1}^* & \cdots & z_n^* & x \\ 1 & \cdots & r & \xi_1^* & \cdots & \xi_m^* & y \end{pmatrix}}{K\begin{pmatrix} z_1^* & \cdots & z_r^* & z_{r+1}^* & \cdots & z_n^* \\ 1 & \cdots & r & \xi_1^* & \cdots & \xi_m^* \end{pmatrix}} h(y)\mathrm{d}y \tag{8.54}$$

而且

$$\operatorname{sgn} K\begin{pmatrix} z_1^* & \cdots & z_r^* & z_{r+1}^* & \cdots & z_n^* & x \\ 1 & \cdots & r & \xi_1^* & \cdots & \xi_m^* & y \end{pmatrix}$$

$$=(-1)^r h z^*(x) h_{\xi^*}(y) \tag{8.55}$$

证　将式(8.54)右端的积分号下的分子上的行列式展开后经过简单计算可见此积分能表示成 $f(x)-p(x)$，$p(x)\in X_{m+r}^0$. 若在其中令 $x=z_j^*$，则得到 $f(z_j^*)-p(z_j^*)=0(j=1,\cdots,m+r)$. 由于引理8.3.1中的 $S(f)$ 唯一确定，所以 $S(f)=p$，即有式(8.54)成立. 至于式(8.55)，由

$$K\begin{pmatrix} z_1^* & \cdots & z_r^* & z_{r+1}^* & \cdots & z_n^* & x \\ 1 & \cdots & r & \xi_1^* & \cdots & \xi_m^* & y \end{pmatrix}$$

$$=\begin{vmatrix} K\begin{pmatrix} z_1^* & \cdots & z_r^* & z_{r+1}^* & \cdots & z_n^* \\ 1 & \cdots & r & \xi_1^* & \cdots & \xi_m^* \end{pmatrix} & \begin{matrix} K(z_1^*,y) \\ \vdots \end{matrix} \\ \vdots & K(z_x^*,y) \\ k_1(x)\cdots k_r(x)K(x,\xi_1^*)\cdots K(x,\xi_m^*) & K(x,y) \end{vmatrix}$$

便可直接得出.

引理 8.3.3　若 $1\leqslant q<+\infty$，则

$$\sup_{f\in \mathscr{K}_{r,\infty}} \| f-S(f) \|_q = \| P_\xi^* \|_q \tag{8.56}$$

证

$$\|f-S(f)\|_q^q$$

$$=\int_0^1\left|\int_0^1\frac{K\begin{pmatrix}z_1^* & \cdots & z_r^* & z_{r+1}^* & \cdots & z_n^* & x\\ 1 & \cdots & r & \xi_1^* & \cdots & \xi_m^* & y\end{pmatrix}}{K\begin{pmatrix}z_1^* & \cdots & z_r^* & z_{r+1}^* & \cdots & z_n^*\\ 1 & \cdots & r & \xi_1^* & \cdots & \xi_m^*\end{pmatrix}}h(y)\mathrm{d}y\right|^q\mathrm{d}x$$

$$\leqslant\int_0^1\left(\int_0^1\frac{\left|K\begin{pmatrix}\cdots x\\ \cdots y\end{pmatrix}\right|}{K\begin{pmatrix}\cdots\\ \cdots\end{pmatrix}}\mathrm{d}y\right)^q\mathrm{d}x$$

由于式(8.55)有

$$\int_0^1\frac{\left|K\begin{pmatrix}z_1^* & \cdots & z_r^* & z_{r+1}^* & \cdots & z_n^* & x\\ 1 & \cdots & r & \xi_1^* & \cdots & \xi_m^* & y\end{pmatrix}\right|}{K\begin{pmatrix}z_1^* & \cdots & z_r^* & z_{r+1}^* & \cdots & z_n^*\\ 1 & \cdots & r & \xi_1^* & \cdots & \xi_m^*\end{pmatrix}}\mathrm{d}y$$

$$=\varepsilon(x)\int_0^1\frac{K\begin{pmatrix}z_1^* & \cdots & z_r^* & z_{r+1}^* & \cdots & z_n^* & x\\ 1 & \cdots & r & \xi_1^* & \cdots & \xi_m^* & y\end{pmatrix}h_{\xi^*}(y)}{K\begin{pmatrix}z_1^* & \cdots & z_r^* & z_{r+1}^* & \cdots & z_n^*\\ 1 & \cdots & r & \xi_1^* & \cdots & \xi_m^*\end{pmatrix}}\mathrm{d}y$$

$$=\varepsilon(x)[P_\xi^*(x)-S(P_\xi^*)(x)],\ |\varepsilon(x)|=1 \quad (8.57)$$

但因 $S(P_\xi^*)(z_j^*)=P_\xi^*(z_j^*)=0(j=1,\cdots,n)\Rightarrow S(P_\xi^*)(x)\equiv 0$.(插值唯一性)

所以

$$\|f-S(f)\|_q^q\leqslant\int_0^1(\varepsilon(x)P_\xi^*(x))^q\mathrm{d}x$$

$$=\int_0^1|P_\xi^*(x)|^q\mathrm{d}x$$

因为

$$\operatorname{sgn}P_\xi^*(x)=(-1)^r hz^*(x)=\varepsilon(x)$$

所以得到

$$\sup_{f\in\mathscr{K}_{r,\infty}}\|f-S(f)\|_q\leqslant\|P_\xi^*\|_q$$

等号对 $P_\xi^*\in\mathscr{K}_{r,\infty}$ 成立.

定理 8.3.1　设 $\boldsymbol{K}$ 满足条件 8.2.1,其中条件(3)是扩充的,有 $1\leqslant q<+\infty$,则:

(1) $0\leqslant n<r$ 时

$$d_n[\mathscr{K}_{r,\infty};L^q]=d'_n[\mathscr{K}_{r,\infty};L^q]=+\infty$$

(2) $n\geqslant r$ 时

$$d_n[\mathscr{K}_{r,\infty};L^q]=d'_n[\mathscr{K}_{r,\infty};L^q]=e_m(\boldsymbol{K};L^q)$$

$m=n-r$;X_n^0 是 d_n,d'_n 的极子空间.

(3) $S:C[0,1]\to X_n^0$ 是最优线性算子.

证　(1) 根据定理 5.1.1 的(5)及 $d_n[\mathscr{K}_{r,\infty};L^q]\leqslant d'_n[\mathscr{K}_{r,\infty};L^q]$ 得(1).

(2) 根据定理 5.8.1,$n\geqslant r$ 时

$$e_m(\boldsymbol{K};L^q)\leqslant d_n[\mathscr{K}_{r,\infty};L^q]\leqslant d'_n[\mathscr{K}_{r,\infty};L^q]$$

再由引理 8.3.3 有

$$d'_n[\mathscr{K}_{r,\infty};L^q]\leqslant\sup_{f\in\mathscr{K}_{r,\infty}}\|f-S(f)\|_q=\|P_\xi^*\|_q$$

由此即得(2).

(3) 是明显的.

下面转到 $q=+\infty$ 的情形.先给出:

引理 8.3.4　设 $\boldsymbol{K}=\{K;k_1,\cdots,k_r;\varnothing\}$ 满足条件 8.2.1. $P_\xi^*(x)$ 是实现 $e_m(\boldsymbol{K};L^\infty)$ 的极函数,它的零点和结点各是 $Z^*=\{0<Z_1^*<\cdots<Z_{m+r}^*<1\}$ 和 $\xi^*=\{0<\xi_1^*<\cdots<\xi_m^*<1\}$,则插值算子 $S(f):f\to X_{m+r}^0$ 对每一 $f\in\mathscr{K}_{r,\infty}$ 有

$$|f(x)-S(f)(x)|\leqslant|P_\xi^*(x)|,\forall x\in[0,1]\tag{8.58}$$

证 仍利用引理 8.3.3 用过的表达式(但需注意 $P_{\xi}^{*}=P_{\xi,m,q}^{*}$ 依赖于 m 和 q). 我们有

$$
\begin{aligned}
&|f(x)-S(f)(x)| \\
=&\left|\int_0^1 \frac{K\begin{pmatrix} z_1^* & \cdots & z_r^* & z_{r+1}^* & \cdots & z_n^* & x \\ 1 & \cdots & r & \xi_1^* & \cdots & \xi_m^* & y \end{pmatrix}}{K\begin{pmatrix} z_1^* & \cdots & z_r^* & z_{r+1}^* & \cdots & z_n^* \\ 1 & \cdots & r & \xi_1^* & \cdots & \xi_m^* \end{pmatrix}} h(y)\mathrm{d}y\right| \\
\leqslant & \int_0^1 \frac{\left|K\begin{pmatrix} z_1^* & \cdots & z_r^* & z_{r+1}^* & \cdots & z_n^* & x \\ 1 & \cdots & r & \xi_1^* & \cdots & \xi_m^* & y \end{pmatrix}\right|}{K\begin{pmatrix} z_1^* & \cdots & z_r^* & z_{r+1}^* & \cdots & z_n^* \\ 1 & \cdots & r & \xi_1^* & \cdots & \xi_m^* \end{pmatrix}} \mathrm{d}y \\
=&\varepsilon(x)P_{\xi}^{*}(x)=|P_{\xi}^{*}(x)|
\end{aligned}
$$

得所欲证.

定理 8.3.2 若 $\boldsymbol{K}$ 满足条件 8.2.1,则:

(1)$n<r$ 时[①]

$$d_n[\mathcal{K}_{r,\infty};L^{\infty}]=d'_n[\mathcal{K}_{r,\infty};L^{\infty}]=+\infty$$

(2)$n\geqslant r$ 时

$$d_n[\mathcal{K}_{r,\infty};L^{\infty}]=d'_n[\mathcal{K}_{r,\infty};L^{\infty}]=e_m(\mathbf{K};L^{\infty})$$

X_n^0 是一极子空间.

(3)$S(f)$ 是一最优线性逼近方法.

(二)$d^n[\mathcal{K}_{r,\infty};L^q]$ 的精确估计

根据第五章的一般定理,当 $n<r$ 时

$$d^n[\mathcal{K}_{r,\infty};L^q]=+\infty,1\leqslant q\leqslant+\infty$$

那么只需考查 $n\geqslant r$. 此时,根据定理 5.8.2 有

$$d^n[\mathcal{K}_{r,\infty};L^q]\geqslant e_m(\mathbf{K};L^q),m=n-r,1\leqslant q\leqslant+\infty$$

① $n<r$ 时的结论和 $\boldsymbol{K}$ 满足条件 8.2.1 无关.

所以,当 $\boldsymbol{K}$ 满足条件 8.2.1,其中(3)是扩充的,那么有

$$e_m(\mathbf{K};L^q)=\|P_{\xi,m,q}^*\|_q$$

P_ξ^* 满足特征条件,所以,余下的问题是给出其上方估计.解决这一问题的想法如下.

若取 $C[0,1]$ 上的 n 个线性有界泛函,比如利用 $P_\xi^*(x)$ 的 n 个零点 $z_1^*,\cdots,z_n^*$,取

$$L_n^0=\{f\in C[0,1]\mid f(z_i^*)=0,i=1,\cdots,n\}$$

L_n^0 是 $C[0,1]$ 内的 n 余维线性闭子空间,若限制 $f\in L_n^0\cap\mathscr{K}_{r,\infty}$,则由 $f(z_j^*)=0\Rightarrow S(f)(z_j^*)=0\Rightarrow S(f)=0$,那么,当 $1\leqslant q<+\infty$ 时有

$$\begin{aligned}\sup_{f\in L_n^0\cap\mathscr{K}_{r,\infty}}\|f\|_q&=\sup_{f\in L\cap\mathscr{K}_{r,\infty}}\|f-S(f)\|_q\\&\leqslant\sup_{f\in\mathscr{K}_{r,\infty}}\|f-S(f)\|_q\\&=\|P_{\xi,m,q}^*\|_q\end{aligned}$$

但由此得不出 $d^n[\mathscr{K}_{r,\infty};L^q]$ 的上方估计,因为 L_n^0 不是 $L^q[0,1]$ 内的闭线性子空间.

作为 $L^q[0,1]$ 空间上的线性有界泛函,取下列一组属于 $L^{q'}[0,1]$ 的函数

$$\varphi_{z_i^*}^{(\varepsilon)}(x)=\begin{cases}\varepsilon^{-1},z_i^*\leqslant x\leqslant z_i^*+\varepsilon\\0,x\in[0,1]\setminus(z_i^*,z_i^*+\varepsilon),i=1,\cdots,n\end{cases}$$

$\varepsilon>0$ 充分小,使区间$(z_i^*,z_i^*+\varepsilon)\cap(z_{i+1}^*,z_{i+1}^*+\varepsilon)=\varnothing$. $\{\varphi_{x_i^*}^{(\varepsilon)}\}\subset L^{q'}[0,1]$. 置

$$L_n^0(\varepsilon)\overset{\mathrm{df}}{=}\left\{f\in L^q[0,1]\,\middle|\,\int_{z_i^*}^{z_i^*+\varepsilon}f(x)\mathrm{d}x=0,i=1,\cdots,n\right\}$$

$L_n^0(\varepsilon)\subset L^q[0,1]$,是一 n 余维的闭线性子空间. 我们有:

引理 8.3.5　$1\leqslant q<+\infty$,则

$$\varlimsup_{\varepsilon\to0+}\sup_{f\in L_n^0(\varepsilon)\cap\mathscr{K}_{r,\infty}}\|f\|_q\leqslant\|P_{\xi,m,q}^*\|_q\quad(8.59)$$

证 如果能构造一个 $C[0,1]\to X_n^0$ 的线性映射 $S_\varepsilon(f)$ 使其满足条件:

(1) $\forall f\in\mathcal{K}_{r,\infty}$ 有

$$\int_{z_j^*}^{z_j^*+\varepsilon}(f(x)-S_\varepsilon(f)(x))\mathrm{d}x=0,j=1,\cdots,n$$

(2) $\int_{z_j^*}^{z_j^*+\varepsilon}S_\varepsilon(f)(x)\mathrm{d}x=0(j=1,\cdots,n)\Rightarrow S_\varepsilon(f)\equiv 0$.

(3) $\lim\limits_{\varepsilon\to 0+}\sup\limits_{f\in\mathcal{K}_{r,\infty}}\|S(f)-S_\varepsilon(f)\|_q=0$.

那么引理得证. 事实上,我们有

$$\begin{aligned}&\sup\{\|f\|_q\mid f\in L_n^0(\varepsilon)\cap\mathcal{K}_{r,\infty}\}\\=&\sup\{\|f-S_\varepsilon(f)\|_q\mid f\in L_n^0(\varepsilon)\cap\mathcal{K}_{r,\infty}\}\\\leqslant&\sup_{f\in\mathcal{K}_{r,\infty}}\|f-S(f)\|_q+\sup_{f\in\mathcal{K}_{r,\infty}}\|S(f)-S_\varepsilon(f)\|_q\\\leqslant&\|P_{\xi,m,q}^*\|_q+\delta,\varepsilon>0\text{ 充分小}\end{aligned}$$

由此即得式(8.59).

下面构造 $S_\varepsilon(f)$. 置

$$R(x,y,\varepsilon)=\frac{\int_{\delta_1^*}\cdots\int_{\delta_n^*}K\begin{pmatrix}\sigma_1&\cdots&\sigma_r^*&\sigma_{r+1}^*&\cdots&\sigma_n^*&x\\1&\cdots&r&\xi_1^*&\cdots&\xi_m^*&y\end{pmatrix}\mathrm{d}\sigma_1\cdots\mathrm{d}\sigma_n}{\int_{\delta_1^*}\cdots\int_{\delta_n^*}K\begin{pmatrix}\sigma_1&\cdots&\sigma_r^*&\sigma_{r+1}^*&\cdots&\sigma_n^*\\1&\cdots&r&\xi_1^*&\cdots&\xi_m^*\end{pmatrix}\mathrm{d}\sigma_1\cdots\mathrm{d}\sigma_n}$$

此处 $\delta_j^*=(z_j^*,z_j^*+\varepsilon)$. 当 $\varepsilon>0$ 充分小时

$$\int_{\delta_1^*}\cdots\int_{\delta_n^*}K\begin{pmatrix}\sigma_1&\cdots&\sigma_r^*&\sigma_{r+1}^*&\cdots&\sigma_n^*\\1&\cdots&r&\xi_1^*&\cdots&\xi_m^*\end{pmatrix}\mathrm{d}\sigma_1\cdots\mathrm{d}\sigma_n>0$$

设 $f\in\mathcal{K}_{r,\infty}$, $f=k+K\cdot h$, $\|h\|_\infty\leqslant 1$. 由下式来确定 $S_\varepsilon(f)$ 有

$$\int_0^1R(x,y,\varepsilon)h(y)\mathrm{d}y=f(x)-S_\varepsilon(f)(x)$$

$S_\varepsilon(f)$ 是 $\mathcal{K}_{r,\infty} \to X_n^0$ 的映射，$S_\varepsilon(f)$ 是所要的. 事实上，我们记

$$\int_{\delta_1^*}\cdots\int_{\delta_n^*} K\begin{pmatrix}\sigma_1 & \cdots & \sigma_r^* & \sigma_{r+1}^* & \cdots & \sigma_n^* & x \\ 1 & \cdots & r & \xi_1^* & \cdots & \xi_m^* & y\end{pmatrix} \mathrm{d}\sigma_1\cdots\mathrm{d}\sigma_n = \Delta$$

记

$$\Delta(k_i)_j = \int_{\delta_j^*} k_i(\sigma_j)\mathrm{d}\sigma_j, i=1,\cdots,r, j=1,\cdots,n$$

$$\Delta(K_i)_j = \int_{\delta_j^*} K(\sigma_j,\xi_i^*)\mathrm{d}\sigma_j, i=1,\cdots,m, j=1,\cdots,n$$

则易见

$$\Delta = \begin{vmatrix} \Delta(k_1)_1 & \cdots & \Delta(k_r)_1 & \Delta(K_1)_1 & \cdots & \Delta(K_m)_1 & \int_{\delta_1^*} K(\sigma_1,y)\mathrm{d}\sigma_1 \\ \vdots & & \vdots & \vdots & & \vdots & \vdots \\ \Delta(k_1)_n & & \Delta(k_r)_n & \Delta(K_1)_n & \cdots & \Delta(K_m)_n & \int_{\delta_n^*} K(\sigma_n,y)\mathrm{d}\sigma_n \\ k_1(x) & \cdots & k_r(x) & K(x,\xi_1^*) & \cdots & K(x,\xi_m^*) & K(x,y) \end{vmatrix}$$

(1)
$$\int_0^1 (f(x)-S_\varepsilon(f,x))\varphi_{z_j^*}^{(\varepsilon)}(x)\mathrm{d}x$$
$$=\int_0^1\int_{\delta_j^*} R(x,y,\varepsilon)h(y)\mathrm{d}y\mathrm{d}x$$
$$=\int_0^1\left(\int_{\delta_j^*} R(x,y,\varepsilon)\mathrm{d}x\right)h(y)\mathrm{d}y$$

由 $R(x,y,\varepsilon)$ 的表示式看出有 $\int_{\delta_j^*} R(x,y,\varepsilon)\mathrm{d}x=0(j=1,\cdots,n)$. 故(1) 成立.

(2) 设

$$\int_{\delta_j^*} S_\varepsilon(f,x)\mathrm{d}x=0, j=1,\cdots,n$$

记

$$S_\varepsilon(f,x)=\sum_{j=1}^{r}\alpha_j k_j(x)+\sum_{j=1}^{n-r}\alpha_{j+r}K(x,\xi_j^*)$$

代入上式给出

$$\sum_{j=1}^{r}\alpha_j\int_{\delta_j^*}k_j(x)\mathrm{d}x+\sum_{j=1}^{n-r}\alpha_{j+r}\int_{\delta_j^*}K(x,\xi_j^*)\mathrm{d}x=0$$

$$j=1,\cdots,n$$

此线性方程组的系数行列式为

$$\int_{\delta_1^*}\cdots\int_{\delta_n^*}K\begin{pmatrix}\sigma_1 & \cdots & \sigma_r^* & \sigma_{r+1}^* & \cdots & \sigma_n^*\\ 1 & \cdots & r & \xi_1^* & \cdots & \xi_m^*\end{pmatrix}\mathrm{d}\sigma_1\cdots\mathrm{d}\sigma_n\neq 0$$

所以有 $\alpha_1=\cdots=\alpha_n=0$.

(3) 由于

$$S(f)-S_\varepsilon(f)=\int_0^1(R(x,y)-R(x,y,\varepsilon))h(y)\mathrm{d}y$$

$$\Rightarrow \| S(f)-S_\varepsilon(f)\|_c$$

$$\leqslant \max|R(x,y)-R(x,y,\varepsilon)|$$

但由于

$$R(x,y,\varepsilon)$$

$$=\frac{\varepsilon^{-n}\int_{\delta_1^*}\cdots\int_{\delta_n^*}K\begin{pmatrix}\sigma_1 & \cdots & \sigma_r & \sigma_{r+1} & \cdots & \sigma_n & x\\ 1 & \cdots & r & \xi_1^* & \cdots & \xi_m^* & y\end{pmatrix}\mathrm{d}\sigma_1\cdots\mathrm{d}\sigma_n}{\varepsilon^{-n}\int_{\delta_1^*}\cdots\int_{\delta_n^*}K\begin{pmatrix}\sigma_1 & \cdots & \sigma_r^* & \sigma_{r+1}^* & \cdots & \sigma_n^* & x\\ 1 & \cdots & r & \xi_1^* & \cdots & \xi_m^* & y\end{pmatrix}\mathrm{d}\sigma_1\cdots\mathrm{d}\sigma_n}$$

知

$$\lim_{s\to 0+}R(x,y,\varepsilon)$$

$$=R(x,y)\xlongequal{\mathrm{df}}\frac{K\begin{pmatrix}z_1^* & \cdots & z_r^* & z_{r+1}^* & \cdots & z_n^* & x\\ 1 & \cdots & r & \xi_1^* & \cdots & \xi_m^* & y\end{pmatrix}}{K\begin{pmatrix}z_1^* & \cdots & z_r^* & z_{r+1}^* & \cdots & z_n^*\\ 1 & \cdots & r & \xi_1^* & \cdots & \xi_m^*\end{pmatrix}}$$

且这一极限过程对 $(x,y)\in[0,1]\times[0,1]$ 是一致的. (3) 得证.

推论 若 $n\geqslant r$,则

$$d^n[\mathscr{K}_{r,\infty};L^q]\leqslant \| P_{\xi,m,q}^*\|_q$$

其中 $m=n-r,1\leqslant q<+\infty$.

定理 8.3.3　设 $\mathbf{K}$ 满足条件 8.2.1,其中条件(3)是扩充的,$1 \leqslant q \leqslant +\infty$,则

(1)$n < r$ 时

$$d^n[\mathcal{K}_{r,\infty}; L^q] = +\infty$$

(2)$n \geqslant r$ 时

$$d^n[\mathcal{K}_{r,\infty}; L^q] = e_m(\mathbf{K}; L^q)$$

(3) 当 $q = +\infty$ 时(取 $C[0,1]$ 空间),下列 n 余维线性子空间最优

$$L_n^0 = \{f \in C[0,1] \mid f(z_j^*) = 0, j = 1, \cdots, n\}$$

证　(1)(2) 的结论已经有了. 至于(3),当 $q = +\infty$ 时,直接取

$$L_n^0 = \{f \in C[0,1] \mid f(z_j^*) = 0, j = 1, \cdots, n\}$$

则

$$\begin{aligned}
&\sup\{\|f\|_c \mid f \in \mathcal{K}_{r,\infty} \cap L_n^0\} \\
=&\sup\{\|f - S(f)\|_c \mid f \in \mathcal{K}_{r,\infty} \cap L_n^0\} \\
\leqslant&\sup_{f \in \mathcal{K}_{r,\infty}} \|f - S(f)\|_c = \|P_{\xi,m,\infty}^*\|_c
\end{aligned}$$

(三)Sobolev 类 $W_\infty^r[0,1]$ 的宽度精确估计

$W_\infty^r[0,1]$ 是在$[0,1]$上有 $r-1$ 阶绝对连续函数 $f^{(r-1)}$,且

$$\operatorname*{ess\,sup}_{0 \leqslant x \leqslant 1} |f^{(r)}(x)| \leqslant 1$$

的 f 的全体,f 的一般表示式是

$$f(x) = p(x) + \int_0^1 K(x, y) f^{(r)}(y) \mathrm{d}y \quad (8.60)$$

此处 $p(x) = f(0) + f'(0)\dfrac{x}{1!} + \cdots + f^{(r-1)}(0)\dfrac{x^{r-1}}{(r-1)!}$,核

$$K(x,y)=\frac{1}{\Gamma(r)}(x-y)_+^{r-1},0\leqslant x,y\leqslant 1 \tag{8.61}$$

由例 8.1.9 中的定理 8.1.2,知

$$\left\{\frac{(x-y)_+^{r-1}}{(r-1)!};1,x,\cdots,x^{r-1}\right\}$$

满足条件 8.2.1,其中条件(3)是扩充的.

定义 8.3.1 以 $\Pi_m^{(r)}$ 表示下列函数的全体

$$P(x)=p(x)\pm\frac{1}{\Gamma(r)}\int_0^1(x-y)_+^{r-1}h_\xi(y)\mathrm{d}y$$

此处 $p(x)\in\mathrm{span}\{1,x,\cdots,x^{r-1}\}$,$\xi\in\Lambda_s$,$s\leqslant m$. $P(x)$ 是$[0,1]$上的 r 次代数多项式完全样条,ξ 是其结点系. $\Pi_m^{(r)}$ 内的函数结点位置自由,但结点个数不超过 m.

记

$$e_m(\Pi^{(r)};L^q)=\min_{P\in\Pi_m^{(r)}}\|P\|_q \tag{8.62}$$

我们有:

定理 8.3.4 $1\leqslant q\leqslant+\infty$,则:

(1)$0\leqslant n<r$ 时

$$d_n[W_\infty^r;L^q]=d'_n[W_\infty^r;L^q]=+\infty$$

(2)$n\geqslant r$ 时

$$d_n[W_\infty^r;L^q]=d'_n[W_\infty^r;L^q]=e_m(\Pi^{(r)};L^q)$$

$X_n^0=\mathrm{span}\{1,x,\cdots,x^{r-1},(x-\xi_1^*)_+^{r-1},\cdots,(x-\xi_m^*)_+^{r-1}\}$ 是极子空间,插值算子 $S:C[0,1]\to X_n^0$,$(Sf)(z_j^*)=f(z_j^*)$,$j=1,\cdots,n$ 是一线性最优逼近方法. 此处 $\xi^*=(\xi_1^*,\cdots,\xi_m^*)_0$,$z^*=(z_1^*,\cdots,z_n^*)$ 各是极函数 $P_{\xi,m,q}^*$ 的结点系和变号点系.(这两组点都依赖于 q 的.)

定理 8.3.5 $1\leqslant q\leqslant+\infty$,则:

(1)$0\leqslant n<r$ 时

$$d^n[W_\infty^r;L^q]=+\infty$$

(2)$n\geqslant r$ 时

$$d^n[W_\infty^r;L^q]=e_m(\Pi^{(r)};L^q)$$

(3)$q=+\infty$ 时,$L_n^0=\{f\in C[0,1]\mid f(z_j^*)=0,j=1,\cdots,n\}$ 是 $d^n[W_\infty^r;L^q]$ 的 n 余维极子空间.

§4　对偶情形

本节讨论 §3 宽度问题的对偶情形.

给定 $\boldsymbol{K}=\{K;k_1,\cdots,k_r;\varnothing\}$,设 $1\leqslant p\leqslant+\infty,\frac{1}{p}+\frac{1}{p'}=1$. 置

$$\mathscr{K}_{r,p}=\{f=k+K\cdot h\mid k\in Q_r,\|h\|_p\leqslant 1\}$$

根据第五章定理 5.8.3,定理 5.8.4,当 $n\geqslant r$ 时

$$d_n[\mathscr{K}_{r,p};L]\geqslant \min\{\|K^{\mathrm{T}}\cdot h_\xi\|_{p'}\mid h_\xi\in\Gamma_n\cap Q_r^\perp\}$$

$$d_n[\mathscr{K}_{r,p};L]\geqslant \min\{\|K^{\mathrm{T}}\cdot h_\xi\|_{p'}\mid h_\xi\in\Gamma_n\cap Q_r^\perp\}$$

此处:$h_\xi\in Q_r^\perp\Leftrightarrow\int_0^1 k_j(x)h_\xi(x)\mathrm{d}x=0(j=1,\cdots,r)$.

由此可见,两个宽度的下方估计问题化归到解决由 $\boldsymbol{K}$ 的转置 $\boldsymbol{K}'$ 确定的完全样条类上的最小范数问题. 如第五章 §8,仍采用记号

$$e_n(\boldsymbol{K}',L^{p'})=\min_{\substack{h_\xi\in\Gamma_n\\ h_\xi\perp Q_r}}\|K^{\mathrm{T}}h_\xi\|_{p'},n\geqslant r \quad (8.63)$$

往下设 $\boldsymbol{K}$ 满足条件 8.2.1,则成立着:

定理 8.4.1　已知 $\boldsymbol{K}$ 满足条件 8.2.1,(2) 是扩充

的[①].

(1)$0\leqslant n<r$ 时

$$d_n[\mathscr{K}_{r,p};L]=+\infty$$

(2)$n\geqslant r$ 时

$$d_n[\mathscr{K}_{r,p};L]=d'_n[\mathscr{K}_{r,p};L]=e_n(\boldsymbol{K}',L^{p'})$$

$X_n^{(1)}=\operatorname{span}\{k_1(x),\cdots,k_r(x),K(x,\zeta_1^*),\cdots,K(x,\zeta_{n-r}^*)\}$ 是一极子空间. 线性插值算子 $T:C[0,1]\to X_n^{(1)}$, $(Tf)(\eta_j^*)=f(\eta_j^*)(j=1,\cdots,n)$ 是一最优线性逼近方法.

证 (1) 根据定理 5.1.1 的(5) 即得(1) 的证明.

(2) 由定理 5.8.3, $n\geqslant r$ 时

$$e_n(\boldsymbol{K}';L^{p'})\leqslant d_n[\mathscr{K}_{r,p};L]\leqslant d'_n[\mathscr{K}_{r,p};L]$$

故只需证 $d'_n[\mathscr{K}_{r,p};L]\leqslant e_n[\boldsymbol{K}';L^{p'})$. 为此,根据定理 8.2.3′,式(8.63) 的极函数$(K^{\mathrm{T}}\cdot h_{\eta^*})(x)$ 恰有 n 个结点,$\eta^*=\{0<\eta_1^*<\cdots<\eta_n^*<1\}$ 和 $n-r$ 个零点(变号点)$\zeta^*=\{0<\zeta_1^*<\cdots<\zeta_{n-r}^*<1\}$,那么,根据式(8.25) 有

$$K\begin{pmatrix}\eta_1^* & \cdots & \eta_r^* & \eta_{r+1}^* & \cdots & \eta_n^*\\ 1 & \cdots & r & \zeta_1^* & \cdots & \zeta_n^*\end{pmatrix}>0 \quad (8.64)$$

由此可证:存在 $C[0,1]\to X_n^{(1)}$ 的线性插值算子 T: $(Tf)(\eta_j^*)=f(\eta_j^*)$, $j=1,\cdots,n$. 当 $f\in\mathscr{K}_{r,p}$ 时有

$$f(x)-(Tf)(x)$$

$$=\int_0^1\frac{K\begin{pmatrix}\eta_1^* & \cdots & \eta_r^* & \eta_{r+1}^* & \cdots & \eta_n^* & x\\ 1 & \cdots & r & \zeta_1^* & \cdots & \zeta_{n-r}^* & y\end{pmatrix}}{K\begin{pmatrix}\eta_1^* & \cdots & \eta_r^* & \eta_{r+1}^* & \cdots & \eta_n^*\\ 1 & \cdots & r & \zeta_1^* & \cdots & \zeta_{n-r}^*\end{pmatrix}}h(y)\mathrm{d}y$$

---

① 见定理 8.2.3′ 后的注.

那么

$$\sup_{\|h\|_p\leqslant 1}\|f-T(f)\|_1$$

$$=\sup_{\|\varphi\|_\infty\leqslant 1}\sup_{\|h\|_p\leqslant 1}\int_0^1\left\{\int_0^1\frac{K\begin{pmatrix}\eta_1^* & \cdots & \eta_r^* & \eta_{r+1}^* & \cdots & \eta_n^* & x\\ 1 & \cdots & r & \zeta_1^* & \cdots & \zeta_{n-r}^* & y\end{pmatrix}\varphi(x)}{K\begin{pmatrix}\eta_1^* & \cdots & \eta_r^* & \eta_{r+1}^* & \cdots & \eta_n^*\\ 1 & \cdots & r & \zeta_1^* & \cdots & \zeta_{n-r}^*\end{pmatrix}}\mathrm{d}x\right\}\cdot$$

$$h(y)\mathrm{d}y=\sup_{\|\varphi\|_\infty\leqslant 1}\left\|\int_0^1\frac{K\begin{pmatrix}\eta_1^* & \cdots & \eta_r^* & \eta_{r+1}^* & \cdots & \eta_n^* & x\\ 1 & \cdots & r & \zeta_1^* & \cdots & \zeta_{n-r}^* & y\end{pmatrix}}{K\begin{pmatrix}\eta_1^* & \cdots & \eta_r^* & \eta_{r+1}^* & \cdots & \eta_n^*\\ 1 & \cdots & r & \zeta_1^* & \cdots & \zeta_{n-r}^*\end{pmatrix}}\varphi(x)\mathrm{d}x\right\|_{p'}$$

$$\leqslant\left\|\int_0^1\frac{\left|K\begin{pmatrix}\eta_1^* & \cdots & \eta_r^* & \eta_{r+1}^* & \cdots & \eta_n^* & x\\ 1 & \cdots & r & \zeta_1^* & \cdots & \zeta_{n-r}^* & y\end{pmatrix}\right|}{K\begin{pmatrix}\eta_1^* & \cdots & \eta_r^* & \eta_{r+1}^* & \cdots & \eta_n^*\\ 1 & \cdots & r & \zeta_1^* & \cdots & \zeta_{n-r}^*\end{pmatrix}}\mathrm{d}x\right\|_{p'}$$

对每一固定的 y 有

$$\operatorname{sgn} K\begin{pmatrix}\eta_1^* & \cdots & \eta_r^* & \eta_{r+1}^* & \cdots & \eta_n^* & x\\ 1 & \cdots & r & \zeta_1^* & \cdots & \zeta_{n-r}^* & y\end{pmatrix}$$

$$=\varepsilon(y)\cdot h_{\eta^*}(x),\ |\varepsilon(y)|=1$$

所以

$$\left\|\int_0^1\frac{\left|K\begin{pmatrix}\eta_1^* & \cdots & \eta_r^* & \eta_{r+1}^* & \cdots & \eta_n^* & x\\ 1 & \cdots & r & \zeta_1^* & \cdots & \zeta_{n-r}^* & y\end{pmatrix}\right|}{K\begin{pmatrix}\eta_1^* & \cdots & \eta_r^* & \eta_{r+1}^* & \cdots & \eta_n^*\\ 1 & \cdots & r & \zeta_1^* & \cdots & \zeta_{n-r}^*\end{pmatrix}}\mathrm{d}x\right\|_{p'}$$

$$\leqslant\left\|\int_0^1\frac{K\begin{pmatrix}\eta_1^* & \cdots & \eta_r^* & \eta_{r+1}^* & \cdots & \eta_n^* & x\\ 1 & \cdots & r & \zeta_1^* & \cdots & \zeta_{n-r}^* & y\end{pmatrix}h_{\eta^*}(x)}{K\begin{pmatrix}\eta_1^* & \cdots & \eta_r^* & \eta_{r+1}^* & \cdots & \eta_n^*\\ 1 & \cdots & r & \zeta_1^* & \cdots & \zeta_{n-r}^*\end{pmatrix}}\mathrm{d}x\right\|_{p'}$$

但是容易验证

$$\int_0^1 \frac{K\begin{pmatrix}\eta_1^* & \cdots & \eta_r^* & \eta_{r+1}^* & \cdots & \eta_n^* & x\\ 1 & \cdots & r & \zeta_1^* & \cdots & \zeta_{n-r}^* & y\end{pmatrix}}{K\begin{pmatrix}\eta_1^* & \cdots & \eta_r^* & \eta_{r+1}^* & \cdots & \eta_n^*\\ 1 & \cdots & r & \zeta_1^* & \cdots & \zeta_{n-r}^*\end{pmatrix}}\cdot$$

$$h_{\eta^*}(x)\mathrm{d}x=(K^{\mathrm{T}}h_{\eta^*})(y)$$

从而

$$\sup_{\|h\|_p\leqslant 1}\|f-T(f)\|_1\leqslant\|K^{\mathrm{T}}h_{\eta^*}\|_{p'}=e_n(\boldsymbol{K}';L^{p'})$$

至此定理全得证.

定理 8.4.2 设 $\boldsymbol{K}$ 如定理 8.3.6 所给出,$1\leqslant p\leqslant+\infty$,则:

(1)$d^n[\mathscr{K}_{r,p};L]=+\infty$,$0\leqslant n<r$ 时.

(2)$d^n[\mathscr{K}_{r,p};L]=e_n(\boldsymbol{K}';L^{p'})$,$n\geqslant r$ 时.

证 (1) 不待证.

(2) 根据定理 5.1.5,定理 5.8.4 得:当 $n\geqslant r$ 时

$$e_n(\boldsymbol{K}';L^{p'})\leqslant d^n[\mathscr{K}_{r,p};L]\leqslant d'_n[\mathscr{K}_{r,p};L]$$

再用上刚刚证得的定理 8.3.6 中的结果,得所欲证.

转到具体的函数类 $W_p^r[0,1]$ 在 $L[0,1]$ 中的宽度估计问题.

记 $\sum_m^{(r)}=\{P\mid P\in\Pi_m^{(r)},P^{(i)}(0)=P^{(i)}(1)=0,i=0,\cdots,r-1\}$,容易验证下列事实.

引理 8.4.1 $P\in\sum_m^{(r)}$ 当且仅当

$$P(x)=\frac{1}{\Gamma(r)}\int_0^1(x-y)_+^{r-1}h_\xi(y)\mathrm{d}y,\xi\in\Lambda_s,s\leqslant m$$

且

$$\int_0^1 h_\xi(x)x^j\mathrm{d}x=0,j=0,\cdots,r-1\qquad(8.65)$$

证 (1) 设 $P(x)$ 有上面积分表示式,即

$\int_0^1 h_\xi(x)x^j\mathrm{d}x=0$. 由 $P(0)=0$, $P(1)=\dfrac{1}{\Gamma(r)}\int_0^1(1-y)^{r-1}h_\xi(y)\mathrm{d}y=0$ 知 $P(0)=P(1)=0$. 若 $r>1$,那么由

$$P'(x)=\frac{1}{\Gamma(r-1)}\int_0^1(x-y)_+^{r-2}\,h_\xi(y)\mathrm{d}y$$
$$\Rightarrow P'(0)=P'(1)=0$$

继续下去得 $P^{(i)}(0)=P^{(i)}(1)=0(i=0,\cdots,r-1)$.

(2) 反之,设 $P(x)\in\sum_m^{(r)}$,我们有 $P^{(r)}(x)=h_\xi(x)$. 由

$$\int_0^1 P^{(r)}(x)\mathrm{d}x=P^{(r-1)}(1)-P^{(r-1)}(0)=0$$

$$\begin{aligned}\int_0^1 xh_\xi(x)\mathrm{d}x&=\int_0^1 xP^{(r)}(x)\mathrm{d}x\\&=xP^{(r-1)}(x)\Big|_0^1-\int_0^1 P^{(r-1)}(x)\mathrm{d}x\\&=P^{(r-1)}(0)-P^{(r-2)}(1)=0\end{aligned}$$

继续下去便得

$$\int_0^1 x^{r-1}h_\xi(x)\mathrm{d}x=0$$

现在考虑 $\sum_m^{(r)}$ 类上的极值问题

$$\min_{P\in\sum_m^{(r)}}\|P\|_q\overset{\mathrm{df}}{=\!=}e_m(\sum{}^{(r)};;L^q)\qquad(8.66)$$

若 $\overline{P}_{m,q}^*$ 是其极函数,则 $\overline{P}_{m,q}^*$ 有 m 个结点,在 $(0,1)$ 恰有 $m-r$ 个单零点:$\zeta^*=\{0<\zeta_1^*<\cdots<\zeta_{m-r}^*<1\}$. 我们有

定理 8.4.3　设 $1\leqslant p\leqslant+\infty$,则:

(1)$n<r$ 时

$d_n[W_p^r;L]=d^n[W_p^r;L]=d'_n[W_p^r;L]=+\infty$

(2)$n\geqslant r$ 时

$$d_n[W_p^r;L]=d^n[W_p^r;L]=d'_n[W_p^r;L]$$
$$=e_m(\sum\nolimits^{(r)};L^{p'}),m$$
$$=n-r,\frac{1}{p}+\frac{1}{p'}=1$$

(3)$n\geqslant r$ 时

$$X'_n=\mathrm{span}\{1,x,\cdots,x^{r-1},$$
$$(x-\zeta_1^*)_+^{r-1},\cdots,(x-\zeta_{m-r}^*)_+^{r-1}\}$$

是 d_n,d'_n 的极子空间. 线性插值算子 $T:C\to X'_n$, $(Tf)(\eta_j^*)=f(\eta_j^*)(j=1,\cdots,n)$ 是一最优线性逼近方法,其中 $\eta^*=\{\eta_1^*,\cdots,\eta_n^*\}$ 是极函数 $\overline{P}_{m,q}^*$ 的结点.

§5 关于 $d_n[\mathscr{K}_{r,2};L^2]$ 的极子空间

在本节内以 H 表示[0,1]上平方可和的实函数的内积空间,内积和范数各记作

$$(f,g)=\int_0^1 f(x)g(x)\mathrm{d}x,\ \|f\|_2=\left(\int_0^1 f^2(x)\mathrm{d}x\right)^{\frac{1}{2}}$$

如前节,记 $\boldsymbol{K}=\{K(x,y);k_1(x),\cdots,k_r(x)\}$. $k_1,\cdots,k_r\in C[0,1]$ 线性无关,$K(x,y)\in C$. 置

$$\mathscr{K}_{r,2}=\{f=k+Kh\mid k\in Q_r,\|h\|_2\leqslant 1\} \tag{8.67}$$

关于 $d_n[\mathscr{K}_{r,2};L^2]$ 在第五章内已有一般性结果. 由 $K(x,y)$ 作核定义的线性积分算子记作 $K:H\to H$,由 $K^{\mathrm{T}}(x,y)=K(y,x)$ 作核定义的线性积分算子记作 K^*,K^* 与 K 的复合都是线性积分算子,其核是

$$(K^*\cdot K)(x,y)=\int_0^1 K(\tau,x)K(\tau,y)\mathrm{d}\tau$$

$$(K\cdot K^*)(x,y)=\int_0^1 K(x,\tau)K(y,\tau)\mathrm{d}\tau$$

$K^*\cdot K,K\cdot K^*$ 都是非负定的，全连续的对称算子，熟知以下事实.

(1) $\|K\| \overset{\text{df}}{=} \sup\limits_{\|h\|_2\leqslant 1}\|Kh\|_2=\sup\limits_{\|h\|_2\leqslant 1}(K^*Kh,h)^{\frac{1}{2}}$，$\|K\|^2$ 是 K^*K 的最大本征值.

(2) 算子 K^*K 的每一正本征值重度有限. 记其本征值序列如下

$$\lambda_1\geqslant\lambda_2\geqslant\cdots\geqslant\lambda_n\geqslant\cdots\geqslant 0$$

每一正本征值的重度是多少，它在序列内就连续出现多少次，对应于序列中每一个 λ_j 的标准化本征函数记成序列

$$\varphi_1(x),\varphi_2(x),\cdots,\varphi_n(x),\cdots$$

这里

$$K^*K\varphi_n=\lambda_n\varphi_n,(\varphi_n,\varphi_m)=\delta_{n,m},n,m=1,2,3,\cdots$$

其中，$\{\varphi_n\}(n=1,\cdots,+\infty)$（当 0 是 K^*K 的本征值时，把对应于它的全部标准化了的本征函数也包括在内）是 H 内的完全系.

(3) 置 $\psi_n=K\varphi_n$，则

$$KK^*\psi_n=\lambda_n\psi_n,(\psi_n,\psi_m)=\lambda_n\delta_{n,m}$$

根据第五章定理 5.5.2 的推论，若 $Q_r\perp R(K)$，此处 $R(K)=\{Kh\mid \|h\|_2\leqslant 1\}$，则当 $n\geqslant r$ 时

$$d_n[\mathscr{K}_{r,2};L^2]=\sqrt{\lambda_{n+1-r}} \tag{8.68}$$

它的一个极子空间是

$$\mathrm{span}\{k_1(x),\cdots,k_r(x),(K\varphi_1)(x),\cdots,(K\varphi_{n-r})(x)\}$$

在一般情形下未必 $Q_r\perp R(K)$. 此时，取 $H\to Q_r$ 的直交投影算子 P_r，置 $K_r=(I-P_r)K$，易见 $\forall h\in H$ 有

$K_r h \perp Q_r$. 事实上

$$(K_r h, k) = (Kh, k) - (P_r Kh, k) = (Kh, k) - (Kh, P_r k) = 0$$

因对 $k \in Q_r$ 有 $P_r k = k$. 以 K_r 取代 K, $K_r^* K_r$ 是非负定的全连续的对称算子,写出它的本征值序列以及对应的标准化本征函数序列

$$\lambda_{1,r} \geqslant \lambda_{2,r} \geqslant \cdots \geqslant \lambda_{n,r} \geqslant \cdots > 0$$

$$\varphi_{1,r}, \varphi_{2,r}, \cdots, \varphi_{n,r}, \cdots$$

则当 $n \geqslant r$ 时

$$d_n[\mathscr{K}_{r,2}; L^2] = \sqrt{\lambda_{n-r+1,r}} \tag{8.69}$$

它的一个极子空间是

$$\mathrm{span}\{k_1(x), \cdots, k_r(x), (K_r\varphi_{1,r})(x), \cdots, (K_r\varphi_{n-r,r})(x)\}$$

本节要讨论的问题是:$\mathscr{K}_{r,2}$ 在 L^2 内的 K 宽度除上面给出的经典的极子空间外,是否还有别的极子空间? C. A. Micchelli 与 A. Melkman[9] 对满足条件 8.2.1 的 $\boldsymbol{K}$ 给出了另外两个极子空间. 本节目的是介绍这一结果.

我们需要对称的全正核的本征值和本征函数的一些特征. 下面定理见 Gantmakher 与 Krein[10].

定理8.5.1 设 $K(x,y) \in C[0,1]\times[0,1]$ 满足:

(1) $K(x,y) \in TP$.

(2) $K(y,x) = K(x,y)$.

(3) 对每一 $n \in \mathbf{Z}_+$ 及任取的 $0 < x_1 < \cdots < x_n < 1$ 有

$$K\begin{pmatrix} x_1 & \cdots & x_n \\ x_1 & \cdots & x_n \end{pmatrix} > 0$$

则算子 K 的每一本征值是单重度的,其序列

$$\lambda_1 > \lambda_2 > \cdots > \lambda_n > \cdots > 0$$

对应的标准化本征函数序列

$$u_1(x), u_2(x), \cdots, u_n(x), \cdots$$

的每一段 $\{u_1(x), \cdots, u_n(x)\}$ 都是 $(0,1)$ 上的 Chebyshev 系，即对任取的 $0 < x_1 < \cdots < x_n < 1$，有

$$D\begin{pmatrix} 1 & \cdots & n \\ x_1 & \cdots & x_n \end{pmatrix} \stackrel{\text{df}}{=\!=} \det(u_i(x_j)) > 0$$

推论　设 $K(x,y) \in [0,1] \times [0,1]$ 是全正的，且对每一 $n \in \mathbf{Z}_+$ 及任取的点 x 组 $0 < x_1 < \cdots < x_n < 1$，点 y 组 $0 < y_2 < \cdots < y_n < 1$，$\{K(x_1, y), \cdots, K(x_n, y)\}$，$\{K(x, y_1), \cdots, K(x, y_n)\}$ 线性独立，则算子 $K^* K, KK^*$ 的本征函数 $\varphi_{n+1}(x), \psi_{n+1}(x)(n = 0, 1, 2, \cdots)$ 在 $(0,1)$ 内恰有 n 个变号点 $\varphi_{n+1}(\xi_j^{(n+1)}) = 0(j = 1, \cdots, n)$，$\psi_{n+1}(\eta_j^{(n+1)}) = 0(j = 1, \cdots, n)$. 此处

$$0 < \xi_1^{(n+1)} < \cdots < \xi_n^{(n+1)} < 1$$

$$0 < \eta_1^{(n+1)} < \cdots < \eta_n^{(n+1)} < 1$$

证　根据基本复合公式

$$\begin{aligned}
&(K^* K)\begin{pmatrix} x_1 & \cdots & x_n \\ y_1 & \cdots & y_n \end{pmatrix} \\
= &\int_{0<\sigma_1<\cdots<\sigma_n<1}\!\!\cdots\!\!\int K\begin{pmatrix} \sigma_1 & \cdots & \sigma_n \\ x_1 & \cdots & x_n \end{pmatrix} \cdot \\
&K\begin{pmatrix} \sigma_1 & \cdots & \sigma_n \\ y_1 & \cdots & y_n \end{pmatrix} \mathrm{d}\sigma_1 \cdots \mathrm{d}\sigma_n \geqslant 0
\end{aligned}$$

所以 $K^* K \in TP$. 又由

$$\begin{aligned}
&(K^* K)\begin{pmatrix} x_1 & \cdots & x_n \\ x_1 & \cdots & x_n \end{pmatrix} \\
= &\int_{0<\sigma_1<\cdots<\sigma_n<1}\!\!\cdots\!\!\int \left(K\begin{pmatrix} \sigma_1 & \cdots & \sigma_n \\ x_1 & \cdots & x_n \end{pmatrix}\right)^2 \mathrm{d}\sigma_1 \cdots \mathrm{d}\sigma_n > 0
\end{aligned}$$

K^*K 满足定理 8.5.1 的条件. $\varphi_{n+1}(x)$ 在 $(0,1)$ 内恰好有 n 个单零点,对 KK^* 有相同的结论.

下面定理先解决一个特殊情形.

定理 8.5.2 设 $K(x,y)\in C[0,1]\times[0,1]$ 满足定理 8.5.1 推论中的条件,则 $d_n[\mathscr{K}_{0,2};L^2]$ 有两个极子空间

$$X'_n=\operatorname{span}\{K(x,\xi_1^{(n+1)}),\cdots,K(x,\xi_n^{(n+1)})\}$$

$$X''_n=\operatorname{span}\{(KK^*)(x,\eta_1^{(n+1)}),\cdots,(KK^*)(x,\eta_n^{(n+1)})\}$$

证 (1) 先证 X'_n 是一极子空间. 令 P 表示 $H\to X'_n$ 的正交投影,记着 G 为

$$G(K(\cdot,\xi_1),\cdots,K(\cdot,\xi_n))$$

$$=\begin{vmatrix}(K(\cdot,\xi_1),K(\cdot,\xi_1)) & \cdots & (K(\cdot,\xi_1),K(\cdot,\xi_n))\\ \vdots & & \vdots\\ (K(\cdot,\xi_n),K(\cdot,\xi_1)) & \cdots & (K(\cdot,\xi_n),K(\cdot,\xi_n))\end{vmatrix}$$

$$=(K^*K)\begin{pmatrix}\xi_1 & \cdots & \xi_n\\ \xi_1 & \cdots & \xi_n\end{pmatrix}>0$$

对于 $f\in H$,熟知有

$$G\cdot(f-Pf)(x)$$

$$=\begin{vmatrix}f(x) & K(x,\xi_1) & \cdots & K(x,\xi_N)\\ (f(\cdot),K(\cdot,\xi_1)) & \vdots & & \vdots\\ \vdots & \vdots & G & \vdots\\ (f(\cdot),K(\cdot,\xi_N)) & \vdots & & \vdots\end{vmatrix}$$

在该式中置 $f=Kh(\|h\|_2\leqslant 1)$,然后用 K^* 作用到 $(K-PK)h$ 上,得到

$$K^*(K-PK)h(x)$$

$$=\frac{1}{G}\begin{vmatrix}[(K^*K)h](x) & (K^*K)(x,\xi_1) & \cdots & (K^*K)(x,\xi_n)\\ ((K^*K)(\cdot,\xi_1),h(\cdot)) & \vdots & & \vdots\\ \vdots & \vdots & G & \vdots\\ ((K^*K)(\cdot,\xi_n),h(\cdot)) & \vdots & & \vdots\end{vmatrix}$$

记着

$$T(x,y)=\frac{1}{G}(K^{*}K)\begin{pmatrix}x & \xi_1 & \cdots & \xi_n\\ y & \xi_1 & \cdots & \xi_n\end{pmatrix}$$

注意由于 $K^{*}K(x,y)=KK^{*}(x,y)$，把上式展开后便可以看出 $T(x,y)$ 是算子 $K^{*}(K-PK)$ 的核，而

$$K^{*}(K-PK)=(K-PK)^{*}(K-PK)$$

今往证 λ_{n+1} 是 T 的本征值. 为此，注意任一 $h\in H$ 满足 $(K^{*}h)(\xi_j)=0(j=1,\cdots,n)$ 意味着 $h\perp X'_n$. 从而对这样的 h 有 $Ph\equiv 0$，所以，由 $K^{*}(K\varphi_{n+1})(\xi_j)=0\Rightarrow PK\varphi_{n+1}\equiv 0$，从而

$$\begin{aligned}T\varphi_{n+1}&=K^{*}(K\varphi_{n+1}-PK\varphi_{n+1})\\&=K^{*}K\varphi_{n+1}=\lambda_{n+1}\varphi_{n+1}\end{aligned}$$

今进一步证明：λ_{n+1} 是 T 的最大本征值. 为此，记 $T_0(x,y)=|T(x,y)|=T(x,y)\operatorname{sgn}\varphi_{n+1}(x)\operatorname{sgn}\varphi_{n+1}(y)$ 为一非负对称核，而 $|\varphi_{n+1}(x)|$ 为其本征函数，这是由于

$$\begin{aligned}&\int_0^1 T_0(x,y)\,|\varphi_{n+1}(y)|\,\mathrm{d}y\\&=\int_0^1 T(x,y)\operatorname{sgn}\varphi_{n+1}(x)\operatorname{sgn}\varphi_{n+1}(y)\,|\varphi_{n+1}(y)|\,\mathrm{d}y\\&=\operatorname{sgn}\varphi_{n+1}(x)\cdot\lambda_{n+1}\varphi_{n+1}(x)=\lambda_{n+1}\,|\varphi_{n+1}(x)|\end{aligned}$$

这表明 λ_{n+1} 是 T_0 的一本征值. 假定 λ 是 T_0 的最大本征值，对应的本征函数是 $f(x)$，则 $T_0f=\lambda f$，那么

$$\begin{aligned}\lambda\,|f(x)|&=\left|\int_0^1 T_0(x,y)f(y)\,\mathrm{d}y\right|\\&\leqslant\int_0^1 |T_0(x,y)|\cdot|f(y)|\,\mathrm{d}y\\&=T_0(|f|)(x)\end{aligned}$$

所以

$$\lambda(|f|,|\varphi_{n+1}|)=\lambda\int_0^1 |f(x)|\cdot|\varphi_{n+1}(x)|\,\mathrm{d}x$$
$$\leqslant (T_0(|f|,|\varphi_{n+1}|)$$
$$=(|f|,T_0|\varphi_{n+1}|)$$
$$=\lambda_{n+1}(|f|,|\varphi_{n+1}|)$$

由$(|f|,|\varphi_{n+1}|)>0\Rightarrow\lambda<\lambda_{n+1}$.既然$\lambda$是最大本征值,就得$\lambda=\lambda_{n+1}$.从而$\|K-PK\|=\sqrt{\lambda_{n+1}}$,即$X'_n$是$d_n[\mathscr{K}_{0,2};L^2]$的一极子空间.

(2) 证X''_n是极子空间.

设Q是$H\to\mathrm{span}\{K(\eta_1,y),\cdots,K(\eta_n,y)\}$的直交投影.记着$(Qf)(y)=\sum_{j=1}^{n}C_jK(\eta_j,y)$,则见

$$(KQ)(f)(x)=\int_0^1 K(x,y)\sum_{j=1}^{n}C_jK(\eta_j,y)\mathrm{d}y$$
$$=\sum_{j=1}^{n}C_j\int_0^1 K(x,y)K(\eta_j,y)\mathrm{d}y$$
$$=\sum_{j=1}^{n}C_j(KK^*)(x,\eta_j)$$

即KQ是$H\to X''_n$的线性有界算子,那么

$$E(\mathscr{K}_{0,2};X''_n)_{L_2}\overset{\mathrm{df}}{=}\sup_{f\in\mathscr{K}_{0,2}}\min_{g\in X''_n}\|f-g\|_2$$
$$\leqslant\sup_{\|h\|_2\leqslant 1}\|Kh-(KQ)h\|_2$$
$$=\|K-KQ\|$$
$$=\|K^*-QK^*\|$$

在证明的第一部分中,如果用K^*代替K,以$\{\psi_j\}$和$\{\varphi_j\}$互换,那么这里的Q相当于原来的P.重复第一部分的论证,就得出

$$\|K^*-QK^*\|=\sqrt{\lambda_{n+1}}\tag{8.70}$$

即X''_n是$d_n[\mathscr{K}_{0,2};L^2]$的又一极子空间.

现在转到一般情形，设 $\mathbf{K}$ 满足条件 8.2.1，先给出几条引理.

引理 8.5.1　设 P_r 是 $H \to Q_r = \text{span}\{k_1, \cdots, k_r\}$ 的直交投影，$K_r = (I - P_r)K$，则 $(K_r^* K_r)(x,y) \in TP$，且 $\forall n \in \mathbf{Z}_+$ 及任取的 $0 < x_1 < \cdots < x_n < 1$ 有

$$K_r^* K_r \begin{pmatrix} x_1 & \cdots & x_n \\ x_1 & \cdots & x_n \end{pmatrix} > 0$$

证　仿照定理8.5.2中所做的那样，以 Q_r 代替那里的 X'_n，以 P_r 代替那里的 P，我们对 $\forall h \in H$ 有

$$G(h - P_r h)(x) = \begin{vmatrix} (k_1,k_1) & \cdots & (k_1,k_r) & (k_1,h) \\ \vdots & & \vdots & \vdots \\ (k_r,k_1) & \cdots & (k_r,k_r) & (k_r,h) \\ k_1(x) & \cdots & k_r(x) & h(x) \end{vmatrix} \tag{8.71}$$

简记 $G = G(k_1, \cdots, k_r)$ 为 $\{k_1, \cdots, k_r\}$ 的 Gram 行列式，又

$$(K_r^* K_r h)(x) = K^*(K - P_r K)h(x)$$
$$= \frac{1}{G}\begin{vmatrix} (k_1,k_1) & \cdots & (k_1,k_r) & (K^* k_1,h) \\ \vdots & & \vdots & \vdots \\ (k_r,k_1) & \cdots & (k_r,k_r) & (K^* k_r,h) \\ (K^* k_1)(x) & \cdots & (K^* k_r)(x) & (K^* Kh)(x) \end{vmatrix}$$

和定理 8.5.2 中的 $T(x,y)$ 相仿，算子 $K_r^* K_r$ 的核是

$$(K_r^* K_r)(x,y)$$
$$= \frac{1}{G}\begin{vmatrix} (k_1,k_1) & \cdots & (k_1,k_r) & (k_1,K(\cdot,y)) \\ \vdots & & \vdots & \vdots \\ (k_r,k_1) & \cdots & (k_r,k_r) & (k_r,K(\cdot,y)) \\ (K(\cdot,x),k_1) & \cdots & (K(\cdot,x),k_r) & (K(\cdot,x),K(\cdot,y)) \end{vmatrix}$$

应用基本复合公式可得

$$K_r^* K_r\begin{pmatrix}x_1 & \cdots & x_n\\ y_1 & \cdots & y_n\end{pmatrix}$$

$$=\int\limits_{0<\sigma_1<\cdots<\sigma_n<1}\cdots\int K\begin{pmatrix}1 & \cdots & r & x_1 & \cdots & x_n\\ \sigma_1 & \cdots & \sigma_r & \sigma_{r+1} & \cdots & \sigma_{n+r}\end{pmatrix}\cdot$$

$$K\begin{pmatrix}1 & \cdots & r & y_1 & \cdots & y_n\\ \sigma_1 & \cdots & \sigma_r & \sigma_{r+1} & \cdots & \sigma_{r+n}\end{pmatrix}\mathrm{d}\sigma_1\cdots\mathrm{d}\sigma_{r+n}\geqslant 0 \tag{8.72}$$

(由条件 8.2.1.)

引理 8.5.2 对每一 $n\geqslant 0$，函数系$\{k_1,\cdots,k_r,K_r\varphi_{1,r},\cdots,K_r\varphi_{n,r}\}$是(0,1)上的 Chebyshev 系.

证 $n=0$ 时不用证. 设 $n\geqslant 1$，任取 $0<x_1<\cdots<x_{n+r}<1$ 有

$$\begin{vmatrix}k_1(x_1) & \cdots & k_1(x_{n+r})\\ \vdots & & \vdots\\ k_r(x_1) & \cdots & k_r(x_{n+r})\\ (K_r\varphi_{1r})(x_1) & & K_r\varphi_{1r}(x_{n+r})\\ \vdots & & \vdots\\ (K_r\varphi_{nr})(x_1) & \cdots & K_r\varphi_{nr}(x_{n+r})\end{vmatrix}$$

$$=\int\limits_{0<\sigma_1<\cdots<\sigma_n<1}\cdots\int \varphi_r\begin{pmatrix}1 & \cdots & n\\ \sigma_1 & \cdots & \sigma_n\end{pmatrix}\cdot$$

$$K\begin{pmatrix}1 & \cdots & r & \sigma_1 & \cdots & \sigma_n\\ x_1 & \cdots & x_r & x_{r+1} & \cdots & x_{r+n}\end{pmatrix}\mathrm{d}\sigma_1\cdots\mathrm{d}\sigma_n \tag{8.73}$$

此处 $\varphi_r\begin{pmatrix}1 & \cdots & n\\ \sigma_1 & \cdots & \sigma_n\end{pmatrix}=\det(\varphi_{ir}(\sigma_j))>0$. 由条件8.2.1的(1)(2)，对任给的 $0<x_1<\cdots<x_{n+r}<1$，存在 $0<\sigma_1^0<\cdots<\sigma_n^0<1$ 使得

$$K\begin{pmatrix}1 & \cdots & r & \sigma_1^0 & \cdots & \sigma_n^0 \\ x_1 & \cdots & x_r & x_{r+1} & \cdots & x_{r+n}\end{pmatrix} > 0$$

从而存在$(\sigma_1^0,\cdots,\sigma_n^0)$的某邻域$V(\sigma^0)\subset\{\sigma \mid 0<\sigma_1<\cdots<\sigma_n<1\}$使对每一$\sigma\in V(\sigma^0)$有

$$K\begin{pmatrix}1 & \cdots & r & \sigma_1 & \cdots & \sigma_n \\ x_1 & \cdots & x_r & x_{r+1} & \cdots & x_{r+n}\end{pmatrix} > 0$$

从而有

$$\int\cdots\int_{0<\sigma_1<\cdots<\sigma_n<1}\varphi_r\begin{pmatrix}1 & \cdots & n \\ \sigma_1 & \cdots & \sigma_n\end{pmatrix}\cdot$$
$$K\begin{pmatrix}1 & \cdots & r & \sigma_1 & \cdots & \sigma_n \\ x_1 & \cdots & x_r & x_{r+1} & \cdots & x_{n+r}\end{pmatrix}\mathrm{d}\sigma_1\cdots\mathrm{d}\sigma_n > 0$$

引理 8.5.3　$\forall n\geqslant 0$，$\psi_{n+1,r}(x)$在$(0,1)$内恰有$n+r$个变号点.

证　$\psi_{n+1,r}(x)=(I-P_r)K\varphi_{n+1,r}(x)$，由此得$\psi_{n+1,r}\perp Q_r$. 再者，对$l=1,\cdots,n$有

$$\begin{aligned}(\psi_{n+1,r},K_r\varphi_{l,r}) &= (K_r\varphi_{n+1,r},K_r\varphi_{l,r}) \\ &= (\varphi_{n+1,r},K_r^*K_r\varphi_{l,r})=\lambda_{l,r}(\varphi_{n+1,r},\varphi_{l,r})=0\end{aligned}$$

所以$\varphi_{n+1,r}$与 Haar 子空间$\mathrm{span}\{k_1,\cdots,k_r,K_r\varphi_{1,r},\cdots,K_r\varphi_{n,r}\}$正交，故$S^-(\psi_{n+1,r})\geqslant n+r$. 另一方面，$k_1,\cdots,k_r,K_r\varphi_{1,r},\cdots,K_r\varphi_{n,r},K_r\varphi_{n+1,r}$是$(0,1)$上的$n+r+1$阶 Chebyshev 系，所以$\psi_{n+1,r}$在$(0,1)$内零点数目小于或等于$n+r$. 故引理成立.

往下把$\varphi_{n+1,r}(x)$，$\psi_{n+1,r}(x)$的变号点各记作

$$0<\xi_{1,r}^{(n+1)}<\cdots<\xi_{n,r}^{(n+1)}<1$$
$$0<\eta_{1,r}^{(n+1)}<\cdots<\eta_{n+r,r}^{(n+1)}<1$$

下面给出本节的主要结果.

定理 8.5.3　设$\boldsymbol{K}$满足条件 8.2.1，$n\geqslant r$，则

$$X'_{n+r}=\mathrm{span}\{k_1(x),\cdots,k_r(x),$$

$$K(x,\xi_{1,r}),\cdots,K(x,\xi_{n,r})\}$$

$$X''_{n+r}=\text{span}\{k_1(x),\cdots,k_r(x),\overline{K}_r\overline{K}_r^*(x,\eta_{r+1,r}),\cdots,\overline{K}_r\overline{K}_r^*(x,\eta_{r+n,r})\}$$

是 $d_n[\mathcal{K}_{r,2};L^2]=\sqrt{\lambda_{n+1-r}}$ 的极子空间,这里 $\overline{K}_r=(I-J_r)\cdot K$,$J_r$ 是 $H\to\text{span}\{k_1,\cdots,k_r\}$ 的,以 $\{\eta_{1,r}^{(n+1)},\cdots,\eta_{r,r}^{(n+1)}\}$ 为结点的插值算子.

证 (1) 先证 X'_{n+r} 是极子空间. 任取 $f\in\mathcal{K}_{r,2}$,$f=k+Kh=k+(K-P_rK)h+(P_rK)h=k'+K_rh$,$k'=k+(P_rK)h\in Q_r$,$\|h\|_2\leqslant 1$. 我们有

$$\min_{g\in X'_{n+r}}\|f-g\|_2^2\leqslant\|K_rh-PK_rh\|_2^2\leqslant\|K_r-PK_r\|^2$$

由于$(k_j(\cdot),K_r(\cdot,\xi_i,r))=0(i=1,\cdots,n,j=1,\cdots,r)$,所以实际上有

$$\min_{g\in X'_{n+r}}\|f-g\|_2=\|K_rh-(PK_r)h\|_2$$

从而

$$E(\mathcal{K}_{r,2};X'_{n+r})_2=\sup_{f\in\mathcal{K}_{r,2}}\min_{g\in X'_{n+r}}\|f-g\|_2=\sup_{\|h\|_2\leqslant 1}\|(K_r-PK_r)h\|_2=\|K_r-PK_r\| \tag{8.74}$$

置 $T_r=K_r^*(I-P)K_r$. 置 $E^2(\mathcal{K}_{r,2};X'_{n+r})_2$ 是它的最大本征值. 完全仿照定理8.5.2 证明的前一部分的方法可证 T_r 的最大本征值是 λ_{n+1},所以

$$E^2(\mathcal{K}_{r,2};X'_{n+r})_2=\lambda_{n+1}$$

这表明 X'_{n+r} 是 $d_{n+r}[\mathcal{K}_{r,2};L^2]$ 的极子空间. 注意 T_r 的核是全正的

$$T_r(x,y)=\frac{K_r^*K_r\begin{pmatrix}x & \xi_{1r} & \cdots & \xi_{nr}\\ y & \xi_{1r} & \cdots & \xi_{nr}\end{pmatrix}}{K_r^*K_r\begin{pmatrix}\xi_{1r} & \cdots & \xi_{nr}\\ \xi_{1r} & \cdots & \xi_{nr}\end{pmatrix}} \tag{8.75}$$

而且对任取的点 x 组 $0<x_1<\cdots<x_m<1$ 有

$$K_r^*K_r\begin{pmatrix}x_1 & \cdots & x_m\\ x_1 & \cdots & x_m\end{pmatrix}>0$$

又 $\varphi_{n+1,r}(x)$ 在$(0,1)$内恰有 n 个变号点，所以这一部分的证明完全可以按定理8.5.2的(1)中的方法进行. 细节省略.

(2) 证 X''_{n+r} 是极子空间. 首先依定义，$\forall h\in C[0,1]$ 有$(h-J_rh)(\eta_{i,r})=0(j=1,\cdots,r)$. 写出显式是

$$(h-J_rh)(x)=\frac{1}{K\begin{pmatrix}1 & \cdots & r\\ \eta_{1r} & \cdots & \eta_{rr}\end{pmatrix}}\cdot \begin{vmatrix}k_1(\eta_{1r}) & \cdots & k_r(\eta_{1r}) & h(\eta_{1r})\\ \vdots & & \vdots & \vdots\\ k_1(\eta_{rr}) & \cdots & k_r(\eta_{rr}) & h(\eta_{rr})\\ k_1(x) & \cdots & k_r(x) & h(x)\end{vmatrix}$$

把 $H\rightarrow \mathrm{span}\{\overline{K}_r(\eta_{r+1,r},\cdot),\cdots,\overline{K}_r(\eta_{r+n,r},\cdot)\}$ 的直交投影记为 Q. 任取 $f\in\mathcal{K}_{r,2}$，我们有

$$f=k+Kh=k+(K-J_rK)h+(J_rK)h=k'+\overline{K}_rh$$

$$k'=k+(J_rK)h\in Q_r$$

那么

$$\begin{aligned}&\min_{g\in X''_{n+r}}\|f-g\|_2^2\\ &=\min_{k\in Q_r,\beta_j}\|(k'+\overline{K}_rh)-\\ &\quad (k+\sum_{j=1}^{n}\beta_j\overline{K}_r\overline{K}_r^*(\cdot,\eta_{r+j,r}))\|_2^2\end{aligned}$$

$$\leqslant \min_{\beta_j} \| \overline{K}_r h - \sum_{j=1}^{n} \beta_j \overline{K}_r \overline{K}_r^* (\cdot, \eta_{r+j,r}) \|_2^2$$

注意，对 $h \in H$，若记

$$Q(h) = \sum_{j=1}^{n} C_j \overline{K}_r (\eta_{r+j,r}, \cdot)$$

则

$$(\overline{K}_r Q) h(x) = \sum_{j=1}^{n} C_j \overline{K}_r \overline{K}_r^* (x, \eta_{r+j,r})$$

那么 $\forall f \in \mathscr{K}_{r,2}$ 有

$$\min_{g \in X''_{n+r}} \| f - g \|_2^2 \leqslant \| \overline{K}_r h - (\overline{K}_r Q) h \|_2^2$$

所以

$$E(\mathscr{K}_{r,2}; X''_{n+r})_2^2 \leqslant \sup_{\|h\|_2 \leqslant 1} \| (\overline{K}_r - \overline{K}_r Q) h \|_2^2$$

$$= \| \overline{K}_r - \overline{K}_r Q \|^2 = \| \overline{K}_r^* - Q\overline{K}_r^* \|^2$$

为了求出 $\| \overline{K}_r^* - Q\overline{K}_r^* \|$，考虑 $\overline{K}_r (I - Q) \overline{K}_r^*$ 的最大本征值. 此处

$$\overline{K}_r (I - Q) \overline{K}_r^* = (\overline{K}_r^* - Q\overline{K}_r^*)^* (\overline{K}_r^* - Q\overline{K}_r^*)$$

所以是非负定的全连续算子，我们说，λ_{n+1} 是它的一个本征值，而 $\psi_{n+1,r}(x)$ 是对应于 λ_{n+1} 的一本征函数，这是由于从

$$\overline{K}_r \overline{K}_r^* \psi_{n+1,r} = \lambda_{n+1} \psi_{n+1,r}$$

得

$$\overline{K}_r (\overline{K}_r^* \psi_{n+1,r})(\eta_{r+j,r}) = 0, j = 1, \cdots, n$$

由此推出

$$\overline{K}_r^* \psi_{n+1,r} \perp \operatorname{span}\{\overline{K}_r(\eta_{r+1,r}, \cdot), \cdots, \overline{K}_r(\eta_{r+n}, \cdot)\}$$

所以 $Q\overline{K}_r^* \psi_{n+1,r} \equiv 0$，从而得

$$\overline{K}_r (I - Q)(\overline{K}_r^* \psi_{n+1,r}) = \overline{K}_r \overline{K}_r^* \psi_{n+1,r} = \lambda_{n+1} \psi_{n+1,r}$$

下面仍然仿照定理 8.5.2 的方法来证 λ_{n+1} 是 $\overline{K}_r(I-Q)\overline{K}_r^*$ 的最大本征值. 置 $\overline{T}_r=\overline{K}_r(I-Q)\overline{K}_r^*$, $\overline{T}_r$ 的核是

$$(\overline{K}_r\overline{K}_r^*)(x,y)=\frac{\overline{K}_r\overline{K}_r^*\begin{pmatrix}x & \eta_{r+1,r} & \cdots & \eta_{r+n,r}\\ y & \eta_{r+1,r} & \cdots & \eta_{r+n,r}\end{pmatrix}}{\overline{K}_r\overline{K}_r^*\begin{pmatrix}\eta_{r+1,r} & \cdots & \eta_{r+n,r}\\ \eta_{r+1,r} & \cdots & \eta_{r+n,r}\end{pmatrix}}$$

我们来证

$$|\overline{K}_r\overline{K}_r^*(x,y)|=\overline{K}_r\overline{K}_r^*(x,y)\operatorname{sgn}\psi_{n+1,r}(x)\cdot \operatorname{sgn}\psi_{n+1,r}(y)$$

在得到这一结论后,往后完全仿照定理 8.5.2 的证法来做,便可得到 λ_{n+1} 是 $|\overline{T}_r(x,y)|\overset{\mathrm{df}}{=}\overline{T}_0(x,y)$ 的最大本征值, $|\psi_{n+1,r}(x)|$ 是一本征函数,由此即得

$$E(\mathscr{K}_{r,2};X''_{n+r})_2=d_{n+r}[\mathscr{K}_{r,2};L^2]=\sqrt{\lambda_{n+1}}$$

由

$$\overline{K}_r(x,y)=\begin{vmatrix}k_1(\eta_{1,r}) & \cdots & k_r(\eta_{1,r}) & K(\eta_{1,r},y)\\ \vdots & & \vdots & \vdots\\ k_1(\eta_{r,r}) & \cdots & k_r(\eta_{r,r}) & K(\eta_{r,r},y)\\ k_1(x) & \cdots & k_r(x) & K(x,y)\end{vmatrix}\cdot K\begin{pmatrix}1 & \cdots & r\\ \eta_{1r} & \cdots & \eta_{rr}\end{pmatrix}^{-1}$$

以及 $\overline{K}_r\overline{K}_r^*(x,y)=\int_0^1\overline{K}_r(x,\sigma)\overline{K}_r(y,\sigma)\mathrm{d}\sigma$ 我们有

$$\overline{K}_r\overline{K}_r^*\begin{pmatrix}x_1 & \cdots & x_m\\ y_1 & \cdots & y_m\end{pmatrix}=\int\cdots\int_{0<\sigma_1<\cdots<\sigma_m<1}\overline{K}_r\begin{pmatrix}x_1 & \cdots & x_m\\ \sigma_1 & \cdots & \sigma_m\end{pmatrix}\cdot \overline{K}_r\begin{pmatrix}y_1 & \cdots & y_m\\ \sigma_1 & \cdots & \sigma_m\end{pmatrix}\mathrm{d}\sigma_1\cdots\mathrm{d}\sigma_m$$

利用 Sylvester 恒等式给出

$$\overline{K}_r\begin{pmatrix}x_1 & \cdots & x_m\\ y_1 & \cdots & y_m\end{pmatrix}=\frac{K\begin{pmatrix}1 & \cdots & r & y_1 & \cdots & y_m\\ \eta_{1,r} & \cdots & \eta_{r,r} & x_1 & \cdots & x_m\end{pmatrix}}{K\begin{pmatrix}1 & \cdots & r\\ \eta_{1,r} & \cdots & \eta_{r,r}\end{pmatrix}}$$

所以有

$$\overline{K}_r\overline{K}_r^*\begin{pmatrix}x & \eta_{r+1,r} & \cdots & \eta_{r+n,r}\\ y & \eta_{r+1,r} & \cdots & \eta_{r+n,r}\end{pmatrix}=K\begin{pmatrix}1 & \cdots & r\\ \eta_{1,r} & \cdots & \eta_{r,r}\end{pmatrix}^{-2}\cdot$$

$$\int\cdots\int_{0<\sigma_1<\cdots<\sigma_{n+1}<1}K\begin{pmatrix}1 & \cdots & r & \sigma_1 & \cdots & \sigma_{n+1}\\ \eta_{1,r} & \cdots & \eta_{r,r} & \cdots & \eta_{r+n,r} & x\end{pmatrix}\cdot$$

$$K\begin{pmatrix}1 & \cdots & r & \sigma_1 & \cdots & \sigma_{n+1}\\ \eta_{1,r} & \cdots & \eta_{r,r} & \cdots & \eta_{r+n,r} & y\end{pmatrix}\mathrm{d}\sigma_1\cdots\mathrm{d}\sigma_{n+1}$$

利用此式和条件 8.2.1 即得

$$\begin{aligned}&\operatorname{sgn}\overline{K}_r\overline{K}_r^*\begin{pmatrix}x & \eta_{r+1,r} & \cdots & \eta_{r+n,r}\\ y & \eta_{r+1,r} & \cdots & \eta_{r+n,r}\end{pmatrix}\\ &=\operatorname{sgn}\psi_{n+1,r}(x)\cdot\operatorname{sgn}\psi_{n+1,r}(y)\end{aligned}$$

定理全部得证.

§6　由自共轭线性微分算子确定的可微函数类的宽度估计问题

本节详细讨论一个由自共轭线性微分算子确定的可微函数类,给定一自共轭常系数线性微分算符

$$Q_{r+\sigma}(D)=D^\sigma\prod_{j=1}^{l}(D^2-t_j^2I) \tag{8.76}$$

此处 $t_j\geqslant 0(j=1,\cdots,l),l\geqslant 1,r=2l,\sigma=0$ 或 $1,D=\frac{\mathrm{d}}{\mathrm{d}x}$,$I$ 是恒等算符.引入下面函数类.

定义 8.6.1　称 $f \in Q_p^{r+\sigma}[0,1]$，若

(1) $f^{(r+\sigma-1)}$ 在 $[0,1]$ 上绝对连续，而且

$$\| Q_{r+\sigma}(D) f \|_p \leqslant 1, 1 \leqslant p \leqslant +\infty$$

(2) f 满足边界条件

$$f^{(2k+\sigma)}(0) = f^{(2k+\sigma)}(1) = 0, k = 0, \cdots, l-1$$

先给出 $\Omega_p^r[0,1]$ 中函数的积分表示式. 为此，我们需要构造出微分算子

$$Q_r(D) y = 0, y^{(2k)}(0) = y^{(2k)}(1) = 0, k = 0, \cdots, l-1$$

的 Green 函数. 由于这一微分方程只有零解，那么，存在唯一的 Green 函数，记作 $K(x,y)$，其解析表示式可以如下地求出.

根据线性积分方程理论[14]，方程

$$Q_r(D) f = \lambda f, f^{(2k)}(0) = f^{(2k)}(1) = 0, k = 0, \cdots, l-1 \tag{8.77}$$

等价于下列第二类齐次积分方程

$$f(x) = \lambda \int_0^1 K(x,y) f(y) \mathrm{d}y$$

本征函数序列为

$$\lambda_{n,l} = Q_r(\mathrm{i}n\pi) = (-1)^l \prod_{j=1}^{l} (n^2\pi^2 + t_j^2), n = 1,2,3,\cdots$$

与其对应的标准化的本征函数序列是

$$\sqrt{2} \sin n\pi x, n = 1,2,3,\cdots$$

由 Hilbert-Schmidt 定理有

$$K(x,y) \xlongequal{\mathrm{df}} K_r(x,y) = 2 \sum_{n=1}^{+\infty} \frac{\sin n\pi x \sin n\pi y}{Q_r(\mathrm{i}n\pi)} \tag{8.78}$$

引理 8.6.1　$f \in \Omega_p^r[0,1]$ 当且仅当

$$f(x) = \int_0^1 K_r(x,y) \varphi(y) \mathrm{d}y \tag{8.79}$$

此处 $\|\varphi\|_p \leqslant 1$. $Q_r(D)f(x) \xlongequal{\text{a.e.}} \varphi(x)$.

引理 8.6.2 $(-1)^l K_r(x,y)$ 是正定的.

证 事实上，任取 $\varphi(x) \in C[0,1]$，记 $c_n = \sqrt{2}\int_0^1 \varphi(x)\sin n\pi x\mathrm{d}x$，则由

$$(-1)^l\int_0^1\int_0^1 K_r(x,y)\varphi(x)\cdot\varphi(y)\mathrm{d}x\mathrm{d}y = \sum_{n=1}^{+\infty}\frac{c_n^2}{|\lambda_{n,l}|} \tag{8.80}$$

知 $(-1)^l K_r(x,y)$ 非负定. 当式(8.80)为零时，由 $c_n = 0(n=1,2,\cdots)$ 得 $\varphi(x)\equiv 0$，因 $\{\sin n\pi x\}$ 在 $(0,1)$ 上是完全系. 如所欲证.

推论 $\forall n \in \mathbf{Z}_+$，任取点 x 组 $0 < x_1 < \cdots < x_n < 1$，则

$$(-1)^l K_r\begin{pmatrix} x_1 & \cdots & x_n \\ x_1 & \cdots & x_n \end{pmatrix} > 0$$

证 根据 Mercer 定理[15]，核 $(-1)^l K_r(x,y)$ 为正定，当且仅当，$\forall n \in \mathbf{Z}_+$ 及任取的点 x 组 $0 < x_1 < \cdots < x_n, < 1$ 二次型

$$Q_n = (-1)^l\sum_{i=1}^n\sum_{j=1}^n K_r(x_i,x_j)\xi_i\xi_j$$

为正定. 而此事相当于 Q_n 的矩阵的主子式恒正，此即所要的结论.

引理 8.6.3 $\forall n \in \mathbf{Z}_+$，$(-1)^l K_r(x,y) \in TP$.

证 线性微分算子

$$Q_r(D)y = 0, y^{(2k)}(0) = y^{(2k)}(1) = 0, k = 0,\cdots,l-1 \tag{8.81}$$

是下列一串二阶线性微分算子的乘积

$$f'' - \alpha^2 f = 0, \alpha = t_1,\cdots,t_l \tag{8.82}$$

$$f(0)=f(1)=0$$

若以 $K(x,y,\alpha)$ 表示式(8.82)的 Green 函数，置 $K_1(x,y)=K(x,y,t_1)$，对 $j\geqslant 2$ 记

$$K_j(x,y)=\int_0^1 K(x,u,t_j)K_{j-1}(u,y)\mathrm{d}u$$

则 $K_r(x,y)$ 即是这里的 $K_l(x,y)$. 故由基本复合公式看出，若能证 $(-1)K(x,y,\alpha)\in TP(\alpha>0)$，则引理获证. 由 Green 函数定义直接写出

$$K(x,y,\alpha)=\begin{cases}-\alpha^{-1}\sinh \alpha x\sinh \alpha(1-y),x\leqslant y\\ -\alpha^{-1}\sinh \alpha(1-x)\sinh \alpha y,y\leqslant x\end{cases}$$

由于

$$\frac{\mathrm{d}}{\mathrm{d}x}\left[\frac{\sinh \alpha x}{\sinh \alpha(1-x)}\right]=\frac{\alpha}{[\sinh \alpha(1-x)]^2}>0$$

$x\in(0,1)$. 函数 $\dfrac{\sinh \alpha x}{\sinh \alpha(1-x)}$ 严格上升，那么根据下面的(见[1]，第 112 页；或[10]，第 260 页).

准则 A　已知

$$K(x,y)=\begin{cases}\varphi(x)\psi(y),a\leqslant x\leqslant y\leqslant b\\ \varphi(y)\psi(x),y\leqslant x\end{cases}$$

若 $\varphi(x),\psi(y)$ 是 $[a,b]$ 上的连续函数，并且满足：(1) $\varphi(x)\psi(x)>0,\forall x\in[a,b]$，(2) $\varphi(x)/\psi(x)$ 在 $[a,b]$ 上递增，则 $K(x,y)$ 在 $[a,b]\times[a,b]$ 上全正.

我们得知 $-K(x,y,\alpha)\in TP$. 如果 $\alpha=0$，则由

$$K(x,y,0)=\begin{cases}-x(1-y),x\leqslant y\\ -y(1-x),y\leqslant x\end{cases}$$

根据准则 A 亦知 $-K(x,y,0)\in TP$.

注意，由此引理及引理 8.6.2，知 $K_r(x,y)$ 是非蜕化的核：其含义是，$\forall n\in\mathbf{Z}_+$，任取点 x 组 $0<x_1<\cdots<x_n<1$，$\{K_r(x_1,y),\cdots,K_r(x_n,y)\}$ 线性无

关.

引理 8.6.4 $f \in \Omega_p^{r+1}[0,1]$ 的积分表示式是

$$f(x)=C+\int_0^1 K_{r+1}(x,y)g(y)\mathrm{d}y \qquad (8.83)$$

其中的

$$K_{r+\sigma}(x,y)=2\sum_{k=1}^{+\infty}\frac{\sin\left(k\pi x-\frac{\pi\sigma}{2}\right)\sin k\pi y}{(k\pi)^{\sigma}Q_r(\mathrm{i}k\pi)} \qquad (8.84)$$

$\sigma=1$, $\| g \|_p \leqslant 1, C \in \mathbf{R}$.

证 因 $f' \in \Omega_p^r[0,1]$. 利用引理 8.6.1 中给出的 f' 的积分表达式,然后对 f' 再积分一次便得.

往下和 §3 一样,记

$$\Lambda_n=\{\xi \mid \xi=(\xi_1,\cdots,\xi_n),$$
$$0=\xi_0<\xi_1<\cdots<\xi_n<\xi_{n+1}=1\}$$
$$\Gamma_n=\{h_\xi(t) \mid h_\xi(t)=(-1)^j,$$
$$\xi_j<t<\xi_{j+1}, j=0,\cdots,m,$$
$$\xi_{m+1}=1, m\leqslant n\}$$

$$P_\xi(x)=\int_0^1 K_{r+\sigma}(x,y)h_\xi(y)\mathrm{d}y, h_\xi \in \Gamma_n, \sigma=0 \text{ 或 } 1$$

先给出:

定理 8.6.1 设 $1\leqslant p\leqslant+\infty$, $\sigma=0$ 或 1,则

$$\min_{h_\xi\in\Gamma_n}\| P_\xi \|_p=\left\| \int_0^1 K_{r+\sigma}(\cdot,y)\operatorname{sgn}\sin(n+1)\pi y\mathrm{d}y \right\|_p,$$
$$n=0,1,2,\cdots \qquad (8.85)$$

此处

$$\int_0^1 K_{r+\sigma}(x,y)\operatorname{sgn}\sin(n+1)y\mathrm{d}y \overset{\mathrm{df}}{=} P_{n,\sigma}(x)$$

$$=\frac{4}{\pi(n+1)^{\sigma}}\cdot$$

$$\sum_{k=0}^{+\infty}\frac{\sin\left[(2k+1)(n+1)\pi x-\frac{\pi\sigma}{2}\right]}{(2k+1)^{\sigma+1}Q_r(\mathrm{i}(2k+1)(n+1)\pi)}\cdot\sigma=0,1$$

证　$\sigma=0$ 的情形.

(1) $p=+\infty$ 时，和式(8.50)相仿，这里有

引理 8.6.5　对每一 $n\in\mathbf{Z}_+$ 及 $h_\xi\in\Gamma_n$ 有

$$\|P_{n,0}\|_c\leqslant\max_{1\leqslant j\leqslant n+1}|P_{\xi,n}(z_j^*)|\tag{8.86}$$

此处 $z_j^*=\dfrac{2j-1}{2n+2}(j=1,\cdots,n+1)$ 是 $P_{n,0}(x)$ 的极值点

$$P_{\xi,n}(x)=\int_0^1K_r(x,y)h_\xi(x)\mathrm{d}x$$

证　若对某个 n 及 $h_\xi\in\Gamma_n$ 有

$$\|P_{n,0}\|_c>\max_{1\leqslant j\leqslant n+1}|P_{\xi,n}(z_j^*)|$$

则对充分小的 $\delta>0$ 有

$$\left|\int_0^1K_r(z_j^*,y)\operatorname{sgn}\sin(n+1)\pi y\mathrm{d}y\right|$$
$$>\left|\int_0^1K_r(z_j^*,y)\cdot(1+\delta)h_\xi(y)\mathrm{d}y\right|,$$
$$j=1,\cdots,n+1$$

由此得

$$(-1)^{j-1}\int_0^1K_r(z_j^*,y)[\operatorname{sgn}\sin(n+1)\pi y\pm$$
$$(1+\delta)h_\xi(y)]\mathrm{d}y>0$$

这表明

$$S^-\left\{\int_0^1K_r(x,y)[\operatorname{sgn}\sin(n+1)\pi y\pm\right.$$
$$\left.(1+\delta)h_\xi(y)]\mathrm{d}y\right\}\geqslant n$$

但因

$$S^-[\operatorname{sgn}\sin(n+1)\pi y\pm(1+\delta)h_\xi(y)]\leqslant n$$

根据 $K_r(x,y)$ 的保号性($(-1)^lK_r(x,y)$ 全正)，它具

有减少变号性,那么成立

$$S^{-}\left\{\int_0^1 K_r(x,y)[\operatorname{sgn}\sin(n+1)\pi y \pm (1+\delta)h_\xi(y)]\mathrm{d}y\right\}=n$$

从而由定理 8.1.3′ 有

$$S^{-}[\operatorname{sgn}\sin(n+1)\pi y \pm (1+\delta)h_\xi(y)]=n$$

($\delta>0$ 充分小)并且当自变量由 0 到 1 连续变动时,函数

$$\operatorname{sgn}\sin(n+1)\pi y \pm (1+\delta)h_\xi(y)$$

与函数

$$\int_0^1 K_r(x,y)[\operatorname{sgn}\sin(n+1)\pi y \pm (1+\delta)h_\xi(y)]\mathrm{d}y$$

有相同的变号规律. 这显然是不成立的, 因为 $\operatorname{sgn}\sin(n+1)\pi y+(1+\delta)h_\xi(y)$ 和 $\operatorname{sgn}\sin(n+1)\pi y-(1+\delta)\cdot h_\xi(y)$ 第一个变号是相反的.

由此引理立得

$$\|P_{n,0}\|_c \leqslant \inf_{h_\xi\in\Gamma_n}\max_{1\leqslant j\leqslant n+1}|P_{\xi,n}(z_j^*)| \leqslant \inf_{h_\xi\in\Gamma_n}\|P_{\xi,n}\|_c \leqslant \|P_{n,0}\|_c$$

即式(8.85)在 $p=+\infty$ 时成立.

(2)$1<p<+\infty$ 时,根据定理 8.2.3,式(8.85)右边的极函数 $P_{\xi^*,n}$,此处 $\xi^*=\xi^*(p,n)\in\Lambda_m(m\leqslant n)$,满足下列条件:

(a)$\int_0^1 |P_{\xi^*}(x)|^{p-1}\operatorname{sgn}P^{\xi_*}(x)\cdot K_r(x,\xi_j^*)\mathrm{d}x=0, j=1,\cdots,m$.

(b)$P_{\xi^*}(x)$ 在 $(0,1)$ 内恰有 m 个变号点 $\eta_1^*<\cdots<\eta_m^*$,且

$$\operatorname{sgn}P_{\xi^*}(x)=h_{\eta^*}(x)$$

(c) $\int_0^1 K_r(x,y)\,|P_{\xi^*}(x)|^{p-1}\operatorname{sgn} P_{\xi^*}(x)\mathrm{d}x$ 在 $(0,1)$ 内恰有 m 个变号点 $\xi_1^* < \cdots < \xi_m^*$，且

$$\operatorname{sgn}\int_0^1 K_r(x,y)\,|P_{\xi^*}(x)|^{p-1}\operatorname{sgn} P_{\xi^*}(x)\mathrm{d}x = h_{\xi^*}(y)$$

我们证明：对任取的 $p\in(1,+\infty)$ 及 $n\geqslant 0$，$m=n$，且 $\xi_j^* = \dfrac{j}{n+1}(j=1,\cdots,n)$，即结点系 $\{\xi_j^*\}$ 等距分布. 为此，我们对函数类 $\Omega_p^r[0,1]$ 作周期 2 的奇延拓. $\forall g\in L^p[0,1]$，以 $\hat{g}$ 表示 g 的周期 2 的奇延拓. 对 $f=K_r\cdot g$ 有

$$\begin{aligned} f(x) &= \int_0^1 K_r(x,y)g(y)\mathrm{d}y \\ &= \int_0^1 \sum_{k=1}^{+\infty}\frac{\cos k\pi(x-y)}{Q_r(\mathrm{i}k\pi)}g(y)\mathrm{d}y - \\ &\quad \int_0^1 \sum_{k=1}^{+\infty}\frac{\cos k\pi(x+y)}{Q_r(\mathrm{i}k\pi)}g(y)\mathrm{d}y \\ &= \int_0^1 \sum_{k=1}^{+\infty}\frac{\cos k\pi(x-y)}{Q_r(\mathrm{i}k\pi)}g(y)\mathrm{d}y + \\ &\quad \int_{-1}^0 \sum_{k=1}^{+\infty}\frac{\cos k\pi(x-y)}{Q_r(\mathrm{i}k\pi)}\bar{g}(y)\mathrm{d}y \end{aligned}$$

今引入关于 $Q_r(D)$ 的广义 Bernoulli 核

$$K_r(x)=\sum_{k=1}^{+\infty}\frac{\cos k\pi x}{Q_r(\mathrm{i}k\pi)} \tag{8.87}$$

记着

$$\tilde{f}(x)=\int_{-1}^1 K_r(x-y)\tilde{g}(y)\mathrm{d}y$$

$\tilde{f}$ 便是 $f\in\Omega_p^r[0,1]$ 的周期 2 奇延拓的卷积形式. 在该卷积类内取一周期 2 的广义完全样条子集，记

$$\Xi_{2n}=\{\xi=(\xi_1,\cdots,\xi_{2n})\mid \xi_1<\cdots<\xi_{2n}<\xi_1+2\}$$

$$\Gamma_{2n}=\{h_\xi(x)\mid \xi\in\Xi_{2m},m\leqslant n,h_\xi(x+2)=h_\xi(x)\}$$

$$\Pi_{2n}=\{f_\xi=K_r*h_\xi,h_\xi\in\Gamma_{2n}\}$$

这里

$$(K_r*h_\xi)(x)\stackrel{\text{df}}{=}\int_{-1}^{1}K_r(x-y)h_\xi(y)\mathrm{d}y$$

$$\widetilde{\Pi}_{2n}=\{f_\xi\in\Pi_{2n}\mid h_\xi(-x)=-h_\xi(x)\}$$

根据第七章的定理 7.2.1 有

$$\min_{f_\xi\in\Pi_{2n}}\|f_\xi\|_p=\|K_r*\operatorname{sgn}\sin(n+1)\pi(\cdot)\mathrm{d}(\cdot)\|_p \tag{8.88}$$

但由

$$\begin{aligned}\min_{f_\xi\in\Pi_{2n}}\|f_\xi\|_p&\leqslant\min_{f_\xi\in\widetilde{\Pi}_{2n}}\|f_\xi\|_p\\&\leqslant\|K_r*\operatorname{sgn}\sin(n+1)\pi(\cdot)\mathrm{d}(\cdot)\|_p\end{aligned}$$

所以得

$$\min_{f_\xi\in\widetilde{\Pi}_{2n}}\|f_\xi\|_p=\|K_r*\operatorname{sgn}\sin(n+1)\pi(\cdot)\mathrm{d}(\cdot)\|_p$$

这也就是

$$\min_{\xi\in\Lambda_n}\|P_{\xi,n}\|_p=\|P_{n,0}\|_p \tag{8.89}$$

但从第七章定理 7.2.1 的证明看出,式(8.88)的极函数是唯一的(不计结点系的平移),所以,式(8.89)的极函数唯一确定.从而得 $m=n,\xi_j^*=\dfrac{j}{n+1}(j=1,\cdots,n)$.

(3)$p=1$ 时,在式(8.89)内取极限($p\to1+$)即得.至于 $\sigma=1$ 情形,仿此可证.定理 8.6.1 证完.

我们还需要 $\sigma=1$ 时下列极值问题的解.

$$\min_{\substack{c\in\mathbf{R}\\h_\xi\in\Gamma_n}}\|c+K_{r+1}\cdot h_\xi\|_p \tag{8.90}$$

完全仿照定理 8.6.1 的处理方法可得:

定理 8.6.2　对 $p, 1 \leqslant p \leqslant +\infty, n \in \mathbf{Z}_+$ 有

$$\min_{\substack{c \in \mathbf{R} \\ h_\xi \in \Gamma_n}} \| c + K_{r+1} \cdot h_\xi \|_p = \left\| \int_0^1 K_{r+1}(\cdot, y) \operatorname{sgn} \sin(n+1)\pi y \mathrm{d}y \right\|_p \tag{8.91}$$

此处

$$\operatorname{sgn} \int_0^1 K_{r+1}(x, y) \operatorname{sgn} \sin(n+1)\pi y \mathrm{d}y = \operatorname{sgn} \cos(n+1)\pi x \tag{8.92}$$

引理 8.6.6

$$K_{r+1}\begin{pmatrix} \frac{1}{2(n+1)} & \frac{3}{2(n+1)} & \cdots & \frac{2n+1}{2(n+1)} \\ 1 & \frac{1}{n+1} & \cdots & \frac{n}{n+1} \end{pmatrix} \neq 0 \tag{8.93}$$

证　设式(8.93)不成立，即对某一 n，有$(C_1, \cdots, C_{n+1}) \neq (0, \cdots, 0)$满足$\psi_n\left(\frac{2j-1}{2n+2}\right) = 0, j = 1, \cdots, n+1$. 这里

$$\psi_n(x) \stackrel{\mathrm{df}}{=} C_1 + \sum_{j=1}^{n} C_{j+1} K_{r+1}\left(\cdot, \frac{j}{n+1}\right)$$

注意 $\psi_n(x) \not\equiv 0$. 因若 $\psi_n(x) \equiv 0$，而 $C_2, \cdots, C_{n+1}$ 内至少有一个数不为零，则有

$$\psi'_n(x) = \sum_{j=1}^{n} C_{j+1} \frac{\partial}{\partial x} K_{r+1}\left(x, \frac{j}{n+1}\right) = \sum_{j=1}^{n} C_{j+1} K_r\left(x, \frac{j}{n+1}\right) \equiv 0$$

这不可能，因为由引理 8.6.2 的推论知 $\left\{K_r\left(x, \frac{j}{n+1}\right)\right\}(j = 1, \cdots, n)$ 线性独立. 这样一来有

x_0 使 $\psi_n(x_0)\neq 0$. 选一数 α 使 $P_{n,1}(x_0)-\alpha\psi_n(x_0)=0$，则函数 $H(x)=P_{n,1}(x)-\alpha\psi_n(x)$ 有 $n+2$ 个零点 x_0，$\frac{2j-1}{2n+2}(j=1,\cdots,n+1)$. 由 Rolle 定理 $H'(x)=0$ 在 $(0,1)$ 内至少有 $n+1$ 个零点，这与定理 8.2.1 矛盾.

定理 8.6.3 对 $\sigma=0,n=1,2,3,\cdots$ 有

$$d_n[\Omega_\infty^r;L^p]=d^n[\Omega_{p'}^r;L]=d'_n[\Omega_\infty^r;L^p]=\|P_{n,0}\|_p$$

$$X_n^0=\operatorname{span}\left(K_r\left(\cdot,\frac{1}{n+1}\right),\cdots,K_r\left(\cdot,\frac{n}{n+1}\right)\right\}$$

是 $n-K$ 宽度和线性宽度的极子空间.

证 $d_n[\Omega_\infty^r;L^p]=d^n[\Omega_{p'}^r;L]$ 可直接由宽度对偶定理得到(见第五章 §2,注意这里核是对称的). 直接由定理 5.8.1 和定理 8.6.1 得

$$d_n[\Omega_\infty^r;L^p]\geqslant\|P_{n,0}\|_p,n=1,2,3,\cdots$$

由于核 $K_r(x,y)$ 并不满足条件 8.2.1(3) 的扩充，因 $K_r(1,y)\equiv 0$. 故不能直接从定理 8.3.3 得出结果，但注意到极函数 $P_{n,0}(x)$ 在 $(0,1)$ 内恰有 n 个零点，它们是 $\left\{\frac{j}{n+1}\right\}(j=1,\cdots,n)$，而且

$$K_r\begin{pmatrix}\frac{1}{n+1} & \cdots & \frac{n}{n+1}\\ \frac{1}{n+1} & \cdots & \frac{n}{n+1}\end{pmatrix}\neq 0$$

这时存在 $C[0,1]\to X_n^0$ 的线性插值算子 S

$$(Sf)\left(\frac{j}{n+1}\right)=f\left(\frac{j}{n+1}\right),j=1,\cdots,n$$

当 $f\in\Omega_\infty^r$ 时有

$$f(x)-(Sf)(x)$$
$$=\int_0^1 K_r\begin{pmatrix}(n+1)^{-1} & \cdots & n(n+1)^{-1} & x\\ (n+1)^{-1} & \cdots & n(n+1)^{-1} & y\end{pmatrix}\cdot$$

$$K_r\begin{pmatrix}(n+1)^{-1} & \cdots & n(n+1)^{-1}\\(n+1)^{-1} & \cdots & n(n+1)^{-1}\end{pmatrix}^{-1}h(y)\mathrm{d}y$$

当$\frac{j}{n+1}<x<\frac{j+1}{n+1}$时，由$(-1)^l K_r(x,y)$的全正性得

$$\operatorname{sgn} L_r(x,y)=(-1)^{j-1}\operatorname{sgn}\sin(n+1)\pi y$$

其中$L_r(x,y)$表示积分号下由相除的两个行列式确定的二元函数，从而得

$$|f(x)-(Sf)(x)|\leqslant\int_0^1|L_r(x,y)|\mathrm{d}y$$

$$=\left|\int_0^1 L_r(x,y)\operatorname{sgn}\sin(n+1)\pi y\mathrm{d}y\right|$$

$$=|P_{n,0}(x)| \tag{8.94}$$

由此即得定理的全部结论.

对于对偶情形，根据定理 8.3.6 得：

定理 8.6.4 $\sigma=0,n=1,2,3\cdots$ 时有

$$d_n[\Omega_p^r;L]=d^n[\Omega_\infty^r;L^{p'}]=d'_n[\Omega_p^r;L]$$

$$=\|P_{n,0}\|_{p'},\frac{1}{p}+\frac{1}{p'}=1 \tag{8.95}$$

下面给出$\sigma=1$情形下问题的解.

定理 8.6.5 若$\sigma=1,n\geqslant 0$，则

(1)$d_0[\Omega_\infty^{r+1};L^p]=+\infty$.

(2)$d_n[\Omega_\infty^{r+1};L^p]=d'_n[\Omega_\infty^{r+1};L^p]=\|P_{n,1}\|_p$，$n\geqslant 1$.

(3)$n\geqslant 1$时，$n-K$宽度和线性宽度的一极子空间为

$$X_n^0=\operatorname{span}\left\{1,K_{r+1}\left(\cdot,\frac{1}{n}\right),\cdots,K_{r+1}\left(\cdot,\frac{n-1}{n}\right)\right\}$$

证 (1) 由宽度的一般定理即得.

(2) 当 $n\geqslant 1$ 时,根据定理 5.8.1,定理 8.6.2 有

$$d_n[\Omega_\infty^{r+1};L^p]\geqslant \|P_{n,1}\|_p$$

至于上方估计,我们由条件(8.93)来构造 $C[0,1]\to X_n^0$ 的线性插值算子 S

$$(Sf)\left(\frac{2j-1}{2n}\right)=f\left(\frac{2j-1}{2n}\right),j=1,\cdots,n$$

对于 $f\in\Omega_\infty^{r+1}$ 有

$$f(x)-(Sf)(x)=\int_0^1\widetilde{L}_r(x,y)h(y)\mathrm{d}y$$

其中

$$\widetilde{L}_r(x,y)=C_{n,r}^{-1}K_{r+1}\begin{pmatrix}\frac{1}{2n} & \frac{3}{2n} & \cdots & \frac{2n-1}{2n} & x\\ 1 & \frac{1}{n} & \cdots & \frac{n-1}{n} & y\end{pmatrix}$$

$$C_{n,r}=K_{r+1}\begin{pmatrix}\frac{1}{2n} & \frac{3}{2n} & \cdots & \frac{2n-1}{2n}\\ 1 & \frac{1}{n} & \cdots & \frac{n-1}{n}\end{pmatrix},\|h\|_\infty\leqslant 1$$

当有 $\frac{2j-1}{2n}<x<\frac{2j+1}{2n}$ 时,易证

$$\operatorname{sgn}\widetilde{L}_r(x,y)=(-1)^j\operatorname{sgn}\sin n\pi y$$

由此得

$$|f(x)-(Sf)(x)|\leqslant|P_{n,1}(x)| \tag{8.96}$$

从而得定理的全部结论.

对于函数类 Ω_p^{r+1} 在 $L[0,1]$ 尺度下的宽度可得到相应的结果. 不过要注意,$K_{r+1}(x,y)$ 不是对称核,亦不是全正的,所以这种情形要单独讨论,然而对它,前面的处置方法完全有效. 这里

$$-K_{r+1}^{\mathrm{T}}(x,y)=K_{r+1}(y,x)=2\sum_{k=1}^{+\infty}\frac{\sin k\pi x\cos k\pi y}{k\pi Q_r(\mathrm{i}k\pi)}$$

需要考虑下面的极值问题

$$\min\{\|K_{r+1}^{\mathrm{T}}h_{\xi}\|_{p}\mid h_{\xi}\in\Gamma_{n},\int_{0}^{1}h_{\xi}(x)\mathrm{d}x=0\}\tag{8.97}$$

完全仿照前面的方法可得：

定理 8.6.6　设 $1\leqslant p\leqslant+\infty,n\in\mathbf{Z}_{+}$，则

$$\min\{\|K_{r+1}^{\mathrm{T}}\cdot h_{\xi}\|_{p}\mid h_{\xi}\in\Gamma_{n},\int_{0}^{1}h_{\xi}(x)\mathrm{d}x=0\}=\|\widetilde{P}_{n,1}(x)\|_{p}$$

此处

$$\widetilde{P}_{n,1}(x)=\int_{0}^{1}K_{r+1}(y,x)\,\mathrm{sgn}\cos n\pi y\mathrm{d}y=\frac{4}{n\pi}\sum_{k=0}^{+\infty}\frac{(-1)^{k}\sin(2k+1)n\pi x}{(2k+1)^{2}Q_{r}(\mathrm{i}(2k+1)n\pi)}\tag{8.98}$$

注意有

$$\mathrm{sgn}\,\widetilde{P}_{n,1}(x)=\mathrm{sgn}\sin n\pi x\tag{8.99}$$

把这条定理和定理 8.6.2 对比一下是有意思的.极值问题(8.97)与(8.90)互为对偶.对于每一固定的n，式(8.90)的极函数 $P_{n,1}(x)$ 的节点系$\left\{\frac{1}{n},\cdots,\frac{n-1}{n}\right\}$是式(8.97)的极函数 $\widetilde{P}_{n,1}(x)$ 的零点；反之，$P_{n,1}(x)$ 的零点$\left\{\frac{1}{2n},\frac{3}{2n},\cdots,\frac{2n-1}{2n}\right\}$则是 $\widetilde{P}_{n,1}(x)$ 的结点，那么，式(8.25)的行列式和式(8.93)给出的是同一行列式.由此可得

定理 8.6.7　设 $\sigma=1,1\leqslant p\leqslant+\infty$，则：

(1)$d_{0}[\Omega_{p}^{r+1};L]=+\infty$.

(2)$n\geqslant1$ 时

$$d_n[\Omega_p^{r+1};L]=\|\widetilde{P}_{n,1}\|_{p'},\frac{1}{p}+\frac{1}{p'}=1 \quad (8.100)$$

$$d'_n[\Omega_p^{r+1};L]=\|\widetilde{P}_{n,1}\|_{p'} \quad (8.101)$$

定理 8.6.8 设 $\sigma=1,1\leqslant p\leqslant+\infty$,则:

(1)$d^0[\Omega_\infty^{r+1};L^p]=+\infty$.

(2)$n\geqslant 1$ 时

$$d^n[\Omega_\infty^{r+1};L^p]=\|P_{n,1}\|_p \quad (8.102)$$

定理 8.6.9 设 $\sigma=1,1\leqslant p\leqslant+\infty$,则:

(1)$d^0[\Omega_p^{r+1};L]=+\infty$.

(2)$n\geqslant 1$ 时

$$d^n[\Omega_p^{r+1};L]=\|\widetilde{P}_{n,1}\|_{p'} \quad (8.103)$$

以上几条定理的证明其基本步骤和前面的一样,故不再重复.

注记 如果去掉定义 $Q_p^{r+\sigma}[0,1]$ 中的边界条件而考虑更广泛的函数类

$$Q_p^{r+\sigma}=\{f\in W^{r+\sigma}[0,1]\mid\|D^\sigma Q_r(D)f\|_p\leqslant 1\}$$

($\sigma=0$ 或 $1,1\leqslant p\leqslant+\infty$)可以求出量 $d_n[Q_\infty^{r+\sigma},L^p]$ 和 $d_n[Q_p^{r+\sigma},L]$ 的渐近精确估计.

§7 由自共轭线性微分算子确定的可微函数类的宽度估计问题(续)

本节继续§6.目的是讨论函数类 $Q_p^{r+\sigma}$ 在空间 $L^p(1<p<+\infty)$ 内的 n 宽估计精确估计问题.首先指出,$p=2$ 的情形已经包含在§5的结果之中,这里解决的是 $1<p<+\infty,p\neq 2$.解决这一问题的一般思路已经包含在 A. Pinkus 发表过的论文[17] 中,但是那里仅

仅对于满足扩充的全正条件(ETP)的核所确定的函数类给出了精确结果,而本节的核 $K_{r+\sigma}(x,y)$ 不满足 ETP 条件,所以,A. Pinkus[17] 没有解决本节提出的问题,本节叙述的结果是李淳的. 下面分三个大步骤来叙述他的结果.

(一) 一个($L^p \to L^p$) 算子范数问题

对任一 $n \in \mathbf{Z}_+$,记

$$D_n = \{h(x) \mid h(-x) = -h(x),$$
$$h\left(x+\frac{1}{n}\right) = -h(x), \text{a. e. }, x \in \mathbf{R}\}$$
$$C_n = \{h(x) \mid h(-x) = h(x),$$
$$h\left(x+\frac{1}{n}\right) = -h(x), \text{a. e. }, x \in \mathbf{R}\}$$

如前, 以 B_p 表示空间 $L^p[0,1]$ 的单位球. 又取 $K(x,y) = K_{2l+\sigma}(x,y)$ 如式(8.84) 所给出.

考虑积分算子 $K:(L^p \to L^p)$, $\forall h \in L^p[0,1]$,有

$$(Kh)(x) = \int_0^1 K(x,y)h(y)\mathrm{d}y$$

我们限制 $h \in L^p[0,1] \cap D_n$,考虑下面的量

$$\lambda_n \overset{\text{df}}{=\!=} \sup_{\begin{cases} h \in L^p \cap D_n \\ \|h\|_p \leqslant 1 \end{cases}} \|Kh\|_p \tag{8.104}$$

是为 $L^p \cap C_n \to L^p$ 的算子范数. 利用 $1 < p < +\infty$ 条件下 $L^p[0,1]$ 的自反性,知 $L^p[0,1]$ 内每一有界序列弱列紧,容易证明存在着 $h_n \in L^p \cap D_n$, $\|h_n\|_p = 1$ 达到式(8.104) 中的上确界. 下面的定理给出(λ_n, h_n) 的信息.

定理 8.7.1 $\forall n \in \mathbf{Z}^+$ 存在 $h_n \in D_n \cap B_p$,

$\| h_n \|_p = 1$,使得

$$\lambda_n = \| Kh_n \|_p$$

(λ_n, h_n) 满足下列方程

$$\int_0^1 K(x,y) \mid Kh_n(x) \mid^{p-1} \operatorname{sgn}(Kh_n(x))\mathrm{d}x$$
$$= \lambda_n \mid h_n(y) \mid^{p-1} \operatorname{sgn} h_n(y), \forall y \in [0,1] \tag{8.105}$$

$h_n(x)$ 具有以下三条性质:

(1)$h_n(x)$ 等同于一个连续函数.

(2)$\operatorname{sgn} h_n(x) = \varepsilon \operatorname{sgn}(\sin n\pi x), x \in [0,1], \varepsilon \in \{-1,1\}$,固定.

(3) 函数 $G_n(x) \overset{\mathrm{df}}{=\!=} \mid h_n(x) \mid^{p-1} \operatorname{sgn} h_n(x)$ 仅以 $\left\{\frac{j}{n}\right\}$ 为其$[0,1]$内的 $n+1$ 个零点,且每一零点均为单零点.

证 (1) 先证明:$\forall n \in \mathbf{Z}_+$,存在 $h_n \in D_n$,$\| h_n \|_p = 1$ 使 $\| Kh_n \|_p = \lambda_n$. 根据上确界定义,存在 $\{f_m\}$ $(m = 1, \cdots, +\infty) \subset D_n \cap B_p$,使有

$$\lim_{m \to +\infty} \| Kf_m \|_p = \lambda_n$$

$\{f_m\} \subset L^p[0,1]$ 有界,其中必有一子序列 $\{f_{m_j}\}$ 及 $g \in L^p[0,1]$ 使 $f_{m_j} \xrightarrow{w} g$,从而

$$\| g \|_p \leqslant \varliminf_{j \to +\infty} \| f_{m_j} \|_p \leqslant 1 \Rightarrow g \in B_p$$

而且

$$\lim_{j \to +\infty} \int_0^1 K(x,y) f_{m_j}(y)\mathrm{d}y = \int_0^1 K(x,y) g(y)\mathrm{d}y$$

在$[0,1]$上逐点成立. $K(x,y)$ 有界,即存在一个 $M > 0$ 使 $\mid K(x,y) \mid \leqslant M$ 对 $0 \leqslant x, y \leqslant 1$ 成立,那么由

$$|(Kf_{m_j})(x)| = \left|\int_0^1 K(x,y) f_{m_j}(y)\mathrm{d}y\right| \leqslant \left(\int_0^1 |K(x,y)|^{p'}\mathrm{d}y\right)^{\frac{1}{p'}} \cdot \|f_{m_j}\|_p \leqslant M$$

应用 Lebesgue 控制收敛定理得

$$\lim_{j\to+\infty}\|Kf_{m_j}\|_p = \|Kg\|_p = \lambda_n$$

剩下证明 $g(x)$ 可以延拓成 D_n 的函数. 首先对 $x \in (-1,0)$，置 $g(x) = -g(-x)$，然后把 $g(x)$ 以 2 为周期延拓到全实轴上，我们来证 $g\left(x+\frac{1}{n}\right) = -g(x)$ a.e. 在 $\mathbf{R}$ 上成立. 为此，任取 $s(x)$ 是周期 2 的，在 $[-1,1]$ 上属于 $L^{p'}$ 的函数，注意到 $f_{m_j} \in D_n$，则有

$$\begin{aligned}&\int_{-1}^1 f_{m_j}(x)s(x)\mathrm{d}x\\ =&\int_0^1 f_{m_j}(x)s(x)\mathrm{d}x + \int_{-1}^0 f_{m_j}(x)s(x)\mathrm{d}x\\ =&\int_0^1 f_{m_j}(x)s(x)\mathrm{d}x - \int_0^1 f_{m_j}(x)s(-x)\mathrm{d}x\\ \to&\int_0^1 g(x)s(x)\mathrm{d}x - \int_0^1 g(x)s(-x)\mathrm{d}x\\ =&\int_{-1}^1 g(x)s(x)\mathrm{d}x\end{aligned}$$

另一方面，因 $f_{m_j} \in D_n \Rightarrow f_{m_j}\left(y-\frac{1}{n}\right) = -f_{m_j}(y)$，所

以

$$\int_{-1}^{1} f_{m_j}(x)s(x)\mathrm{d}x = \int_{-1+\frac{1}{n}}^{1+\frac{1}{n}} f_{m_j}\left(y-\frac{1}{n}\right)s\left(y-\frac{1}{n}\right)\mathrm{d}y$$

$$= -\int_{-1}^{1} f_{m_j}(y)s\left(y-\frac{1}{n}\right)\mathrm{d}y$$

$$y = x + \frac{1}{n}$$

上式两边令 $j \to +\infty$ 得

$$\int_{-1}^{1} g(x)s(x)\mathrm{d}x = -\int_{-1}^{1} g(y)s\left(y-\frac{1}{n}\right)\mathrm{d}y$$

$$= -\int_{-1}^{1} g\left(x+\frac{1}{n}\right)s(x)\mathrm{d}x$$

即

$$\int_{-1}^{1}\left(g\left(x+\frac{1}{n}\right)+g(x)\right)s(x)\mathrm{d}x = 0$$

取 $s(x) = \mathrm{sgn}\left(g\left(x+\frac{1}{n}\right)+g(x)\right)$ 可得

$$\int_{-1}^{1}\left|g\left(x+\frac{1}{n}\right)+g(x)\right|\mathrm{d}x = 0$$

所以 $g\left(x+\frac{1}{n}\right) = -g(x)$,a. e. 于 $x \in [-1,1]$. 由于 g 以 2 为周期,故上式对几乎所有的 $x \in \mathbf{R}$ 成立,即 $g \in D_n$. 改记 g 为 h_n,便得

$$\lambda_n = \| Kh_n \|_p$$

显然 $\| h_n \|_p = 1$.

(2) 来证(λ_n, h_n)满足方程(8.105),而且 h_n 等同于一个连续函数.

首先指出:

(a) $\forall h \in D_n, K_{2l}h \in D_n, K_{2l+1}h \in C_n$ (8.106)

(b) $\forall h \in C_n, K_{2l+1}^{\mathrm{T}}h \in D_n$

式(8.106)可以利用核 $K_{2l+\sigma}$ 的表达式(8.84)经过计算直接验证.

现在取一组(λ_n,h_n). 对任取的 $h\in D_n\cap L^p$ 置

$$G(t)=\frac{\| K(h_n+th)\|_p}{\| h_n+th\|_p},t\in \mathbf{R}$$

$G(t)$ 在 $t=0$ 的某邻域内有定义,$G(t)$ 在 $t=0$ 的邻域内可导. 注意到 $h_n+th\in D_n$. 由于 $G(0)$ 最大,所以 $G'(0)=0$. 经简单计算知 $G'(0)=0$ 等价于

$$\int_0^1 Kh(x)\mid Kh_n(x)\mid^{p-1}\operatorname{sgn}(Kh_n(x))\mathrm{d}x-$$

$$\lambda_n^p\int_0^1\mid h_n(x)\mid^p\operatorname{sgn}(h_n(x))\cdot h(x)\mathrm{d}x=0$$

注意 $Kh(x)=\int_0^1 K(x,y)h(y)\mathrm{d}y$,上式可改写为

$$\int_0^1\Big[\int_0^1 K(x,y)\mid Kh_n(x)\mid^{p-1}\operatorname{sgn}(Kh_n(x))\mathrm{d}x-$$

$$\lambda_n^p\mid h_n(y)\mid^{p-1}\operatorname{sgn}(h_n(y))\Big]h(y)\mathrm{d}y=0 \qquad (8.107)$$

把式(8.107)第一个积分号下方括号中的函数记作 $H_n(y)$. 我们说 $H_n(y)\in D_n$. 事实上,当 $\sigma=0$ 时,$K(x,y)=K_{2l}(x,y)=K_{2l}(y,x)$. 由 $h_n\in D_n$,根据式(8.106)的(a)知 $Kh_n\in D_n$,进而有

$$\mid h_n(\cdot)\mid^{p-1}\operatorname{sgn}(h_n(\cdot))\in D_n$$

$$\mid Kh_n(\cdot)\mid^{p-1}\operatorname{sgn}(Kh_n(\cdot))\in D_n$$

而且

$$\int_0^1 K(x,\cdot)\mid Kh_n(x)\mid^{p-1}\operatorname{sgn}(Kh_n(x))\mathrm{d}x$$

$$=\int_0^1 K(\cdot,x)\mid Kh_n(x)\mid^{p-1}\operatorname{sgn}(Kh_n(x))\mathrm{d}x\in D_n$$

于是 D_n 中含有 H_n. $\sigma=1$ 的情形仿此可证. 现在式(8.107)即 $\int_0^1 H_n(y)h(y)\mathrm{d}y=0$, $\forall h\in D_n\cap L^p$. 特别

取 $h(y)=\mathrm{sgn}(H_n(y))\in D_n\cap L^p[0,1]$ 给出

$$\int_0^1 |H_n(y)|\,\mathrm{d}y=0\Rightarrow H_n(y)=0.\ \text{a. e. 于 } y\in[0,1]$$

此即

$$\int_0^1 K(x,y)\,|Kh_n(x)|^{p-1}\mathrm{sgn}(Kh_n(x))\mathrm{d}x$$
$$=\lambda_n^p\,|h_n(y)|^{p-1}\mathrm{sgn}(h_n(y)),\text{a. e. 于 } y\in[0,1]$$

由于上式左边是 y 的连续函数,于是 $h_n(y)$ 等同于$[0,1]$ 上的连续函数.

(3) 证明 $\mathrm{sgn}(h_n(x))=\varepsilon\,\mathrm{sgn}(\sin n\pi x)$, $|\varepsilon|=1$. 我们只对 $\sigma=1$ 的情形进行论证,$\sigma=0$ 的情形是类似的. 现在先证

$$h_n(x)=\varepsilon\,|h_n(x)|\,\mathrm{sgn}(\sin n\pi x),x\in[0,1]$$

考虑在 §6 的定理 8.6.5 的证明过程中由条件(8.93)构造的

$$C[0,1]\to X_n^0=\mathrm{span}\left\{1,K_{r+1}\left(\cdot,\frac{1}{n}\right),\cdots,K_{r+1}\left(\cdot,\frac{n-1}{n}\right)\right\}$$

的线性插值算子 S

$$(Sf)\left(\frac{2j-1}{2n}\right)=f\left(\frac{2j-1}{2n}\right),j=1,\cdots,n$$

对于 $f=C+Kh\,(h\in L^p)$ 有

$$f(x)-(Sf)(x)=\int_0^1 G(x,y)h(y)\mathrm{d}y$$

此处可以验证

$$G(x,y)=\begin{vmatrix} K(x,y) & 1 & K\left(x,\frac{1}{n}\right) & \cdots & K\left(x,\frac{n-1}{n}\right)\\ K\left(\frac{1}{2n},y\right) & 1 & K\left(\frac{1}{2n},\frac{1}{n}\right) & \cdots & K\left(\frac{1}{2n},\frac{n-1}{n}\right)\\ \vdots & \vdots & \vdots & & \vdots\\ K\left(\frac{2n-1}{2n},y\right) & 1 & K\left(\frac{2n-1}{2n},\frac{1}{n}\right) & \cdots & K\left(\frac{2n-1}{2n},\frac{n-1}{n}\right)\end{vmatrix}\div$$

$$\left|\begin{matrix} 1 & K\left(\frac{1}{2n},\frac{1}{n}\right) & \cdots & K\left(\frac{1}{2n},\frac{n-1}{n}\right) \\ \vdots & \vdots & & \vdots \\ 1 & K\left(\frac{2n-1}{2n},\frac{1}{n}\right) & \cdots & K\left(\frac{2n-1}{2n},\frac{n-1}{n}\right)\end{matrix}\right|$$

$$|G(x,y)|=\varepsilon G(x,y)\operatorname{sgn}(\cos n\pi x)\cdot\operatorname{sgn}(\sin n\pi y)$$

$|\varepsilon|=1$. 对任取的 $h\in D_n$，由式(8.106) 有 $K_{r+1}h\in C_n$，又 $K_{r+1}h\in C[0,1]$，所以 $(K_{r+1}h)\left(\frac{2j-1}{2n}\right)=0(j=1,\cdots,n)$，故 $S(K_{r+1}h)\equiv 0$. 于是 $\forall h\in D_n$ 得

$$(Kh)(x)=\int_0^1 G(x,y)h(y)\mathrm{d}y=(Gh)(x)$$

置

$$L(x,y)=|G(x,y)|,\tilde{h}(x)=h(x)\operatorname{sgn}(\sin n\pi x)$$

则有

$$(L\tilde{h})(x)=\varepsilon\operatorname{sgn}(\cos n\pi x)\cdot(Gh)(x)$$

$$\|L\tilde{h}\|_p=\|Gh\|_p$$

于是极值问题(8.104) 可以改写成

$$\begin{aligned}\lambda_n&=\sup_{h\in D_n\cap B_p}\|Kh\|_p=\sup_{h\in D_n\cap B_p}\|Gh\|_p\\&=\sup\{\|L\tilde{h}\|_p:\tilde{h}(x)\\&=\underset{h\in D_n\cap B_p}{h(x)}\operatorname{sgn}(\sin n\pi x)\}\end{aligned}\tag{8.108}$$

式(8.108) 中最后的一个上确界对 $\tilde{h}_n(x)=h_n(x)\cdot\operatorname{sgn}(\sin n\pi x)$ 达到，$\tilde{h}_n(x)$ 连续. 假若 $h_n(x)$ 在区间 $\left[0,\frac{1}{n}\right]$ 内变号，即存在 $x',x''\in\left(0,\frac{1}{n}\right)$，使 $h_n(x')\cdot h_n(x'')<0$，我们构造函数 $\bar{h}_n(x)$ 如下

$$\bar{h}_n(x)=|h_n(x)|,0\leqslant x\leqslant\frac{1}{n}$$

$$\bar{h}_n(-x)=-\bar{h}_n(x),\bar{h}_n\left(x+\frac{1}{n}\right)=-\bar{h}_n(x)$$

则 $\bar{h}_n \in D_n \cap B_p$，$\|\bar{h}_n\|_p=\|h_n\|_p=1$，但 $\bar{h}_n$ 在 $\left[0,\frac{1}{n}\right]$，$\left[\frac{1}{n},\frac{2}{n}\right]$，…，$\left[\frac{n-1}{n},1\right]$ 内都不变号，但是 $L(x,y)\geqslant 0$，所以 $\|L\bar{h}_n\|_p>\|L\tilde{h}_n\|_p$. 得到矛盾. 这就证明了

$$h_n(x)=\varepsilon\mid h_n(x)\mid \operatorname{sgn}(\sin n\pi x),\ \mid\varepsilon\mid=1 \tag{8.109}$$

以下为方便计算，不妨取 $\varepsilon=1$.

(4) 证明 $\operatorname{sgn}(h_n(x))=\varepsilon\operatorname{sgn}(\sin n\pi x)$.

首先证明 $h_n(x)$ 在 $[0,1]$ 上不存在区间零点，即要证明对任意区间 $I\subset[0,1]$，$|I|\neq 0$，有 $x\in I$，使 $h_n(x)\neq 0$，其中 $|I|$ 表示区间 I 的长度. 用反证法. 若此断言不成立，则由 $h_n\in D_n$，$\varepsilon=1$ 时的式(8.109)，可知存在一个区间 $[a,b]\subset\left[0,\frac{1}{n}\right]$，$a<b$，使得 $h_n(x)=0$，$\forall x\in[a,b]$，其中 $a=0$ 与 $b=\frac{1}{n}$ 不能同时成立. 不妨设 $a>0$，并且当 $x<a$ 并充分接近于 a 时，有 $h_n(x)>0$. 因 $h_n(0)=0$，故可找到 $c\in[0,a)$ 使

$$h_n(c)=0,h_n(x)>0,\forall x\in(c,a)$$

置

$$\begin{aligned}G_n(x)&\xlongequal{\text{df}}|h_n(x)|^{p-1}\operatorname{sgn}(h_n(x))\\&=\lambda_n^{-p}\int_0^1 K(y,x)\mid Kh_n(y)\mid^{p-1}\cdot\\&\quad\operatorname{sgn}(Kh_n(y))\mathrm{d}y\end{aligned}$$

则知 $G_n(x)$ 亦满足

$$G_n(c)=0;G_n(x)>0,\forall x\in(c,a)$$

$$G_n(x)=0, \forall x \in [a,b]$$

记着

$$g_n(x)=\lambda_n^{-p} \mid Kh_n(x) \mid^{p-1} \mathrm{sgn}(Kh_n(y))$$

则由 $h_n \in D_n$ 可知 $g_n \in C_n$，进而可得$\int_0^1 g_n(x)\mathrm{d}x=0$，据此由 $G_n(x)=K^{\mathrm{T}}g_n(x)$ 容易证明

$$Q_{r+1}(D)G_n(x)=-g_n(x)$$

且由此知 $Q_{r+1}(D)G_n(x)$ 连续. 从而有

$$G_n^{(k)}(a)=0, k=0,1,\cdots,2l$$

$$g_n(x)=-Q_{r+1}(D)G_n(x)=0, \forall x \in [a,b]$$

后一式即为 $Kh_n(x)=0, \forall x \in [a,b]$. 据关于微分算子 $Q_{r+1}(D)$ 的广义 Rolle 定理，知存在 $\xi \in (c,a)$ 使 $Q_{r+1}(D)G_n(x)\mid_{x=\xi}=0$，即 $g_n(\xi)=0$，亦即 $Kh_n(\xi)=0$.

据此，类似地再一次运用(关于微分算子 $Q_{r+1}(D)$ 的) 广义 Rolle 定理，可知存在 $\eta \in (\xi,a) \subset (c,a)$ 使

$$h_n(\eta)=Q_{r+1}(D)(Kh_n(x))\mid_{x=\eta}=0$$

这与当 $x \in (c,a)$ 时 $h_n(x)>0$ 相矛盾. 这就证明了所要的断言，由

$$Kh_n(x)=Gh_n(x)$$

以及

$$\mid G(x,y) \mid=\varepsilon' G(x,y)\mathrm{sgn}(\cos n\pi x)\mathrm{sgn}(\sin n\pi y) \tag{8.110}$$

($\varepsilon'=1$ 或 -1 固定) 以及式(8.109)，并注意到 $G(x,y) \in C[0,1]\times[0,1]$，且当 $x \neq \frac{2j-1}{2n}(1 \leqslant j \leqslant n)$ 时，至少存在一点 $y \in [0,1]$ 使 $G(x,y) \neq 0$，从而存在开区间 $J_x, y \in J_x \subset [0,1]$ 使

$$G(x,y) \neq 0, \forall y \in J_x$$

而由 $h_n(x)$ 无区间零点及其连续性，知存在开区间

$I_x \subset J_x \subset [0,1]$, $|I_x| \neq 0$ 使

$$|h_n(y)| > 0, \forall y \in I_x$$

于是有

$$\begin{aligned}\varepsilon' \operatorname{sgn}(\cos n\pi x) K h_n(x) &= \int_0^1 |G(x,y)| \cdot |h_n(y)| \mathrm{d}y \\ &\geqslant \int_{I_x} |G(x,y)| \cdot |h_n(y)| \mathrm{d}y \\ &> 0\end{aligned}$$

即当 $x \neq \frac{2j-1}{2n}(j=1,\cdots,n)$, $x \in [0,1]$ 时有

$$\operatorname{sgn}(K h_n(x)) = \varepsilon' \operatorname{sgn}(\cos n\pi x) \quad (8.110')$$

显然,当 $x = \frac{2j-1}{2n}$ 时上式亦真.

最后,由 $g_n \in C_n$ 知 $K^{\mathrm{T}} g_n \in D_n$,从而有 $K^{\mathrm{T}} g_n\left(\frac{j}{n}\right) = 0, j=0,1,\cdots,n$. 由 $G(x,y)$ 的定义式(行列式)可以验证

$$\begin{aligned}G^{\mathrm{T}} g_n(x) &= \int_0^1 G(y,x) g_n(y) \mathrm{d}y \\ &= K^{\mathrm{T}} g_n(x) - \sum_{j=1}^{n-1} a_j(x) K^{\mathrm{T}} g_n\left(\frac{j}{n}\right) \\ &= K^{\mathrm{T}} g_n(x)\end{aligned}$$

注意由式(8.110′)和 $g_n(x)$ 的定义,有

$$\operatorname{sgn}(g_n(x)) = \varepsilon' \operatorname{sgn}(\cos n\pi x), \forall x \in [0,1]$$

再由 $G_n = K^{\mathrm{T}} g_n$ 及式(8.110)得

$$\begin{aligned}\operatorname{sgn}(G_n(x)) &= \operatorname{sgn}(K^{\mathrm{T}} g_n(x)) \\ &= \operatorname{sgn}(G^{\mathrm{T}} g_n(x)) \\ &= \operatorname{sgn}(\sin n\pi x), \forall x \in [0,1]\end{aligned}$$

此即

$$\operatorname{sgn}(h_n(x)) = \operatorname{sgn}(\sin n\pi x), \forall x \in [0,1]$$

最终得所欲证.

(5) 往下,进一步证明每一$\frac{j}{n}(j=0,1,\cdots,n)$是$G_n(x)$的单零点,即$G'_n\left(\frac{j}{n}\right)\neq 0$.

由于$G_n\in D_n$,可见$G'_n\in C_n$,一般有$G_n^{(2k+1)}\in C_n,k=0,\cdots,l-1$.假定$G'_n\left(\frac{1}{n}\right)=0$.由于$G'_n\in C_n$,故尚有

$$G'_n\left(\frac{1}{2n}\right)=G'_n\left(\frac{3}{2n}\right)=0$$

根据广义 Rolle 定理,存在$\xi_1\in\left(\frac{1}{2n},\frac{3}{2n}\right)$使

$$(D^2-t_l^2I)G'_n(x)\mid_{x=\xi_1}=0$$

类似地,由$G'''_n\in C_n$可知

$$(D^2-t_l^2I)G'_n(x)\mid_{x=\frac{1}{2n},\frac{3}{2n}}=0$$

进一步对$(D^2-t_l^2I)G'_n(x)$运用广义 Rolle 定理,可知存在$\xi_2\in\left(\frac{1}{2n},\frac{3}{2n}\right)$使

$$(D^2-t_{l-1}^2I)(D^2-t_l^2I)G'_n(x)\mid_{x=\xi_2}=0$$

依此类推,最后可知存在$\xi_l\in\left(\frac{1}{2n},\frac{3}{2n}\right)$使

$$(D^2-t_1^2I)\cdots(D^2-t_l^2I)G'_n(x)\mid_{x=\xi_l}=0$$

亦即$(Kh_n)(\xi_l)=0$,从而$(Kh_n)\left(\xi_l+\frac{j}{n}\right)=0,j=1,\cdots,n-2(n\geqslant 2)$.这说明$Kh_n$在$(-1,1)$内不同零点的个数大于或等于$2n+2$.从第(4)部分的证明看出,这不可能,所以$\left\{\frac{j}{n}\right\}(j=1,\cdots,n-1)$是$G_n(x)$的单零点.

附注 我们附带证明了下列事实.

(1)$\sigma=1$ 时

$$\operatorname{sgn}(Kh_n)(x)=\varepsilon_l\operatorname{sgn}(\cos n\pi x),\ |\varepsilon_l|=1 \tag{8.111}$$

同理可证：

(2)$\sigma=0$ 时

$$\operatorname{sgn}(Kh_n)(x)=\varepsilon'_l\operatorname{sgn}(\sin n\pi x),\ |\varepsilon'_l|=0 \tag{8.112}$$

(二) 线性插值算子 $S(f)$ 在 Ω_p^{2l+1} 类上依 L^p 范数的逼近误差估计

令(h_n,λ_n)为定理 8.7.1 中当 $\sigma=1$ 时所断言. $S(f)\left(\frac{2j-1}{2n}\right)=f\left(\frac{2j-1}{2n}\right)(j=1,\cdots,n)$ 是 $C[0,1]\to X_n^0$ 的线性插值算子. 如前面已经指出，对 $f=C+Kh$ 有

$$f(x)-S(f)(x)=\int_0^1 G(x,y)h(y)\mathrm{d}y$$

定理 8.7.2

$$\sup_{\|h\|_p\leqslant 1}\|Kh-S(Kh)\|_p\leqslant\lambda_n \tag{8.113}$$

证 置

$$\hat{\lambda}=\sup_{\|h\|_p\leqslant 1}\|Gh\|_p$$

需证 $\hat{\lambda}\leqslant\lambda_n$.

首先，由于 $Kh_n=Gh_n\in C_n$，可将式(8.105)改写为

$$\int_0^1 G(x,y)\,|Gh_n(x)|^{p-1}\operatorname{sgn}(Gh_n(x))\mathrm{d}x$$
$$=\lambda_n^p\,|h_n(y)|^{p-1}\operatorname{sgn}(h_n(y)),y\in[0,1] \tag{8.114}$$

再由式(8.108),又可改写为

$$\int_0^1 L(x,y)(L\widetilde{h}_n(x))^{p-1}\mathrm{d}x=\lambda_n^p(\widetilde{h}_n(y))^{p-1},y\in[0,1] \tag{8.115}$$

这里为方便计算,我们取了

$$\widetilde{h}_n(x)=h_n(x)\operatorname{sgn}(\sin n\pi x)=|h_n(x)|$$

易见

$$\hat{\lambda}=\sup_{\|h\|_p\leqslant 1}\|Gh\|_p=\sup_{\|h\|_p\leqslant 1}\|Lh\|_p \tag{8.116}$$

式(8.116)右端的上确界能达到,假定它对 $\widetilde{H}(x)$ 达到,那么 $\|\widetilde{H}\|_p=1$. 类似于式(8.108)之后一段证明中所断言,这里的 $\widetilde{H}(x)$ 在[0,1]上连续,且保持不变号. 不妨设 $\widetilde{H}(x)\geqslant 0$,$\widetilde{H}(x)$ 满足方程

$$\int_0^1 L(x,y)(L\widetilde{H}(x))^{p-1}\mathrm{d}x=\hat{\lambda}^p(\widetilde{H}(y))^{p-1},0\leqslant y\leqslant 1 \tag{8.117}$$

我们断言:存在一个有限数 $\beta>0$ 使得

$$\widetilde{H}(x)\leqslant\beta|h_n(x)|,\forall x\in[0,1] \tag{8.118}$$

注意有

$$L\left(x,\frac{j}{n}\right)=\left|G\left(x,\frac{j}{n}\right)\right|=0,j=0,1,\cdots,n$$

所以在式(8.117)内以 $y=\dfrac{j}{n}$ 代入,得 $\widetilde{H}\left(\dfrac{j}{n}\right)=0$. 这说明式(8.118)对 $x=\dfrac{j}{n}(j=0,\cdots,n)$ 成立. 置

$$H(x)=\widetilde{H}(x)\operatorname{sgn}(h_n(x))=\widetilde{H}(x)\operatorname{sgn}(\sin n\pi x)$$

把式(8.117)改写为

$$\int_0^1 G(x,y)|GH(x)|^{p-1}\operatorname{sgn}(GH(x))\mathrm{d}x$$

$$=\hat{\lambda}^{p}\mid H(y)\mid^{p-1}\operatorname{sgn}(H(y)),y\in[0,1] \tag{8.119}$$

其中 $|H(y)|^{p-1}\operatorname{sgn}(H(y))\in C^{1}[0,1]$. 现在已经知道

$$G_n(x)=|h_n(x)|^{p-1}\operatorname{sgn}(h_n(x))\in C^{1}[0,1]$$

并且仅以 $\left\{\frac{j}{n}\right\}$ $(j=0,\cdots,n)$ 为其在 $[0,1]$ 内的单零点. 故根据 L'Hospital 法则,知下述极限存在(有限)

$$\gamma_j=\lim_{x\to\frac{j}{n}}\frac{|H(x)|^{p-1}\operatorname{sgn}(H(x))}{|h_n(x)|^{p-1}\operatorname{sgn}(h_n(x))},j=0,\cdots,n$$

$0\leqslant\gamma_j<+\infty$. 于是对充分小的 $\delta>0$ 存在 $\eta_j>0$,使对 $x\in\left(\frac{j}{n}-\eta_j,\frac{j}{n}+\eta_j\right)$ 有

$$\widetilde{H}(x)=|H(x)|\leqslant(\gamma_j+\delta)^{\frac{1}{p-1}}\mid h_n(x)\mid$$

因而存在一个常数 $\beta>0$ 使式(8.118) 成立. 令

$$\beta_0=\inf\{\beta\mid\widetilde{H}(x)\leqslant\beta\mid h_n(x)\mid,0\leqslant x\leqslant 1\}$$

则 $0<\beta_0<+\infty$,且 $\widetilde{H}(x)\leqslant\beta_0|h_n(x)|,0\leqslant x\leqslant 1$. 据此,由 $L(x,y)\geqslant 0$,式(8.115) 及(8.117),并注意到式(8.115) 中的 $\tilde{h}_n=|h_n|$,可得

$$\hat{\lambda}^{p}(\widetilde{H}(y))^{p-1}\leqslant\beta_0^{p-1}\lambda_n^{p}(|h_n(y)|)^{p-1},y\in[0,1]$$

即 $$\widetilde{H}(y)\leqslant\beta_0\left(\frac{\lambda_n}{\hat{\lambda}}\right)^{\frac{p}{p-1}}\mid h_n(y)\mid,y\in[0,1]$$

由 β_0 定义得

$$\beta_0\left(\frac{\lambda_n}{\hat{\lambda}}\right)^{\frac{p}{p-1}}\geqslant\beta_0$$

从而 $\lambda_n\geqslant\hat{\lambda}$.

注意,在定理 8.7.2 中我们仅仅假设 (h_n,λ_n) 满足定理 8.7.1 的条件,并未假定 λ_n 由(8.104) 给出,然而

在方程

$$\int_0^1 K(x,y)\mid Kh_n(x)\mid^{p-1}\operatorname{sgn}(Kh_n(x))\mathrm{d}x$$
$$=\lambda_n^p \mid h_n(y)\mid^{p-1}\operatorname{sgn}(h_n(y))$$

两端同乘以 $h_n(y)$，然后对 y 在$[0,1]$上积分就给出

$$\lambda_n=\|Kh_n\|_p,\|h_n\|_p=1$$

是假设条件，于是由定理 8.7.2 得

$$\sup_{h\in D_n\cap B_p}\|Kh\|_p\geqslant\|Kh_n\|_p\geqslant\lambda_n\geqslant\hat{\lambda}$$
$$=\sup_{h\in B_p}\|Gh\|_p\geqslant\sup_{h\in D_n\cap B_p}\|Gh\|_p$$
$$=\sup_{h\in D_n\cap B_p}\|Kh\|_p$$

所以

$$\lambda_n=\hat{\lambda}=\sup_{h\in D_n\cap B_p}\|Kh\|_p \tag{8.120}$$

总结起来得到($\sigma=1$ 时).

推论　为使(h_n,λ_n)给出极值问题(8.104)的解，且 $h_n(x)\in C[0,1]$，当且仅当(h_n,λ_n)满足式(8.105)和(8.107). 此时有 $\lambda_n=\hat{\lambda}$.

$\sigma=0$ 时，推论也成立，证法类似.

(三) 一个 Bernstein 型的不等式

我们仍考虑 $\sigma=1$ 的情形. 置

$$\begin{cases} g_j(x)=\int_{\frac{(j-1)}{n}}^{\frac{j}{n}}K_{2l+1}(x,y)\mid h_n(y)\mid\mathrm{d}y, j=1,\cdots,n \\ g_{n+1}(x)\equiv 1\end{cases}$$

记 $\operatorname{span}\{g_1,\cdots,g_{n+1}\}=M_{n+1}\subset L^p[0,1]$. 记 M_{n+1} 的依 L^p 范数的单位球为$M_{n+1}\cap B_p$，我们有

定理 8.7.3　对任一 $n\in\mathbf{Z}_+$ 有

$$\lambda_n(M_{n+1}\cap B_p)\subset\Omega_p^{2l+1} \tag{8.121}$$

换句话说，$\forall \sum_{j=1}^{n+1}\alpha_j g_j \in M_{n+1}$，则

$$\left\| \sum_{j=1}^{n+1}\alpha_j g_j \right\|_p \leqslant \lambda_n \Rightarrow \sum_{j=1}^{n+1}\alpha_j g_j \in \Omega_p^{2l+1} \quad (8.122)$$

证 置

$$f_j(x)=\begin{cases} |h_n(x)|, \dfrac{j-1}{n}<x<\dfrac{j}{n} \\ 0, x\in[0,1]\backslash\left(\dfrac{j-1}{n},\dfrac{j}{n}\right) \end{cases}$$

$j=1,\cdots,n$，则 $g_j(x)=(Kf_j)(x)$，$j=1,\cdots,n$. 于是，为证式(8.122)，由于

$$\sum_{j=1}^{n+1}\alpha_j g_j=\alpha_{n+1}+\sum_{j=1}^{n}\alpha_j(Kf_j)=\alpha_{n+1}+K\left(\sum_{j=1}^{n}\alpha_j f_j\right)$$

故式(8.122)的证明化归于证明

$$\left\| \sum_{j=1}^{n+1}\alpha_j g_j \right\|_p \leqslant \lambda_n \Rightarrow \left\| \sum_{j=1}^{n}\alpha_j f_j \right\|_p \leqslant 1 \quad (8.123)$$

又化归于证明①

$$\min_{\alpha\neq 0}\frac{\left\| \sum_{j=1}^{n+1}\alpha_j g_j \right\|_p}{\left\| \sum_{j=1}^{n}\alpha_j f_j \right\|_p}\geqslant \lambda_n \quad (8.124)$$

其中 $\alpha=(\alpha_1,\cdots,\alpha_{n+1})$. 从 f_j 的定义，它们有互不相交的支集，且

① 取单位球面 $\left\| \sum_{j=1}^{n}\alpha_j f_j \right\|_p=1$. 若式(8.124)成立，则对单位球外的任一向量 $\sum_{j=1}^{n}\alpha_j f_j$ 不会有 $\left\| \sum_{j=1}^{n+1}\alpha_j g_j \right\|_p \leqslant \lambda_n$ 成立. 即使 $\left\| \sum_{j=1}^{n+1}\alpha_j g_j \right\|_p \leqslant \lambda_n$ 成立的向量 $\sum_{j=1}^{n}\alpha_j f_j$ 必然 $\left\| \sum_{j=1}^{n}\alpha_j f_j \right\|_p \leqslant 1$.

$$\left\| \sum_{j=1}^{n} \alpha_j f_j \right\|_p = \left(\sum_{j=1}^{n} C_j \mid \alpha_j \mid^p\right)^{\frac{1}{p}}$$

这里

$$C_j = \int_{\frac{j-1}{n}}^{\frac{j}{n}} \mid h_n(x) \mid^p \mathrm{d}x, j = 1, \cdots, n$$

根据$h_n\left(x+\frac{1}{n}\right) = -h_n(x)$得到$C_j = \int_0^{\frac{1}{n}} \mid h_n(x) \mid^p \mathrm{d}x$. 因而极小问题(8.124)化归为

$$\min_{\alpha \neq 0} \frac{\left\| \sum_{j=1}^{n+1} \alpha_j g_j \right\|_p}{C_1^{\frac{1}{p}} \left(\sum_{j=1}^{n} \mid \alpha_j \mid^p\right)^{\frac{1}{p}}} \geqslant \lambda_n \qquad (8.125)$$

式(8.125)的极小值存在. 设此极小值为$\hat{\mu}$, 在某$\hat{\alpha} = (\hat{\alpha}_1, \cdots, \hat{\alpha}_{n+1}) \neq 0$上达到, 即

$$\hat{\mu} = \frac{\left\| \sum_{j=1}^{n+1} \hat{\alpha}_j g_j \right\|_p}{C_1^{\frac{1}{p}} \left(\sum_{j=1}^{n} \mid \hat{\alpha}_j \mid^p\right)^{\frac{1}{p}}} = \min_{\alpha \neq 0} \frac{\left\| \sum_{j=1}^{n+1} \alpha_j g_j \right\|_p}{C_1^{\frac{1}{p}} \left(\sum_{j=1}^{n} \mid \alpha_j \mid^p\right)^{\frac{1}{p}}}$$

需要证$\hat{\mu} \geqslant \lambda_n$.

为方便计算, 置$\hat{h}(x) = \sum_{j=1}^{n} \hat{\alpha}_j f_j(x)$. 由极值的必要条件, 即关于每个$\alpha_k$的偏导数在$\alpha = \hat{\alpha}$时为零, 给出

$$\int_0^1 g_k(x) \mid \hat{\alpha}_{n+1} + K\hat{h}(x) \mid^{p-1} \mathrm{sgn}(\hat{\alpha}_{n+1} + K\hat{h}(x)) \mathrm{d}x$$

$$= \hat{\mu}^p \cdot C_1 \mid \hat{\alpha}_k \mid^{p-1} \mathrm{sgn}(\hat{\alpha}_k), k = 1, \cdots, n \qquad (8.126)$$

$$\int_0^1 \mid \hat{\alpha}_{n+1} + K\hat{h}(x) \mid^{p-1} \mathrm{sgn}(\hat{\alpha}_{n+1} + K\hat{h}(x)) \mathrm{d}x = 0 \qquad (8.127)$$

此外, 在方程(8.105)两边乘上$h_n(y)$, 并在$\left[\frac{k-1}{n}, \frac{k}{n}\right]$上对$y$积分, 取$\varepsilon = 1$, 得

$$\int_0^1 g_k(x)\ |\ Kh_n(x)\ |^{p-1}\operatorname{sgn}(Kh_n(x))\mathrm{d}x$$
$$=\lambda_n^p(-1)^{k+1}C_1, k=1,\cdots,n \tag{8.128}$$

又由 $|\ Kh_n(\cdot)\ |^{p-1}\operatorname{sgn}(Kh_n(\cdot))\in C_n$，可知

$$\int_0^1 |\ Kh_n(x)\ |^{p-1}\operatorname{sgn}(Kh_n(x))\mathrm{d}x=0 \tag{8.129}$$

把$\{\hat{\alpha}_k\}$ $(k=1,\cdots,n+1)$ 标准化：即使 $|\ \hat{\alpha}_k\ |\leqslant 1, k=1,\cdots,n$，且对某个 $m(1\leqslant m\leqslant n)$ 有 $\hat{\alpha}_m=(-1)^{m+1}$. 如果对 $k=1,\cdots,n$ 都有 $\hat{\alpha}_k=(-1)^{k+1}$，注意到 $h_n(x)=\sum_{j=1}^{n}(-1)^{j+1}f_j(x)$，则式(8.127) 可改写为

$$\int_0^1 |\ \hat{\alpha}_{n+1}+Kh_n(x)\ |^{p-1}\operatorname{sgn}(\hat{\alpha}_{n+1}+Kh_n(x))\mathrm{d}x=0$$

这说明 $-\hat{\alpha}_{n+1}$ 是对$(Kh_n)(x)$ 的最佳 L^p 常数逼近. 和式(8.129) 比较，根据最佳逼近元的唯一性得 $\hat{\alpha}_{n+1}=0$，于是将有 $\lambda_n=\hat{\mu}$.

以下假定存在一个 $k(1\leqslant k\leqslant n)$ 使 $\hat{\alpha}_k\neq(-1)^{k+1}$. 设$\lambda_n\leqslant\hat{\mu}$，由此引出矛盾就行了. 为了论证方便，下面先给出几条引理，其证明留到最后.

引理 8.7.1 给定 $0=\xi_0<\xi_1<\cdots<\xi_n<\xi_{n+1}=1$，和 h 分段连续 $h\neq 0$，则

$$S^-\left(\int_{\xi_0}^{\xi_1}h(x)\mathrm{d}x,\cdots,\int_{\xi_n}^{\xi_{n+1}}h(x)\mathrm{d}x\right)\leqslant S(h) \tag{8.130}$$

引理 8.7.2 设 $K(x,y)=K_{2l+1}(x,y)$，h 分段连续，$h\neq 0$，则

(1) $\forall C\in\mathbf{R}$ 有

$$S(C+Kh)\leqslant S(h)+1 \tag{8.131}$$

(2) 若$\int_0^1 h(y)\mathrm{d}y=0$，则

$$S(K^{T}h)\leqslant S(h)-1 \tag{8.132}$$

继续定理的证明

由

$$h_n(x)-\hat{h}(x)=\sum_{j=1}^{n}((-1)^{j+1}-\hat{\alpha}_j)f_j(x)$$

$f_j(x)$ 具有不相交的支集，$f_j(x)\geqslant 0$，而且 $\hat{\alpha}_m=(-1)^{m+1}$，所以 $S(h_n-\hat{h})\leqslant n-2$. 注意此处 $K(x,y)=K_{2l+1}(x,y)$，故由引理 8.7.2 的(1)得

$$S(Kh_n-K\hat{h}-\hat{\alpha}_{n+1})\leqslant S(h_n-\hat{h})+1\leqslant n-1 \tag{8.133}$$

置

$$F(x)=|Kh_n(x)|^{p-1}\operatorname{sgn}(Kh_n(x))-|\hat{\alpha}_{n+1}+K\hat{h}(x)|^{p-1}\operatorname{sgn}(\hat{\alpha}_{n+1}+K\hat{h}(x)) \tag{8.134}$$

由于 $\forall a,b\in \mathbf{R}, 1<p<+\infty$ 有

$$\operatorname{sgn}(a-b)=\operatorname{sgn}(|a|^{p-1}\operatorname{sgn}a-|b|^{p-1}\operatorname{sgn}b)$$

所以有

$$S(F)=S(Kh_n-K\hat{h}-\hat{\alpha}_{n+1})\leqslant n-1 \tag{8.135}$$

另一方面，我们从式(8.126)，(8.127)，(8.128)和(8.129)得

$$\int_0^1 g_k(x)F(x)\mathrm{d}x=C_1(\lambda_n^p(-1)^{k+1}-\hat{\mu}^p|\hat{\alpha}_k|^{p-1}\cdot\operatorname{sgn}(\hat{\alpha}_k)),k=1,\cdots,n \tag{8.136}$$

$$\int_0^1 F(x)\mathrm{d}x=0 \tag{8.137}$$

而

$$\int_0^1 g_k(x)F(x)\mathrm{d}x=\int_0^1\int_{\frac{k-1}{n}}^{\frac{k}{n}}K(x,y)\mid h_n(y)\mid F(x)\mathrm{d}y\mathrm{d}x$$

$$=\int_{\frac{k-1}{n}}^{\frac{k}{n}}\mid h_n(y)\mid\cdot(K^{\mathrm{T}}F)(y)\mathrm{d}y$$

那么,由引理 8.7.1 得

$$S^-\left(\int_0^1 g_k(x)F(x)\mathrm{d}x\right)_{k=1}^n\leqslant S(\mid h_n(\cdot)\mid\cdot(K^{\mathrm{T}}F)(\cdot))$$

$$=S(K^{\mathrm{T}}F)$$

若 $\lambda_n>\hat{\mu}$,则由式(8.136)得

$$S^-\left(\int_0^1 g_k(x)F(x)\mathrm{d}x\right)_{k=1}^n=n-1$$

从而 $S(K^{\mathrm{T}}F)\geqslant n-1$. 另一方面,由引理 8.7.2 的(2)有

$$S(F)\geqslant 1+S(K^{\mathrm{T}}F)\geqslant n$$

这与式(8.135)矛盾,故 $\lambda_n\leqslant\hat{\mu}$.

(四)Ω_p^{2l+1} 在 $L^p[0,1]$ 内的宽度估计及其他情形

定理 8.7.4 固定 $1\leqslant p<+\infty$, $n\geqslant 0$.

(1)$d_0[\Omega_p^{2l+1};L^p]=d^0[\Omega_p^{2l+1};L^p]=d'_0[\Omega_p^{2l+1};L^p]=+\infty$.

(2)$n\geqslant 1$ 时,$d_n[\Omega_p^{2l+1};L^p]=d^n[\Omega_p^{2l+1};L^p]=d'_0[\Omega_p^{l+1};L^p]=\lambda_n$

(3)$X_n^0=\operatorname{span}\left\{1,K_{2l+1}\left(\cdot,\frac{1}{n}\right),\cdots,K_{2l+1}\left(\cdot,\frac{n-1}{n}\right)\right\}$

是 $d_n[\Omega_p^{2l+1};L^p]$ 的极子空间,也是 $d'_n[\Omega_p^{2l+1};L^p]$ 的极子空间,而 $S(f)$ 是最优线性算子.

(4)$(L^n)^0=\left\{f\mid f\in\Omega_p^{2l+1},f\left(\frac{2j-1}{2n}\right)=0,j=1,\cdots,n\right\}$ 对 $d^n[\Omega_p^{2l+1};L^p]$ 最优.

证　(1) 不待证.

(2) 当 $n\geqslant 1$ 时,由定理8.7.2,定理8.7.3及球宽度定理,即得

$$\lambda_n\leqslant d_n[\Omega_p^{2l+1};L^p],d^n[\Omega^{2l+1};L^p]$$
$$\leqslant\sup_{\|h\|_p\leqslant 1}\|Kh-S(Kh)\|_p=\lambda_n$$

此即(2).这同时也说明了 X_n^0 是 d_n,d'_n 的极子空间,$S(f)$ 是最优线性算子.

最后,由

$$\lambda_n=d^n[\Omega^{2l+1};L^p]\leqslant\sup\{\|f-S(f)\|_p\mid$$
$$f\in\Omega_p^{2l+1}\cap(L^n)^0\}$$
$$\leqslant\sup_{f\in\Omega_p^{r+1}}\|Sf-f\|_p=\lambda_n$$

得知 $(L^n)^0$ 对 $d^n[\Omega_p^{r+1};L^p]$ 是极子空间.因极函数 $Kh_n\in\Omega_p^{2l+1}\cap(L^n)^0$,但应注意 $(L^n)^0$ 在 $L^p[0,1]$ 内并非闭集①.

对于 $\sigma=0$ 的情形有类似结果.

定理8.7.5　对 $p,1<p<+\infty,n\geqslant 0$ 有

(1) $d_n[\Omega_p^{2l};L^p]=d^n[\Omega_p^{2l};L^p]=d'_n[\Omega_p^{2l};L^p]=\lambda_{n+1}$.

(2) $X_n^0=\operatorname{span}\left\{K_{2l}\left(\cdot,\frac{1}{n+1}\right),\cdots,K_{2l}\left(\cdot,\frac{n}{n+1}\right)\right\}$ 是 d_n,d'_n 的极子空间,而插值算子 $S(f)$ 是一最优线性方法.

(3) $(L^n)^0=\{f\mid f\in\Omega_p^{2l},f\left(\frac{j}{n+1}\right)=0,j=1,\cdots,n\}$ 是 d^n 的一个最优 n 余维子空间②.

---

① 参看引理8.3.5.

② 参看引理8.3.5.

最后还剩下引理 8.7.1,引理 8.7.2 的证明.

引理 8.7.1 的证明

设 $m=S(h),0\leqslant m\leqslant n-1$.若

$$S^{-}\left(\int_{\xi_0}^{\xi_1}h(x)\mathrm{d}x,\cdots,\int_{\xi_n}^{\xi_{n+1}}h(x)\mathrm{d}x\right)>m$$

则存在 $1\leqslant i_1<i_2<\cdots<i_{m+2}\leqslant n+1$,使得

$$\operatorname{sgn}\left(\int_{\xi_{i_k-1}}^{\xi_{i_k}}h(x)\mathrm{d}x\right)=(-1)^k\varepsilon$$

$$k=1,\cdots,m+2,\ |\varepsilon|=1$$

于是至少存在区间 $I_k\subset(\xi_{i_k-1},\xi_{i_k})$ 使得

$$\operatorname{sgn}(h(x))\xlongequal{\text{a. e.}}(-1)^k\varepsilon$$

于某个满测度子集 $e_k\subset I_k,k=1,\cdots,m+2$.从而(见定义 8.1.5)有 $m=S(h)\geqslant m+1$.得到矛盾.

引理 8.7.2 的证明

(1) 记 $f(x)=c+(Kh)(x)$,则 $f'(x)=(K_{2l}h)(x)$,$(-1)^lK_{2l}(x,y)$ 在$[0,1]\times[0,1]$上全正,所以有

$$S(f')=S(K_{2l}h)\leqslant S(h)$$

又由 Rolle 定理易见 $S(f)\leqslant S(f')+1$.故有 $S(f)\leqslant S(h)+1$.

(2) 记 $g(x)=\int_0^x h(x)\mathrm{d}y$.先证

$$S(g)\leqslant S(h)-1\tag{8.136}$$

由于 $h\neq 0,\int_0^1 h(y)\mathrm{d}y=0$,显然 $S(h)\geqslant 1$.若 $S(h)=+\infty$,则不待证.以下设 $S(h)=m+1,0\leqslant m<+\infty$,则由定义 8.1.5,存在$[0,1]$的一个分划

$$0=x_0<x_1<\cdots<x_{m+1}<x_{m+2}=1$$

使得

$$(-1)^j\varepsilon h(x)>0 \text{ a.e. 于 } x\in(x_{j-1},x_j)$$

$j=1,\cdots,m+2$，$|\varepsilon|=1$，且 $\int_{x_{j-1}}^{x_j}|h(y)|\mathrm{d}y>0$. 对 $x\in[x_{k-1},x_k]$，$1\leqslant k\leqslant m+2$ 有

$$g(x)=\varepsilon\sum_{j=1}^{k-1}(-1)^j\int_{x_{j-1}}^{x_j}|h(y)|\mathrm{d}y+\varepsilon(-1)^k\int_{x_{k-1}}^{x_k}|h(y)|\mathrm{d}y$$

由此可知，当 x 由 $[x_{k-1},x_k]$ 变到 $[x_k,x_{k+1}]$ 时，$g(x)$ 至多变号一次($k=1,\cdots,m+1$). 另一方面，由于 $\int_0^1 h(y)\mathrm{d}y=0$，即

$$\sum_{j=1}^{m+2}(-1)^j\int_{x_{j-1}}^{x_j}|h(y)|\mathrm{d}y=0$$

从而可知，当 x 从 $[x_m,x_{m+1}]$ 变到 $[x_{m+1},x_{m+2}]$ 时，$g(x)$ 不变号. 因此 $g(x)$ 的变号次数小于或等于 m，即 $S(g)\leqslant m=S(h)-1$. 此即式(8.136).

通过直接计算得以验证：如果 $\int_0^1 h(x)\mathrm{d}x=0$，$f=(K_{2l+1}^{\mathrm{T}}h)$，那么

$$Q_{2l+1}(D)f(x)\overset{\text{a.e.}}{=\!=\!=}-h(x)$$

并且 $f^{(2k)}(0)=f^{(2k)}(1)=0(k=0,\cdots,l-1)$，那么由于 $Q_{2l+1}(D)=D\cdot Q_{2l}(D)$，有

$$\begin{cases}Q_{2l}(D)(K_{2l+1}^{\mathrm{T}}h)(x)=-\int_0^x h(y)\mathrm{d}y\\ D^{2k}(K_{2l+1}^{\mathrm{T}}h)(x)\mid_{x=0,1}=0,k=0,\cdots,l-1\end{cases}$$

所以(见引理 8.6.1)有

$$(K_{2l+1}^{\mathrm{T}}h)(x)=-(K_{2l}g)(x)$$

于是

$$S(K_{2l+1}^{\mathrm{T}}h)=S(-K_{2l}g)\leqslant S(g)\leqslant S(h)-1$$

类似于本节的结果,但较此稍为广泛的有 A. Pinkus 的工作[17].

设 $p \in (1,+\infty)$,$K(x,y) \in C^{\infty}[0,1] \times [0,1]$,首先给出:

定义 8.7.1 称核 $K(x,y) \in ETP$(广义全正),若对任取的 $m \geqslant 1$ 及 $0 \leqslant x_1 \leqslant x_2 \leqslant \cdots \leqslant x_m \leqslant 1$,$0 \leqslant y_1 \leqslant y_2 \leqslant \cdots \leqslant y_m \leqslant 1$,有

$$K^*\begin{pmatrix} x_1 & \cdots & x_m \\ y_1 & \cdots & y_m \end{pmatrix} > 0$$

此处,当 $\{x_i\}$,$\{y_i\}$ 中无重点时

$$K^*\begin{pmatrix} x_1 & \cdots & x_m \\ y_1 & \cdots & y_m \end{pmatrix} = K\begin{pmatrix} x_1 & \cdots & x_m \\ y_1 & \cdots & y_m \end{pmatrix}$$

当在 $\{x_i\}$ 中出现一个 n 重点时(即 $x_{i-1} < x_i = x_{i+1} = \cdots = x_{i+(n-1)} < x_{i+n}$),相应的行由对 x 的各阶导数确定,即

$$\frac{\partial^r}{\partial x^r}(x,y_1),\cdots,\frac{\partial^r}{\partial x^r}(x,y_m),r=0,1,\cdots,n-1$$

对 $\{y_i\}$ 中出现的重点上述规定亦适用.

比如

$$K^*\begin{pmatrix} x & x \\ y & y \end{pmatrix} = \begin{vmatrix} K(x,y) & \dfrac{\partial}{\partial y}K(x,y) \\ \dfrac{\partial}{\partial x}K(x,y) & \dfrac{\partial^2}{\partial x \partial y}K(x,y) \end{vmatrix}$$

今设 $K(x,y) \in ETP[0,1]$. 置

$$K_p = \left\{ Kh(x) = \int_0^1 K(x,y)h(y)\mathrm{d}y \;\middle|\; \|h\|_p \leqslant 1 \right\}$$

和前面讨论过的 Ω_p^{2l} 类相仿,这里有以下事实成立.

定理 8.7.6 设 $1 < p < +\infty$,$K(x,y) \in ETP$,则

(1) $\forall n \geqslant 0$ 存在 $h_n \in L^p[0,1]$, $\| h_n \|_p = 1$, $S(h_n) = n$, 及 $\lambda_n > 0$ 满足

$$\int_0^1 K(x,y) \mid Kh_n(x) \mid^{p-1} \operatorname{sgn}(Kh_n(x)) \mathrm{d}x$$

$$= \lambda_n^p \mid h_n(y) \mid^{p-1} \operatorname{sgn} h_n(y), \forall y \in [0,1]$$

(2) 记 h_n 的零点(变号点)$\{0 < \xi_1 < \cdots < \xi_n < 1\}$,而 Kh_n 的零点(变号点)$\{0 < \eta_1 < \cdots < \eta_n < 1\}$. 置

$$X_n^0 = \operatorname{span}\{K(\cdot,\xi_1),\cdots,K(\cdot\ \xi_n)\}$$

$$S:[0,1]C \to X_n^0$$

$$(Sf)(\eta_j) = f(\eta_j), j = 1,\cdots,n$$

则

$$\sup_{\| h \|_p \leqslant 1} \| Kh - S(Kh) \|_p \leqslant \lambda_n$$

(3) 记 $f_j(x) = \mid h_n(x) \mid, \xi_{j-1} < x < \xi_j, f_j(x) = 0$,对 $x \in [0,1] \backslash (\xi_{j-1},\xi_j), g_j(x) = (Kf_j)(x)$,则

$$\left\| \sum_{j=1}^{n+1} \alpha_j g_j \right\|_p \leqslant \lambda_n \Rightarrow \left\| \sum_{j=1}^{n+1} \alpha_j f_j \right\|_p \leqslant 1$$

由此得:

定理 8.7.7 　$\forall p \in (1,+\infty), n \geqslant 0$ 有

$$d_n[K_p;L^p] = d^n[K_p;L^p] = d'_n[K_p;L^p] = \lambda_n$$

X_n^0 是 d_n, d'_n 的极子空间,$S(f)$ 是 d'_n 的最优线性算子.

定理 8.7.6 证明的基本轮廓和前面相同. 唯独 (λ_n, h_n) 存在性证明与前面不同. [17] 先对 STP 矩阵建立类比的存在定理,然后通过把 K_p“离散化”步骤,再经过 L^p 空间内有界集的 w 紧性原理证出所要的结论. 详见[17](该论文的第 46 ~ 48 页).

另外, A. Pinkus[17] 对 Sobolev 类 W_p^r 及其推广,

即由 $\boldsymbol{K}=\{K;k_1,\cdots,k_r;\varnothing\}$ 定义的函数类,给 $\boldsymbol{K}$ 加上较条件 8.2.1 更强的条件,建立起类比于定理 8.7.6,定理 8.7.7 的结果.

§8 有关 Sobolev 类 W_p^r 的宽度问题的进一步结果综述

(一)$d_n[W_p^r;L^q]$ 在 $p\geqslant q$ 时的精确估计

定义在[0,1]区间上的光滑函数 f:$f^{(r-1)}$ 绝对连续,且 $\|f^{(r)}\|_p\leqslant 1$ 的全体 W_p^r 称为 Sobolev 类. 长期以来对 W_p^r 在 $L^q[0,1]$($1\leqslant q\leqslant+\infty$)内宽度问题的研究,包括几个宽度的精确值或渐近精确值的确定;极子空间的构造或刻画其特征,或构造出渐近(强或弱)极子空间序列;构造线性宽度的最优线性算子或渐近(强或弱)最优线性算子序列;等等基本问题的研究,构成了宽度理论发展的中心内容. 注意此处的指标 p,q 之间没有任何约束关系,它们互相独立.

首先提出问题并且研究了 $p=q=2$ 情形的是 A. N. Kolmogorov[18]. Kolmogorov 这一工作是 Hilbert 空间内椭球宽度问题研究的开端. 在本书第五章的 §5 内较详细地介绍过这一课题的基本结果及其在 60～70 年代的一些发展. 本章 §5 的结果属于 A. Melkman 与 C. Micchelli[9], 他们证明了 $d_n[W_2^r;L^2]$($n\geqslant r$)除了经典的极子空间外,还有两个样条极子空间. 这一事实在 Kolmogorov 的经典工作[18]中被忽略了.

$p=q=+\infty$ 的情形由 V. M. Tikhomirov 在 1969 年的论文[5] 给出了解答. 这一工作对于推动宽度问题的进一步研究起了很大的作用. [5] 中证明了,当 $n\geqslant r$ 时存在着点组 $\{0<\xi_1<\cdots<\xi_{n-r}<1\}$ 及 $\{0<\eta_1<\cdots<\eta_n<1\}$ 使得

$X_n^0=\operatorname{span}\{1,x,\cdots,x^{r-1},(x-\xi_1)_+^{r-1},\cdots,(x-\xi_{n-r})_+^{r-1}\}$

是 $d_n[W_\infty^r;L^\infty]$ 的极子空间;$(L^n)^0=\{f\mid f\in C[0,1],f(\eta_j)=0,j=1,\cdots,n\}$ 是 $d^n[W_\infty^r;C]$ 的极子空间;插值算子 $S(f)(\eta_j)=f(\eta_j)(j=1,\cdots,n)$ 是最优线性算子.

早在 1967 年 Tikhomirov 和 Babadjanov[19] 给出了 $d_n[W_p^r;L^q]$ 当 $r=1,p=q$ 时的精确解,然后 Y. I. Makovoz[20] 把这一结果扩充到 $r=1,p\geqslant q$ 的情形. 到 70 年代初,在 Tikhomirov, Makovoz 等人的努力下,已经解决了 $d_n[W_p^r;L^q],d^n[W_p^r;L^q],d'_n[W_p^r;L^q]$ 当 $r\in\mathbf{Z}_+,p\geqslant q\geqslant 1$ 时的精确阶(弱渐近)估计,得到了 $\gamma_n[W_p^r;L^q]\asymp n^{-r}$($\gamma_n$ 代表 d_n,d^n,d'_n). Tikhomirov 指出(见资料[21][22]):$d_n[W_p^r;L^q]$ 的精确解问题和下列等周型变分问题的 Euler 方程的稳定点问题有深刻联系.

对于 $W_p^r[-1,1](r\geqslant 1,1\leqslant p\leqslant+\infty)$ 求

$$\sup\{\|f\|_q\mid\|f^{(r)}\|_p\leqslant 1\}\qquad(8.137)$$

Tikhomirov 指出:问题(8.137)的 Euler 方程存在着稳定点,它们的全体是一可列集. 对每一组取定的 (p,q,r) 得到一个函数序列 $\{x_n(\cdot)\}\subset W_p^r[-1,1](n=1,\cdots,+\infty)$,置

$$\|x_n\|_q^q=\lambda_n^{-q},n=1,2,3,\cdots\qquad(8.138)$$

称数列 $\{\lambda_n\}(n=1,\cdots,+\infty)$ 为问题(8.137)的谱. 有

时我们要给问题(8.137)加上某种边界条件.比如,周期性条件 $f^{(k)}(-1)=f^{(k)}(1)(k=0,\cdots,r-1)$,或者 $f^{(k)}(-1)=f^{(k)}(1)=0(k=0,\cdots,r-1)$.对于带边界条件的情形相应的 Euler 方程也有可列的稳定点集.当 $0\leqslant n\leqslant r-1$ 时,$\lambda_n=0$.一个最简单的情形是 $p=q=2$.此时问题(8.137)是求下列极值问题的 Euler 方程的稳定点

$$\sup\{\|f\|_2 \mid \|f^{(r)}\|_2\leqslant 1\} \tag{8.139}$$

这个问题化归到下列线性微分算子的本征值问题

$$\begin{cases}(-1)^r f^{(2r)}=\lambda^2 f\\ f^{(0)}(\pm 1)=\cdots=f^{(r-1)}(\pm 1)=0\end{cases} \tag{8.140}$$

如第五章§5所指出过的那样,问题(8.140)的问题和 $d_n[W_2^r;L^2]$ 是同一个问题.这正是 Kolmogorov[18] 早已解决了的.对于 $p=q=2$ 以外的一对指标 p,q,微分算子不再是线性的,求问题(8.137)的谱的问题变得非常困难.Tikhomirov[21] 对特殊情形 $r=1,1\leqslant p<+\infty,1<q<+\infty$ 做了研究,证明了:

定理 8.8.1 当 $r=1,1\leqslant p<+\infty,1<q<+\infty$ 时,问题(8.137)的谱由下式给出

$$\lambda_n=(\Gamma_{pq})n,n=0,1,2,\cdots$$

其中

$$\Gamma_{pq}=2^{1-\left(\frac{1}{p}+\frac{1}{q}\right)}\cdot q^{\frac{1}{q}}\cdot(p')^{\frac{1}{p}}\cdot\left(\frac{1}{p'}+\frac{1}{q}\right)^{\frac{1}{p}+\frac{1}{q}}\cdot\frac{\Gamma\left(1+\frac{1}{q'}\right)\Gamma\left(1+\frac{1}{p}\right)}{\Gamma\left(1+\frac{1}{p'}+\frac{1}{q}\right)} \tag{8.141}$$

$\Gamma(x)$ 是 Gamma 函数,$\frac{1}{p}+\frac{1}{p'}=\frac{1}{q}+\frac{1}{q'}=1$.

Tikhomirov[21] 证明了：

定理 8.8.2　当 $p \geqslant q$ 时，函数类 W_p^1 在 $L^q[-1,1]$ 内的 $n-K$ 宽度和 n 维线性宽度等于 λ_n^{-1}（p,q 固定，$r=1$）.

Tikhomirov[22] 提出猜想：定理 8.8－2 的结果对任意 $r \in \mathbf{Z}_+$ 也成立. 这一猜想到 1984 年得到证实. 见下面介绍 Buslaev 与 Tikhomirov 的一些结果[23,24]. 设 $1 \leqslant s < +\infty, x(t) \in L^s[0,1]$. 记 $x_{(s)}(t) = |x(\cdot)|^{s-1}\operatorname{sgn} x(\cdot)$. 考虑下面的微分方程组

$$x^{(r)} = y_{(p')}, y^{(r)} = (-1)^r \lambda x_{(q)} \tag{Ⅰ}$$

边界条件为 $y^{(i)}(\pm 1) = 0, i = 0,1,\cdots,r-1$.

此方程组等价于

$$((x^{(r)})_{(p)})^{(r)} + (-1)^{r+1}\lambda x_{(q)} = 0 \tag{Ⅱ}$$

边界条件为 $((x^{(r)})_{(p)})^{(i)}(\pm 1) = 0, i = 0,\cdots,r-1$.

此处在式（Ⅱ）内限于 $1 < q < +\infty, 1 < p \leqslant +\infty$. 熟知当 $r=1, p=q=2$ 时这样的方程便是著名的 Sturm-Liouville 方程. 它具有可列集的点谱（本征值）. 对于一般情形有：

定理 *B.T*（Ⅰ）　设 $1 < p \leqslant +\infty, 1 < q < +\infty$，$r \geqslant 1$ 是正整数，则对每一整数 $k \geqslant r$ 存在函数 $x_k(\cdot) = x_{krpq}(\cdot)$ 和数 $\lambda_k = \lambda_{krpq}$ 满足方程（Ⅱ）（$p=+\infty$ 时 $(x_k(\cdot), y_k(\cdot), \lambda_k)$ 满足（Ⅰ）），此处 $\| x_k \|_p = 1$，且 $x_k(\cdot)$ 在 $(-1,1)$ 内恰有 k 个零点. 当 $p \geqslant q$ 时，函数 $x_k(\cdot)$ 由上述特征唯一地确定，而数集 $\{\lambda_k\} \cup \{0\}$ $(\lambda_k \neq 0, k \geqslant r)$ 给出了微分算子（Ⅱ）（$p=+\infty$ 时直接取（Ⅰ））的全部本征值.

类似结果对周期边界条件亦成立.

定理 *B.T*（Ⅱ）　$p \geqslant q, k \geqslant r \geqslant 1$ 时成立

$$d_k[W_p^r[-1,1];L^q]=d'_k[W_p^r[-1,1];L^q]=\lambda_{krpq}^{-1}$$

$$0\leqslant k\leqslant r-1 \text{ 时}, d_k=d'_k=+\infty$$

一个极子空间是

$$\hat{S}_{k+r-1,r-1}(p,q)=\left\{y(\cdot)\mid y^{(r)}(t)=\sum_{i=1}^{k}c_i\delta(t-\tau_i)\right\}$$

其中 $\tau_i=\tau_{krpq}$ 是 $x_{krpq}(t)$ 的全部零点.

对周期函数类亦有类似结果成立.

在 70 年代中期,C. A. Micchelli 与 A. Pinkus 从样条理论的观点出发分析了 Tikhomirov 的工作[7]. 他们指出:从样条理论的观点来看,Tikhomirov[5] 证明了下列事实:

(1) 设 $n\geqslant r, m=n-r, \Pi_m^r[-1,1]$ 是定义在$[-1,1]$上的 r 次多项式完全样条函数的集合,其自由结点数目小于或等于 m. 存在 $P_{m,r}^*\in\Pi_m^r[-1,1]$ 使

$$\|P_{m,r}^*\|_\infty=\min\{\|P_{m,r}\|_\infty\mid P_{m,r}\in\Pi_m^r[-1,1]\}$$

$P_{m,r}^*(x)$ 具有 $m=n-r$ 个结点和 $n+1$ 个 Chebyshev 交错. 这是 $P_{m,r}^*$ 的特征. ($P_{m,r}^*$ 在资料中以等振荡完全样条或 Chebyshev 完全样条而著称.)

(2) $P_{m,r}^*$ 提供 $d_n[W_\infty^r;C]$ 当 $n\geqslant r$ 时的精确解: $\|P_{m,r}^*\|_c=d_n[W_\infty^r;C]$,由其结点$\{\xi_i\}(i=1,\cdots,n-r)$和零点$\{\eta_j\}$ $(j=1,\cdots,n)$ 分别确定极子空间 X_n^0 和最优(插值)算子 $S(f)$.

W_∞^r 类的函数是由$\left\{1,x,\cdots,x^{r-1},\frac{1}{(r-1)!}(x-y)_+^{r-1}\right\}$ 确定的. Peano 核$(x-y)_+^{r-1}$ 在所讨论的区域内是全正的. 不仅如此,$\left\{1,x,\cdots,x^{r-1},\frac{1}{(r-1)!}(x-y)_+^{r-1},0\leqslant x,y\leqslant 1\right\}$ 也具有某种广义的全正性(条件

8.2.1). C. A. Micchelli 和 A. Pinkus[6] 发现：这条性质在指标 (p,q) 取某些特殊值的情况下能保证 $\lambda_n[W_p^r;L^q]$（λ_n 代表 d_n, d'_n, d^n 之一）等于一个具有 $n-r(n\geqslant r)$ 个自由结点的完全样条类上的最小范数. 在[6] 中对于 (∞,q) 以及 $(p,1)$ 证得了上面的结论，其中的 q,p 是任意实数，取自 $[1,+\infty]$. A. L. Brown[4] 指出 (∞,q) 和 $(p,1)$ 在一定意义下互为对偶，引入了自对偶全正核概念，把上述两种对偶情形综合起来给予统一的处理，建立了一套更广泛的结果. 本章 §2～§3 中介绍了资料[4] 的部分结果.

[6][4] 包括不了 $p=q$ 的情形. A. Pinkus[17][25] 对 $r\geqslant 2, p\geqslant q\geqslant 1$ 提出如下的猜想.

Pinkus **猜想**　对 $n\geqslant r$，存在点组 $\{\xi_i\}$ $(i=1,\cdots,n-r)$ 和 $\{\eta_i\}$ $(i=1,\cdots,n)$，依赖于 p,q，满足

(1) $X_n^0=\mathrm{span}\{1,x,\cdots,x^{r-1},(x-\xi_1)_+^{r-1},\cdots,(x-\xi_{n-r})_+^{r-1}\}$ 是 $d_n[W_p^r;L^q]$ 的一极子空间.

(2) $(L^n)^0=\{f\in C[0,1]\mid f(\eta_i)=0, i=1,\cdots,n\}$ 是 $d^n[W_p^r;L^q]$ 的极子空间.

(3) 插值算子 $(Sf)(\eta_i)=f(\eta_i)(i=1,\cdots,n)$ 是 d'_n 的最优算子.

(4) $d_n[W_p^r;L^q]=d^n[W_p^r;L^q]=d'_n[W_p^r;L^q]$.

在论文[17]中对 $p=q$ 证实了这些猜测. 下面介绍资料[17] 的证明的基本步骤.

假定存在 $f_n\in W_p^r$ 满足下列方程

$$\int_0^1 x^i\mid f_n(x)\mid^{p-1}\mathrm{sgn}(f_n(x))\mathrm{d}x=0, i=0,\cdots,r-1 \tag{8.142}$$

和

$$\frac{1}{(r-1)!}\int_0^1 (x-y)_+^{r-1} \mid f_n(x) \mid^{p-1} \operatorname{sgn}(f_n(x))\mathrm{d}x$$
$$=\lambda_n^p \mid f_n^{(r)}(y) \mid^{p-1} \operatorname{sgn}(f_n^{(r)}(y)), \forall y \in [0,1] \tag{8.143}$$

此处 λ_n 是某个常数,而 $f_n(x)$ 在$[0,1]$上恰有 n 个单零点(变号),把它们记作$\{\eta_i\}(i=1,\cdots,n)$. $f_n^{(r)}(x)$ 恰有 $n-r$ 个单零点$\{\xi_i\}(i=1,\cdots,n-r;n\geqslant r)$. 方程(8.142) 和 (8.143) 来自对 $\|f\|_p/\|f^{(r)}\|_p$ 的 Gateaux 微商取零值. 有了(λ_n,f_n)就可以证明下面两条事实.

(1) 行列式 $K\begin{pmatrix}\eta_1 & \cdots & \eta_r^* & \eta_{r+1}^* & \cdots & \eta_n \\ 1 & \cdots & r & \xi_1 & \cdots & \xi_{n-r}\end{pmatrix}>0$,从而存在插值算子 $S:C[0,1]\to X_n^0$ 有

$$(Sf)(\eta_i)=f(\eta_i), i=1,\cdots,n$$

而且有

$$\sup_{f\in W_p^r}\|f-S(f)\|_p\leqslant\lambda_n \tag{8.144}$$

(2) 我们为方便起见,把 f_n 按照 $\|f_n^{(r)}\|_p=1$ 而且 $f_n^{(r)}(x)>0,\forall x\in(0,\xi_1)$ 加以标准化,然后置$\{g_i\}$ $(i=1,\cdots,n-r+1)$ 如下

$$g_i^{(j)}(0)=0, j=0,1,\cdots,r-1$$
$$g_i^{(r)}(x)=\begin{cases}\mid f_n^{(r)}(x)\mid, \xi_{i-1}<x<\xi_i \\ 0, x\in[0,1]\setminus(\xi_{i-1},\xi_i)\end{cases}$$

那么

$$g_i(x)=\frac{1}{(r-1)!}\int_{\xi_{i-1}}^{\xi_i}(x-y)_+^{r-1}\mid f_n^{(r)}(y)\mid \mathrm{d}y$$

令

$$Y_{n+1}^*=\operatorname{span}\{1,x,\cdots,x^{r-1},g_1(x),\cdots,g_{n-r+1}(x)\}$$

则有

$$\lambda_n \cdot B_p \cap Y_{n+1}^* \subset W_p^r \qquad (8.145)$$

$$B_p = \{f \in L^p[0,1] \mid \|f\|_p \leqslant 1\}$$

有了式(8.144)和(8.145)，前面四条猜想对 $p=q, r\geqslant 2, n\geqslant r$ 就完全证实了.

这一证明中最困难的部分是(λ_n, f_n)的存在性. A. Pinkus[17] 的证明存在性非常复杂，采取了离散化处理，首先对 STP 矩阵证明了类比于式(8.142)和(8.143)的存在性定理，然后通过极限过渡到连续核.

至于 $p<q$，可以说 $d_n[W_p^r; L^q]$ 的估计问题在本质上异于 $p\geqslant q$ 情形，它的弱渐近估计问题已经全部解决，但是精确估计甚至强渐近精确估计问题迄今尚待研究，$p=1, q=2$ 可能是唯一的例外. R. S. Ismagilov 在1967年求出了

$$\lim_{n\to+\infty} n^{r-\frac{1}{2}} d_n[W_1^r; L^2] = \frac{1}{\pi\sqrt{2r-1}} \qquad (8.146)$$

这给出了 $d_n[W_1^r; L^2]$ 当 $n\to+\infty$ 时的强渐近估计，这个结果有 Nasirova 往更广泛的函数类上的拓广. 从已有的结果看出，在 $p<q$ 情形下，$\boldsymbol{K}$ 的全正性条件对于解决 Sobolev 类的宽度估计问题不起什么重要作用，这种情况和 $p\geqslant q$ 时有很大的不同. 有兴趣的读者可参考[25;26].

(二)Sobolev 类上带限制的宽度问题

O. Ya. Shvabauer[28] 研究了下列问题.

给定 $l\times r$ 的矩阵 $\boldsymbol{A}$，$m\times r$ 的矩阵 $\boldsymbol{B}$ 如下

$$\boldsymbol{A} = \|A_{ij}\|, i=1,\cdots,l, j=0,\cdots,r-1$$

$$\boldsymbol{B} = \|B_{kj}\|, k=1,\cdots,m, j=0,\cdots,r-1$$

对 $f \in W_\infty^r$,置

$$A_i(f)=\sum_{j=0}^{r-1} A_{ij} f^{(j)}(0), B_k(f)=\sum_{j=0}^{r-1} B_{kj} f^{(j)}(1)$$

引入函数集

$$W^r(\boldsymbol{A},\boldsymbol{B})=\{f \mid f \in W_\infty^r[0,1], A_i(f)=B_k(f)=0,\ i=1,\cdots,l;k=1,\cdots,m\}$$

当 $l=m=0$ 时,$W^r(\boldsymbol{A},\boldsymbol{B})=W_\infty^r$.

求 $d_N[W^r(\boldsymbol{A},\boldsymbol{B});C]$,$d^N[W^r(\boldsymbol{A},\boldsymbol{B});C]$ 的精确解和极子空间.

[28] 对 $\boldsymbol{A},\boldsymbol{B}$ 作了如下限制:

(1)$0 \leqslant l,m \leqslant r$.

(2)$\widetilde{\mathbf{A}} \overset{\text{df}}{=} \|(-1)^j A_{ij}\| \in SC_l$,$\boldsymbol{B} \in SC_m$,$i=1,\cdots,l;j=0,\cdots,r-1$.

如定义 8.3.1,我们用 $\Pi_n^{(r)}$ 表示[0,1]上的 r 次完全样条,其自由结点数目小于或等于 n 的全体,而且置

$$\Pi_n^{(r)}(\boldsymbol{A},\boldsymbol{B})=\{f \mid f \in \Pi_n^{(r)}, A_i(f)=B_k(f)=0\}$$

考虑 $\Pi_n^{(r)}(\boldsymbol{A},\boldsymbol{B})$ 上的最小一致范数问题.求

$$\inf\{\|p\|_\infty \mid p \in \Pi_n^{(r)}(\boldsymbol{A},\boldsymbol{B})\} \tag{8.147}$$

Shvabauer[28] 证明了:

定理 8.8-4 设 $n \geqslant l+m$.存在 $p^* \in \Pi_n^{(r)}(\boldsymbol{A},\boldsymbol{B})$ 实现式(8.147)中的下确界.p^* 具有以下性质:

(1)$p^*(x)$ 恰有 n 个结点.

(2)$p^*(x)$ 有 $n+r-(l+m)+1$ 个 Chebyshev 交错点.

(3)$p^*(x)$ 恰有 $n+r-(l+m)$ 个单零点(变号点).

(4)若 $N \geqslant r$,则

$$d_N[W^r(\boldsymbol{A},\boldsymbol{B});C] \geqslant \| p^* \|_\infty$$
$$d^N[W^r(\boldsymbol{A},\boldsymbol{B});C] \geqslant \| p^* \|_\infty \qquad (8.148)$$

这里 $p^* \in \Pi_{N-r+l+m}^{(r)}(\boldsymbol{A},\boldsymbol{B})$ 具有 $N-r+l+m$ 个结点. p^* 恰有 N 个零点,都是单零点,其结点和零点各记作 $\{\xi_1^*,\cdots,\xi_{N-r+l+m}^*\}$,$\{z_1,\cdots,z_N\}$.

(5) 置

$$X_{N+l+m}^0 = \text{span}\{1,x,\cdots,x^{r-1},(x-\xi_1^*)_+^{r-1},\cdots,(x-\xi_{N-r+l+m}^*)_+^{r-1}\}$$

$$X_N^0 = \{f \mid f \in X_{N+l+m}^0, A_i(f) = B_k(f) = 0, i=1,\cdots,l;k=l,\cdots,m\}$$

存在唯一的线性插值算子 $S:C[0,1] \to X_N^0$,$S(f)\cdot(z_j)=f(z_j)$,$j=1,\cdots,N$,$\forall f \in C[0,1]$,且对每一 $f \in W^r(\boldsymbol{A},\boldsymbol{B})$ 有

$$| f(x)-(Sf)(x) | \leqslant | P^*(x) |, \forall x \in [0,1] \qquad (8.149)$$

由此定理立得 $N \geqslant r$ 时 $d_N[W_r(\boldsymbol{A},\boldsymbol{B});C]$,$d'_N[W^r(\boldsymbol{A},\boldsymbol{B});C]$ 和 $d^N[W^r(\boldsymbol{A},\boldsymbol{B});C]$ 的精确解,并给出极子空间和最优线性算法.

预料极值问题(8.151)对 L^p 范数可解. 它给出 $d_n[W^r(\boldsymbol{A},\boldsymbol{B});L^p]$ 等量的精确解($n \geqslant r$). 这尚待证实.

A. Melkman[29] 研究了带插值条件下的宽度问题. 在 $[0,1]$ 内取出 N 个定点 $0 \leqslant t_1 < \cdots < t_N \leqslant 1$. 对任一 $f \in W_2^r[0,1]$ 及 n 维线性子空间 $L_n \subset C[0,1]$,考虑 L_n 对 f 的 L^2 平均逼近,限定以 L_n 内对 f 在 $\{t_1,\cdots,t_N\}$ 上实现插值条件的一切 $y(t) \in L_n$ 为逼近元,即满足

$$y(t_j) = f(t_j), j=1,\cdots,N$$

的 $y(t)\in L_n$ 的全体,记作 $L_n(x_1,\cdots,x_N)$,则 W_2^r 在 L^2 内的 $n-K$ 宽度定义

$$d_n[W_2^r;L^2;\{x_j\}]=\inf_{L_n}\sup_{f\in W_2^r}\inf_{u\in L_n(x_j)}\|f-u\|_2$$

$$j=1,\cdots,N$$

上述类型问题的一般提法:

给定$(X,\|\cdot\|)$,$\mathscr{M}\subset X$ 为一中心对称凸集置 $T_N=\{f_1,\cdots,f_N\}\subset X^*$ 是 N 个线性独立的泛函.任取 $L_n\subset X,x\in\mathscr{M}$,记

$$L_n(x,T_N)=\{u\in L_n\mid f_i(x)=f_i(u),i=1,\cdots,N\}$$

$$e(x,T_N,L_n)=\begin{cases}\inf\limits_{u\in L_n(X,T_N)}\|x-u\|,L_n(x,T_N)\neq\varnothing\\+\infty,L_n(x,T_N)=\varnothing\end{cases}$$

置

$$E(\mathscr{M};T_N;L_n)=\sup_{x\in\mathscr{M}}e(x,T_N,L_n)$$

$$d_n[\mathscr{M};X,T_N]=\inf_{L_n\subset X}E(\mathscr{M};T_N;L_n)\quad(8.150)$$

是为 $\mathscr{M}$ 在 X 内带插值限制条件的 $n-K$ 宽度,这种带有插值性限制条件的宽度问题尚待研究.

§9 资料和注

(一)全正性.

本节主要取自:

[1] S. Karlin, Total Positivity, Vol. 1, Stanford Univ., Press, Stanford, California, 1968.

定理 8.1.2 的证明见:

[2] S. Karlin, W. Studden, Tchebyshev systems: with applications in analysis and statistics, Inter-

science Publishers，1967.

（二）全正完全样条类.

作为多项式完全样条的拓广，全正完全样条的引入以及与其有关的一些问题的讨论见：

[3] R. B. Barrar, H. L. Loeb, The fundamental Theorem of Algebra and the interpolating envelope for totally positive perfect splines, Jour. Approx. Th.,34(1982)167-186.

本节介绍的自对偶全正核的概念取自：

[4] A. L. Brown, Finite rank approximations to integral operators which satisfy certain total positivity conditions, Jour. Approx. Th.,34(1982)42-90.

$\mathscr{P}_n^{(r,-s)}$ 类上最小范数问题的极函数的变分条件取自 A. L. Brown[4]，其证明的基本思想出自：

[5] V. M. Tikhomirov, Best Methods of approximation and interpolation of differentiable functions in the space C[−1,1]，（俄文）Матем. сборник，80(122)(1969)290-304.

关于极函数特征的定理 8.2.3，定理 8.2.3′首见于资料：

[6]C. A. Micchelli, A. Pinkus, Some problems in the approximation of functions of two variables and N-widths of integral operators, Jour. Approx. Th.,24(1978)51-77.

但在[6]中并没有给出定理 8.2.3′的证明. 本书中对定理 8.2.3′的证明出自 A. L. Brown[4]. 这里对定理 8.2.3 的证明也和[6]不同. 式(8.43)和(8.44)的推导用了初等方法. 其实，这两组条件都是极函数变分条件(定理 8.2.2)的直接推论.

这里要指出的是,关于宽度的定理 8.3.1 中对 **K** 要求它满足条件 8.2.1,其中条件(3)是扩充的. A. Pinkus[25]指出,至少在某些情况下,后面的附加条件是多余的. 比如,当 $r=0$ 时,假定 TP 核 $K(x,y)$ 满足以下非蜕化条件:

(1) $\forall n\geqslant 1$,对任选的点 $0<x_1<\cdots<x_n<1$, $\{K(x_1,y),\cdots,K(x_n,y)\}$线性独立.

(2) $\forall n\geqslant 1$,对任选的点 $0<y_1<\cdots<y_n<1$, $\{K(x,y_1),\cdots,K(x,y_n)\}$线性独立.

则记 $K\in NTP$. [25]证明了:

定理 若 $K\in NTP$, $1\leqslant q<+\infty$,则对每一 $n\geqslant 1$,存在 $\xi^*=(\xi_1^*,\cdots,\xi_n^*)\in\Lambda_n$ 使有

$$\min_{\xi\in\Lambda_n}\|K\cdot h_\xi\|_q=\|K\cdot h_{\xi^*}\|_q$$

$(Kh_{\xi^*})(x)$恰有 n 个变号(零)点 $\eta^*=(\eta_1^*,\cdots,\eta_n^*)\in\Lambda_n$, $\operatorname{sgn} Kh_{\xi^*}(x)=h_{\eta^*}(x)$,且

$$\int_0^1 |Kh_{\xi^*}(x)|^{q-1}[\operatorname{sgn} Kh_{\xi^*}(x)]K(x,\xi_i^*)\mathrm{d}x=0$$

$$i=1,\cdots,n$$

这里对 K 的全正性去掉了附加的包括$[0,1]$的右端点的内的条件,但 $r>0$ 时此条件可否去掉是不清楚的.

(三)、(四)两段全部结果出自[6].

与[6]不同的是这里的处理方法采自[4]. 又关于$(+\infty,+\infty)$,(1,1)两种情形在以下两篇较早的论文中曾单独讨论过.

[7] C. A. Micchelli, A. Pinkus, On n-widths in L^∞, Trans. A. M. S, 234(1977)139-174.

[8] C. A. Micchelli, A. Pinkus, Total positivity

and the exact n-width of certain sets in L^1, Pacific Jour. Math. ,71(1977)499-520.

(五)关于 $d_n[\mathscr{K}_{r,2};L^2]$的极子空间.

本段全部结果出自:

[9] C. A. Micchelli, A. Melkman, Spline spaces are optimal for L^2 n-widths, Illiois J. Math., 22 (1979)541-564.

关于全正核的本征值和本征函数的特征定理(定理 8.5.1),见专著:

[10] Ф. Р. Гантмахер, М. Г. Крейн, Осцилляционные матрицы и ядра и малые колебания механических систем, ГосИздат; Технико-Теоретической литературы, 1950, М-Л.

(六)自共轭线性微分算子.

由自共轭线性微分算子确定的可微函数类 $\Omega_p^{r+\sigma}[0,1]$在资料[7]内首先对 $\sigma=0,p=2$ 引入,其中算出了 $d_n[\Omega_p^r;L^p]$当 $p=2,+\infty$时的精确值.[9]中对 $d_n[\Omega_\infty^r;L^p]$的极子空间提出了一个猜测.在下列资料中得到证实.

[11] 孙永生,一个广义样条类上的极值问题和有关的宽度问题,中国科学,A 辑,No. 8(1983)677-688.

[12] 孙永生,黄达人,关于函数类 $\Omega_p^{r+1}[0,1]$的宽度估计,科学通报,(1984)716-720.

[13] Sun Yongsheng, Asymptotic estimation of n-widths of some classes of functions defined by an ordinary linear differential operator, Approximation Theory Ⅳ, Proc. of the international symposium on approx. Theory held at Taxas A&M Univ., Acad. Press, (1983)709-713.

证明的基本思想是对微分算子的 Green 函数做适当的周期延拓,从而把函数类 $\Omega_p^{r+\sigma}$ 延拓为一周期卷积类,它的核是广义 Bernoulli 函数. 用这一方法把 $\Omega_p^{r+\sigma}$ 的宽度问题化归到广义 Bernoulli 核的宽度问题.

线性微分算子和积分算子的本征值问题的等价性借助于 Green 函数理论建立起来. 参看

[14] Дж. Сансоне, Обыкновенные Дифференциальные Урав нения, Издательство иностранной питературы, М. ,1954.

Mercer 定理及其证明见:

[15] D. Widder, The Laplace Transform, Princeton Univ. Press,1946. 第 270~271 页.

(七)本段的结果是李淳的.

[16] 李淳,L^p 中 $\Omega_p^{2l+\sigma}$ 的 n 一宽度,中国科学院数学研究所(研究生毕业论文),1987.

李淳的工作受到下面工作的启示.

[17] A. Pinkus, N-widths of Sobolev spaces in L^p,Constructive Approx. (1985)1:15-62.

(八)Sobolev 类 W_p^r 的宽度问题进一步结果的综述.

[18] A. N. Kolmogorov, Über die beste Annaherung von Funktionen einer gegebenen Funktionenklasse. Ann. Math. ,37(1936)107-110.

[19] V. M. Tikhomirov, S. B. Babadjanov, On the width of a functional class in the space L^p ($p\geqslant 1$), Изв. АН Уз. ССР, сер. физматем. (1967), No. 2, 24-30.

[20] Y. I. Makovoz, On a method for estimation from below of diameters of sets in Banach spaces Ma-

тем Сборник,87(1972)136-142.

[21] B. M. Тихомиров, Некоторые Вопросы Теории Приближений, Издат. МГУ(1976).

[22] B. M. Тихомиров, Экстремальные задачи теории приближений и поперечники гладких функций,《Теория Приближения Функций》, НАУКА, 1977.(1975 年苏联 Калуг 国际逼近论会议论文集)

[23] A. П. Буслаев, B. M Тихомиров, Спектр некоторых нелинейных уравнений и поперечники Соболевских классов, Constructive Theory of Functions, Sofia,(1984)14-17.《第四届瓦尔纳国际逼近论会议论文集》

[24] A. П. Буслаев, B. M. Тихомиров, Доклады АН СССР,283(1985)13-18.

[25] A. Pinkus, N-widths in Approximation Theory: A Survey. Approximation Theory Ⅳ, Acad. Press,(1983).(国际第四届 Texas 逼近论会议论文集)

[26] 陈翰麟,论文预印本(1987).

[27] 孙永生,光滑函数类的宽度估计问题,逼近论会议论文集Ⅲ,南京大学学报编辑部,南京,1983.

[28] O. Я. Швабауэр, O поперечниках одного класса дифференцируемых функций, матем. зам., 34:No.(1983)663-681.

[29] A. Melkman, n-width under restricted approximations, Approximation Theory Ⅱ, Acad. Press Inc., New York, 1976,463-468.

最优恢复通论

第九章

§1 引　　言

最优恢复(Optimal Recovery)是逼近论中新出现的一个研究方向,其要旨是根据一类对象的一定信息构造算法(近似公式),以实现对该类对象的最有效的逼近.这里的被逼近对象相当广泛,包括数、向量、函数、泛函和算子.最优恢复问题一个非常重要的背景是数值分析,我们在引言内给出几个来自数值分析的最优恢复问题的简单例子.

例 9.1.1　设 $Q=[0,1]^m(m\geqslant 1)$ 是 m 维欧氏空间内的正方体,$L^\infty(Q)$ 是

$Q \to \mathbf{R}$ 的本性有界可测函数全体. 取 $K=\{f \mid f \in L^{\infty}(Q), |f(X)-f(Y)| \leqslant \|X-Y\|\}$,其中 $X,Y \in Q$, $\|\cdot\|$ 是欧氏范数. 今在Q内取定n个点$X_1,\cdots,X_n$和一点 $w \in Q, w \neq X_i(i=1,\cdots,n)$. 对每一 $f \in K$,如果只根据数据$(f(X_1),\cdots,f(X_n))$ 来构造 $Sf=f(w)$ 的近似公式,问能否给出“最优近似公式”,即使得在K上整体误差达到不可改进程度的近似公式?

详细地说. 在这一问题中被逼近对象是定义在K上的泛函$Sf=f(w)$,K 叫作问题元素,S 叫作一个解算子. 据以构造 $f(w)$ 的近似公式的信息有两条:

(1)$f \in K$,这是问题元预先指定的范围,可以称作先验信息.

(2) 每一 $f \in K$ 的数据$(f(X_1),\cdots,f(X_n))$ 是一 n 维向量,我们把映射 $I:K \to \mathbf{R}^n$, $If=(f(X_1),\cdots,f(X_n))$ 称为信息算子.

关于近似公式我们可以从最广泛的意义下来理解,任一映射$\alpha:IK \to \mathbf{R}$皆可用作Sf 的近似公式,每一这样的映射称为算法.

算法 α 的整体误差是

$$E(\alpha) \overset{\text{df}}{=\!=} \sup_{f \in K} |f(w)-\alpha(If)|$$

最优近似公式问题归结为考虑下列极值问题

$$E^* \overset{\text{df}}{=\!=} \inf_{\alpha} E(\alpha) \tag{9.1}$$

E^* 是最小整体误差. 问题化归到寻求在式(9.1) 内实现下确界的算法 α^*,这个问题称为 K 上的泛函 $Sf=f(w)$ 借助于信息 I 的最优恢复问题. 问题包括两项要求:确定 E^* 和构造出最优算法 α^*.

问题的解 首先指出

$$E^* \geqslant \sup\{|f(w)| \mid f \in K, f(X_i)=0, i=1,\cdots,n\} \tag{9.2}$$

事实上，由于 K 在 $L^\infty(Q)$ 内零点对称，而且若有 $I(f)=0$，则也有 $I(-f)=0$，所以对任一 $f \in K$ 有 $I(f)=0$，对任一算法 $\alpha(IK \to \mathbf{R})$ 必有

$$|f(w)-\alpha(0)| \leqslant E(\alpha)$$
$$|-f(w)-\alpha(0)| \leqslant E(\alpha)$$

由此得 $|f(w)| \leqslant E(\alpha)$，所以式(9.2)成立.

今置

$$B_i=\{X \in Q \mid \min_{j=1,\cdots,n} \|X-X_j\| = \|X-X_i\|\}$$

我们有 $Q=\bigcup_{i=1}^{n} B_i$. 设 $w \in B_k$，作一函数

$$q(X)=\|X-X_i\|, X \in B_i$$

易见这一定义合理，$q(\cdot) \in K$，且 $q(X_i)=0, i=1,\cdots,n$，故对任一算法 α 有

$$E(\alpha) \geqslant q(w)=\|w-X_k\|$$

从而

$$E^* \geqslant q(w)=\|w-X_k\| \tag{9.3}$$

我们说式(9.3)中有等式成立. 因若作一算法 β: $(f(X_1),\cdots,f(X_n)) \to f(X_k)$，则见

$$E(\beta)=\sup_{f\in K}|f(w)-f(X_k)| \leqslant \|w-X_k\|=q(w).$$

故有

$$E(\beta)=E^*=q(w)$$

当 $m=1$ 时，$Q=[0,1]$，$B_1,\cdots,B_n$ 和 $q(x)$ 皆可具体给出. 设 n 个点为 $0 \leqslant x_1 < \cdots < x_n \leqslant 1$. 置 $\xi_i=\frac{1}{2}(x_i+x_{i+1})$，$i=1,\cdots,n-1$，$\xi_0=0$，$\xi_1=1$，则 $B_i=[\xi_{i-1},\xi_i]$

$(i=1,\cdots,n)$. 若 $x\in[\xi_{k-1},\xi_k]$,则 $q(x)=|x-x_k|$. $q(x)$ 的图像如图 9.1.

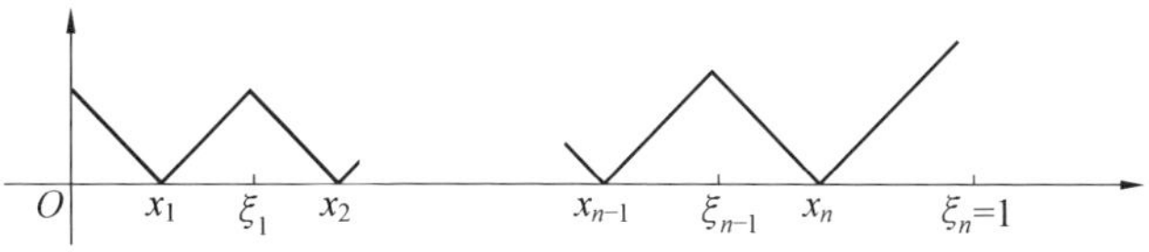

图 9.1

由此可见,若置

$$\delta_j=\max_i(x_{i+1}-x_i)=x_{j+1}-x_j,i=1,\cdots,n-1$$

则

$$E^*=\max\left\{x_1,\frac{1}{2}\delta_j,1-x_n\right\}$$

例 9.1.2　在前例中以 $Sf=f$(算子) 作为解算子,其他条件不动. 这是 $Sf=f$ 以 $If=(f(X_1),\cdots,f(X_n))\in\mathbf{R}^n$ 为信息的最优恢复问题,算法 α 是由 $IK\to L^\infty(Q)$ 的任意映射. 仿照式(9.2) 这里有

$$E^*\geqslant\sup\{\|f\|_\infty \mid f\in K,If=0\}\tag{9.4}$$

由此得

$$E^*\geqslant\|q\|_\infty\tag{9.5}$$

式(9.5) 精确,其中实际上有等号成立. 因为可以构造一个阶梯函数 $S_f(X)$ 如下

$$S_f(X)=f(X_j),X\in\bigcup_{j=1}^n(\operatorname{int}B_j)$$

$$S_f(X)=0,X\in Q\backslash\bigcup_{j=1}^n(\operatorname{int}B_j)$$

作映射 $\hat{\varphi}(IK\to L^\infty(Q))$ 有

$$\hat{\varphi}:If\to S_f(X)$$

当 $X\in\operatorname{int}B_j$ 时

$$\begin{aligned}|f(X)-\hat{\varphi}(If)| &= |f(X)-S_f(X)| \\ &= |f(X)-f(X_j)| \\ &\leqslant \|X-X_j\| \\ &= q(X)\leqslant \|q\|_\infty\end{aligned}$$

从而得

$$\|f-\hat{\varphi}(If)\|_\infty \leqslant \|q\|_\infty$$

所以有

$$E(\hat{\varphi})=\sup_{f\in K}\|f-\hat{\varphi}(If)\|_\infty \leqslant \|q\|_\infty \Rightarrow E(\hat{\varphi})=E^*$$

应该指出,最优算法 $\hat{\varphi}$ 不是唯一的. 下面就 $m=1$ 的情形做一讨论.

$m=1$,n 任意,$0\leqslant x_1<\cdots<x_n\leqslant 1$. 对应于每一 $f\in K$,我们来构造对 f 在 $x_1,\cdots,x_n$ 上实现插值的一次样条 $S_f(x)$ 如下

$$S_f(x)=\begin{cases}f(x_1),0\leqslant x\leqslant x_1\\ f(x_i)\dfrac{x_{i+1}-x}{x_{i+1}-x_i}+f(x_{i+1})\dfrac{x-x_i}{x_{i+1}-x_i},\\ \qquad i=1,\cdots,n-1\\ f(x_n),x_n\leqslant x\leqslant 1\end{cases}$$

映射 $\varphi^*:If\to S_f(x)$ 是一最优算法. 事实上,当 $x\in[x_i,x_{i+1}]$ 时,$x=\lambda_1(x)x_i+\lambda_2(x)x_{i+1}$,$\lambda_1,\lambda_2\geqslant 0$,$\lambda_1+\lambda_2=1$,而且 $S_f(x)=\lambda_1 S_f(x_i)+\lambda_2 S_f(x_{i+1})$,其中

$$\lambda_1(x)=\frac{x_{i+1}-x}{x_{i+1}-x_i},\lambda_2(x)=\frac{x-x_i}{x_{i+1}-x_i}$$

$$\begin{aligned}f(x)-S_f(x) &= \lambda_1[f(x)-S_f(x_i)]+\\ &\quad \lambda_2[f(x)-S_f(x_{i+1})]\\ &= \lambda_1[f(x)-f(x_i)]+\\ &\quad \lambda_2[f(x)-f(x_{i+1})]\end{aligned}$$

由此得

$$\begin{aligned}|f(x)-S_f(x)| &\leqslant \lambda_1(x-x_i)+\lambda_2(x_{i+1}-x)\\ &=2\lambda_1\lambda_2(x_{i+1}-x_i)\\ &\leqslant \frac{1}{2}(x_{i+1}-x_i)\end{aligned}$$

所以 $\forall x\in[0,1]$ 有

$$|f(x)-S_f(x)|\leqslant \max\left\{x_1,1-x_n,\frac{1}{2}\delta_j\right\}$$

即 φ^* 是一最优算法.

例 9.1.3　仍利用例 9.1.1 给出的函数类 K 和信息

$$If=(f(X_1),\cdots,f(X_n))$$

讨论积分(泛函)

$$Sf=\int_Q f(X)\mathrm{d}X$$

的最优恢复问题.这时,和式(9.2)一样有

$$E^*\geqslant \sup\left\{\left|\int_Q f\mathrm{d}X\right| \mid f\in K,If=0\right\} \tag{9.6}$$

从而得到

$$E^*\geqslant \int_Q q\mathrm{d}X \tag{9.7}$$

式(9.7)中实际上成立等式,因若取算法 $\varphi^0:If\to\sum_{j=1}^n b_jf(X_j)$,其中 b_j 是 B_j 的 m 维体积,则有

$$\left|\int_Q f\mathrm{d}X-\sum_{j=1}^n b_jf(X_j)\right|\leqslant \int_Q |f-S_f|\mathrm{d}X\leqslant \int_Q q\mathrm{d}X$$

由此即得 $E^*=\int_Q q\mathrm{d}X$.

§2 最优恢复的基本概念

在本章内 $X_i(i=1,2,3,4)$ 是 $\mathbf{R}$(或 $\mathbf{C}$)上的线性向量空间,其中 X_2,X_3,X_4 赋范,X_i 的范数记为 $\|\cdot\|_i$.

设 S 是由 X_1 的某子集到 X_2 的映射,S 的定义域记作 D_s. $K\subset D_s$ 称为问题元集,K 中的元称为问题元,S 称为解算子.

像 §1 内的几个例子所揭示的,算子 S 的最优恢复问题,其要旨在于根据问题元的一定信息构造算法,以实现对 S 在问题元集 K 上的最有效的逼近. 信息和算法是最优恢复问题的两大基本概念.

定义 9.2.1 设 I 是由 X_1 的某个子集到 X_3 的映射,I 的定义域 $D_I\supset K$. 称 I 是信息算子,问题元 $x\in K$ 的信息是 Ix.

给定 $\varepsilon>0$. 如果每一 $x\in K$ 的信息允许有不超过 ε 的误差界,那么任一 $y\in X_3$ 满足 $\|Ix-y\|_3\leqslant\varepsilon$,都是 x 的信息的允许值,它的全体是集合 $Ix+\varepsilon S_3$,S_3 是 X_3 的单位球.

当 I 是 $X_1\to X_3$ 的线性映射时,称之为线性信息. 当商空间 $X_1/\ker(I)$ 的维数有限时,I 是有限基数信息. $\dim(X_1/\ker(I))$ 称为 I 的基数. 由线性代数知道

$$\operatorname{card}(I)=\operatorname{codim}(\ker I)=\dim(\ker I)^{\perp}$$

这里$(\ker I)^{\perp}$ 表示 $\ker I$ 在 X_1 内的一个代数补. 例如当 $X_3=\mathbf{R}^n$,$Ix=(I_1x,\cdots,I_nx)$,其中 $I_1,\cdots,I_n$ 是 $X_1\to\mathbf{R}$ 的线性独立的线性映射,则 $\operatorname{card}(I)=n$.

我们一般仅仅使用有限基数的线性信息. 现在问:

$X_1 \to X_3$ 的基数 n 的线性信息 I 如何具体表现？我们用 $X_1^{\#}$ 表示 X_1 上一切线性函数的集合(X_1 的线性共轭空间). 有

引理 9.2.1　若 I 是 $X_1 \to X_3$ 的基数 n 的线性信息算子，则存在 n 个线性无关的线性函数 $\alpha_1,\cdots,\alpha_n \in X_1^{\#}$，满足：

(1) $\ker I = \bigcap_{i=1}^{n} \ker \alpha_i$.

(2) 存在线性独立的 $\xi_1,\cdots,\xi_n \in X_1$，对每一 $x \in X_1$ 有

$$Ix = \sum_{i=1}^{n} \alpha_i(x) \cdot I\xi_i$$

证　把 X_1 表示成 $\ker I$ 及其 n 维线性补的直和 $X_1 = \ker I \oplus (\ker I)^{\perp}$. 取 $(\ker I)^{\perp}$ 的基 $\xi_1,\cdots,\xi_n$. 任取 $x \in X_1$ 有

$$x = x_0 + \sum_{i=1}^{n} \alpha_i \xi_i, x_0 \in \ker I$$

$\alpha_i(x)$ 是 X_1 上的线性函数，且满足 $\alpha_i(\xi_j) = \delta_{i,j}$，从而

$$Ix = \sum_{i=1}^{n} \alpha_i(x) I\xi_i$$

这条引理说明，每一 $X_1 \to X_3$ 的基数 n 的线性映射可以用 $X_1 \to \mathbf{R}^n$ 的一个线性映射 $(\alpha_1,\cdots,\alpha_n)$ 具体表现，后者与 I 有相同的核 $\ker I$.

记

$$V(y,\varepsilon) = \{x \mid x \in K, \| Ix - y \|_3 \leqslant \varepsilon\}$$

若 $\varepsilon = 0$，简记 $V(y,0)$ 为 $V(y)$. $V(y,\varepsilon)$ 的含义是：y 是 $V(y,\varepsilon)$ 中任一元 x 的信息的允许值.

记

$$U(y,\varepsilon) = \{Sx \mid x \in V(y,\varepsilon)\}$$

当 $\varepsilon=0$ 时,$U(y,0)$ 简写成 $U(y)$.

显然,$V(y,\varepsilon)\neq\varnothing$,当且仅当 $y\in IK+\varepsilon S_3$.

下面给出信息 I 关于 S 的直径和半径的概念,它们对于最优恢复问题至关重要.为此,我们先需提一下赋范线性空间内点集的直径、半径和中心.

附注 9.2.1 已知 $A\subset(X,\|\cdot\|)$.

(1)A 的直径定义为

$$d(A)=\sup_{a,a'\in A}\|a-a'\|$$

(2)A 的半径定义为

$$r(A)=\inf_{a\in X}\sup_{x\in A}\|x-a\|$$

若有 $x_0\in X$,$r(A)=\sup\limits_{x\in A}\|x-x_0\|$,则称 x_0 是 A 的 Chebyshev 中心,简称中心.

关于 A 的直径,半径的以下简单事实是有用的.

引理 9.2.2 任给 $A\subset(X,\|\cdot\|)$ 有

$$r(A)\leqslant d(A)\leqslant 2r(A)\tag{9.8}$$

证 省略.

引理 9.2.3 若 $A\subset(X,\|\cdot\|)$ 有对称中心 c,则 c 是它的 Chebyshev 中心.

证 c 是 A 的对称中心 $\Leftrightarrow\forall h\in X,h+c\in A\Rightarrow -h+c\in A$.先设 $c=0$.若 0 不是 A 的中心,则存在 $a\in X$ 使 $\sup\limits_{x\in A}\|x-a\|<\sup\limits_{x\in A}\|x\|$.取一点 $x_0\in A$ 使

$$\sup_{x\in A}\|x-a\|<\|x_0\|$$

由于 $x_0\in A\Rightarrow -x_0\in A$,得到

$$2\|x_0\|\leqslant\|a-x_0\|+\|a+x_0\|<2\|x_0\|$$

矛盾,即 0 是 A 的中心.当 $c\neq 0$ 时,以 $A_0=A-c=\{x-c\mid x\in A\}$ 代替 A,得所欲证.

推论 若 c 是 A 的对称中心,则

$$d(A)=2r(A) \tag{9.9}$$

证　不妨设 $r(A)<+\infty$,此时有

$$r(A)=\sup_{x\in A}\|x-c\|$$

$\forall\delta>0$,存在 $x\in A$,使 $\|x-c\|>r(A)-\delta$. 令 $h=x-c$,置 $x_1=c+h$,$x_2=c-h$,则由 $x_1=x\in A\Rightarrow x_2\in A$,所以

$$\|x_1-x_2\|=2\|h\|=2\|x-c\|>2(r(A)-\delta)$$
$$\Rightarrow d(A)\geqslant\|x_1-x_2\|\geqslant 2(r(A)-\delta)$$

$\delta>0$ 任意小,所以有 $d(A)\geqslant 2r(A)$. 再由相反的不等式 $d(A)\leqslant 2r(A)$ 得所欲求.

下面给出:

定义 9.2.2　给定 $S,I,\varepsilon\geqslant 0$.

(1) 称量

$$d(S,I,\varepsilon)\overset{\text{df}}{=\!=}\sup_{y\in IK+\varepsilon S_3}d(U(y,\varepsilon)) \tag{9.10}$$

为信息(关于 S 的)直径.

(2) 称量

$$r(S,I,\varepsilon)\overset{\text{df}}{=\!=}\sup_{y\in IK+\varepsilon S}r(\bigcup(y,\varepsilon)) \tag{9.11}$$

为信息(关于 S 的)半径.

$\varepsilon=0$ 时,$r(S,I,0)$,$d(S,I,0)$ 各简记作 $r(S,I)$ 和 $d(S,I)$.

引理 9.2.2 的推论

$$r(S,I,\varepsilon)\leqslant d(S,I,\varepsilon)\leqslant 2r(S,I,\varepsilon) \tag{9.12}$$

如果解算子 S,信息算子 I 都是线性的,则有:

定理 9.2.1　设 $K\subset X_1$ 是零点对称凸集,S,I 皆为线性,则

$$d(S,I,\varepsilon)=2\sup_{h\in V(\varepsilon)}\|Sh\|_2 \tag{9.13}$$

这里 $V(\varepsilon)\overset{\text{df}}{=\!=}V(0,\varepsilon)=\{x \mid x\in K,\|Ix\|_3\leqslant\varepsilon\}$.

记

$$K_0=\{x \mid x\in K,\text{且 } \alpha x\in K,\forall\alpha>0\}$$

则

$$d(S,I,\varepsilon)<+\infty\Rightarrow \ker(I)\cap K_0\subset\ker(S)$$

证 记 $c=2\sup\limits_{k\in V(\varepsilon)}\|Sh\|_2$. $\forall y\in IK+\varepsilon S_3$,则

$$d(U(y,\varepsilon))=\sup_{y_1,y_2\in V(y,\varepsilon)}\|Sy_1-Sy_2\|$$

$$=2\sup_h\left\|S\left(\frac{y_1-y_2}{2}\right)\right\|$$

$h=\dfrac{1}{2}(y_1-y_2)\in K$,且 $\|Ih\|\leqslant\varepsilon$,故得

$$d(U(y,\varepsilon))\leqslant 2\sup_{k\in V(\varepsilon)}\|Sh\|_2$$

由此推出 $d(S,I,\varepsilon)\leqslant c$. 另一方面,$\forall h\in K$, $\|Ih\|\leqslant\varepsilon$, 置 $y_1=h,y_2=-h,y_1,y_2\in K$, $\left\|I\left(\dfrac{y_1-y_2}{2}\right)\right\|_3\leqslant\varepsilon$. 由于

$$d(U(0,\varepsilon))=2\sup_{h\in V(\varepsilon)}\|Sh\|_2=c$$

可见

$$\sup_{y\in IK+\varepsilon S_3}d(U(y,\varepsilon))=d(U(0,\varepsilon))=2\sup_{h\in V(\varepsilon)}\|Sh\|_2$$

假定 $\ker(I)\cap K_0\not\subset\ker(S)$,则有 $h\in\ker(I)\cap K_0$, $Sh\neq 0$. 此时对任取的 $\alpha>0$, $\alpha h\in K$, 而且 $I(\alpha h)=0\Rightarrow\alpha h\in V(\varepsilon)$,所以

$$d(S,I,\varepsilon)\geqslant 2\alpha\|Sh\|_2$$

α 可任意大,故 $d(S,I,\varepsilon)=+\infty$.

下面转到给出最优恢复问题的另一基本概念:算法.

定义 9.2.3 $IK+\varepsilon S_3\to X_2$ 的任一映射 φ 称为依

据信息 I 构造的算法，其全体记作 $\Phi(S,I)$. 任一 $\varphi\in\Phi$ 对 S 的逼近误差是量

$$e_{\varphi}=e(\varphi,I,\varepsilon)\overset{\text{df}}{=}\sup_{\substack{x\in K\\ \|Ix-y\|\leqslant\varepsilon}}\|Sx-\varphi y\|_2 \tag{9.14}$$

当 φ 取遍 Φ 内所有映射时，就导致建立：

定义 9.2.4　称

$$E=E(S,I,\varepsilon)\overset{\text{df}}{=}\inf_{\varphi\in\Phi}e(\varphi,I,\varepsilon) \tag{9.15}$$

为 S 的（利用信息 I 的）最优恢复的固有误差. 如果存在 $\hat{\varphi}\in\Phi$，使 $E=e_{\hat{\varphi}}$，则称 $\hat{\varphi}$ 为 S 的最优恢复问题的一个最优算法.

以 K 为问题元集、以 I 为信息算子（带误差 $\varepsilon\geqslant0$）的解算子 S 的最优恢复问题包括确定固有误差和构造最优算法两项基本课题. 固有误差是一个仅仅依赖于 S,I，而与算法无关的量. 至于最优算法，如果 $U(y,\varepsilon)$ 存在 Chebyshev 中心（对每一 $y\in IK+\varepsilon S_3$），则至少可以利用 Chebyshev 中心给出一个最优算法.

定理 9.2.2　任给 $K,S,I,\varepsilon\geqslant0$，有：

(1) $E(S,I,\varepsilon)=r(S,I,\varepsilon)$ (9.16)

(2) 若对每一 $y\in IK+\varepsilon S_3$，$U(y,\varepsilon)$ 存在中心 $c(y)$，则映射 $\varphi^0:IK+\varepsilon S_3\to X_2$，$y\to c(y)$ 是一最优算法.

证　(1) $\forall\varphi\in\Phi$ 有

$$\begin{aligned}\sup_{x\in K}\|Sx-\varphi y\|&=\sup_{y\in IK+\varepsilon S}\ \sup_{x\in V(y,\varepsilon)}\|Sx-\varphi y\|\\&\geqslant\sup_{y\in IK+\varepsilon S_3}r(U(y,\varepsilon))=r(S,I,\varepsilon)\end{aligned}$$

从而有

$$\inf_{\varphi\in\Phi}e_{\varphi}=E(S,I,\varepsilon)\geqslant r(S,I,\varepsilon)$$

若 $r(S,I,\varepsilon)=+\infty$，则式(9.16) 成立. 假定 $r(S,I,\varepsilon)$

有限,此时存在 $M>0$ 使 $r(U(y,\varepsilon))\leqslant M$, $\forall\delta>0$,对每一 $y\in IK+\varepsilon S_3$ 存在 $c'(y)\in X_2$ 使

$$\sup_{x\in V(y,\varepsilon)}\|Sx-c'(y)\|<r(U(y,\varepsilon))+\delta$$

作算法 $\varphi':y\to c'(y)$,则

$$\begin{aligned}\sup_{\substack{x\in K\\ \|Ix-y\|\leqslant\varepsilon}}\|Sx-\varphi'y\|&=\sup_{y\in IK+\varepsilon S_3}\ \sup_{x\in V(y,\varepsilon)}\|Sx-\varphi'y\|\\&\leqslant\sup_y r(U(y,\varepsilon))+\delta\\&=r(S,I,\varepsilon)+\delta\end{aligned}$$

由此得

$$E(S,I,\varepsilon)\leqslant r(S,I,\varepsilon)+\delta$$

$\delta>0$ 任意小,故得(1).

由上面论证过程可以看出:若 $U(y,\varepsilon)$ 有中心 $c(y)$,则映射 $\varphi^0:y\to c(y)$ 最优. 此即(2).

推论 1 任给 $K,S,I,\varepsilon\geqslant0$ 成立

$$\frac{1}{2}d(S,I,\varepsilon)\leqslant E(S,I,\varepsilon)\leqslant d(S,I,\varepsilon)\tag{9.17}$$

推论 2 若 $K\subset X_1$ 是零点对称凸集,S,I 是线性算子,则有

$$\sup_{h\in V(\varepsilon)}\|Sh\|\leqslant E(S,I,\varepsilon)\leqslant2\sup_{h\in V(\varepsilon)}\|Sh\|\tag{9.18}$$

证 再由定理 9.2.1 得

$$d(S,I,\varepsilon)=2\sup_{h\in V(\varepsilon)}\|Sh\|$$

式(9.18)在 Micchelli-Rivlin[2] 用别的方法直接证得.

一个特别有意思的情况是 $d(S,I,\varepsilon)=2r(S,I,\varepsilon)$,也就是 $E(S,I,\varepsilon)=\dfrac{1}{2}d(S,I,\varepsilon)$ 的情形. §1 中的三个例子都属于这一情况. Micchelli-Rivlin[2] 有例说明,有成立

$$E(S,I,\varepsilon) > \frac{1}{2}d(S,I,\varepsilon)$$

的可能，即使 S,I 都是线性的. 下面给出一些简单的充分条件可以保证 $E(S,I,\varepsilon)=\frac{1}{2}d(S,I,\varepsilon)$ 成立.

定理 9.2.2 的推论 3　设 $K\subset X_1$ 中心（零点）对称凸，S,I 是线性算子，$\varepsilon=0$. 若存在映射 $G: IX_1\to X_1$，对每一 $x\in K$ 有：

(1) $x-G(Ix)\in K$.

(2) $Ix=IG(Ix)$.

则 $E(S,I)=\frac{1}{2}d(S,I)$，且 $\varphi^0=SG$ 是一最优算法.

证　直接计算 $e(SG,I)$. 由定义

$$\begin{aligned} e(SG,I) &= \sup_{x\in K}\|Sx-SG(Ix)\| \\ &= \sup_{x\in K}\|S(x-GIx)\| \\ &\leqslant \sup_{\substack{h\in K\\ Ih=0}}\|Sh\| = \frac{1}{2}d(S,I) \end{aligned}$$

另一方面，$e(SG,I)\geqslant\frac{1}{2}d(S,I)$，故两个结论都成立.

推论 4　若 $X_2=\mathbf{R}$，则对任意的 $K\subset X_1,S,I,\varepsilon\geqslant 0$ 有 $d(S,I,\varepsilon)=2r(S,I,\varepsilon)$，而且每一集合 $U(y,\varepsilon)$ 有唯一的中心 $c(y)$，从而最优算法 $\varphi^0: y\to c(y)$ 是唯一的.

证　$X_2=\mathbf{R}$ 时，S 是实泛函. 每一 $U(y,\varepsilon)$ 是实数集，故对每一 $y\in IK+\varepsilon S_3$，都有 $d(U(y,\varepsilon))=2r(U(y,\varepsilon))$，所以 $d(S,I,\varepsilon)=2r(S,I,\varepsilon)$.

往下假定 $r(S,I,\varepsilon)$ 有限，则每一 $U(y,\varepsilon)$ 是有界集，其中心为

$$c(y)=\frac{1}{2}[\sup U(y,\varepsilon)+\inf U(y,\varepsilon)] \tag{9.19}$$

从而 φ^0 唯一确定.

注意在推论 4 内有

$$dU(y,\varepsilon)=2r(U(y,\varepsilon))=\sup U(y,\varepsilon)-\inf U(y,\varepsilon)$$

从而

$$\begin{aligned}d(S,I,\varepsilon)&=2r(S,I,\varepsilon)\\&=\sup_y\{\sup U(y,\varepsilon)-\inf U(y,\varepsilon)\}\end{aligned}\tag{9.20}$$

这些推论虽然简单,但是很有用.下面给出几条例子.

例 9.2.1 设 $n\geqslant 1$,$L_2^{(n)}[0,1]$ 表示满足以下条件的 f 的全体.f 在$[0,1]$有绝对连续的 $n-1$ 阶导函数 $f^{(n-1)}$,且 $f^{(n)}\in L^2[0,1]$.置 $X_1=X_2=L_2^{(n)}[0,1]$,X_2 赋以 L^2 范数.在 X_1 内取

$$K=W_2^n=\{f\mid f\in L_2^{(n)}[0,1],\ \|f^{(n)}\|_2\leqslant 1\}$$

在$[0,1]$内取 $n+r$ 个点 $0\leqslant x_1<\cdots<x_{n+r}\leqslant 1$,$f\in X_1$ 的信息是

$$If=(f(x_1),\cdots,f(x_{n+r}))\in \mathbf{R}^{n+r}=X_3$$

$\varepsilon=0$,解算子 $Sf=f$(恒等算子).我们讨论一下 S 的最优恢复问题.

今用 $R_{2n-1}(x_1,\cdots,x_{n+r};[0,1])$ 表示$[0,1]$上以 $x_1,\cdots,x_{n+r}$ 为结点的 $2n-1$ 次的自然样条类.根据样条插值理论(见徐利治等的[12],第 172 页),对每一 $f\in C[0,1]$存在唯一的 $S(f,x)\in R_{2n-1}(x_1,\cdots,x_{n+r};[0,1])$ 满足

$$S(f,x_i)=f(x_i),i=1,\cdots,n+r$$

如果 $f\in W_2^n$,那么由 Holladay(见[13])有

$$\|f^{(n)}-S^{(n)}(f)\|_2\leqslant\|f^{(n)}\|_2\leqslant 1\tag{9.21}$$

定义一映射

$$G:IK\to L_2^{(n)}[0,1]$$

$$(f(x_1),\cdots,f(x_{n+r}))\to S(f,x)$$

由于当 $f,g\in K, f(x_i)=g(x_i)(i=1,\cdots,n+r)$ 时 $S(f)\equiv S(g)$，那么 G 的定义是合理的，且由式(9.21)知 $f\in K\Rightarrow f-G(If)\in K$，再考虑到明显的事实 $I(f-G(If))=If-I(Sf)=0$，可见 G 满足推论 3 的全部要求，所以固有误差是

$$E(S,I)=\sup_{\substack{f\in W_2^n\\ If=0}}\|f\|_2 \tag{9.22}$$

一个最优算法是 G.

例 9.2.2　设 $n\geqslant 1, X_1=X_2=L_\infty^{(n)}[0,1]$，此处 $f\in L_\infty^{(n)}[0,1]\Leftrightarrow f^{(n-1)}$ 绝对连续，且 $f^{(n)}\in L^\infty[0,1]$. 取 $K=W_\infty^n[0,1]=\{f\mid f\in L_\infty^{(n)}, \|f^{(n)}\|_\infty\leqslant 1\}$. X_2 赋以一致范数. 在$[0,1]$上取点 n 组 $0\leqslant x_1<\cdots<x_n\leqslant 1$，任一 $f\in X_1$ 的信息是 $If=(f(x_1),\cdots,f(x_n))\in\mathbf{R}^n=X_3$. 取 $Sf=f$ 为解算子，$\varepsilon=0$. 讨论 S 的最优恢复. 我们给出映射 $G: IK\to X_1$, $(f(x_1),\cdots,f(x_n))\to P(f,x)$，其中 $P(f,x)$ 是 f 的 Lagrange 插值多项式，以 $x_1,\cdots,x_n$ 为插值结点，次数小于或等于 $n-1$ 容易看出 G 的定义合理，因为若对 f,g 有 $f(x_i)=g(x_i)(i=1,\cdots,n)$，则 $P(f,x)\equiv P(g,x)$. 利用 Lagrange 插值的余项公式，对 $f(x)\in W_\infty^n\cap C^n$ 有

$$f(x)-P(f,x)=\frac{f^{(n)}(\xi)}{n!}(x-x_1)\cdots(x-x_n) \tag{9.23}$$

$\xi\in[0,1]$ 依赖于 $x,x_1,\cdots,x_n$. 由于 $P^{(n)}(f,x)\equiv 0$，故 $\forall f\in W_\infty^n[0,1](=K)$，有 $f-G(If)=f-P(f)\in K$，而且

$$I(f-G(If))=If-I(P(f))=0$$

所以 G 满足推论 3 的要求，故由推论 3 知 G 是一最优算法，且

$$E(S,I)=\sup_{\substack{h\in W_\infty^n\\ Ih=0}}\|h\|_\infty \tag{9.24}$$

式(9.24) 的极值问题不难获解. 事实上，一方面有

$$\begin{aligned}E(S,I)&\leqslant\sup_{f\in W_\infty^n}\|f-P(f)\|_\infty\\&\leqslant\frac{1}{n!}\max_x\left|\prod_{i=1}^n(x-x_i)\right|\end{aligned}$$

另一方面，若取 $Q_n(x)=\dfrac{1}{n!}(x-x_1)\cdots(x-x_n)$，则由于 $Q_n\in W_\infty^n$，且 $Q_n(x_i)=0$，所以 $E(S,I)\geqslant\|Q_n\|_\infty$，从而得

$$E(S,I)=\sup_{\substack{h\in W_\infty^n\\ Ih=0}}\|h\|_\infty=\|Q_n\|_\infty \tag{9.25}$$

附注 9.2.2

(1) 当取点个数少于 n 时，可以证明有

$$E(S,I)=+\infty$$

(2) 若取点个数超过 n，此时 $If=(f(x_1),\cdots,f(x_{n+r}))\in\mathbf{R}^{n+r}$，$0\leqslant x_1<\cdots<x_{n+r}\leqslant 1$. 满足推论 3 的要求的映射 G 仍然可以构造出来，这时代替 Lagrange 插值多次式算子应该取 $n-1$ 次多项式完全样条插值算子，以 $x_1,\cdots,x_{n+r}$ 为插值结点. 这里涉及多项式完全样条插值理论的一些事实.

例 9.2.3 X_1 是 Hilbert 空间，$K=B_1$ 为 X_1 的单位球，$I(X_1\to X_3)$ 为线性有界算子，$\varepsilon=0$，$Sx=x$ $(X_2=X_1)$. 考虑 S 的最优恢复问题，我们可以构造一个适合推论 3 要求的映射 G. 为此，注意 $\ker I\subset X_1$ 是一闭线性子空间，设 P 是 $X_1\to\ker I$ 的正交投影，G 如

下给出

$$G:B_1 \to X_1$$
$$Ix \to x - Px$$

G 的定义合理. 事实上,如果 $Ix = Iy$,则由 $I(x-y) = 0 \Rightarrow x - y \in \ker I$,那么 $P(x-y) = x - y$,即 $x - Px = y - Py$. $\forall x \in K \Rightarrow \| Px \| \leqslant 1$,即 $Px \in K$,那么对任一 $x \in K$ 有 $x - G(Ix) = Px \in K$,且 $I(x - G(Ix)) = I(Px) = 0$,所以 G 适合推论 3 的全部要求. 故得

$$E(S,I) = \sup_{\substack{\|x\| \leqslant 1 \\ Ix = 0}} \| x \| \tag{9.26}$$

例 9.2.4 给定 $\lambda_1, \cdots, \lambda_l \geqslant 0$,正整数 $\sigma \geqslant 1$,$n = \sigma + 2l$,$Q_n(\lambda) = \lambda^\sigma \prod_{j=1}^{l} (\lambda^2 - \lambda_j^2)$,$D = \frac{\mathrm{d}}{\mathrm{d}x}$. 称 $f \in \Omega_\infty^{n;-}$,若 f 满足以下条件:

(1) $f \in C^{n-1}(\mathbf{R}) \cap L^\infty(\mathbf{R})$.

(2) $f^{(n-1)}$ 在任一有限区间上绝对连续.

(3) $Q_n(D)f(x) \geqslant -1$ 在 $\mathbf{R}$ 上几乎处处成立.

置 $X_1 = C^{n-1}(\mathbf{R}) \cap L^\infty(\mathbf{R})$,$K = \gamma\Omega_\infty^{n;-} = \{\gamma f \mid f \in \Omega_\infty^{n;-}\}$,$\gamma > 0$ 为一定数. 考虑 $Sf = f'(0)$ 的最优恢复问题,使用的信息是函数 f 的值,允许误差界为 $\varepsilon > 0$. 作为信息算子 $If = f \in X_3 = L^\infty(\mathbf{R})$. 这就是说,任意映射 $\varphi: L^\infty(\mathbf{R}) \to \mathbf{R}$(泛函),对每个 $f \in K$,任何 $g \in L^\infty(\mathbf{R})$ 满足 $\| g - f \|_\infty \leqslant \varepsilon$,$\varphi(g)$ 都可以用作 $f'(0)$ 的近似值. 当考虑这一最优恢复问题时需注意 K 在 X_1 内非零点对称集,但 $X_2 = \mathbf{R}$,故可以应用定理 9.2.2 的推论 4. 我们给出最优恢复固有误差的一个下界估计. 为此,要用到第六章 §3 的一些结果.

标准函数

$$\widetilde{G}_n(x;\lambda)=2(-1)^l\sum_{\nu=1}^{+\infty}\frac{\cos\left(\nu\lambda x-\frac{\sigma\pi}{2}\right)}{\lambda^\sigma\cdot\nu^\sigma\prod_{j=1}^{l}(\nu^2\lambda^2+\lambda_j^2)},\lambda>0$$

写着

$$H_n^+(\lambda)=\max_x\widetilde{G}_n(x;\lambda),H_n^-(\lambda)=-\min_x\widetilde{G}_n(x;\lambda)$$

$$H_n(\lambda)=\frac{1}{2}(H_n^+(\lambda)+H_n^-(\lambda))$$

$$H_{n-1}^{+;0}(\lambda)=\max_x\widetilde{G}'_n(x;\lambda),H_{n-1}^{-;0}(\lambda)=-\min_x\widetilde{G}'_n(x;\lambda)$$

$$H_{n-1}^0(\lambda)=\frac{1}{2}(H_{n-1}^{+;0}(\lambda)+H_{n-1}^{-;0}(\lambda))$$

注意有

$$H_n(\lambda)=\frac{2}{\lambda^\sigma}\sum_{k=0}^{+\infty}\frac{1}{(2k+1)^\sigma\prod_{j=1}^{l}[(2k+1)^2\lambda^2+\lambda_j^2}, \sigma\text{ 为偶数}$$

$$H_n(\lambda)=\frac{2}{\lambda^\sigma}\sum_{k=0}^{+\infty}\frac{(-1)^k}{(2k+1)^\sigma\sum_{j=1}^{l}[(2k+1)^2\lambda^2+\lambda_j^2]}, \sigma\text{ 为奇数}$$

由引理 6.4.6 得知：

(1) $H_n(\lambda)\in C^\infty(\mathbf{R}_+)$.

(2) $H_n(\lambda)$ 在 $(0,+\infty)$ 上严格单调下降.

(3) $\lim_{\lambda\to 0+}H_n(\lambda)=+\infty$，$\lim_{\lambda\to+\infty}H_n(\lambda)=0$，记 $E_1(f)_\infty=\inf_{\alpha\in\mathbf{R}}\|f-\alpha\|_\infty$.

根据定理 6.3.1 可以证：

引理 9.2.3 $\forall\lambda>0$ 有：

(1) $\sup\{f'(0)\mid f\in\Omega_\infty^{n,-},E_1(f)_\infty\leqslant H_n(\lambda)\}=\max_x\widetilde{G}'_n(x;\lambda)$ (9.27)

(2) $\inf\{f'(0)\mid f\in\Omega_\infty^{n,-},E_1(f)_\infty\leqslant H_n(\lambda)\}=$

$$\min_x \widetilde{G}'_n(x;\lambda) \tag{9.28}$$

证　如第六章式(6.71)所指出，$E_1(f)_\infty \leqslant H_n(\lambda) \Leftrightarrow$ 存在 $\alpha=\alpha(f)$，使

$$-H_n^-(\lambda) \leqslant f(x)-\alpha \leqslant H_n^+(\lambda)$$

$$f(x)-\alpha \in \Omega_\infty^{n,-}$$

置

$$S_\lambda^+ = \{f \mid f \in \Omega_\infty^{n,-}, E_1(f_\infty \leqslant H_n(\lambda),$$
$$\text{存在 } \eta \in \mathbf{R}, \text{使 } f(0)-\alpha(f)=\widetilde{G}_n(\eta;\lambda),$$
$$\text{而 } \widetilde{G}'_n(\eta;\lambda)>0\}$$

$$S_\lambda^- = \{f \mid f \in \Omega_\infty^{n,-}, E_1(f)_\infty \leqslant H_n(\lambda),$$
$$\text{存在 } \xi \in \mathbf{R}, \text{使 } f(0)-\alpha(f)=\widetilde{G}_n(\xi;\lambda),$$
$$\widetilde{G}'_n(\xi;\lambda)<0\}$$

根据第六章定理6.3.1，有

$$\sup\{f'(0) \mid f \in \Omega_\infty^{n,-}, E_1(f)_\infty \leqslant H_n(\lambda)\}$$
$$=\sup\{f'(0) \mid f \in S_\lambda^+\} \leqslant \max_x \widetilde{G}_n(x;\lambda)$$

假定在点 x_0 有 $\max\limits_x \widetilde{G}'_n(x;\lambda)=\widetilde{G}_n(x_0;\lambda)$，则见 $\widetilde{G}_n(x+x_0;\lambda) \in S_\lambda^+$，对此函数上式中等号成立，即式(9.27)得证，式(9.28)同理可证.

今考虑 $Sf=f'(0)$ 的最优恢复问题的固有误差. 由定理9.2.1的推论4，式(9.20)有

$$E(S,I,\varepsilon)=r(S,I,\varepsilon)$$
$$=\sup_{g\in IK+\varepsilon S_3}\frac{1}{2}\{\sup(f'(0) \mid f \in \gamma\Omega_\infty^{n,-}, \|f-g\|_\infty \leqslant \varepsilon)-$$
$$\inf(f'(0) \mid f \in \gamma\Omega_\infty^{n,-}, \|f-g\|_\infty \leqslant \varepsilon)\}$$
$$=\frac{1}{2}\{\sup_{g,f_1}(f'_1(0): f_1 \in \gamma\Omega_\infty^{n,-}, \|f_1-g\|_\infty \leqslant \varepsilon)-$$

$$\inf_{g,f_2}(f'_2(0)\mid f_2\in\gamma\Omega_\infty^{n,-},\|f_2-g\|_\infty\leqslant\varepsilon)\}$$

$$\geqslant\frac{1}{2}\{\sup_{\alpha,f_1}(f'_1(0)\mid f_1\in\gamma\Omega_\infty^{n,-},\|f_1-\alpha\|_\infty\leqslant\varepsilon)-$$

$$\inf_{\alpha,f_2}(f'_2(0)\mid f_2\in\gamma\Omega_\infty^{n,-},\|f_2-\alpha\|_\infty\leqslant\varepsilon)\}$$

$$=\frac{1}{2}\{\sup_{\substack{f\in\gamma\Omega_\infty^{n,-}\\E_1(f)_\infty\leqslant\varepsilon}}f'(0)-\inf_{\substack{f\in\gamma\Omega_\infty^{n,-}\\E_1(f)_\infty\leqslant\varepsilon}}f'(0)\}\tag{9.29}$$

今取 $\lambda'>0$ 满足

$$\gamma^{-1}\varepsilon=H_n(\lambda')\tag{9.30}$$

则式(9.29)中最后的量等于

$$\frac{1}{2}\{\sup(f'(0)\mid f\in\gamma\Omega_\infty^{n,-},E_1(f)_\infty\leqslant\gamma H_n(\lambda'))-$$

$$\inf\{f'(0)\mid f\in\gamma\Omega_\infty^{n,-},E_1(f)_\infty\leqslant\gamma H_n(\lambda')\}$$

$$=\frac{\gamma}{2}\{H_{n-1}^{+,0}(\lambda')+H_{n-1}^{-,0}(\lambda')\}=\gamma H_{n-1}^{0}(\lambda')$$

从而得

$$E(S,I,\varepsilon)=r(S,I,\varepsilon)\geqslant\frac{r}{2}[H_{n-1}^{+,0}(\lambda')+H_{n-1}^{-,0}(\lambda')]\tag{9.31}$$

式(9.31)是否精确？这个问题仍待解决.我们预料式(9.31)是精确的,证明的困难在于 $\Omega_\infty^{n,-}$ 不是零点对称集,不能用定理 9.2.1.

§3 零点对称凸集上的线性泛函的最优恢复

在本节内,X_1,X_3 是实空间,$X_2=\mathbf{R}$,$K\subset X_1$ 是零点对称凸集,S 和 I 都是线性的.这种情况下的最优恢复问题解决得比较彻底.

记

$$X_3^{\#} = \{L \mid L \text{ 是 } X_3 \to \mathbf{R} \text{ 的线性映射}\}$$

$$X_3^{*} = \{L \mid L \in X_3^{\#}, \text{且连续}\}$$

首先给出：

命题 9.3.1　若 $K \subset X_1$ 零点对称凸，S, I 为线性，$X_2 = \mathbf{R}$，则

$$E(S, I, \varepsilon) = \sup_{h \in V(\varepsilon)} Sh \tag{9.32}$$

证　由定理 9.2.1，$E(S, I, \varepsilon) = \sup_{h \in V(\varepsilon)} |Sh|$. 由于 $V(\varepsilon) = V(0, \varepsilon)$ 是中心对称集，所以实数集 $\{Sh \mid h \in V(\varepsilon)\}$ 亦然，所以 $\sup_{h \in V(\varepsilon)} |Sh| = \sup_{h \in V(\varepsilon)} Sh$.

在以下全部讨论中均设 $E(S, I, \varepsilon)$ 有限，不再每次说明.

引入泛函 $\Phi_\varepsilon(y)$：$\forall y \in IK + \varepsilon S_3$ 有

$$\Phi_\varepsilon(y) = \sup_{\substack{x \in K \\ \|Ix - y\| \leqslant \varepsilon}} Sx \tag{9.33}$$

线性泛函 S 在 K 上的最优恢复问题的解决可以都通过 $\Phi_\varepsilon(y)$. 下面先列举 $\Phi_\varepsilon(y)$ 的基本性质.

引理 9.3.1

(1) $\Phi_\varepsilon(y)$ 是 $IK + \varepsilon S_3$ 上的上凸泛函：即对任取的 $y_1, y_2 \in IK + \varepsilon S_3$，$\lambda \in [0,1]$ 有

$$\Phi_\varepsilon(\lambda y_1) + (1 - \lambda) y_2 \geqslant \lambda \Phi_\varepsilon(y_1) + (1 - \lambda) \Phi_\varepsilon(y_2) \tag{9.34}$$

(2) 固定 $y \in IK + \varepsilon S_3$，$\Phi_\varepsilon(\lambda y)$ 是上凸的函数（λ 为自变元）.

(3) $\inf U(y, \varepsilon) = -\Phi_\varepsilon(-y)$　　(9.35)

(4) $\forall y \in IK + \varepsilon S_3$ 有

$$r(U(y, \varepsilon)) = \frac{1}{2}\{\Phi_\varepsilon(y) + \Phi_\varepsilon(-y)\} \tag{9.36}$$

$U(y,\varepsilon)$ 的中心为

$$c(y)=\frac{1}{2}\{\Phi_\varepsilon(y)-\Phi_\varepsilon(-y)\} \tag{9.37}$$

证 (1) 首先,$IK+\varepsilon S_3$ 是凸集.事实上,任取 y_1,$y_2\in IK+\varepsilon S_3$,有 $x_1,x_2\in K$,$\|Ix_1-y_1\|\leqslant\varepsilon$,$\|Ix_2-y_2\|\leqslant\varepsilon$.对于满足 $\lambda,\mu\geqslant 0,\lambda+\mu=1$ 的每一对 λ,μ 有 $\lambda x_1+\mu x_2\in K$,且由

$$\begin{aligned}&\|I(\lambda x_1+\mu x_2)-(\lambda y_1+\mu y_2)\|\\ \leqslant{}&\lambda\|Ix_1-y_1\|+\mu\|Ix_2-y_2\|\\ \leqslant{}&\varepsilon\Rightarrow\lambda y_1+\mu y_2\in IK+\varepsilon S_3\end{aligned}$$

并由其得

$$S(\lambda x_1+\mu x_2)=\lambda Sx_1+\mu Sx_2\leqslant\Phi_\varepsilon(\lambda y_1+\mu y_2)$$

上式对满足 $\|Ix_1-y_1\|\leqslant\varepsilon$,$\|Ix_2-y_2\|\leqslant\varepsilon$ 的一切可能的 $x_1,x_2\in K$ 都成立,x_1,x_2 彼此无关,所以

$$\begin{aligned}\Phi_\varepsilon(\lambda y_1+\mu y_2)&\geqslant\lambda\sup_{x_1\in V(y_1,\varepsilon)}Sx_1+\mu\sup_{x_2\in V(y_2,\varepsilon)}Sx_2\\ &=\lambda\Phi_\varepsilon(y_1)+\mu\Phi_\varepsilon(y_2)\end{aligned}$$

(1) 证得.

(2) 固定一个 $y\in IK+\varepsilon S_3$,则对某 $x\in K$,有 $\|Ix-y\|\leqslant\varepsilon$.不难看出存在一个区间$[\alpha,\beta]$,当 $\lambda\in[\alpha,\beta]$ 时 $\|Ix-\lambda y\|\leqslant\varepsilon$.(可能$[\alpha,\beta]$只含有一点)$\Phi_\varepsilon(\lambda y)$ 在$[\alpha,\beta]$上是上凸函数,此事可直接验证.

(3)

$$\begin{aligned}\Phi_\varepsilon(-y)&=\sup_{\substack{x\in K\\ \|Ix+y\|\leqslant\varepsilon}}Sx\overset{(x=-x')}{=\!=\!=}\sup_{\substack{-x'\in K\\ \|Ix'-y\|\leqslant\varepsilon}}(-Sx')\\ &=\sup_{\substack{x\in K\\ \|Ix-y\|\leqslant\varepsilon}}(-Sx)=-\inf_{\substack{x\in K\\ \|Ix-y\|\leqslant\varepsilon}}Sx\end{aligned}$$

因此(3)得证.

(4) 不待证.

引理 9.3.2 设 X 为一实线性空间,$\mathscr{M}\subset X$ 是零

点对称凸的吸收集，$\varphi(\cdot)$ 是 $\mathscr{M}\to\mathbf{R}$ 的上凸泛函，$\varphi(0)=0$，则：

(1) $\forall y\in\mathscr{M}, y\neq 0$，固定，$\lambda\in(0,\delta)$，$\delta>0$ 为某个正数，那么 $\dfrac{\Phi(\lambda y)}{\lambda}$ 在 $(0,\delta)$ 内单调下降.

(2) $h(y)\overset{\text{df}}{=\!=}\lim\limits_{\lambda\to 0+}\dfrac{\varphi(\lambda y)}{\lambda}=\sup\limits_{\lambda>0}\dfrac{\varphi(\lambda y)}{\lambda}$ 满足条件

$$h(y_1+y_2)\geqslant h(y_1)+h(y_2)\text{（}-h(\cdot)\text{ 是单加性的）}$$

$$h(y)\geqslant\varphi(y)$$

(3) 若 $\forall y\in\mathscr{M}$ 有

$$\lim_{\lambda\to 0+}\frac{\varphi(\lambda y)}{\lambda}=\lim_{\lambda\to 0-}\frac{\varphi(\lambda y)}{\lambda}$$

则
$$h(-y)=-h(y)$$

从而有

$$h(y_1+y_2)=h(y_1)+h(y_2)\text{（}h(\cdot)\text{ 是加性的）}$$

$$h(\lambda y)=\lambda h(y)$$

证　(1) $\varphi(\lambda y)$ 作为 λ 的函数是上凸的，且 $\varphi(0)=0$，由此可推出(1).

(2) 由于

$$\varphi\left(\frac{1}{2}(\lambda y_1+\lambda y_2)\right)\geqslant\frac{1}{2}\{\varphi(\lambda y_1)+\varphi(\lambda y_2)\}$$

所以

$$\frac{\varphi\left(\frac{\lambda}{2}y_1+\frac{\lambda}{2}\lambda_2\right)}{\frac{\lambda}{2}}\geqslant\frac{\varphi(\lambda y_1)}{\lambda}+\frac{\varphi(\lambda y_2)}{\lambda}$$

令 $\lambda\to 0+$ 给出 $h(y_1+y_2)\geqslant h(y_1)+h(y_2)$. 由

$$h(y)=\sup_{\lambda>0}\frac{\varphi(\lambda y)}{\lambda}$$

$\lambda=1$ 时给出 $h(y)\geqslant\varphi(y)$.

(3) 不待证.

引理 9.3.3 $L\in X_3^{\#}$ 是最优算法 $\Leftrightarrow \forall y\in IK+\varepsilon S_3$ 有

$$L(y)\geqslant \Phi_\varepsilon(y)-\Phi_\varepsilon(0)$$

证 (1)"$\Rightarrow$". 假定 $L\in X_3^{\#}$ 最优,但存在 $y'\in IK+\varepsilon S_3$ 使得 $\Phi_\varepsilon(y')-\Phi_\varepsilon(0)>L(y')$,则有

$$\Phi_\varepsilon(y')-L(y')>\Phi_\varepsilon(0)=r(I,S,\varepsilon)$$

$$\Rightarrow E(S,I,\varepsilon)=e_L=\sup_{\substack{x\in K\\ \|Ix-y\|\leqslant\varepsilon}}|Sx-Ly|$$

$$\geqslant \sup_{\substack{x\in K\\ x\in V(y',\varepsilon)}}|Sx-Ly'|$$

$$\geqslant \sup_{\substack{x\in K\\ x\in V(y',\varepsilon)}}Sx-Ly'=\Phi_\varepsilon(y')-L(y')$$

$$>\Phi_\varepsilon(0)=r(S,I,\varepsilon)$$

再由 $r(S,I,\varepsilon)=E(S,I,\varepsilon)$ 便导出矛盾.

(2)"$\Leftarrow$". 设有 $L\in X_3^{\#}$, $L(y)\geqslant\Phi_\varepsilon(y)-\Phi_\varepsilon(0)$,则 $\forall y\in IK+\varepsilon S_3$ 有

$$\Phi_\varepsilon(y)-L(y)\leqslant\Phi_\varepsilon(0)=r(S,I,\varepsilon)\qquad(9.38)$$

另一方面,由引理 9.3.1(3) 有

$$L(y)-\inf U(y,\varepsilon)=L(y)+\Phi_\varepsilon(-y)$$

$$=\Phi_\varepsilon(-y)-L(-y)\leqslant\Phi_\varepsilon(0)=r(S,I,\varepsilon)\qquad(9.39)$$

(在式(9.38)内用 $-y$ 代换 y) 由式(9.38)和(9.39)得

$$\left.\begin{array}{l}\sup U(y,\varepsilon)-L(y)\leqslant r(S,I,\varepsilon)\\ L(y)-\inf U(y,\varepsilon)\leqslant r(S,I,\varepsilon)\end{array}\right\}\Rightarrow\forall z\in U(y,\varepsilon)$$

有 $|L(y)-z|\leqslant r(S,I,\varepsilon)$,即 $\forall x\in K$, $\|Ix-y\|\leqslant\varepsilon$, $|Sx-Ly|\leqslant r(S,I,\varepsilon)$. 这说明 L 是最优的.

下一个引理回答问题:在最优算法(其存在无疑)中是否有线性的?

引理 9.3.4　设 E 为一实线性空间，$K \subset E$ 是零点对称凸集，$\varphi(\cdot)$ 是 $K \to \mathbf{R}$ 的上凸泛函，$\varphi(0)=0$，则存在 $L \in E^{\#}$ 使 $L(y) \geqslant \varphi(y)$，$\forall y \in K$.

证　记 K 的线性包为 F，则 K 在 F 上是吸收集. 由于 $\varphi(\cdot)$ 上凸，故它沿任何方向 $y(\neq 0)$ 在点 0 处可微，即 $\forall y \neq 0, y \in F$，存在

$$h(y)=\lim_{\lambda \to 0+} \frac{\varphi(\lambda y)}{\lambda}=\sup_{\lambda>0} \frac{\varphi(\lambda y)}{\lambda}$$

$h(y)$ 在 F 上完全定义，$-h(y)$ 是次加法泛函，且 $-h(y) \leqslant -\varphi(y)$（见引理9.3.2），故由 Hahn-Banach 定理（见 S. Banach[20]，第二章，§2），存在 $\widetilde{L} \in F^{\#}$ 使 $\widetilde{L}(y) \leqslant -h(y) \leqslant -\varphi(y)$，$\forall y \in F$. 再一次应用 Banach 的关于加法和齐性泛函延拓定理，存在 $L \in E^{\#}$，$L(y)=\widetilde{L}(y)$ 在 F 上成立. 于是有 $-L(y) \geqslant \varphi(y)$，$\forall y \in K$，得所欲证.

在引理 9.3.4 中，令 $E=X_3$，以 $IK+\varepsilon S_3$ 代替 K，取 $\varphi(\cdot)=\Phi_{\varepsilon}(\cdot)-\Phi_{\varepsilon}(0)$ 即得：

推论　在 $X_3^{\#}$ 内存在实现 $E(S,I,\varepsilon)$ 的最优算法.

往下进一步讨论：在什么条件下存在连续的线性最优算法？

为了回答这一问题，先给出：

引理 9.3.5　当下列两条件之一成立时，$\Phi_{\varepsilon}(\cdot)$ 在点 0 处的一个邻域内有界：

(1) $\varepsilon>0$.

(2) $\varepsilon=0$，IK 是 X_3 内的吸收集，且此时存在一个 $L_0 \in X_3^*$ 能使 $e(L_0, I, \varepsilon)<+\infty$.

证　(1) 设 $\varepsilon>0$，此时 $IK+\varepsilon S_3$ 是 X_3 的一个点 0 邻域. 取 $y \in X_3$，$\|y\| \leqslant \varepsilon$，则

$$\sup_{\substack{x\in K\\ \|Ix-y\|\leqslant\varepsilon}}|Sx|\leqslant 2\sup_{\substack{\frac{x}{2}\in K\\ \|Ix\|\leqslant 2\varepsilon}}\left|S\left(\frac{x}{2}\right)\right|$$
$$=2\Phi_\varepsilon(0)=2E(S,I,\varepsilon)$$

(因 $x\in K$ 且 $\|Ix-y\|\leqslant\varepsilon\Rightarrow\|Ix\|\leqslant\|y\|+\varepsilon\leqslant 2\varepsilon$.)再者,由

$$|\Phi_\varepsilon(y)|\leqslant\sup_{x\in V(y,\varepsilon)}|Sx|\Rightarrow|\Phi_\varepsilon(y)|\leqslant 2E(S,I,\varepsilon)$$

在 $\|y\|\leqslant\varepsilon$ 内成立.

(2) 设 $\varepsilon=0$,此时 $\forall y\in IK$ 有 $y=Ix$,$x\in K$ 有

$$|Sx|\leqslant|Sx-L_0Ix|+|L_0(Ix)|$$
$$\leqslant e(L_0,I,0)+|L_0y|$$
$$\leqslant e(L_0,I,0)+\|L_0\|\cdot\|y\|$$

故若 $\|y\|\leqslant\delta(\delta>0)$ 就有

$$|\Phi_0(y)|\leqslant\sup_{\|Ix\|\leqslant\delta}|Sx|\leqslant e(L_0,I,0)+\|L_0\|\delta$$
$$=M<+\infty$$

推论 当下列两条件之一成立时,每一线性最优算法连续:

(1)$\varepsilon>0$.

(2)$\varepsilon=0$,IK 是 X_3 的点 0 邻域,且存在 $L_0\in X_3^*$ 使 $e(L_0,I,0)$ 有限.

证 任一线性最优算法 $L\in X_3^\#$ 满足

$$-L(y)\leqslant\Phi_\varepsilon(0)-\Phi_\varepsilon(y)$$

设 y 取自 X_3 的点 0 某均衡邻域 $v(0)$,则

$$\left.\begin{array}{l}-L(y)\leqslant\Phi_\varepsilon(0)-\Phi_\varepsilon(y)\\ -L(-y)\leqslant\Phi_\varepsilon(0)-\Phi_\varepsilon(-y)\end{array}\right\}$$
$$\Rightarrow\sup_{y\in v(0)}|L(y)|$$
$$\leqslant\sup_{y\in v(0)}\{|\Phi_\varepsilon(y)|+|\Phi_\varepsilon(0)|,$$
$$|\Phi_\varepsilon(-y)|+|\Phi_\varepsilon(0)|\}$$

最后的 sup 有限，故 $L \in X_3^*$.

下面，讨论最优线性算法的唯一性问题.

引理 9.3.6　设 $\varepsilon > 0$，或 $\varepsilon = 0$，IK 是 X_3 内的吸收集，且 $\Phi_0(y)$ 在点 0 处某邻域内有界.

(1) 若 $\Phi_\varepsilon(y) - \Phi_\varepsilon(0)$ 在 X_3 的点 0 处弱可微，即对每一 $y \in X_3$，$y \neq 0$ 有

$$\lim_{\lambda \to 0+} \frac{\Phi_\varepsilon(\lambda y) - \Phi_\varepsilon(0)}{\lambda} = \lim_{\lambda \to 0-} \frac{\Phi_\varepsilon(\lambda y) - \Phi_\varepsilon(0)}{\lambda} \overset{\text{df}}{=\!=} h(y)$$

则 $h(y) \in X_3^*$，它是唯一的线性最优算法.

(2) 若 $\Phi_\varepsilon(y) - \Phi_\varepsilon(0)$ 在点 0 处不是弱可微的，则线性最优算法不唯一.

证　(1) 设 $L \in X_3^\#$ 为最优，那么 $\forall x \in K$，$\| Ix - y \| \leqslant \varepsilon$ 有 $| Sx - Ly | \leqslant \Phi_\varepsilon(0)$. 由此得

$$-\Phi_\varepsilon(0) \leqslant Ly - Sx \Rightarrow Sx - \Phi_\varepsilon(0) \leqslant Ly$$

所以
$$\sup_{\substack{x \in K \\ \| Ix - y \| \leqslant \varepsilon}} Sx - \Phi_\varepsilon(0) \leqslant Ly$$

此即

$$\Phi_\varepsilon(y) - \Phi_\varepsilon(0) \leqslant L(y)$$

对充分小的

$$\lambda > 0 \Rightarrow \Phi_\varepsilon(\lambda y) - \Phi_\varepsilon(0) \leqslant \lambda L(y)$$

$$\Rightarrow \frac{\Phi_\varepsilon(\lambda y) - \Phi_\varepsilon(0)}{\lambda} \leqslant L(y) \Rightarrow h(y) \leqslant L(y)$$

由于 $h(y)$ 是加性的，所以一方面有

$$(L - h)(y) \geqslant 0, \forall y \in IK + \varepsilon S_3$$

同时，以 $-y$ 代 y 同样给出

$$(L - h)(-y) \geqslant 0$$

所以 $(L - h)(y) \equiv 0 \Rightarrow L = h \in X_3^*$（因 $\Phi_\varepsilon(y)$ 在点 0 处某邻域内有界.）(1) 得证.

证　(2) 若 $\Phi_\varepsilon(y) - \Phi_\varepsilon(0)$ 在点 0 处不可微，则存

在 $y_0 \in X_3$ 使

$$h(y_0) + h(-y_0) \neq 0$$

由引理 9.3.2，$-h(y)$ 是半加性泛函，根据 Hahn-Banach 定理，存在 $\widetilde{L}_1 \in X_3^{\#}$ 使

$$\widetilde{L}_1(y_0) = -h(y_0), \widetilde{L}_1(y) \leqslant -h(y), \forall y \in X_3$$

以及 $\widetilde{L}_2 \in X_3^{\#}$ 使

$$\widetilde{L}_2(-y_0) = -h(-y_0), \widetilde{L}_2(y) \leqslant -h(y), \forall y \in X_3$$

由引理 9.3.3，$-\widetilde{L}_1$，$-\widetilde{L}_2$ 都是最优的，但因 $-\widetilde{L}_1(y_0) \neq \widetilde{L}_2(-y_0)$，也就是 $\widetilde{L}_1(y_0) \neq \widetilde{L}_2(y_0)$，故 $\widetilde{L}_1 \neq \widetilde{L}_2$. 注意这时 $\widetilde{L}_1, \widetilde{L}_2 \in X_3^*$，因为 $\Phi_\varepsilon(y)$ 在点 0 处某邻域内有界.

总结起来我们得到：

定理 9.3.1 给定实线性空间 X_1, X_2, X_3 赋范，$X_2 = \mathbf{R}, K \subset X_1$ 是中心对称凸集，$S(X_1 \to \mathbf{R}), I(X_1 \to X_3)$ 均系线性，$\varepsilon \geqslant 0$.

(1) 在 $X_3^{\#}$ 内存在最优算法.

(2) 当下列两条件之一成立时，存在连续线性最优算法：

(a)$\varepsilon > 0$.

(b)$\varepsilon = 0$，IK 是 X_3 内的吸收集，且存在一个 $L_0 \in X_3^*$ 使 $e(L_0, I, 0)$ 有限.

(3) 当 (2) 的 (a) 或 (b) 之一成立时，$\Phi_\varepsilon(y) - \Phi_\varepsilon(0)$ 在点 0 处弱可微 $\Leftrightarrow$ 恰有一个线性最优算法. 此时 $h(y) = \varphi'_\varepsilon(0)(y)$ 是连续线性最优的，其中

$$\varphi'_\varepsilon(0)(y) \overset{\text{df}}{=\!=} \lim_{\lambda \to 0+} \frac{\Phi_\varepsilon(\lambda y) - \varphi_\varepsilon(0)}{\lambda}$$

$$= \lim_{\lambda \to 0-} \frac{\Phi_\varepsilon(\lambda y) - \Phi_\varepsilon(0)}{\lambda}$$

是 $\Phi_\varepsilon(\cdot)-\Phi_\varepsilon(0)$ 在点 0 处的导泛函.

注记 9.3.1　定理 9.3.1 有一个相当长的建立过程. 第一个工作是 Smolyak 在 1965 年发表的(见[15]),其中对 $\varepsilon=0, IK=X_3=\mathbf{R}^n$ 得到了基本结果. 到 1972 年 Bakhvalov[16] 给出了新的证明. 1975 年 Osipenko 和 Marchuk[17] 把 Smolyak 的结果拓广到 $\varepsilon>0$. Micchelli 和 Rivlin 在 1977 年发表的[2],中间去掉了信息 I 有限基数的限制,得到了相当广泛的结果. 这里叙述的定理 9.3.1 属于 Schalach[18].

注记 9.3.2　定理 9.3.1 可以对 $X_2=\mathbf{C}$ 的情形建立起来. Schalach 在[18]中已指出了这一点①. 此时 X_1, X_3 的标量域为 $\mathbf{C}$, $K\subset X_1$ 是 $\mathbf{C}$ 均衡凸集. 所谓 $\mathbf{C}$ 均衡,即 $\forall\lambda\in\mathbf{C}, |\lambda|\leqslant 1, x\in K\Rightarrow\lambda x\in K$. 把 $\mathbf{C}$ 情形化归为 $\mathbf{R}$ 情形,为此,我们把 X_1, X_2, X_3 视为实向量空间,并以 $\mathrm{Re}\,S$ 代替 S. 若 $L\in X_{3,\mathbf{R}}^{\#}$ 是实问题最优算法,则

$$L_{\mathbf{C}}(y)\overset{\mathrm{df}}{=\!=}L(y)-\mathrm{i}L(\mathrm{i}y)$$

是复问题的最优算法. $L_{\mathbf{C}}\in X_3^{\#}$,且 $L_{\mathbf{C}}$ 连续 $\Leftrightarrow L$ 连续. 事实上,由于 K 为 $\mathbf{C}$ 均衡, $L_{\mathbf{C}}$ 为 $\mathbf{C}$ 线性,我们有

$$\begin{aligned}
\sup_{\substack{x\in K\\ \|Ix\|\leqslant\varepsilon}}|Sx| &= \sup_{\substack{x\in K\\ \|Ix\|\leqslant\varepsilon}}\mathrm{Re}\,Sx=E_{\mathbf{R}}(S,I,\varepsilon)\\
&=\sup_{\substack{x\in K\\ \|Ix-y\|\leqslant\varepsilon}}|\mathrm{Re}\,Sx-Ly|\\
&=\sup_{\substack{x\in K\\ \|Ix-y\|\leqslant\varepsilon}}|\mathrm{Re}\,Sx-\mathrm{Re}\,L_{\mathbf{C}}(y)|\\
&=\sup_{\substack{x\in K\\ \|Ix-y\|\leqslant\varepsilon}}|Sx-L_{\mathbf{C}}(y)|=e(L_{\mathbf{C}},I,\varepsilon)
\end{aligned}$$

---

① 当 I 为有限基数时,有 Osipenko 在 1976 年的[19].

故 L_C 最优. 在上面的推导中

$$\sup_{\substack{x\in K \\ \|Ix-y\|\leqslant\varepsilon}} |Sx| = \sup_{\substack{x\in K \\ \|Ix\|\leqslant\varepsilon}} \operatorname{Re} Sx$$

是关键的一步,它的成立可如下证明. 置

$$Sx = |Sx| e^{i\theta}$$

则

$$|Sx| = (Sx)e^{-i\theta} = S(e^{-i\theta}x) = \operatorname{Re} S(e^{-\theta}x)$$

可见上面的步骤成立. 同样有

$$\sup_{\substack{x\in K \\ \|Ix-y\|\leqslant\varepsilon}} |\operatorname{Re} Sx - \operatorname{Re} L_C(y)| = \sup_{\substack{x\in K \\ \|Ix-y\|\leqslant\varepsilon}} |Sx - L_C(y)|$$

注记 9.3.3 当 $\varepsilon=0$ 时,引理 9.3.5 的结论可做如下修改:

若 $\varepsilon=0$,且存在一个 $L_0\in X_3^*$ 能使 $e(L_0,I,0)$ 有限,记 IK 在 X_3 内的线性包为 F,则 $\Phi_\varepsilon(\cdot)$ 在点 0 处关于空间 F 内的一个邻域内有界.

这时,引理 9.3.5 的推论可以修改成下列较弱形式.

若 $\varepsilon=0$,且存在 $L_0\in X_3^*$ 使 $e(L_0,I,0)$ 有限,则每一线性最优算法在 F 上连续.

这一注记在后面有用.

例 9.3.1(Smolyak)

$X_1\supset K$ 为中心对称凸集,$X_3=\mathbf{R}^n$,$X_2=\mathbf{R}$. $I_1,\cdots,I_n$ 是 $X_1\to\mathbf{R}$ 的线性泛函,它们线性独立. $I=(I_1,\cdots,I_n)$,于是 $IK\subset\mathbf{R}^n$. 假定 IK 是吸收集,而且存在 $L^0\in(\mathbf{R}^n)^{\#}$ 使

$$\sup_{x\in K} |Sx - L^0 Ix| < +\infty$$

置

$$\Phi(y) = \sup_{\substack{x\in K \\ Ix=y}} Sx,\ y=(y_1,\cdots,y_n)\in IK$$

记着 $\Phi(y)=\Phi(y_1,\cdots,y_n)$. $\Phi(\cdot)$ 在点 0 处弱可导 $\Leftrightarrow\Phi(\cdot)$ 在点 0 处沿任何方向 y 有方向导数，那么

$$\lim_{\lambda\to 0}\frac{\Phi(\lambda y)-\Phi(0)}{\lambda}=\Phi'(0)(y)=\sum_{i=1}^{n}\Phi'_i(0)y_i$$

其中的

$$\Phi'_i(0)=\lim_{\lambda\to 0}\frac{\Phi(\lambda e_i)-\Phi(0)}{\lambda}=\left(\frac{\partial}{\partial y_i}\Phi(y_1,\cdots,y_n)\right)_0$$

$$e_i=(0,\cdots,\overset{i}{1},0,\cdots,0)$$

最优线性算法是

$$L(Ix)=\sum_{i=1}^{n}\Phi'_i(0)I_ix \tag{9.40}$$

例 9.3.2　设 W 是一赋范线性空间，$X_1=W^*$. $X_2=\mathbf{R}$, $X_3=\mathbf{R}^n$. $w_1,\cdots,w_n\in W$ 线性无关，另取 $w\in W$, $K=\{f\in X_1;\|f\|\leqslant 1\}$, $Sf=f(w)$, $If=(f(w_1),\cdots,f(w_n))\in(\mathbf{R}_n,l_\infty)$. 任取 $L\in(\mathbf{R}_n,l_\infty)^*$，由

$$\sup_{\|f\|\leqslant 1}|Sf-L(If)|=\sup_{\|f\|\leqslant 1}\left|f(w)-\sum_{i=1}^{n}c_if(w_i)\right|$$

$$\leqslant\|w-\sum_{i=1}^{n}c_iw_i\|<+\infty$$

得

$$\sup_{\substack{\|f\|\leqslant 1\\ f(w_i)=0}}f(w)=\min_{c_i}\sup_{\|f\|\leqslant 1}\left|f(w)-\sum_{i=1}^{n}c_if(w_i)\right|$$

$$=\min_{c_i}\left\|w-\sum_{i=1}^{n}c_iw_i\right\|=e(w;F)$$

$$F=\operatorname{span}\{w_1,\cdots,w_n\}$$

此即最佳逼近的对偶公式(见第二章，§2).

我们已经证明了任意泛函的最优恢复问题存在由

$U(y,\varepsilon)$的Chebyshev中心构作的最优算法,它一般是非线性的.本节中又证明了零点对称凸集上的线性泛函借助线性信息的最优恢复问题存在线性最优算法,它在一定条件下是连续的.现在要指出:两种最优算法有密切联系,在一定条件下可以利用中心最优算法求出线性最优算法.

定理9.3.2 设$K\subset X_1$是中心(零点)对称凸集,$X_2=\mathbf{R}$,S,I是线性的.$\varepsilon>0$,或$\varepsilon=0$,IK是X_3内的吸收集.$\Phi_\varepsilon(y)(y\in IK+\varepsilon S_3)$在点0处某邻域内有界.

(1) $\forall\lambda\in(0,1]$映射

$$y\to c_\lambda(y)=\frac{\Phi_\varepsilon(\lambda y)-\Phi_\varepsilon(-\lambda y)}{2\lambda}\tag{9.41}$$

都是最优算法.

(2) 若$\Phi_\varepsilon(\cdot)$在点0处弱可导,则

$$\lim_{\lambda\to0+}c_\lambda(y)=h(y)=\Phi'_\varepsilon(0)(y)\in X_3^*\tag{9.42}$$

证 当$0<\lambda\leqslant1$时,$\frac{1+\lambda}{2\lambda}\geqslant1$,但$\frac{1+\lambda}{2\lambda}+\frac{\lambda-1}{2\lambda}=1$.由

$$\frac{1+\lambda}{2\lambda}(\lambda y)+\frac{\lambda-1}{2\lambda}(-\lambda y)=y\Rightarrow\lambda y$$

$$=\frac{2\lambda}{1+\lambda}y+\frac{1-\lambda}{1+\lambda}(-\lambda y)$$

所以有

$$\Phi_\varepsilon(\lambda y)\geqslant\frac{2\lambda}{1+\lambda}\Phi_\varepsilon(y)+\frac{1-\lambda}{1+\lambda}\Phi_\varepsilon(-\lambda y)$$

从而得

$$\Phi_\varepsilon(y)\leqslant\frac{1+\lambda}{2\lambda}\Phi_\varepsilon(\lambda y)+\frac{\lambda-1}{2\lambda}\Phi_\varepsilon(-\lambda y)$$

$$=\frac{\Phi_{\varepsilon}(\lambda y)-\Phi_{\varepsilon}(-\lambda y)}{2\lambda}+\frac{\Phi_{\varepsilon}(\lambda y)+\Phi_{\varepsilon}(-\lambda y)}{2}$$

同理可证

$$-\Phi_{\varepsilon}(-y)\geqslant\frac{\Phi_{\varepsilon}(\lambda y)-\Phi_{\varepsilon}(-\lambda y)}{2\lambda}-\frac{\Phi_{\varepsilon}(\lambda y)+\Phi_{\varepsilon}(-\lambda y)}{2}$$

固定 y，若 $x\in V(y,\varepsilon)$，则因 $-\Phi_{\varepsilon}(-y)\leqslant Sx\leqslant\Phi_{\varepsilon}(y)$，故得

$$\begin{aligned}\left|Sx-\frac{\Phi_{\varepsilon}(\lambda y)-\Phi_{\varepsilon}(-\lambda y)}{2\lambda}\right|&\leqslant\frac{\Phi_{\varepsilon}(\lambda y)+\Phi_{\varepsilon}(-\lambda y)}{2}\\&\leqslant\Phi_{\varepsilon}\left(\frac{\lambda y+(-\lambda y)}{2}\right)\\&=\Phi_{\varepsilon}(0)\end{aligned}$$

此即(1),(2)不待证.

再强调一遍：这条定理给出了中心对称凸集上的线性泛函的最优恢复问题中利用中心最优算法来求线性最优算法的一种有效途径. 通过这一途径，Garfney 和 Powell[21] 解决了附注 9.2.2(2) 的问题，这里需要一套关于全正完全样条的插值理论和技巧.

§4　对偶空间的应用

我们熟知在线性赋范空间内一个元借助于线性集或凸集的最佳逼近问题借助于对偶空间来进行研究是卓有成效的. 这一思想也可用于讨论中心对称凸集上线性泛函借助线性信息的最优恢复问题.

在本节内 X_1,X_2,X_3,K,S,I 同上节. $\varepsilon\geqslant 0$，$X_2=$

R. 设 $y \in IK + \varepsilon S_3$, $x \in V(y,\varepsilon)$,则 $\forall L \in X_3^*$ 有

$$Sx - Ly = Sx - LIx + L(Ix - y)$$

所以

$$|Sx - Ly| \leqslant |Sx - LIx| + \|L\| \cdot \|Ix - y\|$$

$$\begin{aligned} e_L = & \sup_{\substack{x \in K \\ \|Ix-y\| \leqslant \varepsilon}} |Sx - Ly| \\ & \leqslant \sup_{x \in K} |Sx - LIx| + \|L\| \cdot \varepsilon \end{aligned}$$

引入一个量

$$\gamma(S,I,\varepsilon) \stackrel{\text{df}}{=\!=} \inf_{L \in X_3^*} \{\sup_{x \in K} |Sx - LIx| + \|L\| \cdot \varepsilon\} \tag{9.43}$$

显然有

$$\frac{1}{2}d(S,I,\varepsilon) = E(S,I,\varepsilon) \leqslant \inf_{L \in X_3^*} e_L \leqslant \gamma(S,I,\varepsilon) \tag{9.44}$$

定理 9.4.1 若 $\varepsilon > 0$ 或 $\varepsilon = 0$,而 IK 是 X_3 内的吸收集,则

$$\frac{1}{2}d(S,I,\varepsilon) = E(S,I,\varepsilon) = E^*(S,I,\varepsilon) = \gamma(S,I,\varepsilon)$$

其中

$$E^*(S,I,\varepsilon) \stackrel{\text{df}}{=\!=} \inf_{L \in X_3^*} e_L \tag{9.45}$$

式(9.43)中的下确界可以达到.

证 $\gamma(S,I,\varepsilon) = 0$ 是平凡的. 下面对 $\gamma(S,I,\varepsilon) > 0$(可以是 $+\infty$)的情形进行论证,可以看出

$$\gamma(S,I,\varepsilon) = \frac{1}{2}d(S,I,\varepsilon)$$

当且仅当:对乘积空间 $\mathbf{R} \times X_3$ 内的凸集 $C = \{(Sx, Ix) \mid x \in K\}$ 和任取的 $d \in (0,\gamma)$,点集

$$C_d=\{(t,y)\mid d\leqslant t<\gamma,\|y\|\leqslant\varepsilon\}$$

和 C 满足 $C_d\cap C\neq\varnothing$. C_d 也是 $\mathbf{R}\times X_3$ 内的凸集. 下面利用线性赋范空间内凸集分离定理证明 C 和 C_d 不可分离，于是得出 $C_d\cap C\neq\varnothing$ 的结论. 分几种情形来证.

(1) $\varepsilon>0,0<d<\gamma$.

假定对某个 $d\in(0,\gamma)C_d$ 与 C 可以分离，则存在 $\mathbf{R}\times X_3$ 上的线性连续泛函 $H(t,y)=ct+L(y)$，其中 $c\in\mathbf{R},L\in X_3^*,L\neq0$，以及实数 b 成立

$$\begin{cases}cd+L(y)\leqslant b,y,\|y\|\leqslant\varepsilon\\cSx+L(Ix)\geqslant b,x\in K\end{cases}\tag{9.46}$$

在上面两式中分别置 $y=0,x=0$ 给出 $cd\leqslant b\leqslant0\Rightarrow c\leqslant0$，但 $c\neq0$. 因若 $c=0$，则 $b=0\Rightarrow L(y)\leqslant0$ 对一切 $y\in X_3$ 成立 $\Rightarrow L=0$，故 $c<0$，从而由式(9.46)的第二式得

$$Sx+c^{-1}L(Ix)\leqslant\frac{b}{c},\forall x\in K$$

由于 K 零点对称，故得

$$\sup_{x\in K}(Sx+c^{-1}L(Ix))=\sup_{x\in K}|Sx+c^{-1}L(Ix)|\leqslant\frac{b}{c}$$

从而由式(9.46)的第一式得到

$$\begin{aligned}\varepsilon\|L\|&\leqslant b-cd\\&\Rightarrow\gamma(S,I,\varepsilon)\\&\leqslant\sup_{x\in K}|Sx-c^{-1}L(Ix)|+\varepsilon\|c^{-1}L\|\\&\leqslant\frac{b}{c}-\frac{1}{c}(b-cd)=d<\gamma\end{aligned}$$

得到矛盾.

(2) $\varepsilon\geqslant0$，γ 有限，$d=\gamma$，则 C_d 与 C 不能严格分离. 若二者可严格分离，那么存在 $H(t,y)=ct+L(y)$，

$L \in X_3^*, b \in \mathbf{R}$ 及 $\delta > 0$ 使得

$$\begin{cases} c\gamma + L(y) \leqslant b - \delta, \forall y, \| y \| \leqslant \varepsilon \\ cSx + L(Ix) \geqslant b + \delta, \forall x \in K \end{cases} \tag{9.47}$$

在以上两式中分别置 $y = 0, x = 0$ 给出

$$c\gamma \leqslant b - \delta \text{ 及 } b + \delta \leqslant 0$$

于是 $c\gamma < b + \delta \leqslant 0$,因此 $c < 0$. 往下仿照(1) 的推证得,当 $\varepsilon > 0$ 时

$$\begin{aligned} \gamma &\leqslant \sup_{x \in K} | Sx - c^{-1}L(Ix) | + \varepsilon \| c^{-1}L \| \\ &\leqslant \frac{b+\delta}{c} - \frac{1}{c}(b - \delta - c\gamma) = \gamma + \frac{2\delta}{c} < \gamma \end{aligned}$$

得到矛盾. 如果 $\varepsilon = 0$,这时 $C_d = \{(\gamma, 0)\}$ 是单点集. 式(9.47) 换成了

$$\begin{cases} c\gamma \leqslant b - \delta \\ cSx + L(Ix) \geqslant b + \delta, \forall x \in K \end{cases} \tag{9.48}$$

由此易见 $c < 0$ 及 $b - \delta \leqslant b + \delta \leqslant 0$,所以有 $\gamma \geqslant \frac{b-\delta}{c}$.

再由式(9.48) 的第二式推出

$$Sx + c^{-1}LIx \leqslant \frac{b+\delta}{c}, \forall x \in K$$

由 K 的零点对称性 $\Rightarrow | Sx + c^{-1}L(Ix) | \leqslant \frac{b+\delta}{c}, x \in K$,所以

$$\gamma \leqslant \sup_{x \in K} | Sx + c^{-1}L(Ix) | \leqslant \frac{b+\delta}{c}$$

由此得

$$\frac{b+\delta}{c} \geqslant \frac{b-\delta}{c} \Rightarrow b - \delta \geqslant b + \delta \Rightarrow \delta \leqslant 0$$

得到矛盾.

(3) 设 $\varepsilon = 0$, IK 是吸收集,则任取 $d \in (0, \gamma)$, C_d

与 C 不可分离.

假定 C_d 与 C 可以分离,则存在 $b,c \in \mathbf{R}$ 及 $L \in X_3^*,L \neq 0$ 使

$$\begin{cases} cd + L(y) \leqslant b, y = 0, cd \leqslant b \\ cSx + L(Ix) \geqslant b, \forall x \in K \Rightarrow b \leqslant 0 \end{cases}$$

我们说 $c \neq 0$. 因若 $c = 0$,则 $b = 0$. 从而有

$$L(Ix) \geqslant 0, \forall x \in K$$

由于 Ix 含有内点 0,那么 $L = 0$. 此不可能,所以 $c \neq 0$. 于是由 $cd \leqslant 0 \Rightarrow c < 0$. 从而

$$Sx + c^{-1}L(Ix) \leqslant \frac{b}{c}, \forall x \in K$$

因此

$$\gamma \leqslant \sup_{x \in K} |Sx + c^{-1}L(Ix)| \leqslant \frac{b}{c}$$

由假设 $0 < d < \gamma$ 知 $d < \left| \dfrac{b}{c} \right|$,即 $|b| > |c| \cdot d$. 此事含有 $b < cd$,与 $b \geqslant cd$ 矛盾.

继续证定理 9.4.1.

(1) 当 $\varepsilon > 0$ 时,$\forall d \in (0, \gamma)$,$C_d = \{(t, y) \mid d \leqslant t < \gamma, \|y\| \leqslant \varepsilon\}$ 为含有内点的凸集,$C = \{(Sx, Ix) \mid x \in K\}$ 是凸集. 二者一定 $C_d \bigcap C \neq \varnothing$,否则 C_d 与 C 可以分离,这与(1)矛盾. 由此得 $\dfrac{1}{2}d(S, I, \varepsilon) = \gamma$.

(2) 当 $\varepsilon = 0$,IK 是吸收集时,$\forall d \in (0, \gamma)$ 有

$$C_d = \{(t, 0) \mid d \leqslant t < \gamma\}$$

是凸集,$C = \{(Sx, Ix) \mid x \in K\}$ 是含有内点的凸集. ($IK \subset X_3$ 含有内点 0. 又 $SK \subset \mathbf{R}$,只要不是 $S \equiv 0$,SK 必包含开区间. 所以在非平凡条件 $S \not\equiv 0$ 之下,$C \subset \mathbf{R} \times X_3$ 是一含内点凸集.) 这样一来 $C_d \bigcap C \neq \varnothing$. 否

则将导致与(3) 的矛盾.故此时也有

$$\gamma=\frac{1}{2}d(S,I,\varepsilon)$$

最后,$S\equiv 0$ 时结论亦成立

$$\frac{1}{2}d(S,I,0)=E(S,I,0)=\gamma=0$$

在定理 9.4.1 条件下可证式(9.43) 中的 inf 可以达到.确切地说,成立着:

定理 9.4.2 设:

(1)$\varepsilon>0$,或 $\varepsilon=0$,而 IK 是 X_3 内的吸收集.

(2) 存在 $L_0\in X_3^*$ 使

$$\sup_{x\in K}|Sx-L_0(Ix)|<+\infty$$

则存在 $L^*\in X_3^*$ 实现式(9.43) 中的下确界.(这时量 γ 有限.如果没有条件(2) 成立,则任何线性连续泛函都实现 $\gamma=+\infty$)L^* 是最优算法.

L^* 的存在性证明要用到 X_3^* 空间内有界集的 $^*w$ 紧致性,其详细推导省略.如果 L^* 实现式(9.43) 中的下确界,则由

$$\begin{aligned}e_{L^*}&=\sup_{\substack{x\in K\\ \|Ix-y\|\leqslant\varepsilon}}|Sx-L^*y|\\&\leqslant\sup_{x\in K}|Sx-L^*(Ix)|+\varepsilon\|L^*\|\\&=\gamma=E(S,I,\varepsilon)\end{aligned}$$

再由 $E(S,I,\varepsilon)\leqslant e_{L^*}\Rightarrow$

$$e_{L^*}=\gamma=\frac{1}{2}d(S,I,\varepsilon)$$

即 L^* 是最优算法.

利用式(9.43) 可以找出最优算法的某些信息.这对于在具体问题中构造线性最优算法往往有用.先给出:

定义 9.4.1　问题元 $x_0 \in K$ 称为最优恢复问题的极元,若 $\| Ix_0 \| \leqslant \varepsilon, Sx_0 = E(S,I,\varepsilon)$.

本节总假定 $\varepsilon > 0$,或 $\varepsilon = 0$,且 IK 是吸收集. 由定理 9.4.1,此时总有 $E(S,I,\varepsilon) = \gamma(S,I,\varepsilon)$ 成立,假定 γ 有限. 那么我们有下列简单事实.

命题 9.4.1　极元的存在 $\Leftrightarrow C_\nu \cap C \neq \varnothing$.

$$(9.49)$$

下面给出极元存在的某些判定条件,其证明的根据是:

定理 9.4.2　设 $\mathbf{X}$ 是局部凸的 Hausdorff 拓扑向量空间,$A, B \subset \mathbf{X}$,非空,A 紧致,B 闭,且 $A \cap B = \varnothing$,则 A, B 严格分离.

这条定理的证明见[22],根据它,可证:

定理 9.4.3　如前,$C = \{(Sx, Ix) \mid x \in K\}$. 当下列两条件之一成立时,最优恢复问题有极元:

(1)$C \subset \mathbf{R} \times X_3$ 是自列紧集.

(2)X_3 是自反空间,且 $C \subset \mathbf{R} \times X_3$ 是 w 闭集.

证　(1)$C_\gamma = \{(\gamma, y) \mid \| y \| \leqslant \varepsilon\}$,是闭集. 由假定,$C$ 在 $\mathbf{R} \times X_3$ 内自列紧,故必 $C \cap C_\gamma \neq \varnothing$,否则由定理 9.4.2,$C$ 与 C_γ 严格分离,这与定理 9.4.1 证明的第一部分的(2) 相矛盾.

(2) 若 X_3 自反,则 $\mathbf{R} \times X_3$ 也自反,此时 C_γ 是 $\mathbf{R} \times X_3$ 内的 w 紧致集. 由假设,$C \subset \mathbf{R} \times X_3$ 为 w 闭,所以必有 $C_\gamma \cap C \neq \varnothing$,否则也推出 C_γ,C 严格分离,导致同样的矛盾.

下面定理给出最优算法特征的刻画.

定理 9.4.4　已知 $x_0 \in K$ 是最优恢复问题$(S, K, I, \varepsilon \geqslant 0)$ 的一个极元,则 $L_0 \in X_3^*$ 是一最优算法,

当且仅当:

(1)$\varepsilon\|L_0\|=L_0(Ix_0)$.

(2) $\max\limits_{x\in K}|Sx-L_0(Ix)|=Sx_0-L_0(Ix_0)$.

$$(9.50)$$

证 若(1)(2)满足,则

$$\sup_{x\in K}|Sx-L_0(Ix)|+\varepsilon\|L_0\|=Sx_0=\gamma(S,I,\varepsilon)$$

即 L_0 最优.反之,若 $L_0\in X_3^*$ 最优,则

$$\sup_{x\in K}|Sx-L_0(Ix)|+\varepsilon\|L_0\|=Sx_0 \tag{9.51}$$

所以

$$\begin{aligned}&Sx_0-L_0(Ix_0)+\varepsilon\|L_0\|\\ \leqslant\ &Sx_0\Rightarrow\varepsilon\|L_0\|\leqslant L_0(Ix_0)\end{aligned}$$

另一方面又有

$$|L_0(Ix_0)|\leqslant\|L_0\|\cdot\|Ix_0\|\leqslant\varepsilon\|L_0\|$$

所以 $\varepsilon\|L_0\|=L_0(Ix_0)$,此即(1).由式(9.51)

$$\begin{aligned}\sup_{x\in K}|Sx-L_0(Ix)|&=Sx_0-\varepsilon\|L_0\|\\&=Sx_0-L_0(Ix_0)\end{aligned}$$

此即(2).

附注 9.4.1 如果 $L_0\in X_3^*$ 是最优算法,那么定理 9.4.4 断言:条件(1)(2)$\Leftrightarrow x_0$ 是极元.

附注 9.4.2 $\varepsilon=0$ 时定理 9.4.1,定理 9.4.2 中的条件“IK 是 X_3 内的吸收集”可以去掉.事实上,以 IK 的线性包在 X_3 内的闭包代替 X_3 就可以了.请把这条注和注 9.3.3 对比,我们在后面要用到这条注.

§3,§4 两节给出了线性泛函在均衡凸集上的最优恢复问题的理论框架.它为解决最优插值、最佳求积、数值微分等各种线性最优恢复问题提供了一个基本思路,但在处理具体问题时尚需娴熟处理具体问题

的特殊工具和数学技巧. 读者将在第十章内看到解决最佳求积公式问题所需要的一整套数学工具和分析技巧.

例 9.4.1　已知 X_1 是线性空间, $X_2=\mathbf{R}$, $X_3=\mathbf{R}^n$, 在 X_3 内赋以 l_∞ 范数. $K\subset X_1$ 是零点对称凸集, $Ix=(I_1x,\cdots,I_nx)$, 其中 I_i 是 X_1 上的线性泛函, $S(X_1\to\mathbf{R})$ 是线性的, $\varepsilon\geqslant 0$. $X_3=(\mathbf{R}^n,l_\infty)$ 上任一线性有界泛函是 $y\to\sum_{j=1}^{n}c_jy_j$, $y=(y_1,\cdots,y_n)$. 泛函范数为 $\sum_{j=1}^{n}|c_j|$. 若 $\varepsilon>0$, 则

$$\gamma=\min_{c_j}\left\{\sup_{x\in K}\left|Sx-\sum_{j=1}^{n}c_jI_jx\right|+\varepsilon\sum_{j=1}^{n}|c_j|\right\} \tag{9.52}$$

$$\sup_{\substack{x\in K\\ |I_jx|\leqslant\varepsilon}} Sx=\gamma$$

当 $\varepsilon=0$ 时, 按定义

$$\gamma=\min_{c_j}\left\{\sup_{x\in K}\left|Sx-\sum_{j=1}^{n}c_jI_jx\right|\right\} \tag{9.53}$$

若依定理 9.4.1, 当 IK 是 X_3 内的吸收集时有

$$\sup_{\substack{x\in K\\ I_jx=0}} Sx=\gamma \tag{9.54}$$

但事实上, 条件"IK 在 X_3 内为吸收集"可以去掉. 见附注 9.4.3.

例 9.4.2　$X_1=L_\infty^{(n)}[0,1]$, $K=W_\infty^n[0,1]$, $X_2=\mathbf{R}$, 取 $[0,1]$ 内一组点 $0\leqslant x_1<\cdots<x_N\leqslant 1$. $f\in X_1$ 的信息 $If=(f(x_1),\cdots,f(x_N))\in\mathbf{R}^N=X_3$, 其允许误差范围依分量给出 $\{\varepsilon_1,\cdots,\varepsilon_N\}$, $\varepsilon_i\geqslant 0$, 即任何一组数 $(y_1,\cdots,y_N)$, 它的分量满足 $|f(x_i)-y_i|\leqslant\varepsilon_i(i=$

$1,\cdots,N$) 都是 If 的允许值,为方便记 $\varepsilon=(\varepsilon_1,\cdots,\varepsilon_N)$. 设 $\tau\in[0,1]\setminus\{x_1,\cdots,x_N\}$, $Sf=f(\tau)$,考虑最优恢复问题(S,K,I,ε). 和 §2 的情况类似,这里可以引入信息直径 $d(S,I,\varepsilon)$ 和固有误差 $E(S,I,\varepsilon)$,并且有

$$d(S,I,\varepsilon)=2\sup_{\substack{f\in W_\infty^n\\|f(x_i)|\leqslant\varepsilon_i}}|f(\tau)| \tag{9.55}$$

和

$$\sup_{\substack{f\in W_\infty^n\\|f(x_i)|\leqslant\varepsilon_i}}|f(\tau)|\leqslant E(S,I,\varepsilon) \tag{9.56}$$

首先指出,$N<n$ 时,$d(S,I,\varepsilon)=+\infty$. 事实上,此时存在一个 N 次多项式 $Q_N(x)\not\equiv 0$, $Q_N(x_i)=0(i=1,\cdots,N)$. $Q_N\in K$,而且任取 $\alpha>0$, $\alpha Q_N\in K$,(因 $Q_N^{(n)}\equiv 0$)故由定理 9.2.1, $d(S,I,\varepsilon)=+\infty$.

当 $N=n+r$, $r\geqslant 0$ 时,$d(S,I,\varepsilon)$ 有限.

事实上,在 $\{x_1,\cdots,x_{n+r}\}$ 内选出 n 个点 $x_{k_1}<\cdots<x_{k_n}$,使对某个 j, $x_{k_{j-1}}<\tau<x_{k_j}$. 以 $x_{k_1},\cdots,x_{k_n}$ 为插值结点系的 $n-1$ 次的 Lagrange 基本插值多次式$\{l_i(x)\}=1$, $l_i(x_{k_j})=\delta_{i,j}$, $i,j=1,\cdots,n$. 由于对任取的 $(y_{k_1},\cdots,y_{k_n})$ 存在一个 $n-1$ 次的 Lagrange 插值多次式

$$v(x)=\sum_{i=1}^n y_{k_i}l_i(x),v(x_{k_i})=y_{k_i},i=1,\cdots,n$$

今利用 $v(x)$ 来构造算法 α^*:对 $Sf=f(\tau)$,任给 $(y_1,\cdots,y_{n+r})$ 有 $|f(x_i)-y_i|\leqslant\varepsilon_i(i=1,\cdots,n+r)$,规定

$$\alpha^*(y_1,\cdots,y_{n+r})=\sum_{i=1}^n y_{k_i}l_i(\tau)$$

α^* 是一线性泛函,估计由它产生的误差如下

$$|f(\tau)-\alpha^*(y_1,\cdots,y_{n+r})|\leqslant|f(\tau)-L_f(\tau)|+|L_f(\tau)-v(\tau)|$$

其中
$$L_f(\tau)=\sum_{i=1}^{n}f(x_{k_i})l_i(\tau)$$

则有
$$|f(\tau)-L_f(\tau)|\leqslant|Q_n(\tau)|$$
$$Q_n(x)-\frac{1}{n!}(x-x_{k_1})\cdots(x-x_{k_n})$$
$$|L_f(\tau)-v(\tau)|\leqslant\sum_{i=1}^{n}|f(x_{k_i})-y_{k_i}|\cdot|l_i(\tau)|\leqslant\sum_{i=1}^{n}\varepsilon_{k_i}|l_i(\tau)|$$

所以得
$$\sup_{\substack{f\in W_\infty^n\\|f(x_i)-y_i|\leqslant\varepsilon_i}}|f(\tau)-\alpha^*(y_1,\cdots,y_{n+r})|\leqslant|Q_n(\tau)|+\sum_{i=1}^{n}\varepsilon_{k_i}|l_i(\tau)|$$

这就证明了 $d(S,I,\varepsilon)<+\infty$. 利用对偶空间的方法 ($X_3=\mathbf{R}_{n+r}$) 可得
$$\sup_{\substack{f\in W_\infty^n\\|f(x_i)|\leqslant\varepsilon_i}}|f(\tau)|\leqslant E(S,I,\varepsilon)\leqslant\gamma(S,I,\varepsilon)\tag{9.56}$$
$$\gamma(S,I,\varepsilon)=\min_{\{C_i\}}\left\{\sup_{f\in W_\infty^n}\left|f(\tau)-\sum_{i=1}^{n+r}C_if(x_i)\right|+\sum_{i=1}^{n+r}|C_i|\varepsilon_i\right\}\tag{9.57}$$

γ 也是有限的. C. A. Micchelli[23] 证明式(9.56)内三个量相等,并且刻画了全部线性最优算法,这一工作需要用到全正完全样条的插值理论. 我们在这里详细叙

述一下 $n=1$ 的情形.(这一特殊情形的分析亦出自[23].)

置 $f_0(x)=\min\limits_{1\leqslant j\leqslant r+1}(\varepsilon_j+|x-x_j|)$,记

$$e(\tau)=\sup_{\substack{f\in W_\infty^1\\|f(x_i)|\leqslant\varepsilon_i}}|f(\tau)|$$

引理 9.4.1 $f_0\in W_\infty^1, f_0(x_j)\leqslant\varepsilon_j, f_0(\tau)=e(\tau)$.

证 $f_0\in W_\infty^1$ 和 $f_0(x_j)\leqslant\varepsilon_j$ 是明显的,所以有 $f_0(\tau)\leqslant e(\tau)$. 由于对任一 $f\in W_\infty^1$,有 $|f(x)-f(x_j)|\leqslant|x-x_j|\Rightarrow|f(x)|\leqslant|f(x_j)|+|x-x_j|$,故 $|f(x_j)|\leqslant\varepsilon_j(j=1,\cdots,r+1)\Rightarrow|f(x)|\leqslant\varepsilon_j+|x-x_j|(j=1,\cdots,1+r)\Rightarrow|f(x)|\leqslant\min\limits_{1\leqslant j\leqslant r+1}(\varepsilon_j+|x-x_j|)=f_0(x)$,所以有

$$\sup_{\substack{f\in W_\infty^1\\|f(x_j)|\leqslant\varepsilon_j}}|f(\tau)|=e(\tau)\leqslant f_0(\tau)$$

引理 9.4.2 固定 x,置

$$T(x)=\{k\mid 1\leqslant k\leqslant r+1, f_0(x)=\varepsilon_k+|x-x_k|\}$$

则映射 $\alpha(y_1,\cdots,y_{r+1})=y_k$ 是一最优算法,此处 $(y_1,\cdots,y_{r+1})$ 是这样的点:对某个 $f\in W_\infty^1$ 有 $|f(x_j)-y_j|\leqslant\varepsilon_j(j=1,\cdots,r+1)$.

证 $\forall f\in W_\infty^1$ 则

$$\begin{aligned}&|f(\tau)-\alpha(y_1,\cdots,y_{r+1})|=|f(\tau)-y_k|\\ \leqslant&|f(\tau)-f(x_k)|+|f(x_k)-y_k|\\ \leqslant&|\tau-x_k|+\varepsilon_k=f_0(\tau)\end{aligned}$$

从而 $E\leqslant f_0(\tau)$. 再由

$$E\geqslant e(\tau)=f_0(\tau)\Rightarrow E=e(\tau)=f_0(\tau)$$

把映射 $\alpha(y_1,\cdots,y_{r+1})=y_k$ 记作 $\alpha_k, k\in T(\tau)$. α_k 是连续线性泛函. $\{\alpha_k\}$ $(k\in T(\tau))$ 的每一凸组合也是

线性最优算法. 事实上, 任取 $a_k \geqslant 0$, $\sum\limits_{k\in T(\tau)} a_k = 1$ 有

$$\varphi(y_1,\cdots,y_{r+1}) = \sum_{k\in T(\tau)} a_k\alpha_k(y_1,\cdots,y_{r+1}) = \sum_{k\in T(\tau)} a_k y_k$$

给出

$$\begin{aligned} & |f(\tau)-\varphi(y_1,\cdots,y_{r+1})| \\ = & \left|\sum_{k\in T(\tau)} a_k[f(\tau)-\alpha_k(y_1,\cdots,y_{r+1})]\right| \\ \leqslant & \sum_{k\in T(\tau)} a_k |f(\tau)-\alpha_k(y_1,\cdots,y_{r+1})| \leqslant f_0(\tau) \end{aligned}$$

故由
$$e(\tau)\leqslant e_\varphi \leqslant f_0(\tau)$$
可以推出 $e_\varphi = e(\tau) = f_0(\tau)$, 即 φ 是最优的.

下面是主要结果.

定理 9.4.5 $\{\alpha_k\}$ $(k\in T(\tau))$ 的凸包包括了最优恢复问题 $(S, K = W^1_\infty, I, \varepsilon)$ 的全部线性最优算法.

为证定理 9.4.5, 我们先要给出一条刻画极函数和线性最优算法的引理, 就其内容和证法而言都完全类似于定理 9.4.4.

引理 9.4.3 设 $g\in W^1_\infty$ 满足条件 $|g(x_i)|\leqslant \varepsilon_i (i=1,\cdots,r+1)$, $g(\tau)=f_0(\tau)$, 则线性泛函 $\alpha_c(y_1,\cdots,y_{r+1}) = \sum\limits_{j=1}^{r+1} c_j y_j$ 是最优算法, 当且仅当:

(a) $\sum\limits_{j=1}^{r+1}\varepsilon_j |c_j| = \sum\limits_{j=1}^{r+1} g(x_j)c_j$.

(b) $\max\limits_{\|f'\|_\infty\leqslant 1}\left|f(\tau)-\sum\limits_{j=1}^{r+1}c_j f(x_j)\right| = g(\tau) - \sum\limits_{j=1}^{r+1} c_j g(x_j)$.

下面给出由(a),(b) 引出的关于 g 及 $\{c_j\}$ 的一些重要信息.

推论 1 若 $g\in W^1_\infty$ 满足 $|g(x_j)|\leqslant \varepsilon_j$ 及

$g(\tau)=f_0(\tau)$,线性泛函 α_c 是最优算法,则在 α_c 的支集 $\{i \mid 1\leqslant i\leqslant r+1, c_i\neq 0\}$ 上有:

(1)$\varepsilon_i>0 \Rightarrow \varepsilon_i=g(x_i)\operatorname{sgn} c_i$,从而

$$\operatorname{sgn} g(x_i)=\operatorname{sgn} c_i$$

(2)$\varepsilon_i=0 \Rightarrow g(x_i)=0$.

证 由(a)得

$$\sum_{i=1}^{r+1}[\varepsilon_i-g(x_i)\operatorname{sgn} c_i]\mid c_i\mid=0$$

但因 $\varepsilon_i-g(x_i)\operatorname{sgn} c_i\geqslant 0$,故若 $c_i\neq 0$,则必 $\varepsilon_i-g(x_i)\operatorname{sgn} c_i=0$. 由此得(1)(2).

推论 2 $\sum_{j=1}^{r+1} c_j=1$.

证 任取常数 K,$f\equiv K\in W_\infty^1$,在(b)内置 $f\equiv K$ 给出

$$K\left|1-\sum_{j=1}^{r+1} c_j\right|\leqslant g(\tau)-\sum_{j=1}^{r+1} c_i g(x_i)$$

K 可任意大,故 $\sum_{j=1}^{r+1} c_j=1$.

推论 3

$$\begin{aligned}&\left|(\tau-u)_+^0-\sum_{j=1}^{r+1} c_j(x_j-u)_+^0\right|\\&=\left[(\tau-u)_+^0-\sum_{j=1}^{r+1} c_j(x_j-u)_+^0\right]g'(u)\end{aligned}$$

在[0,1]上几乎处处成立.

证 由(b),注意到对 $f\in W_\infty^1$ 有

$$f(\tau)=f(0)+\int_0^1(\tau-u)_+^0 f'(u)\mathrm{d}u$$

得到

$$\sum_{j=1}^{r+1} c_j f(x_j)=f(0)+\int_0^1\sum_{j=1}^{r+1} c_j(x_j-u)_+^0 f'(u)\mathrm{d}u$$

由此知

$$
\begin{aligned}
&f(\tau)-\sum_{j=1}^{r+1}c_jf(x_j)\\
=&\int_0^1\left[(\tau-u)_+^0-\sum_{j=1}^{r+1}c_j(x_j-u)_+^0\right]f'(u)\mathrm{d}u\\
\Rightarrow&\max_{\|f'\|_\infty\leqslant 1}\left|f(\tau)-\sum_{j=1}^{r+1}c_jf(x_j)\right|\\
=&\int_0^1\left|(\tau-u)_+^0-\sum_{j=1}^{r+1}c_j(x_j-u)_+^0\right|\mathrm{d}u\\
=&\int_0^1\left[(\tau-u)_+^0-\sum_{j=1}^{r+1}c_j(x_j-u)_+^0\right]g'(u)\mathrm{d}u
\end{aligned}
$$

得所欲证.

引理 9.4.4　设 $\alpha(y_1,\cdots,y_{r+1})$ 是一线性最优算法,即

$$(y_1,\cdots,y_{r+1})\to\sum_{j=1}^{r+1}a_jy_j$$

则:

(a)$k\overline{\in}T(\tau)\Rightarrow a_k=0$.

(b)$k\in T(\tau)\Rightarrow a_k\geqslant 0$.

证　取 $g(x)=\max\{f_0(\tau)-|\tau-x|,0\}$(图 9.2).

则 $g(x)\geqslant 0$, $\|g'\|_\infty=1$,且 $g(\tau)=f_0(\tau)$, $g\in W_\infty^1$.

若 $k\in T(\tau)$,则 $f_0(\tau)=\varepsilon_k+|\tau-x_k|$,故

$$g(x_k)=f_0(\tau)-|\tau-x_k|=\varepsilon_k$$

若 $k\overline{\in}T(\tau)$,则 $f_0(\tau)<\varepsilon_k+|\tau-x_k|$.若 $\varepsilon_k>0$,则有 $0\leqslant g(x_k)=f_0(\tau)-|\tau-x_k|<\varepsilon_k$.若 $\varepsilon_k=0$,则由

$$f_0(\tau)-|\tau-x_k|<0\Rightarrow g(x_k)=0$$

往下考虑 a_i 的符号.

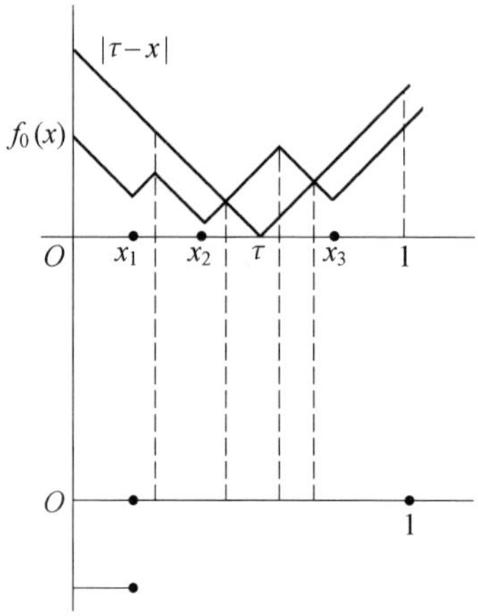

图 9.2

(a)$k \overline{\in} T(\tau)$ 时. 若 $\varepsilon_k > 0$,则从刚得到的结论有 $0 \leqslant g(x_k) < \varepsilon_k$. 由引理 9.4.3 的(a) 有

$$\sum_{i=1}^{r+1} [\varepsilon_i - g(x_i) \operatorname{sgn} a_i] \mid a_i \mid = 0$$

当 $i = k$ 时给出$(\varepsilon_k - g(x_k) \operatorname{sgn} a_k) \mid a_k \mid = 0 \Rightarrow a_k = 0$.

若 $\varepsilon_k = 0$,则 $g(x_k) = 0$. 此时 $f_0(\tau) < | \tau - x_k |$,即

$$f_0(\tau) - | \tau - x_k | < 0$$

所以在 x_k 的某邻域内有 $f_0(\tau) - | \tau - x | < 0$. 这说明 $g(x) = \max(f_0(\tau) - | \tau - x |, 0)$ 在 x_k 的某邻域内恒为零,用上推论 3,知道当 x 在 x_k 的某邻域内取值时

$$(\tau - x)_+^0 - \sum_{j=1}^{r+1} a_j (x_j - x)_+^0 \stackrel{\text{df}}{=} s(x)$$

在其中恒为零. 但是该函数在点 x_k 上有

$$s(x_k +) - s(x_k -) = a_k$$

所以 $a_k = 0$.

(b)$k\in T(\tau)$时. 若$\varepsilon_k>0$,则$g(x_k)=\varepsilon_k$. 仍然用引理9.4.3的(a)得

$$[\varepsilon_k-g(x_k)\operatorname{sgn}a_k]\cdot|a_k|=0$$

若$a_k<0$,则上式不可能成立了. 故必$a_k\geqslant 0$.

最后,设$\varepsilon_k=0$. 又区分两种情形.

(i)$\tau=x_k$. 这时$f_0(x_k)=\varepsilon_k+|\tau-x_k|=0$,而由于

$$f_0(x_k)=\min_{1\leqslant i\leqslant r+1}(\varepsilon_i+|x_k-x_i|)$$

中的min仅在$i=k$时实现,$T(\tau)=\{k\}$,此时$a_k=1$.

(ii)$\tau\neq x_k$. 由$f_0(\tau)=|\tau-x_k|$,知有

$$g(x)=\max\{|\tau-x_k|-|\tau-x|,0\}$$

由图9.3看出$g'(x_k+)-g'(x_k-)=1$. 用上推论3的结论:$|s(x)|=(x)g'(x)$得$s(x_k+)-s(x_k-)=a_k>0$.

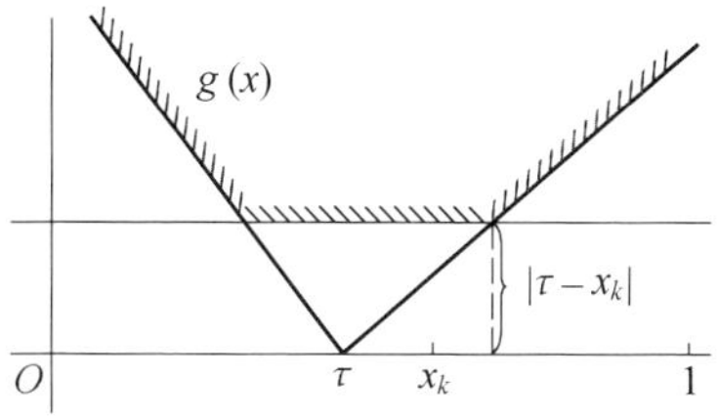

图 9.3

总结以上讨论即得定理9.4.5的全部结论.

例 9.4.3　设$n\geqslant 2$,$P_n(\lambda)=\prod_{j=1}^{n}(\lambda-\lambda_j)$,$\lambda_j\in\mathbf{R}$,$\lambda_1=0$,$D=\dfrac{\mathrm{d}}{\mathrm{d}x}$,称$f\in L_\infty^{(n)}(P_n(D))$,若:

(1)$f\in C^{n-1}(\mathbf{R})\cap L^\infty(\mathbf{R})$.

(2)$f^{(n-1)}$在任一有限区间上绝对连续.

(3)$\operatorname*{ess\,sup}_{x\in\mathbf{R}}|P_n(D)f(x)|<+\infty$.

置 $X_1=L_\infty^n(P_n(D))$,$K=W_\infty^n(P_n(D),\gamma)\overset{\text{df}}{=}\{f\mid f\in L_\infty^n(P_n(D)),\|P_n(D)f\|_\infty\leqslant\gamma\}$,$\gamma>0$ 固定,$Sf=f'(0)$. 今考虑 Sf 在 K 上的最优恢复问题,以 f 的值为信息,其允许误差界是 $\varepsilon>0$,那么 $If=f\in X_3$,$X_3=\widetilde{C}(\mathbf{R})\cap L^\infty(\mathbf{R})$. $\widetilde{C}(\mathbf{R})$ 表示 $\mathbf{R}$ 上的一致连续函数类. 令 φ 表示 $X_3\to\mathbf{R}$ 的任一泛函,φ 作为算法产生的误差是

$$e_\varphi=e_\varphi(\gamma,\varepsilon)=\sup_{\substack{f\in K\\ \|f-g\|_\infty\leqslant\varepsilon}}|f'(0)-\varphi(g)|$$

所以固有误差是

$$E=E(\gamma,\varepsilon)=\inf_\varphi e_\varphi(\gamma,\varepsilon)$$

利用定理 9.4.1,我们有

$$\sup_{\substack{f\in W_\infty^n(P_n(D),\gamma)\\ \|f\|_\infty\leqslant\varepsilon}}|f'(0)|=E(\gamma,\varepsilon)=d(\gamma,\varepsilon) \tag{9.58}$$

此处(见式(9.43))

$$d(\gamma,\varepsilon)=\inf_{\alpha\in BV(\mathbf{R})}\left\{\sup_{f\in K}\left|f'(0)-\int_{\mathbf{R}}f(x)\mathrm{d}\alpha(x)\right|+\varepsilon V_{\mathbf{R}}(\alpha)\right\} \tag{9.59}$$

其中 $BV(\mathbf{R})$ 是 $\mathbf{R}$ 上的有界变差函数集,它包括了 X_3 上的全体线性连续泛函,$V_{\mathbf{R}}(\alpha)$ 则表示 α 在 $\mathbf{R}$ 上的全变差,我们不妨认为 $\alpha(x)=\frac{1}{2}[\alpha(x+)+\alpha(x-)]$,那么 $V_{\mathbf{R}}(\alpha)$ 即是 α 所代表的线性泛函的范数. 为方便起见,记

$$E_0(\gamma,\varepsilon)=\sup_{\substack{f\in W_\infty^n(P_n(D),\gamma)\\ \|f\|_\omega\leqslant\varepsilon}}|f'(D)|$$

固有误差 $E_0(\gamma,\varepsilon)$ 的确定可以利用 $W_\infty^n(P_n(D),\gamma)$ 类上的 Kolmogorov 比较定理，其详细叙述见于第六章 §2. $W_\infty^n(P_n(D))$ 类中的标准函数（见第六章，定义 6.1.2）.

$$\Phi_{n,\lambda}(x)=\frac{1}{\pi \mathrm{i}}\sum_{\nu=-\infty}^{+\infty}\frac{\mathrm{e}^{\mathrm{i}(2\nu+1)\lambda x}}{(2\nu+1)P_n(\mathrm{i}(2\nu+1)\lambda)},\lambda>0$$

记 $\Gamma_{n,r}(\lambda)=\|P_r(D)\Phi_{n,\lambda}\|_\infty$，$r=0,\cdots,n$，$P_r(D)$ 是 $P_n(D)$ 的子算子. $r=0$ 时 $\Gamma_{n,0}(\lambda)=\|\Phi_{n,\lambda}\|_\infty$.

引理 9.4.5　$\Gamma_{n,0}(\lambda)$ 具有以下性质：

(1) $\lim\limits_{\to 0+}\Gamma_{n,0}(\lambda)=+\infty$，$\lim\limits_{\lambda\to+\infty}\Gamma_{n,0}(\lambda)=0$.

(2) $\Gamma_{n,0}(\lambda)\in C(\mathbf{R}_+)$.

(3) $\Gamma_{n,0}(\lambda)$ 在 $(0,+\infty)$ 上严格单调下降.

证　(1)(2) 比较简单. 下面来证(3). 置

$$P_n^*(\lambda)=\prod_{j=1}^n(\lambda+\lambda_j)$$

$$Q_{2n}(D)=P_n(D)\cdot P_n^*(D)=\prod_{j=1}^n(D^2-\lambda_j^2)$$

是自共轭算子. 假定 $\lambda_1=\cdots=\lambda_l=0$，$\lambda_{l+1},\cdots,\lambda_n\neq 0$，关于 $Q_{2n}(D)$ 的标准函数是

$$\Phi_{2n,\lambda}^*(x)=\frac{4(-1)^{n-l}}{\pi\lambda^{2l}}\sum_{\nu=0}^{+\infty}\frac{\cos\left[(2\nu+1)\lambda x-\frac{2l+1}{2}\pi\right]}{(2\nu+1)^{2l+1}\prod\limits_{j=1}^{n-l}[(2\nu+1)^2\lambda^2+\lambda_j^2]}$$

$$\Gamma_{2n,0}^*(\lambda)=\|\Phi_{2n,\lambda}^*\|_\infty=\frac{4}{\pi\lambda^{2l}}\sum_{k=0}^{+\infty}\frac{(-1)^k}{(2k+1)^{2l+1}\prod\limits_{j=1}^{n-l}[(2k+1)^2\lambda^2+\lambda_j^2]}$$

在 $(0,+\infty)$ 上严格单调下降（见第六章引理 6.4—1）.

若 $0<\lambda_1<\lambda_2$,则 $\Gamma_{2n,0}^*(\lambda_2)<\Gamma_{2n,0}^*(\lambda_1)$,即

$$\|\Phi_{2n,\lambda_2}^*\|_\infty<\|\Phi_{2n,\lambda_1}^*\|_\infty$$

根据第六章,定理 6.2.2 的推论 3,有

$$\|P_n^*(D)\Phi_{2n,\lambda_2}^*(\cdot)\|_\infty\leqslant\|P_n^*(D)\Phi_{2n,\lambda_1}^*(\cdot)\|_\infty$$

即 $\Gamma_{n,0}(\lambda_2)\leqslant\Gamma_{n,0}(\lambda_1)$. 我们说,这里有 $\Gamma_{n,0}(\lambda_2)<\Gamma_{n,0}(\lambda_1)$. 欲证此事,我们需要用到陈翰麟[26] 的一个结果.

引理 9.4.6 已知 $f\in\widetilde{L}_\infty^{(n)}(P_n(D))$. 若 $\|f\|_\infty\leqslant\Gamma_{n,0}(\lambda)$ 对某 $\lambda>0$ 成立,$\|P_r(D)f\|_\infty=\Gamma_{n,r}(\lambda)$ 对某个子算子 $P_r(D)$ 成立,其中 $1\leqslant r\leqslant n-1$,则存在某个实数 c 使 $f(x)=\Phi_{n,\lambda}(x-c)$ 或 $f(x)=-\Phi_{n,\lambda}(x-c)$ 成立,这里 $\widetilde{L}_\infty^n(P_n(D))\subset L_\infty^{(n)}(P_n(D))$ 是 $L_\infty^n(P_n(D))$ 内一切周期函数的子集.

把引理用于 $\Phi_{2n,\lambda_2}^*(x)\in\widetilde{L}_\infty^{(2n)}(Q_{2n}(D))$,这里有

$$\|P_n^*(D)\Phi_{2n,\lambda_2}^*(\cdot)\|_\infty=\Gamma_{2n,n}^*(\lambda_1)$$

所以对某个 c 有

$$\Phi_{2n,\lambda_2}^*(x)=\pm\Phi_{2n,\lambda_1}^*(x-c)$$

由此容易推出 $\lambda_1=\lambda_2$,得到矛盾.

下面来估计 $E_0(\gamma,\varepsilon)$. 置 $\varepsilon'=\varepsilon\gamma^{-1}$. 由引理 9.4.6,存在唯一的 $\lambda'>0$ 使 $\varepsilon'=\Gamma_{n,0}(\lambda')$,那么有

$$E_0(\gamma,\varepsilon)=\gamma\sup_{\substack{\|f\|_\infty\leqslant\Gamma_{n,0}(\lambda')\\ \|P_n(D)f\|_\infty\leqslant1}}|f'(0)|\tag{9.60}$$

根据 $W_\infty^n(P_n(D))$ 类上的 Kolmogorov 比较定理(即第六章的定理 6.2.2)有

$$\sup_{\substack{\|f\|_\infty\leqslant\Gamma_{n,0}(\lambda')\\ \|P_n(D)f\|_\infty\leqslant1}}|f'(0)|\leqslant\sup_{a,b}\sup\{|f'(0)|\,|\,f\in S_{a,b}^{\lambda'}\}$$

此处 $S_{a,b}^{\lambda'}=\{f\mid\|f\|_\infty\leqslant\Gamma_{n,0}(\lambda'),\|P_n(D)f\|_\infty\leqslant1$,且 $f(0)=\Phi_{n,\lambda'}(a)=\Phi_{n,\lambda'}(b)$,$a,b$ 各属于 $\Phi_{n,\lambda'}$ 一对相

邻的反向单调区间之一｝，则由

$$\sup_{f\in S_{a,b}^{\lambda'}} |f'(0)| \leqslant \max\{|\Phi'_{n,\lambda'}(a)|, |\Phi'_{n,\lambda'}(b)|\}$$

得到

$$\sup_{\substack{\|f\|_\infty\leqslant\Gamma_{n,0}(\lambda')\\ \|P_n(D)f\|_\infty\leqslant 1}} |f'(0)| \leqslant \|\Phi'_{n,\lambda'}\|_c$$

由 $\Phi_{n,\lambda'}(x+c)$ 满足约束条件，故若令 $c=x_0$ 使

$$|\Phi'_{n,\lambda'}(x_0)| = \|\Phi_{n,\lambda'}(\cdot)\|_\infty$$

成立，则对 $\Phi_{n,\lambda'}(x+x_0)$ 有等号成立，所以

$$\sup_{\substack{\|f\|_\infty\leqslant\Gamma_{n,0}(\lambda')\\ \|P_n(D)f\|_\infty\leqslant 1}} |f'(0)| = \|\Phi'_{n,\lambda'}(\cdot)\|_\infty$$

从而

$$E_0(\gamma,\varepsilon)=\gamma\|\Phi'_{n,\lambda'}\|_\infty \tag{9.61}$$

$\sigma\gamma\Phi_{n,\lambda'}(x+x_0)$ 是实现式(9.61)的一个极函数，此处

$$\sigma=\operatorname{sgn}\Phi'_{n,\lambda'}(x_0)$$

根据定理9.4.4，有界变差函数 $\alpha^*(x)\in BV(\mathbf{R})$ 给出线性最优算法，当且仅当 $\alpha^*(x)$ 满足以下两个条件：

$$(1)\ \gamma^{-1}\varepsilon V_{\mathbf{R}}(\alpha^*)=\int_{\mathbf{R}}\sigma\Phi_{n,\lambda'}(x+x_0)\,\mathrm{d}\alpha^*(x) \tag{9.62}$$

(2) $\forall f$：$\|f\|_c\leqslant\Gamma_{n,0}(\lambda')$，$\|P_n(D)f\|_\infty\leqslant 1$，有

$$\gamma^{-1}\left|f'(0)-\int_{\mathbf{R}}f(x)\,\mathrm{d}\alpha^*\right| \leqslant \sigma\Phi'_{n,\lambda'}(x_0)-\sigma\int_{\mathbf{R}}\Phi_{n,\lambda'}(x+x_0)\,\mathrm{d}\alpha^* \tag{9.63}$$

是否存在满足(9.62)和(9.63)的 $\alpha^*(x)\in BV(\mathbf{R})$？C. A. Micchelli[24] 研究了 $n=2m(m\geqslant 1)$，$P_n(D)$ 为自共轭的情形，构造了一个满足式(9.62)和(9.63)的有界变差函数 $\alpha^*(x)\in BV(\mathbf{R})$，此时 x_0 可以取 $\frac{\pi}{2\lambda'}$. 在

实数轴上取点系

$$\left\{\left(\mu+\frac{1}{2}\right)\frac{\pi}{\lambda'}\right\},\alpha^*(x)\in BV(\mathbf{R}),\mu=-\infty,\cdots,+\infty$$

满足式(9.62)和(9.63)具有下列的构造

$$\alpha^*(x)=\alpha_\mu,x\in\left(\frac{\mu\pi}{\lambda'}+\frac{\pi}{2\lambda'},\frac{\mu+1}{\lambda'}\pi+\frac{\pi}{2\lambda'}\right)$$

若置 $C_\mu=\alpha_\mu-\alpha_{\mu-1}$,则 $\operatorname{sgn} C_\mu=(-1)^{\mu-1}$,而且

$$V_{\mathbf{R}}(\alpha^*)=\sum_{\mu=-\infty}^{+\infty}|C_\mu|<+\infty$$

构作这样的 $\alpha^*(x)$,Micchelli[24] 主要依据 $\mathscr{L}$—样条理论中的本征样条方法.有兴趣的读者可参考资料[24].对于 $P_n(D)$ 非自共轭的情形,满足式(9.62)和(9.63)的 $\alpha^*(x)$ 的构造问题还有待讨论.

§5 线性算子借助于线性算法的最优恢复

如 §2,给定 $X_1,X_2,X_3,K\subset X_1$ 是中心对称凸集.

$S:X_1\to X_2$ 为线性(加性和齐性)算子.

$I:X_1\to X_3$ 为线性信息,$\varepsilon\geqslant 0$.

$\Phi:IK+\varepsilon S_3\to X_2$ 的一切映射(算法)之集.

$\Phi_L:IK+\varepsilon S_3\to X_2$ 的一切线性映射(算法)之集.

在 S 的最优恢复问题中,若限定算法只取线性的,则导致下列线性固有误差概念:

定义 9.5.1 称量

$$E_L(S,I,\varepsilon)\overset{\mathrm{df}}{=}\inf_{\varphi\in\Phi_L}\sup_{\substack{x\in K\\\|IX-y\|\leqslant\varepsilon}}\|Sx-\varphi y\| \tag{9.64}$$

为最优恢复问题$(S,K,I,\varepsilon\geqslant 0)$的线性固有误差.

显然,信息直径,固有误差和线性固有误差三者的关系是

$$\frac{1}{2}d(S,I,\varepsilon) \leqslant E(S,I,\varepsilon) \leqslant E_L(S,I,\varepsilon) \tag{9.65}$$

我们在 §2 内证明了:当 $X_2=\mathbf{R}$(或 $\mathbf{C}$) 时有

$$E_L(S,I,\varepsilon)=E(S,I,\varepsilon)=\frac{1}{2}d(S,I,\varepsilon) \tag{9.66}$$

本节要讨论的问题是:除了 $X_2=\mathbf{R}$(或 $\mathbf{C}$) 的情形,对一般的线性赋范空间,是否有式(9.66) 成立?

首先要指出:$E(S,I,\varepsilon)=r(S,I,\varepsilon)$ 是信息半径.对一般的线性赋范空间 X_2,只能有 $d(S,I,\varepsilon)\leqslant 2r(S,I,\varepsilon)$,其中的等号未必成立(除了给 X_2 或给 S,I 加上特殊的限制).Micchelli 和 Rivlin 在[2] 中给出过一个 $d(S,I,\varepsilon)<2r(S,I,\varepsilon)$ 的例子.(见该文第 9 页,例 1.4)

$E_L(S,I,\varepsilon)\geqslant E(S,I,\varepsilon)$ 对一般的线性赋范空间 X_2 不能再改进,不管 $E(S,I,\varepsilon)$ 是否等于 $\frac{1}{2}d(S,I,\varepsilon)$($d(S,I,\varepsilon)=+\infty$ 的情形是平凡的,排除在讨论之外).Micchelli 和 Melkman 构造了一个例子,下面做一介绍.

(一)Micchelli-Melkman 的例子

置 $X_1=(\mathbf{R}^2,l_2)$,$X_2=(\mathbf{R}^2,l_4)$,这里对

$$x=(x_1,x_2)\in\mathbf{R}^2$$

$$\|x\|_2^4=a_1x_1^4+a_2x_2^4,a_1>a_2>0$$

是固定的数.$X_3=\mathbf{R}\cdot K=\{x\in X_1\mid x_1^2+x_2^2\leqslant 1\}$,

$Sx = x, Ix = x_1, 0 < \varepsilon < \frac{b}{3}$,有

$$b = \left(\frac{2a_2}{a_1 + a_2}\right)^{\frac{1}{2}}$$

信息直径的半是$\frac{d}{2} = \sup\limits_{\substack{x \in K \\ \| Ix \| \leqslant \varepsilon}} \| Sx \|_{l_4}$,所以

$$\left(\frac{1}{2}d(S,I,\varepsilon)\right)^4 = \sup_{\substack{x_1^2 + x_2^2 \leqslant 1 \\ x_1^2 \leqslant \varepsilon^2}} (a_1 x_1^4 + a_2 x_2^4)$$

$$= \max\{a_2, a_1\varepsilon^4 + a_2(1-\varepsilon^2)^2\} = a_2$$

固有误差 $E(S,I,\varepsilon) \geqslant a_2^{\frac{1}{4}}$. 这一估计精确. 事实上,算法 $A^*: IK + \varepsilon S_3 \to X_2, A^* y = 0, |y| \leqslant 2\varepsilon$, $A^* y = (y, 0)$,当 $y \in IK + \varepsilon S_3, |y| > 2\varepsilon$ 时,那么算法 A^* 产生的误差是

$$e_{A^*} = \sup_{\substack{x \in K \\ \| Ix - y \| \leqslant \varepsilon}} \| Sx - A^* y \|_{l_4}$$

$$|y| \leqslant 2\varepsilon, |Ix - y| = |x_1 - y|$$

$$\leqslant \varepsilon \Rightarrow |x_1| \leqslant |y| + \varepsilon \leqslant 3\varepsilon < b$$

$$|y| > 2\varepsilon \Rightarrow |x_1| \geqslant \varepsilon \Rightarrow x_2^2 \leqslant 1 - \varepsilon^2$$

由此推出 $e_{A^*}^4 \leqslant a_2$,所以 $e_{A^*} = a_2^{\frac{1}{4}} = \frac{1}{2}d(S,I,\varepsilon)$.

现在考虑线性固有误差 $E_L(S,I,\varepsilon)$. 由于每个线性算法采取形式 $C(y) = (c_1 y, c_2 y)$. 由它产生的逼近误差

$$e_c^4 = \max_{\substack{x_1^2 + x_2^2 \leqslant 1 \\ |x_1 - y| \leqslant \varepsilon}} (a_1(x_1 - c_1 y)^4 + a_2(x_2 - c_2 y)^4)$$

令 $x_1 = y = 1, x_2 = 0$,以及 $x_1 = 0, x_2 = 1, y = \pm\varepsilon$ 给出

$$e_c^4 \geqslant \max\{a_1(1-c_1)^4 + a_2 c_2^4,$$
$$a_1(c_1\varepsilon)^4 + a_2(1 \pm c_2\varepsilon)^4\} > a_2$$

所以

$$\inf_{c} e_c = E_L(S,I,\varepsilon) > a_2^{\frac{1}{4}}$$

注意上面的inf是可以达到的(可以用聚点原理证),那么最后得

$$E_L(S,I,\varepsilon) > a_2^{\frac{1}{4}} = E(S,I,\varepsilon)$$

结论　不存在实现 $E(S,I,\varepsilon)$ 的线性最优算法. 与此反例有关的工作有 Traub, Wozniakowski[1], Packel[28,29].

Micchelli 的反例说明

$$\frac{E_L(S,I,\varepsilon)}{E(S,I,\varepsilon)} > 1$$

Werschultz 和 Wozniakowski 研究了下面的问题. 是否存在常数 $C > 0$ 使

$$\frac{E_L}{E} < C$$

回答是否定的. 他们构造了满足下列条件的一例: $E(S,I,\varepsilon)$ 有限,同时 $E_L/E = +\infty$. 这说明:存在着一类线性问题其信息半径有限,但线性固有误差可以任意大. 对这一问题的进一步讨论可以参阅新近的资料[7]. 下面转到介绍与此反例有关的两个正面结果.

(二)Hilbert 空间上线性算子的最优恢复

设 X_1, X_2, X_3 是实 Hilbert 空间, $K = \{x \in X_1 \mid \|x\| \leqslant 1\}$ 是问题元集. $S(X_1 \to X_2)$ 是线性算子, $I(X_1 \to X_3)$ 是线性有界算子, $\varepsilon > 0$. 我们来讨论最优恢复问题$(S,K,I,\varepsilon > 0)$,我们的目的是证明 $E(S,I,\varepsilon) = E_L(S,I,\varepsilon)$. 详细地说,成立着:

定理 9.5.1　设 X_1, X_2, X_3 是实 Hilbert 空间, K

是 X_1 的单位球，$S(X_1 \to X_2)$，$I(X_1 \to X_3)$ 各是线性和线性有界算子，$\varepsilon > 0$，则

$$\frac{1}{2}d(S,I,\varepsilon) = E(S,I,\varepsilon) = E_L(S,I,\varepsilon)$$

并且存在线性最优算法.

证　分作以下若干步骤进行.

(1) 在 X_1 上定义两个 Hilbert 半范如下：$\| x \|_0 = \| Sx \|_{X_2}$，$\| x \|_2 = \varepsilon^{-1} \| Ix \|_{X_3}$，此外，$\| x \|_1$ 表示 $\| x \|_{X_1}$. 根据第五章定理 5.5.9 有

$$\sup_{\substack{\| x \|_1 \leqslant 1 \\ \| Ix \|_3 \leqslant \varepsilon}} \| Sx \|_2 = \min_{0 \leqslant \lambda \leqslant 1} \sup_{\lambda \| x \|_1 + (1-\lambda)\varepsilon^{-2} \| Ix \|_3 \leqslant 1} \| Sx \|_2$$

(2) 任意固定 $\lambda \in [0,1]$. 对任一算法 $A(IK + \varepsilon S_3 \to X_2)$ 有

$$\begin{aligned}\sup_{\substack{\| x \|_1 \leqslant 1 \\ \| Ix \|_3 \leqslant \varepsilon}} \| Sx \|_2 &\leqslant \sup_{\substack{\| x \|_1 \leqslant 1 \\ \| Ix-y \|_3 \leqslant \varepsilon}} \| Sx - Ay \|_2 \\ &\leqslant \sup_{\lambda \| x \|_1^2 + (1-\lambda)\varepsilon^{-2} \| Ix-y \|_3^2 \leqslant 1} \| Sx - Ay \|_2 \overset{\text{df}}{=} R_\lambda(A)\end{aligned}$$

(3) 作乘积空间 $W = X_1 \times X_3$，赋范

$$\| W \|_\lambda^2 \overset{\text{df}}{=} \lambda \| x \|_1^2 + (1-\lambda)\varepsilon^{-2} \| x \|_3^2$$

$w = (x,t) \in W$. 容易验证这是 Hilbert 范数，因而 $(W, \| \cdot \|_\lambda)$ 是一 Hilbert 空间. 置

$$\hat{K} = \{ w \in W \mid \| w \|_\lambda \leqslant 1 \}$$

$$\hat{S}w = Sx$$

$$\hat{I}w = Ix - t, w = (x,t) \in W$$

$$\hat{A}(\hat{I}w) = Ay, w = (x,t) \in W y = Ix - t$$

于是有

$$\sup_{w \in \hat{K}} \| \hat{S}w - \hat{A}(\hat{I}w) \|_2 =$$

$$\sup_{\lambda\|x\|_1^2+(1-\lambda)\varepsilon^{-2}\|Ix-y\|_3^2\leqslant 1}\|Sx-Ay\|_2=R_\lambda(A)$$

我们看到，引进乘积空间$(W,\|\cdot\|_\lambda)$的用处是：把原来的最优恢复问题(S,K,I,ε)化归成问题$(\hat{S},\hat{K},\hat{I},0)$，从而简化了讨论.

(4) 假定 $\forall y\in\hat{I}\hat{K}$，极小问题

$$\min_{\hat{I}w=y}\|w\|_\lambda$$

有解$\overline{w}$，则映射$A_\lambda:y\to\hat{S}\overline{w}$是线性的，而且对每一$y\in\hat{I}\hat{K}$有

$$\begin{aligned}&\sup_{\substack{\|w\|_\lambda\leqslant 1\\ \hat{I}w=y}}\|\hat{S}w-A_1y\|_{X_2}\\ \leqslant&\sqrt{1-\|\overline{w}\|_\lambda^2}\cdot\sup_{\substack{\|w\|_\lambda\leqslant 1\\ \hat{I}w=0}}\|\hat{S}w\|_{X_2}\end{aligned}\tag{9.67}$$

因记$\ker(\hat{I})=\{w\in W\mid\hat{I}w=0\}$. 任取$y\in\hat{I}\hat{K}$，若$y=I\hat{w}$，$\|\hat{w}\|_\lambda\leqslant 1$，则

$$\mathscr{M}_y\overset{\text{df}}{=\!=}\{w\mid\hat{I}w=y\}=\hat{w}+\ker(\hat{I})$$

所以

$$\min_{\hat{I}w=y}\|w\|_\lambda=\min_{u\in\ker(\hat{I})}\|\hat{w}+u\|_\lambda$$

由于$\mathscr{M}_y\subset(W,\|\cdot\|_\lambda)$是凸集，所以$\overline{w}$是唯一的. 而且由于$\ker(\hat{I})$上的正交投影算子（最佳逼近算子）是线性的，所以$A_\lambda:y\to\hat{S}\overline{w}$是线性的. 往下证式(9.67)我们有

$$\begin{aligned}\|w-\overline{w}\|_\lambda^2&=(w-\overline{w},w-\overline{w})_\lambda\\&=(w,w-\overline{w})_\lambda-\\&\quad(\overline{w},w-\overline{w})_\lambda\end{aligned}$$

但$w-\overline{w}\in\ker(\hat{I})$，所以有$(\overline{w},w-\overline{w})_\lambda=0$，因此

$$\|w-\overline{w}\|_\lambda^2=(w,w)_\lambda-(w,\overline{w})_\lambda=\|w\|_\lambda^2-(w,\overline{w})_\lambda$$

$$= \| w \|_\lambda^2 - (w - \overline{w} + \overline{w}, \overline{w})_\lambda$$
$$= \| w \|_\lambda^2 - \| \overline{w} \|_\lambda^2$$
$$\leqslant 1 - \| \overline{w} \|_\lambda^2$$

由于

$$\| \hat{S}w - A_\lambda y \|_{X_2} = \| \hat{S}(w - \overline{w}) \|_{X_2}$$

所以有式(9.67).

至此,由式(9.67)直接得出

$$\sup_{\| w \|_\lambda \leqslant 1} \| \hat{S}w - A_\lambda y \|_{X_2} \leqslant \sup_{\substack{\| w \|_\lambda \leqslant 1 \\ Iw = 0}} \| \hat{S}w \|_{X_2} \tag{9.68}$$

式(9.68)说明:A_λ 是问题$(\hat{S}, \hat{K}, \hat{I}, 0)$的一个线性最优算法.

(5) 现在从空间$(W, \| \cdot \|_\lambda)$回到原来的 X_1. 由 $\hat{I}w = Ix - t$,那么极小问题

$$\begin{aligned} \min_{Iw = y} \| w \|_\lambda^2 &= \min_{Ix - t = y} (\lambda \| x \|_{X_1}^2 + \\ &\qquad (1-\lambda)\varepsilon^{-2} \| Ix - y \|_{X_3}^2) \\ &= \min_{x \in X_1} (\lambda \| x \|_{X_1}^2 + \\ &\qquad (1-\lambda)\varepsilon^{-2} \| Ix - y \|_{X_3}^2) \end{aligned}$$

的解 $\overline{w}$ 对应着 $\overline{x} \in X_1$ 及 $\overline{t} = I\overline{x} - y$. 对应着 $A_\lambda : y \to \hat{S}\overline{w}$ 的是 $y \to S\overline{x}$. 回到原来的空间中去式(9.68)就变成

$$\begin{aligned} &\sup_{\lambda \| x \|_1^2 + (1-\lambda)\varepsilon^{-2} \| Ix - y \|_{X_3}^2 \leqslant 1} \| Sx - S\overline{x} \|_{X_2} \\ \leqslant &\sup_{\lambda \| x \|_1^2 + (1-\lambda)\varepsilon^{-2} \| Ix - y \|_{X_3}^2 \leqslant 1} \| Sx \|_{X_2} \end{aligned} \tag{9.69}$$

假定本证明的(1)中最小值对 $\lambda = \mu$ 达到,那么,在式(9.69)内令 $\lambda = \mu$ 给出

$$\sup_{\substack{\|x\|_1\leqslant 1\\ \|Ix-y\|_{X_2}\leqslant\varepsilon}}\|Sx-A_\mu y\|_{X_2}\leqslant\sup_{\mu\|x\|_1^2+(1-\mu)\varepsilon^{-2}\|Ix-y\|_{X_3}^2}\|Sx-S\bar{x}\|_{X_2}$$

$$\leqslant\sup_{\mu\|x\|_1^2+(1-\mu)\varepsilon^{-2}\|Ix-y\|_{X_3}^2}\|Sx\|_{X_2}=\frac{1}{2}d(S,I,\varepsilon)$$

($A_\mu y=S\bar{x}$) 最后的式子表明

$$\frac{1}{2}d(S,I,\varepsilon)=E(S,I,\varepsilon)$$

A_μ 是一最优算法.由于它是线性的,所以同时得到

$$E_L(S,I,\varepsilon)=E(S,I,\varepsilon)$$

(6) 剩下最后一点,是关于极小问题

$$\min_{\hat{I}w=y}\|w\|_\lambda=\|\bar{w}\|_\lambda$$

中的 $\bar{w}$ 的存在问题.我们只讨论一下 $\lambda\in(0,1)$ 的情形.设 $0<\lambda<1$. $\|w\|_\lambda^2=\lambda\|x\|_{X_1}^2+(1-\lambda)\varepsilon^{-2}\|t\|_{X_3}^2$ 是范数. $\ker(\hat{I})$ 是$(W,\|\cdot\|_\lambda)$内的闭子空间,这时根据 Hilbert 空间内的直交分解定理,便知对每一 y,存在唯一的 $\bar{w}$ 满足

$$\min_{\hat{I}w=y}\|w\|_\lambda=\|\bar{w}\|_\lambda$$

记 $\psi(\lambda)=\sup\limits_{\lambda\|x\|_1^2+(1-\lambda)\varepsilon^{-2}\|Ix\|_3^2\leqslant 1}\|Sx\|_2$.

$\psi(\lambda)$ 实际上是$[0,1]$上的凸函数,我们在证明的(1)中已经给出

$$\frac{1}{2}d(S,I,\varepsilon)=\sup_{\substack{\|x\|_1\leqslant 1\\ \|Ix\|_3\leqslant\varepsilon}}\|Sx\|_2=\min_{0\leqslant\lambda\leqslant 1}\psi(\lambda)=\psi(\mu)$$

如果 $\mu\in(0,1)$,那么全部证明完结.特别在此指出,当

$$\lim_{\lambda\to 0+}\psi(\lambda)=\lim_{\lambda\to 1-}\psi(\lambda)=+\infty$$

时,必有 $\mu\in(0,1)$ 成立.由于

$$\psi(0)=\sup_{\|Ix\|_3^2\leqslant\varepsilon^2}\|Sx\|_2 \tag{9.70}$$

$$\psi(1)=\sup_{\|x\|_1\leqslant 1}\|Sx\|_2 \tag{9.71}$$

所以当式(9.70)和(9.71)是无限大时,只经考虑 $\lambda\in(0,1)$,这时全部问题得到圆满的解答.

附注 9.5.1 定理 9.5.1 中的 X_1 的条件 X_1 是 Hilbert 空间可以减弱为"X_1 是一赋半 Hilbert 范空间".关键是在乘积空间 W 内,$\|w\|_\lambda^2=\lambda\|x\|_1^2+(1-\lambda)\varepsilon^{-2}\|t\|_{X_3}^2$ 在 $\ker(\hat{I})$ 上是 Hilbert 范数.此时 $\|w\|_\lambda^2=\lambda\|x\|_1^2+(1-\lambda)\varepsilon^{-2}\|Ix\|_{X_3}^2\ (0<\lambda<1)$.有了这一条就能保证定理 9.5.1 证明中第(4)条的成立.

例 9.5.1 $X_1=X_2=\widetilde{L}^2[0,1]$,即以 1 为周期的平方可和函数空间,$Sf=f$,$If=(f_{-k},f_{k+1},\cdots,f_{-k})\in\mathbf{C}^{2k+1}$,$k$ 是一固定的正整数,置 $x_3=(\mathbf{C}^{2k+1},l_2)$,此处

$$f_j=\int_0^1 f(t)\mathrm{e}^{2\pi\mathrm{i}jt}\mathrm{d}t,\mathrm{i}=\sqrt{-1},j=0,\pm 1,\cdots,\pm k$$

问题元集

$$K=\{f\in\widetilde{L}^2[0,1]\mid f\text{ 绝对连续,且 }\|f'\|_2\leqslant 1\}$$

此处

$$\|f'\|_2=\left\{\int_0^1|f'(t)|^2\mathrm{d}t\right\}^{\frac{1}{2}}$$

不妨碍对问题的讨论,作为空间 X_1 可以取 $\widetilde{L}^2[0,1]$ 的子集 $\widetilde{L}_2^{(1)}[0,1]=\{f\in\widetilde{L}^2[0,1];f$ 绝对连续,且 $f'\in\widetilde{L}^2[0,1]\}$

在其中引入 Hilbert 半范

$$\|f\|_1=\left\{\int_0^1|f'(t)|^2\mathrm{d}t\right\}^{\frac{1}{2}}$$

$$K=\{f\in \widetilde{L}_2^{(1)}[0,1] \mid \|f\|_1\leqslant 1\}$$

由

$$\|f\|_1^2=4\pi^2\sum_{j=-\infty}^{+\infty}j^2\mid f_j\mid^2,\ \|If\|_{X_3}^2=\sum_{|j|\leqslant k}\mid f_j\mid^2$$

那么,当 $0<\lambda<1$ 时

$$\begin{aligned}\|w\|_\lambda^2&=\lambda\|f\|_1^2+(1-\lambda)\varepsilon^{-2}\|If\|_{X_3}^2\\&=\lambda\cdot 4\pi^2\sum_{j=-\infty}^{+\infty}j^2\mid f_j\mid^2+\\&\quad(1-\lambda)\varepsilon^{-2}\sum_{|j|\leqslant k}\mid f_j\mid^2\end{aligned}$$

由此看出,$\|w\|_\lambda^2=0\Rightarrow w=0$,即 $\|\cdot\|_\lambda^2$ 在 $\hat{I}$ 的零空间 $\ker(\hat{I})$ 上是一 Hilbert 范数. 故(见附注 9.5.1)由定理 9.5.1 有

$$\frac{1}{2}d(S,I,\varepsilon)=E(S,I,\varepsilon)=E_L(S,I,\varepsilon)$$

为了估计出固有误差,最好是设法找出 $\psi(\lambda)$(图 9.4). 为此,由

$$\begin{aligned}&\lambda\|f\|_1^2+(1-\lambda)\varepsilon^{-2}\|If\|_{X_3}^2\\&=\lambda\cdot 4\pi^2\sum_{j=-\infty}^{+\infty}j^2\mid f_j\mid^2+\\&\quad(1-\lambda)\varepsilon^{-2}\sum_{|j|\leqslant k}\mid f_j\mid^2\\&\geqslant\lambda\cdot 4\pi^2\sum_{|j|\geqslant k+1}j^2\mid f_j\mid^2+\\&\quad(1-\lambda)\varepsilon^{-2}\sum_{|j|\leqslant k}\mid f_j\mid^2\\&\geqslant\min\{(1-\lambda)\varepsilon^{-2},4\pi^2\lambda(k+1)^2\}\sum_{j=-\infty}^{+\infty}\mid f_j\mid^2\end{aligned}$$

其中 $\sum_{j=-\infty}^{+\infty}\mid f_j\mid^2=\frac{1}{4\pi^2}\int_0^1\mid f(t)\mid^2\mathrm{d}t=\|f\|_{L^2}^2$,是为 $Sf=f$ 在 X_2 内的范数. 若

$$\lambda \| f \|_1^2 + (1-\lambda)\varepsilon^{-2} \| If \|_{X_3}^2 \leqslant 1 \quad (9.72)$$

则得

$$\sup \| Sf \|_{X_2}^2 \leqslant \frac{1}{\min\{(1-\lambda)\varepsilon^{-2}, 4\pi^2\lambda(k+1)^2\}}$$

上式中右边的界值不能再改进.事实上,在

$$(1-\lambda)\varepsilon^{-2} < 4\pi^2\lambda(k+1)^2$$

和$(1-\lambda)\varepsilon^{-2} \geqslant 4\pi^2\lambda(k+1)^2$两种情形下,可以分别作出 f 满足约束条件(9.72)而使 $\| f \|_{L^2}^2$ 达到界值.所以有

$$\psi^2(\lambda) = \frac{1}{\min\{(1-\lambda)\varepsilon^{-2}, 4\pi^2\lambda(k+1)^2\}} \quad (9.73)$$

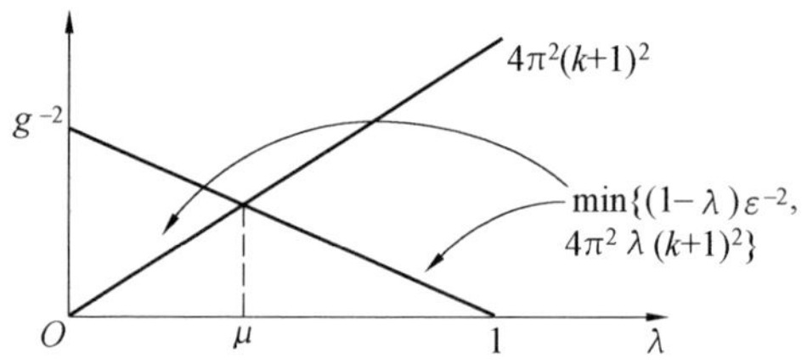

图 9.4

$\psi(\lambda)$ 是$(0,1)$上的凸函数,且$\lim\limits_{\lambda\to 0+}\psi(\lambda) = \lim\limits_{\lambda_1\to 1-}\psi(\lambda) = +\infty$. 它在$(0,1)$内有唯一的极小值点

$$\mu = \frac{1}{1+4\pi^2\varepsilon^2(k+1)^2}$$

所以得

$$\begin{aligned} E(S,I,\varepsilon) &= E_L(S,I,\varepsilon) \\ &= \sup_{\substack{f\in K \\ \| If-y \|_{X_3} \leqslant \varepsilon}} \| f \|_{L_2} = \min_{0<\lambda<1} \psi(\lambda) \\ &= \psi(\mu) = \sqrt{\varepsilon^2 + \frac{1}{4\pi^2(k+1)^2}} \end{aligned} \quad (9.74)$$

线性最优算法的构造：

设 $f \in K, y=(y_{-k}, y_{-k+1}, \cdots, y_k) \in X_3$ 满足条件 $\| If-y \|_{X_3} \leqslant \varepsilon$. 定义映射

$$\alpha^*: X_3 \to \widetilde{L}^2[0,1], y \to \sum_{|j| \leqslant k} y_j \mathrm{e}^{2\pi \mathrm{i} jt}$$

则由

$$\| Sf-\alpha^* y \|_{L_2}^2 = \sum_{|j| \leqslant k} | f_j - y_j |^2 + \sum_{|j| \geqslant k+1} | f_j |^2$$

以及条件

$$\| If-y \|_{L_2}^2 = \sum_{|j| \leqslant k} | f_j - y_i |^2 \leqslant \varepsilon^2$$

$$\int_0^1 | f'(t) |^2 \mathrm{d}t = 4\pi^2 \sum_{j=-\infty}^{+\infty} j^2 | f_j |^2 \leqslant 1$$

得 $$\sup_{\substack{f \in K \\ \| If-y \|_{X_3} \leqslant \varepsilon}} \| Sf-\alpha^* y \|_{X_2}^2 \leqslant \varepsilon^2 + \frac{1}{4\pi^2 (k+1)^2}$$

即 α^* 是最优的.

例 9.5.2　给定函数类

$L_2^{(n)}(\mathbf{R}) = \{ f \mid f^{(n-1)}$ 局部绝对连续，且 $f^{(n)} \in L^2(\mathbf{R}) \}$ 取 $X_1 = L_2^{(n)}(\mathbf{R}) \cap L^2(\mathbf{R})$. $K = \{ f \mid f \in X_1, \| f^{(n)} \|_{L^2(\mathbf{R})} \leqslant 1 \}$. $If = f, Sf = f^{(k)}, \varepsilon > 0$. $X_2 = X_3 = L^2(\mathbf{R})$，其中的 Hilbert 范数规定为

$$\| f \|_{L_2(\mathbf{R})} = \frac{1}{\sqrt{2\pi}} \left\{ \int_{\mathbf{R}} | f(x) |^2 \mathrm{d}x \right\}^{\frac{1}{2}}$$

在 X_1 上规定一个 Hilbert 半范 $\| f \|_1^2 = \| f^{(n)} \|_{L_2(\mathbf{R})}^2$，则 $K = \{ f \mid f \in X_1, \| f \|_1 \leqslant 1 \}$，对 $\lambda \in (0,1)$ 考虑

$$\begin{aligned} \| w \|_\lambda^2 &= \lambda \| f \|_1^2 + (1-\lambda) \varepsilon^{-2} \| If \|_{L_2(\mathbf{R})}^2 \\ &= \lambda \| f^{(n)} \|_{L_2(\mathbf{R})}^2 + (1-\lambda) \varepsilon^{-2} \| f \|_{L_2(\mathbf{R})}^2 \end{aligned}$$

由此看出 $\| w \|_\lambda^2 = 0 \Rightarrow w = 0$ 在 $\ker(\hat{I})$ 上成立. 故由附注 9.5.1，知道定理 9.5.1 的结果对此成立. 根据

$L^2(\mathbf{R})$ 上 Fourier 变换的性质,有

$$\| f \|_{L_2(\mathbf{R})}^2 = \frac{1}{2\pi}\int_{\mathbf{R}} | \omega |^{-2k} | \hat{f}^{(k)}(\omega) |^2 \mathrm{d}\omega$$

$$\| f^{(n)} \|_{L_2(\mathbf{R})}^2 = \frac{1}{2\pi}\int_{\mathbf{R}} | \omega |^{2(n-k)} | \hat{f}^{(k)}(\omega) |^2 \mathrm{d}\omega$$

于是

$$\begin{aligned}&\lambda \| f^{(n)} \|_{L_2(\mathbf{R})}^2 + (1-\lambda)\varepsilon^{-2} \| f \|_{L_2(\mathbf{R})}^2 \\ = &\frac{1}{2\pi}\int_{\mathbf{R}}[(1-\lambda)\varepsilon^{-2} | \omega |^{-2k} + \\ &\lambda | \omega |^{2(n-k)}] | \hat{f}^{(k)}(\omega) |^2 \mathrm{d}\omega\end{aligned}$$

置

$$\varphi(\omega) = (1-\lambda)\varepsilon^{-2}\omega^{-2k} + \lambda\omega^{2(n-k)}, \omega > 0$$

$$\varphi(\omega) > 0, \varphi(0+) = +\infty, \varphi(+\infty) = +\infty$$

求出它的最小值得到

$$\begin{aligned}&(1-\lambda)\varepsilon^{-2} \| f \|_{L_2(\mathbf{R})}^2 + \lambda \| f^{(n)} \|_{L_2(\mathbf{R})}^2 \\ \geqslant &\frac{1-\lambda}{\varepsilon^2}\cdot\frac{n}{n-k}\left(\frac{n-k}{n}\cdot\frac{\lambda\varepsilon^2}{1-\lambda}\right)^{\frac{k}{n}}\cdot \| f^{(k)} \|_{L_2(\mathbf{R})}^2\end{aligned}$$

故由

$$\begin{aligned}&(1-\lambda)\varepsilon^{-2} \| f \|_{L_2(\mathbf{R})}^2 + \lambda \| f^{(n)} \|_{L_2(\mathbf{R})}^2 \leqslant 1 \\ \Rightarrow &\| f^{(k)} \|_{L_2(\mathbf{R})}^2 \leqslant \frac{\varepsilon^2}{1-\lambda}\left(1-\frac{k}{n}\right)\left(\frac{k}{n-k}\cdot\frac{1-\lambda}{\lambda\varepsilon^2}\right)^{\frac{k}{n}} \\ = &\psi(\lambda)\end{aligned}$$

令 $\lambda = \dfrac{k}{n}$,得到

$$\| f^{(k)} \|_{L_2(\mathbf{R})}^2 \leqslant \varepsilon^2 \cdot \varepsilon^{-\frac{2k}{n}} = \varepsilon^{2\left(1-\frac{k}{n}\right)}$$

所以

$$\sup_{\substack{\| f \|_{L_2} \leqslant \varepsilon \\ \| f^{(n)} \|_{L_2} \leqslant 1}} \| f^{(k)} \|_{L_2} \leqslant \varepsilon^{1-\frac{k}{n}} \tag{9.75}$$

式(9.75)包括了著名的 Hardy-Littlewood-Polya 不等

式：$\forall f \in L_2^{(n)}(\mathbf{R}) \cap L^2(\mathbf{R})$，有

$$\| f^{(k)} \|_{L_2} \leqslant \| f \|_{L_2}^{1-\frac{k}{n}} \cdot \| f^{(n)} \|_{L_2}^{\frac{k}{n}}$$

事实上设 $\| f^{(n)} \|_{L_2} > 0$，置 $g = \| f^{(n)} \|_{L_2}^{-1} \cdot f$，则

$$g \in W_2^n(\mathbf{R}) \cap L^2(\mathbf{R}),\ \| g^{(n)} \|_{L_2} = 1$$

令 $\varepsilon = \| g \|_{L_2}$，即得 $\| g^{(k)} \|_{L_2} \leqslant \| g \|_{L_2}^{1-\frac{k}{n}}$，经过代换，得所欲求.

往下我们来构造线性最优算法，按照定理 9.5.1 证明中第(5)条，对 g，$\| f - g \|_{L_2(\mathbf{R})} \leqslant \varepsilon$ 我们需要解一个联合均方逼近问题

$$\min_f \rho \| f^{(n)} \|_{L_2(\mathbf{R})}^2 + \| f - g \|_{L_2(\mathbf{R})}^2$$

$$= \min_f \frac{1}{2\pi} \int_{-\infty}^{+\infty} \rho \omega^{2n} | \hat{f}(\omega) |^2 + | \hat{f}(\omega) - \hat{g}(\omega) |^2 \mathrm{d}\omega$$

其中的 $\rho = \frac{\mu \varepsilon^2}{1-\mu}$. 根据均方逼近的理论，它的解唯一存在，其解析表达式是

$$P_\rho(g)(t) \stackrel{\mathrm{df}}{=} \int_{-\infty}^{+\infty} K_\rho(t-\tau) g(\tau) \mathrm{d}\tau \tag{9.76}$$

核函数为

$$K_\rho(t) = \frac{1}{2\pi} \int_{-\infty}^{+\infty} \frac{\mathrm{e}^{\mathrm{i}\omega t}}{1 + \rho \omega^{2n}} \mathrm{d}\omega \tag{9.77}$$

事实上，可以利用均方逼近的最佳逼近元的特征条件来验证式(9.76). 假定 $f_0(t)$ 是最佳逼近元，f_0 的特征是对任取的 $f \in X_1$ 有(见 §7 的注)

$$\rho \int_{-\infty}^{+\infty} \omega^{2n} (\hat{f}(\omega) - \hat{f}_0(\omega)) \hat{f}_0(\omega) \mathrm{d}\omega +$$

$$\int_{-\infty}^{+\infty} (\hat{f}(\omega) - \hat{f}_0(\omega))(\hat{f}_0(\omega) - \hat{g}(\omega)) \mathrm{d}\omega = 0$$

我们说 $f_0(t) = P_\rho(g)(t)$. 因为由 $\hat{f}_0(\omega) = \hat{K}_\rho(\omega) \cdot \hat{g}(\omega)$ 和

$$\hat{K}_\rho(\omega)=\frac{1}{1+\rho\omega^{2n}}$$

把这些代入上式经计算得零

$$\rho\int_{-\infty}^{+\infty}\omega^{2n}(\hat{f}(\omega)-\hat{K}_\rho(\omega)\hat{g}(\omega))\hat{K}_\rho(\omega)\hat{g}(\omega)\mathrm{d}\omega+$$

$$\int_{-\infty}^{+\infty}(\hat{f}(\omega)-\hat{K}_\rho(\omega)\hat{g}(\omega))(\hat{K}_\rho(\omega)-1)\hat{g}(\omega)\mathrm{d}\omega=0$$

所以 $P_\rho(g)(t)$ 是解. 从而 $Sf=f^{(k)}$ 的线性最优算法是 $(P_\rho g)^{(k)}$,其中 $\rho=\dfrac{\omega\varepsilon^2}{1-\mu}$,$\mu=\dfrac{k}{n}$.

例 9.5.3 仍取 $X_1=W_2^n(\mathbf{R})\cap L^2(\mathbf{R})$,赋以 Hilbert 范数如下

$$\|f\|_\rho^2=\|f\|_{L_2(\mathbf{R})}^2+\rho\|f^{(n)}\|_{L_2(\mathbf{R})}^2\quad(9.78)$$

相应的内积由下式给出

$$(f,g)_\rho=(f,g)_2+\rho(f^{(n)},g^{(n)})_2\quad(9.79)$$

注意$(X_1,\|\cdot\|_\rho)$是一再生核空间,其再生核是函数 $K_\rho(x-t)$,那么 $\forall f\in X_1$ 有

$$f(x)=\frac{1}{2\pi}\int_{-\infty}^{+\infty}K_\rho(x-t)f(t)\mathrm{d}t+$$

$$\frac{\rho}{2\pi}\int_{-\infty}^{+\infty}K_\rho^{(n)}(x-t)f^{(n)}(t)\mathrm{d}t\quad(9.80)$$

今置 $X_2=X_3=L^2(\mathbf{R})$,$Sf=f^{(k)}(0)$,则对

$$\rho=\frac{\varepsilon^2\lambda}{1-\lambda},\lambda\in(0,1)$$

有

$$\sup_{\lambda\|f(x)\|_{L_2(R)}^2+(1-\lambda)\varepsilon^{-2}\|f\|_{L_2(R)}^2\leqslant 1}|f^{(k)}(0)|^2$$

$$=\frac{\varepsilon^2}{1-\lambda}\sup_{\|f\|_\rho\leqslant 1}|f^{(k)}(0)|^2$$

由于

$$2\pi f^{(k)}(x)=\int_{-\infty}^{+\infty}K_\rho^{(k)}(x-t)f(t)\mathrm{d}t+$$
$$\rho\int_{-\infty}^{+\infty}K_\rho^{(n+k)}(x-t)f^{(n)}(t)\mathrm{d}t$$

所以

$$\begin{aligned}f^{(k)}(0)&=(f(\cdot),K_\rho^{(k)}(0-\cdot))_2+\\&\quad\rho(f^{(n)}(\cdot),K_\rho^{(n+k)}(0-\cdot))_2\\&=(K_\rho^{(k)}(0-\cdot),f(\cdot))_\rho\end{aligned}$$

从而得

$$\begin{aligned}\sup_{\|f\|_\rho\leqslant 1}|f^{(k)}(0)|^2&=\sup_{\|f\|_\rho\leqslant 1}|(K_\rho^{(k)}(0-\cdot),f(\cdot))_\rho|^2\\&=|K_\rho^{(k)}(0-\cdot)|_\rho^2\\&=\|K_\rho^{(k)}(0-\cdot)\|_{L_2(\mathbf{R})}^2+\\&\quad\rho\|K_\rho^{(n+k)}(0-\cdot)\|_{L_2(\mathbf{R})}^2\end{aligned}$$

再注意到

$$K_\rho(x)=\frac{1}{2\pi}\int_{-\infty}^{+\infty}K_\rho(x-t)K_\rho(t)\mathrm{d}t+$$
$$\frac{\rho}{2\pi}\int_{-\infty}^{+\infty}K_\rho^{(n)}(x-t)K_\rho^{(n)}(t)\mathrm{d}t$$

可得

$$\begin{aligned}K_\rho^{(k)}(x)&=\frac{1}{2\pi}\int_{-\infty}^{+\infty}K_\rho^{(k)}(x-t)K_\rho(t)\mathrm{d}t+\\&\quad\frac{\rho}{2\pi}\int_{-\infty}^{+\infty}K_\rho^{(n+k)}(x-t)K_\rho^{(n)}(t)\mathrm{d}t\\&=\frac{1}{2\pi}\int_{-\infty}^{+\infty}K_\rho(x-t)K_\rho^{(k)}(t)\mathrm{d}t+\\&\quad\frac{\rho}{2\pi}\int_{-\infty}^{+\infty}K_\rho^{(n)}(x-t)K_\rho^{(n+k)}(t)\mathrm{d}t\end{aligned}$$

所以

$$K_\rho^{(2k)}(x)=\frac{1}{2\pi}\int_{-\infty}^{+\infty}K_\rho^{(k)}(x-t)K_\rho^{(k)}(t)\mathrm{d}t+$$

$$\frac{\rho}{2\pi}\int_{-\infty}^{+\infty} K_{\rho}^{(n+k)}(x-t)K_{\rho}^{(n+k)}(t)\mathrm{d}t$$

由于 $K_{\rho}(t)$ 是偶函数,所以 $K_{\rho}^{(k)}(-t)=(-1)^{k}K_{\rho}^{(k)}(t)$,所以有

$$(-1)^{k}K_{\rho}^{(2k)}(0)=\|K_{\rho}^{(k)}(0-\cdot)\|_{L_2(\mathbf{R})}^{2}+\rho\|K_{\rho}^{(n+k)}(0-\cdot)\|_{L_2(\mathbf{R})}^{2}$$

由此得

$$\frac{\varepsilon^{2}}{1-\lambda}\sup_{\|f\|_{\rho}\leqslant 1}|f^{(k)}(0)|^{2}=\frac{\varepsilon^{2}}{1-\lambda}(-1)^{k}K_{\rho}^{(2k)}(0)$$

$$=\frac{\varepsilon^{2}}{1-\lambda}\cdot\rho^{-\frac{2k+1}{2n}}\cdot\frac{1}{2\pi}\int_{-\infty}^{+\infty}\frac{\omega^{2k}}{1+\omega^{2n}}\mathrm{d}\omega$$

$$=\lambda^{-\frac{2k+1}{2n}}\cdot(1-\lambda)^{-1+\frac{2k+1}{2n}}\cdot\varepsilon^{\frac{2n-2k-1}{n}}\cdot\left(2n\sin\frac{2k+1}{2n}\pi\right)^{-1}$$

此函数在(0,1)内是凸函数,当

$$\lambda=\mu=\frac{k}{n}+\frac{1}{2n}$$

时取到最小值,此时的

$$\rho=\frac{k+\frac{1}{2}}{\left(n-k+\frac{1}{2}\right)\varepsilon^{2}}$$

最小误差是

$$\left(\frac{2n}{2k+1}\right)^{\frac{2k+1}{2n}}\cdot\left(\frac{2n-2k-1}{2n}\right)^{\frac{-(2n-2k-1)}{2n}}\cdot\varepsilon^{\frac{2n-2k-1}{n}}\cdot\left(2n\sin\frac{2k+1}{2n}\pi\right)^{-1},1\leqslant k<n$$

上面的误差是在限制条件 $\|f\|_{L_2(\mathbf{R})}\leqslant\varepsilon$,$\|f^{(n)}\|_{L_2(\mathbf{R})}\leqslant 1$ 时得到的.去掉这些限制,最后得:

定理 9.5.2 设 $n\geqslant 2,1\leqslant k<n$,则 $\forall f\in W_2^n(\mathbf{R})\cap L^2(\mathbf{R})$,有

$$\| f^{(k)} \|_{L_\infty(\mathbf{R})} \leqslant C_{n,k} \| f \|_{L_2(\mathbf{R})}^{\frac{2n-2k-1}{2n}} \cdot \| f^{(n)} \|_{L_2(\mathbf{R})}^{\frac{2k+1}{2n}} \tag{9.80}$$

其中

$$C_{n,k} = \left(\frac{2n}{2k+1}\right)^{\frac{2k+1}{4n}} \cdot \left(\frac{2n-2k-1}{2n}\right)^{\frac{-(2n-2k-1)}{4n}} \cdot \left(2n\sin\frac{2k+1}{2n}\pi\right)^{-\frac{1}{2}} \tag{9.81}$$

不等式(9.80)精确.

不等式(9.81)出自 L. V. Taikov[31]. 属于 Landau-Kolmogorov 不等式问题在 $I=\mathbf{R}$,$(+\infty,2,2)$ 指标下的精确解,V. M. Tikhomirov 在[4]中给出了不同于[31]的证法. 我们这里介绍的证法出自[30].

例 9.5.4　置 $X_1=\widetilde{L}_2^{(n)}[-\pi,\pi]=\{f \mid f\in C_{2\pi}$, $f^{(n-1)}$ 绝对连续,$f^{(n)}\in \widetilde{L}_2[-\pi,\pi]\}$,$X_2=X_3=\widetilde{L}_2[-\pi,\pi]$. 问题元集

$$K=\{f \mid f\in \widetilde{L}_2^{(n)}[-\pi,\pi],\ \| f^{(n)} \|_2 \leqslant 1\}$$

若信息算子 $If=f$,$\varepsilon>0$,$Sf=f^{(k)}$,$1\leqslant k<n$. 考虑 Sf 的最优恢复问题. 这个问题和例 9.5.3 属同一类型,前者使用 Fourier 变换的工具,此地既然涉及周期函数,所以理所当然使用 Fourier 级数. 类似于前例,$\mu=\dfrac{k}{n}$ 时给出最小误差值. $f^{(k)}$ 的线性最优算法通过下面极值问题的解

$$\min_{f\in X_1} \| f-g \|_2^2 + \rho \| f^{(n)} \|_2^2$$

(其中 $g\in \widetilde{L}^2[-\pi,\pi]$,$\| f-g \|_2 \leqslant \varepsilon$)作出. 解的解析表示式

$$\overline{f}(t)=\int_{-\pi}^{\pi}R_\rho(t-\tau)g(\tau)\mathrm{d}\tau \tag{9.82}$$

$$R_\rho(t)=\sum_{j=-\infty}^{+\infty}K_\rho(t+2j\pi) \tag{9.83}$$

线性最优算法是

$$S\overline{f}=\overline{f}^{(k)}$$

信息算子可以取离散的.比如,取一正整数 N,置 $x_j=-\pi+\frac{2j\pi}{N},j=1,\cdots,N$. 对 $f\in X_1$,置 $If=(f(x_1),\cdots,f(x_N))\in \mathbf{R}^N=X_3$.若 $\varepsilon>0$ 是信息误差界,可以取$(y_1,\cdots,y_N)\in \mathbf{R}^N$ 使

$$\frac{1}{N}\sum_{i=1}^{N}(f(x_i)-y_i)^2\leqslant\varepsilon^2$$

此时需要研究函数

$$\psi_N(\lambda)=\sup_{\lambda\|f^{(n)}\|_2^2+(1-\lambda)\varepsilon^{-2}N^{-1}\sum_{i=1}^{N}f(x_i)^2\leqslant 1}\|f^{(k)}\|_2^2$$

以取代

$$\psi(\lambda)=\sup_{\lambda\|f^{(n)}\|_2^2+(1-\lambda)\varepsilon^{-2}\|f\|_2^2\leqslant 1}\|f^{(k)}\|_2^2$$

其中 $0<\lambda<1$. $\min\limits_{0\leqslant\lambda\leqslant 1}\psi_N(x)$ 的极值点 μ_N 的精确位置不易求出,但是当 $N\to+\infty$ 时,可以借助于 $\psi(\lambda)$ 求出 μ_N 的渐近精确位置.仔细的讨论参阅[30].

(三)Traub-Wozniakowski 的一个结果

设 X_1 是实线性空间,X_2,X_4 是线性赋范空间,$X_3=\mathbf{R}^n$,$S:X_1\to X_2$ 为线性算子,$I=(I_1,\cdots,I_n)$,$I_1,\cdots,I_n$ 是n个线性无关的线性泛函($X_1\to\mathbf{R}$),n是一确定的正整数,$\varepsilon\geqslant 0$是信息误差.又设 $T:X_1\to X_4$ 是线性算子,作为问题元集我们取 $K=\{x\mid x\in X_1,$

$\| Tx \| \leqslant 1\}$.

定理9.5.3　设 $T(\ker I)$ 是 X_4 内的闭集，则存在 $f^{(1)},\cdots,f^{(n)} \in X_1$，使映射

$$\varphi(y)=\varphi(y_1,\cdots,y_n)=\sum_{i=1}^{n} y_i S f^{(i)},y \in IK+\varepsilon S_3$$

给出

$$r(S,I,\varepsilon) \leqslant e_\varphi \leqslant c(\varepsilon) r(S,I,\varepsilon) \qquad (9.84)$$

其中 $e_\varphi = \sup\limits_{\substack{x \in K \\ \| Ix-y \| \leqslant \varepsilon}} \| Sx-\varphi y \|$，$c(\varepsilon)$ 是一个仅依赖于 T,I,ε 的数.

证　(1) 先设 $\varepsilon=0$.

利用 $\ker(I)$ 把 X_1 分解成 $\ker(I)$ 及其线性补的直和

$$X_1=\ker(I) \oplus (\ker I)^{\perp}$$

$(\ker I)^{\perp}$ 是 n 维的. 存在 $\xi_1,\cdots,\xi_n \in X_1$，$(\ker I)^{\perp}=\mathrm{span}\{\xi_1,\cdots,\xi_n\}$，$I_i(\xi_j)=\delta_{i,j}$，且 $\forall f \in X_1$ 有(见引理9.2.1)

$$f=f_0+\sum_{i=1}^{n} I_i(f)\xi_i,f_0 \in \ker I \qquad (9.85)$$

$$\Rightarrow Tf=Tf_0+\sum_{i=1}^{n} I_i(f) T\xi_i \qquad (9.86)$$

记 $\mathfrak{M}=T(\ker I) \cap T((\ker I)^{\perp})$，$l=\dim \mathfrak{M}$，$\mathfrak{M}=\mathrm{span}\{\zeta_1,\cdots,\zeta_l\}$. 要注意 $\mathfrak{M} \supset \{0\}$ 但未必 $\mathfrak{M}=\{0\}$，即 $l \geqslant 0$. 将 $T((\ker I)^{\perp})$ 分解为 $\mathfrak{M} \oplus \mathfrak{M}^{\perp}$，$\mathfrak{M}^{\perp}$ 是 $\mathfrak{M}$ 在 $T((\ker I)^{\perp})$ 内的线性补. 记

$$k=\dim(\mathfrak{M}^{\perp}),\mathfrak{M}^{\perp}=\mathrm{span}\{\eta_1,\cdots,\eta_k\}$$

那么 $T(\ker I)$ 在 X_4 内有一个线性补是 $\mathfrak{M}^{\perp}$. 故存在 k 个线性泛函 $R_1,\cdots,R_k$，$\forall g \in X_4$ 有

$$g=g_0+\sum_{j=1}^{k}R_j(g)\eta_j,g_0\in T(\ker I)$$

且 $R_i(\eta_j)=\delta_{i,j},k+l\leqslant n$,是 $T((\ker I)^{\perp})$ 的维数,但

$$T((\ker I)^{\perp})=\operatorname{span}\{T\xi_1,\cdots,T\xi_n\}$$

故存在($k+l<n$ 时)$n-(k+l)$ 个线性无关元

$$\xi_1^*,\cdots,\xi_{n-(k+l)}^*\in(\ker I)^{\perp}$$

使 $T\xi_i^*=0(i=1,\cdots,n-(k+1))$;存在线性无关元

$$\xi_{n-(k+l)+1}^*,\cdots,\xi_{n-k}^*\in(\ker I)^{\perp}$$

使 $T\xi_{n-(k+l)+j}^*=\zeta_j(j=1,\cdots,l)$;以及线性无关元 $\xi_{n-k+1}^*,\cdots,\xi_n^*\in(\ker I)^{\perp}$ 使 $T\xi_{n-k+i}^*=\eta_i,i=1,\cdots,k$.

定义矩阵 $M=(I_i(\xi_j^*))$ $(i,j=1,\cdots,n)$. 证 $\det(M)\neq 0$. 设

$$c_1I_i(\xi_1^*)+\cdots+c_nI_i(\xi_n^*)=0,i=1,\cdots,n$$

记 $\xi=\sum_{i=1}^{n}c_i\xi_i^*$,则 $I_i(\xi)=0,i=1,\cdots,n$. 同时

$$\xi\in(\ker I)^{\perp}\Rightarrow\xi\in(\ker I)\cap(\ker I)^{\perp}\Rightarrow\xi=0$$

但

$$0=T\xi=\sum_{i=(n-k+l+1)}^{n}c_iT\xi_i^*=\sum_{j=1}^{l}c_{n-(k+l)+j}\zeta_j+\sum_{i=1}^{k}c_{n-k+i}\eta_i$$

所以

$$\sum_{j=1}^{l}c_{n-(k+l)+j}\zeta_j=-\sum_{i=1}^{k}c_{n-k+i}\eta_i$$

上式两端分别属于 $\mathfrak{M}$ 和 $\mathfrak{M}^{\perp}$,但 $\mathfrak{M}\cap\mathfrak{M}^{\perp}=\{0\}$,所以

$$\sum_{j=1}^{l}c_{n-(k+l)+j}\zeta_j=\sum_{i=1}^{k}c_{n-k+i}\eta_i=0$$

因而 $c_{n-(k+l)+1}=\cdots=c_n=0$,所以

$$\xi=\sum_{i=1}^{n-(k+l)}c_i\xi_i^*=0\Rightarrow c_1=\cdots=c_{n-(k+l)}=0$$

可得 $\det(M)\neq 0$.

取 $f_1,\cdots,f_n \in X_1$ 满足

$$(f_1,\cdots,f_n)^{\mathrm{T}}=(M^{\mathrm{T}})^{-1}(\xi_1^*,\cdots,\xi_n^*)^{\mathrm{T}}$$

其中 M^{T} 表示 M 的转置,则容易验证

$$I_i(f_j)=\delta_{i,j},i,j=1,\cdots,n$$

对 $\forall f \in X_1$ 由

$$f=f_0+\sum_{i=1}^{n}I_i(f)\xi_i \Rightarrow Tf=Tf_0+\sum_{i=1}^{n}I_i(f)T\xi_i$$

$$\Rightarrow R_j(Tf)=R_j(Tf_0)+\sum_{i=1}^{n}I_i(f)R_j(T\xi_i)$$

$$=\sum_{i=1}^{n}I_i(f)R_j(T\xi_i),j=1,\cdots,k \tag{9.87}$$

(因 $Tf_0 \in T(\ker I)$,故 $R_j(Tf_0)=0.$)

记 $M_1=(R_i(T\xi_j)),i=1,\cdots,k,j=1,\cdots,n.$ 在式(9.87)内令 $f=\xi_i^*$,考虑三种情形:

(1)$i=1,\cdots,n-(k+l)$. 由于 $T\xi_i^*=0 \Rightarrow R_j(T\xi_i^*)=0(j=1,\cdots,k)$.

(2)$i=n-(k+l)+1,\cdots,n-k$. $T\xi_{n-(k+l)+i}^*=\zeta_i \in T(\ker I)$,故亦有

$$R_j(T\xi_{n-(k+l)+i}^*)=0,i=1,\cdots,k$$

(3)$i=n-k+1,\cdots,n$. 此时 $T\xi_{n-k+i}^*=\eta_i$,故

$$R_j(T\xi_{n-k+i}^*)=R_j(\eta_i)=\delta_{ij},j=1,\cdots,k$$

综合起来有$[\mathbf{0},\boldsymbol{I}]=M_1M$. 其中 $\mathbf{0}=0_{k\times(n-k)}$ 的零阵,$\boldsymbol{I}=I_{k\times k}$ 的单位阵,所以

$$M_1=[\mathbf{0},\boldsymbol{I}]\cdot M^{-1} \tag{9.85}$$

由此可得

$$[Tf_1,\cdots,Tf_n]^{\mathrm{T}}=(M^{\mathrm{T}})^{-1}[T\xi_1^*,\cdots,T\xi_n^*]^{\mathrm{T}}$$

$$=(M^{\mathrm{T}})^{-1}[\underbrace{0,\cdots,0}_{n-(k+l)},\zeta_1,\cdots,\zeta_l,\eta_1,\cdots,\eta_k]^{\mathrm{T}}$$

$$=(M^{\mathrm{T}})^{-1}[\underbrace{0,\cdots,0}_{n-k},\eta_1,\cdots,\eta_k]^{\mathrm{T}}+$$

$$(M^{\mathrm{T}})^{-1}[\underbrace{0,\cdots,0}_{n-(k+l)},\zeta_1,\cdots,\zeta_l,0,\cdots,0]^{\mathrm{T}}$$

$$=(M^{\mathrm{T}})^{-1}[\mathbf{0},\boldsymbol{I}]^{\mathrm{T}}[\eta_1,\cdots,\eta_k]^{\mathrm{T}}+[\zeta_1^{(1)},\cdots,\zeta_n^{(1)}]^{\mathrm{T}}$$

即

$$Tf_i=\sum_{j=1}^{k}R_j(T\xi_i)\eta_j+\zeta_i^{(1)},i=1,\cdots,n$$

由于 $\zeta_i^{(1)}\in\mathfrak{M}\subset T(\ker I)$，故存在 $\xi^{(i)}\in\ker I$，使 $T\xi^{(i)}=\zeta_i^{(1)}$. 记

$$f^{(i)}=f_i-\xi^{(i)},i=1,\cdots,n$$

则有

$$T(f^{(i)})=\sum_{j=1}^{k}R_i(T\xi_i)\eta_j,I_i(f^{(j)})=\delta_{i,j}\tag{9.86}$$

下面来证明定理的结论.

对 $\forall f\in K$，记 $\tilde{f}=\sum_{i=1}^{n}I_i(f)f^{(i)},h=f-\tilde{f}$，则 $h\in\ker I$，且

$$Th=Tf-\sum_{i=1}^{n}I_i(f)Tf^{(i)}=Tf-\sum_{i=1}^{n}I_i(f)\sum_{j=1}^{k}R_j(T\xi_i)\eta_j$$

$$=Tf-\sum_{j=1}^{k}\Big(\sum_{i=1}^{n}I_i(f)R_j(T\xi_i)\Big)\eta_j$$

$$=Tf-\sum_{j=1}^{k}R_j(Tf)\eta_j\xlongequal{\mathrm{df}}(Tf)_0\in T(\ker I)$$

(见式(9.87)) 确定一常数 c_0 如下

$$\forall g\in X_4,g=g_0+\sum_{j=1}^{k}R_j(g)\eta_j,g_0\in T(\ker I)$$

规定

$$c_0\xlongequal{\mathrm{df}}\sup_{g\in X}\frac{\|g_0\|}{\|g\|}\tag{9.87}$$

由于 $T(\ker I)$ 是闭集，根据闭算子定理，$c_0<+\infty$，所以

$$\| Th \| = \| (Tf)_0 \| \leqslant c_0 \| Tf \| \leqslant c_0$$

因 $\| Tf \| \leqslant 1$，所以

$$\| \varphi(If) - Sf \| = \| S\tilde{f} - Sf \| = \| Sh \|$$

由此得

$$\sup_{f\in K} \| Sf - \varphi(If) \| \leqslant c_0 \sup_{\substack{h\in K \\ h\in \ker I}} \| Sh \|$$

最后根据定理 9.2.2 推论 2，得到 $\varepsilon=0$ 时的证明.

证　(2)$\varepsilon>0$ 时，用乘积空间方法. 记 $\hat{X}_1=X_1\times X_3$，$\hat{K}=K\times B_3$，

B_3 为 X_3 的单位球. $\hat{X}_4=X_4\times X_3$，在 $\hat{X}_4$ 中赋范

$$\| (x,y) \| = \max\{ \| x \|_4, \| y \|_3 \}$$

又置　$\hat{S}(f,g)=Sf$，$\hat{I}(f,g)=I(f)+\varepsilon g$

$$\hat{T}(f,g)=(Tf,g)$$

对任意算法 $\varphi: X_3 \to X_2$ 记着

$$\hat{e}_\phi = \sup_{(f,g)\in\hat{K}} \| \hat{S}(f,g) - \varphi(\hat{I}(f,g)) \|$$

$$\hat{d}(\hat{S},\hat{I},0) = 2\sup_{\substack{(f,g)\in\hat{K} \\ I(f,g)=0}} \| \hat{S}(f,g) \|$$

容易验证

$$\hat{e}_\varphi = e_\varphi(\varepsilon) \tag{9.88}$$

$$\hat{d}(\hat{S},\hat{I},0) = d(S,I,\varepsilon) \tag{9.89}$$

由证(1)可知，存在一组 $(f_\varepsilon^{(1)},y_\varepsilon^{(1)}),\cdots,(f_\varepsilon^{(n)},y_\varepsilon^{(n)})\in \hat{X}_1$ 使

$$\varphi(y) = \sum_{i=1}^n y_i \hat{S}(f_\varepsilon^{(i)},y_\varepsilon^{(i)}) = \sum_{i=1}^n y_i S f_\varepsilon^{(i)}$$

给出

$$\hat{r}(\hat{S},\hat{I},0) \leqslant \hat{e}_\varphi \leqslant c(\varepsilon)\hat{r}(\hat{S},\hat{I},0)$$

其中 $\hat{r}(\hat{S},\hat{I},0)$ 是最优恢复问题 $(\hat{S},\hat{K},\hat{I},\varepsilon=0)$ 的信息

半径,而

$$c(\varepsilon)=\sup_{(g,y)\in\hat{X}}\frac{\|(g,y)_0\|}{\|(g,y)\|}$$

那么,同一算法给出

$$r(S,I,\varepsilon)\leqslant e_{\varphi}(\varepsilon)\leqslant c(\varepsilon)r(S,I,\varepsilon)$$

最后,只要能证明 $c(\varepsilon)$ 有限,就全证完了. 为此,只需证 $\hat{T}(\ker\hat{I})$ 在 $\hat{X}_4$ 内是闭集.

易见

$$\hat{T}(\ker\hat{I})=\left\{\left(Tf,-\frac{I(f)}{\varepsilon}\right)\mid f\in X_1\right\}$$

今设 $\{f_m\}$ $(m=1,\cdots,+\infty)\subset X_1$ 使

$$\left(Tf_m,-\frac{I(f_m)}{\varepsilon}\right)\to\left(g,-\frac{y}{\varepsilon}\right)\in\hat{X}_4$$

那么

$$Tf_m\xrightarrow{\|\cdot\|_4}g,I(f_m)\xrightarrow{\|\cdot\|_3}y$$

把 f_m 分解为

$$f_m=(f_m)_0+\sum_{i=1}^{n}I_i(f_m)\xi_i$$

则有

$$Tf_m=T((f_m)_0)+\sum_{i=1}^{n}I_i(f_m)T\xi_i$$

$$\Rightarrow T((f_m)_0)=Tf_m-\sum_{i=1}^{n}I_i(f_m)T\xi_i$$

$$\to g-\sum_{i=1}^{n}y_i\xi_i$$

由于 $T(\ker I)$ 是闭集,$(f_m)_0\in T(\ker I)$,所以

$$g-\sum_{i=1}^{n}y_iT\xi_i\overset{\text{df}}{=\!=}g_0\in T(\ker I)\Rightarrow\exists f_0\in\ker I$$

$Tf_0=g_0$,即有

$$g=T\left(f_0+\sum_{i=1}^{n}y_i\xi_i\right)$$

置 $f=f_0+\sum\limits_{i=1}^{n}y_i\xi_i$，则 $g=Tf,y=I(f)$，且

$$\left(g,-\frac{y}{\varepsilon}\right)=\left(Tf,-\frac{I(f)}{\varepsilon}\right)\in\hat{T}(\ker\hat{I})\Rightarrow\hat{T}(\ker\hat{I})$$

是 $\hat{X}_4$ 内的闭集.

推论 1　设 X_1 是线性赋范空间，T 是恒等算子：$T=E$，$\ker I$ 是闭集，则

$$\varphi(y)=\sum_{i=1}^{n}y_i(1+\varepsilon)S\xi_i$$

满足定理的要求.

证　$T=E$ 时，$k=n,\xi_i^*=\xi_i(i=1,\cdots,n),M=I_{n\times n},f^{(i)}=\xi_i$. 故 $\varepsilon=0$ 时结论成立.

若 $\varepsilon>0$，则由于

$$I_i((1+\varepsilon)\xi_j)+\varepsilon(-e_j)=\delta_{i,j},i,j=1,\cdots,n$$

其中 $e_j=(0,\cdots,0,\underset{\text{第}j\text{个}}{1},0,\cdots,0)$，故 $\hat{X}_1$ 有分解 $\hat{X}_1=\ker\hat{I}\oplus(\ker I)^{\perp}$，任取 $(f,y)\in\hat{X}_1$ 有

$$(f,y)=(f,y)_0+\sum_{i=1}^{n}I_i(f)((1+\varepsilon)\xi_i,-e_i)$$

重复 $\varepsilon=0$ 时的论证，得所欲求.

推论 2　若 X_4 是一 Hilbert 空间，$T(\ker I)$ 是一闭集，$\varepsilon=0$，则存在线性算法 φ 给出

$$e_\varphi=\sup_{\substack{\|Th\|\leqslant 1\\ Ih=0}}\|Sh\| \tag{9.90}$$

证　由于 X_4 是 Hilbert 空间，若将 $(T(\ker I))^{\perp}$ 取为 $T(\ker I)$ 的直交补，那么 $c_0=1$. 下面证明：存在 X_1 的一种直和分解

$$X_1=\ker(I)\oplus(\ker I)^{\perp}$$

(ker I 在 X_1 内的线性补不唯一,关键是适当地选择一个) 能有

$$T((\ker I)^{\perp})=(T(\ker I))^{\perp}$$

为此,置 $X=T^{-1}[(T(\ker I))^{\perp}]$,则有 $X_1=\ker I+X$ 以及

$$\ker(I)\cap X\subset\ker T$$

作直和分解

$$X=(\ker I\cap X)\oplus X_0$$

则有 $X=(\ker I)\oplus X_0$,且 $T(X_0)=(T(\ker I))^{\perp}$,那么把 X_0 取作 $\ker(I)$ 在 X_1 内的线性补即可. 从整个证明过程可以看出,实际上我们证得的是

$$\sup_{\substack{\|Th\|\leqslant 1\\ \|Ih\|\leqslant\varepsilon}}\|Sh\|\leqslant e_{\varphi}\leqslant c(\varepsilon)\cdot\sup_{\substack{\|Th\|\leqslant 1\\ \|Ih\|\leqslant\varepsilon}}\|Sh\| \tag{9.91}$$

(与式(9.84) 对比一下,式(9.91) 中用的是信息直径) 把它用到推论 2,$\varepsilon=0$,$c_0=1$,就得出 $e_{\varphi}=\sup\limits_{\substack{\|Th\|\leqslant 1\\ Ih=0}}\|Sh\|$.

推论 2 部分地加强了定理 9.5.1:就是说,当 $\varepsilon=0$,信息算子 I 具有限基数,且 $T(\ker I)$ 是闭集时,X_1,X_2,X_3 是 Hilbert 空间的条件可以去掉.

附注 Traub-Wozniakowski 的书[1] 中给出了定理 9.5.3,$\varepsilon=0$ 时的陈述. 其证明只适用于 $l=0$. 这里的证明是蒋迅重新给出的,补充讨论了 $l>0$ 的情形,对原证明有所简化,并把它扩充到 $\varepsilon>0$.(蒋迅的文章见[32])

§6 最小线性信息直径和最小线性误差

本节继续 §2,但限于讨论线性问题. 设 X_1,X_2,X_3 是线性赋范空间,为确定起见,它们的标量上或都是 $\mathbf{R}$. $K\subset X_1$ 是一中心对称凸集,$S:X_1\to X_2$ 是线性算子. 用 Ψ_n 表示 $X_1\to X_3$ 的线性(连续)信息算子集,其基数不超过正整数 n. 在本节内,取 $\varepsilon=0$. 对每一 $I\in\Psi_n$,定理 9.2.1 给出了

$$d(S,I,0)=2\sup_{\substack{h\in K\\ Ih=0}}\|Sh\|$$

定义 9.6.1 称量

$$d(n,S,K)=d(n)\overset{\text{df}}{=\!=}\inf_{I\in\Psi_n}d(S,I,0)\quad(9.92)$$

为第 n 最小信息直径. 若存在 $I^0\in\Psi_n$ 使 $d(n)=d(S,I^0,0)$,则称 I^0 为第 n 最优信息.

在线性最优恢复问题中,提出确定第 n 最小信息直径和求出第 n 最优信息的问题有理论和实际意义. 下面定理揭示第 n 最小信息直径和集合 $S(K)$ 在空间 X_2 内的 $n-G$ 宽度的关系.

把 X_1 分解成 $\ker S$ 及其线性补 $(\ker S)^\perp$ 的直和: $X_1=\ker S\oplus(\ker S)^\perp$. 假定 K 在 X_1 内是吸收集. 每一 $f\in X_1$ 存在唯一的 $f_1\in\ker S,f_2\in(\ker S)^\perp$ 使 $f=f_1+f_2$. 定义一个数

$$q=q(S,K)\overset{\text{df}}{=\!=}\inf_{f\in K}\sup\{c\mid cf_2\in K,f=f_1+f_2\}$$

若 $(\ker S)^\perp\subset K$,则对每一 $f\in K,f=f_1+f_2,f_1\in\ker S,f_2\in(\ker S)^\perp,cf_2\in K$ 对任意的 c 都成立. 故

$q=+\infty$. 假定$(\ker S)^{\perp}\not\subset K$,我们说,$q\leqslant 1$. 如果不然,那就是说,存在 $f\in K, f=f_1+f_2, f_2\in(\ker S)^{\perp}$ 但 $f_2\overline{\in}K$,而且 $\sup\{c\mid cf_2\in K\}>1$. 此时存在一数 $c>1$,使 $cf_2\in K$. 由于 K 是零点对称的凸集,那么 $\forall\lambda\in[0,1]$ 有$[\lambda c-(1-\lambda)c]f_2\in K$. 令 $\lambda=\dfrac{1+c}{2c}$ 代入上式给出 $f_2\in K$,得到矛盾.

定理 9.6.1

(1) 若 S 是 $X_1\to X_2$ 的线性连续映射,$K\subset X_1$ 是零点对称凸集,则

$$d(n)\leqslant 2d^n[S(K);X_2],n=1,2,\cdots \quad (9.93)$$

(2) 若 X_1,X_2 为 B 空间,S 是 $X_1\to X_2$ 的线性连续单射,X_1 在 S 下的象集 $S(X_2)$ 是 X_2 内的闭集,则

$$d(n)=2d^n[S(K);X_2],n=1,2,\cdots \quad (9.94)$$

证 (1) 任取 X_2 内的一个 n 余维闭线性子空间

$$L^n=\{x\in X_2\mid R_i(x)=0,i=1,\cdots,n\}$$

其中 $R_i\in X_2^*$. 构造一线性信息 I:$Ix=(R_1Sx,\cdots,R_nSx)$,其中每一R_iS 是$X_1\to\mathbf{R}$的线性映射,则见 $I\in\Psi_n$ 有

$$\ker(I)=\{x\in X_1\mid Sx\in L^n\},S(\ker I)\subset L^n$$

所以

$$\frac{1}{2}d(S,I,0)=\sup_{h\in K\cap\ker I}\|Sh\|\leqslant\sup_{x\in S(K)\cap L^n}\|x\|$$

上式右侧中的 L^n 是在 X_2 内任取的,所以有

$$\inf_{I\in\Psi_n}\frac{1}{2}d(S,I,0)\leqslant\inf_{L^n}\sup_{x\in S(K)\cap L^n}\|x\|$$

此即式(9.93).

(2) 这里要证明的是

$$\inf_{I\in\Psi_n}\sup_{x\in K\cap\ker(I)}\|Sx\|=\inf_{L^n}\sup_{f\in S(K)\cap L^n}\|f\| \quad (9.95)$$

其中 L^n 取遍 X_2 内的所有 n 余维闭线性子空间. 在本书第五章中，曾证明过式(9.95) 的一个特殊情形，即 $K=\{x \mid x\in X_1, \|x\|\leqslant 1\}$，其证明完全适用于这里的一般情形，我们就不重复了.

推论 1　若 $\dim(X_2)\leqslant n$，则

$$d(n)=d^n[S(K);X_2]=0 \qquad (9.96)$$

证　此时从 $n-G$ 宽度定义直接得 $d^n[S(K);X_2]=0$. 再由式(9.93) 给出 $d(n)=0$.

推论 2　若 $q=+\infty$，$\dim S(X_1)>n$，则

$$d(n)=d^n[S(K);X_2]=+\infty \qquad (9.97)$$

证　此时存在线性无关的 $Sf_1,\cdots,Sf_{n+1}\in S(X_1)$ 其中

$$f_i\in(\ker S)^{\perp}$$

$f_1,\cdots,f_{n+1}$ 也线性无关. 任取 $I\in\Psi_n$，$Ix=(I_1x,\cdots,I_nx)$，其中 I_i 是 X_1 上的线性泛函. 置 $f=\sum\limits_{i=1}^{n+1}c_if_i$，由以下 n 个方程可以确定一组非零解

$$L_j(f)=\sum_{i=1}^{n+1}c_iI_j(f_i)=0, j=1,\cdots,n$$

$f\in(\ker I)\cap(\ker S)^{\perp}$. 由于 $q=+\infty$，那么$(\ker S)^{\perp}\subset K$，由此，$\forall c\in\mathbf{R}$ 有$cf\in K$，所以

$$\|S(cf)\|=|c|\cdot\|Sf\|\to+\infty, |c|\to+\infty$$

时. 这说明 $\forall I\in\Psi_n$ 有$d(S,I,0)=+\infty$. 由式(9.93)得

$$d(n)=d^n[S(K);X_2]=+\infty$$

推论 3　若 $X_1=X_2$ 是线性赋范空间，S 是恒等算子，$K\subset X_1$ 中心对称凸集，Ψ_n 是基数小于或等于 n 的线性连续信息集，则

$$d(n)=2d^n[K,X_1] \tag{9.98}$$

证 直接由定理的(2)给出所要的结果.

推论 4 (定理 9.6.1(2) 的推论)

若 $A^n=\{x\in X_2 \mid f_1(x)=\cdots=f_n(x)=0\}$ 是 $d^n[S(K);X_2]$ 的极子空间, $f_1,\cdots,f_n\in X_2^*$, 则 $I=\{f_1S,\cdots,f_nS\}$ 是一最优线性信息, 此处 $Ix=\{f_1(Sx),\cdots,f_n(Sx)\}$.

证 利用定理 5.2.4 证明(3) 的论证方法可得

$$d^n[S(K);X_2]=\alpha=\inf_{I\in\Psi_n}\sup_{x\in K,Ix=0}\|Sx\|$$

若 A^n 是 $n-G$ 宽度的极子空间,则

$$d^n[S(K);X_2]=\sup_{f\in S(K)\cap A^n}\|f\|$$

由 $f\in S(K)\cap A^n \Leftrightarrow x\in K$,且

$$f=Sx, f_1(Sx)=\cdots=f_n(Sx)=0$$

若记 $S^*(X_2^*\to X_1^*)$ 为 S 的共轭算子, $z_j^*=S^*(f_j)\in X_1^*$,则

$$z_j^*(x)=S^*(f_j)(x)=f_j(Sx)$$

所以对信息算子 $I^*=(z_1^*,\cdots,z_n^*)\in\Psi_n$,有

$$d^n[S(K);X_2]=\sup_{\substack{x\in K\\ z_j^*(x)=0(j=1,\cdots,n)}}\|Sx\|$$

从而

$$\inf_{I\in\psi_n}\sup_{\substack{x\in K\\ Ix=0}}\|Sx\|=\sup_{\substack{x\in K\\ I^*x=0}}\|Sx\|$$

即 I^* 是一最优线性信息.

附注 9.6.1 若 $k=\dim S(X_1)$,则当 $n\geqslant k$ 时,由式(9.93)

$$d(n)=d^n[S(K);X_2]=0$$

比如,若置 $X_1=L_\infty^{(1)}[-1,1]=\{f \mid f$ 绝对连续, $f'\in$

$L_\infty[-1,1]\}$，$K=\{f \mid f\in L_\infty^{(1)},\|f'\|_\infty\leqslant 1\}$. $Sf=\int_{-1}^{1}f(\tau)\mathrm{d}\tau$. S 是 $X_1\to\mathbf{R}=X_2$ 的线性映射，X_1 映入一维空间 $\mathbf{R}$. Ψ_n 是一切基数小于或等于 n 的线性信息的集合，那么根据式(9.93)，当 $n\geqslant 1$ 时就有

$$d(n)=d^n[S(K);X_2]=0$$

合理地限制 Ψ_n 的范围，改变一下问题的提法，特令 Ψ_n^{**} 是一切具有下列形式的线性信息的集合

$$I(f)=(f(x_1),\cdots,f(x_n))$$

这里 $-1\leqslant x_1<x_2<\cdots<x_n\leqslant 1$ 是$[-1,1]$内的 n 个定点. 每一个这样的信息称为 K 上的一个取样(Method of sampling)，点集$\{x_1,x_2,\cdots,x_n\}$则称为取样点集. 在函数空间上的最优恢复问题中，以取样作为信息算子的情况具有特别重要意义. 如果在线性空间 $L_\infty^{(1)}[-1,1]$ 上赋以一致范数，则 $I(f)$ 是线性连续信息，因为每一个点 x_j 确定的泛函 $f(x_j)$ 是线性连续的. $\Psi_n^{**}\subsetneqq\Psi_n$. 对于每一个 $I\in\Psi_n^{**}$，信息直径是

$$d(S,I)=2\sup\left\{\left|\int_{-1}^{1}h(x)\mathrm{d}x\right| \mid h\in K,\right.$$
$$\left. h(x_j)=0,j=1,\cdots,n\right\}$$

上确界在一个完全样条上达到

$$\overline{h}(x)=\begin{cases}x_1-x,-1\leqslant x\leqslant x_1\\ x-x_i,x_i\leqslant x\leqslant \dfrac{1}{2}(x_i+x_{i+1}),\\ i=1,2,\cdots,n-1\\ x_{i+1}-x,\dfrac{1}{2}(x_i+x_{i+1})\leqslant x\leqslant x_{i+1},\\ i=1,2,\cdots,n-1\\ x-x_n,x_n\leqslant x\leqslant 1\end{cases}$$

容易看出$\overline{h}(x)\in K$,且$\overline{h}(x_j)=0$. 对于每一$h(x)\in K$能满足条件$h(x_j)=0$的,成立着

$$-\overline{h}(x)\leqslant h(x)\leqslant\overline{h}(x),x\in[-1,1]$$

所以有

$$d(S,I)=2\sup\left\{\int_{-1}^{1}|h(x)|\,\mathrm{d}x\;\middle|\;h\in K,h(x_i)=0\right\}$$

今重新引入算子$S_1f=f,S_1:X_1\to X_5=L[-1,1]$,则$S_1(X_1\to X_5)$是线性连续算子,它是单射. 然而$S_1(X_1)=X_1$嵌入$X_5$并非闭集,那么直接应用定理9.6.1的(2)条件不够. 我们设法应用推论3.

从前面的推导看出,对每一$I\in\Psi_n^{**}$有

$$d(S,I)=d(S_1,I)\overset{\mathrm{df}}{=}\sup_{\substack{f\in K\\ If=0}}\|f\|_1\qquad(9.99)$$

所以

$$\inf_{I\in\Psi_n^{**}}d(S,I)=\inf_{I\in\Psi_n^{**}}\sup_{\substack{f\in K\\ If=0}}\|f\|_1\qquad(9.100)$$

今往证

$$\inf_{I\in\Psi_n^{**}}\sup_{\substack{f\in K\\ If=0}}\|f\|_1=d^n[K;L]\qquad(9.101)$$

这件事实之所以需要证明是因为$If=(f(x_1),\cdots,f(x_n))$,泛函$f(x_i)$仅仅在$L[-1,1]$的一个子线性流形上有定义,而且不是连续的. 为此,任取一充分小的$\varepsilon>0$,置$\Psi_n^{**}(\varepsilon)=\{I_\varepsilon\mid I\in\Psi_n^{**},I_\varepsilon(f)=\{I_\varepsilon^i(f)\},i=1,\cdots,n$ 其中$I_\varepsilon^i(f)=\int_{x_i}^{x_i+\varepsilon}f(x)\mathrm{d}x,i=1,\cdots,n$. 当积分区域在$[-1,1]$之外时,规定:$f(x)=f(-1),x<-1$时;$f(x)=f(1),x>1$时$\}$. 显然每一$I_\varepsilon^i(f)$是$L[-1,1]$上的线性连续泛函,所以

$$\inf_{I_\varepsilon\in\Psi_n^{**}(\varepsilon)}\sup_{\substack{f\in K\\ I_\varepsilon(f)=0}}\|f\|_1\geqslant d^n[K;L]\qquad(9.102)$$

对于固定下来的 I_ε，若 $I_\varepsilon(f)=0$，则由积分中值定理

$$\int_{x_i}^{x_i+\varepsilon} f(\tau)\mathrm{d}\tau = f(x_i+\theta_i\varepsilon),0\leqslant\theta_i\leqslant 1$$

所以

$$|f(x_i)|=|f(x_i)-f(x_i+\theta_i\varepsilon)|\leqslant\varepsilon,i=1,\cdots,n$$

从而有

$$\sup_{\substack{f\in K\\ I_\varepsilon(f)=0}}\|f\|_1\leqslant\sup_{\substack{f\in K\\ |f(x_i)|\leqslant\varepsilon}}\|f\|_1\Rightarrow d^n[K;L]$$

$$\leqslant\inf_{I\in\Psi_n^{**}}\sup_{\substack{f\in K\\ |f(x_i)|\leqslant\varepsilon}}\|f\|_1 \qquad (9.103)$$

今任意固定一个 $I\in\Psi_n^{**}$，取一数列 $\varepsilon_k\downarrow 0$，则对任意小的 $\delta>0$ 及每一 k 存在 $f_k\in K$，$|f_n(x_j)|\leqslant\varepsilon_k$，$j=1,\cdots,n$，使

$$\|f_k\|_1\geqslant d^n[K;L]-\delta$$

$\{f_k\}$ 一致有界且等度连续，故存在一个子列 $\{f_{k_j}\}\subset\{f_k\}$，在 $[-1,1]$ 上一致收敛到 f_0. 我们说 $f_0\in K$ 且 $I(f_0)=0$，有

$$I(f_0)=(f_0(x_1),\cdots,f_0(x_n))$$

是零向量无须证明. $f_0\in K$ 可证明如下. 由

$$\begin{aligned}
&|f_0(x+h)-f_0(x)|\\
\leqslant&|f_0(x+h)-f_{k_j}(x+h)|+\\
&|f_{k_j}(x+h)-f_{k_j}(x)|+|f_{k_j}(x)-f_0(x)|\\
\leqslant&|h|+2\rho_j
\end{aligned}$$

此处

$$\rho_j=\max|f_{k_j}(x)-f_0(x)|\to 0,j\to+\infty$$

所以 $|f_0(x+h)-f_0(x)|\leqslant|h|$，即 $f\in K$. 对 f_0 有

$$\|f_0\|_1\geqslant d^n[K;L]-\delta$$

从而有

$$\sup_{\substack{f\in K\\ If=0}}\|f\|_1\geqslant d^n[K;L]-\delta$$

$$\inf_{I \in \Psi_n^{**}} \sup_{\substack{f \in K \\ If=0}} \| f \|_1 \geqslant d^n[K;L] - \delta$$

令 $\delta \to 0+$ 给出

$$\inf_{I \in \Psi_n^{**}} \sup_{\substack{f \in K \\ If=0}} \| f \|_1 \geqslant d^n[K;L] \quad (9.104)$$

$n-G$ 宽度 $d^n[K;L]$ 已经在第八章内给出. 当 $n \geqslant 1$ 时,存在一个$[-1,1]$上的一次完全样条 $P_{n-1,1}^*$(折线函数,每一段线节的斜率是1或-1)具有 $n-1$ 个节点和 n 个零点使得

$$d^n[K;L] = \| P_{n-1,1}^* \|_1 \quad (9.105)$$

记其 n 个零点为 $-1 < z_1^* < \cdots < z_n^* < 1$. 第八章定理 8.3.3 给出了

$$d^n[K;L] = \sup_{\substack{f \in K \\ f(z_j^*)=0}} \| f \|_1 \quad (9.106)$$

点系$\{z_j^*\}$ $(j=1,\cdots,n)$ 给出 $d^n[K;L]$ 的渐近极子空间$\{f \in K \mid I_\varepsilon^*(f)=0\}$,其中

$$I_\varepsilon^*(f) = \left\{ \int_{z_1^*}^{z_1^*+\varepsilon} f(x)\mathrm{d}x, \cdots, \int_{z_n^*}^{z_n^*+\varepsilon} f(x)\mathrm{d}x \right\}, \varepsilon \to 0+$$

由 $I^* f = (f(z_1^*), \cdots, f(z_n^*)) \in \Psi_n^{**}$ 给出

$$\inf_{I \in \Psi_n^{**}} \sup_{\substack{f \in K \\ If=0}} \| f \|_1 \ \sup_{\substack{f \in K \\ I^* f=0}} \| f \|_1 \quad (9.107)$$

即式(9.101),同时证明了 I^* 是最优信息算子(在 Ψ_n^{**} 范围内选择的). 仔细分析一下可以得到

$$z_1^* = -1 + \frac{1}{n}, z_i^* = -1 + \frac{2(i-1)}{n}, i=2,\cdots,n$$

且

$$d(S,I^*) = \inf_{I \in \Psi_n^{**}} d(S,I) = \frac{2}{n} \quad (9.108)$$

利用附注 9.6.1 所提供的方法,可以得到更一般的结果.

取 $K=W_{\infty}^{r}[-1,1]$，$r\geqslant 2$，Ψ_n^{**} 的定义如前. 解算子

$$Sf=\int_{-1}^{1}f(\tau)\mathrm{d}\tau,\varepsilon=0$$

置

$$\begin{aligned}d(n)&=\inf_{I\in\Psi_n^{**}}d(S,I,0)\\&=2\inf_{I\in\Psi_n^{**}}\sup\left\{\int_{-1}^{1}h(\tau)\mathrm{d}\tau\mid h\in W_{\infty}^{r}[-1,1],\right.\\&\qquad\left.h(x_i)=0,i=1,\cdots,n\right\}\end{aligned}$$

成立着：

定理 9.6.2　若 $n\geqslant r$，则

$$\begin{aligned}\inf_{I\in\Psi_n^{**}}\sup_{\substack{f\in W_{\infty}^{r}\\If=0}}\left|\int_{-1}^{1}f(\tau)\mathrm{d}\tau\right|&=\inf_{I\in\Psi_n^{**}}\sup_{\substack{f\in W_{\infty}^{r}\\If=0}}\|f\|_1\\&=d^n[W_{\infty}^{r};L]=\|P_{n-r,1}^{*}\|_1\end{aligned}\tag{9.109}$$

$P_{n-r,1}^{*}(x)$ 是定义在$[-1,1]$上的 r 次多项式完全样条，它具有 $n-r$ 个结点和 n 个单零点. 记其 n 个零点为 $-1<z_1^*<\cdots<z_n^*<1$，则

$$I^*(f)=(f(z_1^*),\cdots,f(z_n^*))\tag{9.110}$$

是(在 Ψ_n^{**} 范围内)的第 n 最优线性信息.

这条定理出自 Traub 和 Wozniakowski[1]. 它的严格证明可以按附注9.6.1 所提示的思路进行，细节省略. 下面我们按附注 9.6.1 提示的想法证明两条更广泛的结果.

设在$[0,1]$给出 Chebyshev 系 $\{u_0(x),\cdots,u_{r-1}(x)\}$，$r\geqslant 1$. $K(x,y)\in C[0,1]\times[0,1]$ 是积分核，置

$$K=\left\{\sum_{j=0}^{r-1}c_ju_j+K\cdot h\mid\forall(c_0,\cdots,c_{r-1})\in\mathbf{R}^r,\|h\|_p\leqslant 1\right\}$$

此处 $1 < p \leqslant +\infty$ 是一定数

$$(K \cdot h)(x) \overset{\text{df}}{=\!=} \int_0^1 K(x,y)h(y)\mathrm{d}y$$

给定线性信息族 Ψ_n^{**} 如前,$n \geqslant r$. 我们有

定理 9.6.3 若 $p \geqslant q$,则

$$\inf_{I \in \Psi_n^{**}} \sup_{\substack{f \in K \\ If = 0}} \| f \|_q \geqslant d^n[K; L^q] \tag{9.111}$$

证明的基本思想仿定理 9.6.2. 现在分作下列若干步骤叙述.

(1) $\forall \varepsilon > 0$ 有

$$\inf_{I_\varepsilon \in \Psi_n^{**}(\varepsilon)} \sup_{\substack{f \in K \\ I_\varepsilon(f) = 0}} \| f \|_q \geqslant d^n[K; L^q] \tag{9.112}$$

式(9.112) 说明: $\forall \varepsilon > 0$ 及 $I \in \Psi_n^{**}$ 有

$$\sup_{\substack{f \in K \\ I_\varepsilon(f) = 0}} \| f \|_q \geqslant d^n[K; L^q]$$

往下,对每一给定的 $I \in \Psi_n^{**}$,$\varepsilon > 0$ 不妨取得充分小,以便有

$$x_i + \varepsilon < x_{i+1}, i = 1, \cdots, n-1$$

(2) 任意固定 $I \in \Psi_n^{**}$,取 $\varepsilon > 0$ 充分小,使之能保证 $x_i + \varepsilon < x_{i+1}$. 对 $f \in K$,有

$$\begin{aligned} & I_\varepsilon(f) = 0 \\ & \Leftrightarrow \int_{x_i}^{x_i+\varepsilon} f(\tau)\mathrm{d}\tau = 0, i = 1, \cdots, n \\ & \Leftrightarrow \sum_{j=0}^{r-1} c_j \left(\frac{1}{\varepsilon} \int_{x_i}^{x_i+\varepsilon} u_j(\tau)\mathrm{d}\tau \right) + \\ & \int_0^1 \left(\frac{1}{\varepsilon} \int_{x_i}^{x_i+\varepsilon} K(x,y)\mathrm{d}x \right) h(y)\mathrm{d}y \\ & = 0, i = 1, \cdots, n \end{aligned} \tag{9.113}$$

此处 $f = \sum_{j=0}^{r-1} c_j u_j + K \cdot h$.

由于式(9.113)中的量

$$\left|\int_0^1\left(\frac{1}{\varepsilon}\int_{x_i}^{x_i+\varepsilon}K(x,y)\mathrm{d}x\right)h(y)\mathrm{d}y\right|$$

$$\leqslant \max|K(x,y)|\cdot\int_0^1|h|\mathrm{d}y$$

$$\leqslant \max_{(x,y)}|K(x,y)|=M$$

M与I,ε,n无关,而且

$$\begin{vmatrix} u_0(x_1) & \cdots & u_{r-1}(x_1) \\ \vdots & & \vdots \\ u_0(x_r) & \cdots & u_{r-1}(x_r)\end{vmatrix}>0 \qquad (9.114)$$

由此知,对充分小的$\varepsilon>0$,存在常数$C_1>0$有

$$|\alpha_j|\leqslant C_1,j=0,\cdots,r-1$$

$$f(x_i)=\sum_{j=0}^{r-1}\alpha_j u_j(x_i)+\int_0^1 K(x_i,y)h(y)\mathrm{d}y$$

$$\Rightarrow f(x_i)-\sum_{j=0}^{r-1}\alpha_j\left(\frac{1}{\varepsilon}\int_{x_i}^{x_i+\varepsilon}u_j(\tau)\mathrm{d}\tau\right)-$$

$$\int_0^1\left(\frac{1}{\varepsilon}\int_{x_i}^{x_i+\varepsilon}K(x,y)\mathrm{d}x\right)h(y)\mathrm{d}y$$

$$=\sum_{j=0}^{r-1}\alpha_j\left[\frac{1}{\varepsilon}\int_{x_i}^{x_i+\varepsilon}(u_j(x_i)-u_j(\tau))\mathrm{d}\tau\right]+$$

$$\int_0^1\left[\frac{1}{\varepsilon}\int_{x_i}^{x_i+\varepsilon}(K(x_i,y)-K(x,y))\mathrm{d}x\right]h(y)\mathrm{d}y$$

$\forall\eta>0$有$\varepsilon_0>0$,使$0<\varepsilon<\varepsilon_0$时有:

(1)$x_i+\varepsilon<x_{i+1}$.

(2) $|u_j(x_i)-u_j(\tau)|\leqslant\frac{\eta}{2rC_1},x_i\leqslant\tau\leqslant x_i+\varepsilon$

$$i=1,\cdots,n,j=0,\cdots,r-1$$

(3) $|K(x_i,y)-K(x,y)|\leqslant\frac{\eta}{2}$

$$x_i\leqslant x\leqslant x_i+\varepsilon,i=1,\cdots,n,0\leqslant y\leqslant 1$$

则利用上 $I_\varepsilon(f)=0$ 的条件给出

$$|f(x_i)|\leqslant\sum_{j=0}^{r-1}|\alpha_j|\cdot\frac{\eta}{2rC_1}+\frac{\eta}{2}\int_0^1|h(y)|\mathrm{d}y$$
$$\leqslant\frac{\eta}{2}+\frac{\eta}{2}\left(\int_0^1|h(y)|^p\mathrm{d}y\right)^{\frac{1}{p}}\leqslant\eta,i=1,\cdots,n$$

从而

$$I_\varepsilon(f)=0\Rightarrow|f(x_i)|\leqslant\eta,i=1,\cdots,n \tag{9.115}$$

由此得:$\forall I\in\Psi_n^{**}$ 及 $\eta>0$ 有

$$\sup_{\substack{f\in K\\|f(x_i)|\leqslant\eta}}\|f\|_q\geqslant d^n[K;L^q] \tag{9.116}$$

(3) 固定一个 $I\in\Psi_n^{**}$,取一数列 $\eta_k>0,\eta_k\to0$,则 $\forall\delta>0$,对每一 k 有 $f_k\in K$,使得

$$\|f_k\|_q\geqslant d^n[K;L^q]-\delta,\ |f_k(x_i)|\leqslant\eta_k$$

记着

$$f_k(x)=\sum_{j=0}^{r-1}c_j^{(k)}u_j(x)+\int_0^1K(x,y)h_k(y)\mathrm{d}y$$

由于

$$\left|\int_0^1K(x,y)h_k(y)\mathrm{d}y\right|\leqslant M$$

以及 $|f_k(x_i)|\leqslant\eta_1,k=1,2,\cdots,i=1,\cdots,n$.

得知

$$\left|\sum_{j=0}^{r-1}c_j^{(k)}u_j(x_i)\right|\leqslant M+\eta_1$$
$$k=1,2,\cdots,i=1,\cdots,n$$

所以存在常数 $C_2>0$ 满足

$$|c_j^{(k)}|\leqslant C_2,k=1,2,\cdots,j=0,\cdots,r-1$$

故$\{f_k\}$一致有界,此式含有$\{\|f_k\|_q\}$有界.再由

$$\|Kh_k(x+h)-Kh_k(x)\|_q$$

$$=\left\{\int_0^1\left|\int_0^1[K(x+h,y)-K(x,y)]h_k(y)\mathrm{d}y\right|^q\mathrm{d}x\right\}^{\frac{1}{q}}$$

$$\leqslant\int_0^1\left(\int_0^1|K(x+h,y)-K(x,y)|^q\mathrm{d}x\right)^{\frac{1}{q}}\cdot$$

$$|h_k(y)|\mathrm{d}y$$

考虑到 $K(x,y)$ 的一致连续性，以及

$$\int_0^1|h_k(y)|\mathrm{d}y\leqslant\|h_k\|_p\leqslant 1$$

可得 $\|f_k(\cdot+h)-f_k(\cdot)\|_q\to 0$ 对 k 一致成立($q=+\infty$ 时，取一致范数，即得 f_k 的等度连续性)，这是因为

$$\left\{\sum_{j=0}^{r-1}c_j^{(k)}u_j(x)\right\},k=1,\cdots,+\infty$$

在[0,1]上是等度连续的.所以由 Riesz 定理($q=+\infty$ 时，由 Arzela 定理)存在子列

$$\{f_{kj}\}\ (j=1,\cdots,+\infty)\subset\{f_k\}\ (k=1,\cdots,+\infty)$$

在 L_q 空间内收敛于 f_0

$$\|f_{k_j}-f_0\|_q\to 0$$

我们说 $f_0\in K$，且 $If_0=0$. 事实上，由于 $\|h_{kj}\|_p\leqslant 1$，$\{k_{k_j}\}$ 在 L_p 内 $^*w$ 列紧；数列 $\{c_i^{(k_j)}\}$ ($j=1,\cdots,+\infty$, $i=0,\cdots,r-1$) 有界，每一个都列紧. 因此，存在 $\{k_j\}$ 的一个子列 $\{k'_j\}$，使 $h_{k'_j}\xrightarrow{*w}h_0$ 对某个 $h_0\in L^p[0,1]$ 成立，同时 $c_i^{(k'_j)}\to c_i^0(j\to+\infty,i=0,1,\cdots,r-1)$，$\|h_0\|_p\leqslant 1$. 置 $\bar{f}=\sum\limits_{i=0}^{r-1}c_i^0u_i+K\cdot h_0$，有 $f_{k'_j}(x)\to\bar{f}(x)$ 在[0,1]上逐点成立. 容易证明 $\|f_{k'_j}-\bar{f}\|_q\to 0\Rightarrow f_0=\bar{f}$，即 $f_0\in K$. 然后，由

$$|f_{k'_j}(x_i)|\leqslant\varepsilon_{k'_j},i=1,\cdots,n\Rightarrow f_0(x_i)=0$$

所以 $If_0=0$.

对于 f_0 成立着

$$\| f_0 \|_q \geqslant d^n[K;L^q]-\delta$$

从而

$$\sup_{\substack{f\in K\\ If=0}} \| f \|_q \geqslant d^n[K,L^q]$$

类比于此,对周期卷积类,亦可建立类似结果.设 $K(t)$ 是 2π 周期连续函数,考虑函数类

$$\mathscr{K}_p=\{f \mid f=K*\varphi,\varphi(\cdot+2\pi)=\varphi(\cdot),\|\varphi\|_p\leqslant 1\}$$

$$\mathscr{K}'_p=\{f \mid f=c+K*\varphi,c\in \mathbf{R},\varphi(\cdot+2\pi)=\varphi(\cdot),$$

$$\|\varphi\|_p\leqslant 1,\int_0^{2\pi}\varphi(t)\mathrm{d}t=0\}$$

对任取的 $x_1<x_2<\cdots<x_{2n}<x_1+2\pi$,置 $I(f)=(f(x_1),\cdots,f(x_{2n}))$.这样的信息算子集记作 $\widetilde{\Psi}_{2n}^{**}$.成立着:

定理 9.6.4 设 $p>1,p\geqslant q\geqslant 1,n\geqslant 1$,则

$$\inf_{I\in \Psi_{2n}^{**}} \sup_{\substack{f\in K_p(\mathscr{K}'_p)\\ If=0}} \| f \|_q \geqslant d^{2n}[\mathscr{K}_p(\mathscr{K}'_p);L_q] \tag{9.117}$$

把定理 9.6.4,定理 9.6.5 用于具体函数类,利用第八章内已经得出的宽度的精确结果,可以得到许多精确结果.主要有以下三种情形.

(1)$\boldsymbol{K}=\{u_0(x),\cdots,u_{r-1}(x),K(x,y)\}$ 满足条件 8.2.1(见第八章,§2).此条件也可称之为广义全正性条件.满足这一组条件的基本样板是 $u_j(x)=x^j(j=0,1,\cdots,r-1)$ 有

$$K(x,y)=\frac{1}{(r-1)!}(x-y)_+^{r-1}$$

$0\leqslant x,y\leqslant 1,r\geqslant 2$.此时函数类 K 就是 Sobolev 类

W_p^r.

(2)2π 周期函数 $K(x)$ 取 Bernoulli 函数

$$D_r(x)=(2\pi)^{-1}\sum_{\nu\neq 0}\frac{e^{i\nu x}}{(i\nu)^r},r\geqslant 1$$

或对应于线性常系数微分算子

$$P_r(D)=\prod_{j=1}^{r}(D-\lambda_j),\lambda_j\in R,r\geqslant 1$$

的广义 Bernoulli 函数

$$G_r(x)=(2\pi)^{-1}\sum_{\nu=-\infty}^{+\infty}\frac{e^{i\nu x}}{P_r(i\nu)}$$

或者更一般的可以取 Pinkus 意义下的 B 条件函数. 相应的函数类 $\mathscr{K}'_p$ 则代表 2π 周期的 Sobolev 类 $\widetilde{W}_p^r$,广义 Sobolev 类等.

(3)2π 周期函数 $K(x)$ 取 CVD 函数.(非蜕化的周期全正核.)

对以上三种情形的函数类 $K,\mathscr{K}'_p,\mathscr{K}_p$ 在 p,q 以下三种取值情形下,定理 6.9.3,定理 6.9.4 都给出精确等式:(1)$p=+\infty,1\leqslant q\leqslant+\infty$;(2)$1\leqslant p\leqslant+\infty,q=1$;(3)$p=q>1$.

定理 9.6.5　设 $\boldsymbol{K}$ 满足条件 8.2.1,其中条件(3)是扩充的(见定理 8.3.3).$1\leqslant q\leqslant+\infty$,则当 $n\geqslant r$ 时有

$$\inf_{I\in\Psi_n^{**}}\sup_{\substack{f\in\mathscr{K}_{r,\infty}\\ If=0}}\|f\|_q=d^n[\mathscr{K}_{r,\infty};L^q]=e_m(\boldsymbol{K};L^q)\tag{9.118}$$

若 $P^*_{\xi,m,q}$ 是 $e_m(\boldsymbol{K};L^q)$ 的极函数,$P^*_{\xi,m,q}$ 的 n 个单零点记作 $z_j^*,j=1,\cdots,n$,则 $I^*(f)=(f(z_1^*),\cdots,f(z_n^*))\in\boldsymbol{\Psi}_n^{**}$ 是一最优信息.

证 根据定理9.6.4,引理8.3.5及定理8.3.3即得.

当 $1\leqslant p\leqslant+\infty, q=1$ 时也有相应的结果成立,这可根据定理 9.6.3 及定理 8.3.6,定理 8.3.7 得到.这里不再叙述其细节.

转到周期 Sobolev 类.我们有

定理 9.6.6 若 $n\geqslant 1, 1\leqslant q\leqslant+\infty$,则

$$\inf_{I\in\Psi_{2n}^{**}}\sup_{\substack{f\in\widetilde{W}_{\infty}^{r}\\ If=0}}\|f\|_q=d^{2n}[\widetilde{W}_{\infty}^{r};L^q]=\|\Phi_{2n,r}\|_q \tag{9.119}$$

此处 $\Phi_{2n,r}$ 是 r 次多项式完全周期样条,以 $\left\{\frac{k\pi}{n}\right\}$ 为结点 $\left(\text{步长 } h=\frac{\pi}{n}\right)$. $\Phi_{2n,r}$ 在 $[0,2\pi]$ 内的零点 $\{x_k^*\}$ $(k=1,\cdots,2n)$ 是

$$x_k^*=x_{k,r}^*=\frac{k\pi}{n},k=1,\cdots,2n$$

当 r 是偶数时

$$x_{k,r}^*=\frac{k-1}{n}\pi+\frac{\pi}{2n},k=1,\cdots,2n$$

r 是奇数时.由这些零点确定的信息算子 $I_{2n}^*(f)=(f(x_1^*),\cdots,f(x_{2n}^*))$ 是最优的.

对于 $p,1\leqslant p\leqslant 1,q=1$ 也有类似结果.这些结果可以根据定理 9.6.4 和第七章关于 Bernoulli 核的宽度的有关的结果得出.

现在转到讨论最小线性误差问题.

如前,以 Ψ_n 表示 $X_1\to X_3$ 的基数小于或等于 n 的线性信息集.对一个固定的信息 $I\in\Psi_n$,以 $\Phi_L(I)$ 表示利用信息 I 构造的线性算法($IK\to X_2$ 的线性映射)

集.记

$$\Phi_L(n)=\bigcup_{I\in\Psi_n}\Phi(I) \qquad (9.120)$$

定义 9.6.2　固定 $I\in\Psi_n$. 最优恢复问题$(S,K,I,\varepsilon=0)$的线性固有误差是

$$\inf_{\varphi\in\Phi_L(I)}e_\varphi=\inf_{\varphi\in\Phi_L(I)}\sup_{x\in K}\|Sx-\varphi Ix\| \qquad (9.121)$$

线性固有误差对 Ψ_n 的最小值

$$\lambda(n)=\lambda(n,S)\stackrel{\text{df}}{=\!=}\inf_{\varphi\in\Phi_L(n)}e_\varphi=\inf_{I\in\Psi_n}\inf_{\varphi\in\Phi_L(I)}e_\varphi \qquad (9.122)$$

称为最优恢复问题(在 $\Phi_L(n)$ 类上的)第 n 最小线性误差.

如果存在 $I^0\in\Psi_n$ 及 $\varphi^0\in\Phi_L(I^0)$ 使

$$\lambda(n)=e_{\varphi^0}=\sup_{x\in K}\|Sx-\varphi^0I^0x\|$$

则称 I^0,φ^0 是最优线性信息和最优线性算法.

确定 $\lambda(n)$ 的精确值,以及寻求最优信息并构造最优算法的问题,和宽度问题密切相关.下面的几条简单定理给出有关的事实,它们的证明并不复杂,在处理一些问题时却很有用.

定理 9.6.7

(1) $d(n)\leqslant 2\lambda(n)$ 　(9.123)

(2) $d_n[S(K);X_2]\leqslant\lambda(n)\leqslant d'_n[S(K);X_2]$ 　(9.124)

(3) 若 $q=+\infty$, $\dim S(X_1)>n$,则 $\lambda(n)=d'_n=+\infty$.

(4) $\dim S(X_1)\leqslant n\Rightarrow\lambda(n)=d'_n[S(x_1);X_2]=0$.

证　(1) 任取 $I\in\Psi_n$ 及 $\varphi\in\Phi_L(I)$ 有

$$e_\varphi=\sup_{x\in K}\|Sx-\varphi Ix\|\geqslant\sup_{\substack{x\in K\\Ix=0}}\|Sx\|=\frac{1}{2}d(S,I)$$

所以

$$\inf_{I\in\Psi_n}\inf_{\varphi\in\Phi_L(I)} e_\varphi \geqslant \frac{1}{2}\inf_{I\in\Psi_n} d(S,I)$$

此即式(9.123).

(2) 先证 $\lambda(n)\geqslant d_n[S(K);X_2]$. $\forall\varphi\in\Phi_L(n)$,则对某个 $I\in\Psi_n, Ix=(I_1x,\cdots,I_nx)$,有

$$\varphi(Ix)=\sum_{j=1}^n I_j(x)g_j$$

其中 $g_1,\cdots,g_n\in X_2, I_j$ 是 X_1 上的线性泛函.取

$$A_n=\operatorname{span}\{g_1,\cdots,g_n\}\subset X_2$$

则 $\forall x\in K$ 有

$$\|Sx-\varphi(Ix)\|\geqslant\min_{y\in A_n}\|Sx-y\|$$

所以

$$e_\varphi\geqslant\sup_{x\in K}\min_{y\in A_n}\|Sx-y\|\geqslant d_n[S(K);X_2]$$

$$\Rightarrow\inf_{\varphi\in\Phi_L(n)} e_\varphi=\lambda(n)\geqslant d_n[S(K);X_2]$$

任取一个线性有界算子 A, $A(S(K))$ 包含在 X_2 的某个 n 维线性流形之内,则

$$A(Sf)=\sum_{i=1}^n R_i(Sf)\xi_i,\forall f\in K$$

此处 $\xi_1,\cdots,\xi_n\in X_2, R_i(\cdot)$ 是一些线性泛函,利用 $R_1,\cdots,R_n$ 来做一信息算子 I

$$Ix=\{R_1(Sx),\cdots,R_n(Sx)\}$$

则 $I\in\Psi_n$. 对 I 定义一个算法 $\varphi(If)=A(Sf)$,则 $\varphi\in\Phi_L(n)$. 对 φ 有

$$e_\varphi=\sup_{x\in K}\|Sx-A(Sx)\|$$

所以

$$\lambda(n)\leqslant\inf_A\sup_{x\in K}\|Sx-A(Sx)\|=d'_n[S(K);X_2]$$

式(9.124)证完.

(3) 假定 $K \subset X_1$ 是吸收集. 我们来证明:若 $\dim S(X_1) > n$,则 $\forall \varphi \in \Phi_L(n), e_\varphi = +\infty$. 用反证法. 设有 $\varphi \in \Phi_L(n)$ 使 $e_\varphi < +\infty$. 由于 $q = +\infty$,且 K 中心对称凸,故 $\forall f \in K, cf_2 \in K$ 对一切 $c \in \mathbf{R}$ 成立. 于是

$\| S(cf_2) - \varphi(I(cf_2)) \| = | c | \cdot \| Sf_2 - \varphi(If_2) \| \leqslant e_\varphi$

令 $| c | \to +\infty$ 给出

$$Sf = Sf_2 = \varphi(If_2)$$

$(f = f_1 + f_2, f_1 \in \ker S, f_2 \in (\ker S)^\perp.)$

所以 $S(K) \subset \varphi(IK)$. 但 K 是吸收的,所以

$$\dim \mathscr{L}(S(K)) = \dim S(X_1) > n$$

这表明

$$\dim \mathscr{L}(\varphi(IK)) > n$$

这里的 $\mathscr{L}(\mathfrak{M})$ 表示 $\mathfrak{M}$ 的线性包. 这里得出一个矛盾. 从而 $e_\varphi = +\infty, \forall \varphi \in \Phi_L(n)$,故 $\lambda(n) = +\infty$.

(4) 不待证.

推论 1　若 X_1, X_2 是 B 空间,S 是 $X_1 \to X_2$ 的线性连续单射算子,而且 $S(X_1)$ 在 X_2 内是闭集,则

$$d^n[S(K); X_2] \leqslant \lambda(n) \leqslant d'_n[S(K); X_2] \tag{9.125}$$

特例. $X_1 = X_2$ 是 B 空间,$S = E$ 是恒等算子,则(对每一 n)

$$d^n[K; X_1] \leqslant \lambda(n) \leqslant d'_n[K; X_1] \tag{9.126}$$

若 $d^n[S(K); X_2] = d'_n[S(K); X_2]$,则:

$$(1)\lambda(n) = \frac{1}{2} d(n) = d^n[S(K); X_2] = d'_n[S(K); X_2] \tag{9.127}$$

即第 n 最小线性误差等于第 n 最小信息直径之半. 它

们的精确值可以用 n 宽度表示.

(2) 若 $d^n[S(K);X_2]$ 有极子空间

$$L^n=\{x\in X_2 \mid f_i(x)=0,i=1,\cdots,n,f_i\in X_2^*\}$$

则

$$I^*x=(f_1(Sx),\cdots,f_n(Sx)),x\in X_1$$

是一最优信息算子.

(3) 若 $A_n\subset X_2$ 是 $d'_n[S(K);X_2]$ 的一个极子空间,线性有界算子 $\varphi^*:S(K)\to A_n$ 是线性 n 宽度的一个最优线性逼近方法,则 $\varphi^*(Sx)$ 是 $\lambda(n)$ 的一个最优线性算法.

例 9.6.1 $X_1=X_2=C[0,1]$, $K=W_\infty^r[0,1]$, $r\geqslant 1$. $Sf=f$ 是恒等算子. 在第八章内证明了:当 $n\geqslant r$ 时 $d_n[W_\infty^r;C]=d'_n[W_\infty^r;C]=d^n[W_n^r;C]=\|P_{n-r,\infty}^*\|_c$, $P_{n-r,\infty}^*(x)$ 是$[0,1]$上 r 次多项式完全样条,具有 $n-r$ 个结点 $0<\xi_1^*<\cdots<\xi_{n-r}^*<1$ 和 n 个单零点 $0<z_1^*<\cdots<z_n^*<1$. 若取 Ψ_n 如上,则得到

(1) $n\geqslant r$ 时

$$d(n)\overset{\text{df}}{=\!=}2\inf_{I\in\Psi_n}\sup_{\substack{f\in W_\infty^r\\ If=0}}\|f\|_c=2d^n[W_\infty^r;C]$$

$I^*f=(f(z_1^*),\cdots,f(z_n^*))\in\Psi_n$ 是第 n 最优线性信息.

(2) 置

$$X_n^*=\text{span}\{1,x,\cdots,x^{r-1},(x-\xi_1^*)_+^{r-1},\cdots,(x-\xi_{n-r}^*)_+^{r-1}\}$$

存在一个 $C[0,1]\to X_n^*$ 的线性插值算子 φ^*,有

$$\forall f\in C[0,1],\varphi^*(f)\in X_n^*$$

且

$$\varphi^*(f;z_i^*)=f(z_i^*),i=1,\cdots,n$$

φ^* 是最优线性算法. 事实上有

$$\sup_{f\in W_\infty^r}\|f-\varphi^*(f)\|_c=d'_n[W_\infty^r;C]$$

$$(3)\lambda(n)=\frac{1}{2}d(n)=\|P_{n-r,\infty}^*\|_c.$$

这是利用定理 9.6.7 得到 $\lambda(n)$，$d(n)$ 的精确估计的典型例子.

从定理 9.6.7 推论 1 的式(9.127)，不难给出 $\lambda(n)=\frac{1}{2}d(n)$ 的精确结果的一系列进一步例子.另外还可以给出 $d(n)$ 和 $\lambda(n)$ 不是同阶无穷小量($n\to+\infty$)的例.

例 9.6.2　设 $X_1=L_p^{(r)}[0,1]$，$X_2=L_q[0,1]$，此处 $1\leqslant p<q\leqslant 2$.置

$$K=W_p^r[0,1]=\{f\mid f\in L_p^{(r)},\|f^{(r)}\|_p\leqslant 1\}$$

$Sf=f(X_1\to X_2)$.根据 lsmagilov[33] 有

$$d_n[W_p^r;L^q]\asymp d'_n[W_p^r;L^q]\asymp n^{-r+(p^{-1}-q^{-1})}$$

所以根据定理 9.6.7 的(2)，得到

$$\lambda(n)=\lambda(n,W_p^r,L^q)\asymp n^{-r+(p^{-1}-q^{-1})}\quad(9.128)$$

另一方面，由宽度对偶定理可以推出

$$d_n[W_{q'}^r;L^{p'}]\asymp d^n[W_p^r:L^q]$$

由于 $2\leqslant q'<p'\leqslant+\infty$，根据 Kashin[34] 有

$$d_n[W_{q'}^r;L^{p'}]\asymp n^{-r}$$

所以由定理 9.6.1 的(1) 得到

$$d(n)=d(n,W_p^r;L^q)=O(n^{-r})\quad(9.129)$$

所以有

$$\lim_{n\to+\infty}\frac{\lambda(n,W_p^r;L^q)}{d(n,W_p^r;L^q}=+\infty\quad(9.130)$$

利用稍细致的方法可以证明

$$d(n,W_p^r;L^q)\asymp n^{-r},1\leqslant p<q\leqslant 2$$

当 $p=1,q=2$ 时,根据 lsmagilov[35] 有

$$d_n[W_1^r;L^2]=d'_n[W'_1;L^2]=\lambda(n,W_1^r;L^2)$$
$$\approx\frac{1}{\pi^r\sqrt{2r-1}}\cdot\frac{1}{n^{\frac{r-1}{2}}}\qquad(9.131)$$

例 9.6.3 设 $X_1=X_2=L_{2\pi}^2,K=\widetilde{W}_2^r=\{f\mid f\in C_{2\pi},f^{(r-1)}$ 绝对连续,且 $\|f^{(r)}\|_2\leqslant 1\}$. Y. N. Sub botin[36] 证明了

$$\sup_{\substack{f\in\widetilde{W}'_2\\ f\left(\frac{k\pi}{n}\right)=0\\ (k=0,\cdots,2n-1)}}\|f\|_2=n^{-r}\qquad(9.132)$$

据此,并且注意到定理9.6.4,例5.5-2(第五章)得到

$$\inf_{I\in\Psi_{2n}^{**}}\sup_{\substack{f\in\widetilde{W}_2^r\\ If=0}}\|f\|_2=\sup_{\substack{f\in\widetilde{W}_2^r\\ f\left(\frac{k\pi}{n}\right)=0}}\|f\|_2=d^{2n}[\widetilde{W}_2^r;L^2]=n^{-r}$$
$$(9.133)$$

这说明

$$I^*(f)=\left(f(0),\cdots,f\left(\frac{2n-1}{n}\pi\right)\right)$$

是一最优取样. Y. N. Sub botin 考虑了微分算子 $Sf=f^{(k)}(0<k<r)$ 在 $K=\widetilde{W}_2^r$ 类上利用信息 $I^*(f)$ 的最优恢复问题的固有误差,得到下列结果.

定理 9.6.8 设 $Sf=f^{(k)}$ 有

$$I^*(f)=\left(f(0),\cdots,f\left(\frac{2n-1}{n}\right)\right)$$

则

$$(1)E(S,I^*)=\frac{1}{2}d(S,I^*)=\sup_{\substack{f\in\widetilde{W}_2^r\\ I^*(f)=0}}\|f^{(k)}\|_2$$
$$=d^{2n}[\widetilde{W}_0^{r-k};L^2]=n^{-r+k}\qquad(9.134)$$

(2)$\varphi^0(f)=S_{2r-1}^{(k)}(f)$ 是一线性最优算法. 这里 $S_{2r-1}(f)$ 是周期 2π、亏度 1 的,次数 $2r-1$ 的多项式样条算子,在

$$\left\{0,\frac{\pi}{n},\cdots,\frac{2n-1}{n}\pi\right\}$$

上实现插值条件

$$S_{2r-1}\left(f,\frac{j\pi}{n}\right)=f\left(\frac{j\pi}{n}\right)$$

$$j=0,1,\cdots,2n-1,\forall f\in C_{2\pi}.$$

证 首先由定理 9.2.2 的推论 3,若取映射 G: $I^*K\to L_{2\pi}^2$ 有

$$\left(f(0),\cdots,f\left(\frac{2n-1}{n}\pi\right)\right)\to S_{2r-1}(f,x)$$

G 的定义合理,因若 $f,g\in K$ 有

$$f\left(\frac{j\pi}{n}\right)=g\left(\frac{j\pi}{n}\right),j=0,\cdots,2n-1$$

则由插值样条唯一性得 $S_{2r-1}(f)=S_{2r-1}(g)$. G 满足两个条件:

(a) $\forall f\in\widetilde{W}_2^r$ 有 $f-G(I^*f)\in\widetilde{W}_2^r$.

事实上,由

$$\|f^{(r)}-S_{2r-1}^{(r)}(f)\|_2^2=\|f^{(r)}\|_2^2-\|S_{2r-1}^{(r)}(f)\|_2^2$$
$$\leqslant\|f^{(r)}\|_2^2\leqslant 1$$

得所欲求.

(b) $I^*(f)=I^*G(I^*f)$. 这是显然的.

故由定理 9.2.2 推论 3 得

$$E(S,I^*)=\frac{1}{2}d(S,I^*)=\sup_{\substack{f\in\widetilde{W}_2^r\\ I^*(f)=0}}\|f^{(k)}\|_2$$

并且 $\varphi^0(f)=SG(f)=S_{2r-1}^{(k)}(f)$ 是最优的. 剩下的问题

是证明

$$\sup_{\substack{f\in \widetilde{W}_2^r \\ I^*(f)=0}} \| f^{(k)} \|_2 = n^{-r+k} \tag{9.135}$$

这可以利用 Hardy-Littlewood-Polya 不等式得到解答.

例 9.6.4 设 $r>1, 1\leqslant q\leqslant +\infty$,则

$$\inf_{I\in \Psi_{2n}^{**}} \sup_{\substack{f\in \widetilde{W}_\infty^r \\ If=0}} \| f^{(k)} \|_q = \| \Phi_{2n,r-k} \|_q \tag{9.136}$$

$0\leqslant k\leqslant r-1$. $I^*(f)=\left(f(0),\cdots,f\left(\frac{2n-1}{n}\pi\right)\right)$是最优取样.

这个结果出自 V. L. Velikin 的参考资料[37].

§7 资料和注

(一)最优恢复论,亦称最优算法论(Optimal Algorithm Theory)目前有广泛的资料,并出版了专著.以下几部著作系统地总结了这一理论近两年来的发展,搜集了大量资料和例子.

[1] J. F. Traub, H. Wozniakowski, A General Theory of Optimal Algorithms, Acad. Press, New York, 1980.

[2] C. A. Micchelli, T. J. Rivlin, A survey of optimal recovery, 载于 Optimal Estimation in Approximation Theory, Plenum, New York, 1977, 1-54.

[3] C. A. Micchelli, T. J. Rivlin, Lectures on optimal recovery, Research Report, RC 10083 (#

48857)12/11/84. BM Research Division.

在苏联学派的一些逼近论的专著中，对于最优恢复问题，和逼近论的极值问题密切联系地加以介绍.

[4] В. М. Тихомиров, Некоторые Вопросы Теории Приближений, Москва, Изд-во МГУ,1976.

[5] Н. П. Корнейчук, Точные Константы в теории приближения, Москва,《НАУКА》,1987.

[6] В. М. Тихомиров, Теория Приближения,载于《Итоги Науки и Техники》, Современные проблемы математики, Том. 14. Москва,1987.

最近在斯刊上发表了许多综述文章，颇有参考价值. 比如：

[7] E. W. Packel, H. Wozniakowski, Recent development in information-based complexity, Bulletin AMS,(New series)17:1(1987)9-36.

[8] H. Wozniakowski, Information-based complexity, Ann. Rev. Comput Sci,1986,1,319-380.

(二)最优恢复的基本概念.

本章§2 的基本理论框架取自[1],[2]. 基本理论的形成有一个历史发展过程. 可以追溯到 50 年代初. 在 Traub 和 Wozniakowski 的[1]中较详细地介绍了这一形成过程，并列举了从 50 年代初以来的有关资料.

把点集的 Chebyshev 中心、Chebyshev 半径和直径引入最优恢复论最初出自何人？这一点我们说不清楚. [1]中对此亦无明确交代，但是 В. М. Тихомиров 在[4]中已经应用 Chebyshev 中心和半径、点集的直径等概念来刻画最优取样问题和与其有关的逼近论的

极值问题.在下列资料中出现了类似于定理 9.2.2 的推论 1 的结果:

[9] В. В. Иванов, Об оптимальных по точности алгоритмах приближенного решения операторных уравнения Ⅰ рода. Вычислит. Матем. и матем. физ., 1975 15:1,3-11.

[10] В. В. Арестов, Об оптимальной регуляризации некорректных задач, Матем. заметки, 1977, 22:2,231-244.

[11] В. Н. Габушин, Оптимальные методы вычисления значений оператора U_x, если x задано с погрешностью, днфференцирование функций, определенных с ошнбкой,《Труды Матем. ин-та АН СССР》,145(1980)63-78.

关于自然样条及其插值,Holladay 定理见:

[12] 徐利治,王仁宏,周蕴时,函数逼近的理论与方法,上海科技出版社,1983.(见第六章)

[13] J. H. Ahlberg, E. N. Nilson, J. L. Walsh, The theory of splines and their applications, Acad. Press, New York and London, 1967.(见该书第 2,5 章)

关于例 9.2.4 是线性泛函在非中心对称凸集上的最优恢复问题.此例发表在:

[14] 孙永生,关于可微函数类 $\Omega_{\infty}^{n_1,-}$ 的最优恢复问题,北京师范大学学报,自然科学版,1988,No.3.

(三)零点对称凸集上线性泛函的最优恢复.

数值分析中大量的具体问题,包括函数的数值积分(机械求积问题)、数值微分、插值、线性微分方程、积分方程的数值求解等问题的最优化问题都可以归结到线性泛函在零点对称集上的最优恢复. 本节主要结果是定理 9.3.1. 它有一个相当长的形成过程. 主要资料:

[15] С. А. Смоляк, Об оптимальном восстановлении функций и функционалов от них, Кандидатская диссертация МГУ, 1965.

[16] Н. С. Бахвалов, Об оптимальности линейных методов приближения операторов на выпуклых классах функций, Вычислит. матем. и матем. физ. 11:4(1971)1014-1018.

[17] А. Г. Марчук, К. Ю. Осипенко, Наилучшее приб лижение функций, заданной с погрешностью в конечном числеточек, Матем. заметки, 17:3 (1975)359-368.

[18] R. Scharlach, Optimal recevery by linear functionals, J. Approx. Theory, 44:2(1985), 167-172.

[19] К. Ю. Осипенко, Наилучшее приближение аналитических функций с помощью их значений на конечном числе точек, Матем. заметки, 19 (1976), 29-40.

在定理 9.3.1 的证明过程中,有一处用到了 Hahn-Banach 定理的一条推论,见于:

[20] S. Banach, Théorie des opérations linéares, Monografje Matematyczne, Warsaw, (1932)(见该书第 2 章 § 2,定理 1 的推论).

利用中心最优算法(即由 Chebyshev 中心确定的

最优算法.它一般是非线性的)来求线性最优算法的基本思路包含在定理 9.3.2 中. Garfney 和 Powell 循此思路解决了一个最优插值问题.见资料:

[21] P. W. Garfney, M. J. D. Powell, Optimal interpolation(转引自 Micchelli, Rivlin[2])

(四)对偶空间的应用.

本节主要结果是定理 9.4.1,定理 9.4.4,它们出自本章的资料[2].其证明中用到的定理 9.4.2 见于:

[22] 夏道行,杨亚立,线性拓扑空间引论.上海科技出版社,1986,上海.(见该书第 2 章,§3)

本节例 9.4.2 取自:

[23] C. A. Micchelli, Optimal estimation of smooth functions from inaccurate data, J. Inst. Maths. Applics,23(1979)473-495.

这篇文章中讨论了一般有 r 阶光滑度的函数类.我们的例子只是该文结果的特例($r=1$).

本节例 9.4.3 是微分算子 $Sf=f'(0)$ 在零点对称的凸集上的最优恢复问题. C. A. Micchelli 研究了 $p_n(D)$ 是自共轭的情形,见资料:

[24] C. A. Micchelli, On an optimal method for the numerical differentiation of smooth functions, J. Approx. Theory,18:3(1976)189-204.

在新近的工作中,孙永生不同的方法对此问题作了处理,去掉了微分算子 $P_n(D)$ 的自共轭条件,应用 Kolmogorov 比较定理简化了证明.见资料:

[25] 孙永生,光滑函数类上微分算子的最优恢复(预印本).该论文的证明中引用了陈翰麟下列文章中的一个结果.

[26] Han-lin Chen, Ying-sheng Hu, On the uniqueness of the extremal functions of Landau type problem for the differential operator $L_{n+1}(D)=\prod_{j=0}^{n}(D-t_j)$, Research Memorandum, Institute of Mathematics, Acad. Sinica, Beijing, PRC, No. 9. 1985.

(五)线性算子借助线性算法的最优恢复.

本节 $E_L(S,I,\varepsilon)>E(S,I,\varepsilon)$的例取自：

[27] T. J. Rivlin, A survey of recent results of optimal recovery, Polynomial and spline interpolation, Ed. by B. N. Sahney, D. Reidel, Dordrecht (1979)225-245.

据此文所述，此例出自 A. Melkman 与 C. A. Micchelli. 该例在 Traub 与 Wozniakowski[1] 中稍有简化. 更简单的反例见：

[28] E. W. Packel, Linear problems(with extended range)have linear optimal algorithms, Aequationes Mathematic ae, 31,(1986)18-25.

[29] E. W. Packel, Do linear problems have linear optimal algorithms? SIAM Rev.

在[28]中 E. W. Packel 证明了一个出乎意料的结果.

定义 9.7.1　设 $K\subset X_1$ 是一中心对称的凸集，X_2,X_3 是线性赋范空间，$S(X_1\to X_2)$，$I(X_1\to X_3)$各是解算子和信息算子，假定都是线性的. $\varepsilon=0$，则：

(1)存在一紧致的 Hausdorff 空间 X，使 X_2 和 $B(X_1)$的一子空间等距线性同构，$B(X)$是 X 上的有界函数集,依 sup 范数加以赋范.

(2)存在一线性最优算法 $\Phi: I(K)\to B(X)$,使有

$$\sup_{f\in K}\|\Phi(I(f))-\tau(S(f))\|\leqslant E(S,I,0)$$

此处$\tau(S(f))$代表 $S(f)$在 $B(X)$内的同构等距象点.

本节关于 Hilbert 空间上线性算子的最优恢复的主要结果是定理 9.5.1,出自资料:

[30] A. Melkman, C. A. Micchelli, Optimal estimation of linear operators in Hilbert spaces form inaccurate data, SIAM J. numer. anal. 16:1(1979) 87-105.

该论文中讨论了由两个二次泛函(Hilbert 半范)作为约束条件所界定的点集上线性算子的最优恢复问题和与其有关联的逼近论的极值问题,引入了利用两个半范的凸组合(是为一个带参数的 Hilbert 半范)的技巧.定理 9.5.1 证明过程中的(3),利用乘积空间,把信息带误差的最优恢复问题化归于不带误差的同类问题,这一处理问题的手法见 C. A. Micchelli, T. J. Rivlin[2].本节定理 9.5.3 由 $\varepsilon=0$ 到 $\varepsilon>0$ 的过渡也是采用了这一方法.例 9.5.1,例 9.5.2,例 9.5.3,例 9.5.4 都出自资料[30].例 9.5.2 中要验证 $P_\rho(g)(t)$是极小问题

$$\min_f\int_{-\infty}^{+\infty}\rho\omega^{2n}\mid\hat{f}(\omega)\mid^2+\mid\hat{f}(\omega)-\hat{g}(\omega)\mid^2\mathrm{d}\omega$$

的解,后者是一个联合均方逼近问题,若取两个平方可积函数空间 $\mathscr{H}_1=L^2(\mathbf{R})$,$\mathscr{H}_2=L^2_{\rho\omega^{2n}}(\mathbf{R})$,$\rho\omega^{2n}$ 是权函数,作乘积空间 $\mathscr{H}=\mathscr{H}_1\times\mathscr{H}_2$,赋以 Hilbert 范数如下:对$(g,h)\in\mathscr{H}$,规定

$$\|(g,h)\|_{\mathscr{H}}^2=\frac{1}{2\pi}\left\{\int_{-\infty}^{+\infty}\mid g\mid^2\mathrm{d}\omega+\int_{-\infty}^{+\infty}\rho\omega^{2n}\mid h\mid^2\mathrm{d}\omega\right\}$$

$(\hat{g},0)$ 在 $\mathscr{H}$ 内利用 $\{(\hat{f},\hat{f}) \mid \forall f \in W_2^n(\mathbf{R}) \cap L^2(\mathbf{R})\}$ 来逼近的最佳逼近元的特征是

$$\langle(\hat{f}_0-\hat{g},\hat{f}_0),(\hat{f},\hat{f})\rangle=0$$
$$\forall f \in W_2^n(\mathbf{R}) \cap L^2(\mathbf{R})$$

此处 f_0 代表最佳逼近元，$\langle\cdot,\cdot\rangle$ 表示空间 $\mathscr{H}$ 的内积.

定理 9.5.2 出自 Л. В. Тайков. 见资料：

[31] Л. В. Тайков, Неравенства типа Колмогорова и наилучшие формулы численного дифференцирования, Матем. заметки, 4:2(1968)233-238.

Тайков 用不同于本节的方法得到了定理 9.5.2.

本节定理 9.5.3 见 Traub-Wozniakowski[1]，这里的证明出自：

[32] 蒋迅，线性算子的最优线性算法，北京师范大学学报(自然科学版)，No. 2(1989)，5-11.

(六)最小线性信息直径和最小线性误差.

最小线性信息和最小线性误差的较系统的介绍见专著[1]，第 2，3 章有关部分；以及[5]的第 8 章 §3；[6]的第 3 章 §5. 有一些简单的结果在 В. М. Тихомиров 专著[4]中已经有了. 应该指出的是，在[1]中对点集的 $n-G$ 宽度定义忽略了 n 余维的线性子空间需要是闭集的条件. 本书对此有明确的要求. §6 内 $X_1 \to X_3$ 的线性信息算子都要求具有连续性. 一类特殊的线性信息算子 $I(f)=(f(x_1),\cdots,f(x_n))$，点泛函 $f(x_i)$ 不满足连续性要求，本节做了严格处理，见本节定理 9.6.3 和定理 9.6.4.

附注 9.6.1 中的例子出自[1]，引处为建立主要不等式(9.104)做了严格处理. 类似于式(9.104)的结果见资料：

[32] В. Б. Коротков, ОБ оценке снизу погрешности кубатурных формул, Сибир. матем. журнал. 18:5(1977)1188-1191.

本节定理 9.6.6 在 Н. П. Корнйчук 的[5]中可以找到,其中量 $\inf\limits_{I\in\Psi_{2n}^{**}}\sup\limits_{\substack{f\in\widetilde{W}_{\infty}^{r}\\ If=0}}\|f\|_q$ 的下方估计直接应用 Borsuk 定理来做,得到的量 $\|\Phi_{2n,r}\|_q$ 是精确的.

本节例 9.6.2 中涉及 $d_n[W_p^r;L^q]$的阶的估计的两个结果在本书中没有介绍过. 可以参看资料:

[33] Р. С. Исмагилов, Поперечники компактов в линейных нормированных пространствах и приближение функций тригонометрическими полиномами, Успехи МН 29:3(1974)161-178.

[34] Б. С. Қашин, Поперечники некоторых конечномерных множеств и классов гладких функций, Изв. АН СССР сер. матем. 41:2(1977)234-351.

$d_n[W_1^r;L^2]$的强渐近估计曾在第五章内做过介绍. 详见:

[35] Р. С. Исмагилов, ОБ п-мерных поперечниках компактов в гильбертовом пространстве, функц. анализ и его прил. 2:2(1968)32-39.

本节例 9.6.3 所引 Y. N. Subbotin 的结果出自:

[36] Ю. Н. Субботин, Экстремальные задачи теории приближения функций при неполной информации, Труды матем. ин-та АН СССР 145(1980)152-168.

例 9.6.4 见:

[37] В. Л. Великин, Точные оценки погрецнос-

ти некоторых оптимальных способов восстановления дифференцируемых периодических функций, Укр. Матем Журнал, 35:3(1983)290-296.

例 9.6.4 中问题的一般提法是:求解

$$\inf_{I\in\Psi_{2n}^{**}}\sup_{\substack{f\in\widetilde{W}_p^r\\ If=0}}\|f^{(k)}\|_q$$

其中 $1\leqslant p,q\leqslant+\infty$ 是相互独立的,这一问题及其非周期的类比在资料:

[38] Н. П. Корнейчук,《Сплайны в теории приближения》, Москва《НАУКА》(1984).

的第四章内有一些讨论.这一问题距离完全解决还很远,预料除 p,q 取某些特殊数值时可获解外,一般有相当的难度.

最优求积公式

第十章

在本章中,我们考虑定积分逼近中的一些极值问题,即所谓最优求积问题,这是目前最优恢复论中比较活跃的一个方向.

因为对定积分构造最优算法问题具有非常重要的实际意义[82],同时求积理论中一些看来非常简单的最优化问题,其解决往往需要非常深刻的分析、泛函及拓扑等思想,因此从纯理论及应用两方面看,对最优求积理论的研究都是很有意义的.

经过许多数学工作者近三十年的努力,对分析中一些具有基本意义的函数类,特别是 Sobolev 类上的最优求积理论已经得到了非常完美的结果.但是由于篇幅的限制,我们不可能在此叙述最优求积理论中所有的结果,我们仅仅想通过介绍某些最优求积的最主要结果而着重强调解决这些问题所用的方法、作为补充,我们在每节的最后及 §16 资料和注中对一些其他的主要结果做一简略介绍,使读者对这一方向的概貌有一粗略的了解,以便于有兴趣的读者做进一步的研究.

本章不涉及 Gauss 求积理论、Chebyshev 求积理论,这一方面的内容索引可以参考综后报告[1].

§0　预　备

本节给出了最优化问题中经常用到的多项式样条函数的某些基本性质,对其中一部分给出了证明,其余的可以在专著[2] 及资料[3] 中找到其证明.

下面的定理给出了多项式在一个区间内部的零点和其在区间端点处各阶导数符号改变数之间的关系.

定义 10.0.1(Budan-Fourier 定理)　设 $r=1,2,3,\cdots,p(t)\in P_r$,且 $p^{(r-1)}(t)\neq 0$,则

$$Z(p;(a,b))+S^{+}((-1)^{i}p^{(i)}(a))_{0}^{r-1}+S^{+}(p^{(i)}(b))_{0}^{r-1}\leqslant r-1 \tag{10.1}$$

式(10.1) 两边之差为一个偶数,且式(10.1) 可以写成

$$Z(p;(a,b))\leqslant S^{-}(p^{(i)}(a))_{0}^{r-1}-S^{+}(p^{(i)}(b))_{0}^{r-1} \tag{10.2}$$

其中 $Z(p;I)$ 表示 $P(t)$ 在区间 I(I 可以为有限或无穷的开、闭或半开区间) 上零点的总数,P_r 表示一切次数不大于 $r-1$ 的多项式的全体,即

$$P_r = \operatorname{span}\{1, t, \cdots, t^{r-1}\}$$

Sobolev 类上很多最优化问题中的极函数是多项式样条. 下面首先给出多项式样条的定义.

给定分划

$$a = x_0 < x_1 < \cdots < x_n < x_{n+1} = b$$

记 $I_i = [x_i, x_{i+1}), i = 0, 1, \cdots, n-1, I_n = [x_n, x_{n+1}]$, r 为自然数, $\nu_i (i = 1, \cdots, n)$ 为正整数, 且 $1 \leqslant \nu_i \leqslant r$.

令

$$S_{r-1}\begin{pmatrix} x_1 & \cdots & x_n \\ \nu_1 & \cdots & \nu_n \end{pmatrix} \stackrel{\text{df}}{=} \{s(t) \mid \text{存在 } s_i(t) \in P_r, \text{使得}$$

当 $t \in I_i$ 时, $s(t) = s_i(t)$, 且

$$s_{i-1}^{(j)}(t) = s_i^{(j)}(t), i = 1, \cdots, n, j = 0, 1, \cdots, r-1-\nu_i\} \tag{10.3}$$

称 $s(t) \in S_{r-1}\begin{pmatrix} x_1 & \cdots & x_n \\ \nu_1 & \cdots & \nu_n \end{pmatrix}$ 是以 $\{x_i\} (i = 1, \cdots, n)$ 为 $\{\nu_i\} (i = 1, \cdots, n)$ 重节点的 $r-1$ 次多项式样条, 特别当 $\nu_1 = \cdots = \nu_n = 1$ 时, 称 $s(t)$ 是以 $\{x_i\} (i = 1, \cdots, n)$ 为单节点的 $r-1$ 次多项式样条, 当 $1 \leqslant \nu_i \leqslant r-1 (i = 1, \cdots, n)$ 时, $S_{r-1}\begin{pmatrix} x_1 & \cdots & x_n \\ \nu_1 & \cdots & \nu_n \end{pmatrix}$ 中的函数是连续的. 令

$$\boldsymbol{x} = \{(x_1, \nu_1), \cdots, (x_n, \nu_n)\}$$

其中 (x_i, ν_i) 表示 x_i 重复 ν_i 次. 为了方便起见, 在不致发生误解的情况下, 记

$$S_{r-1}\begin{pmatrix} x_1 & \cdots & x_n \\ \nu_1 & \cdots & \nu_n \end{pmatrix} \stackrel{\text{df}}{=} S_{r-1}(\boldsymbol{x})$$

下面的定理给出了多项式样条的解析表达式.

定义 10.0.2 任一 $s(t) \in S_{r-1}(\boldsymbol{x})$ 可以唯一表示成

$$s(t)=\sum_{k=0}^{r-1}c_k(t-a)^k+\sum_{i=1}^{m}\sum_{j=0}^{\nu_i-1}a_{i,j}(t-x_i)_+^{r-j-1}$$

(10.4)

其中

$$c_k=\frac{s^{(k)}(a)}{k!},k=0,1,\cdots,r-1$$

$$a_{i,j}=[s^{(r-1-j)}(x_i+0)-\frac{s^{(r-1-j)}(x_i-0)]}{(r-1-j)!}$$

$$i=1,\cdots,n,j=0,1,\cdots,\nu_i-1$$

反之,任何形如式(10.4)的函数 $s(t)\in S_{r-1}(\boldsymbol{x})$,并且当 $a_{i,\nu_i-1}\neq 0,i\in\{1,2,\cdots,n\}$ 时,$s(t)$ 在 x_i 处的节点重数为 ν_i. 当 $t=x_i$ 时,$s(t)\in C^{r-\nu_i-1}$.

证　令 $p(t)=\sum_{k=0}^{r-1}s^{(k)}(a)\frac{(t-a)^k}{k!}$,则显然

$$p^{(k)}(a)=s^{(k)}(a),k=0,1,\cdots,r-1\quad(10.5)$$

考虑函数

$$g(t)\xlongequal{\mathrm{df}}\int_a^t[s(u)-p(u)]\mathrm{d}u$$

$$=\int_a^b[s(u)-p(u)](t-u)_+^0\,\mathrm{d}u,a\leqslant t\leqslant b$$

因为在每一个区间 $(x_{i-1},x_i)(i=1,\cdots,n+1)$ 上,$s(t)-p(t)$ 是一个 $r-1$ 次多项式,并且当 $t\in(x_{i-1},x_i)$ 时,$s^{(r)}(t)=p^{(r)}(t)\equiv 0$,所以

$$\int_{x_{i-1}}^{x_i}[s(u)-p(u)](t-u)_+^0\,\mathrm{d}u$$

$$=-\sum_{j=0}^{r-1}[s^{(j)}(u)-p^{(j)}(u)]\frac{(t-u)_+^{j+1}}{(j+1)!}\Bigg|_{x_i+0}^{x_i-0}$$

$$=-\Big\{\sum_{j=0}^{r-1}[s^{(j)}(x_i-0)-p^{(j)}(x_i)]\frac{(t-x_i)_+^{j+1}}{(j+1)!}-$$

$$\sum_{j=0}^{r-1}[s^{(j)}(x_{i-1}+0)-p^{(j)}(x_{i-1})\frac{(t-x_{i-1})_+^{j+1}}{(j+1)!}\}$$

对 i 求和,得

$$g(t)=\sum_{i=0}^{n}\sum_{j=0}^{r-1}\{s^{(j)}(x_i+0)-p^{(j)}(x_i)\}\frac{(t-x_i)_+^{j+1}}{(j+1)!}-$$
$$\sum_{i=1}^{n+1}\sum_{j=0}^{r-1}\{s^{(j)}(x_i-0)-p^{(j)}(x_i)\}\frac{(t-x_i)_+^{j+1}}{(j+1)!}$$
$$=\sum_{i=1}^{n}\sum_{j=0}^{r-1}\{s^{(j)}(x_i+0)-s^{(j)}(x_i-0)\}\frac{(t-x_i)_+^{j+1}}{(j+1)!}+$$
$$\sum_{j=0}^{r-1}\{s^{(j)}(a+0)-p^{(j)}(a)\}\frac{(t-a)_+^{j+1}}{(j+1)!}+$$
$$\sum_{j=0}^{r-1}\{s^{(j)}(b-0)-p^{(j)}(b)\}\frac{(t-b)_+^{j+1}}{(j+1)!}$$

因为当 $t\leqslant b$ 时,$(t-b)_+^{j+1}\equiv 0$,所以根据式(10.5)得

$$g(t)=\sum_{i=1}^{n}\sum_{j=0}^{r-1}\{s^{(j)}(x_i+0)-s^{(j)}(x_i-0)\}\frac{(t-x_i)_+^{j+1}}{(j+1)!}$$

上式两边对 t 求导,得

$$s(t)=p(t)+\sum_{i=1}^{n}\sum_{j=0}^{r-1}\frac{1}{j!}\{s^{(j)}(x_i+0)-$$
$$s^{(j)}(x_i-0)\}\times(t-x_i)_+^j$$

因为 $s^{(j)}(x_i+0)=s^{(j)}(x_i-0),j=0,1,\cdots,r-\nu_i-1$,所以

$$s(t)=\sum_{j=0}^{r-1}s^{(k)}(a)\frac{(t-a)^k}{k!}+\sum_{i=1}^{n}\sum_{j=0}^{\nu_i-1}\{s^{(r-j-1)}(x_i+0)-$$
$$s^{(r-j-1)}(x_i-0)\}\frac{(i-x_i)_+^{r-j-1}}{(r-j-1)!}$$

即式(10.4)成立.为证表达式(10.4)中的系数是唯一的,只需对固定的 $a<x_1<\cdots<x_n<b$,证明函数组

$\{\rho_{i,j}(t)=(t-x_i)_+^{r-j-1}\}$,$i=0,\cdots,n,j=0,\cdots,\nu_i-1$ 是线性无关的,其中约定 $x_0=a,\nu_0=r$. 令

$$s(t)=\sum_{i=0}^{n}\sum_{j=0}^{\nu_i-1}a_{i,j}(t-x_i)_+^{r-j-1}\equiv 0$$

则在区间 I_0 上成立

$$\sum_{j=0}^{r-1}a_{0,j}(t-a)_+^{r-j-1}=\sum_{j=0}^{r-1}a_{0,j}(t-a)^{r-j-1}\equiv 0$$

因为$\{1,(t-a),\cdots,(t-a)^{r-1}\}$是线性无关组,所以

$$a_{0,j}=0,j=0,1,\cdots,r-1$$

于是在区间 I_1 上成立 $\sum_{j=0}^{\nu_1-1}a_{1,j}(t-x_1)^{r-j-1}\equiv 0$,因此

$$a_{1,j}=0,j=0,1,\cdots,\nu_1-1$$

类似可证 $a_{i,j}=0(i=2,\cdots,n,j=0,1,\cdots,\nu_i-1)$,因此证得$\{\rho_{i,j}(t)\}$ $(i=0,\cdots,n,j=0,\cdots,\nu_i-1)$ 是线性无关组.

反之,因为当 $t=x_i$ 时,$(t-x_i)_+^{r-j-1}\in C^{r-j-2}$,所以定理的后一部分成立.

推论 10.0.1　$S_{r-1}\begin{pmatrix}x_1 & \cdots & x_n\\ \nu_1 & \cdots & \nu_n\end{pmatrix}$ 为 $r+k$ 维的线性空间,$\{\rho_{i,j}(t)\}(i=0,\cdots,n,j=0,\cdots,\nu_i-1)$ 为其一组基,其中 $k=\sum_{i=1}^{n}\nu_i$.

在考虑 Sobolev 类的最优恢复问题中,对样条函数的零点估计是一个至关重要的问题,为此下面首先给出样条函数零点的定义.

定义 10.0.1　设 $s(t)\in S_{r-1}(\boldsymbol{x})$,$s(t)$ 在包含 t_0 的某个小邻域内不恒为零,且

$$s(t_0-0)=\cdots=s^{(\alpha-1)}(t_0-0)=0,s^{(\alpha)}(t_0-0)\neq 0$$

$$s_0(t_0+0)=\cdots=s^{(\beta-1)}(t_0+0)=0,s^{(\beta)}(t_0+0)\neq 0$$

则称 t_0 为 $s(t)$ 的孤立零点,其零点重数 $Z(s;t_0)$ 定义为

$$Z(s;t_0)=\begin{cases}\nu+1,\nu\ \text{为偶数且}\ s(t)\ \text{在}\ t_0\ \text{变号}\\ \nu+1,\nu\ \text{为奇数且}\ s(t)\ \text{在}\ t_0\ \text{不变号}\\ \nu,\text{其他}\end{cases}$$

其中 $\nu=\max\{\alpha,\beta\}$.

定义 10.0.2 设 $s(t)\in S_{r-1}(\boldsymbol{x})$ 在某个非退化区间上恒为零,则此区间称为 $s(t)$ 的零区间,其零点重数定义为 r.

下面叙述多项式样条的 Budan-Fourier 定理,它是定理 10.0.1 的扩充.

定理 10.0.3 设 $s(t)\in S_{r-1}\begin{pmatrix}x_1 & \cdots & x_n\\ \nu_1 & \cdots & \nu_n\end{pmatrix}$,$1\leqslant \nu_i\leqslant r,i=1,\cdots,n$ 且 $s(t)$ 在 $(x_j,x_{j+1})(j=1,\cdots,n-1)$ 上恰为 $n_j(0\leqslant n_j\leqslant r-1)$ 次代数多项式(即 $s^{(n_j)}(t)$ 在 (x_j,x_{j+1}) 上不恒为零),则

$$Z(s;(a,b))\leqslant S^-(s^{(i)}(a))_0^{r-1}-S^+(s^{(i)}(b))_0^{r-1}+\sum_{j=1}^{n}\nu_j-\sum_{j=1}^{n-1}(r-1-n_j)$$

定理 10.0.4 设 $r=2,3,\cdots,k\geqslant 0,s(t)\in S_{r-1}\begin{pmatrix}x_1 & \cdots & x_n\\ \nu_1 & \cdots & \nu_n\end{pmatrix}$,则

$$Z(s;(a,b))\leqslant r+k-1$$

其中

$$k=\sum_{i=1}^{n}\nu_i$$

定义 10.0.3 设 G 是 $C[a,b]$ 的 n 维子空间,如对于任意给定的点组 $a=t_0<t_1<\cdots<t_{n-1}<t_n=b$,存

在非平凡的 $g\in G,\sigma\in\{-1,1\}$，使得

$$(-1)^{i+\sigma}g(t)\geqslant 0,t_{i-1}\leqslant t\leqslant t_i,i=1,\cdots,n$$

则称 G 为弱 Chebyshev(弱 Haar) 子空间.

推论 10.0.2　$S_{r-1}\begin{pmatrix}x_1 & \cdots & x_n\\ \nu_1 & \cdots & \nu_n\end{pmatrix}$ 是一个 $r+k$ 维的弱 Haar 子空间.

下面给出微分算子 $D^r=\dfrac{\mathrm{d}^r}{\mathrm{d}t}$ 的格林函数(即 Peano 核) 的全正性(见例 8.1.9 和定理 8.1.2)，它在处理样条函数的插值、逼近等许多问题中起着关键的作用. 令

$$\Phi_r(t,y)=\frac{1}{(r-1)!}(t-y)_+^{r-1}$$

定理 10.0.5　设 p 是任意正整数，$t_1\leqslant\cdots\leqslant t_p$，$y_1\leqslant\cdots\leqslant y_p$ 满足下列条件：

(i) $t_i<t_{i+r},y_i<y_{i+r},i=1,\cdots,p-r$.

(ii) 若有 α 个 t_i 和 β 个 y_i 都等于 c，则 $\alpha+\beta\leqslant r-1$.

当(i),(ii) 同时成立时，以下不等式成立

$$\Phi_r\begin{pmatrix}t_1 & \cdots & t_p\\ y_1 & \cdots & y_p\end{pmatrix}\overset{\mathrm{df}}{=}\det(D_t^{d_i}D_y^{e_j}\Phi_r(t_i,y_i))\geqslant 0$$

$$i,j=1,\cdots,n \tag{10.6}$$

式(10.6) 中严格的不等号成立当且仅当

$$t_{i-r}<y_i<t_i,i=1,\cdots,p \tag{10.7}$$

当 $i\leqslant r$ 时，式(10.7) 左边的不等式略去. 当 $(d_i+1)+(e_j+1)=r+1$ 时，式(10.7) 的右边的不等式可取等号，其中

$$d_i=\max\{l\mid t_{i-l}=\cdots=t_i\}$$

$$e_i=\max\{l\mid y_{j-l}=\cdots=y_j\},i,j=1,\cdots,p$$

很多应用问题中涉及周期样条函数.下面介绍周期样条函数的某些性质.

设 $a<b$,若把 a,b 看作是同一点,则区间$[a,b)$可以看作是周长为 $L=b-a$ 的圆周.给定分划

$$\Delta=\{a<x_1<\cdots<x_n<b\}$$

则可以认为 Δ 把圆周分成 n 段,$I_i=[x_i,x_{i+1})(i=1,\cdots,n-1)$,$I_n=[x_n,x_1)$.设 $r,\nu_i(i=1,\cdots,n)$ 为自然数,$\nu_i\leqslant r(i=1,\cdots,n)$.令 $\widetilde{S}_{r-1}\begin{pmatrix}x_1 & \cdots & x_n\\ \nu_1 & \cdots & \nu_n\end{pmatrix}\overset{\text{df}}{=}\{s(t)\mid$ 存在 n 个 $r-1$ 次多项式 $s_1(t),\cdots,s_n(t)$,使得 $s(t)=s_i(t),t\in I_i$,且 $s_{i-1}^{(j)}(x_i)=s_i^{(j)}(x_i),i=1,\cdots,n,j=0,1,\cdots,r-\nu_i-1\}$. $s(t)\in\widetilde{S}_{r-1}\begin{pmatrix}x_1 & \cdots & x_n\\ \nu_1 & \cdots & \nu_n\end{pmatrix}$称为是以 $b-a$ 为周期的以$\{x_i\}(i=1,\cdots,n)$为$\{\nu_i\}(i=1,\cdots,n)$重节点的 $r-1$ 次多项式样条.根据定义即知 $\widetilde{S}_{r-1}\begin{pmatrix}x_1 & \cdots & x_n\\ \nu_1 & \cdots & \nu_n\end{pmatrix}=\left\{s(t)\in S_{r-1}\begin{pmatrix}x_1 & \cdots & x_n\\ \nu_1 & \cdots & \nu_n\end{pmatrix},\right.$ $\left.s^{(j)}(a)=s^{(j)}(b),j=0,1,\cdots,r-1\right\}$ 在不致引起误解的情况下,将 $\widetilde{S}_{r-1}\begin{pmatrix}x_1 & \cdots & x_n\\ \nu_1 & \cdots & \nu_n\end{pmatrix}$ 简记为 $\widetilde{S}_{r-1}(\boldsymbol{x})$,其中 $\boldsymbol{x}=\{(x_1,\nu_1),\cdots,(x_n,\nu_n)\}$.

定理 10.0.6 设 $b-a=1$,则 $s(t)\in\widetilde{S}_{r-1}(\boldsymbol{x})$ 当且仅当

$$s(t)=c_0+\sum_{i=1}^{n}\sum_{j=0}^{\nu_i-1}c_{i,j}D_{r-j}(t-x_i)$$

其中①

$$D_r(t) = -2^{1-r}\pi^{-r}\sum_{k=1}^{+\infty} k^r \cos\left(2\pi kt + \frac{1}{2}r\pi\right) \quad (10.8)$$

$$c_0 = \int_0^1 s(t)\,\mathrm{d}t \quad (10.9)$$

$$c_{i,j} = s^{(r-1-j)}(x_i - 0) - s^{(r-1-j)}(x_i + 0)$$

$$i = 1, \cdots, n, j = 0, 1, \cdots, \nu_i - 1$$

且

$$\sum_{i=1}^{n} c_{i,0} = 0$$

证　先证必要性. 设 $s(t) \in \widetilde{S}_{r-1}(x)$, 令 $x_{n+1} = 1 + x_1$ 有

$$g(t) = \int_0^1 [s(u) - c_0] D_1(t-u)\,\mathrm{d}u$$

因为当 $t \in (0,1)$ 时, $D_1(t) = -\frac{1}{2} + t$, 所以

$$g'(t) = -(s(t) - c_0)$$

另一方面, 由分部积分得

$$g(t) = -\sum_{i=1}^{n}\sum_{j=0}^{r-1}(s(t) - c_0)^{(j)} D_{j+2}(t-u)\Big|_{u=x_i+0}^{x_{i+1}-0}$$

在上面等式的两边取微分, 考虑到 $D'_{j+2}(t) = D_{j+1}(t)$, 得

$$s(t) = c_0 + \sum_{i=1}^{n}\sum_{j=0}^{r-1}(s^{(j)}(x_i - 0) - s^{(j)}(x_i + 0)) \cdot D_{j+1}(t - x_i)$$

---

① 和前几章及本章 §15,不同,本章 §0 ~ §14 中 $D_r(t)$ 表示以 1 为周期(而不是以 2π 为周期) 的 Bernoulli 多项式. 它由式(10.8) 定义.

因为当 $t=x_i$ 时,$s(t)\in C^{r-\nu_i-1}$,所以

$$s(t)=c_0+\sum_{i=1}^{n}\sum_{j=0}^{\nu_i-1}(s^{(r-j-1)}(x_i-0)-s^{(r-j-1)}(x_i+0))\cdot D_{r-j}(t-x_i)$$

由上式立即得 $c_0=\int_0^1 s(t)\mathrm{d}t$,并且

$$s^{(r-1)}(x_i-0)-s^{(r-1)}(x_i+0)=c_{i,0} \quad (10.10)$$

根据(10.10)及 $s(t)$ 是周期函数,知道式(10.9)成立.

反之,因为以 1 为周期的 Bernoulli 函数 $D_r(t)$ 在 $(0,1)$ 上是以 $\frac{1}{r!}t^r$ 为首项的 r 次多项式,又因为 $s^{(r-1)}(t)=\sum_{i=1}^{n}c_{i,0}D_1(t-x_i)$,$\sum_{i=1}^{n}c_{i,0}=0$,且当 $t\in(x_i,x_{i+1})$ 时,$D_1(t-x_i)$ 形如 α_i+t,其中 $\alpha_i\in\mathbf{R}$,所以当 $t\in(x_i,x_{i+1})$ 时

$$S^{(r-1)}(t)=\sum_{i=1}^{n}c_{i,0}(\alpha_i+t)=\sum_{i=1}^{n}c_{i,0}\alpha_i\overset{\text{df}}{=\!=}c$$

即当 $t\in(x_i,x_{i+1})$ 时,$s^{(r-1)}(t)$ 为常数,所以 $s(t)$ 在 (x_i,x_{i+1}) 上为 $r-1$ 次多项式.又因为 $D_r(t)\in C^{r-2}$,所以当 $t=x_i(i=1,\cdots,n)$ 时,$s(t)\in C^{r-\nu_i-1}$,于是 $s(t)\in\widetilde{S}_{r-1}(x)$.

定理 10.0.7 $\widetilde{S}_{r-1}\begin{pmatrix}x_1 & \cdots & x_n\\ \nu_1 & \cdots & \nu_n\end{pmatrix}$ 是 k 维线性空间,其中

$$k=\sum_{i=1}^{n}\nu_i$$

定理 10.0.8 设 $s(t)\in\widetilde{S}_{r-1}(\boldsymbol{x})$,$s(t)$ 没有零区间,则

$$Z(s;[a,b)) \leqslant \begin{cases} k-1, k \text{ 为奇数} \\ k, k \text{ 为偶数} \end{cases}$$

推论 10.0.3　设 k 为奇数，则 $\tilde{S}_{r-1}(\boldsymbol{x})$ 是 k 维弱 Haar 子空间.

根据定理 10.0.6 及[4]有：

定理 10.0.9　设 $k=\sum_{i=1}^{n}\nu_i$ 为奇数，函数 $u_j(t)(j=1,\cdots,k)$ 依次为 $1,\{D_{r-j}(t-x_1)\}$ $(j=1,\cdots,\nu_i-1)$，$\{D_r(t-x_i)-D_r(t-x_1),\{D_{r-j}(t-x_i)\}(j=1,\cdots,\nu_i-1,i=2,\cdots,n)$，则存在 $\sigma\in\{-1,1\}$，使得对于任意的 $t_1<\cdots<t_k<1+t_1$，有

$$\sigma \det\begin{pmatrix} u_1 & \cdots & u_k \\ t_1 & \cdots & t_k \end{pmatrix} \geqslant 0$$

上式中严格的不等式成立当且仅当存在 $\{y_i\}(i=1,\cdots,k)$ 的某一个循环排列 $\{y_i^*\}(i=1,\cdots,k)$ 使得

$$y_i^* < t_i < y_{i+r}^*, i=1,\cdots,k$$

其中

$$y_1 \leqslant \cdots \leqslant y_k, (y_1,\cdots,y_k) \overset{\text{df}}{=\!=} \{(x_1,\nu_1),\cdots,(x_n,\nu_n)\}$$

即

$$y_1=\cdots=y_{\nu_1}=x_1, y_{\nu_1+1}=\cdots=y_{\nu_1+\nu_2}=x_2,\cdots,$$
$$y_{\nu_1+\cdots+\nu_{n-1}+1}=\cdots=y_k=x_n \tag{10.11}$$

下面给出差商及 B 样条的定义：

给定点集 $t_1 \leqslant \cdots \leqslant t_m$ 及充分光滑的函数 $u_1(t),\cdots,u_m(t)$，记

$$\alpha_j=\max\{j \mid t_i=\cdots=t_{i-j}\}, i=1,\cdots,m$$

考虑矩阵

$$\boldsymbol{A}\begin{pmatrix} u_1 & \cdots & u_m \\ t_1 & \cdots & t_n \end{pmatrix} = (D^{\alpha_i}u_j(t_i)), i,j=1,\cdots,m$$

$D=\frac{\mathrm{d}}{\mathrm{d}t}$,令

$$D\begin{pmatrix}u_1 & \cdots & u_n\\ t_1 & \cdots & t_m\end{pmatrix}=\det \mathbf{A}\begin{pmatrix}u_1 & \cdots & u_n\\ t_1 & \cdots & t_m\end{pmatrix}$$

特别当 $u_i(t)=t^{i-1}(i=1,\cdots,m)$ 时

$$D\begin{pmatrix}t_1 & t_2 & \cdots & t_m\\ 1 & t & \cdots & t^{m-1}\end{pmatrix}$$

称为广义的范得蒙(Vandermande)行列式.

定义 10.0.4 任意给定点集 $t_1,\cdots,t_{m+1}$,及函数 $f(t)$.称

$$[t_1,\cdots,t_{m+1}]f=\frac{D\begin{pmatrix}t_1 & \cdots & t_m & t_{m+1}\\ 1 & \cdots & t^{m-1} & f\end{pmatrix}}{D\begin{pmatrix}t_1 & t_2 & \cdots & t_m\\ 1 & t & \cdots & t^m\end{pmatrix}}$$

为 f 在 $t_1,\cdots,t_{m+1}$ 处的 r 阶差商.

定义 10.0.5 设 $h>0$,m 为正整数,称

$$\Delta_h^r f(t)=r!\ h^m[t,f+h,\cdots,t+mh]f$$

为 f 在 t 处的 m 阶向前差分(简称 m 阶差分).

定理 10.0.10 给定$\{t_i\}$ $(i=1,\cdots,m+1)$ 及充分光滑的函数 $f(t)$,则当 $t_1\neq t_{m+1}$ 时成立

$$[t_1,\cdots,t_{m+1}]f=\frac{[t_2,\cdots,t_{m+1}]f-[t_1,\cdots,t_m]f}{t_{m+1}-t}$$

而当 $t_1=\cdots=t_{m+1}$ 时,有

$$[t_1,\cdots,t_{m+1}]f=\frac{D^m f(t_1)}{m!}$$

若 $f\in C^m[a,b]$,$a=\min\limits_i t_i$,$b=\max\limits_i t_i$ 则存在 $\theta\in[a,b]$,使得

$$[t_1,\cdots,t_{m+1}]f=\frac{D^r f(\theta)}{m!}$$

定义 10.0.6　设 $\cdots \leqslant y_{-1} \leqslant y_0 \leqslant y_1 \leqslant y_2 \leqslant \cdots$，为一列单调非减的实数列，给定整数 i 及自然数 r，令

$$B_i^r(x)=\begin{cases}(-1)^r[y_i,\cdots,y_{i+r}](x-\bullet)_+^{r-1}, y_i<y_{i+r}\\0, y_i=y_{i+r}\end{cases}$$

称 $B_i^r(x)$ 为关于节点 $y_i,\cdots,y_{i+r}$ 的 r 阶 $(r-1)$ 次的 B 样条.

下述定理描述了 B 样条的非负性及局部支集性.

定理 10.0.11　设 $r>1$，且 $y_i<y_{i+r}$，则

$$B_i^r(x)>0, y_i<x<y_{i+r}$$

$$B_i^r(x)=0, x>y_{i+r} \text{ 或 } x<y_i$$

而在区间的端点上，成立

$$(-1)^{r-\alpha_i+k}D_-^k+B_i^r(y_i)=\begin{cases}0, k=0,1,\cdots,r-\alpha_i-1\\>0, k=r-\alpha_i,\cdots,r-1\end{cases}$$

$$(-1)^{r-\beta_{i+r}}D_-^k\ B_i^r(y_{i+r})=\begin{cases}0, k=0,1,\cdots,r-\beta_{i+r-1}\\>0, k=r-\beta_i,\cdots,r-1\end{cases}$$

其中 $\alpha_i=\max\{j \mid y_i=\cdots=y_{i+j-1}\}$，$\beta_{i+r}=\max\{j \mid y_{i+r}=\cdots=y_{i+r-j-1}\}$，$\alpha_i$，$\beta_{i+r}$ 分别表示 $y_l \leqslant \cdots \leqslant y_{i+r}$ 中等于 y_i 及等于 y_{i+r} 的元素的个数.

定义 10.0.7　设 $B_i^r(x)$ 为由定义 10.0.7 中定义的 B 样条，令

$$N_i^r(x)=(y_{i+r}-y_i)B_i^r(x)$$

$N_r^i(x)$ 称为关于节点 $y_i,\cdots,y_{i+r}$ 的 r 阶（$r-1$ 次）规范 B 样条.

对于任意给定的 $a<x_1<\cdots<x_n<b$，$1 \leqslant \nu_i \leqslant r(i=1,\cdots,n)$，令 $k=\sum\limits_{i=1}^{n}\nu_i$，设 $y_1=\cdots=y_r=a$，$y_{r+1}=\cdots=y_{r+\nu_1}=x_1$，$y_{r+\nu_1+1}=\cdots=y_{r+\nu_1+\nu_2}=x_2$，$\cdots$，$y_{r+\nu_1+\cdots+\nu_{n-1}+1}=\cdots=y_{r+k}=x_n$，$y_{r+k+1}=\cdots=y_{r+k}=b$，置

$$B_i(x)=(-1)^r[y_i,\cdots,y_{i+r}](x-y)_+^{r-1},a\leqslant x\leqslant b$$

定理 10.0.12 $\{B_i(x)\}(i=1,\cdots,r+k)$ 为 $S_{r-1}(\boldsymbol{x})$ 的一组基,其中

$$\boldsymbol{x}=\{(x_1,\nu_1),\cdots,(x_n,\nu_n)\}$$

§1 问题的提出和 Nikolsky-Schoenberg 框架

设 $\mathscr{M}$ 为定义在$[a,b]$上的光滑函数类①,$a<x_1<\cdots<x_n<b$,r 及 $\nu_1,\cdots,\nu_n$ 为给定的正整数.设

$$I(f)=\int_a^b f(t)\mathrm{d}t,f\in\mathscr{M}$$

考虑求积公式

$$I(f)\approx\sum_{j=0}^{r-1}a_jf^{(j)}(a)+\sum_{i=1}^{n}\sum_{j=0}^{\nu_j-1}f^{(j)}(x_i)+\sum_{j=0}^{r-1}b_jf^{(j)}(b)\overset{\mathrm{df}}{=}Q(f,\mathscr{B}^*)\qquad(10.12)$$

其中$\{a_j\}$,$\{b_j\}$,$\{a_{i,j}\}$为实系数向量,$Q(f,\mathscr{B}^*)$表示求积公式(10.12)边界点上的系数组$\{a_j\}$,$\{b_j\}$满足限制条件 $\mathscr{B}^*$.

设 $a<x_1<\cdots<x_n<b$,令

$$\Omega(\nu_1,\cdots,\nu_n)=\{\boldsymbol{x}\mid x=\{(x_1,\nu_1),\cdots,(x_n,\nu_n)\}\}$$

表示(a,b)中以$\{x_i\}(i=1,\cdots,n)$为$\{\nu_i\}(i=1,\cdots,n)$重节点向量的全体.

设节点向量 $\boldsymbol{x}\in\Omega(\nu_1,\cdots,\nu_n)$固定,考虑极值问题

① $\mathscr{M}$假定是某个函数空间中的均衡凸集,以下都准此.

$$R(\boldsymbol{x},\mathscr{M},\nu_1,\cdots,\nu_n,\mathscr{B}^*)$$
$$\overset{\text{df}}{=\!=}\inf_{\{a_j\},\{b_j\},\{a_{i,j}\}}\sup_{f\in\mathscr{M}}|I(f)-Q(f,\mathscr{B}^*)| \tag{10.13}$$

$R(\boldsymbol{x},\mathscr{M},\nu_1,\cdots,\nu_n,\mathscr{B}^*)$ 称为 $\mathscr{M}$ 上满足边界条件 $\mathscr{B}^*$ 的 $(\nu_1,\cdots,\nu_n,\mathscr{B}^*)$ 型 Sard 意义下最佳(best)误差. 如果存在 $\{a_j^*\}$, $\{b_j^*\}$, $\{a_{i,j}^*\}$ 达到式(10.13)中的下确界,则由 $\{a_j^*\}$, $\{b_j^*\}$, $\{a_{i,j}^*\}$ 确定的求积公式 $Q^*(f,\mathscr{B}^*)$ 称为 $\mathscr{M}$ 上满足边界条件 $\mathscr{B}^*$ 的 $(\nu_1,\cdots,\nu_n)$ 型 Sard 意义下的最佳求积公式. 进一步考虑极值问题

$$R(\mathscr{M},\nu_1,\cdots,\nu_n,\mathscr{B}^*)=\inf_{x\in\Omega(\nu_1,\cdots,\nu_n)}R(\boldsymbol{x},\mathscr{M},\nu_1,\cdots,\nu_n,\mathscr{B}^*) \tag{10.14}$$

如果存在 $\{x^*,\{a_j^*\},\{b_j^*\},\{a_{i,j}^*\}\}$ 达到式(10.14)的下确界,则称 $Q^*(f,\mathscr{B}^*)$ 为 $\mathscr{M}$ 上满足边界条件 $\mathscr{B}^*$ 的 $(\nu_1,\cdots,\nu_n,\mathscr{B}^*)$ 型的最优(optimal)求积公式. 这里的问题是需要对一些基本的函数类 $\mathscr{M}$ 研究最优求积公式的存在、唯一性及解析表达式,即极值问题(10.14)解的存在、唯一性及其精确表示.

本章中我们主要对 $\widetilde{W}_q^r[a,b]$ 及 $W_q^r[a,b]$ 考虑满足如下边界条件 $\mathscr{B}^*$ 的最优求积问题:

(i)
$$\begin{cases}a_{r-1-j}=0, j\in A\\ b_{r-1-j}=0, j\in B\end{cases} \tag{10.15}$$

其中 A,B 为 $Q_r=\{0,1,\cdots,r-1\}$ 的一个子集 $\{A$, B 可以取成空集 $\varnothing\}$,此时 $\mathscr{B}^*$ 称为拟 Hermite 型边界条件(QHBC). 特别当 $A=\{0,1,\cdots,\nu-1\}$, $B=\{0,1,\cdots,\mu-1\}$, $0\leqslant\nu\leqslant r$, $0\leqslant\mu\leqslant r$ ($\nu(\mu)$ 等于零时, $A(B)$ 理解成取空集),则称 $\mathscr{B}^*$ 为零边界条件(ZBC).

(ii) $$a_j=-b_j,j=0,1,\cdots,r-1 \tag{10.16}$$

$\mathscr{B}^*$ 称为周期边界条件.

当 $A=B=Q_r$ 时,记

$$R(\mathscr{M},\nu_1,\cdots,\nu_n,\mathscr{B}^*)\overset{\text{df}}{=\!=}R(\mathscr{M},\nu_1,\cdots,\nu_n)$$

特别当 $\nu_1=\cdots=\nu_n=\rho$ 时,记

$$R(\mathscr{M},\nu_1,\cdots,\nu_n)\overset{\text{df}}{=\!=}R_n^{\rho-1}(\mathscr{M}),R_n^0(\mathscr{M})\overset{\text{df}}{=\!=}R_n(\mathscr{M})$$

附注 10.1.1 当 $A=B=Q_r$ 时,称极值问题(10.14)为 Kolmogorov-Nikolsky 型最优求积问题.如 $\mathscr{B}^*$ 为零边界条件,$\nu>0$,或 $\mu>0$,则称式(10.14)为 Марков 型的最优求积问题.

给定 $\mathscr{B}^*$ 为拟 Hermite 型边界条件,考虑信息算子族

$$\mathscr{I}(\nu_1,\cdots,\nu_n,\mathscr{B}^*)=\{T(\boldsymbol{x},f,\mathscr{B}^*)\mid \boldsymbol{x}\in\Omega(\nu_1,\cdots,\nu_n)\}$$

其中

$$\begin{aligned}T(\boldsymbol{x},f,\mathscr{B}^*)=\{&f^{(\lambda_1)}(a),\cdots,\\&f^{(\lambda_m)}(a),f(x_1),\cdots,\\&f^{(\nu_1-1)}(x_1),\cdots,f(x_n),\cdots,\\&f^{(\nu_n-1)}(x_n),\cdots,f^{(\mu_1)}(b),\cdots,\\&f^{(\mu_l)}(b)\},f\in\mathscr{M},\end{aligned}$$

$$r-\lambda_i-1\in A,i=1,\cdots,m$$

$$r-\mu_j-1\in B,j=1,\cdots,l$$

根据Smolyak定理(见第九章例 9.3.1)在 $\mathscr{M}$ 上对任一取定的信息算子 $T=T(\boldsymbol{x},f,\mathscr{B}^*)\in\mathscr{I}$,线性泛函 $I(f)$ 的最优恢复的固有误差是

$$E(I,\mathscr{M},T)=\inf_{S}\{\sup_{f\in\mathscr{M}}|I(f)-S(T(f))|\}$$

(S 是任意泛函)它可对某个线性算法(泛函)实现,从而固有误差的估计问题优化归为极值问题(10.13).若

令 T 取遍 $\mathscr{H}(\nu_1,\cdots,\nu_n,B^*)$ 中的一切元素而考虑固有误差的最小值.就导致研究极值问题(10.14).这说明，在式(10.13)和(10.14)中对积分逼近限于取线性算法并不失去一般性.

定义 10.1.1　设 $1\leqslant\nu_i\leqslant r,i=1,\cdots,n,a<x_1<\cdots<x_n<b$ 有

$$M(t)=\frac{t^r}{r!}-\sum_{k=0}^{r-1}\frac{c_k t^{r-k-1}}{(r-k-1)!}-\sum_{i=1}^{n}\sum_{j=1}^{\nu_i-1}c_{i,j}\frac{(t-x_i)_+^{r-j-1}}{(r-j-1)!}\qquad(10.17)$$

则 $M(t)$ 称为以 $\{x_i\}(i=1,\cdots,n)$ 为 $\{\nu_i\}(i=1,\cdots,n)$ 重节点的 r 次单样条.

由 $M(t)$ 的定义立即知当 $t\in(x_i,x_{i+1})(i=0,\cdots,n,x_0=a,x_{n+1}=b)$ 时,$M(t)$ 是以 $\frac{t^r}{r!}$ 为首项的 r 次代数多项式,因此 $M(t)$ 可以表示为

$$M(t)=\frac{t^r}{r!}-s(t),s(t)\in S_{r-1}(\boldsymbol{x})$$

令 $\mathscr{M}_r(\boldsymbol{x},\nu_1,\cdots,\nu_n,\mathscr{B})$ 表示以 $\boldsymbol{x}$ 为固定节点组,且满足边界条件 $\mathscr{B}$ 的形如式(10.17)的单样条 $M(t)$ 的全体,其中 $\mathscr{B}$ 为 $\mathscr{B}^*$ 的共轭边界条件.

(i)$M^{(j)}(a)=M^{(j)}(b),j=0,1,\cdots,r-1,\mathscr{B}^*$ 为 PBC　(10.18)

(ii)$\begin{cases}M^{(j)}(a)=0,j\in A\\M^{(j)}(b)=0,j\in B\end{cases},\mathscr{B}^*$ 为 QHBC　(10.19)

当 $\mathscr{B}^*$ 为拟 Hermite 边界条件(QHBC)时,记

$$\mathscr{M}_r(\boldsymbol{x},\nu_1,\cdots,\nu_n,\mathscr{B})\xlongequal{\text{df}}\mathscr{M}_r(\boldsymbol{x},\nu_1,\cdots,\nu_n,A,B)$$

置

$$\| f \|_{p[a,b]} = \left(\int_a^b | f(t) |^p \mathrm{d}t \right)^{\frac{1}{p}}$$

$$\| f \|_{\infty[a,b]} = \operatorname{ess}\{ M(t) \mid t \in [a,b] \}$$

在不致引起误解的地方，将 $\| f \|_{p[a,b]}$ 记为 $\| f \|_p (1 \leqslant p \leqslant +\infty)$. 对固定的节点向量 $\boldsymbol{x} \in \Omega(\nu_1, \cdots, \nu_n)$. 考虑极值问题

$$\inf\{ \| M \|_p \mid M \in \mathscr{M}_r(\boldsymbol{x}, \nu_1, \cdots, \nu_n) \}, 1 \leqslant p \leqslant +\infty \tag{10.20}$$

根据线性赋范空间最佳逼近的一般理论，对每一个固定的 $1 \leqslant p \leqslant +\infty$，极值问题(10.20)的解存在，记其为 $M(\boldsymbol{x}, t)$. 因为当 $p \in (1, +\infty)$ 时，$L^p[a,b]$ 是严格凸的，所以当 $p \in (1, +\infty)$ 时，$M(\boldsymbol{x}, t)$ 是唯一的(见第一章，§1).

进一步考虑具有自由节点的单样条类

$$\mathscr{M}_r(\nu_1, \cdots, \nu_n, \mathscr{B}) = \{ M(t) \in \mathscr{M}_r(\boldsymbol{x}, \nu_1, \cdots, \nu_n, \mathscr{B}) \mid \boldsymbol{x} \in \Omega(\nu_1, \cdots, \nu_n) \}$$

上最小范数问题的解

$$\begin{aligned} &\inf\{ \| M \|_p \mid M \in \mathscr{M}_r(\nu_1, \cdots, \nu_r, \mathscr{B}) \} \\ &= \inf\{ \| M(\boldsymbol{x}, \cdot) \|_p \mid \boldsymbol{x} \in \Omega(\nu_1, \cdots, \nu_n) \} \end{aligned} \tag{10.21}$$

若存在 $\boldsymbol{x}^* \in \Omega(\nu_1, \cdots, \nu_n)$ 达到式(10.21)中的下确界，则 $M(\boldsymbol{x}^*, t)$ 称为是 $(\nu_1, \cdots, \nu_n, \mathscr{B})$ 型最优的，$\boldsymbol{x}^*$ 称为是 $(\nu_1, \cdots, \nu_n, \mathscr{B})$ 型的最优节点组.

当 $A = B = \varnothing$ 时，记

$$\mathscr{M}_r(\nu_1, \cdots, \nu_n, A, B) = \mathscr{M}_r(\nu_1, \cdots, \nu_n) \tag{10.22}$$

$\mathscr{M}_r(\nu_1, \cdots, \nu_n)$ 表示 r 次的以 $\{x_i\} (i = 1, \cdots, n)$ 为 $\{\nu_i\} (i = 1, \cdots, n)$ 重自由节点，自由边界的单样条的全体. 注意到

$$x_+^k = x^k - (-1)^k(-x)_+^k \qquad (10.23)$$

故形如式(10.17)的单样条 $M(t)$ 还可以写为

$$M(t) = (-1)^r\left\{\frac{(b-t)^r}{r!} - \sum_{j=0}^{r-1}\tilde{b}_j\frac{(b-t)^{r-j-1}}{(r-j-1)!} - \sum_{i=1}^{n}\sum_{j=0}^{\nu_i-1}\tilde{c}_{i,j}\frac{(x_i-t)_+^{r-j-1}}{(r-j-1)!}\right\}$$

在下面定理10.1.1的证明中将要用到这一事实.根据式(10.23)及定理10.0.2有

$$\tilde{b}_j = (-1)^j M^{(r-j-1)}(b), j = 0,1,\cdots,r-1$$

$$\tilde{c}_{i,j} = (-1)^j[M^{(r-j-1)}(x_i-0) - M^{(r-j-1)}(x_i+0)]$$

$$i = 1,\cdots,n, j = 0,1,\cdots,\nu_i - 1 \qquad (10.24)$$

S. M. Nikolsky 和 I. J. Schoen berg 分别研究了单样条和求积公式之间的一一对应关系,他们的研究给解决求积理论的极值问题提供了一个重要方法.为了叙述他们的结果,我们还需要一个简单的引理.

定义 10.1.2　如果对子空间 H 中的一切函数 f,由求积公式 $Q(f,\mathscr{B}^*)$ 确定的误差 $R(f)=0$,那么称 $Q(f,\mathscr{B}^*)$ 对子空间 H 精确.

引理 10.1.1　如果函数类 $\mathscr{M}$ 包含了某一个子空间 H,$Q(f,\mathscr{B}^*)$ 是 $\mathscr{M}$ 上的最佳求积公式,那么 $Q(f,\mathscr{B}^*)$ 对 H 精确.

证　若不然,则存在 $f\in H$,使得 $R(f)=\alpha_0\neq 0$,因为 $R(f)$ 为线性泛函,所以 $|R(cf)|=|c\alpha_0|$,由于对一切 $c\in\mathbf{R}$,均有 $cf\in H$,所以

$$\sup\{|R(f)|\,|\,f\in\mathscr{M}\}\geqslant|c\alpha_0|\to+\infty,\ |c|\to+\infty$$

得到矛盾.

因为 $W_q^r[a,b]$ 包含了 $r-1$ 次的代数多项式子空间 P_r,所以在考虑 $W_q^r[a,b]$ 上 $(\nu_1,\cdots,\nu_n,\mathscr{B}^*)$ 型最优

求积公式时,只需限于对子空间 P_r 精确的求积公式 $Q(f,\mathscr{B}^*)$ 考虑极值问题(10.13) 和(10.14).

定理 10.1.1 设 $\boldsymbol{x}\in\Omega(\nu_1,\cdots,\nu_n)$ 为固定的节点向量,$f\in W_q^r[a,b]$,则由式(10.12) 确定的 P_r 精确的求积公式 $Q(f,\mathscr{B}^*)$ 与具有固定节点 $\boldsymbol{x}$ 的单样条类 $\mathscr{M}_r(\boldsymbol{x},\nu_1,\cdots,\nu_n,\mathscr{B})$ 之间存在一一对应关系,且

(i)
$$a_{i,j}=(-1)^j[M^{(r-j-1)}(x_i-0)-M^{(r-j-1)}(x_i+0)] \tag{10.25}$$

如 $\mathscr{B}^*$ 为拟 Hermite 型边界条件,则

$$a_{r-j-1}=(-1)^{r-j}M^{(j)}(a),j\in A',A'\overset{\text{df}}{=\!=}Q_r\backslash A$$

$$b_{r-j-1}=(-1)^{r-1-j}M^{(j)}(b),j\in B',B'\overset{\text{df}}{=\!=}Q_r\backslash B$$

$$M^{(j)}(a)=0,j\in A$$

$$M^{(j)}(b)=0,j\in B$$

若 $\mathscr{B}^*$ 为周期边界条件,则

$$a_{r-j-1}=-b_{r-j-1}=(-1)^{r-j}M^{(j)}(a)$$

$$j=0,1,\cdots,r-1$$

$$M^{(j)}(a)=M^{(j)}(b),j=0,1,\cdots,r-1$$

(ii)
$$R(f,\mathscr{B}^*)\overset{\text{df}}{=\!=}I(f)-Q(f,\mathscr{B}^*)=(-1)^r\int_a^b f^{(r)}(t)M(t)\mathrm{d}t \tag{10.26}$$

(iii)
$$R(\boldsymbol{x},W_q^r[a,b],\nu_1,\cdots,\nu_n,\mathscr{B}^*)=\|M(\boldsymbol{x},\cdot)\|_p$$

$$\frac{1}{p}+\frac{1}{q}=1$$

证 任取 $M(t)\in\mathscr{M}_r(\boldsymbol{x},\nu_1,\cdots,\nu_n,\mathscr{B})$,$f(t)\in W_q^r[a,b]$,记 $x_0=a$,$x_{n+1}=b$,由分部积分得

$$
\begin{aligned}
\int_a^b f(t)\mathrm{d}t &= \sum_{i=0}^{n}\int_{x_i}^{x_{i+1}} f(t)M^{(r)}(t)\mathrm{d}t \\
&= \sum_{i=0}^{n}\sum_{j=0}^{r-1}(-1)^j\{f^{(j)}(x_{i+1})M^{(r-j-1)}(x_{i+1}-0)- \\
&\quad f^{(j)}(x_i)M^{r-j-1}(x_i+0)\}+ \\
&\quad (-1)^r\int_a^b f^{(r)}(t)M(t)\mathrm{d}t \\
&= \sum_{j=0}^{r-1}(-1)^{r-1-j}\{f^{(r-1-j)}(b)M^{(j)}(b)- \\
&\quad f^{(r-j-1)}(a)M^{(j)}(a)\}+\sum_{i=1}^{n}\sum_{j=0}^{r-1}(-1)^j f(x_i)\times \\
&\quad \{M^{(r-j-1)}(x_i-0)-M^{(r-j-1)}(x_i+0)\}+ \\
&\quad (-1)^r\int_a^b f^{(r)}(t)M(t)\mathrm{d}t
\end{aligned}
$$

因为当 $t=x_i$ 时，$M(t)\in c^{r-\nu_i-1}$，所以

$$
M^{(r-j-1)}(x_i-0)-M^{(r-j-1)}(x_i+0)=0
$$

$$
i=1,\cdots,n,j=\nu_i,\cdots,r-1
$$

令

$$
\begin{cases}
a_{r-j-1}=(-1)^{r-j}M^{(j)}(a) \\
b_{r-j-1}=(-1)^{r-j-1}M^{(j)}(b) \\
a_{i,j}=(-1)^j\{M^{(r-j-1)}(x_i-0)-M^{(r-j-1)}(x_i+0)\}
\end{cases}
\tag{10.27}
$$

根据 $M(t)\in\mathscr{M}_r(\boldsymbol{x},\nu_1,\cdots,\nu_n,\mathscr{B})$ 及式(10.15)，(10.16)，(10.18)和(10.19)知由式(10.27)确定的求积公式 $Q(f)$ 满足边界条件 $\mathscr{B}^*$，且式(10.26)成立，因此 $Q(f,\mathscr{B}^*)$ 对 P_r 精确.

另一方面，设 $Q(f,\mathscr{B}^*)$ 是任意一个对 P_r 精确的形如式(10.12)的求积公式，因为 $f(t)\in W_q^r[a,b]$ 当且仅当

$$f(x)=p(t)+\frac{1}{(r-1)!}\int_a^b (x-t)_+^{r-1}\ f^{(r)}(t)\mathrm{d}t$$

$$p(x)\in P_r,\ \| f^{(r)}(\cdot)\|_{q[a,b]}\leqslant 1$$

所以

$$\begin{aligned}R(f,\mathscr{B}^*)&=\frac{1}{(r-1)!}\int_a^b R[(\cdot-t)_+^{r-1}]f^{(r)}(t)\mathrm{d}t\\&=\frac{1}{(r-1)!}\int_a^b\int_a^b (x-t)_+^{r-1}\ f^{(r)}(t)\mathrm{d}t\mathrm{d}x-\\&\quad\sum_{j=0}^{r-1}a_j\int_a^b\frac{(a-t)_+^{r-j-1}}{(r-j-1)!}f^{(r)}(t)\mathrm{d}t-\\&\quad\sum_{j=0}^{r-1}b_j\int_a^b\frac{(b-t)}{(r-j-1)!}f^{(r)}(t)\mathrm{d}t-\\&\quad\sum_{i=0}^{n}\sum_{j=0}^{\nu_i-1}a_{i,j}\int_a^b\frac{(x_i-t)_+^{r-j-1}}{(r-j-1)!}f^{(r)}(t)\mathrm{d}t\\&=\int_a^b\left\{\frac{(b-t)^r}{r!}-\sum_{j=0}^{r-1}b_j\frac{(b-t)^{r-j-1}}{(r-j-1)!}-\right.\\&\quad\left.\sum_{i=1}^{n}\sum_{j=0}^{\nu_i-1}a_{i,j}\frac{(x_i-t)_+^{r-j-1}}{(r-j-1)!}\right\}f^{(r)}(t)\mathrm{d}t\end{aligned}$$

令

$$\begin{aligned}M(t)=(-1)^r&\left\{\frac{(b-t)^r}{r!}-\sum_{j=0}^{r-1}b_j\frac{(b-t)^{r-j-1}}{(r-j-1)!}-\right.\\&\left.\sum_{i=1}^{n}\sum_{j=0}^{\nu_i-1}a_{i,j}\frac{(x_i-t)_+^{r-j-1}}{(r-j-1)!}\right\}\end{aligned}\tag{10.28}$$

则 $M(t)$ 是以 x 为节点组的 r 次单样条,且

$$R(f,\mathscr{B}^*)=(-1)^r\int_a^b f^{(r)}(t)M(t)\mathrm{d}t\tag{10.29}$$

因为 $Q(f,\mathscr{B}^*)$ 对 P_r 精确,令 $f(x)=\frac{(x-t)^{r-1}}{(r-1)!}$,则由 $R(f,\mathscr{B}^*)=0$,推得

$$\frac{(b-t)^r}{r!}-\frac{(a-t)^r}{r!}$$
$$=\sum_{j=0}^{r-1}a_j\frac{(a-t)^{r-j-1}}{(r-j-1)!}+\sum_{j=0}^{r-1}b_j\frac{(b-t)}{(r-j-1)!}+$$
$$\sum_{i=1}^{n}\sum_{j=0}^{\nu_i-1}a_{i,j}\frac{(x_i-t)^{r-j-1}}{(r-j-1)!}\tag{10.30}$$

由式(10.23)及式(10.30)知由式(10.28)定义的单样条 $M(t)$ 还可以写成

$$M(t)=\frac{(t-a)^r}{r!}+\sum_{j=0}^{r-1}(-1)^{j+1}a_j\frac{(t-a)^{r-j-1}}{(r-j-1)!}+$$
$$\sum_{i=1}^{n}\sum_{j=0}^{\nu_i-1}(-1)^{j+1}a_{i,j}\frac{(t-x_i)_+^{r-j-1}}{(r-j-1)}$$

从而由式(10.28)及上式得

$$a_{r-j-1}=(-1)^{r-j}M^{(j)}(a),j=0,1,\cdots,r-1$$
$$\tag{10.31}$$
$$b_{r-j-1}=(-1)^{r-j-1}M^{(j)}(b),j=0,1,\cdots,r-1$$

由式(10.31)知由式(10.28)定义的 $M(t)\in\mathscr{M}_r(\boldsymbol{x},\nu_1,\cdots,\nu_n,\mathscr{B})$,(i),(ii)得证.由式(10.29)知

$$R(\boldsymbol{x},W_q^r[a,b],\nu_1,\cdots,\nu_n,\mathscr{B}^*)$$
$$=\inf\left\{\sup\left\{\int_a^b M(t)f^{(r)}(t)\mathrm{d}t;f\in W_q^r[,b]\right\}\mid\right.$$
$$\left.M\in\mathscr{M}_r(\boldsymbol{x},\nu_1,\cdots,\nu_n,\mathscr{B})\right\}$$
$$=\inf\{\|M\|_p\mid M\in\mathscr{M}_r(\boldsymbol{x},\nu_1,\cdots,\nu_n,\mathscr{B})\}$$
$$=\|M(\boldsymbol{x},\cdot)\|_p$$

附注 10.1.2　由定理 10.1.1 知对 $W_q^r[a,b]$ 上 $(\nu_1,\cdots,\nu_n,\mathscr{B}^*)$ 型的最优求积问题的研究可以化归为对具有自由节点的单样条类 $\mathscr{M}_r(\nu_1,\cdots,\nu_n,\mathscr{B})$ 上最小范数问题解的存在、唯一及极函数的解析表达式或特

征的研究.

这里需要注意的是 $\mathscr{M}_r(\nu_1,\cdots,\nu_n,\mathscr{B})$ 为非线性集，所以 $\mathscr{M}_r(\nu_1,\cdots,\nu_n,\mathscr{B})$ 上最小范数问题解的存在性不能简单地使用通常的紧性方法(见第一章)证出,但当 $\nu_1=\cdots=\nu_n=r$ 时,因为 $\mathscr{M}_r(\nu_1,\cdots,\nu_n,\mathscr{B})$ 中包括了不连续的单样条,此时 $\mathscr{M}_r(\nu_1,\cdots,\nu_n,\mathscr{B})$ 上最小范数问题解的存在、唯一性可以利用在 L^p 尺度下和零具有最小偏差的代数多项式的特性并应用一些初等不等式给予证明.

不失一般性,我们考虑 $W_q^r[0,1]\overset{\text{df}}{=\!=}W_q^r$ 上的最优求积问题,根据定理10.1.1,当 $\nu_1=\cdots=\nu_n=\rho,1\leqslant\rho\leqslant r,A=B=Q_r$ 时,W_q^r 上 $(\nu_1,\cdots,\nu_n,\mathscr{B}^*)\overset{\text{df}}{=\!=}(\nu_1,\cdots,\nu_n)$ 型的最优求积公式的存在、唯一问题化归为下列函数类

$$\mathscr{M}^{\rho}_{r,n}(Q_r)\overset{\text{df}}{=\!=}\{M(t)\in\mathscr{M}_r(\nu_1,\cdots,\nu_n)\mid\nu_1=\cdots=\nu_n=\rho,\\ M^{(j)}(0)=M^{(j)}(1)=0,j=0,1,\cdots,r-1\}$$

上最小 $p\left(\dfrac{1}{p}+\dfrac{1}{q}=1\right)$ 范数问题解的存在、唯一性问题.令

$$\mathscr{F}^{\rho-1}_{r,n}\overset{\text{df}}{=\!=}\{\varphi(t)=r!\ M(t)\mid M\in\mathscr{M}^{\rho}_{r,n}(Q_r)\}\tag{10.32}$$

则 $\varphi(t)\in\mathscr{F}^{\rho-1}_{r,n}$ 可以表示为

$$\varphi(t)\begin{cases}t^r\overset{\text{df}}{=\!=}P_{r,0}(t),-\infty<t\leqslant x_1\\ t^r+\sum\limits_{j=0}^{r-1}a_{i,j}t^j\overset{\text{df}}{=\!=}P_{r,j}(t),x_i<t\leqslant x_{i+1},\\ \quad i=1,\cdots,n-1\\ \dfrac{(t-1)^r}{(r-1)!}\overset{\text{df}}{=\!=}P_{r,n}(t),x_n<t<+\infty\end{cases}\tag{10.33}$$

且 $\varphi(t)$ 在 $x_i(i=1,\cdots,n)$ 处具有 $r-\rho-1$ 次连续导数.

设 $R_{r,p}(t)$ 表示定义在$[-1,1]$上首项系数为1的 r 次代数多项式与零的具有最小偏差,即

$$\min_{\{a_j\}}\| t^r+a_1t^{r-1}+\cdots+a_r\|_p=\|R_{r,p}(\cdot)\|_p$$

根据第一章 §3,§5知,当 $1\leqslant p\leqslant+\infty$ 时,$R_{r,p}(t)$ 均是唯一确定的.特别

$$R_{r,1}(t)=\frac{\sin((r+1)\arccos t)}{2^r\sqrt{1-t^2}}$$

$$R_{r,2}(t)=\frac{r!}{(2r)!}\frac{\mathrm{d}^r}{\mathrm{d}t^r}(t^2-1)^r$$

$$R_{r,\infty}(t)=\frac{1}{2^{r-1}}\cos(r\arccos t)$$

$R_{r,1}(t),R_{r,\infty}(t)$ 分别称为第 Ⅱ 类及第 Ⅰ 类的 Chebyshev 多项式,$R_{r,2}(t)$ 称为 Legendre 多项式.

引理 10.1.2　设 $1\leqslant p<+\infty,c_1>c_2$ 为实数有

$$c=\frac{1}{2}(c_1+c_2),h=\frac{1}{2}(c_1-c_2)$$

令

$$g_r(t)=t^r+a_1t^{r-1}+\cdots+a_{r-1}t+a_r$$
$$a_j\in\mathbf{R},j=1,\cdots,r$$

则:

(i) $\|R_{r,p}(\cdot)\|_p=\left(\dfrac{2}{rp+1}\right)^{\frac{1}{p}}R_{r,p}(1)$.

(ii) $\min\limits_{a_j}\|g_r(\cdot)\|_{p[c_1,c_2]}=\left(\dfrac{2}{rp+1}\right)^{\frac{1}{p}}h^{r+\frac{1}{p}}R_{r,p}(1)$.

证　由 $R_{r,p}(t)$ 的定义,根据第一章 §2,得

$$\int_{-1}^{1}|R_{r,p}(t)|^{p-1}\operatorname{sgn}R_{r,p}(t)p(t)\mathrm{d}t=0,\forall p(t)\in P_r \tag{10.34}$$

所以

$$\int_{-1}^{1} |R_{r,p}(t)|^{p-1}\operatorname{sgn}\left[R_{r,p}(t)-\frac{1}{r}tR'_{r,p}(t)\right]\mathrm{d}t=0$$

$$\begin{aligned}\int_{-1}^{1} |R_{r,p}(t)|^{p}\mathrm{d}t &= \frac{1}{r}\int_{-1}^{1} t\,|R_{r,p}(t)|^{p-1}\cdot \\ &\quad \operatorname{sgn} R_{r,p}(t)R'_{r,p}(t)\mathrm{d}t \\ &= \frac{1}{rp}\int_{-1}^{1} t\,\mathrm{d}|R_{r,p}(t)|^{p} \\ &= \frac{1}{rp}\left[|R_{r,p}(1)|^{p}+|R_{r,p}(-1)|^{p}\right]- \\ &\quad \frac{1}{rp}\int_{-1}^{1} |R_{r,p}(t)|^{p}\mathrm{d}t\end{aligned}$$

于是

$$\int_{-1}^{1} |R_{r,p}(t)|^{p}\mathrm{d}t=\frac{1}{rp+1}\left[|R_{r,p}(1)|^{p}+|R_{r,p}(-1)|^{p}\right]$$

因为 $R_{r,p}(t)\in P_r$,根据式(10.34)立即知 $R_{r,p}(t)$ 在 $(-1,1)$ 中恰有 r 个零点,因此 $R_{r,p}(1)>0$. 再由

$$\|R_{r,p}(t)\|_{p[-1,1]}=\|R_{r,p}(-t)\|_{p[-1,1]}$$

及 $R_{r,p}(t)$ 的唯一性立即知

$$R_{r,p}(t)=(-1)^{r}R_{r,p}(t)$$

所以 $R_{r,p}(1)=(-1)^{r}R_{r,p}(-1)$,于是得

$$\int_{-1}^{1} |R_{r,p}(t)|^{p}\mathrm{d}t=\frac{2}{rp+1}$$

(i) 得证. 再由积分变换推得

$$\begin{aligned}\|g_r(\cdot)\|_{p[c_1,c_2]} &= h^{\frac{1}{p}}\|g_r(ht+c)\|_{p[-1,1]} \\ &= h^{r+\frac{1}{p}}\|h^{-r}g_r(ht+c)\|_{p[-1,1]} \\ &\geqslant h^{r+\frac{1}{p}}\|R_{r,p}(\cdot)\|_{p[-1,1]} \\ &= \left(\frac{2}{rp+1}\right)^{\frac{1}{p}}h^{r+\frac{1}{p}}[R_{r,p}(1)]\end{aligned}$$

所以

$$\min_{a_j}\|g_r(\cdot)\|_{p[c_1,c_2]}=\left(\frac{2}{rp+1}\right)^{\frac{1}{p}}h^{r+\frac{1}{p}}R_{r,p}(1)$$

(ii) 得证.

引理 10.1.3　设 $r_k\geqslant 0,k=0,1,\cdots,n,\sum\limits_{k=0}^{n}r_k=C$, A,B,C 为固定正常数,$\alpha>1$,则函数

$$F(r_0,r_1,\cdots,r_n)=A(r_0^\alpha+r_n^\alpha)+B\sum_{k=1}^{n-1}r_k^\alpha$$

当

$$2r_0^*=2r_n^*=\delta r_k^*=\frac{C\delta}{\delta+n-1},k=1,\cdots,n-1$$

时取得唯一的极小值

$$F(r_0^*,r_1^*,\cdots,r_n^*)=BC^\alpha(\delta+n-1)^{1-\alpha}$$

其中

$$\delta=2\left(\frac{B}{A}\right)^{\frac{1}{\alpha-1}}$$

证　在引理所给条件下,函数 $F(r_0,r_1,\cdots,r_n)$ 达到极小值的充分必要条件是 $r_0,\cdots,r_n$ 满足下面方程组

$$\begin{cases}Ar_0^{\alpha-1}=Ar_n^{\alpha-1}=Br_k^{\alpha-1},k=1,\cdots,n-1\\ \sum\limits_{k=0}^{n}r_k=C\end{cases}\tag{10.35}$$

显然式(10.35)有唯一解.

定理 10.1.2　设 $\nu_1=\cdots=\nu_n=r,n=1,2,\cdots,\frac{1}{p}+\frac{1}{q}=1,1\leqslant q\leqslant+\infty$ 则在一切求积公式

$$\int_0^1 f(t)\mathrm{d}t=\sum_{i=1}^{n}\sum_{j=0}^{r-1}a_{i,j}f(x_i)+R(f)$$

中,求积公式

$$\int_0^1 f(t)\mathrm{d}t=\sum_{i=1}^{n}\sum_{j=0}^{r-1}a_{i,j}^{*}f(x_i^{*})+R^{*}(f)$$

是 W_q^r 上唯一的最优求积公式,其中

$$x_i^{*}=(2i-2+[R_{r,p}(1)]^{\frac{1}{r}})h,i=1,\cdots,n \tag{10.36}$$

$$h=(2n-2+2[R_{r,p}(1)]^{\frac{1}{r}})^{-1}$$

$$\begin{aligned}a_{1,j}^{*}&=(-1)^{j}a_{n,j}^{*}\\&=h^{j+1}\left\{\frac{(-1)^{j}}{(j+1)!}[R_{r,p}(1)]^{\frac{j+1}{r}}+\frac{1}{r!}R_{r,p}^{(r-j-1)}(1)\right\}\end{aligned} \tag{10.37}$$

$$a_{i,j}^{*}=\frac{h^{j+1}}{r!}[1+(-1)^{j}]R_{r,p}^{(r-j-1)}(1),i=2,\cdots,n-1$$

$$j=0,1,\cdots,r-1$$

最优误差为

$$R_n^{r-1}(W_q^r)=\frac{R_{r,p}(1)}{r!\ \sqrt[p]{rp+1}}h^r$$

特别当 $q=1(p=+\infty)$ 时有

$$h=[2^{\frac{1}{r}}+2(n-1)]^{-1}$$

$$R_n^{r-1}(W_1^r)=\frac{1}{2^{r-1}r!\ (2^{\frac{1}{r}}+2(n-1))^r}$$

当 $q=p=2$ 时

$$h=\left[4\sqrt[r]{\frac{(r!)^2}{(2r)!}}+2(n-1)\right]^{-1}$$

$$R_n^{r-1}(W_2^r)=\frac{2}{r!\ \sqrt{2r+1}}\left[2+(n-1)\sqrt[r]{\frac{(2r)!}{(r!)^2}}\right]^{-r}$$

当 $q=+\infty(p=1)$ 时

$$h=[2(n-1)+\sqrt[r]{r+1}]^{-1}$$

$$R_n^{r-1}(W_\infty^r)=\frac{1}{r!\ [4(n-1)+2\sqrt[r]{r+1}]^r}$$

证　设 $\boldsymbol{x}$ 为固定的节点向量，$\varphi(\boldsymbol{x},t)$ 表示形如式(10.33)的函数，它在区间 $[x_i,x_{i+1}]$ 上在 L_1^p 尺度下和零具有最小偏差. 设 $x_0=0,x_{n+1}=1$，记

$$c_i=\frac{1}{2}(x_i+x_{i+1}),h_i=\frac{1}{2}(x_{i+1}-x_i)$$

$$i=0,1,\cdots,n$$

设 $\varphi(t)$ 是任意一个形如式(10.33)的函数.

(i) 首先考虑 $1<q\leqslant+\infty$ 的情况，此时 $1\leqslant p<+\infty$，根据引理 10.1.2 得

$$\begin{aligned}&\inf\{\|\varphi\|_p^p\mid\{a_{i,j}\},\{x_i\}\}\\&=\inf\left\{\int_0^{x_1}t^{rp}\,\mathrm{d}t+\int_{x_n}^1(1-t)^{rp}\,\mathrm{d}t+\right.\\&\quad\left.\sum_{i=1}^{n-1}\int_{x_i}^{x_{i+1}}|P_{i,r}(t)|^p\,\mathrm{d}t\mid\{a_{ij}\},\{x_j\}\right\}\\&\geqslant\inf\{\|\varphi(\boldsymbol{x},\cdot)\|_p^p\mid\{x_j\}\}\\&=\frac{1}{rp+1}[(2h_0)^{rp+1}+(2h_n)^{rp+1}]+\\&\quad\frac{2}{rp+1}(R_{r,p}(1))^p\sum_{i=1}^{n-1}h_i^{rp+1}\end{aligned}\tag{10.38}$$

根据引理 10.1.3，式(10.38)的右边当且仅当

$$2h_0=2h_n=[R_{r,p}(1)]^{\frac{1}{r}}h,h_1=\cdots=h_{n-1}=h$$

$$h=(2(n-1)+2[R_{r,p}(1)]^{\frac{1}{r}})^{-1}$$

时达到极小值 $(rp+1)^{-1}[R_{r,p}(1)]^p h^{rp}$，所以由 $\varphi(t)$，$\mathscr{M}_{r,n}^r(Q_r)$ 的定义及上面的推导得

$$\inf\{\|M\|_p\mid M\in\mathscr{M}_{r,n}^r(Q_r)\}\geqslant\frac{R_{r,p}(1)}{r!\ \sqrt[p]{rp+1}}h^r\tag{10.39}$$

(ii)$q=1$,此时 $p=+\infty$. 熟知当 $a,b,c>0,x,y>0$ 时

$$\max\left\{\frac{x}{a},\frac{y}{b},\frac{1-x-y}{c}\right\}\geqslant\frac{1}{a+b+c}\tag{10.40}$$

且当

$$x=y=\frac{a}{2a+c},z=\frac{c}{2a+c}$$

时不等式(10.40)达到其唯一的极小值$\frac{1}{a+b+c}$,所以对一切形如式(10.33)的函数 $\varphi(t)$,有

$$\begin{aligned}&\inf\{\|\varphi\|_\infty,\{a_{i,j}\},\{x_i\}\}\\&=\inf_{\{x_i\}}\max\{x_1^r,(1-x_n)^r,\max_{1\leqslant i\leqslant n-1}\|P_{r,i}\|_{\infty[x_i,x_{i+1}]}\}\\&\geqslant\inf_{\{x_i\}}\max\{x_1^r,(1-x_n)^r,h_i^rR_{r,\infty}(1)\}\\&\geqslant\inf_{\{x_i\}}\left\{\max\left\{\frac{x_1}{\sqrt[r]{R_{r,\infty}(1)}},\frac{1-x_n}{\sqrt[r]{R_{r,\infty}(1)}},\frac{x_n-x_1}{2n-2}\right\}\right\}^rR_{r,\infty}(1)\\&\geqslant R_{r,\infty}(1)h^r\end{aligned}\tag{10.41}$$

式(10.41)当且仅当式(10.36)成立时达到其唯一的极小值. 由 $\varphi(t)$,$\mathscr{M}_{r,n}^r(Q_r)$ 的定义及式(10.41)得

$$\inf\{\|M\|_\infty\mid M\in\mathscr{M}_{r,n}^r(Q_r)\}\geqslant\frac{R_{r,\infty}(1)}{r!}h^r\tag{10.42}$$

令

$$x_2^*-x_1^*=x_3^*-x_2^*=\cdots=x_n^*-x_{n-1}^*=2h$$

$$x_1^*=1-x_n^*=h[R_{r,p}(1)]^{\frac{1}{r}}$$

$$M^*(t)=\begin{cases}\dfrac{t^r}{r!}\overset{\text{df}}{=}u_{r,0}^*(t),0\leqslant t\leqslant x_1^* \\ \dfrac{t^r}{r!}+\sum\limits_{j=0}^{r-1}a_{i,j}t^{r-j}\overset{\text{df}}{=}u_{r,i}^*(t),x_i^*<t\leqslant x_{i+1}^*, \\ \qquad i=1,\cdots,n-1 \\ \dfrac{(t-1)^r}{r!}\overset{\text{df}}{=}u_{r,n}^*(t),x_n^*<t\leqslant 1\end{cases}$$

(10.43)

其中 $u_{r,i}^*(t)(i=1,\cdots,n-1)$ 为定义在$[x_1^*,x_{i+1}^*]$上的首项系数为$\dfrac{1}{r!}$的r次代数多项式和零在$L^p[x_i^*,x_{i+1}^*](1\leqslant p\leqslant+\infty)$尺度下具有最小偏差，则$M^*(t)\in\mathscr{M}_{r,n}^r(Q_r)$且达到式(10.39)和(10.42)的下确界，因为$\{x_j^*\}(j=1,\cdots,n)$，$\{a_{i,j}^*\}(i=1,\cdots,n,j=0,\cdots,r-1)$均是唯一确定的，所以极值问题

$$\inf\{\|M\|_p\mid M\in\mathscr{M}_{r,n}^r(Q_r)\}$$

有唯一解.由$M^*(t)$的定义及定理10.1.1中求积公式和单样条的对应关系式(10.25)得到最优求积公式的系数式(10.37).

定理 10.1.3　设$r=2,4,6,\cdots,\nu_1=\cdots=\nu_n=r-1$，$1\leqslant q\leqslant+\infty$，则在一切求积公式

$$\int_0^1 f(t)\mathrm{d}t=\sum_{i=1}^{u}\sum_{j=0}^{r-2}a_{i,j}f^{(j)}(x_i)+R(f)$$

中，以式(10.36)为节点，式(10.37)为系数的求积公式是W_q^r上唯一的最优求积公式，且最优误差为

$$R_n^{r-2}(W_q^r)=\frac{R_{r,p}(1)}{r!\sqrt[r]{rp+1}}h^r$$

$$h=(2n-2+2[R_{r,p}(1)]^{\frac{1}{r}})^{-1}$$

证　因为当$1\leqslant\rho\leqslant r-1$时，$\mathscr{M}_{r,n}^{\rho}(Q_r)\subset$

$\mathscr{M}_{r,n}^{r}(Q_r)$,所以

$$\begin{aligned}&\inf\{\|M\|_p \mid M\in \mathscr{M}_{r,n}^{o}(Q_r)\}\\ \geqslant &\inf\{\|M\|_p \mid M\in \mathscr{M}_{r,n}(Q_r)\}\\ =&\|M^*\|_p, 1\leqslant p\leqslant +\infty \end{aligned} \tag{10.44}$$

其中 $M^*(t)$ 由式(10.43)定义.因为当 r 为偶数时,多项式 $u_{r,i}^*(t)$ 在 $(x_i^*, x_{i+1}^*)(i=1,\cdots,n-1)$ 的端点处的值相等,且由于 $(x_i^*, x_{i+1}^*)(i=1,\cdots,n-1)$ 的长度相等,所以 $M^*(t)$ 在 $x_2^*,\cdots,x_{n-1}^*$ 处连续,又因为

$$\begin{aligned}M^*(x_1^*+0)&=\frac{h^rR_{r,p}(-1)}{r!}=\frac{h^rR_{r,p}(1)}{r!}=\frac{(x_1^*)^r}{r!}\\ &=M^*(x_1-0)\end{aligned}$$

$$\begin{aligned}M^*(x_n^*+0)&=\frac{(1-x_n^*)^r}{r!}=\frac{h^rR_{r,p}(-1)}{r!}\\ &=\frac{h^rR_{r,p}(1)}{r!}=M^*(x_n^*-0)\end{aligned}$$

所以 $M^*(t)$ 在 x_1^*, x_n^* 处连续,从而 $M^*(t)\in \mathscr{M}_{r,n}^{r-1}(Q_r)$,于是

$$\inf\{\|M\|_p \mid M\in \mathscr{M}_{r,n}^{r-1}(Q_r)\}=\|M^*\|_p$$
$$1\leqslant p\leqslant +\infty$$

唯一性由当 $r=2,4,6,\cdots$ 时 $R_n^{r-1}(W_q^r)=R_n^{r-2}(W_q^r)$ 及定理 10.1.2 推得.

附注 10.1.3 由定理 10.1.2,定理 10.1.3 特别得到 $1\leqslant q\leqslant +\infty$ 时单节点($\nu_1=\cdots=\nu_n=1$)时 Kolmogorov-Nikolsky 型最优求积公式在 W_q^1, W_q^2 上存在、唯一且可求得其解析表达式.

例 10.1.1 在一切求积公式

$$\int_0^1 f(t)\,\mathrm{d}t=\sum_{i=1}^{n}a_if(x_i)+R(f)$$

中,求积公式

$$\int_0^1 f(t)\mathrm{d}t = \sum_{i=1}^{n} a_i^* f(x_i^*) + R^*(f)$$

是 W_2^2 上唯一的最优求积公式,其中

$$x_i^* = (2i-2) + \sqrt{\frac{2}{3}}h, i=1,\cdots,n$$

$$h = \left[(2n-2) + 2\sqrt{\frac{2}{3}}\right]^{-1}$$

$$a_1^* = a_n^* = \left(1+\sqrt{\frac{2}{3}}\right)h, a_i^* = 2h, i=2,\cdots,n$$

$$R_n^0(W_2^2) = \frac{h^2}{3\sqrt{5}}$$

附注 10.1.4　用证明定理 10.1.2 的方法.[7] 考虑了相应的周期情况,得到了类似的结果.

定理 10.1.4[7]　设 $\nu_1=\cdots=\nu_n=\rho, r=1,2,3,\cdots$, $\rho=r$ 或 $r=2,4,6,\cdots,\rho=r-1$,则在一切求积公式

$$\int_0^1 f(t)\mathrm{d}t = \sum_{i=1}^{n}\sum_{j=1}^{\rho-1} a_{i,j} f^{(i)}(x_i) + R(f)$$

$0=x_1<\cdots<x_n<1, a_{i,j}\in\mathbf{R}, i=1,\cdots,n, j=0,1,\cdots,\rho-1$ 中,等距节点的求积公式

$$\int_0^1 f(t)\mathrm{d}t = \frac{2}{r!}\sum_{i=1}^{n}\sum_{j=0}^{\left[\frac{(\rho-1)}{2}\right]} \frac{R_{r,p}^{(r-2j-1)}(1)}{(2n)^{2j+1}} f^{(2j)}\left(\frac{i-1}{n}\right) + R^*(f)$$

是 $\widetilde{W}_q^r(1\leqslant q\leqslant+\infty)$ 上唯一的最优求积公式,且其中

$$R_n^{\rho-1}(\widetilde{W}_q^r) = \frac{R_{r,p}(1)}{r!\ \sqrt[p]{rp+1}}(2n)^{-r}$$

$$R_n^{\rho-1}(\widetilde{W}_q^r) \xlongequal{\mathrm{df}} \sup_{f\in\widetilde{W}_q^r}\inf_{\{a_{i,j}\}}\left|\int_0^1 f(t)\mathrm{d}t - \sum_{i=1}^{n}\sum_{j=0}^{\rho-1} a_{i,j} f^{(j)}(x_i)\right|$$

§2 修正法,W_1^3 上单节点的最优求积公式

注意当$r=3,5,7,\cdots,\rho\leqslant r-1$时,不等式(10.44)的下方估计是不精确的.事实上由式(10.43)知,此时$M^*(t)$在(x_i^*,x_{i+1}^*)的限制$u_{r,i}^*(t)$在区间的端点取不同的值,所以$M^*(t)$不连续,故$M^*\overline{\in}\mathscr{M}_{r,n}^{\rho}(Q_r)$.如$M^0(t)$为下面极值问题的解

$$\inf\{\|M\|_p \mid M\in\mathscr{M}_{r,n}^{\rho}(Q_r)\}=\|M^0\|_p,\rho\leqslant r-1$$

则$\|M^0\|_p>\|M^*\|_p$,这是因为$M^0\in\mathscr{M}_{r,n}^{\rho}(Q_r)\subset\mathscr{M}_{r,n}^{r}(Q_r)$,所以$\|M^0\|_p=\|M^*\|_p$表示$\mathscr{M}_{r,n}^{r}(Q_r)$中有两个不同的函数实现式(10.39)及(10.42)的下确界,这和定理10.1.2矛盾.

类似地当r为偶数,$\rho\leqslant r-2(r=4,6,8,\cdots)$时不等式(10.44)对$R_n^{\rho-1}(W_q^r)$的下方估计也是不精确的,因为每一个$M\in\mathscr{M}_{r,n}^{\rho}(Q_r)(\rho\leqslant r-2)$在$[0,1]$上至少是连续可微的,而此时式(10.43)中的$M^*(t)$虽然连续,但它在节点处不可微,所以$M^*(t)\overline{\in}\mathscr{M}_{r,n}^{\rho}(Q_r)$.

因此当$\rho=r-1(r=3,5,7,\cdots)$及$\rho=r-2(r=4,6,8,\cdots)$时要求得极值问题

$$\inf\{\|M\|_p \mid M\in\mathscr{M}_{r,n}^{\rho}(Q_r)\}$$

的解需要更精细的讨论.这一问题是困难的且需要新方法,它在一般情况下至今尚未解决,只解决了某些特殊情况.下面我们详细地研究一个例子,从而可以看出这里的困难所在以及克服这些困难的一些方法.

设$\nu_1=\cdots=\nu_n=\rho=r-1,r=3,5,7,\cdots,q=1$

$(p=+\infty)$,考虑极值问题

$$\inf\{\|\varphi\|_\infty \mid \varphi\in\mathscr{F}_{r,n}^{r-2} \tag{10.45}$$

首先需要指出 $\mathscr{F}_{r,n}^{r-2}$(见式(10.32))中确实存在函数达到式(10.45)的下确界,这里需要细致的讨论.

解决极值问题(10.45)的主要思想在于首先从直观的思想猜测出极函数 $\varphi^*(t)$ 应有的特征性质,这些性质通过在节点 x_i^* 处粘接的 r 次多项式的零点性质及交错性质表达出来,然后借助于证明Chebyshev交错定理时的思想证明如果某一个 $\varphi(t)$ 不满足这些性质之一,则可以构造一个新函数 $\overline{\varphi}(t)\in\mathscr{F}_{r,n}^{r-2}$,它具有更小的一致范数,这里本质上应用了这样一个事实,任何 $p(t)\neq 0,p(t)\in P_{r+1}$ 至多有 r 个零点,因此 $p(t)$ 可以由 $r+1$ 个点唯一确定.

下面的三个引理给出了极值问题(10.45)的解 $\varphi(t)$ 应满足的必要条件,它们是证明定理10.2.1的主要依据.

引理 10.2.1　设 $\varphi(t)\in\mathscr{F}_{r,n}^{r-2}(r=3,5,7,\cdots)$,由式(10.33)定义,如 $\varphi(t)$ 至少在某一个节点 $x_i(i\in\{1,\cdots,n\})$ 处同时满足以下两条

$$|\varphi(x_i)|<\|\varphi\|_\infty,P'_{r,i-1}(x_i)\neq P'_{r,i}(x_i) \tag{10.46}$$

则 $\varphi(t)$ 不是极值问题(10.45)的极函数.

证　设 $\varphi(t)$ 在某 x_i 处满足式(10.46),$\varphi(t)$ 表示成式(10.33),令

$$\varphi_1(t)=\begin{cases}\varphi(t),t\leqslant x_i\\ P_{r,i-1}(t),t\geqslant x_i\end{cases},i\in\{2,\cdots,n\}$$

$$\varphi_2(t)=\begin{cases}P_{r,i}(t),t\leqslant x_i\\ \varphi(t),t\geqslant x_i\end{cases},i\in\{1,\cdots,n-1\}$$

若 $i=1$,则令 $\varphi_1(t)=P_{r,0}(t)$;若 $i=n$,则令 $\varphi_2(t)=P_{r,n}(t)$. 对 $0<\lambda\leqslant 1$,置

$$\Psi_1(\lambda,t)=\lambda^r\varphi_1\left(\frac{t}{\lambda}\right),\Psi_2(\lambda,t)=\lambda^r\Psi_2\left(1-\frac{1-t}{\lambda}\right)$$

则 $\Psi_1(\lambda,t),\Psi_2(\lambda,t)$ 为参数 λ 的连续函数. 当 $\lambda=1$ 时,根据式(10.46)

$$\Psi'_1(1,x_i)\neq\Psi'_2(1,x_i)$$

$$|\Psi_1(1,x_i)|=|\Psi_2(1,x_i)|=|\varphi(x_i)|<\|\varphi\|_\infty$$

由连续性知道当 $\lambda<1$ 且 λ 充分接近于 1 时,在节点 x_i 的邻域内存在 $\tau(\lambda)$,$x_{i-1}<\tau<x_{i+1}$,使得 $\Psi_1(\lambda,\tau)=\Psi_2(\lambda,\tau)$. 因为当 $\lambda\to 1$ 时,$\tau\to x_i$,所以可以选择 $\lambda_0<1$,使得

$$\max_{0\leqslant t\leqslant\tau}|\Psi_1(\lambda_0,t)|<\|\varphi\|_\infty,$$
$$\max_{\tau\leqslant t\leqslant 1}|\Psi_2(\lambda_0,t)|<\|\varphi\|_\infty \tag{10.47}$$

令

$$\Psi(t)=\begin{cases}\Psi_1(\lambda_0,t),t\leqslant\tau\\ \Psi_2(\lambda_0,t),t\geqslant\tau\end{cases} \tag{10.48}$$

则 $\Psi(t)$ 在 $[0,1]$ 上连续,$\Psi^{(j)}(0)=\Psi^{(j)}(1)=0(j=0,1,\cdots,r-1)$,$\Psi(t)$ 以

$$\lambda_0x_k,k=1,\cdots,i-1,\tau,1-\lambda_0(1-x_k),k=i+1,\cdots,n$$

为节点,于是 $\Psi(t)\in\mathscr{F}_{r,n}^{r-2}$,从式(10.47)和(10.48)知

$$\|\Psi\|_\infty<\|\varphi\|_\infty$$

所以 $\Psi(t)$ 不是极值问题(10.45)的极函数.

引理 10.2.2 设 $\varphi\in\mathscr{F}_{r,n}^{r-2}(r=3,5,7,\cdots)$ 由式(10.33)定义,令

$$\delta_i=\max_{x_i\leqslant t\leqslant x_{i+1}}|\varphi(t)|=\max_{x_i\leqslant t\leqslant x_{i+1}}|P_{r,i}(t)|$$
$$i=1,\cdots,n-1$$

如果存在某一 $i\in\{1,2,\cdots,n-1\}$,使得 $\delta_i<\|\varphi\|_\infty$,

则 φ 不是极值问题(10.45)的极函数.

证　设 $\delta_i < \|\varphi\|_\infty$，如 $i \in \{2,\cdots,n-2\}$，令

$$\varphi_1(t) = \begin{cases} \varphi(t), t \leqslant x_i \\ P_{r,i-1}(t), t \geqslant x_i \end{cases}, i \in \{2,\cdots,n-1\}$$

$$\varphi_2(t) = \begin{cases} P_{r,i+1}(t), t \leqslant x_{i+1} \\ \varphi(t), t \geqslant x_{i+1} \end{cases}, i \in \{1,\cdots,n-2\}$$

若 $i=1$，则令 $\varphi_1(t) = P_{r,0}(t)$，若 $i = n-1$，则令 $\varphi_2(t) = P_{r,n}(t)$. 设 $0 < \lambda \leqslant 1$，令

$$\Psi_1(\lambda,t) = \lambda^r \varphi_1\left(\frac{t}{\lambda}\right), \Psi_2(\lambda,t) = \lambda^r \varphi_2\left(1 - \frac{1-t}{\lambda}\right)$$

于是

$$\Psi_1(1,x_i) = |\varphi(x_i)| \leqslant \delta_i < \|\varphi\|_\infty$$

$$\Psi_2(1,x_{i+1}) = |\varphi(x_{i+1})| \leqslant \delta_i < \|\varphi\|_\infty$$

由连续性，知存在 λ_0，$0<\lambda_0<1$，使得对一切 $\lambda_0 \leqslant \lambda < 1$ 成立

$$\max_{0\leqslant t\leqslant x_i} |\Psi_1(\lambda,t)| < \|\varphi\|_\infty,$$

$$\max_{x_{i+1}\leqslant t\leqslant 1} |\Psi_2(\lambda,t)| < \|\varphi\|_\infty \tag{10.49}$$

考虑多项式

$$P_{r,i}(\lambda,t) = P_{r,i}(t) + \alpha t + \beta$$

对每一个固定的 λ，$\lambda_0 \leqslant \lambda < 1$，选择 $\alpha = \alpha(\lambda)$，$\beta = \beta(\lambda)$，使得

$$|P_{r,i}(\lambda,x_i)| = |\Psi_1(\lambda,x_i)|$$

$$|P_{r,i}(\lambda,x_{i+1})| = |\Psi_2(\lambda,x_{i+1})|$$

显然当 $\lambda \to 1$ 时，$\alpha \to 0$，$\beta \to 0$，又因为

$$|P_{r,i}(1,t)| = |P_{r,i}(t)| < \|\varphi\|_\infty, x_i \leqslant t \leqslant x_{i+1}$$

所以当 λ 充分接近于 1 时

$$|P_{r,i}(\lambda,t)| < \|\varphi\|_\infty, x_i \leqslant t \leqslant x_{i+1} \tag{10.50}$$

因而存在 $\lambda_1,\lambda_0\leqslant\lambda_1<1$，当 $\lambda=\lambda_1$ 时，同时满足式(10.49)，(10.50)，令

$$\Psi(t)=\begin{cases}\Psi_1(\lambda_1,t),t\leqslant x_i\\ P_{r,i}(\lambda_1,t),x_i\leqslant t\leqslant x_{i+1}\\ \Psi_2(\lambda_1,t),t\geqslant x_{i+1}\end{cases}$$

显然 $\Psi(t)\in\mathscr{F}_{r,n}^{-2}$，且 $\|\Psi\|_\infty<\|\varphi\|_\infty$，所以 $\varphi(t)$ 不是极值问题(10.45) 的极函数.

引理 10.2.3 设 $\varphi\in\mathscr{F}_{r,n}^{-2}(r=3,5,7,\cdots)$ 由式(10.33) 定义，如果存在某一个区间 $(x_i,x_{i+1})k\in\{1,\cdots,n-1\}$，使得 $\varphi(t)$(即多项式 $P_{r,i}(t)$) 在 (x_i,x_{i+1}) 的内部交错达到 $\pm\|\varphi\|_\infty$ 的点的个数小于 $r-1$，那么 $\varphi(t)$ 必定不是极值问题(10.45) 的极函数.

证 若 $P_{r,i}(t)$ 在 (x_i,x_{i+1}) 内有 $r-1$ 个点交错达到 $\pm\|\varphi\|_\infty$，则称区间 (x_i,x_{i+1}) 为 T 区间. 显然在这些交错点上 $P'_{r,i}(t)=0$，且 $P'_{r,i}(t)$ 没有其他零点，特别因为 r 为奇数，所以 $P'_{r,i}(x_i)>0,P'_{r,i}(x_{i+1})>0$.

设 $x_i<x_j$ 为满足下面条件的两个节点；任何一个区间 $(x_\nu,x_{\nu+1})(\nu=i,\cdots,j-1)$ 均不是 T 区间，而区间 (x_{i-1},x_i)(如果 $i>1$) 及 (x_j,x_{j+1})(如果 $j<n$) 均是 T 区间. 按如下条件确定一个连续函数 $\mu(t)$

$$(a)\mu(x_\nu)=\begin{cases}0,|\varphi(x_\nu)<\|\varphi\|_\infty\\ -\operatorname{sgn}\varphi(x_\nu),|\varphi(x_\nu)|=\|\varphi\|_\infty\end{cases}$$

(b) 设 $y_1,\cdots,y_{s_\nu}(s_\nu\leqslant r-2)$ 是 $\varphi(t)$ 在 $(x_\nu,x_{\nu+1})(\nu=i,\cdots,j-1)$ 中交错达到 $\pm\|\varphi\|_\infty$ 的点，则取

$$\mu(y_l)=-\operatorname{sgn}\varphi(y_l),l=1,\cdots,s_\nu$$

(c) 在每一个区间 $(-\infty,x_{i-1})$，$[x_{i+1},x_{i+2}]$，$\cdots$，$[x_{j-2},x_{j-1}]$，$[x_{j-1},+\infty)$ 上 $\mu(t)$ 为 $s_\nu+1$ 次插值多项式，它由条件(a) 及(b) 唯一确定. 显然当 $\lambda>0$ 充分小

时

$$|\varphi(t)|+\lambda\mu(t)|<\|\varphi\|_\infty, x_i\leqslant t\leqslant x_j \tag{10.51}$$

分两种情况讨论:

(i) 如果 $t=x_i$ 及 $t=x_j$ 时,$\varphi(t)$ 不取 $\pm\|\varphi\|_\infty$,则

$$\mu(x_i)=\mu(x_j)=0$$

令

$$\Psi(t)=\begin{cases}\varphi(t), -\infty<t\leqslant x_i, x_j\leqslant t<+\infty\\ \varphi(t)+\lambda\mu(t), x_i<t<x_j\end{cases} \tag{10.52}$$

则 $\Psi(t)\in\mathscr{F}_{r,n}^{r-2}$,$\|\Psi\|_\infty\leqslant\|\varphi\|_\infty$,根据引理10.2.2,由式(10.51)和(10.52)推得 $\Psi(t)$ 不是极值问题(10.45)的极函数,因而 $\varphi(t)$ 也不是极值问题(10.45)的极函数.

(ii) 当 $|\varphi(x_i)|=\|\varphi\|_\infty$ 或 $|\varphi(x_j)|=\|\varphi\|_\infty$(事实上,因为 (x_{i-1},x_i),(x_j,x_{j+1}) 为 T 区间,r 为奇数,$P'_{r,i-1}(t)P'_{r,j}(t)$ 分别在 (x_{i-1},x_i),(x_j,x_{j+1}) 上有 $r-1$ 个零点,所以只可能 $\varphi(x_i)=\|\varphi\|_\infty$,$\varphi(x_j)=-\|\varphi\|_\infty$;若 $i=1$,$j=n$,则由 $\varphi(t)$ 在 $(0,x_1)$ 及 $(x_n,1)$ 上的表达式推出只可能 $\varphi(x_1)=\|\varphi\|_\infty$,$\varphi(x_n)=-\|\varphi\|_\infty$. 因为 $\varphi(x_i)=\|\varphi\|_\infty$,所以 $P'_{r,i}(x_i)\leqslant 0$,又因为在 (x_{i-1},x_i) 上 $P_{r,i-1}(t)$ 恰有 $r-1$ 次交错,所以 $P'_{r,i-1}(x_i)>0$($i=1$ 时仍然成立),从而对充分小的 $\lambda>0$,存在 $\widetilde{x}_i\in(x_{i-1},x_i)$(如 $i=1$,则 $0<\widetilde{x}_i<x_1$)使得

$$|\varphi(\widetilde{x}_i)|<\|\varphi\|_\infty$$

且使得

$$P_{r,i}(\widetilde{x}_i)+\lambda\mu(\widetilde{x}_i)=\varphi(\widetilde{x}_i) \qquad (10.53)$$

当 $\varphi(x_j)=-\|\varphi\|_\infty$ 时,同理可证存在点 $\widetilde{x}_j\in(x_j,x_{j+1})$(当 $j=n$ 时,$x_n<\widetilde{x}_n<1$),使得 $|\varphi(\widetilde{x}_j)|<\|\varphi\|_\infty$,且

$$P_{r,j-1}(\widetilde{x}_j)+\lambda\mu(\widetilde{x}_j)=|\varphi(\widetilde{x}_j)| \qquad (10.54)$$

如果 $\varphi(x_i)=\|\varphi\|_\infty$,且 $\varphi(x_j)=-\|\varphi\|_\infty$ 同时成立,则令

$$\Psi(t)=\begin{cases}\varphi(t),-\infty<t\leqslant\widetilde{x}_i,\widetilde{x}_j\leqslant t<+\infty\\ P_{r,i}(t)+\lambda u(t),\widetilde{x}_i\leqslant t\leqslant x_{i+1}\\ \varphi(t)+\lambda u(t),x_{i+1}\leqslant t\leqslant x_{j-1}\\ P_{r,j-1}(t)+\lambda\mu(t),x_{j-1}\leqslant t\leqslant\widetilde{x}_j\end{cases} \qquad (10.55)$$

(若 $|\varphi(x_i)|<\|\varphi\|_\infty$,或 $|\varphi(x_j)|<\|\varphi\|_\infty$,则相应的令 $\widetilde{x}_i=x_i$ 或 $\widetilde{x}_j=x_j$)显然 $\Psi(t)$ 以 $x_1,\cdots,x_{i-1},\widetilde{x}_i,x_{i+1},\cdots,x_{j-1},\widetilde{x}_j,x_{j+1},\cdots,x_n$ 为节点,且连续,所以 $\Psi(t)\in\mathscr{F}_{r,n}^{r-2}$. 由式(10.51)~(10.55)知 $\|\Psi\|_\infty\leqslant\|\varphi\|_\infty$,因此由式(10.51)及引理 10.2.2 知 $\Psi(t)$ 不是极值问题(10.45)的极函数,从而 $\varphi(t)$ 也不是极值问题(10.45)的极函数.

定理 10.2.1 设 $\varphi^*(t)\in\mathscr{F}_{r,n}^{r-2}$,如式(10.33)定义($r=3,5,7,\cdots$)是极值问题(10.45)的解,则 $\varphi^*(t)$ 由以下性质唯一确定:

(i) 在节点 $0<x_1^*<\cdots<x_n^*<1$ 上 $P_{r,i-1}^*(t)$ 和 $P_{r,i}^*(t)$ 光滑连续,即

$$P_{r,i-1}^{*\prime}(x_i^*)=P_{r,i}'(x_i^*),i=1,\cdots,n$$

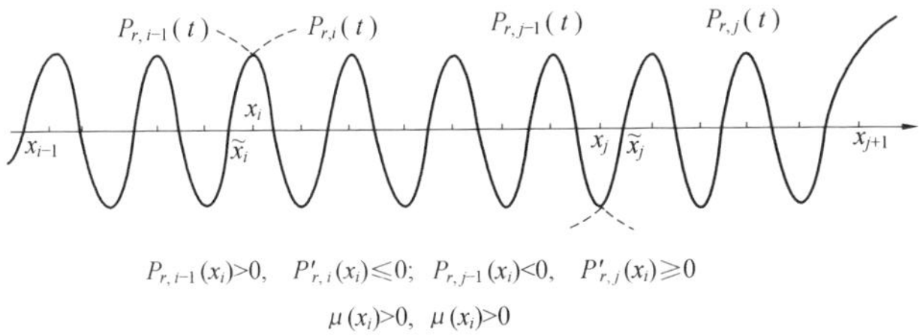

图 10.1

且

$$\varphi^*(x_i^*)=0, i=2,\cdots,n-1$$

$$\varphi^*(x_1^*)=-\varphi^*(x_n^*)$$

(ii) $P_{r,i}^*(t)(i=1,2,\cdots,n-1)$ 在某个区间 $[a_i-h, a_i+h]\supset[x_i^*, x_{i+1}^*]$ 上是在一致尺度下与零具有最小偏差的第 Ⅰ 类 Chebyshev 多项式，且 $P_{r,i}^*(t)$ 在 (x_i^*, x_{i+1}^*) 内恰有 $r-1$ 次交错达到 $\pm\|\varphi^*\|_\infty$.

证　设 $\varphi^*\in\mathscr{F}_{r,n}^{-2}$ 是式(10.45)的极函数，则根据引理 10.2.3，$P_{r,i}^*(i=1,\cdots,n-1)$ 在区间 (x_i, x_{i+1}) 内 $r-1$ 次交错达到 $\pm\|\varphi^*\|_\infty$，显然在这 $r-1$ 个交错点上，$P_{r,i}^{*'}(t)=0$，因 r 为奇数，所以存在 $\alpha_i<x_i, \beta_i>x_{i+1}$，使得 $P_{r,i}^*(\alpha_i)=-\|\varphi^*\|_\infty, P_{r,i}^*(\beta_i)=\|\varphi^*\|_\infty$，因而 $P_{r,i}^*(t)$ 在 $[\alpha_i, \beta_i]$ 上 $r+1$ 次交错达到 $\pm\|\varphi^*\|_\infty$，而这一性质为第 Ⅰ 类 Chebyshev 多项式的特征性质，即

$$P_{r,i}^*(t)=h_i^r T_r\left(\frac{t-a_i}{h_i}\right), i=1,2,\cdots,n-1$$

其中 $T_r(u)=2^{1-r}\cos(r\arccos u), 2h_i=\beta_i-\alpha_i, 2a_i=\alpha_i+\beta_i$.

根据引理 10.2.2 多项式 $P_{r,i}^*(t)(i=1,\cdots,n-1)$ 在区间 $[a_i-h_i, a_i+h_i]$ 上的极大值均为 $\|\varphi^*\|_\infty$，所

以 $h_i=h(i=1,2,\cdots,n-1)$,即 $P_{r,i}^*(t)(i=1,\cdots,n-1)$ 的相互区别仅为平移. 因为 $\varphi^*(t)$ 是连续的,所以 $P_{r,i-1}^*(x_i)=P_{r,i}^*(i=1,\cdots,n)$. 根据引理 10.2.1 极值问题(10.45) 的极函数在节点 $x_i(i=1,\cdots,n)$ 处的导数是连续的,即

$$P_{r,i-1}^{*\prime}(x_i)=P_{r,i}^{*\prime}(x_i),i=1,\cdots,n$$

设 τ_i',τ_i'' 分别为 $P_{r,i}^*(t)$ 最左边及最右边的极值点,则当 $t\leqslant\tau'_i,t\geqslant\tau''_i$ 时 $P_{r,i}^{*\prime}(t)$ 是严格单调的,所以对一切 $u\geqslant 0$,有

$$\begin{aligned}P_{r,1}^{*\prime}(\tau_1'-u)&=P_{r,1}^{*\prime}(\tau''+u)=P_{r,2}^{*\prime}(\tau_2'-u)\\&=P_{r,2}^{*\prime}(\tau_2''+u)\\&=\cdots=P_{r,n-1}^{*\prime}(\tau_{n-1}'-u)\\&=P_{r,n-1}^{*\prime}(\tau_{n-1}''+u)\end{aligned}$$

所以 $\varphi^*(t)$ 在 $x_2^*,\cdots,x_{n-1}^*$ 处光滑粘接必须满足

$$\varphi^*(x_i^*)=0,i=2,\cdots,n-1$$

此处 x_i^* 恰为 $P_{r,i}(t)(i=2,\cdots,n-1)$ 最左边的零点同时也是 $P_{r,i-1}(t)$ 最右边的零点. 再由 $P_{r,1}^*(x_2^*)=P_{r,n-1}^*(x_{n-1}^*)=0$ 及 $x_2^*-x_1^*=x_n^*-x_{n-1}^*$,$P_{r,1}^*(t)$ 与 $P_{r,n-1}^*(t)$ 的相差仅为平移及光滑性条件推得

$$P_{r,1}^*(x_1^*)=x_1^{*r}=-(1-x_n^*)^r=-P_{r,n-1}^*(x_n^*)$$
$$P_{r,1}^{*\prime}(x_1^*)=rx_1^{*r}=r(1-x_n^*)^{r-1}=P_{r,n-1}^{*\prime}(x_n^*)$$

即

$$\varphi(x_1^*)=-\varphi(x_n^*)$$

为完成定理 10.2.1 的证明,还需证极函数 $\varphi^*(t)$ 可由定理 10.2.1 的条件(i) 及(ii) 唯一确定. 因为

$$\varphi^*(t)=\begin{cases}t^r,t\leqslant x_1\\h^rT_r\left(\dfrac{t-a_i}{h}\right),x_i\leqslant t\leqslant x_{i+1},i=1,2,\cdots,n-1\\(t-1)^r,t\geqslant x_n\end{cases}$$

故极函数 $\varphi^*(t)$ 的唯一性可由 $h, x_i (i=1,\cdots,n)$ 的唯一性确定. 由定理 10.2.1 的条件(i)及(ii)给出以下方程组

$$\begin{cases} P_{r,1}(x_1)=x_1^r \\ P_{r,n-1}(x_n)=(x_n-1)^r=-x_1^r \\ x_3-x_2=x_4-x_3=\cdots=x_{n-1}-x_{n-2}=2h\cos\dfrac{\pi}{2r} \end{cases} \tag{10.56}$$

$$x_1+(x_2-x_1)+\cdots+(x_n-x_{n-1})=1$$

因为

$$P_{r,1}(x_1)=x_1^r, P'_{r,1}(x_1)=rx_1^{r-1} \tag{10.57}$$

其中 $P_{r,1}(x)=h^r T_r\left(\dfrac{x-a_1}{h}\right)$，所以由式(10.57)推得

$$r[T_r(z)]^{\frac{r-1}{r}}=T'_r(z) \tag{10.58}$$

其中 $z=\dfrac{x-a_1}{h}$，考虑到式(10.57)，$[x_1,x_2]$ 为 T 区间当且仅当 $\dfrac{x_1-a_1}{h}=z_0$，这里 $z_0<0$ 为方程(10.58)的最小零点，再由式(10.56)和(10.57)得

$$x_1=1-x_n=a_1+hz_0=h[T_r(z_0)]^{\frac{1}{r}} \tag{10.59}$$

因为 $T_r(t)$ 的最大零点为 $\cos\dfrac{\pi}{2r}$，而 x_2 为 $P_{r,1}(t)=T_r\left(\dfrac{x-a_1}{h}\right)$ 的最大零点，所以 $x_2-a_1=h\cos\dfrac{\pi}{2r}$，因为 $x_1-a_1=hz_0$，于是得

$$x_2-x_1=h\left(\cos\frac{\pi}{2r}-z_0\right) \tag{10.60}$$

$$1-x_{n-1}=x_2=x_1+h\left(\cos\frac{\pi}{2r}-z_0\right)$$

$$=h\left[[T_r(z_0)]^{\frac{1}{r}}+\cos\frac{\pi}{2r}-z_0\right]$$

根据式(10.56)得

$$2x_1+2(x_2-x_1)+(n-3)2h\cos\frac{\pi}{2r}=1 \tag{10.61}$$

根据式(10.59)和(10.60)从式(10.61)解得

$$h=\frac{1}{2}\left([T_r(z_0)]^{\frac{1}{r}}+(n-2)\cos\frac{\pi}{2r}-z_0\right)^{-1} \tag{10.62}$$

所以由式(10.56)得

$$x_i=h\left([T_r(z_0)]^{\frac{1}{r}}+(2i-3)\cos\frac{\pi}{2r}\right)$$

$$i=3,4,\cdots,n-2 \tag{10.63}$$

于是极函数 $\varphi^*(t)$ 可以由式(10.59)～(10.63)唯一确定.

定理10.2.1考虑了极值问题(10.45)解的唯一性特征刻画,以下考虑这一问题解的存在性.

引理 10.2.4 设 $1\leqslant\rho\leqslant r-1,\alpha>0$ 为某个固定的正数,$\{x_i\}(i=1,\cdots,n)$ 为 $\varphi\in\mathscr{P}_{r,n}^{-1}$ 的节点组

$$\mathscr{P}_{r,n}^{-1}(\alpha)=\{\varphi\in\mathscr{P}_{r,n}^{-1}\mid\min_{1\leqslant i\leqslant n-1}(x_{i+1}-x_i)\geqslant\alpha\}$$

则存在 $\varphi^0\in\mathscr{P}_{r,n}(\alpha)$,使得

$$\|\varphi^0\|_p=\inf\{\|\varphi\|_p\mid\varphi\in\mathscr{P}_{r,n}^{-1}(\alpha)\} \tag{10.64}$$

证 对每一个固定的节点向量 $\boldsymbol{x}=\{(x_1,\rho),\cdots,(x_n,\rho)\},\min\limits_{1\leqslant i\leqslant n-1}|x_{i+1}-x_i|\geqslant\alpha$,令 $\varphi(\boldsymbol{x},A,t)$ 为一切以 $\boldsymbol{x}$ 为固定节点组 $\varphi\in\mathscr{P}_{r,n}^{-1}(\alpha)$ 中具有最小 L^p 范数,其中 A 为 $\varphi(\boldsymbol{x},A,t)$ 的 $r+n\rho$ 维系数向量,则

$$\inf\{\|\varphi\|_p\mid\varphi\in\mathscr{P}_{r,n}^{-1}(\alpha)\}\leqslant\|\varphi(\boldsymbol{x},A,\cdot)\|_p$$

$$\leqslant C < +\infty$$

其中 C 和 $\boldsymbol{x}$ 无关.因此为证式(10.64)解的存在性只需考虑 $\mathscr{I}_{r,n}^{\rho-1}(\alpha)$ 的函数 φ,其系数向量 A 关于 $\boldsymbol{x}$ 一致有界,因为这些函数的节点组和系数向量是 $r+n(\rho+1)$ 维空间中的有界闭集,所以存在 $\varphi^0 \in \mathscr{I}_{r,n}^{\rho-1}(\alpha)$,达到式(10.64)的下确界.

引理 10.2.5　设 $r=3,5,7,\cdots,\varphi \in \mathscr{I}_{r,n}^{r-1}$,$\|\varphi\|_\infty \leqslant 4^{-r}$,则存在仅和 r,n 有关的常数 $\alpha>0$ 及函数 $\tilde{\varphi} \in \mathscr{I}_{r,n}^{r-1}$,使得

$$\min_{1\leqslant i\leqslant n-1}(\tilde{x}_{i+1}-\tilde{x}_i) \geqslant \alpha$$

且 $\|\tilde{\varphi}\|_\infty = \|\varphi\|_\infty$,其中 $\{\tilde{x}_i\}(i=1,\cdots,n)$ 为 $\tilde{\varphi}(t)$ 的节点组.

证　设 $T_r(t)$ 为第 Ⅰ 类 Chebyshev 多项式

$$T_r(t) = 2^{1-r}\cos(r\arccos t)$$

令

$$T_r(t;h,a) = h^r T_r\left(\frac{t-a}{h}\right)$$

则对固定的 $\varphi \in \mathscr{I}_{r,n}^{r-2}$,$\|\varphi\|_\infty \leqslant 4^{-r}$,存在唯一的 $h>0$,使得对一切 $a \in \mathbf{R}$,有

$$\begin{aligned}\max_{a-h\leqslant t\leqslant a+h}|T_r(t;h,a)| &= -T_r(a-h;h,a)\\ &= T_r(a+h;h,a) = \|\varphi\|_\infty\end{aligned} \tag{10.65}$$

且 $T_r(t;h,a)$ 在 $[a-h,a+h]$ 上 $r+1$ 次交错达到 $\pm\|\varphi\|_\infty$.因为 $\mathscr{I}_{r,n}^{r-2} \subset \mathscr{I}_{r,n}^{r-1}$,所以根据定理 10.1.2 有

$$\begin{aligned}\|\varphi\|_\infty &\geqslant \inf\{\|\psi\|_\infty \mid \psi \in \mathscr{I}_{r,n}^{r-1}\}\\ &= \max_{-h^*\leqslant t\leqslant h^*}|T_r(t;h^*,0)|\end{aligned} \tag{10.66}$$

其中 $h^* = [2^{\frac{1}{r}} + 2(n-1)]^{-1}$,根据式(10.65)和

(10.66),$h \geqslant h^* > \frac{1}{2n}$. 令 $\alpha = \left(1-\cos\frac{\pi}{2r}\right)/2n$,则 $T_r(t;h,a)$ 的相邻零点及相邻极值点之间的距离大于 2α.

设 $0 \leqslant x_1 < x_2 < \cdots < x_n \leqslant 1$ 为 $\varphi(t)$ 的节点组,令 $(x_\nu, x_{\nu+1})$ 为使得 $x_{\nu+1} - x_\nu < \alpha$ 的第一个区间.(若对一切 $i=1,\cdots,n-1$,$x_{i+1}-x_i \geqslant \alpha$,则令 $\tilde{\varphi}=\varphi$.)设 $[a-h,a+h] \subset [0,1]$,令

$$\delta(t) = T_r(t;h,a) - \varphi(t)$$

则 $\delta(t)$ 在 $[0,1]$ 上至少有 $\frac{1}{2}(r+1)$ 个零点,因此存在 $a=a_\nu$ 及 $\bar{x}_\nu, \bar{x}_{\nu+1}$,使得

$$0 < \bar{x}_\nu \leqslant x_\nu < x_{\nu+1} < \bar{x}_{\nu+1} < 1, \bar{x}_{\nu+1} - \bar{x}_\nu \geqslant \alpha$$

$$\min_{x_i < \bar{x}_\nu} (\bar{x}_\nu - x_i) \geqslant \alpha$$

且满足等式

$$T_r(\bar{x}_\nu;h,a_\nu) = \varphi(\bar{x}_\nu), T_r(\bar{x}_{\nu+1},h,a_\nu) = \varphi(\bar{x}_{\nu+1})$$

令

$$\varphi_1(t) = \begin{cases} \varphi(t), -\infty < t \leqslant \bar{x}_\nu, \bar{x}_{\nu+1} \leqslant t < +\infty \\ T_r(t;h,a_\nu), \bar{x}_\nu \leqslant t \leqslant \bar{x}_{\nu+1} \end{cases}$$

显然 $\varphi_1(t)$ 连续且其在 $[0,\bar{x}_{\nu+1}]$ 上节点之间的距离不小于 α. 若 $\bar{x}_{\nu+1} < \bar{x}_n$ 且在 $[\bar{x}_{\nu+1},1]$ 上存在 $\varphi_1(t)$ 的节点对,其相应的距离小于 α,则按上述的方法对 $\varphi_1(t)$ 进行同样的处理,经过有限步后,我们已构造了函数 $\bar{\varphi} \in \mathscr{I}_{r,m}^{r-2}$,$m \leqslant n$,$\bar{\varphi}$ 的节点之间的距离不小于 α,若 $m < n$,则可以在由 $\bar{\varphi}$ 相邻的节点对的距离大于 2α 的区间中补充 $n-m$ 个节点,使得所构成的函数 $\tilde{\varphi} \in \mathscr{I}_{r,n}^{r-2}$,且 $\|\tilde{\varphi}\|_\infty = \|\varphi\|_\infty$. 这是办得到的,因为不然的话,必

存在某个 $m' < n, 0 \leqslant x'_1 < \cdots < x'_{m'} \leqslant 1$，使得 $\max\limits_{1\leqslant i\leqslant m'-1} (x'_{i+1} - x'_1) < 2\alpha$，因而

$$x'_{m'} - x'_1 < 2m'\alpha < 2n\alpha = 1 - \cos\frac{\pi}{2r}$$

因为 $x_1^r \leqslant \|\varphi\|_\infty < 4^{-r}$，且 $r \geqslant 3$，矛盾.

定理 10.2.2　设 $r = 3, 5, \cdots$，则极值问题

$$\inf\{\|\varphi\|_\infty \mid \varphi \in \mathscr{I}_{r,n}^{r-1}\}$$

有解.

证　首先指出存在 $\varphi \in \mathscr{I}_{r,n}^{r-2}$，使得 $\|\varphi\|_\infty < 4^{-r}$，事实上由定理 10.2.1 所确定的函数 $\varphi^*(t)$ 即为这样的一个函数. 因此根据引理 10.2.4，引理10.2.5，存在 $\varphi^0 \in \mathscr{I}_{r,n}^{r-2}(\alpha)$，使得

$$\begin{aligned}\inf\{\|\varphi\|_\infty \mid \varphi \in \mathscr{I}_{r,n}^{r-2}\} &= \inf\{\|\varphi\|_\infty \mid \varphi \in \mathscr{I}_{r,n}^{r-2}(\alpha)\} \\ &= \|\varphi^0\|_\infty\end{aligned}$$

附注 10.2.1　根据定理 10.2.1，定理 10.2.2，极值问题(10.45)的解存在、唯一，且极函数 $\varphi^*(t)$ 在节点 $x_i^*(i=1,\cdots,n)$ 处连续、可微，所以 $\varphi^* \in \mathscr{I}_{r,n}^{r-3}$，因而当 $r = 3, 5, 7, \cdots$，时

$$\inf\{\|\varphi\|_\infty \mid \varphi \in \mathscr{I}_{r,n}^{r-3}\} = \|\varphi^*\|$$

且 φ^* 是以上极值问题的唯一解.

根据定理 10.2.1，定理 10.2.2 及极值问题(10.45)的极函数 $\varphi^*(t)$ 的构成多项式 $P_{r,i}^*(t)(i=0, 1,\cdots,n)$ 的解析表达式并根据定理10.1.1关于求积公式和单样条的对应关系，立即得到相应最优求积公式的节点、系数及最优误差的精确表达式. 再考虑到附注10.2.1，就有：

定理 10.2.3　设 $r = 3, 5, 7, \cdots, \nu_1 = \cdots = \nu_n = \rho = r-1$，或 $\nu_1 = \cdots = \nu_n = \rho = r-2$，则在一切求积公式

$$\int_0^1 f(t)\mathrm{d}t=\sum_{i=1}^{n}\sum_{j=0}^{\rho-1}a_{i,j}f^{(j)}(x_i)+R(f)$$

中，由以下节点和系数构成的求积公式 $Q_n^*(f)$ 是 W_1^r 上唯一的$(\nu_1,\cdots,\nu_n)$型最优的求积公式，且

$$R_n^{r-2}(W_1^r)=R_n^{r-3}(W_1^r)=2^{1-r}\left(\frac{h}{r!}\right)^r$$

其中

$$h=\frac{1}{2}\left\{[T_r(z_0)]^{\frac{1}{r}}+z_0+(n-2)\cos\frac{\pi}{2r}\right\}^{-1}$$

$$x_1^*=1-x_n^*=h[T_r(z_0)]^{\frac{1}{r}}$$

$$x_2^*=h\left(\cos\frac{\pi}{2r}-z_0\right)+x_1^*$$

$$x_i^*=x_2+2(i-2)h\cos\frac{\pi}{2r},i=3,\cdots,n-1$$

$$a_{1,j}^*=(-1)^j a_{n,j}^*=\frac{h^{j+1}}{r!}\left\{\frac{(-1)^j r!}{(j+1)!}[T_r(z_0)]^{\frac{j+1}{r}}+\right.$$

$$\left.T_r^{(r-j-1)}(-z_0)\right\},j=0,1,\cdots,\rho-1$$

$$a_{i,2j}^*=\frac{2h^{2j+1}}{r!}T_r^{(r-2j-1)}\left(\cos\frac{\pi}{2r}\right),i=2,\cdots,n-1$$

$$j=0,1,\cdots,\left[\frac{\rho-1}{2}\right]$$

$$a_{i,2j+1}^*=0,i=2,\cdots,n-1,j=0,1,\cdots,\left[\frac{\rho-2}{2}\right]$$

此处 z_0 为方程(10.58)的最小零点

$$T_r(t)=2^{1-r}\cos(r\arccos t)$$

为第 Ⅰ 类 Chebyshev 多项式.

由定理 10.2.3，立即得到：

定理 10.2.4 W_1^3 上单节点$(\nu_1=\cdots=\nu_n=1)$最优求积公式存在、唯一.

附注 10.2.2 由定理 10.2.3，我们还可以具体写

出 W_1^3 上单节点的最优求积公式的精确表达式.

设 $\mathscr{M}_r(\nu_1,\cdots,\nu_n)$ 为定义在[0,1]上的单样条类 $\widetilde{\mathscr{P}}_{r,n}^{\rho-1}=\{\varphi(t)=r!\ M(t)\mid M(t)\in\mathscr{M}_r(\nu_1,\cdots,\nu_n),\ \nu_1=\cdots=\nu_n=\rho, M(t)$ 以 1 为周期,$M(t)$ 的节点满足条件 $0=x_1<\cdots<x_n<1\}$.

附注 10.2.3　用证明定理 10.2.1 的方法.[8]同时考虑了相应的周期情况,证得:

定理 10.2.5[8]　设 $r=3,5,7,\cdots,\rho=r-1$,或 $\rho=r-2$,则极值问题

$$\inf\{\|\varphi\|_\infty \mid \varphi\in\mathscr{P}_{r,n}^{\rho-1}\}$$

存在唯一解 $\varphi^*(t)$ 且 $\varphi^*(t)$ 是如上极值问题的解当且仅当满足如下条件:

(i) $\varphi^*(t)$ 的节点组 $\{x_k^*\}(k=1,\cdots,n)$ 等距分布,即 $x_k^*=\dfrac{k-1}{n}(k=1,\cdots,n)$,且 $\varphi^*(t)$ 在 $x_k^*(k=1,\cdots,n)$ 处连续可微.

(ii) $\varphi^*(x_k^*)=0(k=1,\cdots,n)$.

(iii) $\varphi^*(t)$ 是某区间 $[a_k^*-h,a_k^*+h]$ 上在一致尺度下和零具有最小偏差且 $\varphi^*(t)$ 在 $[x_k^*,x_{k+1}^*]$ 上恰有 $r-1$ 次交错,其中 $[a_k^*-h,a_k^*+h]\supset[x_k^*,x_{k+1}^*]$, $a_k^*=\dfrac{1}{2}(x_k^*+x_{k+1}^*),k=1,\cdots,n,x_{k+1}^*=1+x_1^*$.

1979 年 Luspai[9] 用类似的方法(修正法)证得:

定理 10.2.6[9]　设 $r=3,5,7,\cdots,\rho=r-1$ 或 $\rho=r-2,1\leqslant\rho<+\infty$,极值问题

$$\inf\{\|\varphi\|_p,\varphi\in\widetilde{\mathscr{P}}_{r,n}^{\rho-1}\}$$

存在唯一解.$\varphi^*(t)$ 是如上极值问题的解当且仅当 $\varphi^*(t)$ 满足条件:

(i)$\varphi^*(t)$ 的节点 $x_k^*=\dfrac{k-1}{n}(k=1,\cdots,n)$，且 $\varphi^*(t)$ 在 $x_k^*(k=1,\cdots,n)$ 处连续可微.

(ii)$\varphi^*(x_k^*)=0(k=1,\cdots,n)$，且 $\varphi^*(t)$ 在$[0,1)$内恰有$(r-1)n$ 个零点.

(iii) 设 $P_{r,k}^*(t)(k=1,\cdots,n)$ 是 $\varphi^*(t)$ 在$[x_k^*,x_{k+1}^*]$上的限制，则 $P_{r,k}^*(t)$ 是满足条件

$$P_{r,k}(t)=t^r+\sum_{l=0}^{r-1}a_{k,l}t^l,P_{r,k}(x_k^*)=P_{r,k}(x_{k+1}^*)=0$$

的一切 r 次多项式中在 $L^p[x_k^*,x_{k+1}^*]$尺度下与零具有最小偏差.

根据定理 10.1.1，定理 10.2.5，定理 10.2.6 立即得到:

定理 10.2.7[8][9] 设 $r=3,5,7,\cdots,\rho=r-1$ 或 $\rho=r-2$，则在一切求积公式

$$\int_0^1 f(t)\mathrm{d}t=\sum_{i=1}^{n}\sum_{j=0}^{\rho-1}a_{i,j}f^{(j)}(x_i)+R(f)$$

$(0=x_1<\cdots<x_n<1,a_{i,j}\in\mathbf{R},i=1,\cdots,n,j=0,1,\cdots,\rho-1)$ 中，求积公式

$$\int_0^1 f(t)\mathrm{d}t=\frac{2}{r!}\sum_{i=1}^{n}\sum_{l=0}^{\frac{(r-3)}{2}}(2n)^{-2j-1}R_{r,p}^{(r-2j-1)}(1)\cdot f^{(2j)}\left(\frac{i-1}{n}\right)+R(f)$$

是 $\widetilde{W}_q^r(1\leqslant q\leqslant+\infty)$ 上唯一的最优求积公式，且最优误差为

$$R_n^{\rho-1}(\widetilde{W}_q^r)=\frac{\|R_{r,p}\|_{L_p[-1,+1]}}{r!\ 2^{r+\frac{1}{p}}n^r}$$

§3　非周期单样条的代数基本定理

在研究单样条的极值性质时，关于单样条的零点估计及构造起着本质的作用，它们和单样条类上最小范数问题的解的存在、唯一性、特征刻画及单样条类的比较定理等均存在密切的联系.

根据单样条的定义，单样条没有零区间，其一切零点均为孤立零点.

定理 10.3.1　设 $M(t)$ 是定义在 $[a,b]$ 上的以 $\{x_i\}(i=1,\cdots,n)$ 为 $\{\nu_i\}(i=1,\cdots,n)$ 重节点的单样条，$1\leqslant\nu_i\leqslant r,i=1,\cdots,n$ 有

$$M(t)=\frac{t^r}{r!}-\sum_{k=0}^{r-1}c_k\frac{t^k}{k!}-\sum_{i=1}^{n}\sum_{j=0}^{\nu_i-1}c_{i,j}\frac{(t-x_i)_+^{r-j-1}}{(r-j-1)!} \tag{10.67}$$

则

$$\begin{aligned}\text{(i)}\,Z(M;(a,b))\leqslant r+\sum_{i=1}^{n}(\nu_i+\sigma_i)-&\\ S^+(M(a),-M'(a),\cdots,&\\ (-1)^rM^{(r)}(a))-&\\ S^+(M(b),M'(b),\cdots,M^{(r)}(b))&\end{aligned} \tag{10.68}$$

其中

$$\text{①}\sigma_i=\begin{cases}1,\nu_i\ \text{为奇数}\\0,\nu_i\ \text{为偶数}\end{cases} \tag{10.69}$$

---

① 本章中 σ_i 均由式(10.69)定义，不再一一声明.

(ii) 若 $M(t)$ 在 $(-\infty,+\infty)$ 内恰有 $N \stackrel{\mathrm{df}}{=} r+\sum_{i=1}^{n}(\nu_i+\sigma_i)$ 个零点 $t_1 \leqslant t_2 \leqslant \cdots \leqslant t_N$(此时称 $M(t)$ 满零点),则

$$M(t)>0, j=0,1,\cdots,r-1, t>t_N \quad (10.70)$$

$$(-1)^{r-j}M^{(j)}(t)>0, j=0,1,\cdots,r-1, t<t_1$$

(iii) 若 $M(t)$ 满零点,且 ν_i 为奇数,$i\in\{1,\cdots,n\}$,则

$$c_{i,j}>0, j=0,2,\cdots,\nu_i-1 \quad (10.71)$$

证 令 $x_0=a, x_{n+1}=b$,在区间 (x_i,x_{i+1}) 上引用多项式的 Budan-Fourier 定理(定理 10.0.1),则有

$$\begin{aligned} Z(M;(x_i,x_{i+1})) \leqslant r - & S^+(M(x_i+0),-M(x_i+0),\cdots,\\ & (-1)^r M^{(r)}(x_i+0)) - \\ & S^+(M(x_{i+1}-0),M'(x_{i+1}-0),\cdots,\\ & M^{(r)}(x_{i+1}-0)) \end{aligned}$$

设 $M(t)$ 在 x_i 处有 α_i 重零点,则

$$\begin{aligned} Z(M,(a,b)) \leqslant r + \sum_{i=1}^{n}(\nu_i+\sigma_i) - & S^+(M(a),\\ & -M'(a),\cdots,(-1)^r M^{(r)}(a)) - \\ & S^+(M(b),M'(b),\cdots,M^{(r)}(b)) - \\ & \sum_{i=1}^{n}(T_r(M,x_i)-1+\sigma_i) \quad (10.72) \end{aligned}$$

其中

$$\begin{aligned} & T_r(M;x_i) \\ = & S^+(M(x_i-0),M'(x_i-0),\cdots,M^{(r)}(x_i-0)) + \\ & S^+(M(x_i+0),-M'(x_i+0),\cdots,\\ & (-1)^r M^{(r)}(x_i+0)) + \nu_i + 1 - r - \alpha_i \end{aligned}$$

为证式(10.68),只需证

$$T_r(M;x_i) \geqslant 1-\sigma_i \tag{10.73}$$

下证式(10.73),我们详细讨论 $0 \leqslant \alpha_i \leqslant r-\nu_i-1$ 的情况,其余情况可以根据样条函数零点的定义 10.0.1 类似地讨论. 因为在 x_i 的小邻域内,$M(t) \in C^{r-\nu_i-1}$,且 $M(t)$ 在 x_i 处有 α_i 重零点,因此根据命题 8.1.3 得

$$\begin{aligned} T_r(M;x_i) = & \nu_{i+1} - r + \alpha_i + \\ & S^+(M^{(\alpha_i)}(x_i-0), M^{(\alpha_i+1)}(x_i-0), \cdots, \\ & M^{(r)}(x_i-0)) + S^+(M^{(\alpha_i)}(x_i+0), \\ & -M^{(\alpha_i+1)}(x_i+0), \cdots, \\ & (-1)^{r-\alpha_i} M^{(r)}(x_i+0)) \\ \geqslant & \nu_i + 1 - r + \alpha_i + S^+(M^{(\alpha_i)}(x_i), \\ & M^{(\alpha_i+1)}(x_i), \cdots, \\ & M^{(r-\nu_i-1)}(x_i)) + \\ & S^+(M^{(\alpha_i)}(x_i), -M^{(\alpha_i+1)}(x_i), \cdots, \\ & (-1)^{r-\nu_i-\alpha_i-1} M^{(r-\nu_i-1)}(x_i)) \\ \geqslant & \nu_i + 1 - r + \alpha_i + r - \nu_i - 1 - \alpha_i = 0 \end{aligned}$$

若 $T_r(M,x_i) > 0$,则式(10.73) 成立. 若 $T_r(M,x_i)=0$,则由 $M^{(r)}(x_i+0) > 0$,$M^{(r)}(x_i-0) > 0$ 知道 $T_r(M,x_i)=0$ 当且仅当

$$M^{(j)}(x_i-0) > 0, j = r-\nu_i-1, \cdots, r \tag{10.74}$$

$$(-1)^{r+j} M^{(j)}(x_i+0) > 0, j = r-\nu_i-1, \cdots, r \tag{10.75}$$

于是, 若 $T_r(M,x_i) = 0$, 则 $M^{(r-\nu_i-1)}(x_i) > 0$, $(-1)^{\nu_i+1} M^{(r-\nu_i-1)}(x_i) > 0$,由此推得此时 ν_i 必为奇数,因而此时式(10.73) 也成立,式(10.68) 得证.

若 $M(t)$ 满零点,则由式(10.72) 得

$$S^+(M(a),-M'(a),\cdots,(-1)^rM^{(r)}(a))=0 \tag{10.76}$$

$$S^+(M(b),M'(b),\cdots,M^{(r)}(b))=0 \tag{10.77}$$

$$T_r(M;x_i)=1-\sigma_i \tag{10.78}$$

由式(10.76)和(10.77)知

$$M^{(j)}(b)>0,j=0,1,\cdots,r-1$$

$$(-1)^{r-j}M^{(j)}(a)>0,j=0,1,\cdots,r-1$$

因为 $a<t_1,b>t_N$ 是任意的,所以式(10.70)成立.

因为当 ν_i 为奇数时,$\sigma_i=1$,所以此时

$$T_r(M;x_i)=0$$

从而由式(10.74)和(10.75)得

$$c_{i,j}=M^{(r-j-1)}(x_i-0)-M^{(r-j-1)}(x_i+0)>0$$

$$j=0,2,\cdots,\nu_i-1$$

式(10.71)得证.

定义 10.3.1 给定 $a<y_1<\cdots<y_n<b$,设 $0<\alpha\leqslant 1,a<x_1<\cdots<x_n<b,1\leqslant\nu_i\leqslant r(i=1,\cdots,n)$,令

$$M_\alpha(t)=\alpha\frac{(t-a)^r}{r!}+(1-\alpha)\sum_{i=1}^{n}\frac{(t-y_i)_+^{r-1}}{(r-1)!}-\sum_{k=0}^{r-1}\frac{c_k(t-a)^k}{k!}-\sum_{i=1}^{n}\sum_{j=0}^{\nu_i-1}c_{i,j}\frac{(t-x_i)_+^{r-j-1}}{(r-j-1)!} \tag{10.79}$$

则 $M_\alpha(t)$ 称为以 $\{x_i\}(i=1,\cdots,n)$ 为 $\{\nu_i\}(i=1,\cdots,n)$ 重节点的 r 次 α - 单样条.

附注 10.3.1 当 $\alpha=1$ 时,$M_\alpha(t)$ 即为由定义 10.1.1 定义的以 $\{x_i\}(i=1,\cdots,n)$ 为 $\{\nu_i\}(i=1,\cdots,n)$

重节点的 r 次单样条.

根据式(10.23),$M_\alpha(t)$ 还可以写成

$$M_\alpha(t)=(-1)^r\left\{\frac{(b-t)^r}{r!}+(1-\alpha)\sum_{i=1}^{n}\frac{(y_i-t)_+^{r-1}}{(r-1)!}-\sum_{k=0}^{r-1}\frac{b_k(b-t)^k}{k!}-\sum_{i=1}^{n}\sum_{j=0}^{\nu_i-1}(-1)^j c_{i,j}\frac{(x_i-t)^{r-j-1}}{(r-j-1)!}\right\}\quad(10.80)$$

下面的定理将定理10.3.1推广到 r 次的 α－单样条 $M_\alpha(t)$ 上,在证明 $\widetilde{W}_q^r(1<q<+\infty)$ 上 $(\nu_1,\cdots,\nu_n)$ 型最优求积公式唯一性时,将要用到这些结果.

定理 10.3.2　设 $M_\alpha(t)$ 是由式(10.79)定义的以 $\{x_i\}(i=1,\cdots,n)$ 为 $\{\nu_i\}(i=1,\cdots,n)$ 重节点的 r 次 α－单样条,$0<\alpha\leqslant 1$,则:

(i) $Z(M_\alpha;(a,b))\leqslant r+\sum_{i=1}^{n}(\nu_i+\sigma_i)-S^+(M_\alpha(a),-M'_\alpha(a),\cdots,(-1)^rM_\alpha^{(r)}(a))-S^+(M_\alpha(b),M_\alpha(b),\cdots,M_\alpha^{(r)}(b))$.

(ii) $Z(M_\alpha;(-\infty,+\infty))\leqslant r+\sum_{i=1}^{n}(\nu_i+\sigma_i)$.

证　不失一般性,不妨设 $y_i\in\{x_1,\cdots,x_n\}(i=1,\cdots,n)$,令 $y_0=a,y_{n+1}=b$,根据定理10.3.1有

$$Z(M_\alpha;(y_i,y_{i+1}))\leqslant r+\sum_{k=n_i+1}^{n_{i+1}}(\nu_k+\sigma_k)-S^+(M(y_i+0),-M'(y_i+0),\cdots,(-1)^rM^{(r)}(y_i+0))-S^+(M(y_{i+1}-0),\cdots,M^{(r)}(y_{i+1}-0))\quad(10.81)$$

其中 $y_i<x_{n_i+1}<\cdots<x_{n_{i+1}}<y_{i+1}(i=0,1,\cdots,n)$.令

β_i 表示 $M_\alpha(t)$ 在 y_i 处零点的重数,则由式(10.81)求和得

$$Z(M_\alpha;(a,b))\leqslant r+\sum_{i=1}^{n}(\nu_i+\sigma_i)-$$
$$S^+(M_\alpha(a),-M'_\alpha(a),\cdots,(-1)^r M^{(r)}(a))-$$
$$S^+(M(b),M'(b),\cdots,M^{(r)}(b))-$$
$$\sum_{i=1}^{n}H(M_\alpha;y_i)$$

其中

$$\begin{aligned}H(M_\alpha;y_i)\overset{\text{df}}{=\!=}\;&S^+(M_\alpha(y_i+0),-M'_\alpha(y_i+0),\cdots,\\&(-1)^r M_\alpha^{(r)}(y_i+0))+S^+(M_\alpha(y_i-0),\\&M'(y_i-0),\cdots,M^{(r)}(y_i-0))-r-\beta_i\end{aligned}$$

为证定理10.3.2,只需证

$$H(M_\alpha;y_i)\geqslant 0 \tag{10.82}$$

下证式(10.82).首先考虑 $0\leqslant\beta_i\leqslant r-2$ 的情况,此时

$$\begin{aligned}H(M_\alpha;y_i)\geqslant\;&S^+(M_\alpha^{(\beta_i)}(y_i+0),\\&-M_\alpha^{(\beta_i+1)}(y_i+0),\cdots,\\&(-1)^{r-\beta_i-2}M_\alpha^{(r-2)}(y_i+0))+\\&S^+(M_\alpha^{(\beta_i)}(y_i-0),\\&M_\alpha^{(\beta_i+1)}(y_i-0),\cdots,\\&M^{(r-2)}(y_i-0))+\beta_i-r+m_1+m_2\end{aligned}$$

其中

$$\begin{aligned}m_1=\;&S^+(M_\alpha^{(r-2)}(y_i+0),\\&-M_\alpha^{(r-1)}(y_i+0),M_\alpha^{(r)}(y_i+0))\\m_2=\;&S^+(M_\alpha^{(r-2)}(y_i-0),\\&M_\alpha^{(r-1)}(y_i-0),M_\alpha^{(r)}(y_i-0))\end{aligned}$$

根据命题8.1.3,得

$$H(M_\alpha;y_i)\geqslant\beta_i-r+m_1+m_2+r-\beta_i-2$$

$$=m_1+m_2-2$$

因为

$$M_\alpha^{(r)}(y_i-0)=M^{(r)}(y_i+0)=\alpha>0$$

$$M_\alpha^{(r-1)}(y_i+0)-M^{(r-1)}(y_i-0)=(1-\alpha)>0$$

$$M_\alpha^{(r-2)}(y_i-0)=M_\alpha^{(r-2)}(y_i+0)=M_\alpha^{(r-2)}(y_i)$$

所以分几种情况详细讨论以后知 $m_1+m_2\geqslant 2$,从而当 $0\leqslant\beta_i\leqslant r-2$ 时式(10.82)成立.根据样条函数零点的定义 10.0.1,类似可证当 $\beta_i\geqslant r-1$ 时,式(10.82)成立.

推论 10.3.1　设 $0<\alpha\leqslant 1$,$M_\alpha(t)$ 是由式(10.79)定义的以 $\{x_i\}(i=1,\cdots,n)$ 为 $\{\nu_i\}(i=1,\cdots,n)$ 重节点的以 $b-a$ 为周期的 r 次 α—单样条,即 $M_\alpha(t)$ 满足周期为边界条件

$$M^{(j)}(a)=M^{(j)}(b),j=0,1,\cdots,r-1\quad(10.83)$$

则:

$$\text{(i)}\,Z(M_\alpha;[a,b))\leqslant\sum_{i=1}^{n}(\nu_i+\sigma_i).\qquad(10.84)$$

(ii)如果式(10.84)中等号成立(此时称 $M_\alpha(t)$ 满零点),且 ν_i 为奇数,$i\in\{1,\cdots,n\}$,那么

$$c_{i,j}>0,j=0,2,\cdots,\nu_i-1$$

证　根据命题 8.1.3 及式(10.83)得

$$S^+(M_\alpha(a),-M'_\alpha(a),\cdots,(-1)^r M_\alpha^{(r)}(a))+$$
$$S^+(M_\alpha(b),M'_\alpha(b),\cdots,M_\alpha^{(r)}(b))\geqslant r$$

因此由定理 10.3.2 立即得(i).当式(10.84)中等号成立时,根据和定理 10.3.1 的证明相同的理由知此时

$$M_\alpha^{(j)}(x_i-0)>0,j=r-\nu_i-1,\cdots,r$$

$$(-1)^{r+j}M_\alpha^{(j)}(x_i+0)>0,j=r-\nu_i-1,\cdots,r$$

所以

$$c_{i,j}=M_\alpha^{(r-j-1)}(x_i-0)-M_\alpha^{(r-j-1)}(x_i+0)>0$$
$$j=0,2,\cdots,\nu_i-1$$

推论 10.3.2 设 $0<\alpha\leqslant 1$,$M_\alpha(t)$ 是由式(10.79)所定义的以$\{x_i\}(i=1,\cdots,n)$为$\{\nu_i\}(i=1,\cdots,n)$重节点的 r 次 α 一单样条,有

$$N\overset{\mathrm{df}}{=}r+\sum_{i=1}^{n}(\nu_i+\sigma_i),t_1\leqslant\cdots\leqslant t_N,M_\alpha(t_j)=0$$

$j=1,\cdots,N$,则对 $i=1,\cdots,n$ 成立

$$t_{l_i}\leqslant x_i\leqslant t_{r+l_{i-1}+1},\nu_i<r \tag{10.85}$$

其中 $l_i=\sum_{j=1}^{i}(\nu_j+\sigma_j)$,$l_0=0$. 如果 $\nu_i=r$ 且 r 为奇数,则

$$x_i=t_{l_i} \tag{10.86}$$

如果 x_i 至多为$M_\alpha(t)$ 的 $r-\nu_i(\nu_i<r)$ 重零点,那么不等式(10.85)是严格的.

证 设$\nu_i<r$,且 $x_i<t_{l_i}$,令 $M_{\alpha,R}(t)$ 表示在区间$(x_i,+\infty)$上和 $M_\alpha(t)$ 一致的单样条,则 $M_{\alpha,R}(t)$ 在$(x_i,+\infty)$上至少有 $r+\sum_{j=i+1}^{n}(\nu_j+\sigma_j)+1$ 个零点,但$M_{\alpha,R}(t)$ 仅以$\{x_j\}(j=i+1,\cdots,n)$为$\{\nu_j\}(j=i+1,\cdots,n)$重节点,因此根据定理 10.3.2,$M_{\alpha,R}(t)$ 在$(-\infty,+\infty)$上至多有 $r+\sum_{j=i+1}^{n}(\nu_j+\sigma_j)$ 个零点. 矛盾,故式(10.85)的左边成立,同理可证式(10.85)的右边. 设$x_i\leqslant t_{l_i}$,若 x_i 为$M(t)$ 的至多有 $r-\nu_i(\nu_i<r)$ 重零点,则 $M_\alpha(t)$ 在 x_i 处是连续的,令 $\overline{M}_{\alpha,R}(t)$ 表示在$[x_i,+\infty)$上和 $M(t)$ 一致的单样条,则 $\overline{M}_{\alpha,R}(t)$ 在$[x_i,+\infty)$上至少有 $r+\sum_{j=i+1}^{n}(\nu_j+\sigma_j)+1$ 个零点,但

$\overline{M}_{\alpha,R}(t)$ 仅以 $\{x_j\}(j=i+1,\cdots,n)$ 为 $\{\nu_j\}(j=i+1,\cdots,n)$ 重节点，所以根据定理 10.3.2，$\overline{M}_{\alpha,R}(t)$ 在 $(-\infty,+\infty)$ 上至多有 $r+\sum_{j=i+1}^{n}(\nu_j+\sigma_j)$ 个零点，矛盾，即此时不等式(10.85)的左边是严格的，同理可证当 x_i 至多为 $M_\alpha(t)$ 的 $r-\nu_i(\nu_i<r)$ 重零点式(10.85)的右边也是严格的. 若 $\nu_i=r$，r 为奇数，则 $l_i=l_{i-1}+r+1$，所以此时式(10.85)的左边和右边一致，式(10.86)得证.

由推论 10.3.2 及 Rolle 定理立即得：

推论 10.3.3　设 $0<\alpha\leqslant 1$，$M_\alpha(t)$ 是由式(10.79)所定义的以 $\{x_i\}(i=1,\cdots,n)$ 为 $\{\nu_i\}(i=1,\cdots,n)$ 重节点的以 $b-a$ 为周期的 α − 单样条. $a\leqslant t_1\leqslant\cdots\leqslant t_{2N}<b$ 是 $M_\alpha(t)$ 的 $2N\stackrel{\text{df}}{=}\sum_{i=1}^{n}(\nu_i+\sigma_i)$ 个零点，则对 $i=1,\cdots,n$ 成立

$$t_{l_i}^*\leqslant x_i\leqslant t_{r+l_{i-1}+1}^* \tag{10.87}$$

其中 $l_i=\sum_{j=1}^{i}(\nu_j+\sigma_j)$，$l_0=0$. 若 $\nu_i=r$ 且 r 为奇数，则

$$x_i=t_{l_i}^*$$

若 x_i 至多为 $M_\alpha(t)$ 的 $r-\nu_i(\nu_i<r)$ 重零点，则式(10.87)中的不等号严格成立，其中 $\{t_i^*\}$ 为 $\{t_i\}(i=1,\cdots,2N)$ 的一个循环排列.

证　如果存在某个 $\nu_j=r$，那么在区间 $[x_j,x_j+b-a)$ 上对 $M_\alpha(t)$ 应用推论 10.3.2 即得推论 10.3.3. 如果 $\max\nu_i=\nu_j<r$，则 $M_\alpha^{(r-\nu_j)}(t)$ 在 $[x_j,x_j+b-a)$ 上恰有 $\sum_{i=1}^{n}(\nu_i+\sigma_i)=2N$ 个零点 $\{z_i\}(i=1,\cdots,2N)$. 如果 ν_j 为偶数，那么根据式(10.85)

$$z_{l_i} \leqslant x_i \leqslant z_{\nu_j+l_{i-1}+1}, x_i \in (x_j, x_j+b-a)$$

再根据 Rolle 定理知式(10.87)成立.如果 ν_j 为奇数,那么 $z_{l_i}=x_i$,同样由 Rolle 定理知式(10.87)成立.式(10.87)得证.其余的证明是类似的.

定理 10.3.3 若 $\nu_i(i=1,\cdots,n)$ 均为奇数,$0<\alpha\leqslant 1$,$M_\alpha(t)$ 是由式(10.79)定义的以$\{x_i\}(i=1,\cdots,n)$为$\{\nu_i\}(i=1,\cdots,n)$重节点的 r 次 α-单样条,$M_\alpha(t)$ 在(a,b)中恰有 $N\overset{\text{df}}{=}r+\sum\limits_{i=1}^{n}(\nu_i+1)$ 个不同零点$\{t_i\}(i=1,\cdots,N)$,则存在仅和 r,n 及 $b-a$ 有关的常数 B,使得

$$|c_k|\leqslant B, k=0,1,\cdots,r-1 \tag{10.88}$$

$$|c_{i,j}|\leqslant B, i=1,\cdots,n, j=0,1,\cdots,\nu_i-1$$

证 对 r 及 n 用双重归纳法.当 $n=0,r\geqslant 1$ 时结果是显然的.当 $r=1,n\geqslant 1$ 时,若 $M_\alpha(t)$ 在(a,b)中恰有 $2n+1$ 个零点,令 $x_0=a,x_{n+1}=b$,则根据定理 10.3.2 有

$$x_i=t_{2i}, i=1,\cdots,n$$

所以 $M_\alpha(t)$ 在(x_i,x_{i+1})之间恰有一个零点.若对固定的 $i\in\{0,1,\cdots,n\}$,恰有 $k_i(0\leqslant k_i\leqslant n)$ 个 $y_i\in(x_i,x_{i+1})$,则 $M_\alpha(t)$ 在(x_i,x_{i+1})内恰有一个零点,且 $M_\alpha(t)$ 在(x_i,x_{i+1})内是以 α 为斜率的分段线性函数,它在 k_i 个 y_j 处有 $1-\alpha$ 的正跳跃,所以

$$\begin{aligned}|c_{i,0}|\leqslant |M_\alpha(x_i-0)-M_\alpha(x_i+0)|&\leqslant k_{i-1}(1-\alpha)+\\ &\alpha(x_i-x_{i-1})+k_i(1-\alpha)+\alpha(x_{i+1}-x_i)\\ &\leqslant 2(n+b-a), i=1,\cdots,n\end{aligned}$$

因为 $t_1\in(x_0,x_1)$,使得 $M_\alpha(t_1)=0$,所以

$$\alpha(t_1-a)-c_0+(1-\alpha)\sum_{i=1}^{k_0}(t_1-y_i)^0=0$$

$$|c_0| \leqslant \alpha(b-a)+n(1-\alpha) \leqslant b-a+n$$

于是当$r=1$时,式(10.88)成立.假设式(10.88)对$r-1$次的具有n个$\{\nu_i\}(i=1,\cdots,n)$重节点的α－单样条及r次的具有$n-1$个$\{\nu_i\}(i=1,\cdots,n-1)$重节点的$\alpha$－单样条成立.下面对具有$n$个$\{\nu_i\}(i=1,\cdots,n)$重节点的$r$次$\alpha$－单样条来证明式(10.88).首先考虑一切$\nu_i<r(i=1,\cdots,n)$的情况.记

$$D_+ M(t)=\lim_{h\to 0}\frac{M(x+h)-M(x)}{h}$$

则$D_+ M(t)$为$r-1$次的以$\{x_i\}(i=1,\cdots,n)$为$\{\nu_i\}(i=1,\cdots,n)$重节点的α－单样条,根据 Rolle 定理及定理 10.3.2,$D_+ M_\alpha(t)$在(a,b)中恰有$r-1+\sum_{i=1}^{n}(\nu_i+1)$个零点,由归纳假设知存在仅和$r,n$及$b-a$有关的常数$B$,使得

$$|c_k| \leqslant B, k=1,\cdots,n \tag{10.89}$$

$$|c_{i,j}| \leqslant B, i=1,\cdots,n, j=0,1,\cdots,\nu_i-1$$

由$M(t_1)=0$及式(10.89)得

$$|c_0| \leqslant \left|\frac{\alpha(t_1-a)^r}{r!}+(1-\alpha)\sum_{i=1}^{n}\frac{(t_1-y_i)_+^{r-1}}{(r-1)!}-\sum_{i=1}^{n}\sum_{j=0}^{\nu_i-1}c_{i,j}\frac{(t_1-x_i)_+^{r-j-1}}{(r-j-1)!}-\sum_{i=1}^{r-1}c_k\frac{(t_1-a)^k}{k!}\right| \leqslant B$$

若存在一个$\nu_i=r$,则由式(10.86)知,存在r次α－单样条$M_{\alpha,R}(t)$及$M_{\alpha,L}(t)$,它们分别在x_i的左边和右边和$M_\alpha(t)$相等,对$M_{\alpha,R}(t)$及$M_{\alpha,L}(t)$应用归纳假设,即得式(10.88),当有多个$\nu_i=r$的情况可以类似处理.

附注 10.3.2　当$\alpha=1$时,由定理 10.3.3 的证明

过程可知式(10.87)中的常数 B 和 n 无关.

推论 10.3.4 设 $\nu_i(i=1,\cdots,n)$ 都是奇数,$0<\alpha\leqslant 1$,$M_\alpha(t)$ 是由式(10.79)定义的以$\{x_i\}(i=1,\cdots,n)$ 为$\{\nu_i\}(i=1,\cdots,n)$ 重节点的以 $b-a$ 为周期的 r 次 α 一单样条,若 $M_\alpha(t)$ 在一个周期内恰有 $\sum_{i=1}^{n}(\nu_i+\sigma_i)$ 个零点,则 $M(t)$ 的系数关于 M_α 和 α 一致有界.

证 若存在某个 $\nu_j=r$,则在区间$[x_j,x_j+b-a)$ 上对 $M_\alpha(t)$ 应用定理10.3.3,即得本推论.若$\max\limits_i \nu_i=\nu_j<r$,则 $M_\alpha^{(r-\nu_j)}(t)$ 在$[x_j,x_j+b-a)$ 上恰有 $\sum_{i=1}^{n}(\nu_i+1)$ 个不同零点,因此根据定理 10.3.3 有

$$|c_i|\leqslant B,i=r-\nu_j,\cdots,r-1 \tag{10.90}$$

$$|c_{i,j}|\leqslant B,i=1,\cdots,n,j=0,1,\cdots,\nu_i-1$$

设 $t_1\in[a,b)$ 是 $M_\alpha(t)$ 的零点,则

$$c_{r-\nu_j-1}+\int_a^{t_1}M_\alpha^{(r-\nu_j)}(t)\mathrm{d}t=0$$

所以 $|c_{r-\nu_j-1}|\leqslant(b-a)\|M_\alpha^{(r-\nu_j)}(\cdot)\|_\infty$. 根据式(10.90),得

$$|c_{r-\nu_j-1}|\leqslant B$$

同理证得

$$|c_{r-j}|\leqslant B,j=\nu_j+2,\cdots,r$$

定理 10.3.4(非周期重节点的单样条代数基本定理) 设$(\nu_1,\cdots,\nu_n)$为给定的自然数组,$1\leqslant\nu_i\leqslant r(i=1,\cdots,n)$,令 $N=r+\sum_{i=1}^{n}(\nu_i+\sigma_i)$,则对任何给定的点组 $t_1<\cdots<t_N$,存在以某$\{x_i\}(i=1,\cdots,n)$ 为$\{\nu_i\}(i=1,\cdots,n)$ 重节点组的 r 次单样条 $M(t)\in\mathscr{M}_r(\nu_1,\cdots,\nu_n)$,使得

$$M(t_i)=0, i=1,\cdots,N \tag{10.91}$$

如果 $\nu_i(i=1,\cdots,n)$ 均为奇数，那么满足式(10.91)的 $M(t)\in\mathscr{M}_r(\nu_1,\cdots,\nu_n)$ 是唯一的.

证　当 $r=1$ 时，根据定理10.3.1，如果 $M(t)\in\mathscr{M}_1(\nu_1,\cdots,\nu_n)$ 满足式(10.91)，那么 $M(t)$ 必有 n 个单节点 $\{x_i\}(i=1,\cdots,n)$，根据推论10.3.2，$t_{2i}=x_i$，$i=1,\cdots,n$，因为 $\mathscr{M}_1(\nu_1,\cdots,\nu_n)$ 中的函数是以1为斜率的分段线性函数，所以满足条件(10.91)的 $M(t)\in\mathscr{M}(\nu_1,\cdots,\nu_n)$ 是存在、唯一的. 以下设 $r\geqslant 2$.

(i) 首先考虑 $\{\nu_i\}(i=1,\cdots,n)$ 均为奇数，且 $1\leqslant\nu_i\leqslant r-2(i=1,\cdots,n)$ 的情况. 当 $n=0$ 时，定理10.3.4显然成立. 以下对节点个数用归纳法. 设定理对有 $n-1$ 个节点的 r 次单样条成立，即对任意给定的 $t_1<\cdots<t_p$，$p\overset{\mathrm{df}}{=}r+\sum\limits_{i=1}^{n-1}(\nu_i+1)$，存在、唯一的

$$g(t)=\frac{t^r}{r!}-\sum_{k=0}^{r-1}\frac{c_k t^{r-k}}{(r-k-1)!}-\sum_{i=1}^{n-1}\sum_{j=0}^{\nu_i-1}c_{i,j}\frac{(t-x_i)_+^{r-j-1}}{(r-j-1)!}$$

使得 $g(t_i)=0, i=1,\cdots,p$.

下面首先证明存在区间 $T=(\xi,\xi)$，使得对每一个 $\xi\in T$，存在

$$M(t,\xi)=\frac{t^r}{r!}-\sum_{k=0}^{r-1}\frac{c_k(\xi)t^{r-k-1}}{(r-k-1)!}-\sum_{i=1}^{n}\sum_{j=0}^{\nu_i-1}c_{i,j}(\xi)\frac{(t-x_i)_+^{r-j-1}}{(r-j-1)!}$$

使得

$$M(t_i,\xi)=0, i=1,2,\cdots,N-1, M(t_N,\xi)<0 \tag{10.92}$$

事实上,设 $l_0(t),\cdots,l_{\nu_n-1}(x)$ 为在点 $t_{p+1},\cdots,t_{N-1}$ 上插值的 Lagrange 多项式,$l_i(t_{p+j+1})=\delta_{i,j}$①$(i,j=0,1,\cdots,\nu_n-1)$. 令

$$M(t,\xi)=g(t)-(t-\xi)_+^{r-\nu_n}\sum_{j=0}^{\nu_n-1}\frac{g(t_{p+j+1})l_j(t)}{(t_{p+j+1}-\xi)^{r-\nu_n}} \tag{10.93}$$

于是对任何 $t_p\leqslant\xi<t_{p+1}$,存在、唯一的 $M(t,\xi)$,使得

$$M(t_i,\xi)=0,i=1,\cdots,N-1$$

因为 $l_j(t_N)>0,j=0,1,\cdots,\nu_n-1,g(t_{p+j+1})>0$, $j=0,1,\cdots,\nu_n-1$,所以 $\lim\limits_{\xi\to t_{p+1}}M(t_N,\xi)=-\infty$,所以存在 $t_p<\bar{\xi}<t_{p+1}$,使得 $M(t_N,\bar{\xi})<0$,令 $\underline{\xi}=\inf\{\tau\mid$ 对每一 $\tau\leqslant\xi\leqslant\bar{\xi}$,存在唯一的 $M(t,\xi)$,满足式(10.92),且 $M(t,\xi)$ 为 $\mathbf{R}\times[\tau,\bar{\xi}]$ 上的连续可微函数$\}$.

于是 $M(t,\xi)$ 为 $\mathbf{R}\times T$ 上的连续可微函数,根据式(10.92)及定理 10.3.1 的式(10.68)和(10.70)知存在唯一的 $t_N(\xi),t_N(\xi)>t_N$,使得 $M(t_N(\xi),\xi)=0$.

为证 $\xi\in T$ 时,$M(t,\xi)$ 的零点在一个有界集内,下面先证 $t_N(\xi)$ 为 ξ 的非减函数,为此只需证当 $\xi\in T$, $t\in(t_N,+\infty)$ 时

$$\frac{\partial}{\partial\xi}M(t,\xi)\geqslant 0 \tag{10.94}$$

直接计算得

$$\frac{\partial}{\partial\xi}M(t,\xi)=-\sum_{k=0}^{r-1}c'(\xi)\frac{t^{r-k-1}}{(r-k-1)!}-$$
$$\sum_{i=1}^{n}\sum_{j=0}^{\nu_i-1}d_{i,j}(\xi)\frac{(t-x_i(\xi))_+^{r-j-1}}{(r-j-1)!}+$$

① 当 $i=j$ 时,$\delta_{i,j}=1$,当 $i\neq j$ 时,$\delta_{i,j}=0$.

$$\sum_{i=1}^{n} c_{i,\nu_{i-1}}(\xi)x'_i(\xi)\frac{(t-x_i(\xi))_+^{r-\nu_i-1}}{(r-\nu_i-1)!}$$

(10.95)

其中 $d_{i,j}(\xi)=c'_{i,j}(\xi)-c_{i,j-1}(\xi)x'_i(\xi)$.

将 $t=t_1,\cdots,t_{N-1}$ 代入式(10.95)，考虑到 $M(t_\nu,\xi)=0(\nu=1,\cdots,N-1)$，得

$$-\sum_{k=0}^{r-1}c'(\xi)\frac{t_\nu^{r-k-1}}{(r-k-1)!}-$$
$$\sum_{i=1}^{n}\sum_{j=0}^{\nu_i-1}d_{i,j}(\xi)\frac{(t_\nu-x_i(\xi))_+^{r-j-1}}{(r-j-1)!}+$$
$$\sum_{i=1}^{n}c_{i,\nu_i-1}(\xi)x'_i(\xi)\frac{(t_\nu x_i(\xi))_+^{r-\nu_i-1}}{(r-\nu_i-1)!}=0$$
$$\nu=1,\cdots,N-1 \tag{10.96}$$

在由式(10.95)和(10.96)关于 N 个变量 $c'_0,\cdots,c'_{r-1}$，$\{d_{i,j}\}$ $(i=1,\cdots,n,j=0,\cdots,\nu_i-1)$ 及 $\{c_{i,\nu_i}x'_i(\xi)\}$ $(i=1,\cdots,n)$ 的 N 个方程中解得

$$c_{i,\nu_i-1}(\xi)x'_i(\xi)=(-1)^{\nu_i+1}\cdot$$
$$\frac{\frac{\partial}{\partial\xi}M(t,\xi)\Phi_r\begin{pmatrix}t_1 & t_2 & \cdots & t_{i+1} & \cdots & t_{N-1}\\(0,r) & (x_1,\nu_1+1) & \cdots & (x_i,\nu_i) & \cdots & (x_n,\nu_n+1)\end{pmatrix}}{\Phi_r\begin{pmatrix}t_1 & \cdots & t_{N-1} & t\\(0,r) & (x_1,\nu_1+1) & \cdots & (x_n,\nu_n+1)\end{pmatrix}}$$

其中 $\Phi_r(t,x)=\dfrac{(t-x)_+^{r-1}}{(r-1)!}$，$(x,k)$ 表示点 x 重复 k 次有

$$\Phi_r\begin{pmatrix}t_1 & \cdots & t_s\\y_1 & \cdots & y_s\end{pmatrix}\overset{\text{df}}{=}\det(D_t^{d_i}D_y^{e_j}\Phi_r(t_i,y_i))$$
$$i,j=1,\cdots,s$$

其中

$$d_i=\max\{l\mid t_{i-l}=\cdots=t_i\}$$
$$e_j=\max\{l\mid y_{j-l}=\cdots=y_j\}$$

因为 $\nu_i(i=1,\cdots,n)$ 为奇数，且 $M(t,\xi)$ 满零点，所以根据式(10.71)，$c_{i,\nu_i-1}>0,i=1,\cdots,n$. 根据推论 10.3.2 有

$$t_{l_i}<x_i<t_{l_{i-1}+r+1}$$

其中 $l_i=\sum_{j=1}^{i}(\nu_j+1)$，所以根据定理 10.0.5 有

$$\Phi_r\begin{pmatrix} t_1 & \cdots & t_{N-1} & t \\ (0,r) & (x_1,\nu_i+1) & \cdots & (x_n,\nu_n+1)\end{pmatrix}>0$$

$$t>t_N$$

因为 ν_n 为奇数，且 $x'_n(\xi)=\xi'=1$，所以

$$\frac{\partial}{\partial\xi}M(t,\xi)\geqslant 0,\xi\in T,t>t_N$$

于是 $t_N(\xi)$ 为 ξ 的非减函数，当 $\xi\in T$ 时，$M(t,\xi)$ 的一切零点落在一个有限区间内，根据定理 10.3.3，$M(t,\xi)$ 的系数关于 ξ 一致有界，因而存在序列 $\{\xi_k\}$，使得 $\lim\limits_{k\to+\infty}\xi_k=\xi_0$，$\lim\limits_{k\to+\infty}M(t,\xi_k)=M(t,\xi_0)\xlongequal{\text{df}}M(t)$. 根据式(10.92)，$M(t_i)=0,i=1,\cdots,N-1,M(t_N)\leqslant 0$，根据定理 10.3.1，$x_1<\cdots<x_n\xlongequal{\text{df}}\xi_0$，即 $M(t)$ 是以 $\{x_i\}(i=1,\cdots,n)$ 为 $\{\nu_i\}(i=1,\cdots,n)$ 重节点的 r 次单样条. 往证 $M(t_N)=0$. 如 $M(t_N)<0$，考虑映射 Ψ: $\mathbf{R}^N\to\mathbf{R}^{N-1}$. $\Psi(c_0,c_1,\cdots,c_{r-1},c_{1,0},\cdots,c_{1,\nu_1-1},x_1,c_{2,0},\cdots,c_{n,\nu_n-1},\xi)\to(M(t_1),\cdots,M(t_{N-1}))$

根据式(10.71)，推论 10.3.2 及定理 10.0.5，推得 Ψ 关于前 $N-1$ 个变量的 Jacobi 行列式在 $M(t)$ 的系数向量处的值非零，所以根据隐函数定理可以将 $M(t,\xi)$ 扩充到 $\underline{\xi}$ 的左边，且满足式(10.92)，这和 $\underline{\xi}$ 的定义矛盾，所得矛盾表明 $M(t_N)=0$.

再证 $M(t)$ 是唯一的. 设 $M^*(t)\in\mathscr{M}_r(\nu_1,\cdots,\nu_n)$

是满足式(10.91)的以$\{x_i^*\}(i=1,\cdots,n)$为$\{\nu_i\}(i=1,\cdots,n)$重节点的另一个r次单样条，依据和前面同样的分析，可以将$M^*(t)$在满足条件(10.92)的前提下连续变形，使得$M^*(t)$最大节点$x_n^*\geqslant t_p$，因为根据归纳假设，唯一性对$n-1$个节点成立，因而所得变形必和式(10.93)恒等，但根据隐函数定理知式(10.93)唯一确定了$M(t)$，所以$M(t)\equiv M^*(t)$.

(ii) 如果$1\leqslant\nu_i\leqslant r-2(i=1,\cdots,n)$，但存在$\nu_i$ $(i\in\{1,\cdots,n\})$为偶数，令$I=\{i\mid\nu_i$为偶数$\}$，$J=\{i\mid\nu_i$为奇数$\}$，则I非空. 对任意给定的$t_1<\cdots<t_N$，由(i)知存在唯一的

$$\overline{M}(t)=\frac{t^r}{r!}-\sum_{k=0}^{r-1}\bar{c}_k\frac{t^{r-k-1}}{(r-k-1)!}-\sum_{i\in J}\sum_{j=0}^{\nu_j-1}\bar{c}_{i,j}\cdot\frac{(t-\bar{x}_i)_+^{r-j-1}}{(r-j-1)!}-\sum_{i\in I}\sum_{j=0}^{\nu_j-2}\bar{c}_{i,j}\frac{(t-\bar{x}_i)_+^{r-j-1}}{(r-j-1)!}$$

使得

$$\overline{M}(t_i)=0,i=1,\cdots,N$$

令$L=r+\sum\limits_{i=1}^{n}(\nu_i+1)$，定义映射$\overline{\Psi}:\mathbf{R}^L\to\mathbf{R}^N$有

$$\Psi(c_0,\cdots,c_{r-1},c_{1,0},\cdots,c_{1,\nu_1-1},x_1,\cdots,c_{n,0},\cdots,c_{n,\nu_n-1},x_n)\to(M(t_1),\cdots,M(t_N))$$

其中

$$M(t)=\frac{t^r}{r!}-\sum_{k=0}^{r-1}c_k\frac{t^{r-k-1}}{(r-k-1)!}-\sum_{i=1}^{n}\sum_{j=0}^{\nu_i-1}c_{i,j}\frac{(t-x_i)_+^{r-j-1}}{(r-j-1)!}$$

因为$\overline{M}(t_i)=0(j=1,\cdots,N)$所以

$$\Psi(\bar{c}_0,\cdots,\bar{c}_{r-1},\bar{c}_{1,0},\cdots,\bar{c}_{1,\nu_1-1},\bar{x}_1,\cdots,\bar{c}_{n,0},\cdots,\bar{c}_{n,\nu_n-1},\bar{x}_n)\to(\underbrace{0,\cdots,0}_{N})$$

其中规定当 $i\in I$ 时,$\bar{c}_{i,\nu_i-1}=0$.

设 W 表示关于除去 $L-N$ 个节点 $\{x_i\mid i\in I\}$ 外的 N 个变量的 Jacobi 行列式,则

$$W(c)=d\prod_{i\in J}c_{i\nu_i-1}\cdot\Phi\begin{pmatrix}t_1 & t_2 & \cdots & t_N\\(0,r) & (x_1,\nu_1+1) & \cdots & (x_n,\nu_n+1)\end{pmatrix}$$

其中 d 为非零常数. 根据假定,$1\leqslant\nu_i\leqslant r-2(i=1,\cdots,n)$,所以 $W(c)$ 为其变量的连续可微函数. 因为 $\overline{M}(t)$ 满零点,根据式(10.71),当 $i\in J$ 时,$c_{i,\nu_i-1}>0$;根据推论 10.3.2 及定理 10.0.5 即知 $W(\bar{c})\neq 0$,其中

$$\bar{c}=(\bar{c}_0,\cdots,\bar{c}_{r-1},\bar{c}_{1,0},\cdots,\bar{c}_{1,r-1},\bar{x}_1,\cdots,\bar{c}_{n,0},\cdots,\bar{c}_{n,\nu_n-1},\cdots,\bar{x}_n)$$

根据隐函数定理,在节点 $\{x_i\mid i\in I\}$ 处存在一个邻域,使得 $M(t)\in\mathscr{M}_r(\nu_1,\cdots,\nu_n)$ 满足式(10.91).

(iii) 假设仅存在一个指标 i,使得 $\nu_i=r-1$. 首先设 r 为偶数. 令 $k=\sum_{j=1}^{i}(\nu_j+\sigma_j)=r+\sum_{j=1}^{i-1}(\nu_j+\sigma_j)$,根据(i),(ii),存在以 $\{x_j\}(j=1,\cdots,i-1)$ 为 $\{\nu_j\}(j=1,\cdots,i-1)$ 重节点的 r 次单样条 $M_1(t)\in\mathscr{M}_r(\nu_1,\cdots,\nu_{i-1})$ 使得

$$M_1(t_i)=0,i=1,\cdots,k$$

同时存在以 $\{x_j\}(j=i+1,\cdots,n)$ 为 $\{\nu_j\}(j=i+1,\cdots,n)$ 重节点的 r 次单样条 $M_2(t)\in\mathscr{M}_r(\nu_{i+1},\cdots,\nu_n)$,使得

$$M_2(t_i)=0,i=k+1,\cdots,N$$

根据式(10.70)当$t>t_k$时,$M_1(t)>0$,当$t<t_{k+1}$时$M_2(t)>0$,所以存在$x_i\in(t_k,t_{k+1})$,使得$M_1(x_i)=M_2(x_i)$,令

$$M(t)=\begin{cases}M_1(t),t\leqslant x_i\\M_2(t),t>x_i\end{cases}$$

则$M(t)\in\mathscr{M}_r(\nu_1,\cdots,\nu_n)$,且满足式(10.91),故$M(t)$即为所求的单样条.

如果r为奇数,则ν_i为偶数,此时构造的方法不唯一.事实上,此时$k=r-1+\sum\limits_{j=1}^{i-1}(\nu_j+\sigma_j)$,所以对一切$t_\alpha\in(t_{k+1},t_{k+2})$,存在$M_3(t)\in\mathscr{M}_r(\nu_1,\cdots,\nu_{i-1})$,使得

$$M_3(t_j)=0,j=1,\cdots,k,\alpha$$

根据式(10.70),存在$x_i\in(t_k,t_{k+1})$,使得$M_3(x_i)=M_2(x_i)$,令

$$M(t)=\begin{cases}M_3(t),t\leqslant x_i\\M_2(t),t>x_i\end{cases}$$

则$M(t)\in\mathscr{M}_r(\nu_1,\cdots,\nu_n)$即为所求的单样条.

(iv) 仅存在一个i,$\nu_i=r$,此时可以类似于(iii)处理.

(v) 当存在多个指标i,使得$\nu_i\geqslant r-1$,可以分段如(iii),(iv)处理.

单节点($\nu_1=\cdots=\nu_n=1$)单样条类上的代数基本定理可以用拓扑的方法给予简单的处理,令

$$M(t)=\frac{t^r}{r!}-\sum_{k=0}^{r-1}c_k\frac{t^k}{k!}-\sum_{i=1}^{N}a_i\frac{(t-x_i)_+^{r-1}}{(r-1)!}$$

$a<x_1<\cdots<x_N<b$表示定义在$[a,b]$上以$\{x_i\}$ $(i=1,\cdots,N)$为单节点的r次单样条,将这样单样条的全体记为$\mathscr{M}_{r,N}^1$,设A,B(可以为空集)表示$Q_r=\{0,$

$1,\cdots,r-1\}$ 的子集,令

$$\mathscr{M}^1_{r,N}(A,B)=\{M\in\mathscr{M}^1_{r,N}\mid M^{(i)}(a)=0,\\ i\in A,M^{(j)}(b)=0,j\in B\}$$

设 J 表示只有有限个元素的集合,$|J|$ 表示 J 中元素的个数,并约定 $|J|=0\Leftrightarrow J=\varnothing$,令 τ_y 表示 J 的特征函数,即

$$\tau_y=\begin{cases}1,y\in J\\0,y\overline{\in}J\end{cases}$$

以下用 α_i,β_i 表示 $A,B\subset Q_r$ 中元素的特征函数.

定理 10.3.5 设 $M(t)\in\mathscr{M}^1_{r,N}(A,B)$,则 M 至多有 $\nu\overset{\text{df}}{=\!=}r+2N-|A|-|B|$ 个零点.反之,如果 $2N\geqslant|A|+|B|$①,则对于任意给定的自然数组 $(\rho_1,\cdots,\rho_k)$,$\rho_i\leqslant r+1(i=1,\cdots,k)$,$\sum\limits_{i=1}^{k}\rho_i=\nu$ 及任意给定的点组 $a<t_1<\cdots<t_k<b$ 存在唯一的单样条 $M(t)\in\mathscr{M}'_{r,N}(A,B)$,使得

$$M^{(j)}(t_i)=0,i=1,\cdots,k,j=0,1,\cdots,\rho_i-1\tag{10.97}$$

证 任取 $M(t)\in\mathscr{M}^1_{r,N}(A,B)$,则 $M^{(i)}(a)=0$,$i\in A,M^{(j)}(b)=0,j\in B$,所以根据定理 10.3.1,得

$$\begin{aligned}Z(M;(a,b))\leqslant&\ 2N+r-S^+(M(a),-M'(a),\cdots,\\&(-1)^rM^{(r)}(a))-S^+(M(b),\\&M'(b),\cdots,M^{(r)}(b))\\\leqslant&\ 2N+r-|A|-|B|\end{aligned}$$

反之,如 $r=1$,由直接构造知,本定理的后一结论

① 这一条件可用 Polya 条件代替,参见引理 10.6.4.

成立.设 $r>1$.下面通过构造一个单位球面 $S^m \to R^m$ 的连续奇映射,用 Borsuk 对极定理来解决这一问题,其中 $m=2N+1-\alpha_{r-1}-\beta_{r-1}$,$\alpha_{r-1}$,$\beta_{r-1}$ 分别为 A,B 的特征函数,令

$$S^m=\left\{s=(s_1,\cdots,s_m)\ \Big|\ \sum_{j=1}^{m+1}|s_j|=b-a\right\}$$

$$\xi_0=a,\xi_i=\sum_{j=1}^{i}|s_j|,i=1,\cdots,m+1$$

$$G_s(t)=\begin{cases}(t-(\xi_{2i-1}-\alpha_{r-1}))\operatorname{sgn} s_{2i-1},t\in(\xi_{2i-2},\xi_{2i-1}),\\ \qquad i=1,\cdots,[\dfrac{(m+1)}{2}]\\ (t-(\xi_{2j-1}+\alpha_{r-1}))\operatorname{sgn} s_{2j},t\in(\xi_{2i-1},\xi_{2j}),\\ \qquad j=1,\cdots,[\dfrac{(m+1)}{2}]\end{cases}$$

$$g_s(t)=\frac{1}{(r-1)!}\int_a^b G_s(\tau)(t-\tau)_+^{r-2}\,\mathrm{d}\tau$$

$$M_s(t)=g_s(t)-p_s(t)$$

其中 $p_s(t)$ 为在点 $t_{\mu+1}^*,\cdots,t_{\mu+r-1}^*$ 处插值的 $r-2$ 次代数多项式,$\mu=2N+1-|A|-|B|$,$[a]$ 表示实数 a 的整数部分

$$t_1^*\leqslant\cdots\leqslant t_\nu^*\overset{\text{df}}{=\!=}\{(t_1,\rho_1),\cdots,(t_k,\rho_k)\}$$

对每一 $s\in S^m$,令 $T_s=(\eta_1,\cdots,\eta_m)$ 有

$$\eta_i=M_s(t_i^*),i=1,\cdots,\mu$$

$$\eta_{\mu+j}=M_s^{(a_j)}(a),j=1,\cdots,|A|-\alpha_{r-1},a_j\in A\backslash(r-1)$$

$$\eta_{l+k}=M_s^{(b_j)}(b),k=1,\cdots,|B|-\beta_{r-1},b_j\in B\backslash(r-1)$$

$$l=\mu+|A|-\alpha_{r-1}$$

则 T_s 为 S^m 上的连续奇映射,所以根据 Borsuk 定理,存在 $s_0\in S^m$,使得 $T_{s_0}=0$. 因此 $M_{s_0}(t)\overset{\text{df}}{=\!=}M_0(t)$

满足式(10.97),且$M_0^{(i)}(a)=0,i\in A,M^{(j)}(b)=0,j\in B$.下证$M_0\in \mathscr{M}_{r,N}^1(A,B)$,因为$M_0^{(r-1)}(t)=G_{s_0}(t)$,所以根据Rolle定理$G_{s_0}(t)$至少有$m$个变号点,另一方面根据样条函数的Budan-Fourier定理(定理10.0.3)知

$$\begin{aligned}Z(M_0^{(r-1)};(a,b))\leqslant 2N+1-S^+(M^{(r-1)}(a),\\ -M^{(r)}(a))-S^+(M^{(r-1)}(b),M^{(r)}(b))\\ \leqslant 2N+1-\alpha_{r-1}-\beta_{r-1}\end{aligned}$$

所以$M_0^{(r-1)}(t)$在(a,b)中恰有m次变号.因为$G_s(t)$恰有m次变号当且仅当

$$\operatorname{sgn} s_i=\operatorname{sgn} s_{i+1},i=1,\cdots,m$$

所以$M_0(t)$或$-M_0(t)$中至少有一个属于$\mathscr{M}_{r,N}^1(A,B)$,存在性得证.

下证唯一性,如果对某个给定的点组$t_1<\cdots<t_k$及自然数组$(\rho_1,\cdots,\rho_k)$,存在两个不同的$M_1(t)$,$M_2(t)\in \mathscr{M}_{r,N}^1(A,B)$,使得式(10.97)成立,因为$M_1(t),M_2(t)$满零点(即它们在$(a,b)$中恰有$\nu$个零点),所以$\operatorname{sgn} M_1(t)=\operatorname{sgn} M_2(t)$,并且存在某个$t_0\in(a,b)$使得$M_1(t_0)\neq M_2(t_0)$.不妨设$M_1(t_0)<M_2(t_0)$,令$\alpha=M_1(t_0)/M_2(t_0)$,则$0<\alpha<1$.令$H(t)=M_1(t)-\alpha M_2(t)$,因为$H(t_0)=0$,$H(t)$满足式(10.97),且$H^{(i)}(a)=0,H^{(j)}(b)=0$,所以$H^{(r-1)}(t)$在$(a,b)$上至少有$2N+2-\alpha_{r-1}-\beta_{r-1}$个变号点.

另一方面,设$\{x_i\}(i=1,\cdots,N)$,$\{y_i\}(i=1,\cdots,N)$分别为$M_1(t),M_2(t)$的节点,则$H^{(r-1)}(t)$在不包括$\{x_i\}(i=1,\cdots,N)$,$\{y_i\}(i=1,\cdots,N)$的任何区间上均为严格增函数.又因为$M_2(t)$满零点,根据式(10.86),y_j必为$M_2^{(r-1)}(t)$的间断零点,所以

$$M_2^{(r-1)}(y_j-0)>0,M_2^{(r-1)}(y_j+0)<0$$

所以当 $y_j \in (x_{i-1}, x_i)$ 时$(i = 1, \cdots, N+1, x_0 = a, x_{N+1} = b)$

$$M_1^{(r-1)}(y_j) - \alpha M_2^{(r-1)}(y_j - 0)$$
$$< M_1^{(r-1)}(y_j) - \alpha M_2(y_j + 0)$$

因为当 $y_j \in (x_{i-1}, x_i)$ 时,$M_1(y_j - 0) = M_1(y_j + 0) = M_1(y_j)$,所以 $H^{(r-1)}(y_j - 0) < H^{(r-1)}(y_j + 0)$,于是 $H^{(r-1)}(t)$ 在(x_{i-1}, x_i) 上至多从负到正变号一次. 因而 $H^{(r-1)}(t)$ 在(a,b) 内至多有 $2N+1-\alpha_{r-1}-\beta_{r-1}$ 次变号. 矛盾,所得矛盾证明了满足式(10.97) 的单样条的唯一性.

$G_s(t)(\alpha_{r-1} = \beta_{r-1} = 0, m = 7)$

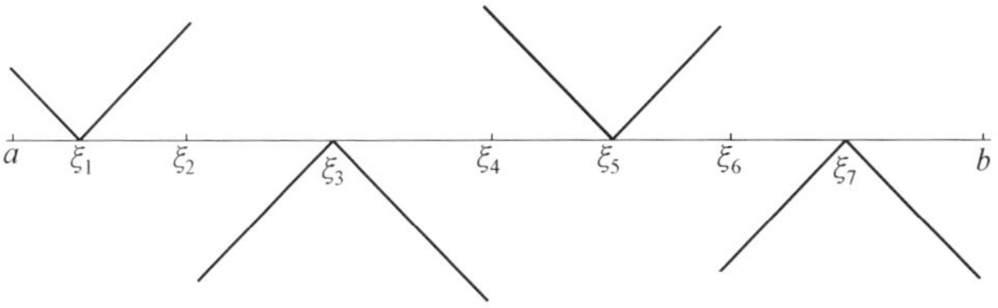

$(\alpha_{r-1} = 1, \beta_{r-1} = 0, m = 6)$

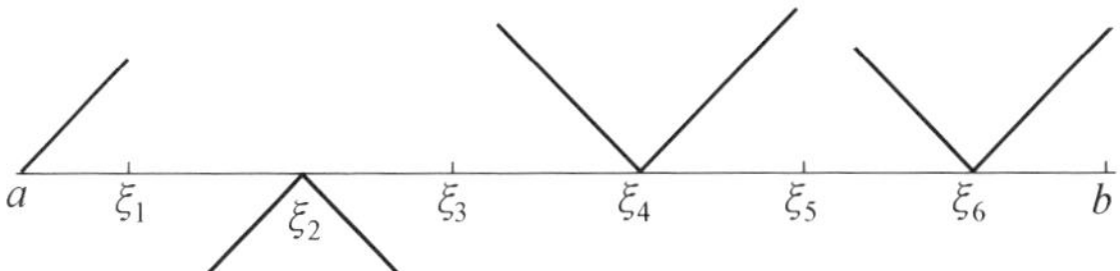

图 10.2

给定 $l \times r$ 矩阵 $\boldsymbol{A} = \| A_{ij} \| (i=1, \cdots, l, j=0, \cdots, r-1)$ 及 $m \times r$ 矩阵 $\boldsymbol{B} = \| B_{kj} \| (k=1, \cdots, m, j=0, \cdots, r-1)$. 设 $M(t)$ 是定义在$[a,b]$上的具有 n 个单节点的 r 次单样条,即

$$M(t)=\frac{t^r}{r!}-\sum_{i=0}^{r-1}a_it^i-\sum_{i=1}^{n}c_i(t-x_i)_+^{r-1}$$

$$a<x_1<\cdots<x_n<b$$

置

$$\mathscr{A}_i(M)=\sum_{j=0}^{r-1}A_{ij}M^{(j)}(a),i=1,\cdots,l$$

$$\mathscr{B}_k(M)=\sum_{j=0}^{r-1}B_{kj}M^{(j)}(b),k=1,\cdots,m$$

记

$$\mathscr{M}_{r,n}^1(\mathscr{A},\mathscr{B})=\{M(t)\in\mathscr{M}_{r,n}^1\mid\mathscr{A}_i(M)=0,i=1,\cdots,l,\\ \mathscr{B}_k(M)=0,k=1,\cdots,m\}$$

且假定矩阵 $\boldsymbol{A},\boldsymbol{B}$ 满足如下限制条件：

(i)$0\leqslant l,m\leqslant r$,秩 $\boldsymbol{A}=l$,秩 $\boldsymbol{B}=m$.

(ii)$\widetilde{\boldsymbol{A}}=\|(-1)^jA_{ij}\|\in SC_l,\boldsymbol{B}\in SC_m,i=1,\cdots,l,j=1,\cdots,r-1$.

(注意 $l=m=0$ 时,$\mathscr{M}_{r,n}^1(\mathscr{A},\mathscr{B})=\mathscr{M}_{r,n}^1$,当 $\boldsymbol{A},\boldsymbol{B}$ 为对角阵时,$\mathscr{M}_{r,n}^1(\mathscr{A},\mathscr{B})=\mathscr{M}_{r,n}^1(\boldsymbol{A},\boldsymbol{B})$.)

(iii) 若 $m>2n$,则存在指标

$$0\leqslant i_1<\cdots<i_l\leqslant r-1,0\leqslant j_1<\cdots<j_m\leqslant r-1$$

满足条件

$$\boldsymbol{A}\begin{pmatrix}1&\cdots&l\\ i_1&\cdots&i_l\end{pmatrix}=\det\begin{bmatrix}A_{1,i_1}&\cdots&A_{1,i_l}\\ \vdots&&\vdots\\ A_{l,i_1}&\cdots&A_{l,i_l}\end{bmatrix}\neq0$$

$$\boldsymbol{B}\begin{pmatrix}1&\cdots&m\\ j_1&\cdots&j_m\end{pmatrix}=\det\begin{bmatrix}B_{1,j_1}&\cdots&B_{1,j_m}\\ \vdots&&\vdots\\ B_{j,j_1}&\cdots&B_{m,j_m}\end{bmatrix}\neq0$$

且

$$j_\mu\leqslant i'_{\lambda+\mu},\mu=1,\cdots,m-2n$$

$$\lambda = r + 2n - l - m$$

其中$\{i', \cdots, i'_{r-l}\} = \{0, 1, \cdots, r-1\} \setminus \{i_1, \cdots, i_l\}$.

附注 10.3.3　S. Karlin 研究了满足如上分离型边界(在粒子振荡的研究中经常遇到这种类型的边界问题[15],[16])条件上单节点的 r 次单样条类 $\mathscr{M}^1_{r,n}(\mathscr{A}, \mathscr{B})$ 上的代数基本定理.

定理 10.3.6[16]　设 $M \in \mathscr{M}^1_{r,n}(\mathscr{A}, \mathscr{B})$,则

$$Z(M;(a,b)) \leqslant r + 2n - l - m$$

反之,若给定 $r + 2n - l - m = \mu$ 个点 $a < t_1 \leqslant t_2 \leqslant \cdots \leqslant t_\mu < b$,其重数至多为 $r+1$,则存在唯一的 $M(t) \in \mathscr{M}^1_{r,n}(\mathscr{A}, \mathscr{B})$ 使得

$$M(t_i) = 0, i = 1, \cdots, \mu$$

附注 10.3.4　李丰[16] 给出了定理 10.3.6 的一个简单证明并且考虑了 $\mathscr{M}^1_{r,n}(\mathscr{A}, \mathscr{B})$ 上最小一致范数问题解的存在、唯一性,指出了极函数可以由振荡性质唯一刻画.

R. B. Barrar 和 H. Loeb[18] 利用 Gauss 求积理论和弱 Chebyshev 系的光滑化(光滑化的概念见第八章)推广了 C. A. Micchelli 的结果(定理 10.3.4),他们考虑了指定节点重数和零点重数的非周期的多项式单样条的代数基本定理:

定理 10.3.7[18]　给定自然数组$(\nu_1, \cdots, \nu_n)$及$(\rho_1, \cdots, \rho_s)$,令 $\nu = \max\limits_{1 \leqslant i \leqslant n} \nu_i$,$\rho = \max\limits_{1 \leqslant i \leqslant s} \rho_i$,设$\{\nu_i\}(i=1, \cdots, n)$及$\{\rho_i\}(i=1, \cdots, s)$满足以下条件:

(i)$\nu_i(i=1, \cdots, n)$均为奇数.

(ii)$\sum\limits_{i=1}^{n}(\nu_i + 1) + r = \sum\limits_{i=1}^{s} \rho_i$.

(iii)$\nu + \rho \leqslant r$.

则对任意给定的点组 $a<t_1<\cdots<t_s<b$,存在唯一的 $M(t)\in\mathscr{M}_r(\nu_1,\cdots,\nu_n)$ 使得

$$M^{(j)}(t_i)=0,i=1,\cdots,s,j=0,1,\cdots,\rho_i-1$$

1987 年 **A. A. Женсыкбаев** 在[19]中宣布了满足拟 Hermite 型边界条件的指定节点和零点重数的单样条的代数基本定理:

定理 10.3.8[19] 给定自然数组 $(\nu_1,\cdots,\nu_n)$ 及 $(\rho_1,\cdots,\rho_s)$ 满足条件:

(i)$\nu_i\leqslant r(i=1,\cdots,n)$ 均为奇数.

(ii)$1\leqslant\rho_i\leqslant r+1(i=1,\cdots,s)$.

(iii)$r+\sum\limits_{i=1}^{n}(\nu_i+1)=\sum\limits_{i=0}^{s+1}\rho_i$,其中 $\rho_0=|A|,\rho_{s+1}=|B|$,则对任意给定的点组 $a<t_1<\cdots<t_s<b$ 存在唯一的 $M(t)\in\mathscr{M}_r(\nu_1,\cdots,\nu_n,A,B)$ 使得

$$M^{(j)}(t_i)=0,i=1,\cdots,s,j=0,1,\cdots,\rho_i-1$$

当且仅当存在指标 $k_1\leqslant\cdots\leqslant k_n$ 使得

$$\sum_{j=1}^{i}(\nu_i+1)-1\leqslant\sum_{j=0}^{k_i}\rho_j\leqslant r-\nu_i+\sum_{j=1}^{i}(\nu_j+1),\quad i=1,\cdots,n$$

其中 A,B 为 $Q_r\overset{\mathrm{df}}{=}\{0,1,\cdots,r-1\}$ 的某两个给定的子集.

§4 单样条类的闭包

为了研究 $W_q^r[a,b],\widetilde{W}_q^r[a,b]$ 上最优求积公式的存在性,本节首先研究具有自由节点单样条类的闭包的构造.

设 $\mathscr{M}_{r,N}$ 表示一切满足条件 $\sum_{i=1}^{n}\nu_i \leqslant N$ 的单样条类 $\mathscr{M}_r(\nu_1,\cdots,\nu_n)$ 的并，令

$$\mathscr{M}_{r,N}(A,B)=\{M\in\mathscr{M}_{r,N}\mid M^{(j)}(a)=0\\ j\in A,M^{(k)}(b)=0,k\in B\}\tag{10.98}$$

以 $\widetilde{\mathscr{M}}_r(\nu_1,\cdots,\nu_n)$，$\widetilde{\mathscr{M}}_{r,N}$ 分别表示相应的以 $b-a$ 为周期的单样条类.

定义 10.4.1　给定单样条序列 $\{M_k\}\subset\mathscr{M}_{r,N}$（或 $\widetilde{\mathscr{M}}_{r,N}$），如果存在点组 $a<x_1<\cdots<x_m<b$，使得在一切紧集 $K\subset[a,b]\backslash\{x_1,\cdots,x_m\}$ 上 $\{M_k\}$ 一致收敛到 $M(t)$，则说 $\{M_k\}$ 收敛到 $M(t)$.

为了刻画单样条类 $\mathscr{M}^1_{r,N}(A,B)$ 及 $\mathscr{M}_{r,N}(A,B)$ 的闭包，首先证明两个引理.

引理 10.4.1　设给定整数 $0\leqslant s_0<s_1<\cdots<s_m(m\geqslant 1)$ 及数列 $\{a_{i,k}\}$，$\{\lambda_{i,k}\}$，$\lambda_{i,k}\neq\lambda_{j,k}(i\neq j)$，$\lim\limits_{k\to+\infty}\lambda_{i,k}=0(i=1,\cdots,\mu)$，$\mu\leqslant m$ 且满足条件

$$\lim_{k\to+\infty}\sum_{i=1}^{\mu}a_{i,k}\lambda_{j,k}^{s_j}=b_j<+\infty,j=0,1,\cdots,m$$

(i) 若 $\lambda_{i,k}>0(i=1,\cdots,\mu,k=1,2,\cdots)$，则

$$b_\mu=b_m=0\tag{10.99}$$

(ii) 若 $s_i-s_0=(s_1-s_0)i(i=1,\cdots,m)$，则去掉 $\lambda_{i,k}>0$ 这一条件，式(10.99)仍然成立.

证　固定 k,l，不妨设 $\lambda_{1,k}<\cdots<\lambda_{\mu,k}$，考虑关于 $\{c_{j,k}\}$ 的方程组

$$\sum_{j=0}^{\mu-1}c_{j,k}\lambda_{i,k}^{s_j-s_0}=\lambda_{i,k}^{s_l-s_0},i=1,\cdots,\mu,\mu\leqslant l\leqslant m\tag{10.100}$$

将此方程组的系数行列式记为 Δ_μ，根据例 8.1.1 当 $\lambda_{i,k}>0(i=1,\cdots,\mu)$ 时，$\Delta_\mu>0$. 而当 $s_i-s_0=(s_1-s_0)i(i=1,\cdots,m)$ 时，Δ_μ 为 Vandermonde 行列式，所以仍有 $\Delta_\mu\neq 0$，因而方程组(10.100)有解，设解为 $c_{0,k}^{(i)},\cdots,c_{\mu-1,k}^{(i)}$. 令

$$b_{j,k}=\sum_{i=1}^{\mu}a_{i,k}\lambda_{i,k}^{s_j},j=0,1,\cdots,m \quad (10.101)$$

根据式(10.100)和(10.101)得

$$\begin{aligned}\sum_{j=0}^{\mu-1}c_{j,k}^{(l)}b_{j,k}&=\sum_{j=0}^{\mu-1}c_{j,k}^{(l)}\sum_{i=1}^{\mu}a_{i,k}\lambda_{i,k}^{t_j}\\&=\sum_{i=1}^{\mu}a_{i,k}\lambda_{i,k}^{s_0}\Big(\sum_{j=0}^{\mu-1}c_{j,k}^{(l)}\lambda_{i,k}^{s_j-s_0}\Big)\\&=\sum_{i=1}^{\mu}a_{i,k}\lambda_{i,k}^{s_0}\lambda_{i,k}^{s_l-s_0}=\sum_{i=1}^{\mu}a_{i,k}\lambda_{i,k}^{s_l}=b_{l,k}\end{aligned}$$

于是根据引理条件 $\{b_{j,k}\}$ 有界，事实上

$$\lim_{k\to+\infty}b_{l,k}=\lim_{k\to+\infty}\sum_{j=0}^{\mu-1}c_{j,k}^{(l)}b_{j,k}=\lim_{k\to+\infty}\sum_{i=1}^{\mu}a_{i,k}\lambda_{i,k}^{s_l}=b_l<+\infty$$

因而为证式(10.99)，只需证 $c_{j,k}^{(l)}(j=0,1,\cdots,\mu-1,l=\mu,\cdots,m)$ 均为无穷小($k\to+\infty$ 时). 根据式(10.100)，多项式

$$P_{l,k}(\lambda)=\lambda^{s_l-s_0}-\sum_{j=0}^{\mu-1}c_{j,k}^{(l)}\lambda^{s_j-s_0}$$

有 μ 个不同的根 $0<\lambda_{l,k}<\cdots<\lambda_{\mu,k}$. 根据 Rolle 定理 $P_{l,k}^{(s_j-s_0)}(\lambda)(j=0,1,\cdots,\mu-1)$ 在 $(0,\lambda_{\mu,k})$ 中至少有一个零点 $x_{j,k}(j=0,1,\cdots,\mu-1)$，由 $x_{\mu-1,k}$ 为 $P_{l,k}^{(s_{\mu-1}-s_0)}(\lambda)$ 的根推得

$$x_{\mu-1,k}^{s_l-s_{\mu-1}}(s_l-s_0)\cdots(s_l-s_{\mu-1}+1)=c_{\mu-1,k}^{(l)}(s_{\mu-1}-s_0)!$$

解得

$$c_{\mu-1,k}^{(l)}=\frac{(s_l-s_0)!\ x_{\mu-1,k}^{s_l-s_{\mu-1}}}{(s_l-s_{\mu-1})!\ (s_{\mu-1}-s_0)!}$$

由 $x_{\mu-2,k}$ 为 $P_{l,k}^{(s_{\mu-2}-s_0)}(\lambda)$ 的零点,得

$$\begin{aligned}&x_{\mu-2,k}^{s_l-s_{\mu-2}}(s_l-s_0)\cdots(s_l-s_{\mu-2}+1)\\=&c_{\mu-1,k}^{(l)}x_{\mu-2,k}^{s_{\mu-1}-s_{\mu-2}}(s_{\mu-1}-s_0)\cdots(s_{\mu-1}-s_{\mu-2}+1)+\\&c_{\mu-2,k}^{(l)}(s_{\mu-2}-s_0)!\end{aligned}$$

解得

$$\begin{aligned}c_{\mu-2,k}^{(l)}=&\frac{(s_l-s_0)!\ x_{\mu-2,k}^{s_l-s_{\mu-2}}}{(s_l-s_{\mu-2})!\ (s_{\mu-2}-s_0)!}-\\&\frac{(s_{\mu-1}-s_0)!\ x_{\mu-2,k}^{s_{\mu-1}-s_{\mu-2}}}{(s_{\mu-1}-s_{\mu-2})!\ (s_{\mu-2}-s_0)!}c_{\mu-1,k}^{(l)}\end{aligned}$$

由此递推解得 $c_{\mu-3,k}^{(l)},\cdots,c_{1,k}^{(l)}$. 因为 $x_{j,k}(j=0,1,\cdots,\mu-1)$ 均为无穷小($k\to+\infty$ 时),所以对每一个固定的 $\mu<l\leqslant m$,$c_{j,k}^{(l)}(j=0,1,\cdots,\mu-1)$ 也为无穷小,所以式(10.99)得证.

当 $s_i-s_0=(s_1-s_0)i(i=1,\cdots,m)$ 时,多项式

$$Q_{l,k}(\lambda)=\lambda^l-\sum_{j=0}^{\mu-1}c_{j,k}^{(l)}\lambda^j$$

有 μ 个不同的零点 $\lambda_{i,k}^{s_1-s_0}(i=1,\cdots,\mu)$,同理证得 $c_{j,k}^{(l)}(j=0,1,\cdots,\mu-1,l=\mu,\cdots,m)$ 当 $k\to+\infty$ 时也为无穷小,式(10.99)成立.

设 $J\subset Q_r$,$J=\{d_1<\cdots<d_p\}$,n 为给定的非负整数,令

$$J_n=\begin{cases}\{d_1,\cdots,d_{p-n}\},0\leqslant n<p\\ \varnothing,n\geqslant p\end{cases}\tag{10.102}$$

引理 10.4.2　设 $a\leqslant x_{1,k}<\cdots<x_{n,k}\leqslant b$,$\lim\limits_{k\to+\infty}x_{i,k}=y(i=1,\cdots,n)$,$y\in[a,b)$,函数列

$$\sigma_k(t)=\sum_{i=1}^n a_{i,k}(t-x_{i,k})_+^{r-1}+\sum_{j\in Q_r\backslash J}b_{j,k}(t-a)^j,J\subset Q_r$$

当 $a<y<b$ 时,对一切 $0<\delta<\min\{(y-a),(b-y)\}$,$\{\sigma_k(x)\}$ 在区间 $[a,y-\delta]\cup[y+\delta,b]$ 上一致收敛到 $\sigma(x)$;当 $y=a$ 时,对一切 $0<\delta<b-a$,在区间 $[a+\delta,b]$ 上一致收敛到 $\sigma(t)$.

(i) 若 $a<y<b$,且 $\{b_{j,k}\}(j\in Q_r\backslash J)$ 关于 k 一致有界,则 $\sigma(t)$ 可以表示成

$$\sigma(t)=\sum_{s=1}^{\nu}a_s(t-y)_+^{r-s}\sum_{j\in Q_r\backslash J}b_j(t-a)^j$$

其中 $a_\nu\neq 0,\nu\leqslant\min(r,n)$.

(ii) 若 $y=a$,则

$$\sigma(t)=\sum_{j\in Q_r\backslash J_n}b_j(t-a)^j$$

其中 J_n 由式(10.102)定义.

证 对一切 $0<\delta<\min\{y-a,b-y\}$,存在 k_δ,当 $k>k_\delta$ 时

$$\sigma_k(t)=\begin{cases}\displaystyle\sum_{i=1}^{n}a_{i,k}(t-x_{i,k})^{r-1}+\sum_{j\in Q_r\backslash J}b_{j,k}(t-a)^j,\\ \quad t\in[y+\delta,b]\\ \displaystyle\sum_{j\in Q_r\backslash J}b_{j,k}(t-a)^j,t\in[a,y+\delta]\end{cases}$$

因为当 $j\in Q_r\backslash J$ 时,$\{b_{j,k}\}$ 关于 k 一致有界,所以不妨设当 $j\in Q_r\backslash J$ 时,$\lim\limits_{k\to+\infty}b_{j,k}=b_j$. 因为当 $t\in[y+\delta,b]$ 时

$$\sigma_k(t)=\sum_{s=1}^{r}\left(\sum_{i=1}^{n}\frac{(r-1)!}{(s-1)!\ (r-s)!}a_{i,k}(y-x_{i,k})^{s-1}\right)\cdot(t-y)^{r-s}+\sum_{j\in Q_r\backslash J}b_{i,k}(t-a)^j$$

并且在 $[y+\delta,b]$ 上,$\{\sigma_k(t)\}$ 一致收敛到 $\sigma(t)$,所以由

$$\sum_{j\in Q_r\backslash J}b_{i,k}(t-a)^j$$

收敛，推得$\{\bar{a}_{s,k}\}$关于k一致有界，其中

$$\bar{a}_{s,k} \stackrel{\mathrm{df}}{=} \sum_{i=1}^{n} \frac{(r-1)!}{(s-1)!\,(r-s)!} a_{i,k}(y-x_{i,k})^{s-1}$$

不妨设

$$\lim_{k\to+\infty} \bar{a}_{s,k} = a_s, s=1,\cdots,r$$

若$n<r$，则根据引理10.4.1，当$s\geqslant n$时，$a_s=0$.因此

$$\lim_{k\to+\infty} \sigma_k(t) = \begin{cases} \sum_{s=1}^{n} a_s(t-y)^{r-s} + \sum_{j\in Q_r\setminus J} b_j(t-a)^j, \\ \quad t\in[y+\delta,b] \\ \sum_{j\in Q_r\setminus J} b_j(t-a)^j, t\in[a,y-\delta] \end{cases}$$

若$n\geqslant r$，则在$[y+\delta,b]$上$\sigma_k(t)$为$r-1$次代数多项式，所以$\{\sigma_k(t)\}$收敛到一个$r-1$的代数多项式，即

$$\lim_{k\to+\infty} \sigma_k(t) = \begin{cases} \sum_{s=1}^{r} a_s(t-y)^{r-s} + \sum_{j\in Q_r\setminus J} b_j(t-a)^j, \\ \quad t\in[y+\delta,b] \\ \sum_{j\in Q_r\setminus J} b_j(t-a)^j, t\in[a,y-\delta] \end{cases}$$

由δ的任意性及截断函数的定义即得(i).

下证(ii).对一切$0<\delta<b-a$，存在k_δ，使得当$k>k_\delta$时，在区间$[a+\delta,b]$上，$\sigma_k(t)\in P_r$，所以在$[a+\delta,b]$上，$\sigma(t)\in P_r$，由δ的任意性，知

$$\sigma(t) = \sum_{j=0}^{r-1} b_j(t-a)^j$$

所以当$n\geqslant p=|J|$时，(ii)成立.

现设$0\leqslant n<p$，往证对任何$j\in J_n$，$b_j=0$.事实上，将$(t-x_{i,k})^{r-1}$按$(t-a)$的幂展开，对$k>k_\delta$，当$t>$

$a+\delta$ 时有

$$\sigma_k(t)=\sum_{s\in Q_r\setminus J}\left[\frac{(r-1)!\ (-1)^{r-s-1}}{s!\ (r-s-1)!}\sum_{i=1}^{n}a_{i,k}(x_{i,k}-a)^{r-s-1}+b_{s,k}\right](t-a)^s+\sum_{s\in J}\frac{(r-1)!\ (-1)^{r-s-1}}{s!\ (r-s-1)!}\cdot(t-a)^s\sum_{i=1}^{n}a_{i,k}(x_{i,k}-a)^{r-s-1}$$

因为当 $t\in[a+\delta,b]$ 时，$\sigma_k(t)=\sum_{j\in Q_r\setminus J}b_{j,k}(t-a)^j$，且$\{\sigma_k(t)\}$ 收敛，所以当 $s\in J$ 时，序列

$$\left\{\sum_{i=1}^{n}a_{i,k}(x_{i,k}-a)^{r-s-1}\right\}$$

也收敛，令

$$\lim_{k\to+\infty}\sum_{i=1}^{n}a_{i,k}(x_{i,k}-a)^{r-s-1}=\alpha_s,s\in J$$

因为当 $i\neq j$ 时，$x_{i,k}\neq x_{j,k}$ 且根据引理条件 $\lim\limits_{k\to+\infty}x_{i,k}=a(i=1,\cdots,n)$，所以根据引理 10.4.1，对一切 $s\in J_n$，$\alpha_s=0$，所以

$$\sigma(t)=\lim_{k\to+\infty}\sigma_k(t)=\sum_{j\in Q_r\setminus J}b_j(t-a)^j+\sum_{s\in J\setminus J_n}b_s(t-a)^s,t\in[a+\delta,b]$$

注意到$(Q_r\setminus J)\cup(J\setminus J_n)=Q_r\setminus J_n$，及 $0<\delta<b-a$ 的任意性，即立得(ii).

设 A_{n_0} 及 B_{n_1} 分别表示由式(10.102)定义的 A,B 的子集. 下面的定理刻画了 $\mathscr{M}^1_{r,N}(A,B)$ 的闭包.

定理 10.4.1 设$\{M_k\}\subset\mathscr{M}^1_{r,N}(A,B)$ 为 $L^p[a,b](1\leqslant p\leqslant+\infty)$ 尺度下的有界序列，则存在收敛子序

列$\{M_{kj}\}$，其极限函数$M(t)\in\mathscr{M}_r(\nu_1,\cdots,\nu_n,A_{n_0},B_{n_1})$，其中$\sum_{i=1}^{n}\nu_i\leqslant N-n_0-n_1$，$n_0$及$n_1$分别为$M_{kj}(t)$收敛到$t=a$及$t=b$的节点个数. 反之，如给定整数$n_0$及$n_1(0\leqslant n_0,n_1\leqslant N,n_0+n_1\leqslant N)$及数组$\{\nu_1,\cdots,\nu_n\}$，$\left(\sum_{i=1}^{n}\nu_i\leqslant N-n_0-n_1,1\leqslant\nu_i\leqslant r\right)$则对任何$M(t)\in\mathscr{M}_r(\nu_1,\cdots,\nu_n,A_{n_0},B_{n_1})$，存在一个$\mathscr{M}_{r,N}^1(A,B)$中的序列收敛到$M(t)$.

证　任何$M_k(t)\in\mathscr{M}_{r,N}^1(A,B)$中的函数可以表示成

$$M_k(t)=\frac{(t-a)^r}{r!}-\sum_{i=1}^{N}a_{i,k}(t-x_{i,k})_+^{r-1}+\sum_{l\in A'}b_{l,k}t^l \tag{10.103}$$

$$M_k(t)=(-1)^r\left\{\frac{(b-t)^r}{r!}-\sum_{i=1}^{N}a_{i,k}(x_{i,k}-t)_+^{r-1}+\sum_{m\in B'}c_{m,k}(b-t)^m\right\} \tag{10.104}$$

其中$A'\overset{\text{df}}{=\!=}Q_r\backslash A,B'\overset{\text{df}}{=\!=}Q_r\backslash B$. 因为$x_{i,k}\in[a,b]$，不妨设

$$\lim_{k\to+\infty}x_{i,k}=x_i,i=1,\cdots,N$$

记$y_1,\cdots,y_n$为$\{x_1,\cdots,x_N\}\cap(a,b)$中的不同的点，有

$$a=y_0<y_1<\cdots<y_n<y_{n+1}=b$$

令n_0,n_1及m_i分别表示序列$\{x_{i,k}\}$收敛到y_0,y_{n+1}及$y_i(i=1,\cdots,n)$的点的个数($n_0=0$及$n_1=0$分别表示不存在收敛到a及b的序列). 由式(10.103)出发，对任意给定的充分小的δ，存在k_δ，使得对任何$k>k_\delta$，$M_k(t)$在$[y_{i-1}+\delta,y_i-\delta](1\leqslant i\leqslant n+1)$上的限制是

一个首项系数为$\frac{1}{r!}$的 r 次代数多项式 $p_{i,k}(t)$，因为 $\{M_k(t)\}$ 在 $L^p[a,b]$ 尺度下一致有界，所以不妨设 $p_{i,k}(t)$ 在$[y_{i-1}+\delta, y_i+\delta]$上一致收敛到一个首项系数为$\frac{1}{r!}$的 r 次代数多项式 $p_i(t)(i=0,1,\cdots,n)$，所以 $\{M_k(t)\}$ 收敛到一个以 x_i 为 $\nu_i(i=1,\cdots,n)$ 重节点的 r 次单样条. 根据引理 10.4.2，$\nu_i \leqslant \min\{r, m_i\}$，$(i=1,\cdots,n)$，且当 $l \in A_{n_0}$ 时，$b_l=0$，所以

$$M(t)=\frac{(t-a)^r}{r!}-\sum_{i=1}^{n}\sum_{j=0}^{\nu_i-1}a_{i,j}(t-y_i)_+^{r-j-1}+\sum_{l\in A'_{n_0}}b_l(t-a)^l, A'_{n_0}=Q_r\backslash A_{n_0}$$

同理由式(10.104)出发，得

$$M(t)=(-1)^r\left\{\frac{(b-t)^r}{r!}-\sum_{i=1}^{n}\sum_{j=0}^{\nu_i-1}(-1)^j a_{i,j}(y_i-t)_+^{r-j-1}+\sum_{m\in B'_{n_1}}c_m(b-t)^m\right\}, B'_{n_1}=Q_r\backslash B_{n_1}$$

所以 $M(t)\in \mathscr{M}_r(\nu_1,\cdots,\nu_n,A_{n_0},B_{n_0})$，且 $\sum_{i=1}^{n}\nu_i \leqslant \sum_{i=1}^{n}m_i \leqslant N-n_0-n_1$.

反之，任取 $M(t)\in \mathscr{M}_r(\nu_1,\cdots,\nu_n,A_{n_0},B_{n_1})$，令

$$M(t)=\frac{(t-a)^r}{r!}-\sum_{i=1}^{n}\sum_{j=0}^{\nu_i-1}a_{i,j}(t-x_i)_+^{r-j-1}+\sum_{l\in A'_{n_0}}b_l(t-a)^l$$

$M(t)$ 还可以表示为

$$M(t)=(-1)^r\left\{\frac{(b-t)^r}{r!}-\sum_{i=1}^{n}\sum_{j=0}^{\nu_i-1}\right.$$

$$(-1)^j a_{i,j}(x_i-t)_+^{r-j-1}+\sum_{m\in B'_{n_1}} c_m(b-t)^m\Big\}$$

其中 $A'_{n_0}=Q_r\backslash A_{n_0}$，$B'_{n_1}=Q_r\backslash B_{n_1}$. 令 $\Delta_k^j f(t)$ 表示 f 在 t 处步长为 $h_k=\dfrac{1}{k}(b-a)$ 的 j 阶差分①. 为了确定起见，设 $\sum_{i=1}^{n}\nu_i\geqslant|B|$，$n_0\leqslant|A|$，$n_1\leqslant|B|$，考虑如下的单样条序列

$$M_k(t)=\frac{(t-a)^r}{r!}-\sum_{i=1}^{n}\sum_{j=0}^{\nu_i-1}\left(\frac{(r-1-j)!}{(r-1)!}a_{i,j}+\alpha_{i,j}^{(k)}\right)\cdot$$
$$\Delta_k^j(t-x_i)_+^{r-1}+\sum_{m\in A'}b_{m,k}(t-a)^m+$$
$$\sum_{i=1}^{n_0}\beta_{i,k}(t-x_{i,k})_+^{r-1}-\sum_{i=1}^{n_1}\xi_{j,k}(t-y_{i,k})_+^{r-1}$$
$$k=1,2,\cdots$$

其中 $\{x_{i,k}\}$，$\{y_{i,k}\}$ 为满足下面条件的序列

$$a<x_{1,k}<\cdots<x_{n_0,k}<x_1$$
$$x_n<y_1<\cdots<y_{n,k}<b$$
$$\lim_{k\to+\infty}x_{i,k}=a,\ \lim_{k\to+\infty}y_{j,k}=b,k=1,\cdots,n$$

而 $b_{m,k}$，$\beta_{i,k}$，及 $\xi_{j,k}$ 由下面方程确定

$$\sum_{i=1}^{n_0}\frac{(r-1)!\ (-1)^{r-1-s}}{s!\ (r-1-s)!}\beta_{i,k}(x_{i,k}-a)^{r-1-s}=b_s,s\in A\backslash A_{n_0} \tag{10.105}$$

$$b_{\sigma,k}=-\sum_{i=1}^{n_0}\frac{(r-1)!\ (-1)^{r-1-\sigma}}{\sigma!\ (r-1-\sigma)!}\beta_{i,k}(x_{i,k}-a)^{r-1-\sigma}+ b_\sigma,\sigma\in A' \tag{10.106}$$

---

① j 阶差分概念见定义 3.2.3.

$$\sum_{j=1}^{n_1}\frac{(r-1)!\ (-1)^{r-m-1}}{m!\ (r-1-m)!}\xi_{j,k}(b-y_{j,k})^{r-1-m}$$

$$=c_m, m\in B\backslash B_{n_1} \qquad (10.107)$$

根据例 8.1.1,方程组(10.105)和(10.107)系数行列式非零,从而 $\beta_{i,k}(i=1,\cdots,n_0)$,$\xi_{j,k}(j=1,\cdots,n_1)$ 都是唯一确定的. 由式(10.106)知 $b_{\sigma,k}(\sigma\in A'\overset{\text{df}}{=\!=}Q_r\backslash A)$ 也是唯一确定的. 因为 $\sum\limits_{i=1}^{n}\nu_i\geqslant|B|$,所以 $\alpha_{i,j}^{(k)}$ $(i=1,\cdots,n,j=0,1,\cdots,\nu_i-1)$ 可以由 $M_k^{(s)}(b)=0$ $(s\in B)$ 确定(让其余的自由参数为零). 显然 $M_k(t)\in\mathscr{M}_{r,N}^1(A,B)$,下证$\{M_k(t)\}$收敛到 $M(t)$. 令

$$M(t)=M_k(t)+\alpha_k(t)+\beta_k(t)-\xi_k(t)+\sum_{i=1}^{n}\sum_{j=0}^{\nu_i-1}\alpha_{i,j}^{(k)}\Delta_k^j(t-x_i)_+^{r-1} \qquad (10.108)$$

其中

$$\beta_k(t)=\sum_{s\in A'_{n_0}}b_s(t-a)^s-\sum_{m\in A'}b_{m,k}(t-a)^m-\sum_{i=1}^{n_0}\beta_{i,k}(t-x_{i,k})_+^{r-1}$$

$$\xi_k(t)=\sum_{i=1}^{n_1}\xi_{i,k}(t-y_{i,k})_+^{r-1}=\sum_{i=1}^{n_1}\xi_{i,k}(t-y_{i,k})^{r-1}-(-1)^r\sum_{i=1}^{n_1}\xi_{i,k}(y_{i,k}-t)_+^{r-1}$$

$$\alpha_k(t)=\sum_{i=1}^{n}\sum_{j=0}^{\nu_i-1}a_{i,j}\left(\frac{(r-1-j)!}{(r-1)!}\Delta_k^j(t-x_i)_+^{r-1}-(t-x_i)_+^{r-1-j}\right)$$

因为 $A'\cup(A\backslash A_{n_0})=(Q_r\backslash A)\cup(A/A_{n_0})=A'_{n_0}$,

根据式(10.105)和(10.106),对任意充分小的δ,存在k_δ当$k>k_\delta$时

$$\beta_k(t)=\sum_{s\in A'_{n_0}}b_s(t-a)^s-\sum_{m\in A'}b_{m,k}(t-a)^m-\sum_{m\in A'_{n_0}}\sum_{i=1}^{n_0}\beta_{i,k}\frac{(-1)^{r-1-m}(r-1)!}{m!\,(r-1-m)!}\cdot(x_{i,k}-a)^{r-1-m}(t-a)^m-\sum_{m\in A_{n_0}}\sum_{i=1}^{n_0}\beta_{i,k}\frac{(-1)^{r-1-m}(r-1)!}{m!\,(r-1-m)!}\cdot(x_{i,k}-a)^{r-1-m}(t-a)^m=\sum_{s\in A'_{n_0}}b_s(t-a)^s-\sum_{\sigma\in A'}b_{\sigma,k}(t-a)^\sigma-\sum_{s\in A\setminus A_{n_0}}b_s(t-a)^s-\sum_{\sigma\in A'}(b_\sigma-b_{\sigma,k})(t-a)^\sigma-\sum_{m\in A_{n_0}}\sum_{i=1}^{n_0}\beta_{i,k}\cdot\frac{(-1)^{r-1-m}(r-1)!}{m!\,(r-1-m)!}(x_{i,k}-a)^{r-1-m}(t-a)^m$$

$$=-\sum_{m\in A_{n_0}}\left[\sum_{i=1}^{n_0}\beta_{i,k}\frac{(-1)^{r-1-m}(r-1)!}{m!\,(r-1-m)!}\cdot(x_{i,k}-a)^{r-1-m}\right](t-a)^m \tag{10.109}$$

因而对任给的$\varepsilon>0$及充分小的δ,存在$k_{\varepsilon,\delta}$,当$k>k_{\varepsilon,\delta}$时

$$|\beta_k(t)|<\varepsilon,t\in[\delta,b+1] \tag{10.110}$$

$$|\xi_k(t)|<\varepsilon,t\in[a,b-\delta] \tag{10.111}$$

根据r阶差分的性质,在任何紧集$K\subset[a,b+1]\setminus\{x_1,\cdots,x_n\}$上,序列$\{\alpha_k(t)\}$一致收敛到零,特别对充分小的$\delta$,存在$k_{s,\delta}$,使得当$k>k_{\varepsilon,\delta}$时

$$|\alpha_k(t)|<\varepsilon,t\in[x_n+\delta,b+1]$$

考虑函数

$$\eta_k(t) \overset{\text{df}}{=\!=} M_k(t) + \sum_{i=1}^{n}\sum_{j=0}^{\nu_i-1}\alpha_{i,j}^{(k)}\Delta_k^j(t-x_i)_+^{r-1}$$
$$= M(t) - \alpha_k(t) - \beta_k(t) + \xi_k(t) \quad (10.112)$$

当 $m \in B\backslash B_{n_1}$ 时,根据式(10.107)

$$M^{(m)}(b) = (-1)^{r-m}c_m m!$$
$$= -\sum_{j=1}^{n_1}\frac{(r-1)!}{(r-1-m)!}\cdot$$
$$\xi_{j,k}(b-y_{j,k})^{r-1-m}$$
$$= -\xi_k^{(m)}(b), m \in B\backslash B_{n_1}$$

所以由式(10.108)和(10.112)及差分的性质

$$\eta_k^{(m)}(b) = -\alpha_k^{(m)}(b) - \beta_k^{(m)}(b) \to 0, m \in B\backslash B_{n_1}$$

根据引理10.4.1,引理10.4.2有

$$\lim_{k\to+\infty}\sum_{i=1}^{n_1}\xi_{i,k}(b-y_{i,k})^{r-1-m} = 0, m \in B_{n_1} \quad (10.113)$$

所以根据式(10.112),(10.113),差分的性质及 $M^{(s)}(b)=0(s \in B_{n_1})$ 得

$$\eta_k^{(s)}(b) = \xi_k^{(s)}(b) - \beta_k^{(s)}(b) - \alpha_k^{(s)}(b) \to 0, s \in B_{n_1}$$

所以由 $M_k^{(s)}(b)=0(s \in B)$ 所确定的 $\{\alpha_{i,j}^{(k)}\}$ 当 $k\to+\infty$ 时为无穷小,即 $\lim\limits_{k\to+\infty}\alpha_{i,j}^{(k)}=0(i=1,\cdots,n,j=0,1,\cdots,\nu_i-1)$.所以由式(10.112),$M_k(t)$ 按定义10.2.1收敛到 $M(t)$.

推论 10.4.1 一切满足条件:$\sum\limits_{i=1}^{n}\nu_i \leqslant N-n_0-n_1, 0\leqslant n_0, n_1 \leqslant N, n_0+n_1\leqslant N, A_{n_0}\subset A, B_{n_1}\subset B$($A_{n_0}, B_{n_1}$ 由式(10.102)定义)的单样条类 $\mathscr{M}_r(\nu_1,\cdots,\nu_n,A_{n_0},B_{n_1})$ 的并 $\overline{\mathscr{M}}_{r,N}(A,B)$ 是 $\mathscr{M}_{r,N}^1(A,B)$

及 $\mathscr{M}_{r,N}(A,B)$ 在 $L^p[a,b](1\leqslant p\leqslant+\infty)$ 尺度下按定义 10.4.1 意义下的闭包.

设给定数组 $\{\nu_1,\cdots,\nu_n\}$ 集 $A,B\subset Q_r$, $N=\sum_{i=1}^{n}\nu_i$. 令 $\lambda_{-1},\lambda_1,\cdots,\lambda_{m+1}$ 为满足下面条件的任一非负整数组

$$0=\lambda_{-1}<\lambda_0<\cdots<\lambda_m<\lambda_{m+1}=n$$

记

$$\hat{\nu}_i=\sum_{\lambda_{i-1}+1}^{\lambda_i}\nu_i, i=0,1,\cdots,m+1 \tag{10.114}$$

$$\nu_i^*=\min\{\hat{\nu}_i,r\}, i=1,\cdots,m$$

$$n_0=\hat{\nu}_0, n_1=\hat{\nu}_{m+1}$$

和定理 10.4.1 的证明类似,得到:

定理 10.4.2 设 $\{M_k\}\subset\mathscr{M}_r(\nu_1,\cdots,\nu_n,A,B)$ 为 $L^p(a,b](1\leqslant p\leqslant+\infty)$ 尺度下的有界序列,则存在收敛子序列, $\{M_{k_j}\}$,其极限函数 $M(t)\in\mathscr{M}_r(\nu_1^*,\cdots,\nu_m^*,A_{n_0},B_{n_1})$,其中 $\sum_{i=1}^{m}\nu_i^*\leqslant N-n_0-n_1$, n_0 及 n_1 分别为 $M_{k_j}(t)$ 收敛到 $t=a$ 及 $t=b$ 的节点的个数, $(\nu_1^*,\cdots,\nu_m^*)$ 为某一组由式(10.114) 定义的数组.

下面刻画自由节点的周期单样条类 $\widetilde{\mathscr{M}}_r(\nu_1,\cdots,\nu_n)$ 的闭包,不妨设它以 1 为周期($b-a=1$),设 $M(t)\in\widetilde{\mathscr{M}}_r(\nu_1,\cdots,\nu_n)$,考虑到 $M^{(r)}(x_i+0)=M^{(r)}(x_i-0)$,当 $t\in(x_i,x_{i+1})$ 时 $M^{(r)}(t)=1$,且 $M(t)$ 以 1 为周期,根据定理 10.0.6, $M(t)$ 可以表示为

$$M(t)=c_0+\sum_{i=1}^{n}\sum_{j=0}^{\nu_i-1}c_{i,j}D_{r-j}(t-x_i) \tag{10.115}$$

$$\sum_{i=1}^{n}c_{i,0}=1$$

$$c_{i,j}=M^{(r-j-1)}(x_i-0)-M^{(r-j-1)}(x_i+0)$$
$$i=1,\cdots,n,j=0,1,\cdots,\nu_i-1$$

定理 10.4.3 设$\{M_k\}\subset\widetilde{\mathscr{M}}^1_{r,N}$为$\widetilde{L}^p(1\leqslant p\leqslant+\infty)$尺度下的有界序列,则存在收敛子序列$\{M_{k_j}\}$,其极限函数$M(t)\in\widetilde{\mathscr{M}}_r(\nu_1,\cdots,\nu_n)$,反之,任何$M(t)\in\widetilde{\mathscr{M}}_{r,N}$存在一个$\widetilde{\mathscr{M}}^1_{r,N}$中的序列收敛到$M(t)$. 其中$\sum_{i=1}^{n}\nu_i\leqslant N$有

$$\widetilde{\mathscr{M}}^1_{r,N}=\{M(t)\in\widetilde{\mathscr{M}}_r(\nu_1,\cdots,\nu_N),\ \nu_1=\cdots=\nu_N=1\}$$

证 设$M_k(t)\in\widetilde{\mathscr{M}}^1_{r,N}$,根据式(10.115)则

$$M_k(t)=c_{0,k}+\sum_{i=1}^{N}c_{i,k}D_r(t-x_{i,k}),\sum_{i=1}^{N}c_{i,0}=1$$

由于周期性,不妨设$x_{i,k}\in(0,1]$,所以$\{x_{i,k}\}$中存在收敛子序列,为简单起见,不妨设$\lim\limits_{k\to+\infty}x_{i,k}=x_i(i=1,\cdots,N)$. 令$y_1,\cdots,y_n$为$(0,1]\cap\{x_1,\cdots,x_N\}$中不同的点.

$$0=y_0<y_1<\cdots<y_n=1,n\leqslant N$$

令l为$\{x_{i,k}\}$收敛到y_0的点的个数(如$l=0$表示不存在这样的点列). 考虑函数列$\{m_k(t)\}$有

$$m_k(t)=c_{0,k}+\sum_{i=1}^{N}c_{i,0}D_r(t-t_{i,k}),\sum_{i=1}^{N}c_{i,0}=1$$

$$t_{i,k}=x_{i,k}+1-\frac{1}{2}y_1,i=1,\cdots,l\quad(10.116)$$

$$t_{j,k}=x_{j,k}-\frac{1}{2}y_1,i=l+1,\cdots,N$$

(如$l=0$,则略去式(10.116)) 显然$\{t_{j,k}\}(j=1,\cdots,N)$收敛到某$\tau_j\overset{\text{df}}{=}y_j-\frac{1}{2}y_1(j=1,\cdots,n)$,且当$i\neq j$时,

$\tau_i \neq \tau_j, \tau_j \in (0,1)$.

对任意给定的充分小的δ,存在k_δ,当$k > k_\delta$时,$M_k(t)$在$[\tau_i + \delta, \tau_{i+1} - \delta](i = 0,1,\cdots,n, \tau_0 = \tau_n - 1, \tau_{n+1} = \tau_0 + 1)$上是首项系数为$\frac{1}{r!}$的$r$次代数多项式$P_{i,k}(t)$. 因为$\{m_k\}$在$L^p(1 \leqslant p \leqslant +\infty)$尺度下一致有界,所以不妨设在$[\tau_i + \delta, \tau_{i+1} - \delta]$上

$$\lim_{k \to +\infty} P_{i,k}(t) = P_i(t), i = 0,1,\cdots,n$$

其中$P_i(t)$是首项系数为$\frac{1}{r!}$的r次代数多项式. 由于周期性,当$k > k_\delta$时,在$[\tau_n + \delta, \tau_{n+1} - \delta]$上$P_{n,k}(t) = P_{0,k}(t)$,所以$\{m_k(t)\}$收敛到一个$r$次的以$\{\tau_1, \cdots, \tau_n\}$为节点的以1为周期的单样条,根据式(10.115)

$$m(t) = c_0 + \sum_{i=1}^{n} \sum_{j=0}^{\nu_i - 1} c_{i,j} D_{r-j}(t - \tau_i)$$

$$\sum_{i=1}^{n} c_{i,0} = 1$$

下证$\sum_{i=1}^{n} \nu_i \leqslant N$. 事实上,因为$m_k(t) \in \widetilde{\mathscr{M}}^1_{r,N}$,所以$m_k(t)$可以表示成

$$m_k(t) = \frac{t^r}{r!} + \sum_{i=1}^{N} b_{i,k}(t - x_{i,k})_+^{r-1} + R_k(t), t \in (0,1]$$

其中$R_k(t) \in P_r$. 因为$\{m_k(t)\}$收敛且当$k > k_\delta$时

$$m_k(t) = \frac{t^r}{r!} + R_k(t), t \in [\tau_i + \delta, \tau_{i+1} - \delta]$$

$(i=0,1,\cdots,n)$所以$\{R_k(t)\}$在$[\tau_i + \delta, \tau_{i+1} - \delta]$上一致有界. 因此在每一个区间$[\tau_i + \delta, \tau_{i+1} - \delta](i = 0,1,\cdots,n)$上应用引理10.4.2,便证得$\sum_{i=1}^{n} \nu_i \leqslant N$. 于是

$\{M_k(t)\}$ 收敛到 $M(t) \in \widetilde{\mathcal{M}}_{r,N}$，其中 $M(t) = m\left(t - \frac{1}{2}y_1\right)$.

反之,任取 $M(t) \in \mathcal{M}_{r,N}$. 设

$$M(t) = c_0 + \sum_{i=1}^{n}\sum_{j=0}^{\nu_i - 1} c_{i,j} D_{r-j}(t - x_i),\ \sum_{i=1}^{n} c_{i,0} = 1$$

$$①M_k(t) \stackrel{\text{df}}{=} c_0 + \sum_{i=1}^{n}\sum_{j=0}^{\nu_i - 1} c_{i,j} \Delta_k^j D_r(t - x_i)$$

则显然 $M_k(t) \in \widetilde{\mathcal{M}}^1_{r,N}$,由差分的基本性质知

$$\lim_{k\to+\infty} \Delta_k^j D(t) = D_{r-j}(t),\ j = 0,1,\cdots,r-1,\ t \in (0,1)$$

于是 $\{M_k(t)\}$ 在 L^p 尺度下按定义 10.4.1 收敛到 $M(t)$.

推论 10.4.2 $\widetilde{\mathcal{M}}_{r,N}$ 是 $\widetilde{\mathcal{M}}^1_{r,N}$ 在 $\widetilde{L}^p(1 \leqslant p \leqslant +\infty)$ 尺度下,按定义 10.4.1 意义下的闭包.

设 $\lambda_1,\cdots,\lambda_{m+1}$ 为满足下面条件的任一非负整数组

$$0 = \lambda_1 < \lambda_2 < \cdots < \lambda_m < \lambda_{m+1} = n$$

记

$$\widetilde{\nu}_i = \sum_{\lambda_i}^{\nu_i + 1} \nu_i,\ i = 1,\cdots,m$$

$$\nu_i^* = \min\{\widetilde{\nu}_i, r\},\ i = 1,\cdots,m$$

定理 10.4.4 设 $\{M_k\} \subset \widetilde{\mathcal{M}}_r(\nu_1,\cdots,\nu_n)$ 为 $\widetilde{L}^p$ $(1 \leqslant p \leqslant +\infty)$ 尺度下的有界序列,则存在收敛子序列 $\{M_{k_j}\}$，其极限函数 $M(t) \in \widetilde{\mathcal{M}}_r(\nu_1^*,\cdots,\nu_m^*)$，且 $\sum_{i=1}^{m} \nu_i^* \leqslant N$.

---

① Δ_k^j 的定义见定理 10.4.1 的证明.

证　只需对定理 10.4.3 的证明略加修改，即得定理 10.4.4，细节从略.

§5　临界点定理及 $W_q^r[a,b](1<q\leqslant+\infty)$ 上单节点的最优求积公式

设 $\boldsymbol{x}\in\Omega(\nu_1,\cdots,\nu_n)$ 为任意固定的节点组，$M(\boldsymbol{x},t)$ 为 $L^p[a,b](1\leqslant p<+\infty)$ 尺度下极值问题.

$$\inf\{\|M(\cdot)\|_p \mid M\in\mathscr{M}_r(\boldsymbol{x},\nu_1,\cdots,\nu_n,\mathscr{B})\tag{10.117}$$

的解. 设 $\mathscr{B}$ 为如下类型的边界条件：

(i) $\mathscr{B}=(A,B),A,B\subset Q_r$，即 $M(t)$ 满足拟 Hermite 型的边界条件，简记 $\mathscr{B}=\mathrm{QHBC}$.

(ii) $\mathscr{B}$ 为周期型边界条件，简记 $\mathscr{B}=\mathrm{PBC}$.

设 $\dfrac{1}{p}+\dfrac{1}{q}=1$，令 $W_q^{r,0}(\boldsymbol{x},\mathscr{B}^*)=\{f\in W_q^r[a,b]\mid f^{(j)}(x_i)=0,i=1,\cdots,n,j=0,1,\cdots,\nu_i-1,f(t)$ 满足边界条件 $\mathscr{B}^*\}$.

其中 $\mathscr{B}^*$ 表示如下定义的边界条件

$$\mathscr{B}^*=\begin{cases}f^{(r-1-j)}(a)=0,j\in A'=Q_r\backslash A\\ f^{(r-1-j)}(b)=0,j\in B'=Q_r\backslash B\end{cases},\mathscr{B}=\mathrm{QHBC}$$

$$\mathscr{B}^*=f^{(j)}(a)=f^{(j)}(b),j=0,1,\cdots,r-1,\mathscr{B}=\mathrm{PBC}$$

约定在本节及下一节以下条件总成立

$$\nu_1+\cdots+\nu_n+|A'|+|B'|\geqslant r,\mathscr{B}=\mathrm{QHBC}$$

$$\nu_1+\cdots+\nu_n\geqslant 1,\mathscr{B}=\mathrm{PBC}$$

定理 10.5.1　设 $\mathscr{B}=\mathrm{QHBC}$，或 $\mathscr{B}=\mathrm{PBC}$，$1<q\leqslant+\infty$，则对每一个固定的节点组 $\boldsymbol{x}\in\Omega(\nu_1,\cdots,$

ν_n),存在唯一的函数 $F(\boldsymbol{x},t)\in W_q^{r,0}(\boldsymbol{x},\mathscr{B}^*)$,使得

$$I(F(\boldsymbol{x},\cdot))\overset{\text{df}}{=}\int_a^b F(\boldsymbol{x},t)\mathrm{d}t=R(\boldsymbol{x},W_q^r,\nu_1,\cdots,\nu_n,\mathscr{B}^*)$$

$$\overset{\text{df}}{=}R_q(\boldsymbol{x})=\|M(\boldsymbol{x},\cdot)\|_p$$

其中 $R(\boldsymbol{x},\nu_1,\cdots,\nu_n,\mathscr{B}^*)$ 表示给定节点组 $\boldsymbol{x}$ 在 sard 意义下的($\nu_1,\cdots,\nu_n,\mathscr{B}^*$)型的最优误差,由式(10.13)定义.

证 根据定理 1.2.1 当 $1\leqslant p<+\infty$ 时,极值问题(10.117)有解 $M_p(\boldsymbol{x},\tau)$($M_p(\boldsymbol{x},\tau)$ 和 p 有关,以下在不致发生误解时,略去记号 p).

(i)$\mathscr{B}=\text{QHBC}$,令

$$M(\boldsymbol{x},\tau)=\frac{(t-a)^r}{r!}-\sum_{i=1}^n\sum_{j=0}^{\nu_i-1}c_{i,j}(\tau-x_i)_+^{r-1-j}$$

$$\sum_{k\in A'}b_k(\tau-a)^k$$

$$\Phi=\frac{1}{p}\int_a^b|M(\boldsymbol{x},\tau)|^p\mathrm{d}\tau-\sum_{m\in B}\lambda_m M^{(m)}(\boldsymbol{x},b)$$

其中$\{\lambda_m\}$为 Lagrange 乘子,则 Φ 必需满足以下方程组

$$\begin{cases}\dfrac{\partial\Phi}{\partial c_{i,j}}=0,i=1,\cdots,n,j=0,1,\cdots,\nu_i-1\\[2mm]\dfrac{\partial\Phi}{\partial b_k}=0,k\in A'\end{cases}$$

由直接计算得

$$\int_a^b|M(\boldsymbol{x},\tau)|^{p-1}(\tau-x_i)_+^{r-j-1}\operatorname{sgn}M(\boldsymbol{x},\tau)\mathrm{d}\tau-$$

$$\sum_{m\in B}\lambda_m\frac{(r-1-j)!}{(r-1-j-m)!}(b-x_i)^{r-1-j-m}=0$$

$$i=1,\cdots,n,j=0,1,\cdots,\nu_i-1$$

和

$$\int_a^b |M(\boldsymbol{x},\tau)|^{p-1}(\tau-a)^k \operatorname{sgn} M(\boldsymbol{x},\tau)\mathrm{d}\tau - \sum_{m\in B}\lambda_m \frac{k!}{(k-m)!}(b-a)^{k-m}=0, k\in A' \tag{10.118}$$

其中约定如 $i<0$,则$\frac{1}{i!}=0$. 令

$$F(\boldsymbol{x},t)=\sigma(\boldsymbol{x})\left\{\int_a^b |M(\boldsymbol{x},\tau)|^{p-1}\frac{(\tau-t)_+^{r-1}}{(r-1)!}\cdot \operatorname{sgn} M(\boldsymbol{x},\tau)\mathrm{d}\tau - \sum_{m\in B}\lambda_m\frac{(b-t)^{r-1-m}}{(r-1-m)!}\right\} \tag{10.119}$$

这里 $\sigma(\boldsymbol{x})=\|M(\boldsymbol{x},\cdot)\|_p^{-\frac{p}{q}}$,由式(10.119)经直接计算得

$$\begin{gathered}F^{(j)}(\boldsymbol{x},x_i)=0, i=1,\cdots,n, j=0,1,\cdots,\nu_i-1\\ F^{(r-1-k)}(a)=0, F^{(r-1-k)}(b)=0, k\in A', k\in B'\\ F^{(r)}(\boldsymbol{x},t)=(-1)^r\sigma(\boldsymbol{x})|M(\boldsymbol{x},t)|^{p-1}\operatorname{sgn} M(\boldsymbol{x},t)\\ \operatorname{sgn} F^{(r)}(\boldsymbol{x},t)=(-1)^r \operatorname{sgn} M(x,t)\end{gathered} \tag{10.120}$$

$$\|F^{(r)}(\boldsymbol{x},\cdot)\|_q=1$$

所以 $F(\boldsymbol{x},\cdot)\in W_q^{r,0}(\boldsymbol{x};\mathscr{B}^*)$. 设 $Q^*(f;\mathscr{B}^*)$ 表示以 $\boldsymbol{x}\in\Omega(\nu_1,\cdots,\nu_n)$ 为固定节点组,满足边界条件 $\mathscr{B}^*$ 的 Sard 意义下的最佳求积公式,则根据定理 10.1.1 及式(10.120)得

$$\begin{aligned}I(F(\boldsymbol{x},\cdot))&=I(F(\boldsymbol{x},\cdot))-Q^*(F(\boldsymbol{x},\cdot);\mathscr{B}^*)\\&=(-1)^r\int_a^b F^{(r)}(\boldsymbol{x},t)M(\boldsymbol{x},t)\mathrm{d}t\\&=\sigma(\boldsymbol{x})\int_a^b \times|M(\boldsymbol{x},t)|^p\mathrm{d}t\\&=\|M(\boldsymbol{x},\cdot)\|_p=R_q(\boldsymbol{x})\end{aligned}$$

下证 $F(\boldsymbol{x},t)$ 的唯一性. 因为当 $1<p<+\infty$ 时, $L^p[a,b]$ 是严格凸的,所以 $M(\boldsymbol{x},t)$ 是唯一的. 当 $p=1$ 时,由于弱 Chebyshev 系的 L^1 零化节点组是唯一的(见第二章 §5,那里的证明是对 Chebyshev 系做的,但对弱 Chebyshev 系的证明是类似的), 所以 $\operatorname{sgn} M(\boldsymbol{x},t)$ 也是唯一确定的. 令

$$\begin{aligned}\Psi(\boldsymbol{x},t)&=\sigma(\boldsymbol{x})\mid M(\boldsymbol{x},t)\mid^{p-1}\operatorname{sgn} M(\boldsymbol{x},\cdot)\\&=(-1)^r F^{(r)}(\boldsymbol{x},t)\end{aligned}$$

则 $\Psi(\boldsymbol{x},t)$ 是唯一确定的, 且 $\|\Psi(\boldsymbol{x},\cdot)\|_q=1$, 由 Holdler 不等式知 $\Psi(\boldsymbol{x},t)$ 是在 $L^q[a,b]$ 的单位球$\{g\mid g\in L_q[a,b],\|g\|_q\leqslant 1\}$ 内使得

$$\int_a^b M(\boldsymbol{x},t)\Psi(\boldsymbol{x},t)\mathrm{d}t=\|M(\boldsymbol{x},\cdot)\|_p$$

成立的唯一的函数,所以若

$$\int_a^b f(t)\mathrm{d}t=\|M(\boldsymbol{x},\cdot)\|_p,f\in W_q^{r,0}(x,\mathscr{B}^*)$$

则根据定理 10.1.1 有

$$\begin{aligned}I(f)&=\int_a^b f(t)\mathrm{d}t-Q^*(f,\mathscr{B}^*)\\&=(-1)^r\int_a^b f^{(r)}(t)M(\boldsymbol{x},t)\mathrm{d}t\\&=\|M(\boldsymbol{x},\cdot)\|_p\end{aligned}$$

因此 $f^{(r)}(t)=(-1)^r\Psi(\boldsymbol{x},t)$. 现设 $F(\boldsymbol{x},t)$ 不唯一,则存在 $G(\boldsymbol{x},t)\in W_q^{r,0}(\boldsymbol{x},\mathscr{B}^*)$, 使得 $I(G(\boldsymbol{x},\cdot))=R_q(\boldsymbol{x})=\|M(\boldsymbol{x},\cdot)\|_p$,于是

$$(-1)^r G^{(r)}(\boldsymbol{x},t)=\Psi(\boldsymbol{x},t)=(-1)^r F^{(r)}(\boldsymbol{x},t)$$

因而 $G(\boldsymbol{x},t)=F(\boldsymbol{x},t)+p_r(t),p_r(t)\in P_r$. 因为 $G(\boldsymbol{x},t),F(\boldsymbol{x},t)\in W_q^{r,0}(\boldsymbol{x},\mathscr{B}^*)$,所以

$$Z(p_r;(a,b))\geqslant\nu_1+\cdots+\nu_n\geqslant r-|A'|-|B'|$$

另一方面根据多项式的 Budan-Fourier 定理（定理 10.0.1）有

$$Z(p_r;(a,b))\leqslant r-1-S^+(p_r(a),-p'_r(a),\cdots,(-1)^r p_r^{(r)}(a))-S^+(p_r(b),p'_r(b),\cdots,p_r^{(r)}(b))\leqslant r-1-|A'|-|B'|$$

所以 $p_r(t)\equiv 0$，即 $G(\boldsymbol{x},t)=F(\boldsymbol{x},t)$. 至此定理对 $\mathscr{B}=$ QHBC 的情况已成立.

(ii) $\mathscr{B}=$ PBC，令

$$M(\boldsymbol{x},t)=\frac{(t-a)^r}{r!}-\sum_{i=1}^{n}\sum_{j=0}^{\nu_i-1}c_{i,j}(t-x_i)_+^{r-j-1}\sum_{k=0}^{r-1}b_k(t-a)^k$$

$$\widetilde{\Phi}=\frac{1}{p}\int_a^b|M(\boldsymbol{x},t)|^p\mathrm{d}t-\sum_{m=0}^{r-1}\lambda_m(M^{(m)}(b)-M^{(m)}(a))$$

$\{\lambda_m\}$ 为 Lagrange 乘子，则 $\widetilde{\Phi}$ 必满足如下条件

$$\frac{\partial\widetilde{\Phi}}{\partial c_{i,j}}=0,i=1,\cdots,n,j=0,1,\cdots,\nu_i-1$$

$$\frac{\partial\widetilde{\Phi}}{\partial b_k}=0,k=0,1,\cdots,r-1$$

由直接计算得

$$\int_a^b|M(\boldsymbol{x},\tau)|^{p-1}(\tau-x_i)^{r-1-j}\operatorname{sgn}M(\boldsymbol{x},\tau)\mathrm{d}\tau-\sum_{m=0}^{r-1}\lambda_m\frac{(r-1-j)!}{(r-1-j-m)!}(b-x_i)^{r-1-j-m}=0$$

$$i=1,\cdots,n,j=0,1,\cdots,\nu_i-1\qquad(10.121)$$

$$\int_a^b|M(\boldsymbol{x},\tau)|^{p-1}(\tau-a)^k\operatorname{sgn}M(\boldsymbol{x},\tau)\mathrm{d}\tau-$$

$$\sum_{m=0}^{r-1}\lambda_m \frac{k!}{(k-m)!}(b-a)^{k-m}+k!\ \lambda_k=0$$

$$k=0,1,\cdots,r-1 \tag{10.122}$$

令

$$F(\boldsymbol{x},t)=\sigma(\boldsymbol{x})\left\{\int_a^b |M(\boldsymbol{x},\tau)|^{p-1}\operatorname{sgn} M(\boldsymbol{x},\tau)\cdot \frac{(\tau-t)_+^{r-1}}{(r-1)!}\mathrm{d}\tau-\sum_{m=0}^{r-1}\lambda_m \frac{(b-t)^{r-1-m}}{(r-1-m)!}\right\}$$

则 $\operatorname{sgn} F^{(r)}(\boldsymbol{x},t)=(-1)^r M(\boldsymbol{x},t)$，且

$$F^{(j)}(\boldsymbol{x},x_i)=0,i=1,\cdots,n,j=0,1,\cdots,\nu_i-1$$

$$F^{(j)}(\boldsymbol{x},a)=(-1)^j\sigma(\boldsymbol{x})\left\{\int_a^b |M(\boldsymbol{x},\tau)|^{p-1}\cdot \frac{(\tau-a)^{r-1-j}}{(r-j-1)!}\cdot \operatorname{sgn} M(\boldsymbol{x},\tau)\mathrm{d}\tau-\sum_{m=0}^{r-1}\lambda_m \frac{(b-a)^{r-1-j-m}}{(r-1-j-m)!}\right\} \tag{10.123}$$

$$F^{(j)}(\boldsymbol{x},b)=(-1)^{j+1}\sigma(\boldsymbol{x})\lambda_{r-1-j}(r-1-j)! \tag{10.124}$$

根据式(10.122) ~ (10.124)，得

$$F^{(i)}(\boldsymbol{x},a)=F^{(j)}(\boldsymbol{x},b),j=0,1,\cdots,r-1$$

于是 $F(\boldsymbol{x},t)$ 满足周期边界条件 $\mathscr{B}$，余下的证明和 $\mathscr{B}=$ QHBC 相似.

附注 10.5.1 $p=1$ 时，$\sigma^{-1}(\boldsymbol{x})F(\boldsymbol{x},t)$ 是 r 次的完全样条，根据式(10.120) 及完全样条代数基本定理(定理 10.9.2) 立即知 $F(\boldsymbol{x},t)$ 除常数因子外是唯一确定的. 再由 $\int_a^b F(\boldsymbol{x},t)\mathrm{d}t=\|M(\boldsymbol{x},\cdot)\|_L$ 立即知 $p=1$ 时满足定理 10.5.1 要求的是 $F(\boldsymbol{x},t)$ 唯一的.

引理 10.5.1 设 $1\leqslant p<+\infty$，若节点组 $\boldsymbol{x}\in\Omega(\nu_1,\cdots,\nu_n)$ 是 $\mathscr{M}_r(\nu_1,\cdots,\nu_n,\mathscr{B})$ 上 $(\nu_1,\cdots,\nu_n,\mathscr{B})$ 型最

优的，则：

(i) $c_{i,\nu_i-1}F^{(\nu_i)}(\boldsymbol{x},x_i)=0,\nu_i<r.$

(ii) $|M(\boldsymbol{x},x_i-0)|=|M(\boldsymbol{x},x_i+0)|,\nu_i=r.$

证　(i) 如 $\mathscr{B}=$QHBC，Φ 如定理 10.5.1 定义，因为

$$\|M(\boldsymbol{x},\cdot)\|_p=\inf\{\|M(z,\cdot)\|_p,z\in\Omega(\nu_1,\cdots,\nu_n)\}$$

所以$\dfrac{\partial\Phi}{\partial x_i}=0(i=1,\cdots,n)$，经计算得

$$\sum_{j=0}^{\mu_i}c_{i,j}\int_a^b|M(\boldsymbol{x},\tau)|^{p-1}(\tau-x_i)_+^{r-2-j}\operatorname{sgn}M(\boldsymbol{x},\tau)\mathrm{d}t+$$
$$|M(\boldsymbol{x},x_i-0)|^p-|M(\boldsymbol{x},x_i+0)|^p-$$
$$\sum_{j=0}^{\nu_i-1}c_{i,j}\sum_{m\in B}\lambda_m\frac{(r-2-j)!}{(r-2-j-m)!}(b-x_i)^{r-2-j-m}=0$$

其中 $\mu_i=\min\{\nu_i-1,r-2\}$，利用式(10.118)化简，并考虑到当 $t=x_i$ 时，$M(t)\in C^{r-\nu_i-1}$，得

$$c_{i,\nu_i-1}\left\{\int_a^b|M(\boldsymbol{x},\tau)|^{p-1}(\tau-x_i)_+^{r-1-\nu_i}\operatorname{sgn}M(\boldsymbol{x},\tau)\mathrm{d}\tau-\right.$$
$$\left.\sum_{m\in B}\lambda_m\frac{(r-1-\nu_i)!}{(r-1-\nu_i-m)!}(b-x_i)^{r-1-\nu_i-m}\right\}=0$$
$$\{i\mid\nu_i<r\}\qquad(10.125)$$

$$|M(\boldsymbol{x},x_i-0)|^p=|M(\boldsymbol{x},x_i+0)|^p,\{i\mid\nu_i=r\}$$

由式(10.125)及 $F(\boldsymbol{x},t)$ 的定义，得

$$c_{i,\nu_{i-1}}F^{(\nu_i)}(\boldsymbol{x},x_i)=0,\{i\mid\nu_i<r\}$$

(ii) $\mathscr{B}=$PBC，则由$\dfrac{\partial\widetilde{\Phi}}{\partial x_i}=0(i=1,\cdots,n)$，并由式(10.121)化简得

$$c_{i,\nu_i-1}\left\{\int_a^b|M(\boldsymbol{x},\tau)|^p(\tau-x_i)^{r-1-\nu_i}\operatorname{sgn}M(\boldsymbol{x},\tau)\mathrm{d}\tau-\right.$$
$$\left.\sum_{m=1}\lambda_m\frac{(r-1-\nu_i)!}{(r-1-\nu_i-m)!}(b-x_i)^{r-1-\nu_i-m}\right\}=0$$

$$\{i \mid \nu_i < r\} \tag{10.126}$$

$$|M(\boldsymbol{x}, x_i - 0)|^p = |M(\boldsymbol{x}, x_i + 0)|^p, \{i \mid \nu_i = r\}$$

由式(10.126)及$F(\boldsymbol{x},t)$的定义得

$$c_{i,\nu_i-1} F^{(\nu_i)}(\boldsymbol{x}, x_i) = 0, \{i \mid \nu_i < r\}$$

定义 10.5.1 设$M(t)$由式(10.67)定义,$M(t)$称为满零点,如果:

(i)$Z(M;(-\infty,+\infty)) = r + \sum_{i=1}^{n}(\nu_i + \sigma_i)$,$\mathscr{B}=$QHBC.

(ii)$Z(M;[a,b)) = \sum_{i=1}^{n}(\nu_i + \sigma_i)$,$\mathscr{B}=$PBC.

定义 10.5.2 设$1 \leqslant \nu_i \leqslant r(i=1,\cdots,n)$满足偶性条件,则(i):对每一个固定的节点组,极值问题(10.117)的解满零点.

(ii)$F(\boldsymbol{x},t) > 0, \forall t \in \{x_1,\cdots,x_n\}$有

$$F^{(\nu_i)}(\boldsymbol{x}, x_i) > 0, i = 1,\cdots,n$$

(iii)若$\mathscr{B}=$QHBC,则

$$\operatorname{sgn} M^{(k)}(a) = (-1)^{A'_k}, k \in A' \tag{10.127}$$

$$\operatorname{sgn} M^{(m)}(b) = (-1)^{|B|+B_m}, m \in B'$$

其中$A' = \sum_{i=j}^{r-1} \alpha'_i, B_j = \sum_{i=0}^{j-1} \beta_i, \alpha'_i$及$\beta_i$分别为$A', B$的特征函数.特别如$\mathscr{B}=(A,B)$有

$$A = \{0,1,\cdots,r-\nu-1\}, 0 \leqslant \nu \leqslant r$$

$$B = \{0,1,\cdots,r-\mu-1\}, 0 \leqslant \mu \leqslant r$$

(此时称$\mathscr{B}$满足零边界条件,记作$\mathscr{B}=$ZBC),则

$$\operatorname{sgn} M^{(k)}(a) = (-1)^{r-k}, k = r-\nu,\cdots,r-1 \tag{10.128}$$

$$\operatorname{sgn} M^{(m)}(b) > 0, m = r-\mu,\cdots,r-1$$

证　(1)$\mathscr{B}$=QHBC,设 $x_{i_1},\cdots,x_{i_m}$ 是$\{x_1,\cdots,x_n\}$中节点重数为 r 的全体.根据式(10.120)有

$$F^{(r)}(\boldsymbol{x},t)=(-1)^r\sigma(\boldsymbol{x})\mid M(\boldsymbol{x},t)\mid^{p-1}\operatorname{sgn} M(\boldsymbol{x},t) \tag{10.129}$$

所以 $F^{(r)}(\boldsymbol{x},t)$ 在(a,x_{i_1}),(x_{i_m},b) 及$(x_{i_k},x_{i_{k+1}})(k=1,\cdots,m-1)$ 上连续,根据定理 10.5.1,$F^{(j)}(\boldsymbol{x},x_j)=0,j=0,1,\cdots,\nu_i-1$,所以由 Rolle 定理及式(10.129),得

$$Z(M;(x_{i_k},x_{i_{k+1}}))\geqslant r+\nu_{i_k+1}+\nu_{i_k+2}+\cdots+\nu_{i_{k+1}-1}$$

因为 $F(\boldsymbol{x},t)$ 满足边界条件 $\mathscr{B}^*$,所以

$$Z(M;(a,x_{i_1}))\geqslant\nu_1+\cdots+\nu_{i_1-1}+r-\mid A\mid$$

$$Z(M;(x_{i_m},b))\geqslant\nu_{i_m+1}+\cdots+\nu_n+r-\mid B\mid$$

因为 $M(\boldsymbol{x},t)$ 满足边界条件 $\mathscr{B}$,所以

$$Z(M;[a,x_i))\geqslant\nu_1+\cdots+\nu_{i_1-1}+r$$

$$Z(M;(x_{i_m},b])\geqslant\nu_{i_m+1}+\cdots+\nu_n+r$$

根据定理 10.3.1 的式(10.70),推得

$$\begin{aligned}&\operatorname{sgn} M(\boldsymbol{x},x_{i_k}-0)=\operatorname{sgn} M(\boldsymbol{x},x_{i_k}+0)>0,r\text{ 为偶数}\\&\operatorname{sgn} M(\boldsymbol{x},x_{i_k}-0)=-\operatorname{sgn} M(\boldsymbol{x},x_{i_k}+0)>0,r\text{ 为奇数}\end{aligned} \tag{10.130}$$

由式(10.130),根据样条零点的定义 10.0.2,当 r 为偶数时,$x_{i_k}(k=1,\cdots,m)$ 不是 $M(\boldsymbol{x},t)$ 的零点,当 r 为奇数时,$x_{i_k}(k=1,\cdots,m)$ 是 $M(\boldsymbol{x},t)$ 的零点.所以

$$\begin{aligned}Z(M;[a,b])\geqslant{}&Z(M;[a,x_{i_1}))+Z(M,(x_{i_m},b])+\\&\sum_{k=1}^{m-1}Z(M;(x_{i_k},x_{i_k+1}))+\sigma_{k_1}+\cdots+\sigma_{k_m}\\={}&r+\sum_{i=1}^{n}(\nu_i+\sigma_i)\end{aligned}$$

于是根据定理 10.3.1,得

$$Z(M;[a,b])=r+\sum_{i=1}^{n}(\nu_i+\sigma_i)$$

$$Z(M;(a,b))=r+\sum_{i=1}^{r}(\nu_i+\sigma_i)-|A|-|B| \tag{10.131}$$

即 $M(\boldsymbol{x},t)$ 满零点,(i) 得证. 为证(ii),首先证 $F(\boldsymbol{x},t)$ 在奇数重节点 $x_{i_1},\cdots,x_{i_m}$ 处不变号. 事实上如 ν_{i_k} 为奇数,则由偶性条件推得 $\nu_{i_k}=r$,且 r 为奇数. 根据式(10.130),$M(\boldsymbol{x},t)$ 在 x_{i_k} 处变号,从而 $F^{(r)}(\boldsymbol{x},t)$ 在 x_{k_i} 处变号. 根据定理 10.5.1,$F^{(j)}(\boldsymbol{x},x_{i_k})=0,j=0,1,\cdots,r-1$,所以 $F(\boldsymbol{x},t)$ 在 x_{i_k} 处有 $r+1$ 重零点. 所以 $F(\boldsymbol{x},t)$ 在 $x_{k_i}(i=1,\cdots,m)$ 处不变号. 下证 $F(\boldsymbol{x},t)$ 在 (a,b) 上不变号,否则存在 $t_0\in\{x_1,\cdots,x_n\}$ 使得 $F(\boldsymbol{x},t_0)=0$ 或存在某个 $\nu_i<r,F^{(\nu_i)}(\boldsymbol{x},x_i)=0$,则由 Rolle 定理推出 $M(\boldsymbol{x},t)$ 至少有 $r+1+\sum_{i=1}^{n}(\nu_i+\sigma_i)$ 个零点,这和定理 10.3.1 矛盾. 又因为根据定理 10.5.1,$I(F(\boldsymbol{x},t))=R^q(x)>0$,所以 $F(\boldsymbol{x},t)\geqslant 0$. 于是(ii)成立. 根据式(10.131),定理 10.3.1,命题 8.1.3 得

$$S^-(M(a),M'(a),\cdots,M^{(r)}(a))=r-|A|$$

$$S^+(M(b),M'(b),\cdots,M^{(r)}(b))=|B|$$

考虑到 $M^{(r)}(a)>0,M^{(r)}(b)>0$,即得(iii).

(2)$\mathscr{B}=\mathrm{PBC}$;如果 $M(\boldsymbol{x},t)$ 至少有一个节点 ξ 的重数为 r,先将 $M(\boldsymbol{x},t)$ 以 $b-a$ 为周期扩张,然后在$[\xi,\xi+b-a]$上按前面讨论的非周期情况同样处理. 若一切 $\nu_i<r(i=1,\cdots,n)$,则根据(i)的证明过程知 $F(\boldsymbol{x},t)$ 在 (a,b) 中至少有 $N\overset{\text{df}}{=}\sum_{i=1}^{n}(\nu_i+\sigma_i)$ 个零点,因

为 $F(\boldsymbol{x},t)$ 为周期函数，所以 $F^{(r)}(\boldsymbol{x},t)$ 在 (a,b) 中至少有 N 个零点，从而 $M(\boldsymbol{x},t)$ 在 (a,b) 内至少有 N 个单零点，根据推论 10.3.1，$M(\boldsymbol{x},t)$ 在 (a,b) 内恰有 N 个零点，即 $M(\boldsymbol{x},t)$ 满零点. 再证 $F(\boldsymbol{x},t)$ 不变号，否则 $F(\boldsymbol{x},t)$ 在 (a,b) 内至少有 $N+1$ 个零点，由 Rolle 定理 $M(\boldsymbol{x},t)$ 在 (a,b) 内至少有 $N+1$ 个零点. 这和推论 10.3.1 矛盾. 又因为 $I(F(\boldsymbol{x},\cdot))=R_q(\boldsymbol{x})>0$，所以 $F(\boldsymbol{x},t)\geqslant 0$，再根据定理 10.5.1，即知(ii) 成立.

定理 10.5.2　设 $1\leqslant \nu_i\leqslant r(i=1,\cdots,n)$ 满足偶性条件，$1<q<+\infty$，则 $W_q^r[a,b]$ 上 $(\nu_1,\cdots,\nu_n,\mathscr{B}^*)$ 型最优求积公式的系数 $a_{i,j}$ 满足下面条件

$$\begin{cases}a_{i,\nu_i-1}=0,a_{i,j}>0,j=0,2,\cdots,\nu_i-2,\nu_i \text{ 为偶数}\\ a_{i,j}>0,j=0,2,\cdots,\nu_i-1,\nu_i \text{ 为奇数}\end{cases} \tag{10.132}$$

证　设 $\boldsymbol{x}=\{(x_1,\nu_1),\cdots,(x_n,\nu_n)\}$ 是 $(\nu_1,\cdots,\nu_n,\mathscr{B}^*)$ 最优的，根据引理 10.5.1 及式(10.130) 得

$$M(\boldsymbol{x},x_i-0)=M(\boldsymbol{x},x_i+0),\nu_i=r \text{ 且 } r \text{ 为偶数}$$

$$M(\boldsymbol{x},x_i-0)=-M(\boldsymbol{x},x_i+0),\nu_i=r \text{ 且 } r \text{ 为奇数}$$

根据定理 10.1.1 得

$$a_{i,j}=(-1)^j[M^{(r-j-1)}(\boldsymbol{x},x_i-0)-M^{(r-j-1)}(\boldsymbol{x},x_i+0)] \tag{10.133}$$

$$i=1,\cdots,n,j=0,1,\cdots,\nu_i-1$$

所以

$$a_{i,\nu_i-1}=0,\nu_i=r \text{ 且 } r \text{ 为偶数}$$

$$a_{i,\nu_i-1}=0,\nu_i=r \text{ 且 } r \text{ 为奇数} \tag{10.134}$$

现设 $\nu_i<r$，此时由定理条件知 ν_i 为偶数根据引理 10.5.1，$c_{i,\nu_i-1}F^{(\nu_i)}(\boldsymbol{x},x_i)=0$，根据引理 10.5.2，$F^{(\nu_i)}(\boldsymbol{x},x_i)\neq 0$，所以 $c_{i,\nu_i-1}=0$，这里 $\{c_{i,j}\}$ 为和

$\{\nu_1,\cdots,\nu_n,\mathscr{B}^*\}$ 型最优求积. 公式相对应的$\{\nu_1,\cdots,\nu_n,\mathscr{B}\}$ 型最优单样条 $M(\boldsymbol{x},t)$ 的系数根据式(10.71) 及 $M(\boldsymbol{x},\tau)$ 满零点,得

$$c_{i,j}>0,j=0,2,\cdots,\nu_i-2,\nu_i \text{ 为偶数}$$

$$c_{i,j}>0,j=0,2,\cdots,\nu_i-1,\nu_i \text{ 为奇数}$$

根据定理 10.1.1,定理 10.0.2 得

$$a_{i,j}=(-1)^j c_{i,j}=(-1)^j\{M^{(r-j-1)}(x_i-0)-M^{(r-j-1)}(x_i+0)\}$$

$$i=1,\cdots,n,j=0,1,\cdots,\nu_i-1$$

所以式(10.132) 成立.

下面我们考虑$W_q^r[a,b]$上单节点($\nu_1=\cdots=\nu_n=1$)的满足拟 Hermite 型边界条件($\mathscr{B}=$QHBC) 最优求积公式的存在性. 为此我们还需证明两个引理.

设 $f(t)$ 定义在$[a,b]$ 上,I 表示$[a,b]$ 中的连通子集,$S^-(f,I)$ 表示 $f(t)$ 在 I 上变号点的个数,如 $I=\bigcup_{\lambda=1}^{n} I_i,I_i\subset[a,b](i=1,\cdots,n)$ 是互不相交的连通子集,则

$$S^-(f,I)=\sum_{i=1}^{n}S^-(f,I_i)$$

若 f 是周期函数,用 $S^-(f)$ 表示 f 在一个周期内变号点的个数.

引理 10.5.3 设 $\{x_i\}(i=1,\cdots,n)$, $\{y_j\}(j=1,\cdots,m)$ 分别为 $M_1(t)\in\mathscr{M}_{r,N}(\widetilde{\mathscr{M}}_{r,N})$ 和 $M_2\in\mathscr{M}_{r,K}(\widetilde{\mathscr{M}}_{r,K})$ 的节点组,$0<\alpha<1$,若 $M_2^{(r-1)}(t)$ 在每一个 $y_j\in(x_{i-1},x_i)$ 上变号,则 $h(t)=M_1^{(r-1)}(t)-\alpha M_2^{(r-1)}(t)$ 在(x_{i-1},x_i) 上至多有一次变号.

证 因为当 $t\neq y_j(j=1,\cdots,m)$ 时,$M_2^{(r)}(t)=1$,

所以根据引理条件 $M_2^{(r-1)}(y_j+0)<0, M_2^{(r-1)}(y_j-0)>0$. 于是

$$\begin{aligned}h(y_j+0)&=M_1^{(r-1)}(y_j+0)-\alpha M_2^{(r-1)}(y_j+0)\\&=M_1^{(r-1)}(y_j-0)-\alpha M_2^{(r-1)}(y_j+0)\\&>M_1^{(r-1)}(y_j-0)-\alpha M_2^{(r-1)}(y_j-0)\\&=h(y_j-0)\end{aligned}\tag{10.135}$$

又因为 $\operatorname{mes}\{h'(t)=0\}=0$, 当 $t\neq x_i, y_j$ 时 $(i=1,\cdots,n, j=1,\cdots,m)$, $h'(t)>0$, 所以 $h(t)$ 在不包括节点 $\{x_i\}(i=1,\cdots,n)$, $\{y_j\}(j=1,\cdots,m)$ 的一切连通区间上均是非减的, 所以 $h(t)$ 在 $(x_{i-1},x_i)\backslash\{y_j\}$ 上的变号只能由负到正. 考虑到式(10.135), 即知 $h(t)$ 在 (x_{i-1},x_i) 上至多有一个变号点.

引理 10.5.4　设 $f,\tilde{f}$ 定义在 $[a,b]$ 上($\tilde{f}$ 以 $b-a$ 为周期), 它们在 $(a,b)\backslash\{\tau_1,\cdots,\tau_n\}$ 上 m 次连续可微, 在 τ_i 上 $m-k_i$ 次连续, 若 $\operatorname{mes}\{f=0\}=0$, $\operatorname{mes}\{\tilde{f}=0\}=0$, $\tilde{f}^{(j)}(a)=\tilde{f}^{(j)}(b)(j=0,1,\cdots,m)$, 且

$$f^{(k)}(a)=0, k\in U, f^{(s)}(b)=0, s\in V$$

这里 U,V 为 Q_{m+1} 的子集(U,V 可以取为空集), 则

(i) $$S^-(f,(a,b))\leqslant S^-(f^{(m)},I_m)+\sum_{i=1}^{n}k_i-n^0+m+u_m+v_m-|U|-|V|\overset{\text{df}}{=}\mu.\tag{10.136}$$

(ii) $$S^-(\tilde{f})\leqslant S^-(\tilde{f}^{(m)},I_m)+\sum_{i=1}^{n}k_i-n^0\overset{\text{df}}{=}\tilde{\mu}.\tag{10.137}$$

(iii) $Z(f,(a,b))\leqslant\mu$, $Z(\tilde{f},(a,b))\leqslant\tilde{\mu}$.

其中 $I_m=(a,b)\backslash X_m$, $X_m=\{\tau_i \mid k_i>1\}$, n^0 为 $k_i=1$ 的点 τ_i 的个数($n^0=n-|X_m|$), u_i, v_i 分别为 U, V 的特征函数, $Q_{m+1}=\{0,1,\cdots,m\}$, $1\leqslant k_i\leqslant m+1$.

证 设 $X_j=\{\tau_i \mid k_i>m-j+1\}(j=1,\cdots,m)$, $I_0=(a,b)$, $I_j=(a,b)\backslash X_j$, 所以 I_j 表示 $f^{(j-1)}(t)$ 连续的点集. 令

$$\mu_j=|\{\tau_i \mid \tau_i\subset X_j\cap I_{j-1}, f^{(j-1)}(\tau_i)\text{ 变号}\}|$$

($X_j\cap I_{j-1}$ 表示 $\{\tau_i\}(i=1,\cdots,n)$ 中 $f\in C^{j-2}$ 但 $f\overline{\in} C^{j-1}$ 的点) 显然

$$\mu_j\leqslant|X_j|-|X_{j-1}|, j=1,\cdots,m, |X_0|=0 \tag{10.138}$$

根据 Rolle 定理

$$S^-(f^{(j)},I_j)\geqslant S^-(f^{(j-1)},I_{j-1})-|X_j|-\mu_j-1+u_{j-1}+v_{j-1} \tag{10.139}$$

根据式(10.138)和(10.139)以及

$$\sum_{i=1}^m|X_j|=\sum_{i=1}^n(k_i-1), \sum_{i=1}^m u_{i-1}=|U|-u_m$$

$$\sum_{i=1}^m v_{i-1}=|V|-v_m$$

得

$$\begin{aligned}S^-(f^{(m)},I_m)&\geqslant S^-(f,I_0)-\sum_{j=1}^m|X_j|-m-\\&\quad\sum_{j=1}^m\mu_j+\sum_{j=1}^m u_{j-1}+\sum_{j=1}^m V_{j-1}\\&\geqslant S^-(f,I_0)-\sum_{i=1}^n(k_i-1)-m-\\&\quad\sum_{j=1}^m(|X_j|-|X_{j-1}|)+\\&\quad|U|-u_m+|V|-v_m\end{aligned}$$

$$=S^{-}(f,I_0)-|X_m|-m+n-\sum_{i=1}^{n}k_i+$$
$$|U|-u_m+|V|-v_m$$

考虑到 $n-|X_m|=n^0$，即得式(10.136).

式(10.137) 的证明是类似的. (i)，(ii) 得证. 由(i)，(ii) 即得(iii).

定理 10.5.3　设 $1\leqslant p<+\infty$，$2N\geqslant|A|+|B|$，则 $\mathscr{M}_{r,N}(A,B)$ 上最小 L_p 范数问题

$$\inf\{\|M\|_p \mid M\in\mathscr{M}_{r,N}(A,B)\}$$

有解，且极函数 $M^*(t)\in\mathscr{M}^1_{r,N}(A,B)$.

证　根据定理 10.4.1，推论 10.4.1 知 $\overline{\mathscr{M}}_{r,N}(A,B)$ 为闭集，且

$$\inf\{\|M\| \mid M\in\mathscr{M}_{r,N}(A,B)\}$$
$$=\inf\{\|M\|_p, M\in\overline{\mathscr{M}}_{r,N}(A,B)\}$$

在 $\overline{\mathscr{M}}_{r,N}(A,B)$ 中存在 $M_p(t)$ 具有最小 L_p 范. 设 $M_p(t)$ 以 x_i 为 $\nu_i(i=1,\cdots,n)$ 重节点，$M_p\in\mathscr{M}_{r,N}(A_{n_0},B_{n_1})$，往证 $M_p\in\mathscr{M}^1_{r,N}(A,B)$. 否则，或 $\{\nu_1,\cdots,\nu_n\}$ 中至少有一个 $\nu_i>1$，或 $n_0>0$，或 $n_1>0$. 令

$$\mu_i=\min\left\{2\left[\frac{1}{2}(\nu_i+1)\right],r\right\},i=1,\cdots,n$$

其中$[a]$表示 a 的整数部分，则 $\mu_1,\cdots,\mu_n$ 满足偶性条件，根据定理 10.5.2，$M_p(t)$ 也是 $\mathscr{M}_r(\mu_1-1+\sigma_1,\cdots,\mu_n-1+\sigma_n,A,B)$ 上具有最小 L_p 范. 故不妨设 $\nu_i(i=1,\cdots,n)$ 均为奇数. 又根据引理 10.5.2 及式(10.130)，$M_p(t)$ 在(a,b) 内恰有 $\nu\overset{\text{df}}{=\!=}\sum_{i=1}^{n}(\nu_i+1)+r-|A_{n_0}|-|B_{n_1}|$ 个零点，且这些零点均为 $M_p(t)$ 的变号点. 将此 ν 个点记为$\{\tau_i\}(i=1,\cdots,\nu)$，于是 $a<\tau_1<\cdots<$

$\tau_\nu < b$,且

$$S^-(M_p;(a,b)) = Z(M_p;(a,b)) = \nu$$

下面我们构造一个 $\overline{M}(t) \in \mathscr{M}_{r,k}^1(A,B)$,使得 $k \leqslant N$,且 $\| \overline{M} \|_p < \| M_p \|_p$,从而推出矛盾.

(i) 若 $|A| - |A_{n_0}|$ 及 $|B| - |B_{n_1}|$ 均为偶数,则根据定理 10.3.5,存在唯一的 $\overline{M}(t) \in \mathscr{M}_{r,k}^1(A,B)$,使得 $\overline{M}(t)$ 恰有 k 个单节点,且

$$\overline{M}(\tau_i) = 0, i = 1, \cdots, \nu$$

$$k = \frac{(\nu - r + |A| + |B|)}{2\operatorname{sgn} \overline{M}(t)} = \operatorname{sgn} M_p(t)$$

(ii) 若 $|A| - |A_{n_0}|$ 为奇数;$|B| - |B_{n_1}|$ 为偶数,且 $A' \stackrel{\mathrm{df}}{=} Q_r \backslash A$ 非空,则根据定理 10.3.5,存在唯一的 $\overline{M}(t) \in \mathscr{M}_{r,k}^1(A,B)$,使得

$$\overline{M}(\tau_i) = 0, i = 1, \cdots, \nu$$

$$\overline{M}^{(q)}(a) = 0$$

$$\operatorname{sgn} \overline{M}(t) = \operatorname{sgn} M_p(t)$$

$$k = \frac{(\nu - r - + |A| + |B| + 1)}{2}$$

其中 q 为 A' 中的最小元. 在这两种情况下均有 $k \leqslant N$. 事实上,如

$$|A| - |A_{n_0}| = n_0, \quad |B| - |B_{n_1}| = n_1$$

均为偶数,则

$$\begin{aligned} 2k &= \sum_{i=1}^{n} (\nu_i + 1) - |A_{n_0}| - |B_{n_1}| + |A| + |B| \\ &= \sum_{i=1}^{n} \nu_i + n_0 + n_1 + n \leqslant N + n \leqslant 2N \quad (10.140) \end{aligned}$$

当 $n_0 > 0$ 或 $n_1 > 1$,或至少有一个 $\nu_i > 1(i =$

$1,\cdots,n)$ 时,式(10.140)中最后一个不等式是严格的.

若 $|A|-|A_{n_0}|$ 为奇数,$|B|-|B_{n_1}|$ 为偶数,则 $n_0>1$ 为奇数,所以由 $\sum_{i=1}^{n}\nu_i+n_0+n_1\leqslant N$ 知 $n<N$,于是

$$2k=\sum_{i=1}^{n}(\nu_i+1)-|A_{n_0}|-|B_{n_1}|+|A|+|B|+1\leqslant N+n+1\leqslant 2N$$

因而 $\overline{M}(t)\in\mathscr{M}_{r,N}^{1}(A,B)$. 下证 $|\overline{M}(t)|\leqslant|M_p(t)|$,否则存在 $t_0\in(a,b)$,使得 $|\overline{M}(t_0)|>|M_p(t_0)|$,令 $\alpha=M_p(t_0)/\overline{M}(t_0)$,则 $0<\alpha<1$. 设 $H(t)=M_p(t)-\alpha\overline{M}(t)$,则

$$S^-(H;(a,b))\geqslant\nu+1$$

另一方面,设 $I_{r-1}=(a,b)\backslash X_{r-1}$,$X_{r-1}=\{x_i\mid\nu_i>1\}$,$\eta_0\overset{\text{df}}{=\!=}n-|X_{r-1}|$,则 η_0 表示 $\{x_i\}(i=1,\cdots,n)$ 中单节点($\nu_i=1$)的点的个数,根据引理 10.5.3 得

$$\begin{aligned}S^-(H^{(r-1)};I_{r-1})&\leqslant 2n+1-|X_{r-1}|-\alpha_{r-1}-\beta_{r-1}\\&=n+1-\eta_0-\alpha_{r-1}-\beta_{r-1}\end{aligned}$$

其中 α_{r-1},β_{r-1} 表示 A_{n_0},B_{n_1} 的特征函数. 根据引理 10.5.4 得

$$\begin{aligned}S^-(H;(a,b))&\leqslant S^-(H^{(r-1)};(a,b))+\Big(\sum_{i=1}^{n}\nu_i+k\Big)-(k+\eta_0)+r-1+\alpha_{r-1}+\beta_{r-1}-|A_{n_0}|-|B_{n_1}|\\&=\sum_{i=1}^{n}(\nu_i+1)-2\eta_0+r-|A_{n_0}|-|B_{n_1}|\leqslant\nu\end{aligned}$$

矛盾. 所得矛盾表明 $|\overline{M}(t)|\leqslant|M_p(t)|$,$t\in(a,b)$.

因为 $\mathrm{mes}\{t \mid M_p(t) \neq M(t)\} > 0$,所以 $\| \overline{M}(\cdot) \|_p <$ $\| M_p(\cdot) \|_p$.

(iii) 设 $|A| - |A_{n_0}|$ 为奇数,$|B| - |B_{n_1}|$ 为偶数,且 $A = Q_r$(即 A' 为空集),所以,若 $n_0 < r$,则 $A_{n_0} = Q_{r-n_0}$;若 $n_0 \geqslant r$,则 A_{n_0} 为空集,设 $x_1^{(p)}$ 为 $M_p(t)$ 的第一个节点,因为 $M_p(t)$ 满零点,所以根据定理 10.3.1,$M_p(t)$ 的各阶导数在某一个小区间 $(a, a+\delta) \subset (a, x_i^{(p)})$ 上严格单调. 取定 $\tau_0 \in (a, \delta)$,根据定理 10.3.5,存在 $\overline{M}(t) \in \mathscr{M}_{r,k}^1(A, B)$ 满足下列条件

$$\overline{M}(\tau_i) = 0, i = 0, 1, \cdots, \nu, k = \frac{1}{2}(\nu + 1 + |B|)$$

则 $k \leqslant N$,所以 $\overline{M}(t) \in \mathscr{M}_{r,N}^1(A, B)$,且

$$\operatorname{sgn} \overline{M}(t) = \begin{cases} -\operatorname{sgn} M_p(t), t \in (a, \tau_0) \\ \operatorname{sgn} M_p(t), t \in (\tau_0, b) \end{cases}$$

因为 $M^{(j)}(t)$ 在 (a, τ_0) 内严格单调,且在 a 的右邻域内 $\overline{M}(t) = \dfrac{(t-a)^r}{r!}$,所以

$$|\overline{M}(t)| \leqslant |M_p(t)|, t \in (a, \tau_0)$$

再由(i),(ii) 的证明方法,即可证得

$$|\overline{M}(t)| \leqslant |M_p(t)|, t \in [\tau_0, b)$$

(iv) 当 $|A| - |A_{n_0}|$,$|B| - |B_{n_1}|$ 均为奇数;$|A| - |A_{n_0}|$ 为偶数,$|B| - |B_{n_1}|$ 为奇数,且 B' 非空;$|A| - |A_{n_0}|$ 为偶数,$|B| - |B_{n_1}|$ 为奇数,且 B' 为空集时可以分别按(i)(ii)(iii) 三种情况类似处理.

根据定理 10.1.1,定理 10.5.3,立即得:

定理 10.5.4 设 $0 \leqslant \alpha_1 < \cdots < \alpha_l < r-1, 0 \leqslant \beta_1 < \cdots < \beta_m \leqslant r-1, 1 \leqslant \nu_i \leqslant r (i = 1, \cdots, n)$,$\sum_{i=1}^{n} \nu_i \leqslant N, 2N \geqslant 2r - (l+m)$,则在 $W_q^r[a, b] (1 <$

$q \leqslant +\infty$）上的一切求积公式

$$\int_a^b f(t)\mathrm{d}t = \sum_{i=1}^{n}\sum_{j=0}^{\nu_i-1} a_{i,j} f^{(j)}(x_i) + \sum_{i=1}^{l} a_i f^{(\alpha_i)}(a) + \sum_{j=1}^{m} b_j f^{(\beta_j)}(b) + R(f)$$

中，最优求积公式存在，且最优者形如

$$\int_a^b f(t)\mathrm{d}t = \sum_{i=1}^{N} d_i^* f(x_i) + \sum_{i=1}^{l} a_i^* f^{(\alpha_i)}(a) + \sum_{j=1}^{m} b_j^* f^{(\beta_j)}(b) + R(f)$$

其中 $d_i^* > 0 (i=1,\cdots,N)$ 有

$$a < x_1^* < \cdots < x_N^* < b$$

由定理 10.5.3 立即得重节点单样条和单节点的单样条的比较定理及相应的最优求积误差的比较定理.

定理 10.5.5　求 $\mathscr{B}=(A,B)$ 为拟 Hermite 型的边界条件 $2N \geqslant |A|+|B|$.

(i) 任取 $M(t) \in \mathscr{M}_{r,N}(A,B)$，则存在 $\overline{M}(t) \in \mathscr{M}_{r,k}^1(A,B)$，$k \leqslant N$，使得

$$|\overline{M}(t)| \leqslant |M(t)|$$

(ii) 设 $k \leqslant \frac{1}{2}\sum_{i=1}^{n}(\nu_i+1)$，$2k \geqslant |A|+|B|$，则

$$R_k(W_q^r[a,b],\mathscr{B}^*) \leqslant R(W_q^r[a,b],\nu_1,\cdots,\nu_n,\mathscr{B}^*) \tag{10.141}$$

其中 $R_k(W_q^r[a,b],\mathscr{B}^*) = R_k(W_q^r[a,b],1,\cdots,1,\mathscr{B}^*)$，1 重复 k 次. 如存在 $\nu_i > 1$，$i \in \{1,\cdots,n\}$，则式 (10.141) 中的不等号严格成立.

§6 $W_q^r[a,b],\widetilde{W}_q^r[a,b](1<q\leqslant+\infty)$ 上指定节点重数的最优求积公式的存在性

设$\{\nu_1,\cdots,\nu_n\}$为给定的自然数组,$1\leqslant\nu_i\leqslant r(i=1,\cdots,n)$,显然每一个节点组 $\boldsymbol{x}=\{(x_1,\nu_1),\cdots,(x_n,\nu_n)\}$ 均可以看作 $\mathbf{R}^N(N=\nu_1+\cdots+\nu_n)$ 中的一个点组. 设 $\Omega_N=\{\boldsymbol{y}=(\tau_1,\cdots,\tau_N)\in\mathbf{R}^N\mid a\leqslant\tau_1\leqslant\cdots\leqslant\tau_N\leqslant b\}$. 令 $\boldsymbol{x}\in\Omega_N$,设

$$\boldsymbol{x}=\{(a,n_0),(x_1,\rho_1),\cdots,(x_m,\rho_m),(b,n_1)\}$$

其中

$$n_0\geqslant 0,n_1\geqslant 0,\rho_k>0(k=1,\cdots,m)$$
$$a<x_1<\cdots<x_m<b$$

令 $\mu_k=\min(r,\rho_k)(k=1,\cdots,m)$,置

$$[\boldsymbol{x}]_r=\{(x_1,\mu_1),\cdots,(x_m,\mu_m)\}$$

本节中我们考虑 $\mathscr{B}$ 为周期边界条件或 $\mathscr{B}$ 为零边界条件(ZBC),即 $\mathscr{B}=(A,B)$ 有

$$A=\{0,1,\cdots,r-\nu-1\},0\leqslant\nu\leqslant r$$
$$\nu=r \text{ 表示 } A \text{ 为空集}$$
$$B=\{0,1,\cdots,r-\mu-1\},0\leqslant\mu\leqslant r$$
$$\mu=r \text{ 表示 } B \text{ 为空集}$$

如 $\mathscr{B}=\text{PBC}$,则令 $\mathscr{B}(\boldsymbol{x})=\mathscr{B}$,如 $\mathscr{B}=\text{ZBC}$,则

$$\mathscr{B}(\boldsymbol{x})=\begin{cases}M^{(j)}(a)=0,j\in A_{n_0}\\M^{(j)}(b)=0,j\in B_{n_1}\end{cases}$$

其中

$$A_{n_0}=\{0,1,\cdots,r-\nu-n_0-1\}$$
$$B_{n_1}=\{0,1,\cdots,r-\mu-n_0-1\}$$

若 $r-\nu-n_0-1<0$(即 $n_0>|A|$),则 $M(t)$ 的左端为自由边界,若 $r-\mu-n_1-1<0$(即 $n_1>|B|$),则 $M(t)$ 的右端为自由边界.往下,我们约定对每一 $\boldsymbol{x}\in\Omega_N$,$M(\boldsymbol{x},t)$ 表示一切以 $[\boldsymbol{x}]_r$ 为固定节点组的 r 次单样条的全体 $\mathscr{M}_r([\boldsymbol{x}]_{r,\mu_1,\cdots,\mu_m}\mathscr{B}(\boldsymbol{x}))$ 中具有最小 L^p 范数.对每一 $\boldsymbol{x}\in\Omega_N$,类似地给出 $R_q(\cdot)$ 及 $F(\cdot,t)$ 的定义(见定理 1.5-1).对每一 $\boldsymbol{y}=(\tau_1,\cdots,\tau_N)$,令

$$\|y\|=\max_{1\leqslant k\leqslant N}|\tau_k|$$

以 $\overline{\Omega}(\nu_1,\cdots,\nu_n)$ 表示 $\Omega(\nu_1,\cdots,\nu_n)$ 的闭包.

下面的定理说明了 $F(\boldsymbol{x},t)$ 及 $R_q(\boldsymbol{x})$ 是 $\boldsymbol{x}$ 的连续函数.

定理 10.6.1　设 $1\leqslant p<+\infty$,$\boldsymbol{x}=\{(a,n_0),(x_1,\mu_1),\cdots,(x_n,\mu_n),(b,n_1)\}\in\overline{\Omega}(\nu_1,\cdots,\nu_n)$,$\boldsymbol{x}_k=\{(x_{k,1},\nu_1),\cdots,(x_{k,n},\nu_n)\}\in\Omega(\nu_1,\cdots,\nu_n)$;$\lim\limits_{k\to+\infty}\|\boldsymbol{x}-\boldsymbol{x}_k\|=0$,则存在 $\{F(\boldsymbol{x}_k,t)\}$ 的子序列(仍记为 $\{F(\boldsymbol{x}_k,t)\}$)使得

$$\lim_{k\to+\infty}\|F^{(j)}(\boldsymbol{x}_k,\cdot)-F^{(j)}(\boldsymbol{x},\cdot)\|_{C[a,b]}=0$$

$$j=0,1,\cdots,r-1$$

且在 $[a,b]\backslash\{\xi_1,\cdots,\xi_s\}$ 的任何紧子集上 $\{F^{(r)}(\boldsymbol{x}_k,t)\}$ 一致收敛到 $F^{(r)}(\boldsymbol{x},t)$,其中 $\{\xi_1,\cdots,\xi_s\}$ 为 $F^{(r)}(\boldsymbol{x},t)$ 的不连续点.

证　设 $\mathscr{B}=\mathrm{ZBC}$,根据定理 10.5.1,$F^{(j)}(\boldsymbol{x}_k,x_{k,i})=0$,$i=1,\cdots,n$,$j=1,\cdots,\nu_i-1$,所以根据假设条件 $\nu_1+\cdots+\nu_n+|A'|+|B'|\geqslant r$ 知 $F^{(j)}(\boldsymbol{x}_k,t)$ 在 $[a,b]$ 中至少有一个零点 $t_{k,j}$,因此

$$|F^{(j)}(\boldsymbol{x}_k,t)|=\left|\int_{t_{k,j}}^{t}F^{(j+1)}(\boldsymbol{x}_k,\tau)\mathrm{d}\tau\right|$$

$$\leqslant (b-a)\|F^{(j+1)}(\boldsymbol{x}_k,\cdot)\|_\infty$$

$(j=0,1,\cdots,r-1)$ 由定理 10.5.1 及 Hölder 不等式得

$$\|M(\boldsymbol{x}_k,\cdot)\|_p=R_q(\boldsymbol{x}_k)=\int_a^b F(\boldsymbol{x}_k,\tau)\mathrm{d}\tau$$

$$\leqslant (b-a)\|F(\boldsymbol{x}_k,\cdot)\|_\infty$$

$$\leqslant (b-a)^{r+1}\int_a^b |F^{(r)}(\boldsymbol{x}_k,\tau)|\mathrm{d}\tau$$

$$\leqslant (b-a)^{r+1}\|F^{(r)}(\boldsymbol{x}_k,\cdot)\|_q\cdot(b-a)^{\frac{1}{p}}$$

$$=(b-a)^{r+1+\frac{1}{p}},\frac{1}{p}+\frac{1}{q}=1 \qquad (10.142)$$

从而根据定理 10.4.1,存在 $\{M(\boldsymbol{x}_k,t)\}$ 的子序列(仍记为 $\{M(\boldsymbol{x}_k,t)\}$) 在 $[a,b]\backslash\{\eta_1,\cdots,\eta_s\}$ 上一致收敛到某个 $M^0(t)\in\mathscr{M}_r([\boldsymbol{x}]_r,\mu_1,\cdots,\mu_m,A_{n_0},B_{n_1})$,其中 $\{\eta_1,\cdots,\eta_s\}$ 为 $M^0(t)$ 的不连续点.

由式(10.142)得 $\|F(\boldsymbol{x}_k,\cdot)\|_\infty\leqslant(b-a)^{r+\frac{1}{p}}$,所以 $\{F(\boldsymbol{x}_k,\cdot)\}$ 关于 k 一致有界;根据定理 10.5.1 得

$$F(\boldsymbol{x}_k,t)=P(\boldsymbol{x}_k,t)+\sigma(\boldsymbol{x}_k)\int_a^b\frac{(\tau-t)_+^{r-1}}{(r-1)!}\cdot |M(\boldsymbol{x}_k,\tau)|^{p-1}\cdot \operatorname{sgn} M(\boldsymbol{x}_k,\tau)\mathrm{d}t \qquad (10.143)$$

其中 $P(\boldsymbol{x}_k,t)\in P_r$,由式(10.142)及(10.143)知 $\{P(\boldsymbol{x}_k,t)\}$ 关于 k 一致有界,故不妨设 $\lim\limits_{k\to+\infty}P(\boldsymbol{x}_k,t)=P(t)$.令

$$F(t)=P(t)+\sigma\int_a^b\frac{(\tau-t)_+^{r-1}}{(r-1)!}|M^0(\tau)|^{p-1}\operatorname{sgn} M^0(\tau)\mathrm{d}\tau$$

其中 $P(t)\in P_r,\sigma=\|M^0(\cdot)\|_p^{r-\frac{p}{q}}\left(\frac{1}{p}+\frac{1}{q}=1\right)$,则

$$\lim_{k\to+\infty}\|F^{(j)}(\boldsymbol{x}_k,\cdot)-F^{(j)}(\cdot)\|_{C[a,b]}=0$$

$$j=0,1,\cdots,r-1 \qquad (10.144)$$

$$F^{(j)}(x_i)=0,i=1,\cdots,m,j=0,1,\cdots,\mu_i-1$$
$$F^{(j)}(a)=0,j=0,1,\cdots,\min(r-1,\nu-1+n_0)$$
$$F^{(j)}(b)=0,j=0,1,\cdots,\min(r-1,\mu-1+n_1) \tag{10.146}$$

事实上，由$\{P_k^{(j)}(t)\}$一致收敛到$P^{(j)}(t)(j=0,1,\cdots,r-1\}$，立即得式(10.144)．下证式(10.145)．因为对每一个充分小的$h>0$，存在整数$k(h)>0$，使得当$k\geqslant k(h)$时，$F(\boldsymbol{x}_k,t)$在区间$J_i(h)=[x_i-h,x_i+h]$上至少有$\mu_i(i=1,\cdots,m)$个零点，所以$F^{(j)}(\boldsymbol{x}_k,t)$ $(j=0,1,\cdots,\mu_i-1)$，在$J_i(h)$中至少有一个零点$t_{k,j}$，因此

$$\begin{aligned}|F^{(j)}(\boldsymbol{x}_k,t)|&=\left|\int_{t_{k,j}}^{t}F^{(j+1)}(\boldsymbol{x}_k,\tau)\mathrm{d}t\right|\\&\leqslant 2h\max\{F^{(j+1)}(\boldsymbol{x}_k,\tau),\\&\quad\tau\in J_i(h)\},t\in J_k(h)\end{aligned}$$
$$j=0,1,\cdots,\min\{r-2,\mu_i-1\}$$

由 Holder 不等式及$\|F^{(r)}(\boldsymbol{x}_k,\cdot)\|_q=1$知，如$\mu_i=r$，则

$$\begin{aligned}|F^{(r-1)}(\boldsymbol{x}_k,t)|&=\left|\int_{t_{k,j}}^{t}F^{(r)}(\boldsymbol{x}_k,t)\mathrm{d}\tau\right|\\&\leqslant(2h)^{\frac{1}{p}},t\in J_i(h)\end{aligned}$$

于是得

$$\max\{F^{(j)}(\boldsymbol{x}_k,t),t\in J_i(h)\}\leqslant c\cdot(2h)^{\mu_i-1-j+\frac{1}{p}}$$
$$j=0,1,\cdots,\mu_i-1$$

其中c为仅和r及$b-a$有关的绝对常数，因为

$$\lim_{k\to+\infty}F^{(j)}(\boldsymbol{x}_k,x_i+h)=F^{(j)}(x_i+h)$$

所以对一切充分小的$h>0$，均有

$$|F^{(j)}(\boldsymbol{x}_i+h)|\leqslant c\cdot(2h)^{\mu_i-1-j+\frac{1}{p}},j=0,1,\cdots,\mu_i-1$$

因而

$$F^{(j)}(\boldsymbol{x}_i)=0, i=1,\cdots,m, j=0,1,\cdots,\mu_i-1$$

同理可证式(10.146). 故为证定理 10.6.1, 只需证 $F(\boldsymbol{x},t)\equiv F(t)$.

为此我们首先证明

$$\| M(\boldsymbol{x},\cdot)\|_p=\| M^0(\cdot)\|_p, 1\leqslant p<+\infty \tag{10.147}$$

令 $g(t)$ 表示以 x_i 为 $\mu_i(i=1,\cdots,m)$ 重节点且满足边界条件

$$g^{(k)}(a)=0, k\in A_{n_0}, g^{(l)}(b)=0, l\in B_{n_1}$$

的任一多项式样条,则 $g(t)$ 可以表示为

$$g(t)=\sum_{i=1}^{m}\sum_{j=0}^{\mu_j-1}c_{i,j}(t-x_i)_+^{r-j-1}+\sum_{k\in A'_{n_0}}c_k(t-a)^k$$

且 $g(t)$ 的系数满足条件

$$\sum_{i=1}^{m}\sum_{j=0}^{\nu_i-1}c_{i,j}\frac{(r-j-1)!}{(r-j-l-1)!}(b-x_i)^{r-j-l-1}+\sum_{k\in A'_{n_0}}c_k(b-a)^{k-l}=0, l\in B_{n_1}$$

其中 $A_{n'_0}=Q_r\backslash A_{n_0}$. 下证

$$\int_a^b |M^0(t)|^{p-1}\operatorname{sgn}M^0(t)g(t)\mathrm{d}t=0$$

事实上,根据式(10.145) 和(10.146), $F(t)$ 可以表示成

$$F(x)=-\sum_{l\in B_{n_1}}\lambda_l\frac{(b-x)^{r-1-l}}{(r-1-l)!}+\sigma\int_a^b\frac{(t-x)_+^{r-1}}{(r-1)!}\times |M^0(t)|^{p-1}\operatorname{sgn}M^0(t)\mathrm{d}t$$

且其系数满足条件

$$\int_a^b (t-a)^k |M^0(t)|^{p-1}\operatorname{sgn}M^0(t)\mathrm{d}t$$

$$=\frac{1}{\sigma}\sum_{l\in B_{n_1}}\lambda_l\frac{k!}{(k-l)!}(b-a)^{k-l},k\in A'_{n_0}$$

$$\int_a^b(t-x_i)_+^{r-j-1}\mid M^0(t)\mid^{p-1}\operatorname{sgn}M^0(t)\mathrm{d}t$$

$$=\frac{1}{\sigma}\sum_{l\in B_{n_1}}\lambda_l\frac{(r-1-j)!}{(r-1-j-l)!}(b-x_i)^{r-1-j-l}$$

$$i=1,\cdots,m,j=0,1,\cdots,\mu_i$$

其中 $\sigma=\|M^0(\cdot)\|_p^{-\frac{p}{q}}$ 并约定如 $i<0$,则 $\frac{1}{i!}=0$,故

$$\int_a^b\mid M^0(t)\mid^{p-1}\operatorname{sgn}M^0(t)g(t)\mathrm{d}t$$

$$=\frac{1}{\sigma}\sum_{l\in B_{n_1}}\lambda_l\Big(\sum_{i=1}^{m}\sum_{j=0}^{\mu_i-1}c_{i,j}\frac{(r-1-j)!}{(r-1-j-l)!}\cdot$$

$$(b-x_i)^{r-1-j-l}+\sum_{k\in A'_{n_0}}c_k\frac{k!}{(k-l)!}(b-a)^{k-l}\Big)=0$$

(10.148)

因为对一切 $M(t)\in\mathscr{M}_r([\boldsymbol{x}]_r,\mu_1,\cdots,\mu_m,\mathscr{B}(\boldsymbol{x}))$,$M(t)-M^0(t)$ 为以 x_i 为 $\mu_i(i=1,\cdots,m)$ 重节点的 $r-1$ 次多项式样条,且满足边界条件 $\mathscr{B}(\boldsymbol{x})$,所以由式(10.148)得

$$\begin{aligned}\int_a^b\mid M^0(t)\mid^p\mathrm{d}t&=\int_a^b\mid M^0(t)\mid^{p-1}\operatorname{sgn}M^0(t)\cdot M^0(t)\mathrm{d}t\\&=\int_a^b\mid M^0(t)\mid^{p-1}\operatorname{sgn}M^0(t)(M^0(t)-\\&\quad M^0(t)+M(t))\mathrm{d}t\\&=\int_a^b\mid M^0(t)\mid^{p-1}M(t)\cdot\operatorname{sgn}M^0(t)\mathrm{d}t\\&\leqslant\|M^0(t)\|_p^{p-1}\cdot\|M\|_p\end{aligned}$$

从而 $\|M^0\|_p\leqslant\|M\|_p$. 于是 $M^0(t)\in\mathscr{M}_r([\boldsymbol{x}]_r,\mu_1,\cdots,\mu_m,\mathscr{B}(\boldsymbol{x}))$,且具有最小 L^p 范数,从而式(10.

147) 成立,且

$$M(\boldsymbol{x},t)=M^0(t),1<p<+\infty$$

$$\operatorname{sgn} M(\boldsymbol{x},t)=\operatorname{sgn} M^0(t),p=1$$

从而

$$F(t)=P(t)+\sigma(\boldsymbol{x})\int_a^b \frac{(\tau-t)_+^{r-1}}{(r-1)!}\mid M(\boldsymbol{x},\tau)\mid^{p-1}\cdot$$

$$\operatorname{sgn} M(\boldsymbol{x},\tau)\mathrm{d}\tau$$

由式(10.145)和(10.146)知,如令

$$\delta(t)=F(\boldsymbol{x},t)-F(t)$$

则 $\delta(t)\in P_r$,且 $\delta(t)$ 至少有 $\nu_1+\cdots+\nu_n+|A'_{n_0}|+|B'_{n_1}|\geqslant r$ 个零点,从而$\delta(t)\equiv 0$,即 $F(\boldsymbol{x},t)\equiv F(t)$. 因此从式(10.144)知定理成立. 类似可证 $\mathscr{B}=\mathrm{PBC}$ 的情况.

引理 10.6.1 设 $1\leqslant\nu_i\leqslant r(i=1,\cdots,n)$,满足偶性条件,$M(\boldsymbol{x},t)$ 是 $\mathscr{M}_r(\nu_1,\cdots,\nu_n,\mathscr{B})$ 中具有最小 L^p 范数$(1\leqslant p<+\infty)$,若 $M(\boldsymbol{x},t)$ 在 x_i 处不连续,则对一切满足条件 $m_1+m_2=r$ 的正整数m_1,m_2,存在 $\varepsilon>0$,使得

$$\|M(\boldsymbol{x}_\varepsilon,\cdot)\|_p<\|M(\boldsymbol{x},\cdot)\|_p$$

其中

$$\boldsymbol{x}_\varepsilon=\{(x_1,\nu_1),\cdots,(x_{i-1},\nu_{i-1}),(x_i-\varepsilon,m_1),$$

$$(x_i,m_2),(x_{i+1},\nu_{i+1}),\cdots,(x_n,\nu_n)\}$$

证 因为 $M(\boldsymbol{x},t)$ 在 x_i 处不连续,所以 $\nu_i=r$,且 r 为奇数,根据式(10.130),$M(\boldsymbol{x},x_i-0)=-M(\boldsymbol{x},x_i+0)\neq 0$,不失一般性,假设 $M(\boldsymbol{x},x_i+0)=h>0$,构造 r 次单样条$\widetilde{M}(t)$,使得 $x_i-\varepsilon$ 及 x_i 分别是其m_1,m_2 重节点,而当 $t\,\overline{\in}\,(x_i-\varepsilon,x_i)$ 时,$\widetilde{M}_\varepsilon(t)=M(\boldsymbol{x},t)$,于是当 $t\in(x_i-\varepsilon,x_i)$ 时,$\widetilde{M}_\varepsilon(t)=M(\boldsymbol{x},t)+Q(t)$,其

中 $Q(t)\in P_r$，且由以下条件唯一确定

$$Q^{(j)}(x_i-\varepsilon)=0,j=0,1,\cdots,r-m_1-1$$

$$Q^{(j)}(x_i)=M^{(j)}(\boldsymbol{x},x_i+0)-M^{(j)}(\boldsymbol{x},x_i-0)$$

$$j=0,1,\cdots,r-m_2-1$$

记 $l=r-m_1-1,m=r-m_2-1$ 由 Hermite 插值公式得

$$Q(t)=\left\{\frac{[t-(x_i-\varepsilon)]}{\varepsilon}\right\}^{l+1}\sum_{j=0}^{m}(-1)^j\frac{(x_i-t)^j}{j!}\cdot$$

$$Q^{(j)}(x_i)\sum_{k=0}^{m-j}\binom{l+k}{k}\left(\frac{(x_i-t)}{\varepsilon}\right)^k$$

为证当 ε 充分小时 $\|\widetilde{M}_\varepsilon\|_p<\|M(\boldsymbol{x},\cdot)\|_p$，只需证

$$\|\widetilde{M}_\varepsilon\|_{p[x_i-\varepsilon,x_i]}<\|M(\boldsymbol{x},\cdot)\|_{p[x_i-\varepsilon,x_i]}$$

因为一方面

$$\lim_{\varepsilon\to0}\frac{1}{\varepsilon}\int_{x_i-\varepsilon}^{x_i}|M(\boldsymbol{x},t)|^p\mathrm{d}t=|M(\boldsymbol{x},x_i-0)|^p=h^p$$

另一方面

$$\lim_{\varepsilon\to0}\frac{1}{\varepsilon}\int_{x_i-\varepsilon}^{x_i}|\widetilde{M}_\varepsilon(t)|^p\mathrm{d}t$$

$$=\lim_{\varepsilon\to0}\frac{1}{\varepsilon}\int_{x_i-\varepsilon}^{x_i}|M(\boldsymbol{x},t)+Q(t)|^p\mathrm{d}t$$

$$=\lim_{\varepsilon\to0}\int_0^1|M(\boldsymbol{x},\varepsilon t+x_i-\varepsilon)+Q(\varepsilon t+(x_i-\varepsilon))|^p\mathrm{d}t$$

$$=\int_0^1|M(\boldsymbol{x},x_i-0)+$$

$$Q(x_i)t^{l+1}\sum_{k=0}^{m}\binom{l+k}{k}(1-t)^k|^p\mathrm{d}t$$

$$=\int_0^1|-h+2ht^{l+1}\sum_{k=0}^{m}\binom{l+k}{k}(1-t)^k|^p\mathrm{d}t$$

$$=h^p\int_0^1|-1+H(t)|^p\mathrm{d}t$$

其中 $H(t)=2t^{l+1}\sum_{k=0}^{m}\binom{l+k}{k}(1-t)^k$. 因为 $H^{(j)}(0)=0, j=0,1,\cdots,l+1, H(1)=2, H^{(j)}(1)=0, j=1,\cdots,m, l+1+m=r-1$ 所以由 Rolle 定理知当 $t\in(0,1)$ 时, $H'(t)>0$,因此在 $(0,1)$ 中, $H(t)$ 为严格增函数,所以当 $t\in(0,1)$ 时, $|-1+H(t)|<1$,从而当 ε 充分小时, $\|\widetilde{M}_\varepsilon(\cdot)\|_p<\|M(\boldsymbol{x},\cdot\|_p$. 于是存在 $\varepsilon>0$,使得 $\|M(\boldsymbol{x}_\varepsilon,\cdot)\|_p<\|M(\boldsymbol{x},\cdot)\|_p$.

引理 10.6.2 设 $1\leqslant\nu_i\leqslant r(i=1,\cdots,n)$ 满足偶性条件,设 $M(\boldsymbol{x},t)$ 是 $\mathscr{M}_r(\nu_1,\cdots,\nu_n,\mathscr{B})$ 中具有最小 $L^p(1\leqslant p<+\infty)$ 范数,其中 $\mathscr{B}=\mathrm{ZBC}$, A 为空集(即 $\mu=r$, $M(\boldsymbol{x},t)$ 在 $t=a$ 处具有自由边界),则对一切满足条件 $m_1+m_2=r$ 的正整数,存在 $\varepsilon>0$,使得

$$\|M(\boldsymbol{x}_\varepsilon,\cdot)\|_p<\|M(\boldsymbol{x},\cdot)\|_p$$

其中 $M(\boldsymbol{x}_\varepsilon,t)$ 为 $\mathscr{M}_r(\boldsymbol{x}_\varepsilon,\nu_1,\cdots,\nu_n,\widetilde{\mathscr{B}})$ 中具有最小 L^p 范数,其中

$$\boldsymbol{x}_\varepsilon=\{(a+\varepsilon,r-m_2),(x_1,\nu_1),\cdots,(x_n,\nu_n)\}$$

$$\widetilde{\mathscr{B}}=(\widetilde{A},B),\widetilde{A}=\{0,1,\cdots,m_1-1\}$$

$$B=\{0,1,\cdots,r-\mu-1\}$$

证 根据引理 10.5.2, $M(\boldsymbol{x},t)$ 满零点,所以根据定理 10.3.1, $M(\boldsymbol{x},a)\neq 0$,不妨设 $M(\boldsymbol{x},a)=h>0$,构造 r 次的单样条 $\widetilde{M}_\varepsilon(t)$,使得 $a+\varepsilon$ 是其 $r-m_2$ 重节点,且 $\widetilde{M}_\varepsilon(t)$ 满足边界条件 $\widetilde{\mathscr{B}}$,而当 $t\in(a+\varepsilon,b)$ 时, $\widetilde{M}_\varepsilon(t)=M(\boldsymbol{x},t)$. 于是当 $t\in(a,a+\varepsilon)$ 时, $\widetilde{M}_\varepsilon(t)=M(\boldsymbol{x},t)-P(t)$,其中 $P\in P_r$,而

$$P^{(j)}(a)=M^{(j)}(\boldsymbol{x},a),j=0,1,\cdots,m_1-1$$

$$P^{(j)}(a+\varepsilon)=0,j=0,1,\cdots,m_2-1$$

于是

$$\lim_{\varepsilon\to 0}\frac{1}{\varepsilon}\int_a^{a+\varepsilon}|\widetilde{M}_\varepsilon(t)|^p\mathrm{d}t=|M(\boldsymbol{x},a)|^p\int_0^1|1-s(t)|^p\mathrm{d}t$$

其中 $s(t)\in P_r$，且

$$\begin{cases}s^{(j)}(0)=\delta_{0,j},j=0,1,\cdots,m_1-1\\ s^{(j)}(1)=0,j=0,1,\cdots,m_2-1\end{cases}\tag{10.149}$$

根据式(10.149)，$s'(t)$ 在(0,1)中没有零点，因为 $s(1)=0,s(0)=1$，所以 $s(t)$ 在(0,1)中严格的单调减函数，于是当 $t\in(0,1)$ 时，$0<s(t)<1$，因此 $\int_0^1|1-s(t)|^p\mathrm{d}t<1$，另一方面

$$\lim_{\varepsilon\to+\infty}\frac{1}{\varepsilon}\int_a^{a+\varepsilon}|M(\boldsymbol{x},t)|^p\mathrm{d}t=|M(\boldsymbol{x},a)|^p$$

所以对充分小的 ε，$\|\widetilde{M}_\varepsilon(\cdot)\|_p<\|M(\boldsymbol{x},\cdot)\|_p$，于是存在 $\varepsilon>0$，使得 $\|M(\boldsymbol{x}_\varepsilon,\cdot)\|_p<\|M(\boldsymbol{x},\cdot)\|_p$.

引理 10.6.3　设 h 为任意正数，$f\in C^r[\tau-h,\tau+h]$. 若 $f(t)$ 在 $[\tau-h,\tau+h]$ 上恰有 r 个零点，且 $f(\tau-h)=f(\tau+h)=0$，$0<c<f^{(r)}(t)<d$，则对一切 $t\in[\tau-h,\tau+h]$ 有

$$\beta-\alpha>\sqrt{c}(dr!\ 2^{r-2})^{-\frac{1}{2}}h$$

其中 α,β 为 $f^{(r-2)}(t)$ 在 $[\tau-h,\tau+h]$ 中的两个零点.

证　因为 $f^{(r)}(t)>0(t\in[\tau-h,\tau+h])$，所以 $f^{(k)}(t)$ 在 $[\tau-h,\tau+h]$ 中恰有 $r-k$ 个零点 $\{t_{k,j}\}$ $(j=1,\cdots,r-k)$，$t_{k,1}\leqslant\cdots\leqslant t_{k,r-k}(k=0,1,\cdots,r-1)$，所以

$$f^{(k)}(t)=\int_{t_{k,1}}^t f^{(k+1)}(\tau)\mathrm{d}\tau,k=0,1,\cdots,r-2$$

于是得

$$\max\{|f^{(k)}(t)|\mid t_{k,1}\leqslant t\leqslant t_{k,r-k}\}$$

$$\leqslant \max\{|f^{(k+1)}(t)| \mid t_{k+1,1} \leqslant t \leqslant t_{k+1,r-k-1}\} \times (t_{k,r-k} - t_{k,1}) \quad (10.150)$$

设 ξ 是 $f^{(r-1)}(t)$ 在 $[\tau-h,\tau+h]$ 中唯一的零点,则

$$\max\{|f^{(r-2)}(t)| \mid \alpha \leqslant t \leqslant \beta\} = |f^{(r-2)(\xi)}| \leqslant d(\beta-\alpha)^2$$

因为 $t_{k,1} \leqslant \xi \leqslant t_{k,r-k}, k=0,1,\cdots,r-2$,重复用式(10.150)得

$$|f^{(k)}(\xi)| \leqslant (2h)^{r-k-2} d(\beta-\alpha)^2, k=0,1,\cdots,r-2$$

若 $\xi \leqslant \tau$,则根据 Taylor 公式

$$f(t) = \sum_{k=0}^{r-2} \frac{f^{(k)}(\xi)(t-\xi)^k}{k!} + \frac{1}{(r-1)!}\int_\xi^t (t-u)^{r-1} f^{(r)}(u)\mathrm{d}u$$

再根据引理的条件 $f^{(r)}(t) \geqslant c$ 得

$$f(t) \geqslant \frac{c}{(r-1)!}\int_\xi^t (t-u)^{r-1}\mathrm{d}u - \sum_{k=0}^{r-2} |f^{(k)}(\xi)| \frac{(t-\xi)^k}{k!} > \frac{c(t-\tau)^r}{r!} - d(\beta-\alpha)^2(2h)^{r-2}, t \geqslant \tau$$

特别取 $t=\tau+h$,则得

$$\frac{ch^r}{r!} - d(\beta-\alpha)^2(2h)^{r-2} < f(\tau+h) = 0$$

如果 $\tau \leqslant \xi$,同理证得 $t \leqslant \tau$ 时

$$f(t) < -c\frac{(\tau-t)^r}{r!} + d(\beta-\alpha)^2(2h)^{r-2}, r \text{ 为奇数}$$

$$f(t) > -c\frac{(\tau-t)^r}{r!} - d(\beta-\alpha)^2(2h)^{r-2}, r \text{ 为偶数}$$

由引理的条件 $f(\tau-h)=0$,立即得

$$d(\beta-\alpha)^2(2h)^{r-2} > \frac{ch^r}{r!}$$

引理 10.6.3 成立.

推论 10.6.1　在引理 10.6.3 的条件下,存在和 h 无关的绝对常数 $c_1 > 0$,使得

$$\min(\xi-a,\xi-b) > c_1 h$$

其中 ξ 为 $f^{(r-1)}(t)$ 在 $(\tau-h,\tau+h)$ 中的零点.

证　设 $a \leqslant \alpha < \xi < \beta \leqslant b$,因为 $f^{(r-2)}(\alpha) = f^{(r-2)}(\beta) = 0$,所以当 $t \in [\tau-h,\tau+h]$ 时,由 $f^{(r-1)}(\xi)=0$,得 $c\,|t-\xi| \leqslant |f^{(r-1)}(t)| \leqslant d\,|t-\xi|$,从而得

$$\frac{d}{2}(\xi-\alpha)^2 \geqslant \left|\int_\alpha^\xi f^{(r-1)}(u)\mathrm{d}u\right| = \left|\int_\xi^\beta f^{(r-1)}(u)\mathrm{d}u\right| \geqslant \frac{c}{2}(\beta-\xi)^2$$

同理可证 $d(\beta-\xi)^2 \geqslant c(\xi-\alpha)^2$,考虑到 $\max(\xi-\alpha, \beta-\xi) \geqslant \frac{1}{2}(\beta-\alpha)$,从而得

$$\min(\beta-\xi,\xi-\alpha) \geqslant \frac{1}{2}\sqrt{\frac{c}{d}}(\beta-\alpha) \geqslant \frac{1}{2}(r!\ 2^{r-2})^{-\frac{1}{2}}\ \frac{c}{d}h$$

下面证明本节的主要定理.

定理 10.6.2　给定数组 $\{\nu_1,\cdots,\nu_n\}$,$1 \leqslant \nu_i \leqslant r$ $(i=1,\cdots,n)$,边界条件 $\mathscr{B}=$ ZBC 或 PBC,$1 \leqslant p < +\infty$,则存在 r 次单样条 $M(t) \in \mathscr{M}_r(\nu_1,\cdots,\nu_n,\mathscr{B})$,具有最小 L^p 范数,且其节点和系数满足以下关系

$$a < x_1 < \cdots < x_n < b$$

$$c_{i,\nu_i-1}=0, c_{i,j}>0, j=0,2,\cdots,\nu_i-2, \nu_i \text{ 为偶数}$$
$$c_{i,\nu_i-1}>0, j=0,2,\cdots,\nu_i-1, \nu_i \text{ 为奇数}$$
$$(10.151)$$

证　首先假设 $\nu_i(i=1,\cdots,n)$ 满足偶性条件. 令 $\{\boldsymbol{x}_k\}$ 为极值问题

$$\inf\{\|M\|_p, M\in\mathscr{M}_r(\nu_i,\cdots,\nu_n,\mathscr{B})\}$$

的最小化序列,则 $\{\|M(\boldsymbol{x}_k,\cdot)\|_p\}$ 一致有界. 根据定理 10.4.2,存在 $\{\boldsymbol{x}_k\}$ 的子序列(仍记为 $\{\boldsymbol{x}_k\}$),使得

$$\lim_{k\to+\infty}\|\boldsymbol{x}_k-\boldsymbol{x}\|_p, \boldsymbol{x}\in\overline{\Omega}(\nu_1,\cdots,\nu_n)$$

并且

$$\lim_{k\to+\infty}\|M(\boldsymbol{x}_k,\cdot)\|_p=\|M(\boldsymbol{x},\cdot)\|_p$$

其中

$$\boldsymbol{x}=\{(a,n_0),(x_1,\rho_1),\cdots,(x_m,\rho_m),(b,n_1)\}$$
$$0\leqslant m\leqslant n$$

我们必需证明 $\boldsymbol{x}\in\Omega(\nu_1,\cdots,\nu_n)$,为此只需证 $a<x_1$, $x_m<b$,且 $m=n$. 当 $\mathscr{B}=\mathrm{PBC}$ 时,由周期函数的范数平移不变性,立即知必定可以使 $a<x_1$, $x_m>b$. 现设 $\mathscr{B}=\mathrm{ZBC}$,假定当 $k\to+\infty$ 时,$\{x_{k,1}\},\cdots,\{x_{k,s}\}\to a$,则 $n_0=\nu_1+\cdots+\nu_s>0$. 根据引理 10.6.2,$n_0<r-|A|=r-\nu$. 因为 $M(\boldsymbol{x},t)$ 满足边界条件 $\mathscr{B}(\boldsymbol{x})$,所以

$$F^{(j)}(\boldsymbol{x},a)=0, j=0,1,\cdots,\nu+n_0-1$$

令 $h_0=(x_1-a)/3$,h 为 $(0,h_0)$ 中任意一点. 令

$$\boldsymbol{x}_h=\{(a,n_0-\nu_s),(a+h,\nu_s),(x_1,\rho_1),\cdots,(x_m,\rho_m),(b,n_1)\}$$

显然 $\boldsymbol{x}_h\in\overline{\Omega}(\nu_1,\cdots,\nu_n)$,所以

$$\|M(\boldsymbol{x},\cdot)\|_p\leqslant\|M(\boldsymbol{x}_h,\cdot)\|_p \quad (10.152)$$

令 $\mu_k=\min(\rho_k,r)$, $k=1,\cdots,m$, $\mu_0=\nu+n_0=|A|+n_0$,

$\mu_{m+1}=\min(n_1+\mu,r)=\min(|B|+n_1,r)$，令

$$I(f)=\sum_{j=0}^{\mu_0-1}a_jf^{(j)}(a)+\sum_{j=0}^{\mu_{m+1}-1}b_jf^{(j)}(b)+\sum_{i=1}^{m}\sum_{j=0}^{\mu_i-1}a_{i,j}f^{(j)}(x_k)\overset{\text{df}}{=\!=}Q(f)\quad(10.153)$$

表示以$[\boldsymbol{x}]_r$为节点组，且满足边界条件$\mathscr{B}^*(\boldsymbol{x})$的$W_q^r[a,b]$上的 Sard 意义下的最佳求积公式. 以$R_q(\boldsymbol{x})$表示求积公式(10.153)在$W_q^r[a,b]$上的误差，其中

$$[\boldsymbol{x}]_r=\{(x_1,\mu_1),\cdots,(x_m,\mu_m)\}$$

因为$F(\boldsymbol{x}_h,t)\in W_q^r[a,b]$，所以

$$I(F(\boldsymbol{x}_h;\cdot))-Q(F(\boldsymbol{x}_h;\cdot))\leqslant R_q(\boldsymbol{x})=\|M(\boldsymbol{x},\cdot)\|_p\quad(10.154)$$

根据定理 10.1.1 及定理 10.5.1 得

$$Q(F(\boldsymbol{x}_h,\cdot))=\sum_{j=0}^{\mu_0-1}a_jF^{(j)}(\boldsymbol{x}_h,a)\overset{\text{df}}{=\!=}\varepsilon(h)$$

$$I(F(\boldsymbol{x}_h))=\|M(\boldsymbol{x}_h,\cdot)\|_p$$

于是式(10.154)可以写成

$$\|M(\boldsymbol{x}_h;\cdot)\|_p-\varepsilon(h)\leqslant\|M(\boldsymbol{x};\cdot)\|_p\quad(10.155)$$

因为$\boldsymbol{x}$是$(\mu_1,\cdots,\mu_m,\mathscr{B}(\boldsymbol{x}))$型最优的，所以根据式(10.128)及定理 10.1.1，推得

$$a_{\mu_0-1}>0$$

根据引理 10.5.2，$F^{(\mu_0)}(\boldsymbol{x},a)>0$. 根据定理 10.6.1，由$F^{(\mu_0)}(\boldsymbol{x},t)$在$[a,a+h]$内关于$\boldsymbol{x}$的连续性知存在常数$c_1>0,c_2>0$及正数$h_1\leqslant h_0$使得

$$c_2\geqslant F^{(\mu_0)}(\boldsymbol{x}_h;t)\geqslant c_1>0,t\in[a,a+h_1]\quad(10.156)$$

根据定理 10.5.1，对每一$h\in[a,a+h_1]$，$F(\boldsymbol{x}_h,t)$在

$[a,a+h]$ 内至少有 μ_0 个零点,故根据 Rolle 定理及式(10.156),知 $F(\boldsymbol{x}_h,t)$ 在$[a,a+h]$ 内恰有 μ_0 个零点. 由式(10.156) 知 $-F^{(\mu_0-1)}(\boldsymbol{x}_h;a)>c_1(\xi-a)$,其中 ξ 是 $F^{(\mu_0-1)}(\boldsymbol{x}_h,t)$ 在$[a,a+h]$ 内唯一的零点. 另一方面,根据推论 10.6.1,存在常数 $c_3>0$,使得 $\xi-a\geqslant c_3h$,所以

$$-F^{(\mu_0-1)}(\boldsymbol{x}_h;a)\geqslant c_1\cdot c_3h$$

再根据式(10.156) 及 $F^{(j)}(\boldsymbol{x}_h;a)$ 在$[a,a+h]$ 内恰有 $\mu_0-j(j=0,1,\cdots,\mu_0)$ 个零点,因此存在常数 $c>0$,使得

$$|F^{(j)}(\boldsymbol{x}_h,\cdot)|\leqslant ch^{\mu_0-j},j=0,1,\cdots,\mu_0-1$$

于是

$$\varepsilon(h)=\sum_{j=0}^{\mu_0-2}a_jF^{(j)}(\boldsymbol{x}_h,a)-a_{\mu_0-1}(-F^{(\mu_0-1)})(\boldsymbol{x}_h,a))$$

$$<-a_{\mu_0-1}c_1\cdot c_3\cdot h+c\cdot\sum_{j=0}^{\mu_0-2}|a_j|h^{\mu_0-j}$$

所以当 h 充分小时 $\varepsilon(h)<0$. 于是根据式(10.155) 得

$$\|M(\boldsymbol{x}_h,\cdot)\|_p<\|M(\boldsymbol{x},\cdot)\|_p$$

和式(10.152) 矛盾. 所得矛盾表明 $n_0=0$,同理可证 $n_1=0$.

下证 $m=n$. 若 $m<n$,则存在某 x_i 使得 $\rho_i=\nu_i+\cdots+\nu_{i+s},s\geqslant 1$. 不难证得 $\max(\nu_i,\cdots,\nu_{i+s})<r$. 事实上如 $\max(\nu_i,\cdots,\nu_{i+s})=\nu_k=r$,则构造节点组

$$\begin{aligned}\boldsymbol{z}=\{&(x_1,\rho_1),\cdots,(x_{k-1},\rho_{k-1}),\\&(x_k,r),(x_{k+1},\rho_{k+1}),\cdots,\\&(x_m,\rho_m),(t_0,\nu_{k+1},+\cdots+\nu_{k+s})\}\end{aligned}$$

其中 $t_0\in(x_m,b)$,则 $\boldsymbol{z}$ 可以表达为 $\Omega(\nu_1,\cdots,\nu_n)$ 中序列$\{z_i\}$ $(i=1,\cdots,+\infty)$ 的极限点,即 $\boldsymbol{z}\in\overline{\Omega}(\nu_1,\cdots,$

ν_n)，一方面根据节点组 $\boldsymbol{x}$ 的最优性，有

$$R_q(\boldsymbol{x}) = \| M(\boldsymbol{x};\cdot) \|_p \leqslant \| M(\boldsymbol{z};\cdot) \|_p = R_q(\boldsymbol{z}) \tag{10.157}$$

另一方面，根据定理 10.5.1，由 $F(\boldsymbol{z},t) \in W_q^{r,0}([\boldsymbol{x}]_r, \mathscr{B}^*)$ 得

$$\begin{aligned} R_q(\boldsymbol{z}) &= \int_a^b F(\boldsymbol{z},t)\mathrm{d}t \\ &\leqslant \max\{I(f) \mid f \in W_q^{r,0}([\boldsymbol{x}]_r, \mathscr{B}^*)\} \\ &= \int_a^b F(\boldsymbol{x},t)\mathrm{d}t = R_q(\boldsymbol{x}) \end{aligned} \tag{10.158}$$

且 $F(\boldsymbol{x},t)$ 为 $W_q^{r,0}([\boldsymbol{x}]_r, \mathscr{B}^*)$ 中达到极大误差 $R_q(\boldsymbol{x})$ 的唯一的函数. 因为 $F(\boldsymbol{z},t_0)=0$，而 $F(\boldsymbol{x},t_0) \neq 0$，所以 $F(\boldsymbol{z},\cdot) \neq F(\boldsymbol{x},\cdot)$，因此不等式(10.158) 是严格的，这和式(10.157) 矛盾. 所以得矛盾表明 $\max(\nu_i,\cdots,\nu_{i+s}) < r$.

因为$[\boldsymbol{x}]_r$ 是$(\mu_1,\cdots,\mu_m,\mathscr{B})$ 型最优的，所以根据引理 10.6.1，若 r 是奇数，则 $\rho_i < r$. 事实上，若 $\rho_i \geqslant r$，r 为奇数，则 $M(\boldsymbol{x},t)$ 在 x_i 处不连续，因此根据引理 10.6.1，$[\boldsymbol{x}]_r$ 不是最优的，所以不妨设 $\mu_i = \min(r,\rho_i)$ 为偶数. 根据引理 10.5.2($\mu_i < r$) 及式(10.130)($\mu_i = r$)，得

$$F^{(\mu_i)}(\boldsymbol{x},x_i) > 0 \tag{10.159}$$

设 $x_0 = a, x_{m+1} = b, 0 \leqslant h \leqslant h_0 = \min\{x_i - x_{i-1}, 1 \leqslant i \leqslant m+1\}$

令

$$\begin{aligned} \boldsymbol{x}_h = \{&(x_1,\mu_1),\cdots,(x_{i-1},\nu_{i-1}),(\tau-h,\nu_i),(\tau+h, \\ &\mu_i-\nu_i),(x_{i+1},\mu_{i+1}),\cdots,(x_m,\mu_m)\} \end{aligned}$$

其中 $\tau \in [x_i - h, x_i + h]$($\tau$ 具体确定方法详见下文).

由节点组 $\boldsymbol{x}$ 的最优性，得

$$R_q(\boldsymbol{x}) = \| M(\boldsymbol{x}, \cdot) \|_p \leqslant \| M(\boldsymbol{x}_h; \cdot) \|_p = R_q(\boldsymbol{x}_h) \tag{10.160}$$

令$\{a_j\}$,$\{b_j\}$,$\{a_{i,j}\}$是以$\boldsymbol{x}$为节点组的最佳求积公式$Q(f,\mathscr{B}^*)$的系数

$$I(f) \approx Q(f,\mathscr{B}^*) \tag{10.161}$$

对函数$F(\boldsymbol{x}_h, \cdot)$应用式(10.161)得

$$\| M(\boldsymbol{x}_h, \cdot) \|_p = I(F(\boldsymbol{x}_h, \cdot)) - Q(F(\boldsymbol{x}_h, \cdot),\mathscr{B}^*) \leqslant R_q(\boldsymbol{x}) \tag{10.162}$$

记$Q(F(\boldsymbol{x}_h, \cdot),\mathscr{B}^*) = \varepsilon(h)$,根据定理 10.5.1 得

$$\varepsilon(h) = \sum_{j=0}^{\mu_i - 1} a_{i,j} F^{(j)}(\boldsymbol{x}_h, x_i)$$

根据式(10.130),当$\mu_i = r$时,$M(\boldsymbol{x},t)$在$t = x_i$处连续的,所以由

$$F^{(r)}(\boldsymbol{x},t) = (-1)^r \sigma(\boldsymbol{x}) \mid M(\boldsymbol{x},t) \mid^{p-1} \mathrm{san}\, M(\boldsymbol{x},t)$$

知$F^{(\mu_i)}(\boldsymbol{x},t)$在$t = x_i$处连续,于是根据定理 10.6.1 得

$$\lim_{h \to 0} \| F^{(\mu_i)}(\boldsymbol{x}_h, \cdot) - F^{(\mu_j)}(\boldsymbol{x}, \cdot) \|_{C[x_i - h_0, x_i + h_0]} = 0$$

因此存在常数$c_1 > 0, c_0 > 0$,及$h_1 \in (0, h_0)$,使得

$$0 < c_1 \leqslant F^{(\mu_i)}(\boldsymbol{x}_h, t) \leqslant c_2, t \in [x_i - 2h_1, x_i + 2h_1] \tag{10.163}$$

对一切$h \in [0, h_1]$成立. 因为$F^{(j)}(\boldsymbol{x}_h, t)$在$[x_i - 2h_1, x_i + 2h_1]$中恰有$\mu_i - j$个零点$(j = 0, 1, \cdots, \mu_i - 1)$,所以

$$\mid F^{(j)}(\boldsymbol{x}_h, x_i) \mid \leqslant c h^{\mu_i - j}, j = 0, 1, \cdots, \mu_i, \forall h \in [0, h_1]$$

其中c是和h无关的常数.

令$\xi(\tau)$为$F^{(\mu_i - 1)}(\boldsymbol{x}_h, t)$在$[x_i - 2h_1, x_i + 2h_1]$中唯一的零点,显然对固定$h$,$\xi(\tau)$为$\tau$的连续函数,且$\xi(x_i - h) < x_i$,$\xi(x_i + h) > x_i$,因而存在$\tau \in [x_i - h, x_i + h]$使得$\xi(\tau) = x_i$,即对每一个固定的$h \in [0, h_1]$,

存在 $\tau(h)$ 使得

$$F^{(\mu_i-1)}(\boldsymbol{x}_h, x_i)=0$$

假定 τ 由以上方式确定. 设 α,β 是 $F^{(\mu_i-2)}(\boldsymbol{x}_h, x_i)=0$ 在 $[x_i-2h, x_i+2h]$ 中的两个零点,根据 Newton 插值公式得

$$F^{(\mu_i-2)}(\boldsymbol{x}_h, t)=(t-\alpha)(t-\beta)\cdot$$
$$\int_\alpha^\beta Q(u,\alpha,\beta)F^{(\mu_i)}(\boldsymbol{x}_h, u)\mathrm{d}u$$

其中 $Q(u,\alpha,\beta)$ 是以 α、β 为节点的一阶 B 样条. 因为 $F^{(\mu_i-1)}(\boldsymbol{x}_h, x_i)=0$,而根据 B 样条的基本性质

$$\int_\alpha^\beta Q(u;\alpha,\beta)\mathrm{d}u=1$$

所以

$$\begin{aligned}|F^{(\mu_j-2)}(\boldsymbol{x}_h, x_i)| &= \min_{\alpha\leqslant t\leqslant\beta}|F^{(\mu_i-2)}(\boldsymbol{x}_h, t)| \\ &\geqslant \frac{1}{4}(\beta-\alpha)^2\max_{\alpha\leqslant t\leqslant\beta}|F^{(\mu_i)}(\boldsymbol{x}_h, t)|\end{aligned}$$

因而根据式(10.163),对一切 $h\in[0,h_1]$ 成立

$$|F^{(\mu_i-2)}(\boldsymbol{x}_h, x_i)|\geqslant\frac{C_1(\beta-\alpha)^2}{4}$$

其中 α,β 为 $F^{(\mu_i-2)}(\boldsymbol{x}_h, t)$ 在 $[x_i-2h_1, x_i+2h_1]$ 中的零点,注意到当 $\alpha<t<\beta$ 时,$F^{(\mu_i)}(\boldsymbol{x}_h, t)>0$,所以

$$F^{(\mu_i-2)}(\boldsymbol{x}_h, x_i)<0$$

再根据引理 10.6.3,知存在常数 C_3,使得

$$|F^{\mu_i-2}(\boldsymbol{x}_i, x_i)|\geqslant C_3h^2, \forall h\in[0,h_1]$$

根据引理 10.5.2 及定理 10.5.2,$a_{i,\mu_i-1}=0$, $a_{i,\mu_i-2}>0$,所以

$$\begin{aligned}\varepsilon(h)\leqslant&\sum_{j=0}^{\mu_i-3}|a_{i,j}||F^{(j)}(\boldsymbol{x}_h, x_i)|-\\ &a_{i,\mu_i-2}(-F^{(\mu_i-2)}(\boldsymbol{x}_h, x_i))\end{aligned}$$

$$\leqslant C\sum_{j=0}^{\mu_i-3} \mid a_{i,j} \mid h^{\mu_i-j} - a_{i,\mu_i-2}C_3h^2$$
$$= -a_{i,\mu_i-2}C_3h^2 + O(h^3)$$

所以当 h 充分小时,$\varepsilon(h) < 0$,所以式(10.160) 和 (10.162) 矛盾. 所得矛盾表明 $m=n,\mu_i=\nu_i(i=1,\cdots,n)$.

再考虑一般情形,对任意的数组$(\nu_1,\cdots,\nu_n)$,$1\leqslant \nu_i\leqslant r(i=1,\cdots,n)$,令

$$\mu_s=\min\left\{2\left[\frac{\nu_i+1}{2}\right],r\right\},i=1,\cdots,n$$

则 $\mu_i(i=1,\cdots,n)$ 满足偶性条件,因而由上面证明知存在节点组是$(\mu_1,\cdots,\mu_n,\mathscr{B})$ 型最优的,但根据定理 10.5.2,如 $\mu_i>\nu_i,a_{i,\nu_{i-1}}=0$,所以节点组 $\boldsymbol{x}$ 也是$(\nu_1,\cdots,\nu_n,\mathscr{B})$ 型最优的. 式(10.151) 直接由式(10.132) 得到.

根据求积公式和单样条的一一对应关系,立即得到:

定理 10.6.3 设 $1<q\leqslant+\infty,1\leqslant \nu_i\leqslant r,i=1,\cdots,n,(\nu_1,\cdots,\nu_n)$ 是给定的自然数组,则在 $W_q^r[a,b]$ 上存在形如

$$I(f)\approx\sum_{j=0}^{\nu-1}a_jf^{(j)}(a)+\sum_{j=0}^{\mu-1}b_jf^{(j)}(b)+\sum_{i=1}^{n}\sum_{j=0}^{\nu_i-1}a_{i,j}f^{(j)}(x_i)$$
$$=Q(f)$$

的最优求积公式,并且这一求积公式的节点和系数满足如下关系式

$$a<x_1^*<\cdots<x_n^*<b \qquad (10.164)$$

$$a^*_{i,\nu_i-1}=0,a^*_{i,j}>0,j=0,2,\cdots,\nu_i-2,\nu_i \text{ 为偶数}$$
$$a^*_{i,j}>0,j=0,2,\cdots,\nu_i-1,\nu_i \text{ 为奇数}$$
$$(10.165)$$
$$a^*_j>0,j=0,1,\cdots,\nu-1$$
$$(-1)^{r-j}b^*_j>0,j=0,1,\cdots,\mu-1$$

定理 10.6.4 设 $1<q\leqslant+\infty,1\leqslant\nu_i\leqslant r,i=1,\cdots,n(\nu_1,\cdots,\nu_n)$ 为给定的自然数组，则在 $\widetilde{W}^r_q[a,b]$ 上存在形如

$$I(f)\approx\sum_{i=1}^{n}\sum_{j=0}^{\nu_i-1}a_{i,j}f^{(j)}(x_i)=Q(f)$$

的最优求积公式，并且其节点和系数满足关系式(10.164)及(10.165).

设 $\boldsymbol{E}=(e_{i,j})(i=0,\cdots,n+1,j=0,\cdots,r-1)$ 为给定的指标阵，其中 $e_{i,j}$ 为 0 或 1.

定义 10.6.1 对每一个满足条件 $1\leqslant i\leqslant n,j\geqslant 1$ 的 (i,j)，若 $e_{i,j}=1$，则有 $e_{i,j-1}=1$，就称指标阵 $\boldsymbol{E}=(e_{i,j})(i=0,\cdots,n+1,j=0,\cdots,r-1)$ 是拟 Hermite 的.

定义 10.6.2 设 $\boldsymbol{E}=(e_{i,j})(i=0,\cdots,n+1,j=0,\cdots,r-1)$ 为给定的拟 Hermite 指标阵，若

$$\sum_{i=0}^{n+1}\sum_{j=0}^{l}e_{i,j}\geqslant l+1,l=0,1,\cdots,r-1$$

则称 $\boldsymbol{E}$ 满足 Polya 条件.

由 Rolle 定理立即证得：

引理 10.6.4[25] 若拟 Hermite 矩阵 $\boldsymbol{E}$ 的元素集 $\{e_{i,j}\}$ 中恰有 r 个 1，且 $\boldsymbol{E}$ 满足 Polya 条件，则对任意给定的点组 $a=x_0<x_1<\cdots<x_n<x_{n+1}=b$ 及实数组 $\{y_{i,j}\}$，存在唯一的多项式 $P(t)\in P_r$，使得

$$P^{(j)}(x_i)=y_{i,j},(i,j)\in\{(i,j)\mid e_{i,j}=1\}$$

附注 10.6.1 给定拟 Hermite 指标阵 $\boldsymbol{E}=(e_{i,j})(i=0,\cdots,n+1,j=0,\cdots,r-1)$,设

$$e_{i,j}=1,i=1,\cdots,n,j=0,1,\cdots,\nu_i-1$$
$$e_{0,j}=1,j\in A=\{\lambda_1,\cdots,\lambda_{m_1}\}$$
$$0\leqslant\lambda_1<\cdots<\lambda_m\leqslant r-1$$
$$e_{n+1,j}=1,j\in B=\{\mu_1,\cdots,\mu_{m_1}\}$$
$$0\leqslant\mu_1<\cdots<\mu_{m_1}\leqslant r-1$$

其中 $A,B\subset Q_r,Q_r=\{0,1,\cdots,r-1\}$. B. D. Bojanov 和黄达人[24] 进一步考虑了满足拟 Hermite 边界条件的指定节点重数为$(\nu_1,\cdots,\nu_n)$的最优求积公式在 $W_q^r[a,b](1<q\leqslant+\infty)$ 上的存在性. 他们证得:

定理 10.6.5[24] 设拟 Hermite 矩阵 $\boldsymbol{E}=(e_{i,j})(i=0,\cdots,n+1,j=0,\cdots,r-1)$, 以 $(\nu_1,\cdots,\nu_n)A=\{\lambda_1,\cdots,\lambda_{m_1}\},B=\{\mu_1,\cdots,\mu_{m_1}\}$ 为参数,其中 A,B 为 Q_r 的子集;$\boldsymbol{E}$ 满足 Polya 条件,则存在 r 次单样条 $M(\boldsymbol{x}^*,t)\in\mathscr{M}_r(\nu_1,\cdots,\nu_n,A,B)$ 具有最小 $L^p(1\leqslant p<+\infty)$ 范数,并且最优节点组 $\boldsymbol{x}^*=(x_1^*,\cdots,x_n^*)$ 和最优系数组$\{c_{i,j}^*\}(i=1,\cdots,n,j=0,\cdots,\nu_i-1)$ 满足以下条件

$$a<x_1^*<\cdots<x_n^*<b$$
$$c_{i,\nu_i-1}^*=0,c_{i,j}^*>0,j=0,2,\cdots,\nu_i-2,\nu_i\text{ 为偶数}$$
$$c_{i,j}^*>0,j=0,2,\cdots,\nu_i-1,\nu_i\text{ 为奇数}$$

由定理 10.1.1 及定理 10.6.5 立即对 $W_q^r[a,b](1<q\leqslant+\infty)$ 上满足拟 Hermite 边界条件的指定节点重数为$(\nu_1,\cdots,\nu_n)$型的最优求积公式得到相应的结果.

§7　单样条的比较定理

给定数组$(\nu_1,\cdots,\nu_n)$，$1\leqslant\nu_i\leqslant r(i=1,\cdots,n)$，本节中将具有自由边界的定义在$[a,b]$上的单样条类$\mathscr{M}_r(\nu_1,\cdots,\nu_n)$中的函数$M(t)$表示成

$$M(t)=\frac{(t-a)^r}{r!}-\sum_{i=1}^{r}c_j\frac{(t-a)^{r-j}}{(r-j)!}-\sum_{i=1}^{n}\sum_{j=0}^{\nu_i-1}c_{i,j}\frac{(t-x_i)_1^{r-j-1}}{(r-j-1)!}$$

其中$a<x_1<\cdots<x_n<b$.

单样条的比较定理和最优求积公式的存在性及单边逼近等问题都存在密切的联系. 由定理10.5.3的证明立即得到如下的奇数重节点的单样条和单节点单样条的一个比较定理.

定理 10.7.1　设$1\leqslant\nu_i\leqslant r(i=1,\cdots,n)$均是奇数，给定点组$a\leqslant t_1<\cdots<t_{r+2N}\leqslant b$，$2N\overset{\mathrm{df}}{=\!=}\sum_{i=1}^{n}(\nu_i+1)$，若$R(t)\in\mathscr{B}_{r,2N}^1$，$M(t)\in\mathscr{M}_r(\nu_1,\cdots,\nu_n)$，使得

$$M(t_i)=R(t_i)=0,i=1,\cdots,r+2N$$

则成立点态的关系式

$$|R(t)|\leqslant|M(t)|,t\in[a,b]$$

这一节将通过对具有一个偶数重节点的单样条类的讨论，由极限过程，导出比定理10.7.1更强的一个比较定理.

引理 10.7.1　设$1\leqslant\nu_i\leqslant r(i=1,\cdots,n)$均为奇数，$\sum_{i=1}^{n}(\nu_i+1)\overset{\mathrm{df}}{=\!=}2N$，则存在仅和$r$及$b-a$有关的常

数 C,使得

(i) 对一切在$(a,b]$上恰有 $r+2N-1$ 个零点,且 $(-1)^r\times M(a)\leqslant 0$ 的 $M(t)\in\mathscr{M}_r(\nu_1,\cdots,\nu_n)$,成立着

$$|M^{(j)}(t)|\leqslant C,x_1<t\leqslant b,j=0,1,\cdots,r \tag{10.166}$$

(ii) 对一切在$[a,b)$上恰有 $r+2N-1$ 个零点,且 $M(b)\leqslant 0$ 的 $M(t)\in\mathscr{M}_r(\nu_1,\cdots,\nu_n)$,成立着

$$|M^{(j)}(t)|\leqslant C,a\leqslant t<x_n,j=0,1,\cdots,r \tag{10.167}$$

其中约定,在 $M^{(j)}(t)$ 不连续的点,式(10.166)及(10.167)指的是对 $M(t)$ 单侧导数的估计.

证 只证(i),(ii)的证明是完全类似的.对 r 及 n 用双重归纳法.若 $r=1$,则 $M(t)$ 在$(x_1,b]$上的限制是以 $x_2,\cdots,x_n$ 为节点的,且有 $2n-1$ 个零点的一次单样条,根据定理 10.3.3,知此时式(10.166)成立.

现设 $n=1$,而 $1\leqslant\nu_1\leqslant r$,因为$(-1)^rM(a)\leqslant 0$,所以 $M(t)$ 在$(-\infty,a]$上必有一个零点,根据 Rolle 定理,$M^{(r-\nu_1)}(t)$ 在$(-\infty,b)$有 $2\nu_1+1$ 个变号零点,根据式(10.86),$M^{(r-\nu_1)}(t)$ 在$(x_1,b]$上恰有 ν_1 个零点,所以当 $j=r-\nu_1,\cdots,r$ 时式(10.166)成立.又因为

$$M^{(r-\nu_1-1)}(t)=\int_\alpha^t M^{(r-\nu_1)}(t)\mathrm{d}t$$

其中 $\alpha\in(x_1,b]$ 是 $M^{(r-\nu_1)}(t)$ 的一个零点,所以

$$|M^{(r-\nu_1-1)}(t)|\leqslant(b-a)|M^{(r-\nu_1)}(t)|\leqslant C$$

于是当 $j=r-\nu_1-1$ 时,式(10.166)成立.同理证得当 $j=0,1,\cdots,r-\nu_1-2$ 时,式(10.166)成立.

现在设式(10.166)对具有 $n-1$ 个结点的 r 次单样条及 n 个结点的 $r-1$ 次单样条成立,如存在某一个

$\nu_i = r$，则根据式(10.86)有

$$x_i = t_{l_i}, l_i = \sum_{j=1}^{i}(\nu_j + 1)$$

所以 $M(t)$ 在 $[x_i, b]$ 上恰有 $r + \sum_{j=i+1}^{n}(\nu_j + 1)$ 个不同的零点，因此在 $[a, x_i]$ 上对 $M(t)$ 应用归纳假设，在 $[x_i, b]$ 上对 $M(t)$ 应用定理 10.3.3，知此时式(10.166)成立. 若一切 $\nu_i < r(i=1,\cdots,n)$，则对 $M'(t)$ 应用归纳假设知

$$|M'(t)| \leqslant C, t \in [x_1, b] \tag{10.168}$$

因为 $M(t)$ 在 $[x_1, b]$ 上有零点，由式(10.168)立即得

$$|M(t)| \leqslant C, t \in [x_1, b]$$

式(10.166)得证.

引理 10.7.2　给定 $(\nu_1, \cdots, \nu_n)$，$1 \leqslant \nu_i \leqslant r(i = 1, \cdots, n)$，其中 ν_k 为偶数，其余 ν_i 为奇数，令 $x_0 = a$，$x_{n+1} = b, \nu_0 = \nu_{n+1} = r$，$\sum_{i=1}^{2N}(\nu_i + \sigma_i) \stackrel{\text{df}}{=} 2N$，则对 $\mathscr{M}_r(\nu_1, \cdots, \nu_n)$ 中一切恰有 $r + 2N$ 个不同零点的 $M(t)$，存在一个仅与 r 及 $b - a$ 有关的常数 C，使得：

(i) 若 $c_{k,\nu_{k-1}} \leqslant 0$，则

$$|M^{(j)}(t)| \leqslant C, t \in [a,b] \backslash [x_{k-1}, x_k], j = 0, 1, \cdots, r \tag{10.169}$$

且当 $r \geqslant \nu_{k-1} + \nu_k$ 时，还有

$$|M^{(j)}(t)| \leqslant C, t \in [x_{k-1}, x_k]$$
$$j = 0, 1, \cdots, r - \nu_{k-1} - \nu_k \tag{10.170}$$

(ii) 若 $c_{k,\nu_{k-1}} \geqslant 0$，则

$$|M^{(j)}(t)| \leqslant C, t \in [a,b] \backslash [x_k, x_{k+1}], j = 0, 1, \cdots, r$$

且当 $r \geqslant \nu_k + \nu_{k+1}$ 时，还有

$$|M^{(j)}(t)|\leqslant C,t\in[x_k,x_{k+1}]$$
$$j=0,1,\cdots,r-\nu_k-\nu_{k+1}$$

证 只证(i),(ii) 的证明是完全类似的. 对 r 及 n 用双重归纳法.

设 $r=2,\nu_k=2$,此时当 $i\neq k$ 时,$\nu_i=1$. 若 x_k 不是 $M(t)$ 的间断零点,则由式(10.85),得

$$t_{2k}<x_k<t_{2k+1}$$

所以 $M(t)$ 在$[a,x_k]$及$[x_k,b]$上的限制分别是有$(k-1)$及$(n-k)$个单结点而分别有 $2k$ 个及 $2(n-k)+2$ 个零点的二次单样条. 在$[a,x_1]$及$[x,b]$上分别应用定理 10.3.3,知式(10.169) 成立. 若 x_k 是 $M(t)$ 的间断零点,则 $M(x_k+0)\cdot M(x_k-0)<0$,根据定理 10.0.2 得

$$c_{i,j}=M^{(r-1-j)}(x_i-0)-M^{(r-1-j)}(x_i+0)$$
$$i=1,\cdots,n,j=0,1,\cdots,r-\nu_i-1$$

特别由引理的条件知

$$c_{k,\nu_{k-1}}=M(x_k-0)-M(x_k+0)<0$$

并且必有

$$M(x_k-0)<0,M(x_k+0)>0\quad(10.171)$$

由式(10.85) 及(10.171) 知 $M(t)$ 在$[a,x_k)$上的限制有 $2k-1$ 个零点而在$(x_k,b]$上的限制有 $2(n-k)+2$ 个零点,于是根据式(10.171) 知引理 10.7.1 的条件对 $M(t)$ 在$[a,x_k)$上的限制满足,所以

$$|M^{(j)}(t)|\leqslant C,t\in[a,x_{k-1}),j=0,1,\cdots,r$$

而根据定理 10.3.3 得

$$|M^{(j)}(t)|\leqslant C,t\in[x_k,b],j=0,1,\cdots,r$$

所以式(10.169) 成立.

设 $n=1,1\leqslant\nu_1\leqslant r,\nu_1$ 是偶数,则由 Rolle 定理,

$M^{(r-\nu_1)}(t)$ 在$[a,b)$ 上有 $2\nu_1$ 个孤立零点，若 x_1 不是 $M^{(r-\nu_1)}(t)$ 的间断零点，则根据式(10.85)，$M(t)$ 在$[a,x_1)$ 及$(x_1,b]$ 上分别是有 ν_1 个零点的 ν_1 次多项式，所以此时式(10.169) 成立. 若 x_1 是 $M^{(r-\nu_1)}(t)$ 的间断零点，则由 $c_{1,\nu_1-1}=M^{(r-\nu_1)}(x_1-0)-M^{(r-\nu_1)}(x_1+0)<0$ 知道 $M^{(r-\nu_1)}(x_1-0)<0$，$M^{(r-\nu_1)}(x_1+0)>0$. 因此 $M^{(r-\nu_1)}(t)$ 在$[a,x_1)$ 上有 ν_1-1 个零点，在$(x_1,b]$ 上有 ν_1 个零点，根据式(10.167) 有

$$|M^{(j)}(t)|\leqslant C,t\in[a,x_1),j=r-\nu_1,\cdots,r$$

因为 $M(t)$ 在$[a,x_1)$ 上的限制在$[a,+\infty)$ 上恰有 r 个零点，因此

$$|M^{(j)}(t)|\leqslant C,t\in[a,x_1),j=0,1,\cdots,r-\nu_1-1$$

再根据定理 10.3.3 有

$$|M^{(j)}(t)|\leqslant C,t\in(x_1,b],j=r-\nu_r,\cdots,r \tag{10.172}$$

根据式(10.172) 及 $M(t)$ 在$(x_1,b]$ 上至少有 r 个零点，知

$$|M^{(j)}(t)|\leqslant C,t\in(x_1,b],j=0,1,\cdots,r-\nu_1-1$$

现假设式(10.169) 对具有 $n-1$ 个结点的 r 次单样条及 n 个结点的 $r-1$ 次单样条成立. 考虑具有 n 个结点的 r 次单样条 $M(t)$. 若存在某 $\nu_i=r$，分两种情况讨论.

(A) 如 $i\neq k$，不妨设 $i<k$. 根据式(10.86) 此时必有 $t_{l_j}=x_i\left(l_i=\sum_{j=1}^{i}(\nu_j+1)\right)$，所以 $M(t)$ 在$[a,x_i)$ 内有 $\sum_{j=1}^{i}(\nu_j+1)-1=r+\sum_{j=1}^{i-1}(\nu_j+1)$ 个零点而在$(x_i,b]$ 内有 $r+\sum_{j=i+1}^{n}(\nu_i+\sigma_i)$ 个零点，而 $M(t)$ 在$[a,x_i]$ 及$[x_i$，

$b]$ 上的限制各有 $i-1$ 及 $n-i$ 个节点,因此在 $[a,x_i]$ 上对 M 应用定理 10.3.3 在 $[x_i,b]$ 上用归纳假设知式(10.169) 成立.

(B) 若 $i=k$,则 $\nu_k=r$,如 x_k 不是 $M(t)$ 的间断零点,则由式(10.85) 知 $M(t)$ 在 $[a,x_i]$ 及 $[x_i,b]$ 上的限制分别有 $k-1$ 个及 $n-k$ 个奇数重节点而分别有 $4+\sum\limits_{j=1}^{k-1}(\nu_j+1)$ 及 $r+\sum\limits_{j=k+1}^{n}(\nu_j+1)$ 个孤立零点的 r 次单样条,因此由定理 10.3.3 知式(10.169) 成立. 若 x_k 是 $M(t)$ 的变号零点,则由 $c_{k,\nu_{k-1}}=M(x_k-0)-M(x_k+0)<0$ 知

$$M(x_k+0)>0,M(x_k-0)<0$$

所以 $M(t)$ 在 $[a,x_i)$ 及 $(x_i,b]$ 内分别有 $r+\sum\limits_{j=1}^{k-1}(\nu_j+1)-1$ 及 $r+\sum\limits_{j=k+1}^{n}(\nu_j+1)$ 个不同的零点,因此在 $[a,x_k)$ 上应用引理 10.7.1 而在 $[x_i,b]$ 上应用定理10.3.3 知式(10.169) 成立.

若一切 $\nu_i<r(i=1,\cdots,n)$,则对 $M'(t)$ 用归纳假设,再利用 $M(t)$ 在 $[a,b]\backslash[x_{k-1},x_k]$ 上有零点,推得式(10.169) 成立.

下证式(10.170). 显然只需证当 $j=r-\nu_{k-1}-\nu_k$ 时式(10.170) 成立即可. 设 $M^{(r-\nu_{k-1}-\nu_k)}(t)$ 在 (x_{k-1},x_k) 上的表达式为

$$M^{(r-\nu_k-\nu_{k-1})}(t)=\frac{(t-x_{k-1})^{\nu_{k-1}+\nu_k}}{(\nu_{k-1}+\nu_k)!}+\sum_{j=0}^{\nu_{k-1}+\nu_k-1}b_j\frac{(t-x_{k-1})^j}{j!}$$

由 $M^{(j)}(t)$ 在 x_i 处的连续性($j=0,1,\cdots,r-\nu_i-1,i=$

$k-1,k)$，以及式(10.169)知，存在仅和 r 及 $b-a$ 有关的常数 c，使得

$$|b_j| \leqslant c(x_k - x_{k-1})^{-j}, j=0,1,\cdots,\nu_{k-1}+\nu_k-1$$

式(10.170)得证.

设 $\nu_i(i \neq k)$，全是奇数，ν_k 是偶数，$\sum_{i=1}^{n}(\nu_i+\sigma_i)=2N$，有

$$T \overset{\text{df}}{=} (t_1,\cdots,t_{r+2N}), a \leqslant t_1 < \cdots < t_{r+2N} \leqslant b$$

令 $\Gamma_n=(\nu_1,\cdots,\nu_n)$ 为给定的数组. 置 $K \geqslant 0$ 有

$$\mathscr{M}_r(\Gamma_n,T)=\{M(t) \in \mathscr{M}_r(\nu_1,\cdots,\nu_n) \mid M(t_j)=0, \\ j=1,\cdots,r+2N\}$$

$$\mathscr{M}_r(\Gamma_n,T,K)=\{M \in \mathscr{M}_r(\Gamma_n,T) \mid |c_{k,\nu_k-1}| \leqslant K\}$$

根据定理 10.3.4，$\mathscr{M}_r(\Gamma_n,T,K)$ 非空.

引理 10.7.3　对于给定的 $T=(t_1,\cdots,t_{r+2N})$ 存在仅与 K 有关的常数 C，使得对一切 $M(t) \in \mathscr{M}_r(\Gamma_n,T,K)$ 成立

$$\begin{cases} |c_{i,j}| \leqslant C, i=1,\cdots,n, j=0,1,\cdots,r-\nu_i-1 \\ |c_j| \leqslant C, j=1,\cdots,r \end{cases} \tag{10.173}$$

且 $\mathscr{M}_r(\Gamma_n,T,K)$ 为紧集.

证　不妨设当 $i \neq k$ 时，$\nu_i \leqslant r-1$，且 $0 \leqslant c_{k,\nu_k-1} \leqslant K$. 分三种情况进行讨论.

(i) $\nu_k+\nu_{k+1}-1 \geqslant r$，且 $k<n$.

根据式(10.85)，$M(t)$ 在 $[x_k,x_{k+1}]$ 上至少有 $\nu \overset{\text{df}}{=} \nu_k+\nu_{k+1}+1-r$ 个零点，记其为 $\{\tau_i\}(i=1,\cdots,\nu)$. 设 $M(t)$ 在 $[x_k,x_{k+1}]$ 上的表达式为

$$Q(t)=\frac{t^r}{r!}+p(t)$$

其中 $p(t)\in P_r$. 因为当 $t=x_i(i=k,k+1)$ 时, $M(t)\in C^{r-\nu_i-1}$, 根据引理10.7.2, $M^{(j)}(t)(j=0,1,\cdots,r)$ 在 $[a,b]\setminus[x_k,x_{k+1}]$ 上一致有界, 所以存在一个和 $M(t)$ 无关的常数 C, 使得 $|Q^{(j)}(x_i)|\leqslant C(i=k,k+1,j=0,1,\cdots,r-\nu_i-1)$; 又因为 $0\leqslant c_{k,\nu_k-1}=M^{(r-\nu_k)}(x_k-0)-M^{(r-\nu_k)}(x_k+0)\leqslant K$, 所以

$$|Q^{(r-\nu_k)}(x_k)|=|M^{(r-\nu_k)}(x_k+0)|$$
$$\leqslant K+|M^{(r-\nu_k)}(x_k-0)|\leqslant C$$

考虑到 T 为固定点组, 所以由条件

$$x_k\leqslant\tau_1<\tau_2<\cdots<\tau_{\nu-1}<\tau_\nu\leqslant x_{k+1}$$
$$Q(\tau_i)=0,i=2,3,\cdots,\nu-1=\nu_k+\nu_{k+1}-r$$
$$|Q^{(j)}(x_k)|\leqslant C,i=0,1,\cdots,r-\nu_k$$
$$|Q^{(j)}(x_{k+1})|\leqslant C,j=0,1,\cdots,r-\nu_{k+1}-1$$
$$Q^{(r)}(t)\equiv 1,t\in[x_k,x_{k+1}]$$

立即推得 $Q(t)$ 的系数一致有界, 即式(10.173)成立.

(ii) $\nu_k+\nu_{k+1}-1\geqslant r$, 且 $k=n$.

根据定理10.3.1, $M(t)$ 在 $[x_k,x_{k+1}]=[x_n,b]$ 上至少有 ν_n 个零点, 用(i)的方法, 同样证得式(10.173)成立.

(iii) 设 $\nu_k+\nu_k\leqslant r$, 此时必有

$$\inf\{x_{k+1}-x_k\mid M\in\mathscr{M}_r(\Gamma_n,T,K)\}>0 \tag{10.174}$$

事实上, 若式(10.174)不成立, 则存在 $M_\nu(t)\in\mathscr{M}_r(\Gamma_n,T,K)$ 使得

$$\lim_{\nu\to+\infty}\{x_{k+1}(\nu)-x_k(\nu)\}=0$$

其中 $x_i(\nu)$ 是 $M_\nu(t)$ 的第 i 个节点. 因为 $\nu_{n+1}=r$, 所以由 $\nu_k+\nu_{k+1}\leqslant r$ 知 $k<n$. 根据引理10.7.2, $\{M_\nu(t)\}$ 中存在收敛子列(仍记为 $\{M_\nu(t)\}$), 使得

$$\lim_{\nu\to+\infty} x_i(\nu)=x_i^0, i=1,\cdots,n$$

$$a=x^0\leqslant x_1^0\leqslant\cdots\leqslant x_k^0=x_{k+1}^0\leqslant\cdots\leqslant x_n^0\leqslant x_{n+1}^0=b$$

且$\{M_\nu(t)\}$ 在$[a,b]\backslash\{x_i^0\}$ 的紧子集上一致收敛到 $M_0(t)$. 因为$0\leqslant c_{k,\nu_k-1}(\nu)\leqslant K$,且$M_\nu^{(j)}$ 在$x_i(\nu)(i=k,k+1,j=0,1,\cdots,r-\nu_i-1)$ 处连续,所以根据引理 10.7.2 以及 $0\leqslant c_{k,\nu_k-1}(\nu)=M_\nu^{(r-\nu_k)}(x_k(\nu)-0)-M_\nu^{(r-\nu_k)}(x(\nu)+0)\leqslant K$ 得

$$\begin{cases}|M_\nu^{(j)}(x_k(\nu))|\leqslant C, j=0,1,\cdots,r-\nu_k-1\\ |M_\nu^{(j)}(x_{k+1}(\nu))|\leqslant C, j=0,1,\cdots,r-\nu_{k+1}-1\\ |M_\nu^{(\nu_k)}(x_{k+1}(\nu)+0)|\leqslant C\end{cases}$$

所以存在和 ν 无关的常数 C,使得

$$|M_\nu^{(j)}(t)|\leqslant C, j=0,1,\cdots,r+1-(\nu_k+\nu_{k+1})$$
$$t\in[x_k(\nu),x_{k+1}(\nu)] \tag{10.175}$$

因此根据 Lagrange 中值定理

$$M_\nu^{(j)}(x_{k+1}(\nu))-M_\nu^{(j)}(x_k(\nu))$$
$$=M_\nu^{(j+1)}(\xi_\nu)(x_{k+1}(\nu)-x_k(\nu))$$

其中 $\xi_\nu\in[x_{k+1}(\nu),x_k(\nu)]$,于是$M_0^{(j)}(t)(j=0,1,\cdots,r-\nu_k-\nu_{k+1})$ 当 $t=x_k^0$ 时是连续的,于是 $M_0(t)$ 当 $t=x_i^0$ 处的节点重数至多为 $\nu_i(i=1,\cdots,k-1,k+2,\cdots,n)$,当 $t=x_k^0=x_{k+1}^0$ 时至多为 $\nu_k+\nu_{k+1}-1$,根据定理 10.3.1,$M_0(t)$ 在$[a,b]$上至多有 $r+2N-2$ 个零点,这和

$$M_0(t_j)=0, j=1,\cdots,r+2N$$

矛盾. 所得矛盾表明式(10.174) 成立. 于是根据上面所证知存在一个和 M 无关的常数 C,使得

$$|M^{(j)}(t)|\leqslant C, t\in[x_k,x_{k+1}]$$
$$j=0,1,\cdots,r+1-(\nu_k+\nu_{k+1})$$

再根据式(10.175) 及关于多项式的 Markov 不等式

(见第三章 §4) 立即知

$$|M^{(j)}(t)| \leqslant C, t \in [x_k, x_{k+1}], j = 0,1,\cdots,r$$

再由引理 10.7.2 得

$$|M^{(j)}(t)| \leqslant C, t \in [a,b] \backslash [x_k, x_{k+1}], j = 0,1,\cdots,r$$

所以式(10.173)成立.

下证 $\mathscr{M}_r(\Gamma_n, T, K)$ 为紧集. 设 $M_\nu(t) \in \mathscr{M}_r(\Gamma_n, T, K)$, 且其系数向量为 $\{c_j(\nu), c_{i,j}(\nu)\}$, 结点向量为 $\{x_i(\nu)\}$, 根据式(10.173)有

$$\lim_{\nu \to +\infty} x_i(\nu) = x_i^0, i = 1,\cdots,n$$

$$\lim_{\nu \to +\infty} c_j(\nu) = c_j^0, j = 1,\cdots,r$$

$$\lim_{\nu \to \infty} c_{i,j}(\nu) = c_{i,j}^0, i = 1,\cdots,n, j = 0,1,\cdots,r-\nu_i-1$$

设 $M_0(t)$ 以 $\{c_j^0, c_{i,j}^0\}$ 为其系数向量以 $\{x_j^0\}$ 为其节点向量, 因为 $M_\nu(t_j) = 0 (j = 1,\cdots,r+2N)$, 所以 $M_0(t_j) = 0 (j = 1,\cdots,r+2N)$, 于是根据定理 10.3.1 知

$$a < x_1^0 < \cdots < x_n^0 < b$$

所以 $M_0(t) \in \mathscr{M}_r(\Gamma_n, T, K)$, 即 $\mathscr{M}_r(\Gamma_n, T, K)$ 为紧集.

定理 10.7.2 设 $\nu_i (i = 1,\cdots,n)$ 全是奇数, $1 \leqslant \nu_i \leqslant r (i \neq k)$, $1 \leqslant \nu_k \leqslant r-1$, $\sum_{i=1}^{n} (\nu_i + 1) = 2N$, 令 $a \leqslant t_1 < \cdots < t_{r+2N} \leqslant b$ 为任意给定的点集, 则:

(i) 对任意给定的实数 β, 存在唯一的单样条 $M_{k,\beta}(t) \in \mathscr{M}_r(\nu_1,\cdots,\nu_{k-1},\nu_k+1,\nu_{k+1},\cdots,\nu_n)$, 使得

$$M_{k,\beta}(t_j) = 0, j = 1,\cdots,r+2N \quad (10.176)$$

其中

$$M_{k,\beta}(t) = \frac{(t-a)^r}{r!} - \sum_{j=1}^{r} c_j \frac{(t-a)^{r-j}}{(r-j)!}$$

$$\sum_{i=1}^{n} \sum_{j=0}^{\nu_i - 1} c_{ij} \frac{(t-x_i)_+^{r-j-1}}{(r-j-1)!} -$$

$$\beta \frac{(t-x_k)_+^{r-\nu_k-1}}{(r-\nu_k-1)!} \qquad (10.177)$$

(ii) 当 $\beta_1 > \beta_2 \geqslant 0$ 或 $\beta_1 < \beta_2 \leqslant 0$ 时

$$|M_{k,\beta_2}(t)| \leqslant |M_{k,\beta_1}(t)|, t \in [a,b]$$

特别有

$$|M_{k,0}(t)| \leqslant |M_{k,\beta}(t)|, t \in [a,b], \beta \neq 0$$

证　当 $\beta=0$ 时，根据定理 10.3.4，存在唯一的 $M_{k,0}(t) \in \mathscr{M}_r(\nu_1,\cdots,\nu_n)$，使得

$$\begin{cases} c_j(0)=c_j^*, j=1,\cdots,r \\ c_{i,j}(0)=c_{i,j}^*, i=1,\cdots,n, j=0,1,\cdots,r-\nu_i-1 \\ x_i(0)=x_i^*, i=1,\cdots,n \end{cases}$$

是使得式(10.176)成立的唯一解，其中$\{c_j^*, c_{i,j}^*\}$是$M_{k,0}(t)$的系数，$\{x_i^*\}$是$M_{k,0}(t)$的节点组.

首先考虑 $1 \leqslant \nu_i \leqslant r-2(i=1,\cdots,n)$ 的情况，设 $\Delta(b)$ 表示式(10.176)关于变量$\{c_j\}(j=1,\cdots,r)$，$\{c_{i,1},\cdots,c_{i,\nu_i-1}\}(i=1,\cdots,n)$，$\{x_i\}(i=1,\cdots,n)$的 Jacobi 矩阵，则 $\Delta(\beta)$ 中第 ν 行第 $l_k\left(l_i=\sum_{j=1}^{i}(\nu_j+\sigma_j), i-1,\cdots,n\right)$ 列的元为

$$\sum_{j=0}^{\nu_k-1} c_{k,j} \frac{(t_\nu-x_k)_+^{r-j-2}}{(r-j-2)!}+\beta \frac{(t_\nu-x_k)^{r-\nu_k-2}}{(r-\nu_k-2)!}$$

而第 ν 行第 $l_i(i\neq k)$ 列的元为

$$\sum_{j=0}^{\nu_i-1} c_{i,j} \frac{(t_\nu-x_i)_+^{r-j-2}}{(r-j-2)!}, i=1,\cdots,n, i\neq k$$

$$\det \Delta(\beta)=(-1)^{n-1}\prod_{\substack{j=1\\ j\neq k}}^{n} c_{j,\nu_j-1}\left(\sum_{j=1}^{r+2N}(-1)^{r+j+1}M'_{k,b}(t_j)\Delta_{j,l_k}\right)$$

其中

$$\Delta_{j,l_k}=\Phi_r\begin{pmatrix} t_1 & \cdots & t_{j-1} & t_{j+1} & \cdots & t_{r+2N} \\ (a,r) & (x_1,\nu_1+1) & \cdots & (x_k,\nu_k) & \cdots & (x_n,\nu_{n+1}) \end{pmatrix} \tag{10.178}$$

$$\Phi_r(t,x)=\frac{(t-x)_+^{r-1}}{(r-1)!} \tag{10.179}$$

此处(y,k)表示 y 重复 k 次,行列式(10.178)由式(10.6)定义.

设$\{c_j(\beta)\}(j=1,\cdots,r)$,$\{c_{i,j}(p)\}(i=1,\cdots,n,j=0,\cdots,\nu_i-1)$,$\{x_i(\beta)\}(i=1,\cdots,n)$是式(10.176)的一组解,则根据式(10.70)和(10.71)有

$$\begin{cases} c_{i,\nu_i-1}(\beta)>0, i=1,\cdots,n, i\neq k \\ (-1)^{r+j}M'_{k,\beta}(t_j)>0, j=1,\cdots,r+2N \end{cases} \tag{10.180}$$

根据定理10.0.5,推论10.3.2得

$$\Delta_{j,l_k}\geqslant 0, j=1,\cdots,r+2N \tag{10.181}$$

$$\Delta_{l_k,l_k}>0 \tag{10.182}$$

因为$M_{k,0}(t)$满足式(10.176),所以由式(10.178)~(10.182)知

$$\det\Delta(0)\neq 0$$

因此根据隐函数定理,在$\beta=0$的某个邻域内可以唯一确定一组关于β的连续可微函数$\{c_j(\beta)\}$,$\{c_{i,j}(\beta)\}$,$\{x_i(\beta)\}$,使得由它们通过式(10.177)定义的单样条$M_{k,\beta}(t)$满足式(10.176).令$(\underline{\alpha},\overline{\beta})$是变量$\beta$有上述性质的极大区间,则有

$$\underline{\alpha}=-\infty,\overline{\beta}=+\infty \tag{10.183}$$

只证$\overline{\beta}=+\infty$,$\underline{\alpha}=-\infty$的证明是类似的.事实上,如$\overline{\beta}<+\infty$,则根据引理10.7.3,对满足式(10.176),且$0\leqslant\beta<\overline{\beta}$的单样条$M_{k,\beta}(t)$的系数,有以下不等式

$$|c_{i,j}(\beta)|\leqslant C, i=1,\cdots,n, j=0,1,\cdots,\nu_i-1$$

$$|c_j(\beta)|\leqslant C, j=1,\cdots,r$$

其中 C 和 β 无关. 因而存在子序列 $\{\beta_\nu\}$，使得 $\lim\limits_{\nu\to+\infty}\beta_\nu=\bar{\beta}$，且

$$\lim_{\nu\to+\infty}x_i(\beta_\nu)=x_i(\bar{\beta}), i=1,\cdots,n$$

$$\lim_{\nu\to+\infty}c_j(\beta_\nu)=c_j, j=1,\cdots,r$$

$$\lim_{\nu\to+\infty}c_{i,j}(\beta_\nu)=c_{i,j}(\bar{\beta}), i=1,\cdots,n, j=0,1,\cdots,\nu_i-1$$

根据引理 10.7.3，$\mathscr{M}_r(\Gamma_n,T,\bar{\beta})(\Gamma_n=(\nu_1,\cdots,\nu_{k-1},\nu_k+1,\nu_{k+1},\cdots,\nu_n))$ 是紧集，所以极限函数 $M_{k,\bar{\beta}}(t)\in\mathscr{M}_r(\nu_1,\cdots,\nu_k+1,\cdots,\nu_n)$ 并且 $M_{k,\bar{\beta}}(t_i)=0(j=1,\cdots,r+2N)$，即 $M_{k,\bar{\beta}}(t)$ 满足式(10.176)，因此由式(10.178)～(10.182)推得

$$\det\Delta(\bar{\beta})\neq 0$$

于是可以在比 $(\alpha,\bar{\beta})$ 更大的区间上确定一组关于 β 的可微函数 $\{c_j(\beta)\}$，$\{c_{i,j}(\beta)\}$，$\{x_i(\beta)\}$，使得由它们通过式(10.177)定义的 r 次单样条满足式(10.176)，这与 $\bar{\beta}$ 的定义矛盾. 所得矛盾表明 $\bar{\beta}=+\infty$，即式(10.183)成立. 此至在条件 $1\leqslant\nu_i\leqslant r-2(i=1,\cdots,n)$ 下，定理的(i)成立.

根据隐函数定理，由直接计算得：对任意固定的 $t\in[a,b]$，$t\neq t_i(i=1,\cdots,r+2N)$ 有

$$\frac{\partial M_{k,\beta}(t)}{\partial\beta}=\beta\frac{\Phi_r\begin{pmatrix}t & t_1 & t_2 & \cdots & t_{r+2N-1} & t_{r+2N}\\ (a,r) & (x_1,\nu_{i+1}) & \cdots & (x_k,\nu_k) & \cdots & (x_n,\nu_n+1)\end{pmatrix}}{\sum\limits_{j=1}^{r+2N}(-1)^j M'_{k,\beta}(t_j)\Delta_{j,l_k}}\tag{10.184}$$

根据 Gree 函数 $\Phi_r(x-t)$ 的全正性(定理10.0.5),式(10.181)及定理10.3.1,立即知当 β 由 0 增大到 $+\infty$ 时,$|M_{k,\beta}(t)|$ 是 β 的单调不减函数,而当 β 由 $-\infty$ 增加到 0 时,$|M_{k,\beta}(t)|$ 是 β 的单调不增函数,所以定理的(ii)在条件 $1\leqslant \nu_i\leqslant r-2(i=1,\cdots,n)$ 下成立.

(A) 若存在某 $\nu_i=r-1$,且 $\nu_j\leqslant r-2(j\neq i)$,当 $k>i$,则因为 $\sum_{j=i}^{n}(\nu_j+\sigma_j)=r+\sum_{j=i+1}^{n}(\nu_j+\sigma_j)$,所以由前面的讨论知存在定义在$[t_{l_j},b]$上以 x_j 为 $\nu_j(j=i+1,\cdots,n,j\neq k)$ 重节点,以 x_k 为 ν_k+1 重节点的 r 次单样条 $M_{k,\beta,R}(t)$ 使得

$$M_{k,\beta,R}(t_\nu)=0,\nu=t_{l_i}+1,\cdots,t_{r+2N}$$

又因为 $\sum_{j=1}^{i}(\nu_j+1)=r+\sum_{j=1}^{i-1}(\nu_j+1)$,所以根据定理10.3.4,存在定义在$[a,t_{l_i+1}]$上以 $\{x_j\}(j=1,\cdots,i-1)$ 为 $\{\nu_j\}(j=1,\cdots,i-1)$ 重节点的 r 次单样条 $M_L(t)$,使得

$$M_L(t_\nu)=0,\nu=1,\cdots,t_{l_j}$$

因为 $r=\nu_i+1$,故 r 为偶数,所以由式(10.70)知当 $t>t_{l_i}$ 时,$M_L(t)>0$,而当 $t<t_{l_i+1}$ 时,$M_{k,\beta,R}(t)>0$,所以存在 $x_i(\beta)$,使得 $M_{k,\beta,R}(x_i(\beta))=M_L(x_i(\beta))$,令

$$M(t)=\begin{cases}M_L(t),t\in[a,x_i(\beta)]\\M_{k,\beta,R}(t),t\in[x_i(\beta),b]\end{cases}$$

则 $M(t)\in\mathscr{M}_r(\nu_1,\cdots,\nu_k+1,\cdots,\nu_n)$,且满足式(10.176).如果 $k<i$,可作类似的讨论.

(B) 若 $\nu_k=r-1$,而 $\nu_j(j\neq k)$ 不大于 $r-2$,根据定理10.3.4,存在定义在$[a,t_{l_k+1}]$上的以 $\{x_j\}(j=$

$1,\cdots,k-1$) 为 $\{x_j\}(j=1,\cdots,k-1)$ 重节点的 r 次单样条 $M_1(t)$，使得

$$M_1(t_\nu)=0,\nu=1,\cdots,l_k$$

同理存在定义在 $[t_{l_k},b]$ 上的以 $\{x_j\}(j=i+1,\cdots,n)$ 为 $\{\nu_j\}(j=i+1,\cdots,n)$ 重节点的 r 次单样条 $M_2(t)$，使得

$$M_2(t_\nu)=0,\nu=l_k+1,\cdots,r+2N$$

根据式(10.70)易推得

$$\beta'\overset{\text{df}}{=}M_1(t_{l_k})-M_2(t_{l_k}-0)<0$$

$$\beta''\overset{\text{df}}{=}M_1(t_{l_k+1}-0)-M_2(t_{l_k+1})>0$$

于是当 $\beta\in[\beta',\beta'']$ 时，必存在 $x_k(\beta)\in[t_{l_k},t_{l_k+1}]$，使得 $M_1(x_k(\beta))-M_2(x_k(\beta))=b$，然后令

$$M_{k,\beta}(t)=\begin{cases}M_1(t),t\in[a,x_k(\beta)]\\M_2(t),t\in[x_k(\beta),b]\end{cases}$$

$M_{k,\beta}(t)$ 即为所求.

若 $\beta<\beta'$，则在 $(t_{l_k},b]$ 上取定 $M_2(t)$，而在 $[a,t_{l_k}]$ 上利用引理 10.7.2 的(ii) 重复前面的讨论，当 $\beta>\beta''$ 时，在 $[a,t_{l_k+1})$ 上取定 $M_{k,\beta}(t)$ 为 $M_1(t)$，而在 $(t_{l_k+1},b]$ 上利用引理 10.7.2 的(i) 来做讨论，从而知道此时定理的(i)，(ii) 仍然成立.

(C) 若存在某 $\nu_i=r(i\neq k)$，由式(10.86) 知 $x_i=t_{l_i}$，当 $k>i(k<i)$ 时，只需要在区间 $[t_{l_i},b]([a,t_{l_i}])$ 上讨论即可.

附注 10.7.1　定理10.7.2的(i)是具有一个偶数重节点而其余为奇数重节点单样条的代数基本定理，在某种意义下，它是定理 10.3.4 的补充. 定理 10.7.1 的(ii) 指出当 $\beta>0$ 时，满足式(10.176) 的 $M_{k,\beta}(t)$ 的绝对值 $|M_{k,\beta}(t)|$ 是 β 的单调非减函数，当 $\beta<0$ 时，

$|M_{k,\beta}(t)|$ 是 β 的单调非增函数.下面的定理讨论了 $\beta\to+\infty(-\infty)$ 时，$\{M_{k,\beta}(t)\}$ 的极限函数 $M_{k,+}(t)(M_{k,-}(t))$ 的极限性质,从而导出了两个具有不同重数(均为奇数重)单样条的比较定理(下面定理 $\beta=0$ 的情况).

定理 10.7.3 设 $1\leqslant\nu_i\leqslant r(i=1,\cdots,n,i\neq k)$，$\nu_k\leqslant r-1,\nu_i(i=1,\cdots,n)$ 均为奇数，$\sum_{i=1}^{n}(\nu_i+\sigma_i)\overset{\text{df}}{=}2N,a\leqslant t_1<\cdots<t_{r+2N}\leqslant b,\{t_i\}(i=1,\cdots,r+2N)$ 为任意给定的点组，$M_{k,\beta}(t)$ 由定理 10.7.2 确定，则：

(i) 若 $\nu_k+\nu_{k+1}+1\leqslant r,M_{k,+}(t)\in\mathscr{M}_r(\nu_1,\cdots,\nu_{k-1},\nu_k+\nu_{k+1}+1,\nu_{k+2},\cdots,\nu_n)$ 满足条件 $M_{k,+}(t_i)=0,i=1,\cdots,r+2N$;设 $\beta\geqslant 0$，且 $M_{k,\beta}(t_i)=0,i=1,\cdots,r+2N$，则有不等式

$$|M_{k,\beta}(t)|\leqslant|M_{k,+}(t)|,t\in[a,b] \tag{10.184}$$

(ii) 若 $\nu_{k-1}+\nu_{k+1}+1\leqslant r,M_{k,-}(t)\in\mathscr{M}_r(\nu_1,\cdots,\nu_{k-2},\nu_{k-1}+\nu_k+1,\nu_{k+1},\cdots,\nu_n)$ 满足条件 $M_{k,-}(t_i)=0,i=1,\cdots,r+2N$，设 $\beta\leqslant 0,M_{k,\beta}(t_i)=0,i=1,\cdots,r+2N$，则有不等式

$$|M_{k,\beta}(t)|\leqslant|M_{k,-}(t)|,t\in[a,b] \tag{10.185}$$

证 首先证明当 $\beta\to+\infty$ 时，由式(10.176)确定的 $M_{k,\beta}(t)$ 的节点满足条件

$$x_{k+1}(\beta)-x_k(\beta)\to 0,\beta\to+\infty \tag{10.186}$$

并且 $M_{k,\beta}(t)$ 收敛于极限函数 $M_{k,+}^0(t)\in\mathscr{M}_r(\nu_1,\cdots,\nu_{k-1},\nu_k+\nu_{k+1}+1,\nu_{k+2},\cdots,\nu_n)$ 满足条件

$$M_{k,+}^0(t_\nu)=0,\nu=1,\cdots,r+2N \tag{10.187}$$

事实上,如果式(10.186)不成立,则存在 $\delta > 0$ 及一个子序列 $\{\beta_\nu\}$, $\beta_\nu \to +\infty$,使得

$$x_{k+1}(\beta_\nu) - x_k(\beta_\nu) \geqslant \delta, \nu = 1,2,3,\cdots$$

但另一方面,根据引理 10.7.3 的(ii), $M_{k,\beta_n}(t)$ 在区间 $(x_k(\beta_\nu), x_{k+1}(\beta_\nu))$ 的限制(是一个 r 次的多项式)是一致有界的,因而这些多项式的系数也一致有界,这与 $\beta_\nu \to +\infty$ 矛盾,从而式(10.186)成立.

因而,根据引理 10.7.2,存在 $\beta_\nu \to +\infty$,使得

$$c_j(\beta_\nu) \to c_j^0, j = 1,\cdots,r$$

$$c_{i,j}(\beta_\nu) \to c_{i,j}^0, i \neq k, j \in \{1,\cdots,n\}$$

$$j = 0,1,\cdots,r-\nu_i-1$$

$$x_i(\beta_\nu) \to x_i^0, i = 1,\cdots,n$$

并记此极限函数为 $M_{k,+}^0(t)$,则 $M_{k,+}^0(t_i) = 0(\nu = 1,\cdots, r+2N)$,由引理 10.7.2 推得当 $t = x_k$ 时, $M_{k,+}^0(t) \in C^{r-\nu_k-\nu_{k+1}-2}$,根据定理 10.7.1 及式(10.186)得

$$a < x_1^0 < \cdots < x_k^0 = x_{k+1}^0 < x_{k+2}^0 < \cdots < x_n^0 < b \tag{10.188}$$

于是 $M_{k,+}^0(t) \in \mathscr{M}_r(\nu_1,\cdots,\nu_{k-1},\nu_k+\nu_{k+1}+1,\nu_{k+2},\cdots,\nu_n)$.

根据式(10.187)及定理 10.3.4, $M_{k,+}^0(t) \equiv M_{k,+}(t)$,所以当 $\beta > 0$ 时,由定理 10.7.1 知

$$|M_{k,\beta}(t)| \leqslant |M_{k,+}(t)|, t \in [a,b]$$

从而式(10.184)成立.

类似可证当 $k > 1$, $\nu_{k-1}+\nu_k+1 \leqslant r$ 时

$$\lim_{\beta \to -\infty}(x_k(\beta) - x_{k-1}(\beta)) = 0$$

并且 $M_{k,\beta}(t)$ 收敛于极限函数 $M_{k,-}^0(t) \in \mathscr{M}_r(\nu_1,\cdots,\nu_{k-2},\nu_{k-1}+\nu_k+1,\nu_{k+1},\cdots,\nu_n)$ 有

$$M_{k,-}^0(t_\nu) = 0, \nu = 1,2,\cdots,r+2N$$

从而由单样条的代数基本定理(定理 10.3.4)知 $M_{k,-}^0(t)\equiv M_{k,-}(t)$,再由定理 10.7.2 的(ii)即得式(10.185).

根据定理 10.3.4 及定理 10.7.3 立即得到两个具有不同的奇重数节点的单样条的比较定理.

定理 10.7.4 设 $1\leqslant\nu_i\leqslant r,\nu_i(i=1,\cdots,n)$ 均为奇数,$N=\sum\limits_{i=1}^{n}(\nu_i+1),\nu_k+\nu_{k+1}+1\leqslant r,a<t_1<\cdots<t_{r+N}<b$ 为给定的点组,$M(t)\in\mathscr{M}_r(\nu_1,\cdots,\nu_{k-1},\nu_k+\nu_{k+1}+1,\nu_{k+2},\cdots,\nu_n)$,满足条件

$$M(t_i)=0,i=1,\cdots,N+r$$

则存在 $M_1(t)\in\mathscr{M}_r(\nu_1,\cdots,\nu_n)$ 满足条件

$$M_1(t_i)=0,i=1,\cdots,r+N$$

且

$$|M_1(t)|\leqslant|M(t)|,\forall t\in[a,b]$$

特别有

$$\|M_1(\cdot)\|_p<\|M(\cdot)\|_p,1\leqslant p\leqslant+\infty$$

§8 单样条类上的最小一致范数问题

定义 10.8.1 设 $f(t)\in C[a,b],[\alpha,\beta]\subset[a,b]$,若存在 $l+1$ 个点 $\alpha\leqslant\xi_1<\cdots<\xi_{l+1}\leqslant\beta,\sigma=0$ 或 1,使得

$$f(\xi_i)=(-1)^{i+\sigma}\|f\|_{\infty[a,b]},i=1,\cdots,l+1$$

则说 $f(t)$ 在$[\alpha,\beta]$上有 $l+1$ 个交错点,$f(t)$ 在$[a,b]$上有 l 次交错.

为了讨论单样条类上最小一致范数问题的解,下

面首先讨论连续函数用样条函数子空间最佳一致逼近的一般特征.熟知定义在$[a,b]$上的连续函数以 Haar 子空间的最佳一致逼近可以由交错性质刻画,虽然定义在$[a,b]$上的多项式样条子空间 $S_{r-1}(\boldsymbol{x})$ 仅为弱 Haar 子空间,然而定义在$[a,b]$上的连续函数 $f(t)$ 以 $S_{r-1}(\boldsymbol{x})$ 的最佳一致逼近仍然可由$[a,b]$或其子区间上 $f(t)-s_*(t)$ 的交错性质来刻画,其中 $s_*(t)\in S_{r-1}(\boldsymbol{x})$ 是 $f(t)$ 的最佳一致逼近元.

定理 10.8.1　设 $\boldsymbol{x}=\{(x_1,\nu_1),\cdots,(x_n,\nu_n)\}\in\Omega(\nu_1,\cdots,\nu_n)$ 为固定的节点组,$1\leqslant\nu_r\leqslant r-1$,$f(t)\in C[a,b]$,$s(t)\in S_{r-1}(\boldsymbol{x})$ 是 $f(t)$ 的最佳一致逼近元的充分必要条件是存在 p,q,$0\leqslant p<q\leqslant n+1$,使得 $f(t)-s(t)$ 在$[x_p,x_q]$上有 $w+r+1$ 个交错点,其中 $x_0=a$,$x_{n+1}=b$

$$w=\sum_{j=p+1}^{q-1}\nu_j$$

证　先证充分性.如果 $f(t)-s(t)$ 在$[x_p,x_q]$上有 $w+r+1$ 个交错点,但存在 $s_1(t)\in S_{r-1}(\boldsymbol{x})$,使得 $\|s_1(\cdot)-f(\cdot)\|_\infty<\|s(\cdot)-f(\cdot)\|_\infty$,从而 $s(t)-s_1(t)$ 在$[x_p,x_q]$上至少有 $w+r$ 个不同零点,因为

$$s(t)-s_1(t)\in S_{r-1}\begin{pmatrix}x_{p-1} & \cdots & x_{q-1}\\ \nu_{p-1} & \cdots & \nu_{q-1}\end{pmatrix}$$

所以根据 10.0.4,$s(t)-s_1(t)$ 在某两个零点之间恒为零,但是另一方面,在这个零区间上必有 $f(t)-s(t)$ 的一个交错点,得到矛盾,所以 $s(t)$ 是 $f(t)$ 的最佳一致逼近元.

下证必要性.设 $s(t)$ 是 $f(t)$ 在 $S_{r-1}(\boldsymbol{x})$ 中的最佳一致逼近元,但是 $f(t)-s(t)$ 在任何区间$[x_p,x_q]$

$(0 \leqslant p < q < n+1)$ 上至多有 $w+r$ 个交错点. 因为 $S_{r-1}(\boldsymbol{x})$ 包含了一个 r 维的 Haar 子空间 P_r, 所以 $f(t)-s(t)$ 在 $[a,b]$ 上至少有 $r+1$ 个交错点, 设 $a \leqslant \xi_1 < \cdots < \xi_{m+r} \leqslant b(m \geqslant 1)$ 是 $f(t)-s(t)$ 的所有交错点, 则

$$(-1)^{i+\sigma}(f-s)(\xi_i) = \| f-s \|_\infty, i=1,\cdots, m+r, \sigma \in \{-1,1\}$$

令 $[\underline{\xi}_i, \overline{\xi}_{i+1}]$ 表示包含 ξ_i 的具有以下性质的极大区间.

(1) $(f-s)(\underline{\xi}_i) = (f-s)(\overline{\xi}_t) = (-1)^{i+\sigma} \cdot \| f-s \|_\infty$.

(2) 对所有的 $t \in [\underline{\xi}_i, \overline{\xi}_i]$, 有

$$(f-s)(t) \neq -(-1)^{i+\sigma} \| f-s \|_\infty$$

记 $y_1 = \cdots = y_{\nu_{p+1}} = x_1, y_{\nu_{p+1+1}} = \cdots = y_{\nu_{p+2}} = x_2, \cdots, y_{\nu_{q-2}+1} = \cdots = y_w = x_{q-1}$, 则必有 $\{\tau_i\}(i=1,\cdots,m) \subset \{y_i\}(i=1,\cdots,w)$ 中, 使得

$$\overline{\xi}_i < \tau_i < \underline{\xi}_{i+r} \tag{10.189}$$

为了说明这一点, 首先注意到根据假定若 $j \geqslant 1$, $1 \leqslant p \leqslant w-j$, 则在 $\{y_1, \cdots, y_w\}$ 中至少有 j 个落在 $(\overline{\xi}_p, \underline{\xi}_{p+r+j-1})$ 中, 特别 $(\overline{\xi}_1, \underline{\xi}_{r+1})$ 中至少有一个节点 y_i, 取其最小为 τ_1. 假如我们已归纳地构造了 $\tau_1, \cdots, \tau_{j-1}$ 满足条件式(10.189), 而且 τ_i 总是取使得(10.189)成立的最小的 y_{ν_i}. 置

$$T \xlongequal{\text{df}} \{y_p, \overline{\xi}_j < y_p < \underline{\xi}_{r+j}, p > \nu_{j-1}\}$$

往证集合 T 非空. 由前面的关于交错点的假定 $(\overline{\xi}_j, \underline{\xi}_{j+r})$ 中至少有一个 y_q, 令 q 是 y_i 落在 $(\overline{\xi}_j, \underline{\xi}_{j+r})$ 中最大的指标 i, 由于 $(\overline{\xi}_1, \underline{\xi}_{r+j})$ 中至少有 $\{y_i\}(i=1,\cdots,w)$ 中的 j 个元, 所以 $q \geqslant j$, 如果说 $\nu_{j-1} < q$, 那么 $q \in T$, 如

果 $\nu_{j-1} \geqslant q$，那么存在某个 $l, 1 \leqslant l \leqslant j-2$，结点 y_q，$y_{q-1}, \cdots, y_{q-l+1}$ 已被选作 $\{\tau_i\}(i=1,\cdots,j-1)$ 中的元，而 y_{q-l} 没有被选中，因此必定有 $y_{q-l} \leqslant \bar{\xi}_{j-l}$，因为否则的话，按上面的规则应选 y_{q-l} 为 τ_{j-l-1}，这样在 $(\bar{\xi}_{j-l}, \underline{\xi}_{r+j})$ 中就只有 l 个节点 $\{y_i\}(i=q-l+1,\cdots,q)$，得到矛盾，这表明集合 T 非空. 令

$$\tau_j = \min\{y_p, \bar{\xi}_j < y_p \subset \underline{\xi}_{r+j}, p > \nu_{j-1}\}$$

从而满足式(10.189)的 $\tau_1, \cdots, \tau_m$ 存在. 根据式(10.189)，可取 $t_1, \cdots, t_{m+r-1}$ 满足

$$\max\{\tau_{i-r+1}, \bar{\xi}_i\} < t_i < \min\{\tau_i, \underline{\xi}_{i+1}\}$$

其中约定当 $i<1$ 时，令 $\tau_i = -\infty$；$i>m$ 时，$\tau_i = +\infty$，所以

$$t_i < \tau_i < t_{r+i-1}, i=1,\cdots,m$$

根据定理 10.0.5，存在 $\bar{s}(t) \in S_{r-1}(\boldsymbol{\tau})$，使得

$$\bar{s}(z_i) = 0, i=1,\cdots,m+r-1$$

$$\bar{s}(\xi_1) = (f-s)(\xi_1)$$

其中 $\boldsymbol{\tau} = (\tau_1, \cdots, \tau_m)$，显然 $S_{r-1}(\boldsymbol{\tau}) \subset S_{r-1}(\boldsymbol{x})$，而且根据定理 10.0.4，$\bar{s}(t)$ 除 $\{z_i\}(i=1,\cdots,m+r-1)$ 外没有其他零点，所以 $\bar{s}(t)$ 经过 z_i 处严格变号，所以

$$\operatorname{sgn} \bar{s}(t) = \operatorname{sgn}[f(t) - \bar{s}(t)], t \in [a,b]$$

因此当 $\varepsilon > 0$ 充分小时，$\bar{s}(t) + \varepsilon\bar{s}(t) \in S_{r-1}(\boldsymbol{x})$，且

$$\| f - \bar{s} + \varepsilon\bar{s} \|_\infty < \| f - s \|_\infty$$

这和 $s(t)$ 是 $f(t)$ 在 $S_{r-1}(\boldsymbol{x})$ 内的最佳一致逼近矛盾.

因为 $S_{r-1}(\boldsymbol{x})$ 为弱 Haar 子空间，所以根据 Haar 定理(定理 1.5.12) 不可能对一切 $f \in C[a,b]$，f 以 $S_{r-1}(\boldsymbol{x})$ 来逼近的最佳一致逼近元唯一，但当 f 是某些

特殊的连续函数时，f 在 $S_{r-1}(\boldsymbol{x})$ 内的最佳一致逼近元唯一且强唯一.

下面首先考虑具有固定节点组的单样条类的最佳一致逼近的特征刻画及唯一性问题. 因为 $\mathscr{M}_r(\nu_1,\cdots,\nu_n)$ 中的函数 $M(t)$ 可以表示成 $\frac{x^r}{r!}-s(t)$, $s(t)\in S_{r-1}(\boldsymbol{x})$，所以 $\mathscr{M}_r(\boldsymbol{x},\nu_1,\cdots,\nu_n)$ 上最佳一致逼近问题的解 $M(\boldsymbol{x},t)$ 可以看作是 $\frac{t^r}{r!}$ 以 $S_{r-1}(\boldsymbol{x})$ 中元的最佳一致逼近.

定理 10.8.2 设 $\boldsymbol{x}\in\Omega(\nu_1,\cdots,\nu_n)$ 固定，$1\leqslant\nu_i<r$，$\{\nu_i\}(i=1,\cdots,n)$ 均为偶数$(i=1,\cdots,n)$，$N=\sum_{i=1}^{n}\nu_i$，则 $M(\boldsymbol{x},t)$ 是定义在$[a,b]$上的单样条类 $\mathscr{M}_r(\boldsymbol{x},\nu_1,\cdots,\nu_n)$ 中具有最小一致范数当且仅当 $M(\boldsymbol{x},t)$ 在$[a,b]$中具有 $N+r+1$ 个交错点，并且 a,b 必为交错点.

证 如 $M(\boldsymbol{x},t)$ 在$[a,b]$上恰有 $N+r+1$ 次交错，则根据定理 10.8.1，$M(\boldsymbol{x},t)$ 必是 $\mathscr{M}_r(\boldsymbol{x},\nu_1,\cdots,\nu_n)$ 中的具有最小一致范数.

反之，如 $M(\boldsymbol{x},t)$ 是 $\mathscr{M}_r(\boldsymbol{x},\nu_1,\cdots,\nu_n)$ 中具有最小一致范数，根据定理 10.8.1，存在$[x_p,x_q]$，使得 $M(\boldsymbol{x},t)$ 在$[x_p,x_q]$上$(0\leqslant p<q\leqslant n+1, x_0=a, x_{n+1}=b)$有 $\nu_{p+1}+\cdots+\nu_{p+q-1}+r+1$ 次交错. 如果 $x_p<a$ 或 $x_q<b$ 中至少有一成立，则根据定理 10.3.1 得

$$Z(M';(x_p,x_q))\leqslant r-1+\nu_{p+1}+\cdots+\nu_{p+q-1}$$

但另一方面由交错点的性质，知

$$Z(M';(x_p,x_q))\geqslant r+\nu_{p+1}+\cdots+\nu_{p+q-1}$$

矛盾. 所得矛盾表明，$x_p=a$，$x_q=b$，即 $p=0$，$q=n+1$，从而 $M(\boldsymbol{x},t)$ 在$[a,b]$上恰有 $r+N+1$ 次交错，且 a，

b 必为交错点. 否则

$$Z(M',(a,b)) \geqslant r+N$$

和定理 10.3.1 矛盾.

定理 10.8.3　设 $\boldsymbol{x} \in \Omega(\nu_1,\cdots,\nu_n)$ 固定 $1 \leqslant \nu_i \leqslant r-1\{\nu_i\}(i=1,\cdots,n)$ 全为偶数,则 $\mathscr{M}_r(\boldsymbol{x},\nu_1,\cdots,\nu_n)$ 中具有最小一致范数的单样条是唯一的.

证　设 $M_1(t), M_2(t)$ 是 $\mathscr{M}_r(\boldsymbol{x},\nu_1,\cdots,\nu_n)$ 中具有最小一致范数的单样条,则 $M_1(t), M_2(t)$ 均有 $r+N+1$ 个交错点,其中 $N=\sum_{i=1}^{n}\nu_i$. 因为 $M=\frac{M_1+M_2}{2}$ 也是 $\mathscr{M}_r(\boldsymbol{x},\nu_1,\cdots,\nu_n)$ 中具有最小一致范数,所以推得 $M_1(t)$ 和 $M_2(t)$ 具有相同的交错点. 记其为 $\{\xi_i\}(i=1,\cdots,N+r+1)$,令 $s(t)=M_1(t)-M_2(t)$,则

$$s(\xi_i)=0, i=1,\cdots,N+r+1, \xi_1=a, \xi_{N+r+1}=b$$

令

$$\boldsymbol{y}=\{(a-1,r),(x_1,\nu_1),\cdots,(x_n,\nu_n),(b+1,r)\}$$

往证

$$y_i < \xi_i < y_{i+r-1}, i=1,\cdots,N+r+1 \tag{10.190}$$

若式(10.190)不成立,存在某个 $i(i \geqslant r+1)$ 使得 $\xi_i \leqslant y_i$,此时 $M'(t)$ 在 $[a,y_i]$ 上有 $i-1$ 个零点,另一方面根据定理 10.3.1,$M'(t)$ 在 $[a,y_i]$ 内至多有 $r-1+(i-1)-r=i-2$ 个零点,矛盾. 同理,若 $\xi_i \geqslant y_{i+r-1}$,则 $M'(t)$ 在 $[y_{i+r-1},b]$ 上有 $N+r+1-i$ 个零点,但是另一方面根据定理 10.3.1,$M'(t)$ 在 $[y_{i+r-1},b]$ 上至多有 $r-1+(N-i+1)$ 个零点,矛盾. 故式(10.190)成立,所以根据定理 10.0.5,$s(t)\equiv 0$,即 $M_1(t)\equiv M_2(t)$.

下面的定理给出了 $M(\boldsymbol{x},t)$ 是定义在 $[a,b]$ 上的

单样条类 $\mathscr{M}_r(\nu_1,\cdots,\nu_n)$ 中最小一致范数问题解的必要条件.

定理 10.8.4 设$\{\nu_i\}(i=1,\cdots,n)$均为偶数,$\nu_i<r-1(i=1,\cdots,n)$,$\boldsymbol{x}\in\Omega(\nu_1,\cdots,\nu_n)$,$M(\boldsymbol{x},t)$ 是 $\mathscr{M}_r(\nu_1,\cdots,\nu_n)$ 中最小一致范数问题的解,即

$\|M(\boldsymbol{y},\cdot)\|_\infty\geqslant\|M(\boldsymbol{x},\cdot)\|_\infty,\forall\,\boldsymbol{y}\in\Omega(\nu_1,\cdots,\nu_n)$

如将 $M(\boldsymbol{x},t)$ 写成

$$M(\boldsymbol{x},t)=\frac{(t-a)^r}{r!}-\sum_{j=0}^{r-1}c_{0,j}\frac{(t-a)^{r-j-1}}{(r-j-1)!}-\sum_{i=1}^{n}\sum_{j=0}^{\nu_i-1}c_{i,j}\frac{(t-x_i)_+^{r-j-1}}{(r-j-1)!}$$

则

$$\begin{cases}c_{i,\nu_i-1}=0,i=1,\cdots,n\\ c_{i,j}>0,i=1,\cdots,n,j=0,2,\cdots,\nu_i-2\end{cases}$$

证 记 $d(\boldsymbol{x})=\|M(\boldsymbol{x},\cdot)\|_\infty,f(t)=\dfrac{(t-a)^r}{r!}$

$$\boldsymbol{c}=(c_{0,0},\cdots,c_{0,r-1},c_{1,0},\cdots,c_{1,\nu_1-1},\cdots,c_{n,0},\cdots,c_{n,\nu_{n-1}})$$

则 $\boldsymbol{c}$ 是 $N+r$ 维向量,其 $N=\sum_{i=1}^{n}\nu_i$. 对 $\mathbf{R}^m$ 中的元 $c=(c_1,\cdots,c_m)$ 以 $\|c\|=\max\{|c_i|,1\leqslant j\leqslant m\}$ 赋范. 首先指出:

(i)$\boldsymbol{c}(\boldsymbol{x})$ 是 $\boldsymbol{x}$ 的连续函数,从而 $d(\boldsymbol{x})$ 也是 $\boldsymbol{x}$ 的连续函数. 因为否则的话,则存在 $\varepsilon_0>0$ 以及序列 $\boldsymbol{x}^{(k)}\to\boldsymbol{x}$,使得

$$\|\boldsymbol{c}(\boldsymbol{x}^{(k)})-\boldsymbol{c}(\boldsymbol{x})\|\geqslant\varepsilon_0>0$$

根据式(10.142)推得,$\|M(\boldsymbol{x}^{(k)},\cdot)\|_\infty\leqslant(b-a)^{r+1}$,所以 $\boldsymbol{c}(\boldsymbol{x}^{(k)})$ 是 $\mathbf{R}^{N+r}$ 中的有界集. 设 $\boldsymbol{c}(\boldsymbol{x}^{(k)})$ 收敛于 $\boldsymbol{c}^0$. 令 $x_0=a,\nu_0=r$,则

$$\left\| f(\cdot)-\sum_{i=1}^{n}\sum_{j=0}^{\nu_i-1}c_{i,j}^{(k)}\frac{(\cdot-x_i^{(k)})_+^{r-j-1}}{(r-j-1)!}\right\|_\infty$$

$$\leqslant\left\| f(\cdot)-\sum_{i=1}^{n}\sum_{j=0}^{\nu_i-1}c_{i,j}\frac{(\cdot-x_i^{(k)})_+^{r-j-1}}{(r-j-1)!}\right\|_\infty$$

令 $k\to+\infty$ 得

$$\left\| f(\cdot)-\sum_{i=1}^{n}\sum_{j=0}^{\nu_i-1}c_{i,j}^{0}\frac{(\cdot-x_i)_+^{r-j-1}}{(r-j-1)!}\right\|_\infty$$

$$\leqslant\left\| f(\cdot)-\sum_{i=1}^{n}\sum_{j=0}^{\nu_i-1}c_{i,j}\frac{(\cdot-x_i)_+^{r-j-1}}{(r-j-1)!}\right\|_\infty$$

根据定理 10.8.3,由唯一性知 $c_{i,j}^0=c_{i,j}(i=0,1,\cdots,n,j=0,1,\cdots,\nu_i-1)$,矛盾.

(ii) 设 $\xi_1,\cdots,\xi_{N+r+1}$ 为 $M(\boldsymbol{x},t)$ 的 $N+r+1$ 个交错点,则 $\xi_1=a,\xi_{N+r+1}=b$ 并且 $\xi_i(i=1,\cdots,N+r+1)$ 为 $\boldsymbol{x}$ 的连续函数.事实上对任何固定的 $\varepsilon>0$,令 $\lambda=\|M(\boldsymbol{x},\cdot)\|_\infty-\alpha$,其中 $\alpha=\sup\{M(\boldsymbol{x},t)\mid t\in[a,b]\setminus\bigcup_{l=0}^{N+r+1}(\xi_l-\varepsilon,\xi_l+\varepsilon)\}$,则 $\lambda>0$.根据(i),对此 $\lambda>0$,存在 $\delta>0$,使得当 $\|\boldsymbol{y}-\boldsymbol{x}\|<\delta$ 时,$\|M(\boldsymbol{x},\cdot)-M(\boldsymbol{y},\cdot)\|_\infty<\dfrac{\lambda}{4}$.设 $\tau_1,\cdots,\tau_{N+r+1}$ 为 $M(\boldsymbol{y},t)$ 的交错点,则 $|\tau_l-\xi_l|<\varepsilon,l=1,\cdots,N+r+1$,否则,存在 τ_{l_0} 使得 $|\tau_{l_0}-\xi_{l_0}|\geqslant\varepsilon$,则一方面由于 $\tau_{l_0}\overline{\in}\bigcup_{l=1}^{N+r+1}(\xi_l-\varepsilon,\xi_l+\varepsilon)$,得

$$\|M(\boldsymbol{y},\cdot)\|_\infty=|M(\boldsymbol{y},\tau_l)|\leqslant|M(\boldsymbol{x},\tau_{l_0})|+\frac{\lambda}{4}$$

$$\leqslant\|M(\boldsymbol{x},\cdot)\|_\infty-\frac{3}{4}\lambda$$

另一方面

$$\| M(\boldsymbol{y},\cdot)\|_\infty \geqslant \| M(\boldsymbol{x},\cdot)\|_\infty - \frac{\lambda}{4}$$

得到矛盾,所以 $\xi_l(l=1,\cdots,N+r+1)$ 是 $\boldsymbol{x}$ 的连续函数.(ii) 得证.

令

$$F_l(d,\boldsymbol{c},\boldsymbol{x})=(-1)^{l+r+1}d+\frac{(\xi_l-a)^r}{r!}-\sum_{i=1}^{n}\sum_{j=0}^{\nu_i-1}c_{i,j}\frac{(\xi_l-x_i)_+^{r-j-1}}{(r-j-1)!}$$
$$l=1,\cdots,N+r+1$$

首先考虑一切 $\nu_i\leqslant r-2(i=1,\cdots,n)$ 的情况,经直接计算,Jacobi 行列式

$$\frac{D(F_1,\cdots,F_{N+r+1})}{D(x_k,c_{0,0},\cdots,c_{0,r-1},c_{1,0},\cdots,c_{1,\nu_1-1},\cdots,c_{u,\nu_n-1})}$$
$$=(-1)^{r+l_k}c_{k,\nu_k-1}\Phi_r\cdot$$
$$\begin{pmatrix}\xi_1 & \xi_2 & \xi_3 & \xi_4 & \xi_5 & \xi_6 & \cdots & \xi_{N+r+1}\\ (a,r) & (x_1,\nu_1) & \cdots & (x_{k-1},\nu_{k-1}) & (x_k,\nu_k+1) & (x_{k+1},\nu_{k+1}) & \cdots & (x_n,\nu_n)\end{pmatrix}\tag{10.191}$$

其中 $l_k=\sum_{i=1}^{k}(\nu_i+\sigma_i)=\sum_{i=1}^{k}\nu_i$. 因为 $\{\xi_i\}(i=1,\cdots,N+r)$ 是 $M'(t)$ 的零点,所以根据推论 10.3.2,并考虑到 $\xi_1=a,\xi_{N+r+1}=b$ 就有

$$\xi_{i+1}<z_i<\xi_{i+r},i=1,\cdots,N\tag{10.192}$$

其中 $\boldsymbol{z}=\{(x_1,\nu_1),\cdots,(x_n,\nu_n)\}\overset{\text{df}}{=}\{z_1\leqslant\cdots\leqslant z_N\}$. 令

$$\boldsymbol{y}=\{(a,r),(x_1,\nu_1),\cdots,(x_{k-1},\nu_{k-1}),(x_k,\nu_k+1),(x_{k+1},\nu_{k+1}),\cdots,(x_n,\nu_n)\}\tag{10.193}$$

$$\xi_{i-r}<y_i\leqslant\xi_i,i=1,\cdots,N+r+1$$

当 $i>r+1$ 时,不等式(10.194)的右边是严格的.因此根据定理 10.0.5 得

$$\Phi_r\begin{pmatrix} \xi_1 & \xi_2 & \cdots & \cdots & \cdots & \cdots & \cdots & \cdots & \xi_{N+r+1} \\ (a,r) & c_{0,0} & \cdots & c_{0,r-1} & c_{1,0} & \cdots & c_{1,\nu_1-1} & \cdots & c_{n,\nu_n-1} \end{pmatrix} \neq 0$$

计算 Jacobi 行列式

$$\frac{D(F_1,\cdots,F_{N+r+1})}{D(d,c_{0,0},\cdots,c_{0,r-1},c_{1,0},\cdots,c_{1,\nu_1-1},\cdots,c_{n,\nu_n-1})}$$

$$=(-1)'\sum_{j=1}^{N+r+1}\Delta_j$$

其中

$$\Delta_j=\Phi_r\begin{pmatrix} \xi_1 & \cdots & \xi_{j-1} & \xi_{j+1} & \cdots & \xi_{N+r+1} \\ (a,r) & (x_1,\nu_1) & \cdots & \cdots & \cdots & (x_n,\nu_n) \end{pmatrix}$$

$$j=1,\cdots,N+r+1$$

根据式(10.192)及定理10.0.5，得知$\Delta_j \geqslant 0(j=2,\cdots,N+r+1)$，$\Delta_j>0$，所以

$$\frac{D(F_1,\cdots,F_{N+r+1})}{D(d,c_{0,0},\cdots,c_{0,r-1},c_{1,0},\cdots,c_{1,\nu_1-1},\cdots,c_{n,\nu_n-1})}\neq 0$$

从而根据隐函数定理得

$$\frac{\partial d}{\partial x_k}=c_{k,\nu_k-1}\cdot\alpha,k=1,\cdots,n \tag{10.194}$$

其中

$$\alpha=\frac{\Phi_r\begin{pmatrix} \xi 1 & \xi 2 & \cdots & \cdots & \cdots & \cdots & \cdots & \xi N+r-1 \\ (a,r) & (x1,\nu1) & \cdots & (xk-1,\nu k-1) & (xk,\nu k+1) & (xk,\nu k+1) & \cdots & (xn,\nu n) \end{pmatrix}}{\sum_{j=1}^{N+r+1}\Delta j}\neq 0$$

从而推得当$d(\boldsymbol{x})$达到极小值时，必有

$$c_{i,\nu_i-1}=0,i=1,\cdots,n \tag{10.195}$$

根据定理10.3.1，$c_{i,j}>0(i=1,\cdots,n,j=0,2,\cdots,\nu_i-2)$，所以当一切$\nu_i\leqslant r-2(i=1,\cdots,n)$时定理成立.

附注10.8.1　如果$1\leqslant\nu_j\leqslant r-1(j=1,\cdots,n)$且存在某个$\nu_i=r-1,i\in\{1,\cdots,n\}$，此时定理10.8.4仍

然成立.下面首先证此时 $F_l(d,\boldsymbol{c},\boldsymbol{x})$ 是 $(d,\boldsymbol{c},\boldsymbol{x})$ 的局部 Lipschitz 函数.

显然,$F_l(d,\boldsymbol{c},\boldsymbol{x})$ 关于 $d,\boldsymbol{c}$ 的偏导数存在并且连续.考虑 $F_l(d,\boldsymbol{c},\boldsymbol{x})$ 的关于 $\boldsymbol{x}$ 的广义梯度,则有

$$\partial F_l(\boldsymbol{x}) \subset \left(-\sum_{j=0}^{\nu_i-1} c_{i,j} \frac{(\xi_l - x_i)_+^{r-j-2}}{(r-j-2)!}\right)_{i=1}^{n}$$

其中当 $\xi_l = x_i$ 时,$(\xi_l - x_i)_+^0$ 理解为区间$[0,1]$.

事实上,当 $\xi_l \overline{\in} \{x_1,\cdots,x_n\}$ 时,$M'(\xi_l)=0,l=2,\cdots,N+r$,所以只需考虑 $\nu_i = r-1,\xi_l = x_i$ 的情况.令

$$F(t) \stackrel{\text{df}}{=} F(d,\boldsymbol{c},\boldsymbol{x},t) = (-1)^{l+r+1} d + \frac{(t-a)^r}{r!} - \sum_{i=1}^{n}\sum_{j=0}^{\nu_i-1} c_{i,j} \frac{(t-x_i)_+^{r-j-1}}{(r-j-1)!}$$

则有 $F'(\xi_l - 0) \cdot F'(\xi_l + 0) \leqslant 0$,分两种情况讨论.

(A)$F'(\xi_l - 0) \cdot F'(\xi_l + 0) < 0$,不失一般性,不妨认为 $F'(\xi_l - 0) < 0, F'(\xi_l + 0) > 0$.因为 $\xi_l(\boldsymbol{x})$ 是 $\boldsymbol{x}$ 的连续函数,所以当 $\boldsymbol{y}$ 充分接近于 $\boldsymbol{x}$ 时,$F'(\boldsymbol{y}, y_i - 0) < 0$,而 $F'(\boldsymbol{y}, y_i + 0) > 0$,从而 $\xi_l(\boldsymbol{y}) = y_i$.将 $F_l(d,\boldsymbol{c},\boldsymbol{x})$ 看成是 x_i 的函数,而将其余变量固定,此时

$$\begin{aligned} & F_l(d,\boldsymbol{c},\boldsymbol{y}) - F_l(d,\boldsymbol{c},\boldsymbol{x}) \\ &= \frac{(y_i-a)^r}{r!} - \frac{(x_i-a)^r}{r!} - \\ &\quad \sum_{p=0}^{i-1}\sum_{j=0}^{\nu_i-1} c_{i,j} \frac{(y_i-x_p)^{r-j-1} - (x_i-x_p)^{r-j-1}}{(r-j-1)!} \\ &= F'(\xi_l - 0)(y_i - x_i) + o(|y_i - x_i|) \end{aligned}$$

因为 $c_{i,\nu_i-1} = F'(\xi_l - 0) - F'(\xi_l + 0)$,所以

$$F'(\xi_l - 0) = -\theta c_{i,\nu_i-1}, \theta \in [0,1]$$

(B) 如果 $F'(\xi_l-0)F'(\xi_l+0)=0$,不妨认为 $F'(\xi_l-0)=0$,$F'(\xi_l+0)>0$. 假设当 $\boldsymbol{y}$ 落在 $\boldsymbol{x}$ 的充分小的邻域内,如果 $\xi_l(\boldsymbol{y})=y_i$,那么用情况(A)的方法类似可证

$$F'(\xi_l-0)=\theta\cdot c_{i,\nu_i-1},\theta=0$$

如果 $\xi_l(\boldsymbol{y})\neq y_i$,此时必有 $\xi_l(\boldsymbol{y})\leqslant y_i$,所以 $\xi_l(\boldsymbol{y})<y_i$,此时同样成立

$$F'(\xi_l-0)=\theta c_{i,\nu_i-1},\theta=0$$

因此

$$F_l(\boldsymbol{x})\subset\left(-\sum_{j=0}^{\nu_i-1}c_{i,j}\frac{(\xi_l-x_i)_+^{r-j-2}}{(r-j-2)!}\right)_{i=1}^{n}$$

故由[85]([85]的第七章)知 $F_l(d,\boldsymbol{c},\boldsymbol{x})$ 是$(d,\boldsymbol{c},\boldsymbol{x})$的局部 Lipschitz 函数,和 $\nu_i\leqslant r-2(i=1,\cdots,n)$ 的情况一样,经直接计算 Jacobi 行列式

$$\frac{D(F_1,\cdots,F_{N+r+1})}{D(d,c_{0,0},\cdots,c_{0,r-1},c_{1,0},\cdots,c_{1,\nu_1-1},\cdots,c_{n,\nu_n-1})}\neq 0$$

所以 $d,\boldsymbol{c}$ 是 $\boldsymbol{x}$ 的局部 Lipschitz 函数,考虑广义的 Jacobi 行列式

$$\frac{D(F_1,\cdots,F_{N+r+1})}{D(x_i,c_{0,0},\cdots,c_{0,r-1},c_{1,0},\cdots,c_{1,\nu_1-1},\cdots,c_{n,\nu_n-1})}$$

和 $\nu_i\leqslant r-2(i=1,\cdots,n)$ 的情况一样,经直接计算知道此时式(10.194)仍然成立,从而当 $d(\boldsymbol{x})$ 取得局部极值时必有 $c_{k,\nu_k-1}=0(k=1,\cdots,n)$.

下面讨论自由节点单样条类上最小一致范数问题的存在性. 以下设条件

$$\nu_1+\cdots+\nu_n\geqslant r \tag{10.196}$$

成立. 根据定理 10.4.2,集合

$$\{M(\boldsymbol{x},\cdot)\mid \boldsymbol{x}\in\Omega(\nu_1,\cdots,\nu_n)\}$$

的闭包$\{M(\boldsymbol{y},\cdot),y\in\overline{\Omega}(\nu_1,\cdots,\nu_n)\}$是$L^\infty$范数下的局部紧集.令

$$\boldsymbol{y}=\{(a,\rho_0),(x_1,\rho_1),\cdots,(x_m,\rho_m),(b,\rho_{m+1})\}$$
$$[\boldsymbol{y}]_r=\{(a,u_0),(x_1,u_1),\cdots,(x_m,u_m),(b,u_{m+1})\}$$
$$u_i=\min(r,\rho_i),i=0,\cdots,m+1$$

则存在$\boldsymbol{x}\in\Omega(\nu_1,\cdots,\nu_n)$,使得

$$\|M([\boldsymbol{x}]_r,\cdot)\|_\infty\leqslant\|M(\boldsymbol{x},\cdot)\|_\infty=d,\forall\,\boldsymbol{y}\in\overline{\Omega}(\nu_1,\cdots,\nu_n)\tag{10.197}$$

往证$\boldsymbol{x}\in\Omega(\nu_1,\cdots,\nu_n)$,为此首先证明一个引理.

引理 10.8.1 设$u_i\leqslant r(i=1,\cdots,n)$全为偶数,$M([\boldsymbol{x}]_r;\cdot)$满足式(10.197),若存在某个$u_j=r,u'_j<r,u''_j<r,\mu+\mu''_j=r$,则存在充分小的$\varepsilon>0$,使得

$$\|M(\boldsymbol{x}_\varepsilon,\cdot)\|_\infty<\|M(\boldsymbol{x},\cdot)\|_\infty$$

其中$\varepsilon>0$

$$\boldsymbol{x}_\varepsilon=\{(a,\mu_0),\cdots,(x_{j-1},\mu_{j-1}),(x_j-\varepsilon,\mu'_j),(x_j+\varepsilon,\mu''_j),(x_{j+1},\mu_{j+1}),\cdots,(x_m,\mu_m),(b,\mu_{m+1})\}$$

证 设$M_1(t)$是以$\boldsymbol{x}'=\{(a,\mu_0),\cdots,(x_{j-1},\mu_{j-1}),(x_j-\varepsilon,r)\}$为固定节点组的$r$次单样条类中具有最小一致范数,$M_2(t)$是以$\boldsymbol{x}''=\{(x_j+\varepsilon,r),(x_{j+1},\mu_{j+1}),\cdots,(x_m,\mu_m),(b,\mu_{m+1})\}$为固定节点组的$r$次单样条类中具有最小一致范数,则当$\varepsilon>0$充分小时

$$\|M_1\|_{\infty,[a,x_j-\varepsilon]}<\|M(\boldsymbol{x},\cdot)\|_{\infty,[a,x_j]}$$
$$\|M_2\|_{\infty,[x_j+\varepsilon,b]}<\|M(\boldsymbol{x},\cdot)\|_{\infty,[x_j,b]}$$

令$M_\varepsilon(t)$表示由以下方式确定的$r-1$次单样条,它在$[a,x_j-\varepsilon]$上与$M_1(t)$一致,在$[x_j+\varepsilon,b]$上与$M_2(t)$一致,而在$(x_j-\varepsilon,x_j+\varepsilon)$上$M_\varepsilon(t)$是一个首项系数为

$\frac{1}{r!}$ 的 r 次代数多项式，且

$$M_\varepsilon^{(j)}(x_j-\varepsilon)=M_1^{(j)}(x_j-\varepsilon),j=0,1,\cdots,r-\mu'_j-1$$

$$M_\varepsilon^{(j)}(x_j+\varepsilon)=M_2^{(j)}(x_j+\varepsilon),j=0,1,\cdots,r-\mu''_j-1$$

以 $p_k(t)$ 表示由以下条件唯一确定的 r 次多项式

$$p_k^{(l)}(0)=\delta_{k,l},l=0,1,\cdots,r-\mu'_j-1$$

$$p_k(1)=0,l=0,1,\cdots,r-\mu''_j-1$$

$$k=0,1,\cdots,r-\mu'_j-1$$

以 $q_k(t)$ 表示由以下条件唯一确定的 $r-1$ 次多项式

$$q_k^{(l)}(0)=0,l=0,1,\cdots,r-\mu'_j-1$$

$$q_k^{(l)}(0)=\delta_{k,l},l=0,1,\cdots,r-\mu''_j-1$$

$$k=0,1,\cdots,r-\mu''_j-1$$

因为 $r-\mu'_j-1=\mu''_j-1,r-\mu''_j-1=\mu''_j-1$，并注意到 $p_0(t)+q_0(t)-1$ 至多为 $r-1$ 次代数多项式，但 $p_0(t)+q_0(t)-1$ 却有 r 个零点，所以 $p_0(t)+q_0(t)\equiv 1$，因而在 $[x_j-\varepsilon,x_j+\varepsilon]$ 上，令 $f(t)=\frac{t^r}{r!}$，就有

$$\begin{aligned}
&M_\varepsilon(t)\\
&=f(t)+\sum_{k=0}^{\mu''_j-1}(M_1-f)^{(k)}(x_j-\varepsilon)\cdot\\
&\quad p_k\left(\frac{t-(x_j-\varepsilon)}{2\varepsilon}\right)(2\varepsilon)^k+\\
&\quad\sum_{k=0}^{\mu'_j-1}(M_2-f)^{(k)}(x_j+\varepsilon)q_k\left(\frac{t-(x_j-\varepsilon)}{2\varepsilon}\right)(2\varepsilon)^k\\
&=f(t)+(M_1-f)(x_j-\varepsilon)p_0\left(\frac{t-(x_j-\varepsilon)}{2\varepsilon}\right)+\\
&\quad(M_2-f)(x_j+\varepsilon)q_0\left(\frac{t-(x_j-\varepsilon)}{2\varepsilon}\right)+o(\varepsilon)
\end{aligned}$$

$$=M_1(x_j-\varepsilon)p_0\left(\frac{t-(x_j-\varepsilon)}{2\varepsilon}\right)+M_2(x_j+\varepsilon)\cdot$$

$$q_0\left(\frac{t-(x_j-\varepsilon)}{2\varepsilon}\right)+p_0\left(\frac{t-(x_j-\varepsilon)}{2\varepsilon}\right)\cdot$$

$$(f(t)-f(x_j-\varepsilon))q_0\left(\frac{t-(x_j-\varepsilon)}{2\varepsilon}\right)\cdot$$

$$(f(t)-f(x_j+\varepsilon))+o(\varepsilon)$$

令

$$h(t)=M_1(x_j-\varepsilon)p_0\left(\frac{t-(x_j-\varepsilon)}{2\varepsilon}\right)+M_2(x_j+\varepsilon)q_0\left(\frac{t-(x_j-\varepsilon)}{2\varepsilon}\right)$$

则有

$$h(x_j-\varepsilon)=M_1(x_j-\varepsilon),h(x_j+\varepsilon)=M_2(x_j+\varepsilon)$$

$$h^{(j)}(x_j-\varepsilon)=0,j=1,\cdots,\mu_j-1$$

$$h^{(j)}(x_j+\varepsilon)=0,j=1,\cdots,\mu'_j-1$$

因为 $h'(t)\in P_{r-1}$ 且 $h'(t)$ 在$[x_j-\varepsilon,x_j+\varepsilon]$的两端点处已有 $r-2$ 个零点,所以 $h'(t)$ 在$[x_j-\varepsilon,x_j+\varepsilon]$上严格单调.

因而

$$\|h\|_{L_\infty[x_j-\varepsilon,x_j+\varepsilon]}\leqslant\max\{|M(x_j-\varepsilon)|,|M(x_j+\varepsilon)|\}$$

从而当 ε 充分小时,$\|M_\varepsilon\|_\infty<\|M(\boldsymbol{x},\cdot)\|_\infty$. 故存在充分小的 $\varepsilon>0$,使得

$$\|M(\boldsymbol{x}_\varepsilon,\cdot)\|_\infty<\|M(\boldsymbol{x},\cdot)\|_\infty$$

为了证明本节的主要定理,我们还需要两个拓扑定理.

定理 10.8.5(道路提升定理)　设 $\Omega\subset\mathbf{R}^n$ 为开子集,Ω 的闭包 $\overline{\Omega}$ 为紧集. f 是 $\overline{\Omega}\to\mathbf{R}^n$ 的连续映射,且是 Ω 上的局部同胚. h 是 $I\to\mathbf{R}^n$ 的连续映射,$I=[0,1]$.

$h(0)=f(x_0)\in f(\Omega)$，且 $h(I)\cap f(\partial\Omega)$ 为空集，则存在唯一的提升 $g:I\to\Omega$，使得 $h=f\circ g$，且 $g(0)=x_0$.

证　设 $0\leqslant t_0<1$，对 $0\leqslant t\leqslant t_0$ 已构作了 $g(t)$，使得 $h(x)=f\circ g(t)$ 满足引理要求. 因为 f 是 $\Omega\to\mathbf{R}^n$ 的局部同胚，所以存在 $g(t_0)$ 的开邻域 $V\subset\Omega$，使得 $f(V)=U\subset\mathbf{R}^n$，$U$ 为 $\mathbf{R}^n$ 中的开集. 因为 h 连续，$h(t_0)=f\circ g(t_0)\in U$，所以存在 $\varepsilon>0$，使得 $h[t_0,t_0+\varepsilon)\subset U$，对 $t\in(t_0,t_0+\varepsilon)$，令 $g(t)=f^{-1}\circ h(t)$，因此 g 的定义域可以唯一地扩张为 $[0,t_0+\varepsilon)$.

现在设当 $t\in[0,t_0)$，$g(t)$ 已有定义，因为 $\overline{\Omega}$ 是紧集，所以 $\{g(t_0-t_0/k)\}$ $(k=1,\cdots,+\infty)$ 中存在收敛子序列，（仍记为 $\{g(t_0-t_0/k)\}(k=1,\cdots,+\infty)$，设 $\lim\limits_{k\to+\infty} g(t_0-t_0/k)=x_1\in\Omega$，因为 f,h 连续，所以

$$f(x_1)=\lim_{k\to+\infty} f\circ g(t_0-\frac{t_0}{k})=\lim_{k\to+\infty} h(t_0-\frac{t_0}{k})$$
$$=h(t_0)\in h(I)$$

因为 $f(\partial\Omega)\cap h(I)=\varnothing$，所以 $x_1\in\Omega$. 令 $g(t_0)=x_1$，由于 f 是 x_1 的某个邻域 $V\to\mathbf{R}^n$ 的同胚，$f(V)$ 包含了 $h([0,t_0))$ 的无穷多个点，并且 x_1 的构造和子序列的选取无关，于是 $g(t)$ 可以唯一地延拓到 $[0,t_0]$. 因而 $g(t)$ 的最大定义域在 I 中既开又闭，所以 $g(t)$ 必定可以唯一地扩张到 I 上.

附注 10.8.2　定理 10.8.5 的 $I=[0,1]$ 由 $I^m=\underbrace{I\times\cdots\times I}_{m}$ 代替时，该定理仍成立. 详见有关覆盖间空的理论，例如见[83].

定理 10.8.6（范数强制性定理）　设 $\Omega\subset\mathbf{R}^n$ 为连通开集，τ 是 $\Omega\to\mathbf{R}^n$ 的局部同胚，且

$$\lim_{x \to \partial \Omega} \| \tau(\boldsymbol{x}) \| = +\infty \qquad (10.198)$$

则 τ 是 Ω 到 $\mathbf{R}^n$ 的同胚,其中 $\| \cdot \|$ 为 $\mathbf{R}^n$ 中的欧氏范.

证 首先证 τ 的值域为 $\mathbf{R}^n$,事实上,任给 $y \in \mathbf{R}^n$,根据式(10.198),存在 $\boldsymbol{x}_0$,便得

$$\lim_{x \in \Omega} \| \boldsymbol{y} - \tau(\boldsymbol{x}) \| = \| \boldsymbol{y} - \tau(\boldsymbol{x}_0) \|$$

如果 $\tau(\boldsymbol{x}_0) \neq \boldsymbol{y}$,由于 τ 为局部同胚,所以存在 $\boldsymbol{x}' \in \Omega$ 及充分小的 $\varepsilon > 0$ 便得 $\tau(\boldsymbol{x}') = \tau(\boldsymbol{x}_0) + \varepsilon(\boldsymbol{y} - \tau(\boldsymbol{x}_0))$ 于是

$$\begin{aligned} \| \boldsymbol{y} - \tau(\boldsymbol{x}') \| &= (1 - \varepsilon) \| \boldsymbol{y} - \tau(\boldsymbol{x}_0) \| \\ &\leqslant \| \boldsymbol{y} - \tau(\boldsymbol{x}_0) \| \end{aligned}$$

矛盾,所得矛盾表明 $\tau(\boldsymbol{x}_0) = \boldsymbol{y}$,即 τ 的值域为 $\mathbf{R}^n$.

再证 τ 为单射,设 $\boldsymbol{x}, \boldsymbol{y} \in \Omega$,使得 $\tau(\boldsymbol{x}) = \tau(\boldsymbol{y})$,因为 Ω 是连通的,且是局部道路连通的,因此存在连续曲线 $(\boldsymbol{x}_s)_{s \in I}$,使得 $\boldsymbol{x}_0 = \boldsymbol{y}, \boldsymbol{x}_1 = \boldsymbol{x}$. 令

$$h: I^2 \to \mathbf{R}^n, (s,t) \to (1-t)\tau(\boldsymbol{x}_s) + t\tau(\boldsymbol{x})$$

则 h 为连续映射,且

$$h(s,t) = \tau(\boldsymbol{x})$$

$$(s,t) \in B = (\{0\} \times I) \cup (I \times \{1\}) \cup \{\{1\} \times I\} \qquad (10.199)$$

因此根据道路提升定理,存在连续映射 $g: I^2 \to \Omega$,使得 $h = \tau \circ g, g(0,0) = \boldsymbol{y}$,因为 $g(B)$ 为连通集,所以由式(10.199),g 在 B 上取常值,因此 $g(B) = \{\boldsymbol{y}\}$,从而存在 $h_0(s) \overset{\text{df}}{=\!=} h(s,0): s \to \tau(\boldsymbol{x}_s)$ 的唯一的提升 $g_0(s) \overset{\text{df}}{=\!=} g(s,0): I \to \mathbf{R}^n$ 使得 $g_0(0) = \boldsymbol{y}$,因而当 $s \in I$ 时,$x_s = g_0(s) = g(s,0)$,所以 $\boldsymbol{x} = g(1,0) \in g(B)$,从而 $\boldsymbol{x} = \boldsymbol{y}$.

推论 10.8.1 设 τ 为 $\mathbf{R}^n \to \mathbf{R}^n$ 的局部同胚,且 $\lim\limits_{\| x \| \to +\infty} \| \tau(\boldsymbol{x}) \| \to +\infty$,则 τ 为 $\mathbf{R}^n \to \mathbf{R}^n$ 的同胚.

证　在定理 10.8.6 中取 $\Omega=\mathbf{R}^n$ 即得.

下面证明本节的主要定理.

定理 10.8.7　设 $1<2[(\nu_i+1)/2]<r(i=1,\cdots,n)$,则存在唯一的 $M(\boldsymbol{x},t)\in\mathscr{M}_r(\nu_1,\cdots,\nu_n)$,使得

$$\|M(\boldsymbol{x},\cdot)\|_\infty=\inf\{\|M\|_\infty\mid M\in\mathscr{M}_r(\nu_1,\cdots,\nu_n)\}\tag{10.200}$$

且 $M(\boldsymbol{x},t)$ 在 $[a,b]$ 上恰有 $N+r+1$ 个交错点 $\{\xi_1,\cdots,\xi_{N+r+1}\}$,其中 $\xi_1=a,\xi_{N+r+1}=b,N=\sum_{i=1}^{n}(\nu_i+\sigma_i)$;$M(\boldsymbol{x},t)$ 的节点和系数还满足关系式

$$a<x_1<\cdots<x_n<b$$

$$\begin{cases}c_{i,\nu_i-1}=0,c_{i,j}>0,j=0,2,\cdots,\nu_i-2,\nu_i\ 为偶数\\ c_{i,j}>0,j=0,2,\cdots,\nu_i-1,\nu_i\ 为奇数\end{cases}\tag{10.201}$$

当 $\nu_i(i=1,\cdots,n)$ 全为奇数时,$M(\boldsymbol{x},t)\in\mathscr{M}_r(\nu_1,\cdots,\nu_n)$ 是极值问题(10.200) 的解当且仅当 $M(\boldsymbol{x},t)$ 在 $[a,b]$ 上恰有 $N+r+1$ 个交错点.

证　首先考虑一切 $\nu_i(i=1,\cdots,n)$ 均为偶数的情况. 根据式(10.197),存在 $\boldsymbol{x}\in\overline{\Omega}(\nu_1,\cdots,\nu_n)$,使得

$$\|M([\boldsymbol{x}]_r,\cdot\|_\infty=\inf\{\|M\|_\infty\mid M\in\mathscr{M}_r(\nu_1,\cdots,\nu_n)\}$$

往证 $\boldsymbol{x}\in\Omega(\nu_1,\cdots,\nu_n)$,其中 $\rho_0\geqslant r,\rho_{m+1}\geqslant r$ 有

$$\boldsymbol{x}=\{(a,\rho_0),(x_1,\rho_1),\cdots,(x_m,\rho_m),(b,\rho_{m+1})\}$$

$$[\boldsymbol{x}]_r=\{(a,\mu_0),(x_1,\mu_1),\cdots,(x_m,\mu_m),(b,\mu_{m+1})\}$$

$\mu_i=\min(\rho_i,r),i=1,\cdots,n,\mu_0=\mu_{m+1}=r$,我们只需证 $m=n$. 如果 $m<n$,则存在 $\rho_j=\nu_{j_1}+\cdots+\nu_{j_s+s}$,根据引理 10.8.1,$\rho_j<r$,所以 $\mu_j<\gamma$,不妨设 $s=1$. 根据定理 10.8.4 得

$$c_{i,\mu_i-1}=0,i=1,\cdots,m$$

其中 $\{c_j\},\{c_{i,j}\}$ 为 $M([\boldsymbol{x}]_r,t)$ 的系数，即 $M([\boldsymbol{x}]_r,t)$ 是以 $\{x_i\}(i=1,\cdots,m)$ 为 $\{\mu_i-1\}_1^m$（奇数）重节点的 r 次单样条．根据定理 10.8.2，$M([\boldsymbol{x}]_r,t)$ 在 $[a,b]$ 内必有 $r+\sum\limits_{i=1}^{m}\mu_i+1$ 个交错点，因此 $M([\boldsymbol{x}]_r,t)$ 在 (a,b) 内必有 $r+\sum\limits_{i=1}^{m}\mu_i$ 个零点，根据定理 10.7.4，存在以 $\boldsymbol{y}$ 为节点组的具有自由边界的 r 次单样条 $M(\boldsymbol{y},t)$，使得

$$\|M(\boldsymbol{y},\bullet)\|_\infty<\|M([\boldsymbol{x}]_r,\bullet)\|_\infty$$

其中

$$\begin{aligned}\boldsymbol{y}=\{&(a,r),(y_1,\mu_1-1),\cdots,(y_j,\mu_j-1),\\&(y_j,\nu_{j_i}-1),(y_{j+1},\nu_{j_i}+1),(y_{j+2},\mu_{j+1}-1),\cdots,\\&(y_{m+1},\mu_m-1),(b,r)\}\end{aligned}$$

$a<y_1<\cdots<y_{m+1}<b$，显然 $\boldsymbol{y}\in\overline{\Omega}(\nu_1,\cdots,\nu_n)$，得到矛盾，所得矛盾表明 $\mu_i=\nu_{j_i},i=1,\cdots,m$．如果 $m<n$，则存在 $k\in\{1,\cdots,n\}$ 及 $i\in\{1,\cdots,m\}$，使得 $j_i<k<j_{i+1}$，令

$$\begin{aligned}\boldsymbol{z}=\{&(a,r),(x_1,\nu_{j_1}),\cdots,(x_i,\nu_{j_i}),(z,\nu_k),\\&(x_{i+1},\nu_{j_{i+1}}),\cdots,(x_m,\nu_{j_m}),(b,r)\}\end{aligned}$$

则 $\boldsymbol{z}\in\overline{\Omega}(\nu_1,\cdots,\nu_n)$．令 $M(\boldsymbol{z},t)$ 表示以 $\boldsymbol{z}$ 为节点组的具有自由边界的 r 次单样条类（定义在 $[a,b]$ 上）中的最小一致范数．因为 $M([\boldsymbol{x}]_r,t)\in\mathcal{M}_r(\boldsymbol{z},\nu_{j_1},\cdots,\nu_{j_i},\nu_k,\nu_{j_{i+1}},\cdots,\nu_{j_m})$，所以

$$\|M(\boldsymbol{z},\bullet)\|_\infty\leqslant\|M([\boldsymbol{x}]_r,\bullet\|_\infty$$

根据定理 10.8.2，$(\boldsymbol{z},t)$ 和 $M([\boldsymbol{x}]_r,t)$ 有不同的交错点的个数，故 $M(\boldsymbol{z},t)\not\equiv M([\boldsymbol{x}]_r,t)$．根据定理 10.8.3，由唯一性，得

$$\|M(\boldsymbol{z},\bullet)\|_\infty<\|M([\boldsymbol{x}]_r,\bullet)\|_\infty$$

得到矛盾,所得矛盾表明 $m=n$,即

$$M(\boldsymbol{x},t)\in\mathscr{M}_r(\nu_1,\cdots,\nu_n)$$

且式(10.201) 成立.

现设$\{\nu_i\}(i=1,\cdots,n)$不全为偶数,令 $s_k=2[(\nu_k+1)/2]$,则 $s_k<r(k=1,\cdots,n)$,根据上面所证,存在 $\boldsymbol{x}\in\Omega(s_1,\cdots,s_n)$,使得 $M(\boldsymbol{x},t)$ 是$(s_1,\cdots,s_n)$ 型最优的. 根据定理 10.8.4,如果 $s_k>\nu_k$,则 $c_{k,\nu_{k-1}}=0$,所以 $M(\boldsymbol{x},t)$ 也是$(\nu_1,\cdots,\nu_n)$ 型最优的,$M(\boldsymbol{x},t)$ 在$[a,b]$ 上有 $N+r+1$ 个交错点,且式(10.201) 成立.

下证唯一性. 根据定理 10.8.4,只需证当一切 ν_i $(i=1,\cdots,n)$ 均为奇数时,(10.200) 仅有唯一解. 设 $M(\boldsymbol{x},t)$ 为式(10.200) 的一个解,根据前面的证明,$M(\boldsymbol{x},t)$ 在(a,b) 内恰有 $N+r$ 个零点,其中

$$N=\sum_{i=1}^{n}(\nu_i+1)$$

令 $\Lambda^0=\{M(t)\in\mathscr{M}_r(\nu_1,\cdots,\nu_n)\mid M(t)$ 在$[a,b]$内恰有 $N+r$ 个零点$\}$,则 Λ^0 非空. 为证极值问题(10.200) 的解的唯一性,只需证 Λ^0 中恰有 $N+r+1$ 个交错点的 $M(t)$ 的唯一的. 首先在 $\mathbf{R}^{N+r}$ 中引入范数,设 $\boldsymbol{y}\in\mathbf{R}^{N+r}$,$\boldsymbol{y}=(y_1,\cdots,y_{N+r})$,令

$$\|\cdot\|=\max\{|y_i|\mid 1\leqslant i\leqslant N+r\}$$

任取 $M(t)\in\Lambda^0$,设 $t_1<\cdots<t_{N+r}$ 为 $M(t)$ 的零点,令

$$\lambda_i(M)=\max\{|M(t)|\mid t_i\leqslant t\leqslant t_{i+1}\}$$

$$i=0,1,\cdots,N+r$$

其中 $t_0=a,t_{N+r+1}=b$. 构造映射 $\tau:\Lambda^0\to\mathbf{R}^{N+r}$ 有

$$\tau(M)\overset{\mathrm{df}}{=\!=}\left\{\log\frac{\lambda_0}{\lambda_1},\log\frac{\lambda_1}{\lambda_2},\cdots,\log\frac{\lambda_{N+r-1}}{\lambda_{N+r}}\right\}$$

其中 $\lambda_i=\lambda_i(M)(i=0,1,\cdots,N+r)$. 往证 τ 为同胚. 设

$x_0=a, x_{n+1}=b, \nu_0=r$,令

$$M(t)=\frac{(t-a)^r}{r!}-\sum_{i=0}^{n}\sum_{j=0}^{\nu_i-1}c_{i,j}\frac{(t-x_i)_+^{r-j-1}}{(r-j-1)!}$$

$$\begin{aligned}c=&(c_{0,0},\cdots,c_{0,r-1},c_{1,0},\cdots,c_{1,\nu_1-1},x_1,\cdots,\\&c_{n,0},\cdots,c_{n,\nu_n-1},x_n)\\\stackrel{\mathrm{df}}{=}&(c_1,\cdots,c_{N+r})\end{aligned}$$

以 B 表示由 Λ^0 中单样条 $M(t)$ 的系数和节点确定的 $N+r$ 维向量 $\boldsymbol{c}$ 的全体. 令 F 表示 B 到 Λ^0 的映射:$\boldsymbol{c}\to M(t)$. 设 $\boldsymbol{t}=\{t_1,\cdots,t_{N+r}\}$,置

$$T=\{\boldsymbol{t}\mid a<t_1<\cdots<t_{N+r}<b]$$

以 $\eta_0,\cdots,\eta_{N+r}$ 表示 $M(t)\in\Lambda^0$ 的 $N+r+1$ 个局部极值点,根据定理 10.3.1,$\lambda_i(M)=(-1)^{N+r+i}M(\eta_i)(i=0,1,\cdots,N+r)$,其中 $\eta_0=a,\eta_{N+r}=b$,于是

$$\frac{\partial\lambda_i}{\partial c_k}=(-1)^{N+r+i}\frac{\partial M(\eta_i)}{\partial c_k},i=0,1,\cdots,N+r$$

$$k=1,\cdots,N+r$$

考虑 $B\to\mathbf{R}^{N+r}$ 的映射 $\tau\circ F$ 关于 $\boldsymbol{c}=(c_1,\cdots,c_{N+r})\in B$ 的 Jacobi 行列式,则

$$\det\left(\frac{\partial\tau\circ F(\boldsymbol{c})}{\partial\boldsymbol{c}}\right)_{(N+r)\times(N+r)}\neq 0 \quad (10.202)$$

事实上,若式(10.202)不成立,则存在不全为零的实数 $\alpha_1,\cdots,\alpha_{N+r}$,使得

$$\sum_{k=1}^{N+r}\alpha_k\frac{\partial}{\partial c_k}\log\frac{\lambda_{i-1}}{\lambda_i}=0,i=1,\cdots,N+r$$

即

$$\sum_{k=1}^{N+r}\alpha_k\left(\frac{1}{M(\eta_{i-1})}\cdot\frac{\partial M(\eta_{i-1})}{\partial c_k}-\frac{1}{M(\eta_i)}\cdot\frac{\partial M(\eta_i)}{\partial c_k}\right)=0$$

$$i=1,\cdots,N+r \quad (10.203)$$

令 $h(t)=\sum_{k=1}^{N+r}\alpha_k\ \frac{\partial M(t)}{\partial c_k}$，若 $\sum_{k=1}^{N+r}\alpha_k\neq 0$，则根据定理 10.3.1（若 $\sum_{k=1}^{N+r}\alpha_k=0$，则根据定理 10.0.4）$h(t)$ 在 (a,b) 内至多有 $N+r-1$ 个零点，但另一方面根据式（10.203）得

$$\frac{h(\eta_{i-1})}{M(\eta_{i-1})}=\frac{h(\eta_i)}{M(\eta_i)},i=1,\cdots,N+r$$

故 $h(t)$ 和 $M(t)$ 具有相同的变号点的个数，即 $h(t)$ 在 (a,b) 内有 $N+r$ 个变号零点，矛盾. 式（10.202）得证. 因此根据隐函数定理 τ 为 $\Lambda^0\to\mathbf{R}^{N+r}$ 的局部同胚.

根据定理 10.3.4，对每一个 $\boldsymbol{t}\in T$，存在唯一的 $M(t)\in\Lambda^0$. 令 φ 表示 $\Lambda^0\to T$ 的映射

$$\varphi(M)=\{t_1(M),\cdots,t_{N+r}(M)\},M\in\Lambda^0$$

其中 $\{t_i(M)\}(i=1,\cdots,N+r)$ 表示 $M(t)$ 在 (a,b) 内的 $N+r$ 个零点. 于是 φ 是 $\Lambda^0\to T$ 的同胚. 因而 $\tau\circ\varphi^{-1}$: $T\to\mathbf{R}^{N+r}$ 是局部同胚. 注意到 $\boldsymbol{t}\to\partial T$ 表示以 $\boldsymbol{t}$ 为零点的单样条 $M(t)\in\Lambda^0$ 的零点之间的距离趋向于零，于是 $\min\{\lambda_i(M)\mid 0\leqslant i\leqslant N+r\}\to 0$，因为 $\max\{\lambda_i\mid 0\leqslant t\leqslant M+r\}=\|M(\boldsymbol{x},\cdot)\|_\infty>0$，所以 $\lim\limits_{1\to\partial T}|\tau\circ\varphi(T)|=+\infty$，因而根据范数强制性定理 $\tau\circ\varphi^{-1}$ 为同胚. 又因为 φ 为 $\Lambda^0\to T$ 的同胚，所以 τ 为 $\Lambda^0\to\mathbf{R}^{N+r}$ 的同胚，于是 $\tau(M)=0,0\in\mathbf{R}^{N+r}$ 仅有唯一解，即 Λ^0 中仅有唯一的 $M(t)$ 在 $[a,b]$ 上恰有 $N+r+1$ 个交错点，因而极值问题（10.200）的解是唯一的.

最后证当 $\nu_i(i=1,\cdots,n)$ 全为奇数时，式（10.200）的极函数由交错性质唯一刻画. 事实上，如 $M(\boldsymbol{x},t)$ 为极值问题（10.200）的解，根据定理 10.8.4，$M(\boldsymbol{x},t)$ 也

是 $\mathscr{M}_r(\nu_1+1,\cdots,\nu_n+1)$ 中具有最小一致范数. 根据定理 10.8.2,$M(\boldsymbol{x},t)$ 必有 $N+r+1$ 个交错点. 反之,如果 $M_*(\boldsymbol{x},t)\in\mathscr{M}_r(\nu_1,\cdots,\nu_n)$ 有 $N+r+1$ 个交错点,根据前面所证,存在 $M(\boldsymbol{x},t)\in\mathscr{M}_r(\nu_1,\cdots,\nu_n)$ 是极值问题(10.200)的解,且 $M(\boldsymbol{x},t)$ 在 $[a,b]$ 内恰有 $N+r+1$ 个交错点,由唯一性立即得 $M(\boldsymbol{x},t)\equiv M_*(\boldsymbol{x},t)$,即 $M_*(\boldsymbol{x},t)$ 为式(10.200)的解.

定理 10.8.8 设 $r=1,2,\cdots$,则极值问题

$$\inf\{\|M\|_\infty;M\in\mathscr{M}_{r,N},(A,B)\},A,B\subset Q_r \tag{10.204}$$

存在唯一解,且 $M_*(t)$ 是式(10.204)的解当且仅当 $M_*(t)\in\mathscr{M}^1_{r,N}(A,B)$,且 $M_*(t)$ 在 $[a,b]$ 上恰有 $2N+r+1-|A|-|B|\overset{\text{df}}{=\!=}\nu$ 个交错点,其中

$$\mathscr{M}_{r,N}(A,B)=\bigcup\{\mathscr{M}_r(\nu_1,\cdots,\nu_n,A,B)\mid \sum_{i=1}^n\nu_i\leqslant N,1\leqslant\nu_i\leqslant r,i=1,\cdots,n$$

证 首先证明存在 $M_*(t)\in\mathscr{M}^1_{r,N}(A,B)$,其在 $[a,b]$ 上恰有 $\nu=N+r+1-|A|-|B|$ 个交错点,不妨设 $r>1$[①],令

$$S^m=\left\{s=(s_1,\cdots,s_{m+1})\mid\sum_{j=1}^{m+1}|s_j|=b-a\right\}$$

$$m\overset{\text{df}}{=\!=}2N+1-\alpha_{r-1}-\beta_{r-1}$$

表示 $\mathbf{R}^m$ 中的球面. 令

$$\zeta_0=a,\zeta_i=\sum_{j=1}^i|s_j|,i=1,\cdots,m+1$$

① $r=1$ 时容易直接构造.

$$G_s(t)\begin{cases}(t-\zeta_{2i-1}-\alpha_{r-1})\operatorname{sgn} s_{2i-1}, t\in(\zeta_{2i-2},\zeta_{2i-1})\\ i=1,\cdots,[\frac{(m+2)}{2}]\\ (t-\zeta_{2j-1}-\alpha_{r-1})\operatorname{sgn} s_{2j}, t\in(\zeta_{2j-1},\zeta_{2j})\\ j=1,\cdots,[\frac{(m+1)}{2}]\end{cases}$$

$$g_s(t)=\frac{1}{(r-2)!}\int_a^b G_s(x)(t-x)_+^{r-2}\,\mathrm{d}x$$

$$M_s(t)=g_s(t)-p_s(t), p_s(t)=\sum_{j=0}^{\nu-2}c_j(s)t^j$$

其中 α_{r-1},β_{r-1} 表示 A,B 中元素的特征函数，$p_s(t)$ 为 $g_s(t)$ 在$[a,b]$ 中的最佳一致逼近元，根据 Chebyshev 判据（定理1.5.8），$M_s(t)=g_s(t)-p_s(t)$ 在$[a,b]$ 中有 ν 个交错点. 对每一个 $s\in S^m$，构造一个 $S^m\to\mathbf{R}^m$ 的连续奇映射 $T_s=(\eta_1,\cdots,\eta_m)$，其中

$$\eta_i=c_{r-2+i}, i=1,2,\cdots,2N+1-|A|-|B|\overset{\text{df}}{=\!=}\mu$$

$$\eta_{\mu+j}=M_s^{(\alpha_j)}(a), j=1,\cdots,|A|-\alpha_{r-1}$$

$$\eta_{\rho+k}=M_s^{(b_k)}(b), k=1,\cdots,|B|-\beta_{r-1}$$

$$\rho\overset{\text{df}}{=\!=}\mu+|A|-\alpha_{r-1}$$

$a_j\in A, b_k\in B, A,B\subset Q_r=\{0,1,\cdots,r-1\}$. 根据 Borsuk 定理存在 s^*，使得 $T_{s^*}=0$，因为 $M_{s*}(t)\overset{\text{df}}{=\!=}M_*(t)$ 在$[a,b]$ 上恰有 ν 个交错点，所以 $M_*(t)$ 在$[a,b]$ 中至少有 $2N+r-|A|-|B|$ 个零点，因此 $M_*^{(r-1)}(t)=G_{s^*}(t)$ 在(a,b) 中至少有 $m=2N+1-\alpha_{r-1}-\beta_{r-1}$ 个变号点. 另一方面根据 $G_{s^*}(t)$ 的构造知 $G_{s^*}(t)$ 在(a,b) 中至多 m 个变号点，从而

$$\operatorname{sgn} s_i^*=\operatorname{sgn} s_{i+1}^*(t), i=1,\cdots,m$$

因此 $M_*(t)\in\mathscr{M}_{r,N}^1(A,B)$，$M_*(t)$ 恰有 N 个单节点.

下证 $M_*(t)$ 为 $\mathscr{M}_{r,N}(A,B)$ 中唯一的具有最小一致范数. 否则存在

$$M(t) \in \mathscr{M}_r(\nu_1,\cdots,\nu_n,A,B)$$

$$\sum_{i=1}^{n}\nu_i \overset{\text{df}}{=} P \leqslant N$$

使得 $\|M\|_\infty \leqslant \|M_*\|_\infty$,令

$$H(t)=M_*(t)-M(t)$$

则 $H(t)$ 为具有 $N+P$ 个节点(包括重数) 的 $r-1$ 次多项式样条,因此 $H^{(r-1)}(t)$ 在(a,b) 内为分段常数,所以 $H^{(r-1)}(t)$ 在(a,b) 内至多有 $N+P-\alpha_{r-1}-\beta_{r-1}\leqslant 2N-\alpha_{r-1}-\beta_{r-1}$ 个变号点,另一方面,设$\{\zeta_i\}(i=1,\cdots,\nu)$,为 $M_*(t)$ 的交错点,则

$$|M_*(\zeta_i)|=\|M_*\|_\infty \geqslant \|M\|_\infty \geqslant |M(\zeta_i)|,\quad i=1,\cdots,\nu$$

若 $H(t)$ 在$[a,b]$ 没有零区间,则

$$Z(H;(a,b)) \geqslant \nu-1=2N+r-|A|-|B|$$

根据 Rolle 定理,得

$$Z(H^{(r-1)};(a,b)) \geqslant 2N+1-\alpha_{r-1}-\beta_{r-1}$$

矛盾. 如果 $H(t)$ 有 d 个零区间 $I_i(i=1,\cdots,d,d\geqslant 1)$ 为了确定起见,假设 a,b 不是 $H(t)$ 的零区间的端点. 设

$$e_i=|\{\zeta_i \mid \zeta \in I_i\}|$$

如果 $e_i>r+1$,根据定理 10.3.1,I_i 中至少包含了 $\frac{e_i-r}{2}$ 个 $M_*(t)$ 的节点,它们也是 $M(t)$ 的节点,因此

$$\begin{aligned}
&S^-(H^{(r-1)},(a,b)) \\
&\leqslant N+P-2\sum_{e_i>r+1}\left(\frac{e_i-r}{2}\right)-d-\alpha_{r-1}-\beta_{r-1}
\end{aligned}$$

$$\leqslant N+P-\sum_{i=1}^{d}e_i+rd-\alpha_{r-1}-\beta_{r-1}$$

另一方面，$H(t)$ 至少有 $\nu-\sum_{i=1}^{d}e_i-1$ 个零点和 d 个零区间，因此

$$S^-(H^{(r-1)},(a,b))$$

$$\geqslant 2N+1-\sum_{i=1}^{d}e_i+rd-\alpha_{r-1}-\beta_{r-1}$$

$$\geqslant N+P+1-\sum_{i=1}^{n}e_i+rd-\alpha_{r-1}-\beta_{r-1}$$

得到矛盾，所得矛盾表明 $\|M_*\|_\infty<\|M\|_\infty$，因此 $M_*(t)$ 是极值问题(10.204)的唯一解.

根据单样条和求积公式的对应关系，由定理10.8.7得：

定理 10.8.9　设$(\nu_1,\cdots,\nu_n)$为给定的自然数组，$1<2\times[(\nu_i+1)/2]<r(i=1,\cdots,n)$，则在 $W_1^r[a,b]$ 上指定节点重数为$(\nu_1,\cdots,\nu_n)$，边界条件 $\mathscr{B}^*=(Q_r,Q_r)$ 型的最优求积公式

$$\int_a^b f(t)\mathrm{d}t=\sum_{j=0}^{r-1}a_jf^{(j)}(a)+\sum_{j=0}^{r-1}b_jf^{(j)}(b)+\sum_{i=1}^{n}\sum_{j=0}^{\nu_i-1}a_{i,j}f^{(j)}(x_i)+R(f)$$

存在，唯一且最优节点组 $\boldsymbol{x}^*$ 和最优系数向量 $\boldsymbol{c}^*$ 满足关系式

$$a<x_1^*<\cdots<x_n^k<b$$

$$a_{i,\nu_i-1}^*=0,a_{i,j}^*>0,j=0,2,\cdots,\nu_i-2,\nu_i\text{ 为偶数}$$

$$a_{i,j}^*>0,j=0,2,\cdots,\nu_i-1,\nu_i\text{ 为奇数.}$$

根据定理10.1.1，定理10.8.8得：

定理 10.8.10　设 $0\leqslant\alpha_1<\cdots<\alpha_l<r-1,0\leqslant$

$\beta_1 < \cdots < \beta_m \leqslant r-1, 1 \leqslant \nu_i \leqslant r(i=1,\cdots,n)$,则在 $W_1^r[a,b]$ 上一切求积公式

$$\int_a^b f(t)\mathrm{d}t = \sum_{j=1}^{l} b_j f^{(\alpha_j)}(a) + \sum_{j=1}^{m} c_j f^{(\beta_j)}(b) + \sum_{i=1}^{n}\sum_{j=0}^{\nu_i-1} \alpha_{i,j} f^{(j)}(x_i) + R(f)$$

$$\sum_{i=1}^{n} \nu_i \leqslant N$$

中,最优求积公式存在、唯一且最优者形如

$$\int_a^b f(t)\mathrm{d}t = \sum_{j=1}^{l} b_j^* f^{(\alpha_j)}(a) + \sum_{j=1}^{m} c_j^* f^{(\beta_j)}(b) + \sum_{i=1}^{N} d_i^* f(x_i^*) + R(f)$$

其中

$$a < x_1^* < \cdots < x_n^* < b$$

$$d_i^* > 0, i=1,\cdots,N$$

附注 10.8.3 R. B. Barar 和 H. L. Loeb 证明了自由节点单样条类上的强唯一性定理.

定理 10.8.11[37] 设 $r \geqslant 4, 1 \leqslant \nu_i \leqslant r-3(i=1,\cdots,n)$,$\nu_i(i=1,\cdots,n)$ 均为奇数,则存在唯一的具有最小一致范数的单样条 $M^*(t) \in \mathscr{M}_r(\nu_1,\cdots,\nu_n)$ 使得其在 $\mathscr{M}_r(\nu_1,\cdots,\nu_n)$ 上是强唯一的,即存在 $\alpha > 0$,使得对一切 $M(t) \in \mathscr{M}_r(\nu_1,\cdots,\nu_n)$,$M \neq M^*$,有

$$\| M(\cdot) \|_\infty > \| M^*(\cdot) \|_\infty + \alpha \| M(\cdot) - M^*(\cdot) \|_\infty$$

即如果 $M(t) \in \mathscr{M}_r(\nu_1,\cdots,\nu_n)$,$M(t)$ 以 $\boldsymbol{x} = \{(x_1,\nu_1),\cdots,(x_n,\nu_n)\}$ 为节点,$M^*(t)$ 以 $\boldsymbol{x}^* = \{(x_1^*,\nu_1),\cdots,(x_n^*,\nu_n)\}$ 为节点

$$M(t)=\frac{t^r}{\gamma!}-s(t),s(t)\in S_{r-1}(\boldsymbol{x})$$

$$M^*(t)=\frac{t^r}{r!}-s^*(t)$$

$s^*(t)$ 是$\frac{t^r}{r!}$ 在 $S_{r-1}(\boldsymbol{x})$ 中的最佳逼近元，则当 $s(t)\neq s^*(t)$ 时

$$\left\|\frac{t^r}{r!}-s(t)\right\|_\infty>\left\|\frac{t^r}{r!}-s^*(t)\right\|_\infty+\alpha\|s(t)-s^*(t)\|_\infty$$

§9　单样条类上最小 L 范数问题解的唯一性

定义 10.9.1　设 $a=t_0<t_1<\cdots<t_k<t_{k+1}=b$，则称函数

$$P(x)=\sum_{j=0}^{r-1}a_j\frac{(x-a)^{r-j}}{(r-j)!}+\alpha\left[t^r+2\sum_{i=1}^{k}(-1)^i\times(x-t_i)_+^r\right],\alpha=\pm\frac{1}{r!}$$

是定义在$[a,b]$上以$\{t_i\}(i=1,\cdots,k)$为节点的 r 次完全样条. 将具有 k 个节点的 r 次完全样条的全体记为 $\Pi_k^{(r)}$.

定理 10.9.1　设 $P(x)\in\Pi_k^{(r)}$，则：

(i)$Z(P;(a,b))\leqslant r+k-S^+(P(a),-P'(a),\cdots,(-1)^rP^{(r)}(a))-S^+(P(b),P'(b),\cdots,P^{(r)}(b))$.

(ii)$Z(P;[a,b])\leqslant r+k$.

(iii) 若 $P(x)\in\Pi_k^{(r)}$ 在$[a,b]$内恰有 $r+k$ 个零点且其零点的最大重数不超过 r，将它们记为 $x_1\leqslant\cdots\leqslant$

x_{k+r},则

$$x_i < t_i < x_{i+r}, i=1,\cdots,k \qquad (10.205)$$

证 根据定理10.0.3及命题8.3.1立即得(i)及(ii).设式(10.205)不成立,如果 $t_i \leqslant x_i$,令 $P_L(x)$ 表示区间$[t_i,b]$上和 $P(x)$ 一致的 r 次完全样条,那么 $P_L(x)$ 在$[t_i,b]$上至少有 $k+r-i+1$ 个零点,但 $P_L(x)$ 在$[x_i,b]$上仅有$k-i$个节点,和(ii)矛盾.类似可证式(10.205)的右边.

定义 10.9.2 设 $Q_r=\{0,1,\cdots,r-1\}$,$H_r=[a,b]\times Q_r$,H_r 中 r 个不同的点对$(z_j,\mu_j)(j=1,\cdots,r)$称为是 r 适定的,如果对任何给定的实数 y_j,存在、唯一的 $r-1$ 次代数多项式 $q(t)\in P$,使得

$$q^{(\mu_j)}(z_j)=y_j, j=1,\cdots,r$$

例 10.9.1 (i)由Lagrange插值多项式的存在唯一性知道集合$\{(z_i,0),i=1,\cdots,r\}$是 r 适定的.其中 $a\leqslant z_1<\cdots<z_r\leqslant b$.

(ii)由Hermite插值多项式的存在唯一性知道集合$\{(z_i,j),i=1,\cdots,n,j=0,1,\cdots,\nu_i-1\}$是$r$适定的,其中 $0\leqslant z_1<\cdots<z_n\leqslant b, 0\leqslant \nu_i\leqslant r-1, \sum_{i=1}^{n}\nu_i=r$.

(iii)构造分划 $0\leqslant\lambda_1<\lambda_2<\cdots<\lambda_{p-1}<\lambda_p=r-1$,令

$$m_1=\lambda_1+1, m_2=\lambda_2-\lambda_1,\cdots,m_p=\lambda_p-\lambda_{p-1}$$

若存在m_1个点对$(z_{1,j},\nu_{1,j})\in[a,b]\times[0,\lambda_1]$,$m_i$个点对$(z_{i,j},\nu_{i,j})\in[a,b]\times(\lambda_{i-1},\lambda_i]$,$i=2,\cdots,p$,$j=1,\cdots,m_i$ 使得它们分别是 m_i 适定的,则集合$\{z_{i,j},\nu_{i,j}\},i=1,\cdots,p,j=1,\cdots,m_i\}$是 r 适定的.

(iv)根据引理10.6.4,若拟Hermite矩阵 $\boldsymbol{E}=$

$(e_{i,j})(i=0,\cdots,n+1,j=0,\cdots,r-1)$ 的元素 $\{e_{i,j}\}$ 中恰有 r 个 1 且 $\boldsymbol{E}$ 满足 Polya 条件①，则集合 $\{(z_i,j)\mid(i,j)$ 使得 $e_{i,j}=1\}$ 是 r 适定的，其中 $a=z_0<z_1<\cdots<z_n<z_{n+1}=b$.

例 10.9.2　存在 r 个点对 $(z_i,\nu)\in H_r$，使得其不是 r 适定的. 例如 $\{(z_1,0),(z_1,2),(z_2,2)\}$ 不是 3 适定的. 其中 $z_1,z_2\in[a,b]$.

定理 10.9.2　设 $k\geqslant 1,I_q\subset Q_r,q=1,\cdots,l$，$\sum\limits_{q=1}^{l}|I_q|=k+r$，若

$$A=\{(x_q,\mu_q)\mid\mu_q\in I_q,q=1,\cdots,l\}$$

中存在 r 适定的子集 A_1，则：

(i) 存在 $P(x)\in\Pi_{k_1}^{(r)},k_1\leqslant k$，使得

$$P^{(\mu_q)}(x_q)=0,\mu_q\in I_q,q=1,\cdots,l \tag{10.206}$$

(ii) 当 $a<x_q<b,I_q=\{0,1,\cdots,|I_q|-1\}$ 时，令

$$\alpha_j=|\{x_q\mid j\in I_q,1\leqslant q\leqslant l\}|,j=0,1,\cdots,r-1$$

若 $\sum\limits_{j=0}^{m}\alpha_i\geqslant m+1,m=0,1,\cdots,r-1$，则存在、唯一的 $P(x)\in\Pi_k^{(r)}$，使得 $P(x)$ 满足式(10.206)，且 $P(a+0)>0$.

证　设 $S^k=\left\{s=(s_1,\cdots,s_{k+1})\mid\sum\limits_{j=1}^{k+1}|s_j|=b-a\right\}$，令

$$\xi_0=a,\xi_i=a+\sum_{j=1}^{i}|s_j|,i=1,\cdots,k+1$$

置

① Polya 条件见定义 10.6.2.

$$\varphi(s,x)=\begin{cases}\operatorname{sgn} s_i,\xi_{i-1}\leqslant x\leqslant \xi_i\\0,x=b\end{cases}$$

$$P(s,x)=\frac{1}{(r-1)!}\int_a^b (x-\mu)_+^{r-1}\varphi(s,\mu)\mathrm{d}u+g(s,x)$$

其中 $g(s,x)\in P_r$,使得

$$P^{(\mu_q)}(s,x_q)=0,(x_q,\mu_q)\in A_1$$

令

$$\varphi_r(s,x)=\frac{1}{(r-1)!}\int_a^b (x-\mu)_+^{r-1}\varphi(s,u)\mathrm{d}u$$

则

$$g^{(\mu_q)}(s,x_q)=-\varphi_r^{(\mu_q)}(s,x_q),(x_q,\mu_q)\in A_1 \tag{10.207}$$

因为 A_1 是 r 适定的,所以对每一个 $s\in S^k$,$g(s,x)$ 是唯一确定的. 由 $\varphi(s,x)$ 及 $\varphi_r(s,x)$ 的定义立即得 $\varphi_r^{(j)}(-s,x)=-\varphi_r^{(j)}(s,x)(j=0,1,\cdots,r-1)$. 由式(10.207)得

$$g^{(j)}(-s,x)=-g^{(j)}(s,x),j=0,1,\cdots,r-1$$

因而

$$P^{(j)}(-s,x)=-P^{(j)}(s,x)$$

设 $s\in S^k$,令

$$\eta_i(s)=P^{(\mu_i)}(s,x_i),(x_i,\mu_i)\in A\backslash A_1 \tag{10.208}$$

式(10.208)包含了 k 个条件. 因而它确定了 S^k 上的一个 k 维奇映射 $\eta(s)$. 根据 $\varphi_r(s,x)$ 及 $g(s,x)$ 的定义立即知 $P^{(j)}(s,x)(j=0,1,\cdots,r-1)$ 是 s 的连续函数,因此 $\eta(s)$ 是 s 的连续函数,于是根据 Borsuk 定理,存在 $s_*\in S^k$,使得 $\eta(s_*)=0$,即

$$P^{(\mu_i)}(s_*,x_i)=0,(x_i\mu_i)\in A\backslash A_1 \tag{10.209}$$

令 $P_*(x)=P(s_*,x)$，则 $P_*(x)$ 满足式(10.206).因为 $P_*^{(r)}(x)=\varphi(s_*,x)$，所以 $P_*^{(r)}(x)$ 至多有 k 个变号点，因此 $P_*(x)\in \Pi_{r,k_1}$，$k_1\leqslant k$，(i) 得证.

下证(ii).由(i)知在(ii)的条件下，$P_*^{(r)}(x)$ 至少有 k 个零点，因此 $P_*(t)\in \Pi_k^{(r)}$，且满足式(10.206)，因而 $P_*(x)$ 或 $-P_*(x)$ 必有一个满足(ii)的要求.下证唯一性.设存在 $P_1(x)\in \Pi_k^{(r)}$，$P_2(x)\in \Pi_k^{(r)}$ 满足式(10.206)，且 $P_1(a+0)>0$，$P_2(a+0)>0$，且存在 $\bar{t}\in[a,b]$，使得 $P_1(\bar{t})\neq P_2(\bar{t})$，为了确定起见，不妨设 $P_1(\bar{t})>P_2(\bar{t})>0$，令 $\delta(x)=P_2(x)-\alpha P_1(x)$，其中 $\alpha=P_2(\bar{t})/P_1(\bar{t})$，则 $\delta(x)$ 在$[a,b]$中至少有 $k+r+1$ 个零点，因此 $\delta^{(x-1)}(x)$ 在(a,b)中至少有 $k+1$ 个变号点.另一方面，因为 $0<\alpha<1$，所以 $S^-(\delta^{(r)};(a,b))=S^-(P_2^{(r)};(a,b))$，于是 $\delta^{(r+1)}(x)$ 在(a,b)内至多有 k 个变号点矛盾，(ii) 得证.

设 $A,B\subset Q_r$，$Q_r=\{0,1,\cdots,r-1\}$，记

$$\Pi_k^{(r)}(A,B)=\{P(t)\in \Pi_k^{(r)}\mid P^{(j)}(a)=0,\\ j\in A,P^{(j)}(b)=0,j\in B\}$$

推论 10.9.1　给定$\{\nu_i\}(i=1,\cdots,n)$，$1\leqslant \nu_i\leqslant r$ $(i=1,\cdots,n)$，则：

(i) 若 $P(x)\in \Pi_k^{(r)}(A,B)$，则

$$Z(P;(a,b))\leqslant r+k-|\overline{A}|-|\overline{B}|$$

(ii) 设 $\sum_{i=1}^{n}\nu_i=r+k-|A|-|B|$，给定点组 $a<x_1<\cdots<x_n<b$，[①] $\overline{A}=\{0,1,\cdots,\nu-1\}$，$0\leqslant\nu\leqslant r$;

---

① $\nu=0$，$\mu=0$ 分别表示 $\overline{A}$，$\overline{B}$ 为空集.

$\overline{B}=\{0,1,\cdots,\mu-1\},0\leqslant\mu\leqslant r$,则存在唯一的 $P(\boldsymbol{x},x)\in\Pi_k^{(r)}(\overline{A},\overline{B})$,使得

$$\begin{cases}P^{(j)}(\boldsymbol{x},x_i)=0,i=1,\cdots,n,j=0,1,\cdots,\nu_i-1\\P(a+0)>0\end{cases}\tag{10.210}$$

定义 10.9.3 将 $\Pi_k^{(r)}(\overline{A},\overline{B})$ 中满足式(10.210)的 r 次完全样条 $P(\boldsymbol{x},x)$ 的全体记为 $\Pi_k^{(r)}(\nu_1,\cdots,\nu_n,\overline{A},\overline{B})$.

定理 10.9.3 设 $1\leqslant\nu_i\leqslant r(i=1,\cdots,n)$ 全为偶数有

$$A=\{0,1,\cdots,r-\nu-1\},0\leqslant\nu\leqslant r$$
$$B=\{0,1,\cdots,r-\mu-1\},0\leqslant\mu\leqslant r$$
$$\sum_{i=1}^{n}\nu_i+r\geqslant|A|+|B|$$

$\boldsymbol{x}\in\Omega(\nu_1,\cdots,\nu_n)$ 固定,则存在唯一的 $M(\boldsymbol{x},t)\in\mathscr{M}_r(\boldsymbol{x},\nu_1,\cdots,\nu_n,A,B)$
使得

$$\begin{aligned}&\inf\{\|M(\cdot)\|_1\mid M\in\mathscr{M}_r(\boldsymbol{x},\nu_1,\cdots,\nu_n,A,B)\}\\&=\|M(\boldsymbol{x},\cdot)\|_1\end{aligned}\tag{10.211}$$

证 根据定理 10.5.1,引理 10.5.2,存在 $P(\boldsymbol{x},t)\in\Pi_k^{(r)}$ 有

$$k=r+\sum_{i=1}^{n}\nu_i-|A|-|B|$$

使得

$$P^{(j)}(\boldsymbol{x},x_i)=0,i=1,\cdots,n,j=0,1,\cdots,\nu_i-1$$
$$P^{(j)}(\boldsymbol{x},a)=0,j=0,1,\cdots,\nu-1$$
$$P^{(j)}(\boldsymbol{x},b)=0,j=0,1,\cdots,\mu-1$$
$$P(\boldsymbol{x},t)\geqslant0,\|P(\boldsymbol{x},\cdot)\|_1=\|M(\boldsymbol{x},\cdot)\|_1$$

根据定理10.9.2,满足以上条件的$P(\boldsymbol{x},t)\in\Pi_k^{(r)}$是唯一的. 因为 $\operatorname{sgn} M(\boldsymbol{x},t)=(-1)^r P^{(r)}(\boldsymbol{x},t)$, 所以 $\operatorname{sgn} M(\boldsymbol{x},t)$ 是唯一的. 根据引理 10.5.2,$M(\boldsymbol{x},t)$ 在 $[a,b]$ 内恰有 $r+\sum_{i=1}^{n}\nu_i\overset{\mathrm{df}}{=}r+N$ 个零点,记其为$\{t_i\}$ $(i=1,\cdots,r+N)$,将 $M(\boldsymbol{x},t)$ 的节点记为 $y_1\leqslant\cdots\leqslant y_N$,则由推论 10.3.2 知

$$t_i<y_i<t_{i+r},i=1,\cdots,N+r$$

因而根据定理10.0.5,存在唯一的$s(t)\in S_{r-1}(\boldsymbol{x})$,$\boldsymbol{x}=\{(x_1,\nu_1),\cdots,(x_n,\nu_n)\}$,使得

$$\frac{(t_j-a)^r}{r!}-s(t_j)=0,j=1,\cdots,N+r$$

所以 $M(\boldsymbol{x},t)$ 是唯一的,即式(10.211) 仅有唯一解.

定理 10.9.4　给定数组$(\nu_1,\cdots,\nu_n)$,$1\leqslant\nu_i\leqslant r$ $(i=1,\cdots,n)$ 全为偶数,则:

(i)$\inf\{\|M\|_1\mid M\in\mathscr{M}_r(\nu_1,\cdots,\nu_n,A,B)\}=\inf\{\|P\|_1\mid P\in\Pi_k^{(r)}(\nu_1,\cdots,\nu_n,\overline{A},\overline{B})\}$.

(ii) 存在 $P(\boldsymbol{x},t)\in\Pi_k^{(r)}(\nu_1,\cdots,\nu_n,\overline{A},\overline{B})$,使得

$$\begin{aligned}&\inf\{\|P\|_1\mid P\in\Pi_k^{(r)}(\nu_1,\cdots,\nu_n,\overline{A},\overline{B})\}\\&=\|P(\boldsymbol{x},\cdot)\|_1=\|M(\boldsymbol{x},\cdot)\|_1\end{aligned}$$

其中 $M(\boldsymbol{x},t)$ 是 $\mathscr{M}_r(\nu_1,\cdots,\nu_n,A,B)$ 中具有最小 L_1 范数,如以$\{t_i\}(i=1,\cdots,k)$ 表示 $P(\boldsymbol{x},t)$ 的 k 个节点,则

$$M(\boldsymbol{x},t_j)=0,j=1,\cdots,k$$

$$P^{(j)}(\boldsymbol{x},x_i)=0,i=1,\cdots,n,j=0,1,\cdots,\nu_i-1$$

其中

$$k=r+\sum_{i=1}^{n}\nu_i-|A|-|B|$$

且

$$A=\{0,1,\cdots,r-\nu-1\},0\leqslant\nu\leqslant r$$
$$B=\{0,1,\cdots,r-\mu-1\},0\leqslant\mu\leqslant r$$
$$\overline{A}=\{0,1,\cdots,\nu-1\},\overline{B}=\{0,1,\cdots,\mu-1\}\tag{10.212}$$

证 根据定理 10.5.1,定理 10.9.3,对每一固定的 $\boldsymbol{x}\in\Omega(\nu_1,\cdots,\nu_n)$,存在唯一的

$$P(\boldsymbol{x},t)\in\Pi_k^{(r)}(\nu_1,\cdots,\nu_n,\overline{A},\overline{B})$$

使得

$$\|P(\boldsymbol{x},\cdot)\|_1=\|M(\boldsymbol{x},\cdot)\|_1$$

其中 $M(\boldsymbol{x},t)$ 是 $\mathscr{M}_r(\boldsymbol{x},\nu_1,\cdots,\nu_n,A,B)$ 中唯一的具有最小 L 范数. 因此(i) 成立. 根据定理 10.6.2$_r$ 存在 $M(\boldsymbol{x},t)\in\mathscr{M}_r(\nu_1,\cdots,\nu_n,A,B)$ 具有最小 L_1 范数,根据式(10.120) 得

$$P^{(r)}(\boldsymbol{x},t)=(-1)^r\operatorname{sgn}M(\boldsymbol{x},t)$$

所以(ii) 成立.

在本节以下部分,除特别声明外总假设 $A,B,\overline{A},\overline{B}$ 由式(10.212) 定义. 根据定理 10.3.1,定理 10.3.7 立即得:

引理 10.9.1 给定 $\boldsymbol{x}\in\Omega(\nu_1,\cdots,\nu_n)$,$\nu_i<r(i=1,\cdots,n)$ 全为偶数,$N=\sum\limits_{i=1}^{n}\nu_i$,$P(\boldsymbol{x},t)\in\Pi_k^{(r)}(\nu_1,\cdots,\nu_n,\overline{A},\overline{B})$. 设 $\boldsymbol{t}=(t_1,\cdots,t_k)$ 是 $P(\boldsymbol{x},t)$ 的节点组,$k=N+r-|A|-|B|$,则存在唯一的 $M(t)\in\mathscr{M}_r(\nu_1-1,\cdots,\nu_n-1,A,B)$ 有

$$M(t)=\frac{(t-a)^r}{r!}+\sum_{i=0}^{n}\sum_{j=0}^{\nu_i-1}(-1)^{j+1}c_{i,j}\frac{(t-y_i)_+^{r-j-1}}{(r-j-1)!}$$
$$a<y_1<\cdots<y_n<b$$

使得

$$M^{(q)}(a)=0,q=0,1,\cdots,r-\nu-1$$
$$M^{(l)}(b)=0,l=0,1,\cdots,r-\mu-1$$
$$M(t_p)=0,p=1,\cdots,k$$

下面考虑当 $\nu_i<r(i=1,\cdots,n)$ 全为偶数时，极值问题

$$\inf\{\|P\|_1 \mid P\in\Pi_k^{(r)}(\nu_1,\cdots,\nu_n,\overline{A},\overline{B})\} \tag{10.214}$$

及极值问题

$$\inf\{\|M\|_1 \mid M\in\mathscr{M}_r(\nu_1,\cdots,\nu_n,A,B)\} \tag{10.215}$$

解的唯一性问题. 设 $\boldsymbol{x}\in\Omega(\nu_1,\cdots,\nu_n)$，令

$$\Gamma=\{\boldsymbol{x}=(x_1,\cdots,x_n),a<x_1<\cdots<x_n<b\}$$
$$\delta(\boldsymbol{x})=\boldsymbol{t},\boldsymbol{x}=(x_1,\cdots,x_n)\in\Gamma$$

其中 $\boldsymbol{t}=(t_1,\cdots,t_k)$ 是 $P(\boldsymbol{x},t)\in\Pi_k^{(r)}(\nu_1,\cdots,\nu_n,\overline{A},\overline{B})$ 的节点向量，它由推论 10.9.1 唯一确定，令

$$H=\{\boldsymbol{t}=(t_1,\cdots,t_k),a<t_1<\cdots<t_k<b\}$$
$$\omega(\boldsymbol{t})=\boldsymbol{y},\boldsymbol{y}=(y_1,\cdots,y_n)\in\Gamma$$

$\boldsymbol{y}$ 是 $M(\boldsymbol{x},t)$ 的节点组，它由引理 10.9.1 唯一确定.

根据定理 10.9.4，引理 10.9.1 及定理 10.5.2，极值问题(10.214)的解就是 $\Psi=\omega\circ\delta:\Gamma\to\Gamma$ 的不动点，根据定理 10.6.2，Ψ 的不动点是存在的，因此，若能证明 Ψ 的不动点是唯一的，则极值问题(10.214)存在唯一解. 下面转入 Ψ 的不动点的唯一性的证明，为此先证明几个引理.

定义 10.9.4　设 (X,d_1)，(Y,d_2) 为度量空间，T 为 $X\to Y$ 的映射，若对于一切 $x,y\in X$，有

$$d_2(Tx,Ty)\leqslant d_1(x,y)$$

则称映射 T 为非扩张的,其中 $d_1(\cdot,\cdot)$ 及 $d_2(\cdot,\cdot)$ 分别为度量空间 X,Y 上的距离.

若对于一切 $x,y\in X$,存在 $0<\alpha<1$,使得

$$d_2(Tx,Ty)\leqslant \alpha d_1(x,y)$$

则称 T 为压缩映射.

设 $\boldsymbol{A}=(a_{i,j})$ 为 $n\times n$ 复矩阵.令

$$\|\boldsymbol{A}\|_\infty=\max_{1\leqslant i\leqslant n}\sum_{j=1}^{n}|a_{ij}|$$

引理 10.9.2 在引理 10.9.1 的条件下,$\omega(\boldsymbol{t})$ 是 $\boldsymbol{t}\in H$ 的连续可微函数,且:

(i) $\dfrac{\partial y_i}{\partial t_p}\geqslant 0,i=1,\cdots,n;p=1,\cdots,k.$

(ii) $\displaystyle\sum_{p=1}^{k}\frac{\partial y_i}{\partial t_p}\leqslant 1,i=1,\cdots,n.$

证 对给定的 $\boldsymbol{t}=(t_1,\cdots,t_k),\omega(\boldsymbol{t})=\boldsymbol{y},\boldsymbol{y}=(y_1,\cdots,y_n)$,若记

$$z_1=\cdots=z_{r-\nu}=a$$

$$z_{r-\nu+j}=t_j(j=1,\cdots,k)$$

$$z_{r-\nu+k+1}=\cdots=z_{N+r}=b$$

记

$$\xi_1=\cdots=\xi_{\nu_1}=y_1$$

$$\xi_{\nu_1+1}=\cdots=\xi_{\nu_1+\nu_2}=y_2,\cdots,\xi_{\nu_1+\cdots+\nu_{n-1}+1}=y_n$$

则根据式(10.85),成立

$$z_i<\xi_i<z_{i+r},i=1,\cdots,N \tag{10.216}$$

约定当 $l\leqslant 0$ 时,$\dfrac{1}{l!}=0$,则条件式(2.13)就是

$$
\begin{cases}
F_l = (-1)^{r-l+1} c_{0,r-l} = 0, l = 1, \cdots, r-\nu \\
F_{r-\nu+p} = \dfrac{(t_p - a)^r}{r!} + \displaystyle\sum_{i=0}^{n} \sum_{j=0}^{\nu_i - 2} (-1)^{j+1} c_{i,j} \cdot \\
\qquad \dfrac{(t_p - y_i)_+^{r-j-1}}{(r-j-1)!} = 0, p = 1, \cdots, k \\
F_{r-\nu+k+l+1} = \dfrac{(b-a)^r}{(r-l)!} + \displaystyle\sum_{i=0}^{n} \sum_{j=0}^{\nu_i - 2} (-1)^{j+1} c_{i,j} \cdot \\
\qquad \dfrac{(b-a)^{r-j-1-l}}{(r-j-1-l)!} = 0 \\
l = 0, 1, \cdots, r-\mu-1
\end{cases}
\tag{10.217}
$$

以 $\boldsymbol{J}$ 记式(10.217)的 Jacobi 矩阵,即

$$
\boldsymbol{J} = \frac{D(F_1, \cdots, F_{N+r})}{D(c_{0,0}, \cdots, c_{0,r-1}, c_{1,0}, \cdots, c_{1,\nu_1-2}, y_1, \cdots, c_{n,0}, \cdots, c_{n,\nu_n-2}, y_n)}
$$

经直接计算得

$$
\det \boldsymbol{J} = (-1)^n \prod_{i=1}^{n} c_{i,\nu_i-2} \det \boldsymbol{\Delta}
$$

其中

$$
\det \boldsymbol{\Delta} = \Phi_r \begin{pmatrix} z_1 & z_2 & \cdots & z_{N+r} \\ (a,r) & (y_1,\nu_1) & \cdots & (y_n,\nu_n) \end{pmatrix}
$$

根据式(10.216)及定理 10.0.5,有 $\det \boldsymbol{\Delta} \neq 0$. 根据引理 10.9.1 及 $c_{i,\nu_i-2} > 0 (i=1,\cdots,n)$,所以 $\det \boldsymbol{J} \neq 0$. 另一方面由于

$$
\frac{\partial F}{\partial t_p} = \begin{cases} M'(\boldsymbol{y}, t_p), l + r - \nu = p, p = 1, \cdots, k \\ 0, l + r - \nu \neq p \end{cases}
$$

因而根据隐函数定理

$$
\frac{\partial y_i}{\partial t_p} = \frac{(-1)^{r-\nu+p+r+l_i+1} \det \boldsymbol{J}_{r-\nu+p, r+l_i}}{\det \boldsymbol{J}} M'(\boldsymbol{y}, t_p)
$$

$$=\frac{(-1)^{r-\nu+p+r+l_i}\det \boldsymbol{\Delta}_{r-\nu+p,r+l_i}}{c_{i,\nu-2}\det \boldsymbol{\Delta}}M'(\boldsymbol{y},t_p)$$

其中 $l_0=0,l_i=\sum_{j=1}^{i}\nu_i$,$\boldsymbol{J}_{i,j}$,$\boldsymbol{\Delta}_{i,j}$ 分别表示 $\boldsymbol{J}$ 及 $\boldsymbol{\Delta}$ 中划去第 i 行及第 j 行后得到的矩阵. 根据定理 10.3.1 得

$$(-1)^{p+\nu}M'(\boldsymbol{y},t_p)\geqslant 0,p=1,\cdots,k$$

再考虑到 $l_i(i=1,\cdots,n)$ 为偶数及 Gree 函数 $\Phi_r(x,y)$ 的全正性,得

$$\frac{\partial y_i}{\partial t_p}\geqslant 0,i=1,\cdots,n,p=1,\cdots,k$$

(i) 得证. 下证(ii). 将 c_{i,ν_i-2} 乘以 $\det \boldsymbol{\Delta}$ 的第 $r+l$ 列,然后将 $\det \boldsymbol{\Delta}$ 的其余各列乘以适当的倍数加到第 $r+l_i$ 列上,使其成为

$$\{M'(a),\cdots,M^{(r-\nu)}(a),M'(t_1),\cdots,$$
$$M'(t_k),M'(b),\cdots,M^{(r-\mu)}(b)\}^{\mathrm{T}}$$

将所得的新行列式按第 $r+l_i$ 列展开, 考虑到 $M^{(j)}(a)=0,j=1,\cdots,r-\nu-1;M^{(j)}(b)=0,j=1,\cdots,r-\mu-1$,即得

$$c_{i,\nu_i-2}\det \boldsymbol{\Delta}=\sum_{i=1}^{n}M'(\boldsymbol{y},t_p)(-1)^{p+r-\nu+r+l_i}\det \boldsymbol{\Delta}_{p+r-\nu,r+l_i}+$$
$$(-1)^{\nu+l_i}M^{(r-\nu)}(a)\det \boldsymbol{\Delta}_{r-\nu,r+l_i}+$$
$$(-1)^{2r+N+l_i}M^{(r-\mu)}(b)\det \boldsymbol{\Delta}_{r+N,r+l_i}\tag{10.218}$$

根据式(10.70),有

$$(-1)^{\nu}M^{(r-\nu)}(a)>0,M^{(r-\mu)}(b)>0$$

所以由式(10.218)得

$$c_{i,\nu_i-2}\left(1-\sum_{p=1}^{k}\frac{\partial y_i}{\partial t_p}\right)=\left|\frac{M^{(r-\nu)}(a)\det \boldsymbol{\Delta}_{r-\nu,r+l_i}}{\det \boldsymbol{\Delta}}\right|+$$

$$\left|\frac{M^{(r-\mu)}(b)\det \boldsymbol{\Delta}_{r+N,r+l_i}}{\det \boldsymbol{\Delta}}\right|$$

(10.219)

因为 $c_{i,\nu_i-2}>0$，所以

$$\sum_{p=1}^{k}\frac{\partial y_i}{\partial t_p}\leqslant 1, i=1,\cdots,n$$

下面考虑映射 δ，对给定的 $\boldsymbol{x}=(x_1,\cdots,x_n)\in\Gamma$，令 $\delta(\boldsymbol{x})=\boldsymbol{t}=(t_1,\cdots,t_k)$，其中 t 由推论 10.9.1 确定.

引理 10.9.3　在引理 10.9.1 的条件下，$\delta(\boldsymbol{x})$ 是 $\boldsymbol{x}\in\Gamma$ 的连续可微函数，并且对于给定的 $p=1,\cdots,k$ 成立：

(i) $\dfrac{\partial t_p}{\partial x_i}\geqslant 0, i=1,\cdots,n.$

(ii) $\displaystyle\sum_{i=1}^{n}\frac{\partial t_p}{\partial x_i}\leqslant 1.$

证　考虑到推论 10.9.1 所确定的完全样条非负，所以 $\operatorname{sgn} P^{(r)}(\boldsymbol{x},a)=(-1)^{r+\nu}$，于是 $P(\boldsymbol{x},t)$ 可以表示成

$$P(\boldsymbol{x},t)=\sum_{q=0}^{r-1}(-1)^q a_q\frac{(t-a)^{r-q-1}}{(r-q-1)!}+\frac{(-1)^{r+\nu}}{r!}\cdot$$
$$\left\{(t-a)+2\sum_{p=1}^{k}(-1)^p(t-t_p)_+^r\right\}$$

$P(\boldsymbol{x},t)$ 满足条件

$$P^{(j)}(\boldsymbol{x},a)=0, j=0,1,\cdots,\nu-1, P^{(j)}(b)=0$$
$$j=0,1,\cdots,\mu-1$$
$$P^{(j)}(\boldsymbol{x},x_i)=0, i=1,\cdots,n, j=0,1,\cdots,\nu_i-1$$

(10.220)

将 $\{(a,\nu),(x,\nu_1),\cdots,(x_n,\nu_n),(b,\mu)\}$ 写成 $(\nu_1,\cdots,\nu_{k+r})$，$\nu_1\leqslant\cdots\leqslant\nu_{k+r}$，根据定理 10.9.1 得

$$\nu_i < t_i < \nu_{i+r}, i=1,\cdots,k \tag{10.221}$$

把条件(10.220)写成方程组

$$\begin{cases} F_l=(-1)^{r-l}a_{r-l}=0, l=1,\cdots,\nu \\ F_{\nu+l_{i-1}+j+1}=\sum_{q=0}^{r-1}(-1)^q a_q \dfrac{(x_i-a)^{r-q-1-j}}{(r-q-1-j)!}+ \\ \qquad \dfrac{(-1)^{r+\nu}}{(r-j)!}\cdot\left\{(x_i-a)^{r-j}+\right. \\ \qquad \left. 2\sum_{p=1}^{k}(-1)^p(x_i-t_p)^{r-j}\right\} \\ i=1,\cdots,n, j=0,1,\cdots,r-\nu_i-1 \\ F_{N+\nu+j+1}=\sum_{q=0}^{r-1}(-1)^q a_q \dfrac{(b-a)^{r-q-1-j}}{(r-q-1-j)!}+ \\ \qquad \dfrac{(-1)^{r+\nu}}{(r-j)!}\cdot\left\{(b-a)^{r+j}+\right. \\ \qquad \left. 2\sum_{p=1}^{k}(-1)^p(b-t_p)^{r-j}\right\} \\ i=0,1,\cdots,\mu-1 \end{cases} \tag{10.222}$$

其中 $N=\sum_{i=1}^{n}\nu_i, N+\nu+\mu=k+r, l_0=0, l_i=\sum_{j=1}^{i}\nu_j$. 以 $\boldsymbol{J}^*$ 表示式(10.222)的 Jacobi 矩阵

$$\boldsymbol{J}^*=\frac{D(F_1,\cdots,F_{k+r})}{D(a_0,\cdots,a_{r-1},t_1,\cdots,t_k)}$$

经直接计算

$$\det \boldsymbol{J}^*=(-1)^{\frac{1}{2}(2r+2\nu+k+3)k}2^k\det\boldsymbol{\Delta}^*$$

其中

$$\det\boldsymbol{\Delta}^*=\Phi_r\begin{pmatrix}(a,\nu) & (x_1,\nu_1) & \cdots & (x_n,\nu_n) & (b,\mu) \\ (a,r) & t_1 & \cdots & t_{k-1} & t_k\end{pmatrix}$$

根据式(10.221)及定理 10.0.5, $\det\boldsymbol{\Delta}^*\neq 0$, 从而

$$\det \boldsymbol{J}^* \neq 0$$

另一方面，若记 $P(t)=P(\boldsymbol{x},t)$，则

$$\frac{\partial F_l}{\partial x_i}=\begin{cases}P^{(\nu_i)}(x_i),l=l_i\\0,l\neq \nu+l_i\end{cases}$$

$l=1,\cdots,k+r,i=1,\cdots,n$. 根据隐函数定理

$$\frac{\partial t_p}{\partial x_i}=(-1)^{\nu+l_i+r+p+1}\frac{\det \boldsymbol{J}^*_{\nu+l_i,r+p}}{\det \boldsymbol{J}^*}P^{(\nu_i)}(x_i)$$

$$=\frac{1}{2}\frac{\det \boldsymbol{\Delta}^*_{\nu+l_i,r+p}}{\det \boldsymbol{\Delta}^*}P^{(\nu_i)}(x_i) \qquad (10.223)$$

其中 $\det \boldsymbol{J}^*_{i,j}$，$\det \boldsymbol{\Delta}^*_{i,j}$ 分别表示 $\det \boldsymbol{J}^*$，$\det \boldsymbol{\Delta}^*$ 中划去第 i 行及第 j 列后所得的新行列式. 因为 $\det \boldsymbol{\Delta}^*>0$，$\det \boldsymbol{\Delta}^*_{\nu+l_i,r+p}\geqslant 0$，$P^{(\nu_j)}(x_i)>0$，所以

$$\frac{\partial t_p}{\partial x_i}\geqslant 0,p=1,\cdots,k,i=1,\cdots,n$$

(i) 得证. 下证(ii). 以 $2(-1)^{r+\nu+p}$ 乘以 $\det \boldsymbol{\Delta}^*$ 的第 $r+p$ 列，然后将 $\det \boldsymbol{\Delta}^*$ 的其余各列适当的倍数加到第 $r+p$ 列，再将所得的新行列式按第 $r+p$ 列展开，考虑到式(10.220)和(10.223)及 $k+r=N+\nu+\mu$，$N=\sum_{i=1}^{n}\nu_i$，即得

$$\begin{aligned}&2(-1)^{r+\nu+p}\det \boldsymbol{\Delta}^*\\
=&\sum_{i=1}^{n}(-1)^{\nu+l_i+r+p}\det \boldsymbol{\Delta}^*_{\nu+l_1,r+p}P^{(\nu_i)}(x_i)+\\
&(-1)^{r+\nu+p}\det \boldsymbol{\Delta}^*_{\nu,r+p}P^{(\nu)}(a)+\\
&(-1)^{k+2r+p}\det \boldsymbol{\Delta}^*_{k+r,r+p}P^{(\mu)}(b)\\
=&2(-1)^{r+\nu+p}\sum_{i=1}^{n}\frac{\partial x_i}{\partial t_p}\det \boldsymbol{\Delta}^*+(-1)^{r+\nu+p}P^{(\nu)}(a)\cdot\\
&\det \boldsymbol{\Delta}^*_{\nu,r+p}+(-1)^{r+p+\nu+\mu}P(\mu)(b)\det \boldsymbol{\Delta}^*_{k+r,r+p}\end{aligned}$$

因为 $P^{(\nu)}(a)>0$，$(-1)^{\mu}P^{(\mu)}(b)>0$，$\det \boldsymbol{\Delta}^*_{\nu,r+p}\geqslant$

$0,\det \boldsymbol{\Delta}^*_{k+r,r+p} \geqslant 0$,因此

$$\sum_{i=1}^{n} \frac{\partial x_i}{\partial t_p} + \frac{1}{2}\left| P^{(\nu)}(a) \frac{\det \boldsymbol{\Delta}^*_{\nu,r+p}}{\det \boldsymbol{\Delta}} \right| + \frac{1}{2}\left| P^{(\mu)}(b) \frac{\det \boldsymbol{\Delta}^*_{k+r,r+p}}{\det \boldsymbol{\Delta}^*} \right| = 1$$

从而

$$\sum_{i=1}^{n} \frac{\partial x_l}{\partial t_p} \leqslant 1, p=1,\cdots,k$$

下面对给定的 $\boldsymbol{x} \in \Gamma$,令 $\delta(\boldsymbol{x}) = \boldsymbol{t}, \omega(\boldsymbol{t}) = \boldsymbol{y}$,则

$$\Psi(\boldsymbol{x}) = \omega \circ \delta(\boldsymbol{x}) = \boldsymbol{y}$$

根据引理 10.9.2,引理 10.9.3 立即知道 Ψ 是 $\Gamma \to \Gamma$ 的连续可微的在 L^∞ 尺度下非扩张的映射并且 $\left(\frac{\partial \Psi}{\partial \boldsymbol{x}}\right)$ 是非负矩阵.

定义 10.9.5 设 $\mathbf{A} = (a_{i,j})$ 为 $n \times n$ 复矩阵,λ_i $(i=1,\cdots,n)$ 为其特征值,则 $\rho(\mathbf{A}) = \max\limits_{1\leqslant i\leqslant n} = |\lambda_i|$ 称为 $\mathbf{A}$ 的谱半径.

下面证明 $\left(\frac{\partial \Psi}{\partial \boldsymbol{x}}\right)_{n\times n}$ 的谱半径在 Ψ 的不动点附近严格小于 1,为此首先证明下面的引理.

引理 10.9.4 设 $\boldsymbol{t} = (t_1,\cdots,t_k), \omega(\boldsymbol{t}) = (y_1,\cdots,y_n)$ 由引理 10.9.1 确定,$i \in \{1,\cdots,n\}$ 固定,则

(i) 若 $j = \max\{p \mid t_p < y_i\}, q = \min\{p \mid t_p > y_i\}$,则

$$\frac{\partial y_i}{\partial t_j} > 0, \frac{\partial y_i}{\partial t_q} > 0$$

(ii) 若 $i \leqslant n-1, t_p \in (y_i, y_{i+1})$,则

$$\frac{\partial y_i}{\partial t_p} > 0, \frac{\partial y_{i+1}}{\partial t_p} > 0$$

(iii) 存在整数 $p_1(i), p_2(i)$,使得

$$\frac{\partial y_i}{\partial t_p} > 0,\text{对一切 } p \in I(i) \overset{\text{df}}{=\!=} [p_1(i), p_2(i)]$$

$$\frac{\partial y_i}{\partial t_p} = 0,\text{对一切 } p \in I(i)$$

证　由式(10.218)知 $\frac{\partial y_i}{\partial t_p} > 0$ 当且仅当 $\det \boldsymbol{\Delta}_{r-\nu+p,r+l_i} \neq 0$,其中

$$\det \boldsymbol{\Delta}_{r-\nu+p,r+l_i}$$

$$= \Phi_r \begin{pmatrix} z_1 & \cdots & z_{r-\nu+p-1} & z_{r-\nu+p+1} & \cdots & z_{r+N} \\ (a,r)\xi_1 & \cdots & \xi_{l_i-1} & \xi_{l_i+1} & \cdots & \xi_N \end{pmatrix}$$

将

$$z_1 \leqslant \cdots \leqslant z_{r-\nu+p-1} \leqslant z_{r-\nu+p+1} \leqslant \cdots \leqslant z_{N+r}$$

$$\xi_1 \leqslant \cdots \leqslant \xi_{l_i-1} \leqslant \xi_{l_i+1} \leqslant \cdots \leqslant \xi_N$$

分别记为 $\{z_j(p), j=1,\cdots,r+N-1\}$ 及 $\{\eta_j \mid j=1,\cdots,N-1\}$. 若 $q = \min\{p \mid t_p > y_i\}$,则由式(10.216)知

$$z_j(q) = z_j < \xi_j = \eta_j, j = 1,\cdots,l_i - 1$$

$$z_j(k) = z_{j+1} < \xi_{j+1} = \eta_j, j = l_i,\cdots,N-1$$

$$\eta_j \leqslant \xi_{j+1} < z_{j+r+1} = z_{r+j}(q), j = p-\nu,\cdots,N-1$$

$$\eta_j \leqslant \xi_j < z_{j+r} = z_{r+j}(q), j = 1,\cdots,p-\nu-1$$

其中 ξ_j 和式(10.216)中的意义相同,所以有

$$z_j(q) < \eta_j < z_{j+r}(q), j = 1,\cdots,N-1$$

从而得 $\det \boldsymbol{\Delta}_{r-\nu+p,r+l_i} \neq 0$,因而

$$\frac{\partial y_i}{\partial t_k} > 0$$

同理可证(i),(ii)中其他各式. 下证(iii),若对某个 p 成立 $\frac{\partial y_i}{\partial t_p} = 0$,则存在某个确定的 q,使得

$$z_q(p) \geqslant \eta_q \text{ 或 } \eta_q \geqslant z_{q+r}(p)$$

若 $z_q(p) \geqslant \eta_q$,则由于当 $j \geqslant p$ 时,$z_q(j) \geqslant \eta_q$,所以

$$\det \boldsymbol{\Delta}_{r-\nu+j,r+l_i} = 0, j \geqslant p$$

若 $\eta_q \geqslant z_{q+r}(p)$, 则由于当 $j \leqslant p$ 时,$z_{q+r}(j) \leqslant z_{q+r}(p) \leqslant \eta_q$,所以

$$\det \boldsymbol{\Delta}_{r-\nu+j,r+l_i} = 0, j \leqslant p$$

(iii) 得证.

推论 10.9.2 (i)$y_i \in (t_{p_1(i)}, t_{p_2(i)})$.

(ii) $\dfrac{\partial y_1}{\partial t_1} > 0, \dfrac{\partial y_n}{\partial t_k} > 0$.

(iii)$I(i) \cap I(i+1) \neq \varnothing, i=1,\cdots,n-1$.

同理可证:

引理 10.9.5 给定 $\boldsymbol{x} \in \Gamma, \boldsymbol{t} = \delta(\boldsymbol{x})$,给定整数 p, $p=1,\cdots,k$,则存在整数 $j_1(p), j_2(p)$,使得:

(i) $\dfrac{\partial t_p}{\partial x_j} > 0$,对一切 $j \in J(p) \overset{\text{df}}{=\!=} [j_1(p), j_2(p)]$, $\dfrac{\partial t_p}{\partial x_j} = 0$,对一切 $j \overline{\in} J(p)$.

(ii)$t_p \in (x_{j_1(p)}, x_{j_2(p)})$.

(iii)$J(p) \cap J(p+1) \neq \varnothing$.

定义 10.9.6 设 $\boldsymbol{P}$ 为 $n \times n$ 矩阵,$\boldsymbol{P}$ 的每一行及每一个列中均有一个元素为 1 而 $\boldsymbol{P}$ 的其余元素为 0,则 $\boldsymbol{P}$ 称为置换(permutation) 矩阵.

定义 10.9.7 设 $\boldsymbol{A}$ 为 $n \times n (n \geqslant 2)$ 的复矩阵,若存在一个 $n \times n$ 的置换矩阵 $\boldsymbol{P}$,使得

$$\boldsymbol{PAP}^{\mathrm{T}} = \begin{bmatrix} \boldsymbol{A}_{11} & \boldsymbol{A}_{12} \\ 0 & \boldsymbol{A}_{22} \end{bmatrix}$$

其中 $\boldsymbol{A}_{11}$ 为 $r \times r (1 \leqslant r < n)$ 矩阵,$\boldsymbol{A}_{22}$ 为 $(n-r) \times (n-r)$ 矩阵,则 $\boldsymbol{A}$ 称为可约(reducible) 矩阵,若不存在这样的置换矩阵 $\boldsymbol{P}$,则 $\boldsymbol{A}$ 称为不可约(irreducible)

矩阵. 当 **A** 为 1×1 矩阵时,若 **A** 的唯一的元素 a_{11} 非零,则 **A** 称为是不可约矩阵,否则称 **A** 为可约矩阵.

图 10.3

设 **A** 为 $n\times n$ 的复矩阵,考虑平面上任意给定的 n 个不同的点 $P_1,\cdots,P_n$,对于 **A** 的每一个非零元素 $a_{i,j}$,将 P_i 和 P_j 用有向道路(方向从 P_i 到 P_j,如图 10.3 所示)联结起来(如 $a_{ii}\neq 0$,则联结 P_i 到其本身的道路称为圈),用这样的方法,每一个 $n\times n$ 的复矩阵 **A** 可以对应一个有限的有向图(finite directed graph) $G(\mathbf{A})$.

例 10.9.3　(i) 设

$$\boldsymbol{B}=\begin{bmatrix}0 & 0 & 1 & 2\\ 0 & 0 & 4 & 5\\ 2 & 3 & 0 & 0\\ 5 & 7 & 0 & 0\end{bmatrix}$$

则 $G(\boldsymbol{B})$ 如图 10.4 所示.

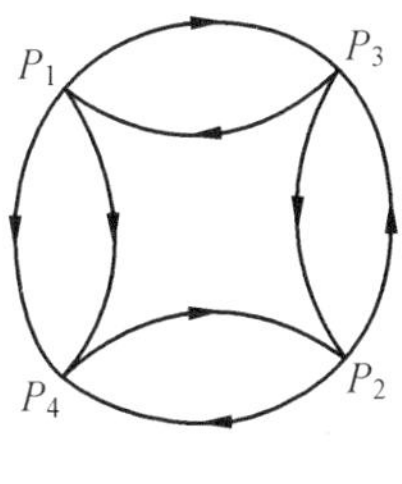

图 10.4

(ii) 设

$$\mathbf{A}=\begin{bmatrix}1 & 2\\ 0 & 3\end{bmatrix}$$

则 $G(\boldsymbol{A})$ 如图 10.5 所示.

图 10.5

定义 10.9.8 若一个有向图的一对节点 P_i 和 P_j,存在一条有向道路

$$\overrightarrow{P_iP_{l_1}},\overrightarrow{P_{l_1}P_{l_2}},\cdots,\overrightarrow{P_{l_{r-1}}P_{l_r=j}}$$

联结 P_i 和 P_j,则此有向图称为是强连通的.

引理 10.9.6[38] 一个 $n\times n$ 的复矩阵 $\boldsymbol{A}$ 是不可约的,当且仅当它的有向图是强连通的.

例 10.9.4 设 $\boldsymbol{A}=(a_{i,j})$ 为 $n\times n$ 的复矩阵,若 $\boldsymbol{A}$ 的副对角线上的一切元素非零(即 $a_{i,i+1}\neq 0,a_{i+1,i}\neq 0,i=1,\cdots,n-1$),则 $\boldsymbol{A}$ 的有向图 $G(\boldsymbol{A})$ 是强连通的,从而 $\boldsymbol{A}$ 是不可约的.

引理 10.9.7[38] 设 $\boldsymbol{A}$ 为 $n\times n$ 的不可约的非负(即 $\boldsymbol{A}$ 的一切元素 $a_{i,j}\geqslant 0,i=1,\cdots,n,j=1,\cdots,n$)矩阵,则以下两个不等式之中必有一个成立.

(i) $\sum\limits_{j=1}^{n}a_{ij}=\rho(\boldsymbol{A})$.

(ii) $\min\limits_{1\leqslant i\leqslant n}\Big(\sum\limits_{j=1}^{n}a_{ij}\Big)<\rho(\boldsymbol{A})<\max\limits_{1\leqslant i\leqslant n}\Big(\sum\limits_{j=1}^{n}a_{ij}\Big)$.

其中 $\rho(\boldsymbol{A})$ 为矩阵 $\boldsymbol{A}$ 的谱半径.

引理 10.9.8 在引理 10.9.1 的条件下.

(i) 对于任意给定的 $\boldsymbol{x}\in\Gamma,\boldsymbol{y}\in\boldsymbol{\Psi}(\boldsymbol{x})$,则

$$\sum_{j=1}^{n}\frac{\partial y_1}{\partial x_j}(\boldsymbol{x})<1,\sum_{j=1}^{n}\frac{\partial y_n}{\partial x_j}<1$$

(ii) 若 $\boldsymbol{x}^*$ 是映射 $\boldsymbol{\Psi}$ 的不动点,则矩阵 $\left(\frac{\partial\boldsymbol{\Psi}}{\partial\boldsymbol{x}}(\boldsymbol{x}^*)\right)$ 是不可约的.

证　只证$\sum_{j=1}^{n}\frac{\partial y_n}{\partial x_j}(\boldsymbol{x})<1$, $\sum_{j=1}^{n}\frac{\partial y_1}{\partial x_j}(\boldsymbol{x})<1$的证明是类似的,因为

$$\begin{aligned}\sum_{j=1}^{n}\frac{\partial y_n}{\partial x_j}(\boldsymbol{x})&=\sum_{j=1}^{n}\sum_{p=1}^{k}\frac{\partial y_n}{\partial t_p}(\delta(\boldsymbol{x}))\frac{\partial t_p}{\partial x_j}(\boldsymbol{x})\\&=\sum_{p=1}^{k}\frac{\partial y_n}{\partial t_p}(\delta(\boldsymbol{x}))\left[\sum_{j=1}^{n}\frac{\partial t_p}{\partial x_j}(\boldsymbol{x})\right]\\&\leqslant\sum_{p=1}^{k}\frac{\partial y_n}{\partial t_p}(\delta(\boldsymbol{x}))\end{aligned}$$

根据式(10.219)得

$$\left(1-\sum_{p=1}^{k}\frac{\partial y_n}{\partial t_p}\right)\geqslant|c_{n,\nu_n-2}|^{-1}\cdot\left|\frac{M^{(r-\mu)}(b)\det\boldsymbol{\Delta}_{r+N,r+N}}{\det\boldsymbol{\Delta}}\right|$$

根据定理10.0.5及式(10.216)知$\det\boldsymbol{\Delta}_{r+N,r+N}\neq0$,所以

$$\sum_{p=1}^{k}\frac{\partial y_n}{\partial t_p}<1$$

(i)得证.因为$\frac{\partial\Psi}{\partial x_1}(x_1^*)=1$,故只需考虑$n>1$的情况.当$\boldsymbol{x}=\boldsymbol{x}^*$为$\Psi$的不动点时,对给定的$i\in\{1,\cdots,n-1\}$有

$$\begin{aligned}\frac{\partial y_i}{\partial x_{i+1}}(\boldsymbol{x}^*)&=\sum_{p=1}^{k}\frac{\partial y_i}{\partial t_p}(\delta(\boldsymbol{x}^*))\frac{\partial t_p}{\partial x_{i+1}}(\boldsymbol{x}^*)\\&=\sum_{\substack{p=1\\p_1(i)\leqslant p\leqslant p_2(i)}}^{k}\frac{\partial y_i}{\partial t_p}(\delta(\boldsymbol{x}^*))\frac{\partial t_p}{\partial x_{i+1}}(\boldsymbol{x}^*)\end{aligned}$$

根据引理10.9.2,引理10.9.4,$\frac{\partial y_i}{\partial t_p}\geqslant0$,$\frac{\partial t_p}{\partial x_{i+1}}\geqslant0(p=1,\cdots,k)$,根据引理10.9.4,当$p\in[p_1(i),p_2(i)]$时,$\frac{\partial y_i}{\partial t_p}>0$,根据推论10.9.2,$I(i)\cap I(i+1)\neq\varnothing$,其中$I_i(p)=[p_1(i),p_2(i)]$,所以当

$\boldsymbol{x}=\boldsymbol{x}^*$ 为 Ψ 的不动点时,存在 $p_0\in\{1,\cdots,k\}$,使得同时成立

$$\frac{\partial y_j}{\partial t_{p_0}}(\delta(\boldsymbol{x}^*))>0,\frac{\partial t_{p_0}}{\partial x_{i+1}}(\boldsymbol{x}^*)>0$$

于是我们已经证得

$$\frac{\partial y_j}{\partial x_{i+1}}(\boldsymbol{x}^*)>0,i=1,\cdots,n-1$$

类似可以证明 $\frac{\partial y_{i+1}}{\partial x_i}(\boldsymbol{x}^*)>0(j=1,\cdots,n-1)$,从而矩阵 $\left(\frac{\partial\Psi}{\partial\boldsymbol{x}}(\boldsymbol{x}^*)\right)$ 是不可约的.

引理 10.9.9 若 $\boldsymbol{x}^*$ 是 Ψ 的不动点,则矩阵 $\left(\frac{\partial\Psi}{\partial\boldsymbol{x}}(\boldsymbol{x}^*)\right)$ 的谱半径在 $\boldsymbol{x}^*$ 的邻域内严格小于 1.

证 因为 $\frac{\partial\Psi}{\partial\boldsymbol{x}}$ 连续,所以存在 $\boldsymbol{x}^*$ 的一个邻域 $B(\boldsymbol{x}^*)$ 使得当 $\boldsymbol{x}\in B(\boldsymbol{x}^*)$ 时,成立

$$\frac{\partial y_{i+1}}{\partial x_i}(\boldsymbol{x})>0,\frac{\partial y_i}{\partial x_{i+1}}(\boldsymbol{x})>0,i=1,\cdots,n-1$$

因此根据引理10.9.2,引理 10.9.3,当 $\boldsymbol{x}\in B(\boldsymbol{x}^*)$ 时,矩阵 $\left(\frac{\partial\Psi}{\partial\boldsymbol{x}}(\boldsymbol{x}^*)\right)$ 是非负的,根据例 10.9.4,当 $\boldsymbol{x}\in B(\boldsymbol{x}^*)$ 时,矩阵 $\left(\frac{\partial\Psi}{\partial\boldsymbol{x}}(\boldsymbol{x}^*)\right)$ 是不可约的.根据引理 10.9.2,引理 10.9.3,对一切 $i\in\{1,\cdots,n\}$ 有

$$\begin{aligned}\sum_{j=1}^{n}\frac{\partial y_i}{\partial x_j}(\boldsymbol{x})&=\sum_{j=1}^{n}\sum_{p=1}^{k}\frac{\partial y_j}{\partial t_p}(\delta(\boldsymbol{x}))\frac{\partial t_p}{\partial x_j}(\boldsymbol{x})\\&=\sum_{p=1}^{k}\frac{\partial y_i}{\partial t_p}(\delta(\boldsymbol{x}))\left[\sum_{j=1}^{n}\frac{\partial t_p}{\partial x_j}(\boldsymbol{x})\right]\\&\leqslant\sum_{p=1}^{k}\frac{\partial y_i}{\partial t_p}(\delta(\boldsymbol{x}))\leqslant 1\end{aligned}$$

根据引理 10.9.8,立即知当 $\boldsymbol{x} \in B(\boldsymbol{x}^*)$ 时

$$\min_{1\leqslant i\leqslant n}\sum_{j=1}^{n}\frac{\partial y_i}{\partial x_j}(\boldsymbol{x})<1$$

于是根据引理 10.9.7 知，当 $\boldsymbol{x} \in B(\boldsymbol{x}^*)$ 时，矩阵 $\left(\frac{\partial \Psi}{\partial \boldsymbol{x}}(\boldsymbol{x})\right)$ 的谱半径严格小于 1.

定理 10.9.5　给定自然数组$(\nu_1,\cdots,\nu_n)$有

(i) 若 $\nu_i<r(i=1,\cdots,n)$ 全为偶数,则极值问题(10.214) 仅有唯一解.

(ii) 若 $1<2[(\nu_i+1)/2]<r(i=1,\cdots,n)$,则极值问题(10.215) 仅有唯一解.

证　当 $1<\nu_i<r(i=1,\cdots,n)$ 全为偶数时,极值问题(10.214) 的解必定是映射 $\Psi:\Gamma\to\Gamma$ 的不动点,根据定理 10.6.2,Ψ 的不动点存在,根据引理10.9.9,Ψ 是L^∞ 尺度下 $\Gamma\to\Gamma$ 的非扩张映射,且在 Ψ 的不动点附近其谱半径严格小于 1,故(i) 得证.

由(i) 及定理 10.9.4 关于完全样条和单样条的一一对应关系立即知道当一切 $\nu_i\leqslant r-1(i=1,\cdots,n)$ 全为偶数时(ii) 成立,从而由定理 10.5.2,定理10.1.1 知道当一切 $1<2[(\nu_i+1)/2]<r(i=1,\cdots,n)$ 时,极值问题(10.215) 仅有唯一解.

由定理 10.9.5 的(ii) 及定理 10.1.1 立即得到:

定理 10.9.6　给定 $(\nu_1,\cdots,\nu_n)$,$1<2[(\nu_i+1)/2]<r(i=1,\cdots,n)$,则在 $W^r_\infty[a,b]$ 上指定结点重数为$(\nu_1,\cdots,\nu_n)$ 的一切求积公式

$$\int_a^b f(t)\mathrm{d}t=\sum_{j=0}^{\nu-1}a_jf^{(j)}(a)+\sum_{j=0}^{\mu-1}b_jf^{(j)}(b)+\sum_{i=1}^{n}\sum_{j=0}^{\nu_i-1}a_{ij}f^{(j)}(x_i)+R(f)$$

中,最优求积公式唯一,其中 $0\leqslant\nu\leqslant r,0\leqslant\mu\leqslant r,\nu_1+\cdots+\nu_n+\nu+\mu\geqslant r$.

附注 10.9.1 B. D. Bojanov 在[13]中考虑了 $W_q^r[a,b](1<q<+\infty)$ 上指定结点为 $(\nu_1,\cdots,\nu_n)$ 型满足零边界条件(ZBC)的唯一性,其证明方法类似于§10.

定理 10.9.7[13] 给定 $(\nu_1,\cdots,\nu_n)$, $1<2[(\nu_i+1)/2]<r(i=1,\cdots,n)$,则在 $W_q^r[a,b](1<q<+\infty)$ 上指定结点为 $(\nu_1,\cdots,\nu_n)$ 的求积公式

$$\int_a^b f(t)\mathrm{d}t=\sum_{j=0}^{r-1}a_jf^{(j)}(a)+\sum_{j=0}^{r-1}b_jf^{(j)}(b)+\sum_{i=1}^{n}\sum_{j=0}^{\nu_i-1}a_{ij}f^{(j)}(x_i)+R(f)$$

中,最优求积公式唯一.

定理 10.9.8[13] 给定自然数组 $(\nu_1,\cdots,\nu_n)$, $1<2[(\nu_i+1)/2]<r(i=1,\cdots,n)$, $0\leqslant\nu\leqslant r,0\leqslant\mu\leqslant r$, $\mu+r$ 为偶数, $\nu+\mu+\nu_1+\cdots+\nu_n\geqslant r$,则在 $W_q^r[a,b]$ $(1<q\leqslant 2)$ 上指定结点重数为 $(\nu_1,\cdots,\nu_n)$ 的一切形如

$$\int_a^b f(t)\mathrm{d}t=\sum_{j=0}^{\nu-1}a_jf^{(j)}(a)+\sum_{j=0}^{\mu-1}b_jf^{(j)}(b)+\sum_{i=1}^{n}\sum_{j=0}^{\nu_i-1}a_{i,j}f^{(j)}(x_i)+R(f)$$

的求积公式中,最优求积公式唯一.

由定理 10.9.8 中令 $\nu=\mu=0$,特别得到:

推论 10.9.3[13] 给定自然数组 $(\nu_1,\cdots,\nu_n)$, $1<2[(\nu_i+1)/2]<r(i=1,\cdots,n)$, $\nu_1+\cdots+\nu_n\geqslant r$, r 为偶数,则在 $W_q^r[a,b](1<q\leqslant 2)$ 上指定节点重数为

$(\nu_1,\cdots,\nu_n)$ 的求积公式

$$\int_a^b f(t)\mathrm{d}t=\sum_{i=1}^{n}\sum_{j=0}^{\nu_i-1}a_{i,j}f^{(j)}(x_i)+R(f)$$

中,最优求积公式唯一.

黄达人[39] 利用广义单样条和完全样条的对偶关系证得:

定理 10.9.9[39]　设 $1\leqslant\nu_i\leqslant r-1,k=\nu_1+\cdots+\nu_n-r\geqslant 0$,则存在唯一的 $P_*\in\Pi_k^{(r)}(\nu_1,\cdots,\nu_n,\overline{A},\overline{B})\overset{\text{df}}{=\!=}\Pi_k^{(r)}(\nu_1,\cdots,\nu_n),\overline{A}=\overline{B}=\varnothing$,使得

$$\inf\{\|P\|_1\mid P\in\Pi_k^{(r)}(\nu_1,\cdots,\nu_n)\}=\|P\|_1$$

B. D. Bojanov[40] 证得:

定理 10.9.10[40]　设 $(\nu_1,\cdots,\nu_n)$ 为给定的自然数组,$1\leqslant\nu_i\leqslant r-1(i=1,\cdots,n),k=\nu_1+\cdots+\nu_n-r\geqslant 0$,则存在唯一的 $P_*\in\Pi_k^{(r)}(\nu_1,\cdots,\nu_n)$,使得

$$\inf\{\|P\|_\infty\mid P\in\Pi_k^{(r)}(\nu_1,\cdots,\nu_n)\}=\|P_*\|_\infty$$

且极函数 P_* 由以下特征唯一刻画:存在 $a=\zeta_0<\zeta_1<\cdots<\zeta_{n-1}<\zeta_n=b$,使得

$$P_*(\zeta_i)=(-1)^{l_i}\|P_*\|_\infty,i=0,1,\cdots,n$$

其中

$$l_0=0,l_i=\sum_{j=1}^{t}\nu_j,i=1,\cdots,n$$

李丰[17] 考虑了满足拟 Hermite 边界条件的具有自由节点的完全样条类 $\Pi_k^{(r)}(\nu_1,\cdots,\nu_n,A,B)$ 上最小一致范数问题的解,所得结果推广了定理 10.9.10 并简化了定理 10.9.10 的证明.

§ 10 $\widetilde{W}_q^r(1<q<+\infty)$ 上$(\nu_1,\cdots,\nu_n)$ 型最优求积公式的唯一性

为证 $\widetilde{W}_q^r$ 上$(\nu_1,\cdots,\nu_n)$ 型最优求积公式的唯一性,首先引入本节中需要用到的某些结果,本章 §1 给出了求积公式和单样条的对应关系,下面首先推广这一关系.

设 $0\leqslant\alpha\leqslant 1$,给定点组$\{y_i\}(i=1,\cdots,n)$,$0=y_1<\cdots<y_n<1$,考虑定义在$[0,1]$上的 α - 样条 $M_\alpha(t)$ 有

$$M_\alpha(t)=\alpha\frac{(1-t)^r}{r!}+(1-\alpha)\sum_{k=2}^{n}\frac{(y_k-t)_+^{r-1}}{(r-1)!}+\sum_{k=0}^{r-1}\beta_k\frac{(1-t)^{r-k-1}}{(r-k-1)!}-\sum_{i=2}^{n}\sum_{j=0}^{\nu_i-1}c_{i,j}\frac{(x_i-t)_+^{r-j-1}}{(r-j-1)!}\tag{10.224}$$

其中$\{\beta_k\}$,$\{c_{i,j}\}$为实数,$M_\alpha(t)$满足如下周期边界条件

$$M^{(j)}(0+0)=M^{(j)}(1-0),j=0,1,\cdots,r-\nu_1-1\tag{10.225}$$

附注 10.10.1 $0<\alpha\leqslant 1$时,$M_\alpha(t)$是以 1 为周期以$\{y_i\}(i=2,\cdots,n)$为单结点,以$\{x_i\}(i=1,\cdots,n)$为$\{\nu_i\}(i=1,\cdots,n)$重节点的 r 次 α - 单样条,其中 $x_1=0$. $\alpha=0$ 时 $M_0(t)$ 是以 1 为周期的 $r-1$ 次样条.

定理 10.10.1 设 $\boldsymbol{x}\in\Omega(\nu_1,\cdots,\nu_n)$为固定的节点组

$$0\leqslant\alpha<1,0=y_1<y_2<\cdots<y_n<1$$

$$0=x_1<\cdots<x_n<1$$

$$L_\alpha(f)=\alpha\int_0^1 f(t)\mathrm{d}t+(1-\alpha)\sum_{k=2}^{n}f(y_k)$$

表示定义在 $\widetilde{W}_q^r(1\leqslant q\leqslant+\infty)$ 上的线性泛函，$s(\boldsymbol{a},\boldsymbol{x},f)$ 表示对常数精确的 $L_\alpha(f)$ 的逼近算法，则 $s(\boldsymbol{a},\boldsymbol{x},f)$ 与函数 $M_\alpha(t)$ 之间存在一一对应关系，且

(i) $a_{1,j}=(-1)^{r-1-j}\{M_\alpha^{(r-j-1)}(1-0)-M^{(r-j-1)}(0+0)\}$，$a_{i,j}=c_{i,j}$，$i=2,\cdots,n$，$j=0,1,\cdots,\nu_i-1$.

(ii) $R_\alpha(f)=\int_a^b M_a(t)f^{(r)}(t)\mathrm{d}t$.

其中

$$\begin{aligned}L_\alpha(f)&=s(a,x,f)+R_\alpha(f)\\&=\sum_{i=1}^{n}\sum_{j=0}^{\nu_i-1}a_{i,j}f^{(j)}(x_i)+R_\alpha(f)\end{aligned}$$

证　任取一个形如式(10.224)的 α－单样条 $M_\alpha(t)$，由分部积分得

$$\begin{aligned}\int_a^b M_\alpha(t)f^{(r)}(t)\mathrm{d}t=&\alpha\int_a^b f(t)\mathrm{d}t+(1-\alpha)\sum_{k=2}^{n}f(y_k)-\\&\sum_{i=2}^{n}\sum_{j=0}^{\nu_i-1}c_{i,j}f^{(j)}(x_i)-\sum_{j=0}^{\nu_1-1}(-1)^{r-1-j}\cdot\\&\{M_\alpha^{(r-1-j)}(1-0)-M_\alpha^{(r-1-j)}(0+0)\}\end{aligned}$$

令

$$a_{i,j}=c_{i,j},i=2,\cdots,n,j=0,1,\cdots,\nu_i-1$$

$$a_{1,j}=(-1)^{r-1-j}\{M_\alpha^{(r-1-j)}(1-0)-M_\alpha^{(r-1-j)}(0+0)\}$$

$$j=0,1,\cdots,\nu_1-1$$

则

$$R_\alpha(f)=L_\alpha(f)-\sum_{i=1}^{n}\sum_{j=0}^{\nu_i-1}a_{i,j}f^{(j)}(x_i)$$

$$=\int_a^b M_\alpha(t)f^{(r)}(t)\mathrm{d}t \tag{10.226}$$

由式(10.226)知,若 $f(t)$ 为常数,则 $R_\alpha(f)=0$,所以存在一个对 $L_\alpha(f)$ 的逼近算法 $s(\boldsymbol{a},\boldsymbol{x},f)$,它对常数精确.

反之,任意给定对常数精确的算法 $s(\boldsymbol{a},\boldsymbol{x},f)$ 可以唯一确定一个 $M_\alpha(t)$,使得式(10.225)成立,其证明类似于定理 10.10.1 的证明,细节从略.

根据定理10.10.1,对固定的 $\boldsymbol{x}\in\Omega(\nu_1,\cdots,\nu_n)$,在 $\widetilde{W}_q^r$ 上对线性泛函 $L_\alpha(f)$ 寻找最优算法 $s(\boldsymbol{a},\boldsymbol{x},f)$ 的问题归化为寻求以下极值问题的解

$$\|M_\alpha\|_p\to\inf \tag{10.227}$$

其中inf取遍一切以 $\boldsymbol{x}\in\Omega(\nu_1,\cdots,\nu_n)$ 为固定节点组并且满足条件(10.225)的 α — 单样条 $M_\alpha(t)$. 根据线性赋范空间内最佳逼近的一般理论,当 $1<p<+\infty$ 时,极值问题(10.227)有唯一解,记此解为 $M_\alpha(\boldsymbol{x},t)$. 以下首先研究 $M_\alpha(\boldsymbol{x},t)$ 的特征性质.

定理 10.10.2 设 $1<p<+\infty$,$\alpha\in[0,1]$,$\boldsymbol{x}\in\Omega(\nu_1,\cdots,\nu_n)$ 为固定的节点组,则 $M_\alpha(\boldsymbol{x},t)$ 是极值问题(10.227)的解当且仅当存在数组 $\{\alpha_i\}(i=1,\cdots,r-1)$,使得

$$\begin{cases}F_\alpha^{(j)}(\boldsymbol{x},0)=F_\alpha^{(j)}(\boldsymbol{x},1),j=0,1,\cdots,r-1\\F_\alpha^{(\lambda)}(\boldsymbol{x},x_i)=0,i=1,\cdots,n,\lambda=0,1,\cdots,\nu_i-1\\M_\alpha^{(j)}(\boldsymbol{x},0+0)=M_\alpha^{(j)}(\boldsymbol{x},1-0),j=0,1,\cdots,r-\nu_1-1\end{cases} \tag{10.228}$$

其中

$$F_\alpha(\boldsymbol{x},x)=\sum_{j=0}^{r-1}\alpha_j\frac{x^{r-1-j}}{(r-1-j)!}+\int_0^1\frac{(x-t)_+^{r-1}}{(r-1)!}\cdot$$

$$|M_\alpha(\boldsymbol{x},t)|^{p-2}M_\alpha(\boldsymbol{x},t)\mathrm{d}t \qquad (10.229)$$

证　设对固定的 $1<p<+\infty$，$M_\alpha(\boldsymbol{x},t)$ 为极值问题(10.227)的解，令

$$\Psi\overset{\text{df}}{=}\frac{1}{p}\int_a^b|M_\alpha(\boldsymbol{x},t)|^p\mathrm{d}t+$$

$$\sum_{j=0}^{r-\nu_1-1}\lambda_j[M_\alpha^{(j)}(1-0)-M_\alpha^{(j)}(0+0)]$$

其中$[\lambda_i]$为 Lagrange 乘子，则 Ψ 应满足条件

$$\begin{cases}\dfrac{\partial\Psi}{\partial c_{i,\lambda}}=0,i=2,\cdots,n,\lambda=0,1,\cdots,\nu_i-1\\ \dfrac{\partial\Psi}{\partial\beta_k}=0,k=0,1,\cdots,r-1\end{cases}$$

由直接计算得

$$-\int_0^1\frac{(x_i-t)_+^{r-\lambda-1}}{(r-\lambda-1)!}|M_\alpha(\boldsymbol{x},t)|^{p-2}M_\alpha(\boldsymbol{x},t)\mathrm{d}t+$$

$$\sum_{j=0}^{r-\nu_1-1}(-1)^j\lambda_j\frac{x_i^{r-j-1-\lambda}}{(r-j-1-\lambda)!}=0$$

$$i=2,\cdots,n,\lambda=0,1,\cdots,\nu_i-1 \qquad (10.230)$$

$$\int_0^1|M_\alpha(\boldsymbol{x},t)|^{p-2}M_\alpha(\boldsymbol{x},t)\frac{(1-t)^{r-k-1}}{(r-k-1)!}+$$

$$(-1)^{r-k-1}\lambda_{r-k-1}^0-\sum_{j=0}^{r-\nu_1-1}(-1)^j\lambda_j\cdot$$

$$\frac{1}{(r-k-1-j)!}=0$$

$$k=0,1,\cdots,r-1 \qquad (10.231)$$

其中当 $l<0$ 时，规定$\dfrac{1}{l!}=0$有

$$\lambda_j^0=\begin{cases}\lambda_j, j=0,1,\cdots,r-\nu_1-1\\0, j=r-\nu_1,\cdots,r-1\end{cases}$$

令

$$F_\alpha(\boldsymbol{x},t)=P_\alpha(\boldsymbol{x},t)+\int_0^1\frac{(x-t)_+^{r-1}}{(r-1)!}\cdot$$
$$|M_\alpha(\boldsymbol{x},t)|^{p-2}M_\alpha(\boldsymbol{x},t)\mathrm{d}t$$

其中

$$P_\alpha(\boldsymbol{x},t)=\sum_{j=0}^{r-\nu_1-1}(-1)^{j+1}\lambda_j\frac{t^{r-1-j}}{(r-1-j)!}$$

由式(10.230)及(10.231)得

$$F_\alpha^{(\lambda)}(\boldsymbol{x},x_i)=0, i=2,\cdots,n,\lambda=0,1,\cdots,\nu_i-1$$
$$F_\alpha^{(k)}(\boldsymbol{x},b)=(-1)^{r-k}\lambda_{r-k-1}^0, k=0,1,\cdots,r-1$$
$$F_\alpha^{(k)}(\boldsymbol{x},a)=(-1)^{r-k}\lambda_{r-k-1}^0, k=0,1,\cdots,r-1$$

所以

$$F_\alpha^{(k)}(\boldsymbol{x},a)=F_\alpha^{(k)}(\boldsymbol{x},1), k=0,1,\cdots,r-1$$
$$F_\alpha^{(\lambda)}(\boldsymbol{x},x_1)=0,\lambda=0,1,\cdots,\nu_1-1$$

至此我们已证明了存在函数 $F_\alpha(\boldsymbol{x},t)$ 满足条件(10.228),下证条件(10.228)的充分性.

设数组 $\{\alpha_i^*\}$ 及以 $\{\beta_i^*\}$,$\{c_{i,j}^*\}$ 为系数的函数 $M_\alpha^*(t)$ 满足条件(10.228),令 $g(t)$ 表示以 1 为周期以 $\boldsymbol{x}\in\Omega(\nu_1,\cdots,\nu_n)$,$x_1=0$ 为节点组的 $r-1$ 次多项式样条,则 $g(t)$ 可以表示为

$$g(t)=\sum_{k=0}^{r-1}b_k\frac{(1-t)^{r-k-1}}{(r-k-1)!}-$$
$$\sum_{i=2}^{n}\sum_{\lambda=0}^{\nu_i-1}\frac{a_{i,\lambda}(x_i-t)_+^{r-\lambda-1}}{(r-\lambda-1)!}\quad(10.232)$$

其中 $\{b_k\}$,$\{a_{i,\lambda}\}$ 为实系数,且满足条件

$$g^{(j)}(0)=g^{(j)}(1), j=0,1,\cdots,r-\nu_1-1$$
$$(10.233)$$

则有

$$\int_a^b |M_a^*(t)|^{p-2}M_a^*(t)g(t)\mathrm{d}t=0 \quad (10.234)$$

事实上，由式(10.230)和(10.231)得

$$\int_a^b |M_a^*(t)|^{p-2}M_a^*(t)g(t)\mathrm{d}t$$

$$=\sum_{k=0}^{r-1}b_k[(-1)^{r-k}\lambda_{r-k-1}^0+$$

$$\sum_{j=0}^{r-\nu_1-1}(-1)^j\lambda_j\frac{1}{(r-k-1-j)!}]+$$

$$\sum_{i=2}^{n}\sum_{\lambda=0}^{\nu_i-1}a_{i,\lambda}\sum_{j=0}^{r-\nu_1-1}(-1)^{j+1}\lambda_j\frac{x_i^{r-j-1-\lambda}}{(r-1-j-\lambda)!}$$

$$=-\sum_{j=0}^{r-1}\lambda_j^0g^{(j)}(1-0)+\sum_{j=0}^{r-\nu_1-1}\lambda_jg^{(j)}(0+0)$$

$$=\sum_{j=0}^{r-\nu_1-1}\lambda_j(g^{(j)}(0+0)-g^{(j)}(1-0))=0$$

由式(10.234)及线性赋范空间内最佳逼近元的特征刻画定理(定理2.7－1)立即知条件(10.228)的充分性.

下面考虑Sard意义下，线性泛函$L_\alpha(f)$的最佳逼近与自然样条插值的关系.

定义10.10.1　设$\omega(t)$是以1为周期的可积函数，且在$[0,1]$上几乎处处取正值，$g(t)$(由式(10.232)定义)是以1为周期以$\boldsymbol{x}$为节点的$r-1$次多项式样条，若函数

$$s(x)=\sum_{k=0}^{r-1}a_k\frac{x^{r-k-1}}{(r-k-1)!}+\int_0^1\frac{(x-t)_+^{r-1}}{(r-1)!}\omega(t)g(t)\mathrm{d}t \quad (10.235)$$

满足条件

$$s^{(j)}(0)=s^{(j)}(1),j=0,1,\cdots,r-1 \tag{10.236}$$

则称 $s(x)$ 是以 1 为周期以 $\boldsymbol{x}$ 为节点组的 $2r-1$ 次的自然样条,并将其全体记为 $\widetilde{\mathfrak{N}}_{2r-1}(\omega,\boldsymbol{x})$,$\omega(t)$ 称为权函数.

由式(10.226)及(10.234)立即得到:

推论 10.10.1 设 $1<p<+\infty$,$\alpha\in[0,1]$,若算法 $s(\boldsymbol{a},\boldsymbol{x},f)$ 的系数 $\{a_{i,j}\}$ 关于节点组 $\boldsymbol{x}\in\Omega(\nu_1,\cdots,\nu_n)$ 是最优的,则算法 $s(\boldsymbol{a},\boldsymbol{x},f)$ 对一切 $s\in\widetilde{\mathfrak{N}}_{2r-1}(\omega,\boldsymbol{x})$ 精确,其中 $\omega(t)=|M_\alpha(\boldsymbol{x};t)|^{p-2}$ 有

$$s(\boldsymbol{a},\boldsymbol{x},f)=\sum_{i=1}^{n}\sum_{j=0}^{\nu_i-1}a_{i,j}f^{(j)}(x_i)$$

定理 10.10.3 设节点组 $\boldsymbol{x}\in\Omega(\nu_1,\cdots,\nu_n)$ 固定,$\omega(t)$ 为给定权函数,则对一切 $f\in\widetilde{C}^{r-1}[0,1]$,存在,唯一的样条 $s\in\widetilde{\mathfrak{N}}_{2r-1}(\omega,\boldsymbol{x})$,使得

$$s^{(\lambda)}(x_i)=f^{(\lambda)}(x_i),i=1,\cdots,n,\lambda=0,1,\cdots,\nu_i-1 \tag{10.237}$$

其中 $\nu_1+\cdots+\nu_n\geqslant 1$,$1\leqslant\nu_i\leqslant r(i=1,\cdots,n)$.

证 考虑关于 $\{a_k\}(k=0,\cdots,r-1)$,$\{b_k\}(k=0,\cdots,r-1)$,$\{a_{i,\lambda},i=2,\cdots,n,\lambda=0,1,\cdots,\nu_i-1\}$ 为 $\nu_2+\cdots+\nu_n+2r$ 个未知数的 $\nu_2+\cdots+\nu_n+2r$ 阶方程组

$$\begin{cases}s^{(j)}(0)=s^{(j)}(1),j=0,1,\cdots,r-1\\ s^{(\lambda)}(x_i)=f^{(\lambda)}(x_i),i=2,\cdots,n,\lambda=0,1,\cdots,\nu_i-1\\ g^{(j)}(0)=g^{(j)}(1),j=0,1,\cdots,r-\nu_1-1\end{cases} \tag{10.238}$$

将方程组的系数矩阵记为 $\boldsymbol{\Delta}(\omega,\boldsymbol{x})$,根据线性代数,为证本定理,只需证 $\det\boldsymbol{\Delta}(\omega,\boldsymbol{x})\neq 0$,等价地,只需证明

相应的齐次方程组只有零解. 设 $s_0 \in \widetilde{\mathfrak{N}}_{2r-1}(\omega,\boldsymbol{x})$ 是满足齐次条件的 $2r-1$ 次自然样条

$$s_0(t)=\sum_{k=0}^{r-1}a_k^0\frac{t^{r-k-1}}{(r-k-1)!}+\int_0^1\frac{(t-\tau)_+^{r-1}}{(r-1)!}\omega(t)g_0(\tau)\mathrm{d}\tau$$

考虑积分

$$I\overset{\mathrm{df}}{=\!=}\int_0^1\omega(t)g_0^2(t)=\int_0^1 g_0(t)s_0^{(r)}(t)\mathrm{d}t$$

由分部积分及 $s_0(t)$ 满足齐次条件推得

$$\begin{aligned}I=&\sum_{j=0}^{r-1}(-1)^{r-1-j}g_0^{(r-1-j)}(1-0)s_0^{(j)}(1)-\\&\sum_{j=0}^{r-1}(-1)^{r-1-j}g_0^{(r-1-j)}(0+0)s^{(j)}(0)+\\&\sum_{i=2}^{n}\sum_{\lambda=0}^{\nu_i-1}(-1)^{r-1-\lambda}s_0^{(\lambda)}(x_i)[g_0^{r-1-\lambda}(x_i-0)-\\&g^{(r-1-\lambda)}(x_i+0)]=0\end{aligned}$$

因此 $s_0^{(r)}(t)\equiv 0$,从而 $s_0(t)\in P_r$. 因为 $s_0(t)$ 是周期函数,所以 $s_0(t)$ 为常数. 因为 $\nu_1+\cdots+\nu_n\geqslant 1$,所以 $s_0(t)$ 在[0,1) 上至少有一个零点,从而 $s_0(t)\equiv 0$.

为了证明本节的主要定理,还需要有关样条函数的几个引理.

首先将 $M_\alpha(\boldsymbol{x},t),\boldsymbol{x}\in\Omega(\nu_1,\cdots,\nu_n)$ 推广到 $\overline{\Omega}(\nu_1,\cdots,\nu_n)$ 上. 为了方便起见,记 $M_\alpha([\boldsymbol{x}],t)\overset{\mathrm{df}}{=\!=}M_\alpha(\boldsymbol{x},t)$,其中

$$\boldsymbol{x}=\begin{pmatrix}x_1&\cdots&x_n\\\rho_1&\cdots&\rho_n\end{pmatrix},[\boldsymbol{x}]_r=\begin{pmatrix}x_1&\cdots&x_n\\\mu_1&\cdots&\mu_n\end{pmatrix}$$

$$\mu_k=\min\{r,\rho_i\},i=1,\cdots,n$$

引理 10.10.1 设 $1<p<+\infty$,$\boldsymbol{x}_m\in\Omega(\nu_1,\cdots,\nu_n)$,$\boldsymbol{x}\in\overline{\Omega}(\nu_1,\cdots,\nu_n)$,$\nu_1+\cdots+\nu_n\geqslant 1$ 有

$$\boldsymbol{x}_m=\begin{pmatrix}x_{1,m} & \cdots & x_{n,m}\\ \nu_1 & \cdots & \nu_n\end{pmatrix},\boldsymbol{x}_0=\begin{pmatrix}x_1 & \cdots & x_s\\ \rho_1 & \cdots & \rho_s\end{pmatrix}$$

且 $\boldsymbol{x}_m$ 在 $\mathbf{R}^N(N=\nu_1+\cdots+\nu_n)$ 中收敛 $\boldsymbol{x}_0$,$\alpha_m\to\alpha_0$,$0\leqslant\alpha_m\leqslant 1$,则 $M_{\alpha_m}(\boldsymbol{x}_m,t)$ 在每一个紧子集 $K\subset[a,b]\backslash\{\zeta_1,\cdots,\zeta_i\}$ 上一致收敛到 $M_{\alpha_0}(\boldsymbol{x}_0,t)$,其中 $\zeta_1,\cdots,\zeta_j$ 为 $M_{\alpha_0}(\boldsymbol{x},t)$ 的不连续点.

证 注意到 $x_1=x_{1,m}=0$,将 $\{y_1,\cdots,y_n\}\cup\{x_1,\cdots,x_s\}$ 中不同的元记为 $\{t_1,\cdots,t_p\}$,则 $t_i\in[0,1)$,$i=1,\cdots,l$.对任意给定的充分小的 $\delta>0$,存在 m_δ,使得当 $m>m_\delta$ 时,在区间 $[t_i+\delta,t_{i+1}-\delta](0\leqslant i\leqslant l,t_0=t_\rho-1,t_{\rho+1}=t_1+1)$ 上,$M_\alpha(t)$ 是一个次数为 r 的多项式 $p_{im}(t)$,$i=0,1,\cdots,l$,因为

$$\begin{aligned}&\|M_{\alpha_m}(x_m,\cdot)\|_p\\ \leqslant&\left\|\alpha_m\frac{(1-\cdot)^r}{r!}\right\|_p+\left\|(1-\alpha_m)\sum_{k=2}^n\frac{(y_k-\cdot)_+^{r-1}}{(r-1)!}\right\|_p\\ \leqslant&\left\|\frac{(1-\cdot)^r}{r!}\right\|_p+\sum_{k=2}^n\left\|\frac{(y_k-\cdot)_+^{r-1}}{(r-1)!}\right\|_p\leqslant c\end{aligned}$$

其中 c 是和 m 无关的绝对常数,所以不妨设

$$\lim_{m\to+\infty}p_{im}(t)=p_i(t)$$

$$i=0,1,\cdots,l,t\in[t_i+\delta,t_{i+1}-\delta]$$

由于周期性,当 $m>m_\delta$ 时,在区间 $[t_\rho+\delta,t_{l+1}-\delta]$ 上,$p_{lm}(t)=p_{0m}(t)$,所以当 $t\in[t_l+\delta,t_{l+1}-\delta]$ 上 $p_l(t)=p_l(t-1)$,且由 $M_{\alpha_m}(t)$ 的定义知,若 $\alpha_0>0$,则 $p_i(t)$ $(i=0,1,\cdots,l)$ 是一个首项系数为 $\alpha_0\dfrac{(-1)^r}{r!}$ 的 r 次代数多项式,如 $\alpha_0=0$ 时,$p_i(t)(i=0,1,\cdots,l)$ 是一个次

数至多为 $r-1$ 的多项式. 由 $\delta>0$ 的任意性立即知 $\{M_{\alpha_m}(\boldsymbol{x}_m;t)\}$ 收敛致一个以 1 为周期的函数 $M_{\alpha_0}(t)$. 下证 $M_{\alpha_0}(t)=M_{\alpha_0}(\boldsymbol{x}_0,t)$. 事实上,令 $F_{\alpha_m}(\boldsymbol{x}_m,t)$ 为由 $\boldsymbol{x}_m$ 按定理 10.10.2 所确定的函数,则由定理 10.10.2 得

$$\begin{cases}F_{\alpha_m}^{(j)}(\boldsymbol{x}_m,0)=F_{\alpha_m}^{(j)}(\boldsymbol{x}_m,1),j=0,1,\cdots,r-1\\ F_{\alpha_m}^{(\lambda)}(\boldsymbol{x}_m,x_i)=0,\lambda=0,1,\cdots,\nu_i-1,i=1,\cdots,n\\ M_{\alpha_m}^{(j)}(0)=M_{\alpha_m}^{(j)}(1),j=0,1,\cdots,r-\nu_1-1\end{cases}\tag{10.239}$$

因为 $F_{\alpha_m}^{(j)}(\boldsymbol{x}_m,t)(j=0,1,\cdots,r-1)$ 在$[0,1)$ 中至少有一个零点,所以

$$|F_{\alpha_m}^{(j)}(\boldsymbol{x}_m,t)|\leqslant\|F_{\alpha_m}^{(j+1)}(\boldsymbol{x}_m,\cdot)\|_{\infty},j=0,1,\cdots,r-1$$

因此由 Hölder 不等式及

$$F_{\alpha_m}^{(r)}(\boldsymbol{x}_m,t)=|M_{\alpha_m}(\boldsymbol{x}_m,t)|^{p-1}\operatorname{sgn}M_{\alpha_m}(\boldsymbol{x}_m,t)$$

得

$$\begin{aligned}&\|F_{\alpha_m}(\boldsymbol{x}_m,\cdot)\|_{\infty}\leqslant\|F_{\alpha_m}^{(r)}(\boldsymbol{x}_m,\cdot)\|_{L}\\=&\int_0^1|M_{\alpha_m}(\boldsymbol{x}_m,t)|^{p-1}\mathrm{d}t\leqslant\|M_{\alpha_m}(\boldsymbol{x}_m,\cdot)\|_p^{\frac{p}{q}}\leqslant c\end{aligned}\tag{10.240}$$

令

$$\begin{aligned}F_{\alpha_m}(\boldsymbol{x}_m,t)=p_{\alpha_m}(t)+\int_0^1\frac{(t-\tau)_+^{r-1}}{(r-1)!}\cdot\\|M_{\alpha_m}(\tau)|^{p-2}M_{\alpha_m}(\tau)\mathrm{d}\tau\end{aligned}\tag{10.241}$$

其中 $p_{\alpha_m}\in P_r$, 由式(10.240) 和式(10.241) 知 $\{\|p_{\alpha_m}(\cdot)\|_p\}$ 关于 m 一致有界,因此不妨设

$$\lim_{m\to+\infty}p_{\alpha_m}(t)=p_{\alpha_0}(t),t\in[0,1)$$

令

$$F_{\alpha_0}(t)=p_{\alpha_0}(t)+\int_0^1\frac{(t-\tau)_+^{r-1}}{(r-1)!}\mid M_{\alpha_0}(\tau)\mid^{p-2}M_{\alpha_0}(\tau)\mathrm{d}\tau$$

则有

$$\begin{cases}F_{\alpha_0}^{(j)}(0)=F^{(j)}(1),j=0,1,\cdots,r-1\\F_{\alpha_0}^{(\lambda)}(x_i)=0,i=1,\cdots,n,\lambda=0,1,\cdots,\nu_i-1\\M_{\alpha_0}^{(j)}(0)=M_{\alpha_0}^{(j)}(1),j=0,1,\cdots,r-\nu_1-1\end{cases}\tag{10.242}$$

因此根据定理 10.10.2 及式(10.242)立即得 $\|M_{\alpha_0}(t)\|_p=\|M_{\alpha_0}(\boldsymbol{x}_0,t)\|_p$,因为 $L^p[a,b](1<p<+\infty)$ 严格凸,所以 $M_{\alpha_0}(t)=M_{\alpha_0}(\boldsymbol{x}_0,t)$.

引理 10.10.2 设 $\boldsymbol{x}\in\Omega(\nu_1,\cdots,\nu_n)$ 为给定的节点组,$1\leqslant\nu_i\leqslant r,\nu_1,\cdots,\nu_n$ 均为偶数,$1<p<+\infty$,$0<\alpha\leqslant 1$,则 $\mid M_\alpha(\boldsymbol{x},t)\mid^{p-2}$ 为$[0,1]$上的可积函数.

证 只需考虑 $1<p<2$ 的情况.为证本引理,只需证 $M_\alpha(\boldsymbol{x},t)$ 在$[0,1)$上只有单零点,因为由式(10.229)定义的函数 $F_\alpha(\boldsymbol{x},t)$ 满足式(10.228),所以 $F_\alpha(\boldsymbol{x},t)$ 在$[0,1)$上至少有 $N=\nu_1+\cdots+\nu_n$ 个零点,因此 $F_\alpha^{(r)}(\boldsymbol{x},t)$ 在$[0,1)$上至少有 N 个变号点.根据式(10.229)有

$$F_\alpha^{(r)}(\boldsymbol{x},t)=\mid M(\boldsymbol{x},t)\mid^{p-2}\operatorname{sgn}M(\boldsymbol{x},t)$$

所以 $M_\alpha(\boldsymbol{x},t)$ 在$[0,1)$上至少有 N 个变号点.另一方面,根据推论 10.3.2 得

$$Z(M_\alpha(\boldsymbol{x},\cdot);[0,1))\leqslant N$$

所以 $M_\alpha(\boldsymbol{x},t)$ 恰有 N 个单零点.

设 $J(\boldsymbol{x})$ 表示方程组(10.228)关于$\{\alpha_i\}(i=0,\cdots,r-1)$,$\{\beta_i\}(i=0,\cdots,r-1)\{c_{i,\lambda}\mid i=1,\cdots,n,\lambda=0,1,\cdots,\nu_i-1\}$ 的 Jacobi 矩阵.

推论 10.10.2 在引理 10.10.2 的条件下,则

$$\det \boldsymbol{J}(\boldsymbol{x}) \neq 0$$

证 经仔细计算可知

$$\det \boldsymbol{J}(\boldsymbol{x}) = \det \boldsymbol{\Delta}(|M_\alpha(\boldsymbol{x},t)|^{p-2},\boldsymbol{x})$$

根据引理 10.10.2，$|M_\alpha(\boldsymbol{x},t)|^{p-2}$ 可积，所以根据定理 10.10.3，$\det \boldsymbol{\Delta}(|M_\alpha(\boldsymbol{x},t)|^{p-2},\boldsymbol{x}) \neq 0$，因此

$$\det \boldsymbol{J}(\boldsymbol{x}) \neq 0$$

引理 10.10.3 设 $\boldsymbol{x} \in \Omega(\nu_1,\cdots,\nu_n)$，$1 \leqslant \nu_i \leqslant r$ $(i=2,\cdots,n)$ 均为偶数，$1 < p < +\infty$，$\alpha = 0$，由式(10.229)定义的函数 $F_0(\boldsymbol{x},t)$ 的参数 $\{\alpha_i\}$，$\{\beta_k\}$，$\{c_{i,\lambda}\}$ 满足关于 $\boldsymbol{x}$ 的方程组，式(10.228)，若 $c_{i,\nu_i-1}=0$，$i=2,\cdots,n$，则 $M_0(\boldsymbol{x},t) \equiv 0$，即方程组

$$c_{i,\nu_i-1}(x_2,\cdots,x_n)=0, i=2,\cdots,n$$

有唯一解 $x_i = y_i$，$i=2,\cdots,n$.

证 若不这样，则 $c_{i,\nu_i-1}=0$，$i=2,\cdots,n$，但 $M_0(\boldsymbol{x},t)$ 不恒为零，显然 $F_0(\boldsymbol{x},t)$ 也不恒为零. 往证 $F_0(\boldsymbol{x},t)$ 在$[0,1)$ 的任何子区间上不恒为零，事实上，如果 $F_0(\boldsymbol{x},t)$ 在$[0,1)$ 的某一个子区间上 $F_0(\boldsymbol{x},t)$ 恒为零，则存在子区间(t_1,t_2)及$\varepsilon > 0$，使得 $F_0(\boldsymbol{x},t)$ 在(t_1,t_2)上几乎处处不为零，而当 $t \in [t_1-\varepsilon,t_1) \cup [t_2,t_2+\varepsilon)$ 时，$F_0(\boldsymbol{x},t)=0$(这里将$[0,1)$看成一个圆). 设

$$y_l \leqslant t_1 < y_{l+1} < \cdots < y_{l+j} < t_2 \leqslant y_{l+j+1}$$

$$x_k \leqslant t_1 < x_{k+1} < \cdots < x_{k+m} < t_2 \leqslant x_{k+m+1}$$

则 $F_0(\boldsymbol{x},t)$ 在$[t_1,t_2]$上有 $2r+N_{km}$ 个零点，其中 $N_{km}=\nu_{k+1}+\cdots+\nu_{k+m}$，因此由 Rolle 定理及式(10.229)推得 $M_0(\boldsymbol{x},t)$ 在(t_1,t_2)至少有 $r+N_{k_m}$ 个变号点，又因为 $1 \leqslant \nu_i \leqslant r$，$r>1(i=1,\cdots,n)$，$c_{i,\nu_i+1}=0$，$i=2,\cdots,n$，$t_1,t_2 \in \{x_1,\cdots,x_n;y_1,\cdots,y_n\}$ 所以节点 t_1,t_2 的重数至少有一个小于 r，因而 $M_0(\boldsymbol{x},t)$ 在$\{t_1$,

$t_2\}$ 中至少一个点上是连续的,于是 $M(\boldsymbol{x},t_1)=0$ 或 $M(\boldsymbol{x},t_2)=0$ 中至少有一个成立,从而 $M'_0(\boldsymbol{x},t)$ 在 (t_1,t_2) 中至少有 $r+N_{km}$ 次变号,由此推得当 α 充分小时,函数

$$\alpha\left\{\frac{(b-t)^{r-1}}{(r-1)!}-\sum_{k=l+1}^{l+j}\frac{(y_k-t)_+^{r-2}}{(r-2)!}\right\}+M'_0(\boldsymbol{x},t)$$

在 (t_1,t_2) 中至少有 $r+N_{km}$ 个零点,这和定理 10.3.2 矛盾,所得矛盾证明了 $F_0(\boldsymbol{x},t)$ 仅有孤立零点.

下面再指出,由 $c_{i,\nu_i-1}=0, i=2,\cdots,n$,可推得

$$c_{1,\nu_1-1}=0 \tag{10.243}$$

事实上,将 $F_0(\boldsymbol{x},t)$ 看成是定义在区间 $[A,B]$ 上 $(B-A=1)$ 的周期函数,其中 $A<x_1<\cdots<x_n<B, A<y_1<\cdots<y_n<B$,则 $F_0(\boldsymbol{x},x)$ 可以写成

$$F_0(x)\overset{\text{df}}{=\!=}F_0(\boldsymbol{x},x)=\sum_{j=0}^{r-1}(-1)^{j+1}\lambda_j\frac{(x-A)^{r-1-j}}{(r-1-j)!}+$$
$$\int_A^B\frac{(x-\tau)_+^{r-1}}{(r-1)!}\mid M_0(t)\mid^{p-2}M_0(t)\mathrm{d}t$$

其中

$$M_0(t)\overset{\text{df}}{=\!=}M_0(\boldsymbol{x},t)=\sum_{k=2}^{n}\frac{(y_k-t)_+^{r-1}}{(r-1)!}+p(t)-$$
$$\sum_{i=1}^{n}\sum_{\lambda=0}^{\nu_{i-1}}c_{i,\lambda}\frac{(x_i-t)_+^{r-\lambda-1}}{(r-\lambda-1)!} \tag{10.244}$$

$P(t)\in P_r, \{\lambda_i\}(i=0,\cdots,r-1)$ 为极值问题

$$\Psi(M)=\frac{1}{p}\int_A^B\mid M(t)\mid^p\mathrm{d}t+\sum_{j=0}^{r-1}\lambda_j[M^{(j)}(B)-$$
$$M^{(j)}(A)]\rightarrow\text{minimum}$$

的 Lagrange 乘子,这里 min 取遍一切形如式(10.244)的具有自由系数的单样条 $M(t)$,根据 $M_0(t)$ 的定义知 $M_0(t)$ 为以下方程组的唯一解

$$\begin{cases}F_0^{(j)}(A)=F_0^{(j)}(B), j=0,1,\cdots,r-1\\F_0^{(\lambda)}(x_i)=0, i=1,\cdots,n,\lambda=0,1,\cdots,\nu_i-1\\M_0^{(j)}(A+0)=M^{(j)}(B-0), j=0,1,\cdots,r-1\end{cases}\tag{10.245}$$

因为

$$\frac{\partial\Psi}{\partial x_i}=\sum_{\lambda=1}^{\nu_i}c_{i,\lambda}\int_A^B|M(t)|^{p-1}\operatorname{sgn}M(t)\frac{(x_i-t)_+^{r-\lambda-2}}{(r-\lambda-2)!}\mathrm{d}t$$

所以

$$\frac{\partial\Psi}{\partial x_i}=\sum_{\lambda=1}^{\nu_i}c_{i,\lambda}F_0^{(\lambda)}(x_i), i=1,\cdots,n\tag{10.246}$$

因为 $c_{i,\nu_i-1}=0, i=2,\cdots,n$，所以$\frac{\partial\Psi}{\partial x_i}=0, i=2,\cdots,n$，且还有$\frac{\partial\Psi}{\partial x_1}=0$，事实上，因为 $M_0(\boldsymbol{x},t)$ 为周期函数，令

$$\Psi(\xi_1,\cdots,\xi_n)\overset{\mathrm{df}}{=}\Psi(M_0(\boldsymbol{\xi}\cdot,\cdot)),\boldsymbol{\xi}\in\Omega(\nu_1,\cdots,\nu_n)$$

则

$$\Psi(x_1+h,x_2,\cdots,x_n)=\Psi(x_1,x_2-h,\cdots,x_n-h)$$

$$=\Psi(x_1,\cdots,x_n)-\sum_{k=2}^{n}\frac{\partial\Psi(M_0)}{\partial x_k}\cdot h+o(h)$$

$$=\Psi(x_1,\cdots,x_n)+o(h)$$

所以

$$\frac{\partial\Psi(M_0)}{\partial x_1}=\lim_{n\to 0}\{\Psi(x_1+h,x_2,\cdots,x_n)-\frac{\Psi(x_1,\cdots,x_n)\}}{h}=0$$

因而由式(10.245)和(10.246)推得

$$c_{1,\nu_1-1}F^{(\nu_1)}(x_1)=0\tag{10.247}$$

如果 $F_0^{(\nu_1)}(x_1)=0$，那么由Rolle定理推得 $M_0(\boldsymbol{x},t)$ 在$[0,1]$上至少有$\nu_1+\cdots+\nu_n+1$ 个零点，然而另

一方面,由定理 10.0.8,考虑到此时 $M_0(\boldsymbol{x},t)$ 在 $[0,1]$ 上以 $\{y_i\}(i=2,\cdots,n)$ 为单节点,以 x_1 为 ν_1 重节点,以 $\{x_i\}(i=2,\cdots,n)$ 为 $\{\nu_i\}(i=2,\cdots,n)$ 重节点,即得

$$Z(M_0,[0,1))\leqslant n-1+\nu_1+\nu_2-1+\cdots+\nu_n-1 =\nu_1+\cdots+\nu_n$$

或 $M_0(t)\equiv 0$,矛盾.所得矛盾表明 $F_0^{(\nu_0)}(x_1)\neq 0$,从而由式(10.247)得 $c_{1,\nu_1-1}=0$.式(10.243)得证.

因为 $F_0(t)$ 在 $[0,1]$ 中至少有 $N=\nu_1+\cdots+\nu_n$ 个零点而 $F_0(t)$ 以 $\{x_i\}(i=1,\cdots,n)$ 为 $\{\nu_i-1\}(i=1,\cdots,n)$ 重节点,以 $\{y_i\}(i=1,\cdots,n)$ 为单节点,且 $y_1=x_1=0$,所以根据定理 10.0.8 得

$$Z(M_0,[0,1))\leqslant n-1+\sum_{i=1}^{n}(\nu_i-1)=N-1$$

矛盾.所得矛盾表明 $M_0(\boldsymbol{x}_0,t)\equiv 0$.

附注 10.10.2 设 $1<p<+\infty,0<\alpha\leqslant 1,1<\nu_i<r(i=1,\cdots,n)$ 全为偶数,$c_{i,\nu_i-1}=0,i=2,\cdots,n$,则

$$c_{1,\nu_1-1}=0 \tag{10.248}$$

事实上用引理 10.10.3 的证明方法,可证得此时 $F_\alpha(\boldsymbol{x},t)$ 仅有孤立零点,且 $F_\alpha(\boldsymbol{x},t)$ 恰有以 $\{x_i\}(i=1,\cdots,n)$ 为 $\{\nu_i\}(i=1,\cdots,n)$ 重零点的 $N=\nu_1+\cdots+\nu_n$ 个零点,所以 $F_\alpha^{(\nu_1)}(\boldsymbol{x},x_1)\neq 0$,从而推得 $c_{1,\nu_1-1}=0$,式(10.248)得证.

下面将利用拓扑度理论来证明本节的主要定理,为此首先给出本节以及以后几节要用到的有关拓扑度的一些基本性质,有关拓扑度的进一步的理论可以在[43]中找到.

设 D 为 $\mathbf{R}^n$ 中非空的有界开集,∂D 表示 D 的边界,φ 为 $\overline{D}\to\mathbf{R}^n$ 上的连续函数,$\boldsymbol{c}\in\mathbf{R}^n$ 且 $\boldsymbol{c}\,\overline{\in}\,\varphi(\partial D)$,$\varphi$ 关

于 D 及 $\boldsymbol{c}$ 的拓扑度是一个整数，通常记为 $\deg(\varphi,D,\boldsymbol{c})$，它有如下基本性质：

(i) 若 φ 在 $\boldsymbol{x}$ 处可微，且对一切满足方程 $\varphi(\boldsymbol{x})=\boldsymbol{c}$ 的 $\boldsymbol{x}$，$\det(\varphi'(\boldsymbol{x}))\neq 0$，则存在有限个点 $\boldsymbol{x}^i\in D$，使得

$$\deg(\varphi,D,\boldsymbol{c})=\sum_i \operatorname{sgn}\det(\varphi'(\boldsymbol{x}^i))$$

(ii) 若 $\deg(\varphi,D,\boldsymbol{c})\neq 0$，则至少存在一个点 $\boldsymbol{x}\in D$，使得 $\varphi(\boldsymbol{x})=\boldsymbol{c}$.

(iii) 设 $\varphi(\alpha,\boldsymbol{x})$ 为 $[0,1]\times\overline{D}$ 上的连续函数，且对一切 $\boldsymbol{x}\in\partial D$，$\varphi(\alpha,\boldsymbol{x})\neq\boldsymbol{c}$，则 $\deg(\varphi(\alpha,\cdot),D,\boldsymbol{c})$ 为一个和 α 无关的常数.

(iv) 设 $\boldsymbol{c}\in\varphi(\partial D)$，$\boldsymbol{c}_m\,\overline{\in}\,\varphi(\partial D)\cup\partial(Z(D))$，当 $m\to+\infty$ 时，$\boldsymbol{c}_m\to\boldsymbol{c}$，则当 m 充分大时

$$\deg(\varphi,D,\boldsymbol{c})=\deg(\varphi,D,\boldsymbol{c}_m)$$

其中

$$Z(D)=\{\boldsymbol{x}\in D\mid \deg(\varphi'(\boldsymbol{x}))\neq 0\}$$

令

$$\Gamma=\{\overline{x}\in\mathbf{R}^{n-1}\mid \overline{x}=(x_2,\cdots,x_n),\ 0=x_1<x_2<\cdots<x_n<1\}$$

$$\Gamma_\varepsilon=\{\overline{x}\in\mathbf{R}^{n-1}\mid x_{i+1}-x_i>\varepsilon,\ i=1,\cdots,n,x_{n+1}=1\}$$

定义映射 $\varphi(\alpha,\overline{x}):\Gamma\to\mathbf{R}^{n-1}$ 有

$$\varphi(\alpha,\overline{x})=(b_2(\alpha,\overline{x}),\cdots,b_n(\alpha,\overline{x})),\overline{x}\in\Gamma$$

其中 $b_i(\alpha,\overline{x})$ 为单样条 $M_\alpha(\boldsymbol{x},t)$ 的系数 $c_{i,\nu_i-1}(i=2,\cdots,n)$，$\boldsymbol{x}\in\Omega(\nu_1,\cdots,\nu_n)$，$x_1=0$.

为了对 $\varphi(\alpha,\boldsymbol{x})$ 应用拓扑度理论，还必须选择开集 D，使得 $\varphi(\alpha,\boldsymbol{x})$ 在 $\overline{D}$ 上连续，且在 ∂D 上 $\varphi(\alpha,\boldsymbol{x})=0$ 无解. 虽然 $\varphi(\alpha,\boldsymbol{x})$ 在 Γ 的边界上无定义，但下面的引理

表明存在 $\varepsilon>0$,使得在 $\partial\Gamma_\varepsilon$ 上 $\varphi(\alpha,\boldsymbol{x})=\bar{0}$ 无解,其中 $\bar{0}=(0,\cdots,0)\in\mathbf{R}^{n-1}$.

引理 10.10.4 设 $1<p<+\infty$, $r>1$, $\{\nu_i\}(i=1,\cdots,n)$ 均为偶数, $\nu_i<r(i=1,\cdots,n)$, $\varphi(\alpha,\bar{x})=\bar{0}$, $\alpha\in[0,1]$,则存在和 α 无关的 $\varepsilon>0$,使得 $\bar{x}\in\Gamma_\varepsilon$.

证 如不然,则存在序列 $\{\alpha_m\}(m=0,\cdots,+\infty)$ 及点列 $\{\boldsymbol{x}_m\}(m=1,\cdots,+\infty)$

$$\boldsymbol{x}_m=\begin{pmatrix}0 & x_{2,m} & \cdots & x_{n,m}\\ \nu_1 & \nu_2 & \cdots & \nu_n\end{pmatrix}$$

$$\varphi(\alpha_m,\bar{x}_m)=\bar{0},\bar{x}_m=(x_{2,m},\cdots,x_{n,m}) \tag{10.249}$$

使得当 $m\to+\infty$, $\alpha_m\to\alpha_0\in[0,1]$, $\boldsymbol{x}_m\to\boldsymbol{x}_0$,其中

$$\boldsymbol{x}_0=\begin{pmatrix}0 & \xi_2 & \cdots & \xi_j\\ \rho_1 & \rho_2 & \cdots & \rho_j\end{pmatrix},0<\xi_2<\cdots<\xi_j<1,j<n$$

根据引理 10.10.3, $\varphi(0,\bar{x}_m)=0$ 仅在 $\bar{x}_m=\bar{y}\overset{\text{df}}{=\!=}(y_2,\cdots,y_n)$ 处成立,因此不妨设 $\alpha_m\neq0(m=1,2,\cdots)$.

根据引理 10.10.1, $M_{\alpha_m}(\boldsymbol{x}_m,t)$ 在不包括 $M_{\alpha_0}(\boldsymbol{x}_0,t)$ 的间断点的 $[0,1)$ 的任何闭子区间上一致收敛到 $M_{\alpha_0}(\boldsymbol{x}_0,t)$,因为 $M_{\alpha_m}(\boldsymbol{x}_m,t)$ 在 $[0,1)$ 中恰有 $N\overset{\text{df}}{=\!=}\nu_1+\cdots+\nu_n$ 个零点,且根据附注 10.10.2 以及式(10.249)知 $M_{\alpha_m}(\boldsymbol{x}_m,t)$ 在 $\{x_{i,m}\}(i=1,\cdots,n)$ 处的节点重数为 $\{\nu_i-1\}(i=1,\cdots,n)$,所以根据推论10.3.3, $\|M'_{m\alpha}(\boldsymbol{x}_m,\cdot)\|_{C[0,1]}$ 关于 m 一致有界,因此 $M_{\alpha_0}(\boldsymbol{x}_0,t)$ 连续.

下面证明 $F_{\alpha_0}(\boldsymbol{x}_0,t)$ 在 $[0,1)$ 的任何子区间上不恒为零. 事实上,首先注意到 $F_{\alpha_0}(\boldsymbol{x}_0,t)$ 不恒等于零,否则

$$F_{\alpha_0}^{(r)}(\boldsymbol{x}_0,t)=|M_{\alpha_0}(\boldsymbol{x}_0,t)|^{p-2}M_{\alpha_0}(\boldsymbol{x}_0,t)\equiv 0$$

从而 $M_{\alpha_0}(\boldsymbol{x}_0,t)\equiv 0$,因此 $\alpha_0=0, y_k\in\{\xi_2,\cdots,\xi_j\}, k=2,\cdots,n$,这和 $j<n$ 矛盾.

现设 $F_{\alpha_0}(\boldsymbol{x}_0,t)$ 在 $[\tau_1,t_1]\subset[0,1)$ 上恒为零,令 t_2 为使得 $F_{\alpha_0}(\boldsymbol{x}_0,t)$ 具有 r 重零点的与 t_1 的周期距离最近的点(这里将 $[0,1)$ 看成一个圆,τ_1 有可能取为 t_2),设 $t_1<\xi_k<\cdots<\xi_{s+k}<t_2$,则函数 $F_{\alpha_0}(\boldsymbol{x}_0,t)$ 在 $[t_1,t_2]$ 中至少有 $2r+N_1$ 个零点,其中 $N_1\overset{\text{df}}{=}\nu_{k_1}+\cdots+\nu_{s+k}$. 根据 t_2 的选择知 $\rho_i<r, i=k,\cdots,s+k$,根据 Rolle 定理,$M_{\alpha_0}(\boldsymbol{x}_0,t)$ 在 (t_1,t_2) 中至少有 $r+N_1$ 次变号. 因为当 $t\in(t_1,t_2)$ 时 $M_{\alpha_0}(\boldsymbol{x}_0,t)$ 连续,且当 $t\in(\tau_1,t_1)$ 时 $N_{\alpha_0}(\boldsymbol{x}_0,t)\equiv 0$,所以 $M_{\alpha_0}(\boldsymbol{x}_0,t_1)=0$,从而 $M_{\alpha_0}(\boldsymbol{x}_0,t)$ 在 $[t_1,t_2)$ 中至少有 $r+1+N_1$ 个零点. 若 $0<\alpha_0\leqslant 1$,则与定理 10.3.2 矛盾;若 $\alpha_0=0$,则由 Rolle 定理推得 $M'_0(\boldsymbol{x}_0,t)$ 在 (t_1,t_2) 中至少有 $r+N_1$ 次变号,所以当 α 充分小时,函数

$$\alpha\left\{\frac{(1-t)^{r-1}}{(r-1)!}-\sum_{y_k\in(t_1,t_2)}\frac{(y_k-t)_+^{r-2}}{(r-2)!}\right\}+M'_0(\boldsymbol{x}_0,t)$$

在 (t_1,t_2) 中至少有 $r+N_1$ 个零点,这与定理 10.3.2 矛盾. 因此 $F_{\alpha_0}(\boldsymbol{x}_0,t)$ 在 $[0,1)$ 的任何子区间上不恒为零.

再证 $F_{\alpha_0}(\boldsymbol{x}_0,t)$ 的零点重数至多为 r,否则存在某个 $\rho_i\geqslant r+1$,使得 $F_{\alpha_0}^{(\lambda)}(\boldsymbol{x}_0,x_i)=0, \lambda=0,1,\cdots,\rho_i-1$,因为 $F_{\alpha_0}^{(r)}(\boldsymbol{x}_0,t)$ 连续,所以 $M_{\alpha_0}(\boldsymbol{x}_0,t)$ 在 $[x_i,x_i+1)$ 上至少有 $r+1+\sum_{k=1}^{j}\mu_k-\mu_i$ 个零点,其中 $\mu_k=\min(\rho_k, r+1)(k=1,\cdots,j)$,这和定理 10.3.2 矛盾. 所以不妨设 $\rho_i\leqslant r, i=1,\cdots,j$,因此 $F_{\alpha_0}(\boldsymbol{x}_0,t)$ 在 $[0,1)$ 中至少有

$\rho_1+\cdots+\rho_j=\nu_1+\cdots+\nu_n=N$ 个零点,于是

$$Z(M_{\alpha_0}(\boldsymbol{x}_0,t);[0,1))\geqslant N$$

另一方面,设 l_i 为当 $m\to+\infty$ 时,$\boldsymbol{x}_m$ 的坐标分量趋向于 ξ_i 的个数,则由式(10.249)知 $M_{\alpha_0}(\boldsymbol{x}_0,t)$ 在 ξ_i 处的节点重数至多为 ρ_i-l_i.

(i) 若 $0<\alpha_0\leqslant 1$,则根据推论 10.3.3 及 $l_1+\cdots+l_j=n\geqslant j$,得

$$\begin{aligned}Z(M_{\alpha_0}(\boldsymbol{x}_0,\cdot);[0,1))&\leqslant\sum_{i=1}^{j}(\rho_i-l_i+1)\\&=N-(l_1+\cdots+l_j)+j\\&\leqslant N-1\end{aligned}$$

矛盾.

(ii) 若 $\alpha_0=0$,则由定理 10.0.8 得

$$\begin{aligned}Z(M_0(\boldsymbol{x}_0,\cdot);[0,1))&\leqslant n-1+\sum_{i=1}^{j}(\rho_i-l_i)\\&=n-1+N-(l_1+\cdots+l_j)\\&=N-1\end{aligned}$$

矛盾.所得矛盾表明 $j=n$.

引理 10.10.5 设 $1<p<+\infty,r>1,\nu_i<r$ $(i=1,\cdots,n)$ 均为偶数,给定 $\overline{y}=(y_2,\cdots,y_n),0<y_2<\cdots<y_n<1$,$\varepsilon$ 为使得 $\overline{y}\in\Gamma_\varepsilon$ 的任意正数,则

$$\det(\varphi(0,\cdot),\Gamma_\varepsilon,\overline{0})=(-1)^{n-1}$$

证 首先考虑 $p=2$ 的情况,根据定理 10.10.3,存在唯一的自然样条 $h_i(\overline{x},t)\in\widetilde{\mathfrak{R}}_{2r-1}(1;\boldsymbol{x}),\overline{x}=(x_2,\cdots,x_n)\in\Gamma_\varepsilon,\boldsymbol{x}\in\Omega(\nu_1,\cdots,\nu_n)$,满足以下插值条件

$$\begin{cases} h_i^{(j)}(\bar{x},0)=h_i^{(j)}(\bar{x},1), j=0,1,\cdots,r-1 \\ h_i^{(r+j)}(\bar{x},0+0)=h_i^{(r+j)}(\bar{x},1-0), \\ j=0,1,\cdots,r-\nu_1-1 \\ h_i^{(\lambda)}(\bar{x},x_k)=0, k\neq i, \lambda=0,1,\cdots,\nu_i-1 \\ h_i^{(\lambda)}(\bar{x},x_i)=0, \lambda=0,1,\cdots,\nu_i-2 \\ h_i^{(\nu_i-1)}(\bar{x},x_i)=1 \end{cases} \tag{10.250}$$

根据推论 10.10.1,算法 $s(\boldsymbol{c},\boldsymbol{x},f)$ 对 $h_i(\bar{x},x)$ 精确,其中 $\boldsymbol{c}=\{c_{i,\lambda}\}$ 为 $M_0(\boldsymbol{x},t)$ 的系数,所以

$$L_0(h_i(\bar{x},\cdot))=\sum_{k=2}^{n}h_i(\bar{x},y_k)=b_i(0;\bar{x})$$

根据定理 10.10.3,对一切 $\bar{x}\in\Gamma_\varepsilon$,由方程组(10.250)确定的行列式非奇异,所以根据隐函数定理,在 Γ_ε 中,$h_i(\bar{x},t)$ 的系数是 $\bar{x}$ 的连续函数,因此当 $\bar{x}\to\bar{y}$ 时

$$\| h_i^{(\lambda)}(\bar{x},\cdot)-h_i^{(\lambda)}(\bar{y},\cdot)\|_{C[0,1]}\to 0, \lambda=0,1,\cdots,r-1 \tag{10.251}$$

因为 $\nu_i(i=1,\cdots,n)$ 为偶数,所以 $\nu_i-1\geqslant 1$,根据 Taylor 展开

$$h_i(\bar{x},y_k)=\frac{(y_k-x_k)^{\nu_k-1}h_i^{(\nu_k-1)}(\bar{x},\eta_k)}{(\nu_k-1)!}$$

其中 $x_k\leqslant\eta_k\leqslant y_k$. 根据式(10.251),当 $\bar{x}\to\bar{y}$ 时

$$h_i^{(\nu_k-1)}(\bar{x},\eta_k)\to h_i^{(\nu_k-1)}(\bar{y},y_k)=\begin{cases}0, i\neq k \\ 1, i=k\end{cases}, \bar{x}\to\bar{y}$$

所以当 $\bar{x}=(x_2,\cdots,x_n)$ 和 $\bar{y}$ 充分接近时

$$b_i(0,\bar{x})=\frac{(y_i-x_i)^{\nu_i-1}}{(\nu_i-1)!}+\sum_{k=2}^{n}o(|y_k-x_k|^{\nu_k-1})$$

令 $z_i=\dfrac{(x_i-y_i)^{\nu_i-1}}{(\nu_i-1)!}$, $i=2,\cdots,n$,则

$$b_i(0,\overline{x})=-z+\sum_{k=2}^{n}o(|z_i|)\overset{\text{df}}{=}\widetilde{b}_i(z)$$

设 $B(z)\overset{\text{df}}{=}(\widetilde{b}_2(z),\cdots,\widetilde{b}_n(z))$,显然 $\det\left(\dfrac{\partial B(\overline{0})}{\partial\overline{z}}\right)$ 主对角线占优,所以

$$\det\left(\frac{\partial B(\overline{0})}{\partial\overline{z}}\right)=(-1)^{n-1}$$

根据隐函数定理,当 $\overline{z}$ 在 $\overline{0}$ 的充分小的邻域内,$B(\overline{z})$ 是一一映射,所以当 $\overline{x}U(\overline{y})\subset\Gamma_\varepsilon$ 时,$\varphi(0,\overline{x})$ 是一一映射,其中 $U(\overline{y})$ 表示 $\overline{y}$ 充分小的邻域,从而非线性方程 $\varphi(0,\overline{x})=\overline{0}$ 在 $U(\overline{y})$ 中有作一解 $\overline{\xi}$,因此由拓扑度基本性质(i) 得

$$\deg(\varphi(0,\cdot),U(\overline{y}),\overline{c})=\text{sgn}\det\left(\frac{\partial\varphi(0,\overline{\xi})}{\partial\overline{x}}\right)\tag{10.252}$$

式(10.252) 中的行列式当 ξ 充分接近于 $\overline{y}$ 时是主对角线占优的,所以考虑到 $\nu_k(k=2,\cdots,n)$ 均为偶数,即得

$$\begin{aligned}\text{sgn}\det\left(\frac{\partial\varphi(0,\overline{\xi})}{\partial\overline{x}}\right)&=(-1)^{n-1}\text{sgn}\prod_{k=2}^{n}(y_k-\xi_k)^{\nu_k-2}\\&=(-1)^{n-1}\end{aligned}$$

另一方面,因为 $\varphi(0,\cdot)$ 是连续的,$\varphi(0,\overline{y})=\overline{0}$,所以当 $\overline{\xi}\to\overline{y}$ 时,$\overline{c}(\xi)\to\overline{0}$. 根据拓扑度的基本性质(iv),即得

$$\deg(\varphi(0,\cdot),U(\overline{y},\overline{0}))=(-1)^{n-1}$$

但根据引理 10.10.3,$\overline{y}$ 是 $\varphi(0,\overline{x})$ 在 Γ_ε 中的唯一解,所以

$$\deg(\varphi(0,\cdot),\Gamma_\varepsilon,0)=\deg(\varphi(0,\cdot),U(\overline{y}),\overline{0})$$
$$=(-1)^{n-1}$$

因此引理对 $p=2$ 成立.

现在设 $p^*\in(1,+\infty)$ 固定,考虑映射 $\varphi_\beta:[0,1]\times\Gamma_\varepsilon\to\mathbf{R}^{n-1}$ 有

$$\varphi_\beta(0,\overline{x})=(b_{2,p}(0,\overline{x}),\cdots,b_{n,p}(0,\overline{x}))$$

其中 $p=\beta p^*+2(1-\beta),\beta\in[0,1],b_{i,p}$ 为极值问题(10.227),当 $\alpha=0$ 时在 L^p 尺度下的解 $M_0(\boldsymbol{x},t)$ 的系数 $c_{i,\nu_i-1}(p)(i=2,\cdots,n)$. 根据引理 10.10.3,对一切 $p\in(1,+\infty),\varphi(0,\overline{x})=\overline{0}$ 在 Γ_ε 中有唯一解 $\overline{x}=\overline{y}$,即对一切 $\beta\in[0,1],\varphi_\beta(0,\overline{x})=\overline{0}$,在 Γ_ε 中有唯一解 $\overline{x}=\overline{y}$,因为 $\overline{y}\in\partial\Gamma_\varepsilon$,所以由拓扑度的基本性质(iii)得

$$\deg(\varphi_1,\Gamma_\varepsilon,\overline{0})=\deg(\varphi_0,\Gamma_\varepsilon,\overline{0})=(-1)^{n-1}$$

为了证明本节的主要定理,需要计算

$$\operatorname{sgn}\det(\varphi'(1,\boldsymbol{x}))$$

为此还需要一个关于自然样条的插值定理.

定理 10.10.4　设 ω 是以 1 为周期的权函数

$$\boldsymbol{\xi}=\begin{pmatrix}\xi_1 & \cdots & \xi_m\\ \mu_1 & \cdots & \mu_m\end{pmatrix},\boldsymbol{x}=\begin{pmatrix}x_1 & \cdots & x_n\\ \nu_1 & \cdots & \nu_n\end{pmatrix}$$

为满足如下条件的周期节点组(即把 0 和 1 看成同一点,把[0,1) 看成周长为 1 的圆 $\{\xi_i\}(i=1,\cdots,m)$ 及 $\{x_i\}(i=1,\cdots,n)$ 落在这个圆上)有

$$0\leqslant\xi_1<\cdots<\xi_m<1,0\leqslant\mu_k<r,k=1,\cdots,m$$
$$0\leqslant x_1<\cdots<x_n<1,0\leqslant\nu_k\leqslant r,k=1,\cdots,n$$
$$\nu_1+\cdots+\nu_n=\mu_1+\cdots+\mu_m$$

且 $\nu_1+\cdots+\nu_n$ 为奇数. 如果任何一对点组$(\xi',\xi'')\subset\{\xi_1,\cdots,\xi_m\}$,当 $x_{i_1},\cdots,x_{i_k},\xi_{j_1},\cdots,\xi_{j_l}$ 落在以反时针方

向定向的弧 $\widehat{\xi_1\xi_2}$ 之间，均有 $1+\nu_{i_1}+\cdots+\nu_{i_k}\geqslant\mu_{j_1}+\cdots+\mu_{j_l}$，则对每一 $f\in\widetilde{C}^{r-1}[0,1]$，存在唯一的自然样条 $s(x)\in\overline{\mathfrak{N}}_{2r-1}(\omega,\boldsymbol{\xi})$，满足以下插值条件

$$s^{(\lambda)}(x_i)=f^{(\lambda)}(x_i),i=1,\cdots,n,\lambda=0,1,\cdots,\nu_i-1 \tag{10.253}$$

证 若不这样，则存在函数 $s(x)\not\equiv 0,s(x)\in\mathfrak{N}_{2r-1}(\omega,\boldsymbol{\xi})$ 满足齐次方程

$$\begin{gathered}s^{(j)}(0)=s^{(j)}(1),j=0,1,\cdots,r-1\\ s^{(\lambda)}(x_i)=0,i=1,\cdots,n,\lambda=0,1,\cdots,\nu_i-1\\ g^{(j)}(0+0)=g^{(j)}(1-0),j=0,1,\cdots,r-\mu-1\end{gathered} \tag{10.254}$$

其中 $s(x)$ 形如式(10.235)

$$\mu=\begin{cases}0,\xi_1\neq 0\\ \mu,\xi_1=0\end{cases}$$

下证 $s(x)$ 仅有孤立零点. 否则存在弧$[t_1,t_2]$及 $\varepsilon>0$，使得当 $x\in[t_1-\varepsilon,t_1]\cup[t_2,t_2+\varepsilon]$时，$s(x)=0$ 而当 $\boldsymbol{x}\in[t_1,t_2]$时，$s(x)$ 几乎处处没有零点. 显然，存在某 $\xi',\xi''\in\{\xi_1,\cdots,\xi_m\}$，使得$(t_1,t_2)=(\xi',\xi'')$. 设 $x_{i_1},\cdots,x_{i_k},\xi_{j_1},\cdots,\xi_{j_l}$ 落在(ξ',ξ'')中，则 $s(x)$ 在$[t_1,t_2]$中至少有 $r+\nu_{i_1}+\cdots+\nu_{i_k}$ 个零点，所以 $s^{(r)}(x)$ 在(t_1,t_2)中至少有 $r+\nu_{i_1}+\cdots+\nu_{i_k}$ 个零点，从而 $g(t)$ 在(t_1,t_2)中至少有 $r+\nu_{i_1}+\cdots+\nu_{i_k}$ 个零点，但当 $t\in[t_1-\varepsilon,t_2]\cup[t_2,t_2+\varepsilon]$时，$g(t)=0$，且 $g(t)$ 在 t_1 处连续，因为 $t_1=\xi'$，且 $\mu_j<r(j=1,\cdots,m)$，所以 $g(t_1)=0$，因而

$$\begin{aligned}Z(g,[t_1,t_2])&\geqslant r+1+\nu_{i_1}+\cdots+\nu_{i_k}\\ &\geqslant r+\mu_{j_1}+\cdots+\mu_{j_l}\end{aligned}$$

一方面根据定理 10.0.4 得

$$Z(g,[t_1,t_2])\leqslant r-1+\mu_{j_1}+\cdots+\mu_{j_l}$$

得到矛盾,所得矛盾表明 $s(x)$ 仅有孤立零点,因为 $s(x)$ 满足齐次条件(10.254),所以根据式(10.235)及 Rolle 定理得

$$Z(s,[0,1))\geqslant \nu_1+\cdots+\nu_n$$

另一方面,因为 $\nu_1+\cdots+\nu_n$ 为奇数,根据定理 10.0.8,得

$$Z(s,[0,1))\leqslant \nu_1+\cdots+\nu_n-1$$

矛盾.所得矛盾表明 $s(t)\equiv 0$,因而插值问题(10.253)的解存在、唯一.

设 $\boldsymbol{\Delta}_{j,k}(\omega,\boldsymbol{x})$ 表示由式(10.238)确定的矩阵 $\boldsymbol{\Delta}(\omega,\boldsymbol{x})$ 中删去第 $r+\nu_1+\cdots+\nu_j$ 行及第 $2r+\nu_2+\cdots+\nu_k$ 列得到的新矩阵.

引理 10.10.6 设 $1<p<+\infty,r>1,\nu_i<r$ $(i=1,\cdots,n)$ 均为偶数,ω 是以 1 为周期的权,$\bar{x}=(x_2,\cdots,x_n)\in\Gamma$,则对任何固定的 $k\in\{2,\cdots,n\}$ 有

$$\det\boldsymbol{\Delta}_{j,k}(\omega,\boldsymbol{x})\neq 0,j=1,\cdots,n,k=1,\cdots,n$$

且 $\operatorname{sgn}\det\boldsymbol{\Delta}_{j,k}$ 和 j 及 ω 无关.

证 对给定的 j,k,令

$$\hat{\nu}_i=\begin{cases}\nu_i,i\neq j\\ \nu_i-1,i=j\end{cases},\hat{\mu}_i=\begin{cases}\nu_i,i\neq k\\ \nu_i-1,i=k\end{cases}$$

则点组 $\boldsymbol{x}=\{(x_1,\hat{\nu}_1),\cdots,(x_n,\hat{\nu}_n)\}$,$\boldsymbol{\xi}=\{(x_1,\hat{\mu}_1),\cdots,(x_n,\hat{\mu}_n)\}$ 满足定理10.10.4 条件,所以

$$\det\boldsymbol{\Delta}_{j,k}(\omega,\boldsymbol{x})\neq 0,j=1,\cdots,n,k=1,\cdots,n$$

设节点组 x 固定,ω_1,ω_2 是两个以 1 为周期的权,则对一切 $\delta\in[0,1]$,$\omega(\delta,t)\overset{\text{df}}{=\!=}\delta\,\omega_1(t)+(1-\delta)\omega_2(t)$ 也是以 1 为周期的权,且

$$\det \boldsymbol{\Delta}_{j,k}(\omega(\delta,\ \cdot),\boldsymbol{x}) \neq 0, \forall \delta \in [0,1]$$

因为 $\det \boldsymbol{\Delta}_{j,k}(\omega(\delta,\ \cdot),\boldsymbol{x})$ 为 δ 的连续函数,所以

$$\operatorname{sgn} \det \boldsymbol{\Delta}_{j,k}(\omega_1,\boldsymbol{x}) = \operatorname{sgn} \det \boldsymbol{\Delta}_{j,k}(\omega_2,\boldsymbol{x})$$

因此只需对 $\omega=1$,固定的 $k \in \{2,\cdots,n\}$,证明

$$\operatorname{sgn} \det \boldsymbol{\Delta}_{j,k}(1,\boldsymbol{x}) = \operatorname{sgn} \det \Delta_{j+1,k}(1,\boldsymbol{x}) \tag{10.255}$$

设 k 固定,$M(k,\widetilde{\boldsymbol{x}},t)$ 表示以 $\widetilde{\boldsymbol{x}}=\{(x_1,\nu_1),\cdots,(x_{k-1},\nu_{k-1}),(x_k,\nu_k-1),(x_{k+1},\nu_{k+1}),\cdots,(x_n,\nu_n)\}$ 为节点组的 r 次单样条,根据定理 10.10.2,存在唯一的

$$F(\widetilde{\boldsymbol{x}},t)=\sum_{j=0}^{r=0} a_j \frac{t^{r-j-1}}{(r-j-1)!}+\int_0^1 \frac{(t-\tau)_+^{r-1}}{(r-1)!}\cdot |M(k,\widetilde{\boldsymbol{x}},\tau)|^{p-2}M(k,\widetilde{\boldsymbol{x}},\tau)\mathrm{d}\tau \tag{10.256}$$

使得

$$\begin{cases}F^{(j)}(\widetilde{\boldsymbol{x}},0)=F^{(j)}(\widetilde{\boldsymbol{x}},1), j=0,1,\cdots,r-1\\ F^{(\lambda)}(\widetilde{\boldsymbol{x}},x_i)=0,\lambda=0,1,\cdots,\nu_i-1,i\neq k\\ F^{(\lambda)}(\widetilde{\boldsymbol{x}},x_k)=0,\lambda=0,1,\cdots,\nu_k-2\\ M^{(j)}(k,\widetilde{\boldsymbol{x}}_i,0+0)=M^{(j)}(k,\widetilde{\boldsymbol{x}},0-0)\end{cases} \tag{10.257}$$

$$j=0,1,\cdots,r-\nu_1-1$$

令 $\boldsymbol{\Delta}(\cdot)$ 表示由方程组(10.257)确定的系数矩阵,则

$$\boldsymbol{\Delta}_{j,k}(1,\boldsymbol{x})=\boldsymbol{\Delta}\begin{pmatrix}x_1 & \cdots & x_j & \cdots & x_n\\ \nu_1 & \cdots & \nu_j-1 & \cdots & \nu_n\end{pmatrix}$$

设 $0<h<x_{j+1}-x_j$,考虑矩阵

$$\boldsymbol{\Delta}_{j,k}^h=\boldsymbol{\Delta}\begin{pmatrix}x_1 & \cdots & x_j & x_j+h & x_{j+1} & \cdots & x_n\\ \nu_1 & \cdots & \nu_j-1 & 1 & \nu_{j+1}-1 & \cdots & \nu_n\end{pmatrix}$$

根据定理 10.10.4,对每一 $0<h<x_{j+1}-x_j$ 有

$$\det \boldsymbol{\Delta}_{j,k}^h \neq 0$$

下面首先证明当 $0<h<x_{j+1}-x_j$ 时

$$\operatorname{sgn}\det \boldsymbol{\Delta}_{j,k}^{h}=\operatorname{sgn}\det \boldsymbol{\Delta}_{j+1,k} \tag{10.258}$$

令 $[(t_1,\alpha_1),\cdots,(t_l,\alpha_l)]f$ 表示 f 在节点组 $\{(t_1,\alpha_1),\cdots,(t_l,\alpha_n)\}$ 上的差商(即 f 在点 $t_1<\cdots<t_l$ 上的 $\alpha_1,\cdots,\alpha_l$ 重差商),熟知,若 $f\in C^N[0,1]$,$\alpha_1+\cdots+\alpha_n=N+1$,$t_i\in[0,1]$,$i=1,\cdots,l$,则

$$[(t_1,\alpha_1),\cdots,(t_l,\alpha_l)]f=\frac{f^{(N)}(\eta)}{N!},\eta\in[t_1,t_2] \tag{10.259}$$

且根据差商的递推公式可知

$$[(\tau,m),(\tau+h,1)]f=\frac{1}{h^m}f(\tau+h)-\sum_{\lambda=0}^{m-1}\frac{1}{\lambda!\ h^{m-\lambda}}f^{(\lambda)}(\tau) \tag{10.260}$$

对 $\boldsymbol{\Delta}_{j,k}^{h}$ 作如下变换:将其第 $r+\nu_1+\cdots+\nu_j$ 行乘以 $(\nu_j-1)!\ h^{1-\nu_j}$,再将其第 $r+\nu_1+\cdots+\nu_{j-1}+\lambda+1$ $(\lambda=0,1,\cdots,\nu_j-2)$ 行乘以 $-(\nu_j-1)!\ h^{1+\lambda-\nu_j}/\lambda!$ 分别加到第 $r+\nu_1+\cdots+\nu_j$ 行上,将所得的矩阵记为 $\widetilde{\boldsymbol{\Delta}}_{j,k}^{h}$. 根据式(10.260)易知 $\widetilde{\boldsymbol{\Delta}}_{j,k}^{h}$ 为由方程组

$$\begin{cases}F^{(j)}(\widetilde{\boldsymbol{x}},0)=F^{(j)}(\widetilde{\boldsymbol{x}},1),j=0,1,\cdots,r-1\\ F^{(\lambda)}(\widetilde{\boldsymbol{x}},x_i)=0,\lambda=0,1,\cdots,\widetilde{\nu}_i-1,\\ \qquad i\neq k,i\neq j,i\in\{1,\cdots,n\}\\ F^{(\lambda)}(\widetilde{\boldsymbol{x}},x_s)=0,\lambda=0,2,\cdots,\widetilde{\nu}_{i-2},s=k,s=j,\\ \qquad(\nu_j-1)!\ [(x_j,\nu_j-1),(x_j+h,1)]F(\widetilde{\boldsymbol{x}},t)=0\\ M^{(j)}(\widetilde{\boldsymbol{x}},0+0)=M^{(j)}(\widetilde{\boldsymbol{x}},1-0),\\ \qquad j=0,1,\cdots,r-\nu_1-1\end{cases}$$

所确定的关于 $\{\alpha_j\}(j=0,\cdots,r-1)$,$\{\beta_k\}(k=0,\cdots,r-1)$,$\{c_{i,\lambda},i=1,\cdots,n,\lambda=0,1,\cdots,\widetilde{\nu}_i-1\}$ 的Jacobi矩阵,

其中 $F(\widetilde{\boldsymbol{x}},t)$ 由式(10.256)确定,$\{\alpha_j\}$,$\{\beta_k\}$,$\{c_{i,\lambda}\}$ 为其系数向量(见式(10.224)和(10.229))

$$\tilde{\nu}_i=\begin{cases}\nu_i, i\neq k\\ \nu_i-1, i=k\end{cases}$$

根据式(10.259)及 $\nu_j<r$ 得

$$(\nu_j-1)!\ [(x_j,\nu_j-1),(x_j+h,1)]F\rightarrow F^{(\nu_j-1)}(\boldsymbol{x},x_j), h\rightarrow 0$$

因此

$$\det \widetilde{\boldsymbol{\Delta}}_{j,k}^{h}\rightarrow \det \boldsymbol{\Delta}_{j+1,k}, h\rightarrow 0$$

但是 $\det \widetilde{\boldsymbol{\Delta}}_{j,k}^{h}=[(\nu_j-1)!\ h^{1-\nu_j}]\det \boldsymbol{\Delta}_{j,k}^{h}$,$\det \boldsymbol{\Delta}_{j+1},k\neq 0$,且当 $0<h<x_{j+1}-x_j$ 时,$\det \boldsymbol{\Delta}_{j,k}^{h}\neq 0$,所以当 $0<h<x_{j+1}-x_j$ 时,式(10.258)成立. 同理由

$$[(\tau-h,1),(\tau,m)]f=\sum_{\lambda=0}^{m-1}(-1)^{\lambda-m-1}\frac{f^{(\lambda)}(\tau)}{\lambda!\ h^{m-\lambda}}+(-1)^m\frac{f(\tau-h)}{h^m}$$

可以证明当 $0<h<x_j-x_{j-1}$ 时

$$\operatorname{sgn}\det \Delta_{j,k}^{h}=\operatorname{sgn}\det \Delta_{j,k} \tag{10.261}$$

由式(10.258)和(10.261)知式(10.255)成立.

下面证明本节的主要定理.

定理 10.10.5 设 $r=1,2,3,\cdots$,$\{\nu_j\}(j=1,\cdots,n)$ 为任意固定的自然数组,满足条件

$$1<2[\frac{(\nu_{i+1})}{2}]<r, i=1,\cdots,n$$

固定 $x_1=0$,则在 $\widetilde{W}_q^r$ 上 $(\nu_1,\cdots,\nu_n)$ 型最优求积公式唯一.

证 $r=1$ 的情况见定理 10.1.4,以下设 $r>1$. 根据定理 10.6.2,只需对一切 $\nu_i(i=1,\cdots,n)$ 全为偶数,

证明非线性方程

$$\varphi(1,\bar{x})=\bar{0} \tag{10.262}$$

有唯一解，设 $1<q<+\infty$ 固定. 根据引理 10.10.4，存在 $\varepsilon>0$，对于一切 $\alpha\in[0,1]$，$\varphi(\alpha,\bar{x})=\bar{0}$ 的一切解落在 Γ_ε 内. 因为 $\varphi(\alpha,\bar{x})=\bar{0}$ 为 α 及 $\bar{x}$ 在 $[0,1]\times\Gamma_\varepsilon$ 中的连续函数，所以根据拓扑度的基本性质(iii) 及引理 10.10.5 得

$$\deg(\varphi(1,\cdot),\Gamma_\varepsilon,\bar{0})=\deg(\varphi(0,\cdot),\Gamma_\varepsilon,\bar{0})=(-1)^{n-1} \tag{10.263}$$

根据推论 10.10.2，方程组(10.228) 的 Jacobi 行列式

$$\det \boldsymbol{J}(\boldsymbol{x})\neq 0$$

所以根据隐函数定理，$b_k(1,\bar{x})$ 为 $\bar{x}$ 的可微函数，且

$$\frac{\partial b_k(1,\bar{x})}{\partial x_j}=-\frac{\det \mathbf{A}_{k,j}}{\det \boldsymbol{J}(\boldsymbol{x})}$$

其中 $\mathbf{A}_{k,j}$ 为将 $\boldsymbol{J}(\boldsymbol{x})$ 的第 $2r+\nu_2+\cdots+\nu_k$ 列(方程组(10.228) 关于 $b_k(1,x)=c_{k,\nu_k-1}(\bar{x})$ 的偏导数) 换为关于 x_j 的偏导数所得的新的 Jacobi 矩阵. 因为 $\det \mathbf{A}_{k,j}$ 及 $\boldsymbol{J}(\boldsymbol{x})$ 为 $\bar{x}$ 的连续函数，且 $\det(\boldsymbol{J}(\bar{x}))\neq 0$，所以 $\varphi(1,\bar{x})\in C^1(\Gamma_\varepsilon)$，根据拓扑度的基本性质(i) 及式(10.263)，为证式(10.262) 有唯一解，只需对每一个满足(10.262) 的 $\bar{x}\in\Gamma_\varepsilon$(即对方程 $\varphi(1,\bar{x})=\bar{0}$ 的临界点) 证明

$$\operatorname{sgn}\det\left(\frac{\partial\varphi(1,\bar{x})}{\partial\bar{x}}\right)=(-1)^{n-1} \tag{10.264}$$

设 $\bar{x}=(x_2,\cdots,x_n)\in\Gamma_\varepsilon$ 满足方程(10.262)，经仔细计算得($F(\boldsymbol{x},t)$ 由式(10.229) 定义)

$$\frac{\partial b_k(1,\bar{x})}{\partial x_j}=-(-1)^r F_1^{(\nu_j)}(\boldsymbol{x},x_j)\frac{\det \boldsymbol{J}_{j,k}}{\det \boldsymbol{J}},k\neq j$$

$$\frac{\partial b_j(1,x)}{\partial x_j} = -(-1)^r F_1^{(\nu_j)}(\boldsymbol{x},x_j)\frac{\det \boldsymbol{J}_{j,j}}{\det \boldsymbol{J}} - c_{i,\nu_j-2}$$

其中 $\det \boldsymbol{J}_{j,k}$ 为 $\det \boldsymbol{J}$ 中删去第 $2r+\nu_2+\cdots+\nu_k$ 列及 $r+\nu_1+\cdots+\nu_j$ 行所得的行列式，因为

$$\det \boldsymbol{J}_{i,k} = \det \Delta_{j,k}(|M_1(\boldsymbol{x},t)|^{p-2},\boldsymbol{x})$$

所以根据引理 10.10.6，对每一个固定的 $k\in\{2,\cdots,n\}$，$\det \boldsymbol{J}_{j,k}$ 有相同的符号. 根据定理 10.10.2，$F_1(\boldsymbol{x},t)$ 在$[0,1]$内至少有 $N=\nu_1+\cdots+\nu_n$ 个零点，所以 $M_1(\boldsymbol{x},t)$ 在$[0,1]$中也至少有 N 个零点，再根据定理 10.3.1，$M_1(\boldsymbol{x},t)$ 在$[0,1]$中恰有 N 个零点，从而 $F_1(\boldsymbol{x},t)$ 恰有 N 个零点，因为 $\nu_k(k=1,\cdots,n)$ 均为偶数，所以 $F^{(\nu_k)}(\boldsymbol{x},t)(k=1,\cdots,n)$ 有相同的符号. 再由 $\varphi(1,\bar{x})=\bar{0}$ 知道，$M_1(\boldsymbol{x},t)$ 在临界点 $\bar{x}=(x_2,\cdots,x_n)$ 处的节点重数均为奇数，所以由定理 10.3.1 知

$$c_{k,\nu_k-2}>0,k=2,\cdots,n$$

至此已经证明：对一切固定的 $k\in\{2,\cdots,n\}$，$j=1,\cdots,n$ 有

$$\gamma_{k,j} \xlongequal{\text{df}} -(-1)^r F^{(\nu_j)}(\boldsymbol{x},x_j)\frac{\det \boldsymbol{J}_{j,k}}{\det \boldsymbol{J}}$$

有相同的符号. 因为 $\varphi(1,\bar{x})=0$，即 $c_{k,\nu_{k-1}}(\boldsymbol{x})=0(k=2,\cdots,n)$，根据附注10.10.2，$c_{1,\nu_1-1}=0$，所以 $M'_1(\boldsymbol{x},t)$ 是 $r-1$ 次的以$\{x_k\}(k=1,\cdots,n)$ 为$\{\nu_k\}(k=1,\cdots,n)$ 重节点的周期样条，所以 $F'_1\in\mathfrak{N}_{2r-1}(\omega,x)$，其中 $\omega=|M_1(\boldsymbol{x},t)|^{p-2}$，所以根据定理 10.10.3 得

$$F'(\boldsymbol{x},t)=F^{(\nu_1)}(\boldsymbol{x},x_1)s_1(t)+\cdots+F^{(\nu_n)}(\boldsymbol{x},x_n)s_n(t) \tag{10.265}$$

其中 $s_i\in\widetilde{\mathfrak{N}}_{2r-1}(\omega,\boldsymbol{x})(i=1,\cdots,n)$，且

$$s_i^{(j)}(0)=s_i^{(j)}(1),j=0,1,\cdots,r-1$$

$$s_i^{(\lambda)}(x_k)=0, k\neq i, \lambda=0,1,\cdots,\nu_k-1$$

$$s_i^{(\lambda)}(x_i)=0, \lambda=0,1,\cdots,\nu_i-2$$

$$s_k^{(\nu_i-1)}(x_k)=1$$

$$g^{(j)}(0+0)=g^{(j)}(1-0), j=0,1,\cdots,r-\nu_1-1$$

此处 $g(t)$ 为 $s_i(t)$ 的表达式(10.235)中 $r-1$ 次样条.

比较式(10.265)的两边得

$$-c_{k,\nu_k-2}=\sum_{j=1}^{n}F^{(\nu_j)}(\boldsymbol{x},x_j)\{(-1)^r\frac{\det \boldsymbol{J}_{j,k}}{\det \boldsymbol{J}}\}$$

所以

$$c_{k,\nu_k-2}=\sum_{j=1}^{n}\gamma_{k,j}, k=2,\cdots,n$$

因为对每一个固定的 $k\in\{2,\cdots,n\}$, $\gamma_{k,j}(j=1,\cdots,n)$ 相同的符号,所以由 $c_{k,r_k-2}>0$ 即得

$$\gamma_{k,j}>0, k=2,\cdots,n, j=1,\cdots,n$$

从而

$$c_{k,\nu_k-2}-(\gamma_{k,2}+\cdots+\gamma_{k,n})>0 \quad (10.266)$$

不等式(10.266)表明行列式

$$\det\left(\frac{\partial\varphi(1,\overline{x})}{\partial\overline{x}}\right)$$

$$=\begin{vmatrix}\gamma_{22}-c_{2,\nu_2-2}\gamma_{2,3} & \cdots & \nu_{3,n} & \nu_{2,n}\\ \gamma_{32} & \gamma_{33}-c_{3,\nu_3-2} & \cdots & \gamma_{3,n}\\ \vdots & \vdots & & \vdots\\ \gamma_{n,2} & \gamma_{n,3} & \cdots & \gamma_{n,n}-c_{n,\nu_n-2}\end{vmatrix}$$

是严格主对角线占优的,所以

$$\operatorname{sgn}\det\left(\frac{\partial\varphi(1,\overline{x})}{\partial\overline{x}}\right)=\operatorname{sgn}\prod_{k=2}^{n}(\gamma_{k,k}-c_{k,\nu_k-2})=(-1)^{n-1}$$

式(10.264)得证.定理 10.10.5 证完.

定理 10.10.6　设 $\nu_1=\cdots=\nu_n=\rho, 1<2[(\rho+$

1)/2]$<r,r=1,2,3,\cdots,1\leqslant q\leqslant+\infty$,则等距节点组

$$x_k=\frac{k-1}{n},k=1,\cdots,n \qquad (10.267)$$

是 $\widetilde{W}_q^r$ 上的最优节点组且最优系数$\{a_{k\lambda}\}$满足条件

$$\begin{cases}a_{1,\lambda}=\cdots=a_{n,\lambda}=0,\lambda\text{ 为奇数}\\ a_{1,\lambda}=\cdots=a_{n,\lambda}>0,\lambda\text{ 为偶数}\\ a_{1,0}=\cdots=a_{n,0}=\dfrac{1}{n}\end{cases}$$

且当 $1<q<+\infty$ 时最优节点组是唯一的($x_1=0$ 固定).

证 设 $1<q<+\infty,\nu_1=\cdots=\nu_n=\rho$,由周期函数的范数平移不变及定理 10.10.5 关于最优节点的唯一性知,最优节点组必是等距的,式(10.267)成立.令

$$\boldsymbol{x}=\begin{pmatrix}x_1 & \cdots & x_n\\ \rho & \cdots & \rho\end{pmatrix},\omega(t)=|M_1(\boldsymbol{x},t)|^{p-2}$$

设 $h_{i,j}$ 表示 $\widetilde{\mathfrak{N}}_{2r-1}(\omega,\boldsymbol{x})$ 中满足如下插值条件

$$h_{i,j}^{(\lambda)}(x_k)=\delta_{i,k}\delta_{\lambda,j}$$

的唯一自然样条,$\delta_{i,j}$ 为 Kronecker 符号. 根据推论 10.10.1 得

$$a_{k,\lambda}=\int_a^b h_{k,\lambda}(t)\mathrm{d}t$$

由$\{x_k\}(k=1,\cdots,n)$为等距节点组推得 $h_{k,\lambda}(t)$ 可以由 $h_{1,\lambda}(t)$ 平移而得,所以

$$a_{1,\lambda}=\cdots=a_{n,\lambda},\lambda=0,1,\cdots,\rho-1 \qquad (10.268)$$

另一方面,求积公式

$$\begin{aligned}\int_0^1 f(t)\mathrm{d}t&=\sum_{k=1}^{n}\sum_{\lambda=0}^{\nu_k-1}(-1)^\lambda a_{i,\lambda}f^{(\lambda)}(-x_k)+R_n(f)\\ &=\sum_{\lambda=0}^{\nu_k-1}(-1)^\lambda a_{1,\lambda}f^{(\lambda)}(x_1)+\end{aligned}$$

$$\sum_{k=2}^{n}\sum_{\lambda=0}^{\nu_k-1}(-1)^{\lambda}a_{n+2-\lambda}f^{(\lambda)}(x_k)+R_n(f)$$

和 $\widetilde{W}_q^r$ 上的最优求积公式有相同的最优误差，所以根据定理 10.10.5，由唯一性得

$$(-1)^{\lambda}a_{1,\lambda}=a_{1,\lambda},\lambda=0,1,\cdots,\nu_1-1 \tag{10.269}$$

根据式(10.268) 和(10.269) 立即得

$$a_{k,\lambda}=0,k=1,\cdots,n,\lambda \text{ 为奇数}$$

因为根据引理 10.1.1，$\widetilde{W}_q^r$ 上的最优求积公式对常数精确，所以

$$a_{1,0}=\cdots=a_{n,0}=\frac{1}{n}$$

由极限过程即得 $q=1$ 及 $q=+\infty$ 的情况.

定理 10.10.7　设 $\{\nu_k\}(k=1,\cdots,n)$ 为任意固定的自然数，$1<2[(\nu_k+1)/2]<r,k=1,\cdots,n,1<p<+\infty$，则以 1 为周期的 r 次的具有 n 个指定节点重数为 $\{\nu_k\}(k=1,\cdots,n)$ 的自由节点的单样条类 $\widetilde{\mathscr{M}}_r(\nu_1,\cdots,\nu_n)$ 在 L^p 尺度下的最小范数问题有唯一解(在平移视为同一的意义下，或者说固定一个节点 $x_1=0$ 的意义下).

证　根据定理 10.1.1 及定理 10.10.5 即得.

§11　$\widetilde{W}_\infty^r$ 上$(\nu_1,\cdots,\nu_n)$型最优求积公式的唯一性

设 $1\leqslant\nu_i\leqslant r(i=1,\cdots,n)$，$\widetilde{\mathscr{M}}_r(\nu_1,\cdots,\nu_n)$ 表示以

1 为周期的具有 n 个指定节点重数为$\{\nu_i\}(i=1,\cdots,n)$的自由节点的 r 次单样条类. 根据定理 10.0.6, $M(t)\in\widetilde{\mathscr{M}}_r(\nu_1,\cdots,\nu_n)$ 当且仅当

$$M(t)=c+\sum_{i=1}^{n}\sum_{j=0}^{\nu_i-1}c_{i,j}D_{r-j}(t-x_i),c\in\mathbf{R}$$
$$x_1<\cdots<x_n<1+x_1 \qquad (10.270)$$

其中 $D_r(t)$ 表示以 1 为周期的 Bernoulli 单样条,由式(10.8) 定义. 因为 $\widetilde{W}_q^r$ 包括了任意常数,故根据引理 10.1.1,只需考虑对常数精确的求积公式. 于是根据定理 10.1.1 中单样条和求积公式的一一对应关系,下面考虑 $\widetilde{W}_q^r(1\leqslant q\leqslant+\infty)$ 上$(\nu_1,\cdots,\nu_n)$型最优求积公式问题时进一步假设 $M(t)$ 满足限制条件

$$\sum_{i=0}^{n}c_{i,0}=1$$

定义 10.11.1 设 $\widetilde{\mathscr{P}}_{r,2N}$ 表示 r 次的以 1 为周期的恰有 $2N$ 个节点的多项式完全样条 $P(x)$ 的全体

$$P(x)=c+\sum_{i=1}^{2N}(-1)^iD_{r+1}(i-x_i)$$

其中 c 为实意实常数,节点 $t_1<\cdots<t_{2N}<1+i_1$,满足限制条件

$$\sum_{i=1}^{2N}(-1)^i(t_{i+1}-t_i)=0,t_{2N+1}=1+t_1 \qquad (10.272)$$

定理 10.11.1 设 $P(t)\in\widetilde{\mathscr{P}}_{r,2N}$,则:

(i) $z(P;[0,1])\leqslant 2N$.

(ii) 给定整数 $1\leqslant\nu_i\leqslant r(i=1,\cdots,n)$, $\sum_{i=1}^{n}\nu_i=2N$,则对任意给定的点组$(x_1,\cdots,x_n)$, $x_1<x_2<\cdots<$

$x_n < 1 + x_1$，存在唯一的 $P(x) \in \widetilde{\mathscr{P}}_{r,2N}$，使得：

(a) $P^{(j)}(x_i) = 0, i = 1, \cdots, n, j = 0, 1, \cdots, \nu_i - 1$

(10.273)

(b) $P(x_1 + 0) > 0$　(10.274)

证　由 $P(t)$ 的定义及 Rolle 定理即得(i). 下证(ii) 设 $\{\mu_j(t), j = 1, \cdots, 2N\}$ 表示函数列

$$1, \{D_r(x_i - t) - D_r(x_1 - t), i = 2, \cdots, n\}$$

$$\{D_{r-j}(x_i - t), j = 1, \cdots, \nu_i - 1, i = 1, \cdots, n\}$$

根据 Hobby-Rice 定理(定理 2.5.4)，存在点组

$$0 = \tau_0 < \tau_1 < \cdots < \tau_k < \tau_{k+1} = 1, k \leqslant 2N$$

使得

$$\sum_{i=0}^{k} (-1)^i \int_{\tau_i}^{\tau_{i+1}} \mu_j(t) \mathrm{d}t = 0, j = 1, \cdots, 2N \tag{10.275}$$

由于周期性，式(10.275) 等价于

$$\sum_{i=1}^{K} (-1)^i \int_{t_i}^{t_{i+1}} \mu_j(t) \mathrm{d}t = 0, j = 1, \cdots, 2N$$

其中 $K = 2[k/2]$，有

$$t_i = \tau_i, i = 1, \cdots, k, t_{k+1} = t_1 + 1, k \text{ 为偶数}$$

$$t_i = \tau_{i-1}, i = 1, \cdots, k+1, k \text{ 为奇数}$$

令

$$c_\sigma = \sum_{i=1}^{K} (-1)^{i+\sigma} \int_{t_i}^{t_{i+1}} D_r(x_1 - t) \mathrm{d}t, \sigma \in \{0, 1\}$$

则完全样条

$$\begin{aligned} P(x) &= c_\sigma + \sum_{i=1}^{K} (-1)^{i+1+\sigma} \int_{t_i}^{t_{i+1}} D_r(x_1 - t) \mathrm{d}t \\ &= c_\sigma + 2 \sum_{i=1}^{K} (-1)^{i+1+\sigma} D_{r+1}(x - t_i) \end{aligned}$$

满足式(10.273).根据 Rolle 定理 $K \geqslant 2N$,因此由(i)$K=2N$.因为 $\mu_1(t)\equiv 1$,所以点组$\{t_i\}(i=1,\cdots,2N)$满足式(10.272),于是 $P(x)\in\widetilde{\mathscr{P}}_{r,2N}$.适当选择 $\sigma=0$ 或 1 可以使得 $P(x)$ 满足式(10.274),存在性得证.下面证唯一性.若存在 $P_1(x)\neq P_2(x)\in\widetilde{\mathscr{P}}_{r,2N}$,满足式(10.273)和(10.274),则不妨设存在 t_0 使得 $P_2(t_0)>P_1(t_0)$,令 $\alpha=P_1(t_0)/P_2(t_0)$ 有

$$h(x)=P_1(x)-\alpha P_2(x)$$

则 $h(x)$ 在一个周期内至少有 $2N+1$ 个零点,但是另一方面,由 $\operatorname{sgn} h^{(r)}(x)=\operatorname{sgn} P_1^{(r)}(x)$ 及 Rolle 定理知,$h(x)$ 在一个周期内至多有 $2N$ 个零点,矛盾.

设 $\boldsymbol{x}=(x_1,\cdots,x_n)$ 固定,令

$$\inf\{\|M\|_p, M\in\widetilde{\mathscr{M}}_r(\boldsymbol{x},\nu_1,\cdots,\nu_n)\} \tag{10.276}$$

定理 10.11.2 设 $\boldsymbol{x}\in\Omega(\nu_1,\cdots,\nu_n)$ 固定,$1\leqslant\nu_i\leqslant r, i=1,\cdots,n,\{\nu_i\}(i=1,\cdots,n)$ 均为偶数,$\sum_{i=1}^{2N}\nu_i=2N$,则 $M(\boldsymbol{x},t)$ 是极值问题(10.276),当 $p=1$ 时的解,当且仅当存在完全样条 $P(\boldsymbol{x},x)\in\widetilde{\mathscr{P}}_{r,2N}$ 有

$$P(\boldsymbol{x},x)=\int_0^1 \operatorname{sgn} M(\boldsymbol{x},t)[D_r(t-x_1)-D_r(t-x)]\mathrm{d}t \tag{10.277}$$

满足条件(i)(ii).

(i)$M(\boldsymbol{x},t)$ 在一个周期内恰有 $2N$ 个零点 $t_1<\cdots<t_{2N}<1+t_1$,且满足关系式

$$\sum_{i=1}^{2N}(-1)^i(t_{i+1}-t_i)=0, t_{2N+1}=t_1+1$$

(ii) $P(\boldsymbol{x},x)$ 一个周期内有 $2N$ 个零点,即

$P^{(j)}(\boldsymbol{x},x_i)=0,i=1,\cdots,n,j=0,1,\cdots,\nu_i-1$

$M(\boldsymbol{x},t)$ 和 $P(\boldsymbol{x},t)$ 还满足关系式：

(iii) $\int_0^1 P(\boldsymbol{x},x)\mathrm{d}t=\|M(\boldsymbol{x},\cdot)\|_1,\|P(\boldsymbol{x}_0\ \cdot)\|_1=\|M(\boldsymbol{x},\cdot)\|_1$.

证　设 $M(\boldsymbol{x},\cdot)$ 为极值问题(10.276)的解，$M(\boldsymbol{x},t)$ 形如式(10.270)，令

$$\Phi=\int_0^1 |M(\boldsymbol{x},t)|\mathrm{d}t+\lambda\left(\sum_{i=0}^{n}c_{i,0}-1\right)$$

则有

$$\frac{\partial\Phi}{\partial c}=\int_0^1 \operatorname{sgn} M(\boldsymbol{x},t)\mathrm{d}t=0$$

$$\frac{\partial\Phi}{\partial c_{i,0}}=\int_0^1 D_r(t-x_i)\operatorname{sgn} M(\boldsymbol{x};t)\mathrm{d}t+\lambda=0,i=1,\cdots,n \tag{10.278}$$

$$\frac{\partial\Phi}{\partial_{c_{i,j}}}=\int_0^1 D_{r-j}(t-x_i)\operatorname{sgn} M(\boldsymbol{x},t)\mathrm{d}t=0$$

$$i=1,\cdots,n,j=0,1,\cdots,\nu_i-1$$

令

$$P(\boldsymbol{x},x)=\int_0^1 \operatorname{sgn} M(\boldsymbol{x},t)[D_r(t-x_1)-D_r(t-x)]\mathrm{d}t$$

则有

$$P^{(j)}(\boldsymbol{x},x_i)=0,i=1,\cdots,n,j=0,1,\cdots,\nu_i-1$$

所以 $P(\boldsymbol{x},x)$ 在一个周期内至少有 $2N$ 个零点，因为 $\operatorname{sgn} M(\boldsymbol{x},t)=(-1)^rP^{(r)}(\boldsymbol{x},t)$，所以 $M(\boldsymbol{x},t)$ 至少有 $2N$ 个零点，再根据推论10.3.1知 $M(\boldsymbol{x},t)$ 在一个周期内恰好有 $2N$ 个零点 $t_1<\cdots<t_{2N}<t_1+1$，由式(10.278)得

$$\sum_{i=1}^{2N}(-1)^i(t_{i+1}-t_i)=0,t_{2N+1}=t_1+1$$

从而 $P(\boldsymbol{x},x)$ 恰有 $2N$ 个节点,即 $P(\boldsymbol{x},x)\in\widetilde{\mathscr{P}}_{r,2N}$,根据定理 10.11.1,$P(\boldsymbol{x},x)$ 恰有 $2N$ 个零点.

反之,如存在满足(i),(ii) 的完全样条

$$P(\boldsymbol{x},x)=\int_0^1\operatorname{sgn}M(\boldsymbol{x};t)(D_r(t-x_1)-D_r(t-x))\mathrm{d}t$$

则

$$\int_0^1\operatorname{sgn}M(\boldsymbol{x},t)\mathrm{d}t=0$$

$$\int_0^1\operatorname{sgn}M(\boldsymbol{x},t)(D_r(t-x_1)-D_r(t-x_i))\mathrm{d}t=0$$

$$i=2,\cdots,n$$

$$\int_0^1\operatorname{sgn}M(\boldsymbol{x},t)D_{r-j}(t-x_i)\mathrm{d}t=0,i=1,\cdots,n$$

$$j=1,\cdots,\nu_i-1$$

所以根据定理 10.0.6 得

$$\int_0^1 s(t)\operatorname{sgn}M(t)\mathrm{d}t=0$$

$$\forall\, s(t)\in\widetilde{\mathrm{S}}_{r-1}\begin{pmatrix}x_1 & \cdots & x_n\\ \nu_1 & \cdots & \nu_n\end{pmatrix}$$

从而根据 L 尺度下最佳逼近的判定定理(定理2.5.1)知 $M(\boldsymbol{x},t)$ 是极值问题(10.276) 的解. 下证(iii). 令 $x_{n+1}=1+x_1$,则

$$\begin{aligned}\|M(\boldsymbol{x},\cdot)\|_L&=\int_0^1 M(\boldsymbol{x},t)\operatorname{sgn}M(\boldsymbol{x},t)\mathrm{d}t\\&=(-1)^r\int_0^1(\boldsymbol{x},t)P^{(r)}(\boldsymbol{x},t)\mathrm{d}t\\&=(-1)^r\sum_{i=1}^n\int_{x_i}^{x_{i+1}}M(\boldsymbol{x},t)P^{(r)}(\boldsymbol{x},t)\mathrm{d}t\\&=\sum_{i=1}^n\sum_{j=0}^{r-1}(-1)^{j+1}M^{(r-1-j)}(\boldsymbol{x},x_i-0)-\end{aligned}$$

$$M^{(r-1-j)}(\boldsymbol{x},(x_i+0))P^{(j)}(\boldsymbol{x},x_i)+\sum_{i=1}^{n}\int_{x_i}^{x_{i+1}}M^{(r)}(\boldsymbol{x},t)P(\boldsymbol{x},t)\mathrm{d}t$$

$$=\sum_{i=1}^{n}\sum_{j=0}^{r-1}(-1)^{j+1}(M^{(r-1-j)}(\boldsymbol{x},x_i-0)-M^{(r-1-j)}(\boldsymbol{x},x_i+0))P^{(j)}(\boldsymbol{x},x_i)+\int_0^1 P(\boldsymbol{x},t)\mathrm{d}t$$

因为当 $x=x_i(i=1,\cdots,n)$ 时，$M^{(j)}(\boldsymbol{x},x)$ 连续，同时 $P^{(j)}(\boldsymbol{x},x_i)=0(i=1,\cdots,n,j=0,1,\cdots,\nu_i-1)$，所以

$$\| M(\boldsymbol{x},\cdot)\|_1=\int_0^1 P(\boldsymbol{x},t)\mathrm{d}t \qquad (10.279)$$

因为 $\nu_i(i=1,\cdots,n)$ 均为偶数，所以根据定理 10.11.1 及式(10.279) 知 $P(t)\geqslant 0$，因而 $\| M(\boldsymbol{x},\cdot)\|_1=\| P(\boldsymbol{x},\cdot)\|_1$.

定理 10.11.3　任意给定 $x=(x_1,\cdots,x_n)$，如果一切 $\nu_i<r(i=1,\cdots,n)$，且 $\nu_i(i=1,\cdots,n)$ 均为偶数，那么极值问题(10.276) 当 $p=1$ 时的解是唯一的.

证　设 $M(\boldsymbol{x},t)$ 是极值问题(10.276) 当 $p=1$ 时的解，根据定理 10.11.2，必存在 $P(\boldsymbol{x},t)\in\widetilde{\mathscr{P}}_{r,2N}$，使得 $P^{(j)}(\boldsymbol{x},x_i)=0(i=1,\cdots,n,j=0,1,\cdots,\nu_i-1)$，且

$$P(\boldsymbol{x},t)=\int_0^1 \operatorname{sgn} M(\boldsymbol{x},t)[D_r(t-x_1)-D_r(t-x)]\mathrm{d}t \qquad (10.280)$$

根据式(10.280) 及定理 10.11.1，$P(\boldsymbol{x},t)$ 的节点是唯一确定的，从而 $\operatorname{sgn} M(\boldsymbol{x},t)$ 也是唯一确定的，设 $M(\boldsymbol{x},t)$ 在[0,1) 内的 $2N=\sum_{i=1}^{n}\nu_i$ 个零点为 $0\leqslant t_1<\cdots<t_{2N}<1+t_1$，考虑插值问题[Ⅱ]

$$s(t_j)=\alpha_j, j=1,\cdots,2N, s\in\widetilde{S}_{r-1}\begin{pmatrix}x_1 & \cdots & x_n\\ \nu_1 & \cdots & \nu_n\end{pmatrix} \tag{10.281}$$

其中$\{\alpha_j\}(j=1,\cdots,2N)$为任意给定的$2N$个实数.插值问题(10.281)是适定的.事实上经仔细计算知插值问题(10.281)的系数矩阵的行列式

$$\det \boldsymbol{J}=\sigma\sum_{i=1}^{n}(-1)^{l_i}P^{(\nu_i)}(\boldsymbol{x},x_i)\det \boldsymbol{\Delta} l_{i,2N-1}$$

$$\sigma\in\{1,-1\}$$

其中 $l_i=\sum\limits_{j=1}^{t}\nu_i$ 有

$$\det \boldsymbol{\Delta}_{l_i,2N-1}=\det\begin{pmatrix}u_1 & \cdots & \cdots & \cdots & u_{2N-1}\\ t_1 & \cdots & \hat{t}_{l_i} & \cdots & t_{2N}\end{pmatrix}$$

$u_j(t)(j=1,\cdots,2N-1)$依次为

$$1,D_r(t-x_1)-D_r(t-x_i),i=2,\cdots,n$$

$$D_{r-j}(t-x_i),i=1,\cdots,n-1,j=1,\cdots,\nu_i-1$$

$$D_{r-j}(t-x_n),j=1,\cdots,\nu_i-1$$

$$\{t_1,\cdots,\hat{t}_{l_i},\cdots,t_{2N}\}=\{t_1,\cdots,t_2\}\backslash\{t_{l_i}\}$$

因为$\nu_i(i=1,\cdots,n)$全为偶数,所以由定理 10.11.1 知$P^{(\nu_i)}(\boldsymbol{x},x_i)\neq 0\ (i=1,\cdots,n)$,且同号.由定理 10.0.9 知 $\det \boldsymbol{\Delta}_{l_i,2N_{-1}}(i=1,\cdots,n)$同号,因为$M(\boldsymbol{x},t)$恰有$2N$个零点,$M(\boldsymbol{x},t)\in\widetilde{\mathcal{M}}_r(\nu_1,\cdots,\nu_n)$,所以由推论 10.3.3 知存在$\{t_i\}(i=1,\cdots,2N)$的一个循环排列$\{t_i^*\}(i=1,\cdots,2N)$,满足

$$t_{i_i}^*<x_i<t_{l_{i-1}+r+1}^*,l_0=0,i=1,\cdots,n$$

因此根据定理 10.0.9 知 $\det \boldsymbol{\Delta}_{l_i,2N-1}(i=1,\cdots,n)$中至少有一个非零,所以插值问题(10.281)适定.因为$M(\boldsymbol{x},t)$可以表示为

$$M(\boldsymbol{x},t)=D_r(t-x_1)-s(t),s(t)\in\widetilde{S}_{r-1}\begin{pmatrix}x_1 & \cdots & x_n\\ \nu_1 & \cdots & \nu_n\end{pmatrix}$$

故由插值问题(10.281)适定知道以

$$\boldsymbol{x}\in\Omega(\nu_1,\cdots,\nu_n)$$

为固定节点组,且满足条件

$$M(\boldsymbol{x},t_j)=0,j=1,\cdots,2N$$

的 r 次单样条 $M(\boldsymbol{x},t)$ 是唯一的.

设 $\boldsymbol{x}=(x_1,\cdots,x_n),0=x_1<x_2<\cdots<x_n<1$,令

$$\Gamma_n=\{\overline{x}\in\mathbf{R}^{n-1}\mid\overline{x}=(x_2,\cdots,x_n),\\ 0=x_1<\cdots<x_n<1\}$$

定义映射

$$\varphi(p,\overline{x})=(b_{2,p}(\overline{x}),\cdots,b_{n,p}(\overline{x}))$$

其中 $b_{i,p}(\overline{x})(i=1,\cdots,n)$ 是极值问题(10.276)的唯一解 $M_p(\boldsymbol{x},t)$ 的系数 $c_{i,\nu_i-1}(p,\boldsymbol{x}),i=1,\cdots,n$. 从而根据定理 10.6.2 及下面的引理 10.11.1 知,为证明极值问题

$$\inf\{\|M\|_1\mid M\in\widetilde{\mathscr{M}}_r(\nu_1,\cdots,\nu_n),x_1=0\}$$

有唯一解,只需证明当一切 $\{\nu_i\}(i=1,\cdots,n)$ 均为偶数时,非线性方程

$$\varphi(p,\overline{x})=\overline{0},\overline{0}=(\underbrace{0,\cdots,0}_{n-1}),\overline{0}\in\mathbf{R}^{n-1}\qquad(10.282)$$

当 $p=1$ 时有唯一解. 我们称满足式(10.282)的单样条 $M(\boldsymbol{x},t)$ 的结点组 $\overline{x}$ 为临界点.

引理 10.11.1　设 $\{\nu_i\}(i=1,\cdots,n)$ 均为偶数,$1\leqslant\nu_i<r(i=1,\cdots,n)$,$\boldsymbol{c}=(c,c_{1,0},\cdots,c_{1,\nu_1-1},c_{n,0},\cdots,c_{n,\nu_n-1})$ 为极值问题(10.276)$p=1$ 时的解 $M(\boldsymbol{x},t)$ 的系数,若 $c_{i,\nu_i-1}=0,i=2,\cdots,n$,则

$$c_{1,\nu_1-1}=0$$

证 令 $\Phi=\int_0^1 |M(\boldsymbol{x},t)|\mathrm{d}t+\lambda\left(\sum_{i=0}^{n}c_{i,0}-1\right)$,则根据定理 10.11.2,由直接计算知

$$\frac{\partial\varphi}{\partial x_i}=\sum_{j=1}^{\nu_i}(-1)^j c_{i,j-1}P^{(j)}(\boldsymbol{x},x_i)=c_{i,\nu_{i-1}}P^{(\nu_i)}(\boldsymbol{x},x_i)$$

$$i=1,\cdots,n$$

其中 $P(\boldsymbol{x},x)$ 由式(10.277)定义,所以由 $c_{i,\nu_i-1}=0(i=2,\cdots,n)$ 可推得 $\frac{\partial\Phi}{\partial x_i}=0(i=2,\cdots,n)$. 由 $M(\boldsymbol{x},t)$ 的周期性知

$$\begin{aligned}\Phi(x_1+h,x_2,\cdots,x_n)&=\Phi(x_1,x_2-h,\cdots,x_n-h)\\&=\Phi(x_1,\cdots,x_n)-\frac{\partial\Phi}{\partial x_2}h-\cdots-\frac{\partial\Phi}{\partial x_n}h+o(h)\end{aligned}$$

所以

$$\frac{\partial\Phi}{\partial x_1}=\lim_{h\to+\infty}\frac{\Phi(x_1+h,x_2,\cdots,x_n)-\Phi(x_1,\cdots,x_n)}{h}=0$$

从而得

$$c_{1,\nu_1-1}P^{(\nu_1)}(\boldsymbol{x},x_1)=0$$

由定理 10.11.2 知 $P^{(j)}(\boldsymbol{x},x_i)=0(i=1,\cdots,n,j=0,1,\cdots,\nu_i-1)$,所以 $P^{(\nu_1)}(\boldsymbol{x},x_1)\neq 0$,因此 $c_{1,\nu_1-1}=0$.

为了对方程(10.282)应用拓扑度理论,必须确定开集 D,使得 φ 在 $\overline{D}$ 上连续,且 ∂D 上无解. 为此我们考虑 Γ_n 的开子集

$$\Gamma_{n,\varepsilon}=\{\overline{x}\in\Gamma_n\mid x_{i+1}-x_i>\varepsilon,i=1,\cdots,n,x_{n+1}=1\}$$

引理 10.11.2 设 $1\leqslant p\leqslant 2,r>1,\{\nu_k\}(k=1,\cdots,n)$ 均为偶数,$1\leqslant\nu_i<r(i=1,\cdots,n),\overline{x}\in\Gamma_n$,使

得 $\varphi(p,\overline{x})=\overline{0}$[1],则存在一个和 p 无关的 $\varepsilon>0$,使得 $\overline{x}\in\Gamma_{n,\varepsilon}$,即

$$\Gamma_{n,\varepsilon}=\{\overline{x}\in\Gamma_n \mid x_{i+1}-x_i>\varepsilon, i=1,\cdots,n, x_{n+1}=1\} \tag{10.283}$$

证　如引理 10.11.2 不成立,则存在 $\{p_m\}(m=1,\cdots,+\infty)$ 及 $\{\boldsymbol{x}_m\}(m=1,\cdots,+\infty)$ 使得 $\lim\limits_{m\to+\infty} p_m=p_0$, $\lim\limits_{m\to+\infty}\boldsymbol{x}_m=\boldsymbol{x}_0$, $p_0\in[1,2]$ 有

$$x_0=\begin{pmatrix}0 & \xi_2 & \cdots & \xi_j\\ \rho_1 & \rho_2 & \cdots & \rho_j\end{pmatrix}, 0<\xi_2<\cdots<\xi_j<1, j<n$$

因为存在一个和 m 无关的常数 C,使得

$$\| M_{p_m}(\boldsymbol{x}_m,\cdot)\|_{p_m}\leqslant C$$

所以根据定理 10.4.4,$M_{p_m}(\boldsymbol{x}_m,t)$ 在不包括 $M_{p_0}(\boldsymbol{x}_0,t)$ 的间断点的任何闭子区间上一致收敛到 $M_{p_0}(\boldsymbol{x}_0,t)$,因为 $M_{p_m}(\boldsymbol{x}_m,t)$ 在 $[0,1)$ 中恰有 $2N\overset{\text{df}}{=}\nu_1+\cdots+\nu_n$ 个零点,根据引理 10.11.1 及式(10.282)知 $M_{p_m}(\boldsymbol{x}_m,t)$ 在 $\{\boldsymbol{x}_{i,m}\}(i=1,\cdots,n)$ 处的节点重数为 $\{\nu_i-1\}(i=1,\cdots,n)$,所以根据推论 10.3.3,$\{\| M'_{a_m}(\boldsymbol{x}_m,\cdot)\|_{a_m}c[0,1]\}$ 一致有界,所以 $M_{p_0}(\boldsymbol{x}_0,t)$ 连续,从而 $\rho_j<r(j=1,\cdots,n)$,因而 $M_{p_0}(\boldsymbol{x}_0,t)$ 在 $[0,1)$ 内有 $2N$ 个零点,另一方面 $M_{p_0}(\boldsymbol{x}_0,t)$ 在 ξ_i 处的节点重数至多为 ρ_i-l_i,这里 l_i 为当 $m\to+\infty$ 时 x_m 的坐标分量趋向于 ξ_i 的个数,因此根据定理 10.3.1 得

$$\begin{aligned}Z(M_{p_0}(\boldsymbol{x}_0,\cdot),[0,1)) &\leqslant \sum_{i=1}^{j}(\rho_i-l_i+1)\\ &=2N-(l_1+\cdots+l_j)+j\end{aligned}$$

---

[1] $\overline{x}$ 称为非线性方程 $\varphi(p,\overline{x})=0$ 的临界点.

$$\leqslant 2N-1$$

矛盾.

引理 10.11.3 固定 $\boldsymbol{x}\in\Omega(\nu_1,\cdots,\nu_n)$,$\nu_i<r(i=1,\cdots,n)$,均为偶数,$1\leqslant p<+\infty$,令

$$\mathbf{R}_0^{2N+1}\overset{\text{df}}{=}\{\boldsymbol{c}=(c,c_{1,0},\cdots,c_{1,\nu_1-1},\cdots,c_{n,0},\cdots,c_{n,\nu_{n-1}})\mid\sum_{i=1}^{n}c_{i,0}=1\}$$

$$F(\boldsymbol{c},\boldsymbol{x},p)\overset{\text{df}}{=}\min\left\{\left\|c+\sum_{i=1}^{n}\sum_{j=0}^{\nu_i-1}c_{i,j}D_{r-j}(\cdot-x_i)\right\|_p \;\middle|\; c\in\mathbf{R}_0^{2N+1}\right\}$$

设泛函 $F(\boldsymbol{c},\boldsymbol{x},p)$ 在 $\boldsymbol{c}_0$ 处达到最小值,则映射

$$\Gamma_n\times[1,\infty)\to\mathbf{R}_0^{2N+1}:(\boldsymbol{x},p)\to\boldsymbol{c}_0(\boldsymbol{x},p)$$

连续.

证 给 $\mathbf{R}_0^{2n+1}$ 赋以 L_∞ 范,固定 $\boldsymbol{x}$,令 $\boldsymbol{c}_0=\boldsymbol{c}_0(\boldsymbol{x},p)$,$F_0=F(\boldsymbol{c}^0,\boldsymbol{x},p)$,因为 $\boldsymbol{c}_0$ 是 $\widetilde{\mathscr{M}}_r(\boldsymbol{x},\nu_1,\cdots,\nu_n)$ 在 L^p 尺度下唯一的最佳逼近元 $M_p(\boldsymbol{x},\cdot)$ 的系数向量,所以对任意给定的 $\varepsilon>0$,存在 $\eta>0$ 有

$$\eta\overset{\text{df}}{=}\frac{1}{2}\min\{F(b,\boldsymbol{x},p)-F_0\mid b\in\mathbf{R}_0^{2N+1},\|\boldsymbol{b}-\boldsymbol{c}_0\|_\infty=\varepsilon\}>0\tag{10.284}$$

令 $S_r(z)$ 表示以 z 为中心以 r 为半径的球面,因为 $F(\boldsymbol{c},\boldsymbol{x},p)$ 在紧集 $S_\varepsilon(\boldsymbol{c}_0)\times B_\varepsilon(\boldsymbol{x})\times B_\varepsilon(p)$ 上一致连续,所以存在 $\delta>0$,当 $\|\boldsymbol{y}-\boldsymbol{x}\|<\delta$,$|p'-p|<\delta$,$\boldsymbol{b}\in B_\varepsilon(\boldsymbol{c}_0)$ 时($B_\varepsilon(\boldsymbol{c}_0)$ 表示以 $\boldsymbol{c}_0$ 为中心,ε 为半径的球)

$$|F(\boldsymbol{b},\boldsymbol{y},p')-F(\boldsymbol{c}_0,\boldsymbol{x},p)|<\eta\tag{10.285}$$

特别在式(10.285)中取 $\boldsymbol{b}=\boldsymbol{c}_0$ 有

$$F(\boldsymbol{c}_0,\boldsymbol{y},p')<F(\boldsymbol{c}_0,\boldsymbol{x},p)+\eta$$

另一方面,根据式(10.284),当 $\|\boldsymbol{y}-\boldsymbol{x}\|<\delta$, $|p'-p|<\delta$ 时

$$F(\boldsymbol{b},\boldsymbol{y},p')\geqslant F(\boldsymbol{b},\boldsymbol{x},p)-\eta\geqslant F_0+\eta,$$
$$\|\boldsymbol{b}-\boldsymbol{c}_0\|=\varepsilon,\boldsymbol{b}\in\mathbf{R}_0^{2N+1}$$

设 $F(\cdot,\boldsymbol{y},p')$ 在紧集 $B_\varepsilon(\boldsymbol{c}_0)\cap\mathbf{R}_0^{2N+1}$ 的 c_1 处达到极小值,则

$$F(\boldsymbol{c}_1,\boldsymbol{y},p')\leqslant F(\boldsymbol{c}_0,\boldsymbol{y},p')<F(\boldsymbol{c}_0,\boldsymbol{x},p)+\eta=F_0+\eta$$

从而 $\boldsymbol{c}_1$ 为球 $B_\varepsilon(\boldsymbol{c}_0)$ 的内点,且 $F(\cdot,\boldsymbol{y},p')$ 在 $\boldsymbol{c}_1$ 处取得其在 $\mathbf{R}_0^{2N+1}\cap B_\varepsilon(\boldsymbol{c}_0)$ 上的局部极小值. 因为 $F(\cdot,\boldsymbol{y},p')$ 是 $\boldsymbol{c}$ 的凸函数,所以 $F(\cdot,\boldsymbol{y},p')$ 在 $\boldsymbol{c}_1$ 处取得整体极小值. 因为极值问题(10.276)的解是唯一的,从而 $\boldsymbol{c}(\boldsymbol{y},p')=\boldsymbol{c}_1$. 又因为 $\boldsymbol{c}_1\in B_\varepsilon(\boldsymbol{c}_0)$,故当 $\|\boldsymbol{x}-\boldsymbol{y}\|<\delta$, $|p-p'|<\delta$ 时成立

$$\|\boldsymbol{c}(\boldsymbol{y},p')-\boldsymbol{c}_0(\boldsymbol{x},p)\|<\varepsilon$$

即 $(\boldsymbol{x},p)\to\boldsymbol{c}_0(\boldsymbol{x},p)$ 是 $\Gamma_n\times[1,+\infty)$ 上的连续函数.

引理 10.11.4　设 $\nu_i<r(i=1,\cdots,n)$ 均为偶数, $\varphi(1,x)$ 由式(10.282)定义,则

$$\deg(\varphi(1,\cdot),\Gamma_n,0)=(-1)^{n-1}$$

证　设 $p=\beta+2(1-\beta)$, $\beta\in[0,1]$,根据引理 10.11.3, $\varphi_\beta(\bar{x})=\varphi(p,\bar{x})$ 为 β 及 $\bar{x}$ 在 $[0,1]\times\Gamma_n$ 上的连续函数,根据引理 10.11.2,存在 $\varepsilon>0$ 使得对一切 $p\in[1,2]$(即 $\beta\in[0,1]$), $\varphi_\beta(\bar{x})=0$ 的临界点 $\bar{x}$ 均落在 $\Gamma_{n,\varepsilon}$ 内,因此根据拓扑度的基本性质(iii)及式(10.263)得

$$\det(\varphi_1(\cdot),\Gamma_{n,\varepsilon},\bar{0})=\deg(\varphi_0(\cdot),\Gamma_{n,\varepsilon},\bar{0})=(-1)^{n-1}$$

所以

$$\deg(\varphi(1,\cdot),\Gamma_n,\bar{0})=\lim_{\varepsilon\to 0}\deg(\varphi(1,\cdot),\Gamma_{n,\varepsilon},\bar{0})$$
$$=\lim_{\varepsilon\to 0}\det(\varphi_1(\cdot),\Gamma_{n,\varepsilon},\bar{0})$$

$$=(-1)^{n-1}$$

引理 10.11.5 n 阶方阵 $\boldsymbol{B}=(b_{i,j})\ i,j=1,\cdots,n$ 满足条件:

(i) $b_{i,i}<0,i=1,\cdots,n.$

(ii) $b_{i,i-1}>0,b_{i-1,i}>0,i=2,\cdots,n.$

(iii) $b_{i,j}\geqslant 0,i\neq j,i,j=1,\cdots,n.$

(iv) $\sum_{j=1}^{n}b_{i,j}\leqslant 0,i=2,\cdots,n.$

(v) $\sum_{j=1}^{n}b_{1,j}<0,\sum_{j=1}^{n}b_{n,j}<0.$

则

$$\operatorname{sgn}\det\boldsymbol{B}=(-1)^{n-1}\tag{10.286}$$

证 对 n 用归纳法. 当 $n=1,2$ 时,式(10.286)显然成立,设引理 10.11.5 对 n 阶方阵成立,令

$$c_{1,j}=b_{1,j},j=1,\cdots,n+1$$

$$c_{i,j}=b_{i,j}-\frac{b_{i,1}}{b_{1,1}}b_{1,j},i,j=2,\cdots,n+1$$

则 $c_{i,j}=0(i=2,\cdots,n+1)$,因为 $|b_{1,1}|>b_{1,i},|b_{i,k}|\geqslant b_{i,1}(i=2,\cdots,n+1)$,所以

$$c_{i,i}=b_{i,i}-\frac{b_{i,1}}{b_{1,1}}b_{1,i}<0,i=2,\cdots,n+1\tag{10.287}$$

$$c_{i,j}\geqslant b_{i,j}\geqslant 0,j\neq i,i,j=2,\cdots,n+1\tag{10.288}$$

$$\begin{aligned}\sum_{j=2}^{n+1}c_{i,j}&=\sum_{j=2}^{n+1}b_{i,j}-\frac{b_{i,1}}{b_{1,1}}\sum_{j=2}^{n+1}b_{1,j}\\&\leqslant\sum_{j=2}^{n+1}b_{i,j}+b_{i,1}\leqslant 0\\&i=2,\cdots,n+1\end{aligned}\tag{10.289}$$

因为已知

$$0<\sum_{j=2}^{n+1}\frac{b_{1,j}}{-b_{1,1}}<1$$

所以当 $b_{i,1}\neq 0$ 时,式(10.289)中第一个不等式严格成立,因而由 $b_{2,1}>0$ 得

$$\sum_{j=2}^{n+1}c_{2,j}<0 \tag{10.290}$$

再由引理 10.11.5 的条件(v)知 $\sum_{j=1}^{n+1}b_{n+1,j}<0$,所以当 $i=n+1$ 时,式(10.289)的第二个不等号严格成立

$$\sum_{j=2}^{n+1}c_{n+1,j}<0 \tag{10.291}$$

由式(10.287)～(10.291)知 $C=(c_{i,j})\ (i,j=2,\cdots,n)$ 满足引理 10.11.5 条件,所以由 $b_{11}<0$ 及归纳假设得

$$\begin{aligned}\operatorname{sgn}\det \boldsymbol{B}_{(n+1)\times(n+1)}&=\operatorname{sgn} b_{11}\cdot\operatorname{sgn}\det(c_{i,j})\\&=(-1)^{n+1},i,j=2,\cdots,n+1\end{aligned}$$

记 $u_1(t)=1,u_2(t)=D_{r-1}(t-x_1),\cdots,u_{l_1}(t)=D_{r-\nu_1+1}\cdot(t-x_1),u_{l_i+1}(t)=D_r(t-x_1)-D_r(t-x_{i+1}),u_{l_i+k}(t)=D_{r+1-k}(t-x_{i+1})(k=2,\cdots,\nu_i,i=1,\cdots,n-1)l_i=\sum_{j=1}^{i}\nu_i(i=1,\cdots,n)$. 令 $2N=\sum_{j=1}^{n}\nu_i$,有

$$\det\begin{pmatrix}u_1&\cdots&\hat{u}_{l_i}&\cdots&u_{2N}\\t_1&\cdots&\hat{t}_j&\cdots&t_{2N}\end{pmatrix}\overset{\text{df}}{=\!=}\det\boldsymbol{\Delta}_{i,j} \tag{10.292}$$

定义为了矩阵

$$\boldsymbol{u}\begin{pmatrix}u_1&\cdots&u_{2N}\\t_1&\cdots&t_{2N}\end{pmatrix}$$

中划去第 l_i 行第 j 列所得的子矩阵的行列式.

引理 10.11.6　设 $1\leqslant\nu_i\leqslant r-1,\nu_i(i=1,\cdots,n)$

均为偶数,则

$$\varphi(1,\overline{x}) \stackrel{\mathrm{df}}{=} \varphi(\overline{x}) \in C^1$$

证　对固定的 $\boldsymbol{x} \in \Omega(\nu_1,\cdots,\nu_n)$,设 $M(\boldsymbol{x},t)$, $P(\boldsymbol{x},t)$ 由式(10.277)唯一确定.记

$$M(t) \stackrel{\mathrm{df}}{=} M(\boldsymbol{x},t) = c + \sum_{i=1}^{n}\sum_{j=0}^{\nu_i - 1} c_{i,j} D_{r-j}(t - x_i)$$

$$\sum_{i=1}^{n} c_{i,0} = 1$$

$$P(x) \stackrel{\mathrm{df}}{=} P(\boldsymbol{x},x) = \int_0^1 \operatorname{sgn} M(\boldsymbol{x},t) [D_r(t-x_1) - D_r(t-x)]\mathrm{d}t \stackrel{\mathrm{df}}{=} a + \int_0^1 \operatorname{sgn} M(\boldsymbol{x},t) D_r(t-x)\mathrm{d}t$$

考虑下面的方程组及其 Jacobi 矩阵 $\boldsymbol{J}$

$$\begin{cases} F_j = M(\boldsymbol{x},t_j) = 0, j = 1,\cdots,2N \\ F_{2N+1} = \sum_{i=1}^{n} c_{i,0} - 1 = 0 \\ F_{2N+l_i+k+1} = (-1)^{k-1} p^{(k-1)}(\boldsymbol{x},x_{i+1}) = 0, k = 1,\cdots,\nu_{i+1}, \\ \qquad i = 0,\cdots,n-1, l_i = \sum_{j=1}^{l} \nu_j, l_0 = 0 \\ F_{4N+2} = \sum_{i=1}^{2N} (-1)^i (t_{i+1} - t_i) = 0 \end{cases}$$

$$\boldsymbol{J} = \frac{D(F_1,\cdots,F_{4N+2})}{D(c,c_{1,0},\cdots,c_{1,\nu_1-1},c_{n,0},\cdots,c_{n,\nu_n-1},t_1,\cdots,t_{2N},a)}$$

则

$$\det \boldsymbol{J} = \det(s_{i,j}), i,j = 4N+1$$

其中当 $i > 2N+1, j < 2N+1$ 时,$s_{i,j} = 0$,故

$$\det \boldsymbol{J} = \det \boldsymbol{J}_1 \cdot \det \boldsymbol{J}_2$$

其中

$$\det \boldsymbol{J}_1 = \frac{D(F_1 \cdots F_{2N+1})}{D(c, c_{1,0}, \cdots, c_{1,\nu_1-1}, c_{n,0}, \cdots, c_{n,\nu_n-1})}$$

$$\boldsymbol{J}_2 = \frac{D(F_{2N+2}, \cdots, F_{4N+2})}{D(t_1, \cdots, t_{2N}, a)}$$

$$\boldsymbol{J}_1 = \begin{bmatrix} 1 & D_r(t_1 - x_1) & \cdots & D_{r+1-\nu_1}(t_1 - x_1) & \cdots & D_r(t_1 - x_n) & \cdots & D_{r+1-\nu_n}(t_1 - x_n) \\ \vdots & \vdots & & \vdots & & \vdots & & \vdots \\ 1 & D_r(t_{2N} - x_1) & \cdots & D_{r+1-\nu_1}(t_{2N} - x_1) & \cdots & D_r(t_{2N} - x_n) & \cdots & D_{r+1-\nu_n}(t_{2N} - x_n) \\ 0 & 1 & \cdots & 0 & \cdots & 1 & \cdots & 0 \end{bmatrix} \tag{10.293}$$

$$\boldsymbol{J}_2^{\mathrm{T}} = \begin{bmatrix} -2D_r(t_1 - x_1) & \cdots & -2D_{r+1-\nu_1}(t_1 - x_1) & \cdots & -2D_r(t_1 - x_n) & \cdots & -2D_{r+1-\nu_n}(t_{2N} - x_n) & -2 \\ \vdots & & \vdots & & \vdots & & \vdots & \vdots \\ (-1)^{\nu} 2D_r(t_\nu - x_1) & \cdots & (-1)^{\nu} 2D_{r+1-\nu_1}(t_\nu - x_1) & \cdots & (-1)^{\nu} 2D_r(t_\nu - x_n) & \cdots & (-1)^{\nu} 2D_r(t_{2N} - x_n) & -2 \\ \vdots & & \vdots & & \vdots & & \vdots & \vdots \\ 1 & \cdots & 0 & \cdots & 1 & \cdots & \cdots & 0 \end{bmatrix}$$

这里 $\boldsymbol{J}_2^{\mathrm{T}}$ 表示 $\boldsymbol{J}_2$ 的转置. 当 $\overline{x}$ 为 $\varphi(\overline{x})$ 的临界点时，根据引理 10.11.1，此时有 $c_{i,\nu_i-1} = 0(i = 1, \cdots, n)$，从而根据推论 10.3.1 得

$$c_{i,\nu_i-2} > 0, i = 1, \cdots, n$$

把 $\boldsymbol{J}_1$ 的各列乘以适当的倍数加到第 $2N+1$ 列，则 $\boldsymbol{J}_1$ 的第 $2N+1$ 列成为

$$\frac{1}{c_{n,\nu_n-2}}(M'(\boldsymbol{x}, t_1), \cdots, M'(\boldsymbol{x}, t_{2N}), 0)^{\mathrm{T}}$$

所以 $\det \boldsymbol{J}_1 = c_{n,\nu_n-2}^{-1} \sum_{\nu=1}^{2N} (-1)^{\nu+1} M'(\boldsymbol{x}, t_\nu) \det \boldsymbol{\Delta}_{n,\nu}$，其中 $\det \boldsymbol{\Delta}_{n,\nu}$ 由式(10.292) 定义. 因为 $M(\boldsymbol{x}, t)$ 在$[0,1)$ 中恰有 $2N$ 个零点，因此存在$\{t_\nu\}(\nu = 1, \cdots, 2N)$ 的一个循环排列$\{t_\nu^*\}(\nu = 1, \cdots, 2N)$，推得

$$t_\nu^* < y_\nu < t_{\nu+r}^*, \nu = 1, \cdots, 2N$$

其中

$$(y_1,\cdots,y_{2N}) \stackrel{\text{df}}{=} \{(x_1,\nu_1),\cdots,(x_n,\nu_n)\}$$
$$y_1 \leqslant \cdots \leqslant y_{2N} < 1 + y_1$$

因此根据定理 10.0.9 知 $\det \boldsymbol{\Delta}_{n,2N} \neq 0$,根据推论 10.3.1 知 $\operatorname{sgn} M'(\boldsymbol{x},t_\nu)=(-1)^{\sigma+\nu}$,$\sigma \in \{-1,1\}$,从而

$$\det \boldsymbol{J}_1 \neq 0$$

同理可证

$$\det \boldsymbol{J}_2 = (-1)^N 2^{2N} \cdot c_{n,\nu_n-2}^{-1} \sum_{\nu=1}^{2N} (-1)^{\nu+1} M'(\boldsymbol{x},t_\nu) \det \boldsymbol{\Delta}_{n,\nu} \neq 0$$

所以

$$\det \boldsymbol{J} \neq 0$$

令 $\boldsymbol{I}_{i,j}$ 表示 $\boldsymbol{J}$ 中划去第 $2N+1+\nu_1+\cdots+\nu_j$ 行,第 $1+\nu_1+\cdots+\nu_i$ 列所得的子矩阵.记

$$r_{i,j} = -P^{(r_j)}(\boldsymbol{x},x_i)\frac{\det \boldsymbol{I}_{i,j}}{\det \boldsymbol{J}},i,j=1,\cdots,n \tag{10.294}$$

根据隐函数定理知当 $\overline{x}$ 为 $\varphi(\overline{x})=\overline{0}$ 的临界点时,$\varphi(\overline{x}) \in C^1$ 并且

$$\frac{\partial b_i(\overline{x})}{\partial x_j} = r_{i,j},i \neq j,i,j=2,\cdots,n \tag{10.295}$$

$$\frac{\partial b_i(\overline{x})}{\partial x_j} = r_{i,i} - c_{i,\nu_i-2},i=2,\cdots,n \tag{10.296}$$

引理 10.11.7 设 $\nu_i < r(i=1,\cdots,n)$ 均为偶数,$\{t_i\}(i=1,\cdots,2N)$,$\{x_i\}(i=1,\cdots,n)$ 为由式(10.277)所定义的单样条 $M(\boldsymbol{x},t)$ 的零点和节点,则

(i) 存在一个 $\{t_i\}(i=1,\cdots,2N)$ 的循环排列 $\{t_i^*\}(i=1,\cdots,2N)$,使得

$$t_i^* < y_i < t_{i+r}^*, i=1,\cdots,2N \qquad (10.297)$$

其中

$$(y_1,\cdots,y_{2N}) \overset{\text{df}}{=} \{(x_1,\nu_1),\cdots,(x_n,\nu_n)\}$$

$$y_1 \leqslant \cdots \leqslant y_{2N}$$

(ii) 设 $\boldsymbol{\Delta}_{i,j}$ 由式(10.292) 定义，则对任一 $i \in \{1,\cdots,n\}$，存在 $p(i)$，$1 \leqslant p(i) \leqslant 2N$，使得

$$\det \boldsymbol{\Delta}_{i,p(i)} \cdot \det \boldsymbol{\Delta}_{i+1,p(i)} > 0 \qquad (10.298)$$

证　根据定理 10.11.2，$M(\boldsymbol{x},t)$ 在一个周期内恰有 $2N$ 个零点 $\{t_i\}(i=1,\cdots,2N)$，因此根据式(10.87)，(i) 成立. 令 $t_{p(i)}^* = t_{l_i+1}^*$，记 $\{t_1^*,\cdots,\hat{t}_{l_1+1}^*,\cdots,t_{2N}^*\} \overset{\text{df}}{=} \{\bar{t}_1,\cdots,\bar{t}_{2N-1}\}$，$\bar{t} < \cdots < \bar{t}_{2N+1} < 1+\bar{t}$，$\{y_1,\cdots,\hat{y}_{l_i+1},\cdots,y_{2N}\} \overset{\text{df}}{=} \{z_1,\cdots,z_{2N-1}\}$，$\{y_1,\cdots,\hat{y}_{l_i},\cdots,y_{2N}\} \overset{\text{df}}{=} \{\bar{z},\cdots,\bar{z}_{2N-1}\}$，则由式(10.297) 推得

$$\bar{t}_i < z_i < \bar{t}_{i+r}, i=1,\cdots,2N-1 \qquad (10.299)$$

$$\bar{t}_i < \bar{z}_i < \bar{t}_{i+r}, i=1,\cdots,2N-1 \qquad (10.300)$$

因为 $\nu_i(i=1,\cdots,n)$ 均为偶数，因此根据定理 10.0.9 得

$$\det \boldsymbol{\Delta}_{i,p(i)} \cdot \det \boldsymbol{\Delta}_{i+1,p(i)} \geqslant 0$$

再由式(10.299) 和(10.300) 知式(10.298) 成立.

引理 10.11.8　设 $\nu_i < r(i=1,\cdots,n)$ 均为偶数，$\boldsymbol{I}_{i,j}$ 由引理 10.11.6 定义，$\boldsymbol{I}_{n,n+1} \overset{\text{df}}{=} \boldsymbol{I}_{n,1}$，则：

(i) 对一切 $i,j \in \{1,\cdots,n\}$，存在和 i,j 无关的 $\sigma \in \{-1,1\}$，使得

$$\sigma \boldsymbol{I}_{i,j} \geqslant 0 \qquad (10.301)$$

(ii) 当 $|i-j| \leqslant 1$，$i=1,\cdots,n$，$j=1,\cdots,n+1$ 时

$$\boldsymbol{I}_{i,j} \neq 0 \qquad (10.302)$$

证 由 Laplace 展开知

$$\boldsymbol{I}_{i,j}=\sum_{\nu=1}^{2N}M'(\boldsymbol{x},t_\nu)\det\boldsymbol{\Delta}_{i,\nu}2^{2N-1}(-1)^{N-\nu}\det\boldsymbol{\Delta}_{j,\nu}$$

$$=(-1)^{N-1}\sum_{\nu=1}^{2N}(-1)^{\nu+1}M'(\boldsymbol{x},t_\nu)\det\boldsymbol{\Delta}_{i,\nu}\det\boldsymbol{\Delta}_{j,\nu}$$

$$i,j=1,\cdots,n \tag{10.303}$$

由推论 10.3.1 知道$(-1)^{\nu+1}M'(\boldsymbol{x},t_\nu)$ 同号,因此存在和 i,j 无关的$\sigma\in\{-1,1\}$ 使得 $\sigma\boldsymbol{I}_{i,j}\geqslant 0(i,j=1,\cdots,n)$,再由式(10.298) 知当$i=1,\cdots,n,j=1,\cdots,n+1,|i-j|\leqslant 1$ 时,必有 $\nu,1\leqslant\nu\leqslant 2N$ 使得

$$\det\boldsymbol{\Delta}_{i,\nu}\det\boldsymbol{\Delta}_{j,\nu}>0 \tag{10.304}$$

由式(10.303) 和(10.304) 立即得式(10.302).

下面证明本节的主要定理.

定理 10.11.4 设$(\nu_1,\cdots,\nu_n)$ 为任意固定的数组,$1<2[(\nu_i+1)/2]<r(i=1,\cdots,n)$,则极值问题

$$\inf\{\|M\|_1,M\in\widetilde{\mathscr{M}}_r(\nu_1,\cdots,\nu_n),x_1=0\} \tag{10.305}$$

的解是唯一的. 特别当 $\nu_1=\cdots=\nu_n=\rho,1<2[(\rho+1)/2]<r$时,等距节点组$\left\{\dfrac{k-1}{n}\right\}(k=1,\cdots,n)$ 是极值问题(10.305) 唯一的最优节点组.

证 根据定理 10.6.2,只需对每一个偶数重节点组$\{\nu_k\}(k=1,\cdots,n)$ 证明非线性方程(见式(10.282))

$$\varphi(\underline{x})\overset{\text{df}}{=\!=}\varphi(1,\overline{x})=\overline{0},\overline{0}=(0,\cdots,0)\in\mathbf{R}^{n-1}$$

有唯一解. 根据引理 10.11.2,$\varphi(\overline{x})=\overline{0}$ 的一切界点落在某一个 $\Gamma_{n,\varepsilon}$ 内. 根据引理 10.11.4 得

$$\deg(\varphi(\cdot),\Gamma_n,\overline{0})=(-1)^{n-1}$$

由拓扑度的基本性质(iii),为证定理 10.11.4,只需证

$$\operatorname{sgn}\det(\varphi'(\bar{x}))=(-1)^{n-1} \tag{10.306}$$

其中 $\bar{x}$ 为方程 $\varphi(\bar{x})=\bar{0}$ 的临界点. 由式(10.295)和(10.296)知

$$\frac{\partial\varphi}{\partial x}=\begin{bmatrix} r_{2,2}-c_{2,\nu_2-2} & r_{2,3} & \cdots & r_{2,n} \\ r_{3,2} & r_{3,3}-c_{3,\nu_3-2} & \cdots & r_{3,n} \\ \vdots & \vdots & & \vdots \\ r_{n,2} & r_{n,3} & \cdots & r_{n,n}-c_{n,\nu_n-2} \end{bmatrix} \tag{10.307}$$

为证式(10.306), 只需验证 $\det(\varphi'(\bar{x}))$ 满足引理 10.11.5 的条件,为此首先证明

$$\sum_{j=1}^{n} r_{i,j}=c_{i,\nu_i-2},i=1,\cdots,n \tag{10.308}$$

事实上,对固定的 i,以 $\bar{\boldsymbol{J}}$ 表示 $\boldsymbol{J}$ 的 $1+l_i$ 列换成 $4N+2$ 维的列向量

$$\begin{aligned} U_{4N+2}=\{&0,\cdots,0,P^{(\nu_1)}(x_1),0,\cdots,0,\\ &P^{(\nu_2)}(x_2),0,\cdots,0,P^{(\nu_n)}(x_n),0\}^{\mathrm{T}} \end{aligned}$$

其中 $P(\boldsymbol{x},t)\overset{\mathrm{df}}{=\!=}P(t)$, U_{4N+2} 中的元除了第 $2N+1+\sum_{j=1}^{i}\nu_j(i=1,\cdots,n)$ 列为 $P^{(\nu_i)}(x_i)$ 外,其余均为零. 由 $r_{i,j}$ 的定义立即得

$$\sum_{j=1}^{n} r_{i,j}=-\frac{\det\bar{\boldsymbol{J}}}{\det\boldsymbol{J}} \tag{10.309}$$

考虑到

$$\sum_{j=1}^{2N}(-1)^j D_{r-k+1}(t_j-x_i)=0$$
$$k=1,\cdots,\nu_i-1,i=1,\cdots,n$$

$$2\sum_{j=1}^{2N}(-1)^j D_{r-\nu_i+1}(t_j-x_i)=p^{(\nu_i)}(x_i)$$

则从 $\overline{\boldsymbol{J}}$ 的第 $1+l_i$ 列减去第 $2N+2$ 至 $4N+2$ 列,则第 $1+l_i$ 列就成为

$$\boldsymbol{V}_{4N+2}=(-M'(\boldsymbol{x},t_1),\cdots,-M'(\boldsymbol{x},t_{2N}),0,\cdots,0)$$

考虑到在临界点处 $c_{j,\nu_j-1}=0,j=1,\cdots,n$,在列向量 $\boldsymbol{V}_{4N+2}$ 上(第 $1+l_i$ 列)加上 $\boldsymbol{J}$ 的第一列至第 l_i 列,第 l_i+2 列至第 $2N+1$ 列的适当的倍数,则列向量 $\boldsymbol{V}_{4N+2}$ 就成为

$$\boldsymbol{W}_{4N+2}=(-c_{i,\nu_i-2}D_{r+1-\nu_i}(t_1-x_i),\cdots,\\ c_{i,\nu_j-2}D_{r+1-\nu_i}(t_{2N}-x_i),0,\cdots,0)^{\mathrm{T}}$$

于是得

$$\det\overline{\boldsymbol{J}}=-c_{i,\nu_i-2}\det\boldsymbol{J}\qquad(10.310)$$

对比式(10.308)和(10.309)得式(10.307).由定理10.11.1得

$$Z(P;[0,1))\leqslant 2N$$

所以 $P^{(\nu_i)}(\boldsymbol{x},x_i)(i=1,\cdots,n)$ 同号.由式(10.301)知存在一个和 i,j 无关的 $\sigma\in\{-1,1\}$,使得 $\sigma r_{i,j}\geqslant 0(i=1,\cdots,n,j=1,\cdots,n)$,由定理 10.3.1,$c_{i,\nu_i-2}>0(i=1,\cdots,n)$.因此由式(10.308)知

$$r_{i,j}\geqslant 0,i=1,\cdots,n,j=1,\cdots,n\quad(10.311)$$

由引理 10.11.8 的(ii)及式(10.311)知

$$r_{i,i-1}>0,i=2,\cdots,n,r_{i,i+1}>0,i=1,\cdots,n-1\qquad(10.312)$$

因而行列式(10.307)的副对角线为正数,再由式(10.308)及(10.312)推得

$$r_{ii}-c_{i,\nu_i-2}<0,i=2,\cdots,n\qquad(10.313)$$

又从式(10.308)推得

$$r_{ii}-c_{i,\nu_i-2}+\sum_{\substack{j=2\\j\neq i}}^{n}r_{i,j}\leqslant 0,i=2,\cdots,n\qquad(10.314)$$

特别由式(10.312)知$r_{2,1}>0, r_{n,1}>0$,所以当$i=2$及$i=n$时式(10.314)中有严格的不等号成立.因此由式(10.311)～(10.314)知引理10.11.5的条件全部满足,从而式(10.306)成立,定理10.11.4得证.

由定理10.11.4,定理10.1.1立即得:

定理 10.11.5　设$(\nu_1,\cdots,\nu_n)$为给定的自然数组,$1<2[(\nu_i+1)/2]<r(i=1,\cdots,n)$,则在$\widetilde{W}_\infty^r$上指定节点重数为$(\nu_1,\cdots,\nu_n)$的最优求积公式唯一(在平移视为同一的意义下).

定理 10.11.6　设$\nu_i<r(i=1,\cdots,n)$均为偶数,则极值问题

$$\inf\{\|P\|_1 \mid P\in\widetilde{\mathscr{P}}_{r,2N}(\nu_1,\cdots,\nu_n), x_1=0\} \tag{10.315}$$

存在唯一解$P(\boldsymbol{x},t)$,其中$\widetilde{\mathscr{P}}_{r,2N}(\nu_1,\cdots,\nu_n)$表示$\widetilde{\mathscr{P}}_{r,2N}$中满足式(10.273)和(10.274)的$r$次完全样条的全体$\left(2N\overset{\text{df}}{=}\sum_{i=1}^{n}\nu_i\right)$.设$P(\boldsymbol{x}^*,t)$的零点为$\boldsymbol{x}^*=(x_1^*,\cdots,x_n^*)$,节点为$\{t_i\}(i=1,\cdots,2N)$,$M(x^*,t)$为极值问题(10.305)的唯一解,则$P(\boldsymbol{x}^*,t)$,$M(\boldsymbol{x}^*,t)$由以下特征唯一刻画:

(i)$P^{(j)}(\boldsymbol{x}^*,x_i^*)=0, 0=x_1^*<\cdots<x_n^*<1, i=1,\cdots,n, j=0,1,\cdots,\nu_i-1$.

(ii)$M(\boldsymbol{x}^*,t_i^*)=0, i=1,\cdots,2N, t_1^*<\cdots<t_{2N}^*<1+t_1^*$,并且$\{x_i^*\}(i=1,\cdots,n)$恰为$M(\boldsymbol{x}^*,t)$的节点组.

(iii)$M(\boldsymbol{x}^*,t)$的系数满足条件

$$c_{i,\nu_i-1}=0, i=1,\cdots,n$$

(iv)　$\|P(\boldsymbol{x}^*,\cdot)\|_1=\|M(\boldsymbol{x}^*,\cdot)\|_1$ (10.316)

证 设 $\boldsymbol{x}=(x_1,\cdots,x_n)\in\Omega(\nu_1,\cdots,\nu_n)$，$P(\boldsymbol{x},x)\in\widetilde{\mathscr{P}}_{r,2N}(\nu_1,\cdots,\nu_n)$ 满足条件 $P^{(j)}(\boldsymbol{x},x_i)=0(i=1,\cdots,n,j=0,1,\cdots,\nu_i-1)$，$P^{(r)}(\boldsymbol{x},x_1+0)>0$，因为 $\nu_i(i=1,\cdots,n)$ 均为偶数，所以由定理 10.11.1 知 $P(\boldsymbol{x},t)\geqslant 0,t\in[0,1)$. 设 $M(\boldsymbol{x},t)\in\widetilde{\mathscr{M}}_r(x;\nu_1,\cdots,\nu_n)$ 为极值问题(10.305)的解，由定理 10.11.2 知存在一个以 1 为周期的 r 次完全样条 $\overline{P}(x)\in\widetilde{\mathscr{P}}_{r,2N}(\nu_1,\cdots,\nu_n)$，使得

$$\overline{P}(x)=\int_0^1\operatorname{sgn} M(\boldsymbol{x},t)[D_r(t-x_1)-D_r(t-x)]\mathrm{d}t$$

满足条件

$$\overline{P}^{(j)}(x_i)=0,i=1,\cdots,n,j=0,1,\cdots,\nu_i-1$$

$$\overline{P}(x)\geqslant 0,\boldsymbol{x}\in[0,1)$$

$$\|\overline{P}\|_1=\|M(\boldsymbol{x},\cdot)\|_1$$

根据定理 10.11.1，由唯一性得 $\overline{P}(x)=P(\boldsymbol{x},t)$，从而

$$\begin{aligned}\overline{P}(x)&=P(\boldsymbol{x},x)\\&=\int_0^1\operatorname{sgn} M(\boldsymbol{x},t)[D_r(t-x_1)-D_r(t-x)]\mathrm{d}t\end{aligned}\tag{10.317}$$

根据定理 10.11.2，式(10.316)和(10.317)建立了

$$\widetilde{\mathscr{P}}_{r,2N}(\nu_1,\cdots,\nu_n)\to\{M(\boldsymbol{x},t)\mid\boldsymbol{x}\in\Omega(x_1,\cdots,x_n)\}$$

$$P(\boldsymbol{x},t)\to M(\boldsymbol{x},t)$$

之间保范的一一映射. 显然

$$\begin{aligned}&\inf\{\|M\|_1\mid M\in\mathscr{M}_r(\nu_1,\cdots,\nu_n),x_1=0\}\\&=\inf\{\|M(\boldsymbol{x},\cdot)\|_1\mid\boldsymbol{x}\in\Omega(\nu_1,\cdots,\nu_n),x_1=0\}\end{aligned}$$

因此根据定理 10.6.2，定理 10.11.4，极值问题(10.315)存在唯一解并且特征(i)～(iv)成立.

反之,设 $P(\boldsymbol{x}^*,t)$,$M(\boldsymbol{x}^*,t)$ 满足特征(i) ~ (iii),则由定理 10.11.2 知

$$P(\boldsymbol{x}^*,t)=\int_0^1 \operatorname{sgn} M(\boldsymbol{x}^*,t)[D_r(t-x_1)-D_r(t-x)]\mathrm{d}t$$

$$\| P(\boldsymbol{x}^*,\cdot)\|_1=\| M(\boldsymbol{x}^*,\cdot)\|_1$$

设 $M(\boldsymbol{x}^*,t)$ 的节点组为 $\boldsymbol{x}^*=(x_1^*,\cdots,x_n^*)$,$\overline{x}^*=(x_2^*,\cdots,x_n^*)$,由特征(iii) 知 $\overline{x}^*$ 为方程

$$\varphi(\overline{x})=\overline{0}$$

的临界点,由临界点的唯一性立即知 $M(\boldsymbol{x}^*,t)$ 必为极值问题(10.305) 的唯一解,从而由本定理的前半部分的证明知 $P(\boldsymbol{x}^*,t)$ 为极值问题(10.315) 的唯一解.

推论 10.11.1 设 $\nu_1=\cdots=\nu_n=\rho<r$ 均为偶数,则极值问题(10.315) 的解的零点是等距分布的,即

$$x_k^*=\frac{k-1}{n},k=1,\cdots,n$$

特别有:

推论 10.11.2 设 $\nu_1=\cdots=\nu_n=2,r=3,4,\cdots$,则

$$\inf\{\| P\|_1 \mid P\in \mathscr{P}_{r,2N}(\nu_1,\cdots,\nu_n)\}$$
$$=\| \varphi_{r,n}+\| \varphi_{r,n}\|_\infty \|_1$$

其中

$$\varphi_{r,n}(t)=\int_0^1 D_r(t-x)\operatorname{sgn}\sin 2\pi nt\,\mathrm{d}t$$

是以 1 为周期的 Euler 样条.

下面是比推论 10.11.2 更强的结论.

推论 10.11.3 设 $r=3,4,\cdots$,则

$$\inf\{P(t)\geqslant 0 \mid P\in \widetilde{\mathscr{P}}_{r,2k},k\leqslant N\}$$
$$=\| \varphi_{r,N}+\| \varphi_{r,N}\|_\infty \|_1.$$

证 根据定理 10.6.2,若 $\nu_k+\nu_{k+1}\leqslant r$,则

$$\inf\{\|M\|_1 \mid M\in\widetilde{\mathcal{M}}_r(\nu_1,\cdots,\nu_n)\}$$
$$<\inf\{\|M\|_1 \mid M\in\widetilde{\mathcal{M}}_r(\nu_1,\cdots,\nu_{k-1},$$
$$\nu_k+\nu_{k+1},\nu_{k+2},\cdots,\nu_n)\}$$

再根据定理 10.11.6,若 $\nu_i(i=1,\cdots,n)$ 均为偶数,$\sum_{i=1}^{n}\nu_i=2N$,则

$$\inf\{\|P\|_1 \mid p\in\widetilde{\mathcal{P}}_{r,2N}(\nu_1,\cdots,\nu_n)\}$$
$$<\inf\{\|P\|_1 \mid P\in\widetilde{\mathcal{P}}_{r,2N}(\nu_1,\cdots,\nu_{k-1},$$
$$\nu_k+\nu_{k+1},\nu_{k+2},\cdots,\nu_n)\}$$

再考虑到 $\|\varphi_{r,N}+\|\varphi_{r,N}\|_\infty\|_1=\|\varphi_{r,N}\|_\infty$ 是 N 的严格单调减函数,所以式(10.318) 成立.

附注 10.11.1 推论 10.11.2 当 $r=1,r=2$ 时也成立. 推论 10.11.2 首先是由 Motorni[46] 用 Korneichuk 建立的周期函数的 Σ 重排理论建立的.

附注 10.11.2 推论 10.11.3 当 $r=1,r=2$ 时也成立,它最早是由 Ligun[47] 用 Σ 重排理论证明的.

附注 10.11.3 给定 $\nu_i<r(i=1,\cdots,n)$ 均为偶数,点组 $0=x_1<\cdots<x_n<1$,信息算子

$$I(f)=\{f(x_1),\cdots,f^{(\nu_1-1)}(x_1),\cdots,$$
$$f(x_n),\cdots,f^{(\nu_n-1)}(x_n)\}$$

考虑信息算子族

$$\mathcal{I}_{n,\nu}=\{I(f)\mid 0=x_1<\cdots<x_n<1\}$$

设 $K=\widetilde{W}^r_\infty$,s 为 $IK\to\widetilde{L}$ 任一算法. 考虑最优插值问题

$$E(\widetilde{W}^r_\infty,\mathcal{I}_{n,\nu})_1\overset{\text{df}}{=}\inf_{I\in\mathcal{P}_{n,\nu}}\inf_{s}\sup_{f\in\widetilde{W}^r_\infty}\|f-s(If)\|_1$$

根据定理 9.2.1 的推论 2 有

$$E(\widetilde{W}^r_\infty,\mathscr{I}_{n,\nu})_1 \geqslant \inf_{I\in\mathscr{I}_{n,\nu}} \sup\{\|f\|_1 \mid f\in\widetilde{W}^r_\infty, I(f)=0\}$$

因为 $\mathscr{P}_{r,2N}\subset\widetilde{W}^r_\infty, \nu_1+\cdots+\nu_n=2N$，所以由定理 10.11.6 得

$$E(\widetilde{W}^r_\infty,\mathscr{I}_{n,\nu})_1 \geqslant \|P(\boldsymbol{x}^*,\cdot)\|_1 \tag{10.318}$$

其中 $P(\boldsymbol{x}^*,t)$ 是极值问题(10.315)的解，$P(\boldsymbol{x}^*,t)$ 满足条件：$P^{(j)}(\boldsymbol{x}^*,x_l)=0(i=1,\cdots,n,j=0,1,\cdots,\nu_i-1)$，$P^{(j)}(\boldsymbol{x}^*,x_1+0)>0$.

根据定理 10.11.6，$P^*(\boldsymbol{x}^*,t)$ 在$[0,1)$ 中有 $2N$ 个零点 $0\leqslant t_1^*<\cdots<t_{2N}^*<1$，根据推论 10.3.3，$\{t_i^*\}(i=1,\cdots,2N)$ 的一个循环排列$\{t_i^0\}(i=1,\cdots,2N)$ 满足条件

$$t_i^0<y_i<t_{i+r}^0, i=1,\cdots,2N$$

其中$\{y_1,\cdots,y_{2N}\}\overset{\text{df}}{=}\{(x_1^*,\nu_1),\cdots,(x_n^*,\nu_n)\}$. 考虑插值问题[Ⅱ]

$$s^{(j)}(x_i^*)=\alpha_{i,j}, i=1,\cdots,n, j=0,1,\cdots,\nu_i-1, \alpha_{i,j}\in\mathbf{R}$$

$$s(x)\in\widetilde{S}_{r-1}\begin{pmatrix}t_1^* & \cdots & t_{2N}^*\\ 1 & \cdots & 1\end{pmatrix}$$

根据定理 10.0.6，$s(x)$ 可以表示为

$$s(x)=a+\sum_{i=1}^{2N}a_iD_r(x-t_i^*), \sum_{i=1}^{2N}a_i=0$$

插值问题[Ⅱ]的系数行列式恰为 $\det\boldsymbol{J}_1$，其中 $\boldsymbol{J}_1$ 由式(10.293) 定义(将式(10.293) 的 t_i 换成 t_i^*，x_i 换成 x_i^*)，因此由 $\det\boldsymbol{J}_1\neq 0$ 知插值问题[Ⅱ]正则，于是对一切 $f\in\widetilde{W}^r_\infty$，存在唯一的

$$\sigma(f,x)\in\widetilde{S}_{r-1}\begin{pmatrix}t_1^* & \cdots & t_{2N}^*\\ 1 & \cdots & 1\end{pmatrix}$$

使得

$\sigma^{(j)}(f,x_i^*)=f^{(j)}(x_i^*),i=1,\cdots,n,j=0,1,\cdots,\nu_i-1$

根据 Rolle 定理不难证得

$$|f(x)-\sigma(f,x)|\leqslant|P(\boldsymbol{x}^*,x)|,\forall\boldsymbol{x}\in[0,1]\tag{10.319}$$

结合式(10.318)和(10.319)立即得

$$E(\widetilde{W}_\infty^r,\widetilde{\mathcal{I}}_{n,\nu})_1=\|P(\boldsymbol{x}^*,\cdot)\|_1$$

于是得到:

定理 10.11.7 设 $\nu_i<r(i=1,\cdots,n)$ 均为偶数,则

$$E(\widetilde{W}_\infty^r,\widetilde{\mathcal{I}}_{n,\nu})_1=\|P(\boldsymbol{x}^*,\cdot)\|_1$$

$\sigma(f,t)$ 是其最优线性算法,$P(\boldsymbol{x},t)$ 的零点组

$$0=x_1^*<\cdots<x_n^*<1+x_1^*$$

是最优取样点组,其中 $P(\boldsymbol{x}^*,t)$ 为极值问题(10.315)的唯一解. 特别当 $\nu_1=\cdots=\nu_n=\rho<r,\rho$ 为偶数时 $E(\widetilde{W}_\infty^r,\widetilde{\mathcal{I}}_{n,\nu})_1$ 的最优取样点组为

$$x_k^*=\frac{k-1}{n},k=1,\cdots,n$$

附注 10.11.4 定理 10.11.7 中的条件 $\nu_i(i=1,\cdots,n)$ 均为偶数这一条件应当可以去掉,其关键在于定理 10.1.6 中的条件 $\nu_i(i=1,\cdots,n)$ 均为偶数的条件应当可以去掉,似乎可以应用完全样条和广义单样条的一一对应关系未解决这一问题(参见[39]),这些事实尚待证实.

附注 10.11.5 B. D. Bojanov 和黄达人[48] 考虑了具有 n 个指定零点重数为$\{\nu_i\}(1\leqslant\nu_i\leqslant r,i=1,\cdots,n)$的完全样条类 $\widetilde{\mathcal{P}}_{r,2N}(\nu_1,\cdots,\nu_n)$ 上最小一致范数问题的解.

定理 10.11.8　给定自然数组 $1 \leqslant \nu_i \leqslant r(i=1,\cdots,n)$，则极值问题

$$\inf\{\|P\|_q \mid p \in \widetilde{\mathscr{P}}_{r,2N}(\nu_1,\cdots,\nu_n), x_1=0\}$$

当 $q=+\infty$ 时存在唯一解.

附注 10.11.6　我们猜想类似于定理 10.11.8 的结果应对 $1<q<+\infty$ 成立. 如果这一猜想成立，则当 $\nu_1=\cdots=\nu_n=\rho\leqslant r$ 时，以上极值问题的极函数的零点（当 $1<q<+\infty$）是等距分布的.

§12　周期单样条类上的最小一致范数问题

为了证明定理 10.12.1，我们引入组合数学中熟知的 Hall 定理[50][84].

设 S 为集合，$(a_1,\cdots,a_n)$ 为有序元素组，$a_i\in S(i=1,\cdots,n)$，但不一定互不相同，规定 $(a_1,\cdots,a_n)$ 和 $(a_1^*,\cdots,a_n^*)$ 相等当且仅当 $a_i=a_i^*(i=1,\cdots,n)$，$(a_1,\cdots,a_n)$ 称为 S 的一个 n 样品.

定义 10.12.1　设 $\mathscr{P}(S)$ 表示集合 S 的一切子集构成的集合，$(a_1,\cdots,a_n)$ 为 S 的一个 n 样品，$(S_1,\cdots,S_n)$ 为 $\mathscr{P}(S)$ 的一个 n 样品，$a_i\in S_i(i=1,\cdots,n)$ 且 $a_i\neq a_j(1\leqslant i\neq j\leqslant n)$，则称 $\{a_1,\cdots,a_n\}$ 为 $\{S_1,\cdots,S_n\}$ 的一个相异代表组（system of distinct representive）.

例 10.12.1　设 $S=\{1,2,3,4\}$，$S_1=\{1,2\}$，$S_2=\{2,3\}$，$S_3=\{2,3\}$，则 $\{S_1,S_2,S_3\}$ 有一个相异代表组 $\{1,2,3\}$，但如 $S'_1=\{1\}$，$S'_2=\{1\}$，$S'_3=\{1,2\}$，则

$\{S'_1, S'_2, S'_3\}$ 就没有相异代表组.

命题 10.12.1(P. Hall)　设 $S_1, \cdots, S_n$ 为集合 S 的子集,$S_1, \cdots, S_n$ 有相异代表组当且仅当对任一整数 k,$1 \leqslant k \leqslant n$ 以及对 $\{1, 2, \cdots, n\}$ 的任意一个有 k 个元素的子集 $\{i_1, i_2, \cdots, i_k\}$,并集 $S_{i_1} \cup \cdots \cup S_{i_k}$ 中至少含有 k 个元素.

首先考虑固定节点组的周期单样条类上的最小一致范数问题的解. 设 $1 \leqslant \nu_i \leqslant r-1 (i=1, \cdots, n)$,$k \overset{\text{df}}{=} \sum_{\nu=1}^{n} \nu_i$. 设 $\boldsymbol{x} = \{(x_1, \nu_1), \cdots, (x_n, \nu_n)\}$,令 $y_1 = \cdots = y_{\nu_1} = x_1$,$y_{\nu_1+1} = \cdots = y_{\nu_1+\nu_2} = x_2$,$\cdots$,$y_{\nu_1+\cdots+\nu_{n-1}+1} = \cdots = y_k = x_n$. 置

$$y_{l_k+j} = l + y_j, j = 1, \cdots, k, l \in \mathbf{Z}$$

则以 1 为周期的 $r-1$ 次多项式样条子空间

$$\widetilde{S}_{r-1}\begin{pmatrix} x_1 & \cdots & x_n \\ \nu_1 & \cdots & \nu_n \end{pmatrix} \overset{\text{df}}{=} \widetilde{S}_{r-1}(\boldsymbol{x}), \boldsymbol{x} \in \Omega(\nu_1, \cdots, \nu_n)$$

有一组 B 样条基 $\{B_i(t)\} (i=1, \cdots, k)$(见专著[2])有

$$B_i(t) = \frac{(y_{i+r} - y_i)}{r}[y_i, \cdots, y_{i+r}](\cdot - t)_+^{r-1}$$

其中 $[y_i, \cdots, y_{i+r}]f$ 表示 $f(t)$ 在 $\{y_i, \cdots, y_{i+r}\}$ 处的 r 阶差商.

设 $|A|$ 表示集合 A 的 Cardinal number,特别 A 为有限集时,$|A|$ 表示 A 中元素的个数.

定理 10.12.1　设 $1 \leqslant \nu_i \leqslant r-1$,$f(t)$ 是以 1 为周期的连续函数,$S_f(t)$ 是 $f(t)$ 在

$$\widetilde{S}_{r-1}(\boldsymbol{x}) (\boldsymbol{x} \in \Omega(\nu_1, \cdots, \nu_n))$$

中的最佳逼近元,则以下两条结论之一必然成立:

(i) $\delta(t) = f(t) - S_f(t)$ 在一个周期内交错

$2\left[\frac{k+1}{2}\right]$次.

(ii) 存在某 $i,j,y_j-y_i>0,f(t)-S_f(t)$ 在$[y_i,y_j]$上交错 $e_{i,j}$ 次

$$e_{i,j}=|\{l \mid \sup B_l \cap (y_i,y_j)\neq\varnothing\}| \tag{10.320}$$

证　记$E=\{t \mid \delta(t)=\| f(\cdot)-S_f(\cdot)\|_\infty\}$,$E^+=\{t\in E \mid \delta(t)>0\}$,$E^-=\{t\in E \mid \delta(t)<0\}$.设(i),(ii)两者均不成立,则 $\delta(t)$ 在一个周期内交错 $2q<2\left[\frac{k+1}{2}\right]$次,且在任一满足条件 $0<y_j-y_i<1$ 的区间$[y_i,y_j]$上交错少于 $e_{i,j}$ 次,于是在一个周期上存在一列区间(也可能退化为一点)$[\underline{\xi}_i,\overline{\xi}_i]$,$i=1,\cdots,2q$,使得:

(a)[1]$[\underline{\xi}_i,\overline{\xi}_i]<[\underline{\xi}_{i+1},\overline{\xi}_{i+1}]$,$\overline{\xi}_{2q}<1+\underline{\xi}_1$.

(b)$\underline{\xi}_i,\overline{\xi}_i\in E$,$E\subset\bigcup_{i=1}^{lq}[\underline{\xi}_i,\overline{\xi}_i]$.

(c) 在同一区间$[\underline{\xi}_i,\overline{\xi}_i]$上只含有点 E^+ 或 E^-.

(d) 若$[\underline{\xi}_i,\overline{\xi}_i]$含点 E^+,则$\{\underline{\xi}_{i+1},\overline{\xi}_{i+1}\}$含点 E^-;或$[\underline{\xi}_i,\overline{\xi}_i]$含点 E^-,则$[\underline{\xi}_{i+1},\overline{\xi}_{i+1}]$含点 E^+.

令

$$J_i=\{j \mid y_i\in(\overline{\xi}_{i-r},\underline{\xi}_i)\}$$

其中 $\underline{\xi}_{i+2lq}=l+\underline{\xi}_i$,$\overline{\xi}_{i+2ql}=l+\overline{\xi}_i$,$l\in\mathbf{Z}$.以$|J_i|$表示 J_i 中含点 y_j 的个数,则以下结论成立.

若约定将 $y_j=y_k$,$j\neq k$ 看成不同的元,则对于任何不同的 $i_1,\cdots,i_p\in\{1,\cdots,2q\}$,$J_{i_1}\cup\cdots\cup J_{i_p}$ 中所

---

① 区间$[a,b]<[c,d]$表示一切 $\boldsymbol{x}\in[a,b]$ 均有 $x<c$.

包含的不同的 y_j 的个数不少于 p 个.

否则可以把$(\bar{\xi}_{i_1-r},\underline{\xi}_{i_1})\cup\cdots\cup(\bar{\xi}_{i_p-r},\cdots,\underline{\xi}_{i_p})$表示成互不相交开集的并，其中必有一个开区间$(\bar{\xi}_{i-r},\underline{\xi}_j)(j\geqslant i)$所含的 y_j 的个数小于或等于 $j-i$，但此时存在整数 m_1,m_2，使得

$$y_{m_1}\leqslant\bar{\xi}_{i-r}<y_{m_1+1},y_{m_2-1}<\underline{\xi}_j\leqslant y_{m_2}$$

因此 $m_2-1-m_1\leqslant j-i$，即

$$m_2-m_1\leqslant j-i+1$$

另一方面，根据 B 样条的基本性质，考虑到 $\nu_i<r(i=1,\cdots,n)$，因此 $B_i(t)$ 的支集为(y_i,y_{i+r})，所以支集与$[y_{m_1},y_{m_2}]$交非空的 B 样条的个数小于或等于$(m_2-1)-(m_1-r+1)+1=m_2-m_1+r-1\leqslant j-i+r$，但根据 $\underline{\xi}_i,\bar{\xi}_i$ 的取法知道 $f(t)-S_f(t)$ 在$[y_{m_1},y_{m_2}]$上至少有 $j-i+r$ 次交错，这和定理的(ii)不满足的假设矛盾. 因此前述断言成立.

故由组合数学中的 Hall 定理(命题 10.12.1)知$\{y_i\}(i=1,\cdots,k)$中存在着 $y_{j_1},\cdots,y_{j_{2q}}$ 使得

$$y_{j_i}\in(\bar{\xi}_{i-r},\underline{\xi}_i),i=1,\cdots,2q \tag{10.321}$$

由假设 $1\leqslant\nu_i\leqslant r-1$ 及式(10.321)知

$$y_{j_i}<y_{j_i+r-1},y_{j_i}<\underline{\xi}_i \tag{10.322}$$

所以由式(10.322)知存在 $z_i\in(\bar{\xi}_{i-1},\underline{\xi}_i)\cap(y_{j_i},y_{j_i+r-1})(i=1,\cdots,2q)$ 使得

$$\max(y_{j_i},\bar{\xi}_{i-1})<z_i<\min(y_{j_i+r-1},\underline{\xi}_i),i=1,\cdots,2q \tag{10.323}$$

因为 $2q<k$，所以可以任意取定某 $y_{j_{2q+1}}\in\{y_i\}(i=1,\cdots,k)\backslash\{y_{j_i}\}(i=1,\cdots,2q)$ 并把$\{y_{j_i}\}(i=1,\cdots,2q+1)$按非减顺序依次排为

$$\eta_1 \leqslant \cdots \leqslant \eta_{2q+1} < 1+\eta$$

令 $N_i(t)$ 表示由 $\{\eta_j\}(j=i,\cdots,j+r)$ 定义的规范 B 样条

$$N_i(t)=\frac{(\eta_{i+r}-\eta_i)}{r}[\eta_i,\cdots,\eta_{i+r}](\cdot-t)_+^{r-1}$$

$$i=1,\cdots,2q+1$$

$$\Delta(t)=\det\begin{pmatrix} N_1 & \cdots & \cdots & N_{2q+1} \\ t_1 & z_1 & \cdots & z_{2q} \end{pmatrix}$$

则

$$\Delta(t)\in \widetilde{S}_{r-1}\begin{pmatrix} x_1 & \cdots & x_n \\ \nu_1 & \cdots & \nu_n \end{pmatrix}$$

由周期 B 样条的性质[2] 及式(10.323) 知 $\Delta(t)$ 除 $\{z_i\}(i=1,\cdots,2q)$ 外没有其他零点，因此可取 ε，使得 $\varepsilon\Delta(t)$ 在 $[z_i,z_{j+1}]$ 上与 $\delta(\underline{\xi}_i)(i=1,\cdots,2q)$ 的符号一致，故当 $|\varepsilon|$ 充分小时，可使

$$\| f(\cdot)-(S_f(\cdot)+\varepsilon\Delta(\cdot))\|_\infty < \| f(\cdot)-S_f(\cdot)\|_\infty$$

这与 $s_f(t)$ 是 $f(t)$ 的最佳一致逼近矛盾.

定理 10.12.2　设 $\nu_i\leqslant r-1(i=1,\cdots,n)$ 全为偶数，则存在唯一的 $M(\boldsymbol{x},t)\in\widetilde{\mathscr{M}}_r(\boldsymbol{x},\nu_1,\cdots,\nu_n)$，使得

$$\| M(\boldsymbol{x},t)\|_\infty=\inf\{\| M\|_\infty \mid M\in\widetilde{\mathscr{M}}_r(x,\nu_1,\cdots,\nu_n)\} \tag{10.324}$$

且 $M(\boldsymbol{x},t)$ 在一个周期内交错 $2N\overset{\text{df}}{=\!=}\nu_1+\cdots+\nu_n$ 次.

证　设 $s(t)$ 是 $\widetilde{S}_{r-1}(\boldsymbol{x})$ 对 $D_r(t-x_1)$ 的最佳逼近元，令

$$M(\boldsymbol{x},t)=D_r(t-x_1)-s(t)$$

下证对 $M(\boldsymbol{x},t)$ 来说，定理 10.12.1 的(ii) 不成立，从而 $M(\boldsymbol{x},t)$ 在一个周期上至少有 $2N$ 次交错. 否则存在

某个区间$[y_i,y_j]$,$0 < y_j - y_i \leqslant 1$,使得$M(\boldsymbol{x},t)$在$[y_i,y_j]$上交错$e_{i,j}$次,$0< y_j-y_i\leqslant 1$,使得$M(\boldsymbol{x},t)$在$[y_i,y_j]$上交错$e_{i,j}$次,其中$e_{i,j}$由式(10.320)定义.根据$B$样条的基本性质$e_{i,j}=r-1+j-i$,所以$M'(\boldsymbol{x},t)$在$[y_i,y_j]$上至少有$r-1+j-i$个孤立零点,另一方面,根据10.0.4,$M'(x,t)$在$[y_i,y_j]$上至多有$r-1+j-i-1$个孤立零点.矛盾.

下证唯一性.设$M_1(t),M_2(t)\in\widetilde{\mathscr{M}}_r(\boldsymbol{x},\nu_1,\cdots,\nu_n)$均达到式(10.324)的下确界,令$M(t)=1/2(M_1(t)+M_2(t))$,则$M(t)$也是极值问题(10.324)的解,所以$M(t)$在一个周期内有$2N$次交错.设交错点为

$$\xi_1<\cdots<\xi_{2N}<\xi_{2N+n}=1+\xi_1$$

则易知$\{\xi_i\}(i=1,\cdots,2N+1)$也是$M_1(t),M_2(t)$的交错点,且

$$(-1)^{i+\sigma}M_1(\xi_i)=(-1)^{i+\sigma}M_2(\xi_i)=(-1)^{i+\sigma}M(\xi_i)=\|M(\cdot)\|_\infty,\sigma\in\{-1,1\}$$

根据式(10.85)知道存在$\{\xi_i\}(i=1,\cdots,2N)$的某个循环排列$\{\xi_i^*\}(i=1,\cdots,2N)$,使得

$$\xi_{i-r+1}^*<y_i<\xi_i^*,i=1,\cdots,2N \quad (10.325)$$

令$u(t)=M_1(t)-M_2(t)$,则$u(t)$在一个周期内有$2N$个二重零点,但$u(t)\in\widetilde{S}_{r-1}(\boldsymbol{x})$,所以根据定理10.0.8,$u(t)$至多有$2N$个孤立零点(计算重数),从而$u(t)$必有零区间.设$u(t)$在$(y_i,y_j)(j>i)$上a.e不为零,而在$y_i$的充分小的左邻域及$y_j$的充分小的右邻域恒为零,由式(10.325)知$u(t)$在$(y_i,y_j)$上至少有$j-i+r$个二重零点,但另一方面根据定理10.0.4,$u(t)$在$(y_i,y_j)$上至多$j-i+r-2$个零点.矛盾.

下面考虑自由节点的周期单样条类上最小一致范

数问题的解

$$\inf\{\|M\|_{\infty} \mid M \in \widetilde{\mathscr{M}}_r(\nu_1,\cdots,\nu_n)\} \tag{10.326}$$

下面的定理给出了极值问题(10.326)解的必要条件.

定理 10.12.3　设 $\nu_i \leqslant r-1(i=1,\cdots,n)$ 全为偶数,如果

$$M(\boldsymbol{x}^*,t)=c^*+\sum_{i=1}^{n}\sum_{j=0}^{\nu_i-1}c_{i,j}^*D_{r-j}(t-x_i^*)$$

是极值问题(10.326)的解,那么必有

$$c_{i,\nu_i-1}^*=0, i=1,\cdots,n$$

$$c_{i,j}^*>0, j=0,2,\cdots,\nu_i-2, i=1,\cdots,n$$

证　先设 $1\leqslant \nu_i \leqslant r-2, i=2,\cdots,n$. 对固定的 $\boldsymbol{x}\in\Omega(\nu_1,\cdots,\nu_n)$,令 $M(\boldsymbol{x},t)$ 是极值问题(10.326)的解,由周期性,不妨设 $M(\boldsymbol{x},\xi_1)=\|M(\boldsymbol{x},\cdot)\|_{\infty}$ 且 $\xi_1=0$ 固定,令 $d(\boldsymbol{x})=\|M(\boldsymbol{x},\cdot)\|_{\infty}$,根据定理 10.12.2,$\boldsymbol{c}\overset{\text{df}}{=\!=}\{c,c_{i,j},i=1,\cdots,n,j=0,1,\cdots,\nu_i-1\}$ 由 $\boldsymbol{x}$ 唯一确定,$\boldsymbol{c}$ 是 $\boldsymbol{x}$ 的连续函数,从而 $d(\boldsymbol{x})$ 也是 $\boldsymbol{x}$ 的连续函数且交错点 $\{\xi_i\}(i=1,\cdots,2N)$ 也是 $\boldsymbol{x}$ 的连续函数. 事实上,令

$$\lambda=\|M(\boldsymbol{x},\cdot)\|_{\infty}-\sup\{|M(\boldsymbol{y},\cdot)| \mid t\in\bigcup_{i=1}^{2N}(\xi_i-\varepsilon,\xi_i+\varepsilon)\}$$

则当 ε 充分小时 $\lambda>0$,对此 $\lambda>0$,取 $\delta>0$,使得 $\|\boldsymbol{y}-\boldsymbol{x}\|<\delta$ 时有

$$\|M(\boldsymbol{x},\cdot)-M(\boldsymbol{y},\cdot)\|_{\infty}<\frac{\lambda}{2}$$

现设 $\|\boldsymbol{y}-\boldsymbol{x}\|<\delta$,而 $\tau_1<\cdots<\tau_{2N}<1+\tau_1$ 是 $M(\boldsymbol{y},$

t)的交错点,则必有

$$|\tau_i-\xi_i|<\varepsilon, i=1,\cdots,2N$$

即$\{\xi_i\}(i=1,\cdots,2N)$是$\boldsymbol{x}$的连续函数.设

$$\begin{cases}F_\nu=(-1)^\nu\sigma d+c+\sum_{i=1}^{n}\sum_{j=0}^{\nu_i-1}c_{i,j}D_{r-j}(\xi_\nu-x_i)=0,\\ \quad\nu=1,\cdots,2N,\sigma\in\{1,-1\}\\ F_{2N+1}=\sum_{i=0}^{n}c_{i,0}-1=0\\ F_{2N+1+\nu}=\sum_{i=1}^{n}\sum_{j=0}^{\nu_i-1}c_{i,j}D_{r-1-j}(\xi_\nu-x_i)=0,\\ \quad\nu=1,\cdots,2N\end{cases}$$

考虑 Jacobi 矩阵

$$\boldsymbol{J}=\frac{D(F_1,\cdots,F_{4N+1})}{D(d,c,c_{1,0},\cdots,c_{1,\nu_1-1},\cdots,c_{n,0},\cdots,c_{n,\nu_n-1},\xi_2,\cdots,\xi_{2N})}$$

考虑到$M'(\boldsymbol{x},\xi_i)=0(i=1,\cdots,2N)$,经仔细计算得

$$\det\boldsymbol{J}=\sigma\det\boldsymbol{J}_1\cdot\det\boldsymbol{J}_2,\sigma\in\{-1,1\}\tag{10.327}$$

其中$\boldsymbol{J}_2=\deg(M''(\boldsymbol{x},\xi_2),\cdots,M''(\boldsymbol{x},\xi_{2N}))$,$\boldsymbol{J}_1$是$(2N+2)\times(2N+2)$矩阵

$$\boldsymbol{J}_1=\begin{bmatrix}-1 & 1 & D_r(\xi_1-x_1) & \cdots & D_{r+1-\nu_1}(\xi_1-x_1)\\ \vdots & \vdots & \vdots & & \vdots\\ (-1)^\nu & 1 & D_r(\xi_\nu-x_1) & \cdots & D_{r+1-\nu_1}(\xi_\nu-x_1)\\ \vdots & \vdots & \vdots & & \vdots\\ 1 & 1 & D_r(\xi_{2N}-x_1) & \cdots & D_{r+1-\nu_1}(\xi_{2N}-x_1)\\ 0 & 0 & 1 & \cdots & 0\\ 0 & 0 & D_{r-1}(\xi_1-x_1) & \cdots & D_{r-\nu_1}(\xi_1-x_1)\end{bmatrix}$$

$$\begin{matrix} \cdots & D_r(\xi_1-x_n) & \cdots & D_{r+1-\nu_n}(\xi_1-x_n) \\ & \vdots & & \vdots \\ \cdots & D_r(\xi_\nu-x_n) & \cdots & D_{r+1-\nu_n}(\xi_\nu-x_n) \\ & \vdots & & \vdots \\ \cdots & D_r(\xi_{2N}-x_n) & \cdots & D_{r+1-\nu_n}(\xi_{2N}-x_n) \\ & 1 & & 0 \\ \cdots & D_{r-1}(\xi_1-x_n) & \cdots & D_{r-\nu_n}(\xi_1-x_n) \end{matrix}\right]$$

则有 $\det \boldsymbol{J}_1 \neq 0$,否则存在不全为零的数组$\{\bar{d},\bar{c},(\bar{c}_{i,j},j=1,\cdots,n,j=0,1,\cdots,\nu_i-1)\}$使得

$$\begin{cases} (-1)^\nu\bar{d}+\bar{c}+\sum_{i=1}^{n}\sum_{j=0}^{\nu_i-1}\bar{c}_{i,j}D_{r-j}(\xi_\nu-x_i)=0, \\ \nu=1,\cdots,2N \\ \sum_{i=1}^{n}\sum_{j=0}^{\nu_i-1}\bar{c}_{i,j}D_{r-j-1}(\xi_1-x_i)=0, \\ \sum_{i=1}^{n}\bar{c}_{i,0}-1=0 \end{cases} \tag{10.328}$$

令

$$s(t)=\bar{c}+\sum_{i=1}^{n}\sum_{j=0}^{\nu_i-1}\bar{c}_{i,j}D_{r-j}(t-x_i)$$

则 $s(t)\in\tilde{S}_{r-1}(\boldsymbol{x})$,$\boldsymbol{x}=\{(x_1,\nu_1),\cdots,(x_n,\nu_n)\}$,若$\bar{d}\neq 0$,则存在充分小的 $\varepsilon>0$,使得

$$\|M(\boldsymbol{x},\cdot)-\varepsilon s(\cdot)\|_\infty<\|M(\boldsymbol{x},\cdot)\|_\infty$$

这与$M(\boldsymbol{x},t)$是极值问题(10.326)的解矛盾.若$\bar{d}=0$,则式(10.328)意味着 $s(t)$ 以 ξ_1 为二重零点,以$\{\xi_i\}$($i=2,\cdots,2N$)为单零点,这和定理10.0.8矛盾.所得矛盾表明了 $\det \boldsymbol{J}_1\neq 0$,因为 $M'(\boldsymbol{x},t)\in\widetilde{\mathcal{M}}_{r-1}(\nu_1,\cdots,$

ν_n),所以 $M'(\boldsymbol{x},t)$ 至多有 $2N$ 个零点,从而由 $M'(\boldsymbol{x},\xi_i)=0(i=1,\cdots,2N)$ 知道 $M''(\boldsymbol{x},\xi_i)\neq 0(i=1,\cdots,2N)$,于是 $\det \boldsymbol{J}_2\neq 0$,因此由式(10.327)得 $\det \boldsymbol{J}\neq 0$. 根据隐函数定理立即得

$$\frac{\partial d}{\mathrm{d}x_i}=\frac{-\sigma\det \boldsymbol{I}_i}{\det \boldsymbol{J}_1},\sigma\in\{-1,1\} \tag{10.329}$$

其中 $\boldsymbol{I}_i$ 是把 $\boldsymbol{J}_1$ 中的第一列换成

$$\Big\{-\sum_{j=0}^{\nu_i-1}c_{i,j}D_{r-j-1}(\xi_1-x_i),\cdots,-\sum_{j=0}^{\nu_i-1}c_{i,j}D_{r-j-1}(\xi_{2N}-x_i),0,-\sum_{j=0}^{\nu_i-1}c_{i,j}D_{r-j-2}(\xi_1-x_i)\Big\}$$

而得的 $(2N+2)\times(2N+2)$ 矩阵. 经直接计算得

$$\det \boldsymbol{I}_i=c_{i,\nu_i-1}\det\begin{pmatrix}\mu_1 & \mu_2 & \cdots & \mu_{2N+1}\\ \xi_1 & \xi_1 & \cdots & \xi_{2N}\end{pmatrix}\xlongequal{\mathrm{df}}c_{i,\nu_i-1}\det\boldsymbol{\Delta} \tag{10.330}$$

其中 $\mu_j(t)$ 依次以 $1,D_{r-j}(t-x_1),j=1,\cdots,\bar{\nu}-1,D_r(t-x_k)-D_r(t-x_1),D_{r-j}(t-x_k)(k=2,\cdots,n,j=0,1,\cdots,\bar{\nu}_k-1)$,此处若 $k\neq i$,则 $\bar{\nu}_k=\nu_i$,若 $k=i$,则 $\bar{\nu}_k=\nu_i+1$. 令 $y_1=\cdots=y_{\nu_1}=x_1,y_{\nu_1+1}=\cdots=y_{\nu_1+\nu_2}=x_2,\cdots,y_{\nu_1+\cdots+\nu_{n-1}+1}=\cdots=y_{2N}=x_n$,则根据式(10.85),$y_{i-r+1}<\xi_i<y_i(i=1,\cdots,2N)$. 再令 $\bar{y}_1=\cdots=\bar{y}_{\nu_1}=x_1,\bar{y}_{\nu_1+1}=\cdots=\bar{y}_{\bar{\nu}_1+\bar{\nu}_2}=x_2,\cdots,\bar{y}_{\bar{\nu}_1+\cdots+\bar{\nu}_{n-1}+1}=\cdots=\bar{y}_{2N+1}=x_n$,而将 $\{(\xi_1,\xi_1,\xi_2,\cdots,\xi_{2N})\}$ 重新记为 $z_1\leqslant\cdots\leqslant z_{2N+1}$,则存在 $\{z_i\}(i=1,\cdots,2N+1)$ 的一个循环排列 $\{\bar{z}_i\}(i=1,\cdots,2N+1)$,使得

$$\overline{y}_{i-r} < \overline{z}_i < y_i, i=1,\cdots,2N+1 \quad (10.331)$$

根据定理 10.0.9 及式(10.331) 得 $\det \boldsymbol{\Delta} \neq 0$,故由式(10.392) 和(10.330) 得

$$\frac{\partial d}{\partial x_i} = -\sigma c_{i,\nu_0-1} \frac{\det \boldsymbol{\Delta}}{\det \boldsymbol{J}_1}, \sigma \in \{-1,1\}$$

因此 $M(\boldsymbol{x}_*, t)$ 是极值问题(10.326) 的解的必要条件是 $c^*_{i,\nu_i-1} = 0(i=1,\cdots,n)$. 再由定理 10.3.1,立即知 $c^*_{i,j} > 0(i=1,\cdots,n,j=0,2,\cdots,\nu_i-2)$. 当至少有一个 $\nu_i = r-1$ 时,可以用证明定理10.8.4的方法,用次微分类似处理.

设 $1 \leqslant \nu_i \leqslant r-1(i=1,\cdots,n)$, $\sum_{i=1}^{n}(\nu_i+\sigma_i)=2N$,以 $\widetilde{\mathcal{M}}^0_r(\nu_1,\cdots,\nu_n)$ 表示 $\widetilde{\mathcal{M}}_r(\nu_1,\cdots,\nu_n)$ 中恰有 $2N$ 个零点的单样条的全体.

$\widetilde{\mathcal{M}}^0_r(\nu_1,\cdots,\nu_n) = \{M \in \widetilde{\mathcal{M}}_r(\nu_1,\cdots,\nu_n) \mid M(t_i)=0, i=1,\cdots,2N, t_1 < \cdots < t_{2N} < 1+t_1\}$.

考虑极值问题

$$\inf\{\|M\|_\infty \mid M \in \widetilde{\mathcal{M}}^0_r(\nu_1,\cdots,\nu_n), M(0)=0\} \quad (10.332)$$

根据定理 10.12.2, 如果 $M(\boldsymbol{x}^*, t)$ 是极值问题(10.326) 的解,那么 $M(\boldsymbol{x}^*, t)$ 在(0,1) 内有 $2N$ 次交错,即 $M(\boldsymbol{x}^*, t)$ 必有 $2N$ 个零点. 根据定理 10.12.3, $M(\boldsymbol{x}^*, t)$ 的 n 个节点重数均为奇数,下面首先证明极值问题(10.332) 当一切 $\nu_i(i=1,\cdots,n)$ 均为奇数时存在唯一解,从而证得 $\widetilde{\mathcal{M}}_r(\nu_1,\cdots,\nu_n)$ 上最小一致范数问题至多有一个解(在平移视为同一的意义下). $\widetilde{\mathcal{M}}_r(\nu_1,\cdots,\nu_n)$ 上最小一致范数问题解的存在性将在

§14 讨论.

引理 10.12.1 设 $\nu_i(i=1,\cdots,n)$ 均为奇数,则对于任意给定的点组 $\boldsymbol{t}=(t_1,\cdots,t_{2N}),0=t_1<\cdots<t_{2N}<1$,存在 $P(P<+\infty)$ 个单样条 $M_j(t)\in\widetilde{\mathscr{M}}_r^0(\nu_1,\cdots,\nu_n)$,使得

$$M_j(t_i)=0,i=1,\cdots,2N,j=1,\cdots,P$$

其中自然数 P 和点组 t 的选择无关.

证 首先,根据定理 10.6.2,引理 10.5.2,$\widetilde{\mathscr{M}}_r^0(\nu_1,\cdots,\nu_n)$ 非空. 任取 $M(t)\in\widetilde{\mathscr{M}}_r^0(\nu_1,\cdots,\nu_n)$,设

$$M(t)=c+\sum_{i=1}^{n}\sum_{j=0}^{\nu_i-1}c_{i,j}D_{r-j}(t-x_i),\sum_{i=1}^{n}c_{i,0}=1$$

满足条件

$$M(z_i)=0,i=1,\cdots,2N,0=z_1<\cdots<z_{2N}<1$$

设 $0<\delta\leqslant\dfrac{1}{2N},2N\overset{\text{df}}{=}\sum_{i=1}^{n}(\nu_i+1)$,令 $\Lambda_\delta=\{M(t)\in\widetilde{\mathscr{M}}_r^0(\nu_1,\cdots,\nu_n)\mid M(t)$ 在 $[0,1)$ 中的 $2N$ 个不同零点 $z_1,\cdots,z_{2N}$ 满足条件 $z_{i+1}-z_i\geqslant\delta,i=1,\cdots,2N,z_0=0,z_{2N+1}=1\}$.

根据推论 10.3.4,Λ_δ 为紧集,记

$$\boldsymbol{c}=(c,c_{1,0},\cdots,c_{1,\nu_1-1},x_1,\cdots,c_{n,0},\cdots,c_{n,\nu_n-1},x_n)$$

$$\sum_{i=1}^{n}c_{i,0}=1$$

$C_\delta=\{\boldsymbol{c}\mid\boldsymbol{c}$ 为 Λ_δ 中的元 $M(t)$ 的系数向量$\}$. 设 $M(t)\in\widetilde{\mathscr{M}}_r^0(\nu_1,\cdots,\nu_n)$,令

$$F_j=M(t_j)=0,j=1,\cdots,2N$$

$$F_{2N+1}=\sum_{i=1}^{n}c_{i,0}=1$$

考虑 Jacobi 矩阵

$$\overline{\boldsymbol{J}}=\frac{D(F_1,\cdots,F_{2N+1})}{D(c,c_{1,0},\cdots,c_{1,\nu_1-1},x_1,\cdots,c_{n,0},-,c_{n,\nu_n-1},x_n)}$$

为证明 $\det \boldsymbol{J}\neq 0$,研究插值问题

$$s(t_j)=\alpha_j,j=1,\cdots,2N,\alpha_j\in\mathbf{R},j=1,\cdots,2N \tag{10.333}$$

$$s(t)\in\widetilde{\mathrm{S}}_{r-1}\begin{pmatrix}x_1 & \cdots & x_n\\ \nu_1+1 & \cdots & \nu_n+1\end{pmatrix}$$

根据引理 10.0.6,$s(t)$ 可以表示为

$$s(t)=a+\sum_{i=1}^{n}\sum_{j=0}^{\nu_i-1}a_{i,j}D_{r-j}(t-x_i),\sum_{i=1}^{n}a_{i,0}=0$$

插值问题(10.333)正则,因此插值问题(10.333)的系数行列式 $\det \boldsymbol{J}\neq 0$(见式(10.293)及引理 10.11.6 中关于 $\det \boldsymbol{J}_1\neq 0$ 的证明).根据直接计算得

$$\det\overline{\boldsymbol{J}}=(-1)^n\prod_{i=1}^{n}c_{i,\nu_i-1}\det\boldsymbol{J}$$

根据定理10.3.1,推论10.3.1,$c_{i,\nu_i-1}>0(i=1,\cdots,n)$,所以 $\det\overline{\boldsymbol{J}}\neq 0$.

考虑映射 $\eta:C_\delta\rightarrow\mathbf{R}^{2N}$ 有

$$\boldsymbol{c}\rightarrow\boldsymbol{t}(\boldsymbol{c})=(t_1(\boldsymbol{c}),\cdots,t_{2N}(\boldsymbol{c}))$$
$$0=t_1(\boldsymbol{c})<\cdots<t_{2N}(\boldsymbol{c})<1$$

其中 $\boldsymbol{t}(\boldsymbol{c})$ 是以 $\boldsymbol{c}$ 为系数向量的 $M(t)\in\widetilde{\mathscr{M}}_r^0(\nu_1,\cdots,\nu_n)$ 的 $2N$ 个零点.根据隐函数定理 η 是 $C_\delta\rightarrow\mathbf{R}^{2N}$ 的局部同胚.

因为 Λ_δ 为紧集且 $\widetilde{\mathscr{M}}_r^0(\nu_1,\cdots,\nu_n)$ 非空,因而对某一个点组 $\boldsymbol{t}^0=(t_1^0,\cdots,t_{2N}^0),0=t_1^0<\cdots<t_{2N}^0<1$ 存在有限个(记此数为 $P,P<+\infty$)$M_j(t)\in\widetilde{\mathscr{M}}_r^0(\nu_1,\cdots,\nu_n)$ 使得

$$M_j(t_i^0)=0,i=1,\cdots,2N,j=1,\cdots,P$$

令

$$\delta_0 = \min_{l \leqslant i \leqslant 2N} \min\{t_{i+1} - t_i, t_{i+1}^0 - t_i^0\}$$

其中 $t_{2N+1}^0 = 1 + t_1^0, t_{2N+1} = 1 + t_1$. 设

$$\Omega = \left\{ \boldsymbol{c} \mid \boldsymbol{c} \in C_\delta, \delta > \frac{1}{2}\delta_0 \right\}$$

$$h:[0,1] \to \mathbf{R}^{2N}, t_i(s) = t_i^0 + s(t_i - t_i^0)$$

$$i = 1, \cdots, 2N, s \in [0,1]$$

则显然 $h(s)$ 是 $[0,1] \to \mathbf{R}^{2N}$ 的连续映射, Ω 为 $\mathbf{R}^{2N}$ 中的紧集, 所以根据道路提升定理(定理 10.8.5), 存在唯一的参数族 $M(\boldsymbol{c}(s), t)(s \in [0,1])$ 使得

$$M(\boldsymbol{c}(s), t_j(s)) = 0, j = 1, \cdots, 2N, s \in [0,1]$$

所以 $\boldsymbol{t}$ 和 $\boldsymbol{t}^0$ 之间存在一一对应, 因而恰存在 P 个单样条 $M_j(t) \in \widetilde{\mathcal{M}}_r^0(\nu_1, \cdots, \nu_n)$, 使得

$$M_j(t_i) = 0, i = 1, \cdots, 2N, j = 1, \cdots, P$$

下面的引理考虑了振荡单样条的存在性.

引理 10.12.2 若 $\nu_i \leqslant r - 2(i = 1, \cdots, n)$ 均为奇数, 则对任意给定的正数 $\{\bar{e}_i\}(i = 1, \cdots, 2N)$ 恰好存在 P(P 由引理 10.12.1 确定) 个周期单样条 $M_j \in \widetilde{\mathcal{M}}_r(\nu_1, \cdots, \nu_n)$ 及 P 个正数 $\{R_1, \cdots, R_P\}$ 使得

$$R_j M_j(\xi_i^{(j)}) = \sigma(-1)^i \bar{e}_j, i = 1, \cdots, 2N$$

$$j = 1, \cdots, P, \sigma \in \{-1, 1\}$$

$$M'_j(\xi_i^{(j)}) = 0, i = 1, \cdots, 2N, j = 1, \cdots, P$$

$$M_j(0) = 0, j = 1, \cdots, P$$

证 设 $M(t) \in \widetilde{\mathcal{M}}_r(\nu_1, \cdots, \nu_n)$ 满足条件 $M(t_i) = 0(i = 1, \cdots, 2N)$, $M(t)$ 在 (t_i, t_{i+1}) 中的 $2N$ 个局部极值点为 $\xi_i(i = 1, \cdots, 2N)$, 其中 $0 = t_1 < \cdots < t_{2N} < 1$.

$$M(\xi_i) = (-1)^{i+1+\sigma} e_i$$

设 $M(t)$ 形如

$$M(t)=c+\sum_{i=1}^{n}\sum_{j=0}^{\nu_i-1}c_{i,j}D_{r-j}(t-x_i),\sum_{i=1}^{n}c_{i,0}=1 \tag{10.334}$$

设 $\beta\geqslant\alpha>0$,记 $\Theta_{\alpha,\beta}=\{M(t)\in\widetilde{\mathscr{M}}_r(\nu_1,\cdots,\nu_n)\mid$ $M(t)$ 在$[0,1)$ 中的 $2N$ 个局部极值的绝对值 $e_i(i=1,\cdots,2N)$ 满足条件:$\alpha\leqslant\min\{e_i\mid i\leqslant 1,\cdots,2N\}\leqslant\max\{e_j\mid j=1,\cdots,2N\}\leqslant\beta\}$.

根据推论 10.3.3,$\Theta_{\alpha,\beta}$ 为紧集.记

$$\boldsymbol{a}=(t_2,\cdots,t_{2N},\xi_1,\cdots,\xi_{2N},R,c,c_{1,0},\cdots,c_{1,\nu_1-1},x_1,\cdots,c_{n,\nu_n-1},x_n)$$

$$\sum_{i=1}^{n}c_{i,0}=1 \tag{10.335}$$

将 $\boldsymbol{a}$ 记为 $\boldsymbol{a}=(a_1,\cdots,a_{6N+1})$,令

$A_{\alpha,\beta}=\{\boldsymbol{a}\mid\boldsymbol{a}$ 是 $\Theta_{\alpha,\beta}$ 中的函数 $M(t)$ 由式(10.335)所确定的参数向量$\}$

设 $M(t)$ 形如式(10.334).令

$$F_i=M(t_i)=0,i=1,\cdots,2N$$

$$F_{2N+i}=M'(\xi_i)=0,i=1,\cdots,2N$$

$$F_{4N+i}=RM(\xi_i)+(-1)^{i+\sigma}e_i=0,i=1,\cdots,2N$$

$$F_{6N+1}=\sum_{i=1}^{n}c_{i,0}-1=0$$

考虑 Jacobi 矩阵

$$\boldsymbol{W}=\frac{D(F_1,\cdots,F_{6N+1})}{D(a_1,\cdots,a_{6N+1})}$$

经仔细计算并且考虑到 $M(t_i)=0(i=1,\cdots,2N)$,$M'(\xi_i)=0(i=1,\cdots,2N)$ 得

$$\det\boldsymbol{W}=(-1)^{n+\sigma}\prod_{i=1}^{n-1}c_{i,\nu_i-1}\prod_{i=1}^{2N}M'(t_i)\cdot$$

$$\prod_{i=1}^{2N} M''(\xi_i) \sum_{\nu=1}^{2N} \frac{e_\nu}{R^2} W_\nu$$

其中

$$\det \boldsymbol{W}_\nu = \det \begin{pmatrix} \mu_1(t) & \cdots & \cdots & \cdots & \mu_{2N-1}(t) \\ \xi_1 & \cdots & \hat{\xi}_\nu & \cdots & \xi_{2N} \end{pmatrix}$$

$\{\xi_1,\cdots,\hat{\xi}_\nu,\cdots,\xi_{2N}\} \overset{\text{df}}{=\!=} \{\xi_1,\cdots,\xi_{2N}\}\backslash\{\xi_\nu\}$，$\mu_j(t)(j=1,\cdots,2N-1)$ 依次为 $1, D_{r-j}(t-x_1)(j=1,\cdots,\nu_1)$，$D_r(t-x_i)-D_r(t-x_1), D_{r-j}(t-x_i)(i=2,\cdots,n,j=1,\cdots,\hat{\nu}_i-1)$，$\sigma\in\{-1,1\}$ 有

$$\hat{\nu}_i = \begin{cases} \nu_i, i=2,\cdots,n \\ \nu_i-1, i=n \end{cases}$$

根据定理 10.3.1，推论 10.3.1，$c_{i,\nu_i-1}>0(i=1,\cdots,n)$，$\prod_{i=1}^{2N} M'(t_i)\prod_{i=1}^{2N} M''(\xi_i)\neq 0$ 且存在 $\{t_i\}(i=1,\cdots,2N)$ 的一个循环排列 $\{t_i^*\}(i=1,\cdots,2N)$，使得

$$y_i < t_i^* < y_{i+r}, i=1,\cdots,2N$$

其中 $y_1=\cdots=y_{\nu_1}=x_1, y_{\nu_1+1}=\cdots=y_{\nu_1+\nu_2}=x_2,\cdots, y_{\nu_1+\cdots+\nu_{n-1}+1}=\cdots=y_{2N}=x_n$. 因此根据定理 10.0.5，$\det \boldsymbol{W}_{2N}\neq 0$，于是得 $\det \boldsymbol{W}\neq 0$.

考虑映射 $\tau: A_{\alpha,\beta}\to \mathbf{R}^{6N+1}$ 有

$$\boldsymbol{a}\to\tau(\boldsymbol{a})=(t_1(\boldsymbol{a}),\cdots,t_{2N}(\boldsymbol{a}),\xi_1(\boldsymbol{a}),\cdots,\xi_{2N}(\boldsymbol{a}),R,e_1(\boldsymbol{a}),\cdots,e_{2N}(\boldsymbol{a}))$$

其中 $e_i(\boldsymbol{a})$ 是以 $\boldsymbol{a}$ 为参数的周期单样条 $M(t)\in\widetilde{\mathscr{M}}_r(\nu_1,\cdots,\nu_n)$ 在 $(t_i(\boldsymbol{a}),t_{i+1}(\boldsymbol{a}))$ 中局部极点 $\xi_i(\boldsymbol{a})$ 上所取值的绝对值，亦即

$$M(\xi_i(\boldsymbol{a}))=(-1)^{i+1+\sigma}e_i(\boldsymbol{a}), i=1,\cdots,2N, \sigma\in\{-1,1\}$$

根据隐函数定理 τ 是 $A_{\alpha,\beta}\to\mathbf{R}^{6N+1}$ 的局部同胚. 现取定 $M^0(t)\in\widetilde{\mathscr{M}}_r(\nu_1,\cdots,\nu_n)$，设

$$M^0(t_i^0)=0, i=1,\cdots,2N, 0=t_1^0<\cdots<t_{2N}^0<1$$

$M^0(t)$ 在 (t_i^0, t_{i+1}^0) 中的局部极值点为 $\xi_i^0(i=1,\cdots,2N)$，且

$$M^0(\xi_i^0)=(-1)^{i+1+\sigma}e_i^0, i=1,\cdots,2N$$

令

$$\alpha_0=\min\{\bar{e}_i, e_i^0, i=1,\cdots,2N\}$$

$$\beta_0=\max\{\bar{e}_i, e_i^0, i=1,\cdots,2N\}$$

设 $\widetilde{\Omega}=\left\{\bigcup A_{\alpha,\beta} \mid \frac{1}{2}\alpha_0<\alpha\leqslant\beta<2\beta_0\right\}$，令

$$e_i(s)=e_i^0+s(\bar{e}_i-e_i^0)$$

根据道路提升定理存在唯一的参数族 $M(\boldsymbol{c}(s),t)$ 满足条件

$$\begin{cases}M(\boldsymbol{c}(s),t_1(s))=0, i=1,\cdots,2N\\M(\boldsymbol{c}(s),\xi_i(s))=0, i=1,\cdots,2N\\R(s)M(\boldsymbol{c}(s),\xi_i(s))+(-1)^{i+\sigma}e_i(s)=0, i=1,\cdots,2N\\\sum_{i=1}^{n}c_{i,0}(s)=1\end{cases}\tag{10.336}$$

其中 $\boldsymbol{c}(s)=(c(s),c_{1,0}(s),\cdots,c_{1,\nu_1-1}(s),x_1(s),\cdots,c_{n,0}(s),\cdots,c_{n,\nu_n-1}(s),x_n(s))$ 为

$$M(\boldsymbol{c}(s),t)\in\widetilde{\mathscr{M}}_r^0(\nu_1,\cdots,\nu_n)$$

的系数向量. 特别当 $s=1$ 时，式(10.336)给出了满足引理 10.6.2 要求的一个解，且上面的证明还给出了

$$\boldsymbol{t}^0=(t_1^0,\cdots,t_{2N}^0)\rightarrow\boldsymbol{e}=(\bar{e}_1,\cdots,\bar{e}_{2N})$$

之间的一一对应，因此若恰好存在 P 个单样条 $M_j(t)\in\widetilde{\mathscr{M}}_r^0(\nu_1,\cdots,\nu_n)$ 满足条件

$$M_j^0(t_i^0)=0, i=1,\cdots,2N, j=1,\cdots,P$$

则恰好存在 P 个单样条 $M_j(t)\in\widetilde{\mathscr{M}}_r(\nu_1,\cdots,\nu_n)$，使得

$$R_jM_j(\xi_i^{(j)})=(-1)^{i+\sigma+1}\bar{e}_i,i=1,\cdots,2N$$
$$i=1,\cdots,P,\sigma\in\{-1,1\}$$
$$M_j(\xi_i^{(j)})=0,i=1,\cdots,2N,j=1,\cdots,P$$
$$M_j(0)=0,j=1,\cdots,P$$

再由引理 10.12.1 知 $M_j(t)$ 的生成和点组 $\boldsymbol{t}^0=(t_1^0,\cdots,t_{2N}^0),0=t_1^0<\cdots<t_{2N}^0<1$ 的选择无关,引理 10.12.2 得证.

定理 10.12.4 设$(\nu_1,\cdots,\nu_n)$为给定的自然数组,$2[(\nu_i+1)]\leqslant r-1\ (i=1,\cdots,n)$,$\sum_{i=1}^{n}(\nu_i+\sigma_i)=2N$,则存在 $M^*(t)\in\widetilde{\mathscr{M}}_r^0(\nu_1,\cdots,\nu_n)$ 是下面极值问题

$$\inf\{\|M\|_\infty\mid M\in\widetilde{\mathscr{M}}_r^0(\nu_1,\cdots,\nu_n),M(0)=0\}$$

的解,且 $M^*(t)$ 有以下性质:

(i)$M^*(t)$ 在$[0,1)$中恰有 $2N$ 次交错.

(ii)$M^*(t)$ 的系数满足条件

$$c_{i,j}^*>0,j=0,2,\cdots,\nu_i-1,\nu_i\text{ 为奇数}$$
$$c_{i,\nu_i-1}^*=0,c_{i,j}>0,j=0,2,\cdots,\nu_i-2,\nu_i\text{ 为偶数.}$$

证 根据定理 10.12.2,定理 10.12.3,只需对一切 $\nu_i(i=1,\cdots,n)$ 全为奇数 $\nu_i\leqslant r-2(i=1,\cdots,n)$ 证明定理成立即可. 根据引理 10.12.2,对于给定的 $2N$ 个正数 $e_i^*=1(i=1,\cdots,2N)$,存在 P 个(振荡)单样条 $\widetilde{M}(\boldsymbol{c}_j^*,t)\in\widetilde{\mathscr{M}}_r^0(\nu_1,\cdots,\nu_n)$ 满足条件

$$R_jM(\boldsymbol{c}_j^*,\xi_i^{(j)})=\sigma_j(-1)^i,i=1,\cdots,2N$$
$$j=1,\cdots,P,\sigma_j\in\{-1,1\}$$
$$M'(\boldsymbol{c}_j^*,\xi_i^{(j)})=0,i=1,\cdots,2N,j=1,\cdots,P$$
$$M(\boldsymbol{c}_j^*,0)=0,j=1,\cdots,P$$

其中 $R_j>0(j=1,\cdots,P)$,$\boldsymbol{c}_j^*=(c^{(j)},c_{1,0}^{(j)},\cdots,c_{1,\nu_1-1}^{(j)},$

$x_1^{(j)},\cdots,c_{n,0}^{(j)},\cdots,c_{n,\nu_n-1}^{(j)},x_n^{(j)})$ 为 $M(\boldsymbol{c}_j,t)$ 的系数向量，$0<\xi_1^{(j)}<\cdots<\xi_{2N}^{(j)}<1$.

任取 $M(\boldsymbol{c}^0,t)\in\widetilde{\mathscr{M}}_r^0(\nu_1,\cdots,\nu_n)$，$M(\boldsymbol{c}^0,0)=0$，$\boldsymbol{c}^0\neq\boldsymbol{c}_j^*(j=1,\cdots,n)$，则必存在某个 $j_0\in\{1,\cdots,P\}$，使得

$$\|M(\boldsymbol{c}_{j_0}^*,\cdot)\|_\infty<\|M(\boldsymbol{c}^0,\cdot)\|_\infty \tag{10.337}$$

事实上，设 $M(\boldsymbol{c}^0,t_j^0)=0(j=1,\cdots,2N)$，根据引理 10.12.2，对于正数组 $(e_1^*,\cdots,e_{2N}^*)$，存在唯一的参数族 $M(\boldsymbol{c}(s),t)(0\leqslant s\leqslant 1)$，使得

$$\begin{gathered}M(\boldsymbol{c}(s),t_i(s))=0,i=1,\cdots,2N\\M'(\boldsymbol{c}(s),\xi_i(s))=0,i=1,\cdots,2N\\R(s)M(\boldsymbol{c}(s),\xi_i(s))=(-1)^{i+\sigma}e_i(s),\\i=1,\cdots,2N,\sigma\in\{-1,1\}\end{gathered}$$

其中 $M(\boldsymbol{c}(0),t)=M(\boldsymbol{c}^0,t)$，$e_i(s)=e_i+s(e_i^*-e_i)$，$i=1,\cdots,2N$；$\{(-1)^{i+\sigma}e_i\}(i=1,\cdots,2N)$ 为 $M(\boldsymbol{c}(0),t)$ 在 $[0,1)$ 中的 $2N$ 个局部极值. 根据引理 10.12.1，引理 10.12.2，P 个振荡单样条 $M(\boldsymbol{c}_j^*,t)$ 的生成和点组 $\boldsymbol{t}^0=(t_1^0,\cdots,t_{2N}^0)$，$0=t_1^0<\cdots<t_{2N}^0<1$ 的选择无关，因而必存在某一个 $\boldsymbol{c}_{j_0}^*=\boldsymbol{c}(1)$，于是为证式(10.337)，只需证

$$\begin{aligned}\|M(\boldsymbol{c}(1),)\|_\infty&<\|M(\boldsymbol{c}^0,\cdot)\|_\infty\\&=\|M(\boldsymbol{c}(0),\cdot)\|_\infty\end{aligned} \tag{10.338}$$

记 $M(\boldsymbol{c}(1),t)=M(\boldsymbol{c}^*,t)$. 下证式(10.338)，令

$$\begin{gathered}F_i(s)=M(\boldsymbol{c}(s),t_i(s))=0,i=1,\cdots,2N\\F_{2N+i}(s)=M'(\boldsymbol{c}(s),\xi_i(s))=0,i=1,\cdots,2N\\F_{4N+i}(s)=R(s)M(\boldsymbol{c}(s),\xi_j(s))+(-1)^{i+\sigma}e_i(s)=0\\i=1,\cdots,2N\end{gathered}$$

$$F_{6N+1}(s)=\sum_{i=1}^{n}c_{i,0}(s)-1=0$$

$\boldsymbol{a}(s)=(t_2(s),\cdots,t_{2N}(s),\xi_1(s),\cdots,\xi_{2N}(s),R(s),c(s),$ $c_{1,0}(s),\cdots,c_{1,\nu_1-1}(s),x_1(s),\cdots,c_{n,0}(s),\cdots,c_{n,\nu_n-1}(s),$ $x_n(s))\xlongequal{\text{df}}(a_1(s),\cdots,a_{6N+1}(s))$ 考虑 Jacobi 矩阵

$$\boldsymbol{W}(s)=\frac{D(F_1(s),\cdots,F_{6N+1}(s))}{D(a_1(s),\cdots,a_{6N+1}(s))}$$

根据引理 10.12.1,$\det\boldsymbol{W}(1)\neq 0$,于是根据隐函数定理知 $R(e_1,\cdots,e_{2N})$ 为 $e_k(k=1,\cdots,2N)$ 的连续可微函数并且

$$\frac{\partial R}{\partial e_k}=\frac{\det\boldsymbol{W}_k}{\det\boldsymbol{W}(1)},k=1,\cdots,2N$$

其中 $\det\boldsymbol{W}_k$ 表示将 $\det\boldsymbol{W}(1)$ 的第 $4N$ 列$\left(\frac{\partial F_1(1)}{\partial R},\cdots,\frac{\partial F_{6N+1}(1)}{\partial R}\right)^{\mathrm{T}}$ 换成$\left(\frac{\partial F_1(1)}{\partial e_k},\cdots,\frac{\partial F_{6N+1}(1)}{\partial e_k}\right)^{\mathrm{T}}$ 所得的行列式.经直接计算得

$$\frac{\partial R}{\partial e_k}=\frac{R^2\mid\det\boldsymbol{W}_k\mid}{\sum_{j=1}^{2N}e_j\mid\det\boldsymbol{W}_j\mid}>0 \qquad (10.339)$$

如果式(10.338)不成立,那么有

$$\|M(\boldsymbol{c}^0,\cdot)\|_\infty\leqslant\|M(\boldsymbol{c}^*,\cdot)\|_\infty \qquad (10.340)$$

根据引理 10.2.1,$M(\boldsymbol{c}^0,t)$,$M(\boldsymbol{c}^*,t)$ 由它们的局部极值$\{(-1)^{i+\nu}e_i\}(i=1,\cdots,2N)$ 及$\{(-1)^{i+\nu}e_i^*\}(i=1,\cdots,2N)$ 唯一确定,并且

$$R(e_1,\cdots,e_{2N})=1,R(e_1^*,\cdots,e_{2N}^*)=1$$

但另一方面,根据式(10.339),$R(e_1,\cdots,e_{2N})$ 为 $e_k(k=1,\cdots,2N)$ 的严格增函数,而由式(10.340)知

$$e_k \leqslant e_k^*, k=1,\cdots,2N \tag{10.341}$$

且式(10.341)中至少对某一个 k 成立严格的不等式，因此

$$R(e_1,\cdots,e_{2N}) < R(e_1^*,\cdots,e_{2N}^*)$$

矛盾，所得矛盾表明式(10.338)成立. 令

$$\| M(\boldsymbol{c}_{j_1}^*, \cdot) \|_\infty = \min_{1\leqslant j\leqslant p}\{ \| M(\boldsymbol{c}_j^*, \cdot) \|_\infty \}$$

$$j_1 \in \{1,\cdots,p\}$$

则 $M(\boldsymbol{c}_{j_1}^*, t)$ 是所需求的一个解.

以下讨论自由节点单样条类 $\mathscr{M}_r(\nu_1,\cdots,\nu_n)$ 上最佳一致逼近的唯一性问题. 为此需要介绍有关最佳一致逼近的某些结果.

定义 10.12.2　设 $T_i \subset [a,b](i=1,\cdots,k)$，若存在 $\sigma \in \{-1,1\}$，使得

$$(-1)^{i+\sigma} f(t) = \| f \|_\infty, t \in T_i, i=1,\cdots,k$$

则 $\{T_i\}(i=1,\cdots,k)$ 称为 f 的交错点集，若 f 不恒为零，且 f 在 $[a,b]$ 上恰有 $p-1$ 交错，任意选择 f 的 p 个交错点 $t_1<\cdots<t_p$，置 $t_0=-\infty, t_{p+1}=+\infty$. 令

$$B_i = \{t \in [a,b] \mid f(t)=f(t_i), t_{i-1}<t<t_{i+1}\}$$

则 B_i 称为 f 的最大交错点集.

定理 10.12.5[51]　设 G 为 $C[a,b]$ 上的 n 维子空间，$E(f-g_0) \overset{\text{df}}{=\!=} \{t \in [a,b] \mid f(t)-g_0(t) = \pm \| f-g \|_C\}$，$f \in C[a,b]\backslash G$，则以下断言等价：

(i) g_0 是 $f(t)$ 在 G 中强唯一的最佳逼近.

(ii) 对于一切非平凡的 $g \in G$ 有

$$\min\{(f(t)-g_0(t))g(t) \mid t \in E(f-g_0)\} < 0$$

引理 10.12.3[52]　G 为 $C[a,b]$ 上 n 维的弱 Chebyshev 子空间当且仅当对每一个 $f \in C[a,b]\backslash G$，存在 $f(t)$ 的最佳逼近元 $g_0(t) \in G$ 使得 $f(t)-g_0(t)$

在$[a,b]$上至少有$n+1$个交错点.

根据定理 10.12.5,资料[53]证得:

定理 10.12.6[53] 设$G=\mathrm{span}\{g_1,\cdots,g_n\}$为$C[a,b]$上的$n$维弱 Chebyshev 子空间,$f\in C[a,b]\backslash G$,$g_0\in G$,则以下的断言(i)和(ii)等价:

(i)g_0是f的强唯一的最佳一致逼近.

(ii)存在$f-g_0$的$n+m(m\geqslant 1)$的交错点集$T_1,\cdots,T_{n+m}$具有以下性质:

(a)存在$f-g_0$的在$T_1\cup\cdots\cup T_{n+m}$中的$n$个交错点$t_1,\cdots,t_n$,使得

$$\det\begin{pmatrix} g_1 & \cdots & g_n \\ t_1 & \cdots & t_n \end{pmatrix}\neq 0$$

(b)设$k_1,\cdots,k_{n-1}$是$\{1,\cdots,n+m\}$中任意$n-1$个整数,如果存在$k_p\in\{1,\cdots,n+m\}\backslash\{k_1,\cdots,k_{n-1}\}\overset{\mathrm{df}}{=\!=}\{k_n,\cdots,k_{n+m}\}$,$k_n<\cdots<k_{n+m}$及点$t_{k_i}\in T_{k_i}(i=1,\cdots,n-1,p)$满足条件

$$\det\begin{pmatrix} g_1 & \cdots & g_{n-1} & g_n \\ t_{k_1} & \cdots & t_{k_{n-1}} & t_{k_p} \end{pmatrix}\neq 0$$

那么存在$k_q\in\{k_n,\cdots,k_{n+m}\}$及点$s_{k_i}\in T_{k_i}(i=1,\cdots,n-1,q)$使得$p+q$为奇数,且

$$\det\begin{pmatrix} g_1 & \cdots & g_{n-1} & g_n \\ s_{k_1} & \cdots & s_{k_{n-1}} & s_{k_q} \end{pmatrix}\neq 0$$

根据定理 10.0.9,若$\sum\limits_{i=1}^{n}\nu_i=2N-1$,$\boldsymbol{x}=\{(x_1,\nu_1),\cdots,(x_n,\nu_n)\}$,则定义在$[0,1)$上的以$\boldsymbol{x}$为节点组以 1 为周期的$r-1$次多项式样条子空间$\tilde{S}_{r-1}(\boldsymbol{x})$以$\{\mu_j(t)\}(j=1,\cdots,2N-1)$为其一组基,其中$\mu_j(t)(j=$

$1,\cdots,2N-1$）依次为

$$1,D_{r-j}(t-x_1)(j=1,\cdots,\nu_1-1),$$
$$D_r(t-x_i)-D_r(t-x_1),D_{r-j}(t-x_i)$$
$$i=2,\cdots,n,j=1,\cdots,\nu_i-1$$

记

$$y_1=\cdots=y_{\nu_1}=x_1,y_{\nu_1+1}=\cdots=y_{\nu_1+\nu_2}$$
$$=x_2,\cdots,y_{\nu_1+\cdots+\nu_{n-1}+1}=\cdots=y_{2N-1}=x_n \tag{10.342}$$

$$\det\begin{pmatrix}\mu_1 & \cdots & \mu_{2N-1}\\ t_1 & \cdots & t_{2N-1}\end{pmatrix}\overset{\text{df}}{=\!=}\det(t_1,\cdots,t_{2N-1}) \tag{10.343}$$

根据定理 10.0.9，立即有：

引理 10.12.4　设$\{\nu_1,\cdots,\nu_n\}$为给定的自然数组，$\nu_i\leqslant r-1(i=1,\cdots,n)$，$\sum\limits_{i=1}^{n}\nu_i=2N-1$，则 $\det(t_1,\cdots,t_{2N-1})\neq 0$ 当且仅当存在$\{y_i\}(i=1,\cdots,2N-1)$的一个循环排列$\{y_i^*\}(i=1,\cdots,2N-1)$，使得$(y_i^*,y_{i+j+r-1}^*)$中至少有$\{t_i\}(i=1,\cdots,2N-1)$中的 j 个点，其中 $t_i\in[0,1)$，$i=1,\cdots,2N-1$.

定理 10.12.7　设$(\nu_1,\cdots,\nu_n)$为任意给定的自然数组，$\nu_i\leqslant r-1(i=1,\cdots,n)$，$\sum\limits_{i=1}^{n}\nu_i=2N-1$，$f\in\widetilde{C}[0,1]\backslash\widetilde{S}_{r-1}(\boldsymbol{x})$，$\boldsymbol{x}=\{(x_1,\nu_1),\cdots,(x_n,\nu_n)\}$，则以下断言(i)及(ii)等价：

(i)ν 是 f 在 $\widetilde{S}_{r-1}(\boldsymbol{x})$ 中强唯一的最佳一致逼近.

(ii)(a)$f-s_0$ 在$[0,1]$上至少有 $2N$ 次交错.

(b)在每一个区间$(y_i^*,y_{i+j+r-1}^*)$中至少有 $f-s_0$ 的 $j+1$ 个交错点$(j\geqslant 1)$.

其中 $\{y_1,\cdots,y_{2N-1}\}$ 由式(10.342)定义，$\{y_i^*\}(i=1,\cdots,2N-1)$ 为 $\{y_i\}(i=1,\cdots,2N-1)$ 的某一个循环排列.

证 为证定理10.12.7，只需证定理10.12.7的(ii)和定理10.12.6的(ii)等价.首先证定理10.12.6的(ii)可以推出定理10.12.7的(ii)中的(b).事实上，若定理10.12.6的(ii)成立，但定理10.12.7的(ii)中的(b)不成立，则存在某个区间$(y_i^*,y_{i+j+r-1}^*)$使得在此开区间中至多有 $k\leqslant j$ 个 $f-g_0$ 的交错点，设 $T_1,\cdots,T_{2N-1+m}(m\geqslant 1)$ 是 $f-g_0$ 在$[0,1]$内所有的极大交错集；若 $k<j$，则根据引理10.12.4，对任意的 $t_1\in T_{k_l}$，$l=1,\cdots,2N-1,k_1,\cdots,k_{2N-1}\in\{1,\cdots,2N-1+m\}$ 均有 $\det(t_1,\cdots,t_{2N-1})=0$，这和定理10.12.6的(ii)中的(a)矛盾；若 $k=j$，则根据定理10.12.6的(ii)中的(a)必定存在整数 $k_1,\cdots,k_{2N-1}\in\{1,\cdots,2N-1+m\}$，$t_l\in T_{k_l}(l=1,\cdots,2N-1)$，使得 $\det(t_1,\cdots,t_{2N-1})\neq 0$，因为$(y_i^*,y_{i+j+r-1}^*)$中恰有 $f-g_0$ 的 j 个交错点，所以根据引理10.12.4，$t_i,\cdots,t_{i+j-1}\in(y_i^*,y_{i+j+r-1}^*)$，而 $t_{i-1}\leqslant y_i^*$，$t_{i+j}\geqslant y_{i+j+r-1}^*$，因而对一切 $t_s\in T_{k_s}$，$k_s\in\{1,\cdots,2N-1+m\}\setminus\{k_1,\cdots,k_{2N-1}\}$ 均有 $\det(t_1,\cdots,t_{i-1},t_{i+1},\cdots,t_{2N-1},t_s)=0$，这和定理10.12.6的(ii)中的(b)矛盾.

根据定理10.12.6及引理10.12.3知由定理10.12.6的(ii)可以推出定理10.12.7的(ii)中的(a).

下证定理10.12.7的(ii)可以推出定理10.12.6的(ii).

设 $f(t)-g_0(t)$ 在一个周期内有 $2N-1+m$ 个极大交错点集 $T_1,\cdots,T_{2N-1+m}$，任取 $t_j\in T_j(j=1,\cdots,2N-1+m)$，令

$$H_i=\{j \mid t_j \in (y_i^*, y_{i+r}^*)\}$$

根据定理 10.12.7 的(ii) 中的(b)，对一切 $i_1,\cdots,i_p \in \{1,\cdots,2N-1+m\}$，$H_{i_1}\cup\cdots\cup H_{i_p}$ 中至少有 p 个不同的 t_j，因而根据组合数学的 Hall 定理(命题 10.12.1)，必存在 $t_{j_1}<\cdots<t_{j_{2N-1}}<1+t_{j_1}$，$j_i \in \{1,\cdots,2N-1+m\}$，$i=1,\cdots,2N-1$，使得

$$t_{j_i} \in (y_i^*, y_{i+r}^*), i=1,\cdots,2N-1$$

因而根据定理 10.0.9，$\det(t_{j_1},\cdots,t_{j_{2N-1}})\neq 0$，从而定理 10.12.6 的(ii) 中的(a) 成立. 再证定理 10.12.6 的(ii) 中的(b) 成立. 设 $l_1,\cdots,l_{2N-2}$ 及 l_p 为 $\{1,\cdots,2N-1+m\}$ 中 $2N-1$ 个不同的整数，$t_{l_i}\in T_{l_i}$，$i=1,\cdots,2N-2,p$，使得 $\det(t_{i_1},\cdots,t_{l_{2N-1}},t_{l_p})\neq 0$. 令

$$\{l_{2N-1},\cdots,l_{2N-1+m}\} \overset{\text{df}}{=} \{1,\cdots,2N-1+m\}\backslash\{l_1,\cdots,l_{2N-2}\}$$

$$l_{2N-1}<\cdots<l_{2N-1+m}$$

则存在整数 $i\in\{1,\cdots,m+1\}$，使得 $p=2N-2+i$. 根据引理 10.12.4 及定理 10.12.7 的(ii) 中的(b)，当 $q=p+1$ 或 $q=p-1$ 时，$\det(t_{l_i},\cdots,t_{l_{2N-2}},t_{l_q})\neq 0$，定理 10.12.6 的(ii) 中的(b) 成立.

设 $\boldsymbol{x}=\{(x_1,\nu_1-1),(x_2,\nu_2),\cdots,(x_n,\nu_n)\}$，$\sum_{i=1}^{n}\nu_i=2N$，$s(\boldsymbol{x},t)$ 是 $2N-1$ 维子空间，有

$$\widetilde{S}_{r-1}\begin{pmatrix} x_1 & x_2 & \cdots & x_n \\ \nu_1-1 & \nu_2 & \cdots & \nu_n \end{pmatrix} \overset{\text{df}}{=} \widetilde{S}_{r-1}(\boldsymbol{x}) \tag{10.344}$$

对 $D_r(t-x_1)$ 的最佳一致逼近，则

$$M(\boldsymbol{x},t)=D_r(t-x_1)-s(\boldsymbol{x},t)$$

是极值问题

$$\inf\{\|M\|_\infty \mid M\in\widetilde{\mathcal{M}}_r(\boldsymbol{x},\nu_1-1,\nu_2,\cdots,\nu_n)\}\tag{10.345}$$

的解,且还有:

定理 10.12.8 设 $\nu_i\leqslant r-1(i=1,\cdots,n)$ 全为偶数,$\sum_{i=1}^n\nu_i=2N,\boldsymbol{x}\in\Omega(\nu_1-1,\nu_2,\cdots,\nu_n)$ 固定,则:

(i)$M(\boldsymbol{x},t)$ 是极值问题(10.345)的解当且仅当 $M(\boldsymbol{x},t)$ 在一个周期内有 $2N$ 次交错.

(ii)$s(\boldsymbol{x},t)$ 是 $D_r(t-x_1)$ 在 $\widetilde{S}_{r-1}(\boldsymbol{x})$ 中强唯一的最佳逼近元,从而极值问题(10.345)有唯一解.

证 如果 $M(\boldsymbol{x},t)$ 在一个周期内恰有 $2N$ 次交错,设 $\{\xi_i\}(i=1,\cdots,2N)$ 是 $M(\boldsymbol{x},t)$ 在 $[0,1)$ 中的 $2N$ 个交错点,那么 $\{\xi_i\}(i=1,\cdots,2N)$ 是 $M'(\boldsymbol{x},t)$ 的零点,令 $y_1=\cdots=y_{\nu_1-1}=x_1,y_{\nu_1}=\cdots=y_{\nu_1+\nu_2-1}=x_2,\cdots,y_{\nu_1+\cdots+\nu_{n-1}}=\cdots=y_{2N-1}=x_n$,根据推论 10.3.3 知存在 $\{y_i\}(i=1,\cdots,2N-1)$ 的一个循环排列 $\{y_i^*\}(i=1,\cdots,2N-1)$ 便得

$$y_i^*\leqslant\xi_i\leqslant y_{i+r-1}^*,i=1,\cdots,2N-1\tag{10.346}$$

如果 $M(\boldsymbol{x},t)$ 不是极值问题(10.345)的解,那么必定存在某个 $\overline{M}(t)\in\widetilde{\mathcal{M}}_r(x,\nu_1,\cdots,\nu_n)$,使得 $\|\overline{M}(\cdot)\|_\infty<\|M(\boldsymbol{x},\cdot)\|_\infty$,令 $\delta(t)=M(\boldsymbol{x},t)-\overline{M}(t)$,则 $\delta(t)\in\widetilde{S}_{r-t}(\boldsymbol{x})$,且在 (ξ_i,ξ_{i+1}) 之间必定有 $\delta(t)$ 的零点 z_i,根据式(10.346)有

$$y_i^*<z_i<y_{i+r}^*,i=1,\cdots,2N-1\tag{10.347}$$

根据式(10.347)及定理 10.0.9,$\delta(t)\equiv0$ 矛盾,从而 $M(\boldsymbol{x},t)$ 是极值问题(10.345)的解.反之,因为 $\widetilde{S}_{r-1}(\boldsymbol{x})$ 为 $2N-1$ 维的弱 Chebyshev 子空间,根据引理

10.12.3，存在 $s_1(\boldsymbol{x},t)$ 是 $D_r(t-x_1)$ 在 $\widetilde{S}_{r-1}(\boldsymbol{x})$ 中的最佳一致逼近，且

$$M_1(\boldsymbol{x},t)=D_r(t-x_1)-s_1(\boldsymbol{x},t)$$

在一个周期内恰有 $2N$ 次交错，因而 $M_1(\boldsymbol{x},t)$ 的 $2N$ 个交错点 $\{\eta_i\}(i=1,\cdots,2N)$ 满足条件

$$y_i^* < \eta_i < y_{i+r-1}^*, i=1,\cdots,2N-1$$

从而在每一个区间 $(y_i^*, y_{i+j+r-1}^*)$ 中至少有 $M_1(\boldsymbol{x},t)$ 的 $j+1$ 个交错点，因此根据定理 10.12.7，$s_1(\boldsymbol{x},t)$ 是 $D_r(t-x_1)$ 在 $\widetilde{S}_{r-1}(\boldsymbol{x})$ 中强唯一的最佳一致逼近，所以 $s_1(\boldsymbol{x},t)\equiv s(\boldsymbol{x},t)$，$M_1(\boldsymbol{x},t)\equiv M(\boldsymbol{x},t)$，从而 $M(\boldsymbol{x},t)$ 在一个周期内必有 $2N$ 次交错，以上已同时证明了(ii).

引理 10.12.5　设 $\nu_i(i=1,\cdots,n)$ 全为偶数，$\nu_i\leqslant r-1(i=1,\cdots,n)$，$\boldsymbol{x}=\{(x_1,\nu_1-1),(x_2,\nu_2),\cdots,(x_n,\nu_n)\}$ 固定，$\sum\limits_{i=1}^{n}\nu_i=2N$，令

$$\|\cdot\|_\lambda=\lambda\|\cdot\|_\infty+(1-\lambda)\|\cdot\|_2, 0\leqslant\lambda\leqslant 1$$

则对一切固定的 $0\leqslant\lambda\leqslant 1$，极值问题

$$\inf\{\|M\|_\lambda : M\in\widetilde{\mathscr{M}}_r(\boldsymbol{x},\alpha_1-1,\nu_2,\cdots,\nu_n)\} \tag{10.348}$$

有唯一解且极函数 $M_\lambda(\boldsymbol{x},t)$ 在一个周期内恰有 $2N$ 个零点.

证　根据定理 10.12.8 知当 $\lambda=1$ 时，引理 10.12.5 成立. 如 $0\leqslant\lambda<1$，此时 $\|\cdot\|_\lambda$ 严格凸，因而极值问题(10.348) 有唯一解 $M_\lambda(\boldsymbol{x},t)$. 因为 $M_\lambda(\boldsymbol{x},t)$ 是首项为 $\frac{x^r}{r!}$ 的 r 次的分段代数多项式，所以 $M_\lambda(\boldsymbol{x},t)$ 仅有孤立零点. 如存在某一个 $0<\lambda<1$，$M_\lambda(\boldsymbol{x},t)$ 在

一个周期内仅有 $2q<2N$ 个单零点 $\{z_i\}(i=1,\cdots,2q)$,则因为 $\widetilde{S}_{r-1}(\boldsymbol{x})$ 是 $2N-1$ 维的弱 Chebyshev 子空间,所以存在非平凡的 $g(t)\in\widetilde{S}_{r-1}(\boldsymbol{x})$,使得

$$\operatorname{sgn} g(t)\cdot\operatorname{sgn} M_\lambda(\boldsymbol{x},t)\geqslant 0$$
$$t\in[z_i,z_{i+1}),i=1,\cdots,2q$$

其中 $z_{2q+1}=1+z_1$,设 $M_\lambda(\boldsymbol{x},t)$ 表示为

$$M_\lambda(\boldsymbol{x},t)=D_r(x_1-t)-S_\lambda(\boldsymbol{x},t)$$

令 $\overline{M}_\lambda(\boldsymbol{x},t)=D_r(x_1-t)-s_\lambda(\boldsymbol{x},t)-\delta g(t)$,则 $\overline{M}_\lambda(\boldsymbol{x},t)\in\widetilde{\mathscr{M}}_r(x,\nu_1-1,\nu_2,\cdots,\nu_n)$,且当 $\delta>0$ 充分小时 $\|\overline{M}_\lambda(\boldsymbol{x},\cdot)\|_2<\|M_\lambda(\boldsymbol{x},\cdot)\|_2$,所以当 $\delta>0$ 充分小时

$$\begin{aligned}\|\overline{M}_\lambda(\boldsymbol{x},\cdot)\|_\lambda&=\lambda\|\overline{M}_\lambda(\boldsymbol{x},\cdot)\|_\infty+\\&\quad(1-\lambda)\|\overline{M}_\lambda(\boldsymbol{x},\cdot)\|_2\\&<\lambda\|M_\lambda(\boldsymbol{x},\cdot)\|_\infty+\\&\quad(1-\lambda)\|M_\lambda(\boldsymbol{x},\cdot)\|_2\\&=\|M_\lambda(\boldsymbol{x},\cdot)\|_\lambda\end{aligned}$$

矛盾.

设 $\boldsymbol{x}=(x_1,\cdots,x_n),0=x_1<\cdots<x_n<1$,记

$$\Gamma_n=\{\overline{x}\in\mathbf{R}^{n-1}\mid\overline{x}=(x_2,\cdots,x_n),$$
$$0=x_1<\cdots<x_n<1\}$$

考虑定义在 $[0,1]\times\Gamma_n\to\mathbf{R}^{n-1}$ 上的映射有

$$\varphi(\lambda,\overline{x})=(b_{2,\lambda}(\overline{x}),\cdots,b_{n,\lambda}(\overline{x}))\quad(10.349)$$

其中设 $M_\lambda(\boldsymbol{x},t)$ 是极值问题(10.348)的唯一解

$$M_\lambda(\boldsymbol{x},t)=\boldsymbol{c}_0(\boldsymbol{x},\lambda)+\sum_{i=1}^{n}\sum_{j=0}^{\nu_i-1}c_{i,\nu_i-1}(\boldsymbol{x},\lambda)D_{r-j}(t-x_i)$$

$b_{i,\lambda}(\overline{x})\xlongequal{\text{df}}c_{i,\nu_i-1}(\overline{x},\lambda)(i=2,\cdots,n)$. 考虑方程

$$\varphi(\overline{x}) \overset{\mathrm{df}}{=} \varphi(1,\overline{x}) = \overline{0} \tag{10.350}$$

引理 10.12.6　存在一个和 λ 无关的 $\varepsilon > 0$，使得方程 $\varphi(\lambda,\overline{x})=0$ 的一切临界点均落在 $\Gamma_{n,\varepsilon}$ 内，其中 $\varepsilon > 0$，有

$$\Gamma_{n,\varepsilon} = \{\overline{x} \in \Gamma_n \mid x_{i+1} - x_i > \varepsilon, i=1,\cdots,n, x_{n+1}=1\}$$

证　若不满足则存在一个序列 $\{\lambda_m\} \to \lambda_0 (m=1,\cdots,+\infty)$ 及节点组 $\{x_m\}(m=1,\cdots,+\infty) \to \boldsymbol{x}_0$，其中

$$\boldsymbol{x}_m = \begin{pmatrix} 0 & x_{m,2} & \cdots & x_{m,n} \\ \nu_1 - 1 & \nu_2 & \cdots & \nu_n \end{pmatrix}, \boldsymbol{x}_0 = \begin{pmatrix} \xi_1 & \cdots & \xi_j \\ \rho_1 & \cdots & \rho_j \end{pmatrix}$$

使得 $M_{\lambda_m}(\boldsymbol{x}_m,t)$ 在 $[0,1)\backslash\{\xi_1,\cdots,\xi_k\}$ 上一致收敛到 $M_{\lambda_0}(\boldsymbol{x}_0,t)$. 根据引理 10.12.5, $M_{\lambda_m}(\boldsymbol{x}_m,t)$ 在 $[0,1)$ 中恰有 $2N$ 个零点. 因为 $\nu_i \leqslant r-1(i=1,\cdots,n)$，故 $M_{\lambda_m}(\boldsymbol{x}_m,t)$ 连续. 根据推论 10.3.4，$\{\|M'_{\lambda_m}(\boldsymbol{x}_m,\cdot)\|_\infty\}$ 关于 m 一致有界，所以 $M_{\lambda_0}(\boldsymbol{x}_0,t)$ 连续，从而 $\rho_k < r(k=1,\cdots,j)$. 于是推得 $M_{\lambda_m}(\boldsymbol{x}_m,t)$ 一致收敛到 $M_{\lambda_0}(\boldsymbol{x}_0,t)$，故 $M_{\lambda_0}(\boldsymbol{x}_0,t)$ 在 $[0,1)$ 中恰有 $2N$ 个零点.

另一方面，设 $l_k(k=1,\cdots,j)$ 为 $\boldsymbol{x}_m$ 的坐标分量趋向于 $\xi_k(k=1,\cdots,j)$ 的个数，根据推论 10.3.4 及 $j<n$，得

$$Z(M_{\lambda_0}(\boldsymbol{x}_0,\cdot),[0,1)) \leqslant \sum_{i=1}^{n}(\rho_j + \sigma_j)$$

$$\leqslant \sum_{i=1}^{n}\nu_i + (l_1 + \cdots + l_j - n) \leqslant 2N-1$$

矛盾.

引理 10.12.7　设 $\varphi(\lambda,\overline{x})$ 由式(10.349)定义，$\varphi(\overline{x})$ 由式(10.350)定义，则

$$\deg(\varphi,\Gamma_n,\overline{0}) = (-1)^{n-1}, \overline{0} = (0,\cdots,0) \in \mathbf{R}^{n-1}$$

证 设 $\boldsymbol{c}(\boldsymbol{x},\lambda)$ 是极值问题(10.348)的唯一解 $M_\lambda(\boldsymbol{x},t)$ 的系数向量,易知(见引理 10.11.3 的证明)$\boldsymbol{c}(\boldsymbol{x},\lambda)$ 是 $\Gamma_n\times[0,1]$ 上的连续函数,从而 $\varphi(\lambda,\overline{x})$ 是$[0,1]\times\Gamma_n$ 上的连续函数,根据引理 10.12.6,存在 $\varepsilon>0$,使得对于一切 $0\leqslant\lambda\leqslant1$,非线性方程 $\varphi(\lambda,\overline{x})=\overline{0}$ 的一切临界点均落在 $\Gamma_{n,\varepsilon}$ 内,注意到当 $\lambda=0$ 时,$\|\cdot\|_\lambda=\|\cdot\|_2$,因而根据式(10.263)得

$$\deg(\varphi(0,\cdot)),\Gamma_{n,\varepsilon},\overline{0})=(-1)^{n-1}$$

由拓扑度的同伦不变性(拓扑度基本性质(iii)),得

$$\deg(\varphi(1,\cdot),\Gamma_{n,\varepsilon},\overline{0})=(-1)^{n-1}$$

从而

$$\begin{aligned}\deg(\varphi,\Gamma_n,\overline{0})&\equiv\deg(\varphi(1,\cdot),\Gamma_n,\overline{0})\\&=\lim_{\varepsilon\to0}\deg(\varphi(1\cdot),\Gamma_{n,\varepsilon},\overline{0})\\&=(-1)^{n-1}\end{aligned}$$

引理 10.12.8 设 $1\leqslant\nu_i\leqslant r-1$ 且 $\nu_i(i=1,\cdots,n)$ 全为偶数,则 $\varphi(\overline{x})$ 在临界点处是可微的,且

$$\operatorname{sgn}\det\left(\frac{\partial\varphi(\overline{x})}{\partial\overline{x}}\right)=(-1)^{n-1}$$

其中 $\varphi(\overline{x})$ 由式(10.350)定义.

证 设 $\boldsymbol{x}=(x_1,\cdots,x_n)$,$\boldsymbol{x}\in\Omega(\nu_1-1,\nu_2,\cdots,\nu_n)$ 是 $\varphi(\overline{x})=\overline{0}$ 的临界点,则

$\min\{\|M\|_\infty\mid M\in\widetilde{\mathscr{M}}_r(\boldsymbol{x},\nu_1-1,\nu_2,\cdots,\nu_n),x_1=0\}$ 的极小元

$$M(\boldsymbol{x},t)=c+\sum_{i=1}^{n}\sum_{j=0}^{\nu_i-1}c_{i,j}D_{r-j}(t-x_i)$$

满足条件 $c_{i,\nu_i-1}=0(i=2,\cdots,n)$,规定 $c_{1,\nu_i-1}=0$. 设 $\boldsymbol{h}=(h_1,\cdots,h_n)$,$\|\boldsymbol{h}\|$ 为其欧氏模,由 Taylor 展开得

$$M(\boldsymbol{x},t)=M_1(t)+o(\|\boldsymbol{h}\|) \qquad (10.351)$$

其中规定 $h_1=0$, $M_1(t)$ 可以表示为

$$M_1(t)=c+\sum_{i=1}^{n}\sum_{j=0}^{\nu_i-1}c_{i,j}(D_{r-j}(t-x_i-h_i)-h_iD_{r-j-1}(t-x_i-h_i))$$

显然 $M_1(t)\in\widetilde{\mathscr{M}}_r(\boldsymbol{x}+\boldsymbol{h},\nu_1-1,\nu_2,\cdots,\nu_n)$，令 $M(\boldsymbol{x}+\boldsymbol{h},t)$ 是 $\widetilde{\mathscr{M}}_r(\boldsymbol{x}+\boldsymbol{h},\nu_1-1,\nu_2,\cdots,\nu_n)$ 中具有最小一致范数，往证

$$\|M(\boldsymbol{x}+\boldsymbol{h},\cdot)-M_1(\cdot)\|_\infty=o(\|\boldsymbol{h}\|) \qquad (10.352)$$

设 $\{\xi_i\}(i=1,\cdots,2N)$ 是 $M(\boldsymbol{x},t)$ 的交错点

$$\sigma(-1)^iM(\boldsymbol{x},\xi_i)=b\overset{\text{df}}{=}\|M(\boldsymbol{x},\cdot)\|_\infty,\sigma\in\{-1,1\} \qquad (10.353)$$

由式(10.351)立即得

$$\sigma(-1)^iM_1(\xi_i)=b+o(\|\boldsymbol{h}\|),i=1,\cdots,2N \qquad (10.354)$$

将 $M(\boldsymbol{x},t)$ 表示为 $M(\boldsymbol{x},t)=D_r(t-x_1)-s_*(t)$，$s_*(t)\in S_{r-1}(\boldsymbol{x})$，根据定理 10.12.8，$s_*(t)$ 是 $D_r(t-x_1)$ 在 $\widetilde{S}_{r-1}(\boldsymbol{x})$ 中强唯一的最佳逼近元，根据(10.346)及定理 10.0.9，一切 $s\in\widetilde{S}_{r-1}(\boldsymbol{x})$，$\|s\|_\infty=1$，至少存在一个 ξ_i，使得 $s(\xi_i)\neq 0$，$i\in\{1,\cdots,2N\}$. 令

$$\alpha=\min_{\|s\|_\infty=1}\max_{1\leqslant i\leqslant 2N}(-1)^js(\xi_i)$$

则 α 是一个正连续函数在紧集上的最小值，因此存在 $c>0$，使得

$$\max_i(-1)^i\sigma s(\xi_i)\geqslant 2c\|s\|_\infty$$

$$\forall s\in\widetilde{S}_r(\boldsymbol{x}),\sigma\in\{-1,1\}$$

即对一切 $M \in \widetilde{\mathcal{M}}_r(x,\nu_1-1,\nu_2,\cdots,\nu_n)$ 成立

$$\max_{1\leqslant i\leqslant 2N}(-1)^i\sigma(M(\boldsymbol{x},\xi_i)-M(\xi_i))$$
$$\geqslant 2c\,\|M(\boldsymbol{x},\cdot)-M(\cdot)\|_\infty$$

由式(10.351)及连续性的讨论知只要 h 充分小,就有

$$\max_{1\leqslant i\leqslant 2N}(-1)^i\sigma(M_1(\boldsymbol{x},\xi_i)-M(\xi_i))$$
$$\geqslant c\,\|M_1(\cdot)-M(\cdot)\|_\infty \tag{10.355}$$

对一切 $M \in \widetilde{\mathcal{M}}_r(\boldsymbol{x},\nu_1-1,\nu_2,\cdots,\nu_n)$ 成立. 另一方面由 $M(\boldsymbol{x}+\boldsymbol{h},\cdot)$ 的定义及式(10.351)和(10.353)立即得

$$\|M(\boldsymbol{x}+\boldsymbol{h},\cdot)\|_\infty \leqslant \|M_1(\cdot)\|_\infty \leqslant b+o(\|\boldsymbol{h}\|) \tag{10.356}$$

根据式(10.354)和(10.356)得

$$(-1)^i\sigma M_1(\xi_i)-o(\|\boldsymbol{h}\|)\leqslant b$$
$$\leqslant(-1)^i\sigma M_1(\xi_i)+o(\|\boldsymbol{h}\|) \tag{10.357}$$

由式(10.357)得

$$(-1)^i\sigma(M_1(\xi_i)-M(\boldsymbol{x}+\boldsymbol{h},\xi_i))\leqslant o(\|\boldsymbol{h}\|)$$
$$i=1,\cdots,2N \tag{10.358}$$

由式(10.355)和(10.357)立即得式(10.352). 由式(10.351)和(10.352)知道 $M(\boldsymbol{x}+\boldsymbol{h},t)$ 可以表示为

$$\begin{aligned}M(\boldsymbol{x}+\boldsymbol{h},t)=c+\sum_{i=1}^{n}\sum_{j=0}^{\nu_i-2}&(c_{i,j}-h_ic_{i,j-1})\\ &D_{r-j}(t-x_i-h_i)-\\ &\sum_{i=1}^{n}c_{i,\nu_i-2}h_iD_{r-\nu_i+1}(t-x_i-h_i)+\\ &o(\|\boldsymbol{h}\|)\end{aligned}$$

其中约定 $c_{i,-1}=0(i=1,\cdots,n)$. 令

$$g_{h_i}(t)=\sum_{i=1}^{n}\sum_{j=0}^{\nu_i-2}(c_{i,j}-h_ic_{i,j-1})D_{r-j}(t-x_i-h_i)$$

则 $g_{h_i}(t)$ 对 $(b_2(x_2+h_2),\cdots,b_n(x_n+h_n))$（见式(10.349)和(10.350)）没有贡献，且

$$M(\boldsymbol{x}+\boldsymbol{h},t)=g_{h_i}(t)-\sum_{i=1}^{n}h_i c_{i,\nu_i-2}$$
$$D_{r-\nu_i+1}(t-x_i-h_i)+o(\|\boldsymbol{h}\|)$$

因此

$$\frac{\partial b_i}{\partial x_j}=-c_{i,\nu_i-2}\cdot\delta_{i,j},i,j=2,\cdots,n$$

根据推论 10.3.1，$c_{i,\nu_i-2}>0(i=1,\cdots,n)$，所以

$$\operatorname{sgn}\det\left(\frac{\partial\Phi}{\partial\overline{x}}\right)=(-1)^{n-1}$$

定理 10.12.9　设 $1<2[(\nu_i+1)/2]<r(i=1,\cdots,n)$，则极值问题

$$\inf\{\|M\|_\infty\mid M\in\widetilde{\mathscr{M}}_r^0(\nu_1,\cdots,\nu_n),x_1=0\}\tag{10.359}$$

的解是唯一的，且其极函数 $M^*(t)$ 由以下性质唯一刻画.

(i)$M^*(t)$ 在$[0,1)$内恰有 $2N$ 个交错点.

(ii)$M^*(t)$ 在系数满足条件

$$c_{i,\nu_i-1}>0,\nu_i\text{ 为奇数}$$
$$c_{i,\nu_i-1}=0,c_{i,\nu_i-2}>0,\nu_i\text{ 为偶数}$$

证　根据定理 10.12.3，定理 10.12.4，只需对一切 $\nu_i(i=1,\cdots,n)$ 全为偶数时证明非线性方程(10.350)仅有唯一解. 根据引理 10.12.7 得

$$\deg(\varphi(\overline{x}),\Gamma_n,\overline{0})=(-1)^{n-1}$$

根据引理 10.12.8，方程 $\varphi(\overline{x})=\overline{0}$ 在其一切临界点处可微并且

$$\operatorname{sgn}\det\varphi'(\overline{x})=(-1)^{n-1}$$

因而根据拓扑度的基本性质(i),方程 $\varphi(\bar{x})=\bar{0}$ 仅有唯一解,从而极值问题(10.359)仅有唯一解.

反之,如果某个单样条 $M^*(t)$ 以 $\{x_i\}(i=1,\cdots,n)$ 为 $\{\nu_i\}(i=1,\cdots,n)$ 重节点,$\nu_i(i=1,\cdots,n)$ 均为奇数,且 $M^*(t)$ 在一个周期内恰有 $2N$ 次交错(根据定理10.12.4,具有这种性质的单样条 $M^*(t)$ 存在),根据定理10.12.8,$M^*(t)$ 是 $\widetilde{\mathscr{M}}_r(\boldsymbol{x},\nu_1,\nu_2+1,\cdots,\nu_n+1)$ 中具有最小一致范数,从而 $M^*(t)$ 的节点组是方程(10.350)的临界点,由式(10.350)临界点的唯一性立即知 $M^*(t)$ 是极值问题(10.359)的解.

§13 周期单样条的代数基本定理

定义 10.13.1 设数组$(\nu_1,\cdots,\nu_n)$是 l 循环,当且仅当存在 $1\leqslant l<n$,使得数组

$$(\nu_1,\cdots,\nu_n)\equiv(\nu_{l+1},\cdots,\nu_n,\nu_1,\cdots,\nu_l)$$

由定义 10.13.1 知道,若$(\nu_1,\cdots,\nu_n)$的循环长度是 l,则$(\nu_{l+1},\cdots,\nu_n)$是$(\nu_1,\cdots,\nu_l)$的 $n/l-1$ 次完全重复,且 l 是产生这样重复的最小自然数.下面约定当 $l=n$ 时,称数组$(\nu_1,\cdots,\nu_n)$是非循环的.

定理 10.13.1 设 $1\leqslant\nu_i\leqslant r$,一切 $\nu_i(i=1,\cdots,n)$ 均为奇数,$(\nu_1,\cdots,\nu_n)$的循环长度为 l,令

$$2L=\sum_{i=1}^{l}(\nu_i+1) \tag{10.360}$$

则对任意给定的 $t_1<\cdots<t_{2N}<1+t_1$,恰存在 $2L$ 个周期单样条 $M_j(t)\in\widetilde{\mathscr{M}}_r(\nu_1,\cdots,\nu_n)$(见式(10.270))使得

$$M_j(t_i)=0, i=1,\cdots,2N, j=1,\cdots,2L \tag{10.361}$$

证　不妨设 $t_1=0$,先考虑 $1\leqslant \nu_i\leqslant r-2(i=1,\cdots,n)$ 的情况. 首先证明至少有 $2L$ 个单样条 $M_j(t)\in\widetilde{\mathscr{M}}_r(\nu_1,\cdots,\nu_n)$ 满足式(10.361),根据引理10.12.1,只需对特别选择的点组

$$t_i^*=\frac{i-1}{2N}, i=1,\cdots,2N$$

证明至少有 $2L$ 个单样条 $M_j(t)\in\widetilde{\mathscr{M}}_r(\nu_1,\cdots,\nu_n)$,使得

$$M_j(t_i^*)=0, i=1,\cdots,2N, j=1,\cdots,p, p\geqslant 2L \tag{10.362}$$

设 $(\nu_1,\cdots,\nu_n)$ 非循环,此时 $2L=2N$,根据引理10.12.1,存在 $M_1(t)\in\widetilde{\mathscr{M}}_r(\nu_1,\cdots,\nu_n)$ 满足式(10.362),将 $M_1(t)$ 平移 $\frac{j-1}{2N}$, $j=2,\cdots,2N$,则可再得到 $2N-1$ 个 $M_j(t)\in\widetilde{\mathscr{M}}_r(\nu_1,\cdots,\nu_n)$ 满足式(10.362)

下证这 $2N$ 个 $M_j(t)$ 互不相同,$n=1$ 时不待证,因为此时 $M_j(t)$ 的节点位置各不相同. 设 $n\geqslant 2$,如果存在两个单样条 $M_{j_1}(t)$,$M_{j_2}(t)$,使得

$$M_{j_1}(t)\equiv M_{j_2}(t), 1\leqslant j_1,j_2\leqslant 2N, j_1\neq j_2$$

不妨设 $M_{j_1}(t)$ 在 $[0,1)$ 中节点的重数依次为 $\nu_1,\cdots,\nu_n$,$M_{j_2}(t)$ 在 $[0,1)$ 中节点的重数依次为 $\nu_{q+1},\cdots,\nu_n,\nu_1,\cdots,\nu_q$,$1\leqslant q<n$,因为 $M_j(t)(j=2,\cdots,2N)$ 是由 $M_1(t)$ 平移而得到的,故它们由其节点位置唯一确定. 从而 $M_{j_1}(t)\equiv M_{j_2}(t)$ 当且仅当它们的节点位置完全重合,因而

$$(\nu_1,\cdots,\nu_n)=(\nu_{q+1},\cdots,\nu_n,\nu_1,\cdots,\nu_q)$$

从而 $(\nu_1,\cdots,\nu_n)$ 的循环长度不大于 $q<n$,矛盾.

再考虑$(\nu_1,\cdots,\nu_n)$的循环长度为$l<n$的情况.记$s=n/l$,此时由上面的讨论知存在$2L$个以$x_1,\cdots,x_l\left(x_1<\cdots<x_l<\frac{1}{s}+x_1\right)$为$\nu_1,\cdots,\nu_l$重节点的以$\frac{1}{s}$为周期的单样条$\overline{M}_j(t)$满足条件

$$\overline{M}_j\left(\frac{i-1}{2Ns}\right)=0,i=1,\cdots,2N,j=1,\cdots,2L$$

令$M_j(t)=\overline{M}_j(t/s)$,则$M_j(t)(j=1,\cdots,2L)$即为满足式(10.362)的$2L$个不同的周期单样条,因此至少有$2L$不同的单样条$M_j(t)\in\widetilde{\mathcal{M}}_r(\nu_1,\cdots,\nu_n)$满足式(10.361).

再证至多有$2L$个$M_j(t)\in\widetilde{\mathcal{M}}_r(\nu_1,\cdots,\nu_n)$满足式(10.361)不然的话根据引理10.12.2存在$P>2L$个单样条$\overline{\overline{M}}_j(t)\in\widetilde{\mathcal{M}}_r(\nu_1,\cdots,\nu_n)$,使得

$$\begin{cases}\overline{\overline{M}}_j(\xi_i^{(j)})=(-1)^{\sigma+i}\|\overline{\overline{M}}_j(\cdot)\|_\infty,i=1,\cdots,2N,\\ j=1,\cdots,P\\ \overline{\overline{M}}_j(0)=0\end{cases} \tag{10.363}$$

但另一方面根据定理10.12.9,存在唯一的单样条$M(t)\in\widetilde{\mathcal{M}}_r(\nu_1,\cdots,\nu_n)$,$M(t)$以$x_i$为$\nu_i(i=1,\cdots,n,x_1=0)$重节点,满足交错条件

$$M(\xi_i)=(-1)^{i+\sigma}\|M\|_\infty,i=1,\cdots,2N,\sigma\in\{-1,1\}$$

这样由平移可以生成$2N$个单样条$M_j(t)\in\widetilde{\mathcal{M}}_r(\nu_1,\cdots,\nu_n)$满足条件

$$\begin{cases}M_j(\xi_i^{(j)})=(-1)^{i+\sigma}\|M_j(\cdot)\|_\infty=(-1)^{i+\sigma}\|M(\cdot)\|_\infty\\ M_j(0)=0\end{cases}$$

显然这个 $2N$ 个单样条中至多有 $2L$ 个互不相同，从而至多有 $2L$ 个单样条 $\overline{\overline{M}}_j(t) \in \widetilde{\mathscr{M}}_r(\nu_1, \cdots, \nu_n)$ 满足式(10.363)，矛盾，于是当 $1 \leqslant \nu_i \leqslant r-2(i=1,\cdots,n)$ 时，定理 10.13.1 成立.

再考虑至少有某一个 $\nu_i = r$ 的情况，不妨设仅有一个 $\nu_i = r$，因为 ν_i 为奇数，所以根据式(10.86) 节点 x_i 必为 $M(t) \in \widetilde{\mathscr{M}}_r(\nu_1, \cdots, \nu_n)$ 的零点，如$(\nu_1, \cdots, \nu_n)$ 非循环，考虑区间 $[t_j, 1+t_j](j=1,\cdots,2N)$ 上由定理 10.3.4 唯一确定的 $2N$ 个单样条 $M_j(t) \in \mathscr{M}_r(\nu_1, \cdots, \nu_{i-1}, \nu_{i+1}, \cdots, \nu_n)$ 满足条件

$$M_j(t_i) = 0, i = j, \cdots, 2N+j-1, j = 1, \cdots, 2N$$

其中 $t_{2N+j} = 1 + t_j, j = 1, \cdots, 2N-1$. 因为此时 r 为奇数，t_j 为 $M_j(t)$ 的间断零点，所以可以将 $M_j(t)$ 以 1 为周期延拓(仍记为 $M_j(t)$)，则 $t_j \overset{\text{df}}{=\!=} x_i$ 为 $M_j(t)$ 的 $\nu_i = r$ 重节点，从而 $M_j(t)(j=1,\cdots,2N)$ 即为所求的 $2N$ 个单样条.

当$(\nu_1, \cdots, \nu_n)$ 的循环长度为 $1 \leqslant l < n$ 时，可根据前面处理 $1 \leqslant \nu_i \leqslant r-2(i=1,\cdots,n)$ 时所用的方法，按上述论证类似处理.

如 $1 \leqslant \nu_i \leqslant r-1(i=1,\cdots,n)$，且至少有一 $\nu_i = r-1$，不妨设仅有一个 $\nu_i = r-1$，且$(\nu_1, \cdots, \nu_n)$ 非循环，此时

$$2N = r + \sum_{j=1}^{i-1}(\nu_j + 1) + \sum_{j=i+1}^{n}(\nu_i + 1)$$

根据定理 10.3.4，存在 $\overline{M}_j, \overline{\overline{M}}_j \in \mathscr{M}_r(\nu_{i+1}, \cdots, \nu_n, \nu_1, \cdots, \nu_{i-1})$ 满足条件

$$\overline{M}_j(t_j) = 0, i = j, \cdots, 2N+j-1, j = 1, \cdots, 2N$$

$\overline{\overline{M}}_j(1+t_i)=0, i=j,\cdots,2N+j-1, j=1,\cdots,2N$

其中 $t_{2N+j}=1+t_j, j=1,\cdots,2N-1$. 因为此时 r 为偶数,所以 $\overline{M}_j(t),\overline{\overline{M}}_j(t)$ 在 (t_{2N+j-1},t_j+1) 中恰有一个交点,记其为 x_i,令

$$M_j(t)=\begin{cases}\overline{M}_j(t), t\in[t_j,x_i)\\ \overline{\overline{M}}_j(t), t\in[x_i,1+t_j)\end{cases}$$

则 $M_j(t_j)=M_j(1+t_j)=0$,所以可以将 $M_j(t)$ 以 1 为周期延拓,显然 x_i 为 $M_j(t)$ 的 $\nu_i=r-1$ 重节点,因而 $M_j(t)\in\widetilde{\mathcal{M}}_r(\nu_1,\cdots,\nu_n)$ 满足式(10.361),故 $M_j(t)(j=1,\cdots,2N)$ 即为所求的单样条.

附注 10.13.1 若 $\nu_1=\cdots=\nu_n=\rho\leqslant r,\rho$ 为奇数,则循环长度为 1,根据定理 10.3.1,此时恰有 $\rho+1$ 个单样条 $M_j(t)\in\mathcal{M}_r(\nu_1,\cdots,\nu_n)(j=1,\cdots,\rho+1)$ 满足式(10.361),特别当 $\nu_1=\cdots=\nu_n=1$ 时得到了 Zensykbaev[14] 的结果.

定理 10.13.2[14] 设 $\nu_1=\cdots=\nu_n=1, r=1,2,\cdots$,则对任意给定的点组 $t_1<\cdots<t_{2n}<1+t_1$,恰使存在两个单样条 $M_1(t),M_2(t)\in\widetilde{\mathcal{M}}_r(\nu_1,\cdots,\nu_n)$,满足条件

$$M_j(t_i)=0, i=1,\cdots,2N, j=1,2$$

且

$$\operatorname{sgn} M_1(t)=-\operatorname{sgn} M_2(t)$$

附注 10.13.2 处理周期重节点(至少有一个 $\nu_i>1$)代数基本定理时($1\leqslant\nu_i\leqslant r-2, i=1,\cdots,n$)应用证明非周期代数基本定理时所用的归纳法遇到了本质的困难,同时和周期单节点单样条的代数基本定理(定理 10.13.2)相比在确定满足式(10.361)的单样条的个数上,应用的方法也有本质的不同.

Zensykbaev[14] 在证明定理 10.3.2 时利用两个单节点的单样条的差不能有太多的零点这一事实，从而证得至多有两个单样条 $M_j(t) \in \widetilde{\mathcal{M}}_r(\nu_1,\cdots,\nu_n)(\nu_1=\cdots=\nu_n=1)$ 满足式(10.361)，但这种方法在处理重节点的单样条的代数基本定理时不再有效了. 定理 10.13.1 的证明中用道路提升定理证明了满足式(10.361)的周期单样条的存在性，用拓扑度理论确定了满足式(10.361)的单样条的个数估计.

下面讨论具有一个偶数重节点的周期单样条的代数基本定理. 设 $1 \leqslant k \leqslant n$ 固定，令

$$M(b,t)=c+\sum_{i=1}^{n}\sum_{j=0}^{\nu_i-1}c_{i,j}D_{r-j}(t-x_i)+ bD_{r-\nu_k}(t-x_k) \tag{10.364}$$

根据定理 10.13.1，用连续变形的方法(见[28])，资料[56]证得了和非周期情况类似的结果.

定理 10.13.3[56]　设 $\nu_i(i=1,\cdots,n)$ 均为奇数，$1 \leqslant \nu_i \leqslant r(i \in \{1,\cdots,n\}\backslash\{k\})$，$1 \leqslant \nu_k \leqslant r-1$，$2N=\sum_{i=1}^{n}(\nu_i+1)$，$(\nu_1,\cdots,\nu_n)$ 的循环长度为 l，$2L=\sum_{i=1}^{l}(\nu_j+1)$，则对任意给定的点组 $t_1<\cdots<t_{2N}<1+t_1$ 及任意给定的实数 b，存在形如式(10.364)的 r 次周期单样条 $M_j(b,t) \in \widetilde{\mathcal{M}}_r(\nu_1,\cdots,\nu_{k-1},\nu_k+1,\nu_{k+1},\cdots,\nu_n)$，使得

$$M_j(b,t_i)=0, i=1,\cdots,2N, j=1,\cdots,2L$$

附注 10.13.3　由定理 10.13.3 立即知，如果某一个 $\nu_i, i \in \{1,\cdots,n\}$ 为偶数，那么对任意给定的 $t_1<\cdots<t_{2N}<1+t_1$，存在无穷多个 $M(t) \in \widetilde{\mathcal{M}}_r(\nu_1,\cdots,\nu_n)$，使得

$$M(t_i)=0, i=1,\cdots,2N$$

因而定理 10.13.1 及定理 10.13.3 是 Micchelli 的非周期单样条代数基本定理的周期推广.

根据定理 10.3.3,资料[56]证明了当 b 单调变化时相应的单样条 $M_j(b,t)$ 的绝对值也单调变化,而极限函数 $\lim\limits_{b\to\pm\infty} M_j(b,t) \stackrel{\text{df}}{=} M_{j,\pm}(t)$ 即为具有奇数重节点的 r 次周期单样条,从而得到了两个不同的奇数重周期单样条点态的比较定理.

定理 10.13.4[56] 设 $1\leqslant \nu_i \leqslant r(i=1,\cdots,n)$ 均为奇数,且 $(\nu_1,\cdots,\nu_n)$ 的循环长度为 l,则对任意给定的 $t_1<\cdots<t_{2N}<1+t_1$,$M_j(b_1,t_i)=0$,$M_j(b_2,t_i)=0$ $(i=1,\cdots,2N)$,成立:

(i) 当 $b_1>b_2\geqslant 0$ 或 $b_1<b_2\leqslant 0$ 时

$$|M_j(b_2,t)|\leqslant |M_j(b_1,t)|,j=1,\cdots,2L,t\in[0,1)$$

(ii) 若 $\nu_k+\nu_{k+1}+1\leqslant r$,$M_{j,+}(t)\stackrel{\text{df}}{=}\lim\limits_{b\to+\infty} M_j(b,t)\in \widetilde{\mathscr{M}}_r(\nu_1,\cdots,\nu_{k-1},\nu_k+\nu_{k+1}+1,\nu_{k+2},\cdots,\nu_n)$ 满足条件 $M_{j,+}(t_i)=0$,$i=1,\cdots,2N$,则对任何 $b\geqslant 0$ 均成立不等式

$$|M_j(b,t)|\leqslant |M_{j,+}(t)|,j=1,\cdots,2L,t\in[0,1)$$

若 $\nu_{k-1}+\nu_k+1\leqslant r$,$M_{j,-}(t)\stackrel{\text{df}}{=}\lim\limits_{b\to-\infty} M_j(b,t)\in \widetilde{\mathscr{M}}_r(\nu_1,\cdots,\nu_{k-2},\nu_{k-1}+\nu_k+1,\nu_{k+1},\cdots,\nu_n)$ 满足 $M_{j,-}(t_i)=0$,$i=1,\cdots,2N$,则对任何 $b\leqslant 0$ 均成立不等式

$$|M_j(b,t)|\leqslant |M_{j,-}(t)|,j=1,\cdots,2L,t\in[0,1)$$

其中 $2N\stackrel{\text{df}}{=}\sum\limits_{i=1}^{n}(\nu_i+1)$,$2L\stackrel{\text{df}}{=}\sum\limits_{i=1}^{l}(\nu_i+1)$.

由定理 10.13.1 及定理 10.13.4 立即得:

定理 10.13.5 设$1\leqslant\nu_i\leqslant r$，且$\nu_i,\rho_{i,j}(i=1,\cdots,n,j=1,\cdots,\mu_i)$均为奇数

$$\nu_i+1=\sum_{i=1}^{\mu_i}(\rho_{i,j}+1),2N=\sum_{i=1}^{n}(\nu_i+1)$$

数组$(\rho_{11},\cdots,\rho_{1,\mu_1},\cdots,\rho_{n,1},\cdots,\rho_{n,\mu_n})$非循环，给定点组$t_1<\cdots<t_{2N}<1+t_1$，则对任意给定的$M\in\mathscr{M}_r(\nu_1,\cdots,\nu_n)$满足条件

$$M(t_i)=0,i=1,\cdots,2N$$

必定存在$R(t)\in\widetilde{\mathscr{M}}_r(\rho_{11},\cdots,\rho_{1,\mu_1},\cdots,\rho_{n,1},\cdots,\rho_{n,\mu_n})$，使得

$$|R(t)|\leqslant|M(t)|,\forall t\in[0,1)$$
$$\|R(\cdot)\|_q<\|M(\cdot)\|_q,1\leqslant q\leqslant+\infty$$

§14 $\widetilde{W}_1^r$ 上$(\nu_1,\cdots,\nu_n)$型最优求积公式的存在唯一性

定理 10.14.1 设$2[(\nu_{i+1})/2]<r(i=1,\cdots,n)$，则极值问题

$$\inf\{\|M\|_\infty,M\in\widetilde{\mathscr{M}}_r(\nu_1,\cdots,\nu_n),x_1=0\} \tag{10.365}$$

存在唯一解$M_*(t)$，且$M_*(t)$由以下性质唯一刻画：

(i)$M_*(t)$在$[0,1)$上有$2N$个交错点.

(ii)$M_*(t)$的系数满足条件：

$$\begin{cases}c_{i,j}>0,j=0,2,\cdots,\nu_i-1,\nu_i\text{ 为奇数}\\ c_{i,\nu_i-1}=0,c_{i,j}>0,j=0,2,\cdots,\nu_i-2,\nu_i\text{ 为偶数}\end{cases}$$

证 首先证明解的存在性. 根据定理10.10.6，只

需考虑$(\nu_1,\cdots,\nu_n)$非循环的情况. 根据定理 10.12.3,不妨设一切$\nu_i\in\{\nu_i\}(i=1,\cdots,n)$均为偶数. 设$\{\boldsymbol{x}_k\}$为极值问题(10.365)的最小化序列,则$\{\|M(\boldsymbol{x}_k,\cdot)\|_\infty\}$一致有界,根据定理 10.4.2 存在$\boldsymbol{x}\in\overline{\Omega}(\nu_1,\cdots,\nu_n)$及$\{\boldsymbol{x}_k\}$的子序列使得$\lim\limits_{j\to+\infty}\|\boldsymbol{x}_{k_j}-\boldsymbol{x}\|=0$,且

$$\lim_{j\to+\infty}\|M(\boldsymbol{x}_{k_j},\cdot)\|_\infty=\|M(\boldsymbol{x},\cdot)\|_\infty$$

其中

$$\boldsymbol{x}=\{(x_1,\rho_1),\cdots,(x_m,\rho_m)\}$$

往证$m=n$. 若$m<n$,则存在$\rho_i=\nu_i+\cdots+\nu_{i+s},s\geqslant 1$注意到引理 10.8.1 对周期单样条类也成立,所以$\rho_i<r(i=1,\cdots,m)$. 从而根据定理 10.12.2,$M(\boldsymbol{x},t)$在$[0,1)$中有$2N\overset{\text{df}}{=}\sum\limits_{i=1}^{n}(\nu_i+\sigma_i)$个零点,而根据定理 10.12.3,$M(\boldsymbol{x},t)$的$m$个节点的重数均为奇数,即$M(\boldsymbol{x},t)\in\widetilde{\mathscr{M}}_r(\rho_1-1,\cdots,\rho_m-1)$,因此根据定理 10.13.5,存在$M(t)\in\widetilde{\mathscr{M}}_r(\nu_1-1,\cdots,\nu_n-1)$,使得

$$\|M(\cdot)\|_\infty<\|M(\boldsymbol{x},\cdot)\|_\infty$$

矛盾,所得矛盾表明$m=n$,从而极值问题(10.365)有解. 根据定理 10.12.2 和定理 10.12.3,$M(\boldsymbol{x},t)\in\widetilde{\mathscr{M}}_r^0(\nu_1-1,\cdots,\nu_n-1)$,且$M(\boldsymbol{x},t)$满足(i),(ii). 再由定理 10.12.9 知极值问题(10.365)的解唯一,定理 10.14.1 成立.

定理 10.14.2 设$2[(\nu_{i+1})/2]<r(i=1,\cdots,n)$,则$\widetilde{W}_1^r$上$(\nu_1,\cdots,\nu_n)$型最优求积公式存在、唯一,且最优系数满足条件

$$\begin{cases} a_{i,j} > 0, j = 0, 2, \cdots, \nu_i - 1, \nu_i \text{ 为奇数} \\ a_{i,\nu_i - 1} = 0, a_{i,j} > 0, j = 0, 2, \cdots, \nu_i - 2, \nu_i \text{ 为偶数} \end{cases}$$

证 根据定理 10.1.1 和定理 10.14.1 即得.

附注 10.14.1 结合定理 10.6.2,定理 10.10.7,定理 10.11.4,定理 10.14.1,特别得到下面的定理 10.14.3.下面对这一定理 $1 < p < +\infty$ 的情况再给出另一种证明.

定理 10.14.3 在周期单样条类 $\widetilde{\mathscr{M}}_{r,N}$ 中,即在一切形如

$$M(t) = c + \sum_{i=1}^{n} \sum_{j=0}^{\nu_i - 1} c_{i,j} D_{r-j}(t - x_i)$$

$$\sum_{i=1}^{n} c_{i,0} = 1, \sum_{i=1}^{n} \nu_i \leqslant N$$

的单样条中,等距节点的单样条

$$M_*(t) = N^{-r}(D_r(Nt) - c_{r,p})$$

是 $\widetilde{\mathscr{M}}_{r,N}$ 中唯一的(在平移视为同一的意义下)具有最小 $L^p(1 \leqslant p \leqslant +\infty)$ 范数,即

$$\inf\{ \| M \|_p \mid M \in \widetilde{\mathscr{M}}_{r,N} \} = \| M_* \|_p = N^{-r} K_{r,p} \tag{10.366}$$

其中 $c_{r,p}$ 由等式

$$\| D_r(\cdot) - c_{r,p} \|_p = \inf_c \| D_r(\cdot) - c \|_p \stackrel{\mathrm{df}}{=\!=} K_{r,p}$$

唯一确定.

证 根据定理 10.4.3,$\widetilde{\mathscr{M}}_{r,N}$ 是 $L^p(1 \leqslant p \leqslant +\infty)$ 中的闭集,因而存在 $M_* \in \widetilde{\mathscr{M}}_r(\nu_1, \cdots, \nu_n) \subset \widetilde{\mathscr{M}}_{r,N}$,$\sum_{i=1}^{n} \nu_i \leqslant N$ 使得 $M_*(t)$ 达到式(10.366)中的下确界,根据定理 10.5.2,一切 $\nu_i (i = 1, \cdots, n)$ 均为奇数,根据

定理 10.5.2,$M_*(t)$ 满零点,且其一切零点均为单零点,于是

$$S^-(M_*[0,1))=Z(M_*,[0,1))=\sum_{i=1}^{n}(\nu_i+1)\xlongequal{\text{df}}\tilde{\nu}$$

首先证一切 $\nu_i=1(i=1,\cdots,n,n=N)$. 否则根据定理 10.13.2,存在 $\overline{M}\in\widetilde{\mathcal{M}}_r(\nu_1^0,\cdots,\nu_k^0)$,$\nu_1^0=\cdots=\nu_k^0=1$ 使得

$$\overline{M}(t_i)=0,i=1,2,\cdots,\tilde{\nu}$$

$$\operatorname{sgn}\overline{M}(t)=\operatorname{sgn}M_*(t),t\in[0,1)$$

因为

$$k\xlongequal{\text{df}}\frac{\tilde{\nu}}{2}=\frac{1}{2}\sum_{i=1}^{n}(\nu_i+1)\leqslant\sum_{i=1}^{n}\nu_i\leqslant N$$

从而 $\overline{M}(t)\in\widetilde{\mathcal{M}}_{r,N}$. 往证

$$|\overline{M}(t)|\leqslant|M_*(t)|,\forall t\in[0,1)\tag{10.367}$$

若存在 $t_0\in[0,1)$,使得 $|\overline{M}(t_0)|>|M_*(t_0)|$,令

$$G(t)=M_*(t)-\beta\overline{M}(t)$$

其中 $\beta=M_*(t_0)/\overline{M}(t_0)\in(0,1)$,则有

$$S^-(G,[0,1))\geqslant\bar{\nu}+1=\sum_{i=1}^{n}(\nu_i+1)+1$$

另一方面,令 $X_{r-1}=\{x_i\mid\nu_i>1\}$,$Z_{r-1}=[0,1)\backslash X_{r-1}n_0=n-|X_{r-1}|$,其中 $\{x_i\}(i=1,\cdots,n)$ 表示 $M_*(t)$ 的节点,根据引理 10.5.3 得

$$S^-(G^{(r-1)},Z_{r-1})\leqslant 2n-|X_{r-1}|=n+n_0$$

再根据引理 10.5.4 得

$$S^-(G^{(r-1)},[0,1))\leqslant n+n_0+\sum_{i=1}^{n}\nu_i-n_0$$

$$=\sum_{i=1}^{n}(\nu_i+1)$$

矛盾，所得矛盾表明式(10.367)成立. 因为 $\operatorname{mes} E(\overline{M} \neq M_*) > 0$，所以由式(10.367)得

$$\| \overline{M}_p \| < \| M_* \|_p (^{①} 1 \leqslant p < +\infty)$$

从而证得 $M_*(t)$ 的一切节点均为单节点，即 $M_*(t)$ 形如

$$M_*(t) = c + \sum_{i=1}^{N} c_i D_r(t - x_i), \sum_{i=1}^{N} c_i = 1$$

下证 $M_*(t)$ 的节点必是等距分布的. 设[②] $1 < p < +\infty, r \geqslant 2, M_*(t)$ 的节点 $\{x_i\}(i=0,\cdots,N-1)$ 不是等距分布的，设

$$0 = x_0 < x_1 < \cdots < x_N = 1$$

则

$$\delta = \min_{1 \leqslant i \leqslant N} \{x_i - x_{i-1}\} < \frac{1}{N} \qquad (10.368)$$

不妨设

$$x_1 - x_0 = x_1 = \delta, x_2 - x_1 > \delta$$

因为 $M_*(t)$ 是极值问题(10.366)的解，因而根据定理10.5.1，引理10.5.2，存在 $F(x)$，使得

$$F^{(r)}(t) = (-1)^r \mid M_*(t) \mid^{p-1} \operatorname{sgn} M_*(t) \qquad (10.369)$$

$$F(x_k) = F'(x_k) = 0, k = 1, \cdots, N \quad (10.370)$$

$$F(x) > 0, x \neq x_k, k = 1, \cdots, N \quad (10.371)$$

$$F^{(j)}(1) = F^{(j)}(0), j = 0, 1, \cdots, r-1$$

令 $M_1(t) = M_*(t+\delta), F_1(t) = F(t+\delta)$，则 $M_1(t)$ 以

---

① 用证定理10.8.8的方法可证 $p = +\infty$ 的情况.

② $p=1, p=+\infty$ 的情况见定理10.11.5，定理10.14.3；$r=1$ 的情况见定理10.1.4.

$0 < y < \cdots < y_N = 1$ 为节点,其中

$$y_i = x_{i+1} - \delta, i = 0, \cdots, N-1, x_N = 1$$

因而

$$x_i \leqslant y_i < x_{i+1}, i = 1, \cdots, N-1 \quad (10.372)$$

特别

$$0 < x_1 < y_1 < x_2 \quad (10.373)$$

令

$$h(t) = M_1(t) - M_*(t), H(t) = F_1(t) - F_*(t)$$

设 l 表示 $M_*(t)$ 和 $M_1(t)$ 共同的节点数,则

$$h(t) = \sum_{i=1}^{N} c_i D_r(t - x_i) - \sum_{i=1}^{N} c_i D_r(t + x_1 - x_i)$$
$$\overset{\text{df}}{=} \sum_{i=1}^{2N-l} b_i D_r(t - w_i)$$

其中 $\sum_{i=1}^{2N-p} b_i = 0$. $h(t)$ 有 $2N - l$ 个节点, 以 $0 < z_1 < \cdots < z_l = 1$ 表示 $M_*(t)$ 和 $M_1(t)$ 共同的节点,以 l_i 表示 $M_*(t)$ 落在区间(z_{i-1}, z_i) 内部的节点的个数,这里 $z_0 \overset{\text{df}}{=} 0$.

把区间集 $I_i \overset{\text{df}}{=} (z_{i-1}, z_i)(i = 1, \cdots, l)$ 分成三个部分,令

$$C = \{I_i \mid l_i > 0\}$$
$$D = \{I_i \mid l_i = 0 \text{ 且 } t \in I_i \text{ 时}, H(t) \neq 0\}$$
$$E = \{I_i \mid l_i = 0 \text{ 且 } t \in I_i \text{ 时}, H(t) \neq 0\}$$

则

$$|C| + |D| + |E| = l \quad (10.374)$$

根据式(10.373),$I_1 \in C$,所以

$$|C| \geqslant 1 \quad (10.375)$$

因为 $M_*(t)$ 有 $N - l$ 个节点和 $z_i (i = 1, \cdots, l)$ 不

一致,所以

$$\sum_{l_i \in C} l_i = N - l \qquad (10.376)$$

根据式(10.369)有

$$H^{(r)}(t) = (-1)^r \{ | M_1(t) |^{p-1} \operatorname{sgn} M_1(t) - | M_*(t) |^{p-1} \operatorname{sgn} M_*(t) \}$$

因而 $H^{(r)}(t)$ 的变号和 $h(t)$ 一致,且当 $t \in I_i, I_i \in E$ 时,$h(t) \equiv 0$,因而根据式(10.374)及 Rolle 定理得

$$\begin{aligned} S^-(H'', (0,1]) &= S^-(H^{(r)}, (0,1]) = S^-(h, (0,1]) \\ &\leqslant^{①} 2\left[\frac{1}{2}(2N - l - \lambda)\right] \\ &\leqslant 2\left[\frac{1}{2}(2N - l - | E |)\right] \\ &= 2\left[\frac{1}{2}(2N - 2l + | C | + | D |)\right] \end{aligned} \qquad (10.377)$$

其中 λ 表示在区间 I_i 上 $h^{(r-2)}(t)$ 恒为常数的区间 I_i 的个数. 根据式(10.370)得

$$H(z_i) = H'(z_j) = 0, j = 1, \cdots, l \quad (10.378)$$

所以根据 Rolle 定理得

$$S^-(H'', I_i) \geqslant 2, I_i \in D \qquad (10.379)$$

根据式(10.370)和(10.371)当 x 是 $M_*(t)$ 的节点但不是 $M_1(t)$ 的节点时,$H(x)$ 取正值,当 x 是 $M_1(t)$ 的节点但不是 $M_*(t)$ 的节点时 $H(x)$ 取负值,因而由式(10.372)及(10.378)得

$$S^-(H'', I_i) \geqslant 2l_i + 1, I_i \in C \quad (10.380)$$

根据式(10.376),(10.379)和(10.380)得

---

① $[a]$ 表示实数 a 的整数部分.

$$S^-(H'',[0,1)) \geqslant \sum_{l_i \in C}(2l_i+1)+\sum_{l_i \in D}2$$
$$=2(N-l)+|C|+2|D| \tag{10.381}$$

对比式(10.381)及(10.377)推得 $|D|=0$，$|C|$ 为偶数，且式(10.380)中等号成立. 再由 D 为空集知

$$S^-(H'',I_i)=2l_i+1, I_i \in C \tag{10.382}$$

成立. 根据式(10.375)，C 非空，所以 C 中至少包含两个区间，根据式(10.373)，其中之一为$(0,z_1)$. 设 C 中的在$(0,z_1)$的右边的第一个区间为(u,v)，则 $0<z_1 \leqslant u<v$，且如 $z_1<u$ 则当 $t \in [z_1,u]$ 时，$H(t) \equiv 0$. 根据式(10.370)，(10.372)和(10.382)在 z_1 及 u 的右邻域内 $H(t)>0$，所以由式(10.378)知在这些点的右邻域内 $H''(t)>0$，另一方面根据式(10.382)，$S^-(H'',I_i)$ 为奇数，所以在 z_1 的某个左邻域内 $H''(t)<0$，于是 $H''(t)$ 至少还有一个变号点不包括在刚才所考虑的范围之内，因此由式(10.382)及 $|D|=0$ 推得

$$S^-(H'',(0,1]) \geqslant \sum_{l_i \in C}(2l_i+1)+1$$
$$=2(N-l)+|C|+1 \tag{10.383}$$

式(10.383)和(10.377)矛盾，所得矛盾表明式(10.368)不成立. 从而 $M_*(t)$ 的节点是等距分布的，且 $1+(t) \equiv 0$，于是 $h(t) \equiv 0$，即

$$h(t)=\sum_{i=1}^{N}c_iD_r\left(t-\frac{i}{N}\right)-\sum_{i=1}^{N}c_iD_r\left(t+\frac{1}{N}-\frac{i}{N}\right)$$
$$=\sum_{i=1}^{N}(c_i-c_{i+1})D_r\left(t-\frac{j}{N}\right) \equiv 0, c_{N+1} \xlongequal{\text{df}} c_1$$

由于 $\left\{D_r\left(t-\frac{i}{N}\right)\right\}(i=1,\cdots,N)$ 线性无关，所以

$$c_i = c_{i+1}, i = 1, \cdots, N$$

因为 $\sum_{i=1}^{N} c_i = 1$，所以 $c_i = \frac{1}{N}(i = 1, \cdots, N)$，从而

$$M_*(t) = \frac{1}{N}\sum_{i=1}^{N} D_r\left(t + \frac{1}{N}\right) - c_{r,p}$$

$$= \frac{1}{N^r} D_r(Nt) - c_{r,p}$$

其中 $c_{r,p}$ 由等式 $\inf_c \| D_r(\cdot) - c \|_p = \| D_r(\cdot) - c_{r,p} \|$ 唯一确定.

由求积公式和单样条的对应关系得：

定理 10.14.3　在一切求积公式

$$\int_0^1 f(t)\mathrm{d}t = \sum_{i=1}^{n}\sum_{j=0}^{\nu_i - 1} a_{i,j} f^{(j)}(x_i) + R(f)$$

$$\sum_{i=1}^{n} \nu_i \leqslant N, x_1 = 0$$

中，矩形求积公式

$$\int_0^1 f(t)\mathrm{d}t = \frac{1}{N}\sum_{i=1}^{N} f\left(\frac{i-1}{N}\right) + R(f)$$

是 $\widetilde{W}_q^r (1 \leqslant q \leqslant +\infty)$ 上唯一最优的求积公式，且最优误差

$$R_N(\widetilde{W}_q^r) = \frac{1}{N^r} K_{r,p}, \frac{1}{p} + \frac{1}{q} = 1$$

特别

$$R_N(\widetilde{W}_q^r) = \frac{1}{N_r} \| D_r \|_p$$

$$1 \leqslant p \leqslant +\infty, \frac{1}{p} + \frac{1}{q} = 1, r \text{ 为奇数}$$

$$R_N(\widetilde{W}_2^r) = \frac{\sqrt{2}}{(2\pi N)^r}\left(\sum_{k=1}^{+\infty} k^{-2r}\right)^{\frac{1}{2}}, r = 1, 2, \cdots$$

$$R_N(\widetilde{W}_\infty^r) = \frac{\mathcal{K}_r}{(2\pi N)^r}, r = 1, 2, \cdots$$

$$R_N(\widetilde{W}_1^r) = \frac{\pi \mathcal{K}_{r-1}}{2(2\pi N)^r}, r \text{ 为偶数}$$

$$R_N(\widetilde{W}_1^r) = \frac{1}{N^r} \sup_{a \leqslant t \leqslant 1} D_r(t), r \text{ 为奇数}$$

其中

$$\mathcal{K}_r = \frac{4}{\pi} \sum_{k=0}^{+\infty} \frac{(-1)^{k(r+1)}}{(2k+1)^{r+1}}$$

为 Favard 常数.

附注 10.14.2 在定理 10.14.3 的证明中令 $p \to 1$ 及 $p \to +\infty$,即知式(10.366)对 $p=1$ 及 $p=+\infty$ 也成立.从而在一切求积公式

$$\int_0^1 f(t)\mathrm{d}t = \sum_{i=1}^{n} \sum_{j=0}^{\nu_i - 1} a_{i,j} f^{(j)}(x_i) + R(f)$$

$$\sum_{i=1}^{n} \nu_i \leqslant N, x_1 = 0 \tag{10.384}$$

中,矩形求积公式

$$\int_0^1 f(t)\mathrm{d}t = \frac{1}{N} \sum_{i=1}^{N} f\left(\frac{i-1}{N}\right) + R(f)$$

是 $\widetilde{W}_\infty^r$ 及 $\widetilde{W}_1^r$ 上的最优求积公式,且在一切求积公式(10.384)中,矩形求积公式是 $\widetilde{W}_\infty^r$ 及 $\widetilde{W}_1^r$ 上唯一的最优求积公式.这两个结果分别见 Motorni[46] 及 Ligun[47,60,61].

§15 "削皮",$\widetilde{W^r H^\omega}$ 上的最优求积公式

设 $\omega(t)$ 为给定的上凸连续模,记

$$\widetilde{H}^{\omega}=\{f\in\widetilde{C}_{2\pi}\mid \omega(f,t)\leqslant\omega(t),\forall t\}$$

$$\widetilde{W^{r}H^{\omega}}=\{f\in\widetilde{C}_{2\pi}^{r}\mid f^{(r)}(t)\in\widetilde{H}^{\omega}\},r=1,2,\cdots$$

$$W^{0}H^{\omega}\overset{\mathrm{df}}{=\!=}H^{\omega}$$

$\widetilde{W^{r}H^{\omega}}$ 是比以 2π 为周期的 Sobolev 类 $\widetilde{W}_{\infty}^{r+1}$ 对函数更深刻、更细致的刻画($\omega(t)=t$ 时,$\widetilde{W}^{r}H^{\omega}\equiv\widetilde{W}_{\infty}^{r+1}$),当 $\omega(t)\neq kt(k>0)$ 时,$\widetilde{W}^{r}H^{\omega}$ 上的求积公式不能和单样条类建立一一对应关系,解决$\widetilde{W^{r}H^{\omega}}$ 上的最优求积公式问题需要新的方法、新的思想. 这一思想近似于“削皮”,它的意思是将函数类缩小为它的某个子类,使其尽可能结构清楚,便于研究. Н. П. Корнейчук[66] 首先用削皮的方法解决了由连续模控制的单变量及多变量的函数类上仅包含函数值的最优求积公式.

下面简单介绍一下$\widetilde{W^{r}H^{\omega}}$ 上的最优求积公式问题.

设 $\varphi(t),\psi(t)$ 为定义在$[-2\pi,2\pi]$上非减及非增的函数,它们仅以零为零点,对于任意给定的点组

$$\xi^{2n}=\{\xi_{1}<\cdots<\xi_{2n}<\xi_{1}+2\pi\}$$

考虑定义在$[\xi_{1},\xi_{1}+2\pi]$上的周期函数 $f_{\xi}(t)$,其中当 $t\in[\xi_{i},\xi_{i+1}]$ 时

$$f_{\xi^{2n}}(t)=\begin{cases}\min\{\varphi(t-\xi_{i}),\psi(\xi_{i+1}-t)\},i\text{ 为奇数}\\ \max\{\varphi(t-\xi_{i+1}),\psi(\xi_{i}-t)\},i\text{ 为偶数}\end{cases}$$

此时 $\xi_{2n+1}\overset{\mathrm{df}}{=\!=}\xi_{1}+2\pi$. $f_{\xi^{2n}}$ 称为以 ξ^{2n} 为节点的(φ,ψ)—完全样条. 以下为方便起见,将 $f_{\xi^{2n}}$ 简记为 f_{ξ}. 置

$$\widetilde{\mathscr{P}}_{2n}(\varphi,\psi)=\left\{f_{\xi^{2n}}(t)\ \Big|\ \int_{0}^{2\pi}f_{\xi^{2n}}(t)\mathrm{d}t=0\right\}$$

$$\widetilde{\mathscr{P}}_{r,2n}(\varphi,\psi)=\{f_{r,\xi}=a+B_{r}\cdot f_{\xi}\mid f_{\xi}\in\mathscr{P}_{2n}^{0}(\varphi,\psi)\}$$

其中 $r=1,2,\cdots,n=1,2,\cdots$

$$B_r(t)=\frac{1}{\pi}\sum_{\nu=1}^{+\infty}\nu^{-r}\cos\left(\nu t+\frac{1}{2}\pi r\right)$$

$\widetilde{\mathscr{P}}_{r,2n}(\varphi,\psi)$ 中的函数 $f_{r,\xi}$ 称为(r 次的)(φ,ψ) — 完全样条.

Motornyǐ 在 1974 发表了非常深刻的论文[46],他以拓扑为工具,建立了具有二重零点的(φ,ψ) — 完全样条代数基本定理(定理 10.15.1 中当 $\nu_1=\cdots=\nu_n=2$ 的情况),房艮孙以 Borsuk 不动点定理以及拓扑为工具,证得:

定理 10.15.1[46,86]((φ,ψ) — 完全样条代数基本定理) 设$(\nu_1,\cdots,\nu_n)$为给定的自然数组,$\max\limits_{1\leqslant i\leqslant n}\nu_i\leqslant r+1$,$\sum\limits_{i=1}^{n}\nu_i=2N$,则对任意给定的点组 $t_1<\cdots<t_n<t_1+2\pi$,存在 $f_{r,\xi}\in\widetilde{\mathscr{P}}_{r,2N}(\varphi,\psi)$,使得

$$f_{r,\xi}^{(j)}(t_i)=0,i=1,\cdots,n,j=0,1,\cdots,\nu_i-1$$

设 $\omega(t)$ 为给定的上凸连续模,当

$$-\psi(t)=\varphi(t)=\begin{cases}\dfrac{1}{2}\omega(2t),t\geqslant 0\\ -\dfrac{1}{2}\omega(-2t),\ t<0\end{cases}$$

时,记 $\widetilde{\mathscr{P}}_{r,2n}(\varphi,-\psi)=\widetilde{\mathscr{P}}_{r,2n}(\omega)$. 根据资料[62]

$$\widetilde{\mathscr{P}}_{r,2n}(\omega)\subset\widetilde{W^rH^\omega},r=0,1,2,\cdots$$

$\widetilde{\mathscr{P}}_{r,2n}(\omega)$ 中的函数称为 ω — 完全样条.

Motornyǐ[46] 利用 Korneichuk 建立的周期函数的 Σ 重排理论(见专著[62],[63])为工具,求得了 $\widetilde{\mathscr{P}}_{r,2n}(\omega)$ 中恰有 n 个二重零点(定理 10.15.1 中 $\nu_1=\cdots=\nu_n=2$ 的情况)的 ω — 完全样条子类上最小 L

范数问题的解. 房艮孙[86] 进一步推广了这一结果，建立了非负的 ω - 完全样条的 Σ 重排比较定理，从而求得了非负 ω - 完全样条类上最小 $L^q(1\leqslant q\leqslant+\infty)$ 范数问题的解.

定理 10.15.2　设 $n,r=1,2,3,\cdots,q\in[1,+\infty]$，则对于一切非负的 ω - 完全样条 $f(t)\in\widetilde{\mathscr{P}}_{r,m}(\omega)(m\leqslant n)$，$f(t)\not\equiv\beta+f_{r,n}(t+\nu)(\beta,\gamma\in\mathbf{R})$ 成立

$$\|f\|_q>\|f_{r,n}+\|f_{r,n}\|_\infty\|_q$$

其中 $f_{0,n}(\omega,t)\overset{\mathrm{df}}{=\!=}f_{0,n}(t)$ 是以 $\frac{2\pi}{n}$ 为周期的奇函数，在 $\left[0,\frac{\pi}{n}\right]$ 上由以下等式定义

$$f_{0,n}(t)=\begin{cases}\frac{1}{2}\omega(2t),0\leqslant t\leqslant\frac{\pi}{2n}\\ \frac{1}{2}\omega\left(2\left(\frac{\pi}{n}-t\right)\right),\frac{\pi}{2n}\leqslant t\leqslant\frac{\pi}{n}\end{cases}$$

$f_{r,n}(\omega,t)\overset{\mathrm{df}}{=\!=}f_{r,n}(t)(r=1,2,\cdots)$ 表示 $f_{0,n}(t)$ 的 r 次周期积分且周期平均值为零.

附注 10.15.1　当 $\omega(t)=t$ 时，定理 10.15.2 见 [47].

引理 10.15.1[64]　设 $r=1,3,5,\cdots,n=1,2,\cdots$，则

$$\sup\left\{\int_0^{2\pi}f(t)\mathrm{d}t-\frac{2\pi}{n}\sum_{j=0}^{n-1}f\left(\frac{2j\pi}{n}\right)\right\}=2\pi\|f_{r,n}\|_\infty$$

下面证明本节的主要定理，其主要思想就是将 $\widetilde{W^rH^\omega}$ 上的最优求积问题化归为 $\widetilde{W^rH^\omega}$ 上非负的 ω - 完全样条类上最小 L 范数问题的解.

定理 10.15.3[46][86]　设 $r=1,3,5,\cdots$，自然数

$\nu_i \leqslant r+1(i=1,\cdots,n)$, $\sum_{i=1}^{n}(\nu_i+\sigma_i)\leqslant 2N$, $N=1,2,3,\cdots$,则在一切求积公式

$$\int_0^{2\pi} f(t)\mathrm{d}t=\sum_{i=1}^{n}\sum_{j=0}^{\nu_i-1}a_{i,j}f^{(j)}(x_i)+R_N(f) \tag{10.385}$$

$0=x_1<\cdots<x_n<2\pi$, $a_{i,j}\in\mathbf{R}(i=1,\cdots,n,j=0,1,\cdots,\nu_{i-1})$ 中,矩形求积公式

$$\int_0^{2\pi} f(t)\mathrm{d}t=\frac{2\pi}{N}\sum_{j=0}^{N-1}f\left(\frac{2j\pi}{N}\right)+R_N(f)$$

是$\widetilde{W^rH^\omega}$ 上的最优求积公式.

唯一的最优节点组

$$\left\{x_j^*=\frac{2j\pi}{N},j=0,1,\cdots,N-1\right\}$$

最优误差

$$R_N^*(\widetilde{W^rH^\omega})=2\pi\parallel f_{r,N}\parallel_\infty$$

其中

$$\sigma_i=\begin{cases}0,\nu_i\ 为偶数\\1,\nu_i\ 为奇数\end{cases}$$

证 设 $0=x_1<\cdots<x_n<2\pi$ 为任意固定的一个节点组,$\{\nu_1,\cdots,\nu_n\}$ 为满足条件

$$\sum_{i=1}^{n}(\nu_i+\sigma_i)\xlongequal{\mathrm{df}}2N_1\leqslant 2N$$

$$\max_{1\leqslant i\leqslant n}\nu_i\leqslant r$$

的一个自然数组,$X=(x_1,\cdots,x_n)$.根据定理10.15.1,存在 $f_X(t)\in\widetilde{\mathscr{P}}_{r,2N_1}(\omega)$,使得 $f_X(x_1+0)>0$ 并且

$$f_X^{(j)}(x_i)=0,i=1,\cdots,n,j=0,1,\cdots,\nu_i-1$$

根据Rolle定理 $f_X^{(r)}(t)$ 在$[0,2\pi)$上至少有 $2N_1$ 个

零点,因为 $f_X^{(r)} \in \widetilde{\mathscr{P}}_{2N_1}(\omega)$,故 $f_X^{(r)}(t)$ 在$[0,2\pi)$上至多有 $2N_1$ 个零点,从而易知 $f_X(t)$ 非负.因此对于一切形如式(10.385)的求积公式成立

$$\begin{aligned}
&\sup\{R_N(f) \mid f \in \widetilde{W^r H^\omega}\} \\
&\geqslant \sup\left\{\int_0^{2\pi} f(t)\mathrm{d}t \mid f_X \in \widetilde{W^r H^\omega}, f^{(j)}(x_i)=0,\right. \\
&\quad i=1,\cdots,n, j=0,1,\cdots,\nu_i-1, \\
&\quad \left.\sum_{i=1}^{n}(\nu_i+\sigma_i)=2N_1\right\} \\
&\geqslant \sup\{\|f\|_1 \mid f \in \widetilde{\mathscr{P}}_{r,2N_1}(\omega), \\
&\quad f(t) \geqslant 0, f_X^{(j)}(x_i)=0, \\
&\quad i=1,\cdots,n, j=0,1,\cdots,\nu_i+\sigma_i-1, \\
&\quad \left.\sum_{i=1}^{n}(\nu_i+\sigma_i)=2N_1\right\}
\end{aligned}$$

根据定理10.15.2即得

$$\begin{aligned}
\sup\{R_N(f) \mid f \in W^r H^\omega\} &\geqslant \|f_{r,N}+\|f_{r,N}+\|_\infty\|_1 \\
&=2\pi\|f_{r,N}\|_\infty \qquad (10.386)
\end{aligned}$$

并且当形如式(10.385)的求积公式的节点不是等距分布时,由定理10.15.2知,式(10.386)中的不等号严格成立.

另一方面,根据引理10.15.1立即有

$$\sup\{R_N^*(f) \mid f \in \widetilde{W^r H^\omega}\}=2\pi\|f_{r,N}\|_\infty \qquad (10.387)$$

结合式(10.386)和(10.387)立即得定理10.15.3.

§16 资料和注

§1 主要取自[5]和[6]. 定理 10.1.1 属于 C. M. Никольский[5] 及 I. J. Schoenberg[6]. 定理 10.1.2,定理 10.1.3 由 И. И. Ибрагимов, Р. М. Аксень, А. Х. Турецкий 及 Н. Е. Лушпай 等人得到,详见[5]. 定理 10.1.4 由 Н. Е. Лушпай[7] 得到.

在 §2 中,定理 10.2.1 ~ 定理 10.2.5 由 Н. П. Корнейчук 及 Н. Е. Лушпай[8] 得到,他们在[8] 还用同样的方法(修正法)考虑了满足零边界条件的单样条类 $\mathscr{M}_{r,n}^{-1}(Q_r, \varnothing)$ 上的最小一致范数问题的解,定理 10.2.6 由 Н. Е. Лушпай[9] 在 1979 年得到.

§3 主要取自 C. A. Micchelli[10]. 定理 10.3.4 当单节点($\nu_1 = \cdots = \nu_n = 1$)时,见 S. Karlin, L. L. Schumaker[11] 及 I. J. Schoenberg[12],重节点的情况见[10]. 定理 10.3.2 见 B. D. Boyanov[13]. 定理 10.3.5 的证明属于 А. А. Женсыкбаев[14],他用 Borsuk 对极定理简化和推广了 S. Karlin 和 L. L. Schumaker 的结果[11].

В. М. Тихомиров 最早讨论了单样条的闭包,见专著[20]. §4 的内容主要取自[14],定理 10.4.2 当 $1 \leqslant p < +\infty$ 时见[22] 和[24]. 当 $A = B = \varnothing$, $p = +\infty$ 时见[23].

在 §5 中,定理 10.5.1,定理 10.5.2 见[22],[24],定理 10.5.3,定理 10.5.4 见[14].

§6 内容主要取自 B. D. Bojanov[22],引理 10.6.3

见[25],引理 10.6.4 见[26].

§7 的内容取自黄达人和王翔的工作[27],利用微分方程解决逼近论中某些极值问题的方法最早见于[28].

在 §8 中定理 10.8.1 见 J. R. Rice[29],L. L. Schumaker[30]. 定理10.8.2～定理10.8.4及引理10.8.1 的证明取自贾荣庆[31],定理 10.8.5,引理 10.8.6[32—34]. R. S. Johnson[36] 利用 Brower 不动点定理证明了定理 10.8.7 中 $\nu_1=\cdots=\nu_n=1$ 的情况,R. B. Barrar 和 H. L. Loeb 利用微分方程解决逼近论中极值问题的方法(见[28]),证明了定理 10.8.7 中当一切 $\{\nu_i\}(i=1,\cdots,n)$ 均为奇数的情况. 此处定理 10.8.7 当 $\{\nu_i\}(i=1,\cdots,n)$ 均为奇数的情况下 $\mathscr{M}_r(\nu_1,\cdots,\nu_n)$ 上最小一致范数解唯一性的证明取自 D. Braess[34]. 定理 10.8.8 见 A. A. Женсыкбаев[14].

§9 的结果主要取自黄达人[40],Jetter[41],定理 10.9.2 见 Н. П. Корнейчук[42]. 当 $\nu_1=\cdots=\nu_n=1,\mu=\nu=0$ 时,定理 10.9.5 见[41],当 $1\leqslant\nu_i\leqslant r-1(i=1,\cdots,n),\nu=\mu=0$,定理 10.9.5 见[39].

§10 的结果属于 B. D. Bojanov[44],D. Barrow[45] 首先在逼近论中应用拓扑度作工具讨论了重节点的 Gauss 求积公式的唯一性.

在 §11 中,定理 10.11.1 见 Bojanov 和黄达人[48],其余内容主要取自由黄达人,房艮孙[49].

§12 ～ §13 的结果见黄达人,房艮孙,定理 10.12.1 中讨论连续函数用弱 Chebyshev 子空间的最佳一致逼近的问题时应用计算组合数学中 Hall 定理的思想属于贾荣庆[31].

在 §14 中,定理 10.14.1 见黄达人,房艮孙的资料[54] 和[57],定理 10.14.3 当 $1<q<+\infty$ 时属于 А. А. Женсыкбаев[14,58,59]. $p=+\infty$ 时属于 В. Л. Моторный[46], $p=1$, r 为偶数时属于 В. П. Моторный[46], $p=1$, r 为奇数时属于 А. А. Лигун[60].

附注 10.16.1 设

$$\mathscr{K}_q(P_r)=\{f\in \widetilde{L}^{(r)}\ f^{(r-1)}\text{ 绝对连续 }\mid \left\|P_r\left(\frac{\mathrm{d}}{\mathrm{d}t}\right)f(\cdot)\right\|\leqslant 1, f^{(j)}(0)=f^{(j)}(1), j=0,1,\cdots,r-1\} \tag{10.388}$$

其中 $P_r(t)$ 是 r 次实系数代数多项式.

考虑求积公式

$$\int_0^1 f(x)\mathrm{d}t=\sum_{i=1}^n Q_i\left(\frac{\mathrm{d}}{\mathrm{d}x}\right)f(x)\mid_{x=x_i}+R_n(f)$$

$$0=x_1<\cdots<x_n<1 \tag{10.389}$$

其中 $Q_i(x)(i=1,\cdots,n)$ 为 ρ 次实系数代数多项式. 记 $Q_\rho=\{Q_1(x),\cdots,Q_n(x)\}$, $x=(x_1,\cdots,x_n)$.

М. А. Чахкиев[70] 证得:

定理 10.16.1[70] 设 $P_r(x)$ 仅有实根, $\rho=r-1$, $r=1,2,\cdots$, 或 $\rho=r-2$, $r=2,4,6,\cdots$, 则在 $\mathscr{K}_\infty(P_r)$ 上形如式(10.389) 的一切求积公式中最优求积公式存在、唯一,且最优求积公式的节点是等距分布的,即

$$\inf_{(Q_\rho,x)}\sup_{f\in\mathscr{K}_\infty(P_r)}\left|\int_0^1 f(x)\mathrm{d}x-\sum_{i=1}^n Q_i\left(\frac{\mathrm{d}}{\mathrm{d}x}\right)f(x)\right|_{x=x_i}$$

$$=\inf_{(Q_\rho)}\sup_{f\in\mathscr{K}_\infty(P_r)}\left|\int_0^1 f(x)\mathrm{d}x-\sum_{i=1}^n Q_i\left(\frac{\mathrm{d}}{\mathrm{d}x}\right)f(x)\right|_{x=\frac{i-1}{n}}$$

定理 10.16.2[70] 设 $P_r(x)$ 仅有实根, $P_r(x)=(x-a)\cdots(x-ra)$, $a\in\mathbf{R}$, 即 $P_r(x)$ 的根成算术级数, $\rho=r-1$, $r=1,2,\cdots$, 或 $\rho=r-2$, $r=2,4,6,\cdots$, 则在

$\mathscr{K}_q(P_r)(1<q<+\infty)$ 上一切形如式(10.389)的求积公式中最优求积公式存在、唯一,且最优求积公式的节点是等距分布的.

定理10.16.1,定理10.16.2是定理10.1.4中 $1<q\leqslant+\infty$ 时的推广,但它们的证明方法是不同的,定理10.1.4的证明中本质上利用了多项式样条的压缩不变性而这一性质对 $\mathscr{L}-$ 样条一般不成立.

猜想(ii)中关于 $P_r(t)$ 的 r 个实根成等差级数这一条件可以去掉,且类似的结果应对 $\mathscr{K}_1(P_r)$ 成立.

M. A. Чахкиев[71] 将定理10.14.3推广到 $\mathscr{K}_q(P_r)$ 上.

定理 10.16.3[71]　设 $P_r(x)$ 仅有实根,$1\leqslant q\leqslant+\infty$,则在一切求积公式

$$\int_0^1 f(x)\mathrm{d}x=\sum_{i=1}^n a_i f(x_i)+R_n(f),$$

$$0=x_1<\cdots<x_n<1 \qquad (10.390)$$

$a_i\in\mathbf{R}(i=1,\cdots,n)$ 中,最优求积公式在 $\mathscr{K}_q(P_r)$ 上存在,唯一且最优求积公式形如

$$\int_0^1 f(x)\mathrm{d}x=\frac{a^*}{n}\sum_{i=1}^n f\left(\frac{i-1}{n}\right)+R_n^*(f)$$

其中当 $P_r(0)=0$ 时,$a^*=1$,当 $P_r(0)\neq0$ 时,a^* 由等式

$$\inf_{a\in\mathbf{R}}\left\|\frac{1}{P_r(0)}-\frac{a}{n}\sum_{i=1}^n\overline{D}_r\left(\frac{i-1}{n}-\cdot\right)\right\|_p$$

$$=\left\|\frac{1}{P_r(0)}-\frac{a^*}{n}\sum_{i=1}^n\overline{D}_r\left(\frac{i-1}{n}-\cdot\right)\right\|_p$$

唯一确定,此处

$$\overline{D}_r(x)=\sum_{\nu=-\infty}^{+\infty}{}'\frac{\mathrm{e}^{2\pi\mathrm{i}\nu x}}{P_r(2\pi\mathrm{i}\nu)},\mathrm{i}=\sqrt{-1}$$

[71] 进一步利用极限过程解决了由 Н. И. Ахиезер[72] 引入的解析函数类 $A_q^h(1\leqslant q\leqslant+\infty)$ 上单节点的最优求积公式的存在唯一性并给出了其精确表达式.

附注 10.16.2 设 $\Psi(t)$ 是以 1 为周期的实值 Lebesgue 可积函数且 $\Psi(t)$ 有界,记

$$\mathscr{K}_q(\Psi)=\begin{cases}\left\{f(x)=\int_0^1\Psi(x-t)u(t)\mathrm{d}t \mid \|u\|_q\leqslant 1,\right.\\ \left.\int_0^1\Psi(t)\mathrm{d}t\neq 0\right\}\\ \left\{f(x)=a+\int_0^1\Psi(x-t)u(t)\mathrm{d}t \mid a\in\mathbf{R},\right.\\ \left.\|u\|_q\leqslant 1,\int_0^1\Psi(t)\mathrm{d}t=0\right\}\end{cases}$$

Нгуен Тхи Тхьеу Хоа[73] 特别证得:

定理 10.16.4[73] 设 $\Psi(t)$ 是以 1 为周期的减少变号核(CVD 核,[11]),则在一切单节点的求积公式(10.390)中,等距节点、等权的求积公式

$$\int_0^1 f(x)\mathrm{d}x=\frac{a^*}{n}\sum_{i=1}^n f\left(\frac{i-1}{n}\right)+R_n(f)\tag{10.391}$$

是 $\mathscr{K}_q(\Psi)(1\leqslant q\leqslant+\infty)$ 上的最优求积公式,其中 a_* 由等式

$$\inf_a\|\hat{c}_0(\Psi)-a\Psi_n(\cdot)\|_p=\|\hat{c}_0(\Psi)-a^*\Psi_n(\cdot)\|_p$$

$$\frac{1}{p}+\frac{1}{q}=1$$

唯一确定

$$\hat{c}_0(\Psi)=\int_0^1\Psi(t)\mathrm{d}t,\Psi_n(t)=\frac{1}{n}\sum_{i=1}^n\Psi\left(\frac{i-1}{n}-t\right)$$

何明匀[80] 进一步考虑了当 $\Psi(t)$ 是以 1 为周期的严格全正核时 $\mathscr{K}_q(\Psi)$ 上 $(\nu_1,\cdots,\nu_n)$ 型最优求积公式的

存在$(1<q\leqslant+\infty)$唯一$(1<q<+\infty)$性.

附注 10.16.3　根据前面列举所得的结果来看，在一些基本的函数类例如$\widetilde{W}_q^r(1\leqslant q\leqslant+\infty)$，$\widetilde{W^rH^\omega}$($r$为奇数）及由减少变号核或周期全正核$\Psi(t)$所确定的函数类$\mathscr{K}_q(\Psi)$上，在一切单节点的求积公式(10.390)中最优求积公式的节点都是等距分布的，曾经有人猜想这种最优求积公式是由周期函数相对于平移不变性所确定的，然而K. И. Осколков[74]证明情况并非如此，他引入了一个由二阶常系数线性微分算子所确定的中心对称，自变量平移不变的周期函数类，对于给定的n，求积公式(10.391)在其上不是最优的. K. И. Осколков[74][75]进一步刻画了等距节点的最佳的求积公式是周期卷积类$\mathscr{K}_q(\Psi)$上最优求积公式时，核$\Psi(t)$必须满足的一个必要条件. 记

$$r_n^0(\mathscr{K}_q(\Psi))=\inf_{a\in\mathbf{R}}\sup_{f\in\mathscr{K}_q(\Psi)}\left|\int_0^1 f(t)\mathrm{d}t-a\sum_{i=1}^n f\left(\frac{i-1}{n}\right)\right|$$

$$R_n^0(\mathscr{K}_q(\Psi))=\inf_{\{A,X\}}\sup_{f\in\mathscr{K}_q(\Psi)}\left|\int_0^1 f(t)\mathrm{d}t-\sum_{i=1}^n a_if(x_i)\right|$$

其中$0=x_1<\cdots<x_n<1$，$X=(x_1,\cdots,x_n)$，$a_i\in\mathbf{R}$ $(i=1,\cdots,n)$，$A=(a_1,\cdots,a_n)$. 置

$$\Psi_n(t)=\sum_{\nu=-\infty}^{+\infty}\hat{c}_{\nu n}(\Psi)\mathrm{e}^{2\pi\mathrm{i}\nu t},\hat{c}_\nu(\Psi)=\int_0^1\Psi(t)\mathrm{e}^{-2\pi\mathrm{i}\nu t}\mathrm{d}t$$

定理 10.16.5　设$1\leqslant q\leqslant+\infty$，$\Psi(t)$是以1为周期的有界Lebesgue可积函数，设$\Psi(t)$的Fourier系数$\hat{c}_\nu(\Psi)\neq0(\nu=\pm1,\pm2,\cdots)$当$q=+\infty$时进一步假设对一切$\alpha\in\mathbf{R}$及$n=1,2,\cdots$

$$\mathrm{mes}\{t\mid\Psi_n(t)=\alpha\}=0$$

若等距节点的最佳求积公式的最佳误差序列 $\{r_n^0(\mathcal{K}_q(\Psi))\}(n=1,\cdots,+\infty)$ 不是严格递减的,即

$$\max\left\{\frac{r_{n+1}^0(\mathcal{K}_q(\Psi))}{r_n^0(\mathcal{K}_q(\Psi))}\mid n\geqslant 1\right\}\geqslant 1 \quad (10.392)$$

则存在自然数 N 使得以下不等式严格成立

$$R_N^0(\mathcal{K}_q(\Psi))\leqslant \min\{r_m^0(\mathcal{K}_q(\Psi))\mid m\leqslant N\}$$

即一切一个周期内具有 $m(m\leqslant N)$ 个等距节点的求积公式都不是 $\mathcal{K}_q(\Psi)$ 上一个周期内具有 N 个单节点的最优求积公式.

设 $\omega>0,\omega/2\pi$ 不是整数,考虑由二阶微分算子 $P_2\left(\frac{\mathrm{d}}{\mathrm{d}x}\right)=\frac{\mathrm{d}^2}{\mathrm{d}x^2}+\omega^2\frac{\mathrm{d}}{\mathrm{d}x}$ 所确定的以 1 为周期的函数类

$$\mathcal{K}_\infty(P_2)\overset{\mathrm{df}}{=\!=}\{f\in\widetilde{L}^\infty\mid \|f''(\cdot)+\omega^2 f(\cdot)\|_\infty\leqslant 1\}$$

则

$$\mathcal{K}_\infty(P_2)=\left\{f=\Psi(\omega)*u,\left\|P_2\left(\frac{\mathrm{d}}{\mathrm{d}x}\right)u(\cdot)\right\|_\infty\leqslant 1\right\}$$

其中

$$\Psi(\omega,x)=\sum_{\nu=-\infty}^{+\infty}\frac{\mathrm{e}^{2\pi\mathrm{i}\nu t}}{\omega^2-(2\pi\nu)^2},\mathrm{i}=\sqrt{-1}$$

К. И. Осколков 特别证明了当 $\omega/2\pi$ 接近于某个不小于 3 的整数时,序列 $\{r_n^0(\mathcal{K}_\infty(\Psi(\omega)))\}(n=1,\cdots,+\infty)$ 不是严格递减的.

房艮孙[82] 证得:

定理 10.16.6[82] 设 $P_r(t)$ 为任意给定的 r 次实系数多项式,$\mathcal{K}_q(P_r)$ 由(10.388)定义,则当 $n>4.3^{k-1}\beta$ 时,在一切求积公式(10.390)中,等权、等距节点的求积公式是 $\mathcal{K}_1(P_r)$ 上的最优求积公式,其中 β 为 $P_r(t)$ 的 k 对共轭复根虚部的最大值.

附注 10.16.4　猜想定理 10.16.6 当 $q>1$ 时也成立. 同时寻找一个周期函数类,使得在其上一切等距节点的求积公式均不是最优的(节点个数 n 和函数类无关)也是一个尚未解决的问题,Н. П. Корнейчук[81] 指出这是一个很有意义的问题.

附注 10.16.5　设 $H_p(1\leqslant p\leqslant+\infty)$ 表示 Hardy 空间,$\mathscr{B}(H_p)$ 表示 H_p 的单位球

$$\mathscr{B}(H_p)=\left\{f\text{ 在单位圆内解 }\middle|\left(\int_0^{2\pi}|f(e^{i\theta})|^p\mathrm{d}Q\right)^{\frac{1}{p}}\leqslant 1\right\}$$

J. E. Andersson, B. D. Bojanov[76] 及 B. D. Bojanov[77] 证得:

定理 10.16.7[76,77]　设$(\nu_1,\cdots,\nu_n)$为给定的自然数组,则在 $\mathscr{B}(H_p)(1<p\leqslant+\infty)$ 上$(\nu_1,\cdots,\nu_n)$型最优节点组存在且最优系数$\{a_{i,j}\}$满足条件

$$a_{i,\nu_i-1}=0,a_{i,\nu_i-2}>0,\nu_i\text{ 为偶数}$$

$$a_{i,\nu_i-1}>0,\nu_i\text{ 为奇数}$$

设 λ_k 为正整数,$-1\leqslant x_1\leqslant\cdots\leqslant x_n\leqslant 1$,记

$$R_n(\mathscr{B}(H_p))=\inf\sup_{f\in\mathscr{B}(H_p)}\left|\int_{-1}^1 f(x)\mathrm{d}x-\sum_{i=1}^n a_i f^{(\lambda_i)}(x_i)\right|$$

其中 inf 取遍一切形如

$$\int_{-1}^1 f(x)\mathrm{d}x=\sum_{i=1}^n a_i f^{(\lambda_i)}(x_i)+R_n(f)$$

的求积公式,其中 $a_i\in\mathbf{R}(i=1,\cdots,n)$.

附注 10.16.6　有关二元函数的最优求积问题,[66]谈到当 D 为长方形,则一切以矩形格点为节点的最优求积问题在某些函数类上问题最终化归为一维的情况. 但当 D 为 XOY 平面上任意区域,$\mathfrak{M}$ 为 D 上可积函数类,$T_k(k=1,\cdots,n)$ 为 D 中的任意点,则最优化问题

$$\inf_{\{P_k, T_k\}} \sup_{f\in\mathfrak{M}} \left| \iint_D f(x,y)\mathrm{d}x\mathrm{d}y - \sum_{k=1}^{n} p_k f(T_k) \right|$$

本质是二维的,其中 $p_k \in \mathbf{R}(k=1,\cdots,n)$.

对这一问题的研究还很少,В. Ф. Бабенко[78,79],得到了由连续模控制的函数类最优误差的渐近精确的估计($n \to +\infty$ 时).

参考资料

[1] C. K. Chui, Approximation and Expansion, CAT Report, No28. (1985).

[2] L. L. Schumaker, Spline Functions:Basic Theory, New York,1981.

[3] A. A. Melkman, The Budan-Fourier theorem for splines, Israel J. Math. ,19(1974),256-263.

[4] A. A. Melkman, Interpolation by splines satisfying mixed boundary conditions, Israel J. Math. ,19(1974),369-381.

[5] C. M. Никольский, Квадратурные Формулы, M.《Наука》,1979.

[6] I. J. Schoenberg, Monosplines and quadrature formulae, in Theory and Applications of Spline Function(T. N. E. Greville, Ed.) P. 157-208, Academic Press, New York,1969.

[7] H. E. Лушпай, Наилучшне квадратурные формулы для дифференцируемых периодический функций Матем. Заметки,6(1969)4:475-480.

[8] Н,П. Корнейчук,Н. Е. Лушпай, Наилучщие квадратурные форму лы для классов дифференцируемых функпий и кусочно полиномиальное приближение, Изв. АН СССР,серия матем. ,33 (1969),6:1416-1417.

[9] Н. Е. Лушпай Оптимальные квадратурные формулы для классов функций с интегрируемой в L_p r-ой производной, Analysis Mathematica, 5 (1979),67-88.

[10] C. A. Micchelli, The fundamental theorem of algebra for monosplines with multiplicities, Proc. of Conf. in Oberwolfach, 419-430,1972.

[11] S. Karlin and L. L. Schumaker, The Fundamental theorem of algebra for Tchebycheffian monosplines, J. Analyse Math. 20(1967),233-270.

[12] I. J. Schoenberg, Spline Function, Convex Curves and Mechanical Quadrature, Bull. Amer. Math. Soc. 64(1958),352-357.

[13] B. D. Boyanov, Uniqueness of the monosplines of least deviation, Numerische Integration, ISNM, 45, Basel e. a. ,67-97,1979.

[14] А. А. Женсыкбаев, Моносплайны минимальной нормы и наилучшие квадратурные формуды, Успехи Матем. Наук 36(1981),4:107-159.

[15] M. A. Naimark, Linear Differentialoperaten, Academic-Verlag, Berlin,1960.

[16] S. Karlin, C. A. Micchelli, The fundamental theorem of algebra for monosplines satisfying boundary conditions, Isr. J. Math. 11(1972), 405-411.

[17] 李丰,最小范数的单样条,完全样条与最优恢复,浙江大学硕士论文,1988.

[18] R. B. Barrar and H. L. Loeb, Fundamental theorem of algebra, SIAM J. Numer. Anal. 6 (1980),874-882.

[19] A. A. Zhensykbaev, The fundamental theorem of algebra for monosplines and its applications, International Conference on Constructive Theorem of Functions, Sofia, 92,1987.

[20] В. М. Тихомиров, Некоторые вопросы теории приближений, Издат. МГУ,1976.

[21] S. Karlin, Total Positivity, Stanford Univ. Press, Stanford, California,1968.

[22] B. D. Bojanov, Existence and characterization of monosplines of lesat L_p deviation, In Proc. of the Conference on Constructive Functions Theory, Blagoevgrand 1977, 249-268, Sofia, 1980.

[23] R. B. Barrar and H. L. Loeb, On monosplines with odd multiplicity of least norm, J. d'Analyse Math 33(1978),12-38.

[24] B. D. Bojanov and Daren Huang, On the optimal quadrature formulas in W_p^r of Quasi-Hermitian type. (to appear in JATA)

[25] B. D. Bojanov, Existence and Characterization of Optimal Quadrature Formulas for Certain Class of Differentiable Functions, J. of Approx. Theory 22(1978)262-283.

[26] D. Ferguson, The question of uniqueness for G. D Birkhoff interpolation problems, J. of Approx. Theory 2(1969),1-28.

[27] 黄达人,王翔,关于奇数重节点的单样条.(预印本)

[28] G. H. Fitzgerald and L. L. Schumaker, A differential equation approach to interpolation at extremal Points, J. Analyse Math. 22(1969), 117-134.

[29] J. R. Rice, characterization of chebyshev approximation by splines, SIAM J. Numer. Anal. 4 (1969),557-565.

[30] L. L. Schumaker, Uniform approximation by Chebycheffian spline functions, J. Math. Mech. 18(1968),369-378.

[31] 贾荣庆,重节点的单样条.(手稿)

[32] F. H. Croom, Basic Concept of Algebraic Topology. Springer, New York-Heidelberg-London,1978.

[33] J. M. Ortega; W. C. Rheinbol*d*t, Iterative Solution of Nonlincar Equations in Several Variables, Acadmic press, New York-London, 1970.

[34] D. Braess, Nolinear Approximation Theory,

Springer-Verlag, Berlin Heidlberg New York London Paris Tokyo,1986.

[35] R. B. Barrar, H. L. Leob, H. Werner, On the uniqueness of the best uniform extended total positive monospline, J. of Approx. Theory 28(1980),20-29.

[36] R. S. Johnson, On monospline of least deviation, Trans. Amer. Math. Soc. 96(1960),458-477.

[37] R. B. Barrar and H. I. Loeb, The strong uniqueness theorem for monosplines, J. of Approx. Theory 46(1986),157-169.

[38] R. S. Varga, Matrix iterative analysis, Englewood Cliffs: Prentice-Hall,1962.

[39] 黄达人,完全样条的范数极小问题,浙江大学建校 90 周年科学论文报告会,理科专编,28-37,1987.

[40] B. D. Bojanov, Perfect splines of the least uniform deviation, Analysis Math. 6(1980),185-197.

[41] K. Jetter, L_1-Approximation verallgemeinerter knovexer funktionen durch spline mit freien knoten, Math. Z. 164(1978),53-66.

[42] Н. П. Корнейчук, Сплайны в теории приближения М.《Наука》,1984.

[43] J. T. Schwarta, Nolinear analysis, Cordon and Breach, New York, 1969.

[44] B. D. Bojanov, Uniqueness of the optimal no-

des of quadrature formulae, Math. Comp. 36 (1981), 525-546.

[45] D. Barrow, On multiple node Gaussian quadrature formulae, Math. Comp. 32 (1978), 431-478.

[46] В. П. Моторный, О найлучщей квадратурной формуле вида $\sum_{k=1}^{m} p_k f(x_k)$ длянекоторых классов периодических дифференцируемых функций, Изв. АН СССР. Сер. матем. 38(1974), 3: 583-614.

[47] А. А. Лигун, точные неравенства для совершенных сплайнов иих приложения, Изв. вузов. Матем. 1984, 5: 32-38.

[48] B. D. Bojanov, Huang Daren, Periodic monosplines and perfect splines, Constr. Approx. 3 (1987), 363-375.

[49] Huang Daren, Fang Gensun, The Uniqueness of optimal quadrature formula and optimal interpolation knotes with multiplicities in L_1. (preprinted paper)

[50] 徐利治,蒋茂森,朱自强,计算组合数学,上海科技出版社,1983.

[51] G. Nürnberger, Unicity and strong unicity in approximation theory, J. of. Approx. theory 26(1979)54-70.

[52] R. C. Jones, L. L. Karlovitz, Equioscillation under nonuniquiness in the approximation of

continuous functions, J. of. Approx. Theory 3 (1970),135-154.

[53] G. Nürnberger, A local version of Harr's theorcm in approximation theory, Numer. Funct. Anal. and Optimiz,5(1982),21-46.

[54] Huang Daren, Fang Gensun, Existence of the quadrature formulas with multiplicities for W_1^m. (preprinted paper)

[55] D. Braess and N. Dyn, On the uniqueness of the generalized monos-plines of least L_p-norm, Constr. Approx 2(1986),79-99.

[56] 房艮孙,黄达人,周期单样条的比较定理.(预印本)

[57] Huang Daren, Fang Gensun, Uniqueness of optimal quadrature form ulas for W_1^m, the fundamental theorem of algebra for periodic monosplines. (preprited paper)

[58] А. А. Женсыкбаев, Наилучшая квадратурная формула для некоторых классов периодических дифференцируемых функций, Изв. АН. СССР, Сер. матем,41(1977),1110-1124.

[59] А. А. Женсыкбаев, Моносплайны, наименее уклоняющиеся от нуля и найлучшие квадратурные формулы, ДАН СССР, 249 (1979), 248-281.

[60] А. А. Лигун, Точные неравенства для сплайны-функций и наилучшие квадратурные формулы для некоторые классов функций Матем. замет-

ки,16(1976),913-926.

[61] А. А. Лигун, О наилучшей квадратурных формулах для некоторых классов переодических фтнкций, Матем. заметки 24(1978),661-669.

[62] Н. П. Корнейчук, Экстремальные задаи теории приблжения, М.《НАУКА》,1976.

[63] Н. П. Корнейчук, А. А. Лнгун, В. Г. Доронин, Аппроксимация согpаничениями, Киев, 《ДУМКАВО》1980.

[64] В. Н. Малозёмов. о точности квадратурные формулы прямоугольников, Матем. Заметки, 2 (1967),4:357-360.

[65] А. А. Женсыкбаев, Об экстремальности моносплайнов минимального дефекта, Изв. АН СССР,46(1982).1175-1198.

[66] Н. П. Корнейчук, Наилучшие кубатурные формулы для некоторых классов функций многих переменных, Мат. заметки,3(1968),565-576.

[67] Т. Н. Бусарова, Наилучшие квадратурные формулы для одного класа дифференцируемых периодических функций, Укр, мат. журн 25 (1973),291-301.

[68] А. А. Лигун, О поперечниках некоторых классов дифференцируемых периодических функций, Мат. заметки,27(1980),61-75.

[69] Ю. И. Маковоз, Поперечники соболевсих классов и сплайны наименее уклоняющиеся от нуля, Мат. заметки,26(1979)805-812.

[70] М. А. Чахкиев, Экспоненцальные полномы, наименее уклоняющиеся от нуля, и оптимаьные квадратурные формулы, Матем. сборник, 120 (1983),273-285.

[71] М. А. Чахкиев, Линейные дифференциальные операторы с вещественным спектром и оптимальные квадратурные фурмулы, Изв АН СССР, Сер. матем,. 48(1984),1078-1109.

[72] Н. И. Ахиезер, Лекцнй по теории апроксимации, М.《Наука》1965.

[73] Нгуен Тхи Тхьеу Хоа, Наилучшне квадратурные формулы и методывосстановления функций, определяемых ядрами, не увеличивающими осциляций, Мат. сборник,130(1986),105-119.

[74] К,И. Осколков, Об оптимальности квадратурной формулы с равноотстоящими узлами на классах периодических функций, ДАН СССР 249(1979),49-52.

[75] K. I. Oskolkov, On optimal quadrature formulae on certain classes of periodic functions, Appl. Math. Optim. 8(1982),245-263.

[76] J. E. Andersson and B. D. Bojanov, A note on the optimal quadrature in H^p, Numer. Math 44 (1984),301-308.

[77] B. D. Bojanov, On the existence of optimal quadrature formulae for Smooth functions, Calcolo,16(1979),61-70.

[78] В. Ф. Бабенко, Асимптотически точная оценка остатка наилучших для некоторых классов функций кубатурных формул, Мат. заметки, 19 (1976) ,313-322.

[79] В. Ф. Бабенко, Об оптимальной оценке погрещности кубатурных формул на некоторых классах непрерывных функкий, Anal. Math. 3(1977),3-9.

[80] 何明均,周期光滑函数类上的最优求积公式,浙江大学硕士论文,1988.

[81] Н. П. Корнейчук, С. М. Никольский и развитие исследований по теории приближения функций в СССР, Успехи Мат. Наук,40(1985),71-131.

[82] 房艮孙,周期卷积类的最优求积公式及最优恢复,东北数学,(1998),2:186-205.

[83] 陈文嫄,非线性泛函分析,甘肃人民出版,1982.

[84] H. J. 赖瑟,组合数学(李乔译),科学出版社,1983,上海.

[85] Clark, F. H, Optimization and nonsmooth analysis, CMS, John Wiley & Sons, New York.

[86] 房艮孙,周期可微函数类上的最优求积公式.(预印本)

重要符号表

一、一般符号

$\forall$ 逻辑符号:全称量词

$\exists$ 逻辑符号:特称量词

$\varnothing$ 空集

$x\in A$ 元素 x 属于 A, $x\overline{\in}A$ 元素 x 不属于 A

$A\cap B$　A,B 集的交,$A\cup B$　A,B 集的并

A/B　A,B 集的差,$A\subset B$　B 包含 A

$\{x|Px\}$ 具有性质 P 的元素 x 的集

$\sup\limits_{x\in A}f(x)$(或 $\sup\{f(x)|x\in A\}$) 泛函 f 在 A 上的值的上确界

$\inf\limits_{x\in A}f(x)$(或 $\inf\{f(x)|x\in A\}$) 泛函 f 在 A 上的值的下确界

df　按等式来定义为……

$\operatorname{sgn} x$　x 的符号 $\frac{x}{|x|}$, $x\neq 0$;否则为 0

$\operatorname{mes}(E)$　E 的 Lebesgue 测度

$\dim(X)$　线性集 X 的维数

$\operatorname{span}\{x_1,\cdots,x_n\}$　由 $x_1,\cdots,x_n$ 张成的线性集

$[\alpha]$　α 的整数部分

$\delta_{i,j}$　Kronecker 符号 $\delta_{i,j}=0(i\neq j)$,否则为 1

二、一些专用符号

$\mathbf{R}$ 实数集　$\mathbf{C}$ 复集数

$\mathbf{Z}$ 整数集　$\mathbf{Z}_+$ 正整数集

$Q_r=\{1,2,\cdots,r-1\}$

T　复平面上以点 O 为中心的单位圆周

$\mathbf{R}^n$　n 维实向量空间

$\mathcal{K}_r$　Favard 常数

$C[a,b]$　定义在$[a,b]$上的连续函数空间

$C^r[a,b]$　定义在$[a,b]$上 r 次连续可微的函数空间

$\widetilde{C}_{2\pi}$　以 2π 为周期的连续函数空间

$\widetilde{C}$　以 1 或 2π 为周期的连续函数空间

$\widetilde{C}_{2\pi}^r$　以 2π 为周期的 r 次连续可微的函数空间

$L^p[a,b](1\leqslant p<+\infty)$　定义在$[a,b]$上 p 次可积的函数空间

$L^\infty[a,b]$　定义在$[a,b]$上本性有界的函数空间

$\widetilde{L}_{2\pi}^p(1\leqslant p<+\infty)$　以 2π 为周期的 p 次可积的函数空间

$\widetilde{L}_{2\pi}^\infty$　以 2π 为周期的本性有界的函数空间

$\widetilde{L}^p$　以 1 或 2π 为周期，$p(1\leqslant p<+\infty)$次可积，(本性有界，$p=+\infty$)函数空间

$\widetilde{X}_{2\pi}$　以 2π 为周期的函数空间

$\widetilde{\mathcal{M}}$　某些周期函数(周期为 1 或 2π)的集合

$W_p^r[a,b]$　定义在$[a,b]$上具有 $r-1$ 阶绝对连续导数 $f^{(r-1)}(t)$并且 $\|f^{(r)}(\cdot)\|_p\leqslant 1$ 的全体

$\widetilde{W}_p^r[a,b]$　$W_p^r[a,b]$内满足条件 $f^{(j)}(a)=f^{(j)}(b)$ $(j=0,1,\cdots,r-1)$的全体

$\widetilde{W}_p^r$　$\widetilde{L}^p$ 的单位球中和 $\mathbf{R}$ 正交的函数的 r 次周期积分类

$L^{(r)}(I)$　$I=[a,b]$或 $\mathbf{R}$，$r\geqslant 0$ 是整数

定义在 I 上的 r 阶可微函数类,其 $r-1$ 阶导函数在 I 上绝对连续($I=[a,b]$)或局部绝对连续($I=\mathbf{R}$)

$\widetilde{L}_{2\pi}^{(r)}$　2π 周期的 r 阶可微函数类,其 $r-1$ 阶导数绝对连续

$\omega(f,t)_X$　f 在 X 尺度下的连续模

$\omega_k(f,t)_X$　f 在 X 尺度下的 k 阶连续模

$H^\omega[a,b]$　$C[a,b]$内满足 $\omega(f,t)\leqslant\omega(t)$的全体

$\widetilde{H}^\omega$　$\widetilde{C}$ 内满足 $\omega(f,t)\leqslant\omega(t)$的全体

W^rH^ω　$C^r[a,b]$内满足 $\omega(f^{(r)},t)\leqslant\omega(t)$的全体

$\widetilde{W^rH^\omega}$　$\widetilde{C}^r$ 内满足 $\omega(f^{(r)},t)\leqslant\omega(t)$的全体

P_n　次数小于 n 的代数多项式子空间

T_{2n-1}　阶数小于 n 的三角多项式子空间

$co(A)$　A 的凸包

$e(x,F)$　集合 F 对元 x 的最佳逼近度

$\mathscr{L}_F(x)$　x 在 F 内的最佳逼近元集

$E_n(f)_X$　f 借 T_{2n-1} 在 $\widetilde{X}_{2\pi}$ 内的最佳逼近,或 f 借助于 P_n 在 X 空间内的最佳逼近

$d_n[\mathscr{M},X]$　函数类 $\mathscr{M}$ 在线性赋范空间 X 内的 $n-$Kolmogorov宽度($n-K$ 宽度)

$d^n[\mathscr{M},X]$　函数类在线性赋范空间 X 内的 $n-$Gelfand 宽度($n-G$ 宽度)

$b_n[\mathscr{M},X]$　函数类 $\mathscr{M}$ 在线性赋范空间 X 内的 $n-$Berstein宽度

$d'_n[\mathscr{M},X]$　函数类 $\mathscr{M}$ 在线性赋范空间 X 内的 $n-$线性宽度

$\overline{F}$　集合 F 的闭包

$a_n\asymp b_n$　存在和 n 无关的正常数 c_1,c_2,使得$c_1\leqslant$

$a_n/b_n\leqslant c_2$

$\Pi_m^{(r)}[a,b](\Pi_m^{(r)})$　定义在$[a,b]$上有 m 个节点的 r 次的多项式完全样条的全体

$\widetilde{\mathscr{P}}_{r,2N}$　以 1(或 2π)为周期的在一个周期内恰有 $2N$ 个节点的 r 次多项式完全样条的全体

$(\nu_1,\cdots,\nu_n)$　给定的自然数组,$\nu_i\leqslant r(i=1,\cdots,n)$

$\widetilde{\mathscr{P}}_{r,2N}(\nu_1,\cdots,\nu_n)$　$\widetilde{\mathscr{P}}_{r,2N}$中具有 n 个指定零点重数为 $\nu_1,\cdots,\nu_n(\sum_{i=1}^{n}\nu_i=2N)$的自由零点的全体,即

$$\widetilde{\mathscr{P}}_{r,2N}(\nu_1,\cdots,\nu_n)=\{P(t)\in\widetilde{\mathscr{P}}_{r,2N}\mid P^{(j)}(x_i)=0,i=1,\cdots)n,j=0,1,\cdots,\nu_i-1,x_1<\cdots<x_n<\alpha+x_1\},\alpha=1(\text{或 }2\pi)$$

$\widetilde{\mathscr{P}}_{2N}(\varphi,\psi)$　以 2π 为周期的在一个周期内恰有 $2N$ 个节点的(φ,ψ)一完全样条的全体

$\widetilde{\mathscr{P}}_{r,2N}(\varphi,\psi)$　$\widetilde{\mathscr{P}}_{2N}(\varphi,\psi)$内一切函数 r 的次周期积分

$\widetilde{\mathscr{P}}_{r,N}^{0}(\varphi,\psi)$　$\widetilde{\mathscr{P}}_{r,2N}(\varphi,\psi)$内在一个周期上恰有 $2N$ 个零点的全体

$\widetilde{\mathscr{P}}_{2N}(\omega)$　一个周期内具有 $2N$ 个节点且和常数正交的 ω 完全样条

$\widetilde{\mathscr{P}}_{r,2N}(\omega)$　$\widetilde{\mathscr{P}}_{2N}(\omega)$内一切函数的 r 次周期积分

$N_{r,2N}(\omega)$　$\widetilde{\mathscr{P}}_{r,2m}(\omega)$中恰有 $2m(m\leqslant N)$个局部极值点且和常数正交的全体

$\mathscr{M}_r(\boldsymbol{x},\nu_1,\cdots,\nu_n,\mathscr{B})$　以 $\boldsymbol{x}=(x_1,\cdots,x_n)$为固定节点组,节点重数依次为$(\nu_1,\cdots,\nu_n)$的满足边界条件 $\mathscr{B}$ 的 r 次单样条的全体

$\mathscr{M}_r(\boldsymbol{x},\nu_1,\cdots,\nu_n,A,B)$　以 $\boldsymbol{x}=(x_1,\cdots,x_n)$为固定

节点组,节点重数依次为$(\nu_1,\cdots,\nu_n)$的满足拟 Hermite 型边界条件的 r 次单样条的全体,其中 $A,B\subset Q_r$

$\mathcal{M}_r(\boldsymbol{x},\nu_1,\cdots,\nu_n)$　以 $\boldsymbol{x}=(x,\cdots,x_n)$为固定节点组,节点重数依次为$(\nu_1,\cdots,\nu_n)$的具有自由边界的 r 次单样条的全体

$\mathcal{M}_r(\nu_1,\cdots,\nu_n)$　具有 n 个自由节点的指定节点重数依次为$(\nu_1,\cdots,\nu_n)$的具有自由边界的 r 次单样条的全体

$\widetilde{\mathcal{M}}_r(x,\nu_1,\cdots,\nu_n)$　以 $b-a$ 为周期的以 $\boldsymbol{x}=(x_1,\cdots,x_n)$为固定节点组的节点重数依次为$(\nu_1,\cdots,\nu_n)$的 r 次单样条的全体

$\widetilde{\mathcal{M}}_r(\nu_1,\cdots,\nu_n)$　以 $b-a$ 为周期的具有 n 个自由节点的指定节点重数依次为$(\nu_1,\cdots,\nu_n)$的 r 次单样条的全体

$\mathcal{M}_{r,N}^1$　以 $x_1<\cdots<x_n$ 为单节点的 r 次单样条的全体

$\mathcal{M}_{r,N}$　一切满足条件 $\sum_{i=1}^{n}\nu_i\leqslant N$ 的单样条类 $\mathcal{M}_r(\nu_1,\cdots,\nu_n)$的并

$\widetilde{\mathcal{M}}_{r,2N}^1$　以 $b-a$ 为周期的以 $x_1<\cdots<x_n<(b-a)+x_1$ 为单节点的 r 次单样条的全体

$\widetilde{\mathcal{M}}_{r,2N}$　一切满足条件 $\sum_{i=1}^{n}\nu_i\leqslant 2N$ 的单样条类 $\widetilde{\mathcal{M}}_r(\nu_1,\cdots,\nu_n)$的并

$\mathcal{M}_{r,n}^{\rho}(Q_r)=\{M(t)\in\mathcal{M}_r(\nu_1,\cdots,\nu_n)\mid\nu_1=\cdots=\nu_n=\rho,M^{(j)}(0)=M^{(j)}(1)=0,j=0,1,\cdots,r-1\}$

$M(\boldsymbol{x},t)_p(M\boldsymbol{x},t)$　极值问题 $\inf\{\|M\|_n\mid M\in\mathcal{M}_r(\boldsymbol{x},\nu_1,\cdots,\nu_n,\mathscr{B})$的解.

$S_{r-1}\begin{pmatrix} x_1 & \cdots & x_n \\ \nu_1 & \cdots & \nu_n \end{pmatrix}$　以 x_i 为 $\nu_i(i=1,\cdots,n)$ 重节点的 $r-1$ 次多项式样条子空间

$Z(f;I)$　函数 $f(t)$ 在 $\mathbf{R}^1$ 上的连通集 I 中的零点的个数

$S^-(f,I)$　函数 $f(t)$ 在 $\mathbf{R}^1$ 上的连续集 I 中的变号点的个数

$P(f;t)$　函数 $f(t)$ 的非增重排

$R(f;t)$　函数 $f(t)$ 的 Σ 重排

$D_r(t)$　以 1 或 2π 为周期（由上、下文确定）的 Bernoulli 多项式

$\widetilde{S}_{r-1}\begin{pmatrix} x_1 & \cdots & x_n \\ \nu_1 & \cdots & \nu_n \end{pmatrix}$　以 $b-a$ 为周期的以 x_i 为 ν_i 重节点的 $r-1$ 次多项式样条子空间